スタンダード版
APG牧野植物図鑑 Ⅱ

〔フウロソウ科～セリ科〕

監修：邑田　仁
（東京大学大学院理学系研究科教授）

北隆館

APG Standard
Makino's Illustrated Flora II

Supervised by
JIN MURATA
Botanical Gardens, Graduate School of Science,
Professor, The University of Tokyo

THE HOKURYUKAN CO., LTD.
TOKYO, JAPAN 2015

All rights reserved.
No part of this book may be reproduced in any form, by photostat, microfilm, xerography, or any other means, or incorporated into any information retrieval system, electronic or mechanical, without the written permission of the copyright owner, HOKURYUKAN.

スタンダード版
APG牧野植物図鑑 Ⅱ
〔フウロソウ科～セリ科〕

目　次

目　次 ·· 1
凡　例 ··· 12
本　編 ·· 15〜531

種子植物　SPERMATOPHYTA

被子植物　ANGIOSPERMAE

〔真正双子葉類　Eudicotyledons〕

フウロソウ目 Geraniales
　フウロソウ科 Geraniaceae ·· 15
　　フウロソウ属 *Geranium*（15），オランダフウロ属 *Erodium*（18），テンジクアオイ属 *Pelargonium*（19）

フトモモ目 Myrtales
　シクンシ科 Combretaceae ··· 19
　　シクンシ属 *Quisqualis*（19），モモタマナ属 *Terminalia*（20），ヒルギモドキ属 *Lumnitzera*（20）
　ミソハギ科 Lythraceae ··· 20
　　ザクロ属 *Punica*（20），ハマザクロ属 *Sonneratia*（20），ヒシ属 *Trapa*（21），ミソハギ属 *Lythrum*（22），ヒメミソハギ属 *Ammannia*（22），キカシグサ属 *Rotala*（22），キバナミソハギ属 *Heimia*（24），サルスベリ属 *Lagerstroemia*（24），ミズガンピ属 *Pemphis*（25）
　アカバナ科 Onagraceae ·· 25
　　アカバナ属 *Epilobium*（25），ヤナギラン属 *Chamerion*（27），チョウジタデ属 *Ludwigia*（28），ヤマモモソウ属 *Gaura*（29），フクシア属 *Fuchsia*（29），ミズタマソウ属 *Circaea*（29），サンジソウ属 *Clarkia*（31），マツヨイグサ属 *Oenothera*（31）
　フトモモ科 Myrtaceae ·· 32
　　ムニンフトモモ属 *Metrosideros*（32），ブラシノキ属 *Callistemon*（33），ユーカリノキ属 *Eucalyptus*（33），フトモモ属 *Syzygium*（33），バンジロウ属 *Psidium*（34），テンニンカ属 *Rhodomyrtus*（35）
　ノボタン科 Melastomataceae ·· 35
　　ミヤマハシカンボク属 *Blastus*（35），ハシカンボク属 *Bredia*（35），ノボタン属 *Melastoma*（36），ヒメノボタン属 *Osbeckia*（36）

クロッソマ目（ミツバウツギ目）Crossosomatales
　ミツバウツギ科 Staphyleaceae ··· 37
　　ミツバウツギ属 *Staphylea*（37），ゴンズイ属 *Euscaphis*（37），ショウベンノキ属 *Turpinia*（37）

キブシ科 Stachyuraceae ··37
    キブシ属 *Stachyurus*（37）

ムクロジ目 Sapindales
  カンラン科 Burseraceae ··38
    カンラン属 *Canarium*（38）

  ウルシ科 Anacardiaceae ···38
    カシューナットノキ属 *Anacardium*（38），マンゴー属 *Mangifera*（38），ランシンボク属 *Pistacia*（39），ウルシ属 *Toxicodendron*（39），ヌルデ属 *Rhus*（40），チャンチンモドキ属 *Choerospondias*（40），サンショウモドキ属 *Schinus*（41）

  ムクロジ科 Sapindaceae ···41
    トチノキ属 *Aesculus*（41），フウセンカズラ属 *Cardiospermum*（41），ムクロジ属 *Sapindus*（42），モクゲンジ属 *Koelreuteria*（42），ハウチワノキ属 *Dodonaea*（42），レイシ属 *Litchi*（42），リュウガン属 *Dimocarpus*（43），カエデ属 *Acer*（43）

  ミカン科 Rutaceae ···52
    サンショウ属 *Zanthoxylum*（52），ゴシュユ属 *Tetradium*（54），アワダン属 *Melicope*（54），コクサギ属 *Orixa*（55），マツカゼソウ属 *Boenninghausenia*（55），ヘンルーダ属 *Ruta*（55），ハクセン属 *Dictamnus*（56），キハダ属 *Phellodendron*（56），サルカケミカン属 *Toddalia*（57），ミヤマシキミ属 *Skimmia*（57），ゲッキツ属 *Murraya*（58），ハナシンボウギ属 *Glycosmis*（58），ミカン属 *Citrus*（58）

  ニガキ科 Simaroubaceae ··64
    ニガキ属 *Picrasma*（64），ニワウルシ属 *Ailanthus*（64）

  センダン科 Meliaceae ··64
    チャンチン属 *Toona*（64），センダン属 *Melia*（64）

アオイ目 Malvales
  アオイ科 Malvaceae ···65
    ゴジカ属 *Pentapetes*（65），ノジアオイ属 *Melochia*（65），アオギリ属 *Firmiana*（65），サキシマスオウノキ属 *Heritiera*（66），カカオノキ属 *Theobroma*（66），フウセンアカメガシワ属 *Kleinhovia*（66），カポック属 *Ceiba*（66），ドリアン属 *Durio*（67），イチビ属 *Abutilon*（67），ハナアオイ属 *Lavatera*（67），キンゴジカ属 *Sida*（68），タチアオイ属 *Althaea*（68），エノキアオイ属 *Malvastrum*（68），ゼニアオイ属 *Malva*（68），ボンテンカ属 *Urena*（70），フヨウ属 *Hibiscus*（70），トロロアオイ属 *Abelmoschus*（73），サキシマハマボウ属 *Thespesia*（74），ワタ属 *Gossypium*（74），シナノキ属 *Tilia*（74），ツナソ属 *Corchorus*（76），カラスノゴマ属 *Corchoropsis*（77），ラセンソウ属 *Triumfetta*（77）

  ジンチョウゲ科 Thymelaeaceae ··77
    ジンチョウゲ属 *Daphne*（77），ガンピ属 *Diplomorpha*（79），アオガンピ属 *Wikstroemia*（80），ミツマタ属 *Edgeworthia*（80）

アブラナ目 Brassicales
  ノウゼンハレン科 Tropaeolaceae ···81
    ノウゼンハレン属 *Tropaeolum*（81）

  パパイヤ科 Caricaceae ···81
    パパイヤ属 *Carica*（81）

  モクセイソウ科 Resedaceae ··81
    モクセイソウ属 *Reseda*（81）

フウチョウボク科 Capparaceae ……………………………… 82
　ギョボク属 *Crateva*（82）
フウチョウソウ科 Cleomaceae ……………………………… 82
　フウチョウソウ属 *Gynandropsis*（82），セイヨウフウチョウソウ属 *Tarenaya*（82），
　ミツバフウチョウソウ属 *Polanisia*（82）
アブラナ科 Brassicaceae（Cruciferae）……………………… 83
　マメグンバイナズナ属 *Lepidium*（83），マガリバナ属 *Iberis*（83），グンバイナズ
　ナ属 *Thlaspi*（84），タカネグンバイ属 *Noccaea*（84），クジラグサ属 *Descurainia*
　（84），ハナナズナ属 *Berteroella*（84），タイセイ属 *Isatis*（85），ワサビ属 *Eutrema*
　（85），アブラナ属 *Brassica*（86），ダイコン属 *Raphanus*（89），トモシリソウ属
　Cochlearia（89），ヤマガラシ属 *Barbarea*（90），オランダガラシ属 *Nasturtium*
　（90），イヌガラシ属 *Rorippa*（90），タネツケバナ属 *Cardamine*（92），ナズナ
　属 *Capsella*（95），イヌナズナ属 *Draba*（95），ハタザオ属 *Turritis*（97），ヤ
　マハタザオ属 *Arabis*（97），シロイヌナズナ属 *Arabidopsis*（99），エゾハタザ
　オ属 *Catolobus*（100），ハクセンナズナ属 *Macropodium*（100），エゾスズシロ
　属 *Erysimum*（101），ショカツサイ属 *Orychophragmus*（101），ニオイアラセ
　イトウ属 *Cheiranthus*（101），ニワナズナ属 *Lobularia*（101），ハナハタザオ属
　Dontostemon（102），キバナハタザオ属 *Sisymbrium*（102），アラセイトウ属
　Matthiola（103），セイヨウワサビ属 *Armoracia*（103）

ビャクダン目 Santalales3
　ツチトリモチ科 Balanophoraceae …………………………… 103
　　ツチトリモチ属 *Balanophora*（103）
　ビャクダン科 Santalaceae …………………………………… 105
　　ヒノキバヤドリギ属 *Korthalsella*（105），ヤドリギ属 *Viscum*（105），ツクバネ
　　属 *Buckleya*（105），カナビキソウ属 *Thesium*（105），ビャクダン属 *Santalum*
　　（106）
　オオバヤドリギ科（マツグミ科）Loranthaceae …………… 106
　　マツグミ属 *Taxillus*（106），ホザキヤドリギ属 *Loranthus*（107）
　ボロボロノキ科 Schoepfiaceae ……………………………… 107
　　ボロボロノキ属 *Schoepfia*（107）

ナデシコ目 Caryophyllales
　ギョリュウ科 Tamaricaceae ………………………………… 107
　　ギョリュウ属 *Tamarix*（107）
　イソマツ科 Plumbaginaceae ………………………………… 107
　　ハマカンザシ属 *Armeria*（107），イソマツ属 *Limonium*（108）
　タデ科 Polygonaceae ………………………………………… 109
　　ギシギシ属 *Rumex*（109），ダイオウ属 *Rheum*（111），ジンヨウスイバ属 *Oxyria*
　　（112），ミチヤナギ属 *Polygonum*（112），イヌタデ属 *Persicaria*（113），ソバカズ
　　ラ属 *Fallopia*（122），オンタデ属 *Aconogonon*（124），イブキトラノオ属 *Bistorta*
　　（125），ソバ属 *Fagopyrum*（126），カンキチク属 *Muehlenbeckia*（126）
　モウセンゴケ科 Droseraceae ………………………………… 127
　　ムジナモ属 *Aldrovanda*（127），モウセンゴケ属 *Drosera*（127）
　ウツボカズラ科 Nepenthaceae ……………………………… 128
　　ウツボカズラ属 *Nepenthes*（128）

ナデシコ科 Caryophyllaceae ... 129
ハコベ属 *Stellaria* (129), ミミナグサ属 *Cerastium* (133), ツメクサ属 *Sagina* (134), タカネツメクサ属 *Minuartia* (135), ノミノツヅリ属 *Arenaria* (135), ヤンバルハコベ属 *Drymaria* (137), ワチガイソウ属 *Pseudostellaria* (137), ハマハコベ属 *Honckenya* (138), オオツメクサ属 *Spergula* (138), ウシオツメクサ属 *Spergularia* (139), ムギセンノウ属 *Agrostemma* (139), マンテマ属 *Silene* (139), ナデシコ属 *Dianthus* (145), カスミソウ属 *Gypsophila* (147), ドウカンソウ属 *Vaccaria* (147), サボンソウ属 *Saponaria* (148)

ヒユ科 Amaranthaceae ... 148
ケイトウ属 *Celosia* (148), イノコヅチ属 *Achyranthes* (148), ヒユ属 *Amaranthus* (149), ツルノゲイトウ属 *Alternanthera* (152), センニチコウ属 *Gomphrena* (152), イソフサギ属 *Blutaparon* (152), フダンソウ属 *Beta* (153), アカザ属 *Chenopodium* (153), アリタソウ属 *Dysphania* (155), ハマアカザ属 *Atriplex* (155), ホウレンソウ属 *Spinacia* (156), ムヒョウソウ属 *Bassia* (156), アッケシソウ属 *Salicornia* (157), マツナ属 *Suaeda* (157), オカヒジキ属 *Salsola* (158)

ハマミズナ科 Aizoaceae ... 158
メセン属 *Mesembrianthemum* (158), マツバギク属 *Lampranthus* (158), ツルナ属 *Tetragonia* (159)

ヤマゴボウ科 Phytolaccaceae ... 159
ヤマゴボウ属 *Phytolacca* (159)

オシロイバナ科 Nyctaginaceae ... 160
ナハカノコソウ属 *Boerhavia* (160), オシロイバナ属 *Mirabilis* (160)

ザクロソウ科 Molluginaceae ... 160
ザクロソウ属 *Mollugo* (160)

ヌマハコベ科 Montiaceae ... 161
ヌマハコベ属 *Montia* (161)

ツルムラサキ科 Basellaceae ... 161
ツルムラサキ属 *Basella* (161)

ハゼラン科 Talinaceae ... 161
ハゼラン属 *Talinum* (161)

スベリヒユ科 Portulacaceae ... 162
スベリヒユ属 *Portulaca* (162)

サボテン科 Cactaceae ... 163
ヒロセレウス属 *Hylocereus* (163), シャコバサボテン属 *Schlumbergera* (163), ウチワサボテン属 *Opuntia* (163)

ミズキ目 Cornales

ミズキ科 Cornaceae ... 163
サンシュユ属(ミズキ属) *Cornus* (163), ウリノキ属 *Alangium* (165)

アジサイ科 Hydrangeaceae ... 166
バイカウツギ属 *Philadelphus* (166), ウツギ属 *Deutzia* (166), バイカアマチャ属 *Platycrater* (168), アジサイ属 *Hydrangea* (168), イワガラミ属 *Schizophragma* (172), クサアジサイ属 *Cardiandra* (172), ギンバイソウ属 *Deinanthe* (172), キレンゲショウマ属 *Kirengeshoma* (173)

ツツジ目 Ericales

ツリフネソウ科 Balsaminaceae ……… 173
ツリフネソウ属 *Impatiens*（173）

ハナシノブ科 Polemoniaceae ……… 174
ハナシノブ属 *Polemonium*（174），クサキョウチクトウ属 *Phlox*（174）

サガリバナ科 Lecythidaceae ……… 175
サガリバナ属 *Barringtonia*（175），ブラジルナットノキ属 *Bertholletia*（175）

ペンタフィラクス科（モッコク科，サカキ科）Pentaphylacaceae 176
モッコク属 *Ternstroemia*（176），ヒサカキ属 *Eurya*（176），サカキ属 *Cleyera*（177）

アカテツ科 Sapotaceae ……… 177
アカテツ属 *Planchonella*（177）

カキノキ科 Ebenaceae ……… 177
カキノキ属 *Diospyros*（177）

サクラソウ科 Primulaceae ……… 179
サクラソウ属 *Primula*（179），トチナイソウ属 *Androsace*（185），サクラソウモドキ属 *Cortusa*（185），オカトラノオ属 *Lysimachia*（185），ハイハマボッス属 *Samolus*（189），ルリハコベ属 *Anagallis*（189），ホザキザクラ属 *Stimpsonia*（189），シクラメン属 *Cyclamen*（189），イワカガミダマシ属 *Soldanella*（190），イズセンリョウ属 *Maesa*（190），ヤブコウジ属 *Ardisia*（190），ツルマンリョウ属 *Myrsine*（192）

ツバキ科 Theaceae ……… 192
ツバキ属 *Camellia*（192），ナツツバキ属 *Stewartia*（194），ヒメツバキ属 *Schima*（195）

ハイノキ科 Symplocaceae ……… 195
ハイノキ属 *Symplocos*（195）

イワウメ科 Diapensiaceae ……… 198
イワウメ属 *Diapensia*（198），イワウチワ属 *Shortia*（198），イワカガミ属 *Schizocodon*（199）

エゴノキ科 Styracaceae ……… 200
アサガラ属 *Pterostyrax*（200），エゴノキ属 *Styrax*（200）

サラセニア科 Sarraceniaceae ……… 201
サラセニア属 *Sarracenia*（201）

マタタビ科 Actinidiaceae ……… 201
マタタビ属 *Actinidia*（201）

リョウブ科 Clethraceae ……… 202
リョウブ属 *Clethra*（202）

ヤッコソウ科 Mitrastemonaceae ……… 203
ヤッコソウ属 *Mitrastemon*（203）

ツツジ科 Ericaceae ……… 203
ガンコウラン属 *Empetrum*（203），ホツツジ属 *Elliottia*（203），カルミア属 *Kalmia*（204），エゾツツジ属 *Therorhodion*（204），ツツジ属 *Rhododendron*（204），ミネズオウ属 *Loiseleuria*（217），チシマツガザクラ属 *Bryanthus*（217），ツガザクラ属 *Phyllodoce*（218），イワナシ属 *Epigaea*（219），ドウダンツツジ属 *Enkianthus*

(219), イワナンテン属 *Leucothoe* (220), ハナヒリノキ属 *Eubotryoides* (221), アセビ属 *Pieris* (221), ネジキ属 *Lyonia* (221), ヤチツツジ属 *Chamaedaphne* (221), ヒメシャクナゲ属 *Andromeda* (222), ジムカデ属 *Harrimanella* (222), イワヒゲ属 *Cassiope* (222), コメバツガザクラ属 *Arcterica* (222), シラタマノキ属 *Gaultheria* (223), ウラシマツツジ属 *Arctous* (223), スノキ属 *Vaccinium* (224), ギョリュウモドキ属（カルーナ属）*Calluna* (227), イチヤクソウ属 *Pyrola* (227), コイチヤクソウ属 *Orthilia* (228), ウメガサソウ属 *Chimaphila* (228), シャクジョウソウ属 *Hypopitys* (229), ギンリョウソウモドキ属 *Monotropa* (229), ギンリョウソウ属 *Monotropastrum* (229)

クロタキカズラ目 Icacinales
クロタキカズラ科 Icacinaceae ·········· 230
クロタキカズラ属 *Hosiea* (230), クサミズキ属 *Nothapodytes* (230)

ガリア目 Garryales
ガリア科（アオキ科）Garryaceae ·········· 230
アオキ属 *Aucuba* (230)

リンドウ目 Gentianales
アカネ科 Rubiaceae ·········· 230
オオフタバムグラ属 *Diodia* (230), ハシカグサ属 *Neanotis* (231), フタバムグラ属 *Oldenlandia* (231), ソナレムグラ属 *Hedyotis* (231), サツマイナモリ属 *Ophiorrhiza* (232), カギカズラ属 *Uncaria* (232), タニワタリノキ属 *Adina* (232), ヘツカニガキ属 *Sinoadina* (233), カエンソウ属 *Manettia* (233), コンロンカ属 *Mussaenda* (233), ギョクシンカ属 *Tarenna* (234), ミサオノキ属 *Aidia* (234), クチナシ属 *Gardenia* (234), アカミズキ属 *Wendlandia* (235), ヤエヤマアオキ属 *Morinda* (235), ボチョウジ属 *Psychotria* (236), ルリミノキ属 *Lasianthus* (236), ヘクソカズラ属 *Paederia* (237), シチョウゲ属 *Leptodermis* (237), イナモリソウ属 *Pseudopyxis* (237), ハクチョウゲ属 *Serissa* (238), ツルアリドオシ属 *Mitchella* (238), アリドオシ属 *Damnacanthus* (239), ヤエムグラ属 *Galium* (239), アカネ属 *Rubia* (244), コーヒーノキ属 *Coffea* (245), キナノキ属 *Cinchona* (245), トコン属 *Cephaelis* (246), ヤマトグサ属 *Theligonum* (246)

リンドウ科 Gentianaceae ·········· 246
ツルリンドウ属 *Tripterospermum* (246), リンドウ属 *Gentiana* (246), ホソバノツルリンドウ属 *Pterygocalyx* (250), チチブリンドウ属 *Gentianopsis* (250), チシマリンドウ属 *Gentianella* (251), サンプクリンドウ属 *Comastoma* (251), トルコギキョウ属 *Eustoma* (252), ヒメセンブリ属 *Lomatogonium* (252), センブリ属 *Swertia* (252), ハナイカリ属 *Halenia* (254)

マチン科 Loganiaceae ·········· 255
マチン属 *Strychnos* (255), オガサワラモクレイシ属 *Geniostoma* (255), アイナエ属 *Mitrasacme* (255), ホウライカズラ属 *Gardneria* (256)

キョウチクトウ科 Apocynaceae ·········· 256
イケマ属 *Cynanchum* (256), カモメヅル属 *Vincetoxicum* (256), オオカモメヅル属 *Tylophora* (259), ガガイモ属 *Metaplexis* (260), トウワタ属 *Asclepias* (260), キジョラン属 *Marsdenia* (261), シタキソウ属 *Jasminanthes* (261), サクララン属 *Hoya* (261), スタペリア属 *Stapelia* (261), チョウジソウ属 *Amsonia* (262), バシクルモン属 *Apocynum* (262), ニチニチソウ属 *Catharanthus* (262),

ツルニチニチソウ属 *Vinca*（262），サカキカズラ属 *Anodendron*（263），テイカカズラ属 *Trachelospermum*（263），アリアケカズラ属 *Allamanda*（263），キョウチクトウ属 *Nerium*（263），キバナキョウチクトウ属 *Thevetia*（264），インドソケイ属 *Plumeria*（264），ヤロード属 *Ochrosia*（264）

ムラサキ目 Boraginales
ムラサキ科 Boraginaceae ………………………………………………… 264
カキバチシャノキ属 *Cordia*（264），チシャノキ属 *Ehretia*（265），ルリソウ属 *Omphalodes*（265），オオルリソウ属 *Cynoglossum*（266），キダチルリソウ属 *Heliotropium*（267），ミヤマムラサキ属 *Eritrichium*（268），ハナイバナ属 *Bothriospermum*（268），ヒレハリソウ属 *Symphytum*（268），ワスレナグサ属 *Myosotis*（269），ムラサキ属 *Lithospermum*（269），サワルリソウ属 *Ancistrocarya*（270），キュウリグサ属 *Trigonotis*（270），ハマベンケイソウ属 *Mertensia*（271），ルリカラクサ属 *Nemophila*（272）

ナス目 Solanales
ヒルガオ科 Convolvulaceae ……………………………………………… 272
ヒルガオ属 *Calystegia*（272），セイヨウヒルガオ属 *Convolvulus*（273），サツマイモ属 *Ipomoea*（273），アオイゴケ属 *Dichondra*（275），ネナシカズラ属 *Cuscuta*（276）
ナス科 Solanaceae ……………………………………………………… 277
バンマツリ属 *Brunfelsia*（277），オオセンナリ属 *Nicandra*（277），クコ属 *Lycium*（277），ハシリドコロ属 *Scopolia*（278），ヒヨス属 *Hyoscyamus*（278），ホオズキ属 *Physalis*（278），イガホオズキ属 *Physaliastrum*（279），ハダカホオズキ属 *Tubocapsicum*（280），メジロホオズキ属 *Lycianthes*（280），ナス属 *Solanum*（280），トウガラシ属 *Capsicum*（284），チョウセンアサガオ属 *Datura*（285），キダチチョウセンアサガオ属 *Brugmansia*（286），タバコ属 *Nicotiana*（286），ツクバネアサガオ属 *Petunia*（287），ギンパイソウ属 *Nierembergia*（287）

シソ目 Lamiales
モクセイ科 Oleaceae …………………………………………………… 287
トネリコ属 *Fraxinus*（287），レンギョウ属 *Forsythia*（289），ハシドイ属 *Syringa*（289），ヒトツバタゴ属 *Chionanthus*（290），イボタノキ属 *Ligustrum*（290），モクセイ属 *Osmanthus*（292），ソケイ属 *Jasminum*（294），オリーブ属 *Olea*（295）
キンチャクソウ科 Calceolariaceae ……………………………………… 295
キンチャクソウ属 *Calceolaria*（295）
イワタバコ科 Gesneriaceae ……………………………………………… 295
オオイワギリソウ属 *Sinningia*（295），シシンラン属 *Lysionotus*（296），イワタバコ属 *Conandron*（296），イワギリソウ属 *Opithandra*（296），ヤマビワソウ属 *Rhynchotechum*（296），ミズビワソウ属 *Cyrtandra*（297），ツノギリソウ属 *Hemiboea*（297），マツムラソウ属 *Titanotrichum*（297），ナガミカズラ属 *Aeschynanthus*（297），アフリカスミレ属 *Saintpaulia*（298）
オオバコ科 Plantaginaceae ……………………………………………… 298
オオバコ属 *Plantago*（298），ヒシモドキ属 *Trapella*（299），ウルップソウ属 *Lagotis*（299），キクガラクサ属 *Ellisiophyllum*（300），ウンラン属 *Linaria*（300），マツバウンラン属 *Nuttallanthus*（301），キンギョソウ属 *Antirrhinum*（301），ジャコウソウモドキ属 *Chelone*（301），ツリガネヤナギ属 *Penstemon*（301），イワブクロ属 *Pennellianthus*（302），オオアブノメ属 *Gratiola*（302），サワトウガラシ

属 *Deinostema*（302），スズメノハコベ属 *Microcarpaea*（303），キタミソウ属 *Limosella*（303），シソクサ属 *Limnophila*（303），アブノメ属 *Dopatrium*（304），クワガタソウ属 *Veronica*（304），クガイソウ属 *Veronicastrum*（310），ジギタリス属 *Digitalis*（311），アワゴケ属 *Callitriche*（311），スギナモ属 *Hippuris*（312）

ゴマノハグサ科 Scrophulariaceae 312
ハマジンチョウ属 *Myoporum*（312），モウズイカ属 *Verbascum*（313），ゴマノハグサ属 *Scrophularia*（313），フジウツギ属 *Buddleja*（314）

アゼナ科（アゼトウガラシ科）Linderniaceae 315
アゼナ属 *Lindernia*（315）

ゴマ科 Pedaliaceae 316
ゴマ属 *Sesamum*（316）

シソ科 Lamiaceae（Labiatae）............ 316
ハナトラノオ属 *Physostegia*（316），サヤバナ属 *Plectranthus*（317），ルリハッカ属 *Amethystea*（317），キランソウ属 *Ajuga*（317），ニガクサ属 *Teucrium*（319），マンネンロウ属 *Rosmarinus*（320），タツナミソウ属 *Scutellaria*（320），ヤンバルツルハッカ属 *Leucas*（324），ムシャリンドウ属 *Dracocephalum*（324），イヌハッカ属 *Nepeta*（325），ラショウモンカズラ属 *Meehania*（325），カキドオシ属 *Glechoma*（326），カワミドリ属 *Agastache*（326），ウツボグサ属 *Prunella*（326），ジャコウソウ属 *Chelonopsis*（327），オドリコソウ属 *Lamium*（327），ヒメキセワタ属 *Matsumurella*（328），ヤマジオウ属 *Ajugoides*（328），マネキグサ属 *Loxocalyx*（329），チシマオドリコソウ属 *Galeopsis*（329），メハジキ属 *Leonurus*（329），イヌゴマ属 *Stachys*（330），アキギリ属 *Salvia*（330），ヤグルマハッカ属 *Monarda*（333），クルマバナ属 *Clinopodium*（334），イブキジャコウソウ属 *Thymus*（335），シロネ属 *Lycopus*（336），ハッカ属 *Mentha*（337），シソ属 *Perilla*（338），イヌコウジュ属 *Mosla*（339），スズコウジュ属 *Perillula*（340），ナギナタコウジュ属 *Elsholtzia*（340），シモバシラ属 *Keiskea*（340），ヒゲオシベ属 *Pogostemon*（341），テンニンソウ属 *Comanthosphace*（341），ヤマハッカ属 *Isodon*（342），カイガラソウ属 *Molucella*（344），チークノキ属 *Tectona*（344），ムラサキシキブ属 *Callicarpa*（344），ハマゴウ属 *Vitex*（347），クサギ属 *Clerodendrum*（347），ハマクサギ属 *Premna*（348），カリガネソウ属 *Tripora*（348），ダンギク属 *Caryopteris*（349）

サギゴケ科 Mazaceae 349
サギゴケ属 *Mazus*（349）

ハエドクソウ科 Phrymaceae 350
ハエドクソウ属 *Phryma*（350），ミゾホオズキ属 *Mimulus*（350）

キリ科 Paulowniaceae 350
キリ属 *Paulownia*（350）

ジオウ科 Rehmanniaceae 351
ジオウ属 *Rehmannia*（351）

ハマウツボ科 Orobanchaceae 351
ハマウツボ属 *Orobanche*（351），オニク属 *Boschniakia*（352），ホンオニク属 *Cistanche*（352），ナンバンギセル属 *Aeginetia*（352），キヨスミウツボ属 *Phacellanthus*（353），ゴマクサ属 *Centranthera*（353），コゴメグサ属 *Euphrasia*（353），オクエゾガラガラ属 *Rhinanthus*（354），シオガマギク属 *Pedicularis*（354），ママコナ属 *Melampyrum*（357），コシオガマ属 *Phtheirospermum*（358），ヒキ

ヨモギ属 *Siphonostegia*（358），クチナシグサ属 *Monochasma*（359），ヤマウツボ属 *Lathraea*（359）

タヌキモ科 Lentibulariaceae ……………………………………………… 359
ムシトリスミレ属 *Pinguicula*（359），タヌキモ属 *Utricularia*（360）

キツネノマゴ科 Acanthaceae ……………………………………………… 362
ヤハズカズラ属 *Thunbergia*（362），オギノツメ属 *Hygrophila*（362），イセハナビ属 *Strobilanthes*（362），ハアザミ属 *Acanthus*（363），ハグロソウ属 *Peristrophe*（364），ヤンバルハグロソウ属 *Dicliptera*（364），キツネノマゴ属 *Justicia*（364），アリモリソウ属 *Codonacanthus*（365），ヒルギダマシ属 *Avicennia*（365）

ノウゼンカズラ科 Bignoniaceae ……………………………………………… 365
キササゲ属 *Catalpa*（365），ノウゼンカズラ属 *Campsis*（366），ソケイノウゼン属 *Pandorea*（366），キリモドキ属 *Jacaranda*（366）

クマツヅラ科 Verbenaceae ……………………………………………… 367
シチヘンゲ属 *Lantana*（367），コウスイボク属 *Aloysia*（367），イワダレソウ属 *Phyla*（367），クマツヅラ属 *Verbena*（367），ビジョザクラ属 *Glandularia*（368），ナガボソウ属 *Stachytarpheta*（368）

ツノゴマ科 Martyniaceae ……………………………………………… 368
ツノゴマ属 *Proboscidea*（368）

モチノキ目 Aquifoliales

ハナイカダ科 Helwingiaceae ……………………………………………… 368
ハナイカダ属 *Helwingia*（368）

モチノキ科 Aquifoliaceae ……………………………………………… 369
モチノキ属 *Ilex*（369）

キク目 Asterales

キキョウ科 Campanulaceae ……………………………………………… 375
ホタルブクロ属 *Campanula*（375），ツリガネニンジン属 *Adenophora*（377），キキョウソウ属 *Triodanis*（381），シデシャジン属 *Asyneuma*（381），タニギキョウ属 *Peracarpa*（381），ヒナギキョウ属 *Wahlenbergia*（382），ツルニンジン属 *Codonopsis*（382），タンゲブ属 *Cyclocodon*（383），キキョウ属 *Platycodon*（383），ミゾカクシ属 *Lobelia*（383）

ミツガシワ科 Menyanthaceae ……………………………………………… 384
ミツガシワ属 *Menyanthes*（384），アサザ属 *Nymphoides*（385），イワイチョウ属 *Nephrophyllidium*（385）

クサトベラ科 Goodeniaceae ……………………………………………… 385
クサトベラ属 *Scaevola*（385）

キク科 Asteraceae（Compositae） ……………………………………………… 386
モミジハグマ属 *Ainsliaea*（386），センボンヤリ属 *Leibnitzia*（388），ガーベラ属 *Gerbera*（388），アフリカキンセンカ属 *Dimorphotheca*（388），コウヤボウキ属 *Pertya*（389），ストケシア属 *Stokesia*（390），ヌマダイコン属 *Adenostemma*（391），カッコウアザミ属 *Ageratum*（391），ヒヨドリバナ属 *Eupatorium*（391），ユリアザミ属 *Liatris*（393），アキノキリンソウ属 *Solidago*（393），ブクリョウサイ属 *Dichrocephala*（394），コケセンボンギク属 *Lagenophora*（394），ハゴロモギク属 *Arctotis*（394），ヒナギク属 *Bellis*（395），エゾギク属 *Callistephus*（395），シオン属 *Aster*（395），ヒメシオン属 *Turczaninovia*（402），ウラギク属 *Tripolium*（402），ホウキギク属 *Symphyotrichum*（403），アメリカギク属 *Boltonia*（403），

ムカシヨモギ属 *Erigeron*（404），イズハハコ属 *Eschenbachia*（406），ウスユキソウ属 *Leontopodium*（407），ヤマハハコ属 *Anaphalis*（408），エゾノチチコグサ属 *Antennaria*（409），ハハコグサ属 *Pseudognaphalium*（410），チチコグサ属 *Euchiton*（410），チチコグサモドキ属 *Gamochaeta*（410），ムギワラギク属 *Xerochrysum*（411），カイザイク属 *Ammobium*（411），オグルマ属 *Inula*（411），ヤブタバコ属 *Carpesium*（412），キンケイギク属 *Coreopsis*（414），ダリア属 *Dahlia*（415），コスモス属 *Cosmos*（415），センダングサ属 *Bidens*（416），メナモミ属 *Sigesbeckia*（418），タカサブロウ属 *Eclipta*（418），オオハンゴンソウ属 *Rudbeckia*（418），キダチハマグルマ属 *Melanthera*（419），アメリカハマグルマ属 *Sphagneticola*（419），ニトベギク属 *Tithonia*（420），コゴメギク属 *Galinsoga*（420），ヒマワリ属 *Helianthus*（420），センニチモドキ属 *Acmella*（421），ブタクサ属 *Ambrosia*（421），オナモミ属 *Xanthium*（422），ヒャクニチソウ属 *Zinnia*（422），ギンケンソウ属 *Argyroxiphium*（423），ダンゴギク属 *Helenium*（423），テンニンギク属 *Gaillardia*（423），コウオウソウ属（マンジュギク属）*Tagetes*（424），ノコギリソウ属 *Achillea*（424），トキンソウ属 *Centipeda*（425），キク属 *Chrysanthemum*（425），ハマギク属 *Nipponanthemum*（430），フランスギク属 *Leucanthemum*（430），モクシュンギク属 *Argyranthemum*（431），シュンギク属 *Xanthophthalmum*（431），ヨモギギク属 *Tanacetum*（431），ローマカミツレ属 *Chamaemelum*（432），コシカギク属 *Matricaria*（432），シカギク属 *Tripleurospermum*（433），ヨモギ属 *Artemisia*（433），ノブキ属 *Adenocaulon*（439），ウサギギク属 *Arnica*（440），サンシチソウ属 *Gynura*（441），オカオグルマ属 *Tephroseris*（441），ノボロギク属 *Senecio*（442），サワギク属 *Nemosenecio*（443），フウキギク属 *Pericallis*（444），メタカラコウ属 *Ligularia*（444），フキ属 *Petasites*（446），ツワブキ属 *Farfugium*（446），コウモリソウ属 *Parasenecio*（446），オオモミジガサ属 *Miricacalia*（450），ヤブレガサ属 *Syneilesis*（450），ベニニガナ属 *Emilia*（451），ベニバナボロギク属 *Crassocephalum*（451），タケダグサ属 *Erechtites*（452），キンセンカ属 *Calendula*（452），ゴボウ属 *Arctium*（453），ヒレアザミ属 *Carduus*（453），アーティチョーク属 *Cynara*（453），アザミ属 *Cirsium*（453），トウヒレン属 *Saussurea*（462），キツネアザミ属 *Hemisteptia*（466），ヤマボクチ属 *Synurus*（466），タムラソウ属 *Serratula*（467），ヤグルマギク属 *Centaurea*（467），アザミヤグルマギク属 *Plectocephalus*（468），ベニバナ属 *Carthamus*（468），オケラ属 *Atractylodes*（468），ヒゴタイ属 *Echinops*（468），キクニガナ属 *Cichorium*（469），バラモンジン属 *Tragopogon*（469），フタナミソウ属 *Scorzonera*（470），ブタナ属 *Hypochaeris*（470），コウゾリナ属 *Picris*（471），ノゲシ属 *Sonchus*（471），ヤナギタンポポ属 *Hieracium*（472），スイラン属 *Hololeion*（472），フクオウソウ属 *Nabalus*（473），チシャ属 *Lactuca*（473），ムラサキニガナ属 *Paraprenanthes*（475），ヤブタビラコ属 *Lapsanastrum*（475），ニガナ属 *Ixeridium*（476），ノニガナ属 *Ixeris*（477），タンポポ属 *Taraxacum*（478），フタマタタンポポ属 *Crepis*（480），オニタビラコ属 *Youngia*（481），アゼトウナ属 *Crepidiastrum*（481）

マツムシソウ目 Dipsacales

レンプクソウ科 Adoxaceae ·············· 484
レンプクソウ属 *Adoxa*（484），ニワトコ属 *Sambucus*（484），ガマズミ属 *Viburnum*（485）

スイカズラ科 Caprifoliaceae ·············· 488
ナベナ属 *Dipsacus*（488），マツムシソウ属 *Scabiosa*（489），オミナエシ属 *Patrinia*

(490), ベニカノコソウ属 *Centranthus*（491）, ノヂシャ属 *Valerianella*（492）, カノコソウ属 *Valeriana*（492）, ツキヌキソウ属 *Triosteum*（492）, リンネソウ属 *Linnaea*（493）, ツクバネウツギ属 *Abelia*（493）, イワツクバネウツギ属 *Zabelia*（494）, スイカズラ属 *Lonicera*（494）, ウコンウツギ属 *Macrodiervilla*（499）, タニウツギ属 *Weigela*（500）

セリ目 Apiales

トベラ科 Pittosporaceae ……………………………………………………… 502
トベラ属 *Pittosporum*（502）

ウコギ科 Araliaceae …………………………………………………………… 504
チドメグサ属 *Hydrocotyle*（504）, ヤツデ属 *Fatsia*（505）, カミヤツデ属 *Tetrapanax*（506）, フカノキ属 *Schefflera*（506）, エゾウコギ属 *Eleutherococcus*（506）, コシアブラ属 *Chengiopanax*（508）, ハリブキ属 *Oplopanax*（508）, ハリギリ属 *Kalopanax*（508）, タカノツメ属 *Gamblea*（509）, カクレミノ属 *Dendropanax*（509）, キヅタ属 *Hedera*（509）, タラノキ属 *Aralia*（510）, トチバニンジン属 *Panax*（511）

セリ科 Apiaceae（Umbelliferae）……………………………………………… 511
ツボクサ属 *Centella*（511）, ウマノミツバ属 *Sanicula*（511）, シャク属 *Anthriscus*（512）, ヤブニンジン属 *Osmorhiza*（513）, ヤブジラミ属 *Torilis*（513）, コエンドロ属 *Coriandrum*（513）, カサモチ属 *Nothosmyrnium*（514）, ホタルサイコ属 *Bupleurum*（514）, エキサイゼリ属 *Apodicarpum*（515）, ドクゼリ属 *Cicuta*（515）, ドクニンジン属 *Conium*（515）, イワセントウソウ属 *Pternopetalum*（516）, シムラニンジン属 *Pterygopleurum*（516）, ミツバグサ属 *Pimpinella*（516）, カノツメソウ属 *Spuriopimpinella*（516）, エゾボウフウ属 *Aegopodium*（517）, ムカゴニンジン属 *Sium*（517）, セロリ属 *Apium*（518）, ミツバ属 *Cryptotaenia*（518）, セントウソウ属 *Chamaele*（519）, イブキボウフウ属 *Libanotis*（519）, セリ属 *Oenanthe*（519）, オランダミツバ属 *Petroselinum*（520）, ウイキョウ属 *Foeniculum*（520）, イノンド属 *Anethum*（520）, マルバトウキ属 *Ligusticum*（520）, ハマゼリ属 *Cnidium*（521）, シラネニンジン属 *Tilingia*（521）, オオカサモチ属 *Pleurospermum*（522）, シシウド属 *Angelica*（522）, ヤマゼリ属 *Ostericum*（528）, エゾノシシウド属 *Coelopleurum*（528）, ミヤマセンキュウ属 *Conioselinum*（529）, セリモドキ属 *Dystaenia*（529）, ハマボウフウ属 *Glehnia*（529）, ハクサンボウフウ属 *Peucedanum*（530）, カワラボウフウ属 *Kitagawia*（530）, アメリカボウフウ属 *Pastinaca*（530）, ハナウド属 *Heracleum*（531）, ボウフウ属 *Saposhnikovia*（531）, ニンジン属 *Daucus*（531）

植物用語図解 ………………………………………………………………………… 532
植物観察のポイント ………………………………………………………………… 539
植物標本の作り方 …………………………………………………………………… 545
和名索引 ……………………………………………………………………………… 553
学名索引　INDEX ………………………………………………………………… 610

凡　例

1．この図鑑は一般植物愛好者や学生をはじめ，学校における生物授業参考用，緑化行政関係者，園芸業者，造園家などの実務家の資料として役立つように，携帯性を重視して編纂した。原色図版は，原則として弊社刊『APG原色牧野植物大図鑑』（全2巻；邑田仁・米倉浩司編，2012・2013）より改訂・再録した。第Ⅱ巻にはフウロソウ科からセリ科までの合計2068種（品種などを含む）を収録した。

　なお，スタンダード版全2巻は新しい分類体系のもとで一体的に利用していただくために種番号を第Ⅰ巻から第Ⅱ巻まで通し番号とした。従って，第Ⅱ巻の種番号は2253から4320となっている。また，本書（第Ⅱ巻）の巻末に第Ⅰ巻を含めた総合索引を付した。

2．この図鑑に収録されている植物種は，日本に自生し一般によく知られている野生植物（草本と木本）を第一に選び，それに代表的な栽培植物，帰化植物を加えてある。

3．この図鑑のねらいは彩色図版におかれているため，種の説明は一般読者に必要と思われる最小限の知識に止めてある。また，種の説明の内容は原則として，分布（国外，国内），生態，形態，和名の由来，の順となっている。なお，より詳しい記載と学名の意味を知りたい方はぜひ弊社刊の『新牧野日本植物圖鑑』（2008）を併用されたい。そのために各種ごとに『新牧野日本植物圖鑑』（新牧）の図版番号を付した。

4．この図鑑における目，科の分類は『APG原色牧野植物大図鑑』で採用した配列―裸子植物についてはP. F. Stevens「Angiosperm Phylogeny Website Version 9」（http://www.mobot.org/MOBOT/research/Apweb/.）［2011年12月現在］，被子植物についてはHaston et al.（2009）によるLAPG Ⅲ分類体系（Angiosperm Phylogeny Group 2009）―に従ったが，一部，弊社刊『維管束植物分類表』（米倉浩司, 2013）にもとづき改訂を加えた。

5．この図鑑に出てくる植物名，本文ともすべて新仮名づかい，常用漢字，略字を使用しているが，漢名に限って旧漢字を使用している場合がある。学名の書体はイタリックとし，ランクの表示（subsp.　var.　f.　など）と命名者名は立体で表示した。原則として，和名は『新牧野日本植物圖鑑』，学名は，弊社刊『日本維管束植物目録』（米倉浩司, 2012）に従っている。

6．巻末に付録として「植物用語図解」,「植物観察のポイント」および「植物標本の作り方」を付した。

スタンダード版
APG牧野植物図鑑 Ⅱ

〔フウロソウ科〜セリ科〕

第Ⅰ巻（ソテツ科〜オトギリソウ科）
※種番号1〜2252までを収載
第Ⅱ巻（フウロソウ科〜セリ科）
※種番号2253〜4320までを収載

スタンダード版
APG牧野植物図鑑 II

2253. ゲンノショウコ（ミコシグサ）　〔フウロソウ属〕
Geranium thunbergii Siebold ex Lindl. et Paxton
　北海道から九州までの全域と南千島，朝鮮半島，台湾，中国に分布し，山野にふつうにはえる多年草。茎は地をはうか，やや直立し，長さ20〜50cm。葉は初め暗紫色の斑点がある。花は夏から秋に咲き，東日本では白色に近い淡紫色，西日本では紅紫色で径1〜1.5cm。陰干しにした葉を煎じたものは下痢止めの薬として有名。和名は現の証拠という意味で薬効が顕著なことに基づく。

2254. コフウロ　〔フウロソウ属〕
Geranium tripartitum R.Knuth
　本州，四国，九州，および済州島に分布し，山地の木かげにはえる多年草。茎は細く弱々しく，斜上し高さ15〜45cmで毛がある。葉は互生し，3全裂し，側裂片はしばしば2裂する。根生葉の葉柄は長さ8〜15cm，托葉は小さい。花は夏から初秋に咲き，径1〜1.5cm，ゲンノショウコに似て淡紅色または白色。和名小風露（こふうろ）。

2255. ミツバフウロ（フシダカフウロ）　〔フウロソウ属〕
Geranium wilfordii Maxim.
　北海道から九州までの各地，および朝鮮半島，中国，アムールの温帯から暖帯に分布し，山野にはえる多年草。茎の下部は横にはい，高さ40〜80cm，各節は高く目立つ。葉は見かけ上対生，3深裂し長柄がある。花は夏から秋に咲き，径1〜1.5cmで長い花柄の先につく。和名は葉の形に基づく。また別名節高風露は節が目立つことに由来する。

2256. イチゲフウロ　〔フウロソウ属〕
Geranium sibiricum L.
　東北地方と北海道，および千島列島，サハリン，朝鮮半島，さらに中国，シベリア，ヨーロッパ東部の温帯に分布。道ばたの草地に雑草としてはえる多年草。長いゴボウ状の主根があり，茎や葉柄に逆向きの毛がある。葉は幅2〜7cm，両面に毛がある。花は夏に咲き，淡紅色または白色，径8〜10mm。さく果は長さ1.5cm位，上向く。和名一華風露は1花柄に1花をつけることから。

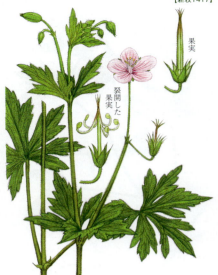

2257. タチフウロ 〔フウロソウ属〕
Geranium krameri Franch. et Sav.
　中部地方，四国，九州，および朝鮮半島，中国北部・東北部，アムールに分布。日当たりのよい山野にはえる多年草。茎は直立し，高さ60〜80cm，節が高く毛がある。根生葉は長柄があり，径5〜9cmで両面に毛がある。花は晩夏から初秋に咲き，径2.5〜3cm，花弁の基部に毛がある。花後，小花柄は曲がり，さく果を直立する。和名立風露は茎が直立するところから。

2258. グンナイフウロ 〔フウロソウ属〕
Geranium onoei Franch. et Sav. var. *onoei*
　中部地方以北と北海道に分布し，山の草地にはえる多年草。茎は直立し高さ30〜50cm，茎や葉に長い開出する毛がある。葉は互生し，長さ6〜12cmで，根生葉には長柄がある。花は初夏から夏に咲き，径2.5cm位，雄しべには長い毛がある。和名郡内風露は山梨県の南北都留郡地方をかつて郡内といい，この地方で見つけられたことに基づく。

2259. チシマフウロ 〔フウロソウ属〕
Geranium erianthum DC.
　東北地方，北海道，および千島，サハリン，カムチャツカ，東シベリア，さらにアラスカ，北アメリカ西北部の寒帯に広く分布し，山地にはえる多年草。茎は直立し高さ20〜45cm，下向きの短毛がはえる。根生葉には長柄がある。葉は長さ4〜9cm，両面に毛がある。花は初夏に咲き，径2.5〜3cm。がくは長い腺毛がある。

2260. トカチフウロ 〔フウロソウ属〕
Geranium erianthum DC. var. *erianthum* f. *pallescens* Nakai
　北海道に産するチシマフウロの淡色型。低山帯の適湿な草地にはえる多年草。高さ20〜50cm，葉は掌状に5〜7裂し，裂片はさらに細裂。上部の茎葉は見かけ上対生，托葉は膜質で褐色，狭三角形。花は径2〜3cm，5弁で倒卵形，淡紅紫から白色。さく果は花柱分枝を含め長さ約3cm。

2261. エゾフウロ（イブキフウロ）〔フウロソウ属〕
Geranium yesoense Franch. et Sav. var. *yesoense*
中部地方以北の山地の草地にはえる多年草。高さ30〜80 cm。茎や葉柄には斜め下向きの粗毛がある。花は夏、花柄に2花ずつつけ、径2.5〜4 cm。花柄やがくに白い開出する粗毛を密生する。果時に花柄は下を向く。別名は滋賀県伊吹山に産することによるが、フウロソウのうちで特に花弁の先が3浅裂したまれにはえるものをいう。

2262. アカヌマフウロ（ハクサンフウロ）〔フウロソウ属〕
Geranium yesoense Franch. et Sav. var. *nipponicum* Nakai
本州中部以北の山地にはえる多年草。高さ30〜80 cm、茎はかすかな毛がある。根生葉は長柄がある。葉は対生、径3〜10 cm、両面とも毛がある。花は夏、頂に花梗を出し1〜3個の紅紫色花がつく。果実は残った花柱も含めて長さ3 cm位。熟すと5個の分果となり離れ、1分果には1個の種子がある。和名は栃木県日光赤沼原に多いことによる。

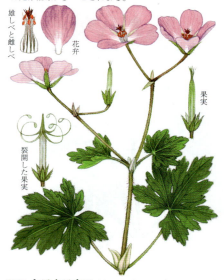

2263. ビッチュウフウロ（キビフウロ）〔フウロソウ属〕
Geranium yoshinoi Makino ex Nakai
中部地方南部以西、特に中国地方の山地にはえる多年草。茎は高さ40〜70 cm、逆向きの伏毛が散生、下部はほとんど無毛。葉は表面と裏面脈上に細かい毛がある。花は夏、花柄上に淡紅紫色の2花をつけ、径1.5〜2.5 cmの5弁花。花柄の下部に長い毛がある。さく果は長さ1.5〜2 cm。和名は岡山県、昔の備中国で初めて発見されたため。

2264. シコクフウロ（イヨフウロ）〔フウロソウ属〕
Geranium shikokianum Matsum. var. *shikokianum*
中部地方南部以西、四国、九州の深山にはえる多年草。高さ30〜70 cm。茎は直立し、開出毛や斜上毛があり、多少赤い。葉は見かけ上対生し、径3〜10 cm、葉柄の基部の托葉は大きく膜質で合着する。花は夏、紅紫色で径2.5〜3 cm、花序は2花からなり上を向く。さく果は熟したときに触ると裂開する。和名は四国産の標本に基づいて命名されたため。

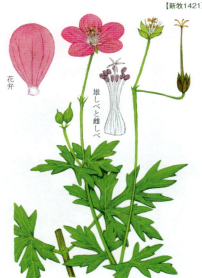

2265. アサマフウロ　〔フウロソウ属〕
Geranium soboliferum Kom.
var. *hakusanense* (Matsum.) Kitag.

中部地方および朝鮮半島から中国東北部の温帯に分布。湿った山地の草原にまれにはえる多年草。根茎は短く肥厚し太い根を多く出す。茎や葉柄には逆向きの伏毛だけがあり下部は無毛。托葉は合着しやや草質、長さ4〜11mm。花は晩夏、径3〜4cm、濃紅紫色の2花をつける。果柄は果時直立。和名は長野県浅間山麓に多産するから。

2266. ヒメフウロ　（シオヤキソウ）　〔フウロソウ属〕
Geranium robertianum L.

北半球と南アメリカの温帯に広く分布し、愛知・三重・滋賀の各県、四国の剣山の石灰岩地にはえる越年草。全体に軟らかい。茎は高さ20〜60cm、腺毛があって一種の独特なにおいがある。花は晩春から夏。和名姫風露（ひめふうろ）は葉が細かく裂けていて、花が小さくかわいらしいことによる。別名は塩を焼いたようなにおいがするため。

2267. アメリカフウロ　〔フウロソウ属〕
Geranium carolinianum L.

北米原産の1年草または2年草。アメリカ合衆国の東北部から南はフロリダ、西はカリフォルニアまで広がっている。高さ20〜80cm。茂みをつくるほどの大株になる。葉はほぼ円形で径2〜7cm、掌状に5深裂したのち各裂片はさらに羽状に裂ける。花は初夏から夏、枝先に枝分かれする花序を出し数個の花をつける。花は淡紅色で花弁5枚。花序の軸には長軟毛に混じって短い腺毛もある。

2268. オランダフウロ　〔オランダフウロ属〕
Erodium cicutarium (L.) L'Hér.

ヨーロッパ原産。江戸時代（18世紀）に渡来し、庭園に栽培され、また各地で帰化している1年または越年草。高さ10〜50cm、多く分枝し、やや長い毛でおおわれる。茎は斜めに立ち、あるいは地面に伏せる。葉は長さ3〜15cm、羽状に全裂。花は春から夏、淡紅色花。分果は基部からはずれて、螺旋状に巻き上がる。

2269. テンジクアオイ　〔テンジクアオイ属〕
Pelargonium inquinans (L.) Aiton

南アフリカ原産。観賞用として栽培される小低木状の多年草。高さ30〜150 cm。茎は強壮で多肉質，切ると一種の青臭いにおいがある。花は四季咲き，濃い赤色，白色，バラ色などの花を咲かせる。つぼみは下向く。和名天竺葵の天竺はインドの古名で異国から輸入されたことを示し，その原産でも，その国から入ったものでもない。園芸界では一般にゼラニウムと呼ぶ。

2270. モンテンジクアオイ　〔テンジクアオイ属〕
Pelargonium zonale (L.) Aiton

南アフリカ原産。観賞用として鉢などに植えられる小低木状の多年草。高さ30〜80 cm，茎は多少肉質で直立し，毛はあったりなかったりする。葉は互生。花は夏，葉腋に長さ10〜20 cmの花梗を出し，花柄のある濃赤色花を散形につける。葉形，葉の模様など多くの品種がある。和名は葉面にある環状の模様（紋（もん））に基づく。

2271. キクバテンジクアオイ　〔テンジクアオイ属〕
Pelargonium radens H.E.Moore

南アフリカ原産。観賞用として庭園に栽培される低木状の多年草。茎は直立し，高さ1 m位，長い毛があり，下部では葉が落ちてなくなる。葉は互生，径3〜7 cm，表面には粗毛，裏面には軟毛がはえる。よいにおいがあり，蒸留して香料を取る。花は夏，花色はバラ色で径4 cm位。和名は葉の切れ込みをキクの葉に見立てたもの。

2272. シクンシ　〔シクンシ属〕
Quisqualis indica L.

中国南部の暖地にはえる。日本に自生はなく，わずかに温室や暖地に植えられる常緑つる植物。茎は長くからみつく。葉は対生し，毛がある。毛がないインドシクンシを母種として，その変種とすることもある。夏，茎の先端に柄のない5弁花を対生し，花柄は湾曲して下向きに開く。和名は漢名使君子の音読み。

2273. モモタマナ　〔モモタマナ属〕
Terminalia catappa L.

　旧大陸熱帯に広く分布し，沖縄と小笠原諸島にはえる落葉性高木。高さ 20 m 以上になる。枝が横に広がり独特の樹形をなす。葉は互生し，長さ 20～25 cm，先端は円頭形で全縁。花は小形で花序の上部に雄花，下部に両性花をつける。がくは筒があり，裂片は5枚で花弁はない。果実は核果でモモの核に似た扁平なだ円形。花に比べ非常に大形である。

2274. ヒルギモドキ　〔ヒルギモドキ属〕
Lumnitzera racemosa Willd.

　沖縄本島以南の熱帯や亜熱帯海岸で，マングローブをつくる低木または高木。葉は互生し，長さ 3～7 cm で倒卵形。質は多肉で全縁。花序は総状花序で葉腋につき長さ 5 cm ほどになる。白い花で約 1 cm，長いがく筒がある。花弁は長だ円形で白色，がく裂片と互生する。果実は緑色で長だ円形である。

2275. ザクロ　〔ザクロ属〕
Punica granatum L.

　西アジア地方の原産。日本には平安時代に渡来し，薬用または観賞用として栽培される落葉高木。高さ 10 m。幹はよく分枝し，若い枝には4稜があり短枝はとげになる。材は黄色。葉は互生し長さ 4 cm 位。花は初夏，がくは多肉で子房と合着。果実は径 5 cm 位，種子の外皮は甘酸っぱく食べられる。根は駆虫薬にした。和名は石榴の音に基づく。

2276. ハマザクロ（マヤプシキ）　〔ハマザクロ属〕
Sonneratia alba Sm.

　アジアを中心とした熱帯地域に広く分布，日本では沖縄の西表島にはえる常緑高木。マングローブを作る。高さ 15～30 m。葉は対生し，卵形。全縁で長さ 5～10 cm。花は径約 5 cm で枝先に単生する。がくは鐘形のがく筒をなし，裂片は革質で 5～6 個，花弁は白色で長い線形，花柱は長くのびる。果実は扁円形で，がく裂片は宿存する。

フトモモ目（ミソハギ科）

2277. ヒシ 〔ヒシ属〕
Trapa japonica Flerow
　北海道，本州，四国，九州および台湾，朝鮮半島と中国の温帯から亜熱帯に分布し，池や沼にはえる1年草。葉は径6cm位で表面には光沢があり，裏面の脈上に毛がある。花は夏から秋，核果のとげは2本。ヒシ類の実は食べられる。和名菱（ひし）は実の鋭いとげによる。またひしぐの意味ともいわれる。菱形はヒシの葉あるいは果実に由来するという。

2278. オニビシ 〔ヒシ属〕
Trapa natans L. var. *quadrispinosa* (Roxb.) Makino
　本州から九州の池の中にはえる1年草。とくに西日本に多い。泥の中にあった前年の果実から芽を出し，茎の全長にわたって葉緑素をもった羽毛状の水中根を出し，茎の頂に多くの葉が集まって水面に浮かぶ。夏，4弁の白花をつける。果実は4本の太いとげがあり，内列と外列の4がく片が宿存し成長変形したもの。和名鬼菱。

2279. メビシ 〔ヒシ属〕
Trapa natans L. var. *rubeola* Makino
　本州の池の中にはえる1年草。葉柄は中央に帯紅色のふくらんだ部分があり，多量の空気を含んで植物体を水面に浮かせる。夏，葉腋から伸びた花柄の先に4弁の白花をつける。核果のとげは4個。全体はヒシによく似て，葉柄と果実の色以外区別しにくい。和名雌菱は葉柄が赤いので雌に見立てた。本種は葉柄の色以外ではオニビシと異ならず，変種として分ける必要はないと思われる。

2280. ヒメビシ 〔ヒシ属〕
Trapa incisa Siebold et Zucc.
　本州，四国，九州および台湾と中国東北部に分布し，池や沼の水中にはえる1年草。茎は細長く池中からのび水深により長短があり，各節から羽状の水中根を出す。葉は径2cm位で，葉柄の中部に空気の入った部分があり，これで水面に浮く。花は夏から秋に咲く。核果にとげが4本あるが，宿存がく片の変化したもの。

2281. ミソハギ 〔ミソハギ属〕
Lythrum anceps (Koehne) Makino
日本各地および朝鮮半島の暖帯から温帯に分布し、野原や山のふもとの湿ったところにはえ、また仏前に供える花として栽培される多年草。地下茎を引き、茎は直立して高さ50～100 cm。茎、葉は無毛。葉は無柄で対生し、披針形。花は夏から初秋、花弁は長さ6 mm位。和名は禊萩（みそぎはぎ）の略といわれる。旧暦のお盆の頃咲くので俗に盆花ともいう。

2282. エゾミソハギ 〔ミソハギ属〕
Lythrum salicaria L.
日本各地や千島、サハリン、シベリア、朝鮮半島、中国、カシミール、イラン、中央アジア、コーカサス、ヨーロッパ、北アフリカの温帯から暖帯に広く分布。湿地に多い多年草。全体に短毛があり、高さ1 m。葉は対生し柄がなく、基部は多少茎を抱く。花は夏、紅紫色で6弁。ミソハギに似るが全体が大形、花も大きい。雌しべ雄しべの長短で異型花がある（図参照）。和名は北海道に多いため。

2283. ヒメミソハギ （ヤマモモソウ） 〔ヒメミソハギ属〕
Ammannia multiflora Roxb.
本州、四国、九州および東南アジア、中央アジア、オーストラリア、アフリカの暖帯から熱帯に分布し、水田や湿地の日の当たる湿地にはえる1年草。茎は直立し高さ20～30 cm、4稜がある。葉は軟らかく長さ3～5 cm、幅3～10 mm。花は晩夏から秋、花弁はごく小さい。花後に紅紫色で球形の果実ができる。和名はミソハギに似ていて小さくかわいらしいからいう。

2284. キカシグサ 〔キカシグサ属〕
Rotala indica (Willd.) Koehne
北海道南西部から本州、四国、九州および朝鮮半島、台湾、中国、東南アジア、インド、アムールに分布。水田や湿地にはえる1年草。全体に軟質。茎の下部は地をはい、節からひげ根を出し、上部は直立し高さ12～15 cm、しばしば紅紫色。秋に多くの短枝を出す。葉は長さ5～10 mmで縁は透明。花は夏から秋、花弁はがくの縁につく。花の下に苞葉2枚がある。

2285. ミズキカシグサ　〔キカシグサ属〕
Rotala rosea (Poir.) C.D.K.Cook

本州中南部、四国、九州、琉球列島および朝鮮半島、中国、東南アジア、インドに分布し、水田や湿地にはえる1年草。全体に軟らかい。茎の基部は横に曲がりすぐ直立し、高さ10～30cm。葉は長さ5～25mm、幅5mm位。花は初秋、花弁は4個で宿存性のがくにつく。和名はキカシグサよりも水分の多いところにはえることによる。

2286. ミズスギナ　〔キカシグサ属〕
Rotala hippuris Makino

愛知県、三重県と九州の池や沼などの水中にはえる多年草。地下茎は泥の中をはってひげ根を出す。茎は直立して上部は水面に出る。水上の葉は長さ5～10mm、幅0.5～1mm。水中の葉は長さ3cm位で糸状。花は夏から秋、花弁があり、宿存がくがさく果を包む。和名水杉菜は外形がシダ植物のスギナに似て、水中にはえるところからいう。

2287. ミズマツバ　〔キカシグサ属〕
Rotala mexicana Cham. et Schltdl.

本州、四国、九州から琉球列島および朝鮮半島、台湾、東南アジア、アフリカ、アメリカの暖帯から熱帯に分布し、水田や湿ったところにはえる1年草。茎の基部は横にはうが、すぐ立ち上がり高さ9cm位。地下茎からひげ根を出す。花は夏から秋、花弁はない。和名水松葉は輪生した葉が松葉に似ていて水分を好むから。

2288. ヒメキカシグサ　〔キカシグサ属〕
Rotala elatinomorpha Makino

四国など西日本と房総半島の一部で水辺に稀産する小形の1年草。高さ4～7cm。小さな葉を対生し、柄はなく、細長い円形。先は円く基部はくさび形に細まる。秋に枝の上部の葉腋に小さな淡紅色の花を1個ずつつける。花のつけ根に線形の小苞があり、がく筒は円筒状。花弁は4枚でありごく小さい。果実は球形でがく筒に包まれる。

2289. ホザキキカシグサ(マルバキカシグサ)〔キカシグサ属〕
Rotala rotundifolia (Buch.-Ham. ex Roxb.) Koehne
　東南アジアの熱帯・亜熱帯に分布し、日本では沖縄本島や九州の一部に自生する多年草。高さ10〜20cm。葉は対生し、柄はなく、さじ形。晩春頃、茎の頂端と上部の葉腋から長さ3〜6cmの花穂を出し、葉状の苞のわきに1個ずつ小花をつける。花弁は4枚で紅紫色、がく裂片の間から十字状に開出する。果実は宿存するがく筒に包まれる。

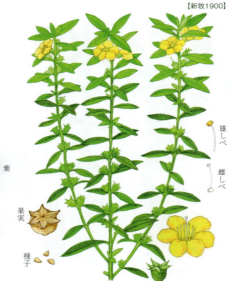

2290. キバナミソハギ〔キバナミソハギ属〕
Heimia myrtifolia Cham. et Schltdl.
　ブラジルの原産、明治年間(19世紀後半)に渡来し、植物園などに栽培されたが、一般にはあまり見ない落葉小低木。高さ1m内外に達し、よく分枝し、枝は細い。葉は対生あるいは互生し、ほとんど葉柄はなく、枝葉はオトギリソウ属に似ている。花は夏、黄色花。がくは12歯に分裂、花弁6個、雄しべ12本。

2291. サルスベリ(ヒャクニチコウ、ヒャクジツコウ)〔サルスベリ属〕
Lagerstroemia indica L.
　中国南部原産で海岸地を好み、庭木としても栽植される落葉高木。高さ3〜7m、幹は赤褐色で滑らかで、小枝は厚く対生し長さ3〜6cm。花は夏から秋につぎつぎに開く。雄しべは多数あり、うち6本が長い。和名猿滑り(さるすべり)は木肌がつるつるし、サルも滑り落ちるという意。漢名百日紅は花期が百日にわたることから。

2292. シマサルスベリ〔サルスベリ属〕
Lagerstroemia subcostata Koehne var. *subcostata*
　屋久島、種子島など九州南部から琉球列島、台湾に分布する落葉高木。高さ3〜6m。葉は対生し、柄はごく短く、卵形ないしだ円形。盛夏に枝端に大きな円錐花序を出し、よく枝分かれして小さな白色の花を多数つける。半球形のがく筒があり、上半部は6片に分かれ、各片は三角形で直立する。果実はだ円形で1cm弱、熟すと6裂する。

2293. ヤクシマサルスベリ　　〔サルスベリ属〕
Lagerstroemia subcostata Koehne
var. *fauriei* (Koehne) Hatus. ex Yahara
　屋久島特産の落葉高木。高さ3～6m。葉は対生、1cm弱の明瞭な柄があり、8～12cmの長卵形。葉の裏面に網状の支脈が明瞭である。夏に枝端に長さ10cm位の円錐花序を出し、多数の白花をつける。花梗には毛はなく、6枚の花弁は下半部の線状の爪の部分と、その先につく卵円形の部分に分かれる。果実は球形に近いだ円形。

2294. ミズガンピ　　〔ミズガンピ属〕
Pemphis acidula J.R. et G.Forst.
　熱帯アジアから太平洋諸島に分布し、日本では八重山群島など琉球列島の海岸にはえる常緑高木。高さ2mほど。葉は無柄で対生し、長だ円形。全縁で先は円く、茎部は細まる。上部の葉腋に径1cmほどの紅色ないし白色の花をつける。がく筒はやや開いた鐘形、上端が浅く6裂し、がく筒外面には縦に12本の稜が走る。果実は多角の卵形。

2295. アカバナ　　〔アカバナ属〕
Epilobium pyrricholophum Franch. et Sav.
　北海道南部、本州、四国、九州および中国と朝鮮半島など暖帯から温帯に分布し、山野の水辺や湿地にはえる多年草。茎の基から葉をつけた走出枝を出す。茎は直立し高さ30～60cmで細毛がある。葉は長さ2～6cm、幅1～3cm。花は夏から初秋。花弁の長さ1cm位。雌しべの花柱は上部が棍棒状。和名赤葉菜は夏から秋にかけて葉がしばしば紅紫色になるところついた。

2296. エゾアカバナ　　〔アカバナ属〕
Epilobium montanum L.
　ユーラシア大陸の冷温帯に広く分布し、北海道と本州中部以北の山中の湿ったところにはえる多年草。高さ1m以内。茎、葉ともに曲がった細毛がある。葉は細めの卵形で長さ3～10cm、幅1.5～5cm。縁に鋸歯をもつ。花弁は紅色で長さ7～10mmの倒卵形。雌しべの柱頭は4裂する。さく果に短毛があり、種子は長だ円形で乳頭状突起を密生し、冠毛は汚れた白色。

2297. ホソバアカバナ　（ヤナギアカバナ）　〔アカバナ属〕
Epilobium palustre L.

北半球の北部に広く分布し、北海道と本州中部以北の湿原にはえる多年草。高さ10〜80 cm。葉は柄がなく、線状披針形で長さ1.5〜9 cm、短毛がある。花期は初夏から初秋。花はふつう腋生し白か淡紅色。がくはロート状で長さ4〜5 mm、裂片は先がとがる。花弁は倒卵形、先は浅く2裂する。さく果には短い白毛がある。

2298. ケゴンアカバナ　〔アカバナ属〕
Epilobium amurense Hausskn. subsp. *amurense*

四国と近畿地方以北から北海道および千島、サハリン、アムール、ウスリー、中国、朝鮮半島、台湾、ヒマラヤに分布。日の当たる山地にはえる多年草。高さ20 cm内外。茎の両側に白毛が2条の線になる。葉はほとんど無柄で対生。花は夏に咲き、小形の4弁花で白色。雌しべの柱頭は頭状。和名は初め日光華厳の滝付近で発見されたことによる。

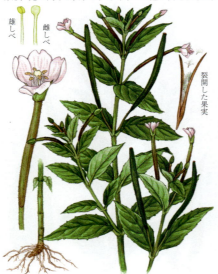

2299. イワアカバナ　〔アカバナ属〕
Epilobium amurense Hausskn. subsp. *cephalostigma* (Hausskn.) C.J.Chen, Hoch et Raven

北海道、本州、四国、九州および南千島、サハリン、朝鮮半島と中国の温帯に分布し、山の湿ったところにはえる多年草。茎は直立し高さ30〜60 cmで、上部と枝には細毛がある。葉は長さ2〜9 cm、幅0.5〜3 cm。花は夏、白色あるいは淡紅色。花弁は長さ6 mm位。雌しべの柱頭は頭状。和名は湿っぽい岩の上などにはえるところからいう。

2300. シロウマアカバナ　〔アカバナ属〕
Epilobium lactiflorum Hausskn.

北海道と本州中部の高山の渓流沿いの湿地にはえる多年草。高さ5〜30 cm。葉に短い柄があり、長だ円形か卵状披針形、縁に細鋸歯をもつ。花期は夏。淡紅色か白色の小花をつける。がくは長さ3〜3.5 mmになり、裂片は長だ円形で披針形、柱頭は棍棒状になる。さく果はほとんど毛がなく、種子に乳頭状突起はなく、冠毛が白い。

2301. ミヤマアカバナ（コアカバナ）〔アカバナ属〕
Epilobium hornemannii Rchb.

本州中部地方以北，北海道，およびサハリンの温帯に分布。高山から亜高山帯の谷間にはえる多年草。高さ5〜20 cm，上部には腺毛が散在する。葉は薄く，対生し長さ1〜4 cm，幅3〜13 mm，ほとんど無毛。基部は細まり短い柄となる。花は初夏，淡紅色花。雄しべ4本，雌しべ1本。さく果は長さ2〜6 cm，冠毛がある。

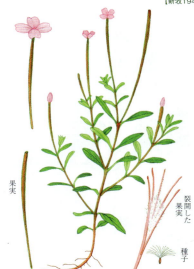

2302. ヒメアカバナ〔アカバナ属〕
Epilobium fauriei H.Lév.

鳥取県の大山と中部地方以北，北海道，および千島のやや高い山地の湿った砂礫地にまれにはえる多年草。茎は単一かわずかに分枝，高さ5〜20 cm。葉は対生し，長さ8〜25 mm。秋に葉腋にむかごができることがある。花は淡紅色。初夏から秋。さく果は長さ2〜3.5 cmで裂開し，冠毛をつけた種子をとばす。和名の姫は全体がやさしいから。

2303. アシボソアカバナ（ナガエアカバナ）〔アカバナ属〕
Epilobium anagallidifolium Lam.

北海道と本州中部以北の高山にはえる多年草。高さ3〜15 cm。葉は短い柄をもち，長だ円形か卵状披針形で長さ1〜2 cm，幅3〜7 mm，縁に細鋸歯がある。花は淡紅色で小さい。がくは長さ2〜4 mm，ほとんど無毛。花弁は長さ3.5〜4 mm，花柄には細い毛が散生し，果時は長さ約4 cmにのびる。種子は披針形で細かい乳頭状突起がある。

2304. ヤナギラン（ヤナギソウ）〔ヤナギラン属〕
Chamerion angustifolium (L.) Holub

アジア，ヨーロッパ，北アメリカの温帯に分布し，本州中部以北と北海道の山野の日当たりのよいところにはえる多年草。地下茎を引いてよく繁殖する。茎は高さ1.5 m位。葉は長さ8〜15 cm。花は夏，下の方からだんだん上の方へと咲く。径3 cm位。種子は長い白毛があり風に乗ってよく飛散する。和名柳蘭（やなぎらん）は葉の形に基づく。

2305. ミズキンバイ 〔チョウジタデ属〕
Ludwigia peploides (Kunth) P.H.Raven
subsp. *stipulacea* (Ohwi) P.H.Raven

本州，四国，九州および中国東部の暖帯に分布，池や沼の水中にはえる多年草。ときにはよく繁って，水面をおおう。泥中にある地下茎から時に白色の呼吸根を出す。茎は地下茎から斜めに立ち高さ30 cm位。葉柄の基部に腺体がある。花は夏から秋に咲き，花柄は長さ4 cm位。花径2.5 cm位で，花弁の先端はへこむ。

2306. キダチキンバイ 〔チョウジタデ属〕
Ludwigia octovalvis (Jacq.) P.H.Raven

汎熱帯雑草の1つで強壮な多年草。南西諸島や小笠原にもはえる。高さ3〜4 m。葉は1 cmほどの短い柄で互生し，長さ3〜10 cmの線状だ円形で両端がとがり，縁毛がある。花は上部の葉腋に1〜2個ずつつき，長いがく筒の中に子房を包む。花弁は黄色で4枚，雌しべ，雄しべは短く，花の中心に集まる。果実は円筒形で縦に8本の稜が走る。

2307. チョウジタデ（タゴボウ） 〔チョウジタデ属〕
Ludwigia epilobioides Maxim. subsp. *epilobioides*

北海道，本州，四国，九州および中国，朝鮮半島に分布し，水田などの湿地にはえる1年草。茎は直立あるいは斜めに立て高さ40〜60 cm，縦の稜がある。葉は長さ5〜10 cm，秋にしばしば紅くなる。花は夏から秋，花径1 cm位の黄色の4弁花。和名丁子蓼（ちょうじたで）は植物全体がタデに似ていて，花が香料の丁子に似ているため。

2308. ウスゲチョウジタデ 〔チョウジタデ属〕
Ludwigia epilobioides Maxim.
subsp. *greatrexii* (H.Hara) P.H.Raven

東海地方の一部と熊本県，琉球列島にはえ，さらに台湾，中国中南部，東南アジアに分布する1年草。高さ30〜60 cm。葉は互生し，長さ7〜8 cm，幅1〜2 cmの披針形，葉の両端はとがり，全縁でやや波打つ。夏，上部の葉腋にほとんど柄のない花をつける。花梗に見える部分はがく筒で中に子房があり，表面にねた毛が多い。花弁は長さ約4 mmの卵形で黄色である。花盤に白毛が密生する。

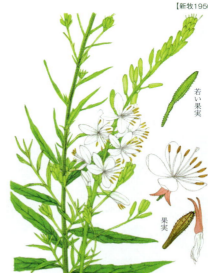

2309. ミズユキノシタ 〔チョウジタデ属〕
Ludwigia ovalis Miq.
　本州、四国、九州および中国中部、朝鮮半島南部、台湾に分布し、池や沼の岸など湿ったところにはえる多年草。全体が軟らかい。茎は下部が泥の上をはいひげ根を出し、上部は直立または斜上。高さ30 cm位。葉は長さ1〜3 cm、幅1〜2 cm。花は夏から秋に咲き、花弁はなく淡黄緑色の宿存性のがく片4個がある。花後に球形のさく果を生じる。

2310. ハクチョウソウ（ヤマモモソウ）〔ヤマモモソウ属〕
Gaura lindheimeri Engelm. et A.Gray
　北アメリカのテキサス州などの原産。明治中期（1890年頃）に日本に入って観賞用に人家で栽培される多年草。茎は直立して細長く、上部で分枝し、高さ60〜90 cmにはなる。葉は互生し、葉柄はない。花は春から夏、白花。がく筒は下位子房の頂端につき、がく片4枚は開花時に外側へ反り返り、がくは通常淡橙紅色を帯びる。和名白蝶草（はくちょうそう）は花の形に基づく。

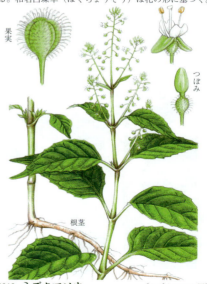

2311. フクシア（ヒョウタンソウ，ホクシャ，ツリウキソウ）〔フクシア属〕
Fuchsia ×*hybrida* Hort. ex Vilm.
　南アメリカ南部原産の園芸種。明治初期（1870年頃）に渡来し、観賞用に栽培される草状の低木。茎は直立し、高さ30〜60 cm。葉は対生し葉柄あり。夏、枝先に細い花柄を出し、先端に1個の花を垂れ下げる。紅紫色のほかに紅色、白色の品種がある。和名および別名ホクシャは学名から来たもの。瓢箪草（ひょうたんそう）はつぼみの形をヒョウタンに見立てたもの。

2312. ミズタマソウ 〔ミズタマソウ属〕
Circaea mollis Siebold et Zucc.
　北海道、本州、四国、九州、および中国、台湾、朝鮮半島、インドシナに分布し、山野の日かげまたは半日かげにはえる多年草。茎は直立し単一で高さ40〜60 cm。葉は長さ5〜13 cm、幅1.5〜4 cm。花は夏から初秋、子房は白い毛がある。果柄は下に向く。和名水玉草は白い毛のある球形の子房を、露がかかった水玉にたとえたもの。

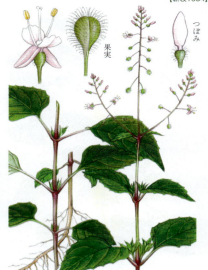

2313. ウシタキソウ　〔ミズタマソウ属〕
Circaea cordata Royle

北海道，本州，四国，九州および台湾，朝鮮半島，中国，ウスリー，ヒマラヤの暖帯から温帯に分布し，山中の日かげにはえる多年草。細長い地下茎を引き，茎は単一で直立し高さ40〜50cm。茎とともに葉には短い毛がある。葉は長さ5〜10cm，幅3〜6cm。花は夏，長い花穂に白色の小花が並ぶ。

2314. タニタデ　〔ミズタマソウ属〕
Circaea erubescens Franch. et Sav.

北海道，本州，四国，九州およびサハリン南部，台湾，中国に分布し，山地の日かげにはえる多年草。細長い地下茎を引き，高さ20〜40cm。葉は軟らかく長さ3〜6cm，幅2〜4cm。花は夏から初秋に咲き，長い総状花序に淡紅色の小花をつける。果実のとき果柄は下を向く。和名谷蓼（たにたで）は谷にはえ葉の形がタデに似ているところから。

2315. エゾミズタマソウ　〔ミズタマソウ属〕
Circaea canadensis (L.) Hill subsp. *quadrisulcata* (Maxim.) Boufford

東北アジアの寒冷地に広く分布し，北海道と本州の一部にはえる多年草。高さ30〜40cm。葉は対生し有柄，長さ4〜15cmの狭卵形で先端はややとがり，縁にわずかに浅い鋸歯をもつ。夏に茎頂にまばらな総状花序を出す。花は白く小さい。花弁が2枚で，それぞれ2片に裂ける。果実は倒卵状だ円形，表面にかぎ状毛が密生する。

2316. ミヤマタニタデ　〔ミズタマソウ属〕
Circaea alpina L.

アジア，ヨーロッパ，北アメリカなどの北半球の亜寒帯に広く分布し，日本各地の低山帯上部から高山帯下部の，やや湿った日かげにはえる多年草。白色の細い地下茎を引き，茎は直立し高さ6〜15cm。花は夏から秋，花序は花が終わると長さ3〜5cmになり，小花柄は果実のときには斜め下に向く。和名は深い山にはえるからいう。

2317. イロマツヨイ 〔サンジソウ属〕
Clarkia amoena (Lehm.) A.Nelson et J.F.Macbr.
北アメリカのカリフォルニア地方原産。切り花用に栽培されている1年草。高さ40～60cm。全体に短い毛がある。葉は互生し，毛がはえて白色を帯び，葉腋に短枝を出し，小形の葉が集まってつく。夏，径5cm内外の紅色花を数個開く。和名色待宵（いろまつよい）はマツヨイグサに似ているが，赤色が濃いことから。園芸名はゴデチア。

2318. マツヨイグサ 〔マツヨイグサ属〕
Oenothera stricta Ledeb. ex Link
南アメリカのチリ原産。1851年，日本に渡来し，初め観賞のため庭に栽植したが，日本各地に広く野生化し帰化植物となった多年草。高さ50～90cm。根生葉は群生し冬から春にロゼットをつくる。花は初夏から夏，夕方鮮やかな黄色の花が咲くが，翌朝にしぼんで黄赤色に変わる。和名待宵草（まつよいぐさ）は宵を待って咲くのでいう。種子は湿ると粘液を出す。

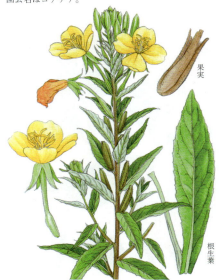
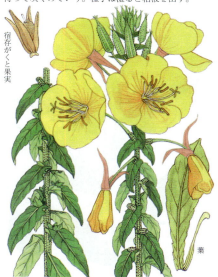

2319. メマツヨイグサ 〔マツヨイグサ属〕
Oenothera biennis L.
北アメリカ原産の2年草。日本各地の荒れ地や道ばたに帰化。高さ約1m。根生葉は先の円いへら形，茎葉は狭長だ円形で先が鋭くとがる。花期は初夏から秋。茎頂と上部の葉腋から総状に花をつける。花は黄色の4弁で径3～4cm，しぼむと橙色を帯びる。がく片は細長い披針形で花時には反り返る。さく果は長さ1.5～2cm。

2320. オオマツヨイグサ 〔マツヨイグサ属〕
Oenothera glazioviana Micheli
北アメリカ原産の帰化植物。明治初年（1870年頃）日本に渡来し，各地の草原，河原や道ばたに広くはえる2年草。茎は1.5m位で毛がある。根生葉は地面に張りついてロゼットをつくる。花は夏，夕方咲き，翌朝しぼむ。がくは4片で2片ずつつき，花が開くときには外側へ反る。ツキミソウは白花で別種。和名はマツヨイグサより大形の意。

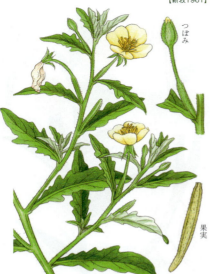
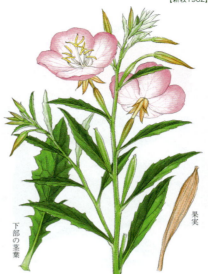

2321. コマツヨイグサ 〔マツヨイグサ属〕
Oenothera laciniata Hill
　北アメリカ東南部原産で，日当たりのよい河原などに帰化して群生する2年草。高さ20〜50 cm。茎につく葉が羽状に切れ込み，この点で他の同属の植物と異なる。花期は初夏から夏。茎の上部葉腋に1花ずつつく。花梗の部分は子房と，それを包むがく筒で粗い毛が多い。花の径約2 cm，淡黄色かクリーム色。さく果は長さ3 cmあまりの棒状。

2322. ヒルザキツキミソウ 〔マツヨイグサ属〕
Oenothera speciosa Nutt.
　北アメリカ原産の多年草。日本には観賞用に入って帰化した。高さ30〜60 cm。葉は短い柄をもち互生し，長だ円形で長さ5〜8 cm。縁に深い波形の鋸歯が並ぶ。初夏に茎先に白色または淡いピンク色の4弁，径5 cmほどの花をつける。花弁の先端はややへこむ。さく果は長さ2〜3 cmで先はとがり，上半部の側面に8個の翼がある。

2323. ツキミソウ (ツキミグサ) 〔マツヨイグサ属〕
Oenothera tetraptera Cav
　メキシコ原産。嘉永年間(1850年頃)日本に渡来し，観賞用として栽培された2年草。全体に細毛が多い。茎は直立し高さ60 cm位。花は夏，夕方開き翌朝しぼんで紅くなる。がくは花時外側へ反る。月見草は夕方開く白い花弁を月にたとえたもの。マツヨイグサなどと同時に渡来したが，弱いため野生化せず，今日ではほとんど見られない。

2324. ムニンフトモモ 〔ムニンフトモモ属〕
Metrosideros boninensis (Hayata ex Koidz.) Tuyama
　小笠原諸島に固有の常緑高木。高さ3〜5 m。ときに約10 m。葉は短い柄で対生し，だ円形で両端はとがる。秋に，枝先に散房状の花序を出し，赤色の花を多数つける。花は浅く5裂するがく筒をもち，花弁も5枚で小さい。濃赤色で長い雄しべが目立つ。がく筒に包まれたままさく果が熟し，中には赤褐色の細長い種子が多数ある。

2325. マキバブラシノキ　〔ブラシノキ属〕
Callistemon rigidus R.Br.

オーストラリア原産，明治中期に渡来し，観賞用に栽培される常緑低木。高さ 2 m になる。葉は線形または狭披針形で全縁，マキの葉に似る。花は非常に密な穂状の花序になり，密集する花から花外にとび出す濃赤色の雄しべで，ビン洗いのブラシに似る。花期は春から初夏。庭園に植える他，鉢植にもする。

2326. ユウカリジュ　（ユーカリ）　〔ユーカリノキ属〕
Eucalyptus globulus Labill.

オーストラリア原産。明治10年（1877年）頃に渡来し薬用，また世界各地で庭園や街路樹に栽植される常緑高木。高さ40 m に達する。老樹は樹皮がよくはげる。葉は小油点が散在し樟脳の芳香がある。花は夏，古い枝の葉腋に緑白色の 1 花をつける。樹脂からユーカリ油をつくり薬用にする。なおオーストラリアには同属の種類が非常に多い。

2327. アデク　〔フトモモ属〕
Syzygium buxifolium Hook. et Arn.

南九州から琉球列島，および台湾，中国南部にもはえる常緑高木。高さ 2～5 m。葉は短い柄で対生しだ円形，全縁で光沢がある。若葉のとき紅色になる。夏に葉腋から短い集散花序をつけ，白色の小花を多数開く。花は半球形のがく筒に包まれ，径 3～4 mm，花弁は小さく，多数の雄しべが花外へ突き出す。果実は径 1 cm 弱の球形。

2328. ヒメフトモモ　〔フトモモ属〕
Syzygium cleyerifolium (Yatabe) Makino

小笠原諸島の固有種でほぼ各島にはえる常緑低木。高さ数 10 cm。葉は短い柄で対生し，長さ 2～3 cm のだ円形，全縁で質厚く淡緑色である。夏，枝先と上部の葉腋に短い集散花序をつけ，淡い紅色の小花を集めてつける。径約 3 mm の半球形がく筒をもち，淡紅色の雄しべ多数を花外に突き出す。果実は秋おそく熟し，球形の液果となる。

2329. フトモモ (ホトウ) 〔フトモモ属〕
Syzygium jambos (L.) Alston

熱帯アジア原産の常緑高木。中国や沖縄で栽培。高さ3〜5mになる。葉は対生し細長く, 先がとがる。長さ10〜12cmで, 柄は短く, 質厚く光沢がある。葉腋に散房状の花序を出し, 淡緑色まれに淡紅色を帯びた白い4弁花を多数つける。がく筒はカップ状で4個のがく片, 花の径2.5〜4cmで, 多数の雄しべが花外にとび出す。果実は球形の液果で, 熟すと黄緑色, 食用になる。

2330. チョウジノキ 〔フトモモ属〕
Syzygium aromaticum (L.) Merr. et L.M.Perry

モルッカ諸島の原産でジャワ, スマトラをはじめ熱帯各地, とくに東アフリカで多く栽培される常緑小高木。樹高は5〜10mで幹は2〜3本に分かれる。樹皮は滑らかで灰色。葉は長卵形で表面は緑色, 裏面は灰色。若葉には紅色の斑点と芳香がある。開花寸前のつぼみを日干しにしたものが丁字(ちょうじ, clove)で, 古来有名な香料。この花から得た精油(丁字油)を香料のほか防腐, 抗菌に用いる。

2331. グアバ (バンジロウ) 〔バンジロウ属〕
Psidium guajava L.

熱帯アメリカ原産の常緑低木ないし小高木。高さ2〜4m。対生する葉は短い柄をもつ長だ円形で, 先端はとがり, ややざらつく。花は春に葉腋に単生し, 白または淡紅色で径2〜3cm, 多数の雄しべが花外にとび出す。果実の表面はざらざらして緑色, 内部は明るいピンク色。果汁に富み, 独特の香気があり, 果樹として熱帯各地で栽培されている。グアバ(guava)は英名。

2332. キバンジロウ (キバンザクロ, キミノバンジロウ) 〔バンジロウ属〕
Psidium cattleyanum Sabine f. lucidum O.Deg.

ブラジル原産の常緑の果樹。高さ3〜6m。葉は対生, 質が厚く濃い緑色, 光沢がある。葉脈は主脈のほかは目立たない。多くは枝先近くの葉腋に淡黄白色の花をつける。花の径2〜3cmで多数の黄色の雄しべが目立つ。子房下位。果実は長さ4〜5cmのやや長い球形で, 熟すとレモンのように黄色になる。果実の頂端に宿存するがくがある。英名 strawberry guava。

2333. テンニンカ 〔テンニンカ属〕
Rhodomyrtus tomentosa (Aiton) Hassk.
　南西諸島および台湾などの暖かい地方にはえ、ときどき温室内で栽培される常緑小低木。茎は直立して分枝し、枝、葉、花柄、花および果実は全体が白い毛でおおわれる。葉は厚く、対生し、3本の主脈が縦に走る。夏に紅紫色の5弁花をつけ、多数の雄しべが目立つ。広だ円形の果実を生じ、中に多数の細かい種子がある。漢名桃金嬢、金絲桃。

2334. ミヤマハシカンボク 〔ミヤマハシカンボク属〕
Blastus cochinchinensis Lour.
　屋久島から南の琉球列島にはえる常緑低木。東南アジアの熱帯、亜熱帯に広く分布する。高さ2～3m。葉は膜質で対生し、長だ円形、長さ8～15cm、全縁で先端が鋭くとがる。花期は夏、葉腋に1～5個束生し、がく筒は鐘形、花弁は4個で三角状卵形で反曲し、基部は短い爪状になる。さく果は球形で熟すと4裂、種子は鎌形で両端が突出する。

2335. ハシカンボク 〔ハシカンボク属〕
Bredia hirsuta Blume
　鹿児島県南部から琉球列島にはえる常緑小低木。高さ30～100cm。葉は対生し、柄の長さ1～7cm、薄い草質で卵形か卵状長だ円形、硬毛のある細鋸歯をもつ。花期は夏。集散花序で短毛があり、やや多数の花をつける。花は淡い紅色で径約1.5cm。花弁は4個で倒卵形、先端はわずかに突出する。さく果の上端に全縁の冠状体がある。

2336. ヤエヤマノボタン 〔ハシカンボク属〕
Bredia yaeyamensis (Matsum.) H.L.Li
　琉球列島の八重山群島に固有の常緑低木。高さ1～2m。葉は対生し紙質ないし軟革質。葉身は長だ円形ないしだ円形。花期は夏。花は集散花序を頂生し、柄とともに長さ5～7cmで、5～15個つける。小花柄は長さ1.5cmで、下から約3分の1のところに関節がある。花は紅色、がく筒は鐘形で頂端は4浅裂する。雄しべはふつう8本。さく果はやや肉質の洋ナシ形。

2337. ノボタン 〔ノボタン属〕
Melastoma candidum D.Don

屋久島から琉球列島，および台湾，中国南部，インドシナ，フィリピンの亜熱帯から熱帯に分布。日本ではときに温室で栽培される常緑低木。枝は分枝する。葉は互生し，剛毛があり，長さ5～12cmの卵形。縦に走る数本の葉脈が目立つ。花は夏に咲き，枝先に径6～9cmの花を数個つける。和名野牡丹（のぼたん）は琉球名で，大輪の紅花をボタンの野生にたとえた名。

2338. ムニンノボタン 〔ノボタン属〕
Melastoma tetramerum Hayata var. *tetramerum*

小笠原諸島の父島に特産する常緑低木。高さ80～120cm。葉は対生し，卵状だ円形で長さ3～8cm，全縁で両端はくさび形である。花期は夏から初秋。花は枝頂の葉腋に2～3個つき，径3～4cmの白色で雄しべは8本（長短各4本）。がく筒は壺状をした鐘形，表面に湾曲した上向きの剛毛を密生する。花弁は4枚，まれに5枚，倒卵形で先端がとがる。種子はゆがんだ三角形。

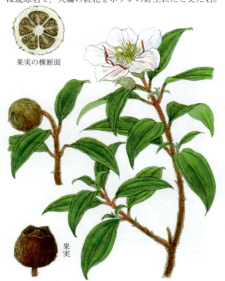

2339. ハハジマノボタン 〔ノボタン属〕
Melastoma tetramerum Hayata var. *pentapetalum* Toyoda

小笠原諸島母島の特産で，高さ2～3mに達する常緑中高木。葉は長だ円形か披針形で質厚く，長さ2.5～4.5cm，全縁で先端がとがる。花期は初夏頃。枝先の葉腋に数花をつける。花弁は淡い紅色で5枚，倒卵形で先がとがる。数本の淡紅色のすじと縁毛をつける。花の径は4～5cmで，各部とも5数性，果実は壺状球形で径約2cmである。

2340. ヒメノボタン（クサノボタン，ササバノボタン）〔ヒメノボタン属〕
Osbeckia chinensis L.

紀伊半島から四国，九州，琉球列島，および台湾，中国，マレー，オーストラリアの亜熱帯に分布。日当たりのよい草地にはえる多年草。高さ30cm。根は短く木質。茎は硬く4稜があり，細毛がはえる。葉は対生し，長さ1～6cmの披針形で柄はない。夏から初秋に紅紫色4弁の美花をつける。さく果は宿存がく筒に包まれる。和名の姫野牡丹はノボタンより小形であることから。

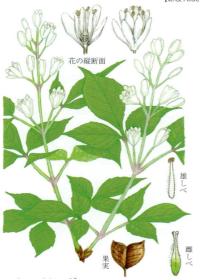

2341. ミツバウツギ 〔ミツバウツギ属〕
Staphylea bumalda DC.
　日本各地、および朝鮮半島、中国の温帯から暖帯に分布、山地の樹下にはえる落葉低木。高さ2〜3 m、枝は灰褐色で無毛。小葉は長さ2〜9 cm。花は初夏、若枝の先に円錐花序につき、花の長さ5〜8 mmで平開しない。若葉は食べられる。材は堅く箸や串に用いる。和名三葉空木（みつばうつぎ）は3小葉でアジサイ科のウツギに似た花が咲くのにちなむ。

2342. ゴンズイ 〔ゴンズイ属〕
Euscaphis japonica (Thunb.) Kanitz
　関東地方以西、四国、九州、琉球列島、および台湾、中国の暖帯に分布する。山野の林にはえる落葉小高木。高さ3〜6 m、枝は紫黒色で無毛。小葉は長さ5〜12 cmで厚い。花は初夏、径4〜5 mmの花を円錐花序につける。袋果は1個の花から1個または2個稔り、赤くて肉質、中に黒い光沢のある種子を1〜3個つける。権萃（ごんずい）は当て字。

2343. ショウベンノキ 〔ショウベンノキ属〕
Turpinia ternata Nakai
　四国南部、九州、琉球列島、および台湾の亜熱帯に分布する常緑小高木。高さ3〜4 m。ふつう3出複葉、小葉は長さ5〜15 cm、革質で表面は光沢が強く、裏面中脈は隆起。花は初夏、枝先に円錐花序を直立。花径は5 mm位、5数性。液果は径0.7〜1 cm、種子は数個あり5〜6 mm。和名の小便の木は木を切ると水液が多く出ることに基づく。

2344. キブシ（マメブシ） 〔キブシ属〕
Stachyurus praecox Siebold et Zucc.
　北海道西南部から九州までの山地にはえる落葉低木。高さ2〜3 mになり、樹皮は暗褐色で光沢がある。葉は長さ6〜12 cm。花は早春、若葉より早く長さ4〜10 cmの穂を垂れ下げて咲く。雌雄異株である。和名は果実を五倍子（ふし）の代用としたためキブシまたは一名マメブシの名がある。花序が藤に似て黄色のため、黄藤（きふじ）との説もある。実は昔黒染料、材は酒樽の栓、楊枝などに用いる。

2345. ナガバキブシ 〔キブシ属〕
Stachyurus praecox Siebold et Zucc.
var. *macrocarpus* (Koidz.) Tuyama ex H.Ohba

小笠原諸島に固有な落葉低木。高さ2〜3m。葉は長さ2〜5cmの柄があり、長だ円形ないし狭長だ円形。縁には線状で先のとがる鋸歯がある。早春に葉とともに前年枝のわきから4〜10cmの下垂する総状花序を出す。花は鐘形で淡黄色、長さ5mmほど。花弁は4個で倒広卵形、先は切形ないし円形。果実は長さ10〜16mmの卵球形で下垂する。

2346. カンラン (ウオノホネヌキ) 〔カンラン属〕
Canarium album (Lour.) Raeusch.

中国原産。鹿児島県、琉球列島に栽培される常緑高木。高さ10〜20m。葉は奇数羽状複葉で小葉は5〜8対。花は春、白色の両性花。花弁は3枚で上向きに半開する。果実は長さ3.5〜4cm、果肉は渋く酸味があり、かすかな香りがある。種子を薬用にする。和名は橄欖（かんらん）の音読み。橄欖はしばしばオリーブに誤って当てられるが、この誤認は旧約聖書の中国語訳に端を発している。

2347. カシュウナットノキ 〔カシューナットノキ属〕
Anacardium occidentale L.

熱帯アメリカ原産の常緑高木。高さ10m位。単葉を互生する。葉は長さ12〜20cm、枝先に集まってつく。花は円錐花序にやや粗らにつき、小さな白花。雌しべの子房はややわん曲している。花後に花の柄の部分が大きく肥大し長さ5〜6cmの洋ナシ形になり、黄色に熟して食用となる。肥大した枝の先端にまが玉状の本来の果実がつき、内部の種子が食用のカシューナッツである。カシューナットノキともいう。

2348. マンゴウ (マンゴー) 〔マンゴー属〕
Mangifera indica L.

インド北東部からビルマ北部原産の熱帯果樹で、多くの品種がある。日本では温室で栽培される。樹高10〜30m、常緑高木で樹皮は暗灰色、葉は長だ円形で先がとがり、全縁。花は大形の円錐花序につき、完全花と雄花がある。花は黄白色、5弁で長さ3mm位。果実は通常扁平の卵形で、長さ5〜10cm、果皮の色は黄緑色や紅色など、果肉は黄色または淡黄色で甘味が多く多汁。

【新牧1554】　　　　　　　　　　　　　　　　　【新牧1555】

2349. ピスタチオ（ピスターショ）　　〔ランシンボク属〕
Pistacia vera L.
　地中海沿岸地方から中東にかけての原産といわれる大形常緑高木。高さ10～20m。葉は互生し羽状複葉。2～5対の小葉がある。小葉は長さ5～8cm、卵形。雌雄異株。雄花序は密に花をつけた総状花序。雌花、雄花とも花弁はなく緑褐色の小さながく片5個がある。果実は長さ3cm、卵状長だ円形、核果で中心に白い内果皮に包まれた核があり、この核を食用とする。

2350. ハゼノキ（リュウキュウハゼ）　　〔ウルシ属〕
Toxicodendron succedaneum (L.) Kuntze
　核果から蝋（ろう）をとるため栽培する高さ10m位の落葉高木。中国、ヒマラヤ、タイ、インドシナなどに分布し、日本では関東地方以西から琉球列島に野生化する。ヤマハゼに似るが芽の鱗片以外まったく無毛。葉は羽状複葉で4～7対の側小葉をつけ、秋の紅葉は美しい。花は初夏。別名は日本に自生しているハゼ（ヤマハゼ）ではなく、昔琉球から入ったのでいう。漢名紅包樹。

2351. ヤマハゼ　　〔ウルシ属〕
Toxicodendron sylvestre (Siebold et Zucc.) Kuntze
　関東地方以西、四国、九州、琉球列島、および朝鮮半島、台湾、中国に分布し、山地にはえる高さ3～6mの落葉小高木。葉は長さ17～40cmの羽状複葉、毛があり裏面に細点がある。秋の紅葉は美しい。花は初夏、花序は長さ10～20cm。本種が昔のハゼノキ、すなわちハジ。古名ハニシは埴締（はにしめ）の略。器具材にする。漢名野漆樹。

2352. ウルシ　　〔ウルシ属〕
Toxicodendron verniciﬂuum (Stokes) F.A.Barkley
　中国原産で、日本には古く渡来し、漆液を採取のため各地で栽植する高さ7～10mの落葉高木。樹皮は灰色。葉は羽状複葉で3～6対の側小葉をつけ、長さ25～60cm、枝先に集まる。花は初夏、雌雄異株、花序の長さ15～30cm。核果は滑らか。和名は潤液（うるしる）、または塗汁（ぬるしる）の略。漢名漆樹。幹を傷つけて漆液をとり漆器類をつくる。

2353. ヤマウルシ 〔ウルシ属〕
Toxicodendron trichocarpum (Miq.) Kuntze

北海道から九州の山林中にはえ、南千島、朝鮮半島、中国大陸にも分布する高さ5～8mの落葉小高木。若枝や葉柄は赤色を帯びる。葉は長さ18～45cmの羽状複葉で側小葉は5～8対、枝の上部に集まって互生、全体に毛がある。秋に紅葉する。雌雄異株。花は初夏、葉腋から出る円錐花序に黄緑色の小花を多数つける。核果は径5～6mm、粗い毛が密にはえる。和名山漆（やまうるし）は山地にはえるウルシの意味である。

2354. ツタウルシ 〔ウルシ属〕
Toxicodendron orientale Greene

北海道から九州の山林中にはえ、種としては南千島、サハリン、台湾、中国に分布する落葉木本つる植物。茎は付着根を出し他の木や岩上をはい長さ3m位。3小葉の複葉で小葉は長さ4～15cm、裏面脈上に褐色の毛があるほか無毛。秋の紅葉は美しい。雌雄異株。花は初夏、長さ3cm位の細長い円錐花序につき、褐色の毛がある。体質によってはかぶれる。和名蔦漆（つたうるし）はツタに似たつる性のウルシの意。漢名鉤吻、野葛。

2355. ヌルデ（フシノキ） 〔ヌルデ属〕
Rhus javanica L. var. *chinensis* (Mill.) T.Yamaz.

北海道から九州の山野にはえ、種としては琉球列島、朝鮮半島、台湾、中国、ヒマラヤ、インド、インドシナの温帯から熱帯に分布。高さ5m位の落葉小高木。秋に紅葉する。花は夏。果実は酸塩味のある白粉をかぶる。和名は傷をつけると白い漆液を出すが、それを塗ることでヌルデという。漢名塩麩子。葉にヌルデノミミフシが寄生し虫えいができる。これを五倍子（ごばいし、ふし）といい薬用や黒色染料にし、お歯黒に用いた。

2356. チャンチンモドキ 〔チャンチンモドキ属〕
Choerospondias axillaris (Roxb.) B.L.Burtt et A.W.Hill

鹿児島県、熊本県、福岡県の山中にまれにはえ、中国中南部、タイ、ミャンマー、インドに分布する落葉高木。高さ10～20m、ヒマラヤでは35mになる。若枝は淡緑色で毛があるがのち無毛、翌年褐紫色になる。雌雄異株。花は初夏、花序は直立し長さ5～9cm、花柱は5裂する。和名はセンダン科のチャンチンに似た姿だからいう。一名カナメ。

2357. サンショウモドキ 〔サンショウモドキ属〕
Schinus terebinthifolia Raddi
ブラジル原産。南アメリカや太平洋諸島の熱帯、亜熱帯に広く帰化。小笠原諸島の父島にも帰化して定着している常緑小高木。高さ2～3 m。大形の羽状複葉を枝先に集める。小葉は長さ3～8 cm、2～3対がつき、頂小葉が最も大きい。花期は初夏。枝の先端に集散花序をつけ多数の白色小花をつける。花は径3～4 mm、5弁。花後に球形の液果を多数生じ、赤熟し、鳥によって散布される。

2358. トチノキ 〔トチノキ属〕
Aesculus turbinata Blume
北海道から九州の山地にはえ、街路樹などに栽植もされる落葉高木。高さ20～30 mになる。冬芽は樹脂があり粘る。葉は大きな掌状複葉で、中央の小葉で長さ9～35 cm。花は初夏、若枝の先に15～25 cmの花序を直立、両性花と雄花がある。花径1.5 cm位。果実は径5 cm位、晩秋に熟し種子はさらして食用とする。材は楽器や工芸用。栃、橡は俗字。

2359. マロニエ (セイヨウトチノキ、ウマグリ) 〔トチノキ属〕
Aesculus hippocastanum L.
バルカン半島南部原産。パリなどヨーロッパの都市でマロニエと呼ばれ街路樹とされる。日本でもときに庭園に栽植される落葉高木。高さ20～25 m。葉は小さく、花はトチノキに比べて大形、初夏に咲き、白色に赤みを帯びる。果皮に長いとげがあることがトチノキと異なる。別名馬栗は英語の horse chestnut の直訳。

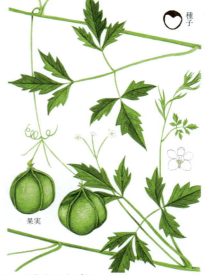

2360. フウセンカズラ 〔フウセンカズラ属〕
Cardiospermum halicacabum L.
北アメリカ原産。観賞用に栽培されるつる性の1年草であるが、元来は多年草。茎は細長く数 mになる。花は夏に咲き、花弁4枚は大きさ不同、下に巻ひげが対生する。和名は西洋の俗名 balloon-vine に基づき、膨らんだ果実が空中にかかっている様子を風船にたとえたもの。黒い種子に白いハート形の紋がある。

2361. ムクロジ　　〔ムクロジ属〕
Sapindus mukorossi Gaertn.

　中部地方以西から琉球列島，および台湾，中国，ネパール，インドの暖帯から亜熱帯に分布。山林中にはえ，栽植もする落葉高木で高さ25mになる。枝は灰色。羽状複葉で長さ30〜70cm。花は初夏，花序は長さ20〜30cm。果皮はサポニンを含み，昔石鹸の代用とされた。種子は1個あり黒く正月の羽根つきの球に使う。和名ムクロジはモクゲンジの漢名木欒子を誤って使ったことから。

2362. モクゲンジ（センダンバノボダイジュ）〔モクゲンジ属〕
Koelreuteria paniculata Laxm.

　朝鮮半島と中国に分布し，本州の海岸の林内にもはえるが，ふつう栽植する高さ10m位の落葉小高木。複葉の長さ20〜40cm。花は夏に咲き，黄色で4弁の花を多数，円錐花序につける。別名のセンダンバノボダイジュは種子を数珠にすることからボダイジュを連想し，複葉をセンダンにたとえたもの。漢名欒華，中国では花は黄，葉を青色の染料にする。

2363. ハウチワノキ　　〔ハウチワノキ属〕
Dodonaea viscosa Jacq.

　熱帯アジアからオーストラリア，ポリネシア，ガラパゴス諸島まで広く分布する常緑小高木。日本では琉球列島や小笠原諸島にはえる。高さ50〜150cm。枝は灰褐色。葉は互生し長さ5〜10cm，だ円形あるいは倒披針形，全縁，表面は明緑色，粒状の腺点が密にあり粘る。乾燥標本になっても粘着する。花は春先。小円錐花序をつくり黄緑色の小花を多数つける。果実には薄いひれ状の翼が2〜4枚ある。

2364. レイシ（ライチ）　　〔レイシ属〕
Litchi chinensis Sonn.

　中国南部原産。果樹として東南アジアや日本の九州南部で栽培されている。高さ10〜15mの常緑小高木。葉は偶数羽状複葉で長さ12〜18cm，厚い革質。雌雄異株。花は春，黄色花，花弁はない。果実は垂れ下がり，径2〜3cm，仮種皮は甘酸適度で，芳香があり美味，唐の楊貴妃が好んだという。和名は漢名荔枝の音読み。

2365. リュウガン 〔リュウガン属〕
Dimocarpus longan Lour.

中国南部原産。果樹として広く東南アジアに栽培されている常緑小高木。高さ 10 〜 15 m。小葉は長さ 10 〜 46 cm、革質。花は春、径 6 mm 位の黄色花で芳香がある。果実は径 2.5 cm 位、仮種皮は白色透明で、甘味があり、生でも食べられる。乾したものは龍眼肉といい、食用および薬用にする。和名は漢名龍眼の音読みで丸い果実を龍の眼にたとえた。

2366. タカオカエデ 〔カエデ属〕
Acer palmatum Thunb.

本州、四国、九州および朝鮮半島南部に分布し山地にふつうに見られ、庭に栽植する落葉高木。一般にモミジと呼ばれ、多くの園芸品種があり紅葉を観賞する。花は春、葉とともに開く。和名は京都の高雄が名所であることに由来する。カエデは葉形が蛙の手に似るところから名づけられた。別名イロハカエデ、イロハモミジ、タカオモミジ。イロハカエデは葉の裂片が 7 つで、いろはにほへとと 7 つ数えることによる。

2367. チリメンカエデ (キレニシキ) 〔カエデ属〕
Acer amoenum Carrière
var. *matsumurae* (Koidz.) K.Ogata 'Dissectum'

ヤマモミジの 1 変種。庭園に栽培され、観賞される落葉低木。高さ 2 m 位になる。枝は広く四方に広がり、多少垂れている。秋に紅葉しない。花は春、新しい葉とともに出る。花や果実はヤマモミジと全く同じである。和名の縮緬カエデ (ちりめんかえで) は、葉の細かく裂けた状態がちりめん地を思わせることからきている。

2368. ヤマモミジ 〔カエデ属〕
Acer amoenum Carrière
var. *matsumurae* (Koidz.) K.Ogata

北海道、本州の日本海側の山地にはえ、庭に栽植される高さ 5 〜 10 m の落葉高木。葉はやや大きく径 5 〜 8 cm、縁が不揃いの重鋸歯。秋の紅葉は美しい。花は晩春、新葉よりわずかに早く開き、雄花と両性花があり若枝の先に下がる。翼果は 2 cm。和名は山モミジの意味。

2369. オオモミジ 〔カエデ属〕
Acer amoenum Carrière var. *amoenum*
　北海道から九州にふつうの落葉高木。高さ10 m。樹皮は灰褐色。葉は径8 cmほどで掌状に7～9裂、葉縁には細鋸歯がある。花は春、横にはった当年短枝の先に散房状の花序をつくり、雄花と両性花がある。夏から初秋に熟する分果は翼とともに2～2.5 cm。秋には紅葉でもやや黄色みがかるか、黄葉することが多い。

2370. ハウチワカエデ（メイゲツカエデ） 〔カエデ属〕
Acer japonicum Thunb.
　本州と北海道の低山帯にはえ、庭にも栽植される高さ10～15 mの落葉高木。若枝は紫紅色を帯びる。葉は径7～15 cm、柄は短い。若い葉や柄、花序の柄に白い軟毛がある。紅葉は美しい。花は春、若葉と同時に出て、雄花と雌花がある。和名は天狗の羽うちわにたとえたもの。別名は秋の名月の光で紅葉の落ちるのも見られるという意。

2371. マイクジャク 〔カエデ属〕
Acer japonicum Thunb. 'Aconitifolium'
　ハウチワカエデの園芸変種で、観賞用として庭に栽培される落葉低木。葉は深裂し、裂片はさらに深く切れ込む。表面に長い毛が散在し、裏にはとくに葉脈に向かい長い毛を密生。葉柄は葉面より短く、また白毛がある。花は春、暗紅色。若葉とともに出る。花も果実も母種と変わらない。和名舞孔雀は葉形をクジャクの尾羽を広げたのにたとえた。

2372. コハウチワカエデ 〔カエデ属〕
Acer sieboldianum Miq.
　各地の低山帯にはえる高さ10～15 mの落葉高木。ハウチワカエデに似ているが、葉が小さく径5～11 cm、柄が長く、3～7 cmと葉の径に近い。葉は7～11片に中裂する。花は春に咲き、淡黄色。果実の翼はほぼ水平に開く。別名イタヤメイゲツ、キバナハウチワカエデ。イタヤメイゲツはメイゲツカエデ（ハウチワカエデ）なのにイタヤカエデに似るからいう。

2365. リュウガン　〔リュウガン属〕
Dimocarpus longan Lour.

中国南部原産。果樹として広く東南アジアに栽培されている常緑小高木。高さ10〜15 m。小葉は長さ10〜46 cm、革質。花は春、径6 mm位の黄色花で芳香がある。果実は径2.5 cm位、仮種皮は白色透明で、甘味があり、生でも食べられる。乾したものは龍眼肉といい、食用および薬用にする。和名は漢名龍眼の音読みで丸い果実を龍の眼にたとえた。

2366. タカオカエデ　〔カエデ属〕
Acer palmatum Thunb.

本州、四国、九州および朝鮮半島南部に分布し山地にふつうに見られ、庭に栽植する落葉高木。一般にモミジと呼ばれ、多くの園芸品種があり紅葉を観賞する。花は春、葉とともに開く。和名は京都の高雄が名所であることに由来する。カエデは葉形が蛙の手に似るところから名づけられた。別名イロハカエデ、イロハモミジ、タカオモミジ。イロハカエデは葉の裂片が7つで、いろはにほへとと7つ数えることによる。

2367. チリメンカエデ (キレニシキ)　〔カエデ属〕
Acer amoenum Carrière var. *matsumurae* (Koidz.) K.Ogata 'Dissectum'

ヤマモミジの1変種。庭園に栽培され、観賞される落葉低木。高さ2 m位になる。枝は広く四方に広がり、多少垂れている。秋に紅葉しない。花は春、新しい葉とともに出る。花や果実はヤマモミジと全く同じである。和名の縮緬カエデ（ちりめんかえで）は、葉の細かく裂けた状態がちりめん地を思わせることからきている。

2368. ヤマモミジ　〔カエデ属〕
Acer amoenum Carrière var. *matsumurae* (Koidz.) K.Ogata

北海道、本州の日本海側の山地にはえ、庭に栽植される高さ5〜10 mの落葉高木。葉はやや大きく径5〜8 cm、縁が不揃いの重鋸歯。秋の紅葉は美しい。花は晩春、新葉よりわずかに早く開き、雄花と両性花があり若枝の先に下がる。翼果は2 cm。和名は山モミジの意味。

2369. オオモミジ 〔カエデ属〕
Acer amoenum Carrière var. *amoenum*

北海道から九州にふつうな落葉高木。高さ 10 m。樹皮は灰褐色。葉は径 8 cm ほどで掌状に 7～9 裂、葉縁には細鋸歯がある。花は春、横にはった当年短枝の先に散房状の花序をつくり、雄花と両性花がある。夏から初秋に熟する分果は翼とともに 2～2.5 cm。秋には紅葉でもやや黄色みがかるか、黄葉することが多い。

2370. ハウチワカエデ（メイゲツカエデ） 〔カエデ属〕
Acer japonicum Thunb.

本州と北海道の低山帯にはえ、庭にも栽植される高さ 10～15 m の落葉高木。若枝は紫紅色を帯びる。葉は径 7～15 cm、柄は短い。若い葉や柄、花序の柄に白い軟毛がある。紅葉は美しい。花は春、若葉と同時に出て、雄花と雌花がある。和名は天狗の羽うちわにたとえたもの。別名は秋の名月の光で紅葉の落ちるのも見られるという意。

2371. マイクジャク 〔カエデ属〕
Acer japonicum Thunb. 'Aconitifolium'

ハウチワカエデの園芸変種で、観賞用として庭に栽培される落葉低木。葉は深裂し、裂片はさらに深く切れ込む。表面に長い毛が散在し、裏面にはとくに葉脈に向かい長い毛を密生。葉柄は葉面より短く、また白毛がある。花は春、暗紅色。若葉とともに出る。花も果実も母種と変わらない。和名舞孔雀は葉形をクジャクの尾羽を広げたのにたとえた。

2372. コハウチワカエデ 〔カエデ属〕
Acer sieboldianum Miq.

各地の低山帯にはえる高さ 10～15 m の落葉高木。ハウチワカエデに似ているが、葉が小さく径 5～11 cm。葉柄が長く、3～7 cm と葉の径に近い。葉は 7～11 片に中裂する。花は春に咲き、淡黄色。果実の翼はほぼ水平に開く。別名イタヤメイゲツ、キバナハウチワカエデ。イタヤメイゲツはメイゲツカエデ（ハウチワカエデ）なのにイタヤカエデに似るからい。

2373. オオイタヤメイゲツ 〔カエデ属〕
Acer shirasawanum Koidz.

　福島県以西から四国の低山帯にはえ，また庭に栽植される高さ5〜10mの落葉高木。樹皮は灰色，若枝，葉柄は無毛。葉の径5〜11cm，裏面の脈に白い毛がある。秋に紅葉する。花は初夏に咲き，若枝の先に雄花と両性花があり，枝を別にしてつく。花序には毛がない。果実は上向く。和名大板屋名月はイタヤメイゲツに似て葉が大形の意。

2374. ヒナウチワカエデ 〔カエデ属〕
Acer tenuifolium (Koidz.) Koidz.

　関東地方以西，四国，九州の山地にはえる落葉小高木。高さ5〜8m。葉は長柄があり，葉身の長さ4〜5cm，欠刻様の重鋸歯がある。若いときは軟毛があるが，葉裏の脈上を除いてほとんど無毛。花は晩春，若枝の先に下垂し，雌雄雑居。果実は多くは1果を頂生するだけで無毛。和名はハウチワカエデに比べ繊細なのを雛にたとえたもの。

2375. アサノハカエデ (ミヤマモミジ) 〔カエデ属〕
Acer argutum Maxim.

　福島県以南，四国の低山帯にはえる高さ7〜10mの落葉小高木。枝は細毛がある。葉は薄く幅は5〜10cm。雌雄異株。花は春，若葉とともに短い総状花序につく。花は4数性。雌花序は1対の葉があるが，雄花序は前年の枝先に側生する芽につき葉はない。和名は葉形が麻の葉の切り込みに似ているからいう。

2376. オガラバナ (ホザキカエデ) 〔カエデ属〕
Acer ukurunduense Trautv. et C.A.Mey.

　奈良県以北，北海道まで，およびサハリン，朝鮮半島，中国東北部，東シベリアに分布し，亜高山帯にはえる落葉小高木。葉は長柄があり，葉身の長さ6〜14cm。裏面帯白色で脈沿いに淡褐色の軟毛を密生する。花は夏，若枝の先に斜上する総状花序をつける。和名のおがらは麻の茎の皮をはいだもの，材が軟らかそれに似るためという。

2377. ミネカエデ　〔カエデ属〕
Acer tschonoskii Maxim.

中部地方以北，北海道，南千島の亜高山帯から高山帯下部にはえる，落葉低木ないし小高木。枝は無毛。葉は幅4〜9cm，裏面脈腋に褐色の軟毛があるほか無毛。花は夏に咲き，長さ2〜5cmの総状花序を1対の葉のある若い枝先につける。果実は翼が広くほぼ直角に開く。和名峰カエデは高山にはえるカエデの意味。

2378. コミネカエデ　〔カエデ属〕
Acer micranthum Siebold et Zucc.

本州，四国，九州の低山帯にはえる落葉低木ないし小高木。枝や葉柄は無毛。葉は尾状に鋭尖頭，幅5〜9cm。裏面，とくに脈腋に赤褐色の毛がある。雌雄異株。花は初夏，葉の間から長さ4〜9cmの細い総状花序につく。がく片は長さ1mm，花弁の長さはおよそ2倍。翼果は水平に近く開く。和名はミネカエデに似るが花も実も小さいため。

2379. ナンゴクミネカエデ　〔カエデ属〕
Acer australe (Momot.) Ohwi et Momot.

本州（岩手県以南），四国，九州の太平洋側に分布する小高木。葉は掌状に5深裂し長さ10cm，幅6cmほどになり，裂片の先は長い。花は春から初夏に咲き，総状花序に10個前後の花をつける。がく片は5個で倒披針形。花弁もほぼ同形。雄しべは8個でがくとほぼ同長。葉の切れ込みはコミネカエデに似るが，花が大きく少なく，花時花序が直立する。本州中部以東のものをオオミネカエデとして区別することもある。

2380. ウリカエデ（メウリノキ）　〔カエデ属〕
Acer crataegifolium Siebold et Zucc.

宮城県以南，四国，九州の低山帯にはえる高さ3〜5mの落葉小高木。小枝は無毛。葉は長さ3〜9cm，成長した木ではほとんど裂けない。秋に黄葉する。雌雄異株。花は晩春に咲き，淡黄色で長さ3〜5cmの総状花序につく。果実は翼がほぼ水平に開く。和名は枝の皮がウリの色に似ることにちなむ。材は玩具，箸に用いる。

2381. ウリハダカエデ　〔カエデ属〕
Acer rufinerve Siebold et Zucc.

本州，四国，九州の低山帯上部にはえる落葉高木。高さ 10 m 位。幹は緑色，無毛で滑らか，黒斑がある。葉身の長さは 6～15 cm，裏面は脈に沿って，若い葉柄や花序とともに褐色の軟毛がある。雌雄異株。花は晩春，若葉とともに総状花序に垂れ下がり，淡黄色で 5 数性。果序の長さ 7～10 cm。翼は鋭角に開く。和名瓜肌カエデは樹皮の肌がマクワウリの果実の肌に似ることによる。

2382. ホソエカエデ　〔カエデ属〕
Acer capillipes Maxim.

福島県以南，四国，九州の山地にまれにはえる高さ 10～15 m の落葉高木。葉は長柄があり，葉身の長さ 6～15 cm，裏面の脈腋の膜は目立つ。若いときわずかに褐色の軟毛があるほかは無毛。花は晩春，葉とともに開く，淡黄色で，1 対の葉のある若枝の先に 7～12 cm の総状花序を下垂する。雌雄異株。和名細柄カエデ。形容語 *capillipes* の和訳で，花柄がやせて細いことの意。

2383. シマウリカエデ　〔カエデ属〕
Acer insulare Makino

奄美大島の山地の林にはえる落葉性高木。葉身は卵形，分裂しないかまたは浅く 3～5 裂し，頂裂片は大きく，長さ 10 cm，幅 5 cm，五角形状，葉縁には粗い鋸歯がある。側脈は 7 対。今年枝に頂生する総状花序に 10～15 個の淡黄色の花がつく。花弁は倒卵形，がく片は披針形。ともに無毛。分果は斜めに開出し長さは翼とともに 3 cm ほどになる。

2384. テツカエデ（テツノキ）　〔カエデ属〕
Acer nipponicum H.Hara

本州，四国，九州の山地にまれにはえる高さ 15 m 位の落葉高木。若い枝や葉は毛があるが，のち葉裏の脈だけを残しほとんど無毛。葉の長さ 10～15 cm。花は夏に咲き，若枝の先に長さ 10～15 cm の総状円錐花序をつくる。両性花と雄花の両方がつく株と，雄花だけの株がある。果序も垂下し，果翼は鋭角に開く。和名鉄カエデはこの材が黒いので鉄に見立てたもの。別名も同じ。

【新牧1582】 【新牧1583】

2385. **カラコギカエデ** 〔カエデ属〕
Acer ginnala Maxim. var. *aidzuense* (Franch.) K.Ogata
　各地の低山帯の湿地にはえる高さ10 m位の落葉高木。種としては朝鮮半島，中国東北部，東シベリアに分布。枝は無毛。葉は長さ5〜12 cm，裏面脈上に毛を密生。花は初夏，若枝の先に両性花と雄花が，短い花序につく。翼果は長さ2.5〜3 cm，ほとんど左右に開かない。和名は鹿の子木カエデがなまったもので，樹皮が鹿の子（かのこ）まだらになるため。

2386. **イタヤカエデ**（広義）（トキワカエデ，ツタモミジ）〔カエデ属〕
Acer pictum Thunb.
　各地の低山帯にはえ，庭に栽培する高さ20 mの落葉高木。サハリン，朝鮮半島，中国北部からアムールに分布。葉は対生で縁に鋸歯がないのが特徴，長さ5〜10 cm，秋に黄葉する。花は晩春。和名は葉がよく茂って板で屋根をふいたように雨がもれない意味。紅葉しないので一名トキワカエデという。材はスキーや楽器に用いる。本種は多くの種内分類群に分けられ，ここに図示したものは基準亜種オニイタヤの型に当たる。

2387. **エンコウカエデ**（アサヒカエデ）〔カエデ属〕
Acer pictum Thunb. subsp. *dissectum* (Wesm.) H.Ohashi f. *dissectum* (Wesm.) H.Ohashi
　本州，四国，九州の山地にはえる落葉小高木。高さ3〜20 m。イタヤカエデの1型で秋に黄葉し，葉縁に鋸歯がないのは同じだが，切れ込みが非常に深い。葉柄は長く3〜12 cm。花は春，和名は葉の裂片が細長く，猿（テナガザル）の手を思わせるところからいう。葉裏の主脈上に毛のあるものをウラゲエンコウカエデ f. *connivens* (G.Nicholson) H.Ohashi という。

2388. **ヤグルマカエデ** 〔カエデ属〕
Acer pictum Thunb. subsp. *pictum* subvar. *subtrifidum* Makino
　山地にはえる落葉小高木。イタヤカエデの1品種。葉は深裂し，裂片の半ばに突起がある。長い柄をもち，対生し，薄質で裏面に白く短い毛がある。裏面に白い短い毛のないものはケナシヤグルマカエデと呼んでいる。両方ともが秋になってから紅葉しないで，黄葉する。和名は葉の切れ込み方を端午の鯉のぼりにつける矢車に見立てたもの。本植物は最近ではオニイタヤから区別されないことが多い。

【新牧1584】 【新牧1585】

2389. エゾイタヤ　　〔カエデ属〕
Acer pictum Thunb. subsp. *mono* (Maxim.) H.Ohashi
本州の北陸地方以北，北海道，朝鮮半島，アムールに分布。高さ25 m。若い枝に細毛がある。葉は暗緑色，掌状に5〜7浅裂ないし中裂，裂片の先は鋭くとがり，全縁，裏面の脈の基部に毛がある。葉柄の上部と若枝にも毛がある。分果の翼は斜めに開出して長さ3.5 cmほどになる。

2390. アカイタヤ（ベニイタヤ）　　〔カエデ属〕
Acer pictum Thunb. subsp. *mayrii* (Schwer.) H.Ohashi
本州の日本海側，北海道に分布する落葉高木。枝は無毛。葉は幼時赤みを帯び，掌状に5浅裂し径6〜14 cm，裂片は全縁で先は鋭く尖る。花は春。散房花序に淡黄色の花をつける。花弁は8 mm。がく片は5枚。雄しべは8個で，両性花では雄性花より短い。分果は無毛。翼を含め長さ3〜4 cm，2枚の翼はほぼ平行。

2391. クロビイタヤ　　〔カエデ属〕
Acer miyabei Maxim.
中部地方以北の本州と北海道にまれにはえる高さ15 mの落葉高木。枝は灰褐色。葉は両面，特に脈上に毛を密生し，葉柄は長く4〜20 cmになることもある。花は晩春，淡黄色。翼果は，開度が180度を越し褐色の毛がある。別名エゾイタヤ（同名別種あり）は北海道産，またミヤベイタヤは形容語と同じく明治22年宮部金吾博士が日高で発見したのを記念した名。

2392. カジカエデ（オニモミジ）　　〔カエデ属〕
Acer diabolicum Blume ex K.Koch
本州，四国，九州の山地にはえる高さ10〜20 mの落葉高木。葉は長柄があり，葉身の長さ6〜15 cm，若いときに褐色の軟毛を密生するが，裏面を残し無毛になる。雌雄異株。前年の枝に花序が側生。花は春，花弁は基部が合生する。和名梶カエデはクワ科のカジノキに葉形が似るため。別名は大きく荒々しい葉をいう。材を机，箱，器具に用いる。

2393. ハナノキ（ハナカエデ）　〔カエデ属〕
Acer pycnanthum K.Koch
　岐阜，長野，愛知各県で主に木曽川流域の山間の湿地にはえ，また庭木として栽植する高さ15〜30mの落葉高木。秋には紅葉する。雌雄異株。花は束生し，雌花には長い柄があり，春に葉の展開に先立って咲く。滋賀県東近江市花沢に名木があり国の天然記念物とされている。和名花の木は遠くから若葉に先立って紅い花ざかりが見えるからいう。

2394. トウカエデ　〔カエデ属〕
Acer buergerianum Miq.
　中国大陸原産で，庭木や街路樹として栽植する高さ15m以上になる落葉高木。樹皮は黄褐色。葉は3浅裂し，若い葉は白い軟毛があるがのち無毛。表面は光沢があり，裏面は白色を帯びている。花は晩春に咲き，雄花は8数性で花弁はがく片よりやや長く，雄しべは8本で長い花序をなす。両性花はがく片の方が長い。和名唐カエデは中国をさし，享保9年に渡来したとある。

2395. チドリノキ（ヤマシバカエデ）　〔カエデ属〕
Acer carpinifolium Siebold et Zucc.
　本州，四国，九州の低山帯の渓谷沿いにはえる高さ7m位の落葉高木。葉は全く羽裂せず，ブナ科のサワシバに似ているが対生，長さ6〜16cm，中脈が隆起している。紅葉しないで枯葉を冬の間つけている。雌雄異株。花は春に咲く。和名千鳥の木は果序の状態による。別名は山柴（薪）になるモミジの意。

2396. ヒトツバカエデ（マルバカエデ）　〔カエデ属〕
Acer distylum Siebold et Zucc.
　本州の近畿地方以東の低山帯にはえる高さ5〜10mの落葉高木。樹皮は灰褐色で円い皮目があり，枝や葉は若いときに淡桃色の毛がある。葉は長柄があり，葉身の長さ8〜16cmの卵円形。ふつう枝先に一対ずつつく。秋に多くは黄葉する。花は初夏，枝先の葉腋に花序を立てる。和名一つ葉カエデ，別名丸葉カエデとも分裂しない葉形をいう。

2397. ミツデカエデ　　　　〔カエデ属〕
Acer cissifolium (Siebold et Zucc.) K.Koch
　北海道から九州の暖帯から温帯にはえる高さ5〜20 mの落葉高木。若枝や花序に白い短毛がある。3出複葉の小葉の長さ5〜12 cm，春の若葉や枝は紅紫色で美しい。雌雄異株。花は晩春，4数性，5〜15 cmの総状花序をつくる。翼果は長さ2.5〜3 cm位，2枚の羽の開く角度は狭い。和名三手カエデは3小葉からなるため。材を器具，薪炭などに用いる。

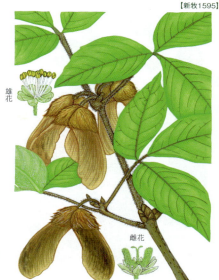

2398. メグスリノキ（チョウジャノキ）　〔カエデ属〕
Acer maximowiczianum Miq.
　本州，四国，九州の温帯の山地にはえる高さ10 m位の落葉高木。樹皮は灰色。若枝，葉裏，花序に灰白色の粗毛を密生。葉は3出複葉，小葉の長さ5〜14 cm。秋に紅葉する。花は晩春，3個ずつ若葉と同時にそのつけ根に開く。翼果は長さ4〜5 cm，黄褐色の毛を密生。和名は目薬の木で民間薬とし，樹皮を煎じ洗眼に用いたという。

2399. シカモアカエデ（セイヨウカジカエデ）　〔カエデ属〕
Acer pseudoplatanus L.
　西アジアからヨーロッパにかけて分布する落葉高木。高さ30 m。葉は対生し幅8〜16 cm，5裂し表面は深緑色，裏面は粉白色を帯び，裂片は卵形。葉の全体はプラタナスに似る。花は春。円錐花序で花弁，がく片とも5個，黄緑色。雄しべは8個。分果は直角に開き，長さ3 cmほどで種子の両側は突出する。ヨーロッパでは古くから，緑陰樹として栽植される。和名のシカモアは英名 sycamore maple による。

2400. ネグンドカエデ（トネリコバノカエデ）　〔カエデ属〕
Acer negundo L.
　北アメリカ原産の落葉高木。高さ20 m。街路樹，観賞用樹として日本各地に植えられている。葉は大形の羽状複葉，3〜7個の小葉が並ぶ。小葉は長さ5〜10 cm，幅2〜5 cm，長卵形，頂小葉は3裂。花は春。雌雄異株。雄花序は散房状，雌花序は総状。がく片は小さく4〜5個で花弁はない。小花柄は3 cmほどで分果は斜めに開出し，翼を含めた長さ3 cm前後，種子面は平らで脈がある。毛は熟すと脱落する。

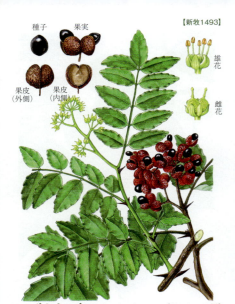

2401. サンショウ（古名ハジカミ）〔サンショウ属〕
Zanthoxylum piperitum (L.) DC.
　日本各地および朝鮮半島南部に分布，平野の雑木林から低山帯の林内にはえ，人家に栽植もする落葉低木。高さ1〜3m，枝や葉の基部に1対のとげがある。葉は油点があり香る。花は春，花弁はない。若葉を食用とし，果実は香辛料や薬用にする。和名山椒，漢名蜀椒は別種カホクザンショウ *Z. bungeanum* Maxim．和名ハジカミはハジカミラの略，ハジははぜるの意，カミラはニラの古名で味のことをいう。

2402. フユザンショウ（フダンザンショウ）〔サンショウ属〕
Zanthoxylum armatum DC.
var. *subtrifoliatum* (Franch.) Kitam.
　関東地方以西，四国，九州，琉球列島，および台湾，朝鮮半島，中国に分布し山野にはえる常緑低木。高さ1.5〜3m。葉柄や小枝の基部に1対のとげがある。葉は油点が並び軸には翼がある。雌雄異株。花は晩春，花弁はない。果実は長さ5mm。和名冬山椒は葉が冬も枯れないで残るから。漢名竹葉椒，果実を漢方で秦椒（しんしょう）と呼び薬用にする。

2403. イワザンショウ　〔サンショウ属〕
Zanthoxylum beecheyanum K.Koch var. *beecheyanum*
　南大東島，北大東島と父島に分布する常緑低木。岩場にはえる。多くの枝を出し横に広がる。高さ50cm。葉は互生し長さ2〜5cm，奇数羽状複葉，7〜13個の小葉からなる。小葉は長さ4〜10mm，幅2〜5mm。倒卵形あるいは倒披針状だ円形。雌雄異株。花は冬から春。前年枝のわきから出る円錐花序につく。がくと花弁はほぼ同形で披針形。雄しべは6本。果実は1〜2個の球形の分果からなる。

2404. イヌザンショウ　〔サンショウ属〕
Zanthoxylum schinifolium Siebold et Zucc.
　本州，四国，九州，および朝鮮半島，中国に分布し，山野にはえる落葉低木。高さ1.5〜3mになる。茎や枝にはとげが互生する。小葉は長さ1.5〜3.5cm，油点がある。花は夏，枝先に散房花序につき，雌雄異株，花弁，がく片とも5枚。和名犬山椒はサンショウに似ているが役に立たないという意味。

2405. カラスザンショウ 〔サンショウ属〕
Zanthoxylum ailanthoides Siebold et Zucc. var. *ailanthoides*

本州，四国，九州，琉球列島，小笠原，および朝鮮半島南部，台湾，中国，フィリピンに分布し，暖地にはえる落葉高木。高さ6〜8m。樹皮は灰色で縦に皮目がある。若枝のとげは短く多い。小葉は長さ6〜15cmで無毛，褐色の油点がある。雌雄異株。花は夏，枝先に短い円錐花序をつけ，軸の片側に微毛を密生する。和名鴉山椒は役に立たないのでカラスという言葉をつけた。

2406. アコウザンショウ 〔サンショウ属〕
Zanthoxylum ailanthoides Siebold et Zucc. var. *inerme* Rehder et E.H.Wilson

小笠原諸島特産。カラスザンショウの地方変種。日当たりの良い林縁にはえる落葉高木。高さ5〜8m。枝にとげはない。葉は奇数羽状複葉。15〜29個の小葉からなり長さ30〜70cm。小葉は長さ5〜15cm，幅3〜4.5cm，三角状狭卵形。縁に粗い鋸歯があり裏面は粉白色を帯びる。花は夏，枝に頂生する大形の散房花序につく。果実は球形，6〜7mmの3分果からなる。触るとかぶれる。

2407. ヤクシマカラスザンショウ 〔サンショウ属〕
Zanthoxylum yakumontanum (Sugim.) Nagam.

屋久島に特産する落葉高木。高さ6〜8m，ときに10m以上。枝には長さ2〜3mmの太いとげが不規則に出る。葉は互生し奇数羽状複葉。9〜21個の小葉からなり長さ25〜60cm。小葉は長さ4〜11cm，幅2.5〜4cm，卵形あるいは卵状長だ円形，裏面は淡緑色で光沢があり油点が散生する。花は夏，長さ幅とも10cmの散房花序にまばらにつく。雌雄異株。がくは鐘形。花弁は5枚で白色，だ円形。

2408. コカラスザンショウ 〔サンショウ属〕
Zanthoxylum fauriei (Nakai) Ohwi

中部地方以西，四国，九州，および済州島に分布し，山地にまれにはえる落葉高木。若枝は無毛で帯紅色，ときに白粉を帯び，鋭いとげがある。葉は無毛，油点がある。小葉は長さ3〜6cmでカラスザンショウより小さい。雌雄異株。花は夏，枝先に短い集散花序をつくり，花弁，がく片とも3〜5枚，雄花は雄しべ3〜5本，子房は退化，雌花は雄しべが退化し3心皮からなる。

2409. ハマセンダン 〔ゴシュユ属〕
Tetradium glabrifolium (Champ. ex Benth.) T.G.Hartley var. *glaucum* (Miq.) T.Yamaz.
　台湾に分布。日本では近畿地方以西の本州から南西諸島に分布する落葉高木。高さ7〜10 m。葉は対生し奇数羽状複葉。7〜15個の小葉からなり長さ20〜30 cm。小葉は披針状だ円形あるいは狭卵形。裏面緑白色。雌雄異株。花は夏、枝先に径7〜10 cmの集散花序を出す。花弁は白色、卵状だ円形。がくは皿状。果実は平たい球形で深く4〜5裂し灰白色で微毛が密生、裂開して黒色の種子を露出する。

2410. ニセゴシュユ（ゴシュユ）〔ゴシュユ属〕
Tetradium ruticarpum (Juss.) T.G.Hartley var. *ruticarpum*
　中国原産で享保年間（1722年頃）に渡来し、中部地方以西の各地に薬用として栽培される落葉低木。高さ3〜5 m。全株に褐色の軟毛を密生。樹皮は暗灰色。葉は奇数羽状複葉、小葉は卵形、長さ6〜15 cm。花は初夏、雌雄異株だが日本ではふつう雌木だけ栽培される。若枝の先の円錐花序に多数の小花がつく。樹から香気のある油がとれる。果実は薬用にされる。和名は漢名呉朱萸の音読み。漢方薬の呉茱萸は変種ホンゴシュユ var. *officinale* (Dode) T.G.Hartley である。

2411. ムニンゴシュユ 〔アワダン属〕
Melicope nishimurae (Koidz.) T.Yamaz.
　小笠原諸島の父島と兄島に特産の常緑低木。高さ2〜3 m。低木林中にはえる。葉は対生し3枚の小葉からなる複葉。小葉は長さ5〜10 cm、幅2.5〜3.5 cmの倒卵形。花は春。花は葉腋から出る総状花序に多数集まってつく。雌雄異株。がくは小さい深皿状。花弁は白色で4枚あり卵形。雄花には4本の雄しべと花盤、雌花には4本の小さな雌しべがある。果実は4分果のうち1〜2個が熟す。

2412. シロテツ 〔アワダン属〕
Melicope quadrilocularis (Hook. et Arn.) T.G.Hartley
　小笠原諸島の父島に特産する常緑高木または低木で、林内にはえる。高さ7〜8 m、若枝にはふつう微毛がある。葉は対生し、倒卵形またはだ円形、長さ5〜15 cm、質は厚く、両面とも無毛、裏面には油点が散生する。花は早春頃、葉腋に円錐花序をなし、雄花と雌花の別があり、無毛。花弁は4枚、長さ2 mmほどで油点がある。和名はアカテツ科のアカテツに対して、材が白いことによる。

2413. オオバシロテツ　〔アワダン属〕
Melicope grisea (Planch.) T.G.Hartley

　小笠原諸島に特産する常緑高木。高さ3～10m。林内にはえる。若枝には灰白色の星状毛が密生する。葉は対生し長さ5～20cm, 幅2.5～9cmのだ円形。裏面には油点が散生する。花は早春から晩春。葉腋から出る円錐花序に多数集まってつく。がくは杯形。花弁は4枚あり卵状だ円形, 外面には微毛がある。果実は平たい球形で幅6～7mm。灰白色の微毛が密生する。

2414. コクサギ　〔コクサギ属〕
Orixa japonica Thunb.

　本州, 四国, 九州, および朝鮮半島, 中国大陸に分布し, 山野の林下にはえる落葉低木。高さ1～3m。長い枝の葉は同じ側へ2枚ずつ出る独特な葉序を示す。葉面に油点がある。花は春, 雌雄異株。前年の枝の葉腋に雄花は小さな総状花序をなし, 雌花は単生して開き, 心皮は4つ。果実は分果となり, 中に黒くて光沢のある種子を1つつける。和名はクサギのような臭気の小型の木の意。

2415. マツカゼソウ　〔マツカゼソウ属〕
Boenninghausenia albiflora (Hook.) Rchb. ex Meisn. var. *japonica* (Nakai ex Makino et Nemoto) Suzuki

　宮城県以南, 四国, 九州に分布し, 種としては台湾, 中国, ヒマラヤに分布し, 山の木かげにはえる多年草。茎は細く直立し高さ30～80cmで無毛, 軟らかい。葉は薄くて軟らかく腺点があって独特の香りがある。若葉は暗赤色を帯びる。花は夏から秋。さく果は4つに分かれる。和名松風草は全体の姿に一種の風情があるから。母種の漢名は臭節草。

2416. ヘンルウダ　(ヘンルーダ)　〔ヘンルーダ属〕
Ruta graveolens L.

　南ヨーロッパ原産。日本には明治初期 (1870年前後) に渡来し, 薬用植物として栽培される多年草。強いにおいがあり, 食用や薬用に用いられた。茎は直立し, 高さ50～100cm, 下部は木質となる。花は初夏, 径2cmの黄色花を散形花序につける。頂花は花弁が5枚で雄しべが10本, 横のものは4数性になる。和名はオランダ語の wijnruit の転訛。

2417. コヘンルウダ（コヘンルーダ）　〔ヘンルーダ属〕
Ruta chalepensis L. var. *bracteosa* (DC.) Halácsy

　南ヨーロッパ原産。香味料としてまれに栽培される多年草。茎は多肉で直立し、高さ30cm位、下部は木化して硬く、全株に強い香りがある。葉は1～2回羽状複葉で小葉はさらに切れ込むことがあり、青白い。花は初夏、黄色花。和名は小形のヘンルウダであるが、日本への渡来はヘンルウダより早かったので江戸時代にはヘンルウダと呼ばれた。

2418. ヨウシュハクセン（ハクセン）　〔ハクセン属〕
Dictamnus albus L. subsp. *albus*

　南ヨーロッパ原産。日本でもときどき観賞用として栽培される多年草。茎は丈夫で下部は硬く、高さ60～90cm。葉は柄があって互生し、奇数羽状複葉で中軸に翼がある。小葉は4～6対、長さ3～9cm、透明な細点がある。花は夏、花の色は淡紅色か白色。花軸、花柄、花などに油腺があって強いにおいがある。和名洋種白鮮で、ヨウシュは西洋産、ハクセンは漢名白鮮の音読み。

2419. キハダ（ヒロハノキハダ）　〔キハダ属〕
Phellodendron amurense Rupr. var. *amurense*

　日本各地の山地にはえ、朝鮮半島、中国北部、ウスリー、アムールに分布する落葉高木。高さ25mになる。樹皮は淡黄褐色で厚いコルク質、縦溝がある。葉は対生し、長さ20～40cm、小葉は5～13枚。花は夏、雌雄異株。液果は径1cm。和名黄肌は幹の内皮が黄色いからいう。漢名蘗木、黄蘗。内皮は苦味があり胃腸薬とする。器具材料としてすぐれている。

2420. オオバキハダ　〔キハダ属〕
Phellodendron amurense Rupr. var. *japonicum* (Maxim.) Ohwi

　本州中部、関東地方の山地にはえる落葉高木。高さ10m以上。葉は対生し奇数羽状複葉。小葉は10個内外、卵状だ円形あるいはだ円形で、先端は鋭くとがる。花は夏、枝先に円錐花序を出し黄緑色の多数の細かい花をつける。がく片、花弁はともに5～8枚。雌雄異株。雄花の雄しべは5本。母種キハダに似るが小葉の裏面中央脈上に毛がある。

2421. サルカケミカン　　〔サルカケミカン属〕
Toddalia asiatica (L.) Lam.
　東南アジアの熱帯に広く分布。琉球列島に自生する常緑性の藤本。茎には鋭いとげがある。葉は互生し3小葉からなる。小葉は長さ1.5〜5cm, 幅7〜15mm, 長だ円形, 裏面には油点が散生する。雌雄異株。花は冬から早春にかけて咲き, 枝先と葉腋に円錐状花序につく。がくは深皿状。花弁は4〜5枚。雄花には雄しべ5本, 雌花には雌しべ1本がある。果実は橙黄色。

2422. ミヤマシキミ　　〔ミヤマシキミ属〕
Skimmia japonica Thunb. var. *japonica* f. *japonica*
　本州の主に太平洋側, 四国, 九州の山地の林下にはえる常緑低木, 高さ60〜120cm, 枝は灰色。葉は長さ6〜12cm, 革質で油点が多い。枝の上部に集まってつき輪生のように見える。花は晩春に咲き, 雌雄異株で香気がある。液果は径8〜10mm, 秋から翌春にかけ紅色に熟し美しく, 正月用のマンリョウの代用とする。和名は葉がシキミに似て山奥にはえることから。

2423. ウチダシミヤマシキミ　〔ミヤマシキミ属〕
Skimmia japonica Thunb. var. *japonica* f. *yatabei* H.Ohba
　ミヤマシキミの変種で分布域もほぼ同じ, とくに伊豆・房総両半島に多く, 高さ1〜2mになる。ミヤマシキミとよく似るが, 葉の表面の脈が落ち込んで溝となり裏面で隆起している。同様な葉で茎の下部が長く地表をはい, 斜上するウチコミツルミヤマシキミ var. *intermedia* Komatsu f. *intermedia* (Komatsu) T.Yamaz. が, 本州中部と北海道にあり, サハリンにも分布する。

2424. ツルシキミ　（ツルミヤマシキミ）〔ミヤマシキミ属〕
Skimmia japonica Thunb. var. *intermedia* Komatsu f. *repens* (Nakai) Ohwi
　本州と北海道の日本海側を中心に分布。九州, 四国の山地にもまれに見られる常緑低木。高さ30〜60cm。茎の下部は地表をはう。葉は長さ4〜6cm, 幅1〜2.5cm, 倒披針状長だ円形。花は春。枝先から出る散房状の円錐花序につく。雌雄異株。花弁は4枚, 白色で長だ円形。ミヤマシキミの変種で茎の大半が地表をはうこと, 葉がひとまわり小さいことで区別する。

2425. ゲッキツ 〔ゲッキツ属〕
Murraya paniculata (L.) Jack var. exotica (L.) C.C.Huang
東南アジアの熱帯に広く分布。日本では奄美大島以南の南西諸島に見られる常緑小高木。高さ3〜8m。芳香があり人家の生垣にも植栽される。若枝は緑色，2年目には灰白色となる。葉は互生し3〜9個の小葉からなる。小葉は長さ1.5〜5cm，幅1〜2.5cm，倒卵状だ円形あるいは倒卵形。花は初夏から初秋。枝先または葉腋に散房花序を出し数個の5弁の白花をつける。果実は赤熟。

2426. ハナシンボウギ (ゲッキツモドキ) 〔ハナシンボウギ属〕
Glycosmis parviflora (Sims) Little
東南アジアの熱帯に広く分布。日本では南西諸島と九州南部に自生する常緑低木。高さ2〜3m。若枝には短毛がある。葉は互生し1〜3ときに5枚の小葉に分かれる。小葉は長さ6〜18cm，幅2〜5cmの長だ円形あるいは倒披針状だ円形。花は通年。葉腋から出る円錐花序につく。がくは皿形で5裂。花弁は5枚，白色でだ円形。液果は広だ円形，中に1個の種子をもち赤熟する。

2427. カラタチ (キコク) 〔ミカン属〕
Citrus trifoliata L.
中国大陸中部の原産で日本には古代に朝鮮半島を経て渡来し，生垣やミカン類の台木として各地で栽植される。ときには野生状態を見る。高さ2〜3mの落葉低木。枝は稜角があり強大で扁平なとげがつく。北原白秋の詩で有名。花は春，葉より先に1個ずつ開く。果実は径3〜4cm，芳香があり，枳実（きじつ）と呼ばれ薬用にする。和名は唐橘（からたちばな）の略。

2428. ダイダイ 〔ミカン属〕
Citrus aurantium L.
中国南部の原産で日本へは中国から渡来し，暖地に栽植される常緑小高木。高さ3m位。枝にとげがある。葉は互生，葉は厚く卵状長だ円形。花は初夏，白色で芳香がある。果実は冬に熟し，木に残しておけば翌年の夏再び緑を帯びる。酸味が強く苦味があり生食できないが，食酢とする。代々栄えるという縁起から正月の飾りに使われる。皮は橙皮（とうひ）と呼んで薬用になる。漢名橙。

2429. ユズ (ユノス)　〔ミカン属〕
Citrus junos (Makino) Siebold ex Tanaka
　果樹や庭木として栽植される常緑小高木。中国の原産で日本では奈良時代から栽培されている。高さ6mに達する。枝に長いとげがつき，葉柄は広い翼がある。花は初夏，果実は径4〜7cm，酸味が強く甘味はないが香りがよいので料理や菓子に使う。冬至にはゆず湯に用いる。和名柚酸（ゆず），漢名の柚は現在のザボンをさす。

2430. レモン　〔ミカン属〕
Citrus limon (L.) Osbeck
　インド西北部から西アジアにかけての原産といわれる常緑低木。高さ3〜4m，枝にとげがある。葉は互生し長さ5〜8cm，全縁。若芽は赤色を帯びる。花は葉腋につき5枚の花弁は紫紅色。果実は長さ6〜10cm，市販のものは未熟のうちにとるためだ円形だが，完熟時にはほぼ球形。栽培の歴史が古く，品種は非常に多い。現在はイタリア半島とカリフォルニアが最も良く知られる産地。

2431. グレープフルーツ　〔ミカン属〕
Citrus 'Paradisi'
　西インド諸島のバルバドス島で偶然生じたといわれる園芸種。大形常緑低木。高さ5m。大形の卵形の厚い葉を互生する。若枝はよく伸長し節間も長い。花は葉腋に総状花序をなしてつき，淡緑色のがくの上に5枚の白い花弁がある。雌しべの子房は球形。果実になるとやや扁平になる。果実は径10〜18cm。果肉の袋は11〜14個が放射状に並ぶ。果肉は淡黄色からピンク，紅紫色まである。

2432. シーカーシャー (ヒラミレモン)　〔ミカン属〕
Citrus depressa Hayata
　奄美大島以南の南西諸島から台湾にかけて分布。高さ3〜6mの常緑小高木。ところどころに長さ1〜1.5cmの鋭い太いとげがある。葉は互生し長さ3〜6cm，幅2〜4cmの卵状だ円形あるいは広卵状だ円形。油点が散生する。花は春。新枝の葉腋から出る総状花序に1〜3個ずつつき，花は白色5弁。果実はつぶれた球形で黄赤色に熟す。径4〜5cm。琉球の方言でシーは酸の意味。

果実の横断面／種子

2433. キシュウミカン (コミカン, ホンミカン) 〔ミカン属〕
Citrus 'Kinokuni'
　古くから日本の暖かい地方に果樹として栽培される常緑高木。年を経たものは幹が太くなり高さ5m位になる。花は初夏に咲き，白色で5弁，芳香を放つ。果実は径3〜4cmの扁球形。表面は滑らかで光沢がある。紀州（和歌山県）での歴史が古く，紀伊國屋文左衛門が江戸に運んだのはこのミカンである。

果実の横断面

2434. ウンシュウミカン 〔ミカン属〕
Citrus 'Unshiu'
　関東地方以西，四国，九州の暖地で多く栽培される常緑低木。高さ3m位，枝にとげがない。葉柄に翼がなく，上部に節がある。花は初夏。果実は径5〜7.5cmの扁球形。単にミカンと呼び日本で最も多く生産される柑橘類である。早熟で甘味が強く年末や正月を賑わす。皮は陳皮（ちんぴ）と呼び薬用。和名の温州は中国浙江の南にある海岸の地名だが，単に名を借用しただけである。

果実の横断面／種子

2435. ニッポンタチバナ (タチバナ) 〔ミカン属〕
Citrus tachibana (Makino) Tanaka
　静岡・愛知・和歌山・山口各県と四国，九州，さらに琉球列島から台湾までの海岸に近い山地にまれにはえる常緑小高木。高さ2〜6m。花は初夏に咲き白色で5弁，芳香がある。果実は径2.5〜3cm，冬に熟し酸味が強くあまり食べない。山口県には果実が大きなコウライタチバナ *C. nippokoreana* Tanaka が知られ，済州島にも分布する。現在は別名のタチバナの名で呼ばれることが多いが，本来のタチバナは食用ミカンの古名である。

果実の横断面

2436. ベニミカン (ベニコウジ) 〔ミカン属〕
Citrus 'Benikoji'
　日本での栽培は古いが，現在は和歌山県，静岡県などに点々と見るだけである。高さ2m内外の常緑低木。オオベニミカンに似るが，果実の先端はへこまず，基部にはひだがなく，表面は非常に平滑で，油胞が明らかで，遅く熟する点で異なる。花は初夏，平開する径4cm位の白花を単生。果実は径6.5cm位。酸味が強い。和名紅蜜柑（べにみかん），別名紅柑子（べにこうじ）。

2437. オオベニミカン 〔ミカン属〕
Citrus 'Tangerina'
　中国南部に多く栽植され、日本でも和歌山県、九州、四国などに点々と栽植される常緑低木。高さ4m位。枝葉が多い。若枝には鋭い稜があり、ふつうとげはない。葉は長さ8cm位、柄にほとんど翼がない。花は初夏、白花で単生し径2.5cm。果実はやや偏平で径8cm、汁は甘い酸味がある。皮はむきやすい。和名大紅蜜柑。

2438. ヤマブキミカン 〔ミカン属〕
Citrus 'Yamabuki'
　古くから静岡県下で栽植されている常緑大低木。高さ4m内外。枝はまばらで、横を向いたり垂れ下がったりする傾向がある。小枝には稜があり、とげはない。葉は卵状長だ円形で長さ9cm位。花は初夏、単生、あるいは数個集まる。花弁は5枚、やや反転する。雄しべは多数。果実は径10cm位、甘酸味は淡白、ユズに似た芳香がある。和名は果皮が山吹色を呈することから。

2439. ネーブルオレンジ 〔ミカン属〕
Citrus sinensis (L.) Osbeck var. *brasiliensis* Tanaka
　ブラジルで作出されたオレンジの園芸変種で、日本には明治22年に導入された果樹。樹高4m位。開張性が強く、枝を密生する。葉はだ円状披針形で、線状の葉翼がある。花は白色5弁で香りが強い。果実は球形で果頂にヘソ（ネーブル）があるのが特徴。果実はやや大きく、径7cm位。果面は黄橙色で平滑、果肉は柔軟で多汁。甘く香気が高い。単為結果し、種子ができない。12月に採果、3〜5月まで貯蔵。

2440. コナツミカン (タムラミカン、ヒュウガナツミカン)〔ミカン属〕
Citrus 'Tamurana'
　宮崎県や高知県でよく果樹として栽培されている常緑低木。通常高さ2.5m。枝には稜角があり、とげが多く、毛はない。葉は長さ8cm、葉柄に狭い翼がある。花は初夏、単生あるいは総状花序に数個つける。花径4cm位、よい香りがあり、花冠は著しく反転し花弁5枚は白色で質は厚い。果実は径6cm、甘くて酸味は少ない。

2441. クネンボ　〔ミカン属〕
Citrus nobilis Lour.

インドシナ原産。果樹として日本の暖地に栽培される常緑低木。高さ 3〜5 m。枝にとげはない。葉は互生しミカンの葉に似て全長 10 cm 内外。花は初夏，白色で，香りが強い。がく，花弁とも 5 個ずつ。果実は秋に熟し，ミカンに比べると外皮は厚く，果肉と離れにくく，表面に凹凸があり，径 6 cm 位，よい香りと甘味がある。和名九年母。

2442. スダチ　〔ミカン属〕
Citrus 'Sudachi'

徳島県の特産。高さ 3〜5 m。ミカン類の中でもとくに小形の種類で，枝は細くとげがある。葉は長さ 8 cm，披針形で，線状かクサビ形の翼がある。果実は径 3 cm と小形で，扁球形，果頂が浅くへこむ。果肉は多汁で，香り高く，酸味が強いので，調味料に利用される。花は初夏，果実は初め緑色で，後に黄色，さらに熟すと橙色に変わる。

2443. ナツミカン（ナツダイダイ）　〔ミカン属〕
Citrus 'Natsudaidai'

暖地で栽培される常緑小高木。高さ 3〜5 m。若枝は扁平で稜角があり，葉腋からとげが出る。葉は革質で長さ 10 cm 位，油点が多い。花は初夏，強い香気があり，花弁は厚く長さ 18 mm 位。果実は径 10〜15 cm，酸味が強い。生食するだけでなく，マーマレードの原料，皮は砂糖漬けにする。和名夏蜜柑は果実が秋に熟すですが，長く木に残って翌年の夏にも食べられるからいう。

2444. ザボン　〔ミカン属〕
Citrus maxima (Burm.) Merr.

九州南部などで栽培する常緑小高木。インドシナ原産と考えられ元禄 9 年（1696 年）にはすでに栽培されていた。高さ 3〜10 m。花は初夏。果実は球形で径 10〜17 cm に達し，冬に熟す。外皮は厚く果汁は少なく甘酸っぱい。生で食べ，皮を砂糖漬けにする。和名はポルトガル語の zamboa から来た。中国では柚という。果肉が紅紫色のものをウチムラサキ，西洋ナシ形をブンタン（文旦）という。

2445. マルブシュカン （シトロン） 〔ミカン属〕
Citrus medica L.

インド原産。暖地に栽培される常緑低木。レモンに似るが、枝葉、果実は粗大で香りは一層強い。高さ3m内外。枝は斜めに立つか、わん曲して垂れ下がる。小枝は稜角がなく、とげは短くて太い。花は初夏、葉腋に3〜8個総状につき、薄紫色、径3.5 cm。果実は長さ8 cm位。果皮は厚く袋は離れにくく酸味が強い。和名丸仏手柑（まるぶしゅかん）。漢名枸櫞。

2446. ブシュカン 〔ミカン属〕
Citrus medica L. 'Sarcodactylis'

マルブシュカンの園芸品種で、よい香りを放って観賞用にされ、暖地に栽培される常緑低木。高さ2.5 m位。葉は互生し、長さ10 cm位、葉柄に翼がない。花は初夏、花弁は長さ23 mm、上部は白色、下部は赤紫色を帯びる。雄しべ30本内外。和名仏手柑は果実の上部の分裂を仏像の垂れた手の先に見立てた名。分裂した部分には果肉が発達しない。

2447. マルキンカン （マルミキンカン、キンカン）〔ミカン属〕
Citrus japonica Thunb.

果樹また観賞用として暖地に栽培される常緑低木。中国中部の安徽、湖北両省の原産で、日本へは江戸時代以前に渡来している。高さ1〜2 m、よく分枝し、枝は稜角があり無毛、とげはないかごく短い。花は夏、葉腋に数個の小花を開き芳香を放つ。果実は径2 cm、酸味が強く、果皮を食用とする。冬に熟す。和名丸金柑。

2448. キンカン （ナガキンカン、ナガミキンカン）〔ミカン属〕
Citrus margarita Lour.

中国中南部の湖南・広東両省の原産で日本へは江戸時代に渡来し、暖地に果樹として栽培される常緑低木。高さ3 m位。枝にほとんどとげがない。葉柄に狭い翼がある。花は夏、葉腋に1〜数個の小花を開き、芳香を放つ。果実は長さ2.5〜3.5 cm、甘酸っぱいが熟すと甘味が多くなり、生食できる。別名長金柑。漢名金橘。

2449. ニガキ 〔ニガキ属〕
Picrasma quassioides (D.Don) Benn.

　山地にはえる落葉小高木。北海道から琉球列島、および朝鮮半島，中国，ヒマラヤの温帯から亜熱帯に分布する。高さ6〜15m。冬芽は鱗片がなく赤褐色の毛を密生する。葉は長さ15〜30cm。花は晩春，雌雄異株。若枝の葉腋に長さ4〜15cmの花序につく。和名苦木は茎や葉に強い苦味があるため。漢名苦棟樹。材は器具用，樹皮を健胃薬に用いる。

2450. シンジュ （ニワウルシ）　〔ニワウルシ属〕
Ailanthus altissima (Mill.) Swingle

　庭木や並木として栽植される落葉高木。中国北中部原産。成長が速く高さ10〜20m。小葉は長さ6〜10cm，基部近くに1〜2個の腺体のついた大きな鋸歯がある。花は夏，雌雄異株。和名は神樹で，西洋の俗名を直訳したもの。別名庭漆（にわうるし）はウルシに似た葉で庭園で見られるのでいう。材は器具などをつくるのに使い，葉でエリサン（蓖麻蚕）を飼う。漢名樗。

2451. チャンチン 〔チャンチン属〕
Toona sinensis (A.Juss.) M.Roem.

　庭に栽植される落葉高木。中国中部原産で，日本へは室町時代に渡来した記録がある。高さ20m位，春の新葉は赤く，秋の紅葉とともに美しい。花は夏，枝先に15〜25cmの花序がつき，両性花で臭気がある。新芽は香りが強く食用とする。漢名椿，香椿。和名は香椿の唐音読み。椿をツバキにあてるのは日本独自の用法である。

2452. センダン （オウチ）　〔センダン属〕
Melia azedarach L.

　本州南部，四国，九州，琉球列島，小笠原諸島の海に近い山地にはえ，庭木や緑陰樹として栽植する落葉高木。台湾，中国，ヒマラヤにも分布する。高さは普通7m内外，時に20mに達することもある。樹皮は赤褐色，枝を四方に広げ，葉は互生し枝先に集まる。花は初夏。若枝の葉腋に7〜15cmの花序につく。核果は落葉後も残り漢方で苦楝子といい駆虫剤にする。漢名楝。

2453. ゴジカ 〔ゴジカ属〕
Pentapetes phoenicea L.

インド原産の1年草。昔、日本に渡来し観賞用草花として栽培されたが、最近は見かけない。高さ50 cm位。葉は短い柄で互生し、長い三角状披針形。質は硬く縁に鋸歯がある。花は夏から秋に咲き、赤色花。雄しべは20本あり、うち5本は不完全でへら形。和名は漢名午時花に基づき、昼間だけ、しかも1日しか咲いていないことを意味する。

2454. キダチノジアオイ 〔ノジアオイ属〕
Melochia compacta Hochreut. var. *villosissima* (C.Presl) B.C.Stone

太平洋諸島、アジアの熱帯に分布、日本では小笠原の硫黄列島の海岸や岩礫地にはえる小低木。高さ30 cm位。葉は長さ1～3 cmの柄があり、卵形で両面とも単条の絹毛と星状毛を密生する。枝先の集散状の円錐花序に多数の花が集まってつき、花弁は紅色で5枚、倒卵形ないしさじ形。さく果は卵形で長さ7～8 mm、有毛で5つに裂ける。

2455. ノジアオイ 〔ノジアオイ属〕
Melochia corchorifolia L.

熱帯地方の雑草で、日本では四国、九州や琉球列島の海岸近くにはえる1年草。茎は高さ30～90 cmになり、直立して枝分かれする。花は夏から秋に咲き、白色ときに淡紅色の花弁は5枚が螺旋状にたたまれている。花の下に4個の苞葉がある。5本の雄しべの花糸は、合体して雌しべにゆ着している。和名野路葵。

2456. アオギリ 〔アオギリ属〕
Firmiana simplex (L.) W.F.Wight

琉球列島および台湾、中国、インドシナの亜熱帯に分布し、街路樹や庭樹として栽植される落葉高木。日本の南部では野生化する。高さ15 m位。葉は長い柄があり、葉身の長さ15～30 cm、枝先に集まって互生する。花は初夏、大形の円錐花序に雄花と雌花が混じってつき、花弁はない。果実は未熟のうちに裂けて舟形に開く。和名は葉が桐に似て幹が緑色であるのでいう。

2457. サキシマスオウノキ〔サキシマスオウノキ属〕
Heritiera littoralis Dryand.
　熱帯アジアに広く分布し，日本では南西諸島の林内や海岸にはえる常緑高木。高さ5〜25 m で地表に板根が発達。脱落性の托葉をもち，葉はだ円状卵形で長さ15〜20 cm，裏面は鱗状毛が密生して銀灰褐色となる。円錐花序は有毛で長さ7〜8 cm，軸の上方には星状毛，下方には鱗片状の毛が密生する。花は汚黄色で鐘形，長さ3〜7 mm。がく片は卵形。果実は長さ3〜6 cm で硬い木質，扁平な広だ円形で海流により散布される。

2458. カカオ（ココアノキ）〔カカオノキ属〕
Theobroma cacao L.
　南アメリカ原産で，世界の熱帯で栽培される小高木。高さ4〜6 m。葉は互生し，両端が関節状にふくれた短柄があり，だ円形で長さ20〜30 cm。花は幹や太い枝に集散花序につく。がくは5深裂し，花弁は5個あり，紅色ないし淡黄色。果実は長さ15〜30 cm のラグビーボール形。種子は長さ3 cm ほどで，ココアやチョコレートの原料となる。

2459. フウセンアカメガシワ〔フウセンアカメガシワ属〕
Kleinhovia hospita L.
　熱帯アジアから東部アフリカに分布，日本では沖縄南部に稀産する小高木。高さ約5 m。葉は有柄，葉身は長さ3〜6 cm で広卵形で先は鋭尖形。花序は長さ20〜40 cm になり，毛がはえ，苞があり，まばらに花をつける。花は紅色で長さ8 mm，有毛で長さ2〜10 mm の柄をもつ。さく果は長さ2〜2.5 cm，くびれのある倒円錐形で毛はない。

2460. パンヤノキ（カポック）〔カポック属〕
Ceiba pentandra (L.) Gaertn.
　熱帯アジア原産とされ，アフリカや南米にも自生がある落葉高木。高さ20 m 余りで巨大な樹冠をつくる。葉は互生し掌状複葉で，小葉は7〜9枚の細長いだ円形。花序枝に多数が密集してつき，がく筒は淡褐色で鐘形。花弁は5枚で帯紅白色，外面に密に毛がある。さく果はラグビーボール形で，長さ10〜12 cm，熟すと裂開する。中の種子に長毛があり，この毛を枕やクッションに利用する。

【新牧1756】　　　　　　　　　　　　　　【新牧1727】

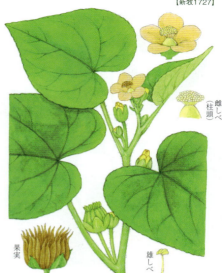

2461. ドリアン　〔ドリアン属〕
Durio zibethinus Murray

東南アジア熱帯原産の常緑大高木。栽培はインドネシア，マレーシアとフィリピン南部にほぼ限定される。高さ10〜20 m。葉は互生し長だ円形，長さ20〜30 cm。幹生花は数個ずつ垂れ下がる。花弁は5枚で黄緑色，半ばから上方に反転する。果実は径20〜25 cmのだ円形，重さは数kgあり，表面の硬い殻には鋭いとげが並ぶ。果肉は美味だが異臭が強い。

2462. イチビ（キリアサ）　〔イチビ属〕
Abutilon theophrasti Medik.

インド原産の1年草。昔中国を経て日本に入り，かつて栽培され，現在は野生状態となって人家付近の荒地にはえる。高さ1.5 m位になる。葉は互生し長い柄のある心臓形。全体に軟毛を密生する。夏から秋に5弁の黄色花をつける。茎の皮をはいで繊維を利用する。別名桐麻は葉が広いことをキリの葉に見立てたもの。地方によりゴサイバと呼ぶこともある。

2463. ウキツリボク　〔イチビ属〕
Abutilon megapotamicum A.St.Hil. et Naudin

南アメリカ原産。観賞用に温室で栽培される常緑小低木。高さ1.5 m位になる。枝は細くやせている。葉は柄があり托葉をもち，互生する。花期は夏で，葉腋に1個ずつ柄のある花を下向きに垂下して開く。がくは赤く，鮮黄色の花弁は対照が美しい。和名浮釣木は，花が空中に浮かんでつり下がっていることに由来する。

2464. ハナアオイ　〔ハナアオイ属〕
Lavatera trimestris L.

地中海地方の原産。観賞用草花として栽培される1年草。高さ30〜60 cm，茎は直立して毛がある。花は夏から秋，茎の上部の葉腋に長い柄をもった径12 cm位の淡紅色の花を開く。小苞は3枚あり，その基部は互いにゆ着。がくは5片，花弁は5枚で螺旋状にたたまれる。和名花葵はアオイの中でも美花を開くから。

【新牧1728】　　　　　　　　　　　　　　【新牧1729】

2465. キンゴジカ （キンゴジカ属）　〔キンゴジカ属〕
Sida rhombifolia L.
　世界の熱帯に分布し、南西諸島、種子島、屋久島や小笠原の硫黄島にはえる小低木。高さ 50 〜 150 cm。葉は互生し、だ円形ないし倒卵形。縁には粗い鈍鋸歯があり、表面は星状毛を散生する。花は葉腋に 1 個ずつつく。花冠は淡黄色で径 1 cm ほど、がくは 5 裂し、裂片は三角形。花弁は 5 枚。種子は腎形、長さ 2 mm ほどで黒色を帯びる。

2466. タチアオイ （ハナアオイ）　〔タチアオイ属〕
Althaea rosea (L.) Cav.
　地中海沿岸地方の原産で花を観賞するために庭に栽培される 2 年草。茎は直立し高さ 2.5 m 位で毛がある。葉は互生し、長柄があり、円形で浅く 5 〜 7 裂する。花は初夏、下からだんだん上の方へと咲く。花色は紅色、濃紅色、淡紅色、白色、紫色などがあり、八重咲きのものもある。和名立葵は花のついた茎がまっすぐに高く立つ様をいう。中国の原産とする説もある。

2467. エノキアオイ （アオイモドキ）　〔エノキアオイ属〕
Malvastrum coromandelianum (L.) Garcke
　北アメリカ原産。日本では最初小石川植物園で栽培され、今日では沖縄などに野生化する越年草。茎は直立し枝分かれし、粗い毛があり、高さ 60 〜 90 cm。葉は柄があり互生。花は秋、葉腋に 1 〜 2 個の短い柄のある黄色花を開く。小苞は 3 個ある。単体雄しべは短い。和名はエノキグサ（トウダイグサ科）に似た形の葉をもつアオイ、別名は属名の訳でアオイに似たものの意。

2468. ハイアオイ （ウサギアオイ）　〔ゼニアオイ属〕
Malva parviflora L.
　ヨーロッパ原産で、観賞用として公園や民家の庭に植えられる多年草。地下茎は地中深くのびる。茎は地を横にはう。葉は互生し、長い柄があり、腎臓状円形で縁は 5 〜 7 片に浅裂する。花は春から夏に咲き、葉腋に小花が集まってつく。和名は地をはっているところからいう。明治年間に東京の小石川植物園に導入、栽培された。

2469. ゼニアオイ　〔ゼニアオイ属〕
Malva mauritiana L.

　ヨーロッパ原産で，古くから日本に渡来してふつうに人家に栽培され，また野生化している越年草。茎は直立し高さ60〜70cmになる。葉は互生し，葉身は円形で縁が浅く切れ込む。基部はふつう心臓形。花は晩春，有柄の淡紫色花が葉腋に集まってつき，下から順に咲き上がる。白色，淡紅色の品種もある。和名銭葵は花形に由来する。

2470. ジャコウアオイ　〔ゼニアオイ属〕
Malva moschata L.

　ヨーロッパ原産で北アメリカに帰化，日本でも本州中部以北の冷涼な地域の道ばたにはえる多年草。高さ30〜70cm。基部の葉は単純な形で円みがあり，上部の茎葉は細裂する。花は夏に咲き，茎頂に総状ないし円錐花序をつくる。花弁は白色かピンク色，径3〜4cm。果実は平たい球形の乾果で表面が毛におおわれる。

2471. フユアオイ（アオイ）　〔ゼニアオイ属〕
Malva verticillata L. var. *verticillata*

　アジア，アフリカ，ヨーロッパの温帯から亜熱帯に分布し，帰化して各地の海岸にはえる多年草。茎は直立し高さ60〜90cm。葉は長い柄がある。花は春から秋。和名は漢名冬葵に基づく。別名は日に向かう意で，葉が向日性を示すところからついた。昔，薬用植物として栽培された。朝鮮半島や中国では若苗を食用にする。

2472. オカノリ　〔ゼニアオイ属〕
Malva verticillata L. var. *crispa* L.

　葉を食用とするため，まれに農家で栽培する多年草。フユアオイの種子をまいてこの形の植物が出ることもあり，その逆もある。茎は春にロゼットからのびて直立し，高さ60〜90cm。花は晩春から秋。淡紅色花。和名は葉をあぶってもみ粉にしたり，ゆでて食べるとノリに似ているので陸上のノリの意味でつけられた。

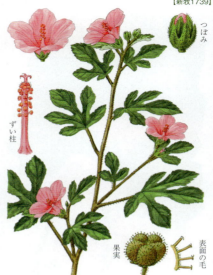

2473. オオバボンテンカ 〔ボンテンカ属〕
Urena lobata L. subsp. *lobata*
　世界の熱帯に広く分布，南西諸島から九州南部にかけてはえる小低木。高さ 50 ～ 200 cm。葉は互生, 広卵形ないし円形。浅く 3 ～ 5 裂し, 縁には鋸歯がある。夏, 葉腋に 1 ～ 数個の花が束生してつく。花弁は 5 個, 淡紅色で三角状倒卵形ないし倒卵形で長さ 5 ～ 6 mm。がくは 5 裂し裂片は三角状披針形。さく果はほぼ球形でかぎ状の毛がはえる。

2474. ボンテンカ 〔ボンテンカ属〕
Urena lobata L. subsp. *sinuata* (L.) Borss.Waalk.
　世界の熱帯に広く分布し，日本では九州南部から琉球列島にはえる小低木。高さ 1 m 内外。全体に星状毛におおわれる。葉は長さ幅ともに 3 ～ 8 cm で 5 中裂し, 両面に星状の分岐毛がある。表面は時に淡黄色の斑点がある。花は初秋に咲き, 径 2 cm 位。和名梵天花（ぼんてんか）はインドの花の意味で名づけられたものだろうという。

2475. ギンセンカ (チョウロソウ) 〔フヨウ属〕
Hibiscus trionum L.
　ユーラシアおよびアフリカに広く分布し，観賞用に植えられ，またときどき道ばたに野生化している 1 年草。茎はやや斜上し高さ 30 ～ 60 cm, 白色の粗毛がある。互生する葉は，茎の上部のものは 3 裂している。花は夏から秋，午前中に淡黄色の花を開き，正午にしぼむ。和名銀銭花は花の形により，別名朝露草（ちょうろそう）は花屋の呼び名で，午前中に花がしぼむのを朝露のもろさに見立てている。

2476. フヨウ 〔フヨウ属〕
Hibiscus mutabilis L.
　中国原産で観賞用に庭に栽植され，しばしば野生化する落葉低木。高さ 1.5 ～ 3 m。全体に白い星状毛を密生。葉は互生し，長い柄があり，葉身は径 10 ～ 20 cm, 掌状に 3 ～ 7 裂する。花は夏から秋，径 10 cm 内外，朝開いて夕方にしぼれる。白花品や八重咲き品がある。和名は漢名木芙蓉の略。

2477. スイフヨウ 〔フヨウ属〕
Hibiscus mutabilis L. 'Versicolor'
庭園や温室などに栽培される落葉低木。幹は高さ2〜3m。母種はフヨウで葉や花の小苞やがくの形は同じ。花は秋、径7〜8cm、つぎつぎに開き、1日でしぼむ。朝咲きはじめたときは白色、午後には淡紅色、夜にかけてしぼみ紅色に変わり、翌朝になっても落下しないので七変化という。和名酔芙蓉（すいふよう）は紅く変わるのを酒の酔いにたとえた。

2478. サキシマフヨウ 〔フヨウ属〕
Hibiscus makinoi Jotani et H.Ohba
南西諸島から九州西南部の伐採跡地や道ばたにはえる落葉低木または小高木。高さ2〜4m。葉柄は葉身と同長か短く、星状毛が密生する。葉身は五角状円形で長さ7〜11cm。托葉は披針形。花期は秋から冬。花は葉柄とほぼ同長の柄をもつ。花弁は白紅色から淡紅色で、さじ形ないし倒卵形。さく果は径1.7〜2.2cmの卵形で、長毛と星状毛を密生する。

2479. ブッソウゲ 〔フヨウ属〕
Hibiscus rosa-sinensis L.
原産地不明で観賞用に栽植される常緑小低木で、暖地以外では温室で越冬させる。高さは1〜2.5mになる。葉は長さ4〜12cm、無毛で光沢がある。花は夏から秋に咲き、径10cm内外、雄しべは花糸が筒状に合着して花の外へ突き出し、上部は多数に分かれてやくがつく。さらに突出した花柱は5つに分かれている。和名は漢名扶桑に花という字を加え、その音読み。この仲間のいわゆるハイビスカスはハワイの州花になっている。

2480. フウリンブッソウゲ 〔フヨウ属〕
Hibiscus schizopetalus (Dyer) Hook.f.
熱帯アフリカ原産。観賞用に温室で栽植される常緑低木。高さ1〜2mになり、多く枝を分け、葉は互生する。葉柄の基部に托葉がある。花は夏に咲き、大形の赤色花で花弁は5個、先が細裂する。雄しべは合着して長さ8〜10cmの筒になり、先端に雌しべが突き出る。和名風鈴仏桑花（ふうりんぶっそうげ）は花の垂れ下がった有様が風鈴に似ているため。

2481. アメリカフヨウ　〔フヨウ属〕
Hibiscus moscheutos L.

北アメリカ原産。昭和初期（1930年頃）に渡来し、ときどき庭園に栽培されている多年草。数本の茎が集まってはえ、直立または斜上し、全体やや無毛。高さ1.5〜2.5 m。葉は互生し、葉身は長さ7〜10 cmの長卵形で同じ長さの柄がある。花は夏。淡紅色花。葉腋に長い柄のある径10 cm位の花を開く。花弁には平行に走る多数の脈が目立つ。

2482. ムクゲ　〔フヨウ属〕
Hibiscus syriacus L.

おそらく中国原産。庭木や生垣として栽植される落葉低木。高さ3〜4 m。枝は灰白色でしなやかで折れにくい。葉は長さ4〜9 cm。花は夏から秋、径6〜10 cm、1個ずつ順に開き1日でしおれる。白色、紅色、重弁など品種が多い。和名は漢名無窮花の音読、古くはアサガオといわれたともいう。韓国では国花とされる。

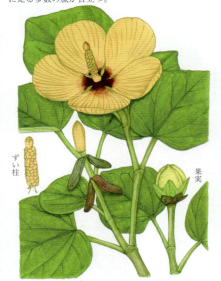

2483. モンテンボク　(テリハノハマボウ)　〔フヨウ属〕
Hibiscus glaber (Matsum. ex Hatt.) Matsum. ex Nakai

小笠原諸島の丘陵にはえる常緑高木。まれに盆栽として観賞する。高さ2〜5 m。多く分枝し全体として丸く見える。葉は互生し、柄があり、草質で、裏面の基部近くの脈上に線形の分泌腺がある。托葉は早落性。暖かい時期に花枝を出し径6〜7 cmの黄色い花を開く。和名は欧米系の島の人がこの木を mountain hao と呼んだことに由来する。

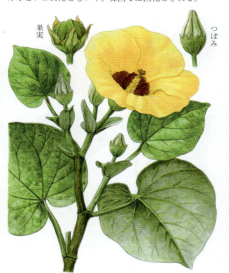

2484. オオハマボウ　(ヤマアサ)　〔フヨウ属〕
Hibiscus tiliaceus L.

南西諸島から屋久島、種子島以南、小笠原群島の海岸砂泥地にはえる常緑小高木。高さ4〜12 m。葉は2〜4 cmの柄があり、円心形で先は鋭尖形。托葉は長だ円形で先は円形。花期は夏。花は枝上部の葉腋に単生し、花柄は長さ1〜3 cm、基部の葉は発達せず、1対の托葉がある。花冠は黄色で内面基部は暗紫色。さく果はだ円形で長さ2.5 cm位。

2485. ハマボウ 〔フヨウ属〕
Hibiscus hamabo Siebold et Zucc.
　三浦半島以西から奄美大島までの海岸の河口付近の泥地にはえる落葉低木。高さ1～2m，多く分枝する。小枝，葉裏，托葉，がくなどに灰色の星状毛が密生する。葉は長さ3～7cm。托葉は脱落する。花は夏，枝先に径5cm位の螺旋状に巻いた5弁の黄花をつける。がくは5裂，その外に短い小苞がある。

2486. モミジアオイ 〔フヨウ属〕
Hibiscus coccineus (Medik.) Walter
　北アメリカ原産，沼沢地にはえる。明治初期（1870年代）に渡ってきた草花で庭園などに栽培される多年草。木質で毛はなく，高さ1～2m，茎は数本固まって直立する。葉は互生し，長い柄がある。花は夏，腋生で径15～18cmの赤色の花を横向きに1個つける。花の下に多数の小苞がある。和名は5深裂する葉の形がモミジに似るから。

2487. オクラ 〔トロロアオイ属〕
Abelmoschus esculentus (L.) Moench
　インド原産と推定される。1873年頃渡来した1年草の野菜で50～200cmの高さになる。茎は直立し無毛。葉は互生し，葉身の長さ15～30cm，掌状に5つの切れ込みがある。花は葉腋に1個ずつつき両性，黄色で芯の部分は紅色，直径5～7cm，夜間から早朝に開き午前中にしぼむ。花弁は5枚，果実は長さ10～20cmのさく果で細長く，先端がとがる。夏から秋に果実を収穫，野菜として利用する。

2488. トロロアオイ 〔トロロアオイ属〕
Abelmoschus manihot (L.) Medik.
　中国原産の栽培される1年草。全体に毛がある。茎は単一で直立し，高さ1～2mになる。葉は長い柄があり大形。花は夏から秋に咲き，朝開き夕方にしぼむ1日花である。花序の苞は下のものは葉状で，上のものは小形。根は粘液を含み，それを製紙用ののりとして用いる。和名はその粘液を食用にするトロロに見立てたもの。漢名黄蜀葵。

2489. サキシマハマボウ 〔サキシマハマボウ属〕
Thespesia populnea (L.) Sol. ex Correa

八重山群島, 沖縄, 沖永良部島の海岸の砂泥にはえ, 台湾や熱帯アジアに分布する常緑低木または小高木。葉柄は鱗片におおわれ, 葉身は広卵形ないし長だ円形, 長さ7～15 cm。花は葉腋に1個ずつつき, 初め黄色, のち帯紫色, 花弁はゆがんだ倒卵形, 長さ5～6 cm。さく果は径2～4 cmのほぼ球形, 種子は卵形。

2490. ワタ 〔ワタ属〕
Gossypium arboreum L. var. *obtusifolium* (Roxb.) Roberty

熱帯アフリカ原産と推定され, 綿をとるため畑に栽培する1年草。茎は直立し高さ60 cm位。花は秋, 径4 cm位。花の下に紫色を帯びた3個の小苞がある。種子を包む白い長毛をつむいで綿糸をつくり, 種子からは棉実油をとる。最も古い繊維植物の1つで, 紀元前2世紀頃すでにインドで実用。日本へは延暦18年 (799年) に伝来した。

2491. シナノキ 〔シナノキ属〕
Tilia japonica (Miq.) Simonk.

日本各地の山地にはえる落葉高木。若枝に淡褐色の軟毛があるがすぐに無毛。葉は有柄で葉身の長さ4～8 cm。花は夏に咲き, 芳香があり, 葉腋から出る長い柄のある花序に舌状の苞が1枚つく。樹皮は繊維が強くシナ布を織り, 水湿に強く船のロープなどにする。材はパルプ, ベニヤ, 器具に用いる。元来シナは結ぶ, しばるというアイヌ語に由来する。

2492. セイヨウボダイジュ (ヨウシュボダイジュ) 〔シナノキ属〕
Tilia platyphyllos Scop.

ヨーロッパ中央部と南部の原産で, 世界の温帯で街路樹などに植栽される落葉高木。高さ40 mに達する。葉は有柄で葉身の長さ約12 cm, 広卵形ないし卵形。基部は心形で先は短くとがる。縁には鋸歯がある。初夏頃に花が3個ずつ下垂する集散花序を出し, 苞は狭倒披針形で, 先は鈍形。花弁状の仮雄しべはない。果実は球形で, 表面に毛がある。

2493. ヘラノキ　　〔シナノキ属〕
Tilia kiusiana Makino et Shiras.
　奈良県以西，四国，九州の山地にはえる落葉高木。高さ10数m，枝はよく繁り，若枝に毛がある。葉は互生，長さ5〜8cm，葉柄や葉脈上に短毛がある。花は初夏，淡黄色花を多数散房状の集散花序に下向きにつける。花序軸には狭い舌形の苞がある。樹皮の繊維をとり布をつくる。和名は花序にある苞の形にちなんだもの。

2494. ボダイジュ　　〔シナノキ属〕
Tilia miqueliana Maxim.
　中国中部の原産で，日本では寺院の庭によく植えられる落葉高木。若枝や葉裏に灰白色の星状毛が密生する。葉は長さ5〜10cm。花は初夏，香りがよい。果実は径7〜8mm，念珠をつくる。釈迦が木の下でさとりをひらいたという菩提樹はクワ科のインドボダイジュ Ficus religiosa L. で，本種とは別なもの。葉形がやや似ている。

2495. オオバボダイジュ　　〔シナノキ属〕
Tilia maximowicziana Shiras.
　関東地方北部と北陸地方以北，北海道の山地にはえる落葉高木。樹皮は厚く紫灰色，滑らかで，のち縦に裂け目ができる。若枝に星状毛が密生する。葉は長さ10〜15cm，裏面や柄に星状毛を密生し灰白色になる。秋に黄葉する。花は初夏から夏，芳香があり，花序に舌状の苞葉がある。材は建築，器具，合板，マッチの軸木に用いる。

2496. マンシュウボダイジュ　　〔シナノキ属〕
Tilia mandshurica Rupr. et Maxim. var. mandshurica
　中国北部から東北部（旧満州），朝鮮半島の山地にはえる落葉高木で，日本の中国地方西部にも自生がある。高さ15〜20m。葉は互生，3〜6cmの長い柄がある。葉は卵円形で先はとがる。縁には先のとがった鋸歯がある。夏に葉腋から長い花序を垂らし，花序軸の中ほどまで苞と合着し，それより先で枝分かれして多くの花をつける。果実は径8mmほどのつぶれた球形。

2497. ツクシボダイジュ 〔シナノキ属〕
Tilia mandshurica Rupr. et Maxim.
var. *rufovillosa* (Hatus.) Kitam.
　九州北部の山地にはえる落葉高木。葉は互生し、3〜5 cm の柄があり、卵円形。先端はとがり、縁にはとがった鋸歯がある。夏に葉腋から長い花序を垂下し、軸にへら形の葉状苞が合着する。花は約 10 個。黄緑色で径 1 cm ほど。がく片、花弁とも 5 枚ある。雄しべの一部は花弁状になる。果実は径 7〜8 mm の球形。

2498. ツナソ（イチビ） 〔ツナソ属〕
Corchorus capsularis L.
　インド原産。茎の繊維をとるため畑に栽培する 1 年草。茎は直立、高さ 1 m 以上。葉は基部の両側に尾形の細い裂片がついているのが特徴。花は夏から秋。繊維を jute（ジュート）といい穀物を入れる袋を編むのに用いる。和名綱麻（つなそ）のソは麻の古語。漢名黄麻は花が黄色であるから。別名には同名別種がある。

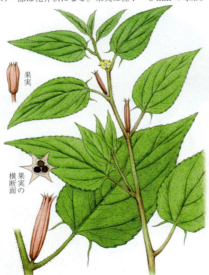

2499. シマツナソ 〔ツナソ属〕
Corchorus aestuans L.
　新旧両大陸の熱帯や亜熱帯に雑草化し、日本では琉球列島に野生化する小形の 1 年草。高さ 50 cm 前後。葉は互生し柄があり、葉身は長卵形で先端は長くのびてとがり、縁には細かい鋸歯が並ぶ。花は葉腋に 1 個ずつ 5 弁の小花をつけ、黄色の花を咲かせる。がく片は 5 枚で先端はとがる。果実は細長い円筒形で長さ 2〜3 cm、縦に数本の稜が走る。

2500. タイワンツナソ 〔ツナソ属〕
Corchorus olitorius L.
　旧大陸の熱帯に雑草化し、日本では石垣島や小笠原諸島の硫黄島に帰化している大形の 1 年草。高さ 1〜1.5 m。葉は互生、細長い三角状卵形で長さ 5〜12 cm。縁に細鋸歯がある。夏に葉腋に径 5〜6 mm の小形 5 弁の黄色花を 1 個ずつつけ、下部から上へ咲き上がる。長さ 3〜5 cm で円筒形の先のとがった果実をつける。

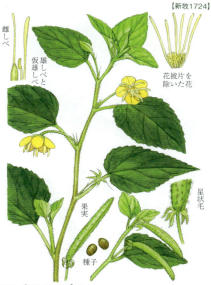

2501. カラスノゴマ　〔カラスノゴマ属〕
Corchoropsis crenata Siebold et Zucc.

　本州，四国，九州および朝鮮半島と中国に分布し，山野や荒地，道ばたなどにはえる1年草。茎は直立し高さ60 cm位，細く軟らかい毛がある。葉は長さ2〜7 cm，両面に細く軟らかい星状毛がある。葉柄の基部に小さな托葉があるが，早期に落ちる。花は初秋，径1.5 cm位。和名はカラスの食べる胡麻に見立てたもの。

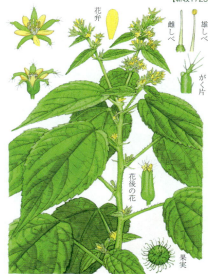

2502. ラセンソウ　〔ラセンソウ属〕
Triumfetta japonica Makino

　関東地方以西，琉球列島，および朝鮮半島，フィリピンの暖帯に分布し，畑や荒地にはえる1年草。茎は直立し高さ1 m位。葉はやや薄く両面に毛が散生する。花は夏から秋に咲き，径5 mm位。さく果はかぎ状のとげがあり他物につく。和名羅氈草（らせんそう）はとげのある果実を触感を，粗い毛織物にたとえたもの。

2503. ハテルマカズラ　〔ラセンソウ属〕
Triumfetta procumbens G.Forst.

　東南アジアの熱帯の島々の砂浜にはえ，日本では八重山群島などにも自生が見られるつる性常緑低木。葉は互生し，柄は1〜2 cm，葉径は2〜4 cmで，浅く3裂し，裂片は円い。花は枝先と上部の葉腋から総状花序を出し，黄色で5弁の花を2〜3個ずつつける。径は1 cmほどで多数の雄しべがある。果実は球形，表面を硬いとげがおおう。

2504. ジンチョウゲ　〔ジンチョウゲ属〕
Daphne odora Thunb.

　中国原産。日本では室町時代から庭などに栽植される常緑低木。高さ1 m位，よく分枝する。葉は長さ4〜8 cm，革質。花は早春，旧年の枝先に頭状に固まって咲き強い香りがする。日本ではふつう結実しないが，まれに結実する株がある。和名沈丁花（じんちょうげ）は沈香（じんこう）と丁子（ちょうじ）の花の香りをあわせもつことから。香りは沈香で花形は丁子に似るとの説もある。

2505. コショウノキ　〔ジンチョウゲ属〕
Daphne kiusiana Miq.
関東地方以西から琉球列島の山地の林内にはえる常緑小低木。高さ1m位。樹皮は強靭でまばらに分枝し無毛。葉は軟らかな革質で長さ4〜14cm。雌雄異株。花は早春、前年の枝先に頭状に集まってつき、香りがある。がくの外側と花柄に短毛がある。和名胡椒の木は果実がコショウのように非常に辛いとされたため。

2506. オニシバリ（ナツボウズ）　〔ジンチョウゲ属〕
Daphne pseudomezereum A.Gray
福井県以南と四国、九州の山地の林内にはえる落葉低木。高さ1m位、樹皮は灰茶色、非常に強靭で手ではちぎれない。葉は長さ5〜10cmで、軟らかく薄く、秋にのびて冬を越し、翌年夏には落葉するので一名夏坊主という。花は早春、雌雄異株で花弁はない。果実は初夏に熟し辛味がある。和名鬼縛りは樹皮が強いから鬼も縛ることができるの意。

2507. ナニワズ（エゾナツボウズ、エゾオニシバリ）　〔ジンチョウゲ属〕
Daphne jezoensis Maxim.
福井県以北の本州から北海道、千島、サハリンの温帯に分布。山地にはえる落葉小低木。まばらに太い枝を分枝する。葉は薄く互生し、長さ4〜8cm。花は春。雌雄異株。黄色花が枝先近くに集まってつく。和名はオニシバリに対する長野県の方言で、北海道で長野県人が本植物をこのように呼んだことに始まるという。

2508. カラスシキミ　〔ジンチョウゲ属〕
Daphne miyabeana Makino
本州中北部から北海道の深山の林内にはえる常緑小低木。高さ1m位、太い枝をまばらに分枝し、分枝点にあたる古い枝先には古い花柄が多数突起となってつく。葉は薄い革質、光沢があり、長さ7〜10cm。花は初夏、新しい枝の頂に10数個の白花が頭状につく。和名はミヤマシキミに似た実と葉であるが、本物でないのでカラスという。

2509. フジモドキ 〔ジンチョウゲ属〕
Daphne genkwa Siebold et Zucc.
　中国原産。日本へは宝暦13年（1763年）に渡来し観賞用に栽植される落葉低木。高さ1m位になり，若枝や葉裏脈上に細毛がある。葉は長さ3～5cm。花は春，葉より先に開き芳香が強く，食べると腹痛をおこすが，水腫，喘息の薬にする。和名は花が紫色で藤の花に似るため。香料にする丁子の花形に似るので別名チョウジザクラだが，同名のサクラもある。またゲンカの名がある。

2510. ガンピ 〔ガンピ属〕
Diplomorpha sikokiana (Franch. et Sav.) Honda
　東海地方以西と四国，九州の日当たりのよい山中のやせ地にはえる落葉低木。高さ1.5m以上になる。枝や葉，花序に白い伏した絹毛がある。とくに葉裏に密生し灰白色。葉は長さ2～6cm。花は初夏，花弁はなく，先が4裂したがく筒は長さ8～10mm。樹皮は製紙の原料で良質な雁皮紙（がんぴし）をつくる。和名は古名であるカニヒの転訛といわれる。

2511. コガンピ（イヌガンピ） 〔ガンピ属〕
Diplomorpha ganpi (Siebold et Zucc.) Nakai
　関東地方以西，四国，九州の山野の草地にはえる草状に見える落葉小低木。茎は高さ40～60cm，細く数本束生し，上部で多数小枝を出す。全体に伏毛があるがときに葉表面はほとんど無毛となる。葉は長さ2～4cm。花は夏。果実は宿存がく筒に包まれたまま熟す。樹皮の繊維が弱く製紙原料にならない。別名はガンピに似るが役に立たない意。

2512. サクラガンピ（ヒメガンピ） 〔ガンピ属〕
Diplomorpha pauciflora (Franch. et Sav.) Nakai var. *pauciflora*
　伊豆，箱根地域の特産で山地の夏緑樹林中にはえる落葉小低木。高さ1～2m。葉は短い枝でまばらに互生し，枝の左右に2列に並ぶ。夏に枝端と上部の葉腋から短い集散花序を出し，淡黄色の管状の小さな花を数個つける。花序の軸と枝には白い毛が密にはえる。花後にやや細長い卵形の果実ができ，乾果状で長さは3mmほどになる。

2513. キガンピ　〔ガンピ属〕
Diplomorpha trichotoma (Thunb.) Nakai
　近畿地方以西，四国，九州および朝鮮半島に分布。山地にはえる落葉低木。高さ1m位。葉や枝は毛がなく対生する。葉は長さ2〜5cm，裏面はやや白い。花は晩春，枝先に細い枝を3分枝し小花をつける。がく筒は6〜7mmで無毛，4裂し，雄しべ8本，雌しべ1本がある。樹皮は和紙の原料となる。和名黄ガンピは花の色に基づく。

2514. シマサクラガンピ　〔ガンピ属〕
Diplomorpha pauciflora (Franch. et Sav.) Nakai var. *yakushimensis* (Makino) T.Yamanaka
　四国東部，屋久島と九州の一部の山地にはえる落葉小低木。高さ1〜2m。葉は互生し，細い柄があり，葉身は卵形で長さ3〜7cm，先は鋭いくさび形でとがる。夏に枝上部の葉腋や枝端にのびた花序を出し，数10個の小花をつける。花の長さは6〜7mmで淡黄色，管状のがく筒をもち，外面には密に毛がはえる。秋に長さ3mmほどの細長いだ円形の果実をつける。

2515. ムニンアオガンピ　〔アオガンピ属〕
Wikstroemia pseudoretusa Koidz.
　小笠原諸島の固有種。ほぼ全島で向陽地や岩礫地に多い落葉低木。高さ50〜150cm。葉は対生し，枝先に集まり，ほとんど柄がなく，だ円形で長さ2〜5cm。春から秋まで茎頂に筒形の黄色い花を数個ずつ束状につける。雌雄異株。花冠のように見えるがく筒は黄緑色で長さ約1cm。上半部は4片に割れて開く。果実は卵形で赤く熟し，光沢がある。

2516. ミツマタ　〔ミツマタ属〕
Edgeworthia chrysantha Lindl.
　中国原産。慶長年間に日本に渡来し山地に栽植される落葉低木。高さ1〜2m。枝は3分枝に出る。強靭で手折れがきかない。若枝には伏毛がはえる。葉は長さ5〜15cmで薄い。花は早春，新葉に先立って枝先に下向きに束状に集まって開く。花弁はない。樹皮は優良な和紙の原料で，とくに紙幣や地図に重要。和名三叉は枝が3叉状に出ることによる。

2517. ノウゼンハレン　〔ノウゼンハレン属〕
Tropaeolum majus L.

ペルー産。弘化年間（1845年頃）に渡来し，観賞用として栽培される1年草。茎はつる性，多少多肉質，長さ1.5〜2m。花は夏，黄色またはオレンジ色の径5〜6cmの花をつける。5枚のがく片は合着し，うしろに距をのばす。花弁は5枚。下側の3枚には縁に毛状体がはえる。和名は花がノウゼンカズラに，葉がハスに似ているから。園芸界ではナスタチュウムと呼ぶ。若い枝先をハーブに用いる。

2518. パパイヤ　〔パパイヤ属〕
Carica papaya L.

南アメリカとカリブ海地方原産で，熱帯果実として世界各地で栽培される常緑小高木。高さ5〜10m。葉は互生し頂部に集まり，掌状に深く5〜7裂し，先はとがる。雌雄異株だがときに同株につく。雄花序は長い総状花序をなし葉腋から垂れ下がり，黄白色の鐘形の雄花を多数つける。花冠は先端で5裂。果実はだ円形ないし卵球形。果肉に消化酵素のパパインを含み，肉類の消化によい。

2519. モクセイソウ（ニオイレセダ）　〔モクセイソウ属〕
Reseda odorata L.

北アフリカ原産。江戸時代の文化年間（1810年前後）に渡来，観賞用として庭園にまれに栽培される1年草。茎は分枝し，高さ15〜60cm，全体に細毛がある。初めは直立するがのちには長くのびて倒れ斜上する。花は夏，緑白色花，長さ10cm位の花穂になる。和名木犀草（もくせいそう）は花が香りを放つのでモクセイの花になぞらえた。

2520. シノブモクセイソウ　〔モクセイソウ属〕
Reseda alba L.

南ヨーロッパ原産。観賞用として庭園にまれに栽培される1年草あるいは越年草。茎は直立し，高さ60〜90cm，全株無毛。花は夏，緑白色花，花に香りはない。果実は長い壺状で先に4つのつのがある。和名は葉が細かく羽状に裂けているのをシダ類のシノブに見立てた。園芸界では属名のままレセダという。

2521. ギョボク（アマキ）〔ギョボク属〕
Crateva formosensis (Jacobs) B.S.Sun
九州の最南部および長崎半島，屋久島，種子島，さらに琉球列島および台湾，中国南部に分布し，また栽植する常緑小高木。全体に無毛で滑らか。葉は互生し3出複葉。花は初夏に咲き，がく片4枚は緑色で早く落ち，花弁は4枚で長さ2cm位，子房の下部は細長い柄となる。和名は材が軽く軟らかいので魚形をつくり釣りの擬似餌にするから魚木という。別名アマキは琉球の方言。

2522. フウチョウソウ（ヨウカクソウ）〔フウチョウソウ属〕
Gynandropsis gynandra (L.) Briq.
西インド諸島原産。しばしば熱帯の海岸にはえ，台湾や小笠原でも野生化しているが，日本本土ではまれに栽培されている1年草。茎は直立，高さ30〜90cm，粘毛がはえる。葉はふつう5小葉からなる掌状複葉。花は夏，粘着性の総状花序につく。雄しべの柄は合着する。和名風蝶草は花の姿を風に舞う蝶にたとえ，別名羊角草は漢名羊角菜から来て，つの状の果実に基づく。

2523. セイヨウフウチョウソウ〔セイヨウフウチョウソウ属〕
Tarenaya hassleriana (Chodat) Iltis
熱帯アメリカ原産。明治初期（1870年前後）に渡来し，観賞用として栽植されている1年草。全体が粘毛でおおわれ，また小さなとげが散生する。茎は直立，高さ1m位。葉は掌状複葉，小葉は5〜7枚，長さ2〜10cm位，柄の基に針状の托葉がある。花は夏から秋，紅紫色，または白色で花弁は4枚，6本の雄しべは長く花外に出る。別名クレオメソウ。

2524. ミツバフウチョウソウ〔ミツバフウチョウソウ属〕
Polanisia trachysperma Torr. et A.Gray
メキシコ原産。まれに観賞のため日本でも庭に栽培される1年草。茎は直立，わずかに分枝し高さ60〜80cm，全体に粘毛がある。葉は3出複葉で小葉の長さは3〜5cm。花は夏から秋，長柄をもち淡紅色，または白色の花を総状花序につける。雄しべは紫色で多数あり，長さが一様でない。さく果は長さ5cm位。わずかに毛があり，柄はない。

2525. マメグンバイナズナ　〔マメグンバイナズナ属〕
Lepidium virginicum L.

　北アメリカ原産、明治25年前後に日本に入り、いたるところの荒地に雑草として帰化している越年草。高さ30〜50 cm、上部で分枝する。根生葉はロゼット状、柄をもち長さ3〜6 cm、花時に多くは枯れる。花は初夏。全体に多少の香りとワサビの辛味がある。和名は果実がグンバイナズナに似て豆のように小さいことによる。別名コウベナズナは最初の採集地に基づく。

2526. コショウソウ　〔マメグンバイナズナ属〕
Lepidium sativum L.

　ヨーロッパ原産の帰化植物。1年草または2年草。高さ40 cm。茎葉は薄い緑色で羽状に分裂、長さ3〜4 cm、裂片の幅は5 mm。上部の茎葉は線形になり辺縁は全縁。花は春。花をつける枝は茎の上部に4〜10本ほどあり、それぞれは分枝しない。花は小さい4弁の白花で、果実はだ円形の短角果。植物体全体はぴりりと辛味をもつ。

2527. カラクサナズナ（インチンナズナ）〔マメグンバイナズナ属〕
Lepidium didymum L.

　ヨーロッパ原産の帰化植物。1年草または2年草。全体に独特の臭気がある。高さ10〜30 cm、よく分枝する。茎には白色で多細胞の花毛がまばらにある。根生葉は線状長だ円形、羽状に全裂、側裂片は4〜6対。茎葉の側裂片は3対内外、まばらに毛がある。花は初夏から初秋。根生または茎葉に対向する総状花序につけ、径1 mm。花弁は披針形で白色。がく片は卵形で黄緑色。

2528. マガリバナ　〔マガリバナ属〕
Iberis amara L.

　ヨーロッパ原産。明治初期（1870年前後）に渡来し、観賞用として庭園に栽培されている1年草。高さ10〜40 cm。茎に稜がある。葉は互生し無柄、長さ8〜10 cm。花は晩春から夏、白い十字花をぎっしりと咲かせ、香りがある。がく片4枚は早く落ちる。和名歪り花は外側の花弁が大きく、大小不揃いなのによる。英名キャンディ・タフト。

2529. グンバイナズナ 〔グンバイナズナ属〕
Thlaspi arvense L.

　ヨーロッパ原産の小形の1～2年草。北半球各地に広がり帰化し、日本各地の畑や田の縁にはえる越年草。茎は直立しまばらに分枝し、高さ20～70 cm。根生葉は広いへら形で柄があり、ロゼットをつくるが果時には枯れる。花は春から夏。小さな4弁の白花を花茎の先に総状につける。和名は軍配扇に翼の発達した短角果が似るのでついた。

2530. タカネグンバイ 〔タカネグンバイ属〕
Noccaea cochleariformis (DC.) Á. et D.Löve

　北海道、青森県および北東アジアに分布し、高山帯の砂れき地に生育する。多年草。高さ8～15 cmで根茎は細長くはう。根生葉は長さ1～5 cm、だ円形で全縁。茎葉は長さ1.5 cm、幅7～12 mmの狭卵形あるいはだ円形、基部に耳があって茎を抱く。花は晩春から盛夏、20個ほどが総状花序につき、花弁は4枚で倒卵形。がく片は長だ円形、早く落ちる。果実はくさび状だ円形。種子は長さ2 mm。多数生じる。

2531. クジラグサ 〔クジラグサ属〕
Descurainia sophia (L.) Webb ex Prantl

　ヨーロッパ、アジアの温帯に分布。日本では長野県をはじめ本州にまれに帰化している越年草。高さ40～70 cmになる。全体に軟らかで細毛を密生し黄色を帯びる。花は初夏に咲き、花弁は狭いへら形で淡黄色ときに白色、長さ2～3 mm。がく片は線状長だ円形、長さ2.5～3 mm。和名鯨草は細く羽状に多裂する葉を鯨のひげになぞらえたものと思われる。

2532. ハナナズナ 〔ハナナズナ属〕
Berteroella maximowiczii (Palib.) O.E.Schulz

　広島県と九州の対馬にまれに見られ朝鮮半島や中国東北部・北部の温帯から暖帯に分布する1年草。1属1種。高さ20～60 cm。全体に星状毛を密生し灰白緑色。葉は長さ1.5～3.5 cm。上部はほとんど無柄、下部は短柄がある。花は夏から初秋、紅色または紫色を帯びた小形の十字状花を開く。和名はナズナに似て、それより花が美しいの意。

2533. ハマタイセイ（エゾタイセイ）　〔タイセイ属〕
Isatis tinctoria L. var. *tinctoria*

　ユーラシア大陸に広く分布し、日本では北海道の海岸に知られる1年草または2年草。高さ30～80 cm。茎、枝は無毛で粉白色を帯びている。根生葉は長だ円状披針形。茎葉は長さ10～12 cm、幅2～3 cm、狭卵形、先は鈍くとがり、基部は茎を抱く。花は春から夏、比較的密な総状花序につき、花弁は4個で黄色、径3～4 mm。角果は細長い倒卵形。

2534. タイセイ　〔タイセイ属〕
Isatis tinctoria L. var. *indigotica* (Fortune) T.Y.Cheo et K.C.Kuan

　おそらく中国の原産で、享保年間（1720年頃）に日本に渡来した越年草。明治の中期まで小石川植物園で栽培していたが、現在はない。茎は直立し高さ40～100 cm。花は晩春、黄色花。葉から藍の染料をとる。和名大青。漢名菘藍、大藍。ハマタイセイ（エゾタイセイ）は、葉の基部が矢じり形で縁に低い凸形鋸歯がある点で異なる。

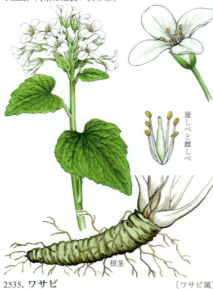

2535. ワサビ　〔ワサビ属〕
Eutrema japonicum (Miq.) Koidz.

　北海道から九州の山間の冷涼な谷川の浅瀬にはえ、また栽培される多年草。根茎は肥厚し、葉痕が著しい。根生葉は長さ幅とも10～22 cmで、10～30 cmの柄をもつ。花は春、高さ15～90 cmの花茎を数本立てる。茎葉は互生、長さ2～5 cm、茎頂に小形の十字状花を総状に密につける。根茎は辛味料として賞味する。中国に分布しないので漢名はないが、一般に山葵葉をあてている。

2536. ユリワサビ　〔ワサビ属〕
Eutrema tenue (Miq.) Makino

　本州、四国、九州の山地の谷川沿いにはえる多年草。全株無毛。根茎は細く短い。根生葉は葉身が円心形で径1～6 cm。茎葉は三角状卵形で8～20 mm、ともに柄がある。花は春、高さ5～30 cm位の茎に花序を出す。雄しべ6本のうち4本は長い。雌しべ1本。花後に花軸がのび花柱は短い。和名は葉柄が枯れたあとも残る基部がユリの鱗茎のようで、またワサビの仲間であるから。

2537. アブラナ（ナタネナ）　〔アブラナ属〕
Brassica rapa L. var. *oleifera* DC.

中国から渡来，日本で油を採るため栽培される1年草または越年草。古く栽培された品種をニホンアブラナ，近代に入り中国から新たに導入されたものをウンタイアブラナ var. *nippoleifera* (Makino) Kitam. として区別することもある。全体に滑らか。高さ 50～100 cm 位。花は春，花弁は長さ1 cm 位。花後くちばし状の突起のある細長い果実をつけ，熟すと黒褐色の小粒の種子を飛ばす。この種子を搾ったものを菜種油といい灯火油，機械油に用いるので一名ナタネナ。茎葉や花蕾は食用。

2538. チョクレイハクサイ　〔アブラナ属〕
Brassica rapa L. var. *glabra* Regel

中国北部の河北省保定付近を中心に栽培されていたハクサイ（白菜）の1変種で，現在ではチリメンハクサイとともに日本の重要な野菜の1つ。成熟した株では根生葉は粗大，全株無毛で滑らか，幼い葉は軟らかい毛が多い。緑色の大形の葉にも裏面脈上にしばしば毛がある。晩秋に結球する。春に花茎を出し十字状花を開く。和名は直隷省(河北省の旧名)原産の白菜の意。

2539. カブ　（カブラ, カブナ）　〔アブラナ属〕
Brassica rapa L. var. *rapa*

古く中国から渡来し，野菜として畑に栽培される越年草。根部は多肉質，品種により色・形が異なる。茎は直立し高さ 90 cm 位。根生葉は大形で束生，長さ 30～60 cm。花は春，花弁は長さ1 cm 位。根および葉を食用にする。栽培品種が多い。和名のカブは株に通じ，頭という意味で，根が塊になるところからついた。春の七草のスズナはカブのことを指すと言われている。漢名蕪菁。

2540. スグキナ　〔アブラナ属〕
Brassica rapa L. var. *neosuguki* Kitam.

昔から京都加茂の名産として知られたカブの1変種でカブによく似ている。根は倒円錐状卵形で，長さ 17～20 cm，幅 8 cm，下半部にひげ状の側根がある。根生葉は束生し，数枚が直立，無毛。花は春，高さ 70～80 cm の花茎を出して直立し，枝先に黄色の十字状花を多数総状花序につける。和名酸茎菜は根と葉を一緒に塩漬にして乳酸発酵させると酸味がつくのでその名がある。

2541. ヒノナ（アカナ）　　　〔アブラナ属〕
Brassica rapa L. var. *akana* (Makino) Kitam.
　滋賀県蒲生郡日野町を中心に栽培されるカブの1栽培変種。根は長さ20cm位，上部は赤く着色する。茎は上部でまばらに分枝し，高さ60cm位。根生葉は数枚，直立し束生。基部は長く柄に流れる。茎葉は耳状になり茎を抱く。花は春。和名日野菜は原産地の地名。根が赤いので緋の菜だという説もある。漬物に用いる。

2542. コマツナ（ウグイスナ，フユナ）　〔アブラナ属〕
Brassica rapa L. var. *perviridis* L.H.Bailey
　関東地方でカブとアブラナとの交雑から生じ，現在野菜として栽培される越年草。カブのように根部が肥大しない。根生葉は長だ円形，長さ40〜60cm，葉柄は細長く葉の表裏とも濃緑色。葉縁に細かい欠刻がある。花は春，カブやハクサイに似ている。花弁の長さは1cm，耐寒性が強く，冬の青菜として用いられる。

2543. カラシナ（ナガラシ）　　　〔アブラナ属〕
Brassica juncea (L.) Czern. et Coss. var. *juncea*
　中国原産といわれ，日本へは古くに渡来し現在広く畑に栽培される越年草。高さ50〜150cm。根生葉は長さ10〜15cm位，長い柄がある。茎葉の基部は茎を抱かない。花は春。種子は球形，辛味があり粉末にしたものが芥子で辛味料または薬用となる。辛味のある葉を塩漬にする。和名は葉と種子に辛味があるため辛し菜または菜辛し。漢名芥。

2544. タカナ（オオバガラシ，オオナ）　〔アブラナ属〕
Brassica juncea (L.) Czern. et Coss.
var. *integrifolia* (West) Sinsk.
　中国から古く渡来したものであろう。広く野菜として栽培されている越年草。花茎は高さ1.2m位。根生葉は長さ60〜80cm，短柄がある。茎葉は無柄であるが茎を抱かない。花は春から夏。茎葉は耐寒性が強く漬菜または煮食用。多少辛味がある。種子は芥子粉の原料。和名高菜は茎が高く成長するから，漢名大芥，皺葉芥。

2545. キャベツ（タマナ）　〔アブラナ属〕
Brassica oleracea L. var. *capitata* L.

　ヨーロッパ西北部の海岸地域の原産。日本へは明治初年（1870年頃）に渡来し、野菜として畑に栽培されている多年草。葉は滑らかで中央部は硬く巻いて球状をなす。花は晩春から初夏。結球した葉を食用にする。別名球菜は結球した葉をあらわす。キャベツは英名 cabbage の転訛したもの。漢名甘藍花白菜または椰菜。

2546. ハボタン　〔アブラナ属〕
Brassica oleracea L. var. *acephala* DC.

　キャベツと母種を同じくする変種であり、冬の間の生花用や、花壇に広く栽培される越年草。茎は著しく太く、直立し表面に葉痕が残る。高さ20〜60cm。葉は広く大きい。茎の頂部に数十葉を相接してつける。秋から冬にかけては、紅紫あるいは淡黄または白色を帯びて美しい。春に花茎を伸ばし、淡黄色の花をつける。和名葉牡丹は葉の集まりをボタンの花に見立てた名。

2547. カリフラワー（ハナヤサイ，ハナハボタン，ハナナ）〔アブラナ属〕
Brassica oleracea L. var. *botrys* L.

　明治初期（1870年前後）に輸入された野菜で、春から夏にまき、秋から冬に収穫される。茎の先端に花柄が変形して肥厚したものが散房状に密生し、生育期が短く茎が短いので乳白色の球形の塊となる。英名 cauliflower。別名は漢名花椰菜の重箱読み。耐寒性が強く茎がのび緑色のブロッコリー（broccoli）var. *italica* Plenck があり、ともに食用とされる。

2548. メキャベツ（コモチカンラン，コモチタマナ）〔アブラナ属〕
Brassica oleracea L. var. *gemmifera* DC.

　明治初期に輸入された野菜で、キャベツと母種を同じくする別変種。葉腋に生じる径2〜3cmの小球状の芽を食用にする。茎は太く、直立し、高さ1〜1.5m。葉は茎上に束生。花は春、総状花序を出し、キャベツと同様淡黄色の十字状花を開く。和名は芽を食べることから芽キャベツ、別名子持ち玉菜。

2549. キュウケイカンラン (コールラビー)〔アブラナ属〕
Brassica oleracea L. var. *caulorapa* DC.
　地中海の北岸地方原産。キャベツとアブラナの雑種から選出されたものとされている。明治初期に渡来，野菜，飼料作物としてつくられる丈の低い越年草。地上部の茎が肥大して，塊茎となる。葉はキャベツに似て球茎部分の側面と頂部につく。葉柄が長く，全体に白粉を帯びるが，品種により緑色と赤紫色のものがある。花は春に咲き，淡黄色。

2550. ダイコン　〔ダイコン属〕
Raphanus sativus L. var. *hortensis* Backer
　ヨーロッパ原産，古くに中国大陸を経て日本へ渡来した越年草。重要な野菜として広く畑に栽培され多数の品種がある。長大な多肉根を持つ。根生葉は束生する。花は春，高さ70〜100 cm位の地上茎の先につけ，花弁の上半部は淡紫色または白色。品種が多い。和名は大根の音読み。春の七草のスズシロはダイコンのことを示すと言われている。漢名萊菔。

2551. ハマダイコン　〔ダイコン属〕
Raphanus sativus L. var. *hortensis* Backer
f. *raphanistroides* Makino
　海岸地方の砂地にはえる越年草。ダイコンが野生化したものとされる。全体にやせ，粗剛で粗毛が多い。根は長いが細く硬く，食用にならない。葉は柄を入れて長さ5〜20 cm。花は春。高さ25〜50 cmの花茎をのばし，頭部が平らな総状花序に淡紫色の花をつける。まれに白花がある。長角果の果皮はスポンジ状で裂開せず節ごとに離れる。

2552. トモシリソウ　〔トモシリソウ属〕
Cochlearia officinalis L. subsp. *oblongifolia* (DC.) Hultén
　北海道東部，極東ロシアから北アメリカ西部など北太平洋地域の海岸にはえる越年草。高さ10〜20 cm。茎は基部から分枝。根生葉は長柄があり，葉身の長さ10〜20 mm。腎臓形あるいは卵形。上部の茎葉はだ円形あるいは卵形。やや茎を抱くことがある。花弁は白色，広だ円形で長さ3 mm。がく片も広だ円形で長さ3 mm。短い角果は開出し，広だ円状球形。種子は円形あるいはだ円形で長さ1 mm。表面に密に小突起がある。

2553. ヤマガラシ（イブキガラシ, チュウゼンジナ）〔ヤマガラシ属〕
Barbarea orthoceras Ledeb.

滋賀県伊吹山以北、北海道、および千島、サハリン、カムチャツカ、北アメリカ、朝鮮半島、中国大陸東北部、東シベリアの温帯から寒帯に分布。深山の谷川沿いの砂地などにはえる多年草。高さ15〜60 cm で無毛。根生葉は束生し長さ4〜12 cm、柄がある。花は初夏に咲く。和名山芥。採集地により伊吹芥、中禅寺菜という。漢名は山芥菜を慣用。

2554. ハルザキヤマガラシ（セイヨウヤマガラシ）〔ヤマガラシ属〕
Barbarea vulgaris R.Br.

ヨーロッパ原産の2年草あるいは多年草。日本でも野生化し、群生が見られる。高さ30〜40 cm、茎、葉とも平滑。根生葉は羽裂し両側につく裂片は小さく1〜4対、頂端の裂片はとくに大きい。茎葉は春。茎頂に総状花序を出し、多数の花をつける。花弁は4枚。十字花で鮮黄色。果実の先端には花柱がのびてくちばしとなって残る。原産地ではサラダ菜として食用する。

2555. クレソン（オランダガラシ, ミズガラシ）〔オランダガラシ属〕
Nasturtium officinale R.Br.

ヨーロッパ原産、若い生の枝を食用にするため栽培する。明治3〜4年頃に日本に入り、今では各地に野生化し、水辺に見られる多年草。茎の下部は横に伏し節からひげ根を出し、清流中に繁茂する。全株無毛、高さ10〜60 cm、中空。葉は長さ3〜15 cm。花は初夏。和名は仏語名 cresson より。別名和蘭芥のオランダは外来種の意。

2556. ミギワガラシ〔イヌガラシ属〕
Rorippa globosa (Turcz. ex Fisch. et C.A. Mey.) Hayek

日光など本州中部の高冷地の湿地にはえる多年草。茎は直立、上部で分枝し高さ50 cm 位。全株無毛。根生葉は束生、有柄。茎葉は互生、無柄、長さ7〜15 cm。基部に耳状の付属裂片がある。花は夏に咲き、黄色十字状花。がく片と花弁はほぼ同長で1.5〜2 mm、短角果は球形、長さ3〜4 mm、斜上する。和名水際芥。

2557. イヌガラシ　〔イヌガラシ属〕
Rorippa indica (L.) Hiern

日本各地，および朝鮮半島，中国，インドの温帯から熱帯に分布。原野，道ばた，庭などにはえる多年草。全株無毛。根は白く深く地中に入る。茎は分枝し，高さ20～65 cm。根生葉は束生し，有柄。茎葉は無柄。花は春から夏。花弁は黄色で，長さ3 mm位。果実は長さ1～2 cmの長角果。和名は雑草で辛くなく，食用にならない意。漢名葶藶。

2558. ミチバタガラシ　〔イヌガラシ属〕
Rorippa dubia (Pers.) H.Hara

アジア熱帯から暖温帯に広く分布し，日本では本州，四国，九州などの道ばたに見られる多年草。高さ10～20 cm。根生葉は長さ4～10 cm，幅2～3 cm，狭卵形。下部の葉ではしばしば羽状に分裂し，辺縁に不整の粗い鋸歯がある。花は春から秋に咲き，小さくて花弁を欠き，がくは長さ2～2.5 mm，6本の雄しべと1本の雌しべがある。長角果は開出し狭線形。種子は長さ0.5 mm。

2559. キレハイヌガラシ　〔イヌガラシ属〕
Rorippa sylvestris (L.) Besser

ヨーロッパ原産の多年草。高さ20～30 cm。葉は互生し羽状に深裂する。各裂片はさらに裂けたり，鋸歯があったりする。裂片の幅は細い。春から秋にかけ，つぎつぎに径5 mmの小花をつける。花弁は4枚。鮮黄色。果実は長さ6～18 mm，細い棒状のさく果となり，中に長さ1 mmほどの種子が多数入っている。北半球各地に帰化して草原や道ばた，河原に広がっている。

2560. スカシタゴボウ　〔イヌガラシ属〕
Rorippa palustris (L.) Besser

北半球の温帯から暖帯に広く分布。日本各地の水田，溝のあぜ，道ばたの湿地などにはえる越年草。全株やや無毛。茎は単一か束生し上部で分枝，高さ20～70 cmになる。根生葉は束生し，長さ4～17 cm，幅15～30 mm。花は春から夏，黄色い花弁で長さ2 mm位。果実は紡錘形で長さ4～6 mm。和名透し田午蒡は根をゴボウになぞらえたもの。

2561. コイヌガラシ 〔イヌガラシ属〕
Rorippa cantoniensis (Lour.) Ohwi
　関東地方以西，四国，九州，および朝鮮半島南部，中国，アムールの暖帯から亜熱帯に分布。水田にはえる1年草。全株無毛。茎は単一，高さ15〜40 cm，根生葉は束生し，長さ3〜10 cm，茎葉は互生し，長さ1〜4 cm。花は春，葉腋に1個咲き，花柄はごく短い。和名は小形のイヌガラシ。漢名広東薄菜。

2562. タネツケバナ (タガラシ) 〔タネツケバナ属〕
Cardamine scutata Thunb.
　日本各地および東アジアから南アジアの温帯から暖帯に分布。水田，溝のあぜ，水辺の湿地などにはえる越年草。高さ10〜30 cm。花は春。果実は長さ1.5〜2.5 cm，柄とともに無毛。和名種漬花は，苗代をつくる前に米の種籾を水に漬ける時期に，花が咲くのでこの名がある。漢名薄菜。

2563. ミズタガラシ 〔タネツケバナ属〕
Cardamine lyrata Bunge
　本州，四国，九州，および朝鮮半島，中国，東シベリアの温帯から暖帯に分布。水田や湿地にはえる多年草。全体無毛。茎は高さ30〜60 cmで稜があり，初め直立，花後に倒伏する。花時にすでに基部から長い匍匐枝を出す。葉は互生。花は春。和名水田芥は水中にはえる田芥（たがらし）で，水田にはえるのではない。

2564. オオバタネツケバナ 〔タネツケバナ属〕
Cardamine regeliana Miq.
　日本各地，千島，サハリン，カムチャツカ，アリューシャン，オホーツク海沿岸，朝鮮半島，中国東北部，ウスリーの温帯から暖帯に分布。山地や原野の水湿地にはえる多年草。高さ20〜40 cm，基部は地面をはう。全体にタネツケバナより大きい。葉は頭大羽状複葉で頂小葉が最大。両面無毛。花は夏，白色の十字花を総状につける。花序は果実が熟す頃長くのびる。和名大葉種漬花。

2565. ミネガラシ（ミヤマタネツケバナ）〔タネツケバナ属〕
Cardamine nipponica Franch. et Sav.

中部地方以北、北海道の高山帯の礫地にはえる多年草。根は長く地中に入り、茎は地表面近くで多数分枝して束生し、高さ3〜12 cm、全株無毛。根生葉は長さ2〜5 cm、小葉は長さ2〜6 mm。茎葉の基部は少し耳状になり茎を抱く。花は夏、白色。花弁は長さ3〜4 mm、雄しべは4本が長い。長角果は長さ2〜3 cm。和名峰芥は高山にはえるから。

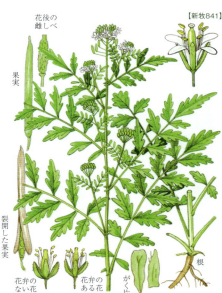

2566. ジャニンジン 〔タネツケバナ属〕
Cardamine impatiens L.

日本各地および朝鮮半島、台湾、中国、ヒマラヤ、シベリア、ヨーロッパの温帯から亜熱帯に分布し、山地や山麓にはえる越年草。茎は直立し高さ20〜80 cmで稜がある。葉柄の基部の耳状裂片が茎を抱く。花は春から夏、花弁のないこともある。果実は無毛かまたは有毛で、毛のあるものをケジャニンジンという。和名蛇人参は蛇の食うニンジンという意味。漢名は水花菜を慣用。

2567. エゾノジャニンジン 〔タネツケバナ属〕
Cardamine schinziana O.E.Schulz

北海道日高地方にはえる多年草。全株無毛。茎は直立し上部で分枝、多少ジグザグに曲がる。高さ20〜40 cm。基部の葉は長さ10 cm位、茎葉は長さ5〜25 cmで小葉は長だ円形か披針形で鋭頭。少数の浅い切れみがある。花は初夏、茎頂に総状花序を出し、有柄の白色小形の十字花をまばらにつける。長角果は長さ2 cm位。

2568. オオケタネツケバナ 〔タネツケバナ属〕
Cardamine dentipetala Matsum.

近畿地方以北から東北地方にかけての日本海側山地に分布。湿った林床にはえる。高さ20〜40 cm。根生葉は長さ4〜6 cm、羽状に3〜7裂する。頂小葉は長さ2〜2.5 cm、幅1.5〜2 cm、倒卵状にさび形。側小葉は長だ円形。花は比較的多く集まって長さ5 cmほどの花序を形成。花弁は長さ5〜7 mm。がく片は長さ2 mm。長角果は長さ2.5〜3 cm、幅1.2〜1.5 mmになり有毛。

2569. マルバコンロンソウ　〔タネツケバナ属〕
Cardamine tanakae Franch. et Sav. ex Maxim.

本州,四国,九州の暖帯の山地の木かげなどにはえる越年草。全体に白毛を密生。茎は直立し高さ7～25cm。根生葉は長さ5～13cm,長い柄がある。茎葉は羽状複葉。花は春から初夏に咲き,花弁は長さ4mm位。果実は毛でおおわれる。和名丸葉崑崙草は葉形に基づき,また花の白さを崑崙山の雪にたとえたものか。

2570. コンロンソウ　〔タネツケバナ属〕
Cardamine leucantha (Tausch) O.E.Schulz

日本各地,および朝鮮半島,中国東北部・北部,東シベリアの温帯に分布。山地または谷川沿いの半日かげ地にはえる多年草。根茎を地中にのばして繁殖。茎は単一,先端で分枝,高さ30～70cm位。全体に軟らかな短毛がある。葉は互生し長さ6～15cmの羽状複葉。小葉は長さ3～5cmで先が鋭尖頭。花は夏,花後に花序軸がのびる。和名は前項参照。

2571. ヒロハコンロンソウ　〔タネツケバナ属〕
Cardamine appendiculata Franch. et Sav.

本州中北部の深山の谷川沿いの湿地にはえる多年草。全草軟らかくほとんど無毛。根茎は地中を横にはい,茎は高さ20～60cm,数枚の葉をつけ,葉は長さ6～19cm,葉の上面だけ短毛があり,鋭頭。葉柄の基部に耳状の突起があり茎を抱く。花は初夏,花弁の長さは6～8mm。日光湯元の蓼ノ湖で見つけたのでタデノウミコンロンソウの別名がある。

2572. ミツバコンロンソウ　〔タネツケバナ属〕
Cardamine anemonoides O.E.Schulz

関東地方以西,四国,九州の山地の林内にはえる多年草。茎は単一,高さ6～15cm,全株ほとんど無毛。根生葉はなく,茎上に少数の3出複葉を互生し,有柄。花は晩春,茎頂に有柄の十字状花を短い総状花序につける。花弁は長さ1cm。和名三葉崑崙草は3小葉がつくという。根茎の頭に硬い鱗片葉が数個つく。

2573. ナズナ （ペンペングサ）　　〔ナズナ属〕
Capsella bursa-pastoris (L.) Medik.

世界の温帯から暖帯に分布，各地の道ばた，田畑や庭の隅などにふつうに見られる越年草。高さ10～70cm位，根生葉は束生し地面に接し柄があり，長さ2～13cm。茎葉は無柄。花は春，花後に花序のびる。春の七草の1つ。別名は果実の形が三味線の撥に似るので三味線の音をとってこのようによばれる。漢名薺。

2574. オオナズナ　　〔ナズナ属〕
Capsella bursa-pastoris (L.) Medik.

各地でふつうに見られる越年草。高さ20～40cm，全体にうすく粗い毛をかぶる。根生葉は束生し，長柄があり下方の茎葉と同様に頭大羽状に深裂，側裂片は長だ円形か披針形。上部の葉は無柄。花は春，花が終わると花序の軸はのび長さ20cm以上になる。本種とふつうのナズナとは葉の側裂片に耳片がないことで区別することがある。

2575. モイワナズナ　　〔イヌナズナ属〕
Draba sachalinensis (F.Schmidt) Trautv.

長野県の高山，北海道，およびサハリンの寒帯に分布，岩場にはえる多年草。高さ10～25cm。全株に星状毛と単毛を密生する。根生葉は束生し，長さ2～3cm。茎葉は少なく，互生し，長さ1.5～2cm。花は初夏，白色の花を総状につける。花弁は4枚，やや大きく長さ6～8mm，水平に開く。和名は北海道藻岩山（もいわやま）で発見されたから。

2576. ナンブイヌナズナ　　〔イヌナズナ属〕
Draba japonica Maxim.

北海道夕張岳，戸蔦別岳，岩手県早池峰山の高山帯蛇紋岩岩地に群生する多年草。全株に星状毛がある。茎は分枝し，花のつかない枝はやや伸び，花のつく茎は高さ4～10cmになる。葉は長さ5～15mm，縁毛があり，茎葉は無柄。花は夏に咲き，黄色の十字状花。結実する頃は花序の軸がのび，長さ4～6mmの短角果をつける。和名南部犬薺は岩手県南部地方に産することによる。

2577. イヌナズナ 〔イヌナズナ属〕
Draba nemorosa L.
 北半球の温帯から暖帯に広く分布，日本各地の山野の草地や畑地などにはえる越年草。分枝し高さ 10～30 cm，葉とともに星状毛をやや密生。根生葉は束生し，長さ 2～4 cm，幅 5～18 mm，ほとんど無柄。茎葉は互生し，長さ 1～3 cm，無柄。花は春に咲く。和名犬薺はナズナに似るが食用にならないことによる。

2578. トガクシナズナ (クモマナズナ) 〔イヌナズナ属〕
Draba sakuraii Makino
 中部地方の高山の岩上にはえる多年草。高さ 5～10 cm。根茎は短いが 2～3 回分岐し，小さな株となる。葉は互生，根生葉は長さ 5～17 mm で密生し，両面に星状毛がはえる。茎葉は 3～4 枚が茎の下部につき，縁には浅く切れ込んだ鋸歯がある。花は初夏。白色十字状花。短角果は長さ 6～10 mm で無毛，別名は雲の往来する高山にはえるから。

2579. シロウマナズナ 〔イヌナズナ属〕
Draba shiroumana Makino
 中部地方の高山帯の岩場にはえる多年草。茎は短く，分枝した古い茎があって束生する。葉は長さ 5～12 mm，厚く両面とも無毛，縁毛がある。花茎は高さ 5～15 cm で無毛，茎葉はふつう全縁。花は夏，白花。短角果は直立し，しばしばねじれて無毛，長さ 7～10 mm。尾状の付属体をもたない。和名は白馬岳に産することによる。

2580. シロバナイヌナズナ (エゾイヌナズナ) 〔イヌナズナ属〕
Draba borealis DC.
 本州中部地方の亜高山帯岩礫地や北海道と青森県北部の沿岸岩地にはえる多年草。高さ 6～20 cm。根もとから多く分枝し株をつくる。根生葉は長さ 15～30 mm，幅 5～8 mm，倒披針形，全縁または少数の鋸歯縁。茎葉は 2～7 個で長さ 8～25 mm の広卵形。花は晩春から夏。8～18 個の花が集まって花序をなす。花弁は倒卵形で白色。がく片は広長だ円形。短角果は広披針形でねじれる。

2581. キタダケナズナ (ヤツガタケナズナ) 〔イヌナズナ属〕
Draba kitadakensis Koidz.
　北海道と南アルプス（山梨・長野県）にまれに分布。高山の砂礫地に生育する多年草。高さ10〜15cm。全体に灰白緑色。根生葉は長さ6〜12mm，幅1.5〜3mmの倒披針形。茎葉は長さ8〜20mm，幅5mmで狭卵形。花は晩春から夏，白色で10数個が密に集まる。花弁は4枚，狭倒卵形，長さ3mm。果実は短い角果で毛はなく，披針形でねじれ長さ6〜10mm，幅2mm。

2582. ハタザオ 〔ハタザオ属〕
Turritis glabra L.
　北半球の温帯から暖帯に広く分布。各地の海岸の砂地，あるいは山地の草原にはえる越年草。主根は地中に深くまっすぐに入る。茎は単一で下半部だけ有毛，高さ70〜100cm，粉白色。冬は根生葉が束生しロゼットになる。花は春から初夏，帯黄白色。長角果は長さ4〜8cm。和名旗竿は長い花茎を直立する草状に由来。

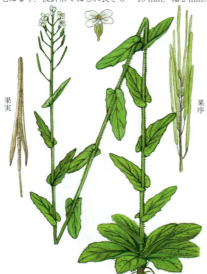

2583. ヤマハタザオ 〔ヤマハタザオ属〕
Arabis hirsuta (L.) Scop.
　日本各地，および南千島，朝鮮半島，中国からヨーロッパの温帯から暖帯に分布。山野の日当たりのよいところにはえる越年草。高さ30〜110cmで毛が多い。星状毛をもった根生葉が束生し，ロゼットをつくる。根生葉はへら形，茎葉は互生し，長さ3〜6cm。花は春から夏，白色の十字状花。種子には狭い翼がある。和名は山地にはえるハタザオの意。

2584. フジハタザオ 〔ヤマハタザオ属〕
Arabis serrata Franch. et Sav. var. *serrata*
　富士山を中心として，本州中部の山地の砂礫地に多い多年草。高さ10〜30cm，2〜4岐する星状毛があり，まれに無毛。地上付近でよく分枝し束生状となる。根生葉は柄があり，長さ1.5〜7cm，幅8〜15mm。花は初夏，白色のやや大形の十字状花を開く。長角果は，やや湾曲し長さ3〜6cmになり，斜上または一方に向かってつく。和名は富士山に多く産することによる。

果実
種子

2585. イワハタザオ　〔ヤマハタザオ属〕
Arabis serrata Franch. et Sav. var. *japonica* (H.Boissieu) Ohwi
中部地方以北の深山の岩間や岩上、あるいは崖上にはえる多年草。高さ20〜30cm、全体に星状毛を密生。根生葉は基部が細くなって翼のある柄になる。茎葉は茎を抱き無柄。花は初夏、白色の十字状花を密集、花後に花序はのびる。長角果は長さ3〜6cm。和名は岩にはえるハタザオ。高山にウメハタザオ f. *grandiflora* (Nakai) Ohwi がある。

雌しべ
雄しべ
果実

2586. シコクハタザオ　〔ヤマハタザオ属〕
Arabis serrata Franch. et Sav. var. *shikokiana* (Nakai) Ohwi
関東地方以西、東海地方、近畿地方南部、四国、九州に分布。比較的湿った山地の林縁、岩上にはえる多年草。高さ20〜40cm。根生葉は長さ5〜15cm、広披針形。茎葉は長さ2〜4cm、長だ円形またはだ円形、基部は茎を抱く。花は晩春から初夏。生態的、地理的変異が多く、岩上にはえるものはフジハタザオに似るが、根生葉の葉身から柄に流れる翼が狭く、柄がはっきりしていることで異なる。

果序

2587. ハマハタザオ　〔ヤマハタザオ属〕
Arabis stelleri DC. var. *japonica* (A.Gray) F.Schmidt
日本各地、およびサハリン、朝鮮半島、アムールの温帯から暖帯に分布。海辺の砂地にはえる越年草。茎は単一で粗柄があり、高さ15〜30cm。根生葉は束生してロゼットをつくり、長さ3〜7cm。花は春、花弁は長さ6〜8mm、がく片は4枚で長さ4mm、雄しべは6本で4本は長い。長角果は長さ3〜4cm、直立し、種子に翼がある。

果実

2588. クモイナズナ　〔ヤマハタザオ属〕
Arabis tanakana Makino
中部地方の高山帯にはえる多年草。高さ4〜12cm、全株にやや白い星状毛を密生。根茎は細くしばしば分枝して地中を斜めにはう。根生葉は束生し、長さ5〜10mm、幅1〜2mm。茎葉は互生し無柄、長さ3〜8mm。花は夏、径4mm位。長角果は長さ1〜1.5cm、少しねじれる。種子に翼はない。和名は雲の集まる高山にはえるから。

2589. スズシロソウ 〔ヤマハタザオ属〕
Arabis flagellosa Miq.
　近畿地方以西，四国，九州の山地の谷川付近や岩上などにはえる多年草。花茎は直立し高さ 10 〜 25 cm。少数の葉をつけ，花の終わり頃，根もとから長い匍匐枝を出し葉を互生する。根生葉は柄を入れて長さ 2 〜 7 cm，葉柄は 5 〜 20 mm で無毛。花は早春。果実は長さ 1.2 〜 3 cm，無毛。和名は花がスズシロ，すなわちダイコンに似ることによる。

2590. ミヤマハタザオ 〔シロイヌナズナ属〕
Arabidopsis kamchatica (DC.) K.Shimizu et Kudoh
　subsp. *kamchatica*
　四国の剣山，鳥取県の大山以北，北海道，および千島，サハリン，カムチャツカ，北米，朝鮮半島など北半球周極地方の温帯から寒帯に広く分布。山中の砂礫地などにはえる越年草。下部から分枝し高さ 15 〜 40 cm。葉は長さ 2 〜 10 cm，幅 4 〜 15 mm。根生葉は両面に軟毛があり茎葉は全縁で両面無毛。花は初夏，時に淡紅色を帯びる。

2591. ツルタガラシ 〔シロイヌナズナ属〕
Arabidopsis halleri (L.) O'Kane et Al-Shehbaz
　subsp. *gemmifera* (Matsum.) O'Kane et Al-Shehbaz
　北海道西南部から本州，朝鮮半島の温帯に分布。山地にはえる多年草。茎は単生，高さ 10 〜 50 cm。全株無毛か有毛，軟弱で倒れやすい。根生葉は有柄，長さ 2 〜 7 cm。花は初夏。花後に果序はのび，長さ 1.5 〜 3 cm の数珠状にくびれる長角果をつけ，後に茎は果序とともに地上に倒れ，腋芽が発根して子苗となり繁殖する。

2592. ハクサンハタザオ 〔シロイヌナズナ属〕
Arabidopsis halleri (L.) O'Kane et Al-Shehbaz
　subsp. *gemmifera* (Matsum.) O'Kane et Al-Shehbaz
　本州，北海道，朝鮮半島の温帯に分布。深山にはえる越年草。高さ 10 〜 30 cm，全株に粗毛がある。茎は単生または束生。根生葉は柄を入れて長さ 2 〜 6 cm。花は春から初夏，花弁は長さ 5 〜 6 mm。果実は長さ 10 〜 20 mm でくびれがある。花後に花茎は倒れ，腋芽が発根して子苗となり繁殖する。和名白山旗竿は石川県白山に産するから。本種はツルタガラシと同一と考えられている。

2593. タチスズシロソウ　〔シロイヌナズナ属〕
Arabidopsis kamchatica (DC.) K.Shimizu et Kudoh
subsp. *kawasakiana* (Makino) K.Shimizu et Kudoh

中部地方と四国の海浜の砂地にはえる多年草。しばしば基部または上部で分枝し高さ15〜40cm。根生葉は束生し長さ2〜4cm、柄があり、裏面は時に暗紫色。花は春、茎の頂に総状花序をのばし、がく片は淡緑色、長さ2mm位。花弁は爪を入れ8mm位、雄しべ6本のうち4本は長い。雌しべ1本。果実は斜上、長さ2〜4cm位。和名はスズシロソウに似て、つる枝が出ないため。

2594. シロイヌナズナ　〔シロイヌナズナ属〕
Arabidopsis thaliana (L.) Heynh.

アジア、ヨーロッパの温帯から暖帯に広く分布。日本各地の海岸地方にはえる1年草または越年草。高さ10〜30cm、下部に荒い毛があり、ときに茎が地面に多数分枝し束生する。根生葉は長さ2〜4cm、両面に星状毛がある。花は春、花弁は白色で長さ3mm位。果実は長さ9〜18mm。和名白犬薺は黄花のイヌナズナに似るが白色であるから。

2595. エゾハタザオ　〔エゾハタザオ属〕
Catolobus pendula (L.) Al-Shehbaz

中部地方以北、北海道、およびサハリン、カムチャツカ、朝鮮半島、中国東北部、シベリア、東南ヨーロッパの温帯に分布する越年草。高さ20〜100cm位。茎、葉に星状毛があり、葉は長さ3〜12cmで粗毛がある。花は夏、花弁は長さ3〜4mmでがく片より長く、6本の雄しべのうち4本は長い。長角果は長さ3〜10cmで垂れ下がる。

2596. ハクセンナズナ　〔ハクセンナズナ属〕
Macropodium pterospermum F.Schmidt

中部地方以北、北海道の高山のやや湿った草地にはえる多年草。茎は直立し、高さ30〜100cm、分枝しない。上部に単毛を密生し、基部は斜めに伏せることもある。葉は互生、長さ7〜12cm。花は夏、径6〜7mm。茎頂に長さ1.5〜4cmの総状花序を出す。雄しべは花弁より長い。和名白鮮薺は花がミカン科のハクセンに似ているから。

2597. エゾスズシロ（キタミハタザオ）〔エゾスズシロ属〕
Erysimum cheiranthoides L.
　北半球に広く分布し，日本では北海道の道ばたや川岸の砂地にはえ，また本州にも帰化する越年草．茎は直立，高さ30～100 cm，毛が密生する．葉は長さ3～9 cm，両面に星状毛が密生する．花は晩春から夏に咲く．柱頭は2裂する．長角果は4稜があり，長さ2～4 cm．和名は北海道に産し，スズシロソウに似るから．

2598. ハナダイコン（ショカツサイ）〔ショカツサイ属〕
Orychophragmus violaceus (L.) O.E.Schulz
　中国原産の2年草．しばしば平地に野生化．高さ20～50 cm．上部で分枝．下部の葉は羽状に深裂し頂片は広卵状円形．上部の葉は単葉で長だ円形または卵形，基部は深い心形で茎を抱く．春に20花ほどが茎頂の総状花序に集まり，淡紫色，径2.5～3 cmでがく片は線状披針形，互いに密着し筒状．花弁は広倒卵形．雄しべ6本．種子は黒褐色．ハナダイコンの名の同名異種もある．

2599. ニオイアラセイトウ〔ニオイアラセイトウ属〕
Cheiranthus cheiri L.
　ヨーロッパ原産．江戸時代の末（1850年頃）に渡来し観賞用として庭園に栽培されている多年草．高さ20～80 cm．葉は互生し，長さ4～7 cm．花は春から夏，本来の花弁はミカン色であるが，園芸品の花色には赤，紅紫，赤褐，黄赤，黄色などがあり，また八重咲きもある．和名はアラセイトウに似て，花に香気があるから．

2600. ニワナズナ〔ニワナズナ属〕
Lobularia maritima (L.) Desv.
　ヨーロッパ，西アジア近海地原産．観賞用として庭園に栽培される1年草あるいは多年草．地下茎は横にはい，茎は直立または斜上し，高さ15～30 cm，地上で分枝し群生状になる．全体に白い軟らかい伏毛をかぶる．葉は全縁，長さ2～3 cm．花は夏，白または桃色で香気を放つ．花径4 mm位．短角果は長さ3 mm．和名は庭のナズナの意．

2601. ハナハタザオ　〔ハナハタザオ属〕
Dontostemon dentatus (Bunge) Ledeb.

本州の中部地方南部〜東北地方南部、および朝鮮半島、中国東北部・北部、モンゴル、東シベリアの温帯に分布。海岸あるいは山地の日当たりのよいところにはえる越年草。高さ15〜60 cm。根生葉は束生する。茎葉は長さ2〜8 cm。花は春から夏、花径8〜13 mm。長角果は長さ4 cm位。和名花旗竿は美しい花を開くのでとくにハナの名がついた。

2602. カキネガラシ　〔キバナハタザオ属〕
Sisymbrium officinale (L.) Scop.

ヨーロッパ、アジア西部原産の帰化植物。1年草または2年草。高さ30〜80 cm。茎はよく分枝する。葉は長だ円形で羽状に深裂、2〜6対の裂片は不整に開出し、頂裂片は比較的大きい。下部の葉は長さ20 cmになる。花は春から秋に咲き、茎頂付近の枝が開出し総状花序をつくる。花は小さく黄色、径4 mm位。花弁は長さ3 mm。長角果は線状披針形。種子は褐色で多数ある。

2603. イヌカキネガラシ　〔キバナハタザオ属〕
Sisymbrium orientale L.

ヨーロッパ原産の1年草。北アメリカやアジアに帰化して雑草となっている。高さ1 m。茎、葉ともに濃い緑色。葉は互生し長だ円形、羽状に深裂、頂端の裂片はとくに幅広、基部はほこ形に両側へ張り出す。茎葉は分裂しないか浅く3裂。上部につく葉も最上部のものまで明らかな柄がある。花は黄色の十字花で多数が長い総状花序につく。

2604. キバナハタザオ　(ヘスペリソウ)　〔キバナハタザオ属〕
Sisymbrium luteum (Maxim.) O.E.Schulz

本州、対馬、および朝鮮半島、中国の温帯から暖帯に分布。石灰岩地など国内の山地にややまれにはえる多年草。茎は直立して分枝し、高さ80〜120 cm。下部の葉は頭大羽状複葉、中部より上の葉は卵状披針形になる。葉の両面ともに荒い毛がある。花は初夏、長さ1 cm位。長角果は長さ8〜14 cm。和名黄花旗竿は外形がハタザオに似て、黄花を開くから。

2605. アラセイトウ（ストック）〔アラセイトウ属〕
Matthiola incana (L.) R.Br.

南ヨーロッパの海岸地方の原産。日本へは寛文年間（1665年頃）に渡来し，観賞用として栽培されている多年草。茎は高さ30〜75cm，直立し，ときに分枝し，基部はしばしば木化して低木状になる。葉は互生，茎とともに白い軟毛を密生する。花は春，径3〜5cm。花の色は紅，紫，白など様々，強い芳香がある。長角果は細長く4〜8cm。種子には翼がある。園芸界ではストックと呼ぶ。

2606. コアラセイトウ（アラセイトウ）〔アラセイトウ属〕
Matthiola incana (L.) R.Br. 'Annua'

南ヨーロッパ原産。日本へは明治年間（19世紀末）に渡来し観賞用として栽培されている1年草。外形はアラセイトウによく似るが，全体が小形で多年草ではなく，花期もやや早いので区別される。茎は草質で木化することがなく，高さ30cm位。花は晩春，赤紫色花。園芸品種が多く，白色や絞り，八重咲きなどがある。

2607. セイヨウワサビ（ワサビダイコン）〔セイヨウワサビ属〕
Armoracia rusticana P.Gaertn., B.Mey. et Scherb.

北ヨーロッパ原産の多年草。高さ60〜100cm。地下に大きな根がある。根生葉は長さ30〜40cmの長だ円形で羽状に浅裂。茎葉は披針形で羽裂する。花は春。分枝した枝先に総状花序をつけ，多数の小さな白花をつける。花は4弁の十字花で径3〜5mm。果実は細長いさや果。根には辛味があり英名 horseradish でスパイスに使われる。日本では粉わさびの原料として栽培され，北地ではしばしば野生化する。

2608. ツチトリモチ〔ツチトリモチ属〕
Balanophora japonica Makino

本州，四国，九州（屋久島を含む）の暖地で，主にハイノキ属の樹の根端に寄生する多年草。台湾にも分布する。高さ7〜10cm，花茎には肉質鱗片が重なり橙赤色。花は秋，雌雄異株であるが，雄株はまだ発見されない。種子は単為生殖によってできる。花穂は1個で肥厚し，微細な黄色の雌花が無数につくが，棍体によってかくれて見えない。和名土鳥黐は根茎から鳥もちを作るため。

2609. ミヤマツチトリモチ 〔ツチトリモチ属〕
Balanophora nipponica Makino
　本州から九州の深山の樹陰にはえ，カエデ属など落葉広葉樹の根に寄生する多年草。地下茎に大きな皮目がある。高さ 10 ～ 14 cm，花穂は橙黄色から褐赤色。花は夏，花穂は肥厚しやや細長く長さ 4.5 cm。黄色の雌花を無数につける。雌雄異株であるが，雄株はなく雌株だけで単為生殖をして繁殖する。和名深山土鳥黐。

2610. ヤクシマツチトリモチ 〔ツチトリモチ属〕
Balanophora yakushimensis Hatus. et Masam.
　屋久島，種子島，奄美大島を含む九州南部に産し，台湾にも分布する多年生寄生草本。雌株だけが知られている。高さ 2 ～ 5 cm 位。根茎は地下にあるか，またはやや露出する。花茎は秋にのび出し，直立または斜上し通常橙赤色で数対の鱗片葉がある。花穂は橙色から深赤色で通常広卵形から卵形まれにだ円形。花の盛時には花柱が長くのびて棍体の間から外に出るため肉眼では白く点状に見える。

2611. キイレツチトリモチ 〔ツチトリモチ属〕
Balanophora tobiracola Makino
　九州南部および西部，琉球列島，および台湾の亜熱帯に分布し，トベラやシャリンバイなどの根に寄生する多年草。高さ 3 ～ 10 cm，根茎は肥厚し，黄色で斑点はない。花は秋，雌雄同株，花穂は黄白色。和名喜入土鳥黐の喜入は鹿児島県の地名で，初めて採集された場所である。一名トベラニンギョウはトベラに寄生し，形が人形のようであるため。

2612. リュウキュウツチトリモチ 〔ツチトリモチ属〕
Balanophora fungosa J.R.Forst. et G.Forst. subsp. *fungosa*
　沖縄から南は北オーストラリア，フィジー諸島にかけて西太平洋の島に分布する寄生草本。雌雄同株，まれに単性株がある。高さ 10 cm 位。通常黄赤色。地下茎は塊状で不規則に分裂する。花茎は根茎の上部の開口部から直立，肥厚してまばらな鱗片葉でおおわれる。晩秋か冬に開花する。雌花は 1 個の子房からなり，雄花は大形で穂の下の端に群がってつく。雌花の子房は有柄，だ円形。

2613. ヒノキバヤドリギ　〔ヒノキバヤドリギ属〕
Korthalsella japonica (Thunb.) Engl.

関東地方以西，四国，九州および台湾，中国，インド，マレー，オーストラリアなど暖帯から亜熱帯に分布。ヒサカキ，ツバキ，サザンカ，サカキ，イヌツゲ，モチノキその他の樹木に寄生する常緑小低木。全形6〜12cm，枝は扁平，葉は各節の鱗片状の突起に退化。花は春から秋，径0.8mm。果実は径2mm，種子に粘質物がつく。

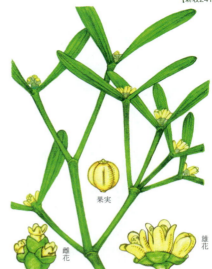

2614. ヤドリギ　（ホヤ，トビヅタ）　〔ヤドリギ属〕
Viscum album L. subsp. *coloratum* Kom.

日本各地，および朝鮮半島，中国に分布。ケヤキ，エノキ，クリ，ミズナラ，サクラ類，ヤナギ類など落葉樹に寄生する常緑小低木。茎は二叉に分枝し，長さ40〜80cm。葉は対生し無柄，厚い革質で長さ3〜6cm。花は早春，雌雄異株。果実は粘りが強く，鳥が好んで食べる。ほかの樹皮につくとそこで発芽し新株になる。和名寄生木，宿り木。

2615. ツクバネ　（ハゴノキ，コギノコ）　〔ツクバネ属〕
Buckleya lanceolata (Siebold et Zucc.) Miq.

本州から九州の山地でモミ，スギなどの根に寄生する半寄生落葉低木。高さ1〜2.5m。葉は長さ2〜7cm。花は初夏。雌雄異株で，雄花は枝端に集散状につき，雌花は頂生。花弁はない。雄花は径3mm。果実は塩づけにし料理に用いる。和名は果実が羽子板でつく羽根に似ていることによる。一名ハゴノキも同じ。コギノコの胡鬼は羽子木板の略。

2616. カマヤリソウ　〔カナビキソウ属〕
Thesium refractum C.A.Mey.

東北地方，北海道に産し，中国東北部，シベリア東部，サハリンに分布する緑色の半寄生植物。茎は直立，高さ10〜25cm。葉は互生し長さ2〜5cm，幅2mm。線形で先は鈍形。花は両性で長さ5〜6mm，茎の上方の節から分かれた側枝に1個ずつつき初夏に咲く。側枝は長さ0.5〜3cm。花被筒はつりがね形で長さ2〜3mm，幅3mm。5個の花被裂片は白色で狭三角形状披針形。日本名は鎌鎗草。

2617. カナビキソウ 〔カナビキソウ属〕
Thesium chinense Turcz.

北海道南部,本州,四国,九州,琉球列島,および朝鮮半島,中国の温帯から亜熱帯に分布。山野の日当たりのよいところにはえ,また芝地にも見られる半寄生の多年草。根はほかの草の根に寄生する。茎は高さ 15〜30 cm,葉は長さ 1.5〜4 cm。花は春から晩春,外面が淡緑色,内面は白色の小花をつける。花弁はない。基部に小苞が 2 個つく。和名は鉄引草(かなびきそう)。

2618. ムニンビャクダン 〔ビャクダン属〕
Santalum boninense (Nakai) Tuyama

小笠原諸島の一部に特産する常緑小高木。シマイスノキ,シャリンバイ,オオハマボウ,オガサワラススキなどの根に寄生する。樹皮は暗灰色。葉は対生し長さ 3〜6 cm,幅 2〜3 cm の狭倒卵形または長だ円形で先は円い。やや質が厚く,表面は黄色を帯びた緑色,裏面は粉白。花は枝先に近い葉腋に長さ 4〜5 cm の集散花序につき春から晩春に咲く。材にはビャクダンに似た芳香がある。

2619. マツグミ 〔マツグミ属〕
Taxillus kaempferi (DC.) Danser

関東地方から九州の暖地の主としてアカマツ,モミ,ツガなど針葉樹の枝上に寄生する常緑低木。茎は分枝し,下部はしばしば横にはう不規則な気根で寄主に吸着する。高さ 20〜50 cm。葉は互生し長さ 2〜3 cm。花は初夏。果実は翌年春に赤く熟し,中に白色の種子が 1 個ある。和名はアカマツの上にはえ,果実がグミに似るためにいう。

2620. オオバヤドリギ (コガノヤドリギ) 〔マツグミ属〕
Taxillus yadoriki (Siebold ex Maxim.) Danser

関東地方から琉球列島の暖地で主としてカシ類,シイ,ヤブニッケイなど常緑樹の枝上に寄生する常緑低木。一見グミに似ている。若枝,葉裏,がくに赤褐色の星状毛がある。葉は長さ 3〜8 cm,厚い革質。花は晩秋,集散花序を腋生。花被の内側は緑紫色。果肉には粘性が強い。別名コガノヤドリギは,コガすなわちヤブニッケイに寄生するから。

2621. ホザキヤドリギ　〔ホザキヤドリギ属〕
Loranthus tanakae Franch. et Sav.

中部地方以北,および朝鮮半島,中国北部の温帯に分布。主にミズナラなど落葉広葉樹の枝上に寄生する落葉小低木。二叉分枝し,若い枝は濃紫褐色で光沢が強く無毛。冬を越すと灰色がかってはげる。葉は対生,長さ3cm位。花は夏,枝先に長さ3〜5cmの穂状花序を出し,小花をまばらにつける。果実は長さ5mm位,秋に熟する。

2622. ボロボロノキ　〔ボロボロノキ属〕
Schoepfia jasminodora Siebold et Zucc.

九州,琉球列島,および中国の亜熱帯に分布。山地にはえる落葉小高木。若枝は紫色を帯びるが2年目から黄灰色に変わる。小枝は勢いのよいもの以外は冬に葉とともに脱落する。葉は互生し長さ4〜6cm。花は春,香気があり,若枝の葉腋から3〜5cmの穂状花序を出し,花穂の下部は雌花がつく。自然状態では花序はやや垂れ下がる。和名は材がボロボロと折れやすいからであろう。

2623. ギョリュウ　〔ギョリュウ属〕
Tamarix chinensis Lour.

中国西部の乾燥地の原産で寛保年間(1741〜1743年)に渡来し,観賞のため庭に栽植する落葉小高木。多数分枝し細枝は冬に黄色くなって落ちる。葉は互生,長さ1〜2mm。花は春,古枝に咲き,結実しない。晩夏に新枝に咲く花は小さいが結実する。和名御柳(ぎょりゅう)は漢名に由来する。タマリクスともいう。漢名檉柳,ほかに三春柳,河柳,雨師柳など異名が多い。

2624. ハマカンザシ　(マツバカンザシ,アルメリア)　〔ハマカンザシ属〕
Armeria maritima (Mill.) Willd.

ユーラシア,北アメリカに分布,また千島列島にも野生するが,日本には明治中期に渡来し,一般に園芸植物として花壇に植えられる多年草。茎は多数分枝して束生。葉は1本の脈をもつ。花は春,高さ10〜15cmの花茎の先の頭状花序に多数の淡紅色花がつく。和名は浜辺にはえ,花の様子がかんざしに似るため。通常アルメリアの属名で呼ばれる。

2625. ハマサジ（ハマジサ）　〔イソマツ属〕
Limonium tetragonum (Thunb.) A.A.Bullock
宮城県以南，四国，九州，琉球列島，朝鮮半島に分布し，海岸の砂浜にはえる多年草。葉は根生し長さ8〜15cm，厚くて硬く表面はつやがある。花は秋，高さ30〜60cmでよく分枝する花茎を出す。枝先の花穂は長さ2〜4cm。がくは5裂し長さ5mm位。和名浜匙（はまさじ）は浜辺にはえ，葉がさじ形なのでいう。

2626. ハナハマサジ　〔イソマツ属〕
Limonium sinuatum (L.) Mill.
地中海沿岸地方原産。観賞用として栽培され，切花にする多年草。高さ50〜70cm。根生葉は羽状に切れ込む。花は晩春，狭い翼がある花茎を出し，上方で2又分枝し，枝先の一方の側に小低穂を並べる。花は青紫，紫，紅色でつやのある乾いた膜質で，そのまま乾燥してドライフラワーとする。和名花浜匙。園芸上は旧属名のスターチスと呼ぶ。

2627. ニワハナビ（ヒロハノハマサジ）　〔イソマツ属〕
Limonium latifolium Kuntze
旧ソ連南部からコーカサス，ブルガリア原産で明治中期に渡来し，観賞用に栽培される耐冬性の多年草。主に切花用に栽培。葉は大きくだ円形で，長柄があり根生する。花茎は長く，上部でよく分枝して円錐花序に小花をつける。がく筒は倒円錐形で短く，縁辺は5裂する。花は非常に多数で芳香があり，淡青色で美しい。花期は夏から初秋。

2628. イソマツ（イソハナビ）　〔イソマツ属〕
Limonium wrightii (Hance) Kuntze
var. *arbusculum* (Maxim.) H.Hara
伊豆七島，小笠原諸島，屋久島から琉球列島，台湾などの，亜熱帯の海岸にはえる小低木状の多年草。茎は太く，古い部分はクロマツの幹のようになり，分枝する。葉は厚く長さ1.5〜5cm。花は夏，高さ5〜20cmの花茎を出す。がくは長さ約5mm，下部に毛がある。和名磯松は姿が海辺のマツに似ることによる。

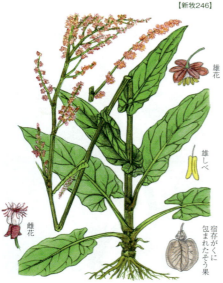

2629. スイバ（スカンポ）　〔ギシギシ属〕
Rumex acetosa L.

　北半球の温帯に分布し、日本各地の山地や平地の道ばたや、田畑のあぜなどにはえる多年草。葉や茎に酸味がある。高さ40〜80cm、茎には縦稜線がある。雌雄異株。花は春から初夏、淡緑色あるいは緑紫色の有柄の小花を花軸に輪生する。内側3枚の花被は果実を包む。和名酸い葉。古名スシは酸味のあるギシギシの意。漢名酸模、蓚。

2630. ヒメスイバ　〔ギシギシ属〕
Rumex acetosella L.
subsp. *pyrenaicus* (Pourr. ex Lapeyr.) Akeroyd

　ヨーロッパ原産。明治初期に伝来し、日本各地の温帯から暖帯の、日当たりのよい原野や道ばたに帰化している多年草。根茎は地中を横にはい、さかんに子株を分け繁殖する。高さ20〜40cm、全体に酸味がある。根生葉は束生し葉柄があり、茎葉は互生し、長さ3〜6cm。花は晩春から夏に咲き、花弁はない。雌雄異株、風媒花。

2631. タカネスイバ　〔ギシギシ属〕
Rumex alpestris Jacq. subsp. *lapponicus* (Hiitonen) Jalas

　中部地方以北、北海道およびシベリアからヨーロッパの寒帯に分布。高山の水湿地にはえる多年草。株全体はやせて滑らか。茎は直立し高さ30〜90cm。葉はほこ形で、7cm位。花は夏、雌雄異株。花被片は6枚で2列に並び、果時にも残る。そう果は3稜、これを包む花被片は内側3枚がやや円形で全縁の翼状。和名高嶺酸葉は高山にはえるから。

2632. ギシギシ　〔ギシギシ属〕
Rumex japonicus Houtt.

　日本各地、および千島、サハリン、朝鮮半島、中国など、温帯から暖帯に分布。原野や道ばたの湿地、あるいは海岸にはえる多年草。根は粗大で黄色。高さ40〜100cm。根生葉は長柄があり長さ10〜30cm。花は初夏から夏、小花を輪生、葉状苞がつく。根を薬用としシノネという。和名は京都の方言だという。古名シ。漢名羊蹄。

2633. アレチギシギシ　〔ギシギシ属〕
Rumex conglomeratus Murray

ヨーロッパ原産。明治時代に渡来し、温帯から暖帯の道ばたや溝のわきなどの日当たりがよいところに野生化した多年草。茎は直立、高さ 80〜70 cm、縦溝が多く無毛、暗紫色を帯びる。葉はまばらに互生、基部の葉は長柄がある。花は初夏、長さ 20〜30 cm の輪散花序をつける。そう果をおおう花被は卵形。和名荒地羊蹄（あれちぎしぎし）は荒れ地にはえるのでいう。

2634. エゾノギシギシ　〔ギシギシ属〕
Rumex obtusifolius L.

北半球に広く分布し、日本では琉球列島をのぞく各地に野生化する多年草。茎は直立して高さ 50〜120 cm。葉は長さ 15〜25 cm、幅 8〜12 cm、長だ円状卵形。先は鋭形または鈍形。花は夏、節に多数が輪生するが、ふつうは枝の上方に集まり大形の円錐花序となる。花被は淡緑色。そう果は卵状の3稜形。果実時の花被片は狭卵形で縁にとげがあり、基部のこぶは赤色となる。

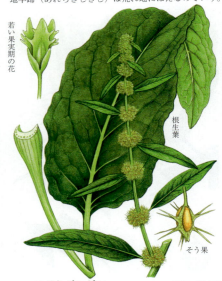
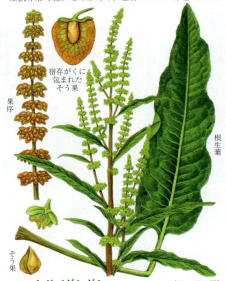

2635. コガネギシギシ　〔ギシギシ属〕
Rumex maritimus L. var. *ochotskius* (Rech.f.) Kitag.

種としてはユーラシア大陸の温帯や亜寒帯に分布。日本では本州北部と北海道に生じる1年草または越年草。茎は長さ 15〜60 cm になり上方で分枝する。植物体全体は無毛。葉は長さ 6〜20 cm、幅 5〜35 mm、披針形または広線形。先は鋭形。花は夏に咲き、節に密に輪生してつき、茎や枝の上方では節間がつまり総状花序となる。そう果は広卵状の3稜形、果実時の内花被片は三角状卵形で、縁に2〜3対の長いとげがある。

2636. ナガバギシギシ　〔ギシギシ属〕
Rumex crispus L.

ヨーロッパからアジアにかけての原産で日本に帰化し各地に生育する多年草。茎は高さ 1〜1.5 m。葉は長さ 12〜30 cm、幅 4〜6 cm。広線形または線状披針形。先は鋭形または鈍形。不規則な鋸歯がある。花は夏。緑色で茎や枝の上部の節に輪生し、ときに節間がつまって長さ 40 cm もの円錐花序となる。そう果は卵状の3稜形。果実時の内花被片は卵形で先は円みをもつ。

2637. ノダイオウ 〔ギシギシ属〕
Rumex longifolius DC.

　本州, 北海道, さらに北半球の温帯から暖帯に広く分布。山野の水湿地にはえる大形の多年草。高さ1m以上になる。根生葉や茎の下部の葉は大きく, 長さは30cmになり, 無毛, 長い柄がある。花は夏。宿存がくは心形で基部にこぶはない。和名野大黄（のだいおう）は薬用に栽培されるダイオウに似ていて野原にはえるからついた。

2638. キブネダイオウ 〔ギシギシ属〕
Rumex nepalensis Spreng. subsp. *andreaeanus* (Makino) Yonek.

　京都府と岡山県に産するが, 種としては中国からヒマラヤを経て西アジアに広く分布する多年草。茎は高さ1m。葉は柄を含めて長さ50cmを超える。狭卵形または卵状だ円形。先は円形。花は春から初夏に咲き, 茎や枝の先の節に多数が輪しした総状花序につく。そう果は卵形の3稜形。初め牧野富太郎により *R. andreaeanum* と命名された。和名の貴船大黄は初め京都の貴船で発見されたことにちなむ。

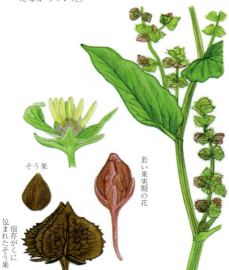

2639. マダイオウ 〔ギシギシ属〕
Rumex madaio Makino

　本州, 四国, 九州の山ぎわや山中の水辺にはえる多年草。高さ1m位。根は黄色で肥厚する。茎は縦溝があり緑紫色。根生葉は長柄があり長さ20〜35cm, 茎葉は互生, 上部で小形になりついに苞葉となる。花は夏, 花序軸上に輪生。果時の内花被片はキブネダイオウに似て幅広いが, ふちのとげは短く, 先はかぎ状にならない。基部にこぶはない。そう果は3稜形で茶褐色。多くは種子が成熟しない。和名は薬用のダイオウの意味だが誤認。

2640. カラダイオウ 〔ダイオウ属〕
Rheum rhabarbarum L.

　シベリア地方の原産。江戸時代に中国から伝来し, ときに栽培されている多年草。茎は高さ1.5m位になり中空。根生葉は群生し長い柄がある。花は夏, 複総状花序に柄のある多数の黄色花をつけ, 花弁はない。和名唐大黄は中国のダイオウの意味。江戸時代, 民間薬となる真のダイオウと誤認したらしい。薬用成分は少ない。

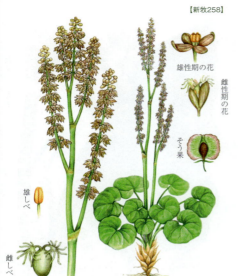

2641. マルバギシギシ（ジンヨウスイバ）〔ジンヨウスイバ属〕
Oxyria digyna (L.) Hill
　北半球の寒熱帯に広く分布。中部地方以北，北海道の高山帯の湿潤な岩石地にはえる多年草。高さ20 cm位。根生葉は長柄があり，径2～4 cm。酸味がある。茎葉はふつう退化しており膜質の托葉鞘だけがある。雌雄同株。花は夏に咲き，複総状花序の節当たり数個が輪生。花被片4枚のうち2枚は大きく2 mm弱，そう果はレンズ形。和名は葉形に基づく。

2642. アキノミチヤナギ　　〔ミチヤナギ属〕
Polygonum polyneuron Franch. et Sav.
　九州から北海道までの海岸に分布する1年草。茎は斜上またはやや直立し高さ約80 cm。葉は互生し，長さ5～30 mm。長だ円形または披針形。先は鋭形または鈍形。托葉鞘は厚い膜質で褐色，縦の脈がある。花は秋に咲き，葉腋に2～3個束生するが，枝の先の葉は脱落するためまばらな総状花序のように見える。花被片は長さ1.5～3 mm。淡紅色で5裂。そう果は広卵形の3稜形。和名は秋に開花することによる。

2643. ミチヤナギ（ニワヤナギ）　〔ミチヤナギ属〕
Polygonum aviculare L. subsp. *aviculare*
　世界の温帯から亜熱帯に広く分布。日本各地の原野，道ばたなどにふつうにはえる1年草。茎は根もとから分枝し斜上あるいは直立，高さ30～40 cm。硬く緑色。葉は柄があり互生，長さ1～4 cm。葉鞘は淡緑色か帯褐色で縦の脈がある。花は晩春から秋，がくは深く5裂し緑色で縁は白色または紅色を帯びる。果実は3稜形。和名は道端に多く，葉がヤナギに似るため。漢名萹蓄。

2644. ヤンバルミチヤナギ　　〔ミチヤナギ属〕
Polygonum plebeium R.Br.
　アジアの熱帯，アフリカ，オーストラリアにかけて広く分布。日本では南西諸島から屋久島，種子島に産する1年草。茎は5～15 cm。葉は長さ5～15 mm。へら状線形あるいは長だ円形または披針形。先は鈍形。托葉鞘は膜質で脈はない。花は春から初夏，葉腋に1～5個が束生し，ほとんど柄がなく下半分は托葉鞘に包まれる。花被片は長さ2～2.5 mm。そう果はひし状卵形の3稜形で光沢のある黒色。

2645. オオケタデ（ハブテコブラ）　〔イヌタデ属〕
Persicaria orientalis (L.) Spach

中国、マレー半島、インドの原産。昔、日本に渡来し観賞用に栽植され、ときに帰化している1年草。茎は丈夫で粗大、多く分枝し、高さ1mになる。茎や葉に毛を密生。葉は互生、有柄、長さ10〜30cm。花は秋に咲き、淡紅色の小花を密生し花穂は垂れ下がる。和名大毛蓼。別名はマムシの解毒薬の名で、この葉に同じ効用があるとされることによる。漢名紅草。

2646. オオベニタデ（アカバナオオケタデ）　〔イヌタデ属〕
Persicaria orientalis (L.) Spach

インド、マレーシア、中国南部原産。日本では20世紀に入ってから観賞用に栽培され、のち野生化した1年草。茎は長さ1〜1.5m。葉は長さ10〜25cmの卵形。先は鋭尖形で長い柄がある。小さい葉は円形で側脈が10〜20対ある。葉鞘は膜質。花は夏から秋、茎の頂や上部の葉腋から出る総状花序に密生してつく。花序は長さ5〜12cm、幅1cm内外。雄しべは8本、雌しべは1本。子房は球形。本種はオオケタデの栽培型と見るべきものである。

2647. オオイヌタデ　〔イヌタデ属〕
Persicaria lapathifolia (L.) Delarbre var. *lapathifolia*

北半球の温帯から暖帯に分布。日本各地の原野のいたるところにふつうにはえる1年草。よく分枝し、高さ1m以上。茎は多くは紅色を帯び暗紫色の細点が多い。葉は長さ10〜25cmでごく短い縁毛があるが、托葉鞘は膜質で縁毛はない。花は夏から秋に咲き、長さ3〜5cmの花穂を垂れ下げ、帯紅色または白色。そう果はレンズ形。

2648. イヌタデ（アカノマンマ）　〔イヌタデ属〕
Persicaria longiseta (Bruijn) Kitag.

日本各地、および朝鮮半島、台湾、中国など温帯から熱帯に分布。原野や道ばたにはえる1年草。高さ20〜60cm。托葉鞘の縁毛は葉鞘とほぼ同長。花は初夏から秋、長さ1.5〜4cmの花穂がつく。和名イヌタデは辛味がなく食用にならないタデの意味。別名アカノマンマは粒状の紅花を赤飯にたとえた名。

2649. ヤナギタデ（ホンタデ，マタデ） 〔イヌタデ属〕
Persicaria hydropiper (L.) Delarbre f. *hydropiper*
　北半球の温帯から亜熱帯に広く分布。日本各地の河川のほとりや，湿地，あるいは水辺にはえる1年草。時に田の中で越年し春早くに花が咲く。あるいは水中にあって多年草になる。高さ30〜60 cm。花は初夏から秋に咲く。がくには腺点が多い。そう果はレンズ形。和名は葉形に基づく。漢名蓼。辛味があり食用になる。

2650. アザブタデ（エドタデ） 〔イヌタデ属〕
Persicaria hydropiper (L.) Delarbre
f. *angustissima* (Makino) Araki
　庭先や畑に栽培される1年草。茎は高さ30〜50 cm。基部から多く枝を出し，母種のヤナギタデに比べると枝や葉が密につき，各部が小形。葉は長さ2〜5 cm，ほとんど無毛，細かい腺点がある。辛味料として魚料理に利用される。花は秋に咲き，がくは白色。枝先に細い穂を出し，下部の花は離れてつく。花弁はない。

2651. ホソバタデ 〔イヌタデ属〕
Persicaria hydropiper (L.) Delarbre f. *viridis* Araki
　ヤナギタデの変種で，この仲間は葉に辛味があるので食用とし，しばしば人家に植えられる1年草。株全体が紫色を帯びる。茎は高さ30〜40 cm，軟弱，繊長でさかんに分枝して束生状となり倒れやすい。花は秋，花弁はなく，がくは4〜5裂し，腺点がある。和名細葉蓼。全体緑色で紫色を帯びないものをアオホソバタデといい，上の学名は厳密にはその型に対してつけられたものである。

2652. ボントクタデ 〔イヌタデ属〕
Persicaria pubescens (Blume) H.Hara
　本州から琉球列島，および朝鮮半島南部，台湾，中国，マレー，インドの暖帯に分布。水辺にはえる1年草。高さ50〜70 cm。葉は互生で有柄，長さ4〜9 cm，八字形の黒斑がある。花は秋，花穂を垂れ下げ，がくは5深裂，緑色で腺点があり上部は紅色。そう果は3稜形。和名はボンツクの意で愚鈍者のこと，ヤナギタデに似るが辛味がないため。

2653. ヤブタデ （ハナタデ） 〔イヌタデ属〕
Persicaria posumbu (Buch.-Ham. ex D.Don) H.Gross var. *posumbu*

日本各地、および朝鮮半島、台湾、中国、東南アジア、インドの温帯から亜熱帯に分布。山野にはえる1年草。茎は高さ30〜60 cm、下部はふつうにわない。葉は柄があり、葉面にときに黒色の斑紋がある。葉鞘の縁毛は葉鞘の3分の2ほどの長さがある。花は秋、がくは5枚に深裂し、長さ1.5〜2 mm、淡紅色。そう果は宿存がくに包まれている。通称ハナタデは梅花状に開くから。

2654. ヒメタデ 〔イヌタデ属〕
Persicaria erectominor (Makino) Nakai var. *erectominor*

九州から北海道に分布する1年草。茎は高さ20〜45 cm。葉は互生し長さ3〜8 cm、幅5〜9 mmの広線形または狭披針形。先は鋭形または鋭尖形で両面と縁にまばらに毛がある。托葉鞘に毛がある。花は春から秋。花序は総状で長さ1.2〜2 cmあり、円柱形で直立し密に花をつける。花被は淡紅色で深く5裂する。雄しべは5〜7本。そう果は広卵状の3稜形で長さ1.5〜2 mm、黒色で光沢がある。

2655. ホソバイヌタデ 〔イヌタデ属〕
Persicaria erectominor (Makino) Nakai var. *trigonocarpa* (Makino) H.Hara

本州、九州、および朝鮮半島から中国東北部にかけての暖地に分布。大河川下流の氾濫原の湿地にはえる1年草。茎は無毛で上部で斜上、高さ40〜60 cm。葉は茎上に互生、長さ4〜8 cm、ほとんど柄がない。裏面に樹脂状物質を分泌する腺点が点在する。さや状の葉鞘に縁毛がある。花は夏から秋、淡紅色で長さ3 cm位の花穂を出す。和名細葉犬蓼は葉が細いため。

2656. ヌカボタデ 〔イヌタデ属〕
Persicaria taquetii (H.Lév.) Koidz.

本州、四国、九州、および朝鮮半島の暖帯に分布。湿地あるいは田の中にはえる1年草。高さ30 cm位、下部ははい、節から根を出し、上部で斜上。葉は有柄、長さ2〜6 cm、薄く毛がある。托葉鞘は長さ2〜6 mm、縁毛が並ぶ。花は秋、長さ2〜10 cmのやせた花穂をつける。和名は花が非常に小形なのをイネ科のヌカボにたとえた名。

2657. ヤナギヌカボ 〔イヌタデ属〕
Persicaria foliosa (H.Lindb.) Kitag.
var. *paludicola* (Makino) H.Hara

北海道から九州に分布するが東日本に多く，湿地や水辺にはえる1年草。高さ40 cm位。日本では斜めに伏し，上部は斜上。葉は有柄，互生，長さ3〜9 cm，両面とも有毛。葉鞘は長さ5〜10 mm。花は秋，長さ3〜7 cmの花穂を出し淡紅色の小花をまばらにつける。がく片は5裂，長さ1.5 mm，腺点はない。そう果は黒褐色で光沢のあるレンズ状。和名は葉の細いヌカボタデの意。

2658. ケネバリタデ (ネバリタデ) 〔イヌタデ属〕
Persicaria viscofera (Makino) H.Gross var. *viscofera*

日本各地，朝鮮半島，中国北部の温帯から暖帯に分布。山野のよく日の当たる土地にはえる1年草。茎は細長く，高さ40〜80 cm，上方の節間の上部は粘液を分布するので触れると粘る。茎と葉には荒い毛がある。花は夏から秋，花弁はない。果実は3稜形。和名毛粘蓼は茎に毛があり，またその一部に粘りがあるから。

2659. ハルタデ (ハチノジタデ，オオハルタデ) 〔イヌタデ属〕
Persicaria maculosa Gray subsp. *hirticaulis* (Danser)
S.Ekman et Knutsson var. *pubescens* (Makino) Yonek.

東アジアの温帯に分布。日本へは古代に帰化したものであろう。畑の間などの湿地，また畑のあとにはえる1年草。高さ20〜80 cm。葉の両面に毛を散生する。托葉鞘の縁毛は短い。葉面に黒斑があるのをハチノジタデという。花は春から夏，がくは腺点がなく，長さ3 mm位，花弁はない。和名は春から開花するため，秋に咲く個体の中に，全体大形となってオオイヌタデと似た形になるものがあるが，葉鞘に縁毛があることで区別される。

2660. サナエタデ 〔イヌタデ属〕
Persicaria lapathifolia (L.) Delarbre var. *incana* (Roth) H.Hara

北半球の温帯から暖帯に広く分布。日本各地の田のあぜや湿地などにはえる1年草。分枝し高さ30〜50 cm，茎は無毛。葉は互生，柄があり，裏面は初めのうちしばしば白綿毛がはえる。托葉鞘は膜質で縁毛はない。そう果は2面体で長さ2〜3 mm。花は春から初夏，長さ2〜3 mm。和名早苗蓼は早苗を植える田植え時に花が咲くため。本図はサナエタデにしては葉の側脈数が多く，オオイヌタデを描いたものと考えられる。

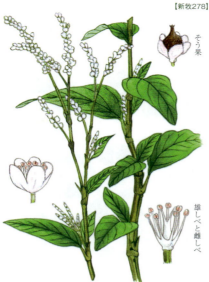

2661. アイ（タデアイ） 〔イヌタデ属〕
Persicaria tinctoria (Aiton) Spach

インドシナ南部の原産であろうといわれる。日本へは非常に古くに中国より伝えられ、藍をとる有用植物の1つとして畑に栽培される1年草。茎の高さ 50～60 cm、滑らかで紅紫色を帯びる。葉は互生し短柄があり無毛。花は秋、白または淡紅色。葉を発酵させて藍色の染料として用いる。和名は青の転訛といわれ、また青い汁が居るからともいわれる。漢名蓼藍はタデアイなどの総称。

2662. サクラタデ 〔イヌタデ属〕
Persicaria odorata (Lour.) Soják subsp. *conspicua* (Nakai) Yonek.

本州、四国、九州、朝鮮半島、中国の温帯から暖帯に分布。水辺にはえる多年草。根茎を地下にのばして繁殖する。高さ 50～90 cm。葉は柄があり長さ 5～13 cm、質厚く両面とも有毛。花は秋に咲き、異型花柱性があるためめったに結実しない。がくは深く 5 裂、長さ 5～6 mm、腺点がある。自然状態では花序の 1 節当たりの花数は図より少なく、花序はこれほど垂れない。和名桜蓼は花色が淡紅色で大きく開きサクラのようであるという意。

2663. シロバナサクラタデ 〔イヌタデ属〕
Persicaria japonica (Meisn.) Nakai ex Ohki

日本各地、および朝鮮半島、台湾、中国の温帯から亜熱帯に分布。水湿地にはえる多年草。地下に匍匐枝がある。茎は高さ 50～100 cm、無毛、乾けば赤褐色となる。葉は長さ 7～15 cm、厚く、細毛がある。花は夏から秋、枝先に穂状花序を垂れる。がくは 5 深裂、長さ 3 mm 位で半開、腺点があるかまたはない。和名は桜蓼に似て花が白色だからという。

2664. ニオイタデ 〔イヌタデ属〕
Persicaria viscosa (Buch.-Ham. ex D.Don) H. Gross ex T.Mori

本州、四国、九州および朝鮮半島、中国、インドの暖帯に分布。原野あるいは湖畔の草地にはえる 1 年草。茎は粗大で、高さ 1～1.5 m、枝を出し、しばしば紅色を帯び、節は膨らみ、開出する長毛と腺毛を密生し、香気がある。花は初夏から秋、がくは 5 深裂、花弁はない。果実は 3 稜形。和名香蓼は全体に香りがあるから。

2665. エゾノミズタデ 〔イヌタデ属〕
Persicaria amphibia (L.) Delarbre

北半球の温帯から寒帯に広く分布。本州中北部，北海道の池や沢の水中，また水辺に繁茂する多年草。茎は中空で，下部は地中をはい，上部は斜上し，ふつう水に浮かぶ。葉は互生，長さ6〜12 cm。茎が水から離れて成長するとき葉は多く，狭くなる。花は紅紫色，夏から初秋に長さ3 cm位の総状花穂がつく。そう果はレンズ形。和名蝦夷の水蓼。

2666. タニソバ 〔イヌタデ属〕
Persicaria nepalensis (Meisn.) H.Gross

日本各地，および朝鮮半島，中国，マレー半島，ヒマラヤ，アフガニスタン，エチオピアなど温帯から暖帯に分布。原野や田の間，また山中の湿地にはえる1年草。茎は斜上，高さ15〜60 cm。葉は有柄で互生，長さ2〜8 cm，裏面に腺点がある。晩秋に紅赤色に色づく。花は夏から秋。和名は谷の渓流の近くにはえるソバの意味。漢名野蕎麦草。

2667. ミヤマタニソバ 〔イヌタデ属〕
Persicaria debilis (Meisn.) H.Gross ex W.T.Lee

本州，四国，九州の山中で日かげ地にはえる1年草。茎は高さ20〜40 cm，細長く下部は横に伏し，節の部分で折れ曲がり，ひげ根を出し，分枝する。茎は平滑で節に逆刺がある。葉は長さ2〜8 cm。ふつう両面に星状毛と刺毛がある。花は夏から秋，枝頂に2〜5個頭状につける。そう果は3稜形でがくに包まれる。

2668. ミゾソバ (ウシノヒタイ) 〔イヌタデ属〕
Persicaria thunbergii (Siebold et Zucc.) H.Gross

日本各地，朝鮮半島，中国，ウスリーの温帯に分布。原野，道ばたなどの水辺に群生してはえる1年草。高さ30〜70 cm，稜に沿って逆刺があるが目立たないこともある。花は夏から秋，花序柄に腺毛がある。がくは5裂し上部が淡紅色で下部は白色，ときに緑色になり長さ4〜6 mm。地表または近くの節から閉鎖花をつける短い枝を出す。和名は溝に繁茂するため。

2669. オオミゾソバ 〔イヌタデ属〕
Persicaria thunbergii (Siebold et Zucc.) H.Gross
　山地あるいは原野の水辺にはえる1年草。茎の高さ50〜90 cm，地下に地中枝を分枝し，その小枝の端に閉鎖花をつけ，白色の果実が実る。葉はミゾソバの葉より質が硬く，毛が多い。葉の中部のくびれが強い。有柄で葉柄にしばしば狭い翼がある。花は秋に咲き，白色または淡紅色。和名は全体がミゾソバに比べ大形であるから。ミゾソバは極めて多型でいくつかの型に名前がつけられていた。本種はその1つだが，ミゾソバと区別できない。

2670. ミゾソデクサ (サデクサ) 〔イヌタデ属〕
Persicaria maackiana (Regel) Nakai
　北海道から九州，および台湾，朝鮮半島，中国，ウスリーの温帯から亜熱帯に分布。原野の水辺にはえる1年草。茎は直立，細く，高さ30〜100 cm，葉柄とともに逆向きのとげがある。葉は両面に星状毛を密生。花は夏から秋，径3 mm。花序柄には短毛と腺毛が密生。和名のサデはさすることでとげがあるので体をさすれば痛みを感じる草という意。

2671. ヤノネグサ 〔イヌタデ属〕
Persicaria muricata (Meisn.) Nemoto
　日本各地，東アジア，ネパール，フィリピンの温帯から暖帯に分布。湿地にはえる1年草。茎は下部が横にはい広がって上部は斜上し，長さ30〜90 cm，小さな逆刺がまばらにある。葉は互生し，無毛，葉鞘は長く，縁に長い毛がはえる。花は秋に咲き，淡紅色，ときに白色の花を頭状に集めてつける。がくは深く5裂，長さ2〜3 mm。和名の矢の根草は葉形が矢じりに似ることによる。

2672. アキノウナギツカミ (アキノウナギヅル) 〔イヌタデ属〕
Persicaria sagittata (L.) H.Gross
　日本各地，および南千島，朝鮮半島，中国，東シベリア，北アメリカの温帯から暖帯に分布。溝の近くや湿地，あるいは水田にふつうにはえる1年草。茎は四方に広がって分枝し，下部は地をはい群生する。長さ1 mに達する。茎は4稜，逆刺があって他物に引っかかる。花は秋。和名はウナギツカミの初夏に対し秋に咲くという意。しかし，しばしば両者の中間型がある。

2673. ウナギツカミ (ウナギヅル) 〔イヌタデ属〕
Persicaria sagittata (L.) H.Gross
　日本全土、東アジア、北アメリカの温帯から暖帯に分布し、湿った畑地にはえる1年草。高さ30 cm位。花は晩春、紅色ないし白色の頭状花序をつける。花序柄にはとげはない。がくは5深裂し長さ3～4 mm。そう果はがくに包まれ3稜がある。別名、和名はともに茎にある逆刺を利用すれば鰻をたやすくつかめるという意味。本種はアキノウナギツカミの1生態型に過ぎないと考える。

2674. ホソバノウナギツカミ 〔イヌタデ属〕
Persicaria praetermissa (Hook.f.) H.Hara
　関東地方以西から琉球列島、台湾、中国、インドの暖帯から亜熱帯に分布。水湿地にはえる1年草。茎は分枝し下部は横に伏し、稜に沿って逆刺がある。高さ30～60 cm。葉は柄があり、長さ2～9 cm。托葉鞘は15～25 mmで長い。花は初夏から秋、花序は2叉に分枝してまばらに穂状に数花をつける。がくは4深裂する。

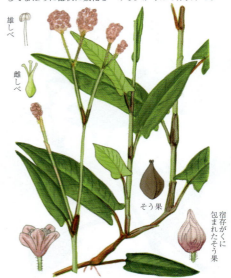

2675. ナガバノヤノネグサ (ホソバヤノネグサ) 〔イヌタデ属〕
Persicaria breviochreata (Makino) Ohki
　関東地方以西の西日本と朝鮮半島に分布する1年草。葉は長さ18 cm、幅7～20 mmほどで長だ円形、あるいは披針形。先は鋭形。葉鞘は長さ2～6 mm、縁に長い毛がありゆるく茎を包んでいる。花は秋。枝先に1～3個の花がまばらにつく。花は紅色を帯びた淡緑色。がくは深く5裂し花弁はない。そう果は卵形、3稜形、またはレンズ形。長さ2～3 mmで淡褐色をなす。

2676. ナガバノウナギツカミ (ナガバノウナギヅル) 〔イヌタデ属〕
Persicaria hastatosagittata (Makino) Nakai
　北海道から九州、朝鮮半島、台湾および中国の温帯から暖帯にかけて分布する。原野の水辺にはえる1年草。しばしば群生する。茎の下部は地につき、上部は直立、高さ80 cm位、逆刺がある。葉は互生、両面無毛。葉鞘は長く、縁毛がはえる。花は秋、淡紅紫色の花をほぼ球形に密集してつけ、花序柄に腺毛を密生する。

2677. **ママコノシリヌグイ**（トゲソバ）〔イヌタデ属〕
Persicaria senticosa (Meisn.) H.Gross
　北海道から琉球列島，および朝鮮半島，中国の温帯から暖帯に分布。原野や道ばた，あるいは草の間にはえる1年草。茎はつる状で長さ1m位，よく分枝し，4稜と著しい逆向きのとげがあり，他物にからむ。花は夏，頭状に花が密集，花序柄に細毛と腺毛を密生する。和名は逆向きのとげのある茎で継母が憎い継子の尻を拭く草という意味。

2678. **イシミカワ**（サデクサ）〔イヌタデ属〕
Persicaria perfoliata (L.) H.Gross
　日本各地，サハリン，朝鮮半島，中国，マレー半島，インドの温帯から熱帯に分布。田の縁や道ばた，あるいは草地にはえる1年草。無毛。茎は長くのびて分枝し，長さ2mになる。逆刺があり他物にひっかかる。花は夏から秋。そう果はほぼ球形で，多肉質で緑白色から藍色に変化した宿存がくに包まれる。和名は一説に石膠，また大阪府の石見川の地名ともいうが不明。漢名刺犁頭。

2679. **ツルソバ**〔イヌタデ属〕
Persicaria chinensis (L.) H.Gross
　房総半島，伊豆半島，紀伊半島，四国，九州，琉球列島，および中国，マレー，インド，ヒマラヤなどに分布。暖地の海浜や海岸近くにはえるつる性の多年草。花序柄に腺毛をつける以外は無毛。若茎に酸味があり，長さ1m位。葉は互生し柄があり，長さ5～9cmで軟らかい。花は初夏から秋。そう果は黒色肉質の宿存がくに包まれる。和名はつる状で蕎麦に似ることによる。

2680. **ミズヒキ**〔イヌタデ属〕
Persicaria filiformis (Thunb.) Nakai ex W.T.Lee
　日本各地，および朝鮮半島，中国，インドシナ，アッサムの温帯から暖帯に分布。山ぎわや林縁の草むらなどにはえる多年草。高さ50～80cm。葉は互生，短柄があり，長さ5～20cm，粗毛がある。しばしば黒色斑紋がある。花は夏から秋，がくは4裂。和名は花穂を水引にたとえた名。漢名毛蓼。

2681. シンミズヒキ　〔イヌタデ属〕
Persicaria neofiliformis (Nakai) Ohki

本州、四国、九州、中国、および朝鮮半島南部、中国、ヒマラヤの暖帯に分布。山地にはえる多年草。茎の高さ30〜80cm、中空。葉はミズヒキに比べやや長く8〜20cm、葉質は少し厚くてほぼ無毛、上面は脈がほとんどへこまず平らな感じがする。花は夏から秋にかけてややまばらに赤色の小花を横に向かって開く。和名新水引。

2682. ツルタデ（ツルイタドリ）　〔ソバカズラ属〕
Fallopia dumetorum (L.) Holub

ヨーロッパ、西アジアの原産。日本では九州、本州、北海道に帰化する1年生つる植物。茎は他物にからまってよく広がる。葉は長さ3〜7cm、幅1.5〜4cmの矢じり状卵形。先は鋭尖形。両面の脈上と縁に微小な乳頭状突起がある。托葉鞘は長さ2mm。花は初夏から初秋。花は数個ずつ葉腋に束生するが枝先では総状。花被は淡紅色で5深裂。そう果は卵状3稜形で光沢のある黒色。

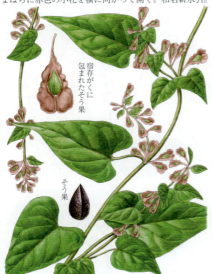

2683. オオツルイタドリ　〔ソバカズラ属〕
Fallopia dentatoalata (F.Schmidt) Holub

中国東北部とウスリーに分布。日本では本州と北海道にはえる1年生つる植物。長さ1m。葉は長さ3〜6cm、幅2.5〜4cmの矢じり状卵形。先は鋭尖形。縁と脈上に乳頭状突起がある。葉柄は長い。托葉鞘は長さ3〜6mm。花は夏から秋。頂生または腋生の多少とも総状の花序につく。花被は紅紫色で5深裂。そう果は長さ4〜5mmで、鋭い3つの稜があり光沢のある黒色。

2684. ソバカズラ　〔ソバカズラ属〕
Fallopia convolvulus (L.) A.Löve

ヨーロッパ、西アジアの原産で北半球に広く帰化している。原野に野生化するつる性の1年草。茎は細く、他物に巻きつき、長さ40cm〜。葉は矢じり状の心形。両面無毛。花は春から秋、緑白色の花を総状様につけ、花柄の途中に節がある。がくは深く5裂、長さ3mm位、花後に増大して果実を包むが、前種のように翼状にならない。和名蕎麦葛はつる状のソバの意。

2685. ツルドクダミ 〔ソバカズラ属〕
Fallopia multiflora (Thunb.) Haraldson
原産地の中国から享保5年（1720年）に日本へ渡来，塊根を漢方薬として用いた。今では野生化するつる性の多年草。根茎は円い塊となる。茎は木質のつるで，長さ1〜2m。若枝に酸味がある。花は秋，がくは5深裂，外の3がく片は果時に翼に成長する。和名は葉がドクダミのようなつるであることからいう。漢名何首烏。

2686. イタドリ 〔ソバカズラ属〕
Fallopia japonica (Houtt.) Ronse Decr. var. *japonica*
北海道南部から奄美諸島，および朝鮮半島南部，台湾の温帯から暖帯に分布。山野のいたるところにはえる多年草。地下茎が地中にのび，ところどころから新苗を出す。茎は高さ30〜150 cm，中空。葉は長さ5〜15 cm。花は夏，雌雄異株。若い茎は酸味があり食べられる。根茎は薬用。漢名としては虎杖を慣用する。全体小形で花が紅色のものをメイゲツソウという。

2687. ハチジョウイタドリ（ミハライタドリ）〔ソバカズラ属〕
Fallopia japonica (Houtt.) Ronse Decr.
var. *hachidyoensis* (Makino) Yonek. et H.Ohashi
伊豆諸島の大島から八丈島，および鳥島にはえる大形の多年草。株から2m位の黄褐色の地下茎を出し，その端から新苗を出し繁殖。若芽は赤色。茎は大きいもので高さ4m，径2.5 cm，中空，無毛。葉は長さ10〜20 cm，光沢がある。花は秋，雌雄異株。雄花は白色，径3 mm，花柄は上部が翼状，下部に節があり，上部は落ちる。

2688. オオイタドリ 〔ソバカズラ属〕
Fallopia sachalinensis (F.Schmidt) Ronse Decr.
中部地方北部以北，北海道，および千島，サハリンの温帯に分布。山野に多い多年草。根茎は横にはい，肥厚し褐色，内部は黄色。茎は多少弓状に傾き，高さ2〜3 m，中空，緑色で日に当たると紅色となる。葉は長卵形で基部は心形，長さ15〜20 cm，裏面は粉白色。花は夏から秋，雌雄異株。花序には短毛を密生。

2689. ヒメイワタデ（チシマヒメイワタデ）〔オンタデ属〕
Aconogonon ajanense (Regel et Tiling) H.Hara
中国東北部、アムール、ウスリー、サハリン、千島から北海道に分布する多年草。砂礫地にはえる。茎は10〜30 cm。葉は長さ2.5〜7 cm、幅5〜15 cmの披針形または広披針形で先は鋭形または鈍形、両面有毛。托葉は鞘状。花は夏、多数が円錐状の総状花序に密生する。花被は淡緑色ときに淡紅紫色で5深裂。そう果は広卵形で3稜形。褐色で光沢あり、残存した花被に包まれる。

2690. オヤマソバ　〔オンタデ属〕
Aconogonon nakaii (H.Hara) H.Hara
中部地方以北、北海道日高山脈などの高山の砂礫地にはえる多年草。高さ15〜50 cm、茎は太く丈夫。葉は長さ3〜12 cm、有柄、全縁でまばらに縁毛があり、表面は毛が少ないが裏面脈上には伏毛がある。花は夏、両性、白色または淡紅色。果実は3稜形。和名の御山ソバは花がソバに似ていて、御山すなわち石川県の白山にはえているから。

2691. オンタデ（イワタデ、ハクサンタデ）〔オンタデ属〕
Aconogonon weyrichii (F.Schmidt) H.Hara
var. *alpinum* (Maxim.) H.Hara
中部地方以北、北海道の高山帯から亜高山帯の砂礫地にはえる多年草。ウラジロタデの変種で全体にやや無毛になる。地下茎が深く地中に入り、茎は高さ20〜80 cm。葉は厚く、微毛があるがのち無毛になる。裏面は緑白色。花は夏、雌雄異株。がくは深く5裂、長さ2 mm位。和名は長野県御岳に基づいてつけられた。

2692. ウラジロタデ　〔オンタデ属〕
Aconogonon weyrichii (F.Schmidt) H.Hara var. *weyrichii*
中部地方以北、北海道、および千島、サハリンの温帯から寒帯に分布。高山の砂礫地にはえる多年草。茎は丈夫で群生し、高さ30〜100 cm、下向きの毛を密生する。葉は互生し、長さ10〜20 cmで短柄、表面は深緑色で短毛があり、裏面は帯褐色の白い軟毛を密生し、厚く軟らかい。雌雄異株。花は夏、黄白色の小花をつける。和名裏白蓼。

2693. イブキトラノオ　〔イブキトラノオ属〕
Bistorta officinalis Delarbre subsp. *japonica* (H.Hara) Yonek.

種としてはユーラシアの寒帯から冷温帯に広く分布し，関東地方以西，四国，九州の山地の日当たりのよい草地にはえる多年草。地下茎は太い。茎は直立し高さ50～90 cm。根生葉は束生し長い柄がある。托葉鞘は膜質で長い。花は夏から秋，花穂は高さ3～7 cm，花は淡紅色または白色，花弁はない。和名伊吹虎の尾は滋賀県伊吹山に多いことによる。

2694. ナンブトラノオ　〔イブキトラノオ属〕
Bistorta hayachinensis (Makino) H.Gross

岩手県の早池峰山の高山帯にはえる多年草。根茎は太く，根生葉は長さ2.5～10 cm，長い柄があり数枚が束生，葉の表面は無毛で平滑，光沢があり，裏面は多少白色を帯びる。茎葉は円形から浅心形。花は夏，淡紅色。15～30 cmの花茎の頂に長さ1～3 cmの花穂をつけ，花は一方に偏る。和名南部虎の尾の南部は現在の岩手県一帯の旧地名。

2695. ムカゴトラノオ　〔イブキトラノオ属〕
Bistorta vivipara (L.) Delarbre

北半球の寒帯に広く分布。中部地方以北，北海道の高山帯で，日当たりのよい岩石地にはえる多年草。高さ10～40 cm。枝を出さない。根生葉は鞘のある長柄をもち，茎葉は短柄で茎を抱かず，長さ3～10 cm，厚く裏面は多少白色。花は夏，長さ3～7 cmの穂状の花穂をつけ，下部はむかごができ，落ちると新苗となって繁殖する。

2696. ハルトラノオ　（イロハソウ）　〔イブキトラノオ属〕
Bistorta tenuicaulis (Bisset et S.Moore) Nakai var. *tenuicaulis*

本州，四国，九州の山地の樹林下にはえる多年草。葉は花後に大きくなる。根生葉は2～3枚束生，長柄があり，長さ2～10 cmで薄い。茎葉は1～2枚で小形。花は早春，高さ5～12 cmの花茎を出し，白色の小花を長さ1～3 cmの総状花序につける。雄しべは8本。和名は春早く虎の尾のような花穂を出して開花するから名づけられた。

2697. クリンユキフデ　〔イブキトラノオ属〕
Bistorta suffulta (Maxim.) H.Gross
　本州から九州,および済州島,中国,東ヒマラヤの温帯に分布。深山の樹林下にはえる多年草。高さ20～50cm,分枝しない。根生葉は長柄があり束生。茎葉は互生し短柄があり,上部で無柄となり茎を抱く。長さ3～10cm。花は初夏,花弁状のがくは5深裂,長さ2～3mm。和名は葉が茎に層をなすので九輪といい,白い花穂を雪筆というのであろう。

2698. ソバ（古名ソバムギ）　〔ソバ属〕
Fagopyrum esculentum Moench
　中国南西部原産,古くに日本へ伝来し現在広く畑に栽培されている1年草。全体に軟らかく無毛。茎は直立し高さ40～70cm,中空。葉は長い柄がある。花は夏または秋,白色または淡紅色。果実中の胚乳からそば粉を作り食用とする。和名ソバは古名ソバムギを略したもので,ソバムギのソバは稜で,角のあるムギの意味。漢名蕎麦。

2699. シャクチリソバ　〔ソバ属〕
Fagopyrum dibotrys (D.Don) H.Hara
　インド北部および中国原産。各地で栽植され,また野生化している多年草。若葉は野菜としても用いられるが,種子はまずい。茎は太い根茎から束生,高さ1m位,中空で下部は紅色を帯びる。葉は長柄があり互生する。葉身の長さは4～9cm。花は秋。和名は漢名赤地利の音読み。根茎を漢方で赤地利と称し解毒剤とする。

2700. カンキチク　〔カンキチク属〕
Muehlenbeckia platyclada (F.Muell.) Meisn.
　南太平洋のソロモン諸島原産。明治初年に日本に渡来し,観賞用に栽培される多年草。冬は温室内で栽培する。茎は扁平な葉状で,節があり,多数の枝を分け高さ0.5～3m。新梢には長さ3cmの披針形の葉が互生するが,早落。花は夏,緑白色,花弁はない。和名の寒忌竹（かんきちく）は寒気をきらうから。漢名對節草。

2701. ムジナモ　〔ムジナモ属〕
Aldrovanda vesiculosa L.

インド，ヨーロッパ，オーストラリアなどに分布．日本では明治23年（1890年），関東江戸川水系内の小岩村で初めて発見されたまれな多年草．沼や水田の小川などの水たまり中に浮かんで生活し根はない．茎の長さ6～25 cm，葉は輪生，葉輪は径1.5～2 cm．葉身は袋状．小虫が入ると葉を閉じて消化する．食虫植物．花は夏，1日でしぼむ．和名貉藻（むじなも），ムジナはタヌキのことで尾に見立てた名．

2702. モウセンゴケ　〔モウセンゴケ属〕
Drosera rotundifolia L.

北半球の温帯から暖帯に広く分布．各地の山野の日の当たる湿地にはえる多年性の食虫植物．葉は根生，長柄があり，多数の腺毛がある．小さい虫が触ると粘着し動けなくなり，虫は分泌液で消化される．花は夏，15～20 cmの花茎を出し，花序は初め巻くが次第に直立する．和名毛氈苔（もうせんごけ）は葉の毛を毛氈に見立て，コケは小形であるためついた．

2703. コモウセンゴケ　〔モウセンゴケ属〕
Drosera spathulata Labill.

宮城県から四国，九州，琉球列島，および台湾，中国，東南アジア，オーストラリアの暖帯から熱帯に分布．山麓や原野の日当たりのよい湿地にはえる多年草．葉は根生，地面に伏し車輪状，柄は明瞭でない．紫紅色の腺毛を密生，小虫を粘液で捕える．花は夏，長さ10～15 cmの花茎を直立，淡紅色の小花をつける．和名は小形のモウセンゴケ．

2704. サジバモウセンゴケ　〔モウセンゴケ属〕
Drosera ×obovata Mert. et W.D.J.Koch

ナガバノモウセンゴケとモウセンゴケとの雑種として母種とともに，福島・群馬県の尾瀬および北海道の高層湿原にはえている多年草．葉は根生し高いものは8 cm，毛を密生，表面には腺毛がある．花は夏，白色花．高さ9～13 cmの花茎を1本出し，花序は初め巻いて下から順に1日1花ずつ開き直立する．和名は葉形がさじに似ているのでいう．

2705. ナガバノモウセンゴケ　〔モウセンゴケ属〕
Drosera anglica Huds.

北半球の温帯に広く分布するが，日本ではまれで，本州の尾瀬，北海道の高層湿原にはえる食虫植物の多年草。葉は根生，柄を入れて長さ6〜10cm。花は夏，高さ10〜20cmの花茎を出し，数個の花を片側につけ，花序は初め巻いている。花弁は長さ6〜7mm，がく片は5枚で長さ4〜5mm。和名長葉の毛氈苔。

2706. イシモチソウ　〔モウセンゴケ属〕
Drosera peltata Thunb. var. nipponica (Masam.) Ohwi

関東地方以西，四国，九州の暖帯に分布，原野のやや湿したところにはえる多年草。食虫植物。根に球状の塊茎がある。茎は直立し高さ10〜25cm。根生葉は花時にはない。葉は腺毛でおおわれ粘液を出して虫を捕食する。花は晩春から初夏，径1cm位，午前中に開き午後には閉じる。和名石持草はこの草で地面をなでると小石がついてくることに基づく。

2707. ナガバノイシモチソウ　〔モウセンゴケ属〕
Drosera indica L.

関東，中部地方の南部，および中国，マレー半島，インド，アフリカ，オーストラリアの温帯から暖帯に分布。湿原にはえる1年草の食虫植物。茎は直立しあるいは倒れ伏し，高さ6〜22cm。葉は互生，長さ3〜7cm，短い腺毛を密生。花は夏，通常葉に対生して茎の反対側に花柄を出し，白色または淡紅色の花をつける。

2708. ウツボカズラ　〔ウツボカズラ属〕
Nepenthes mirabilis (Lour.) Druce

中国南部，インドシナ，マレー半島に広く分布。常緑のつる性の食虫植物。日本では温室で栽培する。葉は長さ10〜20cm，中央脈は長くのび他物に巻きつき，先端は捕虫のうとなる。袋は消化液を分泌し，虫を捕食する。花は夏，雌雄異株。和名の靭（うつぼ）は矢を入れて腰につける武具で，葉の袋をなぞらえた名。漢名猪籠草。

2709. ハコベ（ミドリハコベ，ハコベラ，アサシラゲ）〔ハコベ属〕
Stellaria neglecta Weihe
類似種コハコベ *S. media* (L.) Vill. と共に世界の寒帯から熱帯まで広く分布。道ばたや畑にもふつうにはえる越年草。軟らかい草質。茎は束生，下部は横に伏し，斜上し，長さ 10～30 cm，片方に 1 列に毛がある。葉は長さ 1～2 cm。花は春に咲く。春の七草の 1 つで食べられる。小鳥の餌にもする。別名アサシラゲは朝の日に当たると花がさかんに開くので朝開けの転訛。

2710. ウシハコベ 〔ハコベ属〕
Stellaria aquatica (L.) Scop.
アジア，ヨーロッパ，北アフリカの温帯に分布。北アメリカに帰化。いたるところにはえる越年，または多年草。根はひげ状。茎は高さ 30～70 cm になり，下部は地をはい，上部で斜上する。葉は両面無毛，下部は長柄，上部は無柄。花は初夏に咲く。花弁 5 枚，雄しべ 10 本，花柱 5 本。花弁は 2 深裂する。果実は 5 裂する。和名はハコベに比べて大形のため牛といった。

2711. ミヤマハコベ 〔ハコベ属〕
Stellaria sessiliflora Y.Yabe
日本各地の河岸の林地や山地にはえる多年草。軟らかい。茎は束生，はじめ斜めにのびるが，のちに地をはうようになり，成長すると 30 cm 位になる。茎の片側に毛がはえる。葉は対生，長さ 1～4 cm，葉柄がある。花は春，径 1 cm の白い花をつけ，花柄は緑色で片側に白毛の列がある。夏から秋にしばしば葉腋から短柄を出し閉鎖花をつける。

2712. オオハコベ（エゾノミヤマハコベ）〔ハコベ属〕
Stellaria bungeana Fenzl
ユーラシア大陸の北方に広く分布し，日本では北海道にのみ分布する多年草。茎は高さ 30～80 cm。葉は対生し，長さ 4～8 cm，幅 2～2.5 cm の卵形または卵状長だ円形。先は鋭尖形。花は春から夏。茎頂に集散花序を出しまばらに白色の数花を開く。がく片は卵形で先は鈍形，長さ 4～6 mm。花弁は 5 枚あり長さ 7～8 mm。深く 2 深裂するので 10 枚の花弁があるように見える。さく果は球形。種子は円形。

2713. サワハコベ　〔ハコベ属〕
Stellaria diversiflora Maxim. var. *diversiflora*

本州，四国，九州の山の樹の下の湿ったところにはえる多年草。茎はやや肉質で滑らか，基部は横に倒れ，長さ5～20 cm，ほとんど無毛。葉の表面に伏毛がある。葉は長柄があり，葉身の長さ1～2 cm。花は初夏，細く弱い花柄に白い小花をつける。がく片は5枚，長さ5 mm位，花弁も5枚，さく果は6裂する。和名は湿地に多いから。

2714. ツルハコベ　〔ハコベ属〕
Stellaria diversiflora Maxim. var. *diversiflora*

本州，四国，九州の山の樹の下にはえる多年草。全体の様子がサワハコベに似て小形である。茎は細長くて地上を横にはい分枝し，節からひげ根を出し，地面をおおう。長さ30 cm位，無毛。葉は長さ1 cm位。花は初夏に咲き，白い小花。花弁5枚はがく片より短く，2つに裂けている。和名はつる状のハコベの意。本種はサワハコベの1型に過ぎず，区別する必要はないと考えられる。

2715. ヤマハコベ　〔ハコベ属〕
Stellaria uchiyamana Makino var. *uchiyamana*

近畿地方以西，四国，九州の山の林縁などにはえる多年草。全体に星状毛がある。茎は基部が横にはい，上半部は斜上し，花後に長くのびてつる状になり，紫色を帯びる。葉は短柄があり，長さ1～2 cm。花は初夏，白い花を1個，葉腋から細長い花柄を出してつける。花弁は深く2裂する。花柄は細く，果時に下を向く。

2716. アオハコベ　〔ハコベ属〕
Stellaria uchiyamana Makino var. *apetala* (Kitam.) Ohwi

近畿地方以西，四国，九州の山地にはえる多年草。全体に星状毛がある。茎は細長く斜上し，花後にのび地面をおおい，やや硬質の細いつる状，長さ30 cm以上になる。葉は長さ1 cm位，非常に短い柄がある。花は春，径8 mm位の小花を開く。和名の青ハコベは花に花弁がなく，緑色のがくと雌しべがあるだけで全体が緑色に見えることによる。

2717. オオヤマハコベ 〔ハコベ属〕
Stellaria monosperma Buch.-Ham. ex D.Don
var. *japonica* Maxim.

　本州から九州に分布し、種としては中国、インドシナ、ヒマラヤ、アフガニスタンの温帯に分布。山地の木かげにはえる軟らかな多年草。茎は高さ60 cm位になり、上部に毛のすじがある。葉は対生し、短柄があり、長さ5～15 cm。花は秋に咲き、花柄に腺毛がある。花弁5枚はがく片より短く長さ3 mm、2深裂する。さく果は1種子だけ稔り、他は不稔である。

2718. エゾオオヤマハコベ 〔ハコベ属〕
Stellaria radians L.

　北海道および長野県、千島、カムチャツカ、東シベリア、朝鮮半島、中国東北部の温帯に分布。湿った草地にはえる多年草。長い軟毛が全体にはえ、腺毛はない。茎は直立し、高さは50～80 cm、上部で分岐する。葉は柄がなく長さ5～12 cm。花は夏に咲き、白花、がく5枚、花弁は5枚で、がくより長く先端は5～12裂する。和名は蝦夷大山ハコベ。

2719. エゾハコベ 〔ハコベ属〕
Stellaria humifusa Rottb.

　北海道および青森県、サハリン、千島、カムチャツカなど北半球の北部の温帯に分布。湿った草地にはえる多年草。全体に無毛で滑らか、茎の基部は横に走り、上部は斜めにのび上がって直立し、高さ5～20 cmになる。葉は長さ1 cm、肉質で無毛。花は夏、花柄を出し白い小花を開く。花柄やがくは無毛。さく果は宿存がくより短いか、同長。

2720. シラオイハコベ (エゾフスマ) 〔ハコベ属〕
Stellaria fenzlii Regel

　中部地方以北、北海道、および千島、サハリン、カムチャツカ、アムールの温帯に分布。深山または北地にはえる多年草。茎はやせて細長く、高さ15～40 cm、節に軟毛がある。葉は長さ3～7 cm、裏面脈上と縁に毛がある。花は初夏、白い小花を開く。和名は北海道の胆振支庁の白老で採集されたため。別名蝦夷フスマは北海道産のノミノフスマ類似植物の意。

2721. ノミノフスマ　〔ハコベ属〕
Stellaria uliginosa Murray var. *undulata* (Thunb.) Fenzl
　日本各地，および朝鮮半島，中国の温帯から暖帯に分布。畑や田の間などにはえる越年草。全体に無毛。地面に広がり，長さ15〜40 cmになる。葉は長さ5〜20 mm。花は春から初夏に咲く。和名蚤の衾（のみのふすま）は小形の葉をノミの夜具にたとえた名。漢名天蓬草。母種は花弁ががくより短く，中国西部からヨーロッパ，北アメリカに分布する。

2722. イトハコベ　〔ハコベ属〕
Stellaria filicaulis Makino
　関東地方以北，および朝鮮半島，中国東北部の温帯から暖帯に分布。平野の低湿地にまれにはえる多年草。茎は束生，高さ30〜50 cm，四角で細く，滑らか。葉は長さ1〜2.5 cm，幅1〜2 mm，薄く無毛。花は初夏，径7 mmの白花。花柄は糸状，長さ2〜6 cm。花弁は5枚で深く2裂。和名は葉が糸状に細いハコベの意。

2723. イワツメクサ　〔ハコベ属〕
Stellaria nipponica Ohwi var. *nipponica*
　本州の中部地方以北の高山帯の砂礫地や岩場の日当たりのよいところにはえる多年草。茎は密に束生，高さ5〜15 cm，節間は短い。繊細で無毛。葉は対生，無柄，長さ1〜3 cm，薄く滑らか。花は夏，長い花柄を出し白い花を開く。がく片は長さ5 mm位。花弁は5枚で2深裂。和名岩爪草は岩間にはえるツメクサの意。

2724. シコタンハコベ　〔ハコベ属〕
Stellaria ruscifolia Willd. ex Schltdl.
　中部地方以北，北海道，および千島，カムチャツカ，東シベリアの寒帯から亜寒帯に分布し，高山帯の砂礫地や岩壁にはえる多年草。全体に滑らかで無毛。茎は束生し高さ5〜20 cm。葉は無柄で長さ6〜30 mm。花は夏，1〜少数個つく。花弁，がく片ともに5枚。種子は表面に突起がある。和名は北海道色丹島で初めて採集されたことに基づく。

2725. ミミナグサ 〔ミミナグサ属〕
Cerastium fontanum Baumg. subsp. *vulgare* (Hartm.)
Greuter et Burdet var. *angustifolium* (Franch.) H.Hara
　日本各地、朝鮮半島、中国の温帯から暖帯に分布。道ばたや、畑などにはえる越年草。茎は株もとから斜上し、高さ15〜30 cm、毛があり、上部に腺毛が混生、暗紫色。花は春から夏に咲き、白い花を集散花序につけ、果時に柄は先が下を向く。和名耳菜草は葉をネズミの耳に見立て、若い苗は食用菜になることにちなんだ。

2726. オランダミミナグサ 〔ミミナグサ属〕
Cerastium glomeratum Thuill.
　ヨーロッパ原産の1年草で日本各地に帰化。茎は10〜60 cm。葉は対生し長さ7〜20 mm、幅4〜12 mm、卵形か長だ円形。全縁で先は鈍形ときに鋭形。花は春から夏。茎の先に2出集散花序をつけ、白色の花を咲かせる。がく片は5枚で狭披針形、長さ4〜5 mmで緑色。花弁も5枚あり、がく片とほぼ同じ長さ。雄しべは10本、花柱は5本で短い。さく果は円筒形で先端が裂開。種子は径約0.5 mmの球形。

2727. ミヤマミミナグサ 〔ミミナグサ属〕
Cerastium schizopetalum Maxim.
　中部地方の高山帯の岩石地にはえる多年草。茎は繊細で束生、高さ10〜20 cm、下部は伏し、上部は寄り集まって立ち、腺毛の列が2すじある。葉は対生で無柄、長さ1〜2 cm、中脈が落ち込み、毛がありざらつく。花は夏、径15 mm位。花弁もがく片も5枚、雄しべ10本、花柱5本。花弁は2裂し、さらに浅く切れ込む。花柄の腺毛の列が明瞭。

2728. ホソバミミナグサ (タカネミミナグサ) 〔ミミナグサ属〕
Cerastium rubescens Mattf. var. *koreanum* (Nakai) E.Miki
f. *takedae* (H.Hara) S.Akiyama
　本州中部地方の高山帯にはえる多年草。茎は束生し高さ10〜35 cm、1側に毛があり、上部には短い腺毛が密生。葉は長さ1.5〜2 cm。花は夏、枝先に少数の白花を集散花序につける。がく片5枚、長さ4〜6 mm、縁は白い膜質。花弁は5枚、がくのほぼ2倍の長さ、上部は2裂。雄しべ10本、さく果はがく片より長い。和名細葉耳菜草。

2729. オオバナミミナグサ (オオバナノミミナグサ) 〔ミミナグサ属〕
Cerastium fischerianum Ser. var. *fischerianum*

東北地方、北海道、および千島、サハリン、カムチャツカ、オホーツク海沿岸、朝鮮半島など温帯に分布する。海岸の岩地にはえる多年草。茎は束生して高さ15〜60 cm、斜上し、毛があり、腺毛が混じる。葉は長さ1〜5 cm、両面ともに有毛。花は夏、茎の先に集散花序を出し、上向きに花を咲かせ、花後に下に曲がる。

2730. タガソデソウ 〔ミミナグサ属〕
Cerastium pauciflorum Steven ex Ser. var. *amurense* (Regel) M.Mizush.

中部地方の山地と北東アジアの日本海周辺地域に分布、種としてはシベリア、モンゴル、中国東北部、東ヨーロッパの温帯に分布。山地にはえる多年草。地下茎はまばらに分枝する。茎は束生し高さ30〜50 cm、細毛があり、上部には腺毛がある。葉は卵状披針形から狭だ円形、対生。花は夏、径15〜19 mm。和名は花が白色で香気があるのを匂袋の誰が袖（たがそで）にちなんだものであろう。

2731. ツメクサ (タカノツメ) 〔ツメクサ属〕
Sagina japonica (Sw.) Ohwi

日本各地、および朝鮮半島、中国、ヒマラヤの温帯から亜熱帯に分布。庭や道ばたなどに最もふつうにはえる1年草または越年草。分枝し束生、高さ2〜15 cm、上部に腺毛がある。花は春から夏、花柄やがくに腺毛がある。がく片は5枚、長さ2 mm位、花弁5枚、長さ2 mm位、雄しべ5本。和名は葉の形が鳥のツメに似ていることからついた。漢名爪槌草。

2732. ハマツメクサ 〔ツメクサ属〕
Sagina maxima A.Gray

北海道、本州、九州および朝鮮半島、サハリンなど北半球の温帯から暖帯に分布し、海岸の岩の間などにはえる1年草または2年草。全体無毛。茎は根もとで多数分枝し、高さ10〜35 cm。花は夏から秋に咲き、花弁、がく片ともに5枚。種子に凹凸は目立たない。和名浜爪草はツメクサに似て海岸地にはえるところから。

【新牧360】　　　　　　　　　　　　　　　　【新牧361】

2733. **コバノツメクサ**　（ホソバツメクサ）〔タカネツメクサ属〕
Minuartia verna (L.) Hiern var. *japonica* H.Hara
　中部地方以北，北海道の高山帯の砂礫地にはえ，蛇紋岩地帯にもよく見られる多年草。茎は束生し高さ3〜10cm，微毛があり，上部に腺毛もある。葉は針形で細く3脈があり，長さ3〜10mm。花は夏に咲き，がく片5枚は先がとがり，3脈がある。和名小葉の爪草。母種はシベリアからヨーロッパの亜寒帯から寒帯に分布する。

2734. **ミヤマツメクサ**　〔タカネツメクサ属〕
Minuartia macrocarpa (Pursh) Ostenf. var. *jooi* (Makino) H.Hara
　中部地方の高山帯の岩石地にまれにはえる多年草。茎は分枝し密に束生，高さ2〜5cm，上部に軟毛がある。葉は密に対生，長さ5〜12mm，3脈があり，縁毛が並ぶ。花は夏，茎頂に柄のある1花を開く。花弁5枚，雄しべ5本，花柱3本。がく片5枚，長さ6〜8mm，細毛がある。花弁はがく片よりはるかに長い。

2735. **エゾタカネツメクサ**　〔タカネツメクサ属〕
Minuartia arctica (Steven ex Ser.) Graebn. var. *arctica*
　北半球の寒帯に広く分布。北海道の高山砂礫地にはえる多年草。茎は束生し高さ5cm内外。下部が地に伏し，上部は傾いてのび毛線が2列ある。葉は長さ8〜20mm。花は夏，径1.5cm位の白花，がく片は5枚，3本脈があり，鈍頭，花弁はがくの2倍の長さ。和名蝦夷高嶺爪草。本州中部地方以北の高山に種子の表面が平滑なタカネツメクサ var. *hondoensis* Ohwi がある。

2736. **ノミノツヅリ**　〔ノミノツヅリ属〕
Arenaria serpyllifolia L.
　アジア，ヨーロッパの温帯から亜熱帯に広く分布。日本各地の道ばたや荒れ地，田，草原などにふつうにはえる越年草。下部からよく分枝し束生，高さ5〜30cm，細毛がある。葉は対生，無柄，長さ3〜6mm。花は春から夏。5弁花，花序はがく片より短い。和名蚤の綴りは小形の葉をノミの衣にたとえたものであろう。

【新牧362】　　　　　　　　　　　　　　　　【新牧363】

2737. チョウカイフスマ 〔ノミノツヅリ属〕
Arenaria merckioides Maxim.
var. *chokaiensis* (Yatabe) Okuyama
　東北地方日本海側の鳥海山の高山帯の岩間や砂礫地にはえる多年草。根茎は細長く横にはう。束生し高さ3〜15 cm，稜があり軟毛がはえる。葉は対生，無柄で長さ1〜2 cm，やや厚く全縁，まばらに短毛がある。花は夏。がく片5枚，長さ5〜10 mm，細毛がある。花弁はほぼ同長で5枚。雄しべ10本，花柱3本。和名は生育地に基づく。

2738. カトウハコベ 〔ノミノツヅリ属〕
Arenaria katoana Makino
　本州の至仏山，早池峰山，北海道のアポイ岳，夕張岳など高山帯の蛇紋岩地帯に特産する多年草。茎は束生し，高さ5〜10 cm，2列に微細な毛が並ぶ。葉は卵形から披針形で無柄，長さ3〜7 mm，幅1.5〜3 mm，基部の縁を除いて無毛。花は夏，径6〜7 mmの白花を開く。花弁5枚，雄しべ10本，花柱3本。和名は加藤泰行子爵を記念した名。

2739. タチハコベ 〔ノミノツヅリ属〕
Arenaria trinervia L.
　北半球の温帯に広く分布。日本各地の山地にはえる1年草あるいは越年草。全体に軟弱，やや濁緑色で細長く，細毛はあるが目立たない。高さ10〜20 cm。葉は柄があり薄い。花は春から初夏に咲き，がく片は長さ3〜5 mm，両面に短い毛があり，花弁はがくの半分の長さ。種子は黒色で腎臓形。和名は立ったハコベ。

2740. オオヤマフスマ (ヒメタガソデソウ) 〔ノミノツヅリ属〕
Arenaria lateriflora L.
　北半球の温帯に広く分布。日本各地の山地にはえる多年草。しばしば群生。高さ10〜20 cm。葉はほぼ無柄，長さ1〜2 cm，両面細毛がある。花は初夏，白花を細長い柄につけ，まばらな集散花序を腋生，また頂生する。宿存生のがく片5枚で長さ2 mm，花弁も5枚でがくの2倍の長さ。雄しべ10本，花柱3本。別名姫誰ヶ袖草。

2741. ヤンバルハコベ（ネバリハコベ）〔ヤンバルハコベ属〕
Drymaria diandra Blume
奄美大島以南の琉球列島，およびアジアの熱帯，アフリカ，オーストラリアに分布する1年草。茎は地上をはい，節から根を出し分枝して立ち上がる。葉は長さ5〜20 mm，短柄があり，無毛で脈が3〜5本。花は秋，花柄には粉状の毛が密生し，緑白色の花をつける。和名は沖縄本島北部の山原（やんばる）に由来する。

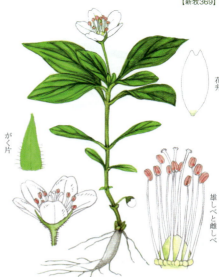

2742. ワダソウ（ヨツバハコベ）〔ワチガイソウ属〕
Pseudostellaria heterophylla (Miq.) Pax
本州，九州および朝鮮半島，中国の温帯から暖帯に分布。山地の草の中にはえる多年草。茎は単一，高さ8〜20 cm。2列の毛がある。葉は対生し，茎の上部に集まってつく。花は春，白い1花を上向きに開く。花柄には1列の毛がある。茎の下部の節から閉鎖花を出す。和名は長野県和田峠に多くはえることに基づく。

2743. ワチガイソウ〔ワチガイソウ属〕
Pseudostellaria heterantha (Maxim.) Pax
関東地方以西から九州，および中国の温帯に分布。山地の林中にはえる多年草。高さ8〜15 cm。花は春，上部の葉腋に毛のある柄を抜き出し，白い1花を上向きに開く。茎の下部に閉鎖花があり，がく片4枚，花弁4枚からなる。和名は昔，名称不明のとき印として鉢に輪違いの符号をつけたものが，そのまま名になったという。

2744. ヒゲネワチガイソウ〔ワチガイソウ属〕
Pseudostellaria palibiniana (Takeda) Ohwi
東北地方南部から中部地方に分布する多年草。ややふくらんだ根が1〜4個あり，細いひげ根状の根もある。茎は枝分かれせず高さ10〜20 cm。葉は対生，長さ1〜4 cmの倒披針形あるいは線状披針形で先は鋭形。葉は2形を示し，上部の4葉が接近して輪生状となる。花は春。茎の先端から無毛の花柄を出し，先端に白花を1個ひらく。がく片は5〜7枚。花弁も5〜7枚。雄しべ10本，やくはあずき色。花柱は2〜3本。閉鎖花もある。

【新牧372】　【新牧373】

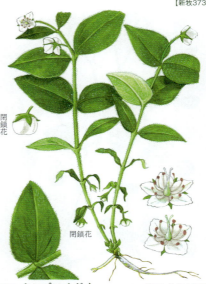

2745. クシロワチガイ〔ワチガイソウ属〕
Pseudostellaria sylvatica (Maxim.) Pax

北海道，東シベリア，中国東北部，朝鮮半島の温帯に分布。山地の林中にはえる多年草。地中にのびる塊根は単一。茎は直立，高さ 7 〜 20 cm。細長くて毛のすじがある。花は晩春，白花を上向きに開き，細い花柄に毛のすじがある。茎の下の節から有柄の閉鎖花が出る。和名は北海道の釧路で初めて採集されたことによる。

2746. ナンブワチガイ〔ワチガイソウ属〕
Pseudostellaria japonica (Korsh.) Pax

本州北部および中国北，東北部の温帯に分布。山地の林中にはえる多年草。塊根は 1 〜 数本。茎は高さ 5 〜 20 cm，2 列の毛がはえる。葉は長さ 1.5 〜 4 cm，毛が散生，とくに縁や裏面の脈上では長い毛が目立つ。花は晩春，白色で頂生または腋生する。茎の下部の葉腋に閉鎖花をつける。和名は岩手県の南部地方に由来。

2747. ハマハコベ〔ハマハコベ属〕
Honckenya peploides (L.) Ehrh. var. *major* Hook.

石川県，岩手県以北，北海道および朝鮮半島，オホーツク海沿岸，北太平洋沿岸などの温帯から寒帯に分布。海岸の砂礫地にはえる多年草。多肉質で無毛。茎は束生し砂上を横にはい，上部で立ち上がり，長さ 13 〜 30 cm。葉は十字対生，無柄。花は初夏，両性花をつける株と，雄花をつける株がある。和名は海浜にはえることに基づく。

2748. オオツメクサ〔オオツメクサ属〕
Spergula arvensis L.

ヨーロッパ原産，多分明治維新前後に日本に入り，初め東京小石川植物園にあったものが種子で広がり，あちこちに野生化した 1 年草。束生し高さ 13 〜 50 cm，毛を散生，上部に腺毛がある。葉は長さ 1.5 〜 4 cm，葉腋に葉芽があるので輪生状に見える。花は初夏。果時には下に向く。和名大爪草（おおつめくさ）。

【新牧374】　【新牧375】

2749. ウシオツメクサ　〔ウシオツメクサ属〕
Spergularia marina (L.) Griseb.

　北半球の寒冷地に分布, 日本北部の海岸泥地にも自生する1年草あるいは越年草。茎は高さ10 cm位。葉は対生し下部の葉は長さ3 cm。半円柱状線形で先は鋭形。基部に卵形の托葉がある。夏から秋に枝先の葉腋に白色または淡紅色の花をつける。がく片は5枚で長さ2 mm位。卵形で先は鋭形。花弁も5枚, 長だ円形。雄しべはたいてい5本。だ円形の子房の頂には3本の花柱がある。さく果は卵形で3裂し, 中に細かい種子が入る。

2750. ウスベニツメクサ　〔ウシオツメクサ属〕
Spergularia rubra (L.) J. et C.Presl

　ヨーロッパ原産, ときには日本の北部地方の湿った砂地や道ばたに帰化している1年草または2年草。茎は束生し高さ5〜30 cm, 上部に細かい腺毛がある。葉は対生, ときに2対が集まって輪生状に見える。ウシオツメクサに比べて茎や葉が細く, 多肉質ではなく, 托葉は離生する。花は夏, 淡紅色。雄しべ5〜10本。

2751. ムギセンノウ（ムギナデシコ）　〔ムギセンノウ属〕
Agrostemma githago L.

　ヨーロッパ原産, 原産地では麦畑の雑草であるが, 観賞用として植えられている1年草。茎は直立, 高さ60〜90 cm, 多数分枝し, 長毛がある。花は秋まきで翌晩春, 早春まきで初夏, 径2〜3 cmの紫色の花を各頂に1個つける。花弁5枚, 雄しべ10本, 花柱3本。和名麦仙翁は葉が細長いのでムギの葉にたとえたもの。

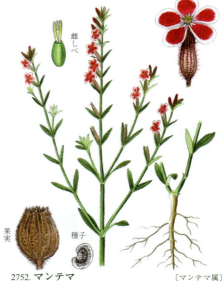

2752. マンテマ　〔マンテマ属〕
Silene gallica L. var. quinquevulnera (L.) W.D.J.Koch

　ヨーロッパ原産, 日本へは弘化年間（1844〜1847年）に渡来, ときに庭園に栽植され, またしばしば海岸に帰化する越年草。高さ20〜50 cm, よく分枝し, 毛があり上部には腺毛が混じる。花は晩春に咲き, 径7 mm位, 苞のわきに単生, 下から上へ咲き上がる。和名は海外から渡って来た当時の呼び名マンテマンの略。

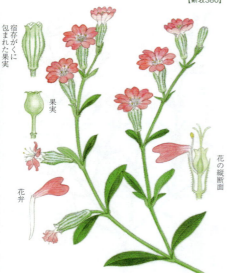

2753. サクラマンテマ（オオマンテマ）〔マンテマ属〕
Silene pendula L.

南ヨーロッパ原産。日本へは明治中期（1890年頃）に渡来し、庭園などに植えられている1年草または越年草。茎は斜めに立ち上り、高さ20〜40cm、基部から多数分枝する。白毛があり、上部では腺毛も混じる。葉は長さ2〜4cm、ちぢれた白毛におおわれる。花は晩春。桃色、赤紫色、八重咲きなど様々な品種がある。花後、がくは膨らみ下垂する。

2754. エゾマンテマ〔マンテマ属〕
Silene foliosa Maxim.

北海道、および朝鮮半島、アムール、ウスリーの温帯に分布。海浜や河原などにはえる多年草。群生し、高さ30cm位、節から葉を密生した短枝を出す。下部は微毛があり、上部の節の下部に粘液を分泌する部分がある。葉は長さ3〜6cm。花は夏、白い花をやや輪生、がくは無毛、花柄は細長く無毛。和名蝦夷マンテマは北海道にはえるからいう。

2755. ビランジ〔マンテマ属〕
Silene keiskei Miq.

本州の中部地方の深山の岩上にはえる多年草。茎はやや肥厚した根茎から数本束生、直立するか斜上、葉とともに紫色を帯び微毛がある。高さ20〜30cm。葉は対生、長さ2〜5cm、全縁。花は夏から秋、径2.5cm位の淡紅色の花をつける。花弁5枚は平開、花喉に白い2小鱗片がある。茎がのび、花が大きいオオビランジと、本種では狭義のビランジと、茎がのび、花が大きいオオビランジの2変種があり、高山帯には近縁のタカネビランジ *S. akaisialpina* (T.Yamaz.) H.Ohashi, Y.Tateishi et H.Nakai がある。

2756. ムシトリナデシコ（ハエトリナデシコ）〔マンテマ属〕
Silene armeria L.

ヨーロッパ原産。日本へは江戸時代末期に渡来し、観賞のため庭園に栽植されるが、今日では海岸付近の砂地で野生化している1年草または越年草。全体が粉白色で無毛で平滑。高さ30〜60cm、上部の茎節の下から粘液を分泌する。花は晩春、径1cm位、紅色、ときに淡紅花や白花の個体がある。和名は茎の粘質物で小虫をとらえることに基づく。

2757. シラタマソウ 〔マンテマ属〕
Silene vulgaris (Moench) Garcke
ヨーロッパ原産，明治初期に渡来し，観賞用に庭園に植えられ，ときに北部では帰化している多年草。茎は直立し，高さ 60〜90 cm，全体無毛で，やや粉白色を帯びている。花は夏，径 2 cm 位の花を下垂している。花弁 5 枚，雄しべ 10 本，花柱が 3 本ある。雌花，雄花，両性花の 3 形がある。和名白玉草はがくが白色で，円い袋状をしていることによる。

2758. タカネマンテマ 〔マンテマ属〕
Silene uralensis (Rupr.) Bocquet
中部地方の高山帯岩石地にまれにはえ，千島，北シベリア，カムチャツカ，中央アジア，ヒマラヤの寒帯に分布する多年草。全体に細毛がある。群生し，高さ 5〜20 cm。葉は対生，長さ 1〜6 cm，幅 1〜8 mm。花は夏。花時は下を向くが，のち直立。がくは鐘状で長さ 12 mm 位。異名の形容語は花弁がないの意だが，長さ 2〜3 mm の淡紅色の花弁が見える。

2759. ヒロハノマンテマ （マツヨイセンノウ）〔マンテマ属〕
Silene latifolia Poir. subsp. *alba* (Mill.) Greuter et Burdet
ヨーロッパ，北アフリカ，北西アジアの原産。観賞用に庭園に栽植されている越年草あるいは多年草。全体に軟毛を密生。花は晩春から初秋，短柄があり白花で夕方に開き，香気を出す。がくは長さ 1.5 cm 位，花弁が 5 枚で平開。雄しべ 10 本，花柱 3 本。雌花は花後宿存がくが膨大する。

2760. アオモリマンテマ 〔マンテマ属〕
Silene aomorensis M.Mizush.
東北地方北部に特産する多年草。茎は 10〜25 cm。根生葉は長さ 8 cm，幅 12 mm の倒披針形で先はとがる。茎葉は長さ 2〜8 cm，幅 4〜13 mm の披針形または倒披針形で対生する。初夏に茎頂に集散散花序を出し，2〜5 個の白花を開く。がくは長だ円形または狭い鐘形。長さ 10〜15 mm で先は 5 裂する。花弁は長い爪部をもち舷部は倒卵形で長さ 7〜12 mm。花柱は 5 本。さく果は卵形で長さ 9〜12 mm となる。

2761. フシグロ（サツマニンジン）　〔マンテマ属〕
Silene firma Siebold et Zucc. f. *firma*

日本各地、および朝鮮半島、中国、東シベリアなどの温帯から亜熱帯に分布。原野または山地にはえる越年草。茎は数本束生、高さ60～90 cm、硬くて無毛。葉は短柄があり、長さ3～9 cm。花は夏から初秋、葉腋に短い集散花序をつける。花弁は5枚、小さく目立たない。細毛のあるものをケフシグロという。和名は節が暗紫色を帯びているため。漢名女婁菜。

2762. ケフシグロ　〔マンテマ属〕
Silene firma Siebold et Zucc. f. *pubescens* (Makino) M.Mizush.

山野にはえる越年草。高さ30～100 cm、短く枝を分けて直立し、短毛を散生。下部はしばしば紫黒色をしている。葉は節に対生し、短い柄がある。花は夏、茎上に白い花をつける。フシグロの1品種で、花や果実の様子は全く同じ、異なるところは茎葉、花柄、がくに短毛を散生することだけ。和名毛節黒。

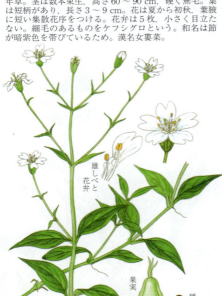

2763. テバコマンテマ　〔マンテマ属〕
Silene yanoei Makino

四国および朝鮮半島の温帯に分布、深山にはえる多年草。茎は束生し、高さ25～45 cm、下部は斜上し上部は直立する。短毛を散生し、節は太い。葉は長さ2～4 cm、短い柄があり両面とも無毛で縁毛がある。花は夏、径10～15 mmの白花を集散花序につける。和名手箱マンテマは初めて高知県の手箱山（てばこやま）の山頂の岩石地で発見採集されたため。

2764. ガンピセンノウ（ガンピ）　〔マンテマ属〕
Silene banksia (Meerb.) Mabb.

中国原産。昔、日本に渡って来て、観賞用として庭園に栽植されている多年草。全体に無毛。茎は数本束生、高さ40～60 cm、強直で緑色、節は太い、ほとんど無柄、縁はざらつく。花は晩春、葉腋に集まって径5 cm位のオレンジ色の花を開く。花柄は短く、苞がある。葉が3輪生のクルマガンピ 'Verticillata' がある。漢名剪春羅。

2765. センノウ(センノウゲ) 〔マンテマ属〕
Silene bungeana (D.Don) H.Ohashi et H.Nakai
中国原産。観賞用として庭園に栽植されている多年草。全体に細毛を密生している。高さ60 cm位。葉は対生。花は夏、径4 cm位で深紅色、ときに白花がある。がくは長い棍棒状で5裂、花弁は5枚で平開し、下に花爪がある。和名仙翁（せんのう）は京都府嵯峨の仙翁寺に伝わったのでこの名がある。古名コウバイグサ（紅梅草）は花形に基づく。

2766. マツモト(マツモトセンノウ) 〔マンテマ属〕
Silene sieboldii (Van Houtte) H.Ohashi et H.Nakai
観賞用として庭園に栽植されている多年草。原種は九州の阿蘇山の草原にはえ、ツクシマツモトともいい茎は緑色で赤花を開く。茎は数本束生、高さ70 cm位、毛があり、葉と同様に暗赤紫色。花は初夏、径4 cm位、深赤色、白色、絞りなどがある。和名はマツモトセンノウの略で、花形が歌舞伎役者の松本幸四郎の紋所に似ているのでついた。

2767. フシグロセンノウ(フシ、オウサカソウ) 〔マンテマ属〕
Silene miqueliana (Rohrb.) H.Ohashi et H.Nakai
本州、四国、九州の温帯から暖帯に分布し、山地の林下などにはえる多年草。茎は直立し高さ50〜90 cm、上部でまばらに分枝し軟毛がある。節は膨らみ紫黒色を帯びる。花は夏から秋。和名は黒い節に基づく。別名フシは節のことで、黒節の略。またオウサカソウとも言い、滋賀県と京都府の境の逢坂山にはえていたことでついた名。

2768. オグラセンノウ 〔マンテマ属〕
Silene kiusiana (Makino) H.Ohashi et H.Nakai
四国地方、北九州の湿原にまれにはえる多年草。茎は直立し高さ30〜80 cm、軟毛がある。葉は無柄で対生し、長さ4.5〜11 cm、幅6〜16 mm、わずかにざらつく。花は夏、数個の赤色の花を開く。花柄に細毛があり、苞はないか、1対をつける。がく筒の長さ2〜2.5 cm、5裂し無毛。花弁5枚で、長い爪部があり長さ1 cm。雄しべ10本、柱頭5裂。

2769. エンビセンノウ（エンビセン）　〔マンテマ属〕
Silene wilfordii (Regel) H.Ohashi et H.Nakai
　中部地方，北海道および朝鮮半島，中国東北部，ウスリーの温帯に分布。山野の草原にまれにはえ，ときに庭園に栽植される多年草。高さ50 cm位，やや無毛。葉は対生。長さ3～7 cm，縁毛がわずかにある。花は夏，径2 cm位の深紅色の花を開く。花弁には花爪がある。和名燕尾仙翁（えんびせんのう）は分裂した花弁の様子に基づいたもの。別名は和名の略称。

2770. センジュガンピ　〔マンテマ属〕
Silene gracillima Rohrb.
　本州の中部地方以北の深山にはえる多年草。全体に緑色，草質で軟らかい。茎は束生し，高さ40～80 cmになり，上部で分枝する。毛を散生。葉は対生し，長さ5～10 cm，薄く無毛。花は夏，径2 cm位の白花を開く。花柄は細長く無毛。がく片は5裂し緑色，長さ10 mm位。花弁は5枚あり平開。雄しべは10本。子房は長卵形で花柱5本。

2771. スイセンノウ（フラネルソウ）　〔マンテマ属〕
Silene coronaria (L.) Clairv.
　ヨーロッパ南部原産。江戸時代に渡来していた。観賞用として庭園に植えられている越年草あるいは多年草。全体に白色の長い綿毛が密生する。茎は直立し高さ30～90 cm。花は夏から秋，長い花柄の頂に紅色，あるいは白色の径2.5 cm位の花を開く。別名フラネルソウは草全体に軟らかい綿毛が多いことをたとえたもの。

2772. アメリカセンノウ（ヤグルマセンノウ）〔マンテマ属〕
Silene chalcedonica (L.) E.H.L.Krause
　小アジアからシベリア原産。明治末期に渡来し，観賞用に庭園に植えられる多年草。茎は直立し束生，高さ90 cm位，粗毛をかぶる。花は初夏，茎頂に鮮赤色の花が群がり咲く。白色，桃色，八重咲きなどもある。花径2～2.5 cm。和名アメリカ仙翁であるが，アメリカ原産ではなく，単に外来種の意味。別名矢車仙翁は花の形に由来。

2773. ナンバンハコベ（ツルセンノウ）〔マンテマ属〕
Silene baccifera (L.) Roth
var. japonica (Miq.) H.Ohashi et H.Nakai

　日本各地の山野にはえる多年草。母種はアジア、ヨーロッパに広く分布。茎は細くつるのようで、長くのび1.5mにもなる。他物によりかかって伸長し枝分かれする。葉は対生、短毛がある。花は夏から秋、小枝に1花を点頭する。がく筒は5深裂。果実は黒熟し、裂開しない。和名の南蛮は海外から渡って来たことを表すが誤認。

2774. ナデシコ（カワラナデシコ、ヤマトナデシコ）〔ナデシコ属〕
Dianthus superbus L. var. longicalycinus (Maxim.) F.N.Williams

　日本各地および朝鮮半島、中国の温帯から暖帯に分布。山野にはえる多年草。高さ30〜90cm。花は夏から秋、淡紅色。雄しべ10本、花柱2本。がく筒は長さ2〜4cmで基部に小苞が3〜4対つく。種子は扁平の円形、径2mm。秋の七草の1つ。和名撫子（なでしこ）は可憐な花の様子に基づく。別名川原撫子、ヤマトナデシコは唐撫子に対し大和撫子。

2775. タカネナデシコ〔ナデシコ属〕
Dianthus superbus L. var. speciosus Rchb.

　中部地方以北、北海道の高山帯の日当たりのよい草地、または岩石地にはえる多年草。ナデシコの変種で高さ10〜30cm、花は夏に咲き、径4cm位、がく筒基部の小苞は2対、花弁の基部に紫褐色の毛が密生する。本種に似て全体に白霜を帯び小苞が1対のクモイナデシコ、一名シモフリナデシコ var. amoenus Nakai が白馬連峰に産する。

2776. セキチク（カラナデシコ）〔ナデシコ属〕
Dianthus chinensis L.

　古い時代に原産地の中国から日本へ渡来し、観賞用に栽植される多年草。全体に粉緑色。茎は束生、高さ30cm内外。花は初夏、がく筒の長さ2cm位、基部の小苞はふつう2対。花弁は深く裂けます。花色は紅、桃、白など様々。和名は漢名石竹の音に由来。別名は中国種であることによる。漢名石竹、瞿麦。四季咲きのトコナツ'Semperflorens'など園芸品種が多い。

2777. カーネーション (オランダセキチク) 〔ナデシコ属〕
Dianthus caryophyllus L.

ヨーロッパ,西アジア原産。江戸時代に渡来,観賞用に広く庭や温室に栽培される多年草。全体粉白色。高さ30〜120 cm,上部でまばらに分枝。葉は対生,中脈が縦溝になる。花は夏,芳香がある。園芸品種が非常に多く,花色は赤,白,桃,黄など,重弁のものが一般に切花として栽培される。別名は西洋種のセキチク。旧名アンジャベル。近年この名で栽培されるのは *D. caryophyllus* ではなく,近縁種との交雑により作られた園芸雑種(本図)。

2778. ヒメハマナデシコ 〔ナデシコ属〕
Dianthus kiusianus Makino

紀伊半島,四国,九州,琉球列島の海岸の岩上にはえる多年草。根茎は木質化する。群生し高さ10〜30 cm,両面無毛であるが,縁に短毛がある。下部はしばしば横に伏す。葉は密に対生し,光沢があり常緑。花は夏から秋,数個の紅紫色の花をつけ,径2 cm。花弁5枚は平開。和名はハマナデシコに似るが小形であるからいう。別名リュウキュウカンナデシコ。

2779. シナノナデシコ (ミヤマナデシコ) 〔ナデシコ属〕
Dianthus shinanensis (Yatabe) Makino

中部地方の高原にはえる2年草または多年草。茎はそう生して高さ20〜40 cm,鈍い稜がある。葉は長さ3〜8 cm,縁に毛状の鋸歯がある。基部は2枚の葉がゆ合し短い鞘となる。花は夏,径1.5 cm位で紅紫色。花弁の縁に小さな鋸歯がある。がく筒は淡緑色で基部に小苞が2対ある。和名は信濃(長野県)に多いため。

2780. フジナデシコ (ハマナデシコ) 〔ナデシコ属〕
Dianthus japonicus Thunb.

本州,四国,九州,琉球列島,中国の暖帯に分布。海岸付近にはえ,ときに観賞用に栽植される多年草。強壮で茎の下部は木化し,高さ20〜50 cm。葉は長さ2〜10 cm,厚くて光沢があり,短柄がある。開花しない枝はロゼット状。花は夏,がくは5裂,長さ1.5〜2.5 cm,花弁5枚は紅紫色。和名藤撫子は花色に基づく。一名浜撫子。

2781. アメリカナデシコ（ヒゲナデシコ）〔ナデシコ属〕
Dianthus barbatus L.
　ヨーロッパ原産，江戸時代末期に渡来し，観賞用として庭園に植えられている多年草。茎は直立し束生する。高さ30〜70 cm。4稜があり単一，あるいは茎の先が分枝する。花は初夏，紅紫色，白色，絞り，重弁などの園芸品種がある。和名は舶来のナデシコでアメリカ原産ではない。別名髭撫子はがくの下のひげ状の小苞の様子に基づいたもの。

2782. コゴメナデシコ（シュッコンカスミソウ）〔カスミソウ属〕
Gypsophila paniculata L.
　ヨーロッパ東部から中央アジアの原産。切花用として栽培される多年草。茎は直立し，高さ60〜90 cm。さかんに分枝し，上部に花を多数つける。葉はたいてい3本の目立つ脈があり長さ7 cm位，根生葉はときに15 cmになる。花は初夏から秋，白色花だが淡紅色の品種や重弁の品種もある。和名小米撫子（こごめなでしこ）は花が小さくて白いのに基づく。

2783. カスミソウ（ムレナデシコ，ハナイトナデシコ）〔カスミソウ属〕
Gypsophila elegans M.Bieb.
　コーカサス原産，大正初年に渡来。花壇用や切花用として広く栽培される越年草または1年草。茎は上方で分岐して枝を広げる。高さ20〜50 cmになる。全体無毛。花は白色，野生のものは5弁花だが栽培されるものには重弁のものもあり，径1〜2 cm，秋にまき翌晩春に咲く。和名は群がって咲く花を霞に見立てたもの。別名は群れ撫子の意。花糸ナデシコの名は糸状の花柄に基づく。

2784. ドウカンソウ〔ドウカンソウ属〕
Vaccaria hispanica (Mill.) Rausch.
　ヨーロッパ原産，江戸時代に渡来し，現在もときに栽培されている越年草または1年草。茎は直立し高さ50 cm位。葉は無柄で対生。花は晩春，がく筒は卵状で5稜があり，先端のみが歯状に切れ込み，淡紅色の花が終わると下部が球状に膨らむ。和名道灌草は昔，江戸郊外の道灌山（どうかんやま）に薬園があったとき，同属の植物を植えていたのでついたといわれる。漢名麦藍菜。

2785. サボンソウ 〔サボンソウ属〕
Saponaria officinalis L.
　ヨーロッパ原産．明治初年に渡来し，薬用として栽培されまた帰化している多年草．根茎は横にはい肥厚し，匍匐枝を出す．茎は中空，高さ 30〜90 cm．葉は 3 本の目立つ脈をもち，長さ 9〜15 cm．花は夏，平開し，径 2〜3 cm．和名は茎や葉を水に浸してもむと泡が出て石けんの代用になることに基づく．サポニンを多く含む．

2786. ケイトウ 〔ケイトウ属〕
Celosia cristata L.
　原産はインドの熱帯地方といわれ，古くに日本へ伝来し観賞用として庭に植えられる 1 年草．茎は直立し高さ 30〜90 cm．葉は互生し長い柄がある．花は夏から秋，肉冠の左右両面に密生し，頂部に赤，紅，黄，白などの鱗片がつく．種子はレンズ形で黒く光沢がある．園芸品種として他にチャボゲイトウ，ヤリゲイトウなどがある．和名鶏頭は花を雄鶏のとさかに見立てたもの．漢名鶏冠．

2787. ノゲイトウ 〔ケイトウ属〕
Celosia argentea L.
　熱帯地方に分布し，日本では暖地に帰化し，ときには栽植される 1 年草．高さ 80 cm 位，緑色の縦のすじがあり無毛．葉は互生で柄を入れて長さ 3〜9 cm．花は夏から秋，多数の淡紅色の小花を密につける．がく片 5 枚，長さ 8 mm 位，乾質質で花が終わると白色になる．雄しべは 5 本，基部は合着して，子房をおおう．和名野鶏頭（のげいとう）．

2788. ヒナタイノコヅチ 〔イノコヅチ属〕
Achyranthes bidentata Blume var. *tomentosa* (Honda) H.Hara
　本州，四国，九州，および中国に分布する多年草．高さ 50〜100 cm．茎の断面は四角形．葉は対生し長さ 10〜15 cm，幅 4〜10 cm．だ円形または広卵形，先は鋭尖形，辺縁は波状．花は夏から初秋．花被片は長さ 5〜5.5 mm．雄しべは 5 本，苞は卵形で脈は突出する．2 個の小苞の基部の付属体は円形で薄膜質，長さ 0.5 mm ほどである．

2789. イノコヅチ （フシダカ, コマノヒザ）〔イノコヅチ属〕
Achyranthes bidentata Blume var. *japonica* Miq.

本州から琉球列島、朝鮮半島、台湾、中国、ヒマラヤの暖帯に分布。山野、道ばたなどにはえる多年草。高さ50〜90 cm。葉は対生、長さ6〜26 cm。花は夏から秋、花後は下向き。胞果は花軸から離れ2本の刺状の小苞で衣服などにつく。根は薬用の牛膝根。和名は節の太い茎をいのこ（ブタ）の脚の膝頭に見立てたのか。漢名牛膝。ヒナタイノコヅチは本種に比べ葉が厚く、根が肥厚する。

2790. ヤナギイノコヅチ 〔イノコヅチ属〕
Achyranthes longifolia (Makino) Makino

本州、四国、九州、および台湾、中国の暖帯に分布。山地の林の傍らや林の中にはえる多年草。根は肥厚する。茎は直立し高さ50〜90 cmになる。枝は対生して4稜があり、節が太い。花は夏から秋に咲き、細長い穂状花序、緑色花は下のものから順に咲き上り、花が終わるにつれて下に曲がる。和名は葉が柳のように長いから。

2791. ケイノコヅチ （シマイノコヅチ）〔イノコヅチ属〕
Achyranthes aspera L. var. *aspera*

台湾、中国南部から熱帯アジア、ポリネシアに広く分布。日本では徳之島以南の琉球列島と小笠原諸島に分布する1年草。茎は高さ50〜100 cmで毛が多い。葉は長さ2〜7.5 cmのだ円状ひし形で先は鋭頭。花は緑色で長さ4 mmほど。穂状に集まり、穂は長さ40 cmに達し、径は3〜5 mmほどで花軸には密に毛がある。果実の刺毛は硬い。

2792. ハゲイトウ 〔ヒユ属〕
Amaranthus tricolor L.

熱帯アジア原産。古くに日本に渡来し、観賞用に栽植される1年草。さまざまな園芸品種がある。高さ1.5 m、無毛。葉は接近して互生、秋に紅、黄色の斑が出て美しい。花は夏から秋、淡緑色、また淡紅色の細かい花をつける。花弁はない。蓋果は横に裂け、帽子状の上半分は離れ落ちる。種子はレンズ形で黒色、光沢がある。和名は葉が美しい鶏頭の意。漢名雁來紅。本植物は葉を鑑賞するためにヒユから栽培化された栽培変種群である。

2793. **ヒユ**（ヒョウ，ヒョウナ）　　〔ヒユ属〕
Amaranthus tricolor L.

熱帯アジア原産。古い時代に日本に渡来し，畑に栽植されている1年草。高さ1.7 mになる。葉は互生し，ふつうは緑色。紅のアカビユ，暗紫のムラサキビユ，紫斑点のハナビユなどがある。花は夏から秋，緑色の小さな花を球形に集め，それが連なる。花は3数性。葉は食べられる。漢名莧。

2794. **ヒモゲイトウ**（センニンコク）　　〔ヒユ属〕
Amaranthus caudatus L.

熱帯アメリカ原産。日本へは明治初年頃に渡来，庭園などに栽植され，野生化もしている1年草。高さ90 cm位，稜があり，紅色を帯びる。花は夏から秋，紅色，ときに白色の小花を密につけた花序が垂れ下がる。苞は芒（のぎ）がある。種子は白色でまわりが紅色。食用になる。和名紐鶏頭（ひもげいとう）。別名は仙人の食べる穀物の意。

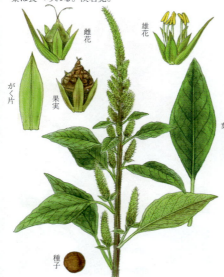

2795. **ホソアオゲイトウ**　　〔ヒユ属〕
Amaranthus hybridus L.

南アメリカ原産の1年生帰化植物。都会地周辺に多い。茎は高さ60〜200 cm，全体緑色で茎は無毛またはまばらに軟毛がある。葉はひし状卵形で先は尖形。裏面にまばらに軟毛がある。花穂は緑色，円柱状で幅5〜7 mm。たくさんの横枝が集まって円錐花序のようになる。雌雄の花が混在する。花被片は5個あって長だ円状披針形，長さ1.5〜2 mm。果実はだ円形で花被片と同長，熟して横に裂開する。

2796. **アオゲイトウ**（アオビユ）　　〔ヒユ属〕
Amaranthus retroflexus L.

熱帯アメリカ原産。世界に広く帰化し，日本へは明治時代に渡来，雑草化している1年草であるが量は少ない。高さ1 m位。茎は硬く，稜角がある。葉は互生，ひし状卵形で長柄があり長さ5〜12 cm。花は晩夏から初秋，がく片の2倍の長さのとがる苞があり，雌雄異花。蓋果は帽子状になった上部が離れ落ちる。若葉は食べられる。和名は英名 green amaranth の訳と思われる。

2797. イヌビユ　　〔ヒユ属〕
Amaranthus blitum L.

　世界の温帯から熱帯に広く分布。日本各地の畑や道ばたにふつうにはえる1年草。軟らかい。高さ20〜30 cm，根もとから分枝し斜上，枝は緑でしばしば褐紫色を帯びる。葉は長柄があり，葉身の長さ1〜5 cm，先がへこむ。花は夏から秋に咲く。和名はヒユに似るが野生し，役立たない雑草の意味だが葉を食べる地方もある。漢名野莧。

2798. ハリビユ　　〔ヒユ属〕
Amaranthus spinosus L.

　熱帯アメリカ原産の1年生帰化植物。茎は赤みを帯びる。葉は長さ3〜8 cm，幅1.5〜4 cmの狭卵形。先はあまりとがらない。花は夏から秋に咲く。下部の花序は葉腋に団塊状につき球形，上部のものは穂状となる。雄花と雌花が混在している。花被片は5個。雄花では卵形ないし長だ円形。雌花ではへら形。果実にはしわがあり，熟すと横に裂開する。種子は径0.8 mmの円形で黒色。

2799. ホナガイヌビユ　　〔ヒユ属〕
Amaranthus viridis L.

　熱帯アメリカ原産の1年生帰化植物で世界中に分布している。茎は高さ1 mほど。葉は互生し，長さ3〜7 cmの幅の広い卵形。先端は短くとがる。花序は茎頂や上部の葉腋から出て，長さ10 cm余りの長く密な花穂をつくる。雌花のがく片は3枚で，長さ1〜1.5 mm。果実の表面はざらつき，乾熟するとますます目立ち，本種を特徴づけている。果実は熟しても裂開しない。

2800. ハイビユ　　〔ヒユ属〕
Amaranthus deflexus L.

　熱帯アメリカ原産といわれるが，現在は全世界に分布する1年草。茎の下半部は地上をはい，上半部は直立して20〜40 cmになる。葉は短い柄で互生し長さ1.5〜3 cm，幅1〜1.5 cm。丸みのあるだ円形あるいは卵形。先は短尖形。雌雄異株。花は茎頂に長さ2〜5 cmの細長い花序をつくって密集し，また茎の中ほどでも葉腋に径1 cm弱の団塊状の花序をつくる。雌花のがく片は2枚で先端はとがる。

2801. ツルノゲイトウ（ホシノゲイトウ）〔ツルノゲイトウ属〕
Alternanthera sessilis (L.) R.Br. ex DC.

広く熱帯地方に分布。中部地方以西から琉球列島の暖地の水田や湿地にはえる1年草。茎はまばらに分枝し，地上をはい，長さ20〜50cm。上部に2列に毛がある。花は夏から秋。柱頭は頭状，花糸の間に仮雄しべがある。和名は蔓野鶏頭。別名の星野鶏頭は白花が集まり小球状になり，茎の上に点在し，これを天の星になぞらえた名。

2802. モヨウビユ 〔ツルノゲイトウ属〕
Alternanthera ficoidea (L.) R.Br. ex Roem. et Schult. var. *bettzickiana* (Regel) Backer

南米ブラジル原産。明治年間に渡来し花壇用の観葉植物として庭園に植えられる1年草。寒さに弱い。茎は高さ15〜20cm。伏毛がある。葉は淡黄から赤色までさまざまな変化がある。花は夏から秋，白色。花弁はなく，がく片5枚，雄しべの花糸はゆ合して長い筒状になる。和名模様莧はさまざまな色をした葉に基づいたもの。

2803. センニチコウ（センニチソウ）〔センニチコウ属〕
Gomphrena globosa L.

熱帯アメリカ原産の1年草。古く日本に渡って来た園芸用の草花。茎は高さ40cm。葉は対生し長さ3〜10cm。長だ円形あるいは倒卵状長だ円形。先は鋭形。花は夏から秋。茎の先に長い花茎を出し，その先に1個の球状の頭状花序をつける。花序は翼のある2枚の小苞に包まれた多数の紅色の花からできている。がく片は5枚で線状披針形。雄しべは5本。子房は倒卵形で1花柱があり柱頭は2裂する。

2804. イソフサギ 〔イソフサギ属〕
Blutaparon wrightii (Hook.f. ex Maxim.) Mears

紀伊半島と，鹿児島県以南，琉球列島を経て台湾まで分布する多年草。茎は高さ2〜5cm。葉は対生し長さ4〜8mm，幅2〜3mmの狭倒卵形で先はとがらない。花は夏。花序は小さな頭状で頂生，淡紅色の多肉の花が枝先に集まってつく。花被片は5枚あってだ円形，長さ3〜3.5mm。5本の雄しべがある。花柱は短く，柱頭は2裂する。果実は球形で，熟しても裂開しない。種子は光沢のある褐色。

2805. フダンソウ（トウヂシャ，イツモヂシャ）〔フダンソウ属〕
Beta vulgaris L. var. cicla L.
　南ヨーロッパ原産。中国から日本に入った野菜で，畑に作られる越年草。サトウダイコンと同種だが，根は肥大しない。根生葉は束生。花時に茎は直立，高さ1m位。花は晩春，花弁はない。がくは宿存して果実を包む。葉をかき取って食用とする。和名不断草は年中あるから，また唐ヂシャは外来のチシャ。漢名恭菜。

2806. サトウヂシャ（サトウダイコン，テンサイ）〔フダンソウ属〕
Beta vulgaris L. var. altissima Döll
　ヨーロッパ原産の野生種から改良され，日本では北海道の畑で栽培されている越年草。根は肥大して肉質，肉は白，黄，紅色などがある。花は夏，高さ1m位の花茎に黄緑色花を多数つける。葉は食べられる。根からテンサイ糖を作る。和名砂糖ヂシャ，砂糖ダイコン。茎や根の赤い色素はベタシアニンで，抽出してビートレッドと呼ばれる着色料にする。

2807. アカザ　〔アカザ属〕
Chenopodium album L. var. centrorubrum Makino
　古く中国から渡来，しばしば畑付近や荒れ地で野生化する1年草。高さ1.5m，径3cm位になる。縦に緑色のすじがあり，古くなると硬くなる。若い葉は紅紫色で美しい。花は夏から秋に咲き両性，花弁はなく小苞もない。種子には光沢がある。若葉は食べられる。古い茎は杖を作るのに用いられる。和名は若葉の色に基づく。母種はシロザvar. album で葉が赤くならない。

2808. ホソバアカザ　〔アカザ属〕
Chenopodium stenophyllum (Makino) Koidz.
　日本各地，および朝鮮半島，中国東北部の温帯から暖帯に分布。海岸近くにしばしばはえる1年草。茎は高さ40～100cmになり，緑色の縦すじがある。若葉に白粉がついているがじきに落ちる。葉は長さ2～5cm，幅5～15mm。花は秋に咲き，淡緑色。花弁はなく，雄しべ5本。がくは5深裂，宿存し果実を包む。アカザと比べると葉が主茎のものでも狭い。

2809. コアカザ 〔アカザ属〕
Chenopodium ficifolium Sm.

ヨーロッパ原産。野原, 荒れ地, 道ばたなどに帰化している1年草。茎は高さ20〜60 cm, 分枝する。葉は互生し柄があり, 長さ2〜5 cm, アカザやシロザより幅が狭く緑色。花は晩春から初夏, 他種に先がけて咲く。がくは深く5裂, 花弁はなく, 雄しべ5本。果実は背面に稜のある宿存がくに包まれる, 光沢はない。

2810. ウラジロアカザ 〔アカザ属〕
Chenopodium glaucum L.

ユーラシア大陸に広く分布, 日本では九州から北海道にはえる1年草。海岸や空き地にはえる。茎は高さ10〜30 cm。葉は互生し, 長さ2〜4 cm, 幅2〜4 cmの卵状長だ円形または披針形。先は鈍形あるいは鋭尖形。縁には波状の鋸歯がある。表面は深緑色, 裏面は灰白色。花は初夏から初秋。花序は穂状で頂生あるいは葉腋につく。両性花と雌花の両方をつける。がくは2〜5裂し果実期には膜質となり残る。種子は径0.7 mm。

2811. イワアカザ 〔アカザ属〕
Chenopodium gracilispicum H.W.Kung

中国に分布し, 日本では本州, 四国, 九州にはえる1年草。茎は高さ60 cmになる。葉は互生し, 長柄があり, 葉身は長さ3〜5 cm, 幅2.5〜4 cmの三角状卵形あるいは広披針形。葉の先は鋭形。花は夏から初秋に咲く。花序にはまばらに花がつく。がくは5深裂し, 裂片は長さ1 mmほど。卵形で背部は緑色となる。種子は径1〜1.2 mm, 黒色で光沢はない。

2812. カワラアカザ 〔アカザ属〕
Chenopodium acuminatum Willd. var. *vachelii* (Hook. et Arn.) Moq.

本州, 四国, 九州, 琉球列島, および朝鮮半島, 中国, ウスリーの温帯から暖帯に分布。河原の砂の上にはえる1年草。無毛。茎の高さ30〜70 cm, 直立しほとんど分枝しない。葉は長さ5 cm位, 質は厚い。花は夏, 黄緑色。花には柄も小苞もない。がくは5深裂, 宿存し果実を包む。果実には種子が1個。和名は河原によくはえるから。

【新牧421】

2813. **マルバアカザ** 〔アカザ属〕
Chenopodium acuminatum Willd. var. *acuminatum*
本州から琉球列島、および朝鮮半島、台湾、中国、モンゴル、シベリア、中央アジア北部の温帯から亜熱帯に分布。海岸の砂地などにはえる1年草。全体無毛。茎は下部が横にはい、斜上し、高さ30～50 cm。葉は多肉質。花は夏に咲き、がくの背には稜がある。種子は黒くて光沢がある。和名は葉の形が丸いアカザの意。

【新牧422】

2814. **ハリセンボン** 〔アリタソウ属〕
Dysphania aristata (L.) Mosyakin et Clemants
アジア大陸東部の原産、ときに帰化している1年草。茎は高さ10～40 mm、多く分枝し、無毛。葉は長さ1～4 cm、幅1.5～4 mm、やや厚く無毛。花は夏から秋、微小な淡緑色花を腋生の集散花序に多数つける。花序枝の先は針状にとがり、果実の熟す頃に1～4 mmになる。花弁はなく、宿存がくは5個。和名針千本は花序に多くの針があるからいう。

2815. **ケアリタソウ**（アリタソウ） 〔アリタソウ属〕
Dysphania ambrosioides (L.) Mosyakin et Clemants
南アメリカ原産。日本全土の都会地に帰化する雑草で1年草。全体に特有な臭いがある。高さ70 cm位になり、よく分枝する。葉は長さ3～10 cmで、裏面に黄色の腺点がある。花は夏から秋に咲き、葉状苞の腋に緑色で柄のない小花がかたまってつく。種子は丸い。古い時代に渡来したアリタソウは毛がほとんどない。

【新牧423】

2816. **ハマアカザ** 〔ハマアカザ属〕
Atriplex subcordata Kitag.
本州、北海道、千島、サハリンの暖帯から寒帯に分布。海岸の砂地にはえる1年草。全体に無毛。高さ40～60 cm。葉は互生、下部では縁に鋸歯があるが、上部になるにつれ幅が狭まり全縁となる。裏面は白味を帯びる。花は夏から秋、雌雄異花、花弁はない。雌花にがく片がなく、2個の三角状卵形の小苞は果時に大きくなり宿存する。種子はレンズ形で濃褐色。和名は海浜に多いため。

【新牧424】

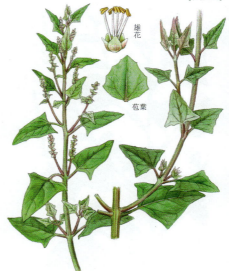

2817. ホソバノハマアカザ (ホソバハマアカザ) 〔ハマアカザ属〕
Atriplex patens (Litv.) Iljin

日本各地，および朝鮮半島，中国北部，モンゴル，千島，サハリンの暖帯から寒帯に分布する。海岸の砂地にはえる1年草。茎は直立し，枝はやや屈曲する。高さ40～60cmになる。花は秋に咲く。雌雄異花。雄花は苞がなく4～5枚のがく片があり，花弁はない。雌花はひし形の2枚の小苞があり，がく片はない。2花柱があり，果時に宿存する。種子は黒色。

2818. ホコガタアカザ 〔ハマアカザ属〕
Atriplex prostrata Boucher ex DC.

ユーラシア大陸原産とされる1年草。ヨーロッパ，アジア，北アメリカに広く帰化している。茎は1.5m。葉は基部で対生，枝の上部で互生することが多い。長さ5～7cm。長三角形で基部は左右に鋭く耳が張り出したホコ形。枝の頂部に長い穂状の花序をのばし，小さな雌花と雄花が混生する。分布が広くさまざまな変異を示す。日本（南関東）への帰化は第2次大戦直後といわれる。

2819. ホウレンソウ 〔ホウレンソウ属〕
Spinacia oleracea L.

アジア西部地方の原産，昔，中国から伝来。野菜として広く畑に栽培する1または2年草。伝播の過程で東洋系と西洋系に分かれ，図は東洋系で葉は深く切れ込み，胞果にとげがある。根は赤みを帯び甘味がある。茎は直立し，高さ50cm位になり，中空。茎葉は互生。根生葉は苗の時は群生し食用とする。花は春に咲き，花弁はない。雌雄異株。和名菠薐草はアジア西域の国名の唐音。

2820. ホウキギ (ニワクサ，ネンドウ) 〔ムヒョウソウ属〕
Bassia scoparia (L.) A.J.Scott

ユーラシア原産，昔，中国から日本に伝えられ畑に栽植されている1年草。高さ1m位，初めは緑色で古くなると赤色になる。葉は互生，3脈がある。花は夏から秋，枝上の葉腋に淡緑色の無柄の花を穂状につける。がくは宿存し星状になる。花弁はない。和名はホウキを作る木の意。若葉や果実は食用になる。一名ネンドウは高知の方言。漢名地膚。

【新牧429】

2821. イソホウキ（イソホウキギ）　　〔ムヒョウソウ属〕
Bassia scoparia (L.) A.J.Scott

　静岡県以西，四国，九州，および朝鮮半島，中国東北部の温帯から暖帯に分布。塩分の多い海岸近くにはえる1年草。高さ30〜100 cm，枝はしばしば斜めに開出し，若い時は褐色の軟毛がある。葉は長さ1〜5 cm，幅2〜7 mm。花は夏から秋，苞状葉のわきに淡緑色の小花を集めてつけ，両性花と雌花がある。がくの背部は果時に伸びて翼になる。ホウキギの野生品もしくは塩性地に適応した1型と考えられ，両者をとくに分ける必要はない。

【新牧430】

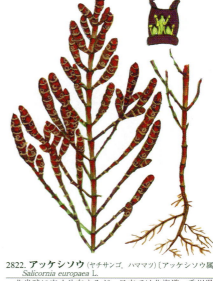

2822. アッケシソウ（ヤチサンゴ，ハママツ）〔アッケシソウ属〕
Salicornia europaea L.

　北半球に広く分布するが，日本では北海道，香川県，愛媛県に知られ，塩水をかぶる砂地にはえる1年草。高さ15〜20 cm。枝は緑色で多肉，なめると塩辛い。葉は非常に小さな膜質で対生する。秋に紅紫色になり美しい。花は夏から初秋，節間の両側につき，3個の小花がある。雄しべ2本，花柱2本。和名は最初の発見地，北海道厚岸にちなむ。別名ヤチサンゴは湿地にはえ，形と色がサンゴ状になるため。

2823. マツナ　　〔マツナ属〕
Suaeda glauca (Bunge) Bunge

　本州，四国，九州，および朝鮮半島，中国東北部・北部，モンゴル，東シベリアに分布。海岸の砂地にはえ，ときに畑に栽植する1年草。無毛で緑色。高さ1 m位になり，よく分枝する。葉は互生し長さ1〜3 cm，鮮緑色。花は夏から秋に咲き，葉腋に1〜3個まとめてつく。若葉はゆでて食べる。和名松菜は葉の形に基づく。

【新牧431】

2824. ハママツナ　　〔マツナ属〕
Suaeda maritima (L.) Dumort.

　主に北半球の温帯から亜熱帯に広く分布，日本では宮城県以南，四国，九州，琉球列島の塩湿地にはえる1年草。全体無毛，高さ20〜60 cm，枝は横に広がる。葉は披針形，肉質，長さ1〜4 cm，幅1〜2 mmで無柄。下葉は花時に枯れる。茎や葉は初め緑色，秋に紅葉する。花は秋に咲き，淡緑色，花弁はなくがくは5深裂する。

【新牧432】

2825. シチメンソウ（ミルマツナ，サンゴジュマツナ）〔マツナ属〕
Suaeda japonica Makino

　九州北部，および朝鮮半島，中国東北部の暖帯に分布。海辺に多くはえる無毛の1年草。茎は直立して分枝し，高さ15〜50cm。葉は柄がなく多肉質で，円頭，長さ5〜30mm，初めは緑色でのち赤色から紫色に変わる。花は秋。和名七面草は初め緑色のち紫色に変わるから七面鳥の面色が変わるのにちなんだもの。別名は葉の様子がミルに似るため。

2826. オカヒジキ（ミルナ）〔オカヒジキ属〕
Salsola komarovii Iljin

　日本各地，サハリン，朝鮮半島，中国東北部・北部，ウスリーの温帯から暖帯に分布する。海岸の砂地にはえる1年草。茎は枝を多数出して斜めに倒れて広がり，長さ10〜40cm。若い時は軟らかいが，古くなると硬い。葉は肉質，円柱形で互生，長さ1〜3cmで先に小針がある。花は夏。果時に花被は硬くなる。和名は若葉をゆでて食べるからいう。別名も葉がミルに似るので水松菜。

2827. ハナヅルソウ　〔メセン属〕
Mesembrianthemum cordifolium L.f.

　南アフリカ原産の常緑多年草。日本では観賞植物として栽培されている。茎の長さ30cm位で地面をはう。葉は対生し，心臓状卵形で先は鈍形。肉質全縁で緑色。花は夏，頂生あるいは側生の花柄の先に紅紫色の花を1個開く。がくは倒円錐形で4裂する。花弁は短い線形で多数あり，キクの花状。雄しべも多数，花柱は4本。寒さに弱い。本種は江戸時代末に日本に渡来した。

2828. マツバギク（サボテンギク）〔マツバギク属〕
Lampranthus spectabilis (Haw.) N.E.Br.

　南アフリカ原産，日本へは明治初期に観賞のため入り，暖地では石垣などに繁茂している多年草。基部は木質で高さ30cm位になる。葉は多肉で3稜形，長さ3〜6cm。花は夏に咲く。さく果に翼がある。和名は葉を松葉，花を菊になぞらえてつけられたもの。花弁状に見えるのは仮雄しべであり，花弁を欠く。

【新牧328】

2829. **ツルナ**（ハマヂシャ）〔ツルナ属〕
Tetragonia tetragonoides (Pall.) Kuntze
　北海道西南部から琉球，および中国，東南アジア，オーストラリア，南アメリカに分布。海浜の砂地にはえ，ときに栽培する多年草。全体無毛で多肉。粒状突起がありざらつく。長さ20〜60cm。葉は長さ3〜8cm。花は春から秋に咲き，淡緑色で花弁はない。和名蔓菜はつる状で葉は食べられることによる。漢名番杏。

【新牧318】

2830. **アメリカヤマゴボウ**（ヨウシュヤマゴボウ）〔ヤマゴボウ属〕
Phytolacca americana L.
　北アメリカ原産，日本へは明治初年に入り，いたる所で野生化している多年草。高さ1〜2m，無毛で滑らか。葉は互生，長さ10〜30cm。花は夏から秋，雄しべ10本，子房に10本の溝，10本の花柱がある。花弁はない。果穂はしだれる。液果の赤紫色の汁で，葡萄酒や食品の着色に用いたこともあったが有毒。ほかに紙や布の染料，インクに用いた。和名は外国種のヤマゴボウの意。

2831. **ヤマゴボウ**　〔ヤマゴボウ属〕
Phytolacca acinosa Roxb.
　中国原産，ふつうは人家に植えられ，ときに野生化する多年草。根は肥大して塊となる。茎は肉質で緑色，高さ1.3m位。葉は互生，長さ10〜20cm，軟らか。花は夏から秋，4〜12cmの花序を出し，がくの白い花をつけ，花弁はない。果穂は直立する。有毒植物であるが，根は薬用，葉は煮て食べられる。和名はゴボウ状の根に基づく。漢名商陸。

【新牧319】

2832. **マルミノヤマゴボウ**　〔ヤマゴボウ属〕
Phytolacca japonica Makino
　関東地方以西，四国，九州の山地にはえる多年草。太いゴボウ状の根がある。全体緑色で無毛。高さ1m位。葉は柄があり互生，大形で軟らかく長さ10〜25cm。花は夏，淡紅色で径約6mm。果穂は直立し，長さ1〜3cmの柄がある。ヤマゴボウに比べ心皮はゆ合して球形の果実，黒紫色に熟す。種子には同心円状のうねがある。

【新牧320】

2833. ナハカノコソウ 〔ナハカノコソウ属〕
Boerhavia glabrata Blume

太平洋地域の熱帯、亜熱帯に広く分布。日本には南西諸島と小笠原諸島の一部に分布する多年草。茎は長さ2m。葉は対生し、長さ1〜2cmの卵形あるいは卵状長円形。先は鈍形または鋭形。全縁で質はやや厚い。花序は集散状で葉腋につく。花は両性で小さい。がくは筒状。がく裂片は5枚で白またはピンク。花弁はない。雄しべはがく筒の外へ飛び出す。果実は倒卵形または棍棒状。

2834. オシロイバナ (ユウゲショウ) 〔オシロイバナ属〕
Mirabilis jalapa L.

南アメリカ原産、古くに日本に渡来し観賞用に栽培され、ときに野生化している多年草。茎は高さ1m位で太く節は膨らむ。花は夏から秋。紅、黄、白、絞りなどがあり、夕方咲き、良い香りがある。花弁のように見えるのはがく。果実は黒くなり落下する。和名御白粉花は胚乳が白粉質でおしろいに似ていることによる。漢名紫茉莉花。

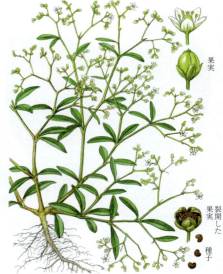

2835. フタエオシロイバナ (フタエオシロイ) 〔オシロイバナ属〕
Mirabilis jalapa L. f. *dichlamydomorpha* (Makino) Hiyama

無毛の多年草。草の様子はオシロイバナと同じである。根は地中に宿存するが、茎葉は冬に枯れる。花は夏から秋、オシロイバナよりやや小形。花弁状の花被（がく）は赤、白、黄、黄赤2色、淡色、斑点など色々ある。和名二重御白粉花は正常の花冠状花被と有色花弁状の苞との2つを合わせて二重花に見立てた名。

2836. ザクロソウ 〔ザクロソウ属〕
Mollugo stricta L.

本州、四国、九州、および朝鮮半島、中国、東南アジア、インドの温帯から熱帯に分布。道ばたや畑などにふつうにはえる1年草。全体に無毛。茎は稜があり高さ10〜20cm。葉は大小不同、茎の上部では葉は対生または3輪生。長さ1〜3cm、基部に微細な托葉がある。花は夏から秋、がく片5枚、長さ2mm位、花弁はない。和名は葉の様子がザクロの葉に似るのでいう。漢名粟米草。

【新牧325】　　　　　　　　　　　　　　　【新牧330】

2837. クルマバザクロソウ　〔ザクロソウ属〕
Mollugo verticillata L.

熱帯アメリカ原産の帰化植物。日本へは江戸時代末期に新潟の海岸に来たのが最初。原野や畑の荒れ地に雑草となる1年草。根もとから放射状に茎を出し、四方に広がり長さ10〜35 cm。葉は節ごとに5〜6個輪生し、長さ5〜30 mm。托葉は膜質で早落性。花は夏から秋に咲き、腋生。宿存性がく片は5枚、花弁はない。和名は節からの葉の出方が車輪状になることによる。

2838. ヌマハコベ（モンチソウ）　〔ヌマハコベ属〕
Montia fontana L.

北半球の温帯から寒帯、およびニューギニア、アフリカに分布。日光市付近、北海道の渓流の岸など、水でいつも潤っているところにはえる無毛の1年草。茎は束生し分枝して横にはう。葉は長さ5〜10 mm。花は夏。種子の長さは1.2 mm、光沢がある。和名は沼地などにはえ、ハコベに似るからいう。別名モンチソウは属名に基づいた名。

2839. ツルムラサキ　〔ツルムラサキ属〕
Basella alba L.

熱帯アジア原産。観賞用または食用に人家に植えられているつる性の1年草。茎の長さ2 m以上。肉質で無毛。茎の色は緑と紫があり、緑のものは江戸時代、紫の方は明治時代に渡来。花は夏から秋。色は白から紅。和名は茎がつるになり果汁（偽果）で紫色を染めるから。つるの先をおひたしなどにする。漢名落葵。
【新牧335】

2840. ハゼラン　〔ハゼラン属〕
Talinum paniculatum (Jacq.) Gaertn.

熱帯アメリカ原産。日本へは多分明治初年頃に渡来したと思われ、庭園に栽培されたときに野生化する1年草。軟らかく無毛で滑らか。葉は直立、高さ30〜60 cm。葉は長さ5〜7 cm、肉質。花は夏に咲き、紅色の小花を円錐花序につける。がく片は2枚あるが落ちる。和名のハゼは何を意味するのか不明であるが、花がまばらに咲くのを米花（ハゼ）にたとえたものか。
【新牧329】

2841. スベリヒユ (イハイヅル)　〔スベリヒユ属〕
Portulaca oleracea L. var. *oleracea*

世界の温帯から熱帯に広く分布。田畑, 道ばた, 庭など, 日なたならどこでもはえる 1 年草。全体に多肉で無毛。茎は分枝し地面をはう。また斜上し, 長さ 5 〜 30 cm。葉は長さ 1 〜 2.5 cm。花は夏, 黄色い花をつけ日光を受けて開く。和名はゆでて食べるとき粘滑であるから, また葉が滑らかだからという。別名イハイヅルは這い蔓の意。

2842. タチスベリヒユ (オオスベリヒユ)　〔スベリヒユ属〕
Portulaca oleracea L. var. *sativa* (Haw.) DC.

食用野菜として栽培される 1 年草。スベリヒユの変種で大形, 茎は直立し, 枝は斜上。高さ 25 cm 位になる。花は夏, 枝先に集まっている葉の間に黄色の小花を数個つけ, 日が当たると開く。がく片は 2 枚。花弁は 5 枚でがく片よりやや長く, 先端はへこむ。果実が熟すと上半部が帽子状にとれて口があく。

2843. マツバボタン (ホロビンソウ)　〔スベリヒユ属〕
Portulaca grandiflora Hook.

南アメリカ原産, 日本へは弘化年間 (1844 〜 1847 年) に渡来し, 庭などにふつうに栽培される 1 年草。葉は螺旋状に並び多肉, 長さ 1 〜 2 cm, 葉腋に白毛を束生。花は夏から秋, 径 3 cm 位。花弁 5 枚, 雄しべ多数, 雌しべ 1 本, 先が 5 〜 9 裂。花色は赤, 黄, 桃, 白など多い。1 日花で日中開いて夜閉じる。和名の松葉は葉形, 牡丹は花の様子による。別名はこぼれ種で年々たえないから。

2844. オキナワマツバボタン　〔スベリヒユ属〕
Portulaca okinawensis E.Walker et Tawada

南西諸島に特産する多少肉質な多年草。茎の長さは 10 cm 位。多数が根茎から出て束生する。葉は対生状で, 長さ 2 〜 4 mm。狭披針形あるいは狭だ円形。先は円い。縁に鋸歯はない。花は茎の先端に 1 個咲き, 径約 1.5 cm。がくは 2 枚で長さ 3 〜 4 mm。花弁は 6 枚。黄色あるいは紅色で広倒卵形。雄しべは 25 本位。雌しべは下位の子房をもち, 花柱は細長く先端は広がっている。

2845. サンカクチュウ（カズラサボテン）〔ヒロセレウス属〕
Hylocereus undatus (Haw.) Britton et Rose
　グアテマラ原産，観賞用に栽培される。柱サボテンの仲間で，3稜の茎をもち，気根を樹幹面に付着させてよじ登る。長さ3～5m。茎の幅は3～7cm。とげは褐色で長さ2～3mm。各刺座に2～4本つく。花は大形で径30cm内外。内弁は白色，外弁が淡紅色を帯びる。若枝を挿し木して球形サボテンの台木に使う。

2846. カニサボテン（カニバサボテン）〔シャコバサボテン属〕
Schlumbergera russelliana (Hook.) Britton et Rose
　南米ブラジル原産。観賞用に栽培され，冬は温室で越冬させる多年草。茎は多数分枝し垂れ下がる。花は冬，頂端に長さ5～7.5cm，放射相称で多数の花被からなる1花をつける。和名は茎の各節の形が多肉で偏平なので，カニ類のガザミの足に似るため。よく似たものにシャコバサボテンがあり，茎節の上端両側が角ばり，花が左右相称である。

2847. サボテン（ウチワサボテン）〔ウチワサボテン属〕
Opuntia ficus-indica (L.) Mill.
　メキシコ原産，観賞用に栽培される多年草。茎は高さ2m位。多数分枝し，茎節は大きいもので30cm位になる。表面に1～2本ずつの針があり，基部に接して長毛がはえる。葉は小さい針葉で早く落ちる。花は夏に咲き，径7～10cm。果実は洋ナシ形で赤くなり，食用とする。和名は昔，油の汚れなどをとるために用いたが，その効果がシャボン（石けん）のようだったことによる。

2848. ミズキ（クルマミズキ）〔サンシュユ属（ミズキ属）〕
Cornus controversa Hemsl. ex Prain
　日本各地の山地および朝鮮半島，台湾，中国，インドシナ，ヒマラヤなどの温帯から暖帯に分布する落葉高木。高さ10m位。枝は車輪状に出て横に広がり，一名クルマミズキという。冬季に紅くなる。葉は互生，長さ5～10cmで裏は白色。花は晩春。和名水木は樹液が多く，春先に枝を切ると水がしたたるため。材は器具，玩具などに用いる。

2849. クマノミズキ 〔サンシュユ属(ミズキ属)〕
Cornus macrophylla Wall.
本州から九州および朝鮮半島、台湾、中国、ヒマラヤの温帯から暖帯に分布し、山地にはえる落葉高木。高さ10m位、若枝には稜がある。葉は対生し長さ10～15cmの長卵形。花は初夏、新しい枝先に散房花序をつける。和名熊野水木（くまのみずき）は和歌山県の熊野に産するミズキ類の意。庭木の他、材は下駄、箸、玩具などに用いられる。

2850. ヤマボウシ (ヤマグワ) 〔サンシュユ属(ミズキ属)〕
Cornus kousa Buerger ex Hance subsp. *kousa*
本州、四国、九州および朝鮮半島の温帯に分布。山野にふつうに見られる落葉高木。高さ3～8m。葉は対生し長さ5～10cmの長卵形、縁がやや波打つ。花は初夏に咲き、4枚の白い総苞が花弁のように見えるがその中に小花が20～30個球状に集まる。集合果は秋に熟し食べられる。和名山法師はつぼみの集合を坊主頭に、総苞を頭巾に見立てたと思われる。

2851. ハナミズキ (アメリカヤマボウシ) 〔サンシュユ属(ミズキ属)〕
Cornus florida L.
北米原産。明治中期に渡来した落葉性の花木で、高さ5～12m。新枝は緑色で無毛、葉は対生し、だ円形または卵形で長さ8～15cm。花期は晩春。花序は大形で花弁状の4個の苞に囲まれ、中央に黄緑色がかった小さな花が多数頭状に集まる。果実は緋紅色だ円形で、長さ1cm位。苞の色には白色、帯赤色など変異があり園芸品種が多い。

2852. サンシュユ 〔サンシュユ属(ミズキ属)〕
Cornus officinalis Siebold et Zucc.
中国と朝鮮半島の原産。享保年間に薬用として日本へ渡来したが、今日では花木として栽植される落葉小高木。高さ4m位になる。葉は互生し長さ4～10cm、裏面中脈のわきに黄褐色の軟毛がある。花は早春、葉の出る前に前年の枝先に多数集まり球状になる。和名は漢名山茱萸の音読、別名ハルコガネバナ（春黄金花）、アキサンゴ（秋珊瑚）は春の花と秋の実に基づく。

2853. ゴゼンタチバナ　〔サンシュユ属（ミズキ科）〕
Cornus canadensis L.
　本州中部以北と北海道および朝鮮半島，サハリン，カムチャツカ，北アメリカに分布。亜高山帯の針葉樹林下か高山帯のハイマツ群落の縁などにはえる多年草。高さ10 cm位。花は夏。4枚の開出する白い総苞は花弁のように見え，その中央に小さな花が頭状に集まる。和名は最初に発見された石川県白山の御前峰と，果実の形をタチバナになぞらえた。

2854. エゾゴゼンタチバナ〔サンシュユ属（ミズキ科）〕
Cornus suecica L.
　北半球の周極地方に広く分布，日本では北海道東部の湿原や針葉樹林下にはえる常緑小草。高さ5〜20 cm。葉は4〜5対が対生してつき，輪生状にならない。葉に柄はなく，卵状だ円形で先がとがる。夏に茎の先端に10〜20花が集まって頭状の花序をつくり，白い花弁状の苞に囲まれる。花は両性で，小形，紫色を帯びる。果実は球形で径5〜6 mm，赤く熟す。

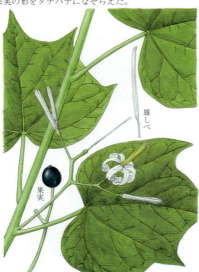

2855. ウリノキ　〔ウリノキ属〕
Alangium platanifolium (Siebold et Zucc.) Harms
var. *trilobatum* (Miq.) Ohwi
　日本各地および朝鮮半島と中国中部・東北部の温帯から暖帯に分布し，山中の林内にはえる落葉低木。高さ3 m位。枝はまばら，材は軟らかい。葉は互生し径10〜20 cm。花は初夏，葉腋から花序を出し数個の花をつける。つぼみは細長い円柱形で長さ3 cm位。花弁は5〜8枚で，開花すると強く反り返る。和名は葉形がウリの葉に似ていることからいう。

2856. モミジウリノキ　〔ウリノキ属〕
Alangium platanifolium (Siebold et Zucc.) Harms
var. *platanifolium*
　中国地方と四国，九州の山地林内にややまれにはえる落葉低木。高さ2〜4 m。葉は対生，長い柄をもち，葉身はほぼ心円形。花期は初夏。葉腋に葉よりも短い集散花序を出し，数個の白い花を開く。花弁は6〜8枚，上半は反り返り，雄しべは花弁とほぼ同数で花外にのびる。やくは黄色で目立つ。果実はだ円形で，熟すと青紫色。

2857. シマウリノキ　〔ウリノキ属〕
Alangium premnifolium Ohwi

南九州の南端部，屋久島，琉球列島にはえる大形の落葉低木。葉は対生し，ゆがんだ卵形で先端が鋭くとがる。晩春頃，葉腋に短い集散花序を出し，2～5個の白い花を下向きにつける。花弁は7枚内外あり，下半部は筒状，上半部は反り曲がる。花の長さは約2cm。花弁の内側表面に淡い黄色毛が散生する。果実は長さ約1cm，だ円形である。

2858. バイカウツギ　〔バイカウツギ属〕
Philadelphus satsumi Siebold ex Lindl. et Paxton

本州，四国，九州の山地にはえる落葉低木。高さ2m位，2叉に分枝し，若枝にちぢれた毛がある。葉は対生し長さ4～15cm，3本の脈が目立つ。花は初夏，5～8個短い総状花序につき，径2～3cm，がく片，花弁とも4枚ずつ，雄しべは20本位，花柱の先は4裂している。香気がある。和名は花が梅の花を思わせるところから梅花ウツギという。

2859. ウツギ（ウノハナ）　〔ウツギ属〕
Deutzia crenata Siebold et Zucc.

日本各地に分布，山野にはえ，生垣や庭木として栽植する落葉低木。多く分枝し高さ1.5m位。樹皮はよくはげる。若枝，葉，花序に星状毛がありざらつく。葉は対生し，長さ3～9cm。花は晩春。和名空木は幹が中空でウツロの木の意味。別名は空木花の略，また卯月に咲くからともいう。材は硬く木釘，ようじにする。

2860. マルバウツギ　〔ウツギ属〕
Deutzia scabra Thunb.

関東地方以西，四国，九州の山地で日当たりのよい谷川沿いなどにはえる落葉低木。高さ1.5m位，若い枝葉や花序には星状毛があってざらつく。葉は対生し長さ3～8cm。花は春に咲き，枝先に長さ3～6cm位の円錐花序をつける。花序の下の葉は柄がなく，ときには茎を抱く。花糸には歯牙がない。さく果は星状毛を密生する。和名はウツギより葉形が円いことから。

【新牧980】

2861. ヒメウツギ 〔ウツギ属〕
Deutzia gracilis Siebold et Zucc.
　福島県以西、四国、九州の日当たりのよい山地の岩間や谷川沿いなどにはえる落葉低木。枝はよく分枝し細く、ときに弓状に曲がり高さ 1.5 m 位。若枝は無毛。葉は対生、質は薄く両面に星状毛を散生する。花は晩春、枝先に円錐花序につける。花序は無毛、がく片と花弁は 5 枚、雄しべは 10 本、花糸は両側に歯牙がある。さく果は長い花柱が 3 つ残る。和名の姫は小形であることをさす。

【新牧981】

2862. アオヒメウツギ 〔ウツギ属〕
Deutzia gracilis Siebold et Zucc. f. *nagurae* (Makino) Sugim.
　山地にはえる落葉小低木。ヒメウツギが気候条件によって早く開花したもので、花が非常に小さいまま終えたもの。枝に毛はない。葉は対生し、長さ 3〜7 cm。花は春、若い枝の先に円錐状に白花をつけ、径 4〜8 mm。がくに細かな星状毛がはえる。花弁は長さ 2〜4 mm、白または淡い黄緑色、雄しべ 10 本。和名は花色に緑色が多いのでついた。

2863. ウラジロウツギ 〔ウツギ属〕
Deutzia maximowicziana Makino
　長野県以西から近畿地方、四国の山野にはえる落葉低木。よく分枝し、若枝、葉、花序、さく果に星状毛を密生。葉は対生し長さ 2〜8 cm、裏面は多数に分かれた星状毛におおわれ灰白色。花は晩春、枝先に総状の円錐花序につき、がく筒も星状毛におおわれ灰白色。花弁 5 枚、雄しべ 10 本、花柱は 3〜5 本。和名は葉裏が白いウツギの意。

【新牧982】

2864. ウメウツギ 〔ウツギ属〕
Deutzia uniflora Shirai
　関東地方西部と中部地方の山地の谷川の岩上などにまれにはえ、種としては朝鮮半島にも分布する落葉低木。まばらに分枝し細く高さ 1 m 位。若枝には柄のある星状毛を密生。葉は対生し長さ 4〜6 cm の卵状だ円形。花は晩春、前年の枝の葉腋に単生、径 1.5〜2.5 cm の 5 弁の白花で、半開し下向きに咲く。和名は花を梅花にたとえた名。

【新牧983】

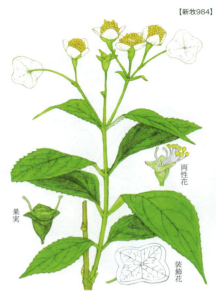

2865. バイカアマチャ 〔バイカアマチャ属〕
Platycrater arguta Siebold et Zucc.

　東海地方から紀伊半島、四国、九州、および中国の暖帯に分布、山中の谷間にはえる落葉低木。枝は灰褐色で皮は薄くはげやすく無毛。葉は対生し、長さ6～20 cm。両面に毛がある。花は夏に咲き、外側の花は装飾花になり、がくはゆ合してたて状に大きくなり結実しない。両性花はがく片と花弁が4枚。普通は枝が水平に出て花序はその先端に下垂し、葉に隠れるように咲き、図のように直立することはごくまれ。和名梅花甘茶。

2866. ガクアジサイ 〔アジサイ属〕
Hydrangea macrophylla (Thunb.) Ser. f. *normalis* (E.H.Wilson) H.Hara

　関東地方南部、伊豆半島、伊豆諸島などの暖地の海岸にはえ、また観賞用に広く栽植する落葉低木。高さ2～3 mになり、枝は太い。葉は対生し、広卵形で厚く光沢があり、長さ7～20 cm。花は夏に咲き、枝先に集まり、がく片4～5枚からなる装飾花を周囲につける。両性花はがく片と花弁が5枚、雄しべは10本、宿存性花柱が3～4本ある。和名は装飾花を額にたとえた名。

2867. アジサイ 〔アジサイ属〕
Hydrangea macrophylla (Thunb.) Ser. f. *macrophylla*

　観賞用として広く栽植する落葉低木。ガクアジサイを母種とした園芸種で茎や葉は同じ。花は初夏、全部が装飾花のがく片で、花弁、雄しべ、雌しべは退化し結実しない。花の色は青、紅紫、白などで、咲くにつれて色が変化する。和名のアジはアツで集まること、サは真、イは藍の約されたもので青い花が群れて咲くからだという。漢名は紫陽花を慣用する。

2868. ヤマアジサイ（サワアジサイ，コガク）〔アジサイ属〕
Hydrangea serrata (Thunb.) Ser. var. *serrata* f. *serrata*

　本州、四国、九州、および朝鮮半島南部に分布、山地のやや湿った木かげなどに多い落葉低木。高さ1 m位。葉は長だ円形で、薄く光沢はない。長さ7～17 cm。花は夏、花序の周囲にがくが大形の淡青色または白色の装飾花があり、中に多数の両性花が集まって咲く。和名や別名は山や渓谷（沢）にはえるアジサイの意。

2869. ベニガク　　〔アジサイ属〕
Hydrangea serrata (Thunb.) Ser. var. *serrata*
f. *rosalba* (Van Houtte) E.H.Wilson

観賞用として栽培する落葉低木。高さ2m位。葉は対生し厚い。花は初夏、ガクアジサイやヤマアジサイなどに似るが、周囲の装飾花のがく片の縁にあらい鋸歯がある。径3cm位で初め白く、次第に紅みを帯びてのち濃紅色。中央にある多数の両性花は白く小さい。和名紅額はガクアジサイに似るががく片が赤いため。

2870. ヒメアジサイ　（ニワアジサイ）　〔アジサイ属〕
Hydrangea serrata (Thunb.) Ser. var. *yesoensis* (Koidz.)
H.Ohba f. *cuspidata* (Thunb.) Nakai

庭に栽培される落葉低木。エゾアジサイの花序全体が装飾花になったもの。野生は知られていない。高さ2～3m。株は根もとから群生。幹は直立、無毛で灰色、新茎は緑白色で日光を受けて紅紫色に変わる。髄は白色。葉は長さ10～17cm。花は夏、今年の枝先に球形の青色の装飾花からなる花序をつくり、中に小形の両性花が混じる。和名は全体が女性的で優美なので姫とついた。

2871. エゾアジサイ　　〔アジサイ属〕
Hydrangea serrata (Thunb.) Ser. var. *yesoensis*
(Koidz.) H.Ohba

北海道、本州東北地方、北陸地方以西の日本海側の山中にはえる落葉低木。高さ1～1.5m。下部からよく分枝する。葉は長さ10～17cm、幅6～10cm、広だ円形または卵状だ円形。花は夏。枝先に散房状の集散花序をつけ多数の碧色の両性花を開く。花序は径10～17cm。周囲にはがく片が大形化した装飾花があり径2.5～4cm。がく片は3～5個。花序中央の両性花は雄しべ10本。花柱は3～4本。

2872. アマギアマチャ　　〔アジサイ属〕
Hydrangea serrata (Thunb.) Ser.
var. *angustata* (Franch. et Sav.) H.Ohba

静岡県東部、神奈川県西部の山地にはえる落葉小低木。高さ1m位。葉は対生し、柄があり、長さ6～10cm、脈には細い毛がある。花は初夏、枝頂に大形の花序をつける。中心に両性花、周囲に少数の装飾花をつける。装飾花は径2cm位、がく片は花弁状。両性花は小さいが、5枚のがく片と花弁をもつ。ともに白色をしている。和名天城甘茶は産地・伊豆半島天城山（甘木山）にちなむ。

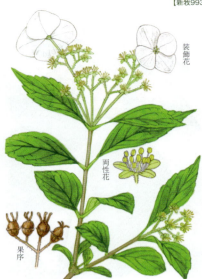

2873. アマチャ 〔アジサイ属〕
Hydrangea serrata (Thunb.) Ser. var. *thunbergii* (Siebold) H.Ohba

ふつう栽培されている落葉低木。茎は高さ70cm位で茎、葉ともヤマアジサイによく似ている。花は初夏、周囲にがく片が花弁状をした装飾花があり、初め青く、のち紅色。中心は両性花からなる。和名は葉を乾かすと非常に甘くなり、それで甘茶をつくるため。漢名土常山は中国産の種で日本の甘茶に似た *H. aspera* D.Don のこと。

2874. ガクウツギ （コンテリギ） 〔アジサイ属〕
Hydrangea scandens (L.f.) Ser.

東海地方、近畿地方、四国、九州の山地にはえる落葉低木。高さ1.5m位、多数分枝し枝は細く白い髄をもち、若枝は細毛がある。葉は対生し薄く長さ3～9cm。花は晩春、枝先に花序をつけるが、周囲に白いがく片からなる少数の装飾花と、その中に多数の両性花が開く。和名額空木はウツギに似ていて、装飾花を額に見立てた名。

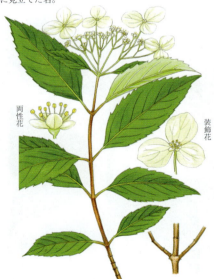

2875. コガクウツギ 〔アジサイ属〕
Hydrangea luteovenosa Koidz.

伊豆半島、紀伊半島、近畿地方、中国地方、四国、九州にはえる落葉低木。高さ1m。下部からよく分枝する。若枝は紫褐色、次年度は灰褐色。葉は対生し長さ2.5～5cm、長だ円形あるいはだ円形、表面は緑紫色、葉脈に沿って黄緑色。花は春から夏。花序の周囲にはがく片が大形型化した装飾花がある。がく片は白く、乾くと黄色になる。両性花のがく筒は杯状。花弁は淡黄緑色。

2876. カラコンテリギ 〔アジサイ属〕
Hydrangea chinensis Maxim.

中国中南部と台湾に分布する落葉高木で、八重山諸島によく似た変種が生育する。下部からよく分枝し若枝は赤褐色。葉は対生し長さ5～12cm、幅2～5cm、長だ円形、表面は脈に沿って毛が散生。花は初夏から盛夏。枝の先に散房状の集散花序をつける。花序の周囲にはがく片が大形化した装飾花があり、がく片は3～5枚、黄白色。両性花は多数あり、がく筒は杯状、花弁は5枚、倒卵形。雄しべは10本。

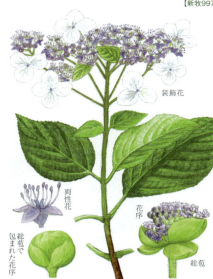

2877. コアジサイ（シバアジサイ）　〔アジサイ属〕
Hydrangea hirta (Thunb.) Siebold et Zucc.
　本州の関東地方以西，四国の山地の谷間などにはえる落葉低木。高さ1〜2m，枝は細く軟らかく，紫色を帯びることが多い。若枝は緑色で毛があるが，あとで落ちる。葉は長さ4〜12cm，膜質で両面に毛があり表面は光沢がある。乾くと藍色になる。花は初夏，装飾花はなく，全部が両性花。がく片，花弁とも5枚，雄しべは10本，花柱は3本。

2878. タマアジサイ　〔アジサイ属〕
Hydrangea involucrata Siebold
　本州の福島県以南から中部地方，四国の山地の谷間にはえる落葉小低木。高さ1.5m位，初めは毛がある。葉は長柄があり，葉身の長さ10〜20cm，両面に毛がありざらつく。花は夏，総苞が落ち，周囲に少数のがく片4枚の装飾花があり結実せず，その中に両性花がある。和名はつぼみの時の花序が総苞に包まれ，球状をしているため。

2879. ヤハズアジサイ　〔アジサイ属〕
Hydrangea sikokiana Maxim.
　紀伊半島，四国，九州の山地にはえる落葉小低木。まばらに分枝し皮ははげやすい。葉は対生，長柄があり，葉身の長さは10〜20cm，花は夏，当年枝には大きな花序をつける。花序は若いとき総苞に包まれない。少数の白い装飾花があり，がく片はふつう4枚，長柄がある。和名矢筈アジサイは葉の先端が分かれている形を矢筈に見立てた名。

2880. ノリウツギ　〔アジサイ属〕
Hydrangea paniculata Siebold
　北海道から九州，および南千島，サハリン，中国の温帯に分布。山地で日当たりよく多少陰湿な地を好む落葉低木。高さ5mに達する。葉は互生，ときに3輪生で長さ6〜14cm。花は夏，円錐花序で装飾花と両性花からなる。装飾花だけの変種をミナヅキ f. *grandiflora* (Siebold ex Van Houtte) Ohwi という。和名は幹の内皮で製紙用ののりをつくることからいう。根からパイプをつくる。

2881. ツルアジサイ (ツルデマリ, ゴトウヅル) 〔アジサイ属〕
Hydrangea petiolaris Siebold et Zucc.
　北海道から九州, および南千島, サハリン, 朝鮮半島南部の温帯に分布, 山地にはえる落葉つる低木。気根を出してほかの樹木や岩にはい上がり長さ15 mに達する。葉は対生し長柄を持つ。花は初夏, 散房状の集散花序ははがく片が花弁状の装飾花と多数の両性花からなる。両性花の花弁5枚は先端でゆ着し帽子状になり早く落ちる。和名は蔓性のアジサイの意。別名蔓手毬。

2882. イワガラミ 〔イワガラミ属〕
Schizophragma hydrangeoides Siebold et Zucc.
　北海道から九州, および鬱陵島に分布, 山地の林内にはえる落葉つる植物。茎から気根を出し岩や他の樹木によじのぼり, 太いもので径5 cm, 樹皮は厚い。葉は互生し長柄をもち, 赤みを帯び, 葉身の径5〜13 cm位。花は初夏, 大きい白い花弁状のがく片1枚をもつ装飾花（中性花）が花序の周囲に数個ある。両性花の5枚の花弁は開花後早落する。和名は気根で岩にからみつくから。

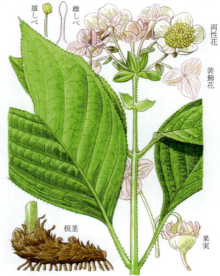

2883. クサアジサイ 〔クサアジサイ属〕
Cardiandra alternifolia Siebold et Zucc.
　宮城県以南, 四国, 九州の山地の暖帯林内にはえる多年草。茎は単生で高さ20〜80 cm。葉は長さ6〜20 cmで互生し, 薄い。アジサイ属が対生するのと対照的である。花は夏から初秋, 茎頂に散房状の花序を出し, 淡紅紫色, 紅白色または白色。散房花序のまわりに3枚のがく片が大きくなった装飾花がある。生育地によって変異がある。和名はアジサイのような花の咲く草本の意。

2884. ギンバイソウ (ギンガソウ) 〔ギンバイソウ属〕
Deinanthe bifida Maxim.
　関東地方以西, 四国, 九州の温帯に分布し, 山地の木かげにはえる多年草。茎は高さ40〜70 cm位で単生。葉は対生, 長さ10〜30 cm。先は深く2裂する。花は夏, 径2 cm, 花序は初め数個の苞葉に包まれる球状。装飾花は花弁状をしたがく片3枚からなる。両性花は多数の雄しべと花柱が合着した雌しべからなり, 径2 cm。地下茎の粘液から製紙用ののりをとる。和名銀梅草は花が白梅を連想させるため。

2885. キレンゲショウマ　〔キレンゲショウマ属〕
Kirengeshoma palmata Yatabe

紀伊半島, 四国, 九州, 朝鮮半島, 中国の深山にまれにはえる多年草。茎の高さ 80 cm 位, 無毛。葉は下部では長い葉柄があり, 上部でほとんど無柄, 長さと幅が 10～20 cm で多汁質, 両面に伏毛がある。花は夏。黄色の鐘形花。花弁は長さ 3～4 cm で肉厚, 雄しべ 15 本が 3 輪に並ぶ。和名は黄花を開くレンゲショウマ（キンポウゲ科）に似た植物という意味。

2886. ツリフネソウ　（ムラサキツリフネ）〔ツリフネソウ属〕
Impatiens textorii Miq.

日本各地, および朝鮮半島から中国東北部に分布し, 山麓の谷川などの湿ったところにはえる 1 年草。茎は直立し高さ 50～80 cm, 多汁質で節は太くなる。葉は長さ 4～18 cm。花は夏から初秋, 径 3 cm 位の紅紫色。花柄に赤紫色の腺毛がある。さく果は熟すと種子をはじき飛ばす。和名釣船草（つりふねそう）は花が帆かけ船をつり下げたように見えるからいう。

2887. ハガクレツリフネ　〔ツリフネソウ属〕
Impatiens hypophylla Makino

紀伊半島, 四国, 九州の山地の林下や谷川沿いの湿ったところにはえる 1 年草。茎は直立し, 高さ 30～80 cm で多汁質, 上部にちぎれた毛がある。葉は長さ 4～13 cm。花柄は葉の下に隠れる。花柄には白毛がはえる。花は夏から秋に咲き, 長さ 3 cm 位で距は前に曲がる。和名の葉隠釣船（はがくれつりふね）は花柄が葉の裏に下がり花が隠れることからいう。

2888. キツリフネ　〔ツリフネソウ属〕
Impatiens noli-tangere L.

東アジア, ヨーロッパ, 北アメリカ西部に広く分布し, 日本各地の山地の湿地や水辺にはえる 1 年草。茎は直立し高さ 40～80 cm, 滑らかで多汁質, 節は膨らむ。葉は薄くて軟らかい。花は夏に葉腋から細い花柄を出し, 3～4 花を垂れ下げ, 径 2～4 cm, 初めは閉鎖花をつける。成熟した果実に触れると種子をはじき飛ばす。漢名輝菜花。

2889. ホウセンカ 〔ツリフネソウ属〕
Impatiens balsamina L.
　インド, マレー半島から中国大陸の原産, 広く観賞用に庭に植えられる1年草。全体に無毛で軟らかい。茎は直立し高さ30〜70 cm, 多肉。花は夏から秋, 色は紅, 白などがある。八重咲きのものもある。さく果は熟すと勢いよくはじけ種子を飛ばす。和名は漢名鳳仙花の音読み。昔, 指の爪をこの花で染めたところから古名ツマクレナイという。

2890. ハナシノブ 〔ハナシノブ属〕
Polemonium caeruleum L.
subsp. *kiushianum* (Kitam.) H.Hara
　九州の山地の草原にまれにはえる多年草。茎は高さ60〜90 cm, 稜線がある。葉は羽状複葉で10〜12対の小葉からなり, 小葉は長さ1.5〜4 cm。花は夏, 茎の頂部に円錐花序を出し, 花序には腺毛がある。青紫色の花冠は長さ1〜1.5 cmで背面と縁に短毛がある。がくは5裂し長さ5〜7 mm。いわゆる絶滅危惧植物の1つ。

2891. ミヤマハナシノブ 〔ハナシノブ属〕
Polemonium caeruleum L.
subsp. *yezoense* (Miyabe et Kudô) H.Hara
　本州中部地方以北, 北海道の砂礫地や草地にはえる多年草。高さ約80 cm。葉は羽状に全裂し, 羽片は10対ほどあり, 小葉の長さ約5 cm。根生葉には長い柄があり, 上部は無柄。花期は夏。花は散房花序につき, 淡青紫色。花冠は5裂し, 長さ約2.5 cm。がくは5深裂して, 長さ10 mmほど。雄しべは5本で, 花冠裂片と互生する。さく果は熟すと裂開する。

2892. クサキョウチクトウ 〔クサキョウチクトウ属〕
Phlox paniculata L.
　北アメリカ原産で観賞用によく庭に栽培される多年草。茎は1株に数本以上直立し, 高さ1 m内外。葉は対生, ときに3枚輪生し, 長さ7〜13 cm, 縁に細毛がある。花は夏, 紅紫色や白色などの花を開く。花冠は5裂で平開, 裂片は回旋してひだ状に重なり, 径2.5 cm。園芸品種が多い。和名は花がキョウチクトウに似て草であるから, オイランソウの別名も古くから親しまれている。

【新牧2448】

【新牧1919】

果実

2893. キキョウナデシコ　〔クサキョウチクトウ属〕
Phlox drummondii Hook.
　アメリカ合衆国のテキサス州原産。日本でも観賞用として栽培されている1年草。茎はよく分枝して直立、高さ30 cm内外。粗い毛がある。葉は柄がなく、下葉は対生、上葉は互生し長さ2.5〜4 cm。花は夏、茎頂に集散花序につけ、紅、淡紅、紫、白色などの花を開く。その他多くの園芸品種がある。

2894. ゴバンノアシ　〔サガリバナ属〕
Barringtonia asiatica (L.) Kurz
　八重山群島の石垣、西表島にはえる常緑高木。東南アジアからミクロネシアに分布する。葉は互生し、倒卵状だ円形、先端は鋭くとがり全縁である。花序は総状花序で短く、上向きにつく。花は径約10 cmの大形な白色、がくの基部はゆ合し、がく筒をつくる。果実は四角形で、頂端にがくが宿存し、中に大きな種子を1個もつ。果実は海流で長距離漂流して散布する。

果実

種子

果実と種子

2895. サガリバナ　〔サガリバナ属〕
Barringtonia racemosa (L.) Spreng.
　東南アジアからミクロネシアにかけ分布、奄美大島から琉球列島にはえる常緑高木。葉は互生し、倒卵状長だ円形で長さ10〜30 cm、先端は鋭くとがる。花序は総状花序で、葉腋から下垂する。花は径3 cmほど、がくはつぼみ時には合着しているが、開花するときに2〜3の裂片に分かれる。果実は4稜のある長卵円形で、頂端にがくが宿存する。

2896. ブラジルナットノキ　〔ブラジルナットノキ属〕
Bertholletia excelsa Humb. et Bonpl.
　アマゾン流域の熱帯雨林にはえる常緑大高木。高さ30 m超のものもある。樹皮は黒く枝は大きく張る。葉は互生し長さ30〜35 cmのだ円形、縁は波打つ。枝先に大きな円錐花序を上向きにのばし、多数の雄しべをもつ6弁の白い花をつける。果実は径15〜20 cm。表面が暗褐色、外壁は厚い木質で、1果の重さは1 kgを越え、中にある種子（ブラジルナット）は高級な菓子原料となる。

【新牧1920】　　　　　　【新牧1921】

2897. モッコク　〔モッコク属〕
Ternstroemia gymnanthera (Wight et Arn.) Bedd.
関東地方南部から琉球列島，および台湾，朝鮮半島南部，中国，東南アジアの暖帯から熱帯に分布。海岸近くにはえ，また庭木として栽植されている常緑高木。葉は厚く革質，滑らかでつやがあり互生し，長さ5cm位。雄性両性異株。花は夏，径1cm位，下向きに開く。材は赤色で床柱，寄せ木細工などに用い，樹皮から茶褐色の染料をとる。

2898. ヒサカキ　〔ヒサカキ属〕
Eurya japonica Thunb.
本州，四国，九州，琉球列島，および朝鮮半島南部に分布。やや乾いた山地の林内にはえ，庭木として栽植する常緑低木または小高木。茎や葉は無毛だが，南日本には若枝が有毛のもの（ケヒサカキ）もある。花は早春，ふつう雌雄異株だが雌雄の花が同じ株につくこともある。下向きでにおいが強い。和名は姫サカキのなまりで，サカキに比べて小形。サカキの少ない地方ではこれをサカキの名で神事に使う。漢名は野茶を慣用。

2899. ハマヒサカキ　〔ヒサカキ属〕
Eurya emarginata (Thunb.) Makino
関東地方南部から琉球列島，および朝鮮半島南部，台湾の暖帯から亜熱帯に分布。海岸にはえ，栽植もする常緑低木。高さ1.5〜4m位，枝葉が密に茂る。若枝には毛が密生。葉は質が厚くつやがあり，裏に反り返り，先がへこみ長さ1〜4cm。花は晩秋から春。径約4mm。果実は径5mm。和名は海岸性のヒサカキ。

2900. ヒメヒサカキ　〔ヒサカキ属〕
Eurya yakushimensis (Makino) Makino
屋久島の標高1000m付近に限って分布する常緑の小高木。葉は密に2列互生，長さ1〜3cm，幅7〜10mm。倒披針状だ円形。先は鈍端。裏面は淡緑色。花は葉腋に2〜3個密生して開く。径4〜5mm。がく片は5枚。扁平半円形花弁は満開時に平開し，紅紫色で白染がある。雄しべは5本，花弁に対生する。雌しべは1本，子房は3室，花柱は3岐する。果実は液果で径5mm。

2901. サカキ 〔サカキ属〕
Cleyera japonica Thunb.
関東地方から琉球列島，および済州島，台湾，中国の暖帯から亜熱帯に分布．林床にはえ，神社の庭などにも栽植する常緑小高木．葉は2列の互生，長さ6〜12cmで全縁，滑らか．花は初夏．和名栄樹（さかき）は常緑であるからという．榊は日本字であって枝葉を神道の神事に使うことからつくられた．材は建築，器具，小細工物に用いる．

2902. アカテツ （クロテツ） 〔アカテツ属〕
Planchonella obovata (R.Br.) Pierre
オーストラリア，マレーシアから台湾，琉球列島，小笠原諸島にかけて分布する常緑大高木．高さは大きいもので20mにも達する．葉は互生し，枝先に束状に集まるものもあり，卵状だ円形．雌雄異株．夏に枝先の葉腋から短い柄のある花を数個束生し，花柄とがくの外面も若葉と同様にサビ色の毛をもつ．花は径5mmほどで，やや壺状のがくをもつ．花弁は小さく5枚あって黄緑色．

2903. ムニンノキ （オオバクロテツ） 〔アカテツ属〕
Planchonella boninensis (Nakai) Masam. et Yanagihara
小笠原諸島の林内に稀産する常緑小高木．高さ6〜8m．葉は枝先に集まってつき，長だ円形で，7〜8対ある側脈はくっきりと突き出している．雌雄異株．夏に枝先の葉腋から小さな花を2〜3個ずつ束生し，黄緑色の5片の花弁がある．果実は長だ円形の核果で長さ4〜5cm，食べられる．果実の外面は緑褐色である．結実する雌の個体はごく少ない．

2904. カキ （カキノキ） 〔カキノキ属〕
Diospyros kaki Thunb.
本州，四国，九州の山中にはえるヤマガキ var. *sylvestris* Makino を原種とし，改良されて広く栽植される落葉高木．花は初夏，若枝の葉腋に1個ずつつき雌雄同株，雌花は雌しべ1本に退化した8本の雄しべがある．大きな液果で秋に熟し食用，また渋をとる．材は硬く器具，家具に用いる．和名は赤黄（あかき）により，紅葉と果実の色にちなむという．栽培品種が多い．漢名柿．

2905. シナノガキ（マメガキ，ブドウガキ）〔カキノキ属〕
Diospyros lotus L.
中国原産と考えられ，日本でも古くから栽培される落葉高木。高さ6〜9 m。葉は互生し有柄，長さ6〜12 cm，カキの葉より細長く，裏面は灰白色で有毛。晩春，新枝の葉腋に1個ずつ黄白色の小花を下向きに開く。果実は径1.5 cm位，種子の不熟な品種（本図）と熟する品種（マメガキ）とがあり，黄色く熟し，霜に当たると黒くなり食べられる。未熟の青い実から柿渋をとる。

2906. トキワガキ（トキワマメガキ，クロカキ）〔カキノキ属〕
Diospyros morrisiana Hance
伊豆半島以西の西日本から琉球列島および台湾，中国の暖帯から亜熱帯に分布し，山地にまれにはえる常緑小高木。葉は革質で長さ5〜9 cm。花は初夏，下向きに咲く。雌雄異株。果実は径15 mm位，秋に熟して暗紫褐色となる。和名常盤柿は常緑なのでいう。クロカキは老木の幹が黒色であることによる。建築や工芸に珍重される黒柿は別のもので，カキノキ属の黒い心材をさす。

2907. リュウキュウマメガキ〔カキノキ属〕
Diospyros japonica Siebold et Zucc.
東海地方以西から四国，九州，琉球列島の山地にはえる常緑高木。高さ3〜5 m。葉は互生し，だ円形ないし卵状だ円形で，先はとがっている。初夏，葉腋に淡黄色の雌花を1個，または赤みを帯びた雄花を数個つける。カップ状のがくに抱かれて，花冠の上部はがくと同じように裂ける。果実は径2 cmほどの球形の液果で，紫黒色に熟す。

2908. コクタン〔カキノキ属〕
Diospyros ebenum J.König
インド南部からマレーにかけて産する常緑高木。日本ではまだ栽培された記録がない。花は単性で雄花は散花序，雌花は単生し，ともに白色花。心材は黒くきめが細かで，俗に紫檀に対して黒檀と呼ばれ，黒色でみがけば光沢があり美しい。いわゆる唐木と呼ばれる材木中の優れたもので家具，器具材，楽器など用途が多い。漢名烏木。

2909. リュウキュウコクタン　〔カキノキ属〕
Diospyros egbert-walkeri Kosterm.

沖縄諸島と台湾の海岸近くにはえ、庭園樹としても栽培される常緑高木。高さ10m前後。葉は互生し、倒卵形。先はやや円く、基部はくさび形に細まる。花期は晩春から初夏。花は葉腋に数個つき、がくはカップ状で上部が3片に分かれる。花冠は淡黄色で長さ3〜5mm。果実はだ円形の液果で、長さ約1cm。秋から冬に紅紫色に熟す。

2910. サクラソウ　〔サクラソウ属〕
Primula sieboldii E.Morren

北海道南部から本州、九州および朝鮮半島、中国東北部、東シベリアに分布し、山野の湿地にはえる多年草。江戸時代から多くの栽培品種がつくられた。花茎は高さ15〜40cm。葉は長さ4〜10cm。全体に毛が多い。花は春。花冠は径2〜3cm。和名桜草は花形がサクラに似ていることによる。方言でナルテングサ、メドチバナという。

2911. クリンソウ　〔サクラソウ属〕
Primula japonica A.Gray

北海道、本州、四国に分布。山地の谷川沿いの湿地にはえ、観賞用に栽培もされる多年草。花茎は高さ40〜80cm。葉は根生し長さ15〜40cm。若葉はしわが多い。花は初夏。花冠は径2〜2.5cm、赤、白、ピンクなどがある。和名九輪草は花が何段も輪生するのに対し、最大の数を表す九を当てたもの。方言でシチカイソウ（七階草）、トウバナ（塔花）と呼ばれる。

2912. ヒナザクラ　〔サクラソウ属〕
Primula nipponica Yatabe

東北地方の高山の湿原にはえる多年草。葉は根生し、長さ2〜4cm、幅5〜15mm、下部は長いくさび形で葉柄状、上部には粗い鋸歯がある。葉脈ははっきり見えない。花は夏、高さ7〜15cmの細い花茎を1本、まれに2本出し、柄のある白花を散形状に開く。がくは5裂で宿存性。花冠は白色で中心は黄色、5裂して広がり径12〜15mmになる。

2913. エゾコザクラ　〔サクラソウ属〕
Primula cuneifolia Ledeb. var. *cuneifolia*

東アジア北部からアラスカの寒帯にかけて分布。北海道の高山帯の湿原にはえる多年草。葉は根生し，長さ2〜5cm，基部は細い柄になり，下部を除いて葉縁に粗い鋸歯があり，切れ込みは深く2重にならない。花は夏，高さ5〜15cmの花茎を1本出し，1〜5個の紫紅色の花を開く。和名は北海道に産する小形のサクラソウ。

2914. ハクサンコザクラ（ナンキンコザクラ）〔サクラソウ属〕
Primula cuneifolia Ledeb. var. *hakusanensis* (Franch.) Makino

本州中部地方以北の高山帯の湿地にはえ，しばしば大群落をつくる多年草。葉は根生し長さ3〜8cm，厚く中部より上は2重の鋭鋸歯がある。花は夏，葉の中心から高さ10cm位の花茎を出し，紅紫色の花を数個つける。和名は石川県白山で初めて見つけられたのでいう。別名南京小桜の南京（なんきん）は遠来の珍品につけるが，この種と南京とは関係がない。

2915. ミチノクコザクラ　〔サクラソウ属〕
Primula cuneifolia Ledeb. var. *heterodonta* (Franch.) Makino

青森県岩木山の高山帯にはえる多年草。ハクサンコザクラに非常に近いが，全体が壮大で各部が大きい。葉は細まって柄になり，中部より先に不揃いでしばしば2重になった鋸歯があり，長さ4〜9cm。夏に高さ8〜15cmの花茎を出し，3〜15個の紫紅色花を散形につける。花冠は径2〜3cmになる。和名陸奥小桜。

2916. ユウバリコザクラ　〔サクラソウ属〕
Primula yuparensis Takeda

北海道夕張岳の高山帯にはえる多年草。葉は根生し，長さ1〜3cm，幅5〜15mmで，下部はくさび形に細まり，縁には目立たない細かい鋸歯がある。裏面には薄く白い粉がある。初夏に株の中心から高さ4〜10cmの花茎を出し，頂に1〜2個の淡紅色の花をつける。花径12mm内外で萼の基部はふくらむ。

【新牧2217】

2917. ユキワリソウ　　　〔サクラソウ属〕
Primula farinosa L. subsp. *modesta* (Bisset et S.Moore) Pax var. *modesta* (Bisset et S.Moore) Makino ex T.Yamaz.

　中部以西の本州，四国，九州に分布し，山地の湿った岩場や草地にはえる多年草。花茎は高さ7〜15 cm。葉は根生し無柄，花後に大きくなり長さ3〜10 cm，下面に密に淡黄色の粉がふいている。花は初夏。花冠は径1〜1.5 cmで淡紅色。和名雪割草（ゆきわりそう）は高山の雪どけの直後に花が咲くからいう。

【新牧2218】

2918. ユキワリコザクラ　　　〔サクラソウ属〕
Primula farinosa L. subsp. *modesta* (Bisset et S.Moore) Pax var. *fauriei* (Franch.) Miyabe

　本州北部から北海道，および千島の寒帯に分布。高山の岩場や北海道東部では海岸の岩場にはえる多年草。葉は根生して長い柄をもち，葉縁は不明瞭な鈍鋸歯で，表面は緑色，裏面に淡黄色の粉をつける。花後に葉が大きくなるのはユキワリソウと同じ。花は夏，長さ10 cm位の花茎を直立，柄のある紫紅色の花を数花集めて開く。さく果は筒状で上部は短く5裂し，がくが宿存する。

2919. レブンコザクラ　　　〔サクラソウ属〕
Primula farinosa L. subsp. *modesta* (Bisset et S.Moore) Pax var. *matsumurae* (Petitm.) T.Yamaz.

　北海道礼文島，天塩地方，知床半島，択捉島に分布。高山帯の乾いた草地にはえる多年草。根茎は短く，長さ6〜14 cmの葉を数枚から十数枚束生，波状で不明な鋸歯があり，裏面に黄色の粉をふき，基部はしだいに柄となる。花は初夏，花茎の先端に5〜15花をつける。白花品もある。苞は長さ6〜8 mm，基部は多少ふくらむ。がくは長さ5〜9 mm。さく果は熟すとがくの1.5〜2倍に伸び，長さ11 mm位になる。

果実

2920. ヒメコザクラ　　　〔サクラソウ属〕
Primula macrocarpa Maxim.

　岩手県早池峰山の蛇紋岩地に特産する多年草。ごくまれにしか見られない。葉は小さく，数個が根ぎわに集まり，柄を含めて長さ1〜3 cmで，縁には不規則なとがった鋸歯がある。初夏，高さ5〜10 cmの花茎を直立し，柄のある小さな白花を2〜3個つける。花冠は径1 cm位，筒の長さはがくとほぼ同じである。

【新牧2219】

2921. オオサクラソウ 〔サクラソウ属〕
Primula jesoana Miq. var. *jesoana*

　本州中部以北, 北海道西南部の高山から亜高山帯の半日かげの湿地にはえる多年草。多くは全体に短毛がはえるが, ときに無毛。高さ30 cm位。根生葉は径5 cm内外, 長柄がある。花は初夏から夏, 葉の間から長さ20～40 cmの茎を直立し, 頂に柄のある紅紫色の花を輪状に1～2段つける。花柄の基部に苞が数片ある。北海道には縮れた毛が多く葉の切れ込みが浅いエゾオオサクラソウ var. *pubescens* (Takeda) Takeda et H.Hara がある。

2922. カッコソウ 〔サクラソウ属〕
Primula kisoana Miq.

　群馬県の山地の樹下にまれにはえる多年草。全体に白い軟毛が密生する。葉は径3～7 cm, 表面は脈がへこみちぢんでいる。花は春, 高さ10～15 cmの花茎を出し, 頂に紫紅花を1～2段散形状につける。がくは筒状で長さ1 cm, 花冠は径2～3 cm, 株によって雄しべ, 雌しべの位置と長さが異なる花をつける。

2923. ヒダカイワザクラ 〔サクラソウ属〕
Primula hidakana Miyabe et Kudô ex Nakai

　北海道日高山脈に特産し, 高山の沢沿いの岩場などにはえる多年草。高さ5～12 cm。葉は1～3枚が根生し, 円形または腎円形で, 浅く掌状に7裂する。晩春頃, 無毛の花茎の先に1～2個の花をつける。花冠は淡紅色で径約2.5 cm, 高杯形で花筒部の長さは約1 cm, のどの部分は黄色。がくはわずかに短毛がある。さく果は長さ11～13 mmほど。

2924. イワザクラ 〔サクラソウ属〕
Primula tosaensis Yatabe

　本州中部以西, 四国, 九州の谷間の岩場にはえる多年草。花茎は高さ15 cm内外。葉は根生し, 径3～8 cm, 裏面の脈上と葉柄には褐色の長毛がある。花は晩春から初夏。花冠は径2～2.5 cm, 筒部は長さ1.5～2 cmと大きい。果実は長さ1.5～2.5 cmのさく果でがく筒の2倍ほどの長さ。和名岩桜は岩場にはえるサクラソウの仲間という意味。

2925. コイワザクラ　　　　〔サクラソウ属〕
Primula reinii Franch. et Sav. var. *reinii*
富士山周辺，箱根，丹沢山，伊豆御蔵島などの岩場にはえる多年草。花茎は高さ5～10 cm。葉は根生し，長柄があり，葉身は腎臓状円形で下部は深い心形，花時には径1～3 cm，果時には径7 cm位になる。両面に白軟毛が密生するが，上面の毛はのちになくなる。花は晩春。花冠は径2～3 cm。

2926. クモイコザクラ　　　　〔サクラソウ属〕
Primula reinii Franch. et Sav. var. *kitadakensis* (H.Hara) Ohwi
本州の秩父山塊と八ヶ岳，赤石山脈などの亜高山帯の岩場にはえる多年草。葉は長い白軟毛を密生した柄をもち，径1.5～4 cm，表面は初め白い軟毛があるが，のちにほとんど無毛，裏面には毛が多い。春，新葉とともに高さ5～10 cmの花茎を出し紫紅色の1～3花をつける。株によって雌しべが長く，雄しべが花筒の下部につくもの（図 a, a'）とその逆の構造（図 b, b'）の2型の花をもつ。和名雲居小桜は高地に産する小形のサクラソウ。

2927. チチブイワザクラ　　　　〔サクラソウ属〕
Primula reinii Franch. et Sav.
var. *rhodotricha* (Nakai et F.Maek.) T.Yamaz.
本州の秩父武甲山の石灰岩の岩場にのみはえる多年草。コイワザクラに似るが，ふつう全体が大形で，葉柄や花茎の下部にはえる毛が暗紅色を帯びる。葉は長さ2～4 cm。花は晩春，高さ7～12 cmの花茎の頂に径2～3.5 cmの紫紅色の花を少数個開く。株によって雄しべ，雌しべの位置や長さが異なる。和名は秩父の岩上にはえるサクラソウの意。

2928. テシオコザクラ　　　　〔サクラソウ属〕
Primula takedana Tatew.
北海道の天塩地方に特産し，亜高山の湿った岩場にはえる多年草。葉は根生葉を2～3枚つけ，腎円形。基部は心形，掌状に8～11片に深裂する。花は15 cmほどの花茎の先端に2～3個つけ，白色で直径1.5 cm。筒部の長さは6～8 mm。花冠は全開せずにロート状に開く。がくは5深裂し，裂片は長さ5～7 mmで鈍頭。さく果は短い円柱形である。

2929. キバナノクリンザクラ　〔サクラソウ属〕
Primula veris L. subsp. *veris*
　西アジアからヨーロッパ，アフリカ北部の原産で明治中期に渡来し，花壇に栽培される多年草。葉は根ぎわに群がってつき，長さ5〜8cm。花は春から初夏，高さ10〜20cmの花茎をのばし，頂に側方に向いた散形花序をつける。芳香があり，ふつう黄色で，中心に赤い斑紋があるが，橙，鮮紅色などの園芸品がある。和名は黄花九輪桜。

2930. オトメザクラ　(ヒメザクラ，ケショウザクラ)〔サクラソウ属〕
Primula malacoides Franch.
　中国雲南省の原産。ふつう温室で栽培されている多年草。葉は根ぎわに群がり，毛の多い長さ13〜18cmの柄をもつ，表面はしわがあり無毛，裏面粉白色。花は春，高さ20〜50cmの細い花茎を数本出し，2〜6段になった散形花序をつくる。ふつう淡紅色であるが多くの品種がある。和名乙女桜，姫桜は全体が繊弱で開花した様子が愛らしいから。園芸上は形容語のマラコイデスで呼ぶ。

2931. プリムラ・ポリアンサ　(クリンザクラ)〔サクラソウ属〕
Primula polyantha Mill.
　ヨーロッパ原産の *P. elatior* や *P. vulgaris* の交配によりつくり出された園芸種で，多年草。草丈15〜20cm，葉は倒卵形で，有翼柄を根生する。葉の表面にでこぼこがある。花は太い花茎の先に散形状につくが，品種により1茎に1花咲くものもある。色彩鮮やかな5〜6弁花で，青，赤，黄，緋，橙，白，青紫と豊富な花色があり，花形や大きさの変異も多い。

2932. チュウカザクラ　(カンザクラ，ハナザクラ)〔サクラソウ属〕
Primula sinensis Sabine ex Lindl.
　中国の原産。観賞用として主に温室に栽培されている多年草。花時の高さ15〜35cm，全体に軟らかい白毛を密生。葉は長い柄をもち，長さ6〜10cm，裏面はしばしば赤みを帯びることがある。花は冬から早春，太い花茎を出し，2〜3段になった散形花序をつくる。花は濃紅色，淡黄色，白色など。花冠は径3cm。

2933. リュウキュウコザクラ　〔トチナイソウ属〕
Androsace umbellata (Lour.) Merr.

　中国地方から九州、琉球列島、および朝鮮半島、台湾、中国、東南アジアの暖帯・熱帯に分布。海岸近くの乾いた草地にはえる1年あるいは越年草。葉は根生、長い柄があり、長さは5〜15 mm、全体に軟毛がはえる。早春に高さ5〜12 cmの花茎を出し、径5〜7 mmの白花をつける。がく片は果時に少し大きくなる。和名琉球小桜。

2934. トチナイソウ　〔トチナイソウ属〕
Androsace chamaejasme Host subsp. *capitata* (Willd. ex Roem. et Schult.) Korobkov

　アラスカから東アジアの寒冷地や高山帯に分布し、日本では北海道と東北（早池峰山）の岩地にはえる多年草。高さ3〜4 cm。葉は茎の基部に輪生状に集まってはえ、狭披針形か狭倒卵形。花期は夏。花は1本の花茎に2〜4個つき、散形花序となる。花冠は径5〜7 mmの白色で、高杯状。がくは杯形で5裂している。さく果は卵状球形。

2935. サクラソウモドキ　〔サクラソウモドキ属〕
Cortusa matthioli L. subsp. *pekinensis* (Al.Richt.) Kitag. var. *sachalinensis* (Losinsk.) T.Yamaz.

　北海道とサハリンの山地にまれにはえる多年草。葉は根生し、長さ8〜12 cmの長い柄をもち、径4〜8 cm。花茎や葉には軟毛がある。花は初夏、高さ10〜20 cmの花茎を出し、紫紅色の花が散形花序に点頭する。花冠裂片の先端近くに鈍い歯牙がある。和名はサクラソウ類に似ていて違うという意味で、花冠の形が異なり、雄しべが花冠の基部につくので別属とされる。

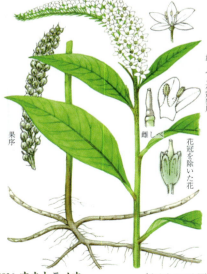

2936. オカトラノオ　〔オカトラノオ属〕
Lysimachia clethroides Duby

　アジア東部の温帯から亜熱帯に広く分布し、日本各地の山野にはえる多年草。長い地下茎で繁殖する。茎は高さ50〜100 cm、上部にはまばらに毛があり、下部は赤色を帯びる。葉は長さ6〜13 cmで短毛がある。花は夏、傾いた長い花序の上側に偏ってつく。花冠は径8〜12 mm。和名丘虎尾（おかとらのお）。方言でイヌノシッポバナ、ネコノシッポと呼ばれる。

2937. ヌマトラノオ 〔オカトラノオ属〕
Lysimachia fortunei Maxim.
本州、四国、九州および朝鮮半島、台湾、中国からインドシナなど温帯から亜熱帯に広く分布し、水辺の湿地にはえる多年草。地下茎をのばして繁殖し群生する。茎は高さ40〜80cmで下部は赤色を帯びる。葉は長さ4〜7cm。花は夏、花冠は径5〜6mmで5裂し、裂片の先は円い。和名沼虎尾は花穂を虎のしっぽに見立てた。

2938. ノジトラノオ 〔オカトラノオ属〕
Lysimachia barystachys Bunge
関東地方以西、本州の中部、九州および朝鮮半島と中国の東北部に分布し、原野や丘陵の草地にはえる多年草。長い地下茎を引く。茎は高さ50〜70cm、短い粗毛が密にはえる。葉は長さ3〜5cmの長だ円形でほとんど柄がない。花は晩春から初夏に咲く。花序は初め一方に傾いているが次第に直立する。花冠は径1cm未満で白色5裂、多数花が密につく。和名野路虎尾。

2939. サワトラノオ (ミズトラノオ) 〔オカトラノオ属〕
Lysimachia leucantha Miq.
本州、九州および朝鮮半島に分布し、水辺などの湿地にまれにはえる多年草。茎は高さ30cmで群生する。まれに葉のみをつける枝を茎の上部から出す。葉は長さ2〜4.5cm、黒色の腺点がまばらにある。花は夏、花穂は開花後も次第に長くのびる。和名および別名はいずれも湿地にはえることによる。

2940. ギンレイカ (ミヤマタゴボウ) 〔オカトラノオ属〕
Lysimachia acroadenia Maxim.
本州、四国、九州および済州島の暖帯に分布。山地の湿り気の多い日かげにはえる多年草。茎は直立し分枝、高さ30〜60cm、とがった角をもち、全体に無毛。茎や葉裏には一面に細かな紫色の点を散生する。葉は長さ5〜10cm。花は夏。花穂は直立し、花柄は斜上、花冠はがくより長く、長さ5〜6mm、平開しない。和名銀鈴花（ぎんれいか）。

2941. ハマボッス 〔オカトラノオ属〕
Lysimachia mauritiana Lam.
日本列島、小笠原諸島を含むアジア東部および南部と太平洋諸島の温帯から暖帯に広く分布。海岸の岩上などにはえる2年草。茎は束生、高さ10〜40 cm。葉は長さ2〜5 cm、多肉質で表面に光沢がある。花は初夏。花冠は径1〜1.2 cm、花穂は次第にのびる。さく果は径5 mm位、果皮は硬い。小笠原のものは花が大形でオオハマボッス var. *rubida*(Koidz.)T.Yamaz. として狭義のハマボッス var. *mauritiana* から区別することもある。和名浜払子は花穂を仏具のホッスに見立てた。

2942. コナスビ 〔オカトラノオ属〕
Lysimachia japonica Thunb.
北海道から九州までと琉球列島および台湾、中国、マレーなどに分布、山野の道ばたなどにはえる多年草。茎は長さ7〜20 cmで初め斜上するがのちに地をはう。葉とともに軟毛がある。葉は対生し軟らかく、長さ1〜2.5 cmの卵形で柄がある。花は初夏。花冠は径7 mm位。花柄は花後垂れ下がる。和名小茄子は球形のさく果が下向きにつく様子をナスビに見立てたもの。

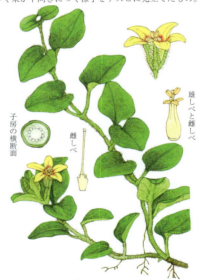

2943. ミヤマコナスビ 〔オカトラノオ属〕
Lysimachia tanakae Maxim.
紀伊半島と四国、九州の山地の林の中にはえる多年草。全体に軟毛があり、茎はつる状に長くのびて地上をはい、節から根を下ろす。葉は対生、径1〜2 cm、5〜15 mmの柄があり、葉の中に黒い腺点と短い線条がある。若いときは軟毛があるがのち無毛。初夏、葉腋ごとに1花をつけ、長さ2〜3.5 cmの柄に径8〜10 mmの黄色い花を開く。

2944. オニコナスビ 〔オカトラノオ属〕
Lysimachia tashiroi Makino
九州北部の山地にまれにはえる多年草。全体に褐色の長軟毛がはえている。茎はまばらに分枝して、長く地上をはい、花をつける枝は斜上して長さ5〜10 cmとなる。葉は対生し、長さ7〜12 mmの柄があり、長さ2〜4 cm、やや厚く、黒点はない。花は初夏、葉腋から長さ1.5 cm位の花柄をのばし、花冠は黄色で5裂し、中央部は赤色を帯びる。

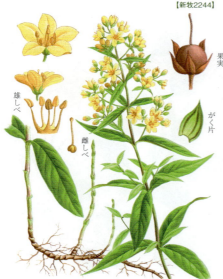

2945. クサレダマ（イオウソウ）〔オカトラノオ属〕
Lysimachia vulgaris L. var. *davurica* (Ledeb.) R.Knuth
　北海道，本州，九州および南千島，サハリン，朝鮮半島，中国，シベリアなどの寒冷地に分布し，山野の湿地にはえる多年草。地下茎を引く。高さ40～80cm。葉は長さ4～12cmでときに輪生する。花は夏から秋。花冠は径1.2～1.5cm。和名草レダマはマメ科のレダマに似て草なのでいう。別名硫黄草は花が黄色の意。方言で盆花（ぼんばな）ともいう。

2946. モロコシソウ（ヤマクネンボ）〔オカトラノオ属〕
Lysimachia sikokiana Miq.
　関東地方南部以西，四国，九州から琉球列島に分布し，暖地の海に近い山の林内にはえる多年草。茎は角ばり高さ20～80cm，乾くと香気がある。葉は長さ5～10cm，花は初夏。花冠は径1～1.2cm，黄色で5裂し下向きに咲く。和名唐土草（もろこしそう）は，この草が中国から渡来したと考えられたのに基づく。別名山九年母は山にはえ，香りが柑橘類のクネンボに似るため。

2947. ヤナギトラノオ　〔オカトラノオ属〕
Lysimachia thyrsiflora L.
　北半球の亜寒帯に広く分布。本州中部以北と北海道の山地の湿原にまれにはえる多年草。地下茎は地中に長くはい，節が多く，ひげ根を出す。茎は軟弱で無毛，直立しほとんど分枝せず，高さ30cm位による。葉は対生し長さ5～7cm。花は夏，葉腋から柄のある短い円筒形の総状花序を出し，多数の黄色の小花を密に集めて開く。和名は葉がヤナギ，花穂は虎の尾に似ることによる。

2948. ツマトリソウ　〔オカトラノオ属〕
Lysimachia europaea (L.) U.Manns et Anderb.
　北半球の亜寒帯に広く分布し，北海道と近畿地方以北の本州および四国の低山帯から高山帯にはえる多年草。細長い地下茎を引く。高さ10cm内外。葉は互生し上部のもので長さ2～7cm，下部の葉は小さい。花は夏。葉腋から花柄を出し，花冠は白色，径1.5cm位で7裂する。和名褄取り草（つまとりそう）は，花冠の縁に紅い細点が並ぶのでいう。

【新牧2247】

果実

【新牧2249】

2949. ハイハマボッス　〔ハイハマボッス属〕
Samolus parviflorus Raf.
　北海道，本州と北アメリカの海岸または湖岸近くの湿地にはえるまれな多年草。高さ10〜30cm。茎は細く無毛。葉は長さ2〜6cmの倒卵形ないし広だ円形。先は円頭形で，基部は狭まって柄に流れる。下面に赤褐色の細点が散在する。花期は夏。総状花序に10〜20個の白色の花をつけ，花冠の径は2〜3mm，花柄は1〜2cmで斜開する。

2950. ルリハコベ　〔ルリハコベ属〕
Anagallis arvensis L. f. *coerulea* (Schreb.) Baumg.
　全世界の暖帯から熱帯に広く分布し，関東地方以西の本州，四国，九州の海岸に近い草地や道ばたにはえる1年草。茎は四角く，長さ10〜30cmで地上をはい先は斜上する。葉は長さ1〜2.5cm。花は春。花冠は径1〜1.3cmで日の当たるときだけ花を開く。花後に花柄は垂れ下がる。和名は瑠璃色（るりいろ）の花をつけ全体がハコベに似ることにちなんだ。赤色花をつけるものをアカバナルリハコベ f. *arvensis* という。

果実

果実　塊茎

2951. ホザキザクラ（リュウキュウコザクラ）〔ホザキザクラ属〕
Stimpsonia chamaedryoides C.Wright ex A.Gray
　屋久島以南の琉球列島と中国南部の道ばたや林縁にはえる1年草。高さ3〜16cm。根生葉は卵形かだ円形，先端は円く，縁には不揃いの鈍鋸歯がある。花茎の葉は無柄で，卵形または披針状だ円形。花は茎の上部の葉腋に2〜10個つく。花冠は白色で，半ばまで5中裂し，裂片は広倒卵形で先はへこむ。さく果は半円形で径2.5mm。

【新牧2250】

2952. シクラメン（カガリビバナ，ブタノマンジュウ）〔シクラメン属〕
Cyclamen persicum Mill.
　西南アジア原産。観賞用として主に鉢植として温室に栽培される多年草。扁球形の塊茎が半ば地中に埋まり，葉は群生し，肉質で厚い。花は冬から早春，15〜20cmの花茎を出し，1花を下垂して開く。様々な花色のものを始め多くの園芸品種がある。別名カガリビバナは花の形がかがり火を思わせるから。豚の饅頭はヨーロッパで豚の餌としたことによる。

【新牧2251】

2953. オウシュウイワカガミ 〔イワカガミダマシ属〕
Soldanella alpina L.
ピレネー山脈，中央アルプスからチロル地方にかけての高山に分布する多年草。高さ4〜12cm，葉は長柄があり葉身は腎円形，扁平，径4cm，両面とも美しい緑色。基部のものは腎形，全縁。花期は晩春。花茎は長さ12cm，1〜3花をつける。花冠は広鐘形，青色で内側に赤色を帯び，径1.5cm，裂片は中ほどまで深裂。花柱は花冠と等長か超出する。やくは紫色。

2954. イズセンリョウ（ウバガネモチ）〔イズセンリョウ属〕
Maesa japonica (Thunb.) Moritzi ex Zoll.
関東地方南部より西日本，琉球列島および台湾，中国，インドシナの暖帯から亜熱帯に分布。山地の木かげにはえる常緑低木。茎は分枝が少なく，高さ1m位。葉は互生し長さ6〜15cm。花は初夏，葉腋に1〜3cmの総状花序を出し，花冠は筒状で5浅裂，長さ5mm位。果実は球状で径5mm位，残存する花冠に包まれ白色。和名は伊豆山神社の社林の中に多いため。

2955. ヤブコウジ（古名ヤマタチバナ）〔ヤブコウジ属〕
Ardisia japonica (Thunb.) Blume
北海道南部から九州までと朝鮮半島，台湾，中国の暖帯に分布し，山野の林下にはえ，また観賞用に栽植する常緑小低木。地下茎をのばして繁殖，分枝せず高さ10〜20cmになる。葉は長さ6〜13cm，互生し，茎の上部で1〜2層に輪生状につく。花は夏，下向きに咲き，白色の花冠に腺点がある。果実は径5〜6mm，秋に赤く熟して翌年春まで下垂し美しい。

2956. ツルコウジ 〔ヤブコウジ属〕
Ardisia pusilla A.DC.
房総半島南部以西から沖縄および朝鮮半島南部，台湾，中国，フィリピンなど暖帯南部から亜熱帯に広く分布し，木かげにはえる常緑小低木。茎の下部は地をはい，上部は斜上し高さ10〜15cm。葉は互生，長さ2〜3cm。花は初夏に小さな白花をつける。果実は冬に紅熟して翌春まで残る。和名蔓柑子（つるこうじ）は茎がつる状のヤブコウジの意。

2957. オオツルコウジ 〔ヤブコウジ属〕
Ardisia walkeri Y.P.Yang

房総半島以西と伊豆七島、九州、奄美諸島などにはえるつる性常緑小低木。高さ10～30cm、茎の上部や花序には粒状毛と開出長毛がはえる。葉は3～4枚が輪生状につき、長だ円形で上半部に粗い鋸歯がある。普通葉のつく節と節の中間に1対の鱗片状の葉を出し、その葉腋から長さ2～3cmの細い花序を横向きにつけ、その先に2～6個の白花をつける。果実は径5～6mmの球形。

2958. マンリョウ 〔ヤブコウジ属〕
Ardisia crenata Sims

関東地方以西の日本と琉球列島および朝鮮半島、台湾、中国、インドなどの暖帯から亜熱帯に分布し、山野の林下にはえ、観賞用として栽植される常緑低木。高さ30～60cm。上部で分枝する。葉は互生、長さ7～12cm、厚い革質で光沢がある。花は夏、横枝の先に花序をつける。果実は赤熟し翌春まで残る。園芸品には黄色や白い実がある。万両の名で縁起を祝う植物。

2959. カラタチバナ (タチバナ、コウジ) 〔ヤブコウジ属〕
Ardisia crispa (Thunb.) A.DC.

関東地方南部以西の西日本から琉球列島および台湾、中国の暖帯から亜熱帯に分布。山野の林下にはえ、また観賞用に栽植する常緑小低木。高さ30cm位、分枝しない。葉は互生し、長さ8～18cm。花は夏。果実は秋に熟し翌春まで落ちない。白い実もある。元禄時代からさかんに栽植され、寛政の頃が全盛。明治時代には100余の品種があった。

2960. モクタチバナ 〔ヤブコウジ属〕
Ardisia sieboldii Miq.

四国・九州南部から琉球列島に分布する常緑高木。高さ3～5m。葉は互生するが、枝先に輪生状に集まることが多い。だ円形で先端はとがる。初夏から夏にかけ枝端と葉腋から岐散花序を出し、黄白色の小さな花を多数つける。花径は5～6mm。花冠は5片に分かれ、各片は広卵形で先はとがる。果実は径7～8mmの球形の液果となる。

2961. タイミンタチバナ（ヒチノキ, ソゲキ）〔ツルマンリョウ属〕
Myrsine seguinii H.Lév.
　本州千葉県以西から琉球列島および台湾, 中国, インドシナなど暖帯から亜熱帯に分布, 林内にはえる常緑小高木。高さ7m位, 全体に無毛。葉は革質で長さ8〜15cm。花は春, ごく短い柄で葉腋に群生する。雌雄異株。和名大明橘（たいみんたちばな）は原産地が中国だと思ってつけ, 削げ木（そげき）は枝を折ると容易に裂けることから。

2962. ツルマンリョウ　〔ツルマンリョウ属〕
Myrsine stolonifera (Koidz.) E.Wakler
　西日本の一部と屋久島の林下に半ば地面をはう形ではえる常緑小低木。葉は互生し, 細長いだ円形, 革質で濃緑色。初夏の頃, 葉腋に黄白色の小さな花を数個ずつ束状につける。花柄は長さ約5mm。花冠は5片に深く分かれ, 星形に開き, 内面には粒状の突起物が密につく。雌雄異株だが花形は似ており, 雌花には径5〜6mmの液果をつけ, 翌年の秋に紅く熟す。

2963. チャノキ（チャ）〔ツバキ属〕
Camellia sinensis (L.) Kuntze var. *sinensis*
　中国に分布し, ときに野生化する常緑小高木。805年最澄が唐大陸から薬用の目的でもち帰り, 1191年栄西が種子を製法とともに宗からもち帰り定まった。茶園では低木状に栽培する。幹は束生し古枝は灰白色。葉は互生し長さ4〜10cm。花は秋, 径2〜3cm。花弁は5〜7枚, 下向きに咲く。染色体数は2n=30。和名は漢名茶, 茗の音読み。

2964. トウチャ（ニガチャ）〔ツバキ属〕
Camellia sinensis (L.) Kuntze
var. *sinensis* f. *macrophylla* (Siebold ex Miq.) Kitam.
　栽培される常緑低木, チャの1品種で外形は似ているが幹や枝は粗く大きい。葉も大きく長さ10〜15cm。花は晩秋。果実は株によって結ばないものもある。若葉をつんで茶をつくって飲むが, タンニンが多く緑茶としては苦く美味でないので一名ニガチャ。和名は中国から渡来した茶の意だが, チャそのものが中国原産である。

2965. **アッサムチャ**（ホソバチャ）　〔ツバキ属〕
　　　Camellia sinensis (L.) Kuntze var. *assamica* (J.W.Mast.) Kitam.
中国雲南省南部と，隣接するラオス，タイ，ミャンマーの国境付近の熱帯林中に原産する常緑高木で，現在はインドのアッサム地方やスリランカ，インドシナ方面に栽培され，日本でもまれに栽植される。幹は低木状，束生，若枝は緑色または黄緑色でよく分枝する。葉は互生し薄い革質，長さ10〜25cm。花は晩秋，径2cm位，花弁はふつう6〜9枚。タンニンが多いのでよく発酵させて紅茶にする。和名は産地による。

2966. **ヤブツバキ**（ヤマツバキ）　〔ツバキ属〕
　　　Camellia japonica L.
本州の北端から琉球列島を経て，台湾の一部にまで分布する常緑高木。葉はだ円形または卵形長だ円形，先は短く急にとがる。晩秋から春，枝端に1〜2花をつけ，花弁は5〜6枚，雄しべは合着して筒状をなし，花後花弁と一体となって落下する。花冠は筒状で広開しない。花柱は3岐し，果実は無毛。種子は良質の油を提供する。単にツバキと呼ぶことが多いが，栽培されるツバキにはユキツバキやトウツバキなどとの雑種も含まれる。

2967. **ユキツバキ**（オクツバキ，ハイツバキ，サルイワツバキ）〔ツバキ属〕
　　　Camellia rusticana Honda
日本海側の海抜300〜800m位のところに群生。枝と葉は積雪の圧力で地面に圧され，融雪とともに再びもとどおりになる。葉質は薄く，葉脈は透明，鋸歯はヤブツバキより鋭い。花弁の質は薄い。春または初夏の日光で一時的にしおられる。雄しべの花糸は合着せず，濃橙黄色で下方または全体に紅色を帯びる。果実は細長く，種子はふつう1〜2個。

2968. **トウツバキ**　〔ツバキ属〕
　　　Camellia reticulata Lindl.
中国原産，日本へは延宝年間（1673〜1680年）に渡来したといわれる。観賞用としてまれに栽培される常緑小高木。葉は厚く，互生，形容語は網状の意で両面脈が明らかに出る。花は春，ふつう重弁で径10cm位，花弁は赤，淡紅，白色などがあり雄しべは半ばまで合着して筒状になる。子房には毛がある。和名唐椿は中国から渡ったツバキの意。

2969. サザンカ 〔ツバキ属〕
Camellia sasanqua Thunb.
　四国，九州，琉球列島の日当たりのよい山地にはえる。観賞用に庭園に栽植されることが多い常緑小高木。樹皮は灰褐色で滑らか。若枝，葉柄，葉裏の脈上は有毛。葉は互生し長さ3〜7cm。花は晩秋，径5〜8cm，平開しのち花弁はばらばらに散る。野生では白色だが園芸品は桃・赤などの色がある。種子から油をとる。山茶花の漢字を当てるが，漢名ではない。

2970. ヒメサザンカ（リュウキュウツバキ）〔ツバキ属〕
Camellia lutchuensis T.Itô
　琉球列島の固有種。高さ10mに達する常緑高木。小枝は淡褐色，ときに黒変する。葉は長さ1.5〜4cm，だ円形または長だ円形状卵形。鋭頭鈍端。花は冬から春に咲き，径3〜4cm，白色で芳香がある。外方の花弁は裏面に微紅色を帯びることが多い。内方の花弁は3枚。がく片5枚は花弁の基に密着する。雄しべは白色。雌しべは1本，花柱は細く3裂。子房は無毛。

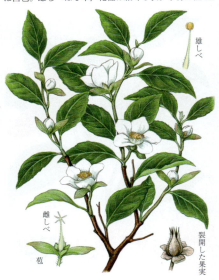

2971. ナツツバキ（シャラノキ）〔ナツツバキ属〕
Stewartia pseudocamellia Maxim.
　宮城県以南，四国，九州の山中にはえ，また寺院の庭に栽植する落葉高木。高さ15m位。枝は平滑で，赤褐色，幹は互生にはげ落ちまだらな紋様。葉は厚く互生し，長さ10cm位。裏に白毛がある。花は初夏，径5cm位，花弁は縁に鋸歯あり。材は器具などに用いる。別名はインド産のフタバガキ科のサラソウジュ（婆羅樹）*Shorea robusta* Gaertn.f. と間違ったことに基づく。

2972. ヒメシャラ 〔ナツツバキ属〕
Stewartia monadelpha Siebold et Zucc.
　関東地方以西，四国，九州の山林中にはえ，また庭木として栽植する落葉高木。樹皮はつるつるしているので一名サルスベリ，また赤黄色なのでアカラギの名もある。花は初夏から夏，径2cm位，花の下に2枚の小苞があり，花弁5枚は下部で合着する。雄しべは合着しない。和名はナツツバキを誤って婆羅（しゃら）と呼びその小形種の意味。

2973. ヒコサンヒメシャラ　〔ナツツバキ属〕
Stewartia serrata Maxim.

　関東地方西部，四国，九州の主にブナ帯の林内にはえる落葉高木。枝は暗褐色，若いときは細点がある。葉は互生しやや薄い革質，長さ2〜7cm，花は夏，枝先の葉腋に柄のある径4cm位の花を上向きに開く。花弁と基部で合着，雄しべは多数，子房に毛がない。和名は九州の英彦山に多く産するため。材は建築，器具，彫刻などに用いる。

2974. ヒメツバキ（ムニンヒメツバキ）〔ヒメツバキ属〕
Schima wallichii (DC.) Korth.
subsp. *mertensiana* (Siebold et Zucc.) Bloemb.

　種としては広く東南・東アジアの亜熱帯に分布し，本亜種は小笠原諸島に固有の常緑高木。高さ10mを越える。葉は互生し長さ10cm，幅3〜4cm，広披針形または卵状披針形，全縁，老樹では枝先に集まる。花は春。個体によっては四季咲き。短縮した総状花序につき白色，径4cm。がく片は狭卵形。花弁は白色，広卵形。雄しべは多数。花後に雌しべを残し一体となって落下する。

2975. サワフタギ（ニシゴリ）　〔ハイノキ属〕
Symplocos sawafutagi Nagam.

　北海道から九州までと朝鮮半島や中国に分布，山野の谷川沿いにはえる落葉低木。高さ2〜3m，よく分枝し，葉は多く，長さ4〜7cm，両面に短毛がややざらつく。花は初夏，若葉とともに新しい枝先に長さ3〜6cmの花序がつく。果実はゆがんだ球形で藍青色に熟す。和名沢蓋木（さわふたぎ）は繁って沢をおおいかくすことから。別名錦織木は材の灰汁を紫を染めるのに用いたため。

2976. シロサワフタギ（クロミノニシゴリ）〔ハイノキ属〕
Symplocos paniculata (Thunb.) Miq.

　本州の中部から近畿地方の丘陵地の湿ったところにはえる落葉低木。樹皮は灰褐色で縦に細かく割れる。全体に無毛で若い枝は白い粉をふく。葉は柄があり互生し，長さ5〜10cm。花は晩春，多数の白い花をつける。がくは5裂し，花冠は深く5裂，長さ6〜7mm。雄しべ約25本，雌しべ1本。果実は秋になると黒く熟す。

【新牧2271】

【新牧2272】

2977. タンナサワフタギ 〔ハイノキ属〕
Symplocos coreana (H.Lév.) Ohwi
　関東地方以西，四国，九州，および済州島に分布。暖帯から温帯の山地にはえる落葉低木ないし小高木。高さ3〜5m，樹皮は灰色で薄く剥離する。枝は横に広がる。葉は互生しやや革質，長さ5cm位で，裏面脈上に白毛がある。花は初夏，新しい枝先に長さ3〜6cmの花序をつける。和名の耽羅（たんな）は済州島の古名で最初に発見された場所。

2978. クロバイ （ハイノキ，トチシバ）〔ハイノキ属〕
Symplocos prunifolia Siebold et Zucc.
　関東地方以西から琉球列島および朝鮮半島南部の暖帯に分布。山地にはえる常緑高木。高さ10m位で，枝や葉が密に繁る。葉は革質で光沢があり長さ3〜7cm。花は晩春。和名黒灰，別名灰の木は枝葉を焼いて灰汁をとり，媒染料に用いることによる。一名ソメシバは葉が乾けば黄色となり，菓子などを染めるのに用いられたことによる名。ハイノキの名には同名異種がある。

2979. シロバイ 〔ハイノキ属〕
Symplocos lancifolia Siebold et Zucc.
　近畿地方以西，四国，九州の暖帯に分布し，やや湿潤な地にはえる常緑小高木。高さ3m位，樹皮は灰色で滑らか。小枝に褐色の細毛があり，若枝にはさらに伏毛がある。葉は長さ4〜7cm。花は晩夏から秋，新しい枝に長さ1〜3cmの花序をつける。果実は翌年の秋に熟す。和名は樹皮の色で黒灰に対し白灰の意。

2980. ハイノキ （イノコシバ）〔ハイノキ属〕
Symplocos myrtacea Siebold et Zucc.
　近畿地方西南部から，四国，九州の暖地の山地にはえる常緑小高木。枝は比較的細く赤褐色，全体に無毛，若枝と葉は乾いても黄緑色。葉は互生し，1cm位の柄があり，長さ3〜8cmで薄い革質。花は晩春。葉腋の総状花序に白花をまばらにつける。花柄は細く長さ1cm位，がくは5裂，花冠は径1cm位，深く5裂。果実は秋に紫黒色に熟す。

【新牧2273】　　　　　　　　　　　　　　　　　　【新牧2274】

2981. ミミズバイ（ミミズノマクラ）　　〔ハイノキ属〕
Symplocos glauca (Thunb.) Koidz.
　房総半島以西，琉球列島および台湾，中国，インドシナの暖帯から亜熱帯に分布し，林内にはえる常緑高木。若いときを除いては無毛。葉は厚い革質で，長さ10〜15 cm，裏面は帯白色。花は夏。雄しべは多数あるが，5つの束に分かれ花冠より長い。果実は翌年の秋に熟し紫の液汁を含む。和名は果実が蚯蚓（みみず）の頭に似ていることによる。ミミズベリ，ミミズリバ，トクラベともいう。

2982. ヒロハノミミズバイ　　〔ハイノキ属〕
Symplocos tanakae Matsum.
　屋久島，種子島と琉球列島にはえる常緑小高木。高さ5〜8 m。葉は互生し細長いだ円形。先は短くとがり，基部は鋭いくさび形。冬の初め頃に枝先の葉腋に数個の白色の花を固めてつける。花冠は直径1.2 cmほどで深く5片に裂けて梅花状に開く。やくは淡黄色。果実は長さ約2 cmの長だ円形で，中には核があり，翌年の夏頃に黒く熟す。

2983. クロキ　　〔ハイノキ属〕
Symplocos kuroki Nagam.
　房総半島および東海地方以西の暖帯の照葉樹林にはえる常緑小高木。葉は互生しだ円形。縁の上半部に粗い鋸歯がある。春に葉腋に短い集散花序を出し，直径8 mmほどの白色の小花を多数つける。やくは淡黄色。果実はだ円形で1〜1.5 cm，中に大きな核があり，初め紫黒色で熟すと黒色となる。

2984. アオバナハイノキ　　〔ハイノキ属〕
Symplocos liukiuensis Matsum. var. *liukiuensis*
　琉球の沖永良部島と沖縄島の山地にはえる常緑小高木。高さ3〜5 m。葉は短い柄で互生，長だ円形。先は短くとがり，基部はくさび形に細まる。初夏に葉腋から4〜5 cmの総状花序を上向きにのばし，10個ほどの淡青紫花をつけ，径約1 cm，花冠は浅い杯状。果実は細長いだ円形で長さ7〜8 mmの壺形。西表島に葉が大きいイリオモテハイノキ var. *iriomotensis* Nagam. を産する。本種としばしば混同されるヤエヤマクロバイ *S. caudata* Wall. ex G.Don は八重山諸島に産し，若枝は褐色。

2985. カンザブロウノキ　　〔ハイノキ属〕
Symplocos theophrastifolia Siebold et Zucc.
　静岡県以西，四国，九州，琉球列島および台湾，中国に分布し，暖帯林内にはえる常緑高木。高さ10 mに達する。樹皮は灰色，若枝には褐色の伏毛がある。葉は互生し長さ10〜15 cm，革質。花は夏から初秋，ふつうは花軸が基部で3本に枝分かれする。果実は径4 mm位。初めは緑色で翌年秋に紫色に熟し，多汁でつぶすと手が染まる。

2986. イワウメ（フキヅメソウ，スケロクイチヤク）〔イワウメ属〕
Diapensia lapponica L. subsp. *obovata* (F.Schmidt) Hultén
　本州中部以北，北海道および千島，サハリン，カムチャッカ，ウスリー，シベリアさらに北アメリカなど寒帯に分布。高山帯の岩場にはえる常緑の匍匐性矮小低木（ほふくせいわいしょうていぼく）。枝は短く斜上し，葉を密につけ地をおおう。葉は厚く革質。初夏に高さ1〜3 cmの花茎を出し，径1〜1.2 cmの1花を上向きにつける。和名は岩場にはえ梅の花に似るから。

2987. コイワウチワ　　〔イワウチワ属〕
Shortia uniflora (Maxim.) Maxim.
var. *kantoensis* T.Yamaz.
　関東地方と東北地方南部の太平洋側の低山帯にはえる常緑の多年草。根茎は長く横にはい，まれに60 cmを越える。根生葉は長い柄をもち厚く，光沢があり，長さ1.8〜3.5 cm，幅2〜4 cm。花は春，高さ2〜9 cmの花茎をのばし，その先に横向きに径2.5〜3 cmの花を1個つける。和名は岩上に多く，葉形がうちわに似るから。

2988. トクワカソウ　　〔イワウチワ属〕
Shortia uniflora (Maxim.) Maxim. var. *orbicularis* Honda
　北陸地方から近畿地方にかけての日本海側の山地林床などにはえる多年草。根生葉は縁に波状の鈍鋸歯をもち，質は厚く，光沢がある。基部は円形かくさび形。花は淡い紅色で，花茎の先端に1個つける。花冠は径2.5〜3 cmで，5深裂し，各裂片の先はさらに細かく裂ける。5個の雄しべと5個の仮雄しべがある。さく果は卵円形で先がとがる。

2989. **イワカガミ**　〔イワカガミ属〕
Schizocodon soldanelloides Siebold et Zucc.
var. *soldanelloides*
　日本各地の亜高山帯の林内の岩場や草地にはえる常緑の多年草。茎は短く、しばしば根元に接して分枝。葉は長さ1〜6cm、革質で光沢があり、長柄をもち根ぎわに群生。花は初夏、根生葉の中央から高さ10cm位の基部に鱗片をもった花茎を出し、花冠は径1〜1.5cm。和名は岩場にはえ、葉に光沢があることから鏡に見立てた名。

2990. **オオイワカガミ**　〔イワカガミ属〕
Schizocodon soldanelloides Siebold et Zucc.
var. *magnus* (Makino) H.Hara
　北海道南部から本州の日本海側に分布し、ブナ林などの林床にはえる多年草。高さ10〜15cm。葉は根生状に多数つけ、長い柄をもち、縁に多くの鋸歯がある。花茎の先端の総状花序に5〜12個の花をつける。花は淡い紅色で、花冠の径1.5〜2cm、基部は筒状で上半部は5つに深く裂け、裂片の先も細かく裂ける。さく果は球形。

2991. **ヒメイワカガミ**　〔イワカガミ属〕
Schizocodon ilicifolius Maxim.
　本州中北部の山地にはえる常緑の多年草。根茎は長く、その先端に根生葉をつける。葉は長さ1.5〜4cm、硬く光沢があり、三角形の粗い鋸歯が2〜5個ある。春から初夏、基部に鱗片をもった花茎を出し、径1cm位の花をつける。白花で花冠の鋸歯が少ない関東地方北部以北産を狭義のヒメイワカガミ var. *ilicifolius*、紅紫花で鋸歯が多い関東南部から静岡県東部産をアカバナヒメイワカガミ var. *australis* T.Yamaz. という。

2992. **ヤマイワカガミ**　〔イワカガミ属〕
Schizocodon ilicifolius Maxim.
var. *intercedens* (Ohwi) T.Yamaz.
　山梨県から東海地方の山地の岩場にはえる多年草。葉は根生葉だけで、長い柄は葉身と同じ位長い。葉身の長さ3〜7cm、幅3〜6cm、縁に比較的大きな三角形の鋸歯がある。春、細長い花茎を出し、5〜6個の白花をつける。花冠の基部は筒状で、裂片縁はさらに細かく裂ける。さく果は径約3mmの球形で、熟すと裂開する。

2993. アサガラ　〔アサガラ属〕
Pterostyrax corymbosa Siebold et Zucc.
　近畿地方以西，四国，九州および中国大陸中部の温帯に分布。山地の谷間や川辺にはえる常緑小高木。高さ10m位。若枝，葉，花序，果実に星状毛がある。葉は長さ8〜18cm。花は初夏，下向きに咲く。果実には翼のある5稜があり長さ1cm位。和名は材がもろく折れやすいのが麻殻（おがら，あさがら）のようであるからいう。マッチの軸などに用いる。

2994. オオバアサガラ（ケアサガラ）　〔アサガラ属〕
Pterostyrax hispida Siebold et Zucc.
　本州，四国，九州の山地の谷間や川辺にはえる常緑小高木。高さ6〜9mで分枝する。葉は長さ10〜25cm，幅5〜10cmの大形だ円形，裏面は細かい星状毛を密生し白色。花は晩春，新しい枝先に長さ10〜20cmの花序を垂れ下げる。花も下向きに咲き，エゴノキに似る。果実は茶褐色の毛を密生し，10本の稜がある。和名大葉麻殻。

2995. エゴノキ（ロクロギ，チシャノキ）　〔エゴノキ属〕
Styrax japonica Siebold et Zucc.
　北海道から琉球列島まで，および朝鮮半島や中国の温帯から亜熱帯に分布。山野の小川の縁などにはえる落葉小高木。花は晩春，果皮にサポニンが含まれ昔は洗濯や魚とりに使った。夏，枝端に蓮華状の白色の虫えいができる。芝居の千代萩に出てくるチシャノキは本種をいう。和名は果皮に毒成分があってえぐみがあることによるという。別名ロクロギは材をロクロ細工に用いることから。

2996. ハクウンボク（オオバヂシャ）　〔エゴノキ属〕
Styrax obassia Siebold et Zucc.
　北海道から九州まで，および朝鮮半島と中国の温帯に分布。山中にはえ，ときに庭木として栽植する落葉高木。葉は径10〜20cm，裏面に細毛があり白い。葉柄の基部が芽を包む。花は晩春。和名白雲木は樹上に白い花が満開になった様子を白雲に見立てた。材は器具，ロクロ細工，東北地方でハビロの方言で将棋の駒をつくる。

【新牧2268】　　　　　　　　　　【新牧762】

果序

2997. コハクウンボク　　　〔エゴノキ属〕
Styrax shiraiana Makino
関東地方以西，四国，九州，および朝鮮半島南部の温帯に分布し，山地にはえる落葉低木。高さ3〜5m，若枝は星状毛を密生し，のち灰褐色になり，皮は縦に剥離して滑らかになる。葉は長さ5cm位のひし形状円形で葉縁の切れ込みに特徴がある。花は初夏，長さ3〜6cmの花序で下向きにつく。和名は小白雲木。

2998. サラセニア（ヘイシソウ，ムラサキヘイシソウ）〔サラセニア属〕
Sarracenia purpurea L.
北アメリカ原産の多年草の食虫植物。鉢に植え観賞用に栽培する。葉は根生，つけ根に短い鱗状葉を出す。春にのびる葉は筒状で短い葉柄部があり，ラッパ形に上方に広がり開口，長さ5〜35cm。開口部にはふたが，筒状部の内壁には消化腺がある。花は春から夏，両性花で3枚の苞，5枚のがく片と花弁がある。別名瓶子草（へいしそう）は葉形をとっくりに見立てたもの。

雄花
雌花
果実

果実

2999. サルナシ（シラクチヅル）　〔マタタビ属〕
Actinidia arguta (Siebold et Zucc.) Planch. ex Miq.
東アジアの温帯に分布，日本各地の山地の林内にはえる落葉性つる植物。茎は長くのび枝分かれし，太いものは径15cm位。葉は互生し長柄があり，葉身の長さ5〜12cm。花は初夏に咲き，雄花は集散花序，雌雄異株で雌花は単生。液果は秋に熟し甘酸っぱく，食べられる。徳島県西祖谷4村の葛橋はこのつるでつくる。和名猿梨は果実がナシに似て猿が食用にする意。

3000. ナシカズラ（シマサルナシ）　〔マタタビ属〕
Actinidia rufa (Siebold et Zucc.) Planch. ex Miq.
和歌山県，山口県，伊豆諸島の一部，四国，九州，琉球列島，および台湾，朝鮮半島南部に分布。暖地の海岸近くの林内にはえる落葉つる植物。枝に赤褐色毛がある。葉は互生し長柄があり，葉身の長さ6〜13cm。雌雄異株。花は初夏に咲き，径1〜1.5cm，花弁，がく，子房に褐色毛を密生。液果は食用，長さ2〜3cm。和名梨葛はつる性で，梨のような実を意味する。別名は琉球産の意。

【新牧719】　　　　　　　　　　【新牧720】

3001. マタタビ　〔マタタビ属〕
Actinidia polygama (Siebold et Zucc.) Planch. ex Maxim.

日本各地、および南千島、サハリン、朝鮮半島、中国などに分布し、山地にはえる落葉つる植物。枝には白色中実の髄がある。葉は互生し長さ5〜18cm、上部の葉は白くなる。花は初夏に咲き、芳香がある。果実は辛味があり、食用または薬用となり、猫が非常に好む。虫えいは薬用となる。和名はアイヌ語のマタタムプから由来しており、マタは冬、タムプは亀の甲の意味で虫えいの果実をいう。漢名木天蓼は間違い。

3002. ミヤママタタビ　〔マタタビ属〕
Actinidia kolomikta (Maxim. et Rupr.) Maxim.

近畿地方以東、北海道、および南千島、サハリン、中国、アムールの亜寒帯に分布。深山にはえる落葉のつる植物。枝には緑褐色で隔壁状の髄がある。若枝はよくのび細毛がある。葉は互生。こずえの葉はとくに白色、花後に紅色を帯びる。雌雄異株。花は夏、径1〜1.5cmの白花で芳香があり、雄花は集散花序、雌花は単生する。マタタビに似るが、葉の基部が心臓形のものが必ず混じる。

3003. キーウィ　〔マタタビ属〕
Actinidia chinensis Planch. var. *deliciosa* (A.Cheval.) A.Cheval.

中国大陸原産の落葉のつる性大木。幹や枝は淡褐色。葉は長さ10〜15cm、円形あるいは広だ円形。花は葉腋につき白色で、チャノキの花に似た5弁花で径3〜4cm。花は雌雄の別があり、雄花には多数の雄しべがある。果実は長さ5〜8cmの長だ円形。表面全体が密に褐色の毛でおおわれる。液果で汁液に富みデザート用のフルーツとされる。ニュージーランドで栽培されるようになって有名になった。

3004. リョウブ　〔リョウブ属〕
Clethra barbinervis Siebold et Zucc.

日本各地および済州島と中国山東省に分布。山林の中にはえ、伐採跡などの日当たりのよい地などによく群生する落葉小高木、高さ3〜7m。葉は互生し長さ10cm位。花は夏、花冠は深く5裂、散るときはばらばらに落ちる。幼芽は食用、材は床柱、薪炭材。古名ハタツモリは幾千の白旗が積もるように白い花が群れ咲く姿をいう。

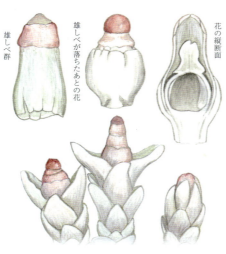

3005. ヤッコソウ 〔ヤッコソウ属〕
Mitrastemon yamamotoi Makino

　四国，九州に分布し，シイノキの根に群をなしてはえる寄生植物。高さ5〜7cm，白色。花茎は肥厚し大きな鱗片葉が十字対生し，1年生。花は晩秋，両性花で白色，花弁はない。雄しべが合着し帽子状となり，すっぽりとれると雌しべが現れる。葉に蜜が溜まり小鳥が来て吸う。和名奴草は奴の練り歩く姿に似ることに基づく。

3006. ガンコウラン 〔ガンコウラン属〕
Empetrum nigrum L. var. *japonicum* K. Koch

　種としては北半球の寒帯や高山帯に広く分布。本州と北海道の高山帯，また火山地帯では硫気地などの陽地を求めて低所に下降し，しばしば大群落をつくる。常緑矮小低木で高さ10cm位。葉は両縁が裏に巻きほぼ筒状。花は晩春に咲き淡紅色，雌雄異株。径4〜7mmの核果をつけ盛夏に黒紫色に熟し，甘酸っぱく食べられる。和名岩高蘭。

3007. ホツツジ (マツノキハダ，ヤマワラ，ヤマボウキ) 〔ホツツジ属〕
Elliottia paniculata (Siebold et Zucc.) Hook.f.

　北海道から九州までの日当たりのよい山地にはえる落葉低木。密に分枝し高さ2m位になる。若枝は赤褐色で3稜形，古くなると灰色。葉は互生し長さ3〜5cm。花は夏から初秋に円錐花序につき，苞は不明。花冠は径10〜15mmで多少反り返る。果実と宿存性がくとの間に約1mmの柄がある。和名は穂になるツツジ。別名山藁（やまわら），箒（やまぼうき）はその枝から箕（み）や箒をつくるからいう。

3008. ミヤマホツツジ (ハコツツジ) 〔ホツツジ属〕
Elliottia bracteata (Maxim.) Hook.f.

　本州と北海道の亜高山から高山帯の日当たりのよい適湿潤地にはえる落葉低木。よく分枝し高さ20〜50cm。葉は互生し薄く，長さ3〜6cm。花は夏。つぼみは横向きにつき，花冠は径約1cmで深く3裂し平らに開く。がくは浅く5裂，花軸にへら状の苞がある。さく果の下部は無柄。和名は高山に咲くからいう。

3009. カルミア (アメリカシャクナゲ, ハナガサシャクナゲ) 〔カルミア属〕
Kalmia latifolia L.
　北アメリカ東部の原産。大正初めに渡来した常緑低木。高さ1～3m。円柱状の分岐する枝に葉を密に互生する。葉は長さ7～10cm、長だ円形で表面は暗緑色、裏面淡紅色。花は白または淡紅色で内部に紫色の斑点がある。径1.5cm位。頂生し、集散花序をなす。花期は晩春から初夏、庭園樹のほか、鉢植で観賞する。園芸界では属名で呼ぶ。

3010. エゾツツジ (カラフトツツジ) 〔エゾツツジ属〕
Therorhodion camtschaticum (Pall.) Small
　本州東北の秋田駒ヶ岳、岩手山、早池峰山の高山帯と北海道、千島、サハリンからカムチャツカ、アラスカなどの寒帯に分布。あまり乾かない高山岩石地にはえる落葉小低木。根茎は地中をはい、上部は分枝して高さ15～30cm。全体に褐色毛や腺毛がある。葉は互生、長さ約3cm。花は夏、径5cm位、横向きに咲く。和名は北海道で初めて採集されたことによる。

3011. イソツツジ 〔ツツジ属〕
Rhododendron groenlandicum (Oeser) K.Kron et Judd
subsp. *diversipilosum* (Nakai) Yonek.
　東北地方から北海道、南千島、サハリン、朝鮮半島、東シベリアの寒帯に分布。高山帯の湿原や湿潤な岩石地にはえる常緑小低木。下部からよく分枝し高さ1m位。葉は革質、長さ2.5～6cm、縁は裏側に反り返り、裏面に白毛があり、ときに赤褐色の長毛を密生。花は初夏。花冠は径8～10mm。アイヌや朝鮮半島では茎葉を茶の代用にする。

3012. ヒメイソツツジ 〔ツツジ属〕
Rhododendron tomentosum (Stokes) Harmaja
var. *decumbens* (Aiton) Elven et D.F.Murray
　アジア東北部と北アメリカ北部、グリーンランドなど周北極地方の寒冷地に分布、日本で北海道の高山帯の湿原に見られる常緑小低木。高さ20～40cm。枝先に細い葉が輪生状に集まる。夏に枝の頂端に5弁の小さな白花を多数つけ、径5～7mm。花冠は5裂、ほぼ星形に開く。果実は細長いさく果で褐色、基部から裂開して傘形となる。

3013. ハコネコメツツジ 〔ツツジ属〕
Rhododendron tsusiophyllum Sugim.
秩父, 丹沢, 箱根, 富士と伊豆七島の御蔵島の岩石地にはえる常緑小低木。多く分枝し高さ20～60cm, 枝は輪生状に出し, 若枝には褐色の毛を密生。葉は密に互生, 長さ7～10mm, 両面に赤褐色毛があるが, のちに白軟毛となる。花は夏, 葉の間から小花を開き, 花冠は筒状で長さ8mm位。雄しべ5本, やくは縦裂。和名は箱根で発見されたため。

3014. エゾムラサキツツジ 〔ツツジ属〕
Rhododendron dauricum L.
北海道, 朝鮮半島北部, 中国東北部, 東シベリアの北地の岩場にはえる常緑低木。高さ30～100cm。葉は互生し革質で, だ円形。晩春, 枝先につく数個の花芽から, それぞれ1個の花が咲く。花冠は紅紫色で広ロート形をしており皿状に開く。径2.5～3cmで, がくは小さい。さく果は長だ円形で, 長さ7～13mmほど。鱗状毛が密生する。

3015. ゲンカイツツジ 〔ツツジ属〕
Rhododendron mucronulatum Turcz. var. *ciliatum* Nakai
中国地方と四国北部, 九州北部, および朝鮮半島の岩地にはえる落葉低木。高さ1～1.5m。葉は互生し, 革質で, だ円形。先はとがり, 縁に長毛が散生する。花期は春。枝先につく数個の花芽から各1個の花が咲く。がくは皿形で小さく, 先は浅く5裂する。花冠は紅紫色で広ロート形で皿状に開き, 径3～4cm。さく果は円柱形で長さ13～16mm。観賞用に栽培する。

3016. ヒカゲツツジ (サワテラシ) 〔ツツジ属〕
Rhododendron keiskei Miq.
関東地方以西と四国, 九州の山間の崖や樹幹などにはえる常緑小低木。分枝し高さ約1m。若枝には腺状鱗片と細長い毛があるが, 古くなると赤褐色から灰色になる。葉は互生し枝先に輪生状につき, 長さ4～8cmで薄い革質, 裏面の腺鱗片は成葉にも残る。花は晩春, 前年の枝先に1～4個横向きに開く。花冠は径2.5～3cm, 5裂し外面に腺鱗片があり, 雄しべ10本。

3017. セイシカ 〔ツツジ属〕
Rhododendron latoucheae Franch.

琉球列島に自生し，まれに栽培される常緑小高木。高さ4m以上になる。枝は初めから毛がない。葉は互生し枝先に集まってつき，長さ5〜10cm，厚く滑らかで少し光沢がある。脈は表面でへこみ，裏面も緑色。晩春，枝先の新芽に径6cmの淡紅色花を1〜2個ずつつけ，花柄は2cm位ある。さく果は長さ3cm位，無毛。和名聖紫花（せいしか）。

3018. バイカツツジ 〔ツツジ属〕
Rhododendron semibarbatum Maxim.

本州，四国と九州の低山にはえる落葉低木。よく分枝し細く高さ1〜2m，若枝や葉柄に毛と腺毛がはえる。葉は互生し長さ3〜5cm，光沢があり，枝先にやや輪生状に集まる。秋に紅葉する。花は初夏，前年の枝先近くに1花ずつつけ，葉の下に隠れて咲く。花径2cm位，雄しべ5本のうち上2本は短く白毛を密生。和名は梅の花形による。

3019. コメツツジ 〔ツツジ属〕
Rhododendron tschonoskii Maxim.
subsp. *tschonoskii* var. *tschonoskii*

北海道から九州まで，および朝鮮半島南部に分布し，深山にはえる落葉小低木。風当たりの強い岩石地などでは地表を密に分枝する。葉は長さ3〜20mm，互生しほとんど無柄。花は夏，1〜4個まとまってつき，白色ときに紅色を帯びるものもあり，径8〜10mm，先は5裂し，雄しべは通常5本。中部地方南部には花が小さく4裂，雄しべ4本のチョウジコメツツジがある。

3020. オオコメツツジ 〔ツツジ属〕
Rhododendron tschonoskii Maxim.
subsp. *trinerve* (Franch. ex H.Boissieu) Kitam.

東北地方と北陸地方の深山にはえる落葉低木。高さ1〜1.5mで分枝する。葉は互生し長さ1.5〜4.5cm，3本の脈が目立ち，両面と縁に毛がある。短い葉柄があって枝先に集まってつく。花は夏，枝先に散形状に開き，花冠は10〜12mm，株によって先が4裂と5裂のものがあり，雄しべは前者4本，後者5本。コメツツジの亜種。

3021. ケラマツツジ　　　　　　　　〔ツツジ属〕
Rhododendron scabrum G.Don
　奄美大島から琉球列島の海岸近くの樹林にはえる常緑低木。高さ1～2m。葉は互生し、厚い紙質で、長だ円形または倒卵状だ円形。花期は春。枝先に2～3個の花をつける。花冠はロート形、やや肉質で赤色、上部内面に濃色の斑点がある。直径は4.5～6cm。がく片は5枚で広だ円形ないし卵円形。さく果は狭卵形で長さ4～10mm。和名は沖縄県の慶良間島（けらまじま）に基づく。

3022. オオムラサキ　　　　　　　　〔ツツジ属〕
Rhododendron ×*pulchrum* Sweet 'Oomurasaki'
　庭園に栽植される常緑低木。野生地は明らかでないが、江戸時代から名前があるので栽植は古く、ケラマツツジやモチツツジなどを親としてつくられたと思われる。下部から多く分枝し高さ1～2m。若枝に剛毛を密生。葉は革質で互生し長さ6～9cm、枝先に集まる。春葉と夏葉がある。花は晩春、径10cm。雄しべ10本、雌しべ1本、さく果に毛がある。

3023. モチツツジ　　　　　　　　〔ツツジ属〕
Rhododendron macrosepalum Maxim.
　静岡県、山梨県以西の本州と四国の低山帯から丘陵帯にはえ、庭に栽植する常緑低木。高さ0.6～2m、小枝や葉は長毛が多い。葉は薄く互生し長さ3～6cm、夏に出る葉は春より小さく冬を越す。花は晩春、新葉と同時に開き、花冠は径5cm位。がく、花柄、子房には腺毛があってよく粘る。和名はがくや子房などが粘ることに由来する。

3024. キシツツジ　　　　　　　　〔ツツジ属〕
Rhododendron ripense Makino
　岡山県以西と四国、九州の河岸の岩場にはえる常緑低木。細かく分枝し高さ1m位になる。若枝には剛毛や腺毛を密生する。春の葉は互生し、長さ2～5cm、長だ円形、伏毛がある。夏の葉は少し小さく冬を越す。花は晩春、枝先に2～3個つけ、径5cm位、わずかに芳香があり、雄しべ10本、がくに腺毛があって粘る。

3025. リュウキュウツツジ（シロリュウキュウ）〔ツツジ属〕
Rhododendron ×*mucronatum* (Blume) G.Don 'Shiroryukyu'
庭園に植えられる常緑小低木。高さ1〜2m。若枝に剛毛がある。葉は互生、革質で細毛がある。花は初夏、枝先に1〜2個ずつ開く。柄やがくに粘る腺毛がある。花冠は5裂し径4〜5cm、上面に緑色の斑点があり、雄しべ10本、子房は粘る。さく果は有毛。キシツツジやモチツツジを親としてつくられた園芸種と思われる。

3026. ムラサキリュウキュウツツジ　〔ツツジ属〕
Rhododendron ×*mucronatum* (Blume) G.Don 'Usuyo'
庭園に植える半常緑低木。モチツツジをもととしてつくられた園芸品と思われる。高さ1〜2m。春の葉はだ円形で先端はとがり、長さ3〜6cm、浅緑色、若枝とともに両面に立った軟毛がある。秋の葉は先端が鈍形、濃緑色で厚く、越冬する。花は春、淡紅紫花。子房に粘る腺毛があり、モチツツジに似るが、雄しべが多いことで区別される。

3027. ヨドガワツツジ（ボタンツツジ）〔ツツジ属〕
Rhododendron yedoense Maxim. ex Regel var. *yedoense* 'Yodogawa'
古くから日本で栽植されている落葉低木。葉はヤマツツジより狭長で両端はとがり、脈は表面で少しへこみ、芽の鱗片は腺点がある。若枝、葉、花柄、がくなどに伏毛がある。花は晩春、紫紅色花、径5cm内外。朝鮮半島に野生するチョウセンヤマツツジf. *poukhanense* (H.Lev.) Sugim. の八重咲き園芸品種で、野生品は一重咲、雄しべ6本。対馬に葉の小さい変種タンナチョウセンヤマツツジが野生する。

3028. キリシマ　〔ツツジ属〕
Rhododendron ×*obtusum* (Lindl.) Planch.
観賞用に栽植され1644年頃から知られ、まれに野生する常緑低木。ヤマツツジとミヤマキリシマとの交雑によって生じたと考えられている。高さ60〜150cm。葉は互生し、長さ1〜3cm、夏に出る葉は冬を越す。花は春に咲き、径3〜4cm。がくが完全に花弁化したコシミノ、またムラサキキリシマなどがある。和名は霧島山に基づく。

3029. ヤエキリシマ 〔ツツジ属〕
Rhododendron ×*obtusum* (Lindl.) Planch. 'Yaekirishima'
キリシマの園芸品種。観賞用に庭園に栽植する常緑低木。春の葉は多少長くて先はややとがり、秋の葉は倒卵形または長だ円形で先が円く、越冬し、長さ1.5～2.5 cm、ともに細毛になる。花は晩春、径3 cm位で濃紅色。がくは花弁状で花冠とほぼ同大同形。花冠より大きいムラサキミノ、不規則に裂けるコシミノなど品種が多い。

3030. ヤマツツジ 〔ツツジ属〕
Rhododendron kaempferi Planch. var. *kaempferi*
北海道から九州までの山野にふつうに見られる半常緑低木。多く分枝し、横に広がり高さ1～3 m、若枝や葉に褐色のねた毛がある。葉は互生、春に出る葉は長さ3～5 cm、夏に出る葉は倒卵形で小さく、枝先に輪生状につき冬を越す。花は晩春に咲き、がく片5個、縁毛がある。花冠は径4～5 cmで通常朱赤色。雄しべ5本。さく果に毛がある。白、紫、がく片や雄しべが花弁状になったものなど品種が多い。

3031. ミヤマキリシマ 〔ツツジ属〕
Rhododendron kiusianum Makino
霧島、阿蘇、雲仙、久住をはじめ九州の高山帯にはえる常緑低木。山頂付近では地表をはうように高さ10 cm位、下の方では1 m位に分枝する。枝は密に分枝する。葉は小さく、長さ8～10 mm、両面、とくに裏脈上に褐色毛が多い。花は初夏に咲き、径2～3 cm、紅紫色で濃淡の変異がある。牧野富太郎は本種が園芸品のクルメツツジの母種であろうと主張し、この名を与えた。

3032. ウンゼンツツジ 〔ツツジ属〕
Rhododendron serpyllifolium (A.Gray) Miq. var. *serpyllifolium*
伊豆半島、紀伊半島、四国、九州南部の山地にはえ、観賞用に栽植される常緑低木。枝は細く分枝し、高さ1～2 m。葉は長さ8～15 mm、柄は短く、互生し枝先に集まる。前年の秋の葉は小さく短枝に残っている。花は春、枝先に1個つき径1.5 cm位。和名は長崎県の雲仙岳にちなむが、そこに自生しないから誤りである。しかし古くから用いられている。

3033. サツキツツジ (サツキ) 〔ツツジ属〕
Rhododendron indicum (L.) Sweet

観賞用に栽植され、しばしば関東地方以西、四国、九州の河岸の岩上に野生する常緑低木。下部から分枝し高さ20〜90 cm、枝や葉に褐色毛がある。葉は長さ2〜3.5 cm。花は初夏、通常1個ずつ径3.5〜5 cmの紅紫花を開く。雄しべ5本。和名は陰暦5月に咲く意味。皐月ツツジと書くが一般には略してサツキという。

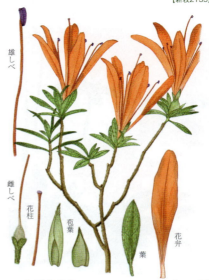

3034. シデサツキ 〔ツツジ属〕
Rhododendron indicum (L.) Sweet 'Laciniatum'

サツキツツジの園芸品種。観賞用に庭園に栽植する常緑低木。枝は細かく分枝し、しばしば湾曲する。葉は長さ1〜3 cm、光沢がある。晩春になると枝ごとに通常1個の朱赤色の花を開く。花冠は基部まで裂けて5個の離れた花弁になり、斑点はなく、長さ1〜3.5 cm。和名は花弁が四手に似ているのでいう。

3035. マルバサツキ 〔ツツジ属〕
Rhododendron eriocarpum (Hayata) Nakai

九州本土南端、屋久島、トカラ列島の亜熱帯に分布し、広く庭園に栽植される常緑低木。茎は高さ1〜2 m、若枝に伏毛を密生、古くなると落ちる。葉は長さ1〜3 cmで幅広く、円味がある。春から初夏に径4〜5 cmの花を枝ごとに1〜2個つけ、ふつう紅紫色であるが白色、淡紅色など園芸品種がある。

3036. シロヤシオ (ゴヨウツツジ、マツハダ) 〔ツツジ属〕
Rhododendron quinquefolium Bisset et S.Moore

本州の主に太平洋側と四国の山地にはえる落葉低木。高さ4〜6 m、老木の樹皮はマツの肌によく似て剥離するので一名マツハダ。よく分枝し無毛。葉は長さ4〜5 cm、全縁で縁は赤味があって縁毛があり、小枝の先に5枚ずつの輪生状。花は初夏、長さ1.5〜2.5 cmの柄があり、1〜2花が若葉と同時に斜上して開く。

3037. サクラツツジ 〔ツツジ属〕
Rhododendron tashiroi Maxim. var. *tashiroi*
　四国南部と九州の佐賀県, 鹿児島県および南西諸島に分布し, 川岸や崖などにはえる常緑低木。高さ1〜2m。葉は枝先に対生または3枚輪生し, だ円形または長だ円形。花期は春。枝先に2〜3個の花をつけ, 花冠は淡紅紫色で上部内面に濃色の斑点がありロート状, 直径約4cm。花柄には淡褐色の長毛がある。さく果は短円柱形で長さ10〜13mm。

3038. オンツツジ （ツクシアカツツジ） 〔ツツジ属〕
Rhododendron weyrichii Maxim. var. *weyrichii*
　紀伊半島と四国, 九州など西南日本の暖地の林縁にはえる落葉小高木。高さ3〜6m。葉は枝先に3枚輪生し, ひし形状または卵円形。花期は晩春。葉と同時に枝先の1個の花芽から, 1〜3個の花をつける。花冠は朱色, まれに紅紫色で, 上部内面に濃色の斑点があり, 径4〜5cmでロート形。さく果はゆがんだ円柱形で, 長さ10〜13mm。

3039. ジングウツツジ 〔ツツジ属〕
Rhododendron sanctum Nakai var. *sanctum*
　三重県の伊勢神宮付近の岩地にはえる落葉低木。高さ1.5〜3m。葉は枝先に3枚輪生し, 卵円形またはひし形状円形。花期は晩春から初夏。新葉が出たのち, 枝先に1〜2個の花をつける。花冠は濃紅紫色で, 上部内面に濃色の斑点があり, 径3〜4cmでロート形。花柄は長さ5〜10mm, 軟毛が散生している。さく果はゆがんだ円柱形で, 長さ10〜13mm。

3040. アマギツツジ 〔ツツジ属〕
Rhododendron amagianum (Makino) Makino
　伊豆半島に特産する落葉小高木。高さ3〜6m。葉は枝先に3枚輪生し, ひし形状円形で大きく, 先は鋭くとがっている。夏, 葉がのびたのち, 枝先に2〜3個の花をつける。花柄は長さ5〜7mmで淡褐色の長毛が密生する。花冠は朱色, 上部内面に濃色の斑点があり, 径4〜5cmでロート形。さく果はゆがんだ円柱形で, 長さ18〜20mmほど。

3041. ミツバツツジ 〔ツツジ属〕
Rhododendron dilatatum Miq. var. *dilatatum*
本州の関東，東海，近畿地方の低山帯にはえ，庭木としても栽植する落葉低木。車輪状に分枝し高さ2〜3m，無毛。葉は長さ5〜7cm，枝先に3枚ずつ輪生し，新芽のとき裏側に巻き粘着し無毛である。秋に紅葉する。葉や花柄の基部に重なり合った鱗片があるが早くに落ちる。花は春，葉に先立って開く。径3〜4cm，雄しべ5本。子房，花柄，葉柄に腺毛がある。

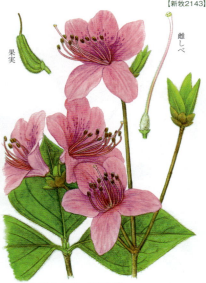

3042. トウゴクミツバツツジ 〔ツツジ属〕
Rhododendron wadanum Makino
宮城県以南から三重県鈴鹿山脈までの太平洋側の山地にふつうに見られる落葉低木。高さ2〜3m，新芽は粘る。葉は3枚ずつ輪生，長さ5〜8cm，裏の中脈と葉柄に褐色毛を密生。花は晩春，葉に先立って紫色の花を開く。径3〜4cm，まれに白い花がある。和名東国三葉ツツジは主に関東に多いことによる。これに対し，北陸に多く九州まで分布するサイゴクミツバツツジ *R. nudipes* Nakai var. *nudipes* の葉柄は無毛。

3043. コバノミツバツツジ 〔ツツジ属〕
Rhododendron reticulatum D.Don ex G.Don
中部地方以西の本州と四国，九州の山地にふつうに見られる落葉低木。高さ2〜3m，幹から多数車輪状に分枝する。葉は枝先に3枚ずつ輪生。長さ3〜5cm，初め褐色毛が密生，のち少なくなる。秋に紅葉する。花は早春から晩春，葉の前か同時に紫色の花を開く。径3cm位，まれに白い花がある。和名はミツバツツジより葉が小形なのでいう。

3044. ユキグニミツバツツジ 〔ツツジ属〕
Rhododendron lagopus Nakai
var. *niphophilum* (T.Yamaz.) T.Yamaz.
秋田県南部から鳥取県・岡山県東部の日本海側に分布し，山地や林縁にはえる落葉低木。高さ1.5〜3m。葉は枝先に3枚輪生，ひし形状円形。先はとがり先端に腺状突起がある。春に枝先に1〜2個の花をつける。がくは小さく皿形で，先が浅く5裂。花冠は紅紫色で上部内面に濃色の斑点がありロート形で5中裂する。

3045. キヨスミミツバツツジ　〔ツツジ属〕
Rhododendron kiyosumense (Makino) Makino
　千葉県から東海地方の山地にはえる落葉低木。高さ1.5〜2m。葉は3枚輪生、卵円形で先は鋭くとがる。花期は晩春。枝先の1個の花芽から1個の花をつける。花冠は紅紫色、上部内面に濃色の斑点、ロート形で径約3cm。がくは小さな皿形で縁は浅く5裂。さく果はゆがんだ円柱形、長さ8〜12mmほど。和名は千葉県の清澄山による。

3046. レンゲツツジ　〔ツツジ属〕
Rhododendron molle (Blume) G.Don
subsp. *japonicum* (A.Gray) K.Kron
　北海道西南部から九州の水湿の十分な高原や原野にはえ、また観賞用に栽植する落葉低木。高さ1〜2m、輪生状に分枝する。葉は長さ5〜10cmで光沢がなく、ときに葉の裏が白い個体がある。花は春から初夏、径5〜6cm、葉と同時に開く。有毒で家畜が食べず、放牧地や富士、浅間、八ヶ岳などの山麓にある大群落は有名。黄、橙黄、紅花と品種も多い。

3047. ムラサキヤシオツツジ　〔ツツジ属〕
Rhododendron albrechtii Maxim.
　本州中部以北、北海道の低山帯上部にはえる落葉低木。よく分枝し高さ1〜2m。若枝は腺毛がある。葉は枝先にやや輪生状に互生し長さ約8cm、裏面中央脈に沿って白毛がある。花は初夏、葉の出ないうちに咲き、花冠は径3〜5cm、雄しべ10本。和名紫八塩ツツジは回数を重ねて紫色の染汁に漬けて、よく染めあげたツツジの意。

3048. アケボノツツジ　〔ツツジ属〕
Rhododendron pentaphyllum Maxim.
var. *shikokianum* T.Yamaz.
　紀伊半島と四国の日当たりのよい山地にはえる落葉低木。分枝し高さ3〜6m、若枝は無毛。葉は枝先に5個輪生状につき長さ2.5〜4.5cm、縁毛がある。花は晩春、葉に先だって小枝の先に1個つき、花柄がありやや下向に開く。花冠は径5cm位。花柄に腺毛のある変種にアカヤシオ（一名アカギツツジ）var. *nikoense* Komatsuがあり、北関東に多い。

3049. サカイツツジ 〔ツツジ属〕
Rhododendron lapponicum (L.) Wahlenb.
subsp. *parvifolium* (Adams) T.Yamaz.

北海道根室半島およびサハリン、朝鮮半島北部、中国東北部からシベリア東部、アラスカの亜高山帯の湿地にはえる常緑低木。高さ1m位。全体に円い腺鱗片を密生。よく分枝し、若枝は赤褐色、古枝は灰色。葉は互生し枝先に集まってつき長さ、1～2cm、全縁、革質、中肋が凸出。花期は初夏から夏、枝先に2～5花散状につく。花冠はロート状鐘形、5中裂、径1.5cm内外。雄しべ10本。

3050. オオバツツジ 〔ツツジ属〕
Rhododendron nipponicum Matsum.

秋田県から福井県の日本海側の山地、草原にはえる落葉低木。高さ1～2m。葉は枝先に集まって互生し、倒卵形。先はややへこみ、先端に腺状突起がある。花期は夏。新葉の展開と同時に、枝先に5～10個の花を散状形につける。花冠は黄白色で、先は赤味を帯び、長さ1～1.5cmで筒形。さく果は長だ円形で、長さ10～12mm、腺毛がはえる。

3051. アズマシャクナゲ 〔ツツジ属〕
Rhododendron degronianum Carrière var. *degronianum*

本州中部以北の深山にはえる常緑低木。高さ2～3mで枝は斜上したり曲がったりして太い。葉は互生、多くは枝先に集まってつき、革質で長さ12～18cm、表面につやがあり裏面には褐色毛を密生。花は初夏。花冠は径4～5cmで、5裂し、雄しべ10本。和名は関東山地に多いことからいう。シャクナゲは漢名石南花を本種に誤ってつけた名で、石南花(石楠)は本来バラ科のオオカナメモチである。尺無木(しゃくなしき)、シャク治る、避難(さけなん)の転訛など俗説は多い。葉は薬用。

3052. アマギシャクナゲ 〔ツツジ属〕
Rhododendron degronianum Carrière
var. *amagianum* (T.Yamaz.) T.Yamaz.

伊豆半島の山地にはえる常緑小高木。高さ4～6m。葉は革質で長だ円形。花期は晩春。枝先に短い総状花序をつけ、10個位の花をつける。花冠は紅紫色で、ふつう5裂するが、6～7裂する花も混じり、上部内面に濃い斑点があり、径4～5cmでロート状鐘形。がくはごく小さく皿状。子房には長い毛が密生し、花柱は無毛。さく果は円柱形で、長さ1.5～2cm、褐色の毛が密生する。

3053. ツクシシャクナゲ（シャクナゲ）　〔ツツジ属〕
Rhododendron japonoheptamerum Kitam.
var. *japonoheptamerum*
　中部地方の西部以西，四国，九州の深山にはえる常緑低木。高さ2～4m。葉は互生し革質で長さ15cm位，表面は無毛で滑らか，裏面は赤褐色の綿毛が厚く密生する。花は晩春，前年の枝先に密集し，花冠の径5cm位で7裂し雄しべ14本。変種のホンシャクナゲ var. *hondoense* (Nakai) Kitam. は葉の下面の毛が少ないもので本州の中部以西，四国北部に分布する。

3054. ヤクシマシャクナゲ　〔ツツジ属〕
Rhododendron yakushimanum Nakai var. *yakushimanum*
　屋久島の山地やササ原など風衝地にはえる常緑低木。高さ50～150cm。葉は革質で厚く，長だ円形または円形。先は短くとがり，先端に腺状突起がある。花期は晩春から初夏。枝先に短い総状花序をのばし，10個ほどの花をつける。花冠はつぼみのときは上部は紅紫色だが，開くと全体が白色となり，下部がふくらんだ鐘形となる。さく果は円筒形。

3055. エンシュウシャクナゲ（ホソバシャクナゲ）〔ツツジ属〕
Rhododendron makinoi Tagg ex Nakai
　静岡県西部から愛知県東部の山地の日当たりのよい岩地にはえる常緑低木。高さ1～2m。葉は枝先に集まってつき，狭長だ円形で長さ7～18cm。晩春，枝先に短い総状花序をつけ，5～10個の花が咲く。花冠は紅紫色，上部内面に濃色の斑点があり，径4～5cmでロート状。がくは小さく，縁は波状。さく果は短い円柱形で，長さ10～15mmほど。

3056. ハクサンシャクナゲ　〔ツツジ属〕
Rhododendron brachycarpum D.Don ex G.Don
var. *brachycarpum*
　本州中部以北と北海道の亜寒帯に分布。亜高山帯の樹林の中，高木限界付近に多く，ときに高山帯下部にまで上り，ハイマツなどと混じる常緑低木。高さ40～400cm。葉は基部が円形または浅い心形，冬は裏側に巻いて細長い棒状。花は初夏。花冠の長さ3～4cm，雄しべ10本。雄しべが花弁化したネモトシャクナゲが吾妻山（福島県），八ヶ岳，白馬岳にある。

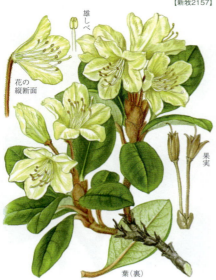

3057. キバナシャクナゲ 〔ツツジ属〕
Rhododendron aureum Georgi

本州中部以北から北海道、千島、サハリン、朝鮮半島北部、カムチャッカ、シベリア東部などの寒帯に分布し、高山帯の適湿潤地にハイマツと混じってはえる常緑小低木。茎は地を横にはい、多年の芽の鱗片が残る。枝は斜上し高さ20〜50 cm。葉は互生し長さ3〜6 cm、革質で無毛。花は初夏、径2.5〜3.5 cm。八重咲きをヤエキバナシャクナゲ f. *senanense* (Y.Yabe) H.Hara という。

3058. ウスギヨウラク (ツリガネツツジ) 〔ツツジ属〕
Rhododendron benhallii Craven

山梨県以西の本州と徳島県の林縁にはえる落葉低木。高さ1〜2 m。葉は枝先に集まり互生し、だ円形ないし長だ円形。先はとがり腺状突起があり、縁には長毛がある。花期は春から初夏。花は前年の枝先に短い花序軸を出し1〜10個ほど束生。がくは浅い皿形で、縁に太い腺毛がやや密生。花冠は黄緑白色で、背面と先が紅紫色を帯びる。

3059. ウラジロヨウラク (アズマツリガネツツジ) 〔ツツジ属〕
Rhododendron multiflorum (Maxim.) Craven var. *multiflorum*

本州中部地方以北と北海道の山地にはえる落葉低木。高さ1〜2 m。葉は互生し短い柄をもち長さ3〜6 cm。裏面は白色を帯び、枝先に輪生状に集まる。花は初夏、枝先に2〜3 cmの花柄を数本出し下垂する。花冠は長さ12〜14 mmの紅紫色で先端は5裂、雄しべは10本。和名はヨウラクツツジに似て、葉の裏が白いことによる。

3060. ホザキツリガネツツジ 〔ツツジ属〕
Rhododendron katsumatae (M.Tash. et H.Hatta) Craven

北陸地方の山地の林縁にはえる落葉低木。高さ約2 m。葉は枝の上部に集まって互生し、だ円形か倒卵形、長さ2〜5 cm。先はとがり、基部は円形。花期は晩春から初夏。枝先に長さ7〜20 mmの花序軸をのばし、3〜10個の花が咲く。花冠は黄緑色で先は紅紫色、長さ12〜14 mmで筒状鐘形。さく果は長さ3〜4 mmで球形、5室で熟すと隔壁から5裂。

3061. ヨウラクツツジ　〔ツツジ属〕
Rhododendron kroniae Craven

　九州中部・北部の山地低木林内にはえる落葉低木。高さ1〜1.5 m。葉は互生し、だ円形。晩春から初夏にかけて、枝先にのびる短い花序軸に3〜10個の花を束生状につける。花冠は濃紅紫色で筒形、長さ1 cmほど。がくは皿形。さく果は長さ3〜4 mmの球形。和名は垂れ下がる紅紫色の花を、仏像などの頸や胸に下げ、または寺院の軒下につるす瓔珞（ようらく）にたとえたもの。

3062. コヨウラクツツジ　〔ツツジ属〕
Rhododendron pentandrum (Maxim.) Craven

　北海道から九州まで、および南千島、サハリンの亜高山帯にはえる落葉低木。茎は輪生状に分枝し、高さ2〜3 m、若枝は毛や長い腺毛がある。葉は輪生状に互生し長さ2.5〜5 cm。花は晩春、葉の出る前か同時に腺毛のある花柄の先にゆがんだ壺状の花を数個開く。雄しべ5本。さく果は上向きに熟す。和名小瓔珞はヨウラクツツジに似て花が小さいのでいう。

3063. ミネズオウ　〔ミネズオウ属〕
Loiseleuria procumbens (L.) Desv.

　北半球の寒帯に広く分布し、本州中部地方以北と北海道の高山帯にはえる常緑矮小低木。幹は細く横に伏して地面をおおい、根を出す。よく分枝し斜上、高さはふつう3〜6 cm。葉は密に対生し長さ約1 cm、革質で縁は外側に巻き、裏面は白色。花は初夏。和名は山上にはえるスオウの意味でスオウはアララギ、すなわちイチイのこと、葉が似ていることによる。

3064. チシマツガザクラ　〔チシマツガザクラ属〕
Bryanthus gmelinii D.Don

　北海道と東北地方北部の高山帯から千島列島やカムチャツカなど東北アジアの寒冷地に分布する常緑小低木。高さ2〜3 cmとごく小形。葉は枝の上部に密につき、長さ5 mm弱の小さな線形で先は円い。夏に枝先に長さ2〜4 cmの花序を直立させ数個の花をつける。花は花柄の先につき径5〜6 mm、花弁は淡紅色。果実は径4 mmほどの球形のさく果。

3065. ツガザクラ 〔ツガザクラ属〕
Phyllodoce nipponica Makino subsp. *nipponica*
本州と四国の高山帯や亜高山帯上部の岩の間や礫地、ときにかなり湿気の多いところにもはえる常緑小低木。茎は地に伏して、上部は斜上し高さ10〜15cm。葉は線形で長さ5〜8mm。花は夏、2〜3本の腺毛のある花柄につく。和名は葉縁が両側から巻き栂（つが）の葉のようで、花が桜のようなところから。東北から北海道にナガバツガザクラsubsp. *tsugifolia* (Nakai) Toyok. がある。

3066. アオノツガザクラ 〔ツガザクラ属〕
Phyllodoce aleutica (Spreng.) A.Heller
本州中部以北と北海道、および千島、サハリン、カムチャッカ、アリューシャン、アラスカなどに分布。高山帯のやや湿気の多い雪田付近などに、しばしば大群落をつくる常緑矮小低木。葉は互生し長さ8〜14mm。花は夏。がく片に腺毛がある。和名は花色に基づく。エゾノツガザクラとは、花色の違いの他に、花冠に腺毛がないことで区別できる。

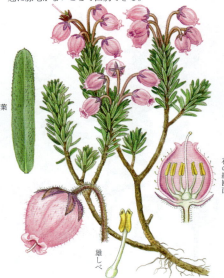

3067. コエゾツガザクラ 〔ツガザクラ属〕
Phyllodoce aleutica × *P. caerulea*
北海道の大雪山や夕張岳などの高山帯のやや湿った草地にはえる多年草で、アオノツガザクラとエゾノツガザクラの混生するような場所に見られることから、両者の自然雑種と推測されている。全体や葉の特徴はエゾノツガザクラに似るが、花冠がやや短い壺形で、全体淡紅紫色かあるいは花の下部が淡黄緑色で上部が紅紫色を帯び、外側にはわずかに腺毛がある。

3068. エゾノツガザクラ 〔ツガザクラ属〕
Phyllodoce caerulea (L.) Bab.
北半球の周極地方に広く分布し、日本では北海道と東北地方北部の高山湿原にはえる常緑小低木。高さ10〜25cm。葉は柄はなく、線形で密に互生。夏に枝の頂部から長さ2〜3cmの花柄を直立させ、その頂に紅色の花を下向きにつける。花冠は開口部の狭い壺形、長さ1cm弱の卵形。果実は小さな卵形で、表面に腺毛があり、熟せば裂開する。

3069. イワナシ（イバナシ）　〔イワナシ属〕
Epigaea asiatica Maxim.

　北海道南部から本州の主に日本海側の山地の樹林下にはえる落葉小低木。茎は分枝し地に伏して長さ10〜30 cm、若枝に褐色長毛がある。葉は長さ4〜10 cm。花は春から初夏、雪解け直後に枝先に長さ1〜2 cmの花序に数個つき、花冠は長さ1 cm位。果実は夏に熟し、さく果だが胎座が肉質となるため液果状、甘く食べられる。和名岩梨は食感がナシの果実に似るのでいう。

3070. ドウダンツツジ　〔ドウダンツツジ属〕
Enkianthus perulatus (Miq.) C.K.Schneid.

　伊豆半島以西の本州と四国、九州の山地の蛇紋岩地などにまれにはえ、生垣や庭木として栽植する落葉低木。多数分枝し高さ4〜6 m。葉は長さ2〜4 cm。花は春、新芽と同時に枝先に長さ1〜2 cmの花柄を数個下垂して開く。さく果になると毛はなく上向きに熟す。和名は灯台ツツジの意味で分枝の形が結び灯台の脚に似ていることに由来する。秋の紅葉は美しい。

3071. サラサドウダン（フウリンツツジ）〔ドウダンツツジ属〕
Enkianthus campanulatus (Miq.) G.Nicholson
var. *campanulatus*

　近畿地方以東、北海道の山地にはえる落葉低木ないし小高木。高さ4〜5 m、樹皮は滑らかで灰色。枝は輪生し斜上か横に広がる。葉は互生し長さ3〜7 cm、枝先に輪生状に集まる。花は初夏、新しい枝先に垂れ下がる。色の濃淡の差が多い。果穂は下がるが果実は上に向く。和名は花冠に更紗染（さらさぞめ）の模様があることから。

3072. ベニサラサドウダン　〔ドウダンツツジ属〕
Enkianthus campanulatus (Miq.) G.Nicholson
var. *palibinii* (Craib) Bean

　本州中北部の深山にはえ、庭木などに栽植される落葉低木。高さ2 m位になる。葉は互生し長さ2〜4 cm、両端のとがった倒卵形で、枝先に集まる。花は初夏に咲き、サラサドウダンに比べ花冠がやや小さく細く、花色が濃い。その他はほとんど同じで秋の紅葉は美しい。和名は紅更紗ドウダン。

3073. ベニドウダン(チチブドウダン)〔ドウダンツツジ属〕
Enkianthus cernuus (Siebold et Zucc.) Makino
f. *rubens* (Maxim.) Ohwi

本州(関東地方西部以西)、四国、九州の山地にはえ、庭木として栽植される落葉低木。高さ2m位、輪生状によく分枝し滑らか。若枝は無毛で稜があるが太れば丸くなる。葉は長さ2～5cm、枝先に輪生状に互生。花は初夏。花冠は長さ6～8mm、雄しべ10本、雌しべ1本で下垂して咲く。果穂も下垂するが果実は上向き。母種は花の白いシロドウダン。

3074. アブラツツジ〔ドウダンツツジ属〕
Enkianthus subsessilis (Miq.) Makino

中部地方以北の本州の山地にはえる落葉低木。高さ1～3m、幹は滑らかで灰色。葉は互生、長さ2～5cm、薄く表面の脈上に毛があるが裏面は光沢がある。花は晩春から夏、下垂して開く。花序の軸に毛があるが花柄にはない。さく果は下向き。和名は葉裏が滑らかで油を塗ったようであることによる。別名ホウキドウダンは枝を束ねて箒にするのによいからいう。また一名ヤマドウダン。

3075. コアブラツツジ〔ドウダンツツジ属〕
Enkianthus nudipes (Honda) Ohwi

東海地方から紀伊半島と四国の山地の岩場にはえる落葉低木。高さ1～2m。葉は枝先に集まって互生、倒卵形または倒卵状だ円形。花期は晩春から初夏。枝先に長さ2～3cmの総状花序を下垂、3～9個の花が咲く。花序の軸はアブラツツジと異なり毛はない。花冠は緑白色で、長さ3～4mmの壺形。がくは広鐘形で深く5裂。さく果は下垂し径1.5～2mmの球形。種子は長だ円形。

3076. イワナンテン(イワツバキ)〔イワナンテン属〕
Leucothoe keiskei Miq.

関東、東海、近畿諸地方の山地の谷間で日当たりがよく湿った崖などにはえる常緑低木。高さ30～150cm、ふつう岩につき、枝はしだれる。葉は互生、長さ5～8cm、厚く無毛で光沢がある。冬に紅葉する。花は夏、枝の先端または上部の葉腋に長さ3～5cmの花序を出し、しだれる。さく果は上に向く。和名岩南天は岩上にはえ、葉がナンテンに似るのでいう。

3077. ハナヒリノキ 〔ハナヒリノキ属〕
Eubotryoides grayana (Maxim.) H.Hara

本州中部地方以北と北海道の山地にはえる落葉低木。よく分枝し高さ 30〜150 cm。若枝、葉、花序に細毛を密生する。葉は長さ 2〜3 cm でほとんど無柄。花は夏、枝先に 5〜15 cm の花序をつけ、苞と柄のある花を下向きに開く。さく果は上向き。和名のハナヒリはくしゃみのことで葉の粉末を鼻に入れるとくしゃみが出るためという。多くの変種が認められているが、ここに図示したものは最もふつうに見られる型である。

3078. アセビ (アセボ) 〔アセビ属〕
Pieris japonica (Thunb.) D.Don ex G.Don subsp. *japonica*

本州、四国、九州の暖帯の山地にはえ、観賞用に栽植する常緑低木。よく分枝し高さ 1〜2 m で無毛である。葉は革質で互生し、長さ 3〜8 cm。花は早春から晩春に咲く。さく果は上向き。夏には来春のつぼみがつく。葉は有毒でアセボトキシンを含み、駆虫剤に用いる。馬が食べると苦しむので馬酔木（あせび）という。鹿などが食べないので奈良公園に繁茂、箱根の純林も有名である。

3079. ネジキ (カシオシミ) 〔ネジキ属〕
Lyonia ovalifolia (Wall.) Drude
var. *elliptica* (Siebold et Zucc.) Hand.-Mazz.

本州、四国および九州の日当たりのよい暖帯の山地にはえる落葉低木ないし小高木。高さ 5 m 内外。幹はふつうねじれるのでネジキ、また新枝はふつう赤みを帯びて光沢があるのでヌリシバ（塗シバ）ともいう。葉は互生、長さ 6〜10 cm。花は初夏、前年の葉腋から長さ 5 cm 位の花序を出し、下向きに垂れて開く。さく果は上向き。

3080. ヤチツツジ (ホロムイツツジ) 〔ヤチツツジ属〕
Chamaedaphne calyculata (L.) Moench

本州秋田県、北海道、サハリンから極地周辺の寒地湿原にはえる常緑小低木。高さ 20〜40 cm。葉は互生し、長だ円形。初夏、枝の上部の小さな苞の腋に 1 個の花をつける。花冠は白色で、長さ約 5 mm の壺状筒形、先は 5 裂して反曲する。がくは鐘形で深く 5 裂し、裂片は狭卵形。やくは広線形。さく果は径約 3 mm の球形。5 室で各室の背面に縦溝がある。和名は谷地にはえるから。

3081. ヒメシャクナゲ（ニッコウシャクナゲ）〔ヒメシャクナゲ属〕
Andromeda polifolia L.
　北半球の寒帯から亜寒帯に広く分布。本州中部以北、北海道の亜高山から高山帯の酸性の強い湿地にはえる常緑小低木。茎は下部は地に横たわり、上部は直立し高さ10〜20 cm、葉は革質で互生し長さ1.5〜3.5 cm、葉縁は外側に巻き裏面は白色。花は初夏、花柄をのばし下向きに咲く。さく果は径3〜4 mmで上向き。

3082. ジムカデ　　　　　　　　　〔ジムカデ属〕
Harrimanella stelleriana (Pall.) Coville
　本州以北と北海道、および千島、サハリン、カムチャツカ、北アメリカの寒帯に分布。高山帯にはえる草状の常緑小低木。茎は細い針金状で分枝し地をはい、先端は上向し、花茎の高さ5 cm内外、鱗片状の葉を密生する。葉は長さ2〜3 mm。夏、枝先に花柄を出し白色の花を1個開く。和名地ムカデは地をはう茎や葉の様子に基づく。

3083. イワヒゲ　　　　　　　　　　〔イワヒゲ属〕
Cassiope lycopodioides (Pall.) D.Don
　本州中部以北と北海道、および千島、サハリン、カムチャツカからアラスカの寒帯に分布。高山の日当たりのよい岩間に多数集まってはえる常緑小低木。茎は分枝して横たわり、ひも状。夏。白色または淡紅色の小花をつける。和名岩髭。属名はギリシャ神話に出てくる女性でアンドロメダの母の名前からとった。

3084. コメバツガザクラ（ハマザクラ）〔コメバツガザクラ属〕
Arcterica nana (Maxim.) Makino
　大峰山、大山、氷ノ山および中部以北と北海道、さらに千島、カムチャツカの寒帯に分布。高山帯の日当たりのよい岩礫地にはえる常緑矮小低木。茎は地面をはい細い枝を分け、高さ5〜10 cm。葉は長さ5〜10 mm、3枚ずつ輪生。花は初夏、3花または3条の花序に、下向きに咲く。和名米葉栂桜（こめばつがざくら）は葉が小さく米粒のようという意味。

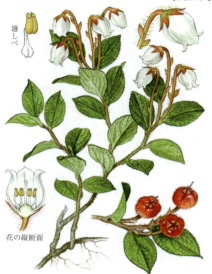

3085. アカモノ（イワハゼ）　〔シラタマノキ属〕
Gaultheria adenothrix (Miq.) Maxim.
　北海道，本州と四国の低山から高山帯下部の日当たりのよいところ，または半日かげにはえる常緑小低木。茎は地をはい根を出し，上部で分枝し斜上または直立，高さ15～30cm。葉は革質で長さ1.5～3cm。花は初夏，上部の葉腋に数本の花柄を出し1花ずつ下向きに咲く。がくが成長し多肉になり，さく果を包み液果に見え，食べられる。和名はアカモモの転訛といわれる。

3086. シラタマノキ　〔シラタマノキ属〕
Gaultheria pyroloides Hook.f. et Thomson ex Miq.
　本州の高山，北海道，および千島，サハリン，アリューシャンに分布。亜高山帯から高山帯下部の日当たりのよい岩石地，特に火山活動している硫気孔の周りに多い常緑小低木。高さ10～30cmで茎，葉，実はサルチル酸エステルの臭いがする。花は夏。和名は花後にがくが肥大し，さく果を包み白い球形になるからいう。

3087. ハリガネカズラ　〔シラタマノキ属〕
Gaultheria japonica (A.Gray) Sleumer
　本州中部以北の亜高山帯の樹林下や岩石地にはえる常緑小低木。茎は地上をはってところどころに根を出す。よく分枝し硬い針金状。葉はごく短い柄をもち2列に互生，長さは5～10mmある。花は初夏，葉腋に1個垂れ下がり，花柄の先端に2枚の小苞がある。果実は熟すと白色の液果状となり，垂れ下がる。

3088. ウラシマツツジ（クマコケモモ）〔ウラシマツツジ属〕
Arctous alpina (L.) Nied. var. *japonica* (Nakai) Ohwi
　本州中部以北から北海道，千島，サハリン，カムチャツカ，ベーリング沿海と朝鮮半島などの寒帯に分布。高山帯の岩石地にはえる落葉矮小低木。茎は長くはい，先で分枝し高さ3～6cm。葉は柄も含め長さ3～7cm，上向する枝先に集まってつき，紅葉は美しい。花は初夏。果実は黒熟する。和名の裏縞は葉裏の縞模様の網目に基づくもので浦島ではない。

3089. スノキ（コウメ） 〔スノキ属〕
Vaccinium smallii A.Gray var. *glabrum* Koidz.
　本州中部以西と四国の山林の中にはえる落葉低木。高さ2m位で分枝する。葉は長さ2cm位，細毛があり，秋に紅葉する。花は晩春，緑白色か紅色を帯びる。果実は稜がなく，5個のがく歯が残る。和名酢の木（すのき）は葉に酸味があるからという。別名小梅は果実の酸味を梅の実にちなんだ名。オオバスノキ var. *smallii* は葉や花が大きく，本州の主に日本海側，北海道に分布。

3090. ウスノキ（アカモジ，カクミノスノキ） 〔スノキ属〕
Vaccinium hirtum Thunb.
　北海道から九州までの山地の林内にはえる落葉低木。高さ1m内外，よく分枝する。葉は細毛があり長さ2〜5cm，噛むと酸味が少なく苦味がある。秋に紅葉する。花は晩春，前年の枝に1〜3個咲く。果実は未熟なときは5稜をもち一名カクミノスノキ。夏から秋に熟し，丸くなり液汁を含み，甘酸っぱい。和名臼の木は果実の先端がへこんで臼形になることに由来。

3091. ナツハゼ 〔スノキ属〕
Vaccinium oldhamii Miq.
　北海道から九州まで，および朝鮮半島南部と中国の温帯から暖帯に分布し，日当たりのよい山地にはえる落葉低木。高さ1〜2m，多数分枝して束生する。若枝，葉，花序に毛や腺毛を密生する。葉は長さ3〜5cm。花は初夏，若枝の先に長さ3〜6cmの総状花序をつけ，一方に偏って下向きに咲く。液果は径6〜7mm，上部に横の線がつき，夏から秋に熟し酸味がある。

3092. クロウスゴ 〔スノキ属〕
Vaccinium ovalifolium Sm.
　本州中部以北から北海道，千島，サハリン，ウスリー，さらに北アメリカなど亜寒帯から寒帯に分布。高山の適湿な日当たりのよいところ，ときに半陰地にはえる落葉小低木。小枝に稜がある。葉は長さ2〜3cmのだ円形。花は初夏，葉と同時に若枝の下部の葉腋に1個下垂。液果は径8〜10mm，晩夏に熟し食べられる。和名黒臼子は果実に基づく。

3093. シャシャンボ （ワクラハ，古名サシブノキ）〔スノキ属〕
Vaccinium bracteatum Thunb.

関東地方南部以西，四国，九州および台湾，朝鮮半島南部や中国に分布，暖帯の山野の林に多い常緑低木ないし小高木。よく分枝し高さ2～4 m。葉は長さ2.5～6 cm，厚く革質で密につく。花は初夏，苞は花ごとにつき，花後も残存する。液果は冬に熟し，甘酸っぱく食べられる。和名はササンボつまり小っん坊の意味で，実が丸く小さいことによる。古名もまた同じ。

3094. ギーマ 〔スノキ属〕
Vaccinium wrightii A.Gray

琉球列島と台湾に分布する常緑低木。高さ約2 m。葉は小形で，短い柄で互生し，だ円形。縁には細かい鋭鋸歯がある。初夏に枝端に長い総状花序を出し，多数の白花を下向きにつける。花冠は長さ約5 mmで，ときには淡紅色を帯びる。花柄は長さ1 cm余り，つけ根にとがった葉状の苞がある。果実は球形の液果で径5～6 mm，甘酸っぱく食べられる。

3095. イワツツジ 〔スノキ属〕
Vaccinium praestans Lamb.

本州中部以北から北海道，千島，サハリン，カムチャツカ，アムール，ウスリーなど東北アジアの亜寒帯に分布。樹林下や道ばたにはえる落葉小低木。地下茎をのばして繁殖し，ほとんど分枝しない茎を直立し，高さ2～5 cm，鱗片葉をつける。葉は長さ3～6 cm，茎頂に集まってつく。花は初夏。液果は径1 cm位，甘酸味があり食べられる。

3096. クロマメノキ 〔スノキ属〕
Vaccinium uliginosum L. var. *japonicum* T.Yamaz.

種としては北半球の温帯北部から寒帯に広く分布し，本州中部以北と北海道の低山帯上部から亜高山帯の日当たりのよい適湿地にはえる落葉小低木。よく分枝し，稜はない。葉は長さ15～25 mmで無毛。花は初夏，前年の枝につき，花柄の基部は鱗片葉で囲まれる。液果は約1 cm，晩夏に熟し生食する。ジャム，酒をつくり，浅間山麓ではアサマブドウと呼ぶ。

3097. コケモモ 〔スノキ属〕
Vaccinium vitis-idaea L.

北半球の温帯北部から寒帯に広く分布する常緑矮小低木。日本各地の高山帯から低山帯上部の日当たりのよい岩石地や腐植質のある肥えた土地にはえる。茎の下部は地中にはい、上部は直立し高さ10〜15 cmで束生。葉は長さ1 cm位。花は初夏。液果は秋に熟し、完熟しないうちは酸味が強いが、砂糖や塩に漬け食べる。富士山麓ではハマナシの方言で羊かんに、北欧ではジャムなどをつくる。

3098. ツルコケモモ 〔スノキ属〕
Vaccinium oxycoccos L.

北半球の寒帯から亜寒帯に広く分布し、本州中部以北から北海道の高層湿原のミズゴケの中にはえる常緑小低木。茎は針金状で横にはい、長さ20 cm位。若枝に微細毛がある。葉は硬く厚く光沢があり長さ7〜14 mm。花は初夏。液果は赤く熟し、酸味があって生食またはジャム、シロップ、酒、菓子などをつくる。

3099. ヒメツルコケモモ 〔スノキ属〕
Vaccinium microcarpum (Turcz. ex Rupr.) Schmalh.

北半球の寒冷地に分布、日本では北海道、東北地方、信州などの湿原にはえる。葉は互生、無柄、長だ円形、大きさはツルコケモモの半分位である。夏に枝先の鱗片状の苞のつけ根から長い花柄を直立、頂に淡紅色の小花を斜め下向きにつける。花冠は基部まで深く4片に割れて反曲する。果実は球形の液果で直径6〜7 mm、赤く熟して下垂する。和名はツルコケモモに似て小形で繊細なため。

3100. アクシバ 〔スノキ属〕
Vaccinium japonicum Miq. var. *japonicum*

北海道から九州までの各地および朝鮮半島南部の温帯から暖帯に分布し、山地の疎林にはえる落葉小低木。よく分枝し高さ30〜90 cm。葉は長さ2〜6 cm。花は初夏、長さ1〜2 cmの花柄に下垂し開く。がく4裂、花冠は深く4裂し外側に巻く。雄しべ4本。果実は液果で径7 mm位。赤く熟すと下垂し、酸味がある。本州西部、四国、九州には若枝、葉、花柄に毛があるケアクシバ var. *ciliare* Matsum. ex Komatsu がある。

3101. ギョリュウモドキ　〔ギョリュウモドキ属(カルーナ属)〕
Calluna vulgaris Hull.
　ヨーロッパから西アジアに分布。荒野や開けた森林地にはえる常緑小低木でヒースをつくる。観賞用にも栽培される。よく分枝し束生，高さ1m位になる。葉は十字状の対生，線形で長さ1～2mm，重なり合って4列に並び，幼枝では灰色の毛がある。花は夏から秋，長さ3～15cmの穂状の総状花序を直立。がくは4深裂し花弁状で淡紫色。花冠は鐘形で4深裂。雄しべ8本。

3102. イチヤクソウ　〔イチヤクソウ属〕
Pyrola japonica Klenze ex Alefeld
　日本各地および朝鮮半島，中国東北部の温帯から暖帯に分布。山野の林の下にはえる常緑の多年草。地下茎を出し葉は厚く，柄があり数枚束生し，しばしば裏面と柄が紫色を帯びる。花は初夏，葉の間から高さ20cm位の花茎を出し，径12～15mmの花を下向きに開く。菌根植物で根毛が発達しない。和名一薬草。

3103. コバノイチヤクソウ　〔イチヤクソウ属〕
Pyrola alpina Andres
　千島列島から北海道，本州の針葉樹林の林床にはえる多年草。高さ10～20cm。葉は4～8個がロゼット状につき，長さ1.5～3cm，幅1.3～2.5cmの広だ円形である。花期は夏。茎先にまばらに3～7個の花を点頭してつける。色は白く径10～15mm。苞は広い線形で先端が鋭くとがる。花柱は長く突き出て湾曲。さく果は径4～6mmほどである。

3104. マルバノイチヤクソウ　〔イチヤクソウ属〕
Pyrola nephrophylla (Andres) Andres
　南千島，北海道から九州に至る山地の林床にはえる多年草。高さ10～20cm，紅色をした茎に1～3個の鱗状葉をつける。葉の長さ7～12mmで先は鋭くとがる。花期は初夏。茎の先に5弁の白花を4～5個つけ，花の径は10～15mmほど。花柱は湾曲し，長さ6～8mm，がく裂片はとがった三角形，苞は披針形で先が鋭くとがる。さく果は球形である。

3105. ベニバナイチヤクソウ 〔イチヤクソウ属〕
Pyrola asarifolia Michx. subsp. *incarnata* (DC.) A.E.Murray
本州中部以北から北海道，千島，朝鮮半島，中国北部・東北部，シベリア東部，カムチャツカ，さらに北アメリカの亜寒帯から寒帯に分布。亜高山帯の森林内に群生する常緑の多年草。葉は束生し径3〜5 cm，厚く，若いときは黄緑色で光沢があるが乾くと茶褐色。花は初夏，高さ20 cm位の花茎を出し，多数の紅色の花を下向きにつける。ベニイチヤクソウともいう。

3106. ジンヨウイチヤクソウ 〔イチヤクソウ属〕
Pyrola renifolia Maxim.
本州中部地方以北，北海道および南千島，サハリン，朝鮮半島から中国東北部，アムールの亜寒帯に分布。針葉樹林内にはえる常緑の多年草。根茎は細長く地下にはい，葉は長さ1〜1.5 cm，薄い革質で無毛，深緑色で脈に白いまだらがある。花は初夏，10〜15 cmの花茎を出し花を下向きにつける。和名は腎臓形の葉形に基づく。

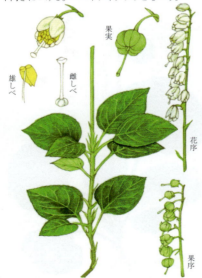

3107. コイチヤクソウ 〔コイチヤクソウ属〕
Orthilia secunda (L.) House
北半球に広く分布し，本州中部以北と北海道の亜高山帯針葉樹林にはえる常緑の多年草。高さ10 cm位，地下に細い根茎がある。葉は長さ1.5〜3 cmで1〜1.5 cmの柄をもち，3〜4個ずつ固まって互生。花は夏，総状の花穂につき，緑白色。雄しべ10本，花粉は単一。他のイチヤクソウ類は4個ずつ集まっている点で本種と異なる。和名小一薬草。

3108. ウメガサソウ 〔ウメガサソウ属〕
Chimaphila japonica Miq.
北海道から九州および南千島，サハリン，朝鮮半島，台湾，中国に分布し，山や海辺の林中にはえる多年草。茎は高さ10〜15 cmで0〜2本の枝を出す。葉は2〜3枚ずつ集まってつき，輪生のように見える。長さ1.5〜3.5 cmで光沢があり，中脈は白い。花は初夏。さく果は径約5 mmで上向きにつく。冬でも枯れない。和名梅笠草は花の形に基づく。

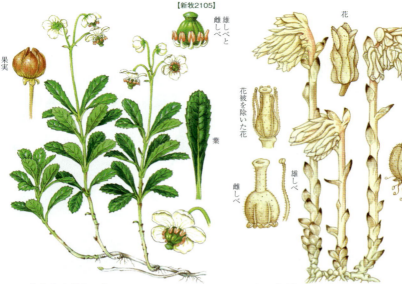

3109. オオウメガサソウ　〔ウメガサソウ属〕
Chimaphila umbellata (L.) W.P.C.Barton

　北海道と関東北部以北の海岸近くの乾いた林床にはえる半低木で高さ5〜15cm。葉は茎の上部に10数枚，輪生状につき，倒披針形で長さ3〜5cm，幅5〜10mm。花期は初夏。茎頂に3〜9個の花を散房状につけ，白色で径8〜10mmほど，裂片は円形。がくは卵円形で長さ約2mm，小花柄の長さは1〜2cmで，表面に細かい突起を密につける。

3110. シャクジョウソウ　〔シャクジョウソウ属〕
Hypopitys monotropa Crantz

　北半球の温帯に広く分布，日本では北海道から九州の山地の暗い木かげにはえる多年生の腐生植物。茎は集まって直立し，高さ20cm内外，肉質柱状で，鱗片葉が多数互生する。晩春，淡黄白色の花が初め下向きにつくが開花すると上向き，果時には直立する。和名錫杖草は花序を錫杖（しゃくじょう）に見立てたもの。シャクジョウバナともいう。

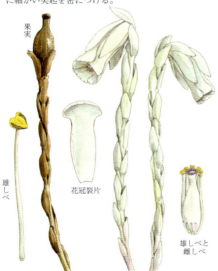
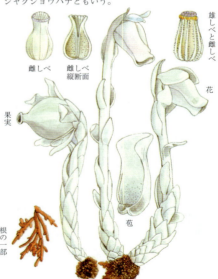

3111. アキノギンリョウソウ　〔ギンリョウソウモドキ属〕
Monotropa uniflora L.

　東アジアと北アメリカに広く分布し，日本では北海道から九州の比較的暗い林床にはえる腐生植物。高さ10〜30cm。全体が透明感のある白色だが，乾くと黒くなる。茎に10数個の鱗片葉を互生し，葉はほとんど無毛，肉質で長さ1〜2cm，幅5〜8mm。花期は夏から秋。点頭して咲き，長さ2cmの筒状の鐘形である。花弁も肉質で5個，倒長卵形で，円頭，歯牙が不整につく。さく果は扁球形。別名ギンリョウソウモドキ。

3112. ギンリョウソウ　〔ギンリョウソウ属〕
Monotropastrum humile (D.Don) H.Hara

　日本各地および南千島，サハリン，台湾と東アジアからヒマラヤに分布し，山地の林中の落葉の中にはえる腐生植物。高さ10〜15cm。茎は多肉質で1株から数本出る。根を除いてすべて純白色で，鱗片葉が茎に密着して互生する。花は夏，茎頂に1花が下向きにつく。苞と花弁は3〜5枚。雄しべ10本。液果は熟せばつぶれて種子を散らす。和名銀竜草（ぎんりょうそう）は全体を竜に見立てたもの。別名ユウレイタケ，マルミノギンリョウソウ。

【新牧1674】

【新牧1675】

3113. クロタキカズラ　〔クロタキカズラ属〕
Hosiea japonica Makino
　近畿地方以西，四国，九州の山地の林内にはえる落葉つる植物。つるは淡褐色の皮目があり，若いときは短毛がある。葉は長柄があり，葉身の長さ4〜18 cmで薄く，両面に伏毛がある。雌雄異株。花は晩春，葉腋に総状花序をつけ細長い柄に径8〜10 mmの花を垂れ下げる。花は5数性。果実はやや偏平で長さ1.5 cm。和名は高知県黒滝山で初めて発見されたため。

3114. クサミズキ　〔クサミズキ属〕
Nothapodytes nimmonianus (J.Graham) Mabb.
　インドから台湾までのアジア熱帯，亜熱帯にはえる常緑小高木。高さ3〜5 m。日本では八重山諸島に自生がある。枝は灰白色で皮目が目立ち，内部は中空。葉は互生し長さ10〜17 cm，幅6〜9 cm，長円形。表面は緑色，裏面は淡緑色，網目状の支脈が浮き立つ。花は夏。枝端に散房花序を出し多数の小さな白花をつける。花弁は5個あり径3 mm，がくはカップ状。果実は核果。奄美大島には，本種に似て花の大きいワダツミノキ *N. amamianus* Nagam. et Mak.Kato を産する。

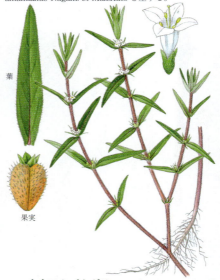

3115. アオキ　〔アオキ属〕
Aucuba japonica Thunb. var. *japonica*
　種としては北海道南部から琉球，朝鮮半島南部，台湾に分布。本州と四国東部の暖温帯の樹林内にはえ，庭木としても栽植される常緑低木。分枝し高さ2 m位，枝は緑色で基部は暗灰色。葉は対生し長さ10〜15 cm，厚くて光沢が強く，乾くと黒くなる。花は春。雌雄異株で雌花序は小さく，雄花序は大きい。果実は冬の間に赤く熟し美しい。葉は民間薬。和名青木は枝が青いため。

3116. オオフタバムグラ　〔オオフタバムグラ属〕
Diodia teres Walter
　北アメリカ原産の1年草。日本では埋立地や空地などに帰化が見られる。高さ20〜80 cm。葉は対生し，ほとんど柄がなく，長さ2〜4 cmの細線状ないし披針形。葉のつけ根に針状の托葉がある。茎上部の葉腋に托葉と茎に挟まれる形で小さな白色の花を数個ずつつける。花冠は長さ4〜6 mmの細長い鐘形。果実は6〜9 mmの卵形で硬毛が密生。

【新牧1982】
【新牧2384】

3117. ハシカグサ　　　〔ハシカグサ属〕
Neanotis hirsuta (L.f.) W.H.Lewis var. *hirsuta*
　本州，四国，九州および中国，マレーなどの暖帯に分布し，山野の木かげにはえる1年草。茎は軟らかく長さ20〜40cmで地面をはい，よく分枝する。全体に白軟毛がある。葉は長さ2〜4cm，葉柄の基部には縁が細裂した托葉がある。花は夏から秋，花冠は長さ3〜4mmの筒形で先端部は4裂。壺形のさく果に多数の種子がある。

3118. オオハシカグサ　　　〔ハシカグサ属〕
Neanotis hirsuta (L.f.) W.H.Lewis var. *glabra* (Honda) H.Hara
　本州北中部の山野の日かげにはえる多年草。ハシカグサの変種で全体がしばしば大きくなり，がくの筒部にはじめから毛がない。茎の下部は地面をはって節から根を下ろし，全体にほぼ無毛で乾かすと黒っぽくなる。茎は高さ15〜60cm。葉は長さ2〜7cm。花は夏から秋で白色。がくは花後に大きくなり，さく果は球状。

3119. フタバムグラ　　　〔フタバムグラ属〕
Oldenlandia brachypoda DC.
　本州，四国，九州，琉球列島および台湾，朝鮮半島，中国など東アジアの暖帯から熱帯に分布。湿地や田のあぜなどにはえる1年草。茎は細く基部から分枝し，斜上または横にはう。長さ10〜20cmで無毛。葉は長さ1〜3cm，縁はざらつく。花は夏，花冠は4裂し，径2mm位。和名は葉が2枚対生するからいう。

3120. ソナレムグラ　　　〔ソナレムグラ属〕
Hedyotis strigulosa (DC.)Bartl. ex Fosberg var. *parvifolia* (Hook. et Arn.) T.Yamaz.
　千葉県以西，四国，九州，琉球列島および台湾，中国，インド，フィリピンの暖帯から熱帯に分布。海岸の崖地や岩上にはえる多年草。茎は高さ5〜20cm，無毛でよく分枝し，固まってはえる。葉は肉質で上面に光沢があり長さ1〜2.5cm。花は夏から初秋，花冠は長さ1.5〜2mmで4裂。和名磯馴ムグラは海岸にはえるため。

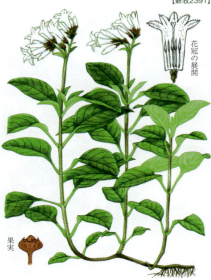

3121. シマザクラ 〔ソナレムグラ属〕
Hedyotis leptopetala A.Gray

小笠原諸島の林縁から疎林地にはえる常緑小低木。高さ1～2m。葉は対生、2～6mmの柄があり、披針形ないし長円形。托葉は低い三角形で縁に毛がある。花は夏から初秋、枝先に集散花序をつけ長さ3～7cm。花冠は紫紅白色で長さ1.3cm、4片に深裂、裂片は線形で反曲。さく果は球状形で4稜があり頂部に裂開する。近縁の固有種にアツバシマザクラ *H. pachyphylla* Tuyama、マルバシマザクラ *H. hookeri* (K.Schum.) Fosberg などがある。

3122. サツマイナモリ (キダチイナモリ) 〔サツマイナモリ属〕
Ophiorrhiza japonica Blume

千葉県以西、四国、九州、琉球列島および台湾、中国の常緑樹林の下にときに群生する多年草。茎は高さ20～25cm、下部は地にはって根を出し、汚褐色の細毛がある。葉は長さ3～5cm、幅1.5～2cm。花は冬から春、花冠は長さ1.5～2cm、内面には毛があり、生時白色だが乾くと赤くなる。和名薩摩稲森（さつまいなもり）は薩摩に産するイナモリソウの意。別名キダチイナモリは茎が木質化することによる。

3123. カギカズラ 〔カギカズラ属〕
Uncaria rhynchophylla (Miq.) Miq.

房総半島以西、四国、九州の谷川や林内の湿気のある山地にはえる常緑大つる木本。若枝は四角で無毛。花のない枝には葉腋に枝の変化したかぎ形のとげが出て、他物にひっかけて登る。葉は長さ5～11cm、柄の間に4個の早落性の托葉がある。花は夏、葉腋から長柄を出し小花を球状に集める。鉤刺を乾かして薬用（釣藤鈎）とする。和名鉤蔓（かぎかずら）。

3124. タニワタリノキ 〔タニワタリノキ属〕
Adina pilulifera (Lam.) Franch. ex Drake

九州南部および中国南部、インドシナの暖帯南部から熱帯に分布。谷間の多湿地を好んではえる常緑小高木。高さ5～6mでよく分枝する。若枝と花序に微毛がある。葉は長さ5～10cmで無毛。托葉は4個あり早く落ちる。花は夏から秋、多数の小花を頭状花序につけ球状に見える。花柱を含めて15mm位。和名谷渡の木は谷間にはえるため。

3125. ヘツカニガキ 〔ヘツカニガキ属〕
Sinoadina racemosa (Siebold et Zucc.) Ridsdale

四国南部，九州南部，琉球列島および台湾，中国中南部の暖帯から亜熱帯に分布。常緑広葉樹林下にまれにはえる落葉小高木。高さ5～6m。葉は長さ8～12cm。花は夏，球状の頭状花序を枝先に総状につける。花冠は長さ7mm位，雌しべの花柱は花冠の2倍の長さで高く突き出す。和名辺塚苦木（へつかにがき）の辺塚は最初に発見された九州大隅半島の地名。

3126. カエンソウ 〔カエンソウ属〕
Manettia cordifolia Mart.

南米のブラジル，アルゼンチン，パラグアイの原産。日本へは嘉永年間（1848～1854年）に渡来。観賞用として暖地に栽培されているつる性の多年草。根は数珠状で，茎は細長い。花は夏，葉腋に花柄を出し赤色の1花を開く。花冠は筒部が長く3～4cm，4裂して反巻する。和名火焔草（かえんそう）は花色に基づく。

3127. コンロンカ 〔コンロンカ属〕
Mussaenda parviflora Miq.

種子島，屋久島から琉球列島，および台湾に分布し山地の林縁などにはえ，またまれに観賞用に栽植する常緑低木。高さ1～2m。葉は長さ8～13cm，短毛がある。花は初夏，花冠は長さ1.5cm位，がく5裂片のうち1片がしばしば花弁状になり，柄を含めて長さ3～4cmになる。和名崑崙花（こんろんか）はがく片の白さを崑崙山の雪に見立てたものであろうという。

3128. ヒロハコンロンカ 〔コンロンカ属〕
Mussaenda shikokiana Makino

東海・紀伊地方と四国，九州に分布する落葉性低木。高さ約2m。葉は対生し広卵形で長さ10～18cm。枝は叢生する。托葉は三角形ないし狭三角形。夏に枝先に集散花序をつけ，径10～15cm，短毛を密生し，外周の花はがく裂片の1つだけが大きく花弁状となり，白色で広だ円形。さく果は冬に熟し，黒緑色の1cmほどの球形。

【新牧2398】

【新牧2399】

3129. ギョクシンカ　〔ギョクシンカ属〕
Tarenna kotoensis (Hayata) Kaneh. et Sasaki var. *gyokushinkwa* (Ohwi) Masam.

九州から琉球列島の暖地にはえる常緑小低木。乾くと黒っぽくなる。若枝には伏した毛がある。葉は長さ6〜18 cm、幅3〜8 cm、やや無毛で少し光沢がある。葉柄間に三角形の托葉がある。花は夏、枝先に散房花序につく。花冠は長さ6 mm位、裂片は4〜5個、つぼみのときはねじれている。和名は玉心花と思われ、白花を白玉にたとえたのであろう。小笠原諸島には近縁の固有種シマギョクシンカ *T. subsessilis* (A.Gray) T.Itô がある。

3130. ミサオノキ　〔ミサオノキ属〕
Aidia cochinchinensis Lour.

紀伊半島、四国、九州、琉球列島、および台湾、中国南部から熱帯アジア、オーストラリアに分布。林下にはえる常緑低木。葉は革質で長さ8〜15 cm、若葉はときに赤みがある。花は晩春、鱗片葉の直上に集散花序につき、葉と対生する。果実は径7 mm位、秋に赤褐色、のちに黒く熟し翌春まで枝につく。和名は常に緑で変わらない堅固さを操にたとえた名。

3131. クチナシ　〔クチナシ属〕
Gardenia jasminoides Ellis var. *jasminoides*

静岡県以西から琉球列島、および台湾、中国の暖帯から亜熱帯に分布。照葉樹林下にはえ、また観賞用に栽培される常緑低木。葉は長さ5〜11 cmである。花は初夏で径6〜7 cm、芳香がある。和名口無しは熟しても裂開しない果実に基づく。また宿存するくちばし状のがくをクチと呼び、細かい種子のある果実をナシに見立てた名ともいう。果実は染料や薬用にする。

【新牧2400】

3132. ヒトエノコクチナシ　〔クチナシ属〕
Gardenia jasminoides Ellis var. *radicans* (Thunb.) Makino ex H.Hara f. *simpliciflora* (Makino) Makino ex H.Hara

中国原産といわれるクチナシの1変種で、庭園に栽植される常緑低木。茎はよく分枝し斜上、基部は横にはう。全体や葉はクチナシに比べて小形で、高さ60 cm位。花は夏、花や果実もクチナシと同形だが小形。花冠の裂片の先がとがって剣咲の名がある品種がある。漢名水梔子は果実の形が梔という酒を入れる器に似るからという。

【新牧2401】

3133. アカミズキ（アカミミズキ）　〔アカミズキ属〕
Wendlandia formosana Cowan

奄美大島以南の琉球列島，台湾などにはえる常緑小低木。若枝には細かい伏毛がある。葉は対生し，長さ8〜15 cm，幅3〜6 cmで無毛。葉柄間に永存性の托葉がある。花は夏で白または黄白色，枝先に長さ10〜20 cmの円錐花序につき，花冠は長さ4 mm。別名赤身水木は奄美大島の方言で，材が赤いことにより，同じ科のシロミミズ *Diplospora dubia* (Lindl.) Masam. と区別するためにつけられたとされる。

3134. ヤエヤマアオキ　〔ヤエヤマアオキ属〕
Morinda citrifolia L.

旧大陸の熱帯・亜熱帯の海岸に分布し，小笠原諸島と南西諸島に知られる常緑無毛の低木または小高木。葉はだ円形ないし長だ円形。托葉は広だ円形である。花は花梗の先に球状かだ円体状に集まって頭状花序をなし，下から上へ咲く。花冠は白色で長さ1 cmほど，高盆形で先が5裂する。集合果は長さ3〜4 cmで卵状体ないしだ円体で熟すと白色になる。悪臭がある。

3135. ハナガサノキ　〔ヤエヤマアオキ属〕
Morinda umbellata L. subsp. *obovata* Y.Z.Ruan

九州の種子島と屋久島，琉球列島から台湾，中国南部など亜熱帯から熱帯に分布。樹林の縁などにはえるつる性の常緑低木。下部でよく分枝し無毛である。葉は革質で長さ6〜10 cm，托葉は合着して筒状になり枝を包む。花は初夏。果実は集合果でゆ着し径1 cm位になる。和名花傘の木は花序に基づく。

3136. ムニンハナガサノキ（コハナガサノキ）〔ヤエヤマアオキ属〕
Morinda umbellata L. subsp. *boninensis* (Ohwi) T.Yamaz.

聟島と硫黄列島を除く小笠原全島に分布する常緑樹本。高さ3〜6 m。葉は対生し，長さ4〜8 cmのだ円形ないし広卵形である。花期は初夏から夏。花は枝端に散形花序が数個頂生する。花冠は淡黄緑色で，筒部は長さ2 mmほど，先は4裂，ときに5裂し，裂片は広披針形で先はとがり，内面に白毛を密生する。やくは長だ円形で長さ約2 mm。果実は集合果で径10〜12 mmのゆがんだ球形で，秋にオレンジ色に熟す。

3137. ボチョウジ（リュウキュウアオキ）〔ボチョウジ属〕
Psychotria rubra (Lour.) Poir.
九州南部から琉球列島，台湾，中国南部，さらにインドシナの亜熱帯から熱帯に分布し林下にはえる常緑低木。茎は高さ2〜3mで無毛。葉は対生し長さ10〜20cmで革質。花は初夏，枝先に集散花序を出し，黄緑色でロート形の小花をつける。別名は葉の感じがアオキに似て，琉球列島に産することによる。

3138. オガサワラボチョウジ〔ボチョウジ属〕
Psychotria homalosperma A.Gray
小笠原諸島の固有種で，比較的に湿ったところにはえる小高木。高さ4〜8m。葉は対生し，柄があり革質で，倒卵形から長だ円形。花期は夏。集散状の花序を頂生し，苞葉は早落性。花冠は高盆形で，乳白色，芳香がある。筒部は長さ1〜1.5cm，裂片は長さ0.8〜1cm。果実は長球形で直径1〜1.2cm，黒紫色に熟す。種子は扁だ円形。

3139. シラタマカズラ（イワヅタイ）〔ボチョウジ属〕
Psychotria serpens L.
紀伊半島，四国，九州南部，琉球列島，および台湾，中国南部，インドシナの亜熱帯から熱帯に分布。海岸付近にはえるつる性の小低木。茎は長くのび気根を出し岩や他の樹木に着生。葉は対生し2列に並び長さ2〜5cm，革質。花は初夏，果実は翌年春に白く熟す。和名の白玉は果実に基づく。別名岩伝い。また果実に味がないのでワラベナカセ（童泣かせ）の名もある。

3140. ルリミノキ（ルリダマノキ）〔ルリミノキ属〕
Lasianthus japonicus Miq.
静岡県以西，四国，九州，琉球列島，台湾，中国南部の暖帯から亜熱帯に分布，林下にはえる常緑低木。高さ1〜2m，上部でよく分枝する。葉は革質，長さ8〜15cm，裏面脈上にわずかに毛があるが，特に褐色の立毛が多いものをサツマルリミノキ f. *satsumensis* (Matsum.) Kitam. という。花は春から夏，白色だがわずかに紅色を帯びるものもある。和名瑠璃実の木は果実の色に基づく。

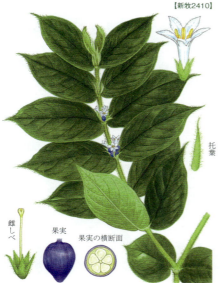

3141. マルバルリミノキ 〔ルリミノキ属〕
Lasianthus attenuatus Jack

中国南部,台湾からインドシナ半島,フィリピンにかけ分布し,日本では琉球列島から屋久島のやや湿った林下にはえる。高さ 1 m ほど。葉は対生し,だ円形から長だ円形。花期は春。葉腋に 2 個ほどの白い花をつけ,ほとんど無柄で,線形に切れ込んだ苞葉に包まれている。花冠は毛を密生し,筒部は長さ約 8 mm。果実は青色で,4～5 個の種子をつける。

3142. ヘクソカズラ (ヤイトバナ,サオトメバナ) 〔ヘクソカズラ属〕
Paederia foetida L.

日本各地および朝鮮半島,中国,フィリピンなどの温帯から熱帯に分布。荒地や山野の草地にはえる多年草。茎は長いつるで他物にからみつく。葉は長さ 4～10 cm,茎とともに少し毛がある。花は夏から秋,花冠は長さ 1 cm 位の白色筒形で先端は開いて 5 浅裂,内側は暗紅紫色で美しい。果実は径 6 mm 位。和名は全体に悪臭があるため。

3143. シチョウゲ (イワハギ) 〔シチョウゲ属〕
Leptodermis pulchella Yatabe

近畿地方南部と四国の高知県で川岸の岩石上に自生するが,観賞のため盆栽,または庭木として各地で栽植される落葉小低木。高さ 20～90 cm,よく分枝する。枝は初め細毛があり,のちに無毛で暗灰色になる。葉は小さく柄と合わせて長さ 1.5～4 cm。小さな托葉がある。花は夏。和名紫丁花(しちょうげ)は花が紫色で形がチョウジ(丁子)に似ているのでいう。

3144. イナモリソウ (ヨツバハコベ) 〔イナモリソウ属〕
Pseudopyxis depressa Miq.

関東地方以西,四国,九州の山地の湿った木かげにはえる多年草。地下茎は細く地中をはう。茎は高さ 5～10 cm,全体に軟毛。葉は 4 または 6 枚,長さ 3～6 cm,葉間に托葉がある。花は初夏,花冠は長さ 2.5 cm。和名は三重県の菰野稲森山(こものいなもりやま)で発見されたことによる。別名ヨツバハコベ(同名別種あり)は葉がふつう 4 枚で概形が多少ハコベに似ているから。

3145. シロイナモリソウ　〔イナモリソウ属〕
Pseudopyxis heterophylla (Miq.) Maxim.

関東地方西部から近畿地方までの太平洋側の山地の樹林下にはえる多年草。根茎は細くて木化する。茎は高さ15〜20cm, 2列の毛があり束生。葉は長さ1〜1.5cmの柄があり，葉身はきわめて長さ2〜6cmで全縁。花は夏，茎の上部葉腋に小さな白花が集まって開く。花冠は5裂し筒部は短く雄しべのやくが出る。和名は白花を開くイナモリソウの意。別名シロバナイナモリソウ。

3146. ハクチョウゲ　〔ハクチョウゲ属〕
Serissa japonica (Thunb.) Thunb.

庭木や生垣として古くから栽植されている常緑小低木。台湾，中国，インドシナ，タイなど亜熱帯から熱帯に分布。茎は多数群がり立ち，密に分枝し高さ50〜100cm。葉は対生，長さ1〜3cm，托葉は3裂し，裂片は刺状になる。花は初夏，短い花柱で高い雄しべのものと，その逆の形が株を別にしてある。和名はチョウジ（丁子）の花に似た白花の意でシチョウゲに対していう。

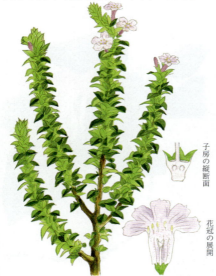

3147. ダンチョウゲ（ダンチョウボク）　〔ハクチョウゲ属〕
Serissa japonica (Thunb.) Thunb. 'Crassiramea'

ハクチョウゲの園芸変種で，まれに庭園に栽植されている常緑小低木。高さ1m以下。枝は比較的太く，節間がつまってきわめて密に葉をつける。葉は長さ1cm以下，厚く，無毛で光沢があり，基部に托葉がある。花は晩春，白花や八重咲もある。和名段丁花（だんちょうげ）は葉が十字形をなし，重なって段をつくっているものによるか。

3148. ツルアリドオシ　〔ツルアリドオシ属〕
Mitchella undulata Siebold et Zucc.

北海道から九州および朝鮮半島，台湾の暖帯から温帯に分布。山地の木かげにはえる多年草。茎は長く地上をはい節から根を下す。葉は長さ0.5〜1.5cm，やや厚くしなやか。花は初夏，2個ずつつき，花冠は長さ1.5cmで内側は有毛。和名はアリドオシに似てつる性だからいう。北アメリカに近縁種があり，セットとして見ると隔離分布を示す。

3149. アリドオシ 〔アリドオシ属〕
Damnacanthus indicus C.F.Gaertn. var. *indicus*

　関東地方以西から琉球列島、および朝鮮半島南部の暖帯に分布。山林下にはえる常緑小低木。葉は長さ1〜2.5cm、大きな葉の対と小さな葉の対が交互につき、大きな葉と直交して1対の刺針がある。花は初夏。果実は秋から翌年花時まで残る。和名は針の鋭さが蟻を刺し通すほどだといったもの。果実が1年中有り通しと解し、千両、万両有り通しという縁起木だとする俗説もある。

3150. ジュズネノキ （ニセジュズネノキ、オオアリドオシ）〔アリドオシ属〕
Damnacanthus indicus C.F.Gaertn. var. *major* (Siebold et Zucc.) Makino

　神奈川県以西から琉球列島、朝鮮半島の暖帯から亜熱帯に分布、山地の林下にはえる常緑小低木。高さ30〜50cm。枝は2岐し灰白色。葉は長さ2〜5cm、托葉のわきから2本の刺針を出す。花は晩春、下部の花は横か下向きに咲く。果実は径5mm、冬に熟し翌年花時まで枝についている。和名は根が数珠状になるという意味だが、本種はそうならない。牧野富太郎は本種を本来のジュズネノキと考えたが、最近は別名で呼ばれることが多い。

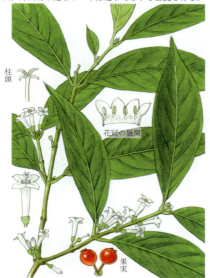

3151. ナガバジュズネノキ 〔アリドオシ属〕
Damnacanthus giganteus (Makino) Nakai

　静岡県西部以西、四国、九州の山地の林下にはえる常緑小低木。根はしばしば数珠状にふくらみ、イヌリンを含む。若枝には短毛がある。葉は長さ4〜13cmで無毛。托葉のわきの刺針は微小で、ジュズネノキのような長針にならない。花は晩春、葉腋に1〜3個の小さな白花を開く。ジュズネノキより根は数珠状である。なお最近はオオバジュズネノキ *D. macrophyllus* Siebold ex Miq. が本来のジュズネノキであるとする意見が有力。

3152. クルマバソウ 〔ヤエムグラ属〕
Galium odoratum (L.) Scop.

　本州、北海道および朝鮮半島、南千島、サハリンからシベリア、ヨーロッパ、さらに北アフリカなど北半球に広く分布。北アメリカにも帰化。山地の木かげにはえる多年草。地下茎がのびて繁殖。高さ10〜30cm。葉はやや厚く光沢があり、ふつう6〜10枚輪生。花は夏。和名車葉草。クルマムグラに似るが葉の質は厚く、乾かすと芳香があり、花冠に明らかな筒部がある。

3153. ウスユキムグラ 〔ヤエムグラ属〕
Galium shikokianum Nakai
　本州中部から九州の山地に点在する多年草。地下茎は細く横にはい，茎は立って高さ10〜20cm，四角でざらつかない。葉は4〜5枚で輪生し，うち2片だけが本当の葉で他は葉状托葉，長さ2.5〜4cm。花は初夏，白花。本種とクルマバソウは花冠がロート状で，明らかな筒部があり，同属他種と異なる。和名薄雪ムグラ。

3154. ヤエムグラ 〔ヤエムグラ属〕
Galium spurium L. var. *echinospermon* (Wallr.) Hayek
　アジア，ヨーロッパおよびアフリカの温帯から暖帯に広く分布。日本各地の畑地や家の近くなどにもはえる1〜2年草。茎はよく分枝し四角ばり，稜に沿って逆刺があり，他物によりかかって斜上，高さ60〜90cm。葉は長さ1〜3cmで輪生する。花は初夏，花冠は淡黄緑色で4裂。雄しべ4本。果実は2分果に分かれ，かぎ状のとげがあって衣服などにつき運ばれる。

3155. エゾムグラ 〔ヤエムグラ属〕
Galium manshuricum Kitag.
　中国東北部，朝鮮半島北部に分布し，北海道の根室と釧路の湿地にまれにはえる多年草。高さ30〜50cm。葉は6枚が輪生し，倒披針形，先端に刺状の突起があり，主に表面の中脈と縁に毛がはえている。夏に茎先にまばらに散開する花序をつけ，花梗は長く糸状，花柄は2〜7mmで無色。花は直径2mmほどで小さい。花冠は4裂し，裂片は卵状だ円形で，先は細くとがっている。

3156. オオバノヤエムグラ 〔ヤエムグラ属〕
Galium pseudoasprellum Makino
　北海道から九州および朝鮮半島や中国東北部など東アジアの温帯に分布し，山地にはえる多年草。茎は四角く稜線が発達して，かぎ状の逆刺で他物によりかかりながら1〜2mにのびる。葉は6枚輪生だが，上部では4〜5枚，長さ1.5〜3cm，幅5〜9mmで先はとがり，乾いても黒くならない。花は夏から秋。分果はかぎ毛があり他物につく。

3157. オオバノヨツバムグラ 〔ヤエムグラ属〕
Galium kamtschaticum Steller ex Roem. et Schult. var. *acutifolium* H.Hara

　四国，本州，北海道に分布し，種としては千島，サハリンの温帯からカムチャツカを経て北アメリカ北部に分布。亜高山の針葉樹林帯にはえる多年草。木かげの湿ったところを好み，しばしば群生し，高さ15 cm位。葉は4枚輪生，長さ2〜3.5 cmの広だ円形で明らかな3脈が目立つ。花は夏に円錐花序を出して白花をまばらにつける。果実は2分果で双頭形に見える。

3158. ヨツバムグラ 〔ヤエムグラ属〕
Galium trachyspermum A.Gray

　北海道から九州および朝鮮半島と中国に分布，丘陵地の道ばたなどにはえる多年草。茎は四角く高さ30 cm内外。葉は長さ1〜1.5 cm，幅3〜6 mmで裏面に白毛があり，先は鈍い。花は初夏，花冠は径3 mmで4裂。果実は2個の分果からなり，鱗片様のかぎ状をした小突起を密生。和名四葉ムグラは葉（正しくは正葉と托葉）が4枚輪生するため。

3159. ヒメヨツバムグラ (コバノヨツバムグラ) 〔ヤエムグラ属〕
Galium gracilens (A.Gray) Makino

　本州から琉球列島，さらに台湾，朝鮮半島，中国の暖帯に分布。土手や丘陵地の日当たりのよいところにはえる多年草。茎は束生し高さ20〜40 cm。葉は長さ5〜12 mmの披針形で柄はなく，4枚ずつ輪生する。花は初夏に細い集散花序につき，花冠は淡緑色で4裂する。果実は2分果で表面には鱗片状の突起毛が密生する。

3160. ホソバノヨツバムグラ 〔ヤエムグラ属〕
Galium trifidum L. subsp. *columbianum* (Rydb.) Hultén

　東アジアおよび北アメリカの暖帯から温帯に広く分布し，北海道から九州までの湿地にはえる多年草。茎は高さ30 cm位で先細く，基部は地をはうこともある。葉は長さ7〜14 mmで先は鈍く，茎とともに小さい逆刺がある。花は初夏，花冠は純白で3裂，まれに4裂で径約3 mm。雄しべは3本，まれに4本。果実に毛はない。和名は葉が細めなことによる。

3161. ミヤマムグラ 〔ヤエムグラ属〕
Galium paradoxum Maxim.
subsp. *franchetianum* Ehrend. et Schönb.-Tem.

種としては東アジアの温帯に広く分布し、北海道から九州の山地の樹陰にはえる軟弱な多年草。地下茎は横にはい、茎は立って高さは8〜20 cm。葉は下部では対生し小さく、中ほどから上では大きさが不同で2枚の葉と2枚の托葉が輪生する。長さ8〜30 mm、幅5〜18 mm、縁近くに短毛があるほかは無毛、はっきりした柄がある。花期は初夏で白色。花冠は径3 mm位で4裂する。

3162. ヤマムグラ 〔ヤエムグラ属〕
Galium pogonanthum Franch. et Sav. var. *pogonanthum*

本州、四国、九州および朝鮮半島に分布し、山地のやや乾いた林内にはえる多年草。根茎は短く橙色。茎は束生し、光沢があり無毛、高さ10〜30 cmになる。葉は対生する2葉が他2枚の托葉よりも長く約2 cm。花は春から夏、花冠は4裂し径約3 mm、裂片の外側に軟毛がある。果実は突起毛を密生する。本州西部および四国の山地には、茎や葉に毛の多いオオヤマムグラ var. *trichopetalum* (Nakai) H.Hara がある。

3163. ヤブムグラ 〔ヤエムグラ属〕
Galium niewerthii Franch. et Sav.

千葉県、東京都、神奈川県など関東地方南部の丘陵地にはえる多年草。高さ30〜70 cm。葉は4枚が輪生し、だ円形。先は短くとがり、長さ1.3〜2 cm。茎の先と上部の葉腋から出た糸状の枝に数個の白色の花をまばらにつける。花は小さく直径2 mmほど。花冠は4裂し、裂片は卵形で先はとがる。雄しべは4本で、花糸は細く、花柱は2裂する。果実は無毛。固有種とされていたが、最近中国大陸からも報告された。

3164. ハナムグラ 〔ヤエムグラ属〕
Galium tokyoense Makino

中部地方以北および朝鮮半島から中国東北部に分布し、山地の湿った原野にはえる多年草。茎は四角く高さ30〜60 cm、少し分枝し、逆刺がはえている。葉は長さ2〜3 cm、先は円くてへこむ。花は夏、花冠は4裂、径3 mm位。果実は2分果からなり毛はない。和名は白花が美しいのにちなんで牧野富太郎が命名した。

3165. キクムグラ（ヒメムグラ） 〔ヤエムグラ属〕
Galium kikumugura Ohwi

北海道から九州の林内にはえる多年草。茎は束生し高さ30〜50 cm、下部は地表をはう。四角く滑らかでまばらに分枝する。葉は長さ1〜1.5 cmで薄く縁にだけ短毛がある。4〜5枚輪生でうち2枚が葉、他は托葉。花は夏、花冠は4裂で径約2 mm。花柄の基部に細長い苞葉を1枚つける。果実は2分果からなり、短毛を密生する。

3166. オククルマムグラ 〔ヤエムグラ属〕
Galium trifloriforme Kom.

北海道から九州、朝鮮半島に分布、山地の湿った林内にはえる多年草。茎は束生し高さ20〜30 cm、四角形で稜が発達し滑らか。葉は軟らかく、長だ円形で先は短くとがり、長さ1.5 cm内外、乾燥しても黒くならない。花は夏、花冠は4裂し径3 mm位。果実は2分果、刺毛が密生する。クルマムグラ *G. japonicum* Makino はこれに似るが、葉は鋭くとがった披針形で、植物体が乾燥すると黒くなる。和名の車は輪生状の葉を車輪に見立てた。

3167. キヌタソウ 〔ヤエムグラ属〕
Galium kinuta Nakai et H.Hara

本州から九州および中国大陸の温帯に分布し、山地の林内にふつうにはえる多年草。根は細く黄赤色。茎は四角く滑らかで高さ30〜60 cm、ほとんど分枝しない。葉は長さ3〜5 cm、幅1〜2 cmで下部のものほど小さい。葉質は硬く上面脈上に剛毛があり、先は長くとがる。花は夏に咲き、花冠は4裂し、径約3 mm、雄しべ4本。果実は無毛。和名は果実の形を砧（きぬた）に見立てた名。

3168. カワラマツバ 〔ヤエムグラ属〕
Galium verum L. subsp. *asiaticum* (Nakai) T.Yamaz. var. *asiaticum* Nakai f. *lacteum* (Maxim.) Nakai

北海道から九州および北東アジアにかけての日当たりのよい乾いた草原などにはえる多年草。茎は高さ30〜80 cm、硬くて細毛があるが逆刺はない。葉は托葉も合わせて8〜12枚、長さ2〜3 cmで縁は反り返る。花は夏、花冠は4裂し径約2.5 mm。子房や分果は無毛。和名河原松葉は、葉状を松葉に見立て河原に多くはえるから。黄色花をキバナカワラマツバ f. *luteolum* Makino という。

3169. クルマバアカネ 〔アカネ属〕
Rubia cordifolia L. var. *lancifolia* Regel

和歌山県以西から九州の海岸にはえ、朝鮮半島、中国東北部、ウスリー、アムールにも分布している。葉は4〜8枚が輪生し、だ円形または卵状だ円形。花期は秋。花は円錐状の花序を茎頂と葉腋につける。花柄は長さ1〜3.5mm、のびると5〜10mmになる。花冠は黄緑色、直径3〜5mm。核果は冬に黒く熟す。

3170. アカネ 〔アカネ属〕
Rubia argyi (H.Lév. et Vaniot) H.Hara ex Lauener et D.K.Ferguson

本州、四国、九州および朝鮮半島から台湾、中国中南部の暖帯に分布。山野にはえるつる性の多年草。根は太くひげ状。茎はよく分枝し四角形で逆刺がある。葉は葉身の長さ3〜7cm。花は夏から秋、径3.5mm位。和名赤根は根が赤いことによる。根は染料として茜染に用いられ、また利尿・止血・解熱強壮剤としての薬効がある。

3171. オオアカネ 〔アカネ属〕
Rubia hexaphylla (Makino) Makino

本州中部および朝鮮半島の温帯に分布し、深山の林縁にまれにはえる多年草。茎は長くのび、縦に4〜6の角が走り、小さい逆刺で他物にからまる。葉は4枚または6枚輪生、うち2片が葉で他は托葉。葉身の長さ4〜9cm、幅2〜5cm、裏面主脈上や柄に小逆刺がある。花は初夏、淡緑白色。花冠は径4mm、子房は無毛。果実は長さ1cm。

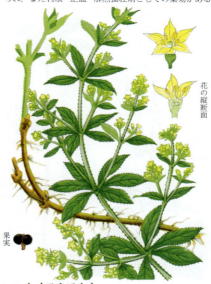

3172. セイヨウアカネ（ムツバアカネ）〔アカネ属〕
Rubia tinctorum L.

地中海沿岸の南ヨーロッパ、西アジア原産の多年草。日本でもまれに栽培される。茎は高さ50〜80cm、よく分枝し四角形で逆刺がある。葉は6枚輪生するが、正しくは2枚が葉、他の4枚は托葉。長さ3〜5cmの広披針形で刺毛があり、ざらつく。花は夏から秋に咲き、花冠は淡黄色、5裂し径約5mm。2分果からなる果実は黒く熟す。

3173. アカネムグラ　〔アカネ属〕
Rubia jesoensis (Miq.) Miyabe et T.Miyake

　北東アジアの温帯に分布。北陸と東北地方、北海道の主に海岸付近の湿原にはえる多年草。茎は直立、高さ20〜60cm、四角で小さい逆刺がはえる。葉を2枚と托葉2枚を輪生し、基部は細くなって短い柄になる。長さ4〜8cm、裏面主脈上に小逆刺。花は夏、小白花。和名はアカネ属だが概形はヤエムグラに似るため。

3174. オオキヌタソウ　〔アカネ属〕
Rubia chinensis Regel et Maack

　北海道から九州、および朝鮮半島と中国東北部に分布し、林内にはえる多年草。細い地下茎がある。茎は四角く、無毛で高さ30〜60cm、逆刺はない。葉は薄く4枚輪生のうち2枚が葉、2枚が托葉で長さ6〜10cm、葉柄は1〜2cm。花は初夏、花冠は径3〜4mmで5裂。和名はキヌタソウに似て全体が大形の意。

3175. コーヒーノキ　〔コーヒーノキ属〕
Coffea arabica L.

　アフリカ大陸の中部、東部、エチオピアなどの原産とされる常緑高木で熱帯地方に広く栽培される。高さ5〜8m。葉は対生し、だ円形で両端はとがり、7〜10cm。花は葉腋につき、白色で直径1〜2cm。花冠は下半部が筒形、上半部は星形に5裂する。果実は長だ円形で長さ2cmほど、熟すと赤紫色で光沢がある。この種子をコーヒー豆と称し、乾燥させて商品とする。

3176. アカキナノキ　〔キナノキ属〕
Cinchona calisaya Wedd.

　ペルー一帯のアンデス山中の原産だが、インドネシアの高地などで栽培される常緑高木。高さ20m以上。葉は広だ円形で深緑色の光沢があり、葉柄が赤い。淡緑色の鐘状の花をつける。果実はさく果で、種子は翼があって小さい。枝、幹、根などの樹皮はキニーネを含み、マラリアの特効薬として有名、解熱剤としても使われる。

3177. トコン　〔トコン属〕
Cephaelis ipecacuanha (Brotero) A.Rich.

ブラジル南部の原産。わずかに日の差し込む密林にはえ、スリランカ、マレー半島でも栽培される半低木状の多年草。高さ30〜80cm。根は輪状に肥厚し、数珠状。茎は4稜形で節がある。上部は他物に巻きつき、地をはう。葉は対生、長だ円形か倒卵形で長さ7〜9cm、革質で平滑、全縁。茎の先端付近の葉腋に白色の小花を半球形の頭状花序につける。根は吐根といって薬用とする。

3178. ヤマトグサ　〔ヤマトグサ属〕
Theligonum japonicum Okubo et Makino

本州関東以西、四国、九州の山中の樹の下にはえる多年草。高さ15cm位。花後下部の側枝がのびて地にはい、先に新芽をつくる。葉は柄があり長さ1〜3cm。花は春、淡緑色で風媒の単性花。雄花は節ごとに2個つき葉と対生、3個のがく片が反り返り、雄しべが多数垂れ下がる。和名大和草は日本草の意。

3179. ツルリンドウ　〔ツルリンドウ属〕
Tripterospermum japonicum (Siebold et Zucc.) Maxim.

北海道から九州および南千島、サハリン、朝鮮半島に分布し、山の木かげにはえる多年草。茎は下部が地をはい上部は他物に巻きつき、長さ30〜60cm。葉は長さ3〜8cm、3主脈があり裏面は紫色を帯びる。花は夏から秋。花冠は長さ2.5〜3cm。果実は液果で残存する花冠から突き出て紅紫色に熟す。和名はリンドウに似てつる性だからいう。

3180. リンドウ　〔リンドウ属〕
Gentiana scabra Bunge var. *buergeri* (Miq.) Maxim. ex Franch. et Sav.

本州、四国、九州の山や丘陵地にはえる多年草。観賞用や切花用に栽培。茎は中空で直立または斜上、高さ20〜90cm。葉は長さ4〜12cm、笹葉状で先端はとがる。花は秋、花冠は長さ4.5〜6cm。和名は漢名竜胆に基づき根が胆汁のように非常に苦いことを表す。方言でオコリオトシ、カラスノショウベンタゴなど。胃薬にする。

3181. ホソバリンドウ 〔リンドウ属〕
Gentiana scabra Bunge var. *buergeri* (Miq.) Maxim.
ex Franch. et Sav. f. *stenophylla* (H.Hara) Ohwi

本州から九州の山地の湿った草地にはえる多年草。全体に無毛で、茎は細くほとんど分枝せず、高さ20～60 cm。葉は細く、対生して柄はなく、長さ2～6 cm、幅2～8 mmの狭披針形で質はやや厚く、葉縁はざらつく。花は晩秋、茎の先や上部の葉腋に紫色の1～4個の花が咲く。花冠は長さ4～5 cmの長鐘形。

3182. エゾリンドウ 〔リンドウ属〕
Gentiana triflora Pall. var. *japonica* (Kusn.) H.Hara

サハリン、千島に分布し、日本では北海道と本州中部以北の山地帯にはえる。高さ30～80 cm。葉は対生、まれに3枚輪生し、卵形または披針形。花期は秋。花は茎頂または上部の葉腋に5～20個つく。がくは5裂し、裂片は長さ、形が不同。花冠は濃青色ないし青紫色、淡青色、まれに白色で、筒状鐘形、長さ3～5 cm。さく果は披針形で花冠とほぼ同長。

3183. オヤマリンドウ 〔リンドウ属〕
Gentiana makinoi Kusn.

本州中部、四国の高山帯の草地にはえ、切花用として栽培もする多年草。地下茎は多少肥厚し、茎は丸く高さ20～60 cm。葉は長さ3～6 cm、広披針形で3脈が目立ち、全体に粉白を帯びる。下部の数対は短い鞘状に退化。花は夏から秋、花冠の長さ2～3 cmの鐘状。花屋ではキヤマリンドウと呼び、キヤマは石川県白山の山腹で樹林の多いところ。

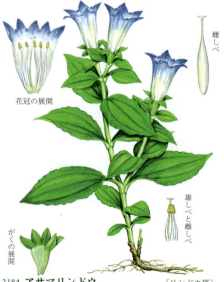

3184. アサマリンドウ 〔リンドウ属〕
Gentiana sikokiana Maxim.

近畿地方以西の本州と四国の山地の林中にはえる多年草。茎は直立または斜上し、高さ10～25 cm。葉は長さ3～9 cmで5主脈が目立ち、やや光沢があり、縁は波状のしわがある。花は秋。がくは長さ1～1.5 cmで5裂片は開出する。花冠は長さ4～6 cm、内面に緑色の細点がまばらにある。和名朝熊竜胆は三重県伊勢の朝熊山（あさまやま）に多いことにちなむ。

3185. ヤクシマリンドウ 〔リンドウ属〕
Gentiana yakushimensis Makino
屋久島の高山の岩場にはえる多年草。全体に無毛。茎は数本束生し、横に伸び、長さ5〜20 cm、細くて硬い。葉は4枚、ときに3枚輪生、厚く光沢があり、主脈はへこみ、裏面は白っぽく、長さ1〜2 cm、幅2〜3 mmの狭披針形。花は晩夏、茎頂にやや大きい濃青紫色の花を1個開く。花柄はなく、花冠は長さ3〜4 cmで6〜8裂、喉部に紫色の細点がある。裂片の間に先が2裂する副裂片があり、裂片と副裂片はふつう直立。花冠筒は著しいひだがあるように見える。和名は屋久島特産のため。

3186. トウヤクリンドウ 〔リンドウ属〕
Gentiana algida Pall.
本州中部地方以北、北海道および千島、朝鮮半島、中国、シベリア、さらに北アメリカの寒帯など周極地方に分布。高山帯の岩石地にはえる多年草。高さ8〜15 cm。根生葉は花茎のわきに束生し、下の1対は基部が鞘状の筒となり他の葉を包む。茎葉は対生し長さ2〜5 cm。花は夏に咲き、淡黄色で黒色の細点がある。花冠裂片は図ほど平開せず、実際には斜上する。和名は薬になるから。

3187. リシリリンドウ 〔リンドウ属〕
Gentiana jamesii Hemsl.
中国東北部、朝鮮半島、サハリン、千島に分布し、日本では北海道の利尻山、夕張岳などの高山の湿った草地にはえる多年草。高さ5〜12 cm。葉は対生し、広披針形または長だ円形。花期は夏。花は茎頂に1〜数個つけ、長さ2〜3 cm。花冠は濃碧青色で先は5裂し卵形ないし倒卵形。のどの部分に開出しない副花冠がある。さく果には花柄があり花冠より少し抽出している。

3188. ミヤマリンドウ 〔リンドウ属〕
Gentiana nipponica Maxim. var. *nipponica*
本州中部地方以北、北海道の高山帯の草地にはえる多年草。茎は細く、下部は横にはい、分枝し高さ3〜10 cm。葉は対生し厚く無毛、長さ6〜15 mm、上にいくにしたがって大型になる。ほとんど柄がない。初夏から晩夏、径1.5 cm位の花を上向きに開く。本種に限らずリンドウ属は日中だけ開き、夜間または、しばしば曇天のときにはしぼむ。

3189. イイデリンドウ 〔リンドウ属〕
Gentiana nipponica Maxim. var. *robusta* H.Hara

東北地方の飯豊山塊の高山帯の岩礫地に特産する小形の多年草。ミヤマリンドウの変種とされ，母種より全体がやや大きい。対生する葉は基部のものほど小さい。とくに花冠が大きく，裂片の間に5枚の副花冠が開出するため華やかに見える。同属他種と同様，雄しべは花筒の内壁につき，花は朝開いて夕方しぼむ。

3190. フデリンドウ 〔リンドウ属〕
Gentiana zollingeri Fawc.

東アジアの温帯に広く分布，日本各地の日当たりのよい山野にはえる越年草。茎は高さ6〜9cmで中部より上に葉をつける。葉は長さ5〜12mm。花は春。花冠は長さ18〜25mmで5裂，裂片の間に副裂片がある。花は日が当たっているときに開く。和名筆竜胆（ふでりんどう）は閉じた花の形を筆に見立てたもの。方言でアメリカバナ，ヤマキキョウなどという。

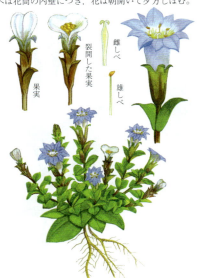

3191. コケリンドウ 〔リンドウ属〕
Gentiana squarrosa Ledeb.

本州，四国，九州および朝鮮半島，中国，シベリア，ヒマラヤ，カラコルムに分布。日当たりのよい野原にはえる越年草。茎は束生し高さ2〜10cm，全体軟らかく，下部の数対の葉は大きくロゼット状に広がる。花は春。花冠は長さ1〜1.5cm。さく果は花冠の上に抽出して裂け，種子を露出。和名はコケのように小さいリンドウの意。

3192. ハルリンドウ（サワギキョウ） 〔リンドウ属〕
Gentiana thunbergii (G.Don) Griseb. var. *thunbergii*

東アジアの温帯に広く分布し，本州から九州のやや湿った日当たりのよい山野にはえる越年草。茎は束生し高さ8〜15cm，全体無毛。根生葉は長さ1〜3cmでロゼット状につく。花は春に咲き，花冠は長さ2.5〜3.5cm。和名は春に咲くリンドウの意。本州中部以北の高山帯の湿地にはえるものをタテヤマリンドウ var. *minor* Maxim. という。別名には同名の別種がある。

3193. ヒナリンドウ　〔リンドウ属〕
Gentiana aquatica L.
　アジアと北アメリカの高山・寒地に分布し，日本では長野県の八ヶ岳にはえる2年草。高さ5～8cm。根生葉は小形でロゼット状または対生，倒卵形かほぼ卵形。茎葉ははのみ形ないし披針形。花期は初夏から盛夏。花は茎や枝先に1個ずつつき，花冠は淡青色で，ロート状鐘形。長さ1～1.7cmで短柄がある。さく果は短く，卵形で長柄がある。

3194. ホソバノツルリンドウ　〔ホソバノツルリンドウ属〕
Pterygocalyx volubilis Maxim.
　アジア大陸のアムール地方から台湾の高山に分布，日本では北海道，本州と四国にまれにはえるつる性2年草。茎は長く，つる状で他物に巻きつき，葉は披針形ないし線状披針形。花期は盛夏から晩秋。花は葉腋に短柄を伴ってつき，がく筒は長さ1.5～2cm。花冠は帯青淡紫色で長さ1.7～3.5cm。先は4裂する。さく果は狭長だ円形で有柄，長さ約1cmになる。

3195. チチブリンドウ　〔チチブリンドウ属〕
Gentianopsis contorta (Royle) Ma
　インドから中国に分布し，日本では秩父山地や南アルプスの亜高山帯から山地帯にはえる2年草。高さ6～20cm。葉は十字に対生し，だ円形ないし卵状だ円形。花期は盛夏から秋口。花は茎や枝先に通常1個ずつつき，がくは細い筒状ロート形。花冠も筒状で長さ約2cm，淡紅紫色。さく果は花冠よりもやや長く，種子には微小の突起が密生する。

3196. シロウマリンドウ（タカネリンドウ）〔チチブリンドウ属〕
Gentianopsis yabei (Takeda et H.Hara) Ma ex Toyok. var. *yabei*
　北アルプスの白馬連峰にはえる日本特産の2年草。高さ5～30cm。根生葉は倒卵形ないしへら形で対生。茎葉はだ円形ないし卵状披針形で基部は茎を抱く。花は晩夏から初秋，茎頂および分枝した枝頂に通常1個つく。花冠は白色で筒状鐘形。長さ2.5～4cm。基部は淡青色を帯びる。さく果は花冠とほぼ同長である。南アルプスには花柄の短いアカイシリンドウ var. *akaisiensis* T.Yamaz. を産する。

3197. チシマリンドウ　〔チシマリンドウ属〕
Gentianella auriculata (Pall.) J.M.Gillett

アジア大陸からアリューシャン列島に分布し，日本では北海道の礼文島の海岸草地と利尻山，大平山の草地にはえる2年草。高さ5〜30 cm。茎葉は卵形ないし倒卵形で基部は茎を抱く。花期は晩夏から初秋。花は茎頂および上部葉腋から出た枝先に通常1個ずつ出る。花冠は紅紫色，まれに白色。長さ1.5〜3 cm。さく果は無柄で花冠とほぼ同長。

3198. オノエリンドウ　〔チシマリンドウ属〕
Gentianella amarella (L.) Börner
subsp. *takedae* (Kitag.) Toyok.

本州中部の高山帯と北海道羊蹄山の高山草地にはえる2年草。高さ5〜20 cm。茎葉は3〜5脈あり，基部は茎を抱いて対生。花期は晩夏から初秋。花は茎頂および上部の葉腋から出た枝先にふつう1個ずつつける。がくは4〜5裂し，卵状だ円形。花冠は紅紫色で，筒状鐘形をしている。さく果は無柄。種子は球形ないしだ円形。

3199. ユウパリリンドウ　〔チシマリンドウ属〕
Gentianella amarella (L.) Börner
subsp. *yuparensis* (Takeda) Toyok.

北海道の夕張岳，中央高地や日高山脈北部の高山帯草地にはえる2年草。高さ5〜30 cm。オノエリンドウ同様，北半球周極地方に広く分布する母種から区別される日本の固有亜種。花は晩夏から初秋。がくは深裂，裂片は線形ないし披針形，縁には多数の微突起がある。花冠は紅紫色で長さ3 cmに達するものもある。

3200. サンプクリンドウ　〔サンプクリンドウ属〕
Comastoma pulmonarium (Turcz.) Toyok.
subsp. *sectum* (Satake) Toyok.

南アルプスと八ヶ岳の高山帯草地や岩地にはえる2年草。高さ5〜20 cm。根元の小さなロゼット葉または対生葉から1〜10本の茎を出す。茎葉は細長だ円形ないし広披針形。夏の終わりから秋口にかけて茎頂と葉腋から分かれた枝先に花をつける。花冠は長さ1〜1.5 cmで淡紅紫色。裂片はだ円形で内側に2裂する。がくは5深裂する。果実はさく果で，種子はだ円形をしている。

3201. トルコギキョウ 〔トルコギキョウ属〕
Eustoma grandiflorum (Raf.) Shinners
　北米ネブラスカ、テキサス州などの原産で観賞用に栽培される1年草。高さ30〜60 cmで、葉は卵形ないし長だ円形で対生する。花は径5 cm位、長柄があり、円錐花序に5〜6花をつける。花冠は鐘状の5弁花で、青紫色、白、桃色などの花色があり、八重咲きもある。水揚げがよく切花に多く用いられる。和名のトルコの由来は不明だが、国名のトルコとは無関係。

3202. ヒメセンブリ 〔ヒメセンブリ属〕
Lomatogonium carinthiacum (Wulfen) Rchb.
　北半球の寒帯に広く分布。日本では本州八ヶ岳と南アルプスの高山帯の岩地にまれにはえる1年草。茎は高さ3〜12 cm、下部から細く枝を分け、全体に無毛である。葉は長さ5〜15 mm。花は晩夏で、茎頂に細い花柄を出し、長さ6〜12 mmの淡青色の花をつける。花冠は基部まで4〜5裂、裂片に2個の腺体がある。

3203. ミヤマアケボノソウ 〔センブリ属〕
Swertia perennis L. subsp. *cuspidata* (Maxim.) H.Hara
　本州中部地方以北から北海道の高山帯の湿り気のある岩地にはえる多年草。茎は直立し分枝せず、高さ20〜30 cm、無毛で滑らか。葉は長さ3〜8 cm。花は夏で、茎頂に集散花序を出し、径2 cm位の暗紫色の花を開く。花柄は長さ1〜3 cm。種子は縁に翼がある。和名深山曙草。種としては北半球の寒帯に広く分布している。

3204. アケボノソウ 〔センブリ属〕
Swertia bimaculata (Siebold et Zucc.) Hook.f. et Thomson ex C.B.Clarke
　北海道から九州および中国の温帯から暖帯に分布。山野の水辺などにはえる越年草。茎は高さ60〜90 cm、四角形。根生葉は花時には枯死する。花は夏から秋。花冠は深く5裂ときに4裂し離弁花のように見え、裂片には黄緑色の2点（腺体）と黒紫色の細点がある。和名曙草（あけぼのそう）は花色を明け方の空に、花冠の細点を暁の星に見立ててつけたといわれる。

3205. シノノメソウ 〔センブリ属〕
Swertia swertopsis Makino

伊豆半島以西、四国、九州の深山にまれにはえる越年草。全体に無毛で滑らかである。茎は高さ30〜50cm、断面は四角形。花は秋、茎頂と葉腋に多数集まって無柄の散形花序をつくる。花冠の内面の上部には紫の斑点があり、2個の腺体は長毛で囲まれる。和名は同属のアケボノソウに似ているため、それと同意義の東雲草（しののめそう）と名づけたもの。

3206. ソナレセンブリ 〔センブリ属〕
Swertia noguchiana Hatus.

伊豆半島と伊豆諸島の海岸に特産する1年草。高さ10〜14cm。葉は対生し、倒卵状へら形。花期は秋。花は茎頂および葉腋に短い柄を伴って1個ずつ出る。がくは5全裂し、裂片は狭長だ円形ないし長だ円形。花冠はわずかに紅色を帯びた白色で紫色の脈があり、裂片は倒卵形で基部は黄色、長さ1.5cm位。和名の磯馴（そなれ）は磯にはえる意味。

3207. センブリ （トウヤク） 〔センブリ属〕
Swertia japonica (Schult.) Makino

日本各地および朝鮮半島から中国に分布し、日当たりのよい山の林地にはえる越年草。茎は高さ10〜25cmで四角い。葉は長さ1.5〜3.5cm。花は秋。花冠は径1.5cm位で紫脈があり、基部には長毛と2つの腺体がある。和名千振は熱湯の中で千回振り出してもまだ苦味が残るという意味。胃腸薬として有名。方言にクスリクサ、ニガクサなどがある。

3208. ムラサキセンブリ 〔センブリ属〕
Swertia pseudochinensis H.Hara

東アジアの温帯に広く分布し、本州、四国、九州の日当たりのよい草地や林地にはえる越年草。根は分枝して短く、黄色で非常に苦い。茎は四角く高さ15〜30cm。葉はやや密につき、ほとんど無柄。花は秋、円錐花序の上部から咲く。花冠は径1.5cm位、基部にある腺体は長毛でおおわれる。和名紫千振は花色に基づく。

3209. イヌセンブリ 〔センブリ属〕
Swertia tosaensis Makino

本州,四国,九州および朝鮮半島と中国の暖帯に分布し,原野の湿地にはえる越年草。高さ10〜35 cm,根は淡黄色で苦味がない。茎は四角形でよく分枝する。葉は長さ2〜5 cm。花は秋に咲き,花冠の基部にある腺体は細長く,長毛で囲まれている。和名はセンブリに似るが,根に苦味がなく,本物でないという意味。

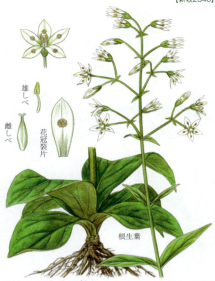

3210. ヘツカリンドウ 〔センブリ属〕
Swertia tashiroi (Maxim.) Makino

九州南部から琉球列島北半部の川畔や海岸岩上にはえる日本特産の大形1〜2年草。高さ30〜60 cm。根生葉は長さ8〜30 cm,だ円形ないし倒卵状長だ円形。茎葉は小形で短い柄がある。花期は秋から冬。花はまばらに円錐花序につき,花冠は緑白色で4〜5深裂し,裂片は長だ円形ないし披針形,長さ12〜15 mm。さく果は花冠とほぼ同長。和名辺塚竜胆は鹿児島県の地名に由来。

3211. チシマセンブリ 〔センブリ属〕
Swertia tetrapetala Pall. subsp. *tetrapetala*

北海道以北,北東アジアからシベリアの寒帯草原にはえる二年草。全体無毛。茎は直立し,高さ8〜30 cm。葉は柄がなく,長さ1.5〜4 cmの狭卵形。花は夏,淡青紫色の花冠は径1 cm内外。和名はセンブリに近縁で千島で見出されたことによる。本種は典型的な極地高山型。本州の高山には花の小さいタカネセンブリ subsp. *micrantha* (Takeda) Kitam. を産する。

3212. ハナイカリ 〔ハナイカリ属〕
Halenia corniculata (L.) Cornaz

アジア,ヨーロッパ東部の温帯から寒帯に広く分布し,北海道,本州,四国の日当たりのよい山の草地にはえる越年草。茎は高さ10〜50 cmで稜がある。葉は軟らかく長さ2〜6 cm。花は夏から秋。花冠は長さ6〜10 mmで4裂片の基部に距がある。和名花碇(はないかり)は花の形が船具のイカリに似ることによる。

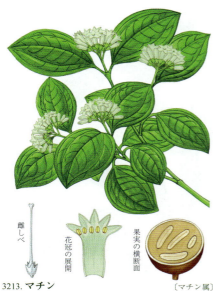

3213. マチン 〔マチン属〕
Strychnos nux-vomica L.

インドからオーストラリア北部までの熱帯に分布する常緑高木。猛毒性のアルカロイド，ストリキニーネを含む代表的な植物。高さ約12 m，樹幹は屈曲し外皮は灰色。長さ約9 cmの卵円形の葉を対生，ほぼ平行に3脈が走る。枝端に多数の帯緑白色の小花を集散花序につけ，強い芳香がある。液果は球形で黄褐色に熟し，カキに似る。中に扁平な種子が埋まる。この種子をホミカといい，ストリキニーネをとる。

3214. オガサワラモクレイシ 〔オガサワラモクレイシ属〕
Geniostoma glabrum Matsum.

小笠原諸島の父島，兄島，母島の山林内にはえる常緑中高木。高さ3～5 m。葉は長い柄があって対生し，長だ円形。先端・基部ともとがる。花期は秋。葉腋に葉柄と同長の集散花序をのばし淡緑色の小花を3個ずつ多数つける。花柄は長さ3～5 mm。さく果は黒紫色に熟し，広だ円形で先はとがり長さ8～15 mmほど。

3215. アイナエ 〔アイナエ属〕
Mitrasacme pygmaea R.Br.

アジア東部および南部，ミクロネシア，オーストラリア，ニューカレドニアの暖帯から熱帯に分布。日本では本州，四国，九州および琉球列島の野原などにはえる1年草。高さ5～20 cm。対生する葉は長さ3～15 mmのだ円形でほぼ無柄，葉縁には茎とともに短毛がある。花は夏から秋に枝端の細い花序につき，花冠は白色で4裂し長さ約4 mm。

3216. ヒメナエ 〔アイナエ属〕
Mitrasacme indica Wight

アジア東部および南部，オーストラリアの熱帯から温帯に分布し，本州から琉球の湿った野原にはえる1年草。茎は高さ5～15 cmで軟弱。葉は茎全体にまばらに対生し，長さ7 mmほどの小さな披針形。花は夏から秋に枝端に細い花柄を出してつき，がくは4裂し花冠は長さ約3 mm。さく果は小さく，上部は2裂し，下に宿存がくをつける。

3217. ホウライカズラ　〔ホウライカズラ属〕
Gardneria nutans Siebold et Zucc.

　千葉県以西の本州と四国，九州および琉球列島の暖帯林内にはえる常緑つる性の植物。茎は長くのび他物にからまる。葉は対生し長さ5〜10 cm，強靭な革質で光沢があり無毛。花は初夏，長さ1〜2 cmの花柄をもち，葉腋にしだれ咲く。花冠は深く5裂し著しく反り返る。果実は径1 cm位，晩秋に赤く熟す。

3218. イケマ　（ヤマコガメ，コサ）　〔イケマ属〕
Cynanchum caudatum (Miq.) Maxim.

　北海道から九州と南千島の山地の林縁にはえるつる性の多年草。根は肥厚し有毒である。茎を切ると白汁が出る。葉は長柄があり，葉身の長さ5〜15 cm。花は夏。花序の柄は葉柄より長い。花冠は5裂して反曲し長さ4〜5 mm，副花冠はつき出る。種子は多数の冠毛で飛び散る。和名はアイヌ語名で神の足の意。生馬（いけま）の意として馬の薬になるといったのは誤り。

3219. コイケマ　〔イケマ属〕
Cynanchum wilfordii (Maxim.) Hook.f.

　本州から九州，および朝鮮半島と中国北部に分布。山地の日当たりのよいところにはえるつる性の多年草。全体イケマに似るが葉は長さ5〜10 cm，基部の左右が耳状にはり出す点で区別できる。花は夏，花序の柄は葉柄よりもやや短く，花冠は5裂し反らない。和名はイケマに似てやや小形だからいう。イケマと同様，生馬のあて字は誤り。

3220. イヨカズラ　（スズメノオゴケ）　〔カモメヅル属〕
Vincetoxicum japonicum (C.Morren et Decne.) Decne.

　本州，四国，九州および朝鮮半島と中国に分布し，海岸に近い草地などにはえる多年草。茎は高さ30〜60 cm，上部はつる状になる。葉は長さ3〜10 cm，葉柄や脈上に短毛がある。花は夏。花冠の径8 mm位で5裂し，裂片の先はやや反り返る。袋果は長さ5〜6 cm。種子には冠毛がありとび散る。なお牧野富太郎はイヨカズラの和名は本来はコカモメヅルをさすと主張し，スズメノオゴケの名を提唱した。

3221. ムラサキスズメノオゴケ 〔カモメヅル属〕
Vincetoxicum ×purpurascens (C.Morren et Decne.) Decne.

まれに栽培される多年草。茎は細長く直立し，高さ30～60 cm。葉は短い柄があり対生する。全縁でイヨカズラに似るが葉は細く先は鋭くとがる。花は夏から秋，葉腋に花柄を出し分岐して，暗紫色の小さい花を集めてつける。袋果は角状で中に絹糸様の冠毛がある種子があり，熟すと裂開してとび散る。

3222. クサタチバナ 〔カモメヅル属〕
Vincetoxicum acuminatum Decne.

福島県以西の本州と四国，および朝鮮半島から中国東北部の温帯に分布し，山地の木かげにはえる多年草。茎は高さ30～60 cmで分枝しない。葉は柄があり対生し長さ5～15 cm，幅4～8 cm，両面にまばらに毛がある。花は夏，花冠は径2 cm。がくには細毛がある。果実は長さ4～6 cm。副花冠は雄しべと雌しべが集まってつくる蕊柱より少し短い。

3223. ロクオンソウ（ヒゴビャクゼン） 〔カモメヅル属〕
Vincetoxicum amplexicaule Siebold et Zucc.

四国，九州および朝鮮半島と中国に分布し，山野の草地にはえる多年草。茎は高さ90 cm位。葉は長さ10 cm内外で基部は茎を抱く。花は夏。花冠は1 cm位で5裂し裂片の先はよじれている。袋果は長さ約5 cmになる。別名は肥後白前（ひごびゃくぜん）で肥後（熊本県）は産地の1つ，白前はかつてスズメノオゴケ（イヨカズラ）に当てられていた漢名。

3224. フナバラソウ（ロクオンソウ） 〔カモメヅル属〕
Vincetoxicum atratum (Bunge) C.Morren et Decne.

北海道から九州および朝鮮半島と中国の温帯に分布し，山野の草地にはえる多年草。茎は分枝せず高さ40～80 cm，全体に軟毛を密生する。葉は長さ6～10 cm。花は初夏。花冠は5裂し裂片は長さ7 mm位。袋果は長さ約7 cm。和名舟腹草（ふなばらそう）は袋果の形を舟の胴体に見立てた。別名には同名異種がある。

3225. タチガシワ　　〔カモメヅル属〕
Vincetoxicum magnificum (Nakai) Kitag.
本州と四国の山中の落葉広葉樹林内にはえる多年草。茎は直立し高さ 30 cm 位で分枝しない。葉は花後に大きくなり長さ 10〜15 cm，有柄で茎の頂付近に集まって対生する。花は春，茎頂に多数固まってつき，花冠は 5 裂し長さ 3.5 mm 位。袋果は長さ 6〜7 cm でふつう 2 個が斜上する。種子は白い絹糸状の冠毛で飛び散る。

3226. ツルガシワ　　〔カモメヅル属〕
Vincetoxicum macrophyllum Siebold et Zucc.
var. *nikoense* Maxim.
本州と四国の山の木かげにはえる多年草。茎は高さ 60〜100 cm，下部は直立し，上部はつる状になる。葉は長さ 2〜6 cm の柄があり長さ 12〜28 cm，まばらに毛がある。花は夏。花冠は径 6〜8 mm で 5 裂し，裂片の内側には綿毛がある。袋果は長さ 5〜8 cm で表面に細毛が多い。和名は茎の上部がつる状になることによる。

3227. アオカモメヅル　　〔カモメヅル属〕
Vincetoxicum ambiguum Maxim.
本州紀伊半島と四国，九州の林縁などにはえるつる性の多年草。茎は細長く他物にまつわり，ほとんど無毛。葉は長さ 3〜8 cm，縁の近くや主脈上にだけ微細な毛がある。花は夏から秋，葉腋に集散花序を出し，緑白色で黄色がかった径 7〜8 mm の小花をつける。袋果は無毛，さや状で長さ 4〜5 cm。和名は緑白色の花に基づく。

3228. コバノカモメヅル　　〔カモメヅル属〕
Vincetoxicum sublanceolatum (Miq.) Maxim.
var. *sublanceolatum*
本州近畿地方以東の山野にはえる多年草。茎はつる性で細長くのび他物にまつわる。葉は短い柄があり対生，葉身は長さ 3〜12 cm の広披針形で基部は円い。花は夏，葉腋に短い散形花序を出し，花冠は放射状に深く 5 裂，花の中心に副花冠と雌しべ，雄しべが集まった蕊柱がある。袋果は長さ 5〜7 cm，長い冠毛をもった扁平な種子がある。

3229. タチカモメヅル 〔カモメヅル属〕
Vincetoxicum glabrum (Nakai) Kitag.
　近畿地方以西から九州と朝鮮半島南半部の湿地草地にはえる半つる性多年草。高さ60〜100 cm。茎葉は対生し，大形で長だ円形。上半部のつる状部分の葉は小形である。夏に上部の茎の葉腋に束状に花をつける。花冠は濃紫褐色で，上部は5片に分かれ，径1 cm弱で星形に開く。秋に長さ4〜5 cmの細長い果実（袋果）をつくる。別名カモメヅル，クロバナカモメヅル。

3230. スズサイコ 〔カモメヅル属〕
Vincetoxicum pycnostelma Kitag.
　東アジアの温帯に広く分布し，日本各地の日当たりのよい乾いた草原にはえる多年草。茎は細く高さ40〜80 cm。葉は長さ6〜13 cm。花は夏，淡黄色の小花を散形につける。花冠は径1 cm位で中心に副花冠がある。袋果は長さ7 cm位，種子には冠毛がある。和名鈴柴胡（すずさいこ）はつぼみが鈴に似て，全体がセリ科のミシマサイコに似るのでいう。

3231. コカモメヅル（イヨカズラ） 〔オオカモメヅル属〕
Tylophora floribunda Miq.
　本州，四国，九州および朝鮮半島と中国に分布し，野原や藪の中にはえる多年草。茎は細長いつる状で他物に巻きつく。葉は長さ3〜8 cmで長さ5〜20 mmの柄がある。花は夏，花冠は径5 mm位，副花冠は半球状。袋果は長さ4〜5 cm。この類の植物はすべて絹糸状の長い冠毛のある種子を風でとび散らす。

3232. オオカモメヅル 〔オオカモメヅル属〕
Tylophora aristolochioides Miq.
　北海道，本州，四国および九州の山地の林内にはえるつる性の多年草。茎は細くのび他物にまつわる。葉は柄があり対生，三角状披針形で基部は心形，長さ7〜12 cm，ときに15 cm位になる。花は夏，葉腋に短い花序を出して分枝し，淡暗紫色の小さな花をつける。花冠は星形に5裂し，やはり星形の副花冠がある。

3233. ツルモウリンカ 〔オオカモメヅル属〕
Tylophora tanakae Maxim.
伊豆諸島と九州から琉球列島の暖地の海岸近くの草地にはえるつる性の多年草。茎，葉柄，葉の裏面には上方へ曲がった毛が多くはえる。葉はやや厚く，長さ3〜7 cm，幅1.5〜4 cm。花は夏，葉腋に花序を出しやや散形状に淡黄緑色の花をつける。花冠は5深裂，径6〜7 mm。袋果は双生し八の字形につき，中に絹毛状の冠毛をもつ種子が入る。

3234. ガガイモ（ゴガミ，クサパンヤ）〔ガガイモ属〕
Metaplexis japonica (Thunb.) Makino
東アジアの温帯から暖帯に分布し，北海道から九州の野原にはえる多年草。地下茎で繁殖，茎はつる状で切ると白汁が出る。葉は長さ5〜10 cm。花は夏，花冠は径1 cm位。和名はカガミイモの転訛。別名ゴガミはスッポンの意で葉形が亀の甲に似るため。根は有毒だが若芽は食べられる。種子の絹糸状の毛は綿の代用として印肉などに用いられる。

3235. トウワタ 〔トウワタ属〕
Asclepias curassavica L.
南アメリカ原産の多年草で，日本では1年草として観賞用に栽培される。高さ60〜90 cm，切口からは白い乳液を出す。茎は根元から多数立つ。葉は互生し，長さ6〜12 cmの長だ円形で両端はとがる。花は夏に咲き赤色。和名の唐は本来は中国であるが，この場合は外来の意味で，綿は種子の冠毛を意味する。

3236. オオトウワタ 〔トウワタ属〕
Asclepias syriaca L.
北アメリカ原産の多年草。地下に横にはう短い根茎があり，そこから数本の茎を直立し，ふつう分枝しない。高さ1〜1.5 m。葉は対生し長さ12〜27 cm。花は夏，葉腋に花序を出し散形状に多くの紅紫色の花を密集する。この属の特徴として雌しべ，雄しべは合体して蕊柱をつくり，花粉塊（花粉の集まり）を下垂。果実は生花材料となる。

3237. キジョラン　　〔キジョラン属〕
Marsdenia tomentosa C.Morren et Decne.
　関東地方以西，四国，九州から琉球列島および朝鮮半島南部に分布。暖地の木かげにはえる常緑のつる性の多年草。茎は強靭で下部は木質，上部は革質。高さ1～3 m。葉は柄があり対生で径7～12 cm，表面は光沢がある。夏，葉腋に短い柄を出し淡黄白色の小花が散形状に集まる。果実は緑色で長さ13～15 cm，種子の冠毛は白色。

3238. シタキソウ　　〔シタキソウ属〕
Jasminanthes mucronata (Blanco) W.D.Stevens et P.T.Li
　関東地方南部以西，四国，九州，琉球列島，および台湾，フィリピンの暖帯の海岸に近い林の中にはえる常緑のつる性の，鉢植で栽培される多年草。茎や葉は幼いときは軟毛を密生する。切口から白い乳液を出す。葉は厚く，軟らかで長さ6～15 cmである。花は初夏，径5 cm位の白花を2～5個開花させる。花の中から黒い液を出すことが多く，花に香りがある。ふつう結実しない。一名シタキリソウ（舌切草）だが和名はそれを略したものであろう。

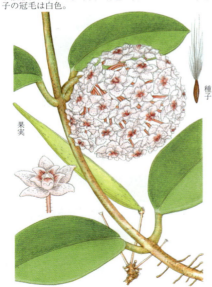

3239. サクララン　　〔サクララン属〕
Hoya carnosa (L.f.) R.Br.
　アジアの東南部の熱帯から亜熱帯に分布し，九州南部や琉球列島の林内にはえるつる性の多年草。また観賞用として冬季温室で栽培される。茎は岩などに密着してはう。葉は長さ6～12 cmで質は多肉。花は初夏から秋に咲き淡紅白色で芳香がある。和名桜蘭（さくららん）は花色が桜花に似て，葉はラン科植物に似るから。

3240. オオバナサイカク　　〔スタペリア属〕
Stapelia grandiflora Mass.
　アフリカ・ケープ地方原産，大正初年に渡来した多肉植物で，鉢植として観賞用に栽培される。茎はやせた4稜で，高さ20～30 cm，全面灰緑色で細毛が密生し，各稜には小さな歯牙と退化した葉がある。花は夏から秋，茎の基部，ときに側部に3～10花を開く。花径は10 cm位，暗紫色で縁に白毛がある。花の中心に雄しべ様の5副花冠がある。

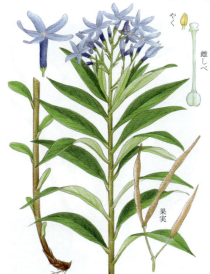

3241. チョウジソウ 〔チョウジソウ属〕
Amsonia elliptica (Thunb.) Roem. et Schult.

北海道，本州，四国，九州および朝鮮半島と中国の温帯から暖帯に分布し，河岸の原野にはえる多年草。地下茎は横にはい，茎は上部で分枝し高さ60cm位。葉は互生，長さ6〜10cm。花は春から初夏，茎の頂に青紫色の花を集散状に開く。花冠の下部は筒形，筒内の上部には毛が多い。和名丁子草は花の形がチョウジ（フトモモ科）に似た草の意。

3242. バシクルモン 〔バシクルモン属〕
Apocynum venetum L. var. *basikurumon* (H.Hara) H.Hara

北海道西南部と本州北部の日本海側の海岸の岩場にまれにはえる多年草。根茎は木質である。高さ25〜80cm，無毛，よく分枝する。葉は主軸で互生し，枝ではほぼ対生，長さ2〜5cmの長だ円形で基部は円い。花は夏に咲き，紫紅色で高杯状の合弁花冠は長さ6〜7.5mm。和名はこの植物のアイヌ語名でカラス草の意味といわれる。

3243. ニチニチカ (ニチニチソウ) 〔ニチニチソウ属〕
Catharanthus roseus (L.) G.Don

マダガスカル原産。天明元年（1781年）に渡来し，切花用や花壇に栽培される1年草。熱帯では多年生。茎は直立，高さ30〜60cm。葉は対生し柄がありだ円形，全縁で支脈が目立つ。花は夏から秋，葉腋ごとに紅紫色の花を開き，まれに白色。花冠は径3cm位で裂片は回旋して互いに重なる。和名日日花は1日ごとに新しい花に咲き代わるため。

3244. ツルニチニチソウ 〔ツルニチニチソウ属〕
Vinca major L.

ヨーロッパ原産。観賞用に栽培される多年草。茎はつるとなり，多少木質で細長く横に走り，花のつく茎は短く直立するが花後にのびる。花は初夏，葉腋ごとに花柄を出し上向きに淡紫の1花を開く。花冠はやや回旋する。葉の縁に黄色の斑のあるものをフクリンツルニチニチソウという。園芸上は属名のビンカで呼ぶこともある。

3245. サカキカズラ（ニシキラン）〔サカキカズラ属〕
Anodendron affine (Hook. et Arn.) Druce

本州房総半島以西から琉球列島，台湾，中国，さらにインドの暖帯から熱帯に分布。林内にはえる常緑つる植物。茎は長くのびて他物に巻きつく，長さ4m以上，暗紫色で無毛。葉は対生し長さ6～10cm，革質で光沢がある。花は初夏。果実は袋果で長さ11cm位，種子には3cm位の長毛があり風で散布する。和名はサカキの葉に似るからいう。

3246. テイカカズラ〔テイカカズラ属〕
Trachelospermum asiaticum (Siebold et Zucc.) Nakai

本州と四国，九州および朝鮮半島，山野の林内にはえる常緑つる植物。茎は長くのびて他物にはい登り長さ10m位，傷つけると乳液を出す。葉は長さ3～6cmで革質。夏にときに紅葉する。花は初夏，白花でのち黄色，芳香がある。花冠は右旋回，径2～3cm。果実は鞘状で長さ15～18cm。和名は歌人藤原定家にちなむ。古名マサキノカズラ。

3247. アリアケカズラ〔アリアケカズラ属〕
Allamanda cathartica L.

南アメリカ熱帯原産で，日本では沖縄や小笠原諸島で垣根などに植える常緑つる植物。葉は対生または3～4枚が輪生する。卵状だ円形で基部はやや心形。夏から秋にかけ，黄金色の大きな花を集散花序に数個つける。花はロート形で，上半部は大きく5裂し，径は7～8cm。花冠の中央部の，のどにあたる部分には濃オレンジ色の斑紋がある。

3248. キョウチクトウ〔キョウチクトウ属〕
Nerium oleander L. var. *indicum* (Mill.) O.Deg. et Greenwell

観賞用として庭に栽植されるインド原産の常緑小高木。中国へは明時代，日本へは江戸時代に渡来した。高さ2～3m。葉は3枚輪生，長さ7～15cm。花は夏に咲き，紅色だが白，黄，八重，四季咲きなどあり，香りがある。切ると白い乳液を出し，薬用にするが有毒。和名は狭い葉で，モモの花に似ているという意の漢名夾竹桃に基づく。

3249. キバナキョウチクトウ　〔キバナキョウチクトウ属〕
Thevetia peruviana (Pers.) K.Schum.

　西インド諸島，メキシコ原産の常緑低木。観賞用に温室で栽培。高さは 2～3 m，ときに 10 m。葉はマキの葉に似た線形で光沢があり，10～15 cm，縁は内側に巻き込む。花は春から秋，大きくロート状でレモン黄色，長さ 5～8 cm，甘い香りがある。花弁は 5 枚で平開する。雄しべ 5 本が柱頭と合着する。核果は三角形でやや肉質。表面は赤色，のちに黒色に変わる。

3250. トガリバインドソケイ　〔インドソケイ属〕
Plumeria rubra L. 'Acutifolia'

　中南米原産で，ハワイなど熱帯各地で広く観賞用に栽植される常緑大形低木。高さ 2～3 m になり，よく分枝する。葉は幅広い披針形で，先端と基部は鋭くとがり，光沢があって質は硬い。花は白色 5 弁で中心部は黄色。芳香があって，ハワイではレイを作る。本種の基本型は花が紅色で萼がとがらないベニバナインドソケイで，インドソケイの名は本来それについたものだが，現在では本種をインドソケイと呼ぶことが多い。

3251. ヤロード　〔ヤロード属〕
Ochrosia nakaiana (Koidz.) Koidz. ex H.Hara

　小笠原諸島の特産で各島にふつうにはえる常緑大高木。高さ 6～7 m。ときに 15 m。葉は枝先に密に対生し，長楕円形，基部はくさび型に細まる。春から夏に枝端に円錐状の花序を出し，径約 1 cm 位の白色 5 弁の星形の花を密につける。果実は長さ 4～5 cm の紡錘形で 2 個ずつ向き合う。果皮の内側はパルプ質，のち木質になる。和名は英名 yellow wood がなまったもの。硫黄列島には近縁の別種ホソバヤロード *O. hexandra* Koidz. がある。
【新牧2361】

3252. イヌヂシャ（カキバチシャノキ）〔カキバチシャノキ属〕
Cordia dichotoma G.Forst.

　インドからマレーシア，台湾などに分布し，日本では奄美群島から八重山群島の海岸にはえる常緑高木。葉は互生し卵円形で，基部はやや心臓形。花は，枝頂と上部の葉腋に集散花序をなしてつき，花序の軸は大きく 2 分岐したのち細く分かれ，淡黄色の小さな花をたくさんつける。果実は直径約 1 cm の球形で橙赤色，完熟すると黒色となる。
【新牧2468】

3253. チシャノキ (カキノキダマシ) 〔チシャノキ属〕
Ehretia acuminata R.Br. var. *obovata* (Lindl.) I.M.Johnst.
本州の中国地方から琉球列島および台湾、中国に分布し平地にはえ、しばしば人家で栽植される落葉高木。高さ10mになる。葉はカキノキの葉に似ているのでカキノキダマシの名があり、長さ5〜12cm。花は初夏。枝先に円錐花序をつくる。岡山の後楽園に名木がある。なお、芝居の千代萩に出るチシャノキはエゴノキのことで本種ではない。

3254. マルバチシャノキ 〔チシャノキ属〕
Ehretia dicksonii Hance
関東地方以西、四国、九州、琉球列島から台湾および中国の暖帯から亜熱帯に分布する。高さ6〜9mの落葉高木。樹皮は灰色、コルク質で厚く裂け目がある。枝は横に広がる。葉は厚く長さ5〜17cm、表面は剛毛がはえ著しくざらつき、裏面は短毛を密生する。花は晩春、短枝の先に円形の散房花序をつけ、がく5裂、花冠も5裂し径1cm位で、雄しべは5本ある。

3255. ヤエヤマチシャノキ (リュウキュウチシャノキ) 〔チシャノキ属〕
Ehretia philippinensis A.DC.
フィリピン、マレーシア、オーストラリア北部に分布し、台湾から八重山群島に自生する常緑高木。高さ10〜15m。葉は互生、長さ10〜15cmの卵形長だ円形。枝先端に枝分かれの多い集散花序を出し、白色の小さな花を多数、まばらにつける。個々の花は小さなロート形の花冠をもち、先端は5片に裂けて反転。果実は球形で基部にがく筒の下部が残る。

3256. ルリソウ 〔ルリソウ属〕
Omphalodes krameri Franch. et Sav. var. *krameri*
本州中部以北から北海道の山野の林の下などにはえる多年草。茎は太く短い地下茎から直立して高さ20〜35cm、葉とともに開出毛が多い。根生葉は長さ7〜15cm。花は春から初夏、花序は2分枝する。苞葉はない。花冠は径1〜1.5cm、がくは花後7〜8mmに大きくなる。和名瑠璃草（るりそう）は花が瑠璃色をしているのによる。白花品はシロバナルリソウ f. *alba* (T.Itô) H.Hara でハリソウ（玻璃草）の別名がある。

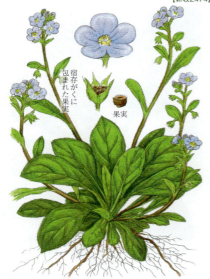

3257. ヤマルリソウ 〔ルリソウ属〕
Omphalodes japonica (Thunb.) Maxim.
　福島県以南の本州と四国，九州の山地の半日かげに
はえる多年草。茎は束生し分枝せず，斜上して高さ7
～20 cm。全体に毛が多い。根生葉は倒披針形，長さ
12～15 cm。茎葉は無柄で互生し，小さい。花は春，
先端が巻いたさそり形花序につき，花冠は径1 cm位で，
初め淡紅色だがのちに瑠璃色になる。分果にかぎ毛は
ない。和名山瑠璃草。

3258. オオルリソウ 〔オオルリソウ属〕
Cynoglossum furcatum Wall. var. *villosulum* (Nakai) Riedl
　本州中部以西，四国，九州および朝鮮半島南部の山
地にはえ，種としてはさらに台湾，中国，東南アジア，
ヒマラヤ，インドに分布する多年草。茎は高さ60～
90 cm。上部で分枝し葉とともに短毛がありざらつく。
葉は長さ10～30 cmの広披針形で質はやや厚い。花
は夏，2又になるさそり形花序につき，穂の先端は巻く。
花冠は径4 mm位。

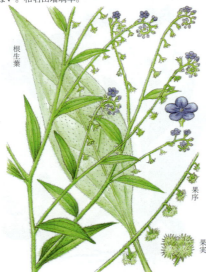

3259. オニルリソウ 〔オオルリソウ属〕
Cynoglossum asperrimum Nakai
　北海道から九州まで，および朝鮮半島の温帯から
暖帯に分布。山地にはえる越年草。茎は高さ40～80
cm，葉とともに硬い伏毛がある。葉は長さ5～20
cm，花時に根生葉は枯れる。花は初夏から夏，花序は
初め巻いているが，のちに長くのび，まばらに瑠璃色
の花をつける。分果は下向きにつき，とげが密生し，
よく他物にくっつく。和名鬼瑠璃草。

3260. シナワスレナグサ (シノグロッサム)〔オオルリソウ属〕
Cynoglossum amabile Stapf et Drumm.
　中国西南部とチベットの原産，明治末年に渡来した
2年草花。高さ50 cm内外，葉は披針状まだ円形で互
生する。上部は5弁のロート状。小花で径6 mm，花色
は青で1側性のさそり形花序に咲き，苞葉はない。花
期は春から夏，花壇，切花に用いるが，切花としては
やや水揚げが悪い。園芸界では属名のシノグロッサム
で呼ぶことが多い。

3261. スナビキソウ（ハマムラサキ）〔キダチルリソウ属〕
Heliotropium japonicum A.Gray
　北海道から九州まで，および朝鮮半島，シベリア南部，ヨーロッパなどの温帯から暖帯に分布し，海岸の砂浜にはえる多年草。長い地下茎を引いて繁殖する。茎は高さ30 cm位で全体に軟毛が密生する。葉は厚く長さ2.5〜6 cm。花は夏，花冠は径8 mm位，花には香りがある。和名砂引草は地下茎が砂中を長くはうのでいう。

3262. モンパノキ　〔キダチルリソウ属〕
Heliotropium foertherianum Diane et Hilger
　熱帯アジアの海岸に分布し，トカラ列島以南の琉球列島，小笠原諸島の海岸砂地にはえる常緑小高木。高さ2〜3 m。葉は厚く，大きく，倒卵形で上部は円い。夏に枝先と葉腋から円錐状の大きな花序を出し，花は小さなカップ状で径4〜5 mm。花冠は白色で，上半部は5片に裂けて開き，のどの部分に5個の雄しべのやくがのぞく。果実は球形。

3263. ナンバンルリソウ　〔キダチルリソウ属〕
Heliotropium indicum L.
　熱帯アジア原産で，日本では沖縄や八重山群島，父島など，海岸の道ばたにはえる1年草。高さ10〜30 cm。葉は短い柄で対生し，上部では互生。細長いだ円形で先端は鋭く細くとがる。初夏から秋に，上部の葉と向きあうように穂状のさそり形花序を出し，淡青色または白色の花をつける。花は径3〜4 mmの高盆状の花冠をもち，花冠は上半部が5片に分かれる。

3264. ヘリオトロープ（キダチルリソウ）〔キダチルリソウ属〕
Heliotropium arborescens L.
　ペルー原産で明治中期に渡来し，観賞用に栽培される半耐寒性の小低木。多年草または1年草で高さ1 mになる。葉はだ円状披針形で長さ6〜12 cm，互生する。花は小さく芳香があり，スミレ色または青紫色。頂生し房状に花をつける。花冠は短いロート形で縁は5裂し，平開する。花期は晩春から初秋。花を集めてヘリオトロープ香水を作る。

3265. ミヤマムラサキ 〔ミヤマムラサキ属〕
Eritrichium nipponicum Makino

　本州中部以北，北海道およびサハリンに分布し，高山帯の岩石地にはえる多年草。茎は束生し高さ6〜20 cm，全体に白い剛毛を密生する。根生葉は長さ3〜6 cm，茎葉は長さ1〜2.5 cm。花は夏，花冠は径8 mmで花筒上部に隆起した付属物がある。和名は深山にはえる紫草。北海道とサハリンのものをエゾルリムラサキ var. *albiflorum* Koidz. として区別することがある。

3266. ハナイバナ 〔ハナイバナ属〕
Bothriospermum zeylanicum (J.Jacq.) Druce

　東アジア，東南アジアの温帯から熱帯にかけて分布。日本各地の道ばたなどにはえる1〜2年草。茎は粗毛があり，束生し高さ10〜25 cmで斜上する。葉は長さ2〜3 cmで表面にしわがある。花は春から秋，花序は巻かずにまっすぐのびる。花冠の径3 mm位。和名葉内花(はないばな)は葉と葉の間に花がつくからといわれる。

3267. ヒレハリソウ (コンフリー) 〔ヒレハリソウ属〕
Symphytum officinale L.

　ヨーロッパ原産。ときに栽培されている多年草。高さ60〜90 cm，全体に白く短い粗毛がある。茎にはひれがある。花は初夏に片側に巻いたさそり形花穂を出し，花を垂れる。紫色，淡紅色，淡黄白色などがある。果実は4個の分果よりなる。昭和40年頃からコンフリーの名で食用，薬用とされたが有毒。現在コンフリーとして栽培されているものの大半は本種とオオハリソウとの雑種である。和名の鰭(ひれ)は茎のひれ，玻璃はハリソウで白花に名づけたのであろう。

3268. オオハリソウ 〔ヒレハリソウ属〕
Symphytum asperum Lepech.

　コーカサス地方原産。観賞用としてときに庭園に栽培される多年草。茎は枝分かれしてとげのような毛を密生する。葉は長さ10〜20 cm，卵状披針形で互生し，下部につく葉は長い柄がある。花は初夏，さそり形花序は短く，巻いて下向きに開花。花冠は長さ2 cm位，初め紅紫色でのちに藍色になる。

花冠の縦断面

3269. エゾムラサキ　〔ワスレナグサ属〕
Myosotis sylvatica Hoffm.

ヨーロッパ，アジアの亜寒帯に広く分布。本州中部と北海道の深山にはえる多年草。全体にやや立った細かい毛があり，茎は高さ 12～40 cm。花は初夏，枝先にしばしば2つに分枝する総状花序をつけ，初め花序の先端は巻くが，花後にのびて長さ 10 cm 以上になる。がくは深く5裂し，立った毛がある。花冠はワスレナグサに似て筒部は短く青紫色。

3270. ワスレナグサ（ノハラワスレナグサ）〔ワスレナグサ属〕
Myosotis alpestris F.W.Schmidt

ヨーロッパ，アジア原産の多年草。鉢植などにして観賞用に栽培。地下茎があり，茎は束生し高さ 30 cm 位でまばらに分枝。葉は茎とともに軟毛がある。花は春から夏。青紫色の花冠は星形に平開する。和名は私を忘れるなの意で英名 forget-me-not に基づく。ギリシヤ神話に悲しい伝説がある。一名ワスルナグサ，また方言でヒメムラサキ。ヨーロッパ原産の本来のワスレナグサ（シンワスレナグサ）*M. scorpioides* L. は北海道と本州の水辺にはえる帰化植物で，茎ははい，花序の枝のつけ根に葉はない。

果実

果実　塊茎　種子　果実　種子

3271. ムラサキ　〔ムラサキ属〕
Lithospermum erythrorhizon Siebold et Zucc.

北海道から九州まで，および朝鮮半島，中国，アムールに分布。山地の草原の傾斜地にはえる多年草。茎は高さ 30～60 cm，茎や葉に粗毛がありざらつく。葉は長さ 3～7 cm。花は初夏，合弁花冠は白色で径 4～8 mm あり高盆状。太い根は薬用。和名は根を干して紫色の染料にしたため。かつて武蔵野を代表する野草だったが，現在は絶滅に近い。

3272. イヌムラサキ　〔ムラサキ属〕
Lithospermum arvense L.

ユーラシア大陸とアフリカ北部の温帯から暖帯に広く分布し，北アメリカに帰化。本州，四国，九州の丘陵地の草原にはえる越年草。茎は高さ 20～50 cm，上部で分枝し全体に剛毛が多い。葉は厚く長さ 1～4 cm，縁は裏にまくれる。花は春から初夏，花冠は径 3～4 mm。和名はムラサキに似るが色素を含まず染料にならないのでイヌがついた。

3273. ホタルカズラ 〔ムラサキ属〕
Lithospermum zollingeri A.DC.

北海道から九州および朝鮮半島，台湾，中国に分布。山野の乾燥地や林中の半日かげの草地にはえる多年草。茎は高さ 15〜20 cm，花後に基部から横にはう無花枝を出す。全体に粗毛がある。葉は長さ 2〜6 cm。花は春，花冠は径 1.5 cm 位，裂片には白い稜がある。和名蛍蔓（ほたるかずら）は草むらの中に咲く目立った花を蛍の光にたとえたという。別名ホタルソウ，ホタルカラクサ，ルリソウ。

3274. サワルリソウ 〔サワルリソウ属〕
Ancistrocarya japonica Maxim.

本州，四国，九州の山の木かげにはえる多年草。茎は高さ 30〜50 cm，全体に短剛毛がある。葉は長さ 10〜20 cm，表面はざらつき裏面は光沢がある。花は初夏，花序は初め巻いているが下から上へ順に開花し，まっすぐになる。花冠は長さ 1〜1.3 cm で下部は筒状，上部は開いて 5 裂する。がくは 5 深裂し裂片には綿状の毛がある。

3275. キュウリグサ 〔キュウリグサ属〕
Trigonotis peduncularis (Trevir.) Benth. ex Hemsl.

アジアの温帯から暖帯に分布し，日本各地の道ばたなどにはえる越年草。茎は高さ 10〜30 cm，全体に細毛がある。下部の葉柄は長い。花は春，花に苞がなく花柄は 3〜7 mm，花冠は径 3 mm 位で瑠璃色の小さな花が並ぶ。和名は葉をもむとキュウリの臭いがするのでいう。本種をタビラコといい春の七草の 1 つとするのは誤り。

3276. ミズタビラコ 〔キュウリグサ属〕
Trigonotis brevipes (Maxim.) Maxim. ex Hemsl.

本州，四国，九州の山の小川沿いの水湿地にはえる多年草。茎は高さ 10〜40 cm，全体に短毛がある。葉は長さ 1.5〜4 cm で軟らかい。花は初夏に咲き，花冠は径 3 mm 位の明るい空色，下部に短い筒があり，上半部は 5 裂して平開する。花序はさそり状に巻いており，花が咲くにつれてまっすぐにのびる。和名水田平子は生育地に基づく。

果実

3277. タチカメバソウ 〔キュウリグサ属〕
Trigonotis guilielmii (A.Gray) A.Gray ex Gürke
　本州と北海道の山地の渓谷の湿ったところにはえる多年草。茎は直立し高さ 20〜40 cm で軟らかい。葉身は長さ 3〜5 cm，幅 1.5〜3 cm，基部の葉の葉柄は長い。花は晩春，分枝した総状花序に長さ 1〜1.5 cm の柄のある白または淡青色花をつける。花には苞がない。花冠は径 7〜10 mm で 5 裂し平開する。和名立亀葉草は，茎が直立し，葉が亀の甲に見えることから。

若い果実

3278. ツルカメバソウ 〔キュウリグサ属〕
Trigonotis iinumae (Maxim.) Makino
　本州中部地方以北の山野にまれにはえる多年草。茎は高さ 20 cm 位，花後に花茎がのび先端が倒れると，葉腋から長いつる枝を出し，根を下ろして新株となる。葉は長さ 3〜5 cm，幅 1.5〜2.5 cm，基部の葉柄は長い。晩春に茎の途中から総状のさそり形花序を出し白色または淡青色の花をまばらにつける。和名蔓亀葉草はタチカメバソウに似てつる性のため。

3279. ハマベンケイソウ 〔ハマベンケイソウ属〕
Mertensia maritima (L.) Gray subsp. *asiatica* Takeda
　東北地方と北海道および千島，サハリン，朝鮮半島，オホーツク海沿岸，アリューシャンに広く分布。海岸の砂地にはえる越年草。茎は砂上をはい長さ約 1 m，よく分枝し無毛で多肉質。葉は長さ 3〜8 cm で厚く，表面に硬い点がまばらにある。花は夏，細い花柄で垂れ下がって咲き，花冠は長さ 8〜12 mm。和名浜弁慶草は海辺にはえ全体の様子がベンケイソウに似るため。

3280. エゾルリソウ 〔ハマベンケイソウ属〕
Mertensia pterocarpa (Turcz.) Tatew. et Ohwi
var. *yezoensis* Tatew. et Ohwi
　北海道の高山帯にはえる多年草。高さ 20〜40 cm。根生葉はロゼット状で，長柄があり，葉身は長さ 5〜8 cm の卵形，先端はやや尾状にとがる。茎の上部は短く分枝して花序となり，花は鮮青色。基部は緑色のがく筒があり上端は 5 裂し，長三角形の裂片となる。花冠の上半部は 5 裂するが，全体は深い筒状となり，下向きに咲く。

3281. モンカラクサ 〔ルリカラクサ属〕
Nemophila maculata Benth. ex Lindl.

　北米カリフォルニアの原産。シエラネバダ山脈の林縁にはえる1年草。高さ7〜30cm、全体に毛が多い。茎は初め横にはい、のち直立。葉は対生、羽状中裂し、裂片は3〜9片で卵形、全縁、ときに浅裂。花は春から夏、長花柄があり葉腋に単生、径2.5〜5cm、がくは5深裂。花冠は星形で5深裂、裂片は幅広く白色、各片の先端に1個の濃紫斑点があり、喉部の内面に10個の鱗片がある。通称ネモフィラ・マクラータは学名の日本語読み。

3282. ヒルガオ 〔ヒルガオ属〕
Calystegia pubescens Lindl. f. *major* (Makino) Yonek.

　北海道から九州、および朝鮮半島と中国に分布し、野原や道ばたにはえる多年草。つる植物。花は夏。苞は長さ2〜2.5cmで先はとがらない。花冠は径5〜6cm。属名はがくにふたのあるという意で苞ががくを囲むことによる。古名ハヤヒトグサ。方言でカミナリバナ、ドクアサガオ、ヒデリソウ、チョコバナなどという。強壮剤になるという。

3283. コヒルガオ 〔ヒルガオ属〕
Calystegia hederacea Wall.

　アジア東部および南部の暖帯に分布し、本州、四国、九州の荒地や道ばたにはえる多年草。茎はつるになり他物に巻きつく。ヒルガオに似るが葉の側片は2裂し、下に出る裂片はずっと大きく、斜め下向きに出る。また頂裂片も短い。花は初夏ヒルガオよりも早く咲き始める。苞は長さ3〜4cm。ふつう結実しない。ヒルガオとは葉形の違いの他に、花柄の上部に翼が出るので異なる。しかし、西日本には両者の中間型のアイノコヒルガオがしばしば見られる。

3284. ハマヒルガオ 〔ヒルガオ属〕
Calystegia soldanella (L.) R.Br.

　ヨーロッパ、アジア、太平洋諸島、アメリカ西海岸などの温帯から熱帯に広く分布し、日本各地の海岸の砂浜にはえる多年草。地下茎を長く引き、茎は長く砂上をはう。つる植物だが他物にはあまり巻きつかない。葉は厚く光沢があり長さ2〜4cm。花は晩春、2枚の苞葉が5枚のがくを囲む。花冠は径4〜5cm。和名は浜にはえるヒルガオの意。

3285. セイヨウヒルガオ　〔セイヨウヒルガオ属〕
Convolvulus arvensis L.

　ヨーロッパ原産で，日本では都会地周辺の空き地などに見られるつる性の多年草。葉は互生し，長さ2～3 cmの三角形である。初夏から秋にかけ，葉腋から通常1個ずつ，つぎつぎに花を咲かせる。花冠は淡いピンク色で，長さ1.5～2 cmと小さい。ロート形で，花冠の底の部分だけ色が濃い。花冠のつけ根に苞がないことも，この種を見分ける特徴の1つである。

3286. アサガオ　〔サツマイモ属〕
Ipomoea nil (L.) Roth

　南アジアの原産。観賞用として江戸時代から最もふつうに栽培されている1年草。茎はつる性で逆毛があり，左巻きで他物にまつわり長さ3 m以上になる。花は夏，早朝に咲き午前中にしぼむので朝顔という。花冠はロート状で径10～15 cm，大きいものは20 cm以上で花色は多い。つぼみは筆頭状で右巻き。種子は薬用の牽牛子。漢名牽牛花。

3287. マルバアサガオ　〔サツマイモ属〕
Ipomoea purpurea (L.) Roth

　熱帯アメリカ原産で日本でもときに栽培される1年草。全体にアサガオに似て茎は左巻きで他物にまつわり，長さ1.5 m位になり葉が多い。葉は長い柄があり，互生し葉身は卵円形で基部は心形，長さ7～13 cm。花は夏，紅紫色花数個が散形につく。花冠は長さ5～8 cmのロート形。花後は花柄が下を向き，果実は宿存がく内で成熟する。

3288. ノアサガオ　〔サツマイモ属〕
Ipomoea indica (Burm.) Merr.

　東南アジア，オーストラリアなどに分布し，日本では伊豆七島，紀伊半島，四国，九州以南の各地の草地，海浜に帰化している多年草。葉は互生し，長い柄があり，葉身は心臓形で先は鋭くとがる。夏から秋遅くまで枝先に花序を出し，紅紫色の花を1～3個つける。花柄につく苞は線状披針形で長さ約2 cm。花冠は紅紫色または淡紫色。さく果は球形。

3289. ルコウソウ　〔サツマイモ属〕
Ipomoea quamoclit L.
　熱帯アメリカ原産。古くから観賞用として栽培されているつる性の1年草。茎は長く左巻きで他物にまつわる。葉は互生して柄があり、羽状に裂け、裂片は糸状になる。花は夏、葉腋に花柄を出し、赤い花を1個ずつ開き、まれに白花もある。和名縷紅草（るこうそう）または留紅草。俗にホソバ（細葉）ルコウソウともいう。

3290. マルバルコウソウ　〔サツマイモ属〕
Ipomoea coccinea L.
　熱帯アメリカ原産のつる性の1年草。以前は観賞用に栽培されたが、今では本州中部から以南では野生化している。茎は長くのび左巻きで他物にまつわる。葉は互生し、心臓状卵形である。花は夏から秋に葉腋に花序を出し、3〜5個の黄紅色花を開く。花冠の筒は長く上部は広がる。果実は球形のさく果。

3291. グンバイヒルガオ　〔サツマイモ属〕
Ipomoea pes-caprae (L.) Sweet
　熱帯から亜熱帯に分布。四国南部、九州から琉球列島や小笠原の海岸の砂浜にはえる多年草。種子が海流によって運ばれ、ときに本州にもはえるが越冬しない。茎は分枝し長く砂上をはい、ひげ根を出す。葉は厚く滑らかで、光沢があり長さ3〜8 cm、花は夏から秋、花冠は径5〜6 cmのロート形で紅紫色。和名は葉形を軍配扇に見立てたもの。

3292. マメアサガオ　〔サツマイモ属〕
Ipomoea lacunosa L.
　北アメリカ原産で、日本でも帰化雑草として道ばたに見られるつる性1年草。葉は長い柄があって互生し、葉身は三角状心形。葉は3裂することもある。夏から秋にかけ、葉腋に花をつけ、花柄は葉柄よりも短い。花冠はロート形で白色、ときにピンク、淡紫色もあり、長さ1〜2 cm。果実は球形のさく果で、熟すと2つに割れる。

3293. ホシアサガオ　〔サツマイモ属〕
Ipomoea triloba L.

熱帯アメリカ原産のつる性1年草。日本でも本州以南の暖地に帰化が知られている。葉は長い柄があり互生し、三角状卵形。葉腋から葉柄よりも長い花序を出し、先端部で枝分かれして、3個ないし多数の紅紫色の花をつける。花冠は長さ3cm弱、直径1〜1.5cmの深いロート形をしている。さく果は花後に径1cmほどの卵状となる。

3294. サツマイモ（カライモ）　〔サツマイモ属〕
Ipomoea batatas (L.) Poir. var. *edulis* (Thunb.) Kuntze

熱帯アメリカ原産。古くから畑で栽培される多年草。地中に肥厚した塊根をつくり、皮は紅や白色、切口はわずかに黄色みを帯びる。茎は細長く地上にはい長さ2m位。花は夏、アサガオに似ているが小形で紅紫色。暖地では花後にさく果をつけ、種子も成熟する。最近は交配品種や改良品種におされ本来のサツマイモはほとんどみられない。漢名甘藷。

3295. アメリカイモ　〔サツマイモ属〕
Ipomoea batatas (L.) Poir. var. *batatas*

熱帯アメリカ原産。今は広く栽培されている多年草。茎は地をはってのび長さ2m位になる。塊根の形や皮の色は種々あり、切口は白色。花は夏、サツマイモと同じく葉腋に柄を出し紅紫花を数個つける。欧米でスイートポテトというのは通常本品を指す。最近では品種改良されてよく栽培されている。漢名番藷。現在では本型もサツマイモと呼ぶ。

3296. アオイゴケ　〔アオイゴケ属〕
Dichondra micrantha Urb.

本州近畿から琉球列島、および亜熱帯から熱帯地方に広く分布。道ばたなどにはえる多年草。茎は細く地をはい、葉は互生し長さ4〜20mmの扁円形で基部は心形。花は春から夏に咲き、黄緑色で径3mmと小さい。和名は葉の形がアオイ（フタバアオイ）に似て、全草が小さく地をおおう様子がコケ類に似るから。

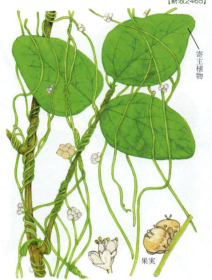

3297. ネナシカズラ　〔ネナシカズラ属〕
Cuscuta japonica Choisy

東アジアの温帯から暖帯に分布。日本各地の山野にはえ他の草木に寄生する1年草。全体に葉緑素はなく、茎は初め地上からはえるがのちに根はなくなり、つるから寄生根を出して養分を得る。花は夏から秋、花冠は白色で長さ3.5〜4mm。和名根無し葛（ねなしかずら）は成体時は寄生状態で根が見えないため。漢名金鐙藤、毛芽藤。方言ではウシノソウメン、マキタオシなどと呼ばれる。

3298. マメダオシ　〔ネナシカズラ属〕
Cuscuta australis R.Br.

アジア東部および南部、オーストラリアの温帯から熱帯に広く分布し、日本各地にはえる1年草。マメ科やタデ科の植物によくつく寄生植物。茎は糸状で左巻き、葉はない。花は夏から秋、花筒内部の雄しべの下に、幅が長さより広く2裂した小さな鱗片がある。さく果は花冠より長く、扁球形で径3mm位。和名豆倒しはよく大豆に寄生して枯らしてしまうことに由来。漢名菟絲子。種子を強壮剤にする。

3299. アメリカネナシカズラ　〔ネナシカズラ属〕
Cuscuta campestris Yuncker

北アメリカのフロリダからニューイングランド、西はカリフォルニアまでの広い地域にはえるつる状寄生植物。日本でも農耕地周辺で帰化が見られる。夏に白色の小花を頭状に集めて多数咲かせる。花冠の直径は1.5〜2mmでロート形。それを下から包むがく筒も花冠筒とほぼ同じ大きさ。花筒内部の鱗片は幅よりも長く、縁が毛状に裂ける。果実は径3mmほどの球形のさく果で花冠より長く、熟しても裂開しない。

3300. ハマネナシカズラ　〔ネナシカズラ属〕
Cuscuta chinensis Lam.

アジア東部および南部、オーストラリアおよびアフリカの暖帯から熱帯に広く分布。日本では本州中部以西から琉球列島の海岸の砂浜にはえるつる性の1年寄生植物。よくハマゴウにつく。茎は糸状で左巻き。花は夏から秋。全体にマメダオシに似るが、花冠はさく果の上部をおおって基部で裂け、花筒内部にある5枚の鱗片は毛状に裂ける。

3301. バンマツリ　　　　［バンマツリ属］
Brunfelsia uniflora (Pohl) D.Don

ブラジル原産。観賞のため温室で栽培される小低木。茎は多くの小枝に分かれ，高さ1～2m。葉は草質で長さ7cm位。花は初夏，径4cm位。濃紫色の花は日がたつと次第に淡紫から白に近くなる。4本の雄しべは花筒の上部に付着する。和名番茉莉（ばんまつり）のバンは外国，マツリはマツリカ（ジャスミン）であり，外国のジャスミンの意味。

3302. オオバンマツリ　　　　［バンマツリ属］
Brunfelsia calycina Benth.

ブラジルに産する常緑低木。観賞用に栽培される。茎は基部から多数分枝し，直立，または広がる。葉は互生し短柄でだ円形から卵状だ円形，鋭頭，長さ8～10cm，無毛，裏面脈上に毛がある。がくは筒状でふくれ，5裂して長さ2～2.5cm。花冠は盆状，5裂，径5cm位，裂片は幅広くやや波状縁である。雄しべ4本，うち2強で筒部につく。花に香りはない。

3303. オオセンナリ　　　　［オオセンナリ属］
Nicandra physalodes (L.) Gaertn.

南アメリカ・ペルーの原産。江戸末期に輸入され，観賞のために栽培される1年草。茎は多くの枝を出し，高さ1m位。葉は互生し，長さ5～15cm。花は夏から秋に咲き，花冠は下部が白く上部は青色または淡紫色，径2.5cm位，午後開いて夕方閉じ翌日散る。花のしぼんだ後に花柄は下向きに曲がり，がくは大きくふくらんで球形の液果を包む。

3304. クコ　　　　［クコ属］
Lycium chinense Mill.

北海道から琉球列島まで，および台湾，朝鮮半島，中国の温帯から亜熱帯に分布。原野，川縁，道ばたなどにふつうにはえる落葉小低木。高さ1～3m，基部から群がって分枝し，枝は縦にすじがあり，長くのびてしだれる。しばしば刺状の小枝をもつ。葉は長さ2～4cm，軟らかく無毛。花は夏。果実は長さ1.5～2cm。各部分が薬用，若葉は食用。和名は漢名の枸杞に由来。

3305. アツバクコ 〔クコ属〕
Lycium sandwicense A.Gray

小笠原諸島や北大東島，遠くハワイ諸島にも分布し，海岸の岩上にはえる常緑小低木。高さ数 10 cm，茎は下部で密に分枝して横に広がる。葉は黄緑色で長さ1～3 cm，へら形で多肉。花期は夏。花は葉腋に単生し鐘形で，白または淡紅色の花を下向きにつける。がくは浅い鐘形で無毛。花冠は長さ約6 mm。果実は球形の液果で赤く熟す。

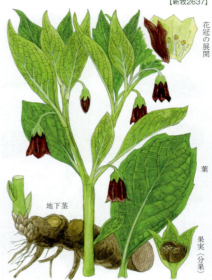

3306. ハシリドコロ 〔ハシリドコロ属〕
Scopolia japonica Maxim.

本州から九州の山地の湿った林下にはえる多年草。全体にアルカロイドを含む毒草。地下茎は太くくびれがある。高さ30～60 cm。葉は長さ10～20 cm。花は春，花冠は長さ約2 cm。果実は径1 cm。和名はオニドコロに似て有毒な地下茎を食べると幻覚に襲われ，走りまわることによる。地下茎はロートコンと呼び鎮痛剤や眼薬になる。

3307. ヒヨス 〔ヒヨス属〕
Hyoscyamus niger L.

ヨーロッパ原産。薬用のためときに栽培される越年草。茎はまばらに分枝し，高さ1 m位，葉とともに全体に短毛と腺毛が密にはえ粘り気がある。葉は長さ15～30 cm。花は初夏，上方の葉腋から横向きに淡黄褐色の花が開く。がくは花後に大きくなり果実を包む。全草に毒性が強い。和名は属名のヒヨスキアムスの省略形。

3308. ホオズキ 〔ホオズキ属〕
Physalis alkekengi L. var. *franchetii* (Mast.) Makino

東アジアの温帯から暖帯に分布。山地にまれにはえ，多くの園芸品種があり，人家にも植えられる多年草。長い地下茎で繁殖する。高さ40～90 cm。花は夏，径1.5 cm。がくは果時に4～5 cmにのびて果実を包む。和名は方言でホオと呼ばれるカメムシの類が茎によくつくのでいう。古名カガチ。子供が果皮を口中で鳴らして遊ぶ。地下茎は酸漿根と呼ばれ薬になる。

3309. ヨウラクホオズキ　〔ホオズキ属〕
Physalis alkekengi L. var. *franchetii* (Mast.) Makino 'Monstrosa'

江戸時代に日本でつくり出されたホオズキの園芸品種。観賞のため栽培される多年草。茎や葉の形はほぼホオズキと同じ。花は初夏，花軸を下垂し，多数の苞状葉片がつき，のちに赤くなる。花穂は花の変形，苞状葉片はがくが変化したもの。和名瓔珞酸漿の瓔珞（ようらく）は仏像が首にかけている飾りで花穂の様子が似るから。

3310. センナリホオズキ（ヒメセンナリホオズキ）〔ホオズキ属〕
Physalis pubescens L.

熱帯アメリカ原産の帰化植物で，畑や人家付近にはえる1年草。茎は高さ30 cmでよく分枝し広がる。葉は柄があって互生し，長さ3～7 cmの卵形で先がとがる。縁には粗い鋸歯がある。花は夏，がくは軟らかい短毛がある。花冠は長さ約8 mm。果実は熟しても緑色。和名千成酸漿（せんなりほおずき）は小さな果実が多くつくことによる。果実は解熱薬になる。

3311. ヤマホオズキ　〔イガホオズキ属〕
Physaliastrum chamaesarachoides (Makino) Makino

関東地方以西，四国，九州の山の谷間にややまれにはえる多年草。地下茎はない。茎は細く軟弱で高さ30～60 cm，分枝する。葉は各節ごとに2枚ずつ出て，長さ6～15 cm，幅3～5 cmで質は薄い。花は夏から秋，花柄は長さ1～2 cm，花冠は長さ7～8 mm。果実時にがくは長さ12～15 mmになり果実を包む。稜はあまり角ばらない。

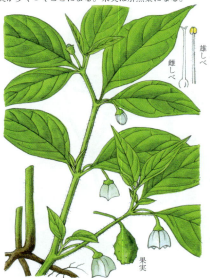

3312. アオホオズキ　〔イガホオズキ属〕
Physaliastrum japonicum (Franch. et Sav.) Honda

本州中部と四国の山地の林中にはえる多年草。短い地下茎をもち，茎はまばらに分枝し，高さ30～40 cm，葉とともにまばらに軟毛がはえる。葉は互生するが，ふつう節ごとに2枚ずつつき長さ6～12 cm。花は初夏，葉腋に淡緑色花が下向きに1花ずつつく。果実は長さ1 cm位，花後にとげのあるがくで包まれる。

3313. イガホオズキ 〔イガホオズキ属〕
Physaliastrum echinatum (Yatabe) Makino

東アジアの温帯に広く分布し，日本各地の山の林下にはえる多年草。茎は高さ60 cm位で，2叉状に分枝する。葉は長さ4～10 cm，幅3～5 cm，茎とともにまばらに毛がある。花は夏から秋，花柄は長さ1.5～3 cm。がくは花時には刺毛があり，果時には果実と同長にのび，とげ（いが）状の突起をもつ。果実は径8～10 mmで熟すと白く，食べられる。

3314. ハダカホオズキ 〔ハダカホオズキ属〕
Tubocapsicum anomalum (Franch. et Sav.) Makino

本州から琉球列島まで，および台湾，フィリピン，インドなどの暖帯から亜熱帯に分布。山野の木かげにはえる多年草。茎は高さ60～90 cmでやや2叉状に分枝する。葉は長さ8～18 cmで薄い。花は夏から秋，花冠は径約8 mmで裂片は反り返る。果実は径7～10 mmで初冬まで枝に残る。和名はがくが果実を包まないことからついた。

3315. メジロホオズキ (サンゴホオズキ) 〔メジロホオズキ属〕
Lycianthes biflora (Lour.) Bitter

本州中部以南から琉球列島および台湾，中国，マレー，ニューギニア，ハワイなどに分布。海岸近くにはえる多年草。茎は分枝し下部は木化，高さ60～90 cmになる。葉は長さ6～14 cm，両面に褐色の毛がある。花は夏から秋，径約12 mm。果実は径7～10 mm。和名目白酸漿（めじろほおずき）はときに果実の頂部に白点をもつのでいうが，ふつうは白点をもたないので適当な名ではない。

3316. ワルナスビ (オニナスビ，ノハラナスビ) 〔ナス属〕
Solanum carolinense L.

ヨーロッパ原産。1930年頃千葉県に入り次第に広まり，帰化している多年草。茎には鋭いとげと星状毛があり，分枝し，高さ30～50 cm。地中に径3 mm位の地下茎をのばして繁殖する。葉は長さ1.5～2 cmの柄をもち，両面に星状毛が多い。花は初夏，花冠は白色または淡紫色，径2～3 cm。和名は繁殖力が強く，とげがあって始末のわるい雑草の意。

3317. トゲナス　　〔ナス属〕
Solanum echinatum L.

　南アメリカ原産。まれに観賞用に栽培されることがある1年草。茎は硬く，枝分かれして高さ1m位，直立した褐色の硬いとげをもつ。葉は互生し，長さ10cm位，脈上に硬いとげがはえる。花は夏，節間の途中から花枝を出し数個の淡紫色の花を開く。花冠は径2cm位。果実は液質で径1.5cm位，下部は硬いとげのあるがくに包まれる。

3318. キンギンナスビ　　〔ナス属〕
Solanum capsicoides All.

　メキシコ，ブラジル原産。広く世界各地の暖帯から熱帯に野生化する多年草。四国や九州の海岸近くの暖地に帰化している。茎は直立，基部は多少木質化。高さ30〜90cm。花は夏。和名金銀茄子は白色の未熟果と黄赤色の熟果とをつけるのでいう。明治初期に植木屋が栽培してハリナス，サンゴジュナスと呼んだこともある。

3319. イヌホオズキ　　〔ナス属〕
Solanum nigrum L.

　世界の熱帯から温帯に広く分布し，日本各地の山野の道ばたなどにはえる1年草。茎はやや角ばり高さ20〜80cm，分枝して横に広がる。葉は長さ6〜10cm。花は夏から秋，花序は分枝しない。花冠は径6〜7mm。果実は液果で径6〜7mm，黒熟する。和名はホオズキに似るが別物の意。有毒植物だが解熱剤や利尿剤になる。

3320. アメリカイヌホオズキ　　〔ナス属〕
Solanum ptycanthum Dunal

　北米原産の1年草で，現在では日本各地に広く帰化している。茎は直立，高さ20〜50cm，まばらにとげがある。葉は互生し，卵形で先がとがり，基部は細まって柄があり，縁は波状の鋸歯がある。花期は夏から秋，茎の中ほどの節間に散形状に分かれて数個の白または淡紫色の花をつける。花冠は星形に5裂し，イヌホオズキより小形。果実もやや小形の球形で，黒く熟して光沢がある。本種に近縁のテリミノイヌホオズキは葉の基部が円く，全縁。

3321. ヒヨドリジョウゴ　〔ナス属〕
Solanum lyratum Thunb.
　東アジアの熱帯から温帯に広く分布し、北海道から琉球の山野の道ばたなどにはえる多年草。茎は細長くつる状で、全体に腺毛が多い。葉は長さ3〜8cm、下部の葉は1〜2対の切れ込みがある。葉柄は他物にからむ。花は夏から秋、花冠の5裂片は初め径1.5cm位に開き、後方に反り返る。果実は径8mm位。和名鵯上戸は鵯（ひよどり）が熟果を好んで食べることに基づく。有毒植物。

3322. ヤマホロシ（ホソバノホロシ）　〔ナス属〕
Solanum japonense Nakai var. *japonense*
　北海道から九州、および朝鮮半島、中国の温帯に分布、山地にはえる多年草。茎はつる状で細長くまばらに分枝する。葉はごく薄く毛が少しあり、長さ4〜8cm、基部は円形またはやや心臓形、縁は全縁かときに1〜2対に鈍く切れ込む。花は夏、花冠の5裂片は長さ6〜7mmで反り返る。果実は径6〜9mm。赤く熟す。黄色く熟すものをキミノヤマホロシ f. *xanthocarpum* H.Hara という。

3323. タカオホロシ　〔ナス属〕
Solanum japonense Nakai
var. *takaoyamense* (Makino) H.Hara
　東京都、山梨県、長野県などの山地にはえる多年草。茎はまばらに枝分かれし、ややつる状に細長くのび無毛。葉は不規則な波状のとがった鋸歯になる。花は夏、節間の途中から花枝を出し、分枝し数個の淡紫色の花を開く。果実はだ円形となり、液質で熟すと赤色となる。和名は東京都高尾山で発見されたことに基づく。

3324. マルバノホロシ（ヤママルバノホロシ）　〔ナス属〕
Solanum maximowiczii Koidz.
　本州、四国、九州と琉球列島の山地にはえる多年草。茎はまばらに分枝しつる状に広がる。ヤマホロシに似るが葉は茎とともに無毛で、中部付近で両縁がほぼ平行し、基部は柄に向けてとがり全縁、長さ5〜10cm。花は夏から秋、花冠は長さ5〜6mm、5深裂し初め平開、後に反り返る。果実は径8〜10mm。和名は葉に切れ込みがないノホロシの意。有毒。

3325. オオマルバノホロシ　〔ナス属〕
Solanum megacarpum Koidz.

　本州中部以北，北海道，南千島，サハリンに分布する多年草。枝は長くのびてややつる性となる。葉は互生し，柄があって長卵形。葉縁には短い毛が並ぶ。花は夏，葉柄のつけ根よりやや上から枝分かれした長い花序を出し，青紫色の花を数個から10個ほどつける。花冠は深く5裂し，各裂片は先がとがって，つけ根付近で反転する。

3326. リュウキュウヤナギ　〔ナス属〕
Solanum glaucophyllum Desf.

　観賞のため栽植するブラジル原産の常緑低木。水湿地を好み，地下茎をのばし繁殖する。茎は軟らかく高さ1.5～2ｍであまり分枝しない。葉は長さ12～15cm。花は夏から秋。和名琉球柳は文久年間に琉球国を経て渡米したことにより，葉の形がヤナギに似ているのでいう。別名スズカケヤナギ，ルリヤナギは果実をそれに見立てた名。

3327. タマサンゴ（フユサンゴ，リュウノタマ）　〔ナス属〕
Solanum pseudocapsicum L.

　ブラジル原産で明治中頃に日本へ輸入された。観賞のため栽植されるが，九州では野生化し，暖地では冬も緑の常緑小低木。高さ1～1.5ｍ。葉は密に繁って互生，長さ5～10cm。夏から秋，葉と対生のように短枝を出し，径1.5cm位の花をつける。果実は径1.3cm位，橙黄色から紅色，まれに黄色もあり，熟すと美しい。

3328. ナス　〔ナス属〕
Solanum melongena L.

　インド原産といわれ，熱帯から温帯に広く栽培される。日本では8世紀頃に記録がある。ふつう1年草として熱帯につくられるが，熱帯では多年草である。高さ60～100cm。葉は互生，長さ15～35cm。花は夏から秋。果実はふつう暗紫色，緑色のアオナス，細長いナガナスなどがあり，白色のタマゴナスは観賞用。その他品種が多い。和名は漢名茄，茄子に由来する。

3329. ジャガイモ（ジャガタライモ）　〔ナス属〕
Solanum tuberosum L.

　ペルー，ボリビアなどのアンデス山脈の高地原産の多年草。日本には1598年オランダ船がインドネシアのジャカトラ，今のジャカルタからもって来たので，ジャガタライモの名がある。世界の温帯で重要な野菜として栽培。地中をはう地下茎をもち，その先は肥大した塊茎となる。高さ60～100 cm。花は初夏で白色または紫色，ふつう結実しない。

3330. トマト（アカナス）　〔ナス属〕
Solanum lycopersicum L.

　南アメリカのアンデス地域のやや高地に野生し，原住民に栽培されていたが，1550年頃ヨーロッパに広まった。17世紀の初め日本にも輸入されたが観賞用であって，明治後期に食用野菜として栽培するようになった。1年生の作物，熱帯では多年草。全体に特有な臭いがある。高さ1～1.5 m。花は夏に咲く。花冠は本来5裂するが，栽培品種には8～10裂のものもある。

3331. トウガラシ　〔トウガラシ属〕
Capsicum annuum L.

　南アメリカ原産。1493年にコロンブスによってスペインにもたらされたといわれる。熱帯から温帯に栽培され温帯では1年生であるが，熱帯では多年生でやや低木状となる。高さ60 cm位。花は夏。果実は形や大きさに変化がある。上向きにつき，熟すとふつうの紅色になり，黄色，黒紫色などの品種や下向きにつくものもある。和名唐辛子はそれらの総称。漢名番椒，辣椒。

3332. ヤツブサ（テンジクマモリ，テンジョウマモリ）　〔トウガラシ属〕
Capsicum annuum L. Fasciculatum Group

　トウガラシの栽培変種群，畑に栽培する1年草。茎は分枝せず，直立して高さ60 cm位。花は夏，頂端の葉腋から花柄を出し白花を群がって開く。赤色の果実は直立し，辛味が強い。長さ2.5～3 cmをコヤツブサ，6～7.5 cmをナガヤツブサ，果実が下垂するものをサガリヤツブサという。和名八房（やつぶさ）は多くの果実が集まってつくから。

3333. シシトウガラシ(シシウマトウガラシ)〔トウガラシ属〕
Capsicum annuum L. 'Angulosum'
　トウガラシの栽培変種，畑に栽培する1年草。茎や葉の形は全くトウガラシと同じ。果実は大きく長さ幅とも3cm内外，初め緑色で熟すと紅色，観賞用としてもおもむきがある。辛味のないものをアマトウガラシという。外国産の改良種を含めピーマンと呼び食用とする。和名は果実が獅子（しし）の頭のような形なのでいう。

3334. ゴシキトウガラシ　〔トウガラシ属〕
Capsicum annuum L. 'Celasiforme'
　トウガラシの栽培変種の1つ，観賞用に鉢植や花壇に植える1年草。葉や茎はトウガラシと同じ。花は夏，花柄を直立し，下または斜めに向いて白色の花を開花。果実は長さ1.5〜2cm，下にがくをつけ，熟した程度によって白，黄，黄に紫の斑点，紫，赤黄，赤などが同時に見えるので五色の名がある。

3335. サガリトウガラシ(ナガミトウガラシ)〔トウガラシ属〕
Capsicum annuum L. Longum Group
　トウガラシの栽培変種群，畑に栽培される1年草。茎，葉，花はトウガラシと同じで，果実は細長く下垂するのが特徴。果実は長さ12〜20cm，辛味の強いニッコウトウガラシ，さらに細長いハオリノヒモ，初め紫色で熟すにつれ紅くなるムラサキトウガラシ，同株に上向きと下向きの果実がつくミマワシトウガラシなど品種は多い。

3336. チョウセンアサガオ　〔チョウセンアサガオ属〕
Datura metel L.
　熱帯アメリカ原産の1年草。江戸時代天和・貞享年間に輸入され薬用に栽培された。庭に植えられたり，荒地にはえているのがまれに見られる。茎はよく分枝し，横に広がり高さ1m位。花は夏から秋に咲き，がくは長さ約4.5cm，花冠は長さ10〜15cmのラッパ形。漢名曼陀羅草。干した葉を曼陀羅葉といい喘息の薬にするが猛毒。別名マンダラゲ，キチガイナスビ。

3337. ヨウシュチョウセンアサガオ〔チョウセンアサガオ属〕
Datura stramonium L.

熱帯アメリカ原産で日本へは明治初期に渡米し、荒地などに野生化または薬用に栽培される1年草。茎はよく分枝して横に広がり高さ1～1.5 m。葉は対生状につき、長い柄のある広卵形。長さ8～15 cm。花は夏、花冠は長さ約8 cm。和名洋種朝鮮朝顔。アルカロイドのアトロピンを含み、葉や種子に猛毒があるが、葉は喘息の薬にする。別名フジイロマンダラゲ。

3338. コダチチョウセンアサガオ〔キダチチョウセンアサガオ属〕
Brugmansia ×*candida* Pers.

南アメリカの高原地帯に産する *B. arborea* (L.) Lagerh. などの交配によってつくられた小低木で、観賞用に世界で広く栽植され、日本へは大正初期に渡来。樹高5～6 mでよく分枝する。葉は輪生または互生し、長だ円形で先端はとがる。花は夏から秋に葉腋に垂下し、筒状部は長く、その先が急にラッパ形に開く。花色は淡黄色から白色。芳香があり、果実は長だ円形で扁平な種子がある。葉、種子ともに毒性が強い。

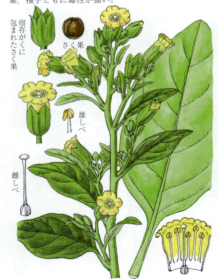

3339. タバコ〔タバコ属〕
Nicotiana tabacum L.

南米熱帯地方原産とされる多年草。温帯に植えると1年草になる。茎は直立し高さ1.5～2 m。全体に粘り気のある腺毛を密生する。葉は長さ30 cm位。花は夏。葉にニコチンを含み、喫煙のためインディアンに古くから用いられていたが、1518年頃スペインの宣教師によってヨーロッパにもたらされ、急速に世界中に広まった。日本へは桃山時代に輸入された。全草に毒性が強い。漢名煙草。

3340. マルバタバコ〔タバコ属〕
Nicotiana rustica L.

メキシコ、テキサス原産。タバコとともに畑に栽培される1年草。茎はやや多く枝を出し、高さ1～2 mになる。葉は互生し、厚く、長さ30 cm位、長い柄をもち、茎とともに全体にやや粘り気のある軟毛が密生している。花は夏、がくは5裂し、外面に細かな毛を密生する。花冠は黄白色または緑黄色で長さ1.5 cm位。

3341. ツクバネアサガオ　〔ツクバネアサガオ属〕
Petunia ×hybrida (Hook.f.) Vilm.
アルゼンチン原産の *P. axillaris* (Lam.) Britton et al. と *P. violacea* Lindl. との交雑によってつくられた園芸品。観賞用に庭に植えられる1年草。茎は高さ60cm位、ときにつる状になって広がり1m以上にのび、葉とともに粘り気のある細毛が密生する。花は夏、花冠は径5〜9cm、大輪で径は10〜13cm、花色は紫、紅、桃、白など品種は非常に多い。園芸上は属名のペチュニアで呼ぶのが一般的。和名衝羽根朝顔（つくばねあさがお）。

3342. アマダマシ（アマモドキ）　〔ギンバイソウ属〕
Nierembergia frutescens Durieu
南米のチリ原産。ときに観賞のために栽培される多年草。茎はやや木質化して低木状となり、多くの枝を出し、高さ30〜90cm。葉は長さ2.5cm以上になる。花は初夏から秋、上部の葉腋から短い柄を出して開花。花冠は径3cm位、白色や紫の品種もある。本種に似て丈が低く、葉も花も小さいヒメアマダマシ *N. gracilis* Hook. がある。

3343. ヤマトアオダモ（オオトネリコ）　〔トネリコ属〕
Fraxinus longicuspis Siebold et Zucc.
九州、四国、本州の山地沢沿いにはえ、中国にも産する落葉高木。高さ20mに達するものもある。葉は対生し、広披針形。先は尾状に鋭くとがり、基部は広いくさび形。花期は晩春。花序は若枝の頂につき、花に花冠がないのが特徴。がくは杯形で4裂または不規則に裂け、果実期まで残る。翼果は線状倒披針形で、長さ2.5〜3.5cmになる。

3344. サトトネリコ（トネリコ）　〔トネリコ属〕
Fraxinus japonica Blume ex K.Koch
本州中部以北の湿った山地にはえ、また稲穂をかけて乾かすために田のあぜなどに栽植する落葉高木。高さ6m位、大きいもので15mになる。葉は複葉で小葉は長さ20〜35cm。花は春、若葉に先立って花序を出し、細かい花を多数群がってつける。ふつう花の時期に葉は展開しない。図は標本によるが、自然状態では花序は花の時期から下垂する。雌雄異株、ふつう花冠はない。別名はトヌリキより転訛。イボタロウムシにより分泌された白蝋（はくろう）をトネリといい戸滑りに用いる。

3345. マルバアオダモ 〔トネリコ属〕
Fraxinus sieboldiana Blume

四国,九州と本州の丘陵や山地にはえ,朝鮮半島と中国にも分布する落葉高木。高さ5～10m。葉は対生し,小葉は狭卵形ないし卵状だ円形。先は鋭くとがり,基部はくさび形。花期は晩春。花序は円錐状で若枝の先につき,開葉とほぼ同時に咲き,花冠は白色で長さ5～10mmの線状披針形。子房は卵形,柱頭は2裂する。翼果は倒披針形である。

3346. アオダモ(広義)(コバノトネリコ,アオタゴ)〔トネリコ属〕
Fraxinus lanuginosa Koidz.

北海道から九州まで,および南千島や朝鮮半島の温帯に分布。山地の水辺を好んではえる落葉小高木。高さ5～8m。樹皮は暗灰色。葉は対生し複葉で柄とともに長さ10～15cm。雄性両性異株。花は初夏,4裂した花冠がある。枝を切って水につけると水が青色に変わることから青タゴの名があり,タゴまたはタモはトネリコのこと。冬芽や花序に粗い毛があるものが学名の基準品種でアラゲアオダモ f. *lanuginosa* といい,無毛かそれに近いものが狭義のアオダモ f. *serrata* (Nakai) Murata である。

3347. シオジ 〔トネリコ属〕
Fraxinus platypoda Oliv.

関東地方以西,四国,九州および中国中部の温帯の山地にはえる落葉高木。高さは大きいもので30m位。樹皮は暗灰色で縦裂する。葉は対生し複葉で柄とともに長さ25～35cm。花は晩春,若葉より先に前年の枝の上部の側芽から長さ10～15cmの花序につく。花冠はない。雄性両性異株。材は弾力性があり折れにくく建築,家具,器具,機械,とくに運動具などに用いる。

3348. ヤチダモ 〔トネリコ属〕
Fraxinus mandshurica Rupr.

本州中部以北と北海道,および朝鮮半島,中国東北部から極東アジアの山間の湿地にはえる落葉高木。高さ20～25m。樹皮は灰褐色で皮目を点在。葉は対生し,複葉で柄を入れて長さ40cm位,小葉の中軸と付着する部分に青褐色の毛を密生する。花は早春,若葉とともに前年の枝先につき,花冠はなく,雄性両性異株。翼果は長さ2.5～3cmの倒披針形で先端はとがらない。図は標本によるが,自然状態では花序は下垂する。

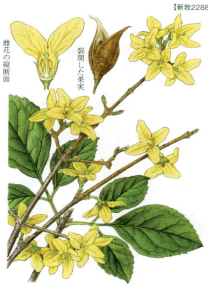

3349. ミヤマアオダモ　〔トネリコ属〕
Fraxinus apertisquamifera H.Hara

本州中北部と四国の深山にはえる落葉高木。高さ5〜10m。葉は対生し、5〜7個ときに9個の小葉からなる羽状複葉で、披針形ないし長だ円形、縁には細かい鋸歯がある。花は晩春に咲き、雄花と両性花がある。花序は若枝の頂につき、円錐状で無毛。長さは8〜11cmで、がくは小さく、4歯がある。花冠は白色で糸状ときに糸状披針形。翼果は線形ないし線状倒披針形。

3350. レンギョウ　（レンギョウウツギ）　〔レンギョウ属〕
Forsythia suspensa (Thunb.) Vahl

観賞用に庭に栽植する中国原産の落葉小低木。日本へはすでに天和年間に入っていた。高さ3m位。枝は長くのび、しだれて地につけば根を出す。節を除いて髄は中空。葉は単葉だが、ときに3枚の小葉の複葉もある。花は早春、葉の出る前に開く。雌雄異株で、雄花の雌しべと雌花の雄しべは短く不稔。果実は漢方薬にする。和名はトモエソウ（オトギリソウ科）の漢名連翹を誤用したもの。

3351. ヤマトレンギョウ　〔レンギョウ属〕
Forsythia japonica Makino

岡山県西部と広島県東部の石灰岩地帯に野生する落葉低木。高さ1〜2m位。枝に浅い2条の溝がある。枝はしばしば弓状になりしだれる。髄は層板状に並んだ膜で隔てられた空所がある。葉は対生、柄と裏面に毛があり長さ7〜12cm。花は春、葉に先立って開く。この仲間は雌雄異株。和名は日本産のレンギョウの意。香川県小豆島には本種に似て葉がほぼ全縁で花がやや黄緑色を帯びるショウドシマレンギョウ F. togashii H.Hara を産する。

3352. ハシドイ　（キンツクバネ）　〔ハシドイ属〕
Syringa reticulata (Blume) H.Hara

九州から北海道まで、および南千島や朝鮮半島の温帯に分布し、山地にはえる落葉小高木。樹皮は灰白色でサクラの肌に似る。葉は対生し、厚く滑らかで長さ4〜7cmの長卵形。花は白色で、初夏に前年の枝先に長さ15〜25cmの円錐花序をつけ、やや香りがある。花は乾くと黄色味を帯びる。ライラックと同じ属に分類されているが、系統上はむしろイボタノキ属に近い。

3353. ライラック　（ムラサキハシドイ）　〔ハシドイ属〕
Syringa vulgaris L.
　ヨーロッパ東南部のバルカン半島中部の原産で日本へは明治中期に渡来し、観賞用に庭に栽植される落葉低木。高さ5m位、無毛。葉は対生し長さ5～12cm、無毛で光沢がある。花は春、強い芳香があり、ふつう紫色であるが、白、赤、青、八重咲きなどの品種が多い。ヨーロッパやアメリカで栽植がさかんで、仏語名リラ（lilas）、英名ライラック（lilac）の名で知られている。

3354. ヒトツバタゴ　〔ヒトツバタゴ属〕
Chionanthus retusus Lindl. et Paxton
　本州中部の木曽川流域と対馬にはえ、さらに朝鮮半島、台湾、中国の暖帯に分布する雄性両性異株の落葉高木。高さ10m。樹皮は灰黒色。葉は対生まれに互生、長さ5～10cm。晩春、白雪のように見事な花をつける。和名のタゴは羽状複葉のトネリコをいい、本種は単葉なので一つ葉であることからきた名。珍木でナンジャモンジャノキという地方もある。

3355. イボタノキ　〔イボタノキ属〕
Ligustrum obtusifolium Siebold et Zucc. subsp. *obtusifolium*
　北海道から九州および朝鮮半島の温帯から暖帯に分布し、山野に多い半常緑低木。高さ2～3m、枝は灰白色でよく分枝する。若枝に細毛がある。葉はやや薄く長さ2～5cm。花は晩春、新枝の先に長さ2～3cmの総状花序をつける。和名は樹皮に白いイボタロウムシが寄生することによる。その虫が分泌した蝋（ろう）は家具のつや出しなどに用いられた。

3356. オオバイボタ　〔イボタノキ属〕
Ligustrum ovalifolium Hassk. var. *ovalifolium*
　東北地方中部以南の本州と四国、九州および朝鮮半島南部の暖帯に分布。海岸近くにはえ、また生垣として栽植される半落葉低木。高さ2～3m、枝は灰色、枝や葉は無毛。葉は厚く光沢があり長さ4～10cmで、一部分冬を越す。花は初夏、枝先に長さ10cm内外の円錐花序をつける。果実は長さ8mm位、冬に紫黒色に熟す。

3357. ハチジョウイボタ 〔イボタノキ属〕
Ligustrum ovalifolium Hassk. var. pacificum (Nakai) M.Mizush.
伊豆諸島に分布する半常緑低木。高さ約2m。葉は倒狭卵形ないし倒卵状だ円形。表面は強い光沢があり、葉脈は凹入する。花は円錐状花序で多数密生する。がくは鐘形で裂片はない。花冠は深く裂け長さ6〜7mmで、裂片は筒部と同長かあるいは長く、雄しべは花冠の外に出る。果実は球形で、径5mmほどになり、黒く熟す。オオバイボタの地方変種と見られる。和名八丈イボタ。

3358. ミヤマイボタ 〔イボタノキ属〕
Ligustrum tschonoskii Decne. var. tschonoskii
北海道から九州およびサハリンの温帯に分布し、山地の日当たりのよいところにはえる落葉低木。高さ2〜3m、よく分枝し細く灰色、若枝は初め細毛がある。葉は長さ2〜4cm、薄く表枝の先は無毛で光沢がない。葉の裏面はとくに脈上に毛が多いが、無毛に近いものもある。花は晩春から夏、枝先に2〜7cmの総状の円錐花序をつくる。果実は長さ8mm位、紫黒色に熟す。

3359. キヨズミイボタ 〔イボタノキ属〕
Ligustrum tschonoskii Decne. var. kiyozumianum (Nakai) Ohwi
千葉県房総半島にはえる落葉低木でミヤマイボタの1変種。高さ3〜4m。葉は対生、広卵形ないし卵状だ円形。先は円形ないし鋭形。表面は初め微毛があるが、のち無毛。裏面はやや毛が多く、一部は秋まで残る。花は円錐花序につき、花序には毛が多い。がくは無毛、花は長さ8mm位、雄しべは披針形。果実は球形、径5〜6mm。

3360. サイコクイボタ 〔イボタノキ属〕
Ligustrum ibota Siebold
兵庫県以西から九州中北部の山地にはえる落葉低木。高さ2〜5m。葉は対生し、だ円形ないし狭卵形あるいは倒狭卵形。花序は若枝の先につき、1〜2cmの柄の先に数個または1個の花をつけ、小さな苞がある。花冠は白色で長さ7〜8mm、がくは鐘形で裂片はほとんどない。果実はほぼ卵形で径6〜7mm、熟すと紫黒色となる。

3361. ネズミモチ (タマツバキ) 〔イボタノキ属〕
Ligustrum japonicum Thunb.

関東地方以西から琉球列島および朝鮮半島, 台湾, 中国の暖帯に分布。山地にはえる生垣などによく栽培される常緑低木。幹は高さ2～5m, 灰褐色, よく分枝する。葉は革質で光沢があり長さ5～8cm。花は初夏。果実はネズミの糞に似ているので俗にネズミノフン, ネズミノコマクラなどの名がある。かつて中国原産の近縁種トウネズミモチ *L. lucidum* Aiton が都会地を中心によく植えられたが, 近年は要注意外来生物に指定されている。

3362. ヤナギイボタ 〔イボタノキ属〕
Ligustrum salicinum Nakai

近畿地方以西, 四国, 九州の山地のやせた地にはえ, 朝鮮半島にも分布する落葉小高木。高さ4～6m。葉は対生し, 倒披針形ないし狭円形。初夏, 枝先に長さ10～20cmの大型円錐花序をつくり, 多数の花が集まってつく。花冠は白色で長さ5mmほどになり, 中ほどまで裂ける。裂片の先は反り返る。果実は長だ円形で長さ8～10mm, 熟すと紫黒色となる。

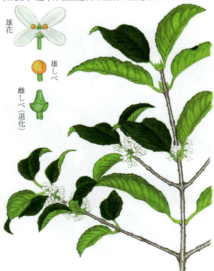

3363. ギンモクセイ 〔モクセイ属〕
Osmanthus fragrans Lour. var. *fragrans*

庭木として栽植される中国原産の常緑小高木。高さ3～6m。樹皮は灰白色, よく分枝し葉も多い。革質で硬い葉は長さ7～15cm。花は秋, 芳香を放つ。本来は雌雄異株であるが日本では雄木ばかりで結実しない。和名は漢名の木犀により, 木犀は中国ではモクセイ類の総称。漢名銀桂は白色の花をつける桂花の意。

3364. キンモクセイ 〔モクセイ属〕
Osmanthus fragrans Lour. var. *aurantiacus* Makino f. *aurantiacus* (Makino) P.S.Green

庭木として栽培される常緑小高木で, 中国原産とされるが, ウスギモクセイから日本で選抜されたとする意見もある。高さ4m位。幹は太く, よく分枝する。葉は長さ5～9cm, 革質で裏面が多少黄味を帯びる。花は秋, 強い芳香を放つ。がく4裂, 花冠4深裂, 雄しべ2本, 雌しべ1本, 雌雄異株であるがふつう雄株のみが植栽され, 結実する株はまれである。和名は白花のギンモクセイに対して橙黄色の花を金にたとえたもの。漢名丹桂。

3365. ウスギモクセイ　　〔モクセイ属〕
Osmanthus fragrans Lour. var. *aurantiacus* Makino f. *thunbergii* (Makino) T.Yamaz.
　九州南部の山地に自生し、また主に西日本の庭園に栽植される常緑小高木。幹は直立し、高さ4〜7 m、直径は太いものでは30 cmに達し、灰褐色、多く分枝する。葉は対生し、長さ8〜13 cm、幅2.5〜5 cm、無毛。花は秋、白黄色の両性花または雌花を葉腋に散形状に束生、キンモクセイより香りが少ない。核果は翌春に熟す。和名淡黄木犀（うすぎもくせい）は花色による。

3366. ナタオレノキ（シマモクセイ）　　〔モクセイ属〕
Osmanthus insularis Koidz.
　福井県以西から九州、南西諸島、伊豆半島、小笠原諸島に分布、朝鮮半島南部の島にも産する常緑高木。高さ10 m以上に達する。葉は対生、狭だ円形ないし披針状だ円形。花は秋に葉腋に束生、がくは深皿状で4裂、裂片は三角形。花冠は白色で径5〜6 mm、花冠の裂片は広卵形で開出。果実は核果で長だ円形、長さ1.5〜2 cm、黒碧色に熟す。和名鉈折れの木は、材が堅いことによる。別名島モクセイは、小笠原諸島に産するため。

3367. ヒイラギモクセイ　　〔モクセイ属〕
Osmanthus ×*fortunei* Carrière
　ヒイラギとギンモクセイの雑種と推定され、各地に栽植されている常緑小高木。高さ4 mに達し、幹は直立し径30 cm位になり、枝や葉が繁って円い樹冠をつくる。樹皮はコルク質のこぶがある。葉は柄があり、十字状に対生、長さ5〜12 cm、厚い革質。秋に葉腋や頂に散形に白花を束生し香気がある。雄しべ2本、雌しべは小さく結実しない。

3368. ヒイラギ　　〔モクセイ属〕
Osmanthus heterophyllus (G.Don) P.S.Green
　関東地方以西の西日本から琉球列島および台湾の暖帯に分布。山地にはえるが、庭にも栽植される常緑小高木。高さ高さ3〜8 m、樹皮は灰色、よく分枝し葉も多い。葉は対生、硬く、長さ3〜5 cm。縁に鋭い刺状の鋸歯があるが老木では枝先の葉は全縁。花は秋から初冬、香がある。雄性両性異株。和名疼木（ひいらぎ）は葉のトゲが鋭いので、ひいらぐ（痛む）の意。厄除けに用いる木。

3369. ソケイ（ツルマツリ）　〔ソケイ属〕
Jasminum grandiflorum L.

観賞用として暖地に、また寒地では冬は温室で栽植される常緑低木。アラビア原産で日本には文政2年（1819年）頃、中国から入った記録がある。高さ1m位で、ややつる性、4稜あり全体に無毛。花は夏から秋、夜間に開き、径約2cm、芳香を放つ。花はジャスミン油をとり香水の原料とする。いわゆるジャスミン。和名は漢名素馨の音読、中国の美女の名。

3370. マツリカ　〔ソケイ属〕
Jasminum sambac (L.) Ait.

インドの原産の熱帯性常緑低木で、日本には17世紀初めに伝わり香料や観賞用に栽培。樹高1.5〜3m、枝に稜と軟毛がある。葉は対生し、長さ4.5〜8cmの広卵形で全縁。先はややとがる。初夏から秋に枝端に芳香のある白色花3個ほどをまばらな集散花序につける。花を日干しにしたマツリカ（モリカ）は香料として著名で、マツリカ茶（ジャスミン・ティー）として広く愛飲されている。

3371. キソケイ　〔ソケイ属〕
Jasminum humile L. var. *revolutum* (Sims) Stokes

西南アジアからヒマラヤの原産、観賞用として暖地に植える常緑低木。高さ1.5〜2.5m、よく分枝し枝は長くのびて緑色。葉は有柄で互生し、奇数羽状複葉で3〜7の小葉からなる。小葉は卵状で全縁。花は初夏、枝先に集散状に花柄を出し花を開く。花冠は下部は細い筒状、上部は5裂して平開し、雄しべ2本、雌しべ1本。

3372. オウバイ　〔ソケイ属〕
Jasminum nudiflorum Lindl.

観賞用に庭や鉢などに栽植される落葉小低木。中国原産で日本へは寛文年間以前に渡来していた。茎はよく分枝し四角形でややつる状となって垂れ下がる。長さ60〜180cmになり、地につけば節から根を出す。枝を折るとショウガの香りがする。葉は対生で3小葉。花は早春、葉より早く、香りがない。和名黄梅は黄色い花を梅に見立てた名。

3373. オキナワソケイ　　〔ソケイ属〕
Jasminum sinense Hemsl. var. *superfluum* (Koidz.) Hatus.

琉球列島に分布する常緑つる性木。茎に細毛がある。葉は対生し、3枚の小葉からなり、頂小葉は狭卵形ないし卵形、側小葉は狭卵形ないし卵状長だ円形。小枝は細くて下向きに出る。花期は初夏から夏。花は頂生の円錐花序につき、がくは小さい鐘形。花冠は白色で高杯形、舷部は5裂し、裂片は線状長だ円形、先は鈍い。母種は茎が無毛で、台湾と中国南部に分布する。

3374. オリーブ　　〔オリーブ属〕
Olea europaea L.

西アジア原産で、地中海地方で広く栽培される常緑の果樹。日本では瀬戸内海周辺で小規模に栽培される。高さ7～10mの小高木。葉は短柄があって対生し、細長いだ円形。初夏に葉腋から短い円錐花序を出し、黄白色の小花を多数つけて芳香がある。果実は長さ3～5cmの長だ円形。中心に大きな核をもち多肉質。塩漬けなどで食用。また果肉からとるオリーブ油は食用油、薬用。

3375. カルセオラリア　　〔キンチャクソウ属〕
Calceolaria herbeohybrida Voss

南米原産のキンチャクソウ *C. corymbosa* Ruiz et Pav. など、数種の原種の交配によりつくり出された園芸種で、鉢物として温室で栽培される。原種は南米のチリやペルーなどに分布するものが多い。分枝する葉は対生または輪生で倒卵形、花は両性で不規則な集散花序につく。上唇は小さく、下唇は大きくキンチャク状の袋になっていて赤、黄に色づく。秋まきで鉢栽培。花期は春。

3376. オオイワギリソウ　　〔オオイワギリソウ属〕
Sinningia speciosa (Lodd.) Benth. et Hook.f. ex Hiern

ブラジル原産。観賞用に温室に栽培される多年草。地中に塊茎をもち、短い茎のまわりに対生した数枚の大形の葉をつける。全体にビロード状の軟毛をつける。春植えつけると夏、高さ10～15cmの花茎を出し、横向きに1花を開く。花冠は長さ4cm位、白、赤、紫など美しい品種が多い。園芸界では旧属名グロキシニアで呼ぶ。

3377. シシンラン 〔シシンラン属〕
Lysionotus pauciflorus Maxim.
中部地方以西，四国，九州および中国大陸の中・南部の暖帯に分布し，大木の幹に着生する小低木。茎は樹上をはいまばらに分枝，長さ20〜30cm，太さ2〜3mm。葉は輪生状で短柄があり，長さ3〜6cm，厚く無毛で主脈の部分がへこんでいる。花は夏，花冠は長さ3〜4cm，苞葉は早く落ちる。さく果は細長く4〜8cm，種子は両端に毛がある。

3378. イワタバコ 〔イワタバコ属〕
Conandron ramondioides Siebold et Zucc.
本州，四国，九州，琉球列島および台湾に分布。山地の谷間の湿った岩壁にはえる多年草。葉は長さ10〜40cmで1〜2枚根生し垂れ下がる。軟らかく表面は光沢があり，しわがある。冬は径1〜2cmに固く丸まって越冬する。花は夏，花茎は長さ6〜12cm。和名は岩壁にはえ葉がタバコに似ているからいう。葉は胃腸薬になり，また食用にする。

3379. イワギリソウ 〔イワギリソウ属〕
Opithandra primuloides (Miq.) B.L.Burtt
近畿地方以西，四国，九州の山地の北向きの岩壁にはえる多年草。全体に白軟毛を密生する。葉は厚く長さ4〜10cmで根生する。花は夏，花茎は長さ12〜15cmで10個内外の花を下向きにつける。花冠は長さ約2cm。和名岩桐草（いわぎりそう）は，白軟毛が密生する葉の形がキリの葉を思わせ，岩壁にはえるのでいう。

3380. ヤマビワソウ 〔ヤマビワソウ属〕
Rhynchotechum discolor (Maxim.) B.L.Burtt
屋久島以南の南西諸島および台湾，フィリピンの亜熱帯に分布。林の縁などにはえる多年草。茎は太く高さ40cm位。若い部分は綿毛が密生。葉は長さ10〜25cm，裏面はとくに綿毛が多く，細点がある。花は夏から秋，葉腋から出る花茎の先端に，多数の小白花を散形状につける。花冠は径7mm。和名は葉がヤマビワに似た草なのでいう。図は分布域の北に見られる型で，一般にはもっと花序が大きく水平に広がるものが多い。

3381. ミズビワソウ　　〔ミズビワソウ属〕
Cyrtandra yaeyamae Ohwi

八重山諸島の西表島の沢沿いなどの湿った場所に固有の常緑小低木。高さ2〜3m。葉は対生し、倒卵形状の長めのだ円形。茎の上部の葉腋に、数個の白色の花をやや頭状に集めた短い花序を出す。花には短いがく筒があり、花冠の長さは2〜3cmで、ややロート状に広がる。果実は長だ円形の液果で、熟しても白く、長さ約1cm。

3382. ツノギリソウ　　〔ツノギリソウ属〕
Hemiboea bicornuta (Hayata) Ohwi

台湾から八重山群島に分布する大形の多年草。高さ30〜60cm、ときに1mに達する。葉は対生し、長さ10〜20cmの細長いだ円形。葉腋から長さ2cmほどの花序柄を出し、卵円形で膜質の大きな苞葉に包まれて2〜5個の白い花をつける。花冠はロート状筒形で長さ3〜4cm。果実は先のとがった円柱形のさく果が向かい合って、角のようになる。

3383. マツムラソウ　　〔マツムラソウ属〕
Titanotrichum oldhamii (Hemsl.) Soler.

台湾から中国南部に分布。八重山群島に見られる多年草。高さ20〜30cm。葉には長柄があり対生し、対をなす葉は大きさが著しく異なる。葉身は卵状長楕円形でふつう非対称形。茎の先端に長い総状花序をのばし、花序の長さは15〜30cm。線状の苞があり、筒状の花をつけ、また多数の微小なむかごをつけることがある。花冠は黄色で内側は赤褐色、がくは緑色で深く5裂し先がとがる。果実は細い卵形のさく果で、中に微細な種子がある。

3384. ナガミカズラ　　〔ナガミカズラ属〕
Aeschynanthus acuminatus Wall. ex DC.

インドからアジア大陸に分布し、日本では沖縄県西表島に見られる常緑つる植物。葉は短い柄があって対生し、長さ6〜10cmのだ円形。葉腋から散房状の花序を出し、花序柄の先に少数の花をつけ、花柄の基部には苞がある。図の花色はもとになった栽培個体に基づくようだが、沖縄のものは野生状態では花が確認されておらず、台湾のものは花がふつう朱赤色で2唇形、長さは雄しべも含め約2cm。がくは深く5裂し、外面は紫色。子房は円筒状で、のちに長さ約15cmの長筒形のさく果となる。

3385. セントポーリア・イオナンタ〔アフリカスミレ属〕
Saintpaulia ionantha H.Wendl.
セントポーリアの園芸種の原種の1つとされる多年草。アフリカ, タンザニア北東部のウサンバラ山の海抜1000m程度の場所に自生する。茎は非常に短く, 多数の葉をロゼット状に四方に出す。葉は長柄があり, 長さ6～8cm, 長卵形, 多肉で浅い鋸歯があり, 両面に長毛がある。上面は暗緑色, 下面はしばしば赤味を帯びる。花期は夏から秋, 長さ3～12cmの花序に1～6個の董青色花を散房状につける。さく果は短く球形。

3386. オオバコ〔オオバコ属〕
Plantago asiatica L.
東アジアの温帯から熱帯に分布し, 日本各地の山野や道ばたにごくふつうに見られる多年草。葉は根生し長さ4～20cm, 葉柄は葉身と同長か長い。葉鞘は膜質。花は春から秋, 10～20cmの花茎をのばし密に花をつける。葉はときに食用, 種子は薬用となり車前子という。和名大葉子は広い葉にちなんだもの。

3387. トウオオバコ〔オオバコ属〕
Plantago japonica Franch. et Sav.
日本各地の日当たりのよい海辺にはえる多年草。全体にオオバコに似るが大形, 葉は根生し長さ30cm以上にもなる。花は夏から秋, 葉の間から葉より長い花茎をのばし穂状花序を出し, 多数の白い風媒花を開く。がく片4枚は苞葉に包まれ, 花冠は膜質で4裂, 雄しべ4本がある。和名唐大葉子は姿を異国風と見て中国から渡来したものと思った名。

3388. ヘラオオバコ〔オオバコ属〕
Plantago lanceolata L.
ヨーロッパ原産。今日では東アジアや北アメリカに広く帰化する多年草。日本でも19世紀中頃に渡来したといわれる。葉は根生し披針形から狭卵形まで変化がある。長さ10～30cm。花は夏, 30～60cmの花茎を出し花序は初め頭状, のちに穂状にのび花を密につける。花序の最下部の苞葉は総状に集まる。和名はへら形の葉形に基づく。

3389. エゾオオバコ　〔オオバコ属〕
Plantago camtschatica Cham. ex Link

　九州,本州,北海道の日本海側を主とし,千島,サハリン,オホーツク海沿岸,朝鮮半島の砂地などにしばしば群生する多年草。全体に白色の軟毛が多い。葉は根生,地面に広がり長さ5〜20 cm。花は初夏から晩夏。長さ7〜20 cmの花茎を出し,3〜10 cmの密な花穂をつける。花冠は白色で膜質,主脈は緑色。

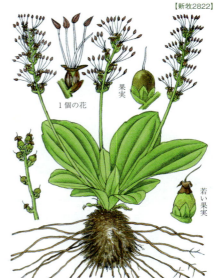

3390. ハクサンオオバコ　〔オオバコ属〕
Plantago hakusanensis Koidz.

　本州中部以北の日本海側で高山の湿った草地にしばしば群生する多年草。根茎は太くて短く直立する。葉は根元から少数出て軟らかく,緑色だが乾けば黒変する。大形のもので15 cm位。花は夏,長さ7〜15 cmの花茎を出し,10〜20花のまばらな白い花穂をつける。花糸は1 cmも花外に突き出す。和名は石川県の白山に多産するため。

3391. ヒシモドキ（ムシヅル）　〔ヒシモドキ属〕
Trapella sinensis Oliv.

　東アジアの温帯から暖帯に分布し,本州,九州の池や沼にはえる多年草。地下茎は水底の泥中に横たわり節から根を出す。茎は長くのび,水中葉は披針形,水面に浮かぶ葉は長さ2〜3.5 cm,幅2.5〜4 cm。花は夏,花冠は径1.5〜2 cmで水上に咲く。閉鎖花をつけることも多い。和名はヒシに似て別物の意。

3392. ウルップソウ（古名ハマレンゲ）　〔ウルップソウ属〕
Lagotis glauca Gaertn.

　本州八ヶ岳と白馬岳周辺,北海道礼文島および千島,サハリン,カムチャツカ,オホーツク海沿岸からアラスカの寒帯に分布。高山帯の湿気のある砂礫地にはえる多年草。全体に無毛。高さ10〜30 cm。葉を根元から出し,有柄で葉身の長さ4〜10 cm。花は夏。和名は千島のウルップ島で採集されたことによる。北の浜にはえるのでハマレンゲの古名がある。

3393. ユウバリソウ　〔ウルップソウ属〕
Lagotis takedana Miyabe et Tatew.

北海道夕張岳の高山の砂礫地にはえる多年草。地下茎は肉質で太く、上部を包む鱗片の間から2〜3枚の葉をのばす。葉身は卵円形で長さ4〜8cm、先は鈍いがやや とがり、縁に鈍い重鋸歯がある。夏に長さ10〜15cmの花茎をのばし、その先の円筒形の花穂に多数の花をつける。花冠は長さ約1cmで白色でやや桃色を帯びる。

3394. ホソバウルップソウ　〔ウルップソウ属〕
Lagotis yesoensis (Miyabe et Tatew.) Tatew.

北海道大雪山のやや湿った高山草地にはえる多年の多肉草。葉柄は無毛で長さ5〜10cm。葉身はだ円形か広だ円形で、鈍い鋸歯がある。花期は夏。長さ20〜30cmの花茎をのばし、上部に円筒形の花穂をつくり、多くの花をつける。花冠は青紫色で、長さ約8mmほど。花茎上部の苞葉は広だ円形で、縁は膜質。果実は卵形で長さ約5mmほど。

3395. キクガラクサ　（ホロギク）　〔キクガラクサ属〕
Ellisiophyllum pinnatum (Wall.) Makino var. *reptans* (Maxim.) T.Yamaz.

本州と四国に分布し、種としては台湾、中国、ヒマラヤの暖帯にも分布する。山地の日かげの湿ったところにはえる多年草。茎は細長く地面をはい、節ごとに1葉と根を出す。葉は互生し長さ2.5〜6cm、高さ6〜9cmの柄が立つ。花は初夏、葉腋から長さ3〜6cmの花柄を出し、白色の1花を開く。和名菊唐草、別名襤褸菊（ほろぎく）とも葉形に基づく。

3396. ウンラン　〔ウンラン属〕
Linaria japonica Miq.

北海道、本州、四国および千島、サハリン、朝鮮半島から中国東北部、ウスリーなどの温帯から亜寒帯に分布し、海岸の砂地にはえる多年草。茎は長さ20〜30cmで斜上し、全体緑白色だが毛はない。葉は厚く長さ1.5〜3cm、対生または3〜4枚輪生し、上部では互生する。花は夏。和名は海の蘭の意といわれる。金魚草と呼ばれたこともある。

3397. マツバウンラン　〔マツバウンラン属〕
Nuttallanthus canadensis (L.) D.A.Sutton

北アメリカ原産の1年草。高さ10〜60cm。上部の茎葉は互生し、形は松葉状の線形で、長さ1〜3cmほどあり、まばらにつく。花は春から夏にかけて茎頂に総状花序をのばし、青紫色の小さな唇形花を咲かせる。がく筒は短い鐘状で上半部は5裂する。花冠は深く上下2唇に裂ける。さく果は長さ3mmほどで、がく筒とほぼ同じ長さか、やや長い。

3398. キンギョソウ　〔キンギョソウ属〕
Antirrhinum majus L.

南ヨーロッパ、北アフリカ原産。観賞のため花壇や切り花用として栽培される多年草。高さ20〜80cm、基部は木質化する。葉は互生ときに対生。花期は夏、種子をまく時期によって春から秋まで。冬は温室で促成開花をさせる。花色は白、黄、紅紫、橙色などがある。和名金魚草は花の形が似るのでいう。英名スナップドラゴン。

3399. ジャコウソウモドキ (リオン)　〔ジャコウソウモドキ属〕
Chelone lyoni Pursh

北米原産。主に切花用に栽培される耐寒性の多年草。高さ1m、茎は直立してよく分岐する。全株無毛、葉は対生、長柄があり卵円形で鋭鋸歯縁。花は密な穂状花序をなし、頂生または腋生、花冠は長い筒形があり先端は二唇形をなす。上唇は直立、下唇は3中裂する。花色は淡桃紫色、白、クリーム色などがある。花期は春から初夏、低温の半陰地に向き、切花のほか花壇にも植える。

3400. ツリガネヤナギ　〔ツリガネヤナギ属〕
Penstemon campanulatus Willd.

メキシコ、グアテマラ原産。大正末期に渡来し、観賞用に栽培される高さ40〜60cmの低木で、基部から多数分枝してそう生する。葉は無柄、披針形で、先端がとがり、葉縁には歯牙がある。花は頂生の円錐花序につき、ロート形で長さ2.5cm位。淡紫色、董色、白などがあり、腋生の花梗に2〜3花をつける。花期は夏から秋、庭園に植え観賞する。

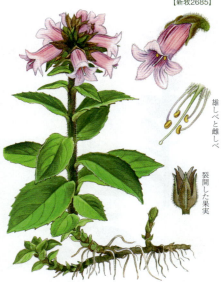

3401. イワブクロ （タルマイソウ） 〔イワブクロ属〕
Pennellianthus frutescens (Lamb.) Crossswh.

本州北部，北海道および千島，サハリン，カムチャツカ，シベリアの寒帯に分布し，高山帯の砂礫地にはえる多年草。地下茎を細長く地中にのばして繁殖する。茎は高さ約10 cm，2列に毛がはえる。葉は対生し長さ4～7 cm。花は夏，花冠の長さ2.5 cm位。和名は岩間にはえ花冠が袋状であるからいう。別名は北海道樽前山に多いため。

3402. オオアブノメ 〔オオアブノメ属〕
Gratiola japonica Miq.

本州，九州および朝鮮半島から中国東北部，アムール，ウスリーに分布し，水田や沼の湿地にはえる1年草。茎はやや太くて軟らかく高さ10～25 cm。無柄で対生する栄養不良の個体は長さ1.5～3 cmのとがった披針形，軟らかく，基部は茎を抱く。花は初秋に葉腋につき，花冠は白色で長さ6 mm位だが，多くは閉鎖花となる。さく果は径約5 mm。和名は大形のアブノメの意。

3403. サワトウガラシ 〔サワトウガラシ属〕
Deinostema violaceum (Maxim.) T.Yamaz.

本州，四国，九州，琉球列島および朝鮮半島，中国東北部に分布。水田や沼の湿地にはえる1年草。茎は下部で分枝し高さ12～24 cm，全体が軟弱。葉は長さ7～10 mmで全縁。花は夏から秋，花柄は1～1.5 cm。ときに無柄の閉鎖花をつける。和名は沢にはえ果実がトウガラシに似るという意だが，さく果よりもがくのほうが長くて似ていない。

3404. アカヌマソウ 〔サワトウガラシ属〕
Deinostema violaceum (Maxim.) T.Yamaz.

高原の沼や沢の湿地にはえる1年草。サワトウガラシの変種とされることがあるが土地のやせた所にはえる栄養不良の個体にすぎない。茎は直立して高さ12～15 cm，全体軟弱。葉は長さ5 mm位。花は夏から秋，淡紫色花。花の形や，時々葉腋に無柄の閉鎖花をつける点はサワトウガラシと同じ。和名は初め日光の赤沼原で採集したことによる。

3405. マルバノサワトウガラシ　〔サワトウガラシ属〕
Deinostema adenocaulum (Maxim.) T.Yamaz.
本州から九州、および済州島、台湾、中国南西部に分布し、水田や沼の湿地にはえる1年草。茎は軟弱で下部分枝し、高さ10〜18 cm。葉は全縁、長さ5〜8 mm。花は夏から秋に咲き、花柄は長さ1〜2 cmで腺毛がある。2本の雄しべの花糸が反転して輪をつくる。やくには毛がある。和名は葉が丸味を帯びるため。

3406. スズメハコベ　〔スズメノハコベ属〕
Microcarpaea minima (J.König ex Retz.) Merr.
本州中部以南から琉球列島、および朝鮮半島と台湾、中国、インド、マレー、オーストラリアの暖帯から熱帯に分布。湿地にまれにはえる1年草。茎の下部は泥上をはい、多く分枝し、節から根を出して長さ5〜10 cm位になる。葉は対生し長さ3〜5 mm。夏から秋に、葉腋に淡紅色の小花を1個ずつつける。

3407. キタミソウ　〔キタミソウ属〕
Limosella aquatica L.
北半球の温帯から亜寒帯に分布し、北海道、本州、九州の池や河岸の湿地にまれにはえる多年草。茎は細長く地上をはい、ところどころからひげ根を出して株をつくる。葉は根ぎわから群生し、柄を入れて長さ2〜5 cm、全縁無毛。花は初夏から秋、花冠は2.5 mm位。和名は北海道の北見で初めて採集されたのでいう。

3408. シソクサ　〔シソクサ属〕
Limnophila chinensis (Osbeck) Merr.
subsp. *aromatica* (Lam.) T.Yamaz.
本州から琉球列島、および朝鮮半島、台湾、中国、インド、オーストラリアに分布。水田などの湿地にはえる1年草。茎は軟らかく下部はやや横にはい、高さ20〜25 cm、ときに下部で分枝する。葉は長さ1.5〜3 cm、軟らかく表面に腺点がある。まれに3枚輪生する。花は秋、花冠は長さ約1 cm。和名はシソの香があるため。

シソ目（オオバコ科）

【新牧2707】

【新牧2708】

3409. キクモ　〔シソクサ属〕
Limnophila sessiliflora (Vahl) Blume
本州から琉球列島，および台湾，朝鮮半島，中国さらに東南アジアから南アジアの暖帯から熱帯に分布。水田や湿地または浅い水中にはえる多年草。全体にわずかに香りがある。茎は長さ10〜30 cm。花は晩夏から初秋に咲いて柄がなく，花冠は長さ6〜10 mm。しばしば閉鎖花をつける。和名菊藻（きくも）は葉がキクに似て藻のように水中にはえるからいう。

3410. アブノメ（パチパチグサ）　〔アブノメ属〕
Dopatrium junceum (Roxb.) Buch.-Ham. ex Benth.
東アジアから南アジアの暖帯から熱帯に広く分布。本州から琉球列島の水田など湿地にはえる1年草。茎は軟らかく高さ15〜20 cm。根生葉は長さ1〜2.5 cmで上部の葉ほど小さい。花は夏から秋，花柄はごく短く，花冠は長さ4〜5 mm。中部以下の葉腋には短柄をもつ閉鎖花をつける。和名虻の眼は果実の形に基づく。別名は中空の茎をつぶすと音が出るからいう。

3411. イヌノフグリ　〔クワガタソウ属〕
Veronica polita Fr. var. *lilacina* (T.Yamaz.) T.Yamaz.
本州から琉球列島，および台湾，朝鮮半島，中国に分布し，道ばたや畑にはえる越年草。茎の下部で分枝し地上をはい，長さ5〜15 cm。葉は長さ5〜10 mmの卵円形で粗い鋸歯があり，短柄があって互生する。花は春，葉腋に葉とほぼ同長の花柄を出す。花冠は径3〜4 mm。和名犬の陰嚢（いぬのふぐり）は，果実の形から。別名ヒョウタングサ，テンニンカラクサ。

3412. オオイヌノフグリ　〔クワガタソウ属〕
Veronica persica Poir.
アフリカ，ヨーロッパからアジアに広く分布し，日本へは明治初期に渡来した帰化植物。道ばたや畑にふつうにはえる越年草。茎の下部で分枝し地上をはい，長さ10〜30 cm，全体に軟毛がある。花は早春から初夏。花冠は触れるとすぐ落ちる。和名は在来種のイヌノフグリより全体が大形であることによる。

【新牧2709】
【新牧2710】

3413. フラサバソウ 〔クワガタソウ属〕
Veronica hederifolia L.

ヨーロッパ原産の帰化植物で，暖地の畑や荒地にはえる1年草。高さ10〜40 cm。葉は下部では対生し，上部では互生する。葉身は卵円形で，1〜3対の大きな鋸歯がある。花期は春。上部の葉腋に1個ずつ花をつける。がくはほとんど基部まで4裂する。花冠は淡い青紫色で皿形。さく果は横に広い球形で，1〜2個の大きな種子がある。

3414. タチイヌノフグリ 〔クワガタソウ属〕
Veronica arvensis L.

ヨーロッパ，アフリカからアジアに広く分布，日本へは明治初期に渡来した帰化植物。畑や道ばたにふつうにはえる越年草。茎は下部で分枝し高さ10〜25 cm，上部は直立し，毛がある。葉は下部で対生，中部以上で互生，下部の大きな葉は長さ1〜1.5 cm，細毛があり，上部のものは小さく幅狭くなる。花は春から初夏，径4 mm。和名は茎がまっすぐに立っているイヌノフグリの意。

3415. ハマクワガタ 〔クワガタソウ属〕
Veronica javanica Blume

東南アジア，インド，アフリカの熱帯に分布し，日本では伊豆半島以南の荒れた草地や石垣の間にはえる1年草。高さ10〜30 cm。葉は対生し，下部には柄があり，三角状卵形。花期は春から初夏。上部の葉腋から短い総状花序をのばし10個ほどの花をつける。花冠は淡紅紫色で小さい。がくは深く4裂し広線形。さく果は倒心臓形をしている。

3416. ヒメクワガタ 〔クワガタソウ属〕
Veronica nipponica Makino ex Furumi var. *nipponica*

本州中部以北の日本海側の高山にはえる多年草。茎は基部で枝分し，下部は地上をはって広がり，上部は斜上し，長さ7〜18 cm。葉とともに細かな毛がはえる。花は夏，花冠は淡紫色で径5〜7 mm，雄しべ2本。さく果は先端が浅くへこみ，長さ5〜6 mm。果実の先がへこまないものをシナノヒメクワガタ var. *sinanoalpina* H.Haraといい，南アルプスの高山にはえる。

3417. エゾノヒメクワガタ　〔クワガタソウ属〕
Veronica stelleri Pall. ex Link var. *longistyla* Kitag.

北海道, サハリン, 朝鮮半島北部の高山のやや湿った草地にはえる多年草。高さ10〜25 cm。葉は対生し, 広卵形で粗い鋸歯がある。花期は夏。茎頂に短い総状花序をつくり, 3〜10個の花をつける。花柄は長さ5〜6 mm。がくは深く4裂し, 裂片は披針形。花冠は淡い青紫色で広い皿形。さく果は扁平なだ円形で, 先が少しへこんでいる。

3418. クワガタソウ　〔クワガタソウ属〕
Veronica miqueliana Nakai

本州の太平洋側, 山地のやや湿気のある林内にはえる多年草。茎は高さ10〜20 cm, 全体に軟らかい短毛がまばらにはえる。葉は長さ3〜6 cm, 幅2〜3.5 cm。花は春から初夏に咲き, 花冠は径8〜13 mm, 紅紫色のすじがある。和名は鍬形草で, がく片のついた三角状扇形の果実が, かぶとの鍬形（くわがた）に似るのに基づく。

3419. ヤマクワガタ　〔クワガタソウ属〕
Veronica japonensis Makino

東北地方南部から中部地方北部の針葉樹林にはえる多年草。茎は対生し, 柄があり, 葉身は広卵形ないし三角状卵形。縁には粗い鋸歯があり, 先はややとがる。花期は初夏から夏。上部の葉のわきから総状花序をのばし, 数個の花をつける。花冠は紅紫色で皿形に広く開き, 深く4裂する。さく果はひし形で, 数個の扁平な種子がある。

3420. テングクワガタ　〔クワガタソウ属〕
Veronica serpyllifolia L.
subsp. *humifusa* (Dicks.) Syme ex Sowerby

北半球の亜熱帯に広く分布, 本州中部地方と北海道の亜高山帯のやや湿気のあるところにはえる多年草。茎は下部で枝分し, 四方に広がり繁殖する。節からひげ根と直立する茎を出し高さ10〜15 cm。葉は長さ1〜2 cm。夏に多数の小花を総状花序につける。花冠は径5〜7 mmで4深裂, 下裂片は他より小さい。花や果実が小さく花序に腺毛がないヨーロッパ原産のコテングクワガタ subsp. *serpyllifolia* が北海道と本州中北部に帰化している。

3421. ヒヨクソウ　　〔クワガタソウ属〕
Veronica laxa Benth.
　北海道から九州、および中国大陸とヒマラヤの温帯に広く分布し、山地の日当たりのよい草地にはえる多年草。茎は直立または斜上し高さ30〜60 cm、全体に白軟毛が密生する。葉はやや薄く長さ2.5〜4 cm、幅1.5〜3 cm。花は夏、花冠は径8 mm内外。和名比翼草（ひよくそう）は、対になって出てくる花序に基づくといわれる。

3422. ムシクサ　　〔クワガタソウ属〕
Veronica peregrina L.
　本州、四国、九州およびアジア大陸、北アメリカに分布。ヨーロッパにも帰化。海岸の近くや田や川縁などの湿地にはえる1年草。茎はよく分枝し、高さ5〜20 cmに斜上する。葉は長さ8〜25 mm。花は初夏、花冠は径2〜3 mm。和名虫草は、子房がしばしば虫えいになって球形にふくらみ、中に甲虫（ゾウムシ類）の幼虫が入っているのでいう。

3423. グンバイヅル（マルバクワガタ）　〔クワガタソウ属〕
Veronica onoei Franch. et Sav.
　本州中部の浅間山、四阿山（あずまやさん）などの山の砂礫地にはえる多年草。茎は長く地上をはい、節から根を下ろす。葉は対生し2列に並び、厚く表面に光沢があり、長さ1.5〜3 cmの卵円形で先は円い。花は夏、高さ10 cm位で軟毛のある花序を直立し、青紫色の花を密につける。和名軍配蔓（ぐんばいづる）は、果実の形が軍配に似て茎がつる性なのでいう。

3424. エゾノカワヂシャ　〔クワガタソウ属〕
Veronica americana (Raf.) Schwein. ex Benth.
　福島県、北海道、千島列島からアラスカ、北アメリカの湿地にはえる多年草。高さ40〜60 cm。葉は対生し狭卵形。基部は円形で短い柄があり、縁には鈍い鋸歯がある。花期は夏。葉のわきから長い花序をのばし、まばらに多くの花をつける。苞は線状披針形、花柄は細く、がくは深く4裂している。花冠は淡紅紫色。さく果は幅広い球形である。

3425. カワヂシャ 〔クワガタソウ属〕
Veronica undulata Wall.
　本州から琉球列島、台湾、朝鮮半島、中国、ヒマラヤ、アフガニスタンなどアジアの暖帯から熱帯に分布。川岸や田のあぜなどの湿地にはえる越年草。茎は円柱形で軟らかく高さ30〜60cm。葉は長さ4〜7cmで薄く軟らかい。花は初夏、花冠は径4mm位。和名は川辺にはえるチシャの意。若葉は紫色で食用にする。

3426. オオカワヂシャ 〔クワガタソウ属〕
Veronica anagallis-aquatica L.
　ヨーロッパ、シベリア、中国などに分布。日本に帰化し、溝の縁などの湿った場所にはえる越年草。茎は太く直立し、高さ40〜80cm、全体にほぼ無毛。葉は対生し、柄はなく茎を抱き、長さ5〜10cm。花は晩春、上部の葉腋から斜上する総状花序を出し、淡紫色の花を開く。花冠は径6〜7mm。花柄がまっすぐでなく、上向きに湾曲する点でカワヂシャと異なる。

3427. エチゴトラノオ 〔クワガタソウ属〕
Veronica ovata Nakai subsp. *maritima* (Nakai) Albach
　北陸地方から東北地方の日本海側に分布、海岸近くの砂礫の多い草地にはえる多年草。高さ70〜100cm。葉は対生しやや肉質、卵形または長卵形。夏から秋口にかけて茎の先の花穂に多数の花をつける。花冠は青紫色で下部が筒となり、上部は開いて4裂する。がくは深く4裂し裂片は卵形でとがる。さく果は球形で先がややへこむ。本種には地域ごとに分化した多くの亜種や変種がある。

3428. トウテイラン 〔クワガタソウ属〕
Veronica ornata Monjuschko
　近畿地方と中国地方北部の日本海沿岸の海岸の松林にはえる多年草。高さ40〜60cm。葉は茎とともに白い腺毛が密生し、質は厚く長さ5〜10cmの披針形で、基部は細まりほとんど柄はない。花は夏から秋、花序の下部から咲く。和名洞庭藍（とうていらん）の藍は花の色を意味し、中国の洞庭湖の美しい瑠璃色の水にちなんだという。

3429. ハマトラノオ　〔クワガタソウ属〕
Veronica sieboldiana Miq.
　九州西部や南部の島々と，琉球列島の海岸の岩地にはえる多年草。茎の基部は地をはうが，上部は直立し，高さ20〜30 cm，若いときは長い軟毛でおおわれるが，のちほとんど無毛になる。葉は対生し，長さ3〜8 cm，厚くつやがあり，下部のものに長柄がある。花は夏から秋，長さ10 cm位の穂になった総状花序，花柄やがくに長い軟毛がある。

3430. ホソバヒメトラノオ　〔クワガタソウ属〕
Veronica lineariifolia Pall. ex Link
　紀伊半島，四国，九州および朝鮮半島，中国，台湾の山地の草原にはえる多年草。高さ30〜80 cm。葉は互生し，ときには対生し，長だ円形か狭長だ円形。縁にはとがった鋸歯がある。花期は夏から初秋。茎先に長い花穂をのばし多数の花をつける。花冠は青紫色で，苞は線形で花柄よりやや長い。さく果は球形で，先はややへこんでいる。

3431. ヤマトラノオ　〔クワガタソウ属〕
Veronica rotunda Nakai var. *subintegra* (Nakai) T.Yamaz.
　北東アジアの冷温帯に分布。本州中部と四国・九州北部の草原にはえる多年草。茎はほとんど分枝せず，高さ40〜100 cm，細毛がある。葉はほとんど無柄で長さ5〜10 cm。花は夏から秋，茎頂に花穂状の長さ10〜20 cmの総状花序をつけ，花序軸に柔毛がはえる。花冠は深く5裂し，径8 mm位，雄しべ2本でやくは黒紫色。葉が細く，基部に短い柄をもつものをヒメトラノオ var. *petiolata* (Nakai) Albach という。

3432. ルリトラノオ　〔クワガタソウ属〕
Veronica subsessilis (Miq.) Carrière
　伊吹山に自生するが，切花として観賞のため各地で栽培される多年草。茎は直立し，ほとんど分枝せず，高さ90 cm以上となり，細毛がはえる。葉はほとんど無柄，長さ5〜10 cm，裏面とくに脈上に軟毛がある。花は夏，長さ10〜20 cmの総状花序をつける。青紫色花。自生品は栽培品より小形で白毛におおわれる。

3433. キクバクワガタ 〔クワガタソウ属〕
Veronica schmidtiana Regel subsp. *schmidtiana*
　北海道，サハリン，千島などの高山や海岸近くの砂礫にはえる多年草。高さ10～20cm。葉は対生し，葉柄は長さ0.5～4cm。葉身は長さ1～6cmで卵形，羽状に裂ける。花期は初夏から盛夏。花は茎の先に総状花序をなし，まばらにつく。がくは鐘形。花冠は青紫色で皿形に開いて深く4裂し，裂片は披針形。さく果は扁平だ円形で，先がへこむ。

3434. ミヤマクワガタ 〔クワガタソウ属〕
Veronica schmidtiana Regel subsp. *senanensis* (Maxim.) Kitam. et Murata var. *bandaiana* Makino
　福島県と中部地方の高山の砂礫地にはえる多年草。地中を短い地下茎がはい，数本の茎を出す。茎はほとんど分枝せず，直立し，高さ10～25cm。葉は根ぎわに多く集まり，長さ2～4cm。花は夏，10～20個がまばらな総状花序をつくる。花柄に腺毛がはえる。花冠は淡紫色，径10～12mm，雄しべ2本。雌しべともに花の外に長く出る。

3435. エゾクガイソウ 〔クガイソウ属〕
Veronicastrum borissovae (Czerep.) Soják
　北海道，サハリンの草地や林縁にはえる多年草。高さ1.5～2m。葉は5～10枚が輪生し，長だ円形披針形。先はとがり，縁には多数のとがった鋸歯がある。花期は夏。茎先に20～40cmの細長い穂状花序をつくり，多数の花が密集する。花柄はごく短い。がくは鐘形。花冠は青紫色で長さ7～8mmの筒形。さく果は広卵形で先はとがり，種子は半球形である。

3436. クガイソウ (クガイソウ，トラノオ) 〔クガイソウ属〕
Veronicastrum japonicum (Nakai) T.Yamaz. var. *japonicum*
　本州近畿以東の山地の草地や林縁にはえる多年草。茎は束生し分枝せず高さ50～100cm。葉は3～8枚輪生，長さ6～17cm，幅2～4cm。花は夏，総状花序は下から順次上に咲く。花ごとに1枚の苞と短い花柄をもつ。和名九蓋草（九階草）は輪生葉が数層にもなることに基づく。虎の尾の名もある。

3437. スズカケソウ　　〔クガイソウ属〕
Veronicastrum villosulum (Miq.) T.Yamaz.
　江戸時代から園芸植物として栽培されているが、徳島県や岐阜県の一部のみにわずかに自生状態でみられ、岐阜県では竹林のやや日かげにはえる多年草。茎はつる状となって斜上し、長さ2m位になり、先端は地に接して根を出し、新株をつくって繁殖する。花は夏、濃紫色花。和名は球形の花序の連った形が山伏の鈴懸（すずかけ）に似るのでいう。

3438. トラノオスズカケ　　〔クガイソウ属〕
Veronicastrum axillare (Siebold et Zucc.) T.Yamaz.
　東海道と四国、九州の林中のやや日かげにはえる多年草。茎は細長く稜線があり、斜上し先はつるとなり、先端は地に接して新株をつくる。茎や葉にはほとんど毛はない。葉は長さ5～10cm。質は厚く表面につやがあり、裏面はしばしば紫色を帯びる。花は初秋、多数の紅紫色の花が無柄の総状花序につく。

3439. キツネノテブクロ（ジギタリス）〔ジギタリス属〕
Digitalis purpurea L.
　ヨーロッパ南部原産。観賞のため花壇に植えられ、また薬用として栽培される多年草で、開花後に株は枯れる。茎は根ぎわから数本直立し、株となり、高さ1m位、分枝せず、腺毛におおわれる。葉は卵状長だ円形で全縁、表面にちりめん状のしわが目立つ。花は夏、花序の下から紅紫色の花を順次開花する。きわめて有毒であるが強心剤として有名。

3440. アワゴケ　　〔アワゴケ属〕
Callitriche japonica Engelm. ex Hegelm.
　北海道から九州、琉球列島、さらに台湾にまで分布、湿った庭や畑にはえる1年草。茎は細く分枝して地面をはい、長さ3～6cm。葉は長さ2～4mmで基部はへこむ。花は春から秋、花弁はなく各葉腋に1個ずつつける。子房は元来2室だが4室に見える。和名泡苔は細かい葉が集まった状態を泡立つ様に見立てた。

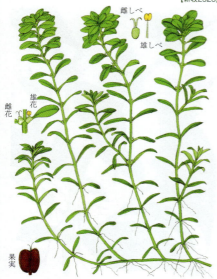

3441. ミズハコベ 〔アワゴケ属〕
Callitriche palustris L.
北半球の暖帯から寒帯に分布し，日本各地の沼地や水田の中にはえる多年草。茎は弱々しく長さ10～20cmで，上部は葉が水面に浮いている。水中の葉は細長い。花は春から初秋に葉腋につき非常に小形。花弁やがくはなく雌雄異花で同株。果実は扁平で中に4個の種子がある。和名は葉がハコベに似ていて水中にはえるところからいう。

3442. スギナモ 〔スギナモ属〕
Hippuris vulgaris L.
北半球の亜寒帯に広く分布し，日本では本州尾瀬ヶ原以北と北海道の池や川の中にはえる沈水の多年草。地下茎は泥の中をはい繁殖し，節からひげ根を出す。茎は水面に立ち上がり20～50cm。水中葉は幅2～3mm。水上葉は長さ1～1.5cm，幅1～2mm。花は夏，水上葉のわきに単生する。花弁はない。和名杉菜藻は一見スギナのような水草であることに由来する。

3443. ハマジンチョウ 〔ハマジンチョウ属〕
Myoporum bontioides (Siebold et Zucc.) A.Gray
紀伊半島の一部と九州西海岸から琉球列島，および台湾，中国南部の亜熱帯に分布。海浜の砂地や磯にはえる常緑低木。高さ1.5m内外。若いときは毛があるが全体無毛。葉は厚く互生，長さ6～12cm。花は初夏，径2cm位，横向きに開く。がくは5裂，宿存性。果実は径1cm位で海に漂流し分布。和名はジンチョウゲ（沈丁花）に似て海岸にはえるため。別名モクベンケイ，キンギョシバ。

3444. コハマジンチョウ 〔ハマジンチョウ属〕
Myoporum boninense Koidz.
小笠原の聟島（むこじま）列島と父島，およびマリアナ諸島北部に分布し，海岸の岩上にはえる常緑低木。茎は互生し，長だ円形または倒披針形。花期は夏。葉腋に2～3個の鐘形の小さな白色の花を束生する。花柄の長さは7～13mm。花冠は白色または淡紫色でロート形，上半分は5裂し，裂片は長だ円形。果実は球形で，径約5mm。翌年春に紫黒色に熟する。

【新牧2677】

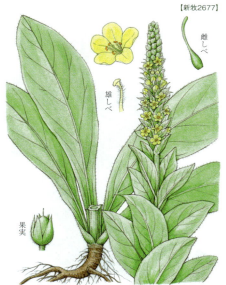

3445. ビロードモウズイカ　〔モウズイカ属〕
Verbascum thapsus L.
　ヨーロッパ原産で, 日本でも牧場や都会の荒れ地に帰化してはえる越年草。高さ1〜1.5 m。根生葉が多数あり大きくへら形, 茎葉は互生し長だ円形, ともに先は鈍いか短くとがり, 縁には波状の浅い鋸歯がある。夏に茎先に円柱状の総状花序をつくり, 黄色の花を多数つける。花柄は太く短く, 苞は披針形。がくは鐘形で深く5裂して, 裂片は広だ円形。さく果は卵状球形。

【新牧2681】

3446. オオヒナノウスツボ　〔ゴマノハグサ属〕
Scrophularia kakudensis Franch.
　日本各地および朝鮮半島に分布し, 低山の林中にはえる多年草。根は紡錘形に太く肥大する。茎は四角く高さ1 m位で上部に多少軟毛がある。葉は長さ5〜14 cmでやや硬い。夏から秋に茎頂に円錐状の集散花序を出し, 暗赤色の小花を多数つける。花冠は長さ約8 mm, 花序軸に腺毛がある。さく果は裂開して多数の細い種子を出す。

3447. ヒナノウスツボ（ヤマヒナノウスツボ）〔ゴマノハグサ属〕
Scrophularia duplicatoserrata (Miq.) Makino
　本州, 四国, 九州の山の日かげの谷間などにはえる多年草。地下茎は短く肥大し, 木化している。根は細い。茎は四角く全体に軟弱で高さ50 cm位。葉は柄があって対生し, 長さ7〜15 cm, 長卵形で先はとがる。花は夏から秋, 花冠は7〜9 mm, 花柄は長さ1〜3 cm。和名雛の白壺（ひなのうすつぼ）は花形に基づく。

【新牧2682】

3448. ゴマノハグサ　〔ゴマノハグサ属〕
Scrophularia buergeriana Miq.
　本州, 九州および朝鮮半島と中国に分布し, 山の湿気のある草地にはえる多年草。根は太く肥大する。茎は四角く高さ1.2 cm位で分枝しない。葉は長さ5〜10 cm。花は夏, 花序は細長く幅2 cm内外, 花冠は長さ6〜7 mm, 花柄には腺毛がある。和名胡麻の葉草は葉形がゴマに似るのでいうとされるが, 実際には似ていない。根を解熱薬, うがい薬にする。全草に臭気がある。

【新牧2683】

3449. エゾヒナノウスツボ　〔ゴマノハグサ属〕
Scrophularia alata A.Gray

本州北部と北海道，および南千島，サハリンの温帯に分布。海岸にはえる多年草。根は太くゴボウ状。茎は直立し高さ30～100 cm，四角で稜にひれがある。葉は互生し，長さ8～15 cm，肉質で厚くほぼ無毛である。花は晩春から夏で，花冠は長さ10～15 mm，4本の雄しべと1本の大きな仮雄しべがある。

3450. フジウツギ　〔フジウツギ属〕
Buddleja japonica Hemsl.

本州と四国の山間で日当たりのよい川辺などにはえる落葉低木。高さ60～150 cm，枝は4稜で翼がある。葉は7～20 cm，若葉には黄褐色の星状毛がある。花は夏，若枝の先に斜めに垂れる花序を出し，一方の側にだけ並んで多数開く。花冠の外面に星状の綿毛が密生。有毒。四国，九州，琉球の暖地に分布するコフジウツギは，枝が円いので区別される。

3451. コフジウツギ　〔フジウツギ属〕
Buddleja curviflora Hook. et Arn. f. *curviflora*

四国，九州から琉球列島，および台湾東部の日当たりのよい草地にはえる落葉低木。高さ1～3 m，枝は円い。葉は長さ5～15 cm，裏面には淡褐色の星状毛がまばらにある。花は夏，枝先に8～20 cmの穂を出し，1方に偏って紫花をつける。九州南部には葉裏に星状毛を密生し白く見えるウラジロフジウツギ f. *venenifera* (Makino) T.Yamaz. がある。有毒植物で魚毒に用いることがある。

3452. フサフジウツギ（チチブフジウツギ）〔フジウツギ属〕
Buddleja davidii Franch.

中国大陸中南部の四川省とその周辺を中心に野生し，日本をはじめ温帯各地で観賞用に栽培される落葉低木。高さ1～2 m。葉は対生，短柄があり，長だ円形。葉縁には小さく低い鋸歯がある。花は枝先に10～20 cmの花序を出し，小さな筒形の花をつける。花冠は長さ約1 cmで淡紫色。フジウツギより花が密につき，花冠筒部が広い。園芸品種には白，ピンク，紅，濃紫色などがある。

3453. ウリクサ　〔アゼナ属〕
Lindernia crustacea (L.) F.Muell.

本州，四国，九州から琉球列島，および台湾，朝鮮半島，中国，インド，マレーなどの暖帯から温帯に広く分布。畑や道ばたにはえる1年草。茎は四角く，よく分枝して地をはい，長さ6〜18cm。葉は長さ1〜2cm。花は夏から秋，花冠は長さ1cm位。がくには5稜がある。和名瓜草は果実の形がマクワウリに似るのでいう。

3454. シソバウリクサ　〔アゼナ属〕
Lindernia setulosa (Maxim.) Tuyama ex H.Hara

紀伊半島，四国，九州南部の低山のやや湿った道ばたにまれにはえる1年草。茎は下部で分枝し長さ20cm位に斜上する。葉の表面とともに毛がある。葉は長さ1〜1.5cm，質は薄い。花は夏から秋，花柄は長さ1〜1.5cm，花冠は長さ約8mm。和名紫蘇葉瓜草（しそばうりくさ）は全形がウリクサに似て葉形がシソに似るのでいう。

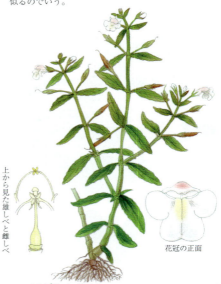

3455. スズメノトウガラシ　〔アゼナ属〕
Lindernia antipoda (L.) Alston

本州，四国，九州，琉球列島および台湾，インド，マレーなど東アジアの熱帯から暖帯に広く分布し，田のあいぜ道などにはえる1年草。茎は下部でよく分枝して四方に広がり，上部はやや直立し高さ6〜20cm。葉は長さ2〜4cm。花は夏から秋に咲き，花冠は長さ約1cm。上唇に雄しべ2本，下唇に仮雄しべ2本があり，仮雄しべにはやくがない。さく果は細長く，長さ1〜1.5cm。和名は果実の形からの連想。

3456. アゼトウガラシ　〔アゼナ属〕
Lindernia micrantha D.Don

本州，四国，九州および朝鮮半島，中国，インド，マレーなどの暖帯から熱帯に広く分布し，田のあぜや湿地に多い1年草。茎は下部でよく分枝し高さ10〜25cmで斜上する。葉は長さ1〜3cm。花は夏から秋，花冠は長さ1cm。長さの異なる4本の雄しべをもち，下唇の基部にある2本は花糸の基部に短い突起をもつ。和名はあぜに，1.5cm内外で細長い果実がトウガラシに似るため。

3457. アゼナ　〔アゼナ属〕
Lindernia procumbens (Krock.) Borbás

アジア，ヨーロッパの温帯から熱帯に広く分布し，日本では各地の田のあぜや湿った道ばたに多い1年草。茎は四角く，下部で分枝し高さ5〜15cm。葉は長さ1.5〜3cmで表面にやや光沢があり全縁。花は夏から秋，花冠は長さ6mm位。4本の雄しべは花冠の喉部につく。秋に閉鎖花をつけることがある。和名はあぜにはえることが多いため。

3458. アメリカアゼナ　〔アゼナ属〕
Lindernia dubia (L.) Pennell subsp. *major* (Pursh) Pennell

湿地にはえ，全体が無毛で軟弱な1年草。北アメリカ原産の帰化植物。高さ10〜30cm。葉は対生し，卵形またはだ円形。下部の葉には柄があり，上部のものはほとんど無柄。花期は夏から秋。上部の葉腋に1個の花をつける。がくは基部まで5裂し，裂片は線状披針形。花は淡紅紫色で2唇形，長さ約7mm。さく果はだ円形で，長さ約5mm。種子はだ円形で小さい。葉が基部近くで最も幅が広いものをタケトアゼナ subsp. *dubia* という。

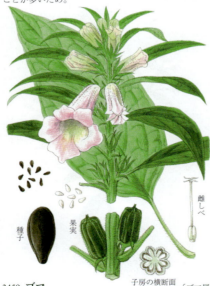

3459. ゴマ　〔ゴマ属〕
Sesamum indicum L.

北アフリカ原産といわれ，古くから栽培される1年草。春に種子をまき秋に収穫する。茎は四角で直立し，高さ1m位。葉は長柄があり長さ10cm位。花は夏，花冠は長さ2.5cm位，筒状で先は5裂し，雄しべ4本は2本ずつ長さが異なる。果実は長さ2.5cmほどで4室からなり，種子は品種によって様々な色がある。種子から油を搾り，また食用とする。漢名胡麻。

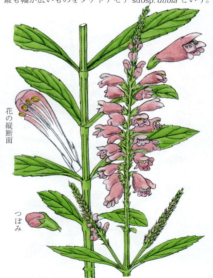

3460. ハナトラノオ　〔ハナトラノオ属〕
Physostegia virginiana (L.) Benth.

北アメリカ原産。観賞用として栽培される多年草。茎は直立し，高さ30〜100cm，全体はほぼ無毛。地中につるをのばして繁殖する。葉は柄がなく対生し，規則正しく十字状に並び厚く，長さ4〜12cm。花は初夏から秋に茎頂に長い花穂を出し，淡紅，紫紅，白色の唇形花を密につける。和名はこの花穂を虎の尾に見立てたもの。茎が角ばるのでカクトラノオともいう。

【新牧2525】【新牧2526】

シソ目（シソ科）

がくに包まれた果実

3461. **ニシキジソ**（キンランジソ, コリウス）〔サヤバナ属〕
　　　Plectranthus scutellarioides (L.) Benth.
　東南アジア原産。明治中期に輸入され、美しい葉を観賞するため栽培する1年草。茎は四角形で高さ30〜50 cm。葉は柄があり、表面は毛としわがあり、縁に紅、黄、紫などの模様がある。花は夏、淡紫色花。雄しべは4本で花糸の下半部は花冠の内側にゆ着する。柱頭は2叉する。和名錦紫蘇（にしきじそ）、金襴紫蘇。園芸上はコリウスという。

3462. **ルリハッカ**　〔ルリハッカ属〕
　　　Amethystea caerulea L.
　朝鮮半島、中国からトルコにいたるアジア大陸の温帯に分布。日本では九州と東北地方にまれに見られる1年草。茎は四角形で直立し、高さ30〜80 cm、節に毛があるほかは全株ほとんど無毛である。葉は対生し長さ1〜6 cm。花は夏から秋に咲き、瑠璃色。果実の熟す頃、がくは4個の分果を包む。

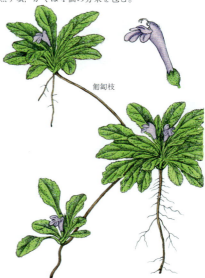

匐匍枝

3463. **キランソウ**（ジゴクノカマノフタ）〔キランソウ属〕
　　　Ajuga decumbens Thunb.
　本州、四国、九州および朝鮮半島、台湾、中国に分布し、道ばたなどにはえる多年草。茎は長さ5〜15 cm、地面をはい四方に広がる。全体に白い毛がある。根生葉は長さ4〜6 cm。花は春、花冠は長さ約1 cm。民間薬として、干して煎じたものを熱さまし、高血圧の薬にする。別名ジゴクノカマノフタは春の彼岸の頃に花が咲くからいう。

3464. **ヒメキランソウ**　〔キランソウ属〕
　　　Ajuga pygmaea A.Gray
　九州から琉球列島、および台湾の亜熱帯に分布。海岸の砂浜や道ばたにはえる多年草。地上に細長い枝をのばしてはい、ところどころから根を出して新しい株になる。花茎は高さ2 cm以下。葉はロゼット状。花は春に株の中心に咲き、青紫色の唇形花であるが上唇は目立たない。和名はキランソウに似て全体小形のため。

【新牧2527】【新牧2528】

3465. ジュウニヒトエ　〔キランソウ属〕
Ajuga nipponensis Makino

本州と四国の丘陵地の林の中や野原にはえる多年草。茎は束生し高さ15〜20 cm、全体に白いちぢれ毛を密生する。茎の基部は鱗片葉に包まれる。上部の葉は長さ3〜5 cm、葉柄には翼がある。花は春から初夏、花序は長さ4〜6 cm。和名は花序の様子を十二単衣（じゅうにひとえ）に見立てた。夏になると茎や葉はたいへん大きく成長する。

3466. ニシキゴロモ（キンモンソウ）　〔キランソウ属〕
Ajuga yesoensis Maxim. ex Franch. et Sav. var. *yesoensis*

北海道、本州、四国、九州の山地の林内にはえる多年草。高さ5〜15 cm、茎は1本または数本直立し、少しちぢれた毛がある。葉は対生し長さ2〜6 cm、表面はふつう脈に沿って紫色になり、裏面は紫色を帯びる。花は春から初夏、ふつう淡紅白色だが紫色の個体が多い地方もある。花冠は長さ11〜13 mm、上唇は2深裂し、下唇は大形で3深裂。和名錦衣は葉が美しいから。本州の太平洋側や四国には、花冠の上唇がごく短くて分裂しないツクバキンモンソウ var. *tsukubana* Nakai がある。

3467. タチキランソウ　〔キランソウ属〕
Ajuga makinoi Nakai

関東地方南西部から中部地方南部の山地の木かげにはえる多年草。高さ5〜20 cm。茎の基部には1〜2対の鱗片状ないしさじ状の葉がある。葉身は円形。花期は晩春。茎の上部の葉腋に1〜5個の濃青紫色の唇形花を輪生状につける。がくは鐘形。花冠は長さ約15 mm、裂片の外側にはちぢれ毛がある。分果は長さ約2 mmで網目紋がある。

3468. オウギカズラ　〔キランソウ属〕
Ajuga japonica Miq.

本州、四国と九州の山地の木かげにはえる多年草。高さ8〜20 cm。茎は短く直立し、花後基部から地表をはう長い枝を出す。葉は対生し長さ2〜5 cm、柄がある。花は春、上部の葉のつけ根に紫色の唇形の花を対生して数段につける。花冠は長さ2.5 cm位、上唇は長さ4 mm位で浅く2裂し、下唇は長さ7 mm位で深く3裂。和名扇蔓（おうぎかずら）は葉形による。

3469. ヒイラギソウ 〔キランソウ属〕
Ajuga incisa Maxim.

本州の関東と中部地方の山地の木かげにはえる多年草。高さは 30 〜 50 cm。茎は数本群がって直立し、断面は四角形で短毛がある。葉は長さ 6 〜 10 cm。花は晩春、茎の上部の葉腋ごとに 2 〜 3 個ずつ青紫色の花をつけ、輪状に 3 〜 5 段の花穂になる。果実は 4 個の分果で宿存がくに包まれる。和名は葉形がヒイラギの葉に似ているから。

3470. カイジンドウ 〔キランソウ属〕
Ajuga ciliata Bunge var. *villosior* A.Gray ex Nakai

北海道、本州、九州の山の木かげや草原にはえる多年草。茎は高さ 20 〜 40 cm、しばしば赤紫色を帯びる。全体に白毛を密生する。葉は中部のものが最も大きく長さ 3 〜 8 cm、柄にはひれがある。花は初夏、花冠は長さ 10 〜 13 mm、がくの長さは 6 mm 位。和名は甲斐（山梨県）に産するジンドウソウ（ヒイラギソウ）の意味といわれるが定かでない。

3471. ツルカコソウ 〔キランソウ属〕
Ajuga shikotanensis Miyabe et Tatew.

本州および南千島の色丹島の山野の草原にはえる多年草。茎は四角く高さ 10 〜 30 cm、花後に長い走出枝を出す。全体に長い毛がある。葉は長さ 2 〜 4 cm。花は初夏に咲き、花冠は長さ約 7 mm、上唇はごく小さく下唇は大きい。和名蔓夏枯草（つるかこそう）はカコソウ、つまりウツボグサに似て走出枝が蔓のようにのびることによる。

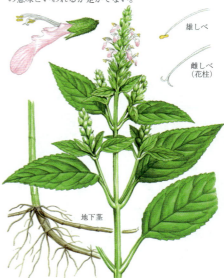

3472. ニガクサ 〔ニガクサ属〕
Teucrium japonicum Houtt.

北海道南部から九州、および朝鮮半島と中国に分布し、山野のやや湿った草地にはえる多年草。細長い地下茎をのばす。茎は四角く高さ 30 〜 70 cm。葉は長さ 5 〜 10 cm。花は夏。花穂は長さ 3 〜 10 cm で花冠は長さ約 9 mm。雄しべは花冠から長く出る。がくには腺毛がなく、開花期にしばしば虫えいとなる。和名は苦草だが葉や茎は苦くない。

3473. ツルニガクサ 〔ニガクサ属〕
Teucrium viscidum Blume var. *miquelianum* (Maxim.) H.Hara

日本各地、および朝鮮半島と中国の温帯から暖帯に分布。山野の水辺にはえる多年草。根茎は細長く地中をはう。茎は高さ20～80 cm、四角形。葉は長さ3～10 cm。花は夏に咲き、淡紅色。がく裂片の縁に腺毛がある。基本種コニガクサは九州南部以南に分布し、花序が長く、がくには腺毛と細毛を密生する。和名蔓苦草はつる性であるため。

3474. エゾニガクサ 〔ニガクサ属〕
Teucrium veronicoides Maxim.

北海道、本州、九州の山地にはえ、朝鮮半島にも分布する多年草。高さ15～30 cm。葉は対生し、葉柄は長さ1～2 cmで長い開出毛がある。先は鈍頭、基部は広いくさび形か切形または浅い心形。花期は夏。茎の頂と上部の葉腋に長さ4～8 cmの花序をつけ、淡紫色の唇形花をまばらに開く。苞は披針形で、縁に数個の鋸歯がある。分果はだ円形。

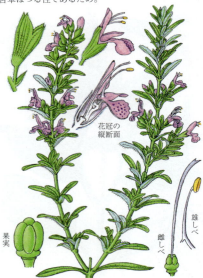

3475. ローズマリー (マンネンロウ) 〔マンネンロウ属〕
Rosmarinus officinalis L.

南ヨーロッパ原産。薬用や鑑賞用として栽培される常緑低木。高さ1～2 m、全体によい香りがある。茎は直立または斜上して多数分枝し、葉は対生し長さ2～3 cm、草質で表面は光沢があり、裏面灰白色、油点がある。花は春から夏、淡紫色花。代表的なハーブで枝や葉を香料に用いる。英名rosemary、ロスマリンなどと呼ぶ。江戸時代からマンネンロウの和名がある。

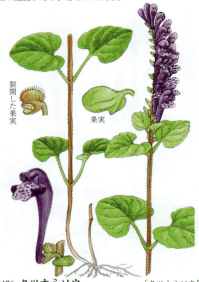

3476. タツナミソウ 〔タツナミソウ属〕
Scutellaria indica L. var. *indica*

中国と台湾に分布し、日本では本州、四国、九州の山野の林の縁や草原にはえる多年草。茎は四角く直立し高さ20～40 cm、白い開出毛が密生する。葉は長さ1～2.5 cmで両面に軟毛が密生、縁に粗鋸歯がある。花は初夏。花冠は長さ約2 cmで基部は直角に曲がって直立する。がくの上には円形の付属物がある。和名立浪草は花穂を波しぶきに見立てた名。本州中部から九州の太平洋側にはコバノタツナミ var. *parvifolia* (Makino) Makino が分布し、茎は下部がはい、葉は小さく縁の鋸歯も少ない。

3477. デワノタツナミソウ 〔タツナミソウ属〕
Scutellaria muramatsui H.Hara

近畿地方以北の本州の日本海側と隠岐島の山地の湿った木かげにはえる多年草。高さ10〜30 cm。葉には柄があり、葉身は卵形または三角形。鈍頭で基部は広いくさび形か円形。花期は春から初夏。茎の頂に長さ1〜3 cmの花序をつけ、紫色の唇形花を開く。花穂の軸、花柄、がくに密に開出する短毛と腺毛。分果は長さ約1 mm、円錐状の突起がある。

3478. ヤマタツナミソウ 〔タツナミソウ属〕
Scutellaria pekinensis Maxim. var. *transitra* (Makino) H.Hara

北海道から九州、および朝鮮半島に分布し、山の木かげにはえる多年草。細長い地下茎が地中をはう。茎は四角く高さ15〜30 cm、上向きの白毛を密生する。全体に毛が多い。葉は長さ2〜4 cmの三角状卵形で縁は鋭く切れ込む。花は初夏に開き、花冠は淡紫色、長さ2 cm位である。和名山立浪草は山にはえるタツナミソウの意。

3479. ハナタツナミソウ 〔タツナミソウ属〕
Scutellaria iyoensis Nakai

岡山県以西の本州と四国の山地の木かげにはえる多年草。高さ20〜40 cm。葉は対生し、柄は1〜2.5 cm。葉は広卵形ないし卵形で、茎の上部の葉は披針形。縁に5〜9個の鋸歯がある。花期は春から初夏。茎の頂に長さ2〜7 cmの花序をつけ、青紫色の唇形花を開く。花冠は基部で折れ直角に立ち上がる。分果は長さ約0.7 mmでいぼ状の突起がある。

3480. シソバタツナミ 〔タツナミソウ属〕
Scutellaria laeteviolacea Koidz. var. *laeteviolacea*

本州から九州の山地の木かげにはえる多年草。高さ5〜15 cm。葉は対生し、柄があり、心臓状卵形。先端は鈍形で、縁に鈍鋸歯がある。花期は春から初夏。茎の頂に長さ1〜3 cmの花序をつけ、紫色の唇形花を数個つける。がくには毛とともに腺点があり、花冠は長さ17〜20 mm、直立して、上唇はかぶと形をしており、下唇とほぼ同じ長さ。

3481. ホナガタツナミソウ 〔タツナミソウ属〕
Scutellaria laeteviolacea Koidz. var. *maekawae* (H.Hara) H.Hara
東海・近畿地方の山地の木かげにはえる多年草。高さ5〜20 cm。葉柄は長さ1〜3 cmで下向きの毛が密生し、葉身は長卵形、卵形または広卵形。先は鈍頭、縁に円鋸歯か鈍鋸歯がある。初夏、茎の頂に2〜8 cmの花序をつけ、唇形花が一方を向いて咲く。花冠は紫色で長さ約2 cm、分果は半球形で長さ約1.5 mm、いぼ状の突起を密生する。

3482. トウゴクシソバタツナミ 〔タツナミソウ属〕
Scutellaria laeteviolacea Koidz. var. *abbreviata* (H.Hara) H.Hara
宮城県以南の本州の山地の木かげにはえる多年草。高さ3〜20 cm。葉は対生し、小さい株では節の間が短く、卵形または長卵形。縁に円鋸歯か鈍鋸歯がある。初夏に茎の頂に0.5〜4 cmの花序をつけ、唇形花が一方を向いて咲く。花柄は長さ約2 mm、がくは長さ約2 mm、果時には約4 mmになり、上部と脈上に開出する長毛がある。花冠は紫色。

3483. ツクシタツナミソウ 〔タツナミソウ属〕
Scutellaria kiusiana H.Hara
中部地方西部から九州の山地の木かげにはえる多年草。高さ5〜30 cm。葉はまばらに対生し、ふつう節間は長い。葉身は狭卵形または卵形。晩春、茎の頂や枝先に2〜8 cmの花序をつけ、少数の唇形花が一方を向いて咲く。花柄は長さ2〜3 mm、がくは長さ約2 mmほど。花冠は淡紫色で長さ約2 cm。分果は半球形で約1 mm、低い突起が密生する。

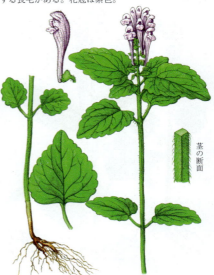

3484. オカタツナミソウ 〔タツナミソウ属〕
Scutellaria brachyspica Nakai et H.Hara
本州と四国の丘陵地の木かげにはえる多年草。高さ10〜50 cm。葉はまばらに対生し、三角状広卵形ないし卵形。上部の葉は大きい。晩春から初夏にかけて、茎の頂に0.5〜3 cmの短い花序をつけ、紫色の唇形花が密につく。花穂の中軸と花柄、がくには開出する毛と腺毛がある。花冠は基部で折れ直角に立ち上がる。分果は約1.5 mmで、円錐状突起がある。

3485. ナミキソウ　〔タツナミソウ属〕
Scutellaria strigillosa Hemsl.

東アジアの温帯に広く分布し、海岸の砂地にはえる多年草。地下茎をのばして繁殖する。茎は四角く、分枝し、高さ10〜40cm。葉とともに軟らかい毛がある。葉はやや厚く長さ1.5〜3.5cm。花は夏、葉腋に1つずつ対生する。花冠は2〜2.2cm。果実は同属の他種と同様に4分果に分かれ、各分果にはイボ状の突起がある。和名浪来草（なみきそう）は生育地に基づく。

3486. エゾナミキ　〔タツナミソウ属〕
Scutellaria yezoensis Kudô

千島列島、サハリンに分布し、北海道と本州北部の湿地にはえる多年草。高さ20〜70cm。葉は対生し、質はやや薄く、長だ円状披針形または狭卵形。花期は夏。茎や枝の上部の葉腋に青紫色の唇形花を1個ずつ対生する。花冠は基部で折れ、直角に立ち上がり、外面に軟毛と腺毛がある。分果は長さ1.5mmで半球形、いぼ状の突起がある。

3487. ミヤマナミキ　〔タツナミソウ属〕
Scutellaria shikokiana Makino

関東地方以西から九州の山地の木かげにはえる多年草。高さ5〜15cm。葉は4対位対生し、質は薄く、卵状三角形。縁には深い鋸歯がある。花期は夏。茎の頂に長さ1〜5cmの花序をつけ、白色の唇形花を数個つける。苞は披針形で、全縁または少数の鋸歯がある。花冠は長さ7〜8mm、下唇は上唇の約2倍。分果は小形の円錐形。

3488. ヒメナミキ　〔タツナミソウ属〕
Scutellaria dependens Maxim.

北海道、本州、九州および朝鮮半島から中国東北部、シベリア東部などの暖帯から温帯に分布し、湿地にはえる多年草。全体にほとんど毛がない。細長い地下茎をのばして繁殖。茎は四角く軟弱で、高さ10〜30cmになる。葉は薄く長さ1〜2cm、葉柄は長さ1〜3mm。花は初夏。花冠は長さ7mm位である。和名姫浪来は小形のナミキソウの意。

3489. コナミキ 〔タツナミソウ属〕
Scutellaria guilielmii A.Gray

千葉県以西の本州, 四国, 九州と西南諸島の海岸近くの草地にはえる多年草。高さ15〜40 cm。葉は柄があり, 質は薄く, 広卵形か卵円形。先は円く, 基部は心形。晩春, 上部の葉腋に短柄のある白色の唇形花を1個ずつつける。花冠は基部で折れ曲がって斜上し, 長さ7〜8 mm, 下唇は上唇の約2倍。分果は長さ約2 mm, 翼と先のとがった突起がある。

3490. コガネヤナギ(コガネバナ) 〔タツナミソウ属〕
Scutellaria baicalensis Georgi

朝鮮半島から中国, モンゴル, 東シベリアの原産。薬用または観賞用として日本でも栽培される多年草。茎は基部が横にはい, 上部は直立して多数分枝, 高さ30〜60 cm。花は夏で紫色。漢名を黄芩といい, 根をとり乾燥したものを生薬とし, 漢方で解熱, 腹痛, 嘔吐, 下痢などに用いる。和名黄金柳は花の色でなく, 黄色い根に基づく。

3491. ヤンバルツルハッカ 〔ヤンバルツルハッカ属〕
Leucas mollissima Wall. ex Benth. subsp. *chinensis* (Benth.) Murata

台湾から中国南部に分布し, トカラ列島以南の南西諸島の海岸近くの草地にはえる多年草。枝は倒れて地上をはうか斜めに立ち上がり, 長さ20〜60 cm。葉は対生し, 卵形ないし円形。縁に3〜5個の鈍鋸歯がある。花期は冬から夏。枝の上部の葉腋に白色の唇形花を数個輪生。がくは円筒状鐘形。分果は長卵形で3稜があり, 長さ約1.5 mm。

3492. ムシャリンドウ 〔ムシャリンドウ属〕
Dracocephalum argunense Fisch. ex Link

北海道, 本州中部地方以北, 朝鮮半島から中国北部, 東シベリアに分布し, 日当たりのよい草地にはえる多年草。茎は束生し高さ15〜40 cmで四角く, 下向きの毛がある。葉はやや厚く長さ2〜5 cm。表面は光沢があり, 縁は裏にまくれる。花は夏。花冠は長さ3〜3.5 cm。牧野富太郎は本種の和名を「滋賀県の武佐に産するリンドウの意」としたが, 本種は滋賀県には産しない。むしろ線型の葉が節から束生する様を, 盆栽用語の武者立の幹の状態になぞらえたという深津正の説が正しいようである。

3493. ミソガワソウ　〔イヌハッカ属〕
Nepeta subsessilis Maxim.
　北海道，本州，四国の亜高山帯の河原などにはえる多年草。茎は四角く高さ60〜90 cm。葉は長さ6〜14 cm，両面にまばらに細毛がはえる。葉をもむと特有の臭いがする。花は夏から秋。花冠は長さ2.5〜3 cm，花喉の下唇には紫色の点がある。和名味噌川草は木曽の味噌川の付近に多くはえていることに基づく。

3494. チクマハッカ　（イヌハッカ）　〔イヌハッカ属〕
Nepeta cataria L.
　朝鮮半島と中国，西アジア，ヨーロッパに分布。日本では長野県北部の人家付近などに帰化している多年草。茎は四角く中空，上方で分枝し，高さ50〜100 cm，全体に白い細毛を密生。葉は長さ3〜6 cm。花は夏。花序は長さ2〜4 cm。和名筑摩薄荷（ちくまはつか）は長野県筑摩地方にはえることにちなんだ。目薬にする薬草としたものから逸出したと思われる。

3495. ケイガイ　（アリタソウ）　〔イヌハッカ属〕
Nepeta tenuifolia Benth.
　中国大陸北部の原産。薬用植物としてときに日本でも栽培される1年草。茎は直立し四角形，高さ60 cm位。全体に強い香りがある。花は夏に咲き，淡紅色を帯びた白色の唇形花で長い花穂にまばらにつく。漢名荊芥といい，花時に全草をとり乾燥したものを生薬とし，漢方で発汗，風邪薬に用いる。和名は漢名の音読み。

3496. ラショウモンカズラ　〔ラショウモンカズラ属〕
Meehania urticifolia (Miq.) Makino
　本州，四国，九州および朝鮮半島と中国東北部に分布。山の木かげにはえる多年草。茎は四角く高さ15〜30 cm，花後に基部から走出枝が出る。葉は長さ2〜5 cm。花は春に咲き，がくは長さ約1 cm，花冠は長さ4〜5 cm，下唇の内側には白い長毛がある。和名羅生門蔓（らしょうもんかずら）は花冠を渡辺綱（わたなべのつな）が羅生門で切り落とした鬼の腕に見立てた。

3497. カキドオシ（カントリソウ）　〔カキドオシ属〕
Glechoma hederacea L. subsp. *grandis* (A.Gray) H.Hara
　北海道から九州、および台湾、朝鮮半島に分布。野原にはえる多年草。茎は四角く初め直立し高さ5〜25cm、のちにつる状に地をはう。全体に細毛がある。葉は幅2〜5cm、香気がある。花は春に咲き、花冠は長さ1.5〜2.5cm。和名籬通（かきどおし）はつるが垣根の下を通り抜けるのでいう。食用になる。

3498. カワミドリ　　〔カワミドリ属〕
Agastache rugosa (Fisch. et C.A.Mey.) Kuntze
　東アジアの温帯から暖帯に分布。北海道から九州の山の草原にはえる多年草。茎は四角く上部で分枝し高さ40〜100cm。全体に特有な香りがある。葉は長さ5〜10cm。花は夏から秋。花序は長さ5〜15cm。紫色で小さい唇形花を多数、密につける。4本の雄しべは長く花外にとび出す。茎や根、葉を乾かして風邪薬などにする。

3499. ウツボグサ（カコソウ）　〔ウツボグサ属〕
Prunella vulgaris L. subsp. *asiatica* (Nakai) H.Hara
　東アジアの温帯に分布。日本では北海道から九州の日当たりのよい山野の草地にはえる多年草。茎は四角く高さ30cm位、基部から走出枝を出す。全体に白毛がある。葉は長さ2〜5cm。花は夏、花冠は長さ約2cm。花序は黒く枯れ、漢方ではこれを夏枯草（かこそう）と呼び、利尿薬とする。和名靫草は花序の形が弓矢を入れる靫（うつぼ）に似るため。漢名菝葜。夏枯草の漢名は現在中国では基準亜種 subsp. *vulgaris* に対して用いられる。

3500. タテヤマウツボグサ　〔ウツボグサ属〕
Prunella prunelliformis (Maxim.) Makino
　本州中部地方以北の高山にはえる多年草。茎は四角形で束生し高さ25〜50cm。葉は対生し、柄がないかまたは短柄があり、長さ3〜8cm、厚い。花は夏、茎頂に長さ1〜5cmの花序を出し、苞の腋に濃紫色の花をかためてつける。果実は分果で4個、宿存がくに包まれる。和名は富山県の立山にはえるウツボグサの意だが分布は広い。

3501. ジャコウソウ　〔ジャコウソウ属〕
Chelonopsis moschata Miq.
　北海道，本州，四国，九州の山の谷間や木かげの湿ったところにはえる多年草。茎は四角く束生し高さ60〜100 cm。葉は長さ5〜12 mmの葉柄をもち長さ10〜20 cm，茎とともにまばらに立った毛がはえる。花は夏から秋，花冠は長さ4 cm位，花柄は葉柄とほぼ同長。和名麝香草（じゃこうそう）は茎をゆするとよい香がするのでいうが，本種にはそれほど香りはない。

3502. タニジャコウソウ　〔ジャコウソウ属〕
Chelonopsis longipes Makino
　関東地方南部以西，四国，九州の山の谷間や木かげの湿ったところにはえる多年草。茎は高さ50〜100 cm，上部は斜上し，全体に毛がある。葉は長さ8〜15 cm，葉柄は長さ5〜10 mm。花は秋に咲き，花冠は長さ3.5〜4 cmの鐘形で紅紫色，花序柄は長さ3〜4 cm。果実は長さ約1 cmで宿存性のがくに包まれる。和名谷麝香草（たにじゃこうそう）。

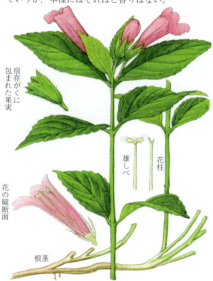

3503. アシタカジャコウソウ　〔ジャコウソウ属〕
Chelonopsis yagiharana Hisauti et Matsuno
　静岡・山梨両県の山地にはえる多年草。高さ15〜40 cm。ジャコウソウに比べて全体に小さく，茎，葉柄，葉，がくなどに多数の立った毛がはえている。葉は対生し，長さ4〜10 cm，幅2〜4 cm。花は初秋，茎の上部の葉腋から長さ1 cm位の柄を出し，濃紅紫色の唇形花を1〜2個つける。和名は初め静岡県の愛鷹山で発見されたため。

3504. オドリコソウ　〔オドリコソウ属〕
Lamium album L. var. *barbatum* (Siebold et Zucc.) Franch. et Sav.
　東アジアの温帯から暖帯に分布し，山野の半日かげの道ばたにはえる多年草。茎は四角く軟らかくて高さ30〜50 cm。葉は長さ5〜10 cm，まばらに毛がある。花は春から初夏。花冠は長さ3〜4 cmの唇形で，節ごとに輪生状につく。和名踊子草は花を笠をつけて踊る人々に見立てた。方言スイスイグサは花の蜜を吸うからいう。

3505. ヒメオドリコソウ　　〔オドリコソウ属〕
Lamium purpureum L.

ヨーロッパ, 小アジア原産。東アジア, 北アメリカに帰化し, 日本でも都会地周辺の道ばたなどにはえる越年草。茎は基部で分枝し, 少し横にはい, 高さ10〜25cmに直立する。葉は長さ2cm位, 両面に毛が密生する。茎頂付近の葉は紅紫色を帯びて密につく。花は早春から咲き, 茎の上部の葉腋に1〜3個の小さな唇形花をつける。花冠は長さ約1cm。和名姫踊子草。

3506. ホトケノザ　　〔オドリコソウ属〕
Lamium amplexicaule L.

アジア, ヨーロッパ, 北アフリカの暖帯から亜熱帯に分布し北アメリカに帰化。道ばたなどにふつうにはえる越年草。高さ10〜30cm。葉身は円形で長い柄があり対生するが, 茎の上部の葉は無柄で半円形となる。花は春。よく閉鎖花をつける。和名は花部の葉を仏像の蓮華座（れんげざ）に見立てたもの。春の七草のホトケノザはキク科のコオニタビラコのこと。別名サンガイグサ, ホトケノツヅレ, カスミソウ。

3507. ヒメキセワタ　　〔ヒメキセワタ属〕
Matsumurella tuberifera (Makino) Makino

九州南部から琉球列島, および台湾の亜熱帯に分布。道ばたにはえる多年草。地中を長くはう地下茎を出し, その先に長さ1cm位の塊茎をつける。茎は単一または基部で分枝, 高さ8〜25cm, 軟質, 下に曲がった毛が多い。葉は長さ1.5〜3cm, 幅1〜2.5cm。花は早春から晩春に咲き, 花冠は淡紫色。果実は4個の分果からなる。

3508. ヤマジオウ　（ミヤマキランソウ）　〔ヤマジオウ属〕
Ajugoides humilis (Miq.) Makino

神奈川県以西の本州, 四国, 九州の山の木かげにはえる多年草。細長い地下茎をのばして繁殖する。茎は高さ5〜10cm, 分枝せず, 全体に白毛が密生する。葉は互生し長さ3〜7cm, 表面はしわがある, 花は夏, 花冠は長さ1.5〜1.8cm。和名山地黄（やまじおう）は, 葉がジオウ科のジオウに似ていることによる。

3509. マネキグサ（ヤマキセワタ）〔マネキグサ属〕
Loxocalyx ambiguus (Makino) Makino

　関東地方西部以西、四国、九州の山の木かげにはえる多年草。茎は高さ40〜70cm、四角く稜に下向きの白毛がある。葉は長さ3〜8cm、まばらに毛があり表面には少ししわがある。花は夏から秋。がくは長さ1cm位で、花冠は長さ1.8〜2cm。和名招草（まねきぐさ）は花冠の形を手招きする様子に見立てたものである。

3510. チシマオドリコ（イタチジソ）〔チシマオドリコソウ属〕
Galeopsis bifida Boenn.

　アジア、ヨーロッパの温帯から寒帯に分布し、日本では北海道と本州中北部のやや湿ったところにはえる1年草。本州の産地は日光や上高地など局限され、野生化とする意見もある。茎は四角で高さ25〜50cm、長い剛毛がある。葉は長さ4〜8cm。花は夏で、がくの裂片は刺状で毛がある。花冠は長さ約15mm、唇形で上唇はほぼ直立、下唇は浅く3裂する。和名千島踊子。

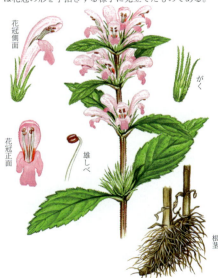

3511. キセワタ　〔メハジキ属〕
Leonurus macranthus Maxim.

　北東アジアの温帯に分布し、山や丘の日当たりのよい草原にはえる多年草。茎は高さ60〜90cm、四角く全体に毛が密生。葉は1〜5cmの柄があって対生、葉身は卵円形で長さ6〜10cm。花は夏から初秋に葉腋に密に輪生する。がくは長さ約1.5cmで裂片は針状。花冠は長さ2.5〜3cmの長い唇形花。和名は花冠が白毛におおわれるので着せ綿という。

3512. メハジキ（ヤクモソウ）〔メハジキ属〕
Leonurus japonicus Houtt.

　北海道から琉球列島、および台湾、朝鮮半島、中国などの温帯から亜熱帯に分布。野原や道ばたにはえる越年草。茎は四角で高さ50〜150cm。根生葉は花時にはない。茎葉は長さ5〜10cm。花は夏から秋。和名は子供が茎を切ってまぶたにはり、目を開かせて遊ぶことからついた。別名ヤクモソウは益母草の意味で、産後の止血、利尿などの薬効があるためという。

3513. イヌゴマ （チョロギダマシ） 〔イヌゴマ属〕
Stachys aspera Michx. var. *hispidula* (Regel) Vorosch.

北海道から九州までの田のあぜや山野の湿地にはえる多年草。細長い地下茎で繁殖。茎は四角く高さ30〜70cm、稜上に逆刺がある。葉は長さ4〜8cm、しわがあり裏面中肋に刺毛がある。花は夏。花冠は長さ1.2〜1.5cm。和名犬胡麻は果実がゴマに似るが食べられないため。北日本に多毛のエゾイヌゴマ var. *baicalensis* (Fisch. ex Benth.) Maxim.、西日本にほとんど無刺のケナシイヌゴマ var. *japonica* (Miq.) Maxim. がある。

3514. チョロギ 〔イヌゴマ属〕
Stachys sieboldii Miq.

中国原産の多年草。塊茎を食用とするため栽培される。茎は四角形で直立し、高さ30〜60cm、稜には下向きの毛があってざらざらしている。花は秋。茎先に紅紫色の唇形花を数段輪生する。秋から春に地下茎の先に塊茎をつくり、掘って食用とし、赤く染めて正月料理とする。ヨーロッパではフライやサラダにする。和名は朝鮮語から変わったものと思われる。

3515. ミゾコウジュ （ユキミソウ） 〔アキギリ属〕
Salvia plebeia R.Br.

アジア東南部、オーストラリアの暖帯から熱帯に分布。本州から琉球列島のやや湿った道ばたや田のあぜにはえる越年草。茎は四角く高さ30〜70cm、全体に毛がある。根生葉は冬はロゼット状に広がり花時にはない。茎葉は長さ3〜6cmでしわがある。花は初夏に咲き、花冠は長さ4〜5mmの小さな唇形、長い花穂に密につく。

3516. タンジン 〔アキギリ属〕
Salvia miltiorrhiza Bunge

中国原産でまれに薬用として栽培される多年草。茎は四角形で、高さ40〜80cm、長い細毛が多い。葉は対生し長柄があり、羽状複葉で小葉はふつう1〜3対、裏面に毛が密生している。花は春、花軸には腺毛を密生、青紫色の花冠は長さ2〜2.5cm。漢名を丹参といい、太い根を乾かしたものを漢方薬に用い強壮、通経に効く。

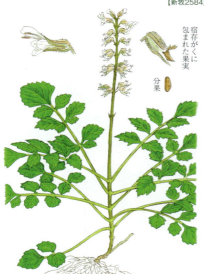

【新牧2584】

宿存がくに包まれた果実

分果

3517. ハルノタムラソウ 〔アキギリ属〕
Salvia ranzaniana Makino

近畿地方以西, 四国, 九州の山地や谷間の木かげにはえる多年草。茎は四角く高さ5～20 cm。葉は長さ3～6 cmの羽状複葉, まばらに毛がある。花は春から初夏, 長さ3～6 cmの花穂に数段輪生し, 花冠は長さ約8 mmの唇形で上唇はやや直立, 下唇は3裂する。がくは長さ5～6 mm。和名春の田村草はアキノタムラソウに比べ春咲きであるのでいう。

【新牧2585】

宿存がくに包まれた果実

3518. ナツノタムラソウ 〔アキギリ属〕
Salvia lutescens (Koidz.) Koidz. var. *intermedia* (Makino) Murata

東海・近畿地方の山の木かげにはえる多年草。茎は四角く高さ40～80 cm, 節には葉柄とともに長い毛がある。葉は1～2回羽状複葉で小葉は長さ2～7 cm。花は夏, 花冠は9～10 mm, がくは長さ5～6 mmで腺点と毛がある。雄しべと花柱は花外に出る。開花後茎は地面に倒れ, 茎の上に苗ができる。奈良県と三重県には花が淡黄色のウスギナツノタムラソウ var. *lutescens*, 本州中北部には花が淡紫色のミヤマタムラソウ var. *crenata* (Makino) Murata を産する。

3519. アキノタムラソウ 〔アキギリ属〕
Salvia japonica Thunb.

本州から琉球列島, および台湾, 朝鮮半島, 中国の暖帯から温帯に分布し, 山野にはえる多年草。茎は四角く高さ20～80 cm, ときに細毛がある。葉は1～2回羽状複葉で3～7個の小葉からなる。小葉は長さ2～5 cm。花は夏から晩秋, 数段輪生してつき, 花冠は1～1.3 cm。がくは長さ5～6 mm。雄しべと雌しべは花冠の上唇よりわずかに長い。

【新牧2586】

3520. イヌタムラソウ 〔アキギリ属〕
Salvia japonica Thunb. f. *polakioides* (Honda) T.Yamaz.

広島県, 愛知県, 静岡県などの低山地に局地的にはえる多年草。地下に短い根茎がある。茎は直立して, 花時に高さ30～50 cm。株によって葉は3～8枚の小葉をつけ, さらに細かく裂けるものなど形の変化が多い。花は晩夏, 緑紫色で上唇は短く3裂, 下唇は長く前方に突出, 雌しべが葉化するものがあり, 花後結実せず再び若枝になることが多い。

【新牧2587】

3521. キバナアキギリ 〔アキギリ属〕
Salvia nipponica Miq.

本州，四国，九州の山の木かげにはえる多年草。根は細長い紡錘形。茎は四角く高さ 20～40 cm。全体に長い毛がある。葉は長さ 5～12 cm。花は秋，花序は長さ 10～20 cm，節から根を出す。花冠は長さ 2.5～3.5 cm，雌しべは長く花冠から出る。和名は秋に黄色の花が咲き，葉形がキリに似ているのでいう。葉の切れ込みが深いものを琴柱（ことじ）に見立ててコトジソウともいう。

3522. アキギリ 〔アキギリ属〕
Salvia glabrescens (Franch. et Sav.) Makino

北陸地方の山地の木かげにはえる多年草。葉は対生して長い柄があり，ほぼ心臓形。先は円みがあってとがり，基部はほこ形で横に張り出してとがり長さ 6～10 cm。縁は粗い鋸歯がある。秋に茎頂の苞葉とのわきに大形の唇形の紅紫色の花を数段つける。がくは鐘形で長さ約 1 cm。花冠は約 2.5 cm，上唇はやや斜めに立ち，下唇は浅く 3 裂。

3523. シナノアキギリ 〔アキギリ属〕
Salvia koyamae Makino

長野県東部と群馬県西南部の林中にはえる多年草。高さ 50～80 cm，茎の下部は横にはい，立った腺毛を密生，節から根を出す。葉は長さ 8～20 cm。花は夏から初秋，黄色の花冠は長さ 2～3 cm，筒部の上部内側に輪になって長い白毛がはえる。雄しべは 2 本でやく隔は花糸状に長くのび，内側のやく室は花粉をつくらず互いにくっつく。

3524. セージ（サルビア）〔アキギリ属〕
Salvia officinalis L.

地中海沿岸地方の原産。香料または薬用として栽培される多年草。高さ 30～90 cm。茎は四角形で下部は半ば木質化し，全株に芳香がある。葉は対生，茎とともに白毛があり，とくに裏面は著しく，表面は網状のしわがある。花は夏，紫色の唇形花。葉を乾し薬用とし，また香料として料理に用いられる代表的なハーブの 1 種で，英名 sage。かつて単にサルビアと呼ばれたこともある。

3525. ベニバナサルビア 〔アキギリ属〕
Salvia coccinea Buc'hoz ex Etling.
　北アメリカ南部からメキシコにかけての原産。明治初期に渡来し、ときに観賞のために栽培される1年草。茎は四角形で直立し、高さ30〜70cm。葉は互生し長い柄があり、表面には軟毛、裏面には灰白色の綿毛を密生する。花は夏。深紅色の花冠は長さ2.5cm位、外面に軟毛がある。雄しべは2本で花柱とともに花より長くとび出す。

3526. ヒゴロモソウ 〔アキギリ属〕
Salvia splendens Sellow ex Roem. et Schult.
　ブラジル原産で観賞用としてふつうに栽植される。原産地では小低木だが日本では冬に枯死するので1年草。茎は四角形で直立し、分枝し高さ60〜90cm。葉は長さ5〜9cm。花は夏から秋、枝先に長さ15cm以上の花序をつける。大型の唇形花を開き、苞葉、がく、花冠ともに緋色。和名は花色による。園芸上はふつう属名のサルビアと呼ぶ。

3527. ソライロサルビア 〔アキギリ属〕
Salvia patens Cav.
　メキシコ山地原産で昭和初年に渡来した半低木、または1年草。観賞用に栽培される。根は塊状、茎は草質で直立し高さ30〜75cm、軟毛がある。葉は卵形、茎頂に長い総状花序をつける。がくは鐘形。花冠は空色または青色で長さ4cm位、雄しべが長くとび出す。花数は少ないが花色が美しい。花期は晩夏から秋口。春まきで栽培し花壇に植える。

3528. タイマツバナ（モナルダ） 〔ヤグルマハッカ属〕
Monarda didyma L.
　北アメリカ原産で観賞用に栽培される多年草。高さ50〜90cm、茎は4稜形で直立する。葉は対生し卵状披針形でやや葉肉が薄く、先端は下垂する。花はサルビアに似た形で頂生、頭状に群生する。苞片は赤色を帯び、がく片は狭披針形。花冠は長さ4〜5cm、緋紅色で美しい。花期は夏から秋。栽培変種に白、桃の花色もある。

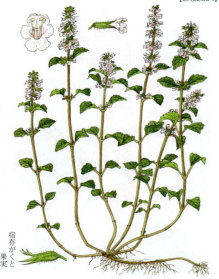

3529. トウバナ 〔クルマバナ属〕
Clinopodium gracile (Benth.) Kuntze

本州から琉球列島、および台湾、朝鮮半島南部、中国などの暖帯に分布し、山野の道ばたなどにはえる多年草。茎の基部は分枝して地をはい、高さ10〜30 cmに直立する。葉は長さ1〜3 cmの卵形で対生。花は夏、相接して数段に輪生する。がくは長さ3〜4 mm、花冠は長さ5〜6 mm。和名塔花(とうばな)は花序の形にちなむ。

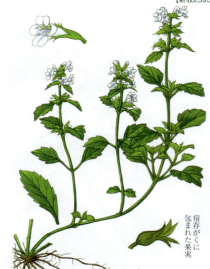

3530. ヤマトウバナ 〔クルマバナ属〕
Clinopodium multicaule (Maxim.) Kuntze

本州から琉球列島、および朝鮮半島に分布し、山地の木かげにはえる多年草。茎は四角く高さ10〜30 cmで、ちぢれ毛がある。葉は長さ2〜5 cm、まばらに毛がある。花は初夏、がくは長さ6 mm位でまばらに短毛がある。花冠は長さ8〜9 mmの唇形で上唇は浅く2裂、下唇は深く3裂する。花序は茎頂に1個だけつく。図では茎が下部で分枝しているが、多くの場合茎は分枝せず、花序の下の葉はより大きいのが普通である。和名山塔花。

3531. イヌトウバナ 〔クルマバナ属〕
Clinopodium micranthum (Regel) H.Hara var. *micranthum*

北海道から九州までと朝鮮半島の山地林内や道ばたにはえる多年草。高さ20〜50 cm。葉は長さ5〜15 mmの柄があり、葉身は狭卵形ないし卵形。先は鋭頭または鈍頭で、縁には鋸歯がある。花は夏から秋。花先や上部の葉腋に数段にわたってまばらに輪生する。花冠は長さ5〜6 mm、白色でわずかに淡紫色を帯びる。

3532. クルマバナ 〔クルマバナ属〕
Clinopodium chinense (Benth.) Kuntze
subsp. *grandiflorum* (Maxim.) H.Hara

北海道から九州まで、および朝鮮半島と中国に分布し、日当たりのよい山野にはえる多年草。茎は四角く高さ20〜80 cm、全体にまばらに毛がある。葉は長さ3〜7 cm。花期は夏、花冠は長さ8〜10 mm、和名車花は花が輪生するのを車輪に見立てたもの。方言にカザグルマ、プルプルクサなどがある。

3533. ヤマクルマバナ 〔クルマバナ属〕
Clinopodium chinense (Benth.) Kuntze
subsp. *glabrescens* (Nakai) H.Hara

北海道から九州まで、および朝鮮半島、中国の温帯から暖帯に分布し、山地にはえる多年草。高さ50cm以上、茎は斜上し四角形、緑色でときに紅色を帯びる。花は夏から秋、がくは筒状で腺毛と立った毛が多くはえる。花冠は淡紅紫を帯びた白色で長さ9mm位。唇形花だが上唇、下唇ともあまり発達しない。

3534. ミヤマクルマバナ 〔クルマバナ属〕
Clinopodium macranthum (Makino) H.Hara

中部地方以北の日本海側の深山の草地や林縁にはえる多年草。高さ10〜50cm。葉は長さ1〜6mmの柄があり、葉身は狭卵形ないし広卵形。先は鈍頭。花期は夏から初秋。茎の先に花序をつけ、唇形花を2〜4段輪生する。苞は狭披針形。花冠は長さ1.5〜2cmで赤紫色、裂片内側に赤い斑点がある。果実はやや扁平な球形で、長さ約1mm。

宿存がくに包まれた果実

3535. イブキジャコウソウ 〔イブキジャコウソウ属〕
Thymus quinquecostatus Celak. var. *ibukiensis* Kudô

北海道、本州、九州、および朝鮮半島、サハリンに分布し、種としては北東アジアの温帯に分布。山の日当たりのよい岩地、ときに平地や海岸の崖にもはえる小低木。茎は地上をはい、よく分枝し高さ3〜15cm。葉は長さ5〜10mm、両面に腺点がある。花は夏。和名伊吹麝香草（いぶきじゃこうそう）は伊吹山に多く、全体に芳香があるのでいう。薬用、香料になる。

3536. タチジャコウソウ 〔イブキジャコウソウ属〕
Thymus vulgaris L.

ヨーロッパ南部、地中海地域の原産で、香料用などのため各地で栽培される常緑小高木。日本には明治初期に渡来したが、現在は多く栽培されていない。高さ18〜30cm、幹は多数群生し、基部は地をはうが上部は直立。葉は披針形で対生、長さ9〜12mm、縁はわずかに反曲。晩春から初夏に淡紅色の花を密に頂生する。全草を乾燥したものがタイムで、その精油成分（チモール）を香料や薬用とする。

3537. シロネ 〔シロネ属〕
Lycopus lucidus Turcz. ex Benth.

東アジアの温帯から暖帯に分布。北海道から九州まで各地の池や沼の水辺にはえる多年草。地下茎は太い。茎は四角く太さ3～7mm, 高さ1m位。葉は長さ6～13cm。花は夏から秋に葉腋に群がってつく。がくは4～5mmで裂片は鋭くとがり, 花冠は長さ約5mm。和名白根は地下茎が白いため。茎と葉裏に長毛のあるものをケシロネ f. *hirtus* (Regel) Kitag. という。

3538. ヒメシロネ 〔シロネ属〕
Lycopus maackianus (Maxim. ex Herder) Makino

北海道から九州まで, および朝鮮半島, 中国東北部, 東シベリアの温帯に分布し, 山野の湿地にはえる多年草。細長く白い地下茎をひく。茎は四角く高さ30～70cm, 上方でよく分枝する。葉は長さ4～8cm, 幅0.5～1.5cmで無柄で対生する。花は夏から秋に葉腋に群生し, 花冠は長さ約5mm。和名姫白根は小形のシロネの意。

3539. サルダヒコ (コシロネ, イヌシロネ) 〔シロネ属〕
Lycopus cavaleriei H.Lév.

北海道から九州まで, および朝鮮半島と中国の温帯から暖帯に分布。湿地にはえる多年草。茎は四角形で直立, 高さ15～60cm。ほとんど毛がなく, 節にのみ毛がある。基部から細長くはう枝を出して繁殖。葉は対生し長さ2～4cm, 幅1～2cm。花は夏から秋で白色。がくは長さ3mm位, 先は5裂, 花冠は長さ3mm, 先は4裂。果実は4個の分果。

3540. ヒメサルダヒコ 〔シロネ属〕
Lycopus cavaleriei H.Lév.

本州から九州, および朝鮮半島と中国の温帯から暖帯に分布。湿地にはえる多年草。茎は四角形で直立し, 高さ10～30cm, サルダヒコより全体小形で, 茎は著しく分枝してやや地をはい, 基部から匍匐枝を出して繁殖する。花は夏から秋に咲き, 白花。がくは5裂し, 花冠は4裂。上唇は先が浅くへこみ, 下唇は3裂して平開する。本種は最近ではサルダヒコと区別されないことが多い。

3541. エゾシロネ　　　　　　　　〔シロネ属〕
Lycopus uniflorus Michx.
　九州，本州，北海道および千島，サハリン，朝鮮半島，中国東北部，東シベリア，さらに北アメリカに至る北半球の温帯に分布。山の湿地にはえる多年草。茎は四角く細毛があり，高さ20〜40 cm，基部から細い地下茎を出し，翌年その先端の肥厚した部分から新茎が出る。葉は長さ2〜7 cm，両面に腺点と細毛がある。花は秋。地下茎を食用とする。

3542. ハッカ（メグサ）　　　　　　　〔ハッカ属〕
Mentha canadensis L.
　東アジア，北アメリカの寒帯から温帯に分布。やや湿ったところにはえ，ときに栽培する多年草。地下茎をのばして繁殖。茎は四角く高さ20〜60 cm，全体に少し毛がある。葉は長さ2〜8 cm。花は夏で秋，花冠は長さ約4 mm。全体に芳香がある。いわゆるミントで葉からハッカ油をとり，香料，清涼剤，鎮痛剤などにする。漢名薄荷。

3543. セイヨウハッカ　　　　　　　〔ハッカ属〕
Mentha ×*piperita* L.
　ヨーロッパ南部原産でヨーロッパやアメリカを初め世界各国で栽培されている多年草。茎は直立，高さ30〜80 cm，断面は四角形で上部でよく分枝する。葉は短柄で対生し披針形ないし卵状披針形，縁に鋸歯がある。夏に円錐状の花穂を頂生し淡紫色の唇形花を不規則に密生。全草に芳香があり，その精油成分（ペパーミント）を香料や薬用にする。オランダハッカ（スペアミント）とは別種。

3544. オランダハッカ　　　　　　　〔ハッカ属〕
Mentha spicata L.
　ヨーロッパ原産の多年草。日本各地の湿地に野生化している。茎は四角形で直立分枝し，全体にほとんど無毛。花は淡紅紫色で秋に咲く。ハッカと香りはちがうが外国では spearmint（スペアミント）と呼ばれ，代表的な香味料として多量に用いられる。江戸末期にオランダから渡来したといわれ，その名がつけられた。

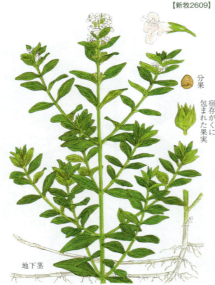

3545. ヒメハッカ 〔ハッカ属〕
Mentha japonica (Miq.) Makino
　北海道と本州の湿地にはえる多年草。細長い地下茎をのばして繁殖する。茎は四角く高さ 20～40 cm。全体にほとんど毛がない。対生する葉は長さ 1～2 cm の長だ円形でほとんど柄はない。花は夏から秋，花冠は長さ約 3.5 mm，がくには腺点がある。和名はハッカと同様な芳香があり，小形だからつけた。

3546. シソ（アカジソ） 〔シソ属〕
Perilla frutescens (L.) Britton var. *crispa* (Benth.) W.Deane f. *purpurea* (Makino) Makino
　中国大陸中部および南部の原産で多くの品種があり，畑に栽培される 1 年草。高さ 20～40 cm。花は夏から秋。葉には色素が多く梅漬の色付けに用いる。果実は塩漬けにして食べる。和名は漢名蘇または紫蘇の音読み。蘇には芳香が壮快で食欲を高め，人を蘇らせる意味がある。葉が緑色，花が白色の品種をアオジソ f. *viridis* (Makino) Makino といい，八百屋では大葉（オオバ）と呼ばれる。

3547. アオチリメンジソ（チリメンアオジソ） 〔シソ属〕
Perilla frutescens (L.) Britton var. *crispa* (Benth.) W.Deane 'Viridi-crispa'
　シソの園芸品種の1つ。畑に栽培される 1 年草。全体に緑色。花は秋。白花。葉はシソと同じ香りがあり，香味料となる。ほかにも園芸品種が多く，葉の両面とも暗紫色で花は淡紅色を帯びるチリメンジソ 'Crispa'，葉の表面が緑色で裏面が紫色のチリメンカタメジソ 'Crispidiscolor' などがあり，食品のいわゆるユカリや，梅干の着色料に用いる。

3548. トラノオジソ 〔シソ属〕
Perilla hirtella Nakai
　本州から九州の山地にはえる 1 年草。茎は高さ 50 cm 位，四角形で短く曲がった毛が密生する。葉は対生し，毛のある柄がある。表面には長い毛がまばらにはえ，裏面は細かい腺点があり，シソと同じ香がある。花は秋，淡紅色。がくは長さ 2～3 mm，筒部は長い軟毛が密生，花後に大きくなり 4 個の分果を内に包んでいる。

3549. エゴマ 〔シソ属〕
Perilla frutescens (L.) Britton var. *frutescens*
　中国から東南アジア原産の帰化植物。野原や道ばたにはえ、ときに栽培される1年草。茎は四角く高さ60〜90 cmで長い軟毛がある。全体に特有の臭気がある。葉は長さ7〜12 cm、幅5〜8 cm。花は夏から秋、がくには軟毛がある。花冠は長さ4〜5 mm。分果は網目模様がある。和名荏胡麻（えごま）。果実から搾った油は荏油という。

3550. ヤマジソ 〔イヌコウジュ属〕
Mosla japonica (Benth. ex Oliv.) Maxim. var. *japonica*
　日本各地および朝鮮半島南部に分布。日当たりのよい山野や丘陵地にはえる1年草。茎は四角く高さ10〜30 cm、紫色を帯び開出毛がある。葉は長さ1〜3 cm。花は夏から秋、がくは長さ約3 mmで、果時には5〜7 mmとなり、毛がある。花冠は長さ約3 mm。全体に臭気がある。駆虫剤のチモールをとるのは別変種シロバナヤマジソ var. *thymolifera* (Makino) Kitam.。

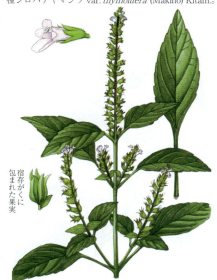

3551. ヒメジソ 〔イヌコウジュ属〕
Mosla dianthera (Buch.-Ham. ex Roxb.) Maxim.
　ウスリー、中国、インドシナ、フィリピン、スマトラなどアジアの温帯から暖帯に分布。日本各地の山野にはえる1年草。茎は四角く高さ20〜60 cm、稜には下向きの毛、節には白い長毛がある。葉は4〜6対の粗い鋸歯があり長さ2〜4 cm、裏面に腺点がある。花は秋、がくは長さ2〜3 mm、花冠は長さ約4 mmの唇形である。

3552. イヌコウジュ 〔イヌコウジュ属〕
Mosla scabra (Thunb.) C.Y.Wu et H.W.Li
　北海道から九州、琉球列島および台湾、朝鮮半島、中国の温帯から亜熱帯に分布。山野にはえる1年草。茎は高さ20〜60 cm、葉とともに紫色を帯びる。全体にヒメジソに似るが、茎、花序、がくに細毛が多く、葉は長さ2〜4 cm。花は秋、苞葉があり、がくは長さ2〜3 mm、花冠は長さ3〜4 mmである。

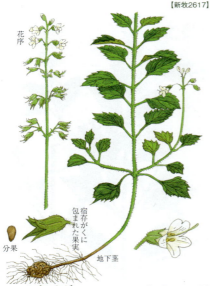

3553. スズコウジュ 〔スズコウジュ属〕
Perillula reptans Maxim.

愛知県以西の本州と四国,九州から琉球列島の山の木かげにはえる多年草。地下茎はところどころ塊状になる。茎は四角くまばらに分枝し高さ 20 cm 位,葉とともに毛がある。葉は長さ 2～4 cm。花は夏から秋,数段輪生し,花冠は長さ 5～6 mm。和名鈴香薷(すずこうじゅ)は,花冠が鈴のような形で中国産の薬草コウジュの類であるという意味。

3554. ナギナタコウジュ 〔ナギナタコウジュ属〕
Elsholtzia ciliata (Thunb.) Hyl.

日本各地を初め,アジア東部の温帯から熱帯に広く分布し,北アメリカにも帰化。山地や道ばたにはえる多年草。茎は四角く高さ 30～60 cm,よく分枝し葉とともに軟毛がある。葉は長さ 3～9 cm。花は秋,花序は長さ 5～8 cm。和名薙刀香薷(なぎなたこうじゅ)は花序がなぎなた状に反って一方に傾いて花をつけるところからいう。葉,花序は利尿薬になる。

3555. フトボナギナタコウジュ 〔ナギナタコウジュ属〕
Elsholtzia nipponica Ohwi

岩手県以南の本州と九州の山地の道ばたにはえる 1年草。高さ 30～80 cm。葉は対生して卵形ないし広卵形,先は鋭頭か鋭尖頭,縁には鋸歯がある。花期は枝先に花序をつけ,淡紅色の小形の唇形花を一方向にたくさんつける。苞は扇状円形で,先は尾状に鋭くとがる。花冠は長さ 4～5 mm でやや 2 唇形。分果は狭倒卵形で長さ約 1.2 mm。

3556. シモバシラ (ユキヨセソウ) 〔シモバシラ属〕
Keiskea japonica Miq.

関東地方以西,四国,九州の山の木かげにはえる多年草。茎は四角く高さ 60 cm 位。葉は長さ 8～20 cm。軟らかく,脈上に細毛があり裏面には腺点がある。花は秋,一方に向かってつき,花序は 6～10 cm,花冠は長さ約 7 mm。和名霜柱や別名ユキヨセソウは,枯れた茎が毛管現象で地中の水分を吸い上げ,冬の朝,茎から見事な霜柱が出るのでいう。

3557. ミズネコノオ　〔ヒゲオシベ属〕
Pogostemon stellatus (Lour.) Kuntze

アジア東部・南部，インド，オーストラリアの暖帯から熱帯に広く分布し，日本では本州，四国，九州の湿地や浅い水の中などにはえる1年草。高さ30～60 cm，無毛。葉は柄がなく，4～6輪生，長さ2～6 cm。花は夏から秋。淡紅白色花。和名水猫の尾（みずねこのお）は，水中にはえて，細長い花穂を猫の尾に見立てたため名づけられた。

3558. ムラサキミズトラノオ　（ミズトラノオ）〔ヒゲオシベ属〕
Pogostemon yatabeanus (Makino) Press

本州，四国，九州および朝鮮半島南部の暖帯に分布。水辺にはえる多年草。地下に細長くはう枝を出して繁殖する。茎は軟らかく基部は横にはい，後に直立して高さ30～50 cm。葉は3～4枚輪生し，柄はなく長さ3～7 cm。夏から秋に紫色の花をつける。がくは5裂，花冠は4裂。雄しべ4本で花糸に長い毛がある。

3559. ミカエリソウ　（イトカケソウ）〔テンニンソウ属〕
Comanthosphace stellipila (Miq.) S.Moore var. *stellipila*

福井県以西の本州の山地の木かげに群生する落葉低木。茎は高さ50～100 cm，下部は木質，上部は葉裏とともに星状毛を密生する。葉は長さ10～20 cm。花は秋，扁円形の苞葉が初め花序をおおうが開花すると落ちる。和名見返り草は美しい花を人が振り返って見るという意味。また花冠より長く出る雄しべを糸に見立て，糸掛草という。

3560. トサノミカエリソウ　〔テンニンソウ属〕
Comanthosphace stellipila (Miq.) S.Moore var. *tosaensis* (Makino ex Koidz.) Makino

中国地方，四国，九州の深山の木かげにはえる落葉低木。茎はほとんど無毛。葉は長さ6～23 cm，裏面脈上に立った毛があり，若芽や葉柄，裏面の中脈などに初め小形の星状毛があるが，成葉になるとなくなる。花は秋，紅紫色の唇形花。若い花序は幅の広い苞が鱗状に重なる。別名ツクシミカエリソウ，オオマルバノテンニンソウ。

3561. テンニンソウ　〔テンニンソウ属〕
Comanthosphace sublanceolata (Miq.) S.Moore

北海道から九州、および中国中部の山地の木かげに群生する多年草。茎は四角く高さ 50〜100 cm、下部は木化し上部は星状毛がある。葉は長さ 10〜25 cm、葉裏に初め毛があるがのちに落ちる。花は夏から秋、花序は長さ 15 cm 内外で花冠は淡黄色、長さ 8〜10 mm ある。雄しべと雌しべは花冠から長く出て目立つ。和名天人草。

3562. ヤマハッカ　〔ヤマハッカ属〕
Isodon inflexus (Thunb.) Kudô

北海道から九州までと朝鮮半島および中国に分布し、山野にはえる多年草。茎は四角く高さ 60〜90 cm、葉とともに毛がある。葉は長さ 3〜6 cm。花は秋、茎頂に長い花序を出し花冠は長さ 7〜9 mm の紫色の唇形、雄しべと雌しべは花冠の下唇の中にかくれている。がくは5つに等しく裂ける。和名は山薄荷(やまはっか)だが香気はない。

3563. アキチョウジ　(キリツボ)　〔ヤマハッカ属〕
Isodon longitubus (Miq.) Kudô

岐阜県以西の本州と四国、九州の山の木かげにはえる多年草。茎は四角く高さ 60〜90 cm、葉とともに毛がある。葉は長さ 7〜15 cm の長だ円形で柄があり、対生する。花は秋、大きな花序に花柄の長い唇形花を多数つける。花冠は長さ 1.7〜2 cm、がくは花冠基部下側につく。和名は秋に咲く花が丁子形なのでいう。本州中部以東に分布するセキヤノアキチョウジは本種に似るが、花序がずっとまばらで毛がない。

3564. セキヤノアキチョウジ　〔ヤマハッカ属〕
Isodon effusus (Maxim.) H.Hara

関東地方と東海地方の山地の木かげにはえる多年草。茎は四角形で直立し、高さ 30〜100 cm。ごく細かい毛がある。葉は対生し、短い柄があり、長さ 5〜15 cm、幅 2〜5 cm、裏面には細かい毛と腺点がある。花は秋、花序には毛がない。淡紫色の花冠は長さ 2 cm 位。がくは花冠基部下側につき、果時には長くのび、平滑な4個の分果を包む。

宿存がくに包まれた果実

3565. イヌヤマハッカ 〔ヤマハッカ属〕
Isodon umbrosus (Maxim.) H.Hara var. *umbrosus*
　本州中部太平洋側の山地の木かげにはえる多年草。茎は四角形で直立し，高さ20～80 cm，下向きの細かい毛がある。葉は対生し，柄があり，長さ2～10 cm，幅1～3 cm，細かい毛がまばらにはえる。花は秋に咲き，淡紫色の花冠は長さ1 cm位，上唇は反り返り浅く4裂する。がくは5裂し，果時にのびて長さ6 mm位，4分果を包む。

分果

3566. カメバヒキオコシ（カメバソウ）〔ヤマハッカ属〕
Isodon umbrosus (Maxim.) H.Hara var. *leucanthus* (Murai) K.Asano f. *kameba* (Okuyama ex Ohwi) K.Asano
　関東地方および中部地方の北部と奥羽地方の山の木かげにはえる多年草。茎は四角く高さ50～100 cm，葉とともに毛がある。葉は長さ5～10 cm。花は夏から秋，花冠は長さ9～11 mm，がくは果時には長さ約7 mmにのび脈が目立つ。和名亀葉引きおこしは葉の先が3裂し，中央の裂片が尾状に長い形を亀に見立てたもの。コウシンヤマハッカ var. *latifolius* Okuyama は長野・山梨両県の山地にはえ，葉が幅広く縁の鋸歯が粗く大きい。

3567. ヒキオコシ（エンメイソウ）〔ヤマハッカ属〕
Isodon japonicus (Burm.f.) H.Hara var. *japonicus*
　北海道南部から本州，四国，九州および朝鮮半島に分布。日当たりのよい山野にはえる多年草。茎は四角く高さ50～100 cm，下向きの短毛が密生する。葉は長さ6～15 cm。花は秋，花冠は長さ5～7 mm。和名引き起こし，別名延命草は，葉が苦く薬草として使われ，起死回生の効力があるといわれることに基づく。方言でウツロハギ。葉は健胃薬になる。

3568. クロバナヒキオコシ 〔ヤマハッカ属〕
Isodon trichocarpus (Maxim.) Kudô
　山陰，北陸，奥羽地方と北海道の山地にはえる多年草。高さ60～100 cm。茎は上部で分枝し，稜の上に細かい毛がある。葉は長さ6～15 cm，表面にはまばらに毛があり，裏面は網状に脈が浮き出し腺点がある。花は夏から秋で，暗紫色の花冠は長さ5 mm位。4個の分果は白毛があり宿存がくに包まれる。和名黒花引き起こし。

3569. モルセラ（カイガラサルビア）　〔カイガラソウ属〕
Molucella laevis L.
アジア西部，シリアの原産。昭和初期に渡来し，観賞用に栽培される1年草。高さ40〜100 cm。葉は対生で長柄があり，ハート形で鈍歯牙縁。花は茎の頂部の葉腋に6個輪生。和名はがくが鐘形で大きく，帯緑黄色で貝殻のように見えることによる。花はがくの底部につき，小さく，下唇は白色で2裂する。花期は夏，春まきとして栽培。

3570. チークノキ　〔チークノキ属〕
Tectona grandis L.f.
インド，ミャンマー，タイからインドネシア，フィリピンの平地や低山地にはえる落葉高木。樹高は20〜40 m，直径は2〜3 m。幹の表皮は褐色ではがれ落ちる性質がある。若枝は角張り，星状毛がある。葉は対生，長さ70〜80 cm，裏面には短毛が密生。花は大きな円錐花序に多数つく。心材は硬く，耐久性があるため古くからチーク材（teak）として建築材，家具材，造船材などに利用。

3571. ムラサキシキブ（ミムラサキ）〔ムラサキシキブ属〕
Callicarpa japonica Thunb. var. *japonica*
北海道南部以南，琉球列島まで，および朝鮮半島，台湾，中国の温帯から暖帯に分布。山野にはえ，また庭木として栽植する落葉低木。高さ1〜3 m，小枝は斜上，若い枝や葉は星状毛があるがのち無毛。葉は長さ6〜12 cm，裏面に帯黄色の腺点がある。花は初夏，果実は径4 mm位。和名は優美な紫色の果実を，紫式部の名をかりて美化したもの。
【新牧2502】

3572. オオムラサキシキブ　〔ムラサキシキブ属〕
Callicarpa japonica Thunb. var. *luxurians* Rehder
本州から琉球列島，および台湾と朝鮮半島南部の暖帯に分布。主に暖地の海岸近くにはえる落葉低木。ムラサキシキブの変種とされ，各部が大きく，毛は少ない。葉は厚くてやや光沢があり長さ10〜25 cm，初め星状毛があるがすぐ落ちて滑らか，細かい腺点がある。花は夏，淡紫色花。果実はときに白色のものがありオオシロシキブ f. *albifructa* H.Hara という。
【新牧2503】

3573. イヌムラサキシキブ　〔ムラサキシキブ属〕
Callicarpa ×shirasawana Makino

まれに見られる落葉低木。ムラサキシキブとヤブムラサキとの雑種と考えられる。高さ3〜4m, 若枝は星状毛を密生している。葉は長さ3〜10cm, 両面に毛がある。花は初夏, 葉腋から淡紫色の集散花序を出し, 星状毛が多い。がくは長さ2mm位で星状毛があり, 4裂, 切れ込みが深い。雄しべ4本, 花柱とともに花冠から突出している。

3574. ヤブムラサキ　〔ムラサキシキブ属〕
Callicarpa mollis Siebold et Zucc.

岩手県以南の本州と, 四国, 九州および朝鮮半島に分布し, 山地にはえる落葉低木。高さ1〜2m, 枝は細く, 初め灰白色の星状毛を密生するがのちに無毛。葉は薄く長さ5〜12cmで両面に腺点があり, 表面には軟毛, 裏面には星状毛が密生。花は初夏, 果実は液果で径3〜4mm, 秋に熟し宿存がくには毛がある。

3575. ビロードムラサキ　〔ムラサキシキブ属〕
Callicarpa kochiana Makino

アジア東南部の亜熱帯に分布。日本では三重県, 和歌山県, 高知県と九州南部の林中にはえる落葉低木。茎は直立し高さ1〜2m, 径3cm。若枝や葉柄, 葉裏には黄褐色の軟らかい星状毛を密生しビロード状になる。葉は長さ15〜30cm, 幅4〜8cm, 表面は脈上を除き無毛。若枝は表面も白茶色の星状毛を密生する。花は夏, 淡紫色花。別名コウチムラサキ, オニヤブムラサキ。

3576. コムラサキシキブ　〔ムラサキシキブ属〕
Callicarpa dichotoma (Lour.) K.Koch

本州以南, 琉球列島, および台湾, 中国の暖帯から亜熱帯に分布。山麓や原野の湿地に好んではえる落葉低木。高さ1〜1.5m, 枝は細く紫色を帯び, 初め星状毛があるがのち無毛。葉は対生し長さ3〜6cm。花は夏, 葉腋の少し上に花序をつける。果実は径3mm位。図は標本によるが, 自然状態では果実は塊状に密集してつき, がくはほとんど見えない。別名コシキブは小式部内侍にちなむ。また一名コムラサキ。一般にはムラサキシキブの名で栽培される。

3577. トサムラサキ (ヤクシマコムラサキ) 〔ムラサキシキブ属〕
Callicarpa shikokiana Makino

　本州の西部、四国、九州にはえる落葉低木。若枝は細かい毛が多い。葉は長さ3〜12cm、縁には先が鈍形の粗い鋸歯があり、両面に多数の小さな腺点がある。花は夏、葉腋から径1〜2cmの小さい集散花序を出し、淡紫色の小花をつける。花序に細かい毛がある。がくは杯状で長さ1mmで4浅裂、花冠は径3mmで4裂する。

3578. オキナワヤブムラサキ 〔ムラサキシキブ属〕
Callicarpa oshimensis Hayata var. *okinawensis* (Nakai) Hatus.

　沖縄本島の山地にはえる大形落葉低木。高さ約2m。葉は対生し、短い柄があり、卵形で、基部は円く、先端は細くのびてとがる。初夏に上部の葉腋と枝先に花序を出し、小さな淡紅紫色の花を多数つける。花は短いカップ状のがく筒があり、花筒の長さ2〜3mm、上部は5裂して開く。花後に径2mmほどの球形の液果をつくり、紫紅色に熟する。

3579. オオバシマムラサキ 〔ムラサキシキブ属〕
Callicarpa subpubescens Hook. et Arn.

　小笠原諸島固有の常緑小高木。高さ3〜7m。葉は対生し、だ円形ないし広卵形。7〜12対の葉脈があり、縁には細かい鋸歯が並ぶ。花期は晩春から初夏。枝先の葉腋から多数の集散花序を出し、ピンク色の花をたくさんつける。花は小さく、杯形のがくをもったロート形の花冠がある。機能的には雌雄異株。果実は球形で直径4〜5mm、秋に紅紫色に熟する。

3580. ウラジロコムラサキ 〔ムラサキシキブ属〕
Callicarpa parvifolia Hook. et Arn.

　小笠原諸島固有の常緑低木で、分布は父島と兄島の乾燥した岩石地に限られ、個体数も非常に少ない。高さ1〜2m。葉は対生し、長さ3〜5cmの広だ円形で、先は円い。葉の両面に灰褐色の毛を密生する。初夏の頃、枝先と上部の葉腋から集散花序を出し、多数の紅紫色の小さな花を密につける。がく筒は杯形で、花冠は深いロート形、上半部は浅く4片に裂け、直径4〜5mm。花後に球形の液果を結び、紅紫色に熟する。

3581. ハマゴウ（ハマホウ，ハウ，ハマボウ，ハマシキミ）〔ハマゴウ属〕
Vitex rotundifolia L.f.

本州以南，琉球列島や小笠原諸島，および朝鮮半島，台湾，中国，東南アジア，太平洋諸島，さらにオーストラリアの暖帯から熱帯に広く分布。海岸の砂地にはえる落葉低木。茎は長く砂の上や中を横にはい，根を下ろし，枝は4稜，直立か斜上。葉は長さ2～5 cm，裏面に毛があり白色。花は初夏から秋，全株に香気がある。果実は薬用。古名ハマハイ。

3582. ニンジンボク　〔ハマゴウ属〕
Vitex negundo L. var. *cannabifolia* (Siebold et Zucc.) Hand.-Mazz.

中国大陸原産で享保年間に種子が日本に入った記録があり，ときに庭に栽植される落葉低木。高さ3 m内外，枝は細く対生。葉はアサ（大麻）の葉に似て，小葉の長さ5～9 cm，裏面脈上に開出毛がある。花は夏，長さ8～20 cmの花序を出す。がくと花序に白い短毛がある。果実は薬用。和名は葉形が薬用人参に似るから。

3583. クサギ　〔クサギ属〕
Clerodendrum trichotomum Thunb. var. *trichotomum*

北海道から琉球列島まで，および朝鮮半島，台湾，中国の温帯から亜熱帯に分布し，山野にはえる落葉低木ないし小高木。二次林にもよくはえる。高さ2～3 m。樹皮は灰色。葉は長さ8～15 cm，短毛が密生。花は夏から初秋，がくは紅紫色を帯び，宿存性で果時には濃色となる。花冠の長さは2～2.5 cmで香りがよい。果実は染料，ときに若葉を食用にする。和名臭木（くさぎ）は葉に臭気があるのでいう。

3584. アマクサギ　〔クサギ属〕
Clerodendrum trichotomum Thunb. var. *fargesii* (Dode) Rehder

九州南部から琉球列島，および台湾の暖帯や亜熱帯に分布。海岸近くにはえる落葉低木。全体にクサギよりずっと毛が少ない。若枝には少し細かい毛がある。葉は長い柄があり対生，長さ6～15 cm，厚く，ほとんど無毛で表面に光沢がある。花は夏，枝先に大きい集散花序をつけ，多くの白花を開く。葉は食用にすることがある。

3585. ゲンペイクサギ 〔クサギ属〕
Clerodendrum thomsoniae Balf.f.

西アフリカ原産。観賞用として温室に栽培されるつる性の常緑低木。つるは長くのびるがふつう鉢植として丈を低くつくる。葉は対生，主脈は表面ではっきりへこんでいる。花は初夏，枝先に円錐状の集散花序をつくり，濃紅色の花を開く。和名はクサギと同属で，花冠の紅色とがくの白色が著しい対照をしているので源平クサギという。

3586. ヒギリ （トウギリ） 〔クサギ属〕
Clerodendrum japonicum (Thunb.) Sweet

観賞用として栽植され，九州南部や小笠原諸島ではときに野生化も見られる。中国南部原産で日本へは延宝年間に渡来した落葉小低木。高さ 1 m 位。葉は対生し長さ 17〜30 cm，裏面は腺点を密生する。花は夏から秋，がく，花冠とも朱赤色で美しい。和名緋桐（ひぎり）は全体の感じがキリに似て花が緋色なため。近縁のジャワヒギリ *C. kaempferi* は東南アジアやインドを原産とする。

3587. ハマクサギ 〔ハマクサギ属〕
Premna microphylla Turcz.

近畿地方南部以西，四国，九州，琉球列島および台湾，中国の暖帯から亜熱帯に分布，山地や海岸近くにはえる落葉低木ないし小高木。高さ 2〜10 m，多数分枝する。葉は対生し長さ 5〜12 cm，特有な悪臭がある。花は初夏，がくは 5 歯，花冠は 5 裂し長さ 8〜10 mm，外面に腺毛がある。雄しべ 4 本。果実は径 3〜3.5 mm。和名は浜にはえるクサギの意。

3588. カリガネソウ （ホカケソウ） 〔カリガネソウ属〕
Tripora divaricata (Maxim.) P.D.Cantino

北海道から九州，および朝鮮半島と中国に分布し，山野にはえる多年草。全体に不快な臭気がある。茎は四角く上部で分枝し高さ 1 m 内外，葉は長さ 1〜4 cm の柄で対生し，長さ 5〜13 cm，幅 4〜8 cm の広卵形。花は夏から秋，花冠の筒部は長さ 8〜10 mm。4 本の雄しべと雌しべは花外に出て弓形に曲がる。和名雁草（かりがねそう），別名帆掛草（ほかけそう）とも花形による。

3589. ダンギク　〔ダンギク属〕
Caryopteris incana (Houtt.) Miq.

　九州西部，対馬および朝鮮半島南部，台湾，中国の暖帯から亜熱帯に分布。丘の日当たりのよい岩石地にはえる小低木。切花として栽培される。茎は高さ10〜60cm，葉裏とともに軟毛を密生する。葉身は長さ2.5〜6cmの卵円形で対生し，5〜15mmの柄がある。花は夏から秋に咲く。和名段菊は花が茎をとり囲み段になってつくのでいう。

3590. サギゴケ（ムラサキサギゴケ）　〔サギゴケ属〕
Mazus miquelii Makino

　北海道南部から九州までの田のあぜや道ばたに多い多年草。花茎は高さ5〜10cmで基部から匍匐枝を長く出す。花茎の下部に群生する葉は長さ4〜7cm。花は春から夏，花冠は長さ1.5〜2cm。柱頭は2裂して開き，触れると閉じる。和名鷺苔（さぎごけ）は花の様子をサギに見立てた。紫花品をムラサキサギゴケ，白花品をシロバナサギゴケと呼ぶ。

3591. トキワハゼ　〔サギゴケ属〕
Mazus pumilus (Burm.f.) Steenis

　日本各地および台湾，朝鮮半島，中国，インドなどの温帯から熱帯に分布。庭や道ばたに多い1年草。茎は毛があり高さ6〜18cm。匍匐枝は出さない。葉は長さ2〜6cmで茎の中部以下につく。花は春から秋，花冠は長さ1〜1.2cmの筒状で，深く2裂して唇形となる。下唇は大きく中央がもり上がる。和名常盤ハゼ（ときわはぜ）は冬以外いつも花が咲いているため。

3592. ヒメサギゴケ　〔サギゴケ属〕
Mazus goodenjifolius (Hornem.) Pennell

　屋久島および台湾，ニューギニアの山地の渓側の岩上や崖のコケの中などにはえる小さな越年草。高さ5〜15cm。葉は根ぎわに集まり，先は円く，倒卵状長だ円形。花期は春から夏。花茎をのばして総状花序をつくり，まばらに数個の花をつける。苞葉は倒卵状長だ円形から披針形でとがる。がくは鐘形で5裂。花冠は白色でやや紅紫色を帯び，2唇形。さく果は扁球形でがくに包まれる。

3593. ハエドクソウ　　〔ハエドクソウ属〕
Phryma leptostachya L. subsp. *asiatica* (H.Hara) Kitam.
日本各地および朝鮮半島，中国，ヒマラヤ，東シベリアなどの温帯から暖帯に分布。山野の林内にはえる多年草。高さ30～70 cm，節の上部はふくらむ。葉は両面，とくに葉腋上に細毛がはえる。花は夏，下から順次に咲く。初め上向き，開くと横向きとなり，果実のときは下向き。根の搾り汁を紙に染ませ蝿取紙にするので蝿毒草という。

3594. ミゾホオズキ　　〔ミゾホオズキ属〕
Mimulus nepalensis Benth.
北海道から九州まで，および朝鮮半島，台湾，中国，ヒマラヤに分布し，山野の水辺にはえる多年草。茎はよく分枝し高さ10～30 cm，四角く軟らかい。葉は長さ1.5～4 cm，下部のものは柄がある。花は夏から秋，花冠は長さ1.5～2 cm。和名は溝にはえ，さく果を包むがくの形がホオズキに似るのでいう。

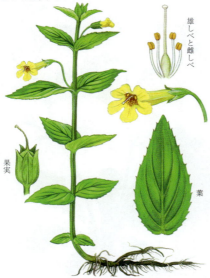

3595. オオバミゾホオズキ (サワホオズキ)　〔ミゾホオズキ属〕
Mimulus sessilifolius Maxim.
本州中部以北，北海道および南千島，サハリンに分布し亜高山帯の湿地にはえる多年草。細長い地下茎を引き群生する。茎は四角く軟らかく高さ20～30 cm，分枝しない。葉は長さ3～6 cm，無柄で対生。花は夏，花冠は長さ2.5～3 cmで，先端が5裂しわずかに左右対称。がくは長さ8～13 mmで5稜があり5浅裂する。

3596. キリ　　〔キリ属〕
Paulownia tomentosa (Thunb.) Steud.
日本各地で栽植される落葉高木。欝陵島や北九州の山中に野生状態も見られるが，原産地はわかっていない。高さ10 m余，若枝や葉は粘りのある軟毛が密生。葉は長さ20～30 cm。花は晩春，材は軟らかで軽く湿気を吸わず，磨滅が少ないのでタンス，琴など家具，器具に貴ばれる。和名は木を切ればすみやかに芽を出して速く成長することからいう。

3597. ジオウ　（サオヒメ, アカヤジオウ）　〔ジオウ属〕
Rehmannia glutinosa (Gaertn.) Libosch. ex Fisch. et C.A.Mey. f. *glutinosa*

中国北部原産。薬用のため栽培される多年草。根茎は肥大し, 地中を横にはう。花茎は 15～30 cm。根生葉を束生し, 長さ 7～18 cm, 表面にしわがあり, 裏面は脈が隆起し網目状になる。茎, 葉, がく, 花冠などに粘り気のある腺毛を密生。花は初夏, 淡紅紫色花。根茎を漢方で地黄 (じおう) といい強壮薬。漢名地黄。

3598. センリゴマ　（ハナジオウ）　〔ジオウ属〕
Rehmannia japonica (Thunb.) Makino ex T.Yamaz.

中国大陸原産といわれ, 日本で観賞用にまれに栽培される多年草。高さ 20～50 cm。根ぎわの葉は長さ 2～4 cm の柄があり, 卵状だ円形で, 先は鈍い。縁は粗い不揃いな鋸歯がある。花は晩春, 上部の葉腋ごとに 1 本の花柄をのばし, 長さ 2～4 cm。がくは鐘状。花冠は長さ 5～6 cm, 2 唇形。筒部は黄色で紫色の斑があり, 筒の上部から裂片にかけて濃鮮紅紫色である。

3599. ハマウツボ　〔ハマウツボ属〕
Orobanche coerulescens Stephan ex Willd.

日本各地および台湾, 朝鮮半島, 中国, シベリアから東ヨーロッパの温帯, 亜熱帯に広く分布。海岸の砂地にはえ, 主にカワラヨモギの根に寄生する。茎は太く分枝せず, 高さ 15～18 cm, 葉とともに葉緑素を欠き黄褐色。葉は鱗片状。花は初夏, 花柄がなく長さ 2 cm 位。和名浜靫は海岸にはえ, 花穂の形が矢を入れる靫 (うつぼ) に似るのでいう。

3600. シマウツボ　〔ハマウツボ属〕
Orobanche boninsimae (Maxim.) Tuyama

小笠原諸島の父島, 兄島, 母島などの常緑林の林床にはえる寄生植物。多年生だが, 地上には春と秋の花期に出現するだけ。地上部全体が鮮やかな黄金色で高さ 10～15 cm。茎は鱗片状の葉におおわれ, 下部では鱗状に葉が重なり合う。上部はそのままのびて穂状花序となり, 苞の腋に花をつける。花は 2 唇形で長さ 3～4 cm。

3601. オニク （キムラタケ） 〔オニク属〕
Boschniakia rossica (Cham. et Schltdl.) B. Fedtsch.

東アジアの寒帯に分布．本州中部地方以北，北海道の高山にはえ，ミヤマハンノキ（カバノキ科）の根に寄生する多年草．茎は直立し，高さ15〜30 cm，鱗片葉がおおう．花は夏，暗紫色で苞に抱かれる．全草を乾かしたものを肉蓯蓉（にくじゅよう）といい強壮薬とする．本来の肉蓯蓉は中国産の別種（ホンオニク）である．和名御肉はこの漢名に基づく．

3602. ホンオニク 〔ホンオニク属〕
Cistanche salsa G.Beck

モンゴルや中国，さらにシベリアから中央アジアまで分布する多年生の寄生草本．高さ約30 cmになり茎の根もとは径4〜5 cmほどに肥厚する．葉は退化して鱗片状となり，茎を密におおう．夏に茎の頂部に穂状花序を出し，小さな花を多数つける．本種や近縁種の全草あるいは肉質茎を乾燥したものを肉蓯蓉といい，漢方で強壮，強精剤とする．日本産のオニクはこの代用とされる．

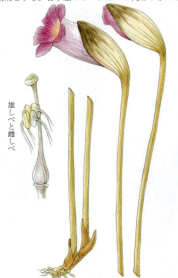

3603. ナンバンギセル （オモイグサ）〔ナンバンギセル属〕
Aeginetia indica L.

アジア東部や南部の熱帯から温帯に広く分布し，日本では北海道から琉球，および小笠原諸島にはえ，ススキ，ミョウガ，サトウキビなどの根に寄生する1年草．茎と葉は短くほとんど地上に出ない．花柄は高さ15〜25 cm，花は秋．花冠は長さ3〜3.5 cmで5裂．和名南蛮煙管（なんばんぎせる）は草の形をマドロスパイプに見立てた．別名思草は万葉集の歌にあり，頭をかたむけ物思いにふける様にたとえた．

3604. オオナンバンギセル 〔ナンバンギセル属〕
Aeginetia sinensis G.Beck

本州から九州および中国に分布し，山地のヒカゲスゲやヒメノガリヤスなどの根に寄生する1年草．花柄は高さ20〜40 cm．花は夏から秋，花冠は長さ4〜4.5 cm，肉質でもろく，裂片の縁には細かな鋸歯がある．がくは長さ3〜4 cmで先はとがらない．和名はナンバンギセルより大形なのでこう呼ぶ．別名オオキセルソウ，ヤマナンバンギセル．

3605. キヨスミウツボ （オウトウカ）〔キヨスミウツボ属〕
Phacellanthus tubiflorus Siebold et Zucc.

東アジアの温帯から暖帯に分布。日本では北海道から九州の山地の木かげにまれにはえる寄生植物。高さ5～10 cmになり，茎は群生，肉質の鱗片葉が互生する。花は初夏に咲き，5～10個が束になり，初め白でのちに黄色になる。和名はハマウツボの仲間で，初め千葉県の清澄山で見つけられたため。別名黄筒花（おうとうか）。

3606. ゴマクサ 〔ゴマクサ属〕
Centranthera cochinchinensis (Lour.) Merr. var. *lutea* (H.Hara) H.Hara

朝鮮半島南部，中国，ベトナム北部に分布し，日本では本州，四国，九州の日当たりのよい湿地の草原にはえる1年草。茎は高さ30 cm位，全体に短剛毛がありざらつく。葉は長さ2～5 cm。花は夏から秋，花冠は長さ2 cm位。雄しべの花糸には毛がある。がくは壺形で花時に長さ7～10 mm，果時に1～1.5 cm。和名は花や果実の形がゴマに似ているため。

3607. タチコゴメグサ 〔コゴメグサ属〕
Euphrasia maximowiczii Wettst.

北海道から九州の山地の乾いた草原に多く見られる半寄生の1年草。いくつかの変種がある。茎は細く直立し，高さ10～30 cm，まばらに枝分かれし，細かい毛がはえる。葉は対生するが上部のものは互生することもあり，長さ3～10 mm。花は夏。上部の葉腋に白色の小花をつける。がくは4裂し，花冠は長さ6～8 mmで上唇はしばしば淡紫色。

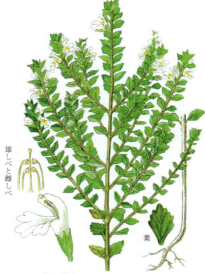

3608. コゴメグサ （イブキコゴメグサ）〔コゴメグサ属〕
Euphrasia insignis Wettst. subsp. *iinumae* (Takeda) T.Yamaz.

伊吹山の山頂付近の日当たりのよい山頂の草地にはえる半寄生の1年草。茎は高さ10～20 cmで細毛がある。葉は長さ1 cm位。下部では対生し上部では互生する。花は夏，花冠は長さ7～9 mm。上唇は白色で紫色のすじが入る。4本ある雄しべは2本ずつ長さが異なる。和名小米草は小さな花に基づく。

3609. ホソバコゴメグサ 〔コゴメグサ属〕
Euphrasia insignis Wettst. subsp. *insignis* var. *japonica* (Wettst.) Ohwi

東北地方の高山にはえる1年草。茎は直立し、高さ4〜15cm、分枝しないか、または少数の枝を出し、細毛がはえる。葉は倒披針形から倒卵形で基部はくさび形、対生するが上部でずれて互生、ほぼ無柄。花は夏、白色で長さ7〜15mm、ほぼ無毛。本州中部地方の高山のものは葉の幅が広く倒卵形ないし扇形でミヤマコゴメグサ var. *insignis* という。

3610. ヒナコゴメグサ 〔コゴメグサ属〕
Euphrasia yabeana Nakai

本州中部以北の高山にはえる1年草。茎は高さ2〜8cm、ほとんど枝分かれせず、細かな白い毛がはえている。葉は下部で対生し小さく、上部では大きく、ずれて互生。長さ幅とも2〜5mm。花は夏、がくは長さ3mmで4裂、花冠は長さ8mm位、白色。本種をミヤマコゴメグサの1型とみなす意見もある。

3611. オクエゾガラガラ (シオガマモドキ) 〔オクエゾガラガラ属〕
Rhinanthus angustifolius C.C.Gmel. subsp. *grandiflorus* (Wallr.) D.A.Webb

ヨーロッパからシベリア、サハリンに分布する半寄生の1年草、最近日本にも帰化が報告された。茎は直立して上部で枝を出し、高さ20〜50cm。葉は対生し無柄、長さ2〜6cm、表面はざらつく。花は夏、花柄はなく苞をもつ。花冠は黄色で長さ1.5〜2cm。2本ずつ長さの異なる雄しべが4本。花後がくが大きくふくらみ果実を包む。

3612. オニシオガマ 〔シオガマギク属〕
Pedicularis nipponica Makino

東北地方から中部地方の日本海側山地にはえる半寄生の多年草。高さ40〜100cm。根ぎわに長い柄のある葉が数枚つき、葉身は長だ円形で長さ20〜30cm。花期は夏から秋。花茎の上部に花序をつけ下から順次に咲く。花冠は2唇形で淡紅紫色、長さ約3cm。苞は卵形で、とがった不揃いな歯牙がある。さく果はゆがんだ卵円形で、先はくちばし状にとがる。

3613. ハンカイシオガマ（ハンカイアザミ）〔シオガマギク属〕
Pedicularis gloriosa Bisset et S.Moore
　関東地方と東海地方の山地の林などのやや湿った日かげにはえる多年草。数枚の大形の葉が根ぎわにはえ、長い柄をもち長さ10～30 cm。花は秋、根生葉の間から高さ50～80 cmの花茎をのばし、頂に短い花序をつくる。花冠は長さ3 cm位。苞には鋸歯がある。和名は全体に大きいことから中国の豪傑の樊噲（はんかい）になぞらえた。

3614. シオガマギク　〔シオガマギク属〕
Pedicularis resupinata L. subsp. *oppositifolia* (Miq.) T.Yamaz. var. *oppositifolia* Miq.
　北海道から九州、および朝鮮半島と中国に分布し、種としてはさらに千島、サハリン、カムチャツカ、東シベリアにまで分布。山の日当たりのよい草原にはえる多年草。高さ30～60 cm。葉は茎の下部で対生、上部で互生。花は夏から秋、花冠は唇形で一方にねじれる。和名塩釜菊で、花とともに葉までも美しい様を、浜で美しい塩釜になぞらえ、また葉の様子がキクに似ることによる。

3615. エゾシオガマ　〔シオガマギク属〕
Pedicularis yezoensis Maxim.
　本州中部地方以北と北海道、およびサハリンの高山帯の草地にはえる多年草。茎は根元から束生しほとんど分枝しない。高さ30～50 cm。葉は互生し、長さ3～5 cm、縁は大きさの揃った重鋸歯がある。根生葉は花時にはない。花は夏、黄白色の花を茎の上部の各葉腋につけ、上唇の先端は細長いくちばし状となる。

3616. ミヤマシオガマ　〔シオガマギク属〕
Pedicularis apodochila Maxim.
　本州中部以北、北海道の高山帯の岩の多い草地にはえる多年草。葉は根ぎわに群生して株をつくり、長柄をもち、長さ4～8 cm、幅2～3 cmの2回羽状複葉。花は夏、葉の間から高さ5～15 cmの花茎をのばし、頂に密な花序をつくり、10～20個の紅紫色の花を開く。花茎の葉は輪生し無柄。がくは5裂、花冠は長さ2～2.5 cm。

3617. セリバシオガマ 〔シオガマギク属〕
Pedicularis keiskei Franch. et Sav.

中央アルプス,南アルプス,八ヶ岳,秩父山地などの亜高山の針葉樹林内にはえる半寄生の多年草。高さ20〜40 cm。しばしば斜上し,さかんに分枝する。葉は薄く,対生して,葉柄は短く,全体は長だ円形で深く羽裂する。花期は夏。花冠は白色で長さ約 1.5 cm。がくはだ円形で腹部が深く裂け,長さ約 5 mm。上唇はかぶと形で,先は細くとがる。

3618. ヨツバシオガマ 〔シオガマギク属〕
Pedicularis chamissonis Steven subsp. *japonica* (Miq.) Ivanina var. *japonica* (Miq.) Maxim.

本州中部,山形県の高山の草地にはえる多年草。束生し高さ 20〜60 cm。葉は長さ 3〜7 cm,幅 1.5〜3 cm。羽状に深裂し 4 枚ずつ輪生。根生葉は長柄をもち花時には枯れる。初夏から初秋,茎の上部に花が 4 個ずつ輪生する数層の花序をつけ,花冠は紅紫色で長さ 1.5〜2 cm。和名は 4 枚輪生の葉による。本州北部と北海道の高山に全体大形で花冠が下に曲がるキタヨツバシオガマ subsp. *chamissonis* var. *hokkaidoensis* T.Shimizu を産する。

3619. タカネシオガマ 〔シオガマギク属〕
Pedicularis verticillata L.

北半球の寒帯に広く分布し,中部地方以北,北海道の高山帯の岩地にはえる 1 年または 1 回繁殖型の多年草。茎は基部から枝を少数出す他は分枝しない。高さ 5〜15 cm。葉は長さ 2〜3 cm,4 枚を輪生,短柄がある。花は夏,長さ 2〜5 cm の花序をなし,花冠は長さ 1.5 cm 位,濃紅紫色で,数層にわたり 4 個ずつ輪生する。

3620. ツクシシオガマ 〔シオガマギク属〕
Pedicularis refracta (Maxim.) Maxim.

九州中部に特産し,山地の湿った草地にはえる 1 年草。高さ 15〜40 cm。根ぎわの葉は長だ円形で長い柄があり,羽状に全裂する。葉身は狭だ円形で長さ 1.5〜5 cm。花は晩春,茎の上部に 4 個ずつ数段をなして輪生する。花冠は紅紫色で 2 唇形,長さ約 2 cm。がくは広い筒状で長さ約 5 mm。さく果はゆがんだ披針形。

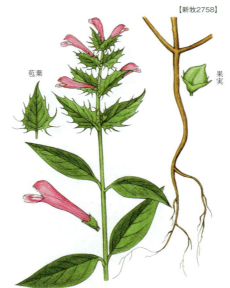

3621. ツシマママコナ 〔ママコナ属〕
Melampyrum roseum Maxim. var. *roseum*
　中部地方西部以西の西日本および朝鮮半島，中国に分布し，日当たりのよい草地にはえる半寄生の1年草。高さ30～60 cm。葉は対生し，卵形か狭卵形で先は短くとがる。花期は夏から秋。枝先に長い花序をつけ，下から順次開花する。苞は卵形で，先はとがり，縁にひげ状の歯牙がある。花冠は紅紫色の2唇形で長さ約1.5 cm。上唇はかぶと形をなす。

3622. ママコナ 〔ママコナ属〕
Melampyrum roseum Maxim. var. *japonicum* Franch. et Sav.
　北海道南部から九州まで，および朝鮮半島に分布し，やや乾いた山林中にはえる半寄生の1年草。高さ30～50 cm。葉は長さ3～6 cm，幅1～2.5 cm。花は夏，花冠は長さ1.6～1.8 cm。苞には長くとがった鋸歯がある。和名飯子菜（ままこな）は未熟な種子が米粒に似ているから，または花冠の下唇に米粒状の白点があるからといわれる。

3623. ホソバママコナ 〔ママコナ属〕
Melampyrum setaceum (Maxim. ex Palib.) Nakai
　中国地方西部と四国北西部，九州北部および朝鮮半島に分布し，日当たりのよい草地にはえる半寄生の1年草。高さ30～50 cm。葉は対生し，披針形か狭披針形で，先は尾状にとがる。夏から秋に枝先に長い花序をつける。苞は赤色を帯び，狭卵形か広披針形で，先は刺状にのびる。花冠は紅紫色，2唇形で長さ約1.5 cm。さく果は長卵形。

3624. シコクママコナ 〔ママコナ属〕
Melampyrum laxum Miq. var. *laxum*
　本州中部以西から九州のやや乾いた林中にはえる半寄生の1年草。茎は直立して高さ20～50 cm，まばらに枝を出し，日当たりのよい場所では赤褐色を帯びる。花期は夏，紅紫色の管状で上端は2唇形をなす。苞は刺状の鋸歯がある。苞が全縁なものをミヤマママコナ var. *nikkoense* Beauverd といい，本州中部以北，北海道南部にはえる。

3625. **タカネママコナ** 〔ママコナ属〕
Melampyrum laxum Miq. var. *arcuatum* (Nakai) Soó
　甲斐駒ヶ岳，鳳凰山，八ヶ岳および秩父西部の山地の針葉樹林中の日当たりの良い乾燥地にはえる半寄生の1年草。茎は直立し，高さ10～20 cm，しばしば少数の枝を出す。葉は短い柄をもち，長さ1～3 cm，幅3～12 mm，細かい毛がはえる。日当たりの良いところにはえるものは葉が紅色を帯びる。花は夏，花冠は長さ8～12 mm，淡黄白色。

3626. **コシオガマ** 〔コシオガマ属〕
Phtheirospermum japonicum (Thunb.) Kanitz
　東アジアの温帯から暖帯に広く分布し，北海道から九州の日当たりのよい山地にはえる半寄生の1年草。茎は高さ30～60 cm，よく分枝し，全体に腺毛が密生する。葉は長さ3～5 cm，幅2～3.5 cm，裂片は不規則に裂け，不揃いな鋸歯が並ぶ。花は秋に咲き，小形で花冠は長さ2 cm位。上唇は浅く2裂して反り返る。

3627. **ヒキヨモギ** 〔ヒキヨモギ属〕
Siphonostegia chinensis Benth. ex Hook. et Arn.
　東アジアの温帯から暖帯に広く分布し，日当たりのよい山の草原にはえる半寄生の1年草。茎は高さ30～60 cmで全体に細毛がある。葉は長さ1.5～5 cm，柄には翼がある。花は夏から秋，がくは長さ1.2～1.5 cmですじがある。花冠は長さ約2.5 cm，上唇は有毛。和名は葉がヨモギ（艾）に似るからであろうが，蘡（ひき）の意味は不明。

3628. **オオヒキヨモギ** 〔ヒキヨモギ属〕
Siphonostegia laeta S.Moore
　関東地方南部と東海地方および瀬戸内海沿岸の日当たりのよい草地にはえる半寄生の1年草。中国大陸の中・西部にも分布する。高さ30～70 cm。葉は対生し，三角状卵形。花期は夏から初秋。花は枝の上部の葉状の苞の腋に1個つく。苞は狭披針形でがく筒よりも長く，ふつう上部では全縁。花冠は灰色がかった黄色で，長さ2.5 cm。さく果は広楕形。

3629. クチナシグサ（カガリビソウ）〔クチナシグサ属〕
Monochasma sheareri (S.Moore) Maxim.

本州中部以西，四国，九州および朝鮮半島南部，中国大陸中部に分布。丘陵地の林中にはえる半寄生の越年草。茎は斜上し高さ10〜30 cm，下部には白毛がある。葉は下部では長さ5〜17 mm，上部は20〜35 mm。花は初夏，花冠は筒状で長さ10〜13 mm，先は2唇形。和名口無し草は，がくに完全に包まれた果実の様子が，クチナシの果実に似るところからついた。

3630. ウスユキクチナシグサ〔クチナシグサ属〕
Monochasma savatieri Franch. ex Maxim.

中国大陸中部に分布し，日本では九州の天草下島にのみ知られる半寄生の越年草。根ぎわから数本の茎を出し株となる。茎は横に広がり長さ15〜30 cm，葉とともに白い綿毛が密生し全体に白色に見える。葉は長さ5〜25 mm。花は春，花冠は2〜2.5 cmで，淡紅色。花後がくが大きくなりさく果を包む。和名は全草が白い綿毛におおわれる様子を薄雪と表現した。

3631. ヤマウツボ〔ヤマウツボ属〕
Lathraea japonica Miq.

本州，四国，九州の山地の樹下のやや湿気のあるところにはえる多年生の寄生植物。根茎は枝分かれして地中をはい，多肉質の鱗片でおおわれる。鱗片は長さ5〜10 mm。花は春，地上に高さ10〜30 cmの花茎を出し，穂のような総状花序に多数の白色の花を開く。花には短い柄がある。和名山靫（やまうつぼ）はハマウツボに対していう。

3632. ムシトリスミレ〔ムシトリスミレ属〕
Pinguicula vulgaris L. var. *macroceras* (Pall. ex Link) Herder

北半球の寒帯に広く分布し，四国と本州近畿以北，北海道の高山帯の湿った岩壁や湿原にはえる多年生の食虫植物。葉は短柄で根生し長さ3〜5 cm，厚く軟らかい。縁は内側にまくれ，表面の多数の腺毛から粘液を分泌し，小さい虫を捕らえる。夏に高さ5〜15 cmの花茎を数本出し1花をつける。和名は花がスミレに似て葉が虫を捕らえるため。

3633. コウシンソウ　〔ムシトリスミレ属〕
Pinguicula ramosa Miyoshi
　日光付近の深山の岩壁にはえる多年生の食虫植物。葉は根ぎわに群がって広がり，長さ7〜15 mm。表面に多数の腺毛がはえ，それから分泌する粘液で虫を捕らえる。夏には高さ3〜8 cmの通常2又の花茎を出し，淡紫色の花を横向きに咲かせる。花後花柄はのび，反り返って果実を岩壁に押しつける。和名庚申草（こうしんそう）は初め栃木県足尾の近くの庚申山で発見されたため。

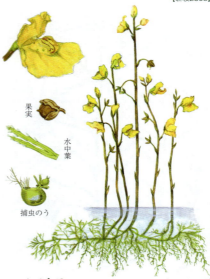

3634. タヌキモ　〔タヌキモ属〕
Utricularia ×japonica Makino
　北海道，本州，千島，サハリン，中国東北部に分布。池沼や水田に浮かんでいる多年生の食虫植物。根はない。葉は密生し，多数の捕虫のうがある。花は夏，花茎は長さ10〜25 cm，径1.5 cm内外の黄花を4〜7個つける。果実はできない。冬は茎の先に球形に葉を集めて越冬芽を作り水底に沈む。本種はアジアからオーストラリアに分布するイヌタヌキモと北半球の亜寒帯に分布するオオタヌキモの雑種起源の植物であることが最近明らかになった。和名は全体が狸の尾の形の藻のようだから。

3635. ノタヌキモ　〔タヌキモ属〕
Utricularia aurea Lour.
　アジア東部と南部の暖帯から熱帯に広く分布。本州中部以南から九州の池に浮いて生育する1年生の食虫植物。葉は互生し，立体的に分裂して広がり，捕虫のうをもつ食虫植物。冬芽はつくらない。花は夏から秋，高さ6〜15 cmの花茎を直立し，黄色の数個の花を開く。花柄は花後に下を向き，先が太くなる。花茎には鱗片葉はない。

3636. コタヌキモ　〔タヌキモ属〕
Utricularia intermedia Heyne
　北半球北部の温帯に広く分布し，日本では三重県以北，北海道までの浅い池沼や溝の泥土上にはえる多年生の食虫植物。茎は泥をはい，泥中に枝をのばす。そこにつく葉には捕虫のうがあるが，水中葉に捕虫のうはなく，裂片は鋸歯をもつ。夏から秋に，高さ5〜15 cmの花茎に径1.2〜1.5 cmの花を2〜4個つける。果実はほとんどできない。

3637. ヒメタヌキモ 〔タヌキモ属〕
Utricularia minor L.

北半球の温帯に広く分布し，本州と北海道の浅い池沼の水中にはえる多年生の食虫植物。茎は長さ15〜30 cmで水底の泥土上をはい，地中に捕虫のうと少数の葉をもつ枝を出す。コタヌキモに似るが，水中葉は全縁で捕虫のうがある。夏に高さ10 cm位の花茎を水上にのばし，径8 mm位の花をごくまれにつける。越冬芽で冬を越す。

3638. ミミカキグサ 〔タヌキモ属〕
Utricularia bifida L.

アジア東部および南部，オーストラリアの暖帯から熱帯に分布。本州から琉球列島の湿地にはえる多年生の食虫植物。地下茎は糸状で捕虫のうがある。高さ7〜15 cm。葉は地下茎からのび長さ6〜8 mm，基部に1〜2個の捕虫のうがある。花は夏から秋，がくは2裂し果時には長さ5 mmに達する。和名は果実を包むがくの形が耳掻（みみかき）状になるため。

3639. ムラサキミミカキグサ 〔タヌキモ属〕
Utricularia uliginosa Vahl

東アジアの温帯に広く分布し，北海道から九州の日当たりのよい湿地にはえる多年生の小さな食虫植物。地下茎は糸状でまばらに捕虫のうをつけ，地中に糸をはう。花茎は高さ5〜15 cm，数個の鱗片葉をもつ。葉は地下茎から空中にのび，へら型で長さ3〜6 mm。花は夏から秋，花柄は長さ2〜3 mm。和名は花が淡紫色のため。白花品をシロバナミミカキグサ f. *albida* (Makino) Komiya et C.Shibata という。

3640. ホザキノミミカキグサ 〔タヌキモ属〕
Utricularia caerulea L.

北海道から琉球列島，さらに台湾，朝鮮半島，中国，インドなどの温帯から熱帯の広い範囲に分布。湿地にはえる多年生の食虫植物。地下茎は長く地中をはい，根に少数の捕虫のうをもつ。葉はやや束生し長さ2〜3.5 mm。夏から秋に高さ10〜30 cmの花茎を立て紫花を開く。和名は花柄が短く，花が穂状花序のように見えるからいう。

3641. ヤバネカズラ　（ヤハズカズラ）　〔ヤハズカズラ属〕
Thunbergia alata Bojer ex Sims

熱帯アフリカ原産。明治初期に輸入され，観賞のため，ときに温室で栽培される多年草。茎は細長くやや四角。花は初夏から秋，花冠は平開し径3〜4cm，雄しべ4本。果実は球形のさく果で苞に包まれる。和名矢羽葛（やばねかずら）は葉の形が矢の羽を思わせ，つる草なのでいう。小笠原父島ではタケダカズラと呼ばれ野生化している。

3642. ローレルカズラ　〔ヤハズカズラ属〕
Thunbergia laurifolia Lindl.

ミャンマー，タイ，マレー半島に分布する多年生のつる植物。日本には明治年間に渡来し，観賞用に栽培されるが，小笠原諸島では野生化している。茎は他の物にからまり5〜7mに達する。葉は対生し，柄があり披針状だ円形。花は腋生または頂生の総状花序につき，花冠は直径6〜7cm，淡青色のロート状で先は5裂。がくは痕跡状に退化し，舟形に合着した苞に囲まれる。和名は英名の laurel clock-vine による。

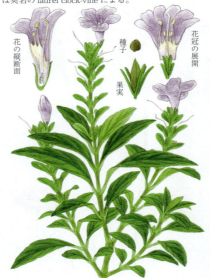

3643. オギノツメ　〔オギノツメ属〕
Hygrophila salicifolia (Vahl) Nees

静岡県以西，四国，九州，琉球列島および台湾，中国から南アジアに広く分布。水辺にはえる多年草。地下茎は横にはう。茎は四角く高さ30〜60cm。葉は対生し長さ5〜10cm，幅5〜15mmの線状披針形。花は秋，葉腋につき，花冠は長さ約1cm。苞と小苞はがくより短く，がくは7mm位で有毛。2本ずつ長さの異なる雄しべが4本ある。

3644. イセハナビ　〔イセハナビ属〕
Strobilanthes japonica (Thunb.) Miq.

中国原産で，観賞用に栽培され，九州の低山の林内に帰化するやや低木状の多年草。地下茎があり，茎は束生し高さ30〜60cm。よく分枝し，節は初め短毛があり，のちにややふくれる。葉は長さ3〜6cmで光沢がありやや厚い。花は夏から秋，花冠は上部が5裂するロート状で，長さ1.5〜2cm。苞はがくより長く葉状。

3645. リュウキュウアイ 〔イセハナビ属〕
Strobilanthes cusia (Nees) Kuntze

九州南部から琉球列島,および台湾,中国,インドシナ,インドの亜熱帯から熱帯に分布.樹下にはえ,また栽培もする低木状の多年草.高さ50〜80cm,若い茎や花序に短い伏毛があるほか全体に無毛.葉は長さ7〜20cm,やや多肉.花は夏,長さ3〜5cmの淡紅紫色の花を穂状花序につける.沖縄では茎や葉を刈りとり,藍色の染料をつくった.

3646. スズムシバナ (スズムシソウ) 〔イセハナビ属〕
Strobilanthes oligantha Miq.

近畿地方以西,四国,九州および韓国済州島,中国大陸中部の暖帯に分布.山地の木かげにはえる多年草.茎は四角く高さ30〜60cm,節の上部はふくれる.葉は長さ4〜10cm,両面に長毛がある.花は秋,朝開いて午後には散る.花冠は長さ約3cm,径2.5cm,小形で葉状の苞は白軟毛が多い.果実は2裂して4個の種子を散らす.ラン科植物にスズムシソウという名があるので,近年は本種にスズムシバナの和名を使うことが多い.

3647. アリサンアイ (セイタカスズムシソウ) 〔イセハナビ属〕
Strobilanthes flexicaulis Hayata

沖縄本島,石垣島,西表島および台湾にはえる多年草.高さ1mに達する.葉はややまばらに対生し,対をなす葉は大きさが異なり,卵形または倒卵形.縁には鋸歯がある.花期は冬から早春.花は頂生または腋生の総状花序につき,柄がない.がくのわきにつく苞は線状披針形.がくは2裂し,上裂片はさらに3裂,下裂片は2裂する.花冠は鐘形.外面は淡い青紫色で無毛.

3648. アカンサス (ハアザミ) 〔ハアザミ属〕
Acanthus mollis L.

ヨーロッパ南部から地中海周辺の原産.明治末年に渡来し,観賞用に栽植する多年草.根生葉は長さ60cm位,濃緑色のアザミに似た葉形で,羽状に深裂し,裂片に歯牙がある.開花は晩春から初夏,長さ160cmもの直立した花茎に,白い唇弁に紫色の脈のある径4〜5cmの花を穂状につける.同じく地中海地方原産の *A. spinosus* L. は,葉は細長く,2回羽裂し,裂片の先が鋭いとげになる.この葉がギリシャ建築の柱の紋様に用いられた.

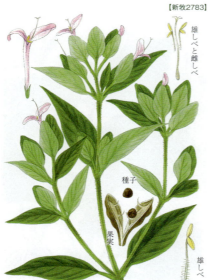

3649. ハグロソウ 〔ハグロソウ属〕
Peristrophe japonica (Thunb.) Bremek.
宮城県以西，四国，九州，および朝鮮半島と中国の暖帯に分布。山地の木かげにはえる多年草。茎は直立し高さ20〜40cm。葉は柄があり長さ5〜8cm。花は夏，大小2枚の苞葉がある。花冠は長さ2.5〜3cmの筒で上端は2裂して唇形をなし，雄しべ2本，果実は2室で熟すと裂け，各室2個の種子をはじき出す。

3650. ヤンバルハグロソウ 〔ヤンバルハグロソウ属〕
Dicliptera chinensis (L.) Juss.
インドシナから中国，台湾を経て，奄美大島以南に分布する1年草または越年草。高さ30〜60cm。葉は対生し，だ円形か卵状だ円形。花期は夏。葉腋から出る長さ1〜2.5cmの花序に直立つく。苞は長だ円形で，先は刺状にとがる。花冠は唇形で白色，長さ1cmほどで下半分は筒状となる。さく果は偏平な円形で長さ5mm，軟毛がある。

3651. キツネノマゴ 〔キツネノマゴ属〕
Justicia procumbens L.
東アジアの温帯から熱帯に広く分布し，本州から琉球列島までの草地や道ばたにごくふつうにはえる1年草。茎は四角く高さ10〜40cm，よく分枝し短毛が密生する。葉は長さ2〜5cmの長だ円形。夏から秋に長さ1〜3cmの穂状花序を出す。花冠は長さ8mmほどの2唇形の筒形で淡紅紫色。果実は熟すと2裂して4個の種子を出す。

3652. サンゴバナ 〔キツネノマゴ属〕
Justicia carnea Lindl.
ブラジル原産。江戸末期に渡来し，当時ユスチシアと呼んで観賞のため栽植された低木。茎は角ばって節間は短く，多くの枝を出して直立し，高さ60〜150cm，細かい毛がはえる。葉は長さ18cm，幅7〜8cmで，柄があり，裏面脈上は赤色を帯びる。花は夏，紅紫色で基部に苞葉をもち，花柄がない。和名珊瑚花（さんごばな）は花色に基づく。

3653. アリモリソウ 〔アリモリソウ属〕
Codonacanthus pauciflorus (Nees) Nees

インド，東南アジアから中国，台湾を経て，琉球列島から九州南部にかけて分布する多年草。高さ30〜50 cm。葉は対生し，卵形ないし長だ円形。先は鋭形。秋から初冬にかけて頂生する穂状，まれに円錐状の花序にまばらに花をつける。苞葉と小苞は小さく披針形で長さ約1 mm。花冠は鐘形で白色。さく果は長さ1.2〜1.5 cm，下方は柄状となり，上方に4個の種子がある。

3654. ヒルギダマシ（ヤナギバヒルギ）〔ヒルギダマシ属〕
Avicennia marina (Forssk.) Vierh.

八重山諸島，台湾から熱帯アジア，オーストラリア，アラビアの浅い海の泥土上にはえるマングローブの1種で，ヒルギ科の植物より塩water に弱く，内湾によく生育する常緑低木だが，熱帯では小高木になる。葉は長さ4〜6 cm，革質で柄があり，裏面は灰白色の短毛を密生。花は夏，柄がなく径5 mm 位，枝先に長い柄のある淡緑色の散房花序を出し，数個が群がってつく。

3655. キササゲ 〔キササゲ属〕
Catalpa ovata G.Don

庭に栽植され，ときに河岸などに野生化している中国原産の落葉高木。高さ5〜15 m，樹皮は灰褐色で縦に裂け目がある。葉は長柄があり葉身の長さ10〜25 cm。花は初夏，がくは2深裂，雄しべは2本が完全，3本は短くやくをもたない。さく果は秋に長さ30 cm 位になり，梓実といい利尿薬となる。和名は果実がササゲに似ている木の意。

3656. トウキササゲ 〔キササゲ属〕
Catalpa bungei C.A.Mey

中国北部の原産の落葉高木で，日本には昭和初期に渡来し庭木や街路樹として栽培される。高さ6〜7 m，樹皮は茶褐色で縦裂する。葉は対生か3輪生，長さ6〜10 cm の三角状長卵形で先がとがる。晩春から初夏に枝端に総状花序を出し，白色で内面に紫色の斑点のある左右相称花を3〜12個つける。さく果は長さ25〜30 cm で下垂するが，アメリカキササゲよりやや短い。

3657. アメリカキササゲ　〔キササゲ属〕
Catalpa bignonioides Walter
　北アメリカの原産。ときに庭に植えられている落葉高木。枝は太く横に広がり、葉は対生、ときに輪生して柄があり、長さ10〜25 cm。花は初夏、キササゲより大きい径4 cm位の白花を多数開く。果実はササゲに似て細長く少し偏平、長さ20〜30 cm、幅6〜10 mm、2片に裂け、絹状の毛をつけた多くの種子がとび出す。

3658. ノウゼンカズラ　〔ノウゼンカズラ属〕
Campsis grandiflora (Thunb.) K.Schum.
　寺院の庭などによく栽培される中国原産の落葉つる低木。茎は長くのび気根を出して他物にからみつく。葉は対生、羽状複葉で長さ10〜20 cm。花は夏、花冠は径6〜7 cm。薬用として平安朝では乃宇世字といった。花を鼻にあててかぐと脳を傷つけ、蜜が目に入ると目がつぶれるという迷信があり、一般の庭には栽植するのをきらった。

3659. ソケイノウゼン　〔ソケイノウゼン属〕
Pandorea jasminoides (Lindl.) K.Schum.
　オーストラリア原産。江戸末期に渡来したつる性の常緑低木で、観賞用に栽培される。葉は対生、奇数羽状複葉で、小葉は卵形、ほとんど無柄で5〜9枚ある。花は頂生の円錐花序に少数つける。花径5 cm、花冠はロート形で裂片は5枚、白色で花筒の内側が淡紅色で美しい。花期は夏から秋、鉢に植えて観賞し、冬季は室内で保護する。別名ダイソケイ、ナンテンソケイ。

3660. キリモドキ（シウンボク）　〔キリモドキ属〕
Jacaranda mimosifolia D.Don
　アルゼンチン原産の落葉高木。庭木、並木などとして熱帯各地で植栽されている。幹は直立し、高さ17 m。葉は対生し奇数羽状複葉、小葉は多数でシダ状またはネムノキに似る。花は初夏、長さ20 cm余の集散花序に40〜90個の花をつける。花冠は鐘形、長さ5 cm、径2〜2.5 cmの2唇状で青紫色。果実は扁球形。

3661. ランタナ（シチヘンゲ, コウオウカ）〔シチヘンゲ属〕
Lantana camara L.

熱帯アメリカ原産。暖地や温室で栽培され，しばしば野生化するややつる性の落葉低木。茎は四角で粗毛と小刺がある。葉は対生し長さ2〜8cm，幅2〜5cm，硬毛が多くざらつく。悪臭がある。花は夏から秋，柄のない花を半球状に密集，花冠は初め黄色または淡紅色で後に橙色または濃赤色に変わる。七変化，紅黄花は花の色が咲き初めから次第に変わるから。

3662. ボウシュウボク（コウスイボク）〔コウスイボク属〕
Aloysia triphylla (L'Hér.) Britton

熱帯アメリカ原産。明治20年頃に渡来し，温室に栽培される常緑低木。高さ3m位。葉は長さ7.5〜10cm，輪生または対生し裏面に腺点があり，よい香りをもつ。花は晩夏に咲き，淡紫色。葉より香料を製造する。明治の末東京でコレラが流行した時，庭に植えると悪疫を防ぐとされ，防臭木（ぼうしゅうぼく）と呼ばれた。

3663. イワダレソウ〔イワダレソウ属〕
Phyla nodiflora (L.) Greene

世界の暖帯南部から熱帯に広く分布し，日本でも関東地方南部以西，四国，九州，琉球列島の海岸の砂地にはえる多年草。茎は長く砂上をはい，節から根を出す。葉は厚く長さ1〜4cm。花は夏から秋，花穂は高さ10〜20cm，花穂は長さ1.5cm位の長球形で，鱗状に密生した苞葉の間に花をつける。和名岩垂草（いわだれそう）は岩上にはうようにのびるため。

3664. クマツヅラ〔クマツヅラ属〕
Verbena officinalis L.

アジア，ヨーロッパ，北アフリカの暖帯から熱帯に分布し，北アメリカに帰化。本州から四国，九州，琉球列島の野原や道ばたにはえる多年草。茎は四角く高さ60cm位。葉は長さ3〜10cmで通常3裂し，各裂片はさらに羽状に裂ける。花は夏，花序は下から花が咲くにつれてのびる。全草にベルベナリンを含み皮膚病や婦人病に効く。

3665. **ビジョザクラ** （ハナガサ） 〔ビジョザクラ属〕
Glandularia ×*hybrida* (Groenland et Rümpler) G.L.Nesom et Pruski
ブラジル原産。大正初期に渡来し庭園に栽培される多年草。茎は地面をはい、のち枝分かれして直立、高さ20 cm位、四角で葉とともに有毛。花は夏から秋、外から中に次第に咲く。花冠は径1.5 cm、桜草の花に似て5裂し平開。花色は赤、白、紫、斑入りなど多くの園芸種がある。和名美女桜。園芸上は旧属名のバーベナで呼ぶ。

3666. **ホナガソウ** （ナガボソウ） 〔ナガボソウ属〕
Stachytarpheta urticifolia Sims
南アメリカ熱帯の原産で熱帯に広がり、琉球列島や小笠原諸島に野生化している多年草。高さ1～1.2 m。葉は対生し、卵円形ないし長だ円形で先はとがる。春から晩秋に、長い花穂を出し穂の長さは15～50 cm。花は花序の基部から順次咲き、長い緑色の花序の中途に数個の紫色の花をつける。花冠はラッパ形で、先は浅く5裂する。よく似たフトボナガボソウ *S. jamaicensis* (L.) Vahl も琉球や硫黄島などに帰化しており、葉の鋸歯が低く、花序の軸が苞の幅よりも太い。

3667. **ツノゴマ** （タビビトナカセ） 〔ツノゴマ属〕
Proboscidea louisianica (Mill.) Thell.
北アメリカ南部原産。観賞のため栽培される1年草。茎は太く、2叉分枝し広がり、長さ90 cm位。全体に粘り気のある軟毛でおおわれる。葉は互生し、長さ10～30 cmの心臓形で質は厚い。花は夏、ラッパ形で左右相称、径4～5 cm。若い果実はピックルとして食用。和名角胡麻は果実がつのをもち、粘った毛のはえた全形がゴマに似るから。

3668. **ハナイカダ** （ママッコ） 〔ハナイカダ属〕
Helwingia japonica (Thunb.) F.Dietr. subsp. *japonica*
北海道西南部から屋久島まで、および中国の温帯から暖帯に分布。山地の林内などの多湿なところにはえる落葉低木。束生して分枝し、高さ1.5 m位。葉は互生し長さ5～12 cm。花は初夏、雌雄異株で、葉上の中ほどに短柄をつけ、雄花は数個、雌花は1～3個、がくはない。和名は花をのせた葉を筏（いかだ）にたとえた名。若芽は食用となる。

3669. リュウキュウハナイカダ　〔ハナイカダ属〕
Helwingia japonica (Thunb.) F.Dietr.
subsp. *liukiuensis* (Hatus.) H.Hara et S.Kuros.

　奄美大島から琉球列島に分布する落葉低木。高さ1～2m。葉は互生し，膜質で卵状披針形，長さ7～18cm，先は長くのび鋭くとがる。雌雄異株。花は葉上の中肋上に開く。雄花は10～25個ほど集まる。花弁は3～4個あり卵形で淡い緑色をしている。雌花は2～3個集まり，花弁が狭卵形である。液果は球形で，黒褐色に熟す。

3670. モチノキ　〔モチノキ属〕
Ilex integra Thunb.

　本州から琉球列島，および台湾と中国大陸に分布。海岸や山野にはえ，庭木として栽植もする常緑小高木。高さ3～10m，樹皮は暗灰色で滑らか。葉は長さ4～10cm，だ円形で無毛，厚い革質，滑らかで光沢がある。雌雄異株。花は春，径8～10mm，雄花は葉腋に数個ずつ，雌花は1～2個つく。和名黐の木（もちのき）は樹皮から鳥もちを作れることから。材は印材や細工物に用いる。

3671. ヒメモチ　〔モチノキ属〕
Ilex leucoclada (Maxim.) Makino

　北海道西南部から山陰地方までの日本海側の山地の樹陰にはえる常緑低木。高さ1m位，ときに下部は横にはう。茎や枝は灰白色，無毛，あまり分枝しない。葉はやや薄い革質で光沢があり，長さ3～12cm。雌雄異株。花は初夏，花柄は果時に長くなり1～2cm，果実は径0.8～1cm。和名は小形のモチノキの意。

3672. ヒイラギモチ（セイヨウヒイラギ）　〔モチノキ属〕
Ilex aquifolium L.

　ヨーロッパ中南部からアジア西部の原産。果実を観賞するため庭に植えられる常緑高木。高さ10mにもなる。全体無毛。葉は互生，革質で強い光沢がある。花は初夏，前年の葉腋から短い花序を出し4裂する白花を群生する。果実は球形で光沢があり，赤く目立つ。ヨーロッパではホーリー（holly）の名でクリスマスの装飾に使う。和名はモクセイ科のヒイラギに似た葉を持つモチノキの意。

3673. クロガネモチ　〔モチノキ属〕
Ilex rotunda Thunb.

関東地方以西から琉球列島,および朝鮮半島,台湾,中国,インドシナの暖帯から亜熱帯に分布。山野にはえ,庭木として栽植もする常緑高木。高さ5〜10mになり,樹皮は灰白色で滑らか。枝は暗褐色で無毛。葉は長さ5〜8cm,革質で光沢がある。花は初夏に咲き,今年の枝につき,雌雄異株。果実は径5mm位,初冬に熟する。和名は黒鉄モチ(くろがねもち)で葉や枝の色に由来する。

3674. シイモチ　〔モチノキ属〕
Ilex buergeri Miq.

山口県,愛媛県,九州および中国大陸中部の暖帯に分布。まれにはえる常緑小高木。若い枝に鈍い稜があり,短い毛がはえている。葉は側枝に互生し,シイの小枝を思わせ,長さ3〜5cm。雌雄異株。花は春,黄緑色花。雌花は1〜3個,雄花は4〜10個を葉腋に束生する。果実は径5〜6mm。和名は枝葉がシイに似たモチノキの意。

3675. リュウキュウモチノキ　〔モチノキ属〕
Ilex liukiuensis Loes.

琉球列島と九州の薩摩半島,屋久島,種子島および台湾にはえる常緑小高木。高さ5〜8m,ときに15m。葉は互生し長さ3〜7cm,幅2〜4cmのだ円形で,5〜6対の側脈が裏面に隆起する。花は初夏。葉腋に数個の小花を束状につける。個々の花は2枚の小苞に包まれ,4数性で径8mm,緑白色。秋に1cm余の柄の先に径6mmの球形の果実をつけ,赤熟する。

3676. シマモチ　〔モチノキ属〕
Ilex mertensii Maxim. var. *mertensii*

小笠原諸島のほぼ全域に分布する固有種。高さ3〜5mの常緑高木。幹は灰黒色。葉は互生し円みのあるだ円形で全縁,若枝や新葉,葉柄は赤紫色を呈し,よく目立つ。花は早春。枝の葉腋から束状に多数の小花をつける。花柄は1cm前後で,母島産のムニンモチより短い。花は淡黄緑色で4弁,径1cm弱,花弁は平開ないし反転する。果実は径5〜6mmの球形,秋遅く赤色に熟す。

雌花
雄花

3677. ムニンモチ（シイモチ） 〔モチノキ属〕
Ilex mertensii Maxim. var. *beecheyi* (Loes.) T.Yamaz.

　小笠原諸島の母島と向島に固有の常緑高木。高さ5〜6m。シマモチと近縁であるが葉がより細めで小さく，長だ円形。花は早春。枝先の葉腋から束状に柄のある花を多数つける。花柄がシマモチより長い点が特徴。花は淡緑色，台風や塩害などによる落葉があれば時節を選ばず開花する。果実はやや細長い球形，冬に赤熟する。かつては聟島や弟島での採集記録もある。

果実

3678. ツゲモチ 〔モチノキ属〕
Ilex goshiensis Hayata

　紀伊半島以西，四国，九州，琉球列島，および台湾などの暖地にはえる常緑低木。小枝，葉柄，花序には若いときには微毛がある。葉は互生し，長さ2〜5cm，革質で光沢がある。乾くと灰褐色を帯びる。花は初夏，葉腋に径2〜3mm位の花を密集して開く。雌雄異株。和名はモチノキの仲間だが葉の形がツゲに似ているからいう。

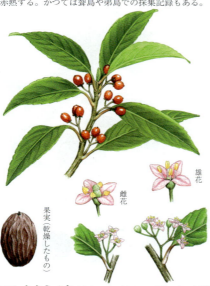

雄花
雌花
果実（乾燥したもの）

3679. ナナミノキ（ナナメノキ，カシノハモチ）〔モチノキ属〕
Ilex chinensis Sims

　静岡県以西，四国，九州，および中国大陸に分布。山地にはえる常緑高木。高さ6〜10m，樹皮は灰色。全株無毛。若枝に稜がある。葉は長さ8〜12cmで薄い革質。雌雄異株。花は初夏，若枝の葉腋に雌花を数個つけ，淡紫色。雄花は多数集散花序につけ，がく片，花弁，雄しべ各4個に，退化した雌しべがある。果実は球形で紅熟し，径0.6〜1cm，中に種子が4個ある。

雌花
雄花

3680. ソヨゴ（フクラシバ） 〔モチノキ属〕
Ilex pedunculosa Miq.

　東北地方南部以西，四国，九州，および台湾，中国に分布し，やせた山地にはえる常緑低木または小高木。高さ3〜7m，枝は灰色で。葉は長さ3〜9cm，やや光沢がある。雌雄異株。花は初夏，雄花は多数，雌花は単生。果実には長い柄がある。和名はそよぐの意で葉が風に吹かれてザワザワ音をたてることから。伊勢地方で一名フクラシバという。材は強靭なので玩具に用いる。

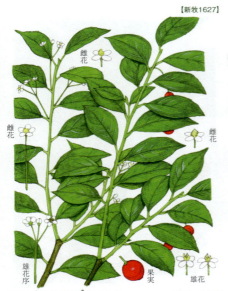

3681. クロソヨゴ（ウシカバ）〔モチノキ属〕
Ilex sugerokii Maxim. var. *sugerokii*

本州の長野・山梨県以西、四国の暖地の山林にはえる常緑低木。高さ2〜5mになる。葉は互生し、長さ2〜4cmの長だ円形で質は厚く、葉脈ははっきりしない。花は初夏。雄花は3個、集散花序につき、雌花は単生し、長い柄をもつ。別名牛樺（うしかば）は樹皮が黒く、表面の模様がサクラやカバノキに似るから。

3682. アカミノイヌツゲ　〔モチノキ属〕
Ilex sugerokii Maxim. var. *brevipedunculata* (Maxim.) S.Y.Hu

北海道、本州近畿以北の主として日本海側の山地にはえる小形の常緑低木。高さ1〜2m。枝は淡褐色。葉は密に互生し長さ2〜3cm、幅1〜2cmの細長いだ円形で表面は濃緑色、裏面は淡緑色。葉柄はしばしば赤色を帯びる。雌雄異株。花は夏。葉腋に花をつける。雌花は単生、雄花は1〜3花が短い柄で束状につく。5弁の白花で径4〜5mm。果実は径6〜7mmの球形で秋に赤熟する。全く同じ名をもつ別種がある。

3683. タラヨウ（モンツキシバ、ノコギリシバ）〔モチノキ属〕
Ilex latifolia Thunb.

静岡県以西、四国、九州、および中国大陸中部に分布。山地にはえ、寺院や庭に栽植もされる高さ10m位の常緑高木。枝は太く無毛。葉は厚く滑らかな革質で光沢があり長さ10〜22cm。花は晩春に咲き黄緑色。雌雄異株。果実は径6〜8mm、翌春まで落ちない。和名多羅葉（たらよう）は葉面を傷つけると黒変することを、昔、葉に傷をつけて経文を書いたヤシ科のオウギヤシ（貝多羅樹）*Borassus flabellifer* L. の葉にたとえたもの。

3684. イヌツゲ　〔モチノキ属〕
Ilex crenata Thunb. var. *crenata*

本州から九州、および朝鮮半島南部の山地にはえ、生垣や庭木として栽植される常緑低木または小高木。高さ1.5〜6m。枝や葉はよく茂る。葉は長さ1.5〜3cm、革質で表面は光沢があり、裏面に腺点がある。雌雄異株。花は初夏、花弁とがく片は各4枚、雌花は前年または若枝の葉腋に短い花序をつくり、雄しべ4本と退化した雌しべをもつ。雌花は若枝の葉腋に1花ずつつける。和名はツゲに似ているが材が劣る意。

3685. キッコウツゲ　〔モチノキ属〕
Ilex crenata Thunb. 'Nummularia'
　イヌツゲの1栽培変種で、観賞用として庭園に栽培される常緑低木。高さ1〜2mで枝は太い。葉は枝先に非常に密につき、長さ1〜2cm、厚い革質で平たく滑らか、先端に3〜7つの鋸歯がある。葉柄は短い。花は夏、雌雄異株。雄花は集まってつくが、雌花は単生する。和名は葉の形が亀の甲に似ているからついた。

3686. ハイイヌツゲ (ヤチイヌツゲ)　〔モチノキ属〕
Ilex crenata Thunb. var. *radicans* (Nakai) Murai
　本州中部以北の日本海側山地と北海道、および千島列島、サハリンの南部にかけて分布。常緑のつる状低木。枝の大半は地上をはうため1m未満。枝は褐色。葉は短柄があり密に互生し長さ1〜3cm、幅1cm弱、だ円形。花は夏。葉腋に小さな淡黄緑花をつける。雌雄異株。花は雌花、雄花とも4数性、径4〜5mmのカップ状になる。果実は球形で径5〜6mm、黒熟する。

3687. ムニンイヌツゲ　〔モチノキ属〕
Ilex matanoana Makino
　小笠原諸島に固有の常緑低木ないし小高木。高さ3m。根もとからよく分枝する。幹、枝は灰褐色、葉は互生し長さ2〜3cm、先端はとがり、上半部の数対には不規則な鈍鋸歯がある。初夏には新葉が明るい黄緑色で紅色を帯び株全体が美しい。葉腋から1cmほどの花柄をもった淡緑色の小花を多数束状につける。実は径5mmほどの扁球形。秋に黒熟する。本土のイヌツゲの近縁種。

3688. ツルツゲ　〔モチノキ属〕
Ilex rugosa F.Schmidt var. *rugosa*
　本州中部以東、北海道、および千島、サハリンに分布。低山帯上部から亜高山帯の針葉樹林下にはえる、匍匐性の常緑小低木。枝は細長く稜をもち全面に細点があり、長さ20〜50cm。地表をはったところどころに根を出す。葉は2〜4cmで厚く革質。花は初夏、雌雄異株。前年の枝に雌花は単生、雄花は数個集散花序につく。和名はイヌツゲの仲間でつるになるため。ホソバツルツゲ var. *stenophylla* (Koidz.) Sugim. は本州中部の太平洋側から四国に分布し、葉が細く狭披針形である。

3689. ウメモドキ　〔モチノキ属〕
Ilex serrata Thunb.

本州，四国，九州の山中の湿地にはえ，また庭木や生花用に栽植する落葉低木。高さ 2〜3 m になり，細い枝をよく分ける。枝は灰色。枝や葉に短毛がある。葉は長さ 3〜8 cm。雌雄異株。花は初夏に咲き，花径 2 mm 位。集散花序に雌花は 1〜7 花，雄花は 7〜15 花をつける。果実は径約 5 mm で真赤に熟し晩秋から冬中，枝に残り美しい。

3690. ミヤマウメモドキ　〔モチノキ属〕
Ilex nipponica Makino

本州の主として日本海側山地の湿った場所に生じる落葉低木。高さ 2〜3 m。よく分枝し樹皮は灰褐色。長枝の葉腋にしばしば短枝を生じる。葉は短枝の先に互生し長さ 4〜12 cm，幅 2〜3 cm，細長い円形，葉縁に低鋸歯があり先端は点状にとがる。花は初夏。短枝の先端付近の葉腋に短い花序を出し，小さな白花を数個つける。雌雄異株。ウメモドキに似るが枝が無毛なことで区別する。また本種をウメモドキの変種として扱うこともある。

3691. フウリンウメモドキ　〔モチノキ属〕
Ilex geniculata Maxim. var. *geniculata*

本州，四国，九州の山地にはえる落葉低木。樹皮は灰褐色で無毛。枝は細長く，若枝は稜がある。葉は膜質で長さ 4〜11 cm。雌雄異株。花は初夏，葉腋から長さ 2〜4 cm の細い花柄を生じ，雄花は 2〜6 個，雌花は 1〜3 個が垂れ下がる。和名風鈴梅擬（ふうりんうめもどき）はウメモドキに似て，紅色の果実が垂れ下がったのを風鈴にたとえてつけられた。葉が無毛のものをオクノフウリンウメモドキ var. *glabra* Okuyama といい，北海道西南部と本州北部の日本海側に分布する。

3692. マテチャ（パラグアイチャ）　〔モチノキ属〕
Ilex paraguariensis A.St.Hil.

パラグアイ，ブラジル，アルゼンチンを原産とする常緑低木。高さ 3〜4 m。葉は互生し長さ 4〜12 cm，幅 3〜6 cm。表面は暗緑色，裏面は淡緑色，上半分の縁にまばらな鋸歯がある。花は当年枝につき花弁は 4 個，白色。果実は径 5 mm，赤褐色に熟する。葉をつんで熱気で乾燥し茶とする。南アメリカにおいて古くから飲用されている。

3693. アオハダ 〔モチノキ属〕
Ilex macropoda Miq.
　北海道から九州，および朝鮮半島，中国中部の山地にはえる落葉高木。高さ10 m位。樹皮は薄く灰白色であるが，少し削ると緑色の内皮が見える。葉は長さ4～7 cmで互生，短枝に束生。雌雄異株。花は晩春，短枝上に雌花は数個，雄花は多数集まる。果実は径7 mm位，秋に紅熟。和名青膚（あおはだ）は樹の内皮の色に基づく。材は細工物，薪炭（しんたん）に利用。

3694. タマミズキ 〔モチノキ属〕
Ilex micrococca Maxim.
　静岡県以西，四国，九州，および台湾と中国に分布し，山地にはえる落葉高木。成長が速く高さ10～15 mとなる。枝は無毛。樹皮は灰褐色，若枝に稜がある。葉は長さ7～13 cm，洋紙質で滑らか。雌雄異株。花は晩春，集散花序につく。果実は径3 mm位，秋に熟し枝上に群がってつく。和名玉水木は玉は果実，樹がミズキに似ることによる。

3695. ホタルブクロ 〔ホタルブクロ属〕
Campanula punctata Lam. var. *punctata*
　東アジアの温帯に分布し，北海道から九州の山野にはえる多年草。地下の匍匐枝を出して繁殖する。高さ30～80 cm。根生葉は卵心形で長い柄があるが花時にはない。茎につく葉は互生，先のとがった長卵形で上部につく葉は柄がない。花は初夏，白色または淡紅紫色。がく裂片の間の湾入した部分は反曲する。若葉は食用となる。和名はこの花にホタルを入れて観賞したことによる。

3696. ヤマホタルブクロ（ホンドホタルブクロ）〔ホタルブクロ属〕
Campanula punctata Lam. var. *hondoensis* (Kitam.) Ohwi
　本州近畿地方以東の高地や山麓の礫地にはえる多年草。高さ30～80 cm。全体に開出する粗い毛がある。茎葉は互生し，先は鋭くとがる。長さ5～10 cmで縁には低い鈍鋸歯がある。花期は夏。茎の上部で分枝し，紅紫色または淡紅色で，濃色の斑点のある花を開く。がく裂片の間の湾入した部分は反曲しない。さく果は倒卵状の半球形で，種子には狭い翼がある。

3697. シマホタルブクロ 〔ホタルブクロ属〕
Campanula microdonta Koidz.

伊豆諸島の礫地や岩隙などにはえる多年草。高さ35〜85 cm。全草が剛直でふつうは無毛。葉は互生し、卵形で先はとがる。長さ5〜9 cm、幅2〜7 cmで縁に鈍い鋸歯がある。花期は夏。茎の上部に枝を分け、20〜100個もの多数の白い花をつける。花冠は長さ2.5〜3 cm、筒状の鐘形で浅く5裂する。さく果は約1 cm、種子には翼がほとんどない。

3698. ヤツシロソウ 〔ホタルブクロ属〕
Campanula glomerata L.
　subsp. *cephalotes* (Fisch. ex Nakai) D.Y.Hong

北東アジアの温帯に分布し、日本では阿蘇火山帯の草原にまれにはえる多年草。全体に短い粗毛がある。根茎は短く横にねる。高さ40〜80 cm。葉は互生、下部には翼のある柄があり、上部では無柄で茎を抱く。花は夏、茎頂に10個内外が球状に集まり無柄で上向きに開く。母種は大形でヨーロッパからシベリアに分布。和名は産地の熊本県八代に基づく。

花冠の断面

3699. イワギキョウ 〔ホタルブクロ属〕
Campanula lasiocarpa Cham.

本州中部以北、北海道およびサハリン、千島、カムチャツカ、アリューシャン、アラスカの寒帯に分布。高山から亜高山の砂礫地にはえる多年草。地下茎は細長く分枝し、その先に苗が出て繁殖する。葉は互生し、根生葉は束生する。花は夏、高さ10 cm内外の花茎の先にふつうに紫色花を1個つける。がく裂片の縁には鋸歯がある。さく果は上を向く。

3700. チシマギキョウ 〔ホタルブクロ属〕
Campanula chamissonis Al.Fedr.

本州中部以北と北海道、国外ではイワギキョウとほぼ同地域に分布する多年草。高山帯の岩礫地を好んではえる。根茎は細長く横にはい、地上に出た部分にロゼット葉がある。花は夏、高さ5〜10 cmの花茎の先端に、外側は紫色で内面は淡紫色の1花を開く。花冠は長さ3 cm内外、内面に白い長毛がある。がく裂片は幅広く全縁に近い。

3701. フウリンソウ 〔ホタルブクロ属〕
Campanula medium L.

南ヨーロッパ原産。日本へは明治初年に渡来し，観賞用として庭などに栽培される1年または2年草。高さ60〜90 cm。多数の小枝が分かれ，毛がある。葉は互生し，長い粗毛がある。花は初夏，紫色，ときに白や淡紫色の花を開く。鐘形の花冠はやや上向き，八重咲きのものもある。和名風鈴草は花を風鈴に見立てたもの。英名ベルフラワー。

3702. モモノハギキョウ 〔ホタルブクロ属〕
Campanula persicifolia L.

ヨーロッパからシベリアの原産。観賞用に栽培される耐寒性の多年草で，高さ30〜100 cm。全株無毛，茎は直立性で分枝は少なく，根生葉はへら状長だ円形で無柄，花は頂生または腋生する。花冠は広鐘形で長さ径とも 2.5 cm位。淡青色，花期は晩春から初夏。繁殖は主に実生で春まきし，翌年開花する。園芸品種が多い。

3703. トウシャジン（マルバノニンジン）〔ツリガネニンジン属〕
Adenophora stricta Miq.

朝鮮半島と中国に分布する多年草。古くから栽培され，栽培品は中国からの渡来らしい。根茎は太く，茎は高さ1 m内外。根生葉は腎臓状円形で長柄がある。花は夏から初秋で紫色の鐘形花を下向きにつける。和名唐沙参（とうしゃじん）は中国伝来の沙参で，沙参はこの類全般の漢名。

3704. ヒナシャジン 〔ツリガネニンジン属〕
Adenophora maximowicziana Makino

高知県と愛媛県に稀産し，石灰岩の岩場で垂れ下がり，草むらでは直立してはえる多年草。高さ40〜80 cm。葉は互生し，中部につく葉は長い線状で先がとがる。花期は夏から秋。茎の頂に散房状または円錐状花序をなし，ややまばらに白または淡青紫色の花を下垂ずる。花冠は筒状の鐘形，先は5裂してくびれる。花柱は花冠から長く突き出る。

【新牧2903】

3705. イワシャジン（イワツリガネソウ）〔ツリガネニンジン属〕
Adenophora takedae Makino var. *takedae*
神奈川県，静岡県，山梨県，長野県南部，愛知県に分布が限られ，渓畔の岩場に垂れ下がってはえる多年草。長さ20〜55 cm。茎の葉は互生し，線状で表面にまばらに短毛がある。花期は秋。茎の頂にまばらに総状花序をなし，紫色の花を1〜12個下向きに開く。花冠は鐘形，先は浅く5裂し，花柱は花冠の中にあって外へは突き出ない。

【新牧2904】

3706. ツクシイワシャジン〔ツリガネニンジン属〕
Adenophora hatsushimae Kitam.
宮崎県と熊本県に分布し，渓畔の岩上にはえるまれな多年草。高さ20〜40 cm。根生葉や茎の下部の葉は卵状心形，長さ3〜6 cm，幅1.5〜3.5 cm。先が鋭くとがる。花期は秋。枝の先端に総状花序をなし，まばらに紫色の花を下向きにつける。花冠はロート状で長さ約1 cm，口部は狭くならず，浅く5裂，裂片は三角形で花柱に白い毛が密生する。

3707. サイヨウシャジン〔ツリガネニンジン属〕
Adenophora triphylla (Thunb.) A.DC. var. *triphylla*
九州以南，および台湾にかけて分布する多年草。高さ40〜100 cm。葉は輪生または対生，長さ4〜8 cm，幅3〜15 mmで線形または長楕円形，卵状だ円形など変化が多く，縁に鋸歯がある。花期は秋。円錐状花序に淡紫色の花を多数まばらにつける。小花柄は花より短い。がく片は線形，花冠は壺状の鐘形で長さ8〜14 mm，先は5裂，口はすぼまる。花柱は外へ突き出る。和名は細葉の意。

【新牧2905】

3708. ツリガネニンジン（ツリガネソウ）〔ツリガネニンジン属〕
Adenophora triphylla (Thunb.) A.DC.
var. *japonica* (Regel) H.Hara
北海道，本州，四国の山野にふつうにはえ，変異の多い多年草。高さ30〜90 cm。全体有毛。長い柄のある根生葉は花時には枯れ落ちる。茎葉は節ごとに3〜6枚が輪生する。花は夏から秋，白ないし青紫色。和名は花の形と太い根に基づく。古名トトキは若苗をいい食用にする。母種サイヨウシャジンは花冠の先が広がらない。

【新牧2906】

3709. ハクサンシャジン 〔ツリガネニンジン属〕
Adenophora triphylla (Thunb.) A.DC.
var. *japonica* (Regel) H.Hara f. *violacea* (H.Hara) T.Shimizu

　北海道, 本州中部以北の亜高山帯の高原や砂礫地にはえる多年草。高さ 30～80 cm。葉の形は変化が多く, 縁に鋭い鋸歯があり, 柄はない。花期は夏。茎の上部の 2～4 節に淡紫色から紫色, ときに白色の花を 2～6 個ずつ輪生し, 斜め下向きに咲く。花柄は短く, 花は接近して固まって開くので, ツリガネニンジンと区別できる。別名タカネツリガネニンジン。

3710. オトメシャジン 〔ツリガネニンジン属〕
Adenophora triphylla (Thunb.) A.DC.
var. *puellaris* (Honda) H.Hara

　四国（徳島県, 愛媛県）の蛇紋岩地の草原にはえる多年草。葉は下部では輪生, 中部以上ではやや互生し, 線形か狭線形, 先端は小突起状で縁に鋸歯があり, 長さ 3～8 cm, 幅 1～3 cm。花期は晩夏。茎の先端に総状花序をなし, 湾曲した細い花柄の先に青紫色の花をつける。苞は葉状, 花冠は広鐘形で長さ 1 cm 位, 先は 5 裂, 花柱は長く花冠の外へ出る。

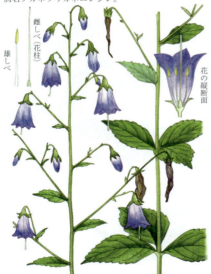

3711. フクシマシャジン (ツルシャジン) 〔ツリガネニンジン属〕
Adenophora divaricata Franch. et Sav.

　本州北中部と四国（徳島県）, および朝鮮半島と中国東北部の温帯に分布。山地の乾いたところにはえる多年草。茎は高さ 40～100 cm, ふつう立った毛がある。葉は 3～4 枚輪生, ときに対生または互生, 長さ 5～10 cm。花は夏, 白紫色, 花冠は長さ 1.5～2 cm で下向きに開花。がく片は長だ円形で全縁, 花柱は花冠の外に少し突き出る。和名福島沙参は最初の福島県産標本に基づく。

3712. ソバナ 〔ツリガネニンジン属〕
Adenophora remotiflora (Siebold et Zucc.) Miq.

　本州, 四国, 九州および朝鮮半島から中国に分布し, 山地の林内や斜面にはえる多年草。茎の高さ 90 cm 内外, ときに上部で分枝する。上部になるにつれ葉は小さくなり, また葉柄は短くなってついに無柄になる。花は夏から秋。和名は軟らかな若葉をソバにたとえ, また岨菜（そばな）で山地のけわしい斜面にはえる菜という説もある。

3713. ヒメシャジン 〔ツリガネニンジン属〕
Adenophora nikoensis Franch. et Sav. var. *nikoensis*

本州中・北部の亜高山から高山帯下部にはえる多年草。根は肥厚し、長く地中に入る。茎は無毛で直立、ふつう数本が束生し、高さ16～60 cm。葉は互生、ほとんど無柄。花は初夏から初秋、がく片は線形で縁に細かい鋸歯がある。花冠は紫色で長さ1.5～2.5 cm、下向きに咲く。雄しべ5本、雌しべ1本、花柱は外へやや突き出る。関東山地には葉が対生または輪生し、線状披針形で鎌形に曲がり、花はやや小さく、がく片が全縁のミョウギシャジン var. *petrophila* (H.Hara) H.Hara がある。

3714. ミヤマシャジン 〔ツリガネニンジン属〕
Adenophora nikoensis Franch. et Sav. var. *nikoensis*
f. *nipponica* (Kitam.) H.Hara

近畿以北の高山帯にはえる多年草。根は肥厚し、地中に深く直下する。茎は直立、高さ20～40 cm、全体に無毛。葉は互生、または3～4枚輪生し無柄に近い。葉面脈上にまれに毛が散生。花は夏、茎上部に少数の青紫色の鐘形花を下向きに開く。がく片は広披針形で先端は円く全縁。花冠は長さ3 cm内外。雄しべ5本、つけ根は拡大し中空となり、中央に花柱がある。本種はヒメシャジンとはがく片の形以外に区別点はない。

3715. シライワシャジン 〔ツリガネニンジン属〕
Adenophora nikoensis Franch. et Sav. var. *teramotoi*
(Hurus. ex T.Yamaz.) J.Okazaki et T.Shimizu

長野県長谷村白岩の石灰岩の岩隙や草地にはえる多年草。高さ20～60 cm。葉はやや密に互生し、縁に低い鋸歯と微細な突起状毛があり、先は房状に長くとがる。花期は晩夏。茎の頂に総状ときに円錐状の花序をつけ、淡紫色か紫色の花を開く。花冠は鐘形、長さ約1.5 cm、浅く5裂し裂片は開出する。花柱には細毛があり、花冠より長い。葉の下面に毛があるものをケシライワシャジンという。

3716. モイワシャジン 〔ツリガネニンジン属〕
Adenophora pereskiifolia (Fisch. ex Roem. et Schult.)
Fisch. ex Loudon

北海道、青森県、熊本県に分布、山野の草地や岩場にはえる多年草。高さ20～80 cm。葉は3～5枚が輪生し、長さ2～8 cm、幅1～2.5 cm、先は鋭くとがり、縁に鋭い鋸歯がある。花期は夏。茎の頂に総状花序をつけ、淡紫色、ときに白色の花を4～6個開く。下位子房は太く目立ち、花冠は広鐘形で長さ約2 cm、花柱は花冠より長く外へ突き出る。和名の藻岩(もいわ)は札幌の地名。

3717. ヤチシャジン　　〔ツリガネニンジン属〕
Adenophora palustris Kom.
愛知県，岐阜県と中国地方の湿地（ヤチ）にまれにはえる多年草。高さ60〜100 cm。茎は直立，無毛で紫色を帯びる。葉は互生，先端や基部がとがり，柄はなく，長さ3〜6 cm，幅1.5〜2.5 cm，縁に鋸歯がある。花期は夏から秋。総状花序に紫色または淡紫色の花をつける。苞は卵形，がく片は長卵形，花冠はロート状鐘形で長さ1〜2 cm，花柱は花冠から少し突き出す。

3718. キキョウソウ　　〔キキョウソウ属〕
Triodanis perfoliata (L.) Nieuwl.
北アメリカ原産の1年草。高さは60 cmに達することもある。茎は有毛。葉は互生し，葉身は1 cmほどの幅広い円形，縁に細かい鋸歯がある。初夏の頃に，上部の葉腋に小さな紫色の花をつける。花冠は径1 cmくらい，浅いロート形の花冠は深く5片に裂ける。中部より下の葉腋には閉鎖花をつける。果実はだ円形のさく果で側面が裂け，細かな種子を大量に飛散させる。

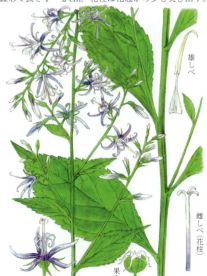

3719. シデシャジン　　〔シデシャジン属〕
Asyneuma japonicum (Miq.) Briq.
本州，九州，および朝鮮半島，中国東北部，ウスリー，アムール地方の温帯に分布。山地にはえる多年草。全体に粗毛を散生。根茎は横にはう。茎は直立し高さ50〜100 cm，縦に線がある。葉は長さ5〜12 cm。夏から秋に茎上部で分枝し，総状花序に紫色の花を開く。和名四手沙参は細裂する花冠の裂片を神前につける紙の四手（しで）に見立てた名。

3720. タニギキョウ　　〔タニギキョウ属〕
Peracarpa carnosa (Wall.) Hook.f. et Thomson
東アジアに広く分布し，北海道から九州の山地の木かげにはえる多年草。高さ10 cm位，軟弱で無毛。葉は互生し，柄があり，卵円形で先は鈍く長さ8〜25 mm。花は春から夏，上部の葉腋に糸状の花柄を出し，白色5弁の合弁花をつける。果実は下垂し，宿存がくを伴う。日本から北東アジアにかけてのものを変種として区別することもある。

3721. ヒナギキョウ 〔ヒナギキョウ属〕
Wahlenbergia marginata (Thunb.) A.DC.

関東地方および富山県以西, 四国, 九州, 琉球列島から台湾, 朝鮮半島, 中国, 熱帯アジアに分布し, 日当たりのよい草地や道ばたなどにはえる. 観賞用にも栽培される多年草. 茎は稜があり, 高さ30 cm内外, 多数が群がってはえる. 花は初夏から秋にかけ, 細長い枝先に青紫色の花を上向きに1個ずつつける.

3722. ツルニンジン 〔ツルニンジン属〕
Codonopsis lanceolata (Siebold et Zucc.) Trautv.

東アジアの温帯に分布し, 北海道から九州の山野の林縁などにはえる多年草. 独特な臭いがある. 若時を除きふつうは無毛. 茎の長さ2 m以上にもなり, つる性で他物にからみつく. 花は夏から秋, 白緑色で内面には紫褐色の斑点が目立つ. 茎や葉を切ると白い乳液が出て, 切り傷に薬効がある. 和名はつる性で根が朝鮮人参のように太いため.

3723. バアソブ 〔ツルニンジン属〕
Codonopsis ussuriensis (Rupr. et Maxim.) Hemsl.

東アジアの温帯に分布し, 北海道から九州の山野で日ざしが入る林内にはえるつる性の多年草. ツルニンジンに似ているが全体小形で有毛. 花は夏から秋. 種子は翼がなく光沢がある. 和名は木曽地方（長野県）の方言でバアは婆, ソブはソバカスで花冠の濁紫色を見立てたもの. 同地方ではツルニンジンをジイ（爺）ソブと呼ぶ.

3724. ツルギキョウ 〔ツルニンジン属〕
Codonopsis javanica (Blume) Hook.f. et Thomson subsp. *japonica* (Makino) Lammers

本州中西部, 四国, 九州および台湾, 中国の山地にややまれにはえるつる性の多年草. 根は太く白色. 葉は長さ3～5 cmの膜質で対生と互生とがある. 花は夏から秋, 葉腋に1個下垂し, 鐘形で長さ15 mm内外, 鋭く5裂し裂片は反り返る. 花後に径約1 cmの球形の紫色の液果が結実, 中に多数の褐色の種子がある. 和名は蔓性のキキョウ.

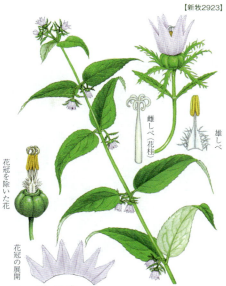

3725. タンゲブ (タイワンツルギキョウ) 〔タンゲブ属〕
Cyclocodon lancifolius (Roxb.) Kurz

種子島から琉球列島，および台湾，中国南部，東南アジア，インドの山地にはえる多年草。高さ30〜80cm。茎は数本群生する。葉は対生，長さ5〜11cm，幅1.5〜5cm，先が鋭くとがり，縁に鋸歯がある。花期は夏から秋。白色または淡紫色の花を頂生または上部の葉腋に単生する。花柄は長さ7〜20mm，2個の小苞が花を支える。液果は紅紫色の球形，径約1cm。

3726. キキョウ 〔キキョウ属〕
Platycodon grandiflorus (Jacq.) A.DC.

東アジアの温帯に分布し，北海道西南部から九州，琉球列島の日当たりのよい山野の草地にはえ，また花は観賞，根は薬用として古くから栽培される多年草。茎の高さ40〜100cm。傷つくと白い液を出す。花は夏から秋に咲き，大形で青紫色，園芸品では八重咲き，白花などもある。万葉集で秋の七草によまれるアサガオはこの花といわれる。

3727. アゼムシロ (ミゾカクシ) 〔ミゾカクシ属〕
Lobelia chinensis Lour.

日本各地，台湾，朝鮮半島，中国，インド，マレーの温帯から熱帯に広く分布。田のあぜや湿地に多い多年草。茎は長さ20cm位で地面をはい，節から根を出し，ところどころで斜上する。全体無毛。葉は長さ1〜2cm。花は夏から秋，花冠は淡紫色で鈸部の基部には黄緑色などの蜜標がある。花後花柄は下に垂れる。和名畔莚（あぜむしろ）はあぜに広がるから。別名溝隠（みぞかくし）。

3728. タチミゾカクシ 〔ミゾカクシ属〕
Lobelia dopatrioides Kurz
var. *cantoniensis* (Danguy) W.J.de Wilde et Duyfjes

九州から琉球列島，および台湾，中国南部，インドシナの湿地や水田にはえる1年草。高さ5〜25cm。葉は互生し全体に卵形，長さ4〜25mm，幅2〜8mm，全縁でかすかな鋸歯が少数あり，先は丸くなる。花期は夏から秋。茎の上部にやや総状に1〜10個の淡紫色か白色の花をつける。花柄は長く，果期には長さ約2cmほどになる。果実は球状の倒卵形で長さ約3mmである。

3729. サワギキョウ　〔ミゾカクシ属〕
Lobelia sessilifolia Lamb.

　日本各地および千島, サハリン, 台湾, 朝鮮半島, 中国東北部, 東シベリアなどの温帯から暖帯に分布。山間の湿地に群生する多年草。根茎は太く短い。茎は高さ50～100 cm, 太く中空で分枝しない。切ると白汁が出る。全体無毛。葉は長さ4～7 cm, 上部のものほど小形でそのまま苞になる。花は夏から初秋に咲き美しい。

3730. オオハマギキョウ　〔ミゾカクシ属〕
Lobelia boninensis Koidz.

　小笠原諸島の海岸や山地の斜面にはえる低木状の常緑多年草。高さ1.2～2 mに達する。葉は茎頂に輪生状に集まって四方へ広がり, 長さ15～20 cm, 幅15～18 mmほど。花期は初夏。総状花序は長さ40～50 cm, 多数の淡い緑白色の花を下方から順に開く。花冠は唇形, 上唇は深く2裂する。さく果は卵形で10稜あり, 種子はごく小さく赤褐色, だ円形である。

3731. ロベリア（ルリチョウチョウ, ルリミゾカクシ）　〔ミゾカクシ属〕
Lobelia erinus L.

　南アフリカ原産。観賞用に栽培される半耐寒性の多年草または1年草で, 高さ15～30 cm。茎は非常によく分岐し, 直立または匍匐性で, 葉を密生する。基部の葉はさじ状, 花茎の葉は狭だ円形で小さく, 互生する。花は径1.3～1.8 cm。花冠は5裂するが下方の3枚がゆ着して大きな唇弁状になる。花色は紺青, 青, 紫, 白など。通常秋まきとし, フレームで栽培する。園芸界では属名のロベリアの名で呼ばれる。

3732. ミツガシワ　〔ミツガシワ属〕
Menyanthes trifoliata L.

　北半球の亜寒帯から寒帯に広く分布。北海道, 本州, 九州の山地の沼や沢などの湿地にはえる多年生の水草。地下茎は肥厚し横にはい緑色。葉は3枚の小葉からなり, 厚く無毛。花は晩春から夏, 根生葉の間から高さ30 cm位の花茎を出し頂に6～9 cmの総状花序に白い花を開き, ときに淡紅色を帯びる。和名三つ槲（みつがしわ）は3小葉からなる葉に基づく。

3733. アサザ　　〔アサザ属〕
Nymphoides peltata (S.G.Gmel.) Kuntze
　北半球の温帯から亜熱帯に広く分布し、本州、四国、九州の池や沼などにはえる多年生の水草。地下茎は水底の泥中を横にはい、茎は長い。葉身は径 10 cm 位、厚く表面は緑色、裏面は褐紫色を帯び、基部がふくらんだ長い柄があって水面に浮かぶ。花は初夏から夏、葉腋に数本の花茎を水面に出して開く。花冠は黄色で星形に 5 裂する。

3734. ガガブタ　　〔アサザ属〕
Nymphoides indica (L.) Kuntze
　本州、四国、九州および朝鮮半島、中国、東南アジア、オーストラリア、アフリカなど暖帯・熱帯に広く分布し、池や沼にはえる多年生の水草。茎は細長く水底の泥の中にひげ根を下ろす。葉身は径 7～20 cm の心臓形、基部がT字状にふくらんだ柄をもち水面に浮かぶ。花は夏、葉柄の基部に束生し、花冠は径 1.5 cm 位の白色で星形に 5 裂する。

3735. イワイチョウ（ミズイチョウ）　〔イワイチョウ属〕
Nephrophyllidium crista-galli (Menzies ex Hook.) Gilg subsp. *japonicum* (Franch.) Yonek. et H.Ohashi
　本州中部以北から北海道に分布。亜高山から高山の湿原にはえる多年草。地下茎は肥厚して横たわり、ひげ根を下ろす。葉は根生し、長さ 3～8 cm。花は夏、長さ 20 cm 内外の花茎に白花が集散状につく。和名岩公孫樹、水公孫樹はイチョウ（公孫樹）に似た葉形をさし、岩や水は生育地を表したもの。

3736. クサトベラ　　〔クサトベラ属〕
Scaevola taccada (Gaertn.) Roxb.
　旧大陸の熱帯、亜熱帯に分布し、小笠原や南西諸島の海岸に群落をつくる常緑低木。高さ 3 m になる。葉は互生、枝先に集中してつく。ほとんど無柄で全縁、光沢があり先端は円い。春から夏に上部の葉腋に白花を群生する。花は左右対称形で平開し、深く 5 裂した花冠裂片が扇形に並ぶ。果実は径 1 cm 弱の球形で白く熟す。

3737. モミジハグマ 〔モミジハグマ属〕
Ainsliaea acerifolia Sch.Bip. var. *acerifolia*

　本州の関東地方以西の太平洋側、四国、九州の低山帯の木かげにはえる多年草。茎は高さ30～80cm、分枝せずに直立する。葉は茎の中ほどにつき、両面に軟毛がまばらにはえる。質は薄い。花は夏から秋。頭花は3個の管状花からなる。和名は葉がモミジの葉に似ているのにちなむ。本種に似て近畿地方以北にはえ葉の切れ込みの浅いものにオクモミジハグマがある。

3738. オクモミジハグマ 〔モミジハグマ属〕
Ainsliaea acerifolia Sch.Bip. var. *subapoda* Nakai

　本州（近畿地方以北の主に日本海側）、対馬、および朝鮮半島、中国に分布し、山地の林下にはえる多年草。高さ40～80cm。葉は茎の中ほどに4～7個あり、やや輪状につき、長い柄をもつ。葉身は掌状に浅く裂ける。花期は夏から秋。頭花は穂状に並び、開花時には横を向く。小さな苞がある。総苞は狭い筒状で、総苞片は瓦重ね状につく。小花は3個、花冠は白い。

3739. キッコウハグマ 〔モミジハグマ属〕
Ainsliaea apiculata Sch.Bip.

　北海道西南部から九州屋久島、および朝鮮半島に分布。山地の木かげにはえる多年草。地下茎は細くはう。茎は高さ10～20cm。葉は長さ幅とも1～3cm、葉柄は葉身の2倍である。葉、茎に長毛がある。花は秋、頭花に管状花が3個ずつあって全体で一輪の花のように見えるが、多くは閉鎖花で花弁はない。和名は葉が亀甲形で、花がハグマ（カシワバハグマ）に似ているという意味。

3740. エンシュウハグマ（ランコウハグマ）〔モミジハグマ属〕
Ainsliaea dissecta Franch. et Sav.

　静岡県と愛知県の山林内にはえる多年草。茎は高さ30cmほどで直立し分枝しない。葉身は長さ2.5～6.5cm、両面にやや細毛がある。花は夏から秋。管状花は各頭花に3個ある。総苞は長さ1cm。そう果は無毛で羽毛状の冠毛がある。和名は遠州（静岡県の西部）に多いので遠州羽熊と名付けられた。

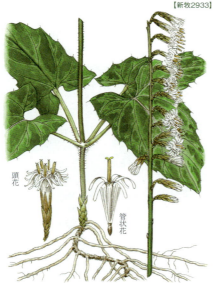

3741. テイショウソウ　〔モミジハグマ属〕
Ainsliaea cordifolia Franch. et Sav. var. *cordifolia*

千葉以西から近畿南部，四国の太平洋側の暖帯林の下にはえる多年草。茎は高さ30〜50 cmで，初めは淡褐色の綿毛をかぶっているが，のちに脱落する。葉の上面には白斑か暗紫斑があり，下面にはやや密に伏毛がある。花は秋。20〜30 cmの花序に，一方に向かって頭花をつける。頭花は5個の管状小花からなる。

3742. ヒロハテイショウソウ　〔モミジハグマ属〕
Ainsliaea cordifolia Franch. et Sav. var. *maruoi* (Makino) Makino ex Kitam.

千葉県から静岡県までの太平洋側の低山に主としてはえる多年草。テイショウソウは葉形にかなりの地理的変異があり，基準型は葉が長だ円形で縁に低い鋸歯があるが，この型は広卵形で欠刻が著しい。一方，紀伊半島から四国には，葉が円形に近く縁の鋸歯がごく浅い型がある。

3743. ホソバハグマ　〔モミジハグマ属〕
Ainsliaea faurieana Beauverd

屋久島の湿った岩上にはえる多年草。高さ15〜40 cm。葉は茎の中央に多数集まってつき，線形で全縁か，まばらに波状の鋸歯がある。花期は夏から晩夏。花序は総状か複総状，卵形で先が鋭い小さな苞葉があり，頭花は3個の管状花を含み，長さ3〜15 mmの柄をもつ。総苞は長さ7〜9 mm，各片は瓦重ね状に並ぶ。そう果は粗毛を密生し，冠毛は褐色を帯びている。

3744. マルバテイショウソウ　〔モミジハグマ属〕
Ainsliaea fragrans Champ.

九州中南部，および台湾，中国中南部の暖帯に分布。林下にはえる多年草。花茎は高さ40 cm内外。葉は越年生で長さ3〜10 cm，先は円く基部は深い心臓形。若いときは葉柄とともに汚白黄色の長い軟毛を密生する。花は夏，白色の頭花を横向きにつける。そう果には毛があり，冠毛は淡褐色，長さ約8 mm，絹状の光沢がある。

3745. クサヤツデ（ヨシノソウ，カンボクソウ）〔モミジハグマ属〕
Ainsliaea uniflora Sch.Bip.
神奈川県から近畿地方の太平洋側，四国，九州の川岸や山林内にはえる多年草。茎は高さ40 cm内外で，下部に褐色を帯びた短毛がある。花は秋。頭花は暗紫色の管状花1個からなり，傾いた花茎の枝先にぶら下がってつく。和名は葉がヤツデに似るので呼ぶ。別名は吉野山に多いのでヨシノソウ，葉がレンプクソウ科のカンボクに似ているのでカンボクソウとも呼ぶ。

3746. センボンヤリ（ムラサキタンポポ）〔センボンヤリ属〕
Leibnitzia anandria (L.) Turcz.
東アジアの暖帯から温帯に分布し，日本では北海道から九州の低山や丘陵の日当たりのよい草地にはえる多年草。春と秋に開花し，春の花茎は高さ5〜15 cmで白色の頭花をつけ，葉は下面に白いくも毛がある。秋の花茎は30〜60 cmにのび，先端に総苞のある閉鎖花をつける。和名は林立する秋の閉鎖花の花茎を千本の槍にたとえたもの。別名は春の花の色をいう。

3747. ガーベラ　　　　　　　　　　〔ガーベラ属〕
Gerbera hybrida hort.
南アフリカ産の複数の種の交配によってつくり出され，明治末期に渡来した宿根草で，観賞用に栽培される。高さ30〜60 cm。茎は非常に短く根生葉を四方に出し，次々に分枝する株に花をつける。花梗は長く先端に一重咲きのキク状花を単生する。品種改良が進み，八重咲き，万重咲き，花色も白，黄，橙，赤，緋色など多種。花期は春から初秋だが，温室では周年咲く。

3748. アフリカキンセンカ〔アフリカキンセンカ属〕
Dimorphotheca sinuata DC.
南アフリカ原産。半耐寒性秋まき1年草。高さ30 cm，基部から数本分枝し春にキンセンカに似た径4 cm内外の頭花を咲かせる。全株に腺軟毛がある。葉は長だ円状披針形。舌状花は橙黄色で中心の管状花は紫色をなす。花弁に金属光沢があり美しい。また交配種には白，黄橙色などの花色がある。種子は秋にまき，フレームで越冬させる。別名ディモルフォセカ。

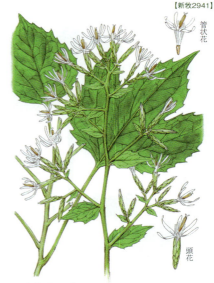

3749. クルマバハグマ　　〔コウヤボウキ属〕
Pertya rigidula (Miq.) Makino
　近畿地方以北の主に日本海側の山地の木かげにはえる多年草。根茎は長く横にはい、節がある。茎は直立し、高さ 30〜60 cm。葉は 8 枚前後が茎の中ほどに輪生状につき、長さ 10〜30 cm、幅 4〜12 cm で柄はない。花は夏から秋、葉の間から花茎がのび、10 個内外の管状花からなる頭花をつける。和名は葉が輪生状に集まってつくことによる。

3750. オヤリハグマ　　〔コウヤボウキ属〕
Pertya triloba (Makino) Makino
　関東北部と東北地方の山地の林内にはえる多年草。茎は直立し、高さ 30〜60 cm。葉はやや硬く、長さ 10〜13 cm、幅 7〜13 cm で、上部のものほど小形になり柄もなくなる。花は夏から秋。頭花はただ 1 個の管状花からなり、花冠は 5 裂する。和名は御槍白熊（おやりはぐま）で、3 中裂して裂片が先端を向いた葉を、槍先に見立てたもの。

3751. センダイハグマ　　〔コウヤボウキ属〕
Pertya ×koribana (Nakai) Makino et Nemoto
　東北地方南部にまれにはえる多年草。同地方特産のオヤリハグマと、全国的に分布するカシワバハグマとが交雑してできたもの。高さ 50 cm 内外。葉は茎の中央に集まる傾向がある。夏に茎の頂に頭花のつぼみがつき、秋に枝が開出して円錐花序をなして 1〜3 個の白色の管状花からなる頭花をつける。総苞は乾膜質で次第に内部が大きくなる総苞片からなる。

3752. カシワバハグマ　　〔コウヤボウキ属〕
Pertya robusta (Maxim.) Makino
　本州、四国、九州の山地の木かげにはえる多年草。茎は高さ 30〜70 cm で硬く、分枝しない。葉は茎の中ほどにやや集まってつき、10 cm にもなる長い柄をもつ。花は夏から秋。和名柏葉白熊で、葉がカシワの葉に似て、花がハグマすなわちヤクの白尾の形をしているという意味。白熊（はぐま）は僧の法要に使う払子（ほっす）をつくったり、旗や槍などの装飾に用いる。

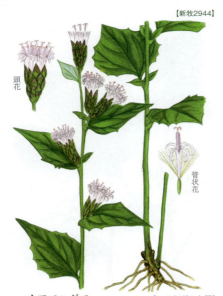

3753. カコマハグマ　〔コウヤボウキ属〕
Pertya ×hybrida Makino

武蔵野とその周辺の丘陵地にしばしばはえる多年草。高さ50cm内外、茎はやや硬い草質で軟毛があり、直立し毎年枯死する。葉は長さ6cm位、裏面は青白く光沢がある。花は秋、桃色の頭花は長さ2cm位。和名はカシワバハグマとコウヤボウキとの間（ま）という意味で、両種間にしばしばできる1代雑種である。

3754. コウヤボウキ　〔コウヤボウキ属〕
Pertya scandens (Thunb.) Sch.Bip.

宮城県以南、四国、九州に分布し、山地の半日かげにはえる草本状の落葉小低木。高さ1m内外。全体に短毛がある。1年枝は卵形の葉を互生し、秋に頭花をつける。2年枝は節ごとに小葉を束生し、秋に枯れる。葉は3主脈が目立つ。和名は高野山でこの枝を束にしてほうきをつくることにちなむ。

3755. ナガバノコウヤボウキ　〔コウヤボウキ属〕
Pertya glabrescens Sch.Bip. ex Nakai

岩手県以南、四国、九州、対馬および中国大陸に分布し、やや乾燥した山地にはえる落葉性の小低木。高さ1m内外。コウヤボウキに似ているが、根茎は太く、全体にほとんど毛はない。1年枝は卵形葉を互生し花をつけず、2年枝は節ごとに長だ円形の葉を束生し、秋に白色の頭花をつける。和名は葉が長いという意味で、コウヤボウキに比べて花のつく枝の葉が長いからであるが、同じ年に出た枝同士では必ずしもあてはまらない。

3756. ルリギク　〔ストケシア〕　〔ストケシア属〕
Stokesia laevis (Hill) Greene

北アメリカ南部原産。観賞用草花としてよく栽培される多年草。高さ40〜60cm。根生葉は長さ20cm位、無毛、やや革質で無光沢、有柄。初夏から初秋に上方でまばらに分枝する花茎を出し、径4〜5cmの紫を帯びた青色、まれに白色の頭花を頂生する。和名は花色に基づくが、園芸界では属名のストケシアで呼ぶ。

3757. ヌマダイコン 〔ヌマダイコン属〕
Adenostemma lavenia (L.) Kuntze

関東地方以西から琉球列島、および朝鮮半島、台湾、中国、インド、マレー、オーストラリアの暖帯から熱帯に分布。湿地や水辺にはえる多年草。高さ30～100cm。葉は長さ4～20cm、まばらに粗短毛があり軟かい。花は秋、総苞片は長さ約4mm、花後反曲する。そう果には粘着性のある冠毛がある。和名は沼地にはえ、葉がダイコンに似るため。

3758. カッコウアザミ 〔カッコウアザミ属〕
Ageratum conyzoides L.

熱帯アメリカ原産。日本へは明治初期（1870年頃）に渡来し花壇または切花用として栽培される1年草。九州南部、沖縄、小笠原などでは帰化し雑草となっている。高さ30～60cm。花は夏、紫または白色の管状花だけからなる小頭花。和名藿香薊（かっこうあざみ）は葉が藿香、すなわちシソ科のカワミドリに、花はアザミに似るから。

3759. フジバカマ 〔ヒヨドリバナ属〕
Eupatorium japonicum Thunb.

本州から九州、および朝鮮半島と中国に分布。川岸の土手や湿った草地にはえる多年草。観賞のため栽培されたものがしばしば野生化し、本来の分布域ははっきりしないが、日本にも野生する事は確かである。高さは1m位。葉は対生し質は硬く、披針形で分裂しないか、3裂し上面はやや光沢がある。花は秋。和名藤袴（ふじばかま）。漢名蘭草、香草。香気があるので身につけたり浴湯に入れたりした。利尿剤にする。秋の七草の1つ。現在では中国からの類似種がよく栽培されている。

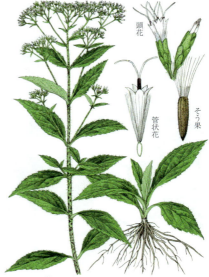

3760. ヒヨドリバナ 〔ヒヨドリバナ属〕
Eupatorium makinoi T.Kawahara et Yahara

北海道から九州、さらに朝鮮半島、中国大陸の温帯から暖帯に分布。山地の乾いたところにはえる多年草。高さ1～2m。フジバカマに似ているが、地下茎は横にはうことはなく、茎は短毛がありざらつき、紫色の細点があって、香気は少ない。葉の下面には腺点があることが多い。花は夏から秋。和名はヒヨドリが鳴く頃咲くことにちなむ。

3761. ヨツバヒヨドリ　〔ヒヨドリバナ属〕
Eupatorium glehnii F.Schmidt ex Trautv.

　四国と本州のやや高地と，北海道および南千島，サハリンに分布。草原や明るい林縁にはえる多年草。茎は数本群れ立ちし，高さ1m内外で分枝しない。葉は3～6枚輪生し，短柄または無柄，質はやや薄く，長さ13cm，幅3.5cm内外。花は夏から初秋に咲く。和名はふつう葉が4枚輪生することに基づくが，5枚，6枚のものもある。

3762. ヤマヒヨドリ　〔ヒヨドリバナ属〕
Eupatorium variabile Makino

　紀伊半島以西，四国，九州と久米島までの南西諸島に分布し，海岸近くの林縁にはえる多年草。高さ50～100cm，よく分枝する。葉は短い柄で対生し，卵形から披針形まで変異が多い。葉はほとんど無毛で，質は硬く，表面に光沢がある。秋から初冬にかけ白色の小花を集めた頭花が，枝先に小形の散房花序につく。

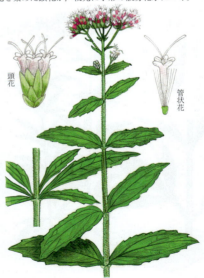

3763. タイワンヒヨドリバナ　〔ヒヨドリバナ属〕
Eupatorium formosanum Hayata

　琉球列島から台湾，フィリピンに至る亜熱帯に分布する多年草。林縁など日の当たる場所にはえる。高さ30～100cm。葉は2～4cmの長い柄で対生し，全体は広卵形，深く3片に裂ける。晩秋から冬に，白色の小管状花からなる頭花をまばらな散房花序につける。繁殖力が強く，牛馬の飼料とされることもある。

3764. サワヒヨドリ　〔ヒヨドリバナ属〕
Eupatorium lindleyanum DC.

　北海道から琉球列島および台湾，朝鮮半島，中国，東南アジアにまで広く分布し，山地の日当たりのよい湿地にはえる多年草。茎は高さ30～80cm，上部には粗毛が密生する。葉は無柄でやや厚く，明瞭なへこんだ3行脈があり，しばしば3全裂し，上面はざらつき，下面には腺点がある。花は夏から秋に。和名はヒヨドリバナに似て，やや湿地にはえるため。

3765. キリンギク （リアトリス，ユリアザミ）〔ユリアザミ属〕
Liatris spicata (L.) Willd.

　北アメリカ原産。切花用として，また花壇に栽培される多年草。高さ60〜140 cmで分枝しない。花序に散毛があるほか全体に無毛。根生葉は長さ20 cm，幅8 mm位，無柄で下葉が最も広い。花は夏，管状花だけからなる紅紫色の頭花を20〜30 cmの穂状に配列した花序を出す。和名麒麟菊（きりんぎく）は狭長な花序をキリンの首にたとえたもの。

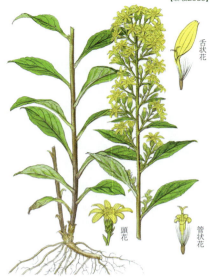

3766. アキノキリンソウ　〔アキノキリンソウ属〕
Solidago virgaurea L.
subsp. *asiatica* (Nakai ex H.Hara) Kitam. ex H.Hara

　本州，四国，九州および朝鮮半島に分布し，種としてはユーラシア大陸に広く分布。日当たりのよい山野にはえる多年草。茎は高さ30〜80 cm，上部は短毛がある。下部および中部の葉には有翼の柄がある。花は晩夏から秋。和名秋の麒麟草は花の印象をベンケイソウ科のキリンソウにたとえた。別名はアワダチソウで，花穂を酒の発酵したときの泡に見立てた。

3767. アオヤギバナ　（アオヤギソウ）〔アキノキリンソウ属〕
Solidago yokusaiana Makino

　本州から九州の山地の川岸などの岩上にはえる多年草。高さ20〜50 cm。葉は茎に接してつき線状披針形。先は鋭尖形で，基部は狭まって柄となる。花期は夏から秋。頭花は茎の上部に多数集まってつき，花序柄に長さ1 mmほどの線形の苞が1個または数個つく。総苞は筒状鐘形。舌状花の花冠は濃い黄色。そう果は円柱形で長さ3.5 mm位。

3768. セイタカアワダチソウ　〔アキノキリンソウ属〕
Solidago altissima L.

　北アメリカ原産で明治30年頃に渡来した帰化植物。各地の土手や荒地にはえる多年草で，第2次大戦後頃から急に多くなった。長い根茎があり群落をつくるが同一場所には長つづきしない。茎は高さ1〜3 m，全体に細毛がありざらつく。葉は長さ6〜13 cm。花は秋，花序は長さ10〜30 cm。和名は丈の高いアワダチソウの意。

3769. オオアワダチソウ 〔アキノキリンソウ属〕
Solidago gigantea Aiton subsp. *serotina* (Kuntze) McNeill

北アメリカ原産の多年草。明治年間（19世紀後半）に観賞用として日本へ渡来し、goldenrodの名で知られ、庭にも植えられるが、地下茎でさかんに繁殖するので今日では雑草化している。茎は直立し、高さ1m内外。花は夏から初秋、黄色の頭花を多数つける。周辺に舌状花、内側には浅く5裂する管状花があり、ときに舌状花に変わる。草丈の高いカナダノアキノキリンソウ *S. canadensis* L. やセイタカアワダチソウ（いずれも北アメリカ産）は雑草としてより強力で、しばしば群生する。

3770. ブクリュウサイ （ブクリョウサイ）〔ブクリョウサイ属〕
Dichrocephala integrifolia (L.f.) Kuntze

八丈島と四国、九州、琉球列島および台湾、中国南部、マレー、インド、アフリカの亜熱帯から熱帯に広く分布する多年草。高さ30cm位。葉は両面に短毛があり、葉質は薄い。花は春から秋、頭花は淡緑色で、花冠が退化した雌性の舌状花と黄色の管状花からなる。和名茯苓菜（ぶくりゅうさい）はおそらく琉球での名で、その音読みであろう。

3771. コケセンボンギク 〔コケセンボンギク属〕
Lagenophora lanata A.Cunn.

厳島（広島県）と九州、琉球列島および台湾、東南アジア、マレーに分布し、暖地にはえる多年草。地下茎は高さ10mm内外、細くて分枝しない。根生葉はロゼット状につき、長さ12〜30mm、軟毛を密生する。花は夏から秋、花茎の先に1個の頭花をつける。頭花は管状花と舌状花よりなる。和名は苔のように小形で茎が多く出ることにちなむ。

3772. アークトチス 〔ハゴロモギク属〕
Arctotis venusta Norl.

南アフリカのケープ地方原産。多年草であるが、栽培上は1年草として扱う。草丈60〜70cm、基部から葉を群生する。葉は細長く欠刻があり、両面とも白綿毛でおおわれる。花茎60〜70cm、地際で分枝し、各茎に1頭花をつける。花径7cmほどのガーベラに似た花で、管状花は青紫色、舌状花は白で裏面は藤青色、日中開き夕方閉じる。別名ハゴロモギク、アフリカギク。

3773. ヒナギク（デージー，エンメイギク）　〔ヒナギク属〕
Bellis perennis L.

コーカサス地方から西のヨーロッパに広く分布。日本へは明治初年に伝えられ、春の花壇に好んで植えられる多年草。高さ6〜9cm。葉は根生し毛がある。花は早春から秋、舌状花が周辺にだけある一重のものや、中心にまである八重状のものなどいろいろある。和名雛菊（ひなぎく）は可愛らしい姿に基づく。別名延命菊。英名 daisy で親しまれている。

3774. エゾギク　〔エゾギク属〕
Callistephus chinensis (L.) Nees

中国東北部の原産。観賞のため花壇などに植えられる1年草。茎は30〜60cm、葉とともに粗毛が散生。花は夏から秋、淡紅、紫、青紫、鮮紅、白色など種々の大形の頭花を開く。花屋ではふつう旧属名のアスターと呼び、欧米でも愛好されていて品種も数百ある。和名は蝦夷菊（えぞぎく）だが北海道に自生するわけではない。中国では翠菊。別名サツマコンギク、エドギク、サツマギク、チョウセンギク、タイミンギクなど。

3775. シュウブンソウ　〔シオン属〕
Aster verticillatus (Reinw.) Brouillet, Semple et Y.L.Chen

宮城県以西から琉球列島および朝鮮半島南部、台湾、中国、マレー、インドの暖帯から熱帯に分布。山地の木かげにはえる多年草。高さ50〜100cm、主茎は直立し、その上方から少数の枝が分かれて斜めに開出する。葉には短剛毛がありざらつく。花は夏から秋。2列に並んだ舌状花のそう果はくちばし状にとがるが、管状花のそう果はとがらない。和名秋分草。

3776. ヨメナ（ハギナ）　〔シオン属〕
Aster yomena (Kitam.) Honda

本州から九州の山野、田の縁などやや湿ったところにはえる多年草。地下茎を引いて繁殖する。茎は芽立ちでは赤味が強く、高さ30〜100cm、上部は鋭角に分枝する。葉は薄く上面には光沢がある。花は秋、径2.5〜3cmの頭花。冠毛は長さ約0.5mm。和名嫁菜はムコナ（シラヤマギク）に対してついた。食用で、香りがよく美味。本種はオオユウガギクと九州南部から中国、インドに分布するコヨメナ *A. indicus* L. の雑種起源と考えられている。

【新牧2969】

3777. **ユウガギク** 〔シオン属〕
Aster iinumae Kitam.
　近畿地方以北の日当たりのよい山野にはえる多年草。地下茎は長く横にはう。茎は高さ30〜150 cm，葉とともに少しざらつき，上部で斜めに大きく開出するように枝を分ける。葉は薄く短毛がある。上部の葉は線形。花は夏から秋，径2.5 cm位。舌状花は少し淡紫色を帯びる。冠毛は少なく非常に短い。和名は柚香菊の意で優雅の意ではない。

【新牧2970】

3778. **ホシザキユウガギク** 〔シオン属〕
Aster iinumae Kitam. f. discoidea Makino ex Yonek.
　ユウガギクの1品種で，まれに見られる多年草。ユウガギクの舌状花を失った品種で，頭花はそのために管状花だけが黄色の半球状に盛り上がって見える。花は夏から秋。和名は星型の管状花が多数集まることによる。丁字咲の園芸品もあり，チョウセンギク f. hortensis (Makino) H.Hara という。

3779. **オオユウガギク** 〔シオン属〕
Aster robustus (Makino) Yonek.
　愛知県以西，四国，九州に分布。やや水湿のある道ばたや山のふもとにはえる多年草。高さ1〜1.5 m。地下茎に白い細ひも状の根茎がある。葉は厚味がある。根生葉は花時に枯れる。花は秋，青紫色の頭花は径3 cm内外。冠毛は短いが，ヨメナやユウガギクよりは長くて1 mm位。本種をヨメナの変種とみる意見もある。

【新牧2971】

3780. **オオバヨメナ** 〔シオン属〕
Aster miquelianus H.Hara
　四国，九州の山地の木かげにはえる多年草。地下に匍匐枝を引く。茎は高さ30〜90 cmで細く，まばらに毛がある。葉は薄く，少し短毛があり，縁に粗く先のとがった鋸歯がある。根生葉は長柄をもつが上部のものほど短くなる。花は夏，頭花は径約2.5 cm。そう果には1.0〜1.5 mmの短い冠毛がある。和名はヨメナより葉が広大なことにちなむ。

【新牧2972】

3781. コモノギク (タマギク) 〔シオン属〕
Aster komonoensis Makino

　近畿地方および四国の山地の日当たりのよい露出地にはえる多年草。根茎は短く，根生葉を束生，その先端は次年に高さ10～20cmの花茎としてのびて，頂に少数の青紫色の頭花が散房状に集まる。その頃下葉は枯れる。花は盛夏から秋，径3cm内外の頭花を開く。和名は最初の発見地である三重県の菰野（こもの）にちなむ。

3782. サワシロギク 〔シオン属〕
Aster rugulosus Maxim.

　北海道南部，本州，四国，九州の日当たりのよい酸性の湿地にはえる多年草。地下茎は細長くはう。茎は高さ30～50cm，やせて無毛。葉の表面はざらざらしてしわがあり，質は硬いが割合もろい。下部の葉には柄があるが上部になるとなくなる。花は晩夏から初秋，径2～3cm。舌状花は白色でのちにやや紅紫色を帯びる。和名は沢地にはえ白花を開くのでいう。

3783. キシュウギク (ホソバノギク) 〔シオン属〕
Aster sohayakiensis Koidz.

　和歌山県の谷川の岩壁にはえる多年草。高さ50cm位。地下茎は岩の隙間をはい，茎は直立するが，上部はしばしば湾曲する。葉は長さ10cm位，狭披針形で両端はとがる。多少鎌形に湾曲することが多い。花時に下部の葉は枯れる。花は夏から秋に開き，5～8個の白い舌状花の目立つ頭花をつける。

3784. シラヤマギク 〔シオン属〕
Aster scaber Thunb.

　北海道から九州の屋久島まで，および朝鮮半島，中国に分布し，山地に多い多年草。高さ1.5m位。葉は細毛があり，茎とともにざらつく。しばしば虫えいによる無性芽をつける。根生葉は花時にはないが，下葉とともに翼のある長柄をもつ。花は秋，頭花は径2cm位。若苗をムコナといって食用にする。和名は白色の花なので，白山菊の意。

3785. ゴマナ　〔シオン属〕
Aster glehnii F.Schmidt
本州、北海道および南千島、サハリンに分布。山地の日当たりのよい草原にはえる多年草。地下茎は太く横にはう。高さ 1〜1.5 m。葉とともに細毛がありややざらつく。葉は長さ 13〜19 cm。シロヨメナなどの葉に似るが 3 主脈はない。花は初秋、径約 1.5 cm。そう果は有毛で腺点がある。和名は葉がゴマの葉に似ているのでいう。若苗を食べる。

3786. シロヨメナ (ヤマシロギク)　〔シオン属〕
Aster ageratoides Turcz. var. *ageratoides*
本州、四国、九州から台湾、朝鮮半島、中国の日当たりのよい山地にはえる多年草。高さ 30〜100 cm。イナカギクに似るが茎の下部は無毛、葉は茎を抱かない。葉はざらつき、上面は光沢がある。花は秋、総苞片は暗紫色を帯びる。和名白嫁菜はヨメナに似て花が白い意。また芽立ちの茎が赤味を帯びないからこう呼ぶ。別名山白菊。ケシロヨメナ var. *intermedius* (Soejima) Mot.Ito et Soejima は本州西部、九州に分布し、茎に毛が目立つ。

3787. ノコンギク　〔シオン属〕
Aster microcephalus (Miq.) Franch. et Sav. var. *ovatus* (Franch. et Sav.) Soejima et Mot.Ito
北海道西南部、本州、四国、九州の山野に多い多年草。地下茎が横にはって繁殖する。茎は高さ 30〜100 cm でよく分枝し、葉とともにざらつく。葉は短毛があり、長さ 4〜10 cm、幅 1〜3 cm、下部の葉は 3 脈が明瞭。花は晩夏から秋。長さ 4〜6 mm の冠毛があるのでヨメナと区別できる。和名は野生の紺菊の意。若芽、花などを食べる。多くの変種がある。

3788. コンギク　〔シオン属〕
Aster microcephalus (Miq.) Franch. et Sav. var. *ovatus* (Franch. et Sav.) Soejima et Mot.Ito 'Hortensis'
観賞用に栽培する多年草。ノコンギクの品種で、舌状花冠が濃紫色の美しい極端型を古くから栽培に移し、これを根分けで植えつぎで今日にいたったもの。高さ 50 cm 内外。地下の根茎で広がるが、あまり遠くへ走らず、やや密生した集まりとなる。花は秋。和名紺菊（こんぎく）は花色に基づいて名づけられた。

3789. タニガワコンギク 〔シオン属〕
Aster microcephalus (Miq.) Franch. et Sav. var. *ripensis* Makino
　紀伊半島と四国，九州に特産，川岸の岩の間などにはえる多年草。高さ20〜90 cm。茎の中部の葉は長さ3〜6 cm，幅2〜5 mm，縁に低い鋸歯をまばらにつける。花期は夏から秋。頭花は淡紫色で，ややまばら，長い柄をもつ。総苞は長さ5 mm内外，総苞片は2〜3列でいくらか紫色を帯びる。舌状花冠の長さは11〜13 mm。

3790. イナカギク (ヤマシロギク) 〔シオン属〕
Aster semiamplexicaulis (Makino) Makino ex Koidz.
　中部地方以西，四国，九州の日当たりのよい山地にはえる多年草。茎は高さ50〜100 cm，全体に白色軟毛におおわれる。葉は基部の方3分の1あたりから急に幅が狭くなり，やや耳たぶ状になって茎を抱く。質は軟らかい。花は晩夏から晩秋で，頭花は径2 cm内外，白色だがときに紫色を帯びる。和名田舎菊（いなかぎく）は地方の山地にはえるからいう。

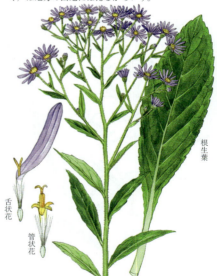

3791. ミヤマコンギク (ハコネギク) 〔シオン属〕
Aster viscidulus (Makino) Makino
　箱根を中心に関東地方西部周辺の山地の日当たりのよい斜面にはえる多年草。茎は束生し，高さ30〜70 cm，つる枝を出さない。葉は長さ5 cm位，短毛を密生し，根生葉は花時には枯れる。花は夏から秋，茎の頂にまばらに分枝し，各茎頂に径2 cm位の淡紫色または白色の頭花をつける。総苞片は縁が乾膜質となり，先端に粘液を分泌する。

3792. シオン 〔シオン属〕
Aster tataricus L.f.
　中国地方，九州および朝鮮半島と中国北部・東北部，モンゴル，シベリア，極東ロシアに分布。山間の草地にはえ，観賞用に庭園に栽培する多年草。茎は高さ1.5〜2 m，葉とともにざらつき，まばらに粗毛がある。根生葉は長さ約30 cmの長だ円形で柄があり，茎葉は上部のものほど無柄となり幅も狭まる。花は秋で頭花の径3 cm位の淡紫色。和名は慣用漢名紫苑の音読。根をせき止めの生薬にする。

3793. ヒゴシオン 〔シオン属〕
Aster maackii Regel
九州および朝鮮半島と中国東北部に分布。山間の湿地にはえる多年草。地下茎は横にはう。茎は高さ50〜80 cm、上部に短い剛毛があり全体がざらつく。葉は無柄で両端ともとがり、やや厚く短い剛毛がある。花は夏から秋、頭花は径3.5〜4 cm。総苞は半球形。そう果は密に粗毛がある。和名肥後紫苑（ひごしおん）は、日本では肥後（熊本県）で最初に見つけられたことに基づく。

3794. タテヤマギク 〔シオン属〕
Aster dimorphophyllus Franch. et Sav.
神奈川・静岡両県の山地に集中し、また四国でも過去に採集されている。林の中にはえる多年草。地下の匍匐枝で繁殖する。茎は高さ30〜50 cm。葉は互生し、下葉ほど長い柄となり、先のとがった卵円形で縁は粗い鋸歯をもつ。分裂葉になるものを特にモミジバタテヤマギクという。花は夏から秋、茎頂の花序にまばらにつき、頭花は径2.5 cm内外。和名は立山菊と思われるが富山県の立山には産しない。

3795. クルマギク 〔シオン属〕
Aster tenuipes Makino
和歌山県熊野川流域にのみ産し、川岸の崖から垂れ下がってはえる多年草。花をつけない短い茎の先に倒披針形の葉を輪生状につけ、翌年その中心から長さ30〜85 cmの花茎をのばし、開花時には下の葉は枯れる。茎の中ほどにつく葉は線状披針形、縁にまばらに鋸歯をもつ。花期は夏から秋。頭花は枝先に1〜3個つく。総苞は長さ7 mmほど。舌状花は白い。そう果に毛がはえ、冠毛は汚白色。和名は葉が輪生状につくため。

3796. ダルマギク 〔シオン属〕
Aster spathulifolius Maxim.
本州西部と九州西北部の暖帯の海岸に面した岩上などにはえ、朝鮮半島南岸などにも分布する多年草。しばしば観賞用に栽培される。茎はやや木質、下部から密に分枝し高さ30〜60 cm。葉は互生し重なり合い、両面は茎とともにビロード状の毛がある。根生葉は花時に枯死する。花は秋。和名達磨菊（だるまぎく）は盆栽状の草状に基づく。

3797. イソノギク 〔シオン属〕
Aster asagrayi Makino
奄美大島と沖縄本島にはえ、対岸の中国浙江省の諸島にも分布するといわれる海岸生の多年草。高さ30 cm位。茎はふつう基部が横に倒れている。葉は厚く、長さ1〜4 cm、下部の葉や根生葉は花時には枯れる。花は秋、白色から淡紫色の頭花は径2〜3.5 cmで舌状花は1列。総苞も半球形、長さ7〜9 mm、総苞片は2列に並列する。和名は海岸生の意。

3798. イソカンギク（カンヨメナ） 〔シオン属〕
Aster pseudoasagrayi Makino
原産地不明、山陰地方の海岸ともいわれる。比較的まれに栽培される多年草。しかし一度開花すればその株は枯死する。茎は水平にのびて分枝、やや硬い多肉質。鉢につくれば垂れる性質がある。下部の葉は早く枯れ、中部の葉は初冬に入っても緑色、長さ5〜10 mm。花は初冬、淡赤紫色の頭花は径約4 cm。和名磯寒菊（いそかんぎく）は海岸生で冬開花するから。

3799. カワラノギク 〔シオン属〕
Aster kantoensis Kitam.
関東・東海地方の河原などにはえる多年草。茎は高さ30〜60 cmで短剛毛がある。葉は密生し、長さ約6 cmの線形で、茎の中上部につく葉には葉柄はない。葉の縁と下面に短い剛毛がある。花は秋、茎の頂に枝を分け径3〜4 cmの頭花をつけ、周辺にある舌状花は淡紫色、中心の管状花は黄色。赤褐色の冠毛がある。和名は川原野菊。

3800. アレノノギク（ヤマジノギク） 〔シオン属〕
Aster hispidus Thunb. var. *hispidus*
本州中部以西、四国、九州、朝鮮半島、台湾、中国などの暖帯から亜熱帯に分布。山地や海岸にはえる越年草。茎は30〜100 cm。葉は両面にまばらに毛があり、下部の葉は全縁か多少の鋸歯があり、花時に枯れる。花は秋、頭花は径4 cm内外、黄色で冠毛の長い中心花と周囲に冠毛のごく短い紫色の舌状花とがある。和名荒野野菊。高知県の海岸には、葉が厚く毛がほとんどなく、茎が直立するソナレノギク var. *insularis* (Makino) Okuyamaがある。

【新牧2998】　　　　　　　　　　　　　　　【新牧2999】

3801. ミヤマヨメナ　〔シオン属〕
Aster savatieri Makino var. savatieri
　本州，四国，九州の山地の林内にはえる多年草。地下茎は横にはう。茎は高さ 20～60 cm。根生葉は長柄があり茎を抱く。上葉は次第に無柄になる。葉の両面に短毛がある。花は初夏，茎の先端でまばらに分枝し，径3～4 cm の頭花をつける。冠毛はない。和名深山嫁菜（みやまよめな）。花屋で売られるアズマギクやミヤコワスレは本種の園芸品種。

3802. シュンジュギク（シンジュギク）　〔シオン属〕
Aster savatieri Makino var. pygmaeus Makino
　近畿地方以西と四国の山地内にはえる多年草。地下の匍匐枝がある。高さ 10～25 cm。葉は両面にまばらに短毛がはえる。花は初夏，頭花は径2 cm 内外，舌状花は少数で花冠はふつう白色，ときに淡紫青色または紅紫色，管状花とともに冠毛はない。和名春寿菊はおそらく早く開花し，かつ花期が長いからであろう。

3803. ヒメシオン　〔ヒメシオン属〕
Turczaninovia fastigiata (Fisch.) DC.
　本州，四国，九州および朝鮮半島，中国などに分布し，山地の荒地，河原などにはえる多年草。茎は高さ 30～100 cm で，上部には密に細毛がある。根生葉の質は厚く，下面は白色で細毛と腺点がある。花は夏から秋，茎頂によく枝分かれした散房花序をつけ，径1 cm の頭花を多数，密につける。舌状花は白，中心の管状花は黄色。和名はシオンよりもやさしい姿をしているのでついた。

【新牧2987】

3804. ウラギク（ハマシオン）　〔ウラギク属〕
Tripolium pannonicum (Jacq.) Schur
　アジア，ヨーロッパ，北アメリカの温帯から暖帯の海岸，または内陸の塩性地に分布。日本では各地の海岸の湿地にはえる越年草。茎は太く直立し，高さ1 m 位。下部は赤味を帯びる。葉は長さ約8 cm。花は夏から秋。頭花は紫色の舌状花と黄色の管状花。冠毛は果時には花時の長さの約3倍で長さ 1.5 cm 位。和名浦菊，別名浜紫苑とも海岸生に基づく。

【新牧2991】

3805. ユウゼンギク 〔ホウキギク属〕
Symphyotrichum novi-belgii (L.) G.L.Nesom
　北アメリカ東部原産。明治中期(1890年頃)に渡来し、観賞用として広く栽培されている多年草。高さ40〜100 cm、葉とともにほとんど無毛。葉は長さ5〜15 cm、やや厚く、下部の葉には短柄があるが上部は無柄。花は秋、紫色の頭花は径2.5 cm位。舌状花は30個内外ある。和名は友禅染のように美しい菊の意味。

3806. ホウキギク（ハハキギク）〔ホウキギク属〕
Symphyotrichum subulatum (Michx.) G.L.Nesom var. *subulatum*
　北アメリカ原産。明治の末(1910年)頃、大阪周辺に現れ、今では日本各地の道ばたや荒地に帰化している越年草。茎は直立、中部以上で分枝し高さ1 m以上。葉は互生、ほとんど無柄で長さ4〜8 cm、無毛で光沢があり、すべすべしている。花は夏から秋、頭花は径1 cm未満、管状花のまわりの舌状花は細小で目立たない。和名は枝の繁る様子が箒のようであることからいう。

3807. ネバリノギク 〔ホウキギク属〕
Symphyotrichum novae-angliae (L.) G.L.Nesom
　北アメリカ東北部原産の多年草。明治20年頃渡来し、花壇用切花として広く栽培される。茎は高さ90〜150 cmで直立、腺毛を密生して粘る。葉は披針形で全縁、長さ5〜13 cm、基部は耳状に広がって茎を抱く。花は秋、頭花は径3〜4.5 cmで群生し、舌状花は長さ1.2〜1.8 cmで60個内外、色は濃紫色、暗青色からバラ色、赤色、白色など。ユウゼンギクとは葉に軟毛と腺毛があり、頭花が大きい点などで区別される。

3808. アメリカギク（ボルトニア）〔アメリカギク属〕
Boltonia asteroides (L.) L'Her.
　北米フロリダ、コネチカット、ルイジアナ州などにはえる多年草。大正時代に渡来し、観賞用に栽培される。高さ60〜200 cm。茎は強靭で上部で多数分枝する。葉は広披針形で、長さ5〜10 cm、茎葉とも帯白緑色、頭花は径1.2〜1.5 cm、管状花は黄色、舌状花は白、童色、紫などがある。花期は夏から初秋、切花のほか、花壇や庭に植える。

3809. アズマギク 〔ムカシヨモギ属〕
Erigeron thunbergii A.Gray subsp. *thunbergii*
本州中・北部の乾いた山地の草原にはえる多年草。茎は高さ20〜30cmで密に毛がある。根生葉はへら形でロゼット状につく。葉には毛があるが，花後毛はなくなる。花は春から夏，茎の先に径3.5cm位の頭花を単生する。和名東菊（あずまぎく）は関東地方に多いことによる。花屋でいうアズマギクはミヤマヨメナの1品ノシュンギクである。

3810. ミヤマアズマギク 〔ムカシヨモギ属〕
Erigeron thunbergii A.Gray subsp. *glabratus* (A.Gray) H.Hara
本州中部以北，北海道および南千島，カムチャツカ，シベリア，朝鮮半島北部，中国東北部の寒帯に分布。高山帯にはえる多年草。茎は束生，高さ10cm内外。葉は両面ともまばらに毛がある。花は夏，頭花は径3cm位，紫色の舌状花は2〜3列，総苞片は3列，長毛がある。中心の管状花は黄色。冠毛は白色。北海道には葉の幅が狭いアポイアズマギク var. *angustifolius* (Tatew.) H.Hara がある。

3811. エゾノムカシヨモギ 〔ムカシヨモギ属〕
Erigeron acer L. var. *acer*
北半球の寒帯に広く分布。日本では本州中部地方以北，北海道の高山および北地の日当たりのよい砂礫地にはえる多年草。開花が早ければ2年で枯れる。全体に開出した毛がはえる。高さ20〜40cm。根生葉は長さ5cm内外。花は盛夏に咲き径1.5cm，淡紅紫色。アズマギクに似るが舌状花が短いために貧弱で総苞だけが目立つ。

3812. ヤナギヨモギ （ムカシヨモギ）〔ムカシヨモギ属〕
Erigeron acer L. var. *kamtschaticus* (DC.) Herder
本州中部以北から北海道および千島，サハリン，カムチャツカなどの温帯から寒帯に分布。谷川のほとりの砂地などにはえる多年草。茎は高さ30〜60cm，赤紫色を帯びる。中部の葉は長さ10cm内外。花は秋，半開する。周辺の舌状花はきわめて小さく線形で白色または帯紅色，中心の管状花は白黄色で，ともに冠毛がある。和名は柳の葉に似たヨモギの意味。

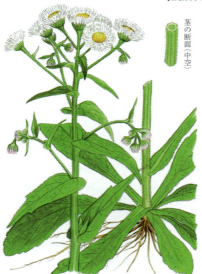

3813. ハルジオン（ハルジョオン） 〔ムカシヨモギ属〕
Erigeron philadelphicus L.
　北アメリカ東部原産で、日本へは大正中期に渡来し都会地を中心に帰化した。野原や道ばたにはえる越年草。ヒメジョオンに似ているが、茎は高さ60cm位で中空。茎葉の基部は耳形で茎を抱く。根生葉は花時にもあり、長さ10cm位でロゼット状につく。花は春から初夏、頭花は初め花梗ごと下向きにうなだれる。和名春紫苑（はるじおん）。若芽を食べる。

3814. ヒメジョオン（ヤナギバヒメギク） 〔ムカシヨモギ属〕
Erigeron annuus (L.) Pers.
　北アメリカ原産で明治初年に渡来し、各地の道ばた、原野にはえる越年草。繁殖力の強い雑草の1つ。茎は高さ40〜100cmで粗毛があり、中空ではない。葉は薄く両面に毛がある。花は初夏、つぼみのときから頭花は直立しており、前種のようにうなだれることはない。和名姫女苑（ひめじょおん）。北アメリカでは結石の薬または利尿剤にされた。

3815. ヤナギバヒメジョオン 〔ムカシヨモギ属〕
Erigeron pseudoannuus Makino
　北アメリカ原産。関東地方の荒地や林野にはえる越年草。茎は高さ1m内外でよく分枝し、全体に伏毛がある。下葉はへら状倒披針形で長柄があり、中部以上の葉は倒披針形で、全縁かわずかに低鋸歯がある。花は初夏、頭花は初めから直立し、径2cm以下、舌状花は糸状。和名はヒメジョオンに似るが葉が細いのでいう。

3816. ヘラバヒメジョオン 〔ムカシヨモギ属〕
Erigeron strigosus Muhl. ex Willd.
　北アメリカ原産の1年草。高さ30〜70cm。全体に毛が多い。根生葉は大きさに変異が多い。茎葉は細く、しばしば線状となり、全縁。茎頂に頭花が数個つき、ときに非常に多数つくこともある。舌状花は50〜100個あり、白色か淡い紫色、頭花中央の管状花が集まっている部分の直径が舌状花よりも大きい点もヒメジョオンとは異なる。和名はヒメジョオンに似て葉がへら形のため。

3817. オオアレチノギク 〔ムカシヨモギ属〕
Erigeron sumatrensis Retz.
　南アメリカ原産。大正年間（1920年前後）に渡来したらしく、道ばたや荒地に帰化している越年草。茎は高さ1m内外、冬期は灰緑色で白い軟毛を密生した倒披針形のロゼット葉になる。葉は長さ8cm位、やや厚ме。花は夏、上半分に側枝を分け、円錐状に小頭花を無数につける。そう果は落下して簡単に発芽する。

3818. アレチノギク 〔ムカシヨモギ属〕
Erigeron bonariensis L.
　南アメリカ原産で世界に広く帰化し、日本へは明治中頃に渡来して各地の道ばたや荒地にはえる1～2年草。茎は高さ30～60cm、花序の下から横枝が出て主幹より高くのびる。全体に灰白色の毛が多い。下部の葉にはまばらで粗い鋸歯があるが、上部の葉は線形。花は春から夏、管状花とごく短い舌状花からなる。和名は荒地の野菊の意。

3819. ヒメムカシヨモギ 〔ムカシヨモギ属〕
Erigeron canadensis L.
　北アメリカ原産で、今は世界に広く帰化し、日本へは明治初年に渡来して各地の原野、道ばたなどにはえる越年草。茎は高さ1.5m位で茎とともに粗毛がある。下部の葉には粗い鋸歯があるが、上部の葉は線形で密につく。花は夏から秋、頭花は鐘形で径3mm、舌状花はやや目立つ。和名は小さいムカシヨモギ（ヤナギヨモギ）の意。別名メイジソウ（明治草）、テツドウグサ（鉄道草）、ゴイッシンサ（御維新草）。北米では薬用にした。

3820. ワタナ（ヤマジオウギク、イズホオコ）〔イズハハコ属〕
Eschenbachia japonica (Thunb.) Koster
　関東地方以西から琉球列島の暖かい海岸に近い山麓などの日当たりのよいところにはえ、さらに台湾、中国、マレー、インド、アフガニスタンの暖帯から熱帯に分布する1年または越年草。高さ30cm位。花は夏、南方では年中開花する。和名綿菜（わたな）は冠毛が綿のように集まって見えるから、またワタは海の古語で、海岸に多いためとする説もある。

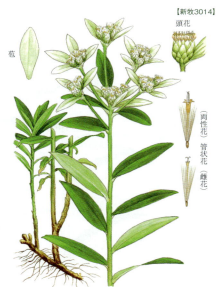

3821. ウスユキソウ 〔ウスユキソウ属〕
Leontopodium japonicum Miq.

本州、四国、九州および中国大陸の温帯から亜寒帯に分布し、低山から亜高山帯にはえる多年草。茎は束生し高さ25〜50 cm、薄く綿毛をかぶる。葉は長さ5 cm、幅1 cm位。根生葉は花時に枯死。花は夏から秋、茎頂に両面とも白い綿毛をかぶる苞が数個あり、その上に灰白色の頭花を多数集めてつける。和名は淡白色の葉を薄く積もった雪にたとえたもの。

3822. ミヤマウスユキソウ 〔ウスユキソウ属〕
Leontopodium fauriei (Beauverd) Hand.-Mazz. var. *fauriei*

本州北部の高山帯で比較的乾いた日当たりのよいところにはえる多年草。高さ10〜15 cm。根生葉は長さ5 cm位。両面、とくに裏面に著しく白い綿毛がある。花は夏、茎頂に白い綿毛を厚くおおった苞が星形につき、その上に小さな頭花を集める。別名ヒナウスユキソウ。ヨーロッパアルプスの花として有名なエーデルワイス（edelweiss）の近似種。

3823. ホソバヒナウスユキソウ 〔ウスユキソウ属〕
Leontopodium fauriei (Beauverd) Hand.-Mazz. var. *angustifolium* H.Hara et Kitam.

群馬県北部の至仏山や谷川岳の蛇紋岩地域に特産する多年草。根生葉を多数出し、幅2 mm以下、両面に白綿毛がある。花は夏、高さ5〜12 cmの花茎を出し、茎頂に数個の頭花がまってつき、その周囲に白い綿毛を密生した苞が放射状に並ぶ。頭花は管状花だけからなり、雄花と雌花が混じる。ミヤマウスユキソウに比べ、葉が狭い。

3824. ハヤチネウスユキソウ 〔ウスユキソウ属〕
Leontopodium hayachinense (Takeda) H.Hara et Kitam.

本州北部の早池峰山の岩地にはえる多年草。花茎は高さ10〜20 cm、分枝せず単一で白綿毛がある。葉は表は緑色で白毛を散生、裏はとくに白毛を密生し灰白色。花は夏、頭花は茎の頂に集まり、みな管状花で、外周部は雌性、他は雄性。苞は星形に配列し径5 cm位。和名は発地に基づく。北海道大平山と崕山にあるオオヒラウスユキソウ *L. miyabeanum* Tatew. は本種に似て、かつて同一種とされたが、茎葉が多く雌雄異株となる点で異なる。

3825. エーデルワイス 〔ウスユキソウ属〕
Leontopodium nivale (Ten.) Huet ex Hand.-Mazz.
subsp. *alpinum* (Cass.) Greuter

ヨーロッパのアルプスやピレネー山脈、バルカン半島などに分布する小形の多年草。標高1700〜3200mの主として石灰岩地域の岩石地、高地の草地に自生。高さ5〜15cm、茎は直立し少し分枝する。葉は緑色で白い綿毛を密生。下葉は長だ円状披針形、上葉は狭くなり直立。花期は夏から初秋。花は球形の黄色の頭花を2〜10個茎頂に平たく集め、下に6〜9枚の白い苞が星状につく。

3826. ヤマハハコ 〔ヤマハハコ属〕
Anaphalis margaritacea (L.) Benth. et Hook.f.
subsp. *margaritacea* var. *margaritacea*

中部地方以北、北海道、および中国、ヒマラヤ、北アメリカの温帯に分布、ヨーロッパに帰化。低山帯からまれに高山帯の日当たりのよい草原にはえる多年草。高さ60cm位。葉は互生。無柄で基部は茎を抱き、表面は深緑、裏面は綿毛を密生し白色。花は夏、両性花と雌花は異株につく。総苞は白色で乾質。ヤマホウコともいう。

3827. ホソバノヤマハハコ 〔ヤマハハコ属〕
Anaphalis margaritacea (L.) Benth. et Hook.f.
subsp. *margaritacea* var. *angustifolia* (Franch. et Sav.) Hayata

中部地方以西、四国、九州の高地にはえる多年草。ヤマハハコに似て小形。ヤマハハコとは分布圏がはっきり分かれるが、生育環境はよく似ている。あまり分枝しない。高さ30cm内外。横にはう地下茎でも繁殖する。葉は互生し、長さ3〜6cm、幅2〜6mm、裏面が白色、縁は裏面に向かってやや巻き込む。花は夏から秋、管状花のみの頭花をつける。

3828. カワラハハコ 〔ヤマハハコ属〕
Anaphalis margaritacea (L.) Benth. et Hook.f.
subsp. *yedoensis* (Franch. et Sav.) Kitam.

本州から九州の河原の日当たりのよい砂地などに多い多年草。分枝し高さ30〜50cm。全体に白綿毛をかぶる。葉は細く長さ3〜6cm、幅1.5mm位。とくに裏面は白色の毛が多い。花は夏、茎の上部で分枝し、その先に白色の頭花をつける。両性花と雌花は異株につく。総苞は白色の乾質。小花は淡黄色。和名は川辺にはえるから。

総苞片

両性花

総苞片

管状花

3829. ヤバネハハコ（ヤハズハハコ）〔ヤマハハコ属〕
Anaphalis sinica Hance var. *sinica*
　関東地方以西、四国、九州、および朝鮮半島と中国の温帯に分布。山地にはえる多年草。全体に白い綿毛があるがのちに脱落して薄くなる。茎は高さ15〜30 cm、葉は互生し軟らかく、長さ4〜6 cm、幅1.5 cm、とくに裏面は綿毛を密生し白色。花は夏から秋、雌雄異株。頭花は管状花のみからなる。和名は茎にある狭い翼を矢羽に見立てた名。

3830. クリヤマハハコ　　〔ヤマハハコ属〕
Anaphalis sinica Hance var. *viscosissima* (Honda) Kitam.
　関東地方の石灰岩の山地に特産するもので、ヤバネハハコの一地方型と見られる。基本種に比べ、綿毛が少ないため外観は白味が少なく、やせて見え、腺毛が多いために粘着性がある。その他の形状はヤバネハハコによく似て高さ15〜30 cm。葉は倒披針形。花は夏から秋。すべて淡黄色の管状花からなる頭花をつける。南アルプスにはよく似たトダイハハコ var. *pernivea* T.Shimizu があり、腺毛と綿毛が共に多い。

頭花

雌花

雄花

頭花（雌花序）

雌花

雄花

頭花（雄花序）

雌株

雄株

3831. タカネヤハズハハコ（タカネウスユキソウ）〔ヤマハハコ属〕
Anaphalis lactea Maxim.
　本州中部以北と北海道の高山帯で、適度に湿った草地にはえる多年草。全体に白い綿毛をかぶる。根茎は短い。茎は分枝せず高さ10〜20 cm。基部に枯れた古い葉が残る。花は夏、頭花はすべて管状花、総苞片は乾皮質で白または紅色。茎の頂に頭花を密集するが苞がないのでウスユキソウ属とは区別できる。本種は最初日本固有種 *A. alpicola* Makino とされたが、近年は中国中部に産する表記の学名のものと同じ種とされている。

3832. エゾノチチコグサ　　〔エゾノチチコグサ属〕
Antennaria dioica (L.) Gaertn.
　北海道および千島、サハリン、カムチャツカからモンゴル、シベリア、ヨーロッパの寒帯に広く分布。乾いた草地にはえる多年草。地下茎がはい、先にロゼットができ、長さ約2 cmのさじ状の葉が密生する。花茎は10〜30 cm。花は夏、白色の頭花が数個集まる。和名は蝦夷（えぞ）、北海道にはえるチチコグサの意。

3833. ハハコグサ（オギョウ）　〔ハハコグサ属〕
Pseudognaphalium affine (D.Don) Anderb.
　東アジアの温帯から熱帯に分布し、日本では各地の道ばた、畑、荒地などにふつうにはえる越年草。茎は高さ20～30 cm、葉とともに白軟毛でおおわれる。花は春から夏。和名は本来はホオコグサが正しく、茎の白毛や花の冠毛がほおけ立っていることにちなむという。春の七草のオギョウはこの草で、若苗を食べる。

3834. アキノハハコグサ　〔ハハコグサ属〕
Pseudognaphalium hypoleucum (DC.) Hilliard et B.L.Burtt
　東アジアの暖帯から熱帯に広く分布し、日本では本州から九州のやや乾いた山野にはえる1年草。茎は高さ30～60 cm、上部で分枝し、葉の下面とともに白綿毛が密生する。互生する葉は長さ4～5 cmの線形で柄はなく、上面はざらつく。花は秋。総苞の外片は白毛があり、花後開出する。和名は秋咲きのハハコグサの意。

3835. チチコグサ　〔チチコグサ属〕
Euchiton japonicus (Thunb.) Anderb.
　日本各地および朝鮮半島、台湾、中国大陸に分布し、山野や人家付近の日当たりのよいところにふつうにはえる多年草。地上に匍匐枝を出して繁殖する。高さ8～25 cm。茎と葉の下面に白綿毛がある。根生葉は束生し、花時にもあり、長さ10 cmになる。花は春から夏。和名はハハコグサ（母子草）に対する父子草の意で花に華やかさがないため。

3836. チチコグサモドキ　〔チチコグサモドキ属〕
Gamochaeta pensylvanica (Willd.) A.L.Cabrera
　熱帯アメリカ原産の1～2年草で都会地周辺に帰化している。高さ10～30 cm。根生葉はロゼットをつくるが花時には枯れ、茎葉とともにへら形である。葉裏は白く、長い綿毛をもつ。花は春から盛夏に咲く。頭花は短い穂となり、茎頂と茎の上部で白い毛に包まれて、その中に淡い褐色の管状花が偏っている。花後に冠毛を生じるが、冠毛は基部で互いに合着してリング状になる。

3837. ムギワラギク 〔ムギワラギク属〕
Xerochrysum bracteatum (Vent.) Tzvelev
オーストラリア原産。切花用や花壇栽培にする1年あるいは越年草。茎は高さ60〜90cm。花は初夏から秋、径3cm位。頭花の総苞はとくに目立って花冠のようで、多数の総苞片は乾質、黄、黄赤、淡紅、暗紅、白色など種々あり、中に多数の管状花が入っている。乾燥させたドライフラワーは有名。和名麦藁菊（むぎわらぎく）は英名 straw flower から。

3838. カイザイク （アンモビウム） 〔カイザイク属〕
Ammobium alatum R.Br.
オーストラリア原産。観賞用として栽培される1年草。茎葉に綿毛がある。高さ60〜90cm。花は夏から秋、頭花の径1〜2cm、多数の黄色の管状花の周囲をやや大形の白い乾質の総苞が囲み、これが花冠のように見える。秋まきにして花壇に定植すれば翌年晩春に開花する。和名貝細工（かいざいく）は頭花の質感から。

3839. カセンソウ 〔オグルマ属〕
Inula salicina L. var. *asiatica* Kitam.
日本各地、朝鮮半島から中国、シベリアに分布。日当たりのよい山野の湿地にはえる多年草。茎は高さ30〜60cm、細くて硬く、葉とともに短毛がある。茎葉はやや密につき長さ5〜8cm。根生葉は花時にはない。花は夏、頭花は径4cm位。和名歌仙草。基本型 var. *salicina* は茎に毛が少なくヨーロッパに広く分布する。

3840. オグルマ 〔オグルマ属〕
Inula britannica L. subsp. *japonica* (Thunb.) Kitam.
日本各地および朝鮮半島と中国に分布し、川岸など湿地にはえる多年草。地下茎をのばし繁殖する。茎は高さ20〜60cm、全体に毛がある。葉は軟らかく無柄。茎葉は長さ5〜10cm、基部は半ば茎を抱く。根生葉は花時にはない。花は夏から秋、径3〜4cm。和名は頭花を小車に見立てた。八重咲きのヤエオグルマ f. *plena* Makino は園芸品として栽培される。

3841. サクラオグルマ　〔オグルマ属〕
Inula brittanica subsp. *japonica* × *I. linariifolia*

　東日本の太平洋側の湿地に点々とはえる多年草。地下に根茎がある。高さ50cm内外。茎は直立、伏毛がある。ホソバオグルマ *I. linariifolia* Turcz. に似るが、それよりも葉が広く、かつ長く12cm内外、質は薄く、全縁または多少低い歯状鋸歯がある。花は秋、花序は平頂の散房状に分枝し、径2.5cm位の黄色の頭花をつける。和名は最初千葉県佐倉市で知られたため。本種は現在ではオグルマとホソバオグルマの雑種とみなされている。

3842. ミズギク　〔オグルマ属〕
Inula ciliaris (Miq.) Maxim. var. *ciliaris*

　宮崎県と近畿地方以東の山地の湿原にはえる多年草。茎は高さ30cm位で、単立。根生葉はロゼット状で花時にもあり、長さ4〜10cm。花は夏から秋、茎頂に径3cm位の頭花を1〜数個つける。周囲に舌状の雌性花、中心に管状の両性花があり、ともに結実する。総苞の外側は開出する苞状葉で囲まれる。和名水湿菊は水湿地にはえることからいう。尾瀬や東北地方には上部の葉裏に腺点の多いオゼミズギク var. *glandulosa* Kitam. がある。

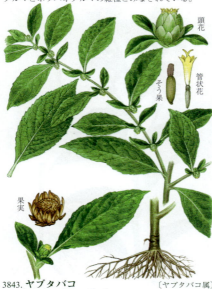
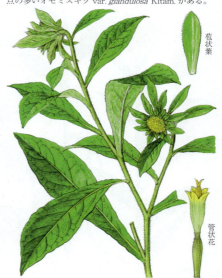

3843. ヤブタバコ　〔ヤブタバコ属〕
Carpesium abrotanoides L.

　北海道から屋久島、および東アジアからインド、コーカサス、南ヨーロッパに分布し、平地や山林にはえる越年草。茎は高さ50〜100cmで太く丸く、上部で輪生状に分枝する。茎とともに細毛がある。葉は薄く下面に腺点がある。花は夏から秋、葉腋に下向きに1〜2個ずつつく。そう果は粘液を出し、一種の臭気がある。和名は藪地にはえ、タバコに似た下葉があるのでいう。薬用。

3844. オオガンクビソウ　〔ヤブタバコ属〕
Carpesium macrocephalum Franch. et Sav.

　北海道と本州中部以北の林下の湿地にはえる多年草。高さ1mにも達する。茎はよく分枝しちぢれた毛がある。下部の葉は形に変化が多く、柄を含めた長さ30〜40cm、幅10〜13cm、縁に不揃いな鋸歯をもつ。葉質は薄くて軟らかい。花期は夏から秋。頭花は枝先にやや下向きにつき、径2.5〜3.5cm、基部に葉のような苞を多数輪状につける。

3845. コヤブタバコ（ガンクビソウ）〔ヤブタバコ属〕
Carpesium cernuum L.
ユーラシア大陸の温帯から暖帯に広く分布。日本でも北海道から琉球の山野の林内に多くはえる越年草。茎は高さ50〜100 cm、全体にやわらかい伏毛が密生する。根生葉は長さ9〜25 cm、花時には枯れる。葉は上部ほど小さい。花は秋、枝の先端に葉状の苞を伴う径1 cm内外の緑白色の頭花を下向きにつける。和名は小形のヤブタバコの意味。牧野富太郎は本種がガンクビソウであるとしてその名を今のキバナガンクビソウから転用した。

3846. サジガンクビソウ〔ヤブタバコ属〕
Carpesium glossophyllum Maxim.
本州から琉球列島まで、および済州島に分布し、やや乾いた山の木かげにはえる多年草。茎は高さ25〜50 cmで硬く、葉とともに毛が多い。根生葉は長さ9〜15 cm、ロゼット状に地面に平たくつき、茎葉は小さくまばらにつく。花は夏から秋、枝の先に径8〜15 mmの頭花を下向きにつける。和名は根生葉の形をサジに見立てたもの。

3847. キバナガンクビソウ（ガンクビソウ）〔ヤブタバコ属〕
Carpesium divaricatum Siebold et Zucc. var. *divaricatum*
本州、四国、九州から琉球列島、さらに台湾、朝鮮半島、中国に分布し、林内にはえる多年草。茎は高さ30〜150 cm、葉とともに軟毛がある。下部の葉には長い柄がある。根生葉は花時にはない。葉の下面に腺点がある。花は秋、上部の枝端に黄色の頭花を1個つけ、径6〜8 mm、扁球形から卵球形。北海道、近畿地方以北に頭花が半球形のノッポロガンクビソウ var. *matsuei* (Tatew. et Kitam.) Kitam. を産する。和名は黄色でうつむいた頭花をキセルの雁首（がんくび）にたとえた。

3848. ミヤマヤブタバコ（ガンクビヤブタバコ）〔ヤブタバコ属〕
Carpesium triste Maxim.
北海道から九州までの山林下にはえる多年草。茎は高さ30〜50 cm、全体に短毛が密生する。葉は薄く、倒披針形で長くとがり、鋸歯があり、基部は翼のある長い柄になる。花は夏から秋、葉腋から出る枝の先端に径1 cm内外の頭花をつける。頭花は黄色の管状花のみで多数の総苞片に包まれる。和名は深山にはえることによる。

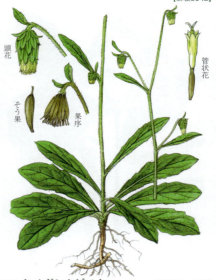

3849. コバナガンクビソウ　〔ヤブタバコ属〕
Carpesium faberi C.Winkl.
近畿地方以西から九州の山地の林下にはえる多年草。高さ50〜70 cm。葉は下部のものには長い柄があり、葉身は先が鋭くとがり、基部はくさび形となる。花期は夏から秋。頭花は枝先に下向きにつき、径4〜5 mmで小さい。総苞は鐘球形、総苞片は4列につき、外片が短い。花冠は汚れた黄色。そう果は長さ2.5 mmほどである。別名バンジンガンクビソウ。

3850. ヒメガンクビソウ　〔ヤブタバコ属〕
Carpesium rosulatum Miq.
岩手県以南、四国、九州および済州島に分布し、やや乾いた山林内にはえる多年草。茎は高さ20〜30 cmで細く、全体に短軟毛を密生する。根生葉はさじ状で、不揃いな浅い切れ込みがあり、ロゼット状につく。茎葉は少ない。花は夏から秋、径4 mm位で円柱形の頭花を枝の先に下向きにつける。総苞片は反曲する。和名は小さいガンクビソウの意味。

3851. キンケイギク　〔キンケイギク属〕
Coreopsis basalis (A.Dietr.) S.F.Blake
北アメリカ南部原産。草花として花壇に栽培される1年あるいは越年草。茎は高さ30〜60 cm、上部で分枝。花は初夏から初秋、径2.5〜5 cmの頭花を開き、周囲に黄金色の舌状花を8個、中心に紫褐色の管状花がある。そう果は無翼、冠毛は目立たないなどから。和名金鶏菊(きんけいぎく)は花色から。属名は南京虫に似るという意味のギリシャ語でそう果の形態に基づく。

3852. オオキンケイギク　〔キンケイギク属〕
Coreopsis lanceolata L.
北アメリカ東部および南部原産。明治中期に渡来し、観賞のため花壇に栽培される多年草。本州中部の海岸や河川敷などに野生化し、しばしば大群落をつくる。茎は束生し高さ30〜100 cm。花は夏、細長い花茎の頂に4〜6 cmの黄色の頭花をつける。総苞片は2列、各列8個。舌状花はふつう8個が並ぶ。和名大金鶏菊。

3853. ハルシャギク　〔キンケイギク属〕
Coreopsis tinctoria Nutt.

　北アメリカ原産。明治初期に渡来し、観賞のため栽培する1年または越年草。強健なため今日、各地の空地で野生化している。高さ30～60 cm、極端な品種では15 cmや1 m以上のものもある。全体が無毛で平滑。春まくと花は夏から秋、径2～5 cmの鮮黄色の頭花を開く。和名はペルシャ菊の意味だがペルシャ(イラン)には産しない。別名クジャクソウ、ジャノメソウ。

3854. ダリア（テンジクボタン）　〔ダリア属〕
Dahlia pinnata Cav.

　メキシコ原産の観賞用として栽培される多年草。サツマイモに似た形で数個集まった塊根から春に新苗を出す。高さ1.5～2 m、茎は滑らかで角ばる。花は夏から秋。頭花には舌状花が半八重状に並ぶ。一重、八重、色もさまざまな品種が多い。和名（および学名）は分類学者リンネの高弟の名にちなむ。日本名の天竺牡丹（てんじくぼたん）はインドから来たと思ってつけた。

3855. ヒグルマダリア（ヒグルマテンジクボタン）〔ダリア属〕
Dahlia coccinea Cav.

　メキシコ原産。江戸時代（19世紀初め）に渡来し、まれに細々と栽培される。現在の園芸品のダリアの1つの原種。多年草。塊根は集まりサツマイモ状、茎は1年生で直立し高さ2 m位で中空、無毛。花は初夏に咲き、しばらく停止したのち秋に再び盛んに開花し、初め重弁、のち単弁。和名緋車ダリアは頭花の色と様子から。

3856. コスモス（アキザクラ、オオハルシャギク）〔コスモス属〕
Cosmos bipinnatus Cav.

　メキシコ原産の観賞用として栽培される1年草。高さ1.5～2 m。葉は細裂し2回羽状。花は秋、茎上部で分枝しその頂に径6 cm内外の白色または淡紅色、ときに深紅色の花を開く。周辺に8個の舌状花、中心に黄色の管状花が多数。和名は学名の属名の日本語読みで、ギリシャ語で飾りとか美しいという意味。別名秋桜。

3857. キバナコスモス 〔コスモス属〕
Cosmos sulphureus Cav.

メキシコ原産。大正初期に渡来し、1930年代になってから一般に栽培されはじめた1年草。茎は直立し、高さ40〜60cm。花は夏、長柄の先端に径6cm位の頭花を単生。総苞の外片は緑色草質で広く開き長さ5mm位、内片は褐色膜質で外片の2倍の長さ、花後に直立する。和名は黄花を開くコスモスの意味。

3858. センダングサ 〔センダングサ属〕
Bidens biternata (Lour.) Merr. et Sherff

アジア、アフリカ、オーストラリアの暖帯から熱帯に広く分布し、日本では本州以南から琉球のやや湿った場所に多い1年草。茎は高さ50〜100cm、葉とともに微毛がある。下葉は対生し、上葉は互生する。花は秋、黄色の管状花からなる頭花をつけ、外周部には少数の結実しない舌状花をもつ。和名は葉形がセンダンの葉に似ていることによる。

3859. コバノセンダングサ 〔センダングサ属〕
Bidens bipinnata L.

世界各地に分布。日本では戦後に帰化して空地や道ばたにはえる一年草。高さ30〜80cm。葉は下方で対生、上方では互生し長柄をもつ。下方の葉は長さ10〜20cm、上方のものは深く3裂する。花は夏から秋に咲く。頭花は葉腋から出る長い花柄の先に1個ずつつく。総苞片は線形で1列につき、7〜8個ある。そう果も線形で、先に3〜4個の剛毛のはえたとげがある。

3860. コセンダングサ（広義） 〔センダングサ属〕
Bidens pilosa L.

世界の暖帯から熱帯に広く分布。日本では本州以南の都会の荒れ地に群生する1年草。高さ1m内外。多少毛がある。茎は直立し四角形。枝や小枝は対生。花は夏から秋。管状花は黄色。そう果は四角柱状、黒色で総苞より長く、熟すと開いて球状になって落ちる。和名はセンダングサに比べて多少弱小な感じがするため。舌状花のないものが学名上の基本型で、図のように白色の小さな舌状花のある型をシロノセンダングサ var. *minor* (Blume) Sherff という。

3861. タウコギ　〔センダングサ属〕
Bidens tripartita L.

アジア，ヨーロッパ，オーストラリア，北アフリカの温帯から熱帯に分布。各地の水田のあぜ道や湿地に多い1年草。高さ20～100 cmで全体に無毛。花は秋，舌状花はない。属名 Bidens は2本の歯の意味で，2本の逆刺針があるそう果をいい，これが他物について種子が散布される。和名は葉がウコギの葉に似て，田にはえるからいう。

3862. エゾノタウコギ　〔センダングサ属〕
Bidens maximowicziana Oett.

北海道，本州北部の湿地にはえる1年草。高さ20～70 cm。茎は4稜があり無毛。葉は羽状につき，2または3対の裂片に深く裂け，先は鋭くとがり，内向きの粗い鋸歯がある。花は夏から秋にかけ咲く。頭花は茎頂と葉腋から出た柄の先につく。総苞片は1列につき12～24個ある。管状花は黄色。そう果は扁平で，縁に下向きの剛毛がある。

3863. アメリカセンダングサ　〔センダングサ属〕
Bidens frondosa L.

北アメリカ原産の帰化植物。湿気のある道ばたに多い1年草。茎は高さ1～1.5 m，ほとんど無毛で紫褐色を帯びる。葉は長さ6～7 cmで軟らかい。花は秋，ごく短い舌状花がある。大形の総苞外片が放射状に6～10個つき，葉状で目立つ。和名はアメリカ産のセンダングサの意。別名はセイタカタウコギ（背高田五加木）でタウコギより丈が高いことによる。

3864. ヤナギタウコギ　〔センダングサ属〕
Bidens cernua L.

北半球北部の温帯に分布。日本では東北地方以北，北海道の低湿地にはえる1年草。茎の下部は横たわり，ひげ根が出，根茎のように見える。高さ40～80 cm，全体に軟質。葉は長さ6 cm位，無柄。花は夏，頭花は初めうつむき径2 cm内外，汚黄色，周囲は葉状の総苞外片で囲まれる。和名柳田五加木（やなぎたうこぎ）はタウコギに似て，葉がシダレヤナギのように狭いから。

3865. メナモミ 〔メナモミ属〕
Sigesbeckia pubescens (Makino) Makino
　北海道から九州屋久島および朝鮮半島と中国大陸に分布し、山野にはえる多年草。茎は高さ1m内外で葉ととともに開出する白毛を密生する。花は秋。総苞外片は5個、腺毛がある。個々の小花を抱く小苞にも腺毛があって粘るためにそう果が他物につき、散布される。和名は雄ナモミに対する雌ナモミで、ナモミはナズムの意で種子がよくつくことという。本属の属名はかつて *Siegesbeckia* と綴られたが、*Sigesbeckia* と綴るのが正しい。

3866. コメナモミ 〔メナモミ属〕
Sigesbeckia glabrescens (Makino) Makino
　東アジアに広く分布し、日本各地の山野の荒地や道ばたに多くはえる1年草。高さ50～100cm。葉の上面はざらつく。花は秋、枝の先に集散状に黄色の頭花をまばらにつける。頭花まわりの総苞外片5個には腺毛がある。腺毛があって粘る小苞に抱かれたそう果は、熟すと他物に触れてすぐにはずれ、くっつく。和名はメナモミに似ているが全体が小さいため。

3867. タカサブロウ 〔タカサブロウ属〕
Eclipta thermalis Bunge
　東アジアに広く分布し、日本では本州以南の水田や道ばたにはえる1年草。茎は直立または斜上し、高さ10～60cm、全体に短い剛毛がある。葉は長さ3～10cm、両面ともに著しくざらつく。花は夏から初秋に咲き、径1cm内外。舌状花は雌性で中央の管状花は両性、ともに結実する。冠毛はない。本種よりも葉の幅が狭くふちの鋸歯はやや著しい北米原産のアメリカタカサブロウ *E. alba* (L.) Hassk. が最近帰化している。

3868. オオハンゴンソウ 〔オオハンゴンソウ属〕
Rudbeckia laciniata L.
　北アメリカ原産。明治中頃に渡来し、今では日本各地に帰化する多年草。茎は上部で分枝し、高さ1.5～2m。下葉は柄があり羽状に5～7裂、上の葉は3～5深裂し最上葉は全縁。花は夏から秋、茎の先端に頭花をつけ、長く下垂する舌状花がある。八重咲きのものをハナガサギクという。和名大反魂草（おおはんごんそう）。在来種のハンゴンソウに似て大形の意。

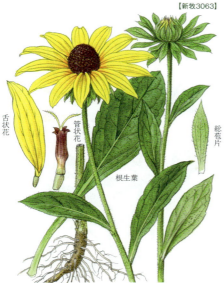

3869. アラゲハンゴンソウ 〔オオハンゴンソウ属〕
Rudbeckia hirta L. var. *pulcherrima* Farw.
　北アメリカ原産の多年草。高さ 30～100 cm。全草を硬い粗い毛がおおい，葉質はざらつき，縁には不揃いの鋸歯がある。根生葉は卵形で長さ 3～7 cm。夏から秋にかけ，長い柄のある頭花をつける。舌状花はオレンジ色がかった黄色で長さ 2～4 cm。頭花を包む総苞は外側が薄い草質，内側は細い線形をしている。別名キヌガサギク。

3870. オオハマグルマ 〔キダチハマグルマ属〕
Melanthera robusta (Makino) K. et H.Ohashi
　紀伊半島南部と四国，九州の暖地の海岸にはえる多年草。茎は地上をはい節より根を出す。溝のある四角柱状で粗毛があり，分枝する。小笠原や屋久島以南の熱帯海岸にはえるキダチハマグルマにも近い。葉は長さ 8 cm 位，短柄がある。花は夏，3 個ほどの径 2 cm 位の黄色の頭花をつける。和名は大形のハマグルマ（ネコノシタ）の意。

3871. ネコノシタ（誤称ハマグルマ）〔キダチハマグルマ属〕
Melanthera prostrata (Hemsl.) W.L.Wagner et H.Rob.
　東アジアの暖帯から熱帯に分布し，日本では福島・新潟県以西から南西諸島の海岸の砂地にはえる多年草。茎は地をはい，節から根を下ろし分枝して広がる。高さは 60 cm 内外，縦に溝がある。葉は長さ 2～5 cm で厚く，茎とともに粗毛がありざらつく。花は夏から秋，花径 2 cm 内外。和名は葉の触覚が猫の舌の触覚に似ていることに基づく。

3872. クマノギク 〔アメリカハマグルマ属〕
Sphagneticola calendulacea (L.) Pruski
　伊豆・紀伊半島，四国，九州，琉球列島の海岸のやや湿した場所にはえ，また台湾，中国，マレー，インドに分布する多年草。茎は長さ 30～40 cm で下部は地をはう。全体に伏毛がありざらつく。花は晩春から秋に咲き，径 2～3 cm の頭花で 7～10 個の黄色の舌状花がある。和名は和歌山県熊野地方に産することにちなむ。別名ハマグルマ，シオカゼ。

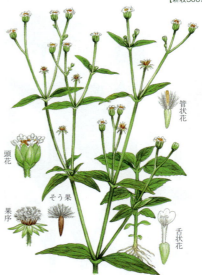

3873. チトニア 〔ニトベギク属〕
Tithonia rotundifolia (Mill.) S.F.Blake

　メキシコおよび中央アメリカ原産，昭和初年に渡来し，観賞用に栽培される1年草。高さ2〜3mの低木状草本で，茎は円柱形で直立する。葉は広卵形で長さ7.5〜25cm，鋸歯縁。頭花はいわゆる一重咲きで，径5〜8cm，長い花梗に1花をつける。花色は緋橙色。春まきでつくり，花壇に植えるほか切花にも利用する。別名ヒロハヒマワリ，メキシコヒマワリ。

3874. コゴメギク 〔コゴメギク属〕
Galinsoga parviflora Cav.

　北米原産で，近年都会地の道ばたなどに広がりつつある一年草。茎は高さ10〜40cm，よく分枝し全体に軟らかく倒れやすい。葉は卵形で対生し，まばらな低鋸歯があり，大形のものは有柄。花は晩春，頭花は径5mm内外，管状花の周囲に3裂の舌状花が5個ついている。同じように日本各地に広がっているハキダメギク *G. quadriradiata* Ruiz et Pav. は葉の鋸歯が粗く，舌状花にはっきりした鱗片状の冠毛がある。

3875. ヒマワリ（ヒグルマ） 〔ヒマワリ属〕
Helianthus annuus L.

　北アメリカ原産。観賞用や採油用に広く栽培される1年草。高さ2m内外。葉身は長さ10〜30cm。花は夏から初秋に咲き，大形のもので頭花の径40〜60cm。外周部に鮮黄色の舌状花，中央に管状花を密集し，花後多数のそう果ができ，油を採ったり，食用にする。和名日回りは花を太陽に見立て，日について回ると誤認したための名。漢名向日葵。

3876. ヒメヒマワリ 〔ヒマワリ属〕
Helianthus cucumerifolius Torr. et A.Gray

　北アメリカ南部原産。明治末期（1910年前後）に渡来し，観賞用に栽培される1年草。茎は高さ1〜1.5m，多数分枝する。茎葉とも短い剛毛があり，ざらざらしている。互生する葉は長い柄があって，三角状の心臓形。花は夏から秋，枝の頂に径5〜9cmの頭花を開き，舌状花は長さ2.5cm。和名の姫は弱小なの意。

3877. コヒマワリ 〔ヒマワリ属〕
Helianthus ×multiflorus L.

北アメリカ原産のヒマワリとノヒマワリ *H. decapetalus* L. との交配によってつくられた。夏中つぎつぎと黄色の花を咲かせ，花壇，切花用に栽培。茎の高さ 1.0～1.5 m で直立，葉は卵形で鋸歯が多く対生，葉柄はごく短い。頭花は径 6～7 cm で多数，舌状花，管状花ともに黄色で，一重咲き，八重咲きなどの園芸品種が多い。果実はできない。栽培はやさしく，寒さに強い。晩秋，地下茎の先端に小さな塊茎ができる。

3878. キクイモ 〔ヒマワリ属〕
Helianthus tuberosus L.

北アメリカ原産の帰化植物。塊茎をとるために栽培され，また観賞用に植えられていたが，今では各地の空地に野生化している多年草。茎は高さ 1～3 m，葉とともに粗毛がありざらつく。葉は下部が対生，上部は互生。花は秋，径 8 cm 位。和名菊芋は花がキクのようで地下茎が肥大し塊茎となるのでいう。塊茎は果糖製造の原料になる。

3879. オランダセンニチ (ハトウガラシ) 〔センニチモドキ属〕
Acmella oleracea (L.) R.K.Jansen

東南アジア原産。観賞用あるいは葉に刺激的な辛味があるのでときに野菜として栽培される1年草。高さ 30 cm 位で多数分枝する。花は夏，頭花は管状花だけからなり，各小花に舟形の小苞が伴う。そう果は冠毛がなく，2 刺がある。和名和蘭千日紅（おらんだせんにち）はヒユ科のセンニチコウに似た外来品であることに基づく。別名は葉に辛味があるからいう。

3880. ブタクサ 〔ブタクサ属〕
Ambrosia artemisiifolia L.

北アメリカの原産で明治初年に渡来し，各地の道ばたや荒地にふつうにはえる1年生帰化雑草。茎は高さ 1 m 内外，上部は多く分枝し，全体に短い剛毛がある。花は夏から秋，雌雄同株で雄性花序は枝先につき，雌花序はその下部に腋生し少数で目立たない。和名豚草（ぶたくさ）は北アメリカで hogweed というのに基づく。風媒花で花粉症をおこす。

3881. クワモドキ（オオブタクサ）　〔ブタクサ属〕
Ambrosia trifida L.

　北アメリカ原産，都会地の荒地や裸地に大群落をつくる1年草。高さ50 cm ときに3 m にもなる。葉は対生し，掌状に深くふつう3裂，下部の葉では時に5～7裂する。裂片は長めの卵形，基部形で縁には鋸歯がある。夏の終わりに雄花だけの頭花を多数，長い穂につけて直立，その下に少数の雌頭花をつける。頭花を包む総苞は黄緑色で，総苞片の片側に黒褐色の3本の線がある。

3882. オナモミ　〔オナモミ属〕
Xanthium strumarium L.
subsp. *sibiricum* (Patrin ex Widder) Greuter

　東アジアに広く分布，日本へは古く大陸から入った史前帰化植物とも考えられる。かつて本州から琉球の道ばたに多く見られたが，現在ではごくまれ。茎は高さ1 m 内外，葉とともに短毛があり，さらに紫褐色の斑点が散在する。花は夏から秋，枝先に雄頭花，下部に雌頭花をつける。そう果の入った壺型の総苞（集合果）にはかぎ状のとげがあり他物につく。果実には薬効がある。

3883. イガオナモミ　〔オナモミ属〕
Xanthium orientale L. subsp. *italicum* (Moretti) Greuter

　南アメリカ原産と見られる大形の帰化1年草。高さ1.5 m 位。枝は分枝し，濃い紫褐色の縦長の斑点が入る。葉は互生し全体が卵形，基部は深い心心形で鋸歯縁である。花序は雌雄が別で，枝端や葉腋に群生する。雌花序はとげの多いだ円形で，とげは鋭く，先端はかぎ状に曲がる。熟時には集合果全体が黄色を帯びた褐色を呈する。和名のイガはとげの意。

3884. ヒャクニチソウ　〔ヒャクニチソウ属〕
Zinnia elegans Jacq.

　メキシコ原産で観賞用として花壇に栽培される1年草。高さ60～90 cm。葉は柄がなく対生。花は夏から秋，舌状花は剛質で長く残り，中心の管状花は黄色で結実後卵形状に高まる。頭花は径3 cm 位。多数の園芸品種があり15 cm 以上の大輪や，花色も紅，紫，赤，黄白と種々ある。和名百日草は舌状花がいつまでもおれず観賞にたえるからいう。

3885. マンサクヒャクニチソウ 〔ヒャクニチソウ属〕
Zinnia peruviana (L.) L.

　メキシコから南アメリカ北部原産。観賞のため花壇に栽培される1年草。茎は直立，高さ1m内外，散毛がある。葉は無柄，表面はざらつき，3脈が明瞭。春にまけば花は夏から秋，径2～3cmの黄色味のある赤色の頭花を開く。総苞片は幅広く瓦がかぶさるように重なる。和名満作百日草は枝が多数分かれて小頭花を多数つけるのでついた。

3886. ギンケンソウ 〔ギンケンソウ属〕
Argyroxiphium sandwicense DC.

　ハワイ諸島ハワイ島のマウナケア山とマウイ島のハレアカラ山の高地に自生する1回繁殖型の多年草。草丈は1m位。葉は線状披針形で長さ30cm位，球状に密生し，白色の密毛におおわれる。花は赤紫色の頭花で初夏から秋，中央から壮大な花軸を出して総状花序となる。形容語はハワイの旧名「サンドウィッチ島の」の意。

3887. ダンゴギク 〔ダンゴギク属〕
Helenium autumnale L.

　北アメリカ中東部原産。観賞用として栽培される多年草。茎は高さ1m内外，著しい翼がある。葉は長さ5～12cm，目立たぬ細毛と細線点がある。花は夏から秋，径3cm位の黄色の頭花。和名団子菊は花心の管状花が半球形に盛り上がった様子から。属名は古代ギリシャ神話のスパルタ王メネラオスの妻ヘレネの名に由来する。

3888. テンニンギク 〔テンニンギク属〕
Gaillardia pulchella Foug.

　北アメリカ南部の原産。明治末期（1890～1910年）に渡来し観賞用として庭園に植えられる耐寒性の1年草。茎は高さ60cm内外，分枝し，軟らかい毛がある。葉は長さ10cm位。花は夏，径5cm位の頭花を開き，周辺の舌状花はふつう黄褐色または黄赤色，その基部は紫色であるが，栽培品種によって変化がある。

3889. センジュギク〔コウオウソウ属(マンジュギク属)〕
Tagetes erecta L.

メキシコ原産。観賞用に花壇などにまれに植えられる1年草。高さ45〜60 cm、無毛、多数分枝する。葉は羽状に深く裂け、複葉のように見える。一種の臭気がある。花は夏、径5〜10 cmの頭花を単生し、舌状花は雌性で結実する。英名アフリカンマリゴールド。和名千寿菊はコウオウソウの万寿菊に対する名。

3890. コウオウソウ〔コウオウソウ属(マンジュギク属)〕
Tagetes patula L.

メキシコ原産。貞享元年(1684年)に渡来し、観賞用に花壇などに広く栽培される1年草。高さ30〜60 cm。花は夏、頭花は径4 cm位。園芸品種が多く、開花期、花色などの変化に加えて、ときに舌状花がなく管状花だけがよく発達したものもある。和名紅黄草は花色に基づく。別名クジャクソウ。英名フレンチマリゴールド。漢名万寿菊。このほかニオイセンジュギク *T. lucida* Cav. やヒメコウオウソウ *T. tenuifolia* Cav. なども栽培されている。

3891. ノコギリソウ(ハゴロモソウ)〔ノコギリソウ属〕
Achillea alpina L. subsp. *alpina*

東アジアおよび北アメリカの温帯から寒帯に分布し、日本では北海道、本州の山地の草原にはえる多年草。茎は高さ60〜90 cmで葉とともに軟毛がある。葉は長さ3〜8 cm。花は夏から秋。和名は葉縁の切れ込みを鋸(のこぎり)に見立てた。属の学名はギリシャの英雄アキレスがこの草の薬効を発見したという伝説に基づく。

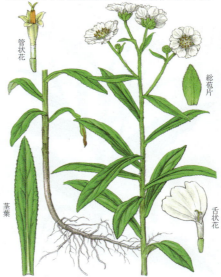

3892. エゾノコギリソウ〔ノコギリソウ属〕
Achillea ptarmica L. subsp. *macrocephala* (Rupr.) Heimerl var. *speciosa* (DC.) Herder

本州中部以北と北海道の草原にはえる多年草。高さ10〜85 cm。葉は互生し、先はふつう鉾形で長さ3〜7 cm、幅4〜11 mm、縁には整形の鋸歯がある。花期は夏。頭花はふつう散房状に茎の先端につく。総苞は半球形で絹毛が密生し、2列につく総苞片をもつ。舌状花は2列で、12〜19個あり、花冠は白い。そう果は長さ2 mmほど。

3893. セイヨウノコギリソウ 〔ノコギリソウ属〕
Achillea millefolium L.
　ヨーロッパ原産。花壇および切花用，ときに薬用として栽培されるが，性質が強健なので各地で野生化している多年草。茎は単一，高さ 60～100 cm。地中をはう地下茎から短い茎を多数出す。茎葉は無柄。ノコギリソウに比べて裂け方が細かい。花は夏，白色または淡紅色の頭花，周辺にふつう5個の舌状花が並び雌性で，中心の管状花は中性。

3894. トキンソウ （ハナヒリグサ） 〔トキンソウ属〕
Centipeda minima (L.) A.Braun et Asch.
　アジアやオーストラリアの熱帯から温帯まで広く分布し，北アメリカに帰化。日本では各地の庭や道ばたにふつうにはえている1年草。茎はよく分枝して地上をはい，長さ5～20 cm，かすかな臭気がある。花は夏から秋，葉腋につく。和名吐金草（ときんそう）は，頭花をつぶすと黄色のそう果が出るためにいう。方言でタネヒリグサとも呼ぶ。

3895. キク 〔キク属〕
Chrysanthemum morifolium Ramat.
　観賞用として広く栽植する多年草。茎はやや木質となり高さ約1 m。花は秋，茎の先で分枝し頭花をつけ，ふつうは周囲に雌性の舌状花，中心に黄色の両性の管状花があってともに結実する。古来，栽植し多数の園芸品種が生まれ，大菊，中菊，小菊の別があり，花形の作出系統によりさらに細分される。和名は漢名菊の音読み。

3896. アザミコギク 〔キク属〕
Chrysanthemum morifolium Ramat.
　観賞用として栽培されるキクの園芸品種。舌状花の発達が止まり，逆に管状花冠が大形になったもの。ふつう管状花の発達は「竹取」「獅子頭」などの細管咲きの品種に見られるが，いずれも花冠筒部の発達で，弁部はほとんど発達していない。それに対して本品は5裂した花弁部とともに花筒部も長く広くなり，アザミの頭花を見る感じがする。

3897. リョウリギク 〔キク属〕
Chrysanthemum morifolium Ramat.
　キク（家菊）の1品種で，主として頭花を食用とするため栽培される多年草。茎は直立して硬く，高さ30〜50 cm。花は秋，茎先に短枝を分け，径5〜10 cmの頭花を開く。すべて舌状花からなる。黄色，白色，紅色など品種もいくらかある。花，葉とも苦味が少なく，香気がある。和名料理菊は花を食用とすることによる。

3898. ノジギク 〔キク属〕
Chrysanthemum japonense (Makino) Nakai
　兵庫県以西，四国，九州東南部の海岸に近い山のふもとや崖にはえる多年草。地下茎をのばし，茎は斜上して高さ60〜90 cm，上部に多く枝を出す。葉は長さ3〜4 cm，下面に灰白色の密毛をつけ，托葉がある。花は秋で頭花の径3〜5 cm。和名野路菊（のじぎく）は牧野富太郎の命名。

3899. ニジガハマギク 〔キク属〕
Chrysanthemum ×*shimotomaii* Makino
　山口県虹ヶ浜を中心とした瀬戸内海沿岸の丘陵にはえる多年草。ノジギクとアブラギクとの中間形質を示すので，両種間の自然雑種といわれる。高さは1 m内外。茎は直立または傾斜して下部は木質化する。花は秋，長い花茎の先端にアブラギクに似た小黄花を開き，頭花は径2.5〜3.5 cm。和名は産地の虹ヶ浜に由来する。

3900. アブラギク （シマカンギク, ハマカンギク）〔キク属〕
Chrysanthemum indicum L. var. *indicum*
　近畿地方以西，四国，九州，および朝鮮半島，台湾，中国に分布。日当たりのよい山麓にはえる多年草。地下茎は横にはう。茎は下部がやや倒れて高さ30〜60 cm。葉は長さ3〜5 cm，下面に軟毛。花は秋から初冬，頭花は径2.5 cm位。外周に1列に黄色の舌状花が並ぶ。和名油菊は花を油に漬け薬用とするのに基づく。

3901. カンギク 〔キク属〕
Chrysanthemum indicum L. var. *indicum*

アブラギクから園芸化してできたもので、とくに花期がおそく晩秋から冬に開花し、葉や芽は霜がおりても傷まない特質が賞用されて栽培されている多年草。葉はアブラギクより短くて広く、冬には葉の縁近くに黄色を帯びる傾向がある。黄色花。舌状花の発達がよいが、管状花も比較的大きくなり泡立つように見える。

3902. アブラカンギク 〔キク属〕
Chrysanthemum indicum L. var. *indicum*

庭園で栽培する多年草。茎は高さ 50 cm 位、分枝して屈曲する。花は晩秋、黄色い頭花は径 2 cm 位、やや下向きの傾向がある。管状花の発達が著しく、上部は 2 分気味に 5 裂、密に集合しているので全体は球状になる。舌状花は雌性で小さく、発達した管状花にかくれて見えない。和名油寒菊はアブラギクから出たカンギクの意。

3903. アザミカンギク 〔キク属〕
Chrysanthemum indicum L. var. *indicum*

アブラギクの園芸品で、観賞用として栽培されている多年草。葉は原種のアブラギクに近く、裂片の先が鋭くとがっている。花は秋、頭花は黄色、舌状花は短く、管状花は花冠の1側で裂けているために5裂した扇状に展開し、舌状花にやや似た外観となっている。和名はアザミに似た花をつけるカンギク（寒菊）の意。

3904. アワコガネギク (キクタニギク) 〔キク属〕
Chrysanthemum seticuspe (Maxim.) Hand.-Mazz.
f. *boreale* (Makino) H.Ohashi et Yonek.

岩手県以南の本州と北九州や四国の一部、および朝鮮半島と中国東北・北部に分布。やや乾いた山麓や土手などにはえる多年草。茎は上部で分枝し高さ 60〜90 cm。花は秋、径 1.5 cm 位の頭花をつけ、花後下から苦味が強く、漢名に苦薏の別称がある。和名は密集する泡のような小黄花に、別名は自生地の京都菊谷に基づく。

3905. リュウノウギク　〔キク属〕
Chrysanthemum makinoi Matsum. et Nakai

福島・新潟県以西の本州，四国，宮崎県の日当たりのよい低山にはえる多年草。地下茎は細長く，のち木質になる。茎は高さ40〜80 cmで白毛がある。葉の上面は細毛が，下面は灰白色の密毛がある。花は秋で頭花は径3〜4 cm。舌状花は紅紫色を帯びるものもある。和名竜脳菊（りゅうのうぎく）は，茎や葉に含まれる揮発油の香りが竜脳に似ていることに基づく。

3906. サツマノギク　〔キク属〕
Chrysanthemum ornatum Hemsl.

鹿児島県西部の海岸で日当たりのよい道ばた，畑の縁などに雑草としてはびこっている多年草。根茎が分岐して繁殖し，のち木質化する。高さ30〜60 cm，銀白色の毛が多い。葉は長さ4〜6 cm，厚く，表面は緑色で縁は白色，裏面は銀白色。花は晩秋，径4〜5 cmの白色または淡紅色を帯びた頭花。和名は生育地の薩摩（鹿児島県西部）に基づく。

3907. オグラギク　〔キク属〕
Chrysanthemum zawadskii Herbich var. *latilobum* (Maxim.) Kitam. f. *campanulatum* (Makino) Kitag.

庭園に栽培される多年草。シベリア，朝鮮半島，長崎県対馬，平戸に分布するチョウセンノギク C. *zawadskii* var. *latilobum* の奇形で，頭花は径3〜5 cm，花弁は白紅紫色，しばしば膜状に垂れ下がる。管状花も2 cm内外に発達。高さ30 cm位。母種は葉が深く切れ込み，裂片が細いイワギク var. *zawadskii* で東アジアから東ヨーロッパ，北陸，近畿，四国，九州の山地に分布。

3908. ナカガワノギク　〔キク属〕
Chrysanthemum yoshinaganthum Makino ex Kitam.

四国徳島県の那賀川中流の岩壁上にはえる多年草。分布域は局限される。茎は束生，下部は多少木質，上部で密に分枝，高さ30 cm位。葉は長さ4 cm内外，裏面は灰白色。花は晩秋，枝の先端にやや散房状に白色の頭花をつけ，径2.5 cm位でのち淡紅色となる。総苞は半球形，外片は肉質で多数，内片は広い。和名は産地による。

3909. イソギク 〔キク属〕
Chrysanthemum pacificum Nakai
　関東および東海地方以西、伊豆諸島の海岸の崖や斜面などにはえる多年草。細長い地下茎がある。茎は斜上し高さ30cm内外、上部まで密に葉をつける。葉は厚く、上面はほとんど無毛、下面は銀白色の毛が密生する。花は秋、頭花は管状花だけからなるが、管状花の周囲に舌状花が出るものをハナイソギクという。和名磯菊（いそぎく）。

3910. ハナイソギク 〔キク属〕
Chrysanthemum ×*marginatum* (Miq.) Matsum.
　イソギクの群落中にしばしば見られる型で、かつてはイソギクの1品種とされたが、現在では付近の人家で栽培されているキクとの間に生じた雑種とみなされている。また、紀伊半島の海岸の崖にはイソギクとシオギクとの交雑に起源すると推定されるキノクニシオギク *C. kinokuniense* (Shimot. et Kitam.) H.Ohashi et Yonek. が分布する。花は秋、舌状花は黄色。和名花磯菊（はないそぎく）。

3911. ミソノシオギク（アサヒシオギク） 〔キク属〕
Chrysanthemum morifolium Ramat. × *C. shiwogiku* Kitam.
　四国（高知県東部、徳島県南部）の海岸の崖にはえるシオギク（シコクシオギク、マメシオギク）*C. shiwogiku* Kitam. の群落中にはえる多年草。しばしば栽培される。シオギクと付近の人家に植栽されているキクの雑種と考えられ、舌状花が発達する以外はシオギクとほとんど区別できない。高さ30〜50cm、横にはう根茎で繁殖する。茎は直立し、花時には下部は曲がって硬い。葉は長さ4〜5cm、裏面は銀白毛を密生。秋に枝先に多数の頭花を多数つける。

3912. コハマギク 〔キク属〕
Chrysanthemum yezoense Maek.
　関東地方北部から北海道までの太平洋岸にはえる多年草。長い地下茎で繁殖する。茎は高さ10〜50cm、上部は紫色を帯び、軟毛がある。葉は厚い肉質でほとんど無毛、腺点がある。花は秋から初冬、枝先に径5cm位の頭花を1個ずつつける。白色の舌状花は日がたつにつれて紅紫色に染まる。和名は小さいハマギクの意。

3913. イワインチン （イワヨモギ） 〔キク属〕
Chrysanthemum rupestre Matsum. et Koidz.

本州中部地方以北の高山帯の岩石地にはえる多年草。地下茎は短くはい，木質化，高さ10〜30cm。葉は表面が緑色で初め毛があり，裏面は銀白色の細毛が密布しヨモギの葉に似ている。花は晩夏から秋，茎の上部で細枝を分枝し径5mm位の頭花を散房状に密集する。舌状花はない。総苞は黄色。和名は岩間にはえるカワラヨモギ（漢名茵蔯）の意。

3914. ハマギク 〔ハマギク属〕
Nipponanthemum nipponicum (Franch. ex Maxim.) Kitam.

茨城県以北の本州太平洋岸の崖地にはえ，庭園に栽培もする多年草。根茎はなく，茎は高さ50〜100cm。下部は太く低木状になり翌年春その上端から新茎を出す。葉は枝頂に密生し，柄はなく肉質で厚い。上面は無毛で光沢があり，下面は白っぽい。下部の葉は花時になくなる。花は秋，頭花の径6cm位，総苞片は緑色で4列。

3915. フランスギク 〔フランスギク属〕
Leucanthemum vulgare Lam.

ヨーロッパ原産。江戸末期に渡来し，広く庭園に栽培される多年草。地下あるいは地に接して多く分枝し束生する。花茎は60〜90cm。全体が無毛。根生葉は越冬し，長さ6〜9cm，柄がある。花は初夏，径5〜6cmの頭花を単生，栽培品は野生品に比べ花径が大きい。和名はパリ郊外などに多いのでついた。欧州では牧場に広く野生している。

3916. シャスタ・デージー 〔フランスギク属〕
Leucanthemum maximum (Ramond) DC.

ヨーロッパ原産の園芸種で，観賞用に栽培される多年草。高さ30〜60cm，茎葉は無毛，葉は披針形で不規則な欠刻がある。花期は春。花は一重の頭花で径6〜8cm，舌状花は白色，花茎は太く，花弁も厚い。耐寒性が強く，丈夫なため花壇に広く植え，切花や鉢物用の品種もある。

3917. モクシュンギク 〔モクシュンギク属〕
Argyranthemum frutescens (L.) Sch.Bip.
　大西洋のカナリア諸島原産。観賞用として、花壇などに栽培する低木状の多年草。全体に毛がなく、多数分枝し高さ60～100 cm、下部は木質となる。花は夏、径3～6 cmの頭花を茎頂に1個つける。舌状花は1列に並んで白色で平開、中心の管状花は黄色。頭花全体が黄、八重などの品種もある。和名木春菊はシュンギクに似て木立ちになるため。別名キダチカミルレ、マーガレット。

3918. シュンギク 〔シュンギク属〕
Xanthophthalmum coronarium (L.) P.D.Sell
　南ヨーロッパ、地中海沿岸の原産。野菜として栽培される1年または2年草。高さ30～60 cm、全体無毛。花は夏、黄色ときに白色黄心の花径3 cm位の頭花を茎の頂に単立。和名春菊は、春に若芽を食することに由来するという説と、他のキクと異なり春に開花するのでいうという説があるが、後者が正しそうである。花を観賞する目的で栽培される品種をハナゾノシュンギクという。

3919. ナツシロギク 〔ヨモギギク属〕
Tanacetum parthenium (L.) Sch.Bip.
　東ヨーロッパ、アジア西南部などの原産。今では全ヨーロッパ、北アメリカなどに野生化する多年草。観賞または薬用として栽培される。高さ60 cm内外。初夏に径2 cm位の頭花をつけ、強い芳香と味がして、薬草としては消化および通じをよくする。和名夏白菊は夏に白花をつけるキク。別名コシロギク、ナツノコシロギク。園芸界ではマトリカリアの名で呼ぶ。

3920. シロムシヨケギク 〔ヨモギギク属〕
Tanacetum cinerariifolium (Trevir.) Sch.Bip.
　バルカン半島クロアチアの岩石の多い草原にはえ、薬用としてよく栽培される多年草。日本ではかつて北海道を中心に栽培され、除虫菊として害虫駆除に用いた。花は初夏、高さ30～60 cmの花茎をのばし多数に分枝し、その先に径3 cm位の頭花をつける。舌状花は白色、中心の管状花は黄色。和名は白花の除虫菊の意。別名ダルマチヤジョチュウギク。

3921. アカムシヨケギク 〔ヨモギギク属〕
Tanacetum coccineum (Willd.) Grierson

コーカサス，トルコ東部およびイラン（ペルシャ）北西部の高山から亜高山に野生するが，ときに観賞のため栽培される多年草。茎は高さ60 cm内外，単一またはまばらに分枝，ほとんど平滑。葉は互生し，無毛。花は夏，径5～6 cmの頭花をつけ，花色は赤の他に色々ある。頭花からつくった粉末をペルシャ除虫菊粉という。和名は赤花の咲く虫除け菊の意。別名ペルシャジョチュウギク。

3922. ヨモギギク 〔ヨモギギク属〕
Tanacetum vulgare L.

ヨーロッパからシベリアに分布，観賞用に栽培する多年草。太い地下茎が横にはい，その頂から年々高さ70 cm位の茎を立てる。全体無毛。キクに似た香りがある。花は夏，頭花は径5 mm位，舌状花はない。周辺の小数花が雌花，他は両性花。和名は舌状花を欠く点がヨモギに似るため。北海道以北に1変種エゾノヨモギギク var. *boreale* (Fisch. ex DC.) Trautv. et C.A.Mey. がある。

3923. ローマカミツレ（ローマカミツレ）〔ローマカミツレ属〕
Chamaemelum nobile (L.) All.

ヨーロッパ南部原産，各地で薬用植物，切花用に栽培される多年草。高さ15～30 cm。茎は横臥して発根することがある。全草に灰緑色毛がある。葉は互生，美しい緑色で，2回羽状複葉，裂片は全縁または2～3半裂し，先端がとがる。花期は夏。茎上の頭花には強臭があり，舌状花は銀白色，管状花は黄色。カミルレとは，花床に空洞がないことと芳香が異なることで区別される。

3924. カミルレ 〔コシカギク属〕
Matricaria chamomilla L.

北ヨーロッパから西アジアにかけての原産。薬用植物として広く栽培されている1年あるいは越年草。高さ30～60 cm，芳香がある。花は夏，径13～25 mmの頭花，総苞片はやや同長，花床は裸出し中空。カミツレと呼ぶことも多いが，和名はオランダ語名 kamille に基づく。真のカミルレはローマカミルレであるが，これに対し本種をドイツカミルレという。またカミレ，ゼルマンカミルレ，ドイツカミルレなどとする。強壮薬とする。

3925. コシカギク（オロシャギク） 〔コシカギク属〕
Matricaria matricarioides (Less.) Ced.Porter ex Britton
　北半球冷温帯に広く分布，北海道から東北地方にかけて帰化している1年草。高さ10〜30 cm。よく分枝し，葉は長だ円形で長さ3〜5 cm。夏から秋に，径1 cm弱の黄色の頭花を多数つける。花はすべて管状で，頭花の中央にある花床は円錐形に高く盛り上がって，その上に多数の管状花を載せる。全草にややパイナップルに似た香気がある。

3926. シカギク 〔シカギク属〕
Tripleurospermum tetragonospermum (F.Schmidt) Poped.
　北海道の海岸砂浜にはえる1年草。中国東北部，極東ロシア，サハリン，千島の亜寒帯に分布する。高さ15〜60 cm。葉は互生し，ほとんど柄はなく長だ円形である。花期は夏。頭花は枝先に1個つき，白色で径3〜6 cm，総苞は半球形で長さ7〜8 mm，舌状花冠は雌性で，頭花の周辺に1列に並んでいる。そう果は4稜形，黒い油点が2個ある。

3927. モクビャッコウ 〔ヨモギ属〕
Artemisia chinensis L.
　小笠原諸島（火山列島）や琉球列島，および台湾，中国南部の磯海岸にはえる小低木。高さ30〜100 cm。茎は多く分枝する。葉は互生，枝の先端部分に集まる傾向があり，全縁または2〜5裂，長さ2〜5 cm，幅2〜10 mm。花茎上部の葉腋に柄のある頭花がつき総状となる。頭花は特有の強臭がある。総苞は径3〜4 mm，花冠には腺点が密につき，そう果は卵形で5個の縦線条がある。

3928. ヨモギ（カズザキヨモギ，モチグサ） 〔ヨモギ属〕
Artemisia indica Willd. var. *maximowiczii* (Nakai) H.Hara
　本州，四国，九州，および朝鮮半島，中国に分布し，山野にふつうな多年草。茎は高さ1 m内外でよく分枝し，白綿毛がある。葉の下面にも白綿毛が密生し，葉柄の基部には仮托葉がある。花は夏から秋。別名モチグサは春に若苗を草餅の材料にするため。葉裏の毛からモグサをつくる。切り傷に搾り汁をつけるなど民間薬としての効用は多い。

3929. ヤマヨモギ（オオヨモギ）　〔ヨモギ属〕
Artemisia montana (Nakai) Pamp.

近畿地方以北，北海道および南千島，サハリンの山地の林内にはえる多年草。高さ1.5～2 mで太く，分枝は少ない。茎の中部の葉は長さ19 cm，幅8 cmになる。ヨモギに比べて全体が大形で，葉の裂片は鋭くとがり，仮托葉はない。香気も少ない。花は夏から秋，ヨモギ同様，葉裏に密生した綿毛からモグサをつくる。若苗を食用にする。

3930. オトコヨモギ　〔ヨモギ属〕
Artemisia japonica Thunb. subsp. japonica

日本各地および台湾，朝鮮半島，中国などアジア大陸の温帯から熱帯に分布。日当たりのよい山地や丘陵地にはえる多年草。茎は高さ50～100 cm，全体にほとんど無毛。葉は長さ3～8 cm。花は夏から秋。和名は漢名牡蒿の訳で，種子が小さいために種子がないものと誤認して，牡と名づけたといわれる。ヨモギと同じように若葉を食べる。

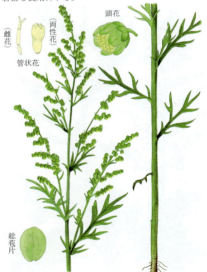

3931. ホソバノオトコヨモギ　〔ヨモギ属〕
Artemisia japonica Thunb. subsp. japonica f. resedifolia Takeda

山地の草原に多い多年草。しばしば群落をつくる。高さ50 cm位。オトコヨモギの品種とされ，葉，ことに根生葉や茎の下部の葉が倒卵形の外形で，やや掌状に偏った羽状に深裂したもの。別にオトコヨモギより強壮剛質で，扇状に末広になった葉をつけるハマオトコヨモギ subsp. littoricola (Kitam.) Kitam. が北部の海岸にはえる。花は夏から秋に咲く。

3932. シロヨモギ　〔ヨモギ属〕
Artemisia stelleriana Besser

本州北部，北海道および千島，サハリン，カムチャッカ，オホーツク海沿岸など冷温帯から寒帯に分布。日当たりのよい海岸の砂地にはえる多年草。ヨーロッパ，アメリカに帰化している。花時以外は丈は低く，根生葉を束生し，全体に純白の短綿毛を密生。花は夏から秋，高さ30 cm位の花茎をのばし，長さ6 mm位の頭花を複総状に密集する。

3933. ヒロハヤマヨモギ　〔ヨモギ属〕
Artemisia stolonifera (Maxim.) Kom.

　本州中国地方と九州に産する多年草。高さ 50 ～ 100 cm。地中にほふくする根茎をもつ。葉は互生し、やや まばらにつき、翼のある短い柄があり洋紙質、表面に くも毛を散生、裏面に綿毛が密生する。花期は夏から 秋。多数の頭花がつき、球状の鐘形、総苞にもくも毛 がある。総苞片は 3 列、卵形か長だ円形である。そう 果は長さ 1.8 mm ほど。

3934. ヒロハウラジロヨモギ（オオワタヨモギ）〔ヨモギ属〕
Artemisia koidzumii Nakai

　北海道の海岸に特産する多年草。地中にほふくする 根茎がある。高さ 35 ～ 100 cm。茎の中ほどの葉は無 柄か翼のある短い柄があり、葉身は卵形で長さ 4.5 ～ 18 cm、幅 3 ～ 11 cm になる。花期は夏から秋。頭花 は球形または鐘形。総苞に長毛が密生。総苞片は 3 列 につき、外片は卵形で先はやや鋭形、中片は広卵形で 先は鈍形、内片の先は円頭となる。

3935. イヌヨモギ　〔ヨモギ属〕
Artemisia keiskeana Miq.

　日本各地および朝鮮半島、中国北・東北部の温帯か ら暖帯に分布。日当たりのよいやや乾いた低山にはえ る多年草。根茎は太く、茎は花時に高さ 30 ～ 80 cm になり、葉裏とともに褐色の微毛がある。花をつけな い茎は下部が倒れて、やや上部にロゼット状に葉をつ ける。洋紙質で下面に綿毛と腺点がある。花は夏から 秋、花冠には少し毛がある。

3936. ヒメヨモギ　〔ヨモギ属〕
Artemisia lancea Vaniot

　本州、四国、九州および朝鮮半島、台湾、中国大陸 に分布。山野にはえる多年草。地下茎で繁殖する。茎 は高さ 1.5 m 位で硬く、くも毛があり、しばしば紫色 を帯びる。発育のよいものは非常に肥大して多数分枝 する。葉は長さ 3 ～ 7 cm で、裂片の幅は 3 mm 以下、 下面に白綿毛が密生。花は秋、径 1 mm、柄はなく、 総苞はまばらにくも毛がある。

3937. ヒトツバヨモギ 〔ヨモギ属〕
Artemisia monophylla Kitam.

　本州中北部と鳥取県大山一帯の低山帯上部から亜高山に多くはえる多年草。根茎は横にはい、茎は束生して直立し、単一で分枝しない。高さ60〜100 cm。葉は長さ10 cm位、互生し、短柄がある。花は夏から秋、茎の上部の葉腋から分枝し円錐状の花序に淡緑色の小頭花をつける。総苞はくもの巣状の毛がある。和名は分裂しない単葉であるからいう。

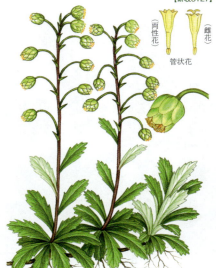

3938. ミヤマオトコヨモギ 〔ヨモギ属〕
Artemisia pedunculosa Miq.

　本州中部の高山帯の砂礫地または岩壁などにはえる多年草。著しく分枝する地下茎から高さ30 cm位の多数の茎が斜上または直立する。若いときには絹毛がはえている。葉には有翼の柄がある。裏面の軟毛はのちにほとんど無毛になる。大形の頭花は夏下向きに開き、径1 cm位で黄色の管状花のみをもつ。和名は深山生のオトコヨモギの意。

3939. タカネヨモギ 〔ヨモギ属〕
Artemisia sinanensis Y.Yabe

　本州中部以北の高山帯で、日当たりがよく、しかも乾燥し過ぎない斜面の裸地にはえる多年草。地下浅くに、太くて硬い多肉質の長い地下茎が横にはい、その先から年々茎を斜上し、高さ30〜40 cm。若いときは絹毛がある。花は夏、径12 mm位の半球形の頭花を下向きにつける。総苞も同形。和名は高山にはえるからいう。

3940. サマニヨモギ 〔ヨモギ属〕
Artemisia arctica Less. subsp. *sachalinensis* (F.Schmidt) Hultén

　東アジア北部、北アメリカ西部の寒帯に分布。岩手県早池峰山と北海道の高山帯の岩石地にはえる多年草。根茎は太く長い。茎は高さ30 cm内外、茎や葉に初め褐色の毛がある。葉は長さ10 cm位、根生葉に長柄があり、茎葉は上方ほど短柄となる。花は夏、管状花のみの頭花は径1 cm位、やや下向き。和名は北海道日高の様似（シャマニが本来の発音）で見つけられたのでいうが、そこでは現在絶滅して見られない。

3941. キタダケヨモギ 〔ヨモギ属〕
Artemisia kitadakensis H.Hara et Kitam.
　本州中部の高山に特産し、砂礫地にはえる小低木。高さ20〜30cm。無花茎上部に葉を叢生する。花茎は分枝せず、葉は長さ4〜6mmで、ときに3裂する。花期は夏。葉腋に幅8mmほどの有柄の頭花が下向きにつく。総苞は半球形で絹毛を密集する。アサギリソウに似るが、花序は分枝せず、頭花が幅広い。基準産地は南アルプスの北岳。

3942. アサギリソウ 〔ヨモギ属〕
Artemisia schmidtiana Maxim.
　北陸地方から東北、北海道および南千島、サハリンの高山や海岸の岩場にはえる多年草。高さ15〜30cmでよく分枝し、全体に銀白色の絹毛がある。花は夏、頭花の中心部は両性花、その周辺1列は雌花。総苞にも絹毛を密生し、花床には白剛毛がある。和名は植物全体の、白い色を通して薄く緑の見える様を朝霧にたとえた。観賞用に栽培。

3943. ヨモギナ 〔ヨモギ属〕
Artemisia lactiflora Wall. ex DC.
　中国大陸および東南アジアに分布し、まれに日本でも栽培する多年草。高さ1m位。茎の下部が多少木化する。全株無毛。葉は先のとがった長卵形で1〜3対の羽状に深く裂ける。花は晩秋、頭花は長さ3mm位、総苞片は膜質で光沢があり、管状花は白く美しい。中国では芳香と白花とを賞用して栽植し、また民間薬にも利用している。

3944. ニガヨモギ 〔ヨモギ属〕
Artemisia absinthium L.
　ヨーロッパ原産。ときに切花用に栽培される多年草。根茎は木質。高さ1m位。強い芳香がある。花は夏、淡黄色の頭花を多数つける。外周部の管状花は結実しない。全草をとって乾燥し、これを煎出し苦艾（にがよもぎ）といって健胃薬とする。苦みがあるのでこの和名がある。かつてはこれをアルセム（亜爾鮮）（オランダ語に由来）といい、アブサン酒の苦味づけに用いられた。

3945. ミブヨモギ　〔ヨモギ属〕
Artemisia maritima L.

　ヨーロッパ南部から中央アジアの原産で，各地で薬用に栽培される多年草。日本には昭和の初期に渡来した。高さ約1 m。茎はよく分枝する。全体に白綿毛がある。葉は線形で2回羽状深裂する。花期は夏から秋。枝の上部に細枝を分かって，円錐状に卵形の小さな頭花をつける。全草をとり乾燥する。サントニンを含みセメンシナの代用とした。

3946. セメンシナ　〔ヨモギ属〕
Artemisia cina Berg.

　原産は旧ソ連南部のトルキスタン地方で，回虫駆除のサントニンをとるために栽培する半低木状の多年草。高さ30〜50 cm。上部で枝を分け，葉は細裂して密生する軟毛のため灰色を呈する。頭花は小さく長卵形で，種子と間違えられやすい。開花直前の花序，葉をとり陰干しにする。これをセメンシナ（シナの種子）といい，駆虫剤とする。

3947. カワラニンジン　〔ヨモギ属〕
Artemisia carvifolia Buch.-Ham.

　本州中西部から九州，および朝鮮半島，中国，インドに分布し，川岸の砂地や荒地にはえる越年草。日本へは中国から薬用植物として入り帰化したものと思われる。茎は高さ30〜150 cmで無毛，よく分枝する。葉は両面とも無毛で軟らかい。花は夏，頭花は径5〜6 mm，同方向に並びうつむく。和名は河原にはえ，葉がニンジンの葉に似ることによる。

【新牧3134】

3948. カワラヨモギ　〔ヨモギ属〕
Artemisia capillaris Thunb.

　本州から琉球列島および朝鮮半島，台湾，中国，フィリピンの温帯から熱帯に分布。川岸や海岸の砂地に多い多年草。茎は直立して分枝し，高さ30〜60 cm。根生葉を束生し，ふつう白毛があり，花時に枯れる。花は夏から秋，黄色の小頭花には中心に両性花，周辺に1列の雌花が並ぶ。古来漢薬として使用される。和名河原艾（かわらよもぎ）。

【新牧3135】

3949. ハマヨモギ　　　　　　　　　〔ヨモギ属〕
Artemisia scoparia Waldst. et Kit.
　ユーラシア大陸に広く分布し、日本では各地の路傍や低地の荒れ地に一時的に帰化する1年草または2年草。高さ60〜90 cm。茎は直立して上部は分枝する。葉は長さ1.5〜3 cmで1〜2回羽状に全裂、裂片は糸状。上葉は次第に小形で羽状全裂。花期は秋、茎および枝の先に頭花が多数つき複総状花序となる。頭花が小さく多年草ではない点でカワラヨモギと異なる。

3950. クソニンジン　　　　　　　　〔ヨモギ属〕
Artemisia annua L.
　北半球の温帯から熱帯にかけて広く分布。アジア、東ヨーロッパの原産とされ、日本へは中国から薬用植物として輸入され帰化したものと思われる。道ばたや荒地に多い1年草。茎は高さ1 m内外で無毛、よく分枝する。葉の上面に粉状の細毛がある。花は秋。和名は全体に強い悪臭があり、葉形がニンジンに似ていることによる。

3951. フクド　(ハマヨモギ)　　　　〔ヨモギ属〕
Artemisia fukudo Makino
　近畿地方以西、四国、九州および朝鮮半島、台湾に分布。河口付近の泥沼にはえ、満潮時には海水中につかる2年草。茎は高さ30〜90 cmで太く、紫色を帯び、初め根生葉とともにくも毛がある。葉は厚く、花が咲くと下方の葉は枯れる。花は秋に上部の側枝につく。全体に特殊な香りがする。フクドの語源は不明。ハマヨモギの名の同名異種もある。

3952. ノブキ　　　　　　　　　　　〔ノブキ属〕
Adenocaulon himalaicum Edgew.
　日本各地および南千島、朝鮮半島、中国、ヒマラヤなどアジアの暖帯から温帯に分布し、山地の木かげや湿気の多いところにはえる多年草。地下茎は横にはう。茎は高さ50 cm位、上部は分枝して有柄の腺がある。葉は薄く下面には白綿毛が密生する。花は夏から秋、中央に雄花、周辺に雌花がつく。そう果は粘腺点を密生し他物につく。和名は野のフキの意。

3953. ウサギギク （キングルマ）　〔ウサギギク属〕
Arnica unalaschcensis Less.
var. *tschonoskyi* (Iljin) Kitam. et H.Hara
　本州中部以北と北海道の適度に湿った草地にはえる多年草で、種としてはさらに千島、カムチャツカ、アリューシャンの寒帯に分布する。茎は単生し、高さ30 cm内外。花は夏、頭花は黄色。和名は1対の長い下部の葉をウサギの耳にたとえたもの。別名金車は花色と舌状花の配列から。全体に毛が多いが管状花冠が無毛のものをエゾウサギギク var. *unalaschcensis* という。

3954. オオウサギギク　〔ウサギギク属〕
Arnica sachalinensis (Regel) A.Gray
　サハリンに分布し、日本では北海道石狩地方や礼文島の山地の草原にはえる多年草。葉は対生し、茎の下方につく葉は開花時に枯れるが、中ほどの葉は長さ9〜13 cmで、縁には微細な鋸歯がある。花期は夏から初秋頃。頭花はおよそ5個つき、上向きに開き、径は約6.5 cm、中心部は褐色である。総苞は半球形で各片は緑色。舌状花は黄色で1列に並ぶ。

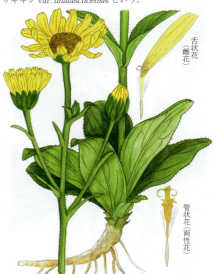

3955. アルニカ　〔ウサギギク属〕
Arnica montana L.
　ヨーロッパの高山の原産。日本でもまれに栽培する多年草。全体に芳香があり、茎は高さ20〜65 cm。根生葉が束生する。茎葉はふつう2個ずつ対生。花は夏から秋、黄色の頭花の周辺には雌性の舌状花があるが、全く欠けた個体もある。乾燥した花を亜爾尼加（あるにか）といい薬用にする。和名は属名（ラテン語で小羊をさす）に由来する。

3956. チョウジギク　〔ウサギギク属〕
Arnica mallotopus Makino
　太平洋側を除く本州および四国の山地の湿地にはえる多年草。地下茎は横にはう。茎は束生し高さ30〜50 cmで上部にちぢれ毛が多い。葉は両面ともざらつき厚く、柄がなく基部は短い葉鞘をつくる。下部の葉は花時には枯死する。花は夏から秋、花序柄は長く白毛を密生する。和名は頭花の形が、香料をとるフトモモ科のチョウジの形に似ることに基づく。

3957. サンシチソウ（サンシチ）　〔サンシチソウ属〕
Gynura japonica (Thunb.) Juel
中国大陸原産。庭園で栽培する多年草。茎は束生して直立し、高さ1m内外になる。葉は互生し羽状に深裂、各裂片の縁に粗い鋸歯がある。茎も葉も軟質で紫色を帯びる。花は秋に咲き、深黄色の小花はすべて両性の管状花だけからなる。全草を薬用および食用とする。和名は漢名三七の音読みで、葉の裂片の数が3～7にわたるからという。

3958. スイゼンジナ（ハルタマ）　〔サンシチソウ属〕
Gynura bicolor (Roxb. ex Willd.) DC.
東南アジアの熱帯原産。野菜として栽培され、九州南部ではしばしば野生化し、湿り気のある流れのほとりなどに群生する多年草。茎は高さ30～60cm。軟らかく、分枝し、四季を通じて葉がある。花は春から夏、黄赤色の管状花ばかりからなる。九州熊本の水前寺で古くから栽培されていたのでこの和名がある。

3959. サワオグルマ　〔オカオグルマ属〕
Tephroseris pierotii (Miq.) Holub
本州から琉球列島までの山間の日当たりのよい湿地にはえる多年草。茎は軟らかく中空で、高さ50～80cm、葉とともに白いくも毛がある。葉は厚く、下葉には長柄があるが中部以上の葉は無柄。花は晩春から初夏。そう果は無毛。和名は沢にはえオグルマに似ているという意。丘陵地にはえ、本種より小形でそう果に毛のあるものがオカオグルマ。

3960. オカオグルマ　〔オカオグルマ属〕
Tephroseris integrifolia (L.) Holub
subsp. *kirilowii* (Turcz. ex DC.) B.Nord.
本州、四国、九州の丘陵地の草原にはえる多年草。台湾、朝鮮半島、中国に分布する。高さ20～60cm。根生葉はロゼット状、茎葉は披針形で、下方のものは長さ7～11cm、幅1～1.5cmである。花期は初夏。頭花は数個から9個で柄があり、径3～4cmとなる。総苞の長さは8mm、幅約11mm、舌状花の花冠は鮮やかな黄色。そう果には毛が密生する。

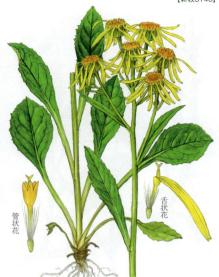

3961. キバナコウリンカ 〔オカオグルマ属〕
Tephroseris furusei (Kitam.) B.Nord.

関東地方の秩父周辺などの石灰岩地に特産する多年草。高さ30〜60 cm。茎葉は互生し，下方のものは長さ8.5 cmほどに達する。花期は夏。頭花は3〜5個，径2.5〜3 cmあり，長さ3〜6 cmの柄をもつ。総苞には短毛がある。舌状花は鮮やかな黄色，管状花は濃い黄色である。そう果は線形で毛がある。冠毛は汚白色で，長さ6〜8 mmになる。

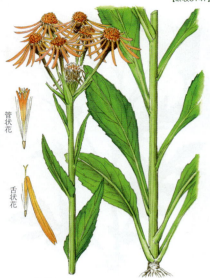

3962. コウリンカ 〔オカオグルマ属〕
Tephroseris flammea (Turcz. ex DC.) Holub
subsp. *glabrifolia* (Cufod.) B.Nord.

本州に分布，日当たりのよい山地の草原にはえる多年草。茎は高さ50 cm内外で分枝せず下部は角ばる。上部に白綿毛がある。花は夏，頭花は径3 cm内外。舌状花は長さ2 cm内外で下方に反転する。和名紅輪花（こうりんか）は花色と車輪状の舌状花にちなむ。タカネコウリンギク subsp. *flammea* は九州中部および朝鮮半島から北東アジアに分布し，茎に毛が多く頭花は少し小さい。

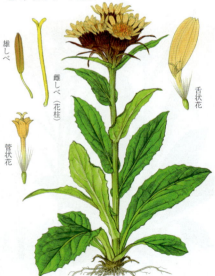

3963. タカネコウリンカ 〔オカオグルマ属〕
Tephroseris takedana (Kitam.) Holub

本州中部の高山の乾いた草地にはえる多年草。高さ20〜40 cm。全体にくも毛，ときに短毛がはえる。下方の葉は長さ5〜10 cm，幅1.5〜3 cmで鈍形である。花期は夏。頭花はふつう4〜5個，散状に茎の先端につく。総苞は筒形，長さ7〜10 mm，暗紫褐色を帯びる。舌状花の花冠は濃い橙赤色である。そう果は長さ4 mmほどになり，毛がある。

3964. ノボロギク 〔ノボロギク属〕
Senecio vulgaris L.

ヨーロッパ原産で明治初期に日本に渡来した帰化植物。各地の道ばたや空地にはえる1〜2年草。茎は軟らかく高さ30 cm内外。下部以外の葉は葉柄がなく基部は茎を抱く。花はほぼ1年を通じて開くが，とくに春から夏が多い。頭花は管状花からなるが，ときに小舌状花がある。和名はボロギク（サワギク）に似て野にはえるためという。

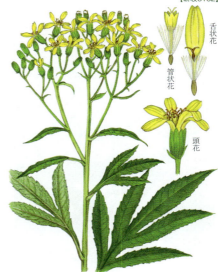

3965. キオン（ヒゴオミナエシ）　〔ノボロギク属〕
Senecio nemorensis L.
　東アジアからシベリアを経てヨーロッパまで分布し、北海道から九州の山地の日当たりのよいところにはえる多年草。高さ50〜100 cm。葉は無毛または両面に少しちぢれ毛がある。花は夏、頭花は径2 cm位で、10個内外の管状花とその周囲につく5個の舌状花からなる。和名黄苑（きおん）はシオン（紫苑）に対して花が黄色だからいう。

3966. ハンゴンソウ　〔ノボロギク属〕
Senecio cannabifolius Less.
　東アジアの温帯からアリューシャン列島の西端に分布し、日本では本州中部以北、北海道までの山地の草原や林の縁にはえる多年草。根茎は横にはう。高さ1〜2 m。根生葉は花時にはなく、茎葉は柄を含めて長さ10〜25 cm。花は夏から秋。和名反魂草（はんごんそう）は、少し垂れ下がる葉を幽霊の手に見立てたものか。若茎を食用にする。葉が羽状に分裂しないものをヒトツバハンゴンソウ f. *integrifolius* (Koidz.) Kitag. という。

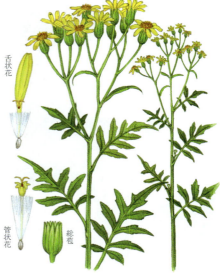

3967. タイキンギク（ユキミギク）　〔ノボロギク属〕
Senecio scandens Buch.-Ham. ex D.Don
　和歌山県以西および台湾、中国から東南アジア、インド方面に分布し、海岸またはその付近の山地にはえる多年草。茎はやせて倒れ気味になり、上部の花序だけが傾上してときに長さ5 mにもなる。花は晩秋から早春。和名堆金菊（たいきんぎく）は黄色い花が盛り上がって咲くことによる。雪の降る冬に開花するのでユキミギクの一名がある。

3968. サワギク（ボロギク）　〔サワギク属〕
Nemosenecio nikoensis (Miq.) B.Nord.
　北海道から九州にかけて山地のやや湿り気のある木かげにはえる多年草。全体が軟らかく、高さ50〜100 cm。茎は六角形で下部に白毛がまばらにある。根生葉はロゼット状につき、花時にはない。花は夏。和名は山間の沢にはえるからいう。別名襤褸菊（ぼろぎく）は、頭花が集まって開花している様子がぼろ切れが集まった状態を想像させるため。

3969. フウキギク（シネラリア，フキザクラ）〔フウキギク属〕
Pericallis ×*hybrida* (Hyl.) B.Nord.
　大西洋カナリア諸島産の *P. cruenta* (Masson ex L'Her.) B.Nord. と近縁種との交配によってつくられた園芸種。明治年間（1880年前後）に渡来し，観賞用に栽培される越年草。茎は直立して分枝し，高さ40～60cm。花期は初夏，園芸上では温室栽培なので，冬から春で，紅，紫，濃紫，赤紫，白など色々ある。一般にシネラリア（サイネリア）といって鉢植にする。和名富貴菊（ふうきぎく）で牧野富太郎の命名。中国では瓜葉菊という。

3970. トウゲブキ（タカラコウ，エゾタカラコウ）〔メタカラコウ属〕
Ligularia hodgsonii Hook.f.
　本州北部，北海道および南千島，サハリンの高山帯の草地にはえる多年草。高さ40～80cm。根生葉は30cm内外の柄があり，腎臓状の卵形。花は夏，茎の頂端に散房状につき，黄色の頭花は径4～5cm。総苞は鐘形で基部に2枚の苞状葉がある。頭花は周辺の1列が舌状花で，中心部には管状花がある。和名は峠にはえるフキの意味。

3971. カイタカラコウ　　〔メタカラコウ属〕
Ligularia kaialpina Kitam.
　本州中部，東北地方南部の亜高山帯のやや湿ったところにはえる多年草。根茎は短く，茎は高さ40cm内外，まれに70cmで単立する。トウゲブキに似るが全体ほっそりしている。根生葉は20cm内外の柄があり，無毛。茎葉は柄の基部が広がり葉鞘となって茎を抱く。花は夏に開き，黄色。和名は甲斐（山梨県）にはえるタカラコウ（トウゲブキ）の意味。トウゲブキは先端の頭花が横のものよりも低いが，本種では先端の頭花が最も高い。

3972. ハンカイソウ　　〔メタカラコウ属〕
Ligularia japonica Less.
　静岡県以西，四国，九州および朝鮮半島，台湾，中国に分布し，山地のやや湿ったところにはえる多年草。高さ1m内外。根生葉は長さ30cmで長い柄があり，茎葉は3個で小さく，柄も短い。葉の下面には初め軟毛がある。花は初夏，頭花は径10cm位。和名は漢の武将樊噲（はんかい）にちなみ，同じく和名が漢の名臣張良（ちょうりょう）に由来するチョウリョウソウ（ダケブキ）*L.* ×*yoshizoeana* (Makino) Kitam. と対をなす。

3973. マルバダケブキ 〔メタカラコウ属〕
Ligularia dentata (A.Gray) H.Hara
本州および中国大陸に分布し，低山帯から亜高山帯の草原にはえる多年草。高さ1m内外。根生葉は長さ40cm，長い柄がある。茎葉は2個。花は夏，頭花は径8cm。和名はフキに似て大きく，葉が円いことによる。別名マルバノチョウリョウソウは葉に切れ込みのないチョウリョウソウ（張良草）の意味で，本種とハンカイソウの雑種とされるダケブキ（チョウリョウソウ）より葉が切れ込まないことによる。

3974. オタカラコウ 〔メタカラコウ属〕
Ligularia fischeri (Ledeb.) Turcz.
東アジアに分布し，日本では北海道北部，本州，四国，九州の低山帯から亜高山帯の谷川のほとりにはえる多年草。高さ1〜2m。根生葉は長さ30〜40cm，茎葉は3個つき，上部のものほど小さい。花は夏から秋，舌状花は5〜9個。和名はメタカラコウよりも強壮で頭花が大きいためにいう。タカラコウは本属植物の漢名である蒙吾の音読みがなまったものとされている。

3975. メタカラコウ 〔メタカラコウ属〕
Ligularia stenocephala (Maxim.) Matsum. et Koidz.
本州，四国，九州および台湾や中国に分布し，低山帯の湿地にはえる多年草。茎は高さ60〜100cmで無毛。根生葉は長さ20〜25cm，茎葉は3個つき，上部のものほど小さい。花は夏から秋，舌状花は1〜3個で，まれにないものもある。和名は雌タカラコウで，オタカラコウに似ているが，全体がやさしいのでいう。

3976. ヤマタバコ (シカナ) 〔メタカラコウ属〕
Ligularia angusta (Nakai) Kitam.
中部地方と関東地方西部にきわめてまれにはえる多年草。高さ1m内外。全体無毛。葉は長さ15〜23cm，幅10cm内外の倒卵状だ円形。根生葉は束生する。花は初夏。総状花序は長さ30cmで下部の頭花から開花する。舌状花は黄色で3個まれに5個。管状花の冠毛は短く，剛毛でさび色。総苞片は筒形に連合する。和名は山地にはえ，葉がタバコに似ているから。ミチノクヤマタバコ *L. fauriei* (Franch.) Koidz. は本種に似るが，総苞片は互いに離れ，関東地方北部と東北地方の太平洋側にはえる。

3977. フキ 〔フキ属〕
Petasites japonicus (Siebold et Zucc.) Maxim. subsp. *japonicus*

本州、四国、九州に自生し、沖縄、朝鮮半島、中国で栽培され、山野の湿った林下や道ばたにはえる多年草。食用に各地で栽培する。雌雄異株で、花は早春、地下茎の先に独立した花茎を出す。花後に花茎は高さ40cm位にのび、地下茎から葉が出る。葉は綿毛があり、幅 15～30 cm。若い花茎をフキノトウといい、葉柄とともに食用、薬用にする。本州北部、北海道、サハリン、千島などに大型の亜種アキタブキ subsp. *giganteus* (G.Nicholson) Kitam. があり、栽培もされる。

3978. ツワブキ 〔ツワブキ属〕
Farfugium japonicum (L.) Kitam.

石川・福島県以南、四国、九州、琉球列島および朝鮮半島、台湾、中国に分布し、海岸付近にはえる多年草。園芸品が多く、庭にもよく植えられる。若葉には灰褐色の長毛があるが、のちに無毛になる。花は秋、花茎が 70 cm 位にのび径 3～6 cm の頭花がつく。和名は葉に光沢があるのでツヤブキの転訛といわれる。食用・薬用に供する。葉が特に大形のものはオオツワブキ var. *giganteum* (Siebold et Zucc.) Kitam. という。

3979. カンツワブキ 〔ツワブキ属〕
Farfugium hiberniflorum (Makino) Kitam.

九州の種子島および屋久島にはえる常緑の多年草。根茎は太く、根生葉は束生し長い根がある。花茎は長さ 30～60 cm、葉裏や柄と同じく灰白色の長毛が密生する。花は秋から初冬、黄色の頭花は径 3 cm 位、周辺に 1 列の舌状花が並び花冠の長さ 2 cm 位。和名の寒ツワブキは冬に入ってからも花があることに基づく。

3980. カニコウモリ 〔コウモリソウ属〕
Parasenecio adenostyloides (Franch. et Sav. ex Maxim.) H.Koyama

四国、奈良県および本州中部の亜高山帯の針葉樹林の下にはえる多年草。茎は高さ 50～100 cm、節ごとにややジグザグに曲がる。葉はふつう茎葉 3 枚のみで薄く無毛。葉柄は長さ 3～15 cm で、翼はなく、茎を抱かない。花は夏から初秋、頭花は 3～5 個の管状花からなる。和名は葉形がカニの甲羅に似たコウモリソウという意味。

3981. イズカニコウモリ　〔コウモリソウ属〕
Parasenecio amagiensis (Kitam.) H.Koyama

伊豆半島に特産し、山地の林下にはえる多年草。高さ40〜60cm。葉はふつう2個、下の葉は長い柄をもち、白い軟毛を密生する。葉身は薄い洋紙質。花期は秋。頭花は長さ3〜8mm、柄にちぢれた毛がある。総苞は狭筒形で長さ11mmほど。小花は4〜5個で、花冠は長さ11mm、冠毛は白色で長さ7〜9mmになる。そう果には毛がない。

3982. ミミコウモリ　〔コウモリソウ属〕
Parasenecio kamtschaticus (Maxim.) Kadota

北東アジア亜寒帯およびアリューシャンに分布し、日本では本州北部、北海道の針葉樹林下にはえる多年草。茎は高さ1m内外、ややジグザグ形になる。中葉は薄く3〜4枚がまばらにつく。花は夏、管状花からなる小頭花が下向きにつく。和名は葉柄の基部にある耳状の翼の形に基づく。北海道に葉腋にむかごのできるコモチミミコウモリがある。

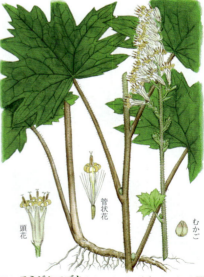

3983. タマブキ　〔コウモリソウ属〕
Parasenecio farfarifolius (Siebold et Zucc.) H.Koyama
var. *bulbiferus* (Maxim.) H.Koyama

北海道南部から本州にかけての山地の林下にはえる多年草。茎は高さ50〜140cmでくも毛がある。葉の上面は短毛があり、下面は綿毛が密生して白っぽい。茎の上部の葉腋にむかごをつける。花は夏から秋。和名は珠（たま）状のむかごのあるフキという意味。本州中部以西の分布域には葉裏に毛の少ないウスゲタマブキ var. *farfarifolius* がある。

3984. モミジタマブキ（ミヤマコウモリソウ）〔コウモリソウ属〕
Parasenecio farfarifolius (Siebold et Zucc.) H.Koyama
var. *acerinus* (Makino) H.Koyama

四国、九州の深山にはえる多年草。高さ20〜40cm。短い根茎から年々1茎を直立する。全体にちぢれた毛を散生。葉は軟らかく草質、表面は光沢がないが、裏面は綿毛がつき多少光沢がある。葉腋には小球状のむかごがあることが多い。花は秋、汚黄色。和名は裂けた葉をモミジにたとえた名。タマブキの地方型であるが、ウスゲタマブキもまた同じ地方に生じる。

3985. ヨブスマソウ 〔コウモリソウ属〕
Parasenecio hastatus (L.) H.Koyama
subsp. *orientalis* (Kitam.) H.Koyama

北海道および南千島、サハリン、カムチャツカ、朝鮮半島、中国東北部に分布し、山中の湿った林内にはえる多年草。高さ 1～2.5 m。葉は長さ 25～35 cm。葉柄には幅広い翼があり、基部は耳状で茎を抱く。花は夏から秋。和名のヨブスマとはコウモリのことで葉形に基づく。本州の主に日本海側の山地には、葉が五角状腎臓形のイヌドウナ *P. tanakae* (Franch. et Sav.) Kadota がある。

3986. コウモリソウ 〔コウモリソウ属〕
Parasenecio maximowiczianus (Nakai et F.Maek. ex H.Hara) H.Koyama var. *maximowiczianus*

関東・中部地方の山地の林内にはえる多年草。高さ 50～100 cm で、全体にヨブスマソウを小形にしたように見える。葉は長さ 8～10 cm、幅 13～15 cm。葉柄には翼がなく一般に茎を抱かない。花は秋。和名は葉形がコウモリに似ていることに基づく。春に若芽をとって食用にする。中部地方の南部山地には、中部の葉の柄に翼があり、耳状に茎を抱くオクヤマコウモリ var. *alatus* (F. Maek.) H. Koyama がある。

3987. ツクシコウモリソウ 〔コウモリソウ属〕
Parasenecio nipponicus (Miq.) H.Koyama

九州に特産、温帯の林下にはえる多年草。高さ 20～40 cm。茎の中部の葉は長さ 3～5 cm の翼のない長い柄をもち、腎形ないし五角形状に浅く 5 裂し、先は急に尾状となる。花期は夏から秋。頭花は茎の上方に 1～7 個が散房状につき、長さ 7～11 mm の柄をもつ。12～14 個つける管状花の花冠は白色で長さ 7～7.5 mm。

3988. ヒメコウモリソウ 〔コウモリソウ属〕
Parasenecio shikokianus (Makino) H.Koyama

紀伊半島と四国の深山にはえる多年草。茎は細長く、高さ 10～30 cm、節ごとにやや明らかにジグザグに曲がり、分枝した部分の枝にはちぢれ毛がはえる。葉は長さ 4 cm、幅 6 cm 位、上葉に移るにつれて小形になり、両面にちぢれた細毛がある。花は夏、白色の頭花は各 7 個の管状花からなる。総苞片はしばしば紫色を帯び、狭長なだ円形で 5 個。

3989. オオカニコウモリ　　〔コウモリソウ属〕
Parasenecio nikomontanus (Matsum.) H.Koyama
　本州北部から中国地方の山地の落葉樹林内にはえる多年草で、東北地方では太平洋寄り、中部および関西では日本海側に偏って分布する。高さ50cm位、稜があってジグザグ形に屈曲する。葉は幅10〜15cm、裏面脈上と葉柄に淡褐色のちぢれた長毛を密生。花は晩夏から秋。栃木県の日光地方に多いのでニッコウコウモリ（同名異種あり）ともいう。

3990. モミジガサ　　〔コウモリソウ属〕
Parasenecio delphiniifolius (Siebold et Zucc.) H.Koyama
　北海道から九州の林下にはえる多年草。茎は高さ90cm内外、上部には短いちぢれ毛がある。葉は深裂し軟らかく、下面に細毛がある。花は夏。和名は葉がモミジに似て、しかも若葉が傘状をしているのでいう。一名モミジソウ。東北地方ではシトギまたはシドケと呼び、萌え出したばかりの紫色を帯びた若苗をとって食する。モミジコウモリは本種に似るが、葉の切れ込みが浅い。

3991. モミジコウモリ　　〔コウモリソウ属〕
Parasenecio kiusianus (Makino) H.Koyama
　九州南部に特産し、常緑林下にはえる多年草。高さ70〜80cm。上方にはちぢれ毛がある。葉は6〜12cmの長い柄をもち、葉身は5個の裂片に浅く裂ける。花は夏から秋。頭花は茎の上方に円錐状につき、長さ2〜5mmの柄をもつ。総苞は狭筒形で長さ9mmほど。花冠は長さ約1cm、冠毛は長さ8mmあり、赤褐色。そう果は無毛である。

3992. テバコモミジガサ　　〔コウモリソウ属〕
Parasenecio tebakoensis (Makino) H.Koyama
　関東から近畿地方の太平洋側、四国、九州の山地や谷川のほとりなどにはえる多年草。地下に走出枝をのばし繁殖する。茎は高さ50cm位で無毛、しばしば紫色を帯びる。葉はモミジガサに似るが、全体細やかで、細かい葉脈が目立つ。花は夏、茎頂に円錐花序をのばし、白色の細長い頭花をつける。四国の手箱山（てばこやま）で最初に見つけられ、牧野富太郎が名づけた。

3993. タイミンガサ 〔コウモリソウ属〕
Parasenecio peltifolius (Makino) H.Koyama
富山県、岐阜県から兵庫県にかけてのやや日本海寄りに分布し、山地の谷間の木かげにはえる比較的珍しい多年草。高さ1〜2m。葉は径40cm以上にもなり、上面にちぢれ毛がある。葉柄は太く中空で葉身に楯形につく。花は秋。和名は大明傘（たいみんがさ）で、大形の傘に似た葉をつけ、どこかエキゾチックな観があるのでついたものかといわれる。

3994. タイミンガサモドキ 〔コウモリソウ属〕
Parasenecio yatabei (Matsum. et Koidz.) H.Koyama
本州と四国の山地の木かげにはえる多年草。茎は高さ50〜100cm、上部にはちぢれ毛があり、根茎は長くはって走出枝を出す。葉はタイミンガサに似て円形だが楯状でなく、幅20〜30cm。上面は無毛で下面には淡褐色のちぢれ毛がある。花は夏から秋。和名はタイミンガサに似た別物の意味。別名ヤマタイミンガサ。

3995. オオモミジガサ（トサノモミジソウ）〔オオモミジガサ属〕
Miricacalia makinoana (Yatabe) Kitam.
福島県以南の本州と四国、九州の深山の暗い湿ったところにはえる多年草。高さ1〜1.5m、全体に淡褐色のちぢれ毛がある。茎は直立、2〜3葉を互生、下部の葉は長柄があって長さ15〜25cm。花は夏、頭花は5裂する多数の管状花からなり、花冠は総苞よりやや長く、汚黄色、冠毛は淡褐色、乾くと全体が暗褐色になる。

3996. ヤブレガサモドキ 〔ヤブレガサ属〕
Syneilesis tagawae (Kitam.) Kitam.
本州（兵庫県）、四国に産する多年草。高さ約1m。葉は長い柄で楯状につき、円形で径24〜30cm、掌状に6〜8深裂する。花期は夏。頭花は径7〜10mm、すべて両性の管状花で、茎の先に散房状にやや多数集まってつく。苞は小形、線形で3〜4個あり、花冠は淡い紅紫色、冠毛は汚白色。そう果は円柱形で、毛はない。

3997. ヤブレガサ 〔ヤブレガサ属〕
Syneilesis palmata (Thunb.) Maxim.

本州, 四国, 九州および朝鮮半島に分布し, 山地の木かげにはえる多年草。高さ50～120 cm。根生葉は楯形で径35～40 cm, 下面は白色を帯びる。茎葉はふつう2枚で小形。花は夏。和名は破れ傘で, 春先の絹毛におおわれた若葉の姿がすぼめた傘のように見え, かつ切れ込みがあるのに基づく。若芽を食べる。真正双子葉類だが子葉は1枚。

3998. ベニニガナ 〔ベニニガナ属〕
Emilia coccinea (Sims) G.Don

東インド原産。観賞のため庭園に植えられる1年草。茎は分枝し, 高さ30～60 cm。葉は互生し, 茎の下部に集まってつく。花は初夏から秋, 径1.3 cm位の頭花がまばらな散房状花序につく。赤色または黄橙色で多数の細い管状花からなる。和名紅苦菜（べににがな）は草状がニガナに似て紅色の花が咲くから。園芸界では旧属名でカカリアと呼ぶ。

3999. ウスベニニガナ 〔ベニニガナ属〕
Emilia sonchifolia (L.) DC. var. *javanica* (Burm.f.) Mattf.

アジア, アフリカの熱帯から亜熱帯に広く分布し, 日本では紀伊半島南部以西から琉球列島の暖かい地方にはえる1年生雑草。茎は高さ30～60 cm, 分枝し, 細くて弱い。葉は下部のものは翼のある長柄がある。花は夏から秋, 淡紫色で細長い頭花をつけ, つぼみはうつむく。和名はベニニガナに似て花色が淡いことを示す。

4000. ベニバナボロギク 〔ベニバナボロギク属〕
Crassocephalum crepidioides (Benth.) S.Moore

アフリカ大陸熱帯の原産とされる1年草。高さ30～80 cm。葉は長だ円形ないし倒卵形で, 長さ8～12 cm, 先端は鋭くとがり, 葉の下半部は浅く羽状に裂けることが多い。頭花は円筒形で, 中ほどがやや細まり, 鼓（つづみ）のような形になっている。小花はすべて管状の両性花。数個の頭花が茎頂につくが, すべて下向きに垂れて咲くのが特徴。

4001. タケダグサ （シマボロギク）　〔タケダグサ属〕
Erechtites valerianiifolius (Wolf ex Rchb.) DC.

　南アメリカ原産で，熱帯，亜熱帯に広く帰化している1年草。日本では小笠原諸島，硫黄列島はじめ伊豆諸島，南西諸島に帰化。高さは約1m。葉は互生，下方の葉に長柄がある。秋に茎の上部に淡紅色の頭花が散房状に集まって咲く。総苞は円筒形。管状花は細長い管状で先は5裂，花筒の下部は白色。そう果は淡褐色。和名は小笠原・父島の旧武田牧場に広がったため。

4002. ダンドボロギク　〔タケダグサ属〕
Erechtites hieraciifolius (L.) Raf. ex DC. var. *hieraciifolius*

　北アメリカ原産の1年草。北半球の温帯に広く帰化し雑草化した。高さ30～90cm，ときに2mにもなる。葉は互生し，披針形かまだ円形で，長さ10～20cm。頭花は夏の終わり頃につき，長さ1～1.5cm，径約1cm。花はすべて筒形の両性花で黄色。そう果は頂端部に白いリングがある。和名段戸ボロギクで，初期に愛知県の段戸山で帰化が知られたため。

4003. キンセンカ （ホンキンセンカ，ヒメキンセンカ）〔キンセンカ属〕
Calendula arvensis L.

　中部ヨーロッパ，北フランスから地中海沿岸地方，さらに東はイラン，西はカナリア諸島にまで分布。日本へは江戸末期に渡来した。観賞用の1年草。高さ10～20cm。栽培品では30cm位。花は春，径1.5～2cm。全草に外傷に効く薬効がある。和名の金盞は金の杯のことで花形に基づく。今日，園芸界でいうキンセンカは本種ではなく，通常はトウキンセンカをさす。

4004. トウキンセンカ （キンセンカ）　〔キンセンカ属〕
Calendula officinalis L.

　南ヨーロッパの原産で，花壇，切花用に栽培される1年または越年草。初め束生し，のち茎が伸長して高さ15～50cm，全体に軟毛をかぶり一種の臭気がある。花は夏，径5～6cm，園芸品では10cm位の頭花をつける。黄色系で花色の変化が多く，重弁品も多い。和名は中国から来たキンセンカの意味だが，現在では本種を単にキンセンカと呼ぶことが多い。

4005. ゴボウ　〔ゴボウ属〕
Arctium lappa L.

　ヨーロッパからヒマラヤ，中国の温帯に分布。日本でさかんに栽培される越年草で，肥えた土地によく雑草化する。高さ 1.5 m 位。多肉の主根がまっすぐに地下にのび，品種によって 40〜150 cm。根生葉は束生。花期は夏，紫色まれに白色の頭花は径 4 cm 位。和名は漢名牛蒡の音読み。果実の漢名は悪実。主根を食用にするほか，若芽や葉柄も食べることがある。また民間薬としての効用は多い。しかし一般に食用とするのは日本だけである。

4006. ヒレアザミ　（ヤハズアザミ）　〔ヒレアザミ属〕
Carduus crispus L.

　ヨーロッパから東アジアの暖帯から温帯に分布し，日本では本州から九州の原野・山麓にはえる越年草。高さ 1 m 内外。葉の縁には茎と同様の細かなとげがあり，裏面には初め白いくもの巣状の毛がある。初夏につける頭花は紅紫色，まれに白色のものがある。和名は茎にある2条の翼にちなみ，ヒレのあるアザミに似た植物の意。

4007. アーティチョーク　〔アーティチョーク属〕
Cynara scolymus L.

　地中海沿岸地方原産のカルドン *C. cardunculus* L. から生じたとされ，若い頭花の花托や総苞を食用に，また観葉植物としても栽培される越年草。高さ 1.5〜2 m。葉裏は白い綿毛を密生，多少とげがある。花は夏。径 1.5 cm 位の紅紫色の頭花を茎頂につける。英名の artichoke で呼ぶことが多い。別名チョウセンアザミ（朝鮮薊）は朝鮮半島原産ではないが，多少外国風の印象を表現した名。

4008. フジアザミ　〔アザミ属〕
Cirsium purpuratum (Maxim.) Matsum.

　関東および中部地方の低山帯から亜高山帯の日当りのよい砂礫地にはえる多年草。高さ 50〜100 cm 位。根生葉は厚く，長さ 50〜70 cm，幅 15〜30 cm，ロゼット状につき花時にも残る。花は秋，管状花ばかりの頭花は径 10 cm にもなり，日本産のアザミのうち最も大形で，下を向く。総苞片は反曲し，ふちにとげがある。和名は富士山に多いことによる。根を食用にする。

4009. タカアザミ 〔アザミ属〕
Cirsium pendulum Fisch. ex DC.

滋賀県以東の本州, 北海道, および朝鮮半島, アムール, ウスリー, シベリアの温帯に分布。湿り気のある草原にはえる越年草。高さ1〜2m。茎は直立して角ばり, 径1cm位。葉は長さ20〜30cm, 根生葉は長柄があり花時に枯れる。花は夏から秋, 淡紫色。和名は頭花の枝が長く高く突き上がるのにちなむ。

4010. チシマアザミ 〔アザミ属〕
Cirsium kamtschaticum Ledeb. ex DC.

西南部を除く北海道の全域に分布し, 海岸から高山の林内, 草原などにはえる多年草。高さ1〜2m。茎葉は長さ10〜40cmで, 長だ円状披針形ないし広卵形, 基部は多少とも茎に流れる。花期は夏。頭花は紅紫色で下向き, 総状または散房状につくか, 単生する。総苞は球状鐘形ないし楕形で, 長さ15〜20mm。花冠は長さ14〜18mm。そう果は淡褐色または汚褐色。

4011. ウゴアザミ 〔アザミ属〕
Cirsium ugoense Nakai

山形県月山以北の東北地方に分布して, 高山帯の草地に群生する多年草。高さは約1m。茎葉は密集してつき, 長さ10〜20cm, だ円形からだ円状披針形。花期は夏。頭花は紅紫色で上向きにつき, 短い柄の先に2〜3個密集か単生する。総苞は長さ約2cmで広鐘形, まばらに白いくも糸状の毛がある。花冠は長さ18〜20mm。そう果は淡褐色。和名羽後薊（うごあざみ）は, 基準産地の山形県鳥海山が属する旧国名にちなむ。

4012. キセルアザミ （ミズアザミ, マアザミ）〔アザミ属〕
Cirsium sieboldii Miq.

本州, 四国, 九州北部の湿地にはえる多年草。茎は高さ1〜2mで軟らかく, くもの巣状の毛がある。根生葉は花時にあることもなく, 長さ50〜60cm, 幅30cmで放射状につく。茎は薄く上面はざらつく。花は秋, 下向きに開く。総苞は幅2〜3cmで反曲せず先は刺針になる。和名煙管薊（きせるあざみ）。一名サワアザミは北日本に分布する別種 *C. yezoense* (Maxim.) Makino の和名にも用いられる。

4013. オイランアザミ 〔アザミ属〕
Cirsium spinosum Kitam.

　鹿児島県南部と屋久島、種子島の海岸にはえる多年草。高さ25〜60cm。根生葉は長さ10〜40cmで長だ円状披針形。茎葉は小形で基部は耳状に茎を抱く。頭花は淡紅紫色で、ほぼ1年を通じて開き、約1cmほどの柄がある。枝先に散房状に斜め上向きに密集する。総苞は広鐘形か鐘状。そう果は淡褐色。和名は全体の華やかさによる。

4014. ツクシアザミ （ツクシクルマアザミ） 〔アザミ属〕
Cirsium suffultum (Maxim.) Matsum. et Koidz.

　九州中北部の山地草原に分布する多年草。高さ50〜100cm。根生葉はふつう花時にはなく、長さ20〜40cmで長卵状ないし長だ円状披針形。茎葉は多数あり、基部が茎を抱く。花期は秋。頭花は総状につき下向きで紅紫色。総苞は半球状鐘形か広鐘形、あるいは鐘状で長さ約20mm。花冠は長さ10〜24mm。そう果は汚褐色をしている。

4015. ハマアザミ （ハマゴボウ） 〔アザミ属〕
Cirsium maritimum Makino

　関東地方以西、四国、九州の日当たりのよい海岸の砂地にはえる多年草。高さ20〜50cm。根生葉は長さ20〜30cm、肉質で上面は強い光沢があり、下面は脈上に毛が密生する。茎葉は小さい。花は夏から秋、ときに白色花がある。和名は海浜にはえるアザミの意。別名浜牛蒡（はまごぼう）は、根がゴボウのような形と香りをもち、食用にできることによる。

4016. ノアザミ 〔アザミ属〕
Cirsium japonicum Fisch. ex DC.

　本州、四国、九州の山野に普通にはえる多年草。茎は高さ50〜100cm、全体に白毛があり、上部で分枝する。葉の基部は茎を抱く。花は春から夏で、この季節に咲くアザミは本種だけである。総苞は粘着する。ときに白色花があり、淡紅色などの園芸品種もある。和名は野薊（のあざみ）で、原野に多いことからいう。切花にもされる。

4017. ノハラアザミ 〔アザミ属〕
Cirsium oligophyllum (Franch. et Sav.) Matsum. var. *oligophyllum*

本州中部以北の山中で乾いた草地にはえる多年草。高さ1m内外。茎は上部で分枝する。根生葉は長さ25～40cm，花倒卵形から長だ円形。茎葉は根生葉よりも小さい。花は夏から秋。長い柄には短いとげがあり，粘着しない。和名は野原薊（のはらあざみ）で，野原に多いため。アザミの類は早春の若芽を食べることができる。

4018. クルマアザミ 〔アザミ属〕
Cirsium oligophyllum (Franch. et Sav.) Matsum. var. *oligophyllum*

ノハラアザミの1奇型で，頭花の基部には多数の葉状総苞が放射状につく。高さ40～50cmの多年草。この出現は一時的な変態現象で，毎年その株から一定して出てこない。茎は直立し，下半部に粗毛がある。根生葉は輪状になって花時にもある。花は晩秋，紅紫色の頭花は大きいもので長さ6cm位。和名車薊（くるまあざみ）。

4019. オオノアザミ （アオモリアザミ） 〔アザミ属〕
Cirsium aomorense Nakai

東北地方北部と北海道南部の低地から亜高山帯に分布する多年草。高さ20～100cm。根生葉は大形で長さ20～60cm，花倒卵形から長だ円形。茎葉は根生葉より小さく長だ円形。花期は夏から秋。頭花は上向きで紅紫色，長い柄の先には2～3個密集してつくか，あるいは単生。総苞は半球状広鐘形で長さ16～20mm。そう果は淡褐色。和名は大形のノアザミの意味だが，ノアザミよりもむしろノハラアザミに近い。別名は青森県に多いため。

4020. オニアザミ （オニノアザミ） 〔アザミ属〕
Cirsium nipponense (Nakai) Koidz.

北陸・東北地方南部の山地や高山帯の草地に分布する多年草。高さ50～100cm。根生葉は花時にも残存し，長さ35～65cmと大形で長だ円形，長柄があり，深く羽状に切れ込み粗い鋸歯がある。花期は初夏から夏。頭花は赤紫色で短い柄があり，2～3個密に下向きにつく。総苞は広鐘形で長さ18～22mm。花冠は長さ16～22mm。そう果は淡褐色。

4021. チョウカイアザミ　〔アザミ属〕
Cirsium chokaiense Kitam.

東北地方の鳥海山の高山帯に群生する多年草。高さ1mを超える。根茎があり，茎は筒形で直立し，全体に白い軟毛を密生。葉は開出してつき長さ20〜40cm，下部の葉は柄があり，上部では無柄で茎を抱く。花は盛夏，濃紫色の頭花は径3cm位。総苞も径3cm位，外片は短くて白い毛がからみつき，内片は長く暗紫色で非常に粘性がある。

4022. モリアザミ（ヤブアザミ，ゴボウアザミ）〔アザミ属〕
Cirsium dipsacolepis (Maxim.) Matsum.

本州から九州に分布し，山地帯の草地にはえる多年草。高さ50〜100cm。下部の茎葉は長い柄があって長さ15〜30cm，全縁か鋸歯縁。上部の茎葉は小形で無柄。花期は秋。頭花は紅紫色で柄の先に上向きに単生する。総苞は広鐘形で長さ20〜30mm。そう果は黒褐色で先端は淡褐色。ときには栽培され，根は粕漬や味噌漬など（いわゆる山牛蒡）として食用となる。

4023. ヤナギアザミ　〔アザミ属〕
Cirsium lineare (Thunb.) Sch.Bip.

山口県大島と四国，九州の乾いた平地にはえる多年草。根は太く紡錘状に肥厚する。高さ60〜100cm。葉は長さ6〜20cm，幅5〜40mm。縁にはとげがあり，下面にも毛がある。根生葉は花時にはない。花は秋，総苞は径1.5cm位。和名は柳薊の意味で，葉がヤナギに似て細いことによる。

4024. トオノアザミ　〔アザミ属〕
Cirsium heianum Koidz.

本州の岩手県と宮城県の低地から山地帯の林縁や草地にはえる多年草。高さ1〜2m。茎葉は長さ15〜40cm，鋸歯縁，ときに羽状に浅裂する。花期は夏から秋。頭花は紅紫色，やや穂状か狭い散房状に多数つく。総苞は長さ13〜18mm，径約1cm，花冠は長さ14〜17cm，広筒部より狭筒部が長い。そう果は淡い褐色。和名遠野薊は基準産地の岩手県遠野による。

4025. カガノアザミ 〔アザミ属〕
Cirsium kagamontanum Nakai
石川県とその周辺にかけての山地帯の林縁や林内にはえる多年草。高さ 1～2 m。茎葉は長さ 15～55 cm，羽状に浅裂から中裂するか，または全縁。花期は夏から秋。紅紫色の頭花が下向きに総状につく。総苞は長さ 12～17 mm で鐘形，くも毛がある。花冠は長さ 15～21 mm。そう果は淡い褐色。和名加賀野薊で，加賀は石川県の旧国名，基準産地の石川県谷峠にちなむ。

4026. ビッチュウアザミ 〔アザミ属〕
Cirsium bitchuense Nakai
本州西部，岡山県から山口県にかけての山地の低地から山地帯の林縁や林内にはえる多年草。高さ 0.5～2 m。茎葉は長さ 20～40 cm，羽状に浅裂から中裂するか，または全縁。花期は秋。頭花は淡い紅紫色で総状につき，上向きから横向き。総苞は円筒形で長さ 13～19 mm，くも毛がある。そう果は淡い褐色をしている。和名は基準産地岡山県の旧国名・備中による。

4027. ホソエノアザミ 〔アザミ属〕
Cirsium tenuipedunculatum Kadota
関東地方西部から中部地方東部にかけての太平洋側山地帯や亜高山帯の林縁や草地にはえる多年草。高さ 1～2 m。茎葉は長さ 10～40 cm，羽状に浅裂し，太く鋭いとげをもつ。花期は夏から秋。頭花は紅紫色で，円錐状に多数つき，上向きか斜め横向き。総苞は狭筒形で長さ 13～18 mm，花冠は長さ 14～18 mm，淡い褐色のそう果をつける。

4028. アズマヤマアザミ 〔アザミ属〕
Cirsium microspicatum Nakai var. *microspicatum*
関東から中部地方の山地にはえる多年草。高さ 1.5～2 m。根生葉は花時にはない。葉は茎を抱かず，裏面はくも毛か糸状の毛がある。花期は秋。頭花はやや紅紫色で腋状に腋生し上向き，総苞はやや筒形，紫色を帯び幅 17～20 mm，粘着しない。総苞片は鋭いとげがあり，先が短く反曲。近畿地方には，頭花に柄があり，総苞片の先がとがらない変種オハラメアザミ var. *kiotoense* Kitam. を産する。

管状花

管状花

4029. ヤマアザミ（ツクシヤマアザミ）　〔アザミ属〕
Cirsium spicatum (Maxim.) Matsum.
　四国山地と九州の低地から山地帯の草地にはえる多年草。高さ1.5〜2 m。茎葉は長さ15〜35 cm。羽状に中裂か深裂、両面に褐色の短毛をまばらにつける。花期は秋。紅紫色の頭花が、穂状かまばらな総状につく。総苞は長さ13〜16 mm、径5〜15 mm、くも毛がある。花冠は長さ15〜20 mm、広筒部は狭筒部より明らかに長い。そう果は淡褐色。

4030. ナンブアザミ（ヒメアザミ）　〔アザミ属〕
Cirsium nipponicum (Maxim.) Makino var. *nipponicum*
　本州中部以北の山野にふつうにはえる多年草。高さ1〜2 m。茎葉は長さ20〜30 cm、上面にはとげも毛もなく、下面には縮毛がある。根生葉は花時にはない。花は夏から秋、多くは横向きに開く。総苞の幅は2 cm位、総苞片は反曲開出して粘着しない。和名は南部（岩手県）に産するアザミの意味。春に茎葉をとって食用にする。

管状花

管状花

4031. ヨシノアザミ　〔アザミ属〕
Cirsium yoshinoi Nakai
　本州西部（福井県、三重県から山口県まで）と四国の林縁や草地にはえる多年草。高さ0.6〜2 m。茎葉は長さ20〜50 cm、羽状に浅裂または深裂し、両面に短い軟毛がはえる。花期は秋から冬。頭花は紅紫色で、総状またはやや穂状につく。総苞は長さ約15 mm、くも毛がある。そう果は淡汚褐色。和名は基準標本の採集者吉野善介にちなむ。

4032. トネアザミ（タイアザミ）　〔アザミ属〕
Cirsium comosum (Franch. et Sav.) Matsum. var. *incomptum* (Maxim.) Kitam.
　関東地方北部から中部地方中部にかけての太平洋側の山地帯や低地の林縁にはえる多年草。高さ1〜2 m。茎葉は長さ15〜40 cm、ふつう羽状に浅裂か深裂する。花期は夏から秋。頭花は紅紫色で総状につき、下向き、柄は短い。総苞は広鐘形か鐘形で、長さ15〜20 mm。花冠は長さ17〜18 mm。そう果は淡褐色である。和名は群馬県の利根にちなむ。

4033. ハナマキアザミ 〔アザミ属〕
Cirsium hanamakiense Kitam.
　主に奥羽山脈とその東側の低地から山地帯の林縁にはえる多年草。高さ1〜2m。茎葉は長さ20〜45cm、羽状に浅裂か中裂、あるいは粗い鋸歯縁となる。花期は夏から秋。頭花は紅紫色で総状に多数つき、下向き。総苞は鐘形、長さ15〜16mm、くも毛はない。そう果は淡い褐色をしている。和名は花巻薊で、基準産地の岩手県花巻にちなむ。

4034. ダキバヒメアザミ 〔アザミ属〕
Cirsium amplexifolium (Nakai) Kitam.
　東北地方から新潟県の低地や山林の林縁にはえる多年草。高さ1.5〜2m。著しく変化に富む。茎葉は長さ10〜40cm、全体にわたって羽状に浅裂から深裂する。花期は夏から秋。花は紅紫色で、頭花は上向き、やや短い柄の先に単生する。和名抱き葉姫薊。ヒメアザミ（ナンブアザミ）に似て茎葉が茎を抱いているところから名づけられたもの。

4035. センジョウアザミ 〔アザミ属〕
Cirsium senjoense Kitam.
　本州南アルプスの高山帯や亜高山帯の林縁や草地に群生する多年草。高さ70〜100cm。茎葉は長さ15〜30cm、羽状に浅裂から深裂するか、ときに鋸歯縁となる。花期は夏。花は紅紫色で、頭花は下向き、ふつう長い柄の先に単生する。総苞は広鐘形で長さ15〜20mm、径15〜30mm、くも毛がある。そう果は淡い褐色。和名は南アルプスの仙丈岳にちなむ。

4036. タテヤマアザミ 〔アザミ属〕
Cirsium otayae Kitam.
　本州中部の北アルプスと白山（石川県）の高山帯と亜高山帯の林縁や草地にはえる多年草。高さ40〜130cm。茎葉は長さ12〜30cm、羽状に浅裂から中裂、ときに鋸歯縁となる。花期は夏。花は紅紫色、長い柄に単生する。総苞は長さ15〜20mm、径25〜40mm。花冠は長さ13〜17mmほど。そう果は淡い褐色である。和名立山薊。

4037. ハクサンアザミ　〔アザミ属〕
Cirsium matsumurae Nakai

本州中部の両白山地と北アルプス北部の山地帯から亜高山帯の林縁にはえる多年草。高さ1～2m。茎葉は長さ10～30cm, 羽状から中裂するかあるいは全縁となる。花期は夏から秋。花は紅紫色で, 頭花は下向き, 長い柄の先に単生する。総苞は広鐘形で長さ約15mm, 径20～25mm, 花冠は長さ15～25mm。そう果は褐色をしている。

4038. ノリクラアザミ（ウラジロアザミ，ユキアザミ）〔アザミ属〕
Cirsium norikurense Nakai

新潟県から本州中部地方の日本海側山地に分布し, 林縁や草地にはえる多年草。高さ1～2m。茎葉は長さ12～30cm, ふつう全縁または細鋸歯がある。葉の下面はくも毛が密生して雪白色をなす。花期は初秋頃。頭花は紅紫色で, 長い柄の先に単生する。総苞は椀形から広鐘形で長さ約15mm。そう果は淡い褐色。和名は北アルプスの乗鞍岳に基づく。

4039. オゼヌマアザミ　〔アザミ属〕
Cirsium homolepis Nakai

北関東の尾瀬ヶ原の多湿な草原にはえる多年草。高さ80cm内外。短い根茎があり, 全体に毛がなく, 上部の枝先にだけ白毛がある。茎の下部の葉は柄があるが, 中部では無柄で軽く茎を抱く。花は晩夏から初秋, 紅紫色の頭花は上向きにつく。総苞は長さ2cm内外, 粘性も毛もない。和名は産地に基づく。

4040. タチアザミ　〔アザミ属〕
Cirsium inundatum Makino

青森県から長野県にかけての本州の日本海側山地の水湿地にはえる多年草。高さ1～2m。茎葉は長さ10～20cm, ふつう全縁, ときに羽裂する。長さ1～5mmのとげがある。花期は夏から初秋にかけて。頭花は紅紫色でふつう枝先に数個密集してつく。総苞は広鐘形。そう果は褐色。和名は茎が直立し, 葉が斜上するため名づけられた。

4041. エゾノキツネアザミ　〔アザミ属〕
Cirsium setosum (Willd.) M.Bieb.
　東アジアの温帯から旧ソ連の中・南部にかけて分布し，日本では東北地方と北海道の道ばたや荒地に多い多年草。雌雄異株で地下茎を引いて繁殖する。高さ 50 〜 100 cm 位。茎葉は長さ 10 〜 20 cm の幅広い披針形でくも毛やとげがある。花は夏から秋，多数の管状花からなる紫色の頭花をつける。雄株の総苞の長さは 13 mm 位で，雌株では 16 〜 20 mm。花時に根生葉はない。

4042. ヒメヒゴタイ　〔トウヒレン属〕
Saussurea pulchella (Fisch. ex Hornem.) Fisch.
　北海道から九州北部および朝鮮半島，中国東北部，サハリン，東シベリアの温帯に分布し，日当たりのよい山地の草原にはえる多年草。茎は高さ 50 〜 150 cm で縦に稜があり，全体に細毛がある。葉は下面に密に腺点がある。花は秋。鱗状に重なる総苞片は先端に膜質の付属体をつける。和名はヒゴタイに比べると小形の意味。

4043. ユキバヒゴタイ　〔トウヒレン属〕
Saussurea chionophylla Takeda
　夕張岳など北海道の高山帯の草地・砂礫地にはえる多年草。高さ 4 〜 10 cm。根生葉は花時に残っていて柄があり，革質，卵形で基部は心形。葉の下面は白毛でおおわれる。花は夏，頭花は 5 〜 10 個散房状に密に集まる。総苞は鐘形で，長さ 12 〜 14 mm。くも毛がある。花冠は紫色を帯びて長さ 11 〜 12 mm。外片は卵形で短く，内片は線形で鋭くとがる。和名の雪葉は白毛に基づく。

4044. トウヒレン（セイタカトウヒレン）　〔トウヒレン属〕
Saussurea tanakae Franch. et Sav. ex Maxim.
　本州中部，関東と中国地方の一部で，日当たりのよい山地の草原にはえる多年草。根茎は少し横にはい，ひげ根がある。茎は直立し高さ 30 〜 100 cm，狭い翼がつく。下葉は柄に翼があり互生，上葉は小形になり無柄，両面に短毛がある。花は秋。頭花はすべて両性の 5 裂する管状花。和名はヒレアザミに対する慣用の日本漢字名の飛廉（ひれん）に，外国的印象の唐をつけたものである。

4045. キクアザミ　〔トウヒレン属〕
Saussurea ussuriensis Maxim.

本州福島県以南と九州，および朝鮮半島，中国東北部，ウスリーなどに分布し，日当たりのよい山地の草原にはえる多年草。茎は高さ 50 ～ 100 cm 位で翼はない。葉は硬く，根生葉は花時にも残る。花は秋。花冠は管状で総苞の上に出る。総苞にはくも毛がある。和名は葉がキクの葉に似ているという意味。

4046. ミヤコアザミ　〔トウヒレン属〕
Saussurea maximowiczii Herder

本州宮城県以南と九州の日当たりのよい山地の草原にはえる多年草。茎は高さ 50 ～ 100 cm 内外で直立。翼はなく腺点がある。葉は両面に短毛があり，下面にはまばらに腺点がある。根生葉は花時にもある。花は秋。和名はアザミに似て，上品でやさしいのを都の人にたとえたものか。ときに葉身が分裂せず，シオンの葉に似たものをマルバミヤコアザミ f. *serrata* (Nakai) Kitam. という。

4047. ミヤマキタアザミ　〔トウヒレン属〕
Saussurea franchetii Koidz.

東北地方南部の高山帯の草地にはえる多年草。高さ 50 ～ 70 cm。茎につく葉は，中部以下には柄があり，茎に延下する。先は鋭くとがり，葉身の長さ 6 ～ 11 cm で歯牙がある。花期は夏。頭花は 5 ～ 6 個で散房状につく。総苞は球形，総苞片の上部は開出し反り返る。内片は線形で黒褐色，短毛がある。花冠は紫色を帯びて，長さ 10 mm ほどになる。

4048. シラネアザミ　〔トウヒレン属〕
Saussurea nikoensis Franch. et Sav. var. *nikoensis*

本州の福島県と北関東，長野県の深山にはえる多年草。高さ 35 ～ 65 cm。根生葉は小さく，卵形で先端が鋭くとがる。葉身の長さ 5 ～ 12 cm，長い柄がある。花期は夏から秋。頭花は 2 ～ 8 個集まり散房状になる。総苞は長さ 15 ～ 16 mm，幅 13 ～ 15 mm，密に細毛があり，暗紫色を帯びる。花冠は紫色。和名白根アザミは発見地の日光白根山に基づく。

4049. ナガバキタアザミ 〔トウヒレン属〕
Saussurea riederi Herder subsp. *yezoensis* (Maxim.) Kitam.
北海道と本州北部の高山草地にはえる多年草。高さ30〜50 cm。根生葉と下部の葉には長い柄があり、長さ5〜8.5 cm。葉の両面に細毛がまばらにはえ、質は厚い。花期は夏から秋。頭花は密に集まり散房状となる。総苞は筒状で長さ8〜21 mm、上部は紫色を帯びる。花冠も紫色を帯び、長さは約10 mm。和名は北地に産し、葉が長い意。

4050. ヤハズヒゴタイ 〔トウヒレン属〕
Saussurea triptera Maxim. var. *triptera*
中部地方南部から関東山地の明るい林縁などにはえる。高さ40〜100 cm。茎に翼が出る。根生葉は長さ5〜15 cm、先はとがり、基部は心形またはくさび形、粗い鋸歯縁か羽状に中裂する。花期は夏から秋。頭花は5〜20個で散房状につく。総苞は円筒状で長さ約11 mm、幅5〜10 mm、くも毛がある。花冠は紫色を帯び、長さは約10 mmほど。

4051. ミヤマヒゴタイ 〔トウヒレン属〕
Saussurea triptera Maxim. var. *major* Kitam.
本州中部の高山帯にはえる多年草。茎は直立し、ときに分枝し、高さ10〜60 cm。根生葉や下部の葉には翼のある長い柄がある。花は夏、頭花は径1 cm位ですべて淡紫色の管状花。冠毛は白い。和名は深山にはえるヒゴタイの意。高山帯にはえて全体小さく、頭花が1〜2個つき、総苞がより黒紫色を帯びるものをタカネヒゴタイと呼ぶ。

4052. オオダイトウヒレン 〔トウヒレン属〕
Saussurea nipponica Miq. subsp. *nipponica* var. *nipponica*
近畿地方から九州北部に分布し、山林の林床にはえる。高さ50〜100 cm。根生葉は長さ12〜18 cmで、先端は鋭くとがり、基部は心形をなす。中茎の葉は浅い心形で茎に狭く延下する。花期は夏から秋。頭花はまばらに多数つき、短い柄がある。総苞は筒状、長さ10〜14 mm、幅7〜14 mm、外片は反曲する。花冠は紫色を帯び、長さは10〜13 mmある。

4053. タカオヒゴタイ　　〔トウヒレン属〕
Saussurea sinuatoides Nakai

関東地方西南部の山地の林下や道ばたにはえる多年草。高さ15〜50 cm、全体に軟らかい毛がある。葉は柄があり、長さ10 cm内外、根生葉は花時にもあるが、ときに枯れる。花は晩秋、2〜3個の淡紫色の頭花を総状につけ、小花は20個位、花時には集合やくがにごった黒青色で、高く花冠の外に突き出る。和名は産地の東京都高尾山にちなむ。

4054. コウシュウヒゴタイ　　〔トウヒレン属〕
Saussurea amabilis Kitam.

埼玉県秩父山地から山梨県富士川流域までで、四国東部の古い岩石の山地、とくに湿気の多い岩盤上にはえる多年草。根茎から年々1茎を立てる。高さ30〜70 cm、しばしば上部がやや傾垂する。葉は下部では長い柄があり、中部で短くなり、裏面は白色の綿毛でおおわれる。花は秋。紅紫色花。和名は甲州（山梨県）三ッ峠山で発見されたから。

4055. ヤハズトウヒレン　　〔トウヒレン属〕
Saussurea sagitta Franch.

本州中部以北に分布し、岩隙や岩礫地にはえる。高さ30〜45 cm。茎は斜上するかやや垂れる。中ほどの葉は長さ6〜8 cmで柄に翼はない。花期は夏。頭花は2〜3個で、細長い柄の先につく。総苞は筒形で長さ9〜10 mm、幅6〜8 mm、ちぢれたくも毛がある。外片は卵形で鋭くとがり、内片は線形。花冠は淡い紫色で、長さ10 mmほどになる。

4056. ホクチアザミ　　〔トウヒレン属〕
Saussurea gracilis Maxim.

愛知県以西の本州、四国、九州および朝鮮半島に分布し、日当たりのよい山の草原にはえる多年草。茎は細く高さ10〜30 cm。翼はなく、初めくもの巣状の毛がある。ロゼット状の根生葉は花時まで枯れない。葉は下面に白い綿毛を密生する。花は秋。和名の火口（ほくち）は昔、火をつけるのに使った綿のことで、葉裏の白毛をそれに見立てたもの。

4057. **ネコヤマヒゴタイ**（キリガミネトウヒレン）〔トウヒレン属〕
Saussurea modesta Kitam.
　本州の栃木，長野，静岡の各県と中国地方に分布し，草原の湿地にはえる。高さ40〜70 cm。葉は長さ15〜30 cm。粗い毛があるか無毛である。花期は夏から秋。頭花を茎や枝の先に2〜9個密集してつける。総苞は筒状で，長さ9〜12 mm，幅6〜8 mm，上の方は紫色を帯びる。外片は長さが内片の半分ほどで卵形，先がとがる。花冠は紫色がかる。

4058. **キツネアザミ**　〔キツネアザミ属〕
Hemisteptia lyrata (Bunge) Fisch. et C.A.Mey.
　オーストラリアや東南アジアに広く分布し，日本では本州，四国，九州の道ばたや田畑にふつうにはえる越年草。茎は高さ60〜90 cmで，細かい縦の条がある。葉は軟らかく，下面に白色の綿毛が密生する。とげはない。花は春から初夏。和名はアザミに似ているがよく見るとそうではなく，狐にだまされたようなという意味。

4059. **オヤマボクチ**　〔ヤマボクチ属〕
Synurus pungens (Franch. et Sav.) Kitam.
　北海道西南部，近畿地方以東，四国に分布し，日当たりのよい山地にはえる多年草。茎は高さ1〜1.5 mで多少くも毛がある。葉は下面に汚白色の綿毛を密生し，根生葉はゴボウの葉に似る。花は晩秋。総苞片は硬くとがる。和名は雄々しい感じのヤマボクチの意味。方言でヤマゴボウともいう。若芽をとり，餅に入れ食用とする。

4060. **キクバヤマボクチ**　〔ヤマボクチ属〕
Synurus palmatopinnatifidus (Makino) Kitam. var. *palmatopinnatifidus*
　近畿以西，四国，九州の日当たりのよい場所にはえる多年草。茎は高さ1 m内外でくも毛がある。葉は薄く下面は綿毛が密生して白い。秋に横向きまたは下向きについた頭花は花後上向く。葉が分裂しないものをヤマボクチ var. *indivisus* Kitam. という。ヤマボクチの名は山にはえ，葉の白毛を火口（ほくち）に利用することに基づく。

4061. ハバヤマボクチ　　　〔ヤマボクチ属〕
Synurus excelsus (Makino) Kitam.
　福島県以南，四国，九州および済州島の日当たりのよい山地，または林の下にはえる多年草。茎は高さ1〜2mで稜があり，全体に白色の綿毛がある。根生葉の基部が横にはり出してとがることでオヤマボクチと区別がつく。葉の裏面には白い綿毛が密生する。花は晩秋。和名は草刈用の低山地（はば山）にはえるヤマボクチの意。

4062. タムラソウ（タマボウキ）　〔タムラソウ属〕
Serratula coronata L. subsp. *insularis* (Iljin) Kitam.
　本州，四国，九州および朝鮮半島に分布し，山の草地にはえる多年草。茎は高さ30〜150cmになり，多くの縦線がある。葉は両面に細かな白毛があり，質はやや薄い。アザミ類に似ているが葉にはとげがない。花は夏から秋。別名玉箒（たまぼうき）は枝がほうきに似て，その先に玉のような丸い頭花がつくことに基づく。

4063. ヤグルマギク（ヤグルマソウ）　〔ヤグルマギク属〕
Centaurea cyanus L.
　ヨーロッパ東部から南部の原産で，観賞用として栽培する1年または越年草。高さ30〜90cm，白綿毛におおわれる。葉は長さ15cm位。花は初夏から秋，温室のものは春に出まわり，青紫，桃，鮮紅，空，白色など品種が多い。頭花はすべて管状花で，周辺のものが大形で一見舌状花かと思われる。和名矢車菊は周辺花の状態を矢車（やぐるま）に見立てた名。

4064. オウゴンヤグルマ（キバナヤグルマギク）〔ヤグルマギク属〕
Centaurea macrocephala Puschk. ex Willd.
　旧ソ連南部の原産。観賞用に栽培される半耐寒性の1年草で，高さ80cm〜1m。茎は直立し中空である。頭花は茎頂に単生，花径10cm位。舌状花は細く，多数つく。花期は晩春から初夏。花壇，切花に用いる。秋まきしてフレームで越冬させ，早春花壇に定植する。和名はヤグルマギクに似て花が黄金色であるためだが，園芸界では形容語のマクロセファラで通称する。

4065. アザミヤグルマ 〔アザミヤグルマギク属〕
Plectocephalus americanus (Nutt.) D.Don
　北アメリカの原産。江戸中期以前に渡来した。高さ50〜150 cmの1年草。葉は互生し、無柄、無毛、下葉は長だ円状から披針形で長さ12〜15 cm、茎は浅い溝があり、平滑、頭花を単生する。頭花の径7.5〜12.5 cm。花弁は細長く弁数が多い。花色は桃色または肉色でときに紫色を帯びる。花期は夏、秋までフレームで越冬させる。

4066. ベニバナ（スエツムハナ，クレノアイ）〔ベニバナ属〕
Carthamus tinctorius L.
　エジプト原産といわれ、古くは染料、今日では切花や油脂原料に栽培される2年草。高さ1m位。花は夏。頭花は径2.5〜4 cm、鮮黄色から赤色に変わる。小花を摘んで日かげ干しにしたものが生薬の紅花で婦人薬、また臙脂（えんじ）をつくり赤色の原料とした。若葉はサラダ菜、そう果から油をとる。和名は赤い花、また紅（べに）をとる花の意味。

4067. オケラ 〔オケラ属〕
Atractylodes ovata (Thunb.) DC.
　本州、四国、九州および朝鮮半島、中国に分布し、乾いた山地にはえる多年草。高さ50〜80 cm。葉は硬く光沢がある。若苗は白軟毛をかぶり、折ると白汁がしみ出る。根には芳香がある。花は秋、雌雄異株。若苗は美味な山菜とされる。根茎を乾かしたものは、中国の近縁種の根茎に由来する蒼朮や白朮と同様に利尿・健胃剤などに用いられる。古名ウケラ。

4068. ヒゴタイ 〔ヒゴタイ属〕
Echinops setifer Iljin
　本州の伊勢湾沿岸地方と中国地方、九州および朝鮮半島に隔離分布する。大陸と地続きであった昔に分布したものの1例であろう。日当たりのよい山野にはえる多年草。高さ1m内外。茎と葉裏に白い綿毛が密生する。花は秋。属の学名はハリネズミのような姿をしたものという意味で、1個の管状花からなる頭花が集まって径5 cm位になる球形の花序にちなむ。

4069. チコリ（キクヂシャ，オランダヂシャ，ハナヂシャ）〔キクニガナ属〕
Cichorium endivia L.

地中海沿岸地方原産といわれ，食用野菜として栽培されている1年または2年草。根は深く紡錘状，茎は分枝し高さ60〜130cm。茎葉は互生，基部は茎を抱く。花は春から夏，頭花の径3〜4cmで濃青色。根生葉が発育すると上方を束ねて内部の葉を軟白にし，冬または春に生食する。和名はチシャに似て頭花が大輪なのを菊にたとえた。英名endive（エンダイブ）。

4070. キクニガナ　〔キクニガナ属〕
Cichorium intybus L.

地中海沿岸地方原産。今はヨーロッパからシベリア，アメリカおよびインドに広く野生化し，また食用に栽培されている多年草。高さ60〜100cm。根は深く，品種によっては肥大して多肉になるものもある。花は夏，頭花は青色，径4cm位。朝開き，午後に閉じる。葉はチコリと同様にサラダにする。

4071. バラモンジン（ムギナデシコ）〔バラモンジン属〕
Tragopogon porrifolius L.

南ヨーロッパおよび西アジア原産。原野にはえ，野菜として広く栽培される越年あるいは多年草。全体に無毛，高さ60〜90cm，中空，白い乳液を出す。花は初夏，朝日を受け午前10時頃に開き，正午過ぎに閉じる。紫色の頭花は径5cm位。和名婆羅門参（ばらもんじん）だが，これはキンバイザサの中国名である。欧州ではsalsifyと呼び多肉の太い根を野菜とする。

4072. キバナザキバラモンジン　〔バラモンジン属〕
Tragopogon pratensis L.

ヨーロッパから西アジアの原産。牧場や原野に野生する越年あるいは多年草。日本には明治初期に渡来し，帰化している。茎は直立し，高さ50〜100cm。花は初夏，午前中に日光を受け10時頃上向きに開き，正午過ぎに閉じる。黄色い頭花は径4cm位，全部が多数の舌状花からなる。多肉な根を食用とする。別名キバナムギナデシコ，バラモンギク。

4073. フタナミソウ 〔フタナミソウ属〕
Scorzonera rebunensis Tatew. et Kitam.
北海道礼文島に特産する多年草で草地にはえる。高さ4～20 cm。花茎は直立して枝分かれせず、切ると白い乳液が出る。根生葉は先が鋭形で5脈が目立ち、長さ4～8 cm になる。花期は夏。頭花は径4.5～5.5 cm ほどになり、鮮やかな黄色の舌状花をつける。そう果は線形、長さ12～14 mm、幅約1 mm、縦にすじがあり、冠毛は汚褐色である。和名は礼文島二並山に基づく。

4074. キクゴボウ (キバナバラモンジン)〔フタナミソウ属〕
Scorzonera hispanica L.
中央および南部ヨーロッパ原産、明治中期に渡来した多年草。根菜、また一部観賞用として栽培。高さ60～90 cm、茎は分枝し各枝の頂端に頭花をつける。葉は互生、披針形ないし線形。頭花は舌状花だけからなり、長い花梗をもつ。開花は早朝で正午には閉じる。花期は夏から初秋。根は棒状で長さ30 cm、暗褐色、内部は白色多肉で、乳液に富む。キバナザキバラモンジンは別属の植物。

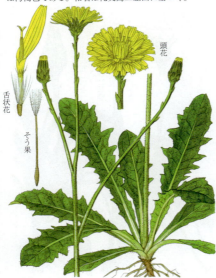

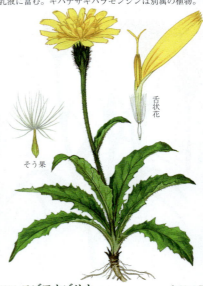

4075. ブタナ 〔ブタナ属〕
Hypochaeris radicata L.
ヨーロッパ原産の多年草。日本でも各地の裸地や道ばたなどにふつうに見られる。高さ20～40 cm。根生葉はロゼット状、茎葉は長さ5～20 cm、縁には深い鋸歯がある。花は初夏から真夏に咲く。頭花は径2.5～4 cm で、総苞の長さ1.5～2.5 cm、多数の黄色い舌状花をつける。そう果はエゾコウゾリナに似て長い円柱形、冠毛は白く、2列につく。

4076. エゾコウゾリナ 〔ブタナ属〕
Hypochaeris crepidioides (Miyabe et Kudō) Tatew. et Kitam.
北海道日高地方の蛇紋岩地に特産する多年草。乾いた草地にはえる。高さ15～40 cm。根生葉は数個あり、長さ8～13 cm、幅2～3 cm、縁に不規則な鋸歯がある。初夏から盛夏に茎頂に1個、黄色で径3～4 cm の頭花がつく。総苞は黒く、長さ1.4～1.8 cm。そう果は上方がくちばし状で長さ1～1.3 cm、縦に5本の溝がある。

4077. コウゾリナ 〔コウゾリナ属〕
Picris hieracioides L. subsp. *japonica* (Thunb.) Krylov

北海道から九州の山野の道ばたなどにふつうにはえる多年草。早春に根生葉はロゼット状に束生し，のちその中心から茎がのびて高さ50〜100 cm以上になる。全体に褐色ないし赤褐色の剛毛が多くつく。花は初夏から晩秋にかけて咲き続ける。冠毛は汚れた白色で羽毛状。和名は茎や葉の剛毛を剃刀に見立て，カミソリ菜の意味。若芽は食用。

4078. ノゲシ 〔ノゲシ属〕
Sonchus oleraceus L.

アジアやヨーロッパの熱帯から温帯に広く分布し，また北アメリカにも帰化，日本でも各地の道ばたや荒地などにふつうにはえている2年草。茎の高さは1m内外で中空。葉はアザミに似ているが，とげがなく軟らかい。茎や葉を切ると白い乳液を出す。花は春から夏。学名の形容語は野菜という意味で，この若苗は食用とする。

4079. オニノゲシ 〔ノゲシ属〕
Sonchus asper (L.) Hill

明治年間に渡来し各地で帰化，道ばたや荒地にはえるヨーロッパ原産の2年草。ノゲシに似るが全体に大形で葉は厚く，縁の鋸先もより太くとげとなる。葉の基部は円形の耳たぶ状で茎を抱く。茎の高さは40〜120 cmで中空，切ると白い乳液を出す。花は春から夏。しばしば葉に白い斑入りのものがある。

4080. ハチジョウナ 〔ノゲシ属〕
Sonchus brachyotus DC.

北海道，本州，九州北部の海岸近くの原野にはえる多年草で，とくに北地に多い。北東アジアからシベリアまで広く分布。長い地下茎が横にわたり，地上茎は高さ60 cm内外，無毛だが若いときは有毛。葉は表面に光沢があり，裏面は白粉を帯びた緑色。花は夏から秋。和名は八丈島の原産と誤ってつけられたと思われる。タイワンハチジョウナ *S. wightianus* DC.は琉球からアジアの亜熱帯に広く分布し，本種に似るが頭花が小さく，柄に腺毛がある。

4081. ヤナギタンポポ 〔ヤナギタンポポ属〕
Hieracium umbellatum L.
　北半球の温帯に広く分布し，日本各地の日当たりのよい山地のやや湿った草原にはえる多年草。茎の高さ60〜90cm。茎も葉もややかたくざらつく。根生葉は花時には枯れている。花は夏。舌状花ばかりが多数集まって頭花となり径3cm内外。そう果は赤褐色で，冠毛は淡褐色。和名は葉がヤナギの葉形をし，花がタンポポに似ているからいう。

4082. ミヤマコウゾリナ 〔ヤナギタンポポ属〕
Hieracium japonicum Franch. et Sav.
　本州中北部のやや乾いた高山帯の草原などにはえる多年草。高さ30cm内外になり，茎や葉に赤褐色の短い腺毛と汚褐色の長い粗毛がある。根生葉は花時にも生存する。花は夏に咲き，黄色の頭花は径1.5〜2cmで舌状花だけからなる。そう果は黒褐色，冠毛は淡褐色で長さ3〜6mmあり，不揃いである。和名は深山コウゾリナだが，コウゾリナとは別属である。

4083. スイラン 〔スイラン属〕
Hololeion krameri (Franch. et Sav.) Kitam.
　本州中部以西，四国，九州の原野や山麓の日当たりのよい湿地にはえる多年草。根茎から細い地下の匍匐枝を出し繁殖。茎の高さ30〜60cm。葉の裏面は白く粉をふいている。花は秋から晩秋。10数個の舌状花からなる頭花は径3〜3.5cm，冠毛は淡褐色。和名は水湿なところにはえ，葉が細くランに見立ててつけられたものであろう。

4084. チョウセンスイラン 〔スイラン属〕
Hololeion fauriei (H.Lév. et Vaniot) Kitam.
　九州の高原にはえる多年草。朝鮮半島，中国にも分布。高さ50〜100cm。葉は長さ15〜40cm，幅0.5〜3cm。花期は秋。頭花は散房状にまばらにつき，径2cm位で黄色。総苞は長さ13mm位で，灰緑色を帯び，外片は卵形で先は鈍形となる。舌状花は黄色で先は切形。そう果は4稜あり，やや扁平で長さ5.5〜6mm，幅は約1mm。別名マンシュウスイラン，イトスイラン。

4085. フクオウソウ 〔フクオウソウ属〕
Nabalus acerifolius Maxim.
　本州，四国，九州の山地の林内にはえる多年草。地中に匍匐枝を出し新しい苗をつくる。茎の高さ60cm以上になる。葉は互生だが下でやや密生し，放射状になる。茎や葉を切ると白い乳液が出る。花は初秋，舌状花からなる頭花でやや下垂する。総苞は灰緑色で粗く長い毛がある。和名は産地の三重県福王山に基づいたもの。

4086. オオニガナ 〔フクオウソウ属〕
Nabalus tanakae Franch. et Sav. ex Y.Tanaka et Ono
　近畿地方の山地から東北地方にかけての湿地にはえる多年草。高さ1m内外，地下にやや細い根茎があり，先端から年々1本の茎を出す。茎は直立し，ふつう花序以外では分枝しない。葉は長さ5〜8cm，下部の葉は花時には枯れる。中部の葉は狭い翼のある長柄があり，上部では小形になる。花は秋，淡い黄色の頭花は径4cm位。

4087. ホソバノアキノノゲシ 〔チシャ属〕
Lactuca laciniata Makino f. *indivisa* Makino
　日本各地に見られる越年草。アキノノゲシの葉の分裂しない品種である。茎は直立し，高さ2m位，滑らかで毛がない。葉は長さ15cm位で互生。花は秋，径2cm以上の淡い黄白色の頭花は舌状花が15個位からなり，アキノノゲシと同様に，日中だけ開き，夕方しぼむ。和名は葉が分裂せず細長いアキノノゲシの意。

4088. アキノノゲシ 〔チシャ属〕
Lactuca indica L. var. *indica*
　北海道から九州，琉球列島および台湾や朝鮮半島，東南アジアに広く分布し，山野に多くはえる大形の2年草。高さ1.5〜2m。葉の表面は黒紫色を帯びるものもある。切ると白い乳液が出る。花は秋。総苞は初め円筒形，開花後は下の方がふくれてくる。舌状花だけの頭花は日中だけ開き，夕方はしぼむ。和名は秋に花が咲くノゲシの意味。

4089. リュウゼツサイ　〔チシャ属〕
Lactuca indica L. var. *dracoglossa* (Makino) Kitam.

葉を家畜や家禽の飼料にするために栽培する1年草。茎は直立，高さ2mに達し，径2cm位，中央に白い髄があり，クリーム色の乳液が豊富。花は秋，長さ60cmにおよぶ花序に径2cm位の淡黄色の頭花を密集。和名龍舌菜（りゅうぜつさい）は多数に斜めに開出した葉の有様を龍の舌になぞらえたというが，実際にはリュウゼツラン（龍舌蘭）の葉状からの着想であろう。

4090. ヤマニガナ　〔チシャ属〕
Lactuca raddeana Maxim. var. *elata* (Hemsl.) Kitam.

北海道から九州および中国大陸に分布し，日当たりのよい山野や多少日かげ地にもはえる2年草。茎の高さ1～1.5m，中空，若いときにはちぢれ毛がある。葉の形や大きさは一様でない。裏面の脈上に沿って毛が多い。切ると白い乳液が出る。花は夏から秋，頭花は径1cm位で，総苞片は内側のものが外片より長い。

4091. ミヤマアキノノゲシ　〔チシャ属〕
Lactuca triangulata Maxim.

北海道，本州中部および朝鮮半島から中国東北部，ウスリー，アムールに分布し，山地にはえる2年草。茎の高さは1mに達し，無毛。葉は薄い草質。下部の葉には柄があり，基部は耳たぶ状になって茎を抱いているが，上の葉は柄も耳たぶもない。花は夏。15個内外の黄色の舌状花からなる頭花。

4092. エゾムラサキニガナ　〔チシャ属〕
Lactuca sibirica (L.) Benth. ex Maxim.

北海道の草原にはえる多年草。ユーラシア大陸の温帯北部から亜寒帯に分布する。高さ60～100cm。茎は無毛，ふつう分枝しない。葉は互生し，長さ7～12cm，幅1～2.5cm。草質で，裏面は少し粉白色を帯びる。花期は夏。頭花は径3～3.5cm，青紫色。そう果は先が細まるが，くちばし状に発達せず，5～6個の肋があり，平滑で無毛。

4093. チシャ(レタス, サラダナ, 古名チサ) 〔チシャ属〕
Lactuca sativa L.
ヨーロッパ原産の2年草。ふつう野菜として栽培される。高さ90cm位。根生葉はだ円形をしているが, 花茎につく葉は小さく茎を抱く。夏に細かく分枝し, 先端に黄色い頭花を開く。頭花の下方には, 苞葉が多数散らばってつく。冠毛は白く軟らかい。葉を食用。またかつては黒焼きにして薬用にも使われた。本種には, レタス, サラダナなど, サラダ用野菜として多数の栽培品種がある。

4094. ムラサキニガナ 〔ムラサキニガナ属〕
Paraprenanthes sororia (Miq.) C.Shih
本州, 四国, 九州および中国大陸に分布し, 山地の半日かげにはえる多年草。茎の高さ60〜90cm以上にもなり, 中空で無毛。葉は茎の下部では柄があるが上部では柄がない。茎も葉も切ると白い乳液が出る。花は夏から秋。頭花は径1cm, 紫色の舌状花からなり, 総苞も長さ1cmで紫色をしている。冠毛は白い。和名は紫色の花のニガナの意味。

4095. コオニタビラコ 〔ヤブタビラコ属〕
Lapsanastrum apogonoides (Maxim.) J.H.Pak et K.Bremer
本州, 四国, 九州および朝鮮半島や中国中部に分布し, 田のあぜ, 湿り気のある藪の草むらなどにはえる2年草。高さ10cm内外。根生葉はロゼットをつくり, 茎葉は互生する。ともに羽状に分裂する。茎, 葉ともに軟らかい。花は早春, 日を受けて開く。和名小鬼田平子のタビラコは, 葉が田の面にロゼット状にはえる様子をいったもの。若葉を食用にし, 春の七草のホトケノザは本種である。別名カワラケナ, タビラコ。

4096. ヤブタビラコ 〔ヤブタビラコ属〕
Lapsanastrum humile (Thunb.) J.H.Pak et K.Bremer
北海道から九州まで各地の原野にはえ, さらに朝鮮半島と中国に分布する2年草。コオニタビラコに似ているが, やや大きく, 若い葉には毛が多い。ロゼット葉がやや立ち上がる点でも異なる。花が終わったのち, 緑色の総苞は球形になる。春に20〜30cmの花茎を出し, 黄色の舌状花だけの頭花が開花する。和名は藪かげにはえるタビラコの意味。

4097. ニガナ（広義） 〔ニガナ属〕
Ixeridium dentatum (Thunb.) Tzvelev

日本各地，南千島，朝鮮半島，中国中部，サハリン，沿海州に分布し，丘陵地や山地にごくふつうにはえる多年草。茎は細く高さ30cm内外。根生葉は粗い鋸歯をもち，しばしば羽状に裂ける。茎葉は図のように広く茎を抱くから基部に細まってわずかに茎を抱くまで変異がある。花は晩春から初夏。そう果につく冠毛は汚白色で長さ3〜4mm。狭義のニガナは茎葉の基部が細く1頭花あたり5個程度の小花をつける。多数の亜種・変種が区別される。和名は茎や葉に苦味があるから。

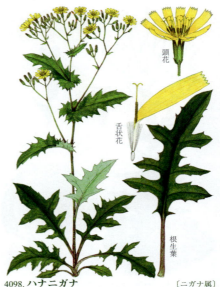

4098. ハナニガナ 〔ニガナ属〕
Ixeridium dentatum (Thunb.) Tzvelev subsp. *nipponicum* (Nakai) J.H.Pak et Kawano var. *albiflorum* (Makino) Tzvelev f. *amplifolium* (Kitam.) H.Nakai et H.Ohashi

北海道南部から本州・四国の山野に生じる多年草。ふつう母種の狭義のニガナよりも北地や高地にはえるが，場所によってはニガナとの中間型も多い。高さ40cmに達する。根生葉や下部の茎葉は広く大きく，ロゼットのときにはしばしば紫色の斑点がある。花は初夏，上向きの散房状に枝が分かれ，黄色の頭花は径2cm位。小花は1頭花あたり9個内外。白花のシロバナニガナもある。

4099. タカネニガナ 〔ニガナ属〕
Ixeridium alpicola (Takeda) J.H.Pak et Kawano

北海道，本州（東北・関東北部・中部），四国（石鎚山地）の高山帯から亜高山帯の日当たりのよい場所にはえる多年草。茎は直立し，高さ10cm内外。全体が緑白色を帯びる。茎につく葉は茎を抱かない。花は夏，黄色の頭花は径2cmで舌状花ばかり8〜10個ある。そう果はニガナよりも長く5〜5.5mm。和名は高山にはえるニガナの意だが，ニガナ自体も高山に生育することがある。

4100. ホソバニガナ 〔ニガナ属〕
Ixeridium beauverdianum (H.Lév.) Springate

関東地方以西，四国，九州および中国大陸に分布，日当たりのよい湿地にはえる多年草。根生葉は幅の狭い披針形で先が鋭くとがる。花茎は直立し高さ10〜30cm，上部はまばらに分枝する。茎葉は線形で長さ3〜6cm。春にニガナよりやや小さな黄色の頭花をつけ，舌状花は5〜7個。そう果の冠毛は汚白色でニガナより短く長さ2〜3mm。ニガナとの交雑により生じたと考えられる型がしばしばみられ，本種に似るが花冠・冠毛がより長い。

4101. アツバニガナ（ヤナギニガナ）　〔ニガナ属〕
Ixeridium laevigatum (Blume) J.H.Pak et Kawano

アジアの熱帯から亜熱帯に広く分布する多年草で、九州南部と琉球列島の日当たりのよい河岸などにはえる。高さ10〜50cmになり、茎の上部はまばらに分枝する。根生葉は質が厚く、披針形で先端がとがり、花の時期にもロゼット状をなす。花は春、ニガナよりもやや小さな黄色の頭花がつき、径約1cm、舌状花の数は8〜12個。そう果につく冠毛は汚白色でニガナ、タカネニガナよりも短く約2.5〜3mm。

4102. タカサゴソウ　〔ノニガナ属〕
Ixeris chinensis (Thunb.) Nakai subsp. *strigosa* (H.Lév. et Vaniot) Kitam.

本州、四国、九州および朝鮮半島、中国大陸の日当たりのよい野原や山麓などにはえる多年草。高さ30cm内外。根生葉は長さ10〜25cmのへら状で、縁は羽状に裂ける。花は初夏、舌状花のみからできた頭花は径2〜3cm、白い花弁（舌状花）にしばしば淡い紫色の縁どりがある。冠毛は純白で、ニガナのそれが汚白色なのとは異なる。沖縄、台湾、中国大陸には、花茎が斜上し、花冠が淡黄色のウサギギシ subsp. *chinensis* を産する。

4103. カワラニガナ　〔ノニガナ属〕
Ixeris tamagawaensis (Makino) Kitam.

東北地方南部から東海地方までの本州中部の河原の砂地にはえる多年草。全体に無毛で霜が降りたように白っぽい。根茎は太く木質にあり、高さ15〜30cm。葉は根元から群生し、やや立ち上がる。茎や葉を切ると白い乳液を出す。花は春から初夏、すべて舌状花からなる頭花は直径2cm内外。冠毛は白色。しばしばジシバリと混生し、両種の雑種ツルカワラニガナ *I.* ×*nikoensis* Nakai がまれに見られる。

4104. ノニガナ　〔ノニガナ属〕
Ixeris polycephala Cass.

ヒマラヤから中国、台湾、朝鮮半島に分布し、日本では本州から琉球列島の河原やあぜ道などにはえる多年草。高さ15〜30cm。根生葉はしばしば羽状に深く裂ける。茎葉は基部が矢じり形になり、茎を抱く。春に茎の先端に散房状に黄色の頭花をつけ、15〜25個もの舌状花がある。そう果には純白の冠毛がある。オオジシバリとの混生地では、種間雑種ノジシバリ *I.* ×*sekimotoi* Kitam. が見られ、種子は不稔で走出枝で繁殖する。

4105. ジシバリ（イワニガナ）　〔ノニガナ属〕
Ixeris stolonifera A.Gray

北海道から九州，朝鮮半島や中国に分布し，日当たりのよい山野の裸地によくはえる多年草。しばしば畑の雑草となる。細長い枝を出して地上をはう。葉は長さ1〜3cm，幅1〜2.5cm，葉の間から出す花茎は高さ10cm内外。花は春から夏。和名は茎が枝を出し地上をしばるかのように，はりつくことによる。本州中部以北の高山帯には高山型のミヤマイワニガナ var. *capillaris* (Nakai) T.Shimizu が分布する。

4106. オオジシバリ（ツルニガナ）　〔ノニガナ属〕
Ixeris japonica (Burm.f.) Nakai

朝鮮半島，台湾，中国大陸に分布し，日本では北海道西南部から沖縄県までの田んぼや道ばたにふつうにはえる多年草。茎は地上をはう。花茎の高さ10〜20cmで分枝。葉はへら形で，下の方が羽状に切れ込むこともある。花は春から夏に咲き，径約3cmの頭花には20〜30個の黄色の舌状花が並ぶ。和名はジシバリより，葉も頭花も大形であることによる。

4107. ハマニガナ（ハマイチョウ）　〔ノニガナ属〕
Ixeris repens (L.) A.Gray

カムチャツカ，朝鮮半島，中国大陸，台湾，インドシナ半島に分布し，北海道から琉球の海岸の砂地にはえる多年草。地下茎は長く深く地中に横にはっていて白く，厚みがあって径3〜5cmの葉だけが砂の中から出している。花は初夏から夏。和名は海浜にはえるニガナの意味。別名は葉をイチョウに見立てたもの。

4108. ヤツガタケタンポポ　〔タンポポ属〕
Taraxacum yatsugatakense H.Koidz.

本州中部の八ヶ岳や南アルプスの高山帯に特産する多年草。根生葉は長さ7〜22cm，幅1.5〜4.5cm，先は三角状。花茎は高さ20〜25cm，直立かやや斜めにのびる。頭花は径5cmに達する。総苞は黒緑色，粉白を帯び，総苞片は花時にはやや開出するが反り返らない。花冠は濃い黄色。そう果に10mmほどのくちばしをもつ。

4109. ミヤマタンポポ　〔タンポポ属〕
Taraxacum alpicola Kitam. var. *alpicola*

本州中部の妙高山系から北アルプスを経て白山に至る地域の高山に特産する多年草。高さ 8〜15 cm。根生葉は長さ 10〜20 cm、幅 2〜5 cm で、先端部を除き羽状に中裂か深裂する。頭花は径 4〜5 cm で、総苞は黒緑色で粉白を帯び、長さ 1.5〜1.8 cm になる。花冠は濃い黄色、辺縁の小花は長さ 2 cm ほど。そう果は長さ 3.5〜4 mm でくちばしをもつ。

4110. カントウタンポポ　（アズマタンポポ）〔タンポポ属〕
Taraxacum platycarpum Dahlst. subsp. *platycarpum*

東北地方南部から近畿地方東部の太平洋側の野原や道ばたなどにふつうにはえる多年草。春にのばす花茎は葉より短く、高さ 15〜30 cm。毛が密生するがのちになくなる。この類は一般に葉を食用とし、根を健胃剤に用いる。また春の日を受けて花は開き、夜や曇天のときは閉じる。都会地周辺では帰化種のセイヨウタンポポに置き代わって急速に減っている。

4111. ヒロハタンポポ　（トウカイタンポポ）〔タンポポ属〕
Taraxacum platycarpum Dahlst. subsp. *platycarpum*

カントウタンポポの 1 極端型で、典型的なものは静岡県の駿河湾沿岸に分布する。根生葉は長さ 10〜25 cm、幅 1.8〜5 cm、先端を除き羽状に浅裂または中裂する。花茎の高さは 10〜20 cm。頭花や総苞片はカントウタンポポとほぼ同じだが、外片がより長く、上部に顕著な角状突起があるのが特徴。

4112. エゾタンポポ　〔タンポポ属〕
Taraxacum venustum H.Koidz.

北海道、東北から本州中部の平地や丘陵地にはえる多年草。根生葉は長さ 15〜30 cm、幅 2〜4 cm、先は三角状で、鋸歯はやや接してつく。花茎は高さ 10〜20 cm、頭花は径 3.5〜4 cm。総苞は鮮やかな緑色で粉白を帯びず、総苞片は花時に直立し、先に突起はない。花冠は濃い黄色で、そう果は長さ 10 mm 内外のくちばしをもち、冠毛がある。

4113. シロバナタンポポ 〔タンポポ属〕
Taraxacum albidum Dahlst.

東北地方南部以西から四国，九州の道ばたや人家の近くにはえる多年草。根生葉は多数がロゼット状に出て白みを帯び，斜上することが多い。春，葉間から葉よりも長い花茎をのばし高さ30〜40 cmで，その頂に白色の頭花をつける。タンポポは種類が多いが，この種は白花で区別しやすい。四国や九州ではこの種がふつうで，ほとんどこればかりの所が多い。タンポポの語原はおそらくタンポ穂で，球形の果実穂をタンポに見立てた。

4114. カンサイタンポポ 〔タンポポ属〕
Taraxacum japonicum Koidz.

近畿地方から九州の草地や道ばたに多い多年草。カントウタンポポに比べて総苞が細く，内片と外片との長さが大きく異なる。外片は短少，内片は長さ14 mm位でその2倍半，ともに角状突起がある。葉は欠刻する場合でも頭大羽裂にならない。花は早春から晩春，頭花は径2.5 cm位。そう果は淡黄褐色で7〜9本の縦溝がある。近畿地方東部では，しばしばカントウタンポポとの間に中間的な型を生じる。

4115. セイヨウタンポポ 〔タンポポ属〕
Taraxacum officinale Weber ex F.H.Wigg.

ヨーロッパ原産の多年草。日本では都会地を中心に広く帰化し，最近では在来タンポポとの間に生じた雑種も多く見られるようになってきている。花は春，日本産のタンポポ類と似ているが，総苞の外片が反り返って下向きになる。和名西洋タンポポ。ヨーロッパではサラダ菜などとし食用に栽培される。首都圏周辺では在来のカントウタンポポなどを駆逐して本種に入れ代わっている。

4116. フタマタタンポポ 〔フタマタタンポポ属〕
Crepis hokkaidoensis Babcock

北海道の高山の草地や岩礫地にはえる多年草。基部の葉はロゼット状になり，葉先は円味を帯びた三角状，長さは5〜15 cm，幅1〜3 cm。花茎は高さ5〜20 cm，褐色の長い毛と白色の短い軟毛がある。黄色の頭花はタンポポに似るが小さい。そう果は長さ9〜11 mmの披針形，基部が黒く横に肋がある。花茎がまれに分枝するのでこの名がある。

4117. エゾタカネニガナ　〔フタマタタンポポ属〕
Crepis gymnopus Koidz.

北海道の高山帯の蛇紋岩地帯岩礫地にはえる多年草。根茎は斜上し長さ8～15cmの葉を根生。葉は無毛か短毛を散生。花期は晩春から初夏、花茎は直立して上部で分枝し、高さ20～45cm、枝端に径約2cmの頭花を上向きにつける。頭花は約20個の舌状花からなる。総苞は筒状、外片2列、内片10～13個、花後に竜骨状にふくれ反曲。そう果は長さ5mm内外。

4118. センボンタンポポ　〔フタマタタンポポ属〕
Crepis rubra L.

南ヨーロッパ原産。大正初期に渡来し、観賞用に栽培される1年または2年草。高さ15～45cm、葉は根生し、逆向きに羽裂する。頭花は淡赤色で茎頂に単生し径3～4cm、すべて舌状花からなり、総苞に剛毛がある。花期は春から夏、変種に白や桃色の花もある。通常秋まきで、フレームで越冬させる。別名モモイロタンポポ。

4119. オニタビラコ　〔オニタビラコ属〕
Youngia japonica (L.) DC.

北海道から九州、琉球列島、さらに東アジアの温帯から熱帯をはじめオーストラリア、ポリネシアなどに広く分布し、道ばたや荒地などにはえる1年草または2年草。全体に軟らかい細毛におおわれる。高さ20～100cm。花は春から秋だが、南方では一年中開花している。和名はタビラコに似て全体に大きいからいう。ヤブタビラコとの間に雑種が知られており、それは果実が不稔である。

4120. クサノオウバノギク　〔アゼトウナ属〕
Crepidiastrum chelidoniifolium (Makino) J.H.Pak et Kawano

関東、紀伊半島、四国、九州（熊本県）および朝鮮半島と中国東北部の温帯に分布。山地の岩上などの日当たりのよい草地にはえる越年草だが、大形のものは年内に花を開く。高さ15～40cmで全体に白っぽく無毛。乳液を出す。花は秋、5個の舌状花からなる頭花をつけ、径1cm位。花後は下向きとなる。和名はケシ科のクサノオウに似た葉の意味。

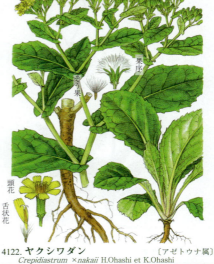

4121. ヤクシソウ　〔アゼトウナ属〕
Crepidiastrum denticulatum (Houtt.) J.H.Pak et Kawano
　北海道から九州，および朝鮮半島，中国大陸，ベトナムにも分布し，日当たりのよい山地や道ばたなどにふつうにはえる2年草。高さ30〜60cm。全株無毛で，切ると白い乳液を出す。根生葉はさじ形で長い柄があり，束生するが早い時期になくなる。花は秋から初冬。葉が羽状に分裂するものをハナヤクシソウ f. *pinnatipartitum* (Makino) Sennikov といい，特に西日本に多い。

4122. ヤクシワダン　〔アゼトウナ属〕
Crepidiastrum ×*nakaii* H.Ohashi et K.Ohashi
　海岸に進出したヤクシソウがワダンとの間につくった自然雑種で，三浦・伊豆両半島にはえるが，産地および交雑の組み合わせによって種々程度の差がある。多くは不稔性。ワダンに著しく見られる木質の太い根茎，全縁で大きな葉，花序は側枝に限定されるなどの特徴的な形質があまり明瞭でなくなっている。

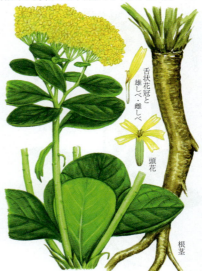

4123. アゼトウナ　〔アゼトウナ属〕
Crepidiastrum keiskeanum (Maxim.) Nakai
　本州（伊豆半島から紀伊半島），四国（太平洋岸），九州（大分・宮崎県）の海岸の岩場などにはえる多年草。根は太くその先は主茎が短く，根生葉が群生し，そのわきから四方に側枝が分かれて斜めに立ち，長さ15〜20cm。葉はやや厚い。花は晩秋，黄色の舌状花からなる頭花で直径1.5cm位。総苞は1cm位で黒みがかった緑色。葉が羽状に中浅裂するソテツバアゼトウナ f. *pinnatilobum* Hisauti がある。

4124. ワダン　〔アゼトウナ属〕
Crepidiastrum platyphyllum (Franch. et Sav.) Kitam.
　伊豆諸島を含む関東地方南部から静岡県にかけての海岸にはえる多年草。茎の高さ30〜60cm。葉は軟らかでやや肉質。茎や葉を切ると苦味のある白い乳液が出る。花は秋，側枝の頂に黄色の舌状花からなる多数の頭花が群生する。そう果は平たく褐色で，10本の隆起した線がある。和名はおそらく海岸生の菜を意味するワタナのなまりであろう。

4125. ホソバワダン　〔アゼトウナ属〕
Crepidiastrum lanceolatum (Houtt.) Nakai

本州（島根・山口県），四国，九州および朝鮮半島南部，台湾，中国の暖帯から亜熱帯に分布。海岸の岩場にはえる多年草。太く木化した茎は根茎状でその頂から葉を束生する。茎の上部から高さ20～30 cmの細い側枝が立ち上がって分枝し，花をつける。葉は厚みがあり鮮緑色，ときに淡紫色を帯びる。花は秋，頭花は径1.5 cm位で平開する。

4126. ユズリハワダン　〔アゼトウナ属〕
Crepidiastrum ameristophyllum (Nakai) Nakai

小笠原諸島の固有種で，父島，母島に稀産し，林縁などにはえる常緑小低木。高さ約1 m。葉は互生し柄は長さ3.5～5.5 cm，葉柄基部は扁平となって茎を抱く。表面に光沢があり，裏面は粉白を帯びる。花期は晩秋から冬。上部の葉腋から総状花序をのばし，小さな白い頭花を多数つける。そう果は円柱形で長さ1～2 mm，冠毛は白い。ヘラナレン，コヘラナレンとともにホソバワダンと類縁があると考えられる。

4127. ヘラナレン　〔アゼトウナ属〕
Crepidiastrum linguifolium (A.Gray) Nakai

小笠原諸島の固有種で海岸などの明るい草地にはえる小低木。高さ1 m位。茎は太く，径2～3 cm，葉のあとが残っている。葉は茎の頂に密生して，水平に開出し，長さ15 cm，幅1.5 cm内外。花は秋，葉間から高さ10～15 cmの側枝を出して，白花を多数つける。ユズリハワダン，コヘラナレンはいずれも本種に近縁である。

4128. コヘラナレン　（アシブトワダン）　〔アゼトウナ属〕
Crepidiastrum grandicollum (Koidz.) Nakai

小笠原諸島・父島の固有種。やや乾燥した岩の上などにまれにはえる小形で常緑の多年草。高さ10～30 cm。根生葉は長さ10～15 cm，幅2～3 cm，先端は円く，全縁ときに低鋸歯がある。花は晩秋頃，側枝頂に黄色の小さな頭花を密集して散房花序をつくる。小花柄は細く，総苞は円柱形。果期は初冬，そう果の冠毛は淡い褐色。

4129. レンプクソウ（ゴリンバナ）〔レンプクソウ属〕
Adoxa moschatellina L.

北半球の温帯に広く分布し、日本では北海道から九州の山地の林内にはえる小形の多年草。高さ8〜17 cm。花は春、通常5個の小花が頭状につき先端の1花は花冠4裂、側方の4花は5裂。本種はかつては1種だけでレンプクソウ属を構成すると考えられていたが、現在は東アジアを中心に数種が認められている。和名は昔フクジュソウを採集したとき一緒について来たためという。

4130. ニワトコ　〔ニワトコ属〕
Sambucus racemosa L. subsp. *sieboldiana* (Miq.) H.Hara var. *sieboldiana* Miq.

本州、四国、九州、および朝鮮半島南部と中国の暖帯から温帯に分布。山野にふつうに見られる落葉低木。高さ3〜5 m。葉は対生、羽状複葉は長さ15〜30 cm。花は春、新芽と同時に開く。液果は赤色。果実が黄色のキミノニワトコ f. *nakaiana* Murata、本州日本海側山地に産し、茎がはい高さ2 m 以内のミヤマニワトコ var. *major* (Nakai) Murata など、変化が多い。若葉は食用または民間薬、髄は顕微鏡の試料作製や細工に用いる。

4131. エゾニワトコ　〔ニワトコ属〕
Sambucus racemosa L. subsp. *kamtschatica* (E.L.Wolf) Hultén

北海道の低地に広く分布し、本州（青森・群馬・栃木県）の高地に稀産し、また千島、サハリン、朝鮮半島からカムチャツカにはえる低木または小高木。高さ8 m以上。葉は対生し、だ円形か卵形または卵円形。花期は晩春から初夏。花序は頂生し、円錐形で花梗が長い。花序には開出する乳頭状の毛が密生している。花冠は淡黄色で平開する。核果は球形で直径4〜5 mm。種子は卵状だ円形。

4132. セイヨウニワトコ　〔ニワトコ属〕
Sambucus nigra L.

北アフリカ、ヨーロッパ、西アジアに分布し、日本には明治末頃に渡来して各地で栽培される落葉低木。高さ2〜10 m。茎は根元から群生する。樹皮に深い溝があり、葉は長だ円形、対生で奇数羽状複葉。花期は晩春から初夏。帯黄白色の花を散房花序につけ香気がある。液果は黒色で光沢がある。葉、茎、花を陰干しして、ニワトコ同様に消炎、鎮痛剤などに使う。

4133. ソクズ（クサニワトコ） 〔ニワトコ属〕
Sambucus chinensis Lindl. var. *chinensis*
本州，四国，九州の山野にはえる多年草。地下茎を引いて繁殖し群生する。高さ1.5 m 位になる。花は夏。花冠は白く小形。花序にはところどころに花と同じ大きさの盃状の黄色の腺体がある。果実は球形で熟すと赤くなる。葉や根を乾燥して薬用にする。和名は漢名蒴藋（さくだく）の字音から転訛したという。琉球，小笠原および台湾には，葉や花序が有毛で花序の腺体が壺状のタイワンソクズ var. *formosana* (Nakai) H.Hara を産する。

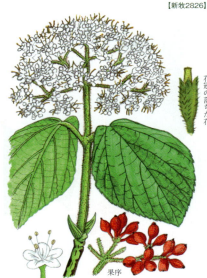

4134. ガマズミ 〔ガマズミ属〕
Viburnum dilatatum Thunb.
日本各地の日当たりのよい山野にはえ，また朝鮮半島，中国に分布する落葉低木。高さ2～3 m。樹皮は暗紫褐色で皮目がある。若枝，葉柄，葉裏，花序の軸に長い星状毛と腺点がある。葉は対生し長さ3～12 cm，托葉はない。花は初夏，1対の葉のある枝先に径5～10 cmの花序をつける。花は小さく径5 mm 位。赤く熟した果実は食べられる。まれにある黄実のものをキミノガマズミ f. *xanthocarpum* Rehder という。

4135. コバノガマズミ 〔ガマズミ属〕
Viburnum erosum Thunb.
関東地方以西，四国，九州，朝鮮半島，台湾，中国に分布。日当たりのよい山野にはえる落葉低木。高さ2～3 m，樹皮には灰紫褐色の皮目があり，髄は白色。若枝や葉に星状毛がある。葉は長さ3～8 cm，ごく短い柄があり，托葉がある。花は初夏，その年の2葉ある枝先に径4～6 cm の散房花序をつける。果実が黄熟するキミノコバノガマズミ f. *xanthocarpum* (Sugim.) H.Hara がある。

4136. シマガマズミ 〔ガマズミ属〕
Viburnum brachyandrum Nakai
伊豆七島の固有種で，山中にまれにはえる落葉低木。葉は対生し，ひし形状卵形ないし広卵形。先端はとがり，縁には鋸歯がある。花は春に咲き，花序は頂生し散房形で腺点と短毛がある。花梗は長さ約3 cm，径12 cm ほどになる。花冠は輻状で，径6 mm ほど。雄しべは花冠裂片より短い。核果は球形，核の長さは約7 mm 位。

4137. ミヤマガマズミ 〔ガマズミ属〕
Viburnum wrightii Miq.

北海道から九州の山地にはえ、さらにサハリン南部、朝鮮半島、中国に分布する落葉低木。高さ2～3 m、枝は暗紫褐色で皮目があり、若枝には長毛があるがのち無毛。葉は対生し長さ7～12 cm、縁には鋸歯がある。狭義のミヤマガマズミは成葉は表面無毛で鋸歯は低いが、図のように鋸歯が目立ち、表面に短毛がはえるものをオオミヤマガマズミといって区別する。花は初夏、1対の葉がある枝先に径6～10 cmの散房花序をつける。

4138. ゴマギ 〔ガマズミ属〕
Viburnum sieboldii Miq. var. *sieboldii*

本州、四国、九州の山野で湿潤地に好んではえる落葉低木。高さ2～5 m、樹皮は灰色、髄は白色。枝、葉、とくに裏面脈上に星状毛を密生する。葉は対生、長さ5～13 cm、表面はしわが多いが光沢があり、ごわごわした感じ。花は晩春、1～2対の葉がある若い枝先に散房花序をつける。和名胡麻木は生葉をもむとゴマの臭いがするから。北陸、東北地方には葉が長さ25 cmに達するマルバゴマギ var. *obovatifolium* (Yanagita) Sugim. がある。

4139. ヤブデマリ 〔ガマズミ属〕
Viburnum plicatum Thunb. var. *tomentosum* Miq.

本州の太平洋側、四国、九州および中国に分布、谷沿いや湿った林内にはえる落葉低木。高さ3～6 m。若枝、葉、花序は初め軟毛を密生する。葉は長さ5～9 cm。花は晩春、周囲の大きな花冠の装飾花は結実しない。中心部の花は花冠が小さく5深裂し、雌しべ、雄しべとも完全で結実する。

4140. テマリバナ 〔ガマズミ属〕
Viburnum plicatum Thunb. var. *plicatum* f. *plicatum*

観賞用として庭園に栽植される落葉低木、高さ3 m内外。葉は対生し長さ5～7 cm、表面は著しいしわがある。晩春、若枝の先に5裂した花冠の装飾花ばかりを球形に開く。花弁が大きくがくが微小で歯状だが、一見アジサイに似る。雌しべ、雄しべとも退化していて結実しない。本州の日本海側に分布するケナシヤブデマリ var. *plicatum* f. *glabrum* (Koidz. ex Nakai) Rehder から選抜された。和名繍毬花（てまりばな）。

【新牧2834】

【新牧2835】

4141. オトコヨウゾメ （コネソ） 〔ガマズミ属〕
Viburnum phlebotrichum Siebold et Zucc.

本州，四国，九州の山地にはえる落葉低木。高さ1～3 m。樹皮は灰褐色。若枝は赤紫色，若い時には長毛がある。葉は長さ3～7 cmで薄く，乾けば黒くなる。表面は無毛，裏面脈上に白い長毛がまばらにある。花は晩春，2枚の葉のある枝の先の長さ1～2 cmの柄の先に，数個垂れ下がって咲く。果序も垂れ下がり，果実はやや平たい卵形。

4142. カンボク 〔ガマズミ属〕
Viburnum opulus L. var. sargentii (Koehne) Takeda

北海道から本州および千島，サハリン，朝鮮半島，中国，アムール，ウスリーの温帯に分布。山野の水辺など湿地にはえる落葉低木。葉は対生し長さ6～10 cm，柄の上部に1対の蜜腺をもつ。花は初夏，周囲の花冠は大きな装飾花で雌しべ，雄しべとも退化，中央は花冠が5裂し完全。材が白色で軟らかく香気があるので楊枝を作る。肝木と書くがこれは漢名ではない。

【新牧2836】

【新牧2837】

4143. ミヤマシグレ 〔ガマズミ属〕
Viburnum urceolatum Siebold et Zucc.
f. procumbens (Nakai) H.Hara

本州中部から関東地方を中心に分布，西日本にも点在し，深山の暗い林内にはえる落葉小低木。茎は高さ1 m未満。下部は地表近くに長く横たわり，ところどころから根を出し，分枝し斜上する。葉は対生，長さ6～12 cm，裏面脈上に短い星状毛と腺毛がある。秋に紅葉する。花は初夏，白から暗紅色と変化が多い。西日本に分布するヤマシグレ f. urceolatum は茎が立ち高さ2 m，葉が細長い。和名のシグレは京都付近のガマズミの方言シブレがなまったもの。

4144. ムシカリ （オオカメノキ） 〔ガマズミ属〕
Viburnum furcatum Blume ex Maxim.

北海道から九州および鬱陵島，千島，サハリンに分布，低山帯から亜高山帯にはえる落葉低木。高さ2～5 m。葉は対生し長さ7～15 cm。花は晩夏，2枚の葉のある枝の先に散房花序をつけ，その周囲は大形の装飾花で雄しべ，雌しべとも退化し，中心部は完全花。和名は葉がよく虫に食われていることから「虫食われ」がなまったものという説があるがはっきりしない。

4145. サンゴジュ　〔ガマズミ属〕
Viburnum odoratissimum Ker Gawl.
var. *awabuki* (K.Koch) Zabel

東海地方以西から琉球列島、朝鮮半島南部に分布し、種としてはさらに台湾、中国、インドシナ、フィリピンなど暖帯から亜熱帯に分布。海岸付近の林にはえ、また生け垣として栽植される常緑小高木。高さ2～9m。葉は対生し長さ10～20cm、革質、滑らかで光沢がある。花は初夏、葉のつく枝先に円錐花序につく。和名珊瑚樹（さんごじゅ）は果序の色による。

4146. ゴモジュ　(コウルメ)　〔ガマズミ属〕
Viburnum suspensum Lindl.

奄美大島、喜界島から西表島までの琉球列島、南大東島の固有種。明るい林下や林縁などにはえる常緑低木。葉は対生し、だ円形または倒卵形。花期は冬から春。花序は茎頂につき、星状毛と腺点が密生。円錐形で長さ2～5cm。花冠は白色で、ときに赤みを帯び高盆形。子房は長さ1.5mmで赤い腺点がある。核果は赤く熟し、核はだ円形で1本の溝がある。

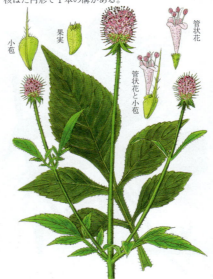

4147. ハクサンボク　(イセビ)　〔ガマズミ属〕
Viburnum japonicum (Thunb.) Spreng.

伊豆半島と伊豆七島、山口県、九州から琉球列島、および朝鮮半島南西部と台湾北部の暖地の海岸付近の山野にはえる常緑低木ないし小高木。高さ5～6m、全体に無毛。葉は長さ7～20cmで革質、滑らかで光沢がある。秋に紅葉することがある。花は春開き、乾くと特異な臭いがする。和名は石川県の白山にはえると誤認したもの。小笠原には葉の鋸歯が不明瞭なトキワガマズミ var. *boninsimense* Makino がある。

4148. ナベナ　〔ナベナ属〕
Dipsacus japonicus Miq.

本州、四国、九州および朝鮮半島、中国に分布し、日当たりのよい山にはえる大形の越年草。高さ1m以上になり全体に刺毛がありざらつく。葉は対生し羽状に全裂、葉柄に翼がある。花は夏から秋、管状の小花が多数集まって頭状花序をつくる。花冠は4裂し長さ5～6mm。そう果は長さ約6mm、集まって球状となる。ナベナの語源は不明。

4149. ラシャカキグサ　〔ナベナ属〕
Dipsacus sativus (L.) Honck.

　ヨーロッパ原産の越年草。茎は太くて直立し高さ1.5〜2 m。茎，葉の裏面主脈上にとげがある。葉は長さ30 cm位。花は初夏から初秋，長さ10 cm位の淡紫の頭状花序。総苞は花序よりも短く反り返り，苞葉はかぎ状になり，乾燥すると硬くなる。ラシャ織物の繊維を起こすのに用いるティーゼル（teasel）はこれである。

4150. マツムシソウ　〔マツムシソウ属〕
Scabiosa japonica Miq. var. *japonica*

　北海道南西部から九州の日当たりのよい山地の草原にはえる1回繁殖型の多年草。高さ60〜90 cm。葉は対生し羽状に深く裂ける。花は夏から秋，白ないし青紫色の頭状花序で，中心部の花は等しく4〜5裂し，周辺部の花は花冠が5裂して外側の3裂片が大きく舌状になる。果実の頃には球形になる。関東の海岸には茎の短いソナレマツムシソウ var. *lasiophylla* Sugim. がある。

4151. タカネマツムシソウ　〔マツムシソウ属〕
　本州と四国の高山帯の礫地や亜高山草原にはえる多年草。高さ30〜40 cm。茎にやや下向きの曲がった毛が密生する。根生葉はロゼット状で，羽状に深く裂ける。茎葉は2対ほどあり，ともに羽状に全裂する。夏に茎の頂に青紫色の径3〜4 cmの頭状花序をつけ，外周部に大きな舌状花冠が並ぶ。東海地方の低地・丘陵地には，頭状花序が小さく舌状花の短いミカワマツムシソウ var. *breviligula* Suyama et K.Ueda がある。

4152. セイヨウマツムシソウ　〔マツムシソウ属〕
Scabiosa atropurpurea L.

　南ヨーロッパ原産。明治初期に渡来した1年草または2年草。高さはふつう60〜100 cm。葉は披針状卵形で，羽状深裂する。裂片は鋸歯があるかさらに分裂する。花期は初夏から秋，頭状花序は球形または卵状円錐形で紫，赤，ピンク，空色などの色があり，長い柄をもち頂生する。小花は4〜5裂し，芳香がある。多数の園芸品種がある。別名クロバナマツムシソウ。園芸上はスカビオサと呼ぶ。

4153. オミナエシ （オミナメシ） 〔オミナエシ属〕
Patrinia scabiosifolia Fisch. ex Trevir.

東アジアの温帯から暖帯に分布し, 北海道から九州の日当たりのよい山野にはえる多年草。根茎は太く横に伏し, 株わきに新苗が分かれて繁殖する。高さ1m内外。根生葉は花時に枯れる。花は晩夏から秋。和名はオトコエシに対し優しいので女性にたとえていう。秋の七草の1つで, 女郎花と書くが漢名ではない。

4154. オトコエシ （オトコメシ） 〔オミナエシ属〕
Patrinia villosa (Thunb.) Juss.

北海道から九州, および朝鮮半島, 台湾, 中国に分布し, 日当たりのよい山野によく見られる多年草。茎の高さ1m内外, 根茎はなく, 基部から長い走出枝をのばして繁殖する。全体に毛が多い。花は夏から秋。春の根生葉は花時に枯死する。和名はオミナエシに対して強剛であるから男性に見立てたという。トチナという方言があるが, これは根生葉を飢饉時に食用にしたことによるという。

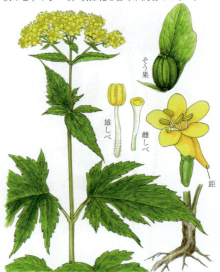

4155. キンレイカ 〔オミナエシ属〕
Patrinia triloba (Miq.) Miq. var. *palmata* (Maxim.) H.Hara

関東から近畿地方以西の山地にはえる多年草。高さ30〜60cm, 高山では15cm内外。花は夏。北陸から東北南部の山地には, 花冠の距がごく短く, ふくらむだけの変種コキンレイカ（ハクサンオミナエシ）var. *triloba* があり, 伊豆・神津島には葉がやや厚く, 毛がないシマキンレイカ var. *kozushimensis* Honda がある。

4156. オオキンレイカ 〔オミナエシ属〕
Patrinia triloba (Miq.) Miq. var. *takeuchiana* (Makino) Ohwi

京都府と福井県の境にある青葉山の岩場に局所的に分布する大形の多年草。高さ50〜150cm。葉は対生し, 葉身は掌状に深く3〜7裂する。花は夏の終わりに咲き, 茎頂に大きな散房状の花序をつくる。花冠は明るい黄色で, 長さ4〜6mmの花筒に短い距がある。花冠上半部は5裂して開く。3本ある雄しべは長く, 黄色で花冠の外に突き出る。

4157. マルバキンレイカ〔オミナエシ属〕
Patrinia gibbosa Maxim.
　本州北部，北海道および南千島の山地で湿潤なところにはえる多年草。特有の臭いがある。円柱形の茎が直立し，高さ30〜70 cm。葉はまばらに対生し上部に翼のある葉柄をもつ。花は夏，黄色の小花を多数散房状につける。和名円葉金鈴花は，キンレイカの深裂葉に対比して切れ込まない葉の意味である。

4158. チシマキンレイカ（タカネオミナエシ）〔オミナエシ属〕
Patrinia sibirica (L.) Juss.
　北海道，および千島，サハリン，東シベリアの寒帯に分布。高山帯などの礫地にはえる多年草。根茎は太く，茎は高さ7〜15 cm，両側に短い白毛の線がある。葉は対生し長さ2〜4 cm，茎の基部に多数集まっており，長い柄に翼がある。花は初夏から夏，花冠は5裂，黄色。径4 mm位。距はない。和名は千島産のキンレイカ，別名は高山生のオミナエシ。

4159. ベニカノコソウ（ヒカノコソウ）〔ベニカノコソウ属〕
Centranthus ruber (L.) DC.
　ヨーロッパ南部原産。ときに観賞用として栽培されている多年草。全体にすべすべしていて無毛，少し粉白を帯びる。茎を多数出し，高さ30〜80 cm。葉は対生し幅1.5〜4 cmの長卵形。花は晩春から夏，茎頂部に2岐集散花序を出して長い距のある濃紅色の花を多数散房状につけ，芳香がある。淡紅や白花の品種もある。

4160. ウスベニカノコソウ（セントランサス）〔ベニカノコソウ属〕
Centranthus macrosiphon Boiss.
　スペイン原産，昭和初年に渡来した1年草で，高さ20〜40 cm。全株無毛，茎は筒状で下部からよく分枝する。葉は対生，長さ4〜7 cmの広卵円形。花は春から初夏，密な円錐状の散房花序につき，花冠は長さ約1.3 cm，筒部は細長く，先端は5裂する。花色は濃い藤色，白，サーモンピンクなど，まれに白と桃色の絞りなどもある。

4161. ノヂシャ 〔ノヂシャ属〕
Valerianella locusta (L.) Laterr.
　ヨーロッパ原産。各地で帰化して道ばたや土手などに群生する1年または越年草。全体に軟らかく，高さ10～35 cm。対生する葉は長さ2～4 cmの長だ円形で，縁はやや波打つ。花は初夏，淡青色の小花。子房は3室で1室が結実し，2室は結実しない。ヨーロッパでは古くから食用にされ，とくにサラダ菜に初冬から早春に用いられる。和名は野生のチシャ。

4162. カノコソウ （ハルオミナエシ） 〔カノコソウ属〕
Valeriana fauriei Briq.
　北海道から九州まで，およびサハリン，朝鮮半島，中国東北部などに分布し，山地のやや湿った林縁にはえる多年草。地下の匍匐枝がのびて繁殖する。高さ30～80 cm。根生葉は花時には枯死する。花は初夏。和名は花が紅白の鹿の子絞りに見えるのにちなんだ。かつては薬用として栽培されていたが，根茎を乾燥させたものに特有の香気があり，タバコの香料などの調合に用いられた。

4163. ツルカノコソウ （ヤマカノコソウ）〔カノコソウ属〕
Valeriana flaccidissima Maxim.
　本州，四国，九州および台湾，中国西南部に分布し，山地の湿った木かげなどにはえる多年草。茎の高さは20～60 cmで中空。根生葉と走出枝の葉は広卵形，茎の葉は羽状に裂ける。花後に細長い走出枝を著しくのばして繁殖することが和名の起こりである。花は春から初夏。がくは花後に果実上で白色の冠毛状になり，風による散布に役立つ。

4164. ツキヌキソウ 〔ツキヌキソウ属〕
Triosteum sinuatum Maxim.
　中国東北部，ウスリー，アムールなどに分布し，日本では長野県の一部の高原草地や林下の湿地にはえる。葉は対生し，卵形ないしだ円形，基部は広がって互いに合着する。花期は初夏。茎の上部の葉腋に2～4個のほとんど無柄の花をつける。花は長さ約2.5 cm，花冠は淡黄色で内側は紫褐色を帯びる。核果は卵球形。

マツムシソウ目（スイカズラ科）

4165. リンネソウ（エゾアリドオシ, メオトバナ）〔リンネソウ属〕
Linnaea borealis L.
　北半球の亜寒帯に広く分布し，日本では本州中部以北と北海道の亜高山帯の林内，しばしば高山帯のハイマツの下など半陰地に群生する矮小低木。茎は地表をはいよく分枝する。花茎は立ち，高さ5〜10 cm。葉は径4〜10 mm。花は夏，3室の子房のうち1胚珠が種子となり他は実らない。和名と学名は，植物分類学の基礎をつくったリンネを記念した名。

4166. ツクバネウツギ（コツクバネ）〔ツクバネウツギ属〕
Abelia spathulata Siebold et Zucc. var. *spathulata*
　本州，四国，九州北部および朝鮮半島南東部の日当たりのよい山地にはえる落葉低木。高さ1〜2 m，若枝は赤褐色で2列に毛があり，古枝は灰色。葉は2〜5 cm。花は晩春，枝先に2個ずつ咲き，花冠は長さ3〜4 cm。和名のツクバネは，果実の頂に宿存するがく片5枚が羽子つきの衝羽根（つくばね）に，また木の姿がウツギに似ていることからいう。

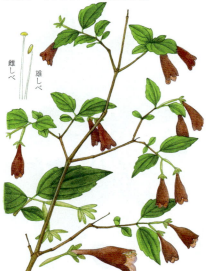

4167. ベニバナノツクバネウツギ〔ツクバネウツギ属〕
Abelia spathulata Siebold et Zucc. var. *sanguinea* Makino
　関東地方北部から中部地方のやや高い山地にはえる落葉低木で，ツクバネウツギの変種。枝はよく分枝し，細く赤褐色。葉は対生して短柄があり，長さ2〜5 cmである。花は晩春，若枝の先に短柄を出し，帯暗紅紫色の2花がつく。花冠は長さ2 cm内外，内側に白毛がある。

4168. ウゴツクバネウツギ〔ツクバネウツギ属〕
Abelia spathulata Siebold et Zucc. var. *stenophylla* Honda
　東北地方から新潟県の主として日本海側の日当たりの良い低木林などにはえる。葉は長さ2.5〜7 cmで披針形ないし卵状だ円形。両面とも毛があり，葉柄は短く有毛。花期は晩春から初夏。子房は細長く有毛で，がく裂片は5個あり，ほぼ等長。花冠は黄色ときに白みや紫色を帯びて長さ2.5〜4 cm。花冠基部の内側にある蜜腺はツクバネウツギのように突出しない。

4169. コツクバネウツギ　〔ツクバネウツギ属〕
Abelia serrata Siebold et Zucc.
　本州中部以西、四国、九州および中国東部の日当たりのよい山地にはえる落葉低木。高さ1〜2m。若枝は赤褐色で2年目から淡褐色、古くなると灰白色で薄くはげる。葉は対生して短い柄があり、長さ2〜4cmの長卵形でしばしば紫に染まる。花は初夏、花冠は長さ1〜2cmの鐘状漏斗形で左右相称、黄色か白色で紅色を帯びる。がく片は2〜3個あり、果実の先端に羽状に残る。別名キバナコツクバネ。

4170. オオツクバネウツギ　〔ツクバネウツギ属〕
Abelia tetrasepala (Koidz.) H.Hara et S.Kuros.
　福島県以西から四国、九州北部の落葉樹林下や林縁にはえる落葉低木。高さ1〜3m。葉は対生し、卵形ないしだ円形または広卵形。花期は春から初夏。短枝の先に短い花梗を出し、花は2個ずつつく。がく片は5個、うち1個は小さく、ときに退化する。花冠はやや2唇形で、長さ2.5〜4cm、5裂し黄白色か淡黄色、またはピンクを帯びる。がく片は果時にも宿存し、さく果は秋に熟す。別名メックバネウツギ。

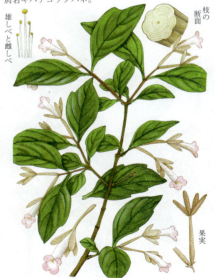

4171. イワツクバネウツギ　〔イワツクバネウツギ属〕
Zabelia integrifolia (Koidz.) Makino ex Ikuse et S.Kuros.
　関東地方西部から九州の主に石灰岩あるいは蛇紋岩地帯にはえる落葉低木。高さ2m位。幹や枝に6本の溝が縦に通る。新枝は緑色、小枝は赤褐色、樹皮は白褐色。葉は長さ3〜4cm、枝の末端の2葉の葉柄は合着する。花は晩春、がく片は4個、花冠は4裂し長さ16〜18mm、雄しべは4本で毛がある。和名は岩場にはえるため。

4172. クロミノウグイスカグラ　〔スイカズラ属〕
Lonicera caerulea L. subsp. *edulis* (Regel) Hultén var. *emphyllocalyx* (Maxim.) Nakai
　本州中北部および北海道の亜高山帯の日当たりのよいところにはえる落葉小低木。高さ1mにならない。若いときは緑色で軟毛があるが、古枝は淡黄褐色で樹皮が薄くはげる。葉は対生して短い柄があり、長さ3〜4cmのだ円形。花は初夏。液果は球形で成熟すると黒青色で白い粉をかぶる。甘味があり食用。和名は黒い実がなるため。別名クロミノウグイス、クロウグイス。いくつかの変種があり、ともに北海道ではハスカップともいう。

4173. キンギンボク（ヒョウタンボク）　〔スイカズラ属〕
Lonicera morrowii A.Gray
北海道，本州の主に日本海側の日当たりのよい山野にはえる落葉低木で，ときに観賞のため栽培。高さ1.5 m 内外。若枝は汚紫色で軟毛を密生，古枝は灰褐色となり樹皮は縦に裂ける。花は初夏，初め白，のちに黄色に変わる。和名は花に白と黄が混じるのを金と銀にたとえたもの。別名は赤い液果が2個合着して瓢箪（ひょうたん）状になるから。有毒。果実が黄熟するものをキミノキンギンボク f. *xanthocarpa* (Nash) H.Hara という。

4174. アラゲヒョウタンボク　〔スイカズラ属〕
Lonicera strophiophora Franch. var. *strophiophora*
北海道，本州の山地の林内にはえる落葉低木で，高さ2 m。枝は灰褐色でほとんど無毛だが，若いときは毛がある。葉は長さ8 cm，幅4 cm内外で大きく，粗毛がある。花は晩春，新葉とともに開花し，長さ2 cm以上にもなり，下向きに2個つく。基部に苞葉が2枚ある。液果は紅く熟す。和名は葉の性質による。別名オオバヒョウタンボク。本州の中部以西には子房や花柱の下半部に毛のないダイセンヒョウタンボク var. *glabra* Nakai がある。

4175. ヤマウグイスカグラ　〔スイカズラ属〕
Lonicera gracilipes Miq. var. *gracilipes*
本州から九州の山野にはえる落葉小低木。高さ1.5〜3 m。枝には毛がないが，葉の両面や縁に毛があり裏面は白みを帯びる。花は春，長さ1.5〜2 cm，花冠の先は5裂し，花柄や子房には毛があるが，腺毛はない。子房下位でその下に小さな苞がある。果実は紅く熟し，一見ナツグミのようである。ウグイスカグラと区別しない意見もある。

4176. ウグイスカグラ（ウグイスノキ）　〔スイカズラ属〕
Lonicera gracilipes Miq. var. *glabra* Miq.
本州，四国の山野にはえるが，観賞のため栽培もされる落葉小低木。ヤマウグイスカグラとは全体無毛である点で異なる。高さは1.5〜3 m，多く枝を分け，枝は若いときは紅紫色を帯びる。花は春に葉が出ると同時に葉腋から細い花柄を出し，1個ずつ下垂する。液果は長さ約1 cm，初め緑だが鮮紅色に熟す。和名および別名は鳥のウグイスに関係があるらしいがはっきりしない。

4177. ミヤマウグイスカグラ　〔スイカズラ属〕
Lonicera gracilipes Miq. var. *glandulosa* Maxim.
本州，四国，九州の山地にはえる落葉低木。高さ約2 mになり，ウグイスカグラに似ているが，葉や葉に褐色の毛がはえている。葉は対生し短い柄があり，長さ3～5 cmのだ円形で質は薄い。花は春，葉とともに開き，花柄と子房と花冠の筒部には腺毛が密生する。液果は熟すと紅色になり，表面を腺毛がおおっている。

4178. コウグイスカグラ　〔スイカズラ属〕
Lonicera ramosissima Franch. et Sav. ex Maxim. var. *ramosissima*
本州，四国のやや高い山地にはえる落葉小低木。葉は対生し短い柄があり，長さ1～2 cm，両面に細毛がある。花は春，若枝の葉腋に長さ1 cm位の柄を出し，頂に淡黄色の2花が並んで下向きに開く。苞は2個が合生。液果は2個が下半部で合生する。箱根以外のものを葉がやや大きく，基部が円形かやや心臓形になるとして，品種チチブヒョウタンボク f. *glabrata* (Nakai) H.Hara として区別することがある。

4179. コゴメヒョウタンボク　〔スイカズラ属〕
Lonicera linderifolia Maxim. var. *konoi* (Makino) Okuyama
八ヶ岳と赤石山脈の亜高山帯にはえる落葉低木。葉は対生し，だ円形で先は鋭頭，ほとんど全縁で長さ10～18 mm，両面にやや長い軟毛がある。花は晩春頃，花冠は濃紫色で高盆形，長さ約5 mm。裂片は5個，ほとんど同形同大で長さ1.5 mm。花梗は5～10 mm，苞は線形で無毛。液果は球形で赤く熟し，径4 mmほど。少数の種子ができる。ヤブヒョウタンボク var. *linderifolia* は岩手県の北上山地にはえ，葉が大きい。

4180. イボタヒョウタンボク　〔スイカズラ属〕
Lonicera demissa Rehder var. *demissa*
富士山，八ヶ岳，赤石山脈などにはえる落葉低木。高さ1～2 m，非常に細かく枝を分ける。若枝は細毛があり，基部に数対の灰色の小鱗片がある。葉は長さ1.5～3.5 cm，両面に軟毛を密生。花は晩春，淡黄色の2花が咲く。子房に腺点がある。苞は小さく毛がある。和名は葉がイボタノキに似ているため。

4181. チシマヒョウタンボク 〔スイカズラ属〕
Lonicera chamissoi Bunge
　東アジアの冷温帯に分布。本州中部以北から北海道の高山の日当たりのよいところにはえる落葉小低木。全体に全く無毛。葉は対生して短柄があり、長さ2〜4cm、裏面は脈が浮き出て白っぽい。花は初夏、子房がゆ着した濃紅色の2花をつける。苞は長さ1mm以下。花柱や花糸には毛がある。液果は2個合生。和名は初め千島で発見されたため。

4182. ウスバヒョウタンボク 〔スイカズラ属〕
Lonicera cerasina Maxim.
　近畿地方以西の西日本で低木林にはえる落葉低木。葉は対生し、披針形またはただ円形状披針形。先は急鋭尖頭、基部はくさび形から円形。花期は春。葉腋から15〜25mmの花柄を出し、2個の花をつける。各花には1個の苞と2個の小苞がある。花冠は淡黄色で長さ10〜11mm、2唇形で基部に蜜腺がある。さく果は球形で赤く熟す。

4183. オニヒョウタンボク 〔スイカズラ属〕
Lonicera vidalii Franch. et Sav.
　福島県と群馬県、中部地方、中国地方、および朝鮮半島南部の温帯に分布。山地にはえる落葉低木。樹皮は薄く紙状にはげる。若葉、葉脈、花柄には細かい腺毛が多い。葉は長さ3〜8cm、とくに裏面に立った毛が多い。花は晩春、2花をつけ、花冠は初め黄白色を帯びのち淡黄色、下側に距がある。果柄は下垂り2果は下半部で合生、夏に熟すが有毒。

4184. ハナヒョウタンボク 〔スイカズラ属〕
Lonicera maackii (Rupr.) Maxim.
　北東アジアに広く分布し、日本では青森県、岩手県、群馬県、長野県に分布する落葉低木。落葉樹林の林縁などにはえ、高さ2〜4m。葉は対生し、卵状だ円形かだ円形、ほとんどが全縁である。花期は初夏。各葉腋から短い花柄を出し、2個の花をつける。苞は線形、長さ3〜4mmで軟毛と腺毛がはえる。がくは5つに中裂し、先は細くとがる。花冠は白、のちに黄色。

4185. オオヒョウタンボク　〔スイカズラ属〕
Lonicera tschonoskii Maxim.
　本州中部の高山帯下部と広島県帝釈峡にはえる落葉低木。高さ2m位。若枝は無毛，古くなると灰褐色，基部は硬い鱗片に包まれる。葉は対生し長さ5〜12cm，幅2〜5cmで薄い。花は夏，細長い花柄の先に黄白色の2花が並んでつく。花冠は長さ1.5cm位，筒部は短く下側はふくらむ。液果は2個並ぶ。和名はヒョウタンボクよりも葉が大形なのによる。

4186. ニッコウヒョウタンボク　〔スイカズラ属〕
Lonicera mochidzukiana Makino var. *mochidzukiana*
　本州中部の山地にはえる落葉小低木。若枝は四角で無毛，枝の基部は鱗片で包まれ，芽も四角。葉は短い柄があり長さ3〜10cm，膜質に近い洋紙質，無毛。若葉は主脈を除いて暗紫色を帯びる。花は晩春，平たい花柄の先に2花をつけ，花冠は長さ1cm位，白色でのち汚黄色。液果は2個離れて並ぶ。和名は初めて日光で発見されたから。西日本には葉の短い変種ヤマヒョウタンボク var. *nomurana* (Makino) Nakai を産する。

4187. エゾヒョウタンボク　〔スイカズラ属〕
Lonicera alpigena L. subsp. *glehnii* (F.Schmidt) H.Hara
　本州中部以北，北海道，および南千島，サハリンの亜寒帯から寒帯に分布。山地にはえる落葉低木。若枝は鈍い四角形。葉は長さ5〜10cm，幅2〜5cm，裏面とふちに毛がある。花は晩春，長さ2〜4cmの花柄の先に2花が並んでつく。花冠は長さ12〜15mm，下側の基部はふくらみ，内面に毛がある。液果は2個がほとんどゆ着している。

4188. キダチニンドウ　〔スイカズラ属〕
Lonicera hypoglauca Miq.
　東海地方以西の暖地，四国，九州，琉球列島および台湾，中国東南部に分布し，海岸に近い林縁などにはえるつる性低木。若枝は短毛が多く紫褐色，古くなると褐色で樹皮が縦に裂けてはげる。花は初夏，花冠の長さ5cm内外，初め白色でのちに黄色に変わる。液果は黒色。和名木立忍冬（きだちにんどう）で，低木状であることにちなむ。別名トウニンドウ，チョウセンニンドウ。

【新牧2867】

4189. **ハマニンドウ** 〔スイカズラ属〕
Lonicera affinis Hook. et Arn.
　本州西南部暖地から琉球列島に分布。海岸に近い土地にはえるつる性の低木。キダチニンドウに似ているが，若い枝の先以外はほぼ無毛で，葉裏には腺点もない。葉は長さ4〜10 cm。花は晩春，2花が並んでつく。子房は2個並ぶが離れている。花冠は長さ4〜6 cm，初め白色，のちに黄色を帯びる。

【新牧2868】

4190. **ツキヌキニンドウ** 〔スイカズラ属〕
Lonicera sempervirens L.
　観賞のため庭園や鉢植にして栽培される常緑のつる性低木で，北アメリカ東部および南部の原産。茎の長さは3 mにもなりよく分枝する。葉は対生で表面は粉白を帯び，下葉は短い柄があるが，上部の葉は柄がなく，花に近い1〜2対が基部でくっつく。茎が葉を貫いているように見えるのでそこから和名がついた。花は初夏，濃紅色から黄紅色または黄色などがある。

4191. **スイカズラ**（ニンドウ） 〔スイカズラ属〕
Lonicera japonica Thunb.
　北海道南部から九州，トカラ列島および朝鮮半島，台湾，中国に分布し，山野にはえる半常緑のつる性低木。若いときは短毛を密に。対生する葉はほとんど柄がなく，長さ3〜7 cmの長だ円形。花は初夏。芳香があり，花冠の外面に軟毛がある。葉は薬用。和名は花中の蜜を吸う時の唇の形に花冠が似て，つる性であることから。冬の間も葉を落とさないので忍冬（にんどう）ともいう。

【新牧2869】

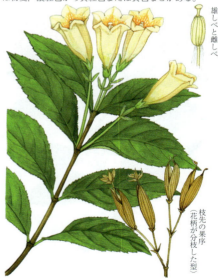

4192. **ウコンウツギ** 〔ウコンウツギ属〕
Macrodiervilla middendorffiana (Carrière) Nakai
　本州北部と北海道の亜高山から高山帯にはえ，さらに南千島，サハリン，ウスリー，アムール，沿海州に分布する落葉低木。高さ1〜2 m。樹皮はよく剥離する。若枝には2列の毛の線がある。葉は長さ3〜9 cm。花は夏，枝先または上部葉腋に長さ3〜5 cmの有柄の花をつけ，がくは2唇形に基部近くまで裂け，上唇が3裂，下唇が2裂し花後も残る。和名は黄色（ウコン色）の花を開くウツギの意。

【新牧2870】

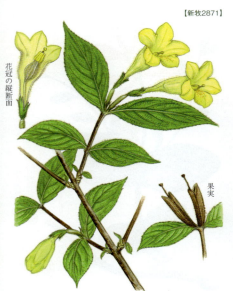

4193. キバナウツギ 〔タニウツギ属〕
Weigela maximowiczii (S.Moore) Rehder

　本州中北部の低山から亜高山帯の林縁にはえる落葉低木。高さ2m位になる。樹皮は灰色、若枝に2列の白毛がある。葉柄は非常に短い。葉は長さ3〜8cm、両面に毛があり裏面はやや白く、縁に白い縁毛がある。花は初夏、花柄はなく花冠は長さ4cm位、外側に毛がある。がく片は花後脱落する。基部には小苞が2枚ある。ウコンウツギに似るが、花柄がなく、がくは花後落ち、さく果は花柱と離れて裂開するので区別できる。

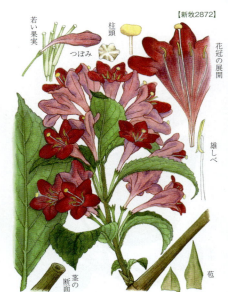

4194. オオベニウツギ 〔タニウツギ属〕
Weigela florida (Bunge) A.DC.

　朝鮮半島と中国北部に分布。日本ではまれに九州の山地にはえる落葉低木。ときに庭園に栽植されている。葉は長さ4〜10cm、両面の主脈上に毛がはえる。花は晩春、花冠は長さ2.5〜4cmで紅色。5本の雄しべのやくは互いに離生する。さく果は細長く1〜2.2cm、木質で、熟して2裂する。がくは基部まで裂けず下半部でゆ着している。

4195. ハコネウツギ 〔タニウツギ属〕
Weigela coraeensis Thunb. var. *coraeensis*

　関東から中部地方の低地に野生し、また他の場所でも海岸付近を中心に野生化し、しばしば庭園に栽植される落葉低木。高さ3〜5m、全体ほとんど無毛。枝は灰褐色で太く、若い枝は緑色。葉はやや厚く光沢がある。花は初夏、はじめ白いのがしだいに紅色に変わる。がくは基部まで5裂する。和名箱根ウツギだが、箱根の山中にはなく、山麓にのみ見られる。伊豆諸島には花冠が短く香気のあるニオイウツギvar. *fragrans* (Ohwi) H.Haraがある。

4196. タニウツギ 〔タニウツギ属〕
Weigela hortensis (Siebold et Zucc.) K.Koch

　北海道と本州の主に日本海側の山地にはえる落葉低木で高さ2〜5m。若い枝は紫褐色で粗毛があり、古い枝の樹皮は灰色となり縦に裂ける。葉は表面ほとんど無毛、裏面の脈の両側に白い毛が密生する。花は初夏、淡紅色、ときに白花があり、色は変わらない。観賞のため庭木としても栽培される。和名は通常谷間に多いことによる。

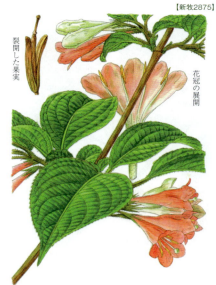

【新牧2875】

裂開した果実

花冠の展開

4197. ニシキウツギ 〔タニウツギ属〕
Weigela decora (Nakai) Nakai
　本州，四国，九州の山地にはえる落葉低木。高さ2～3 m。枝は灰褐色，若いときは無毛か2列の毛の線がある。葉は裏面の主脈に白い毛が密生。花は初夏，咲きはじめは白色だが，しだいに紅色になる。和名は二色ウツギの意で，錦ではない。初めから紅色のものもあり庭木として栽培される。

【新牧2876】

柱頭　苞葉　がく筒　雄しべ　つぼみ

4198. サンシキウツギ（フジサンシキウツギ）〔タニウツギ属〕
Weigela ×*fujisanensis* (Makino) Nakai
　富士山麓周辺にはえる落葉低木。若枝は四角で稜に毛がある。葉は互生，短柄があり，長さ3～8 cm。表面は薄く，裏面はとくに脈上にやや伏した毛が多い。花は晩春に1～3花ずつの花序を出す。花冠は長さ3.5 cm位，初めから紫紅色，または淡紅色でのちに濃くなり，子房の毛が多い。和名は株により花色に濃淡があるので三色という。ニシキウツギとヤブウツギの雑種と推定されている。

果実

4199. ヤブウツギ 〔タニウツギ属〕
Weigela floribunda (Siebold et Zucc.) K.Koch
　本州中部以西，四国の丘陵，低山帯にはえる落葉低木。高さ2～4 m。樹皮は灰褐色。若枝に2列の黄白色の軟毛がある。葉や柄に毛があり葉裏はとくに多く白味を帯びる。花は初夏，花冠は長さ3 cm位，横向きであまり開出しない。外側に毛がある。果実は長さ2 cm位で，毛が密生する。和名は密生して藪になるからいう。

【新牧2877】

果実

4200. ビロードウツギ（ケウツギ）〔タニウツギ属〕
Weigela sanguinea (Nakai) Nakai
　本州中部の太平洋側の山地にはえる落葉低木。高さ2～3 m。小枝は長く，しばしば垂れ下がる。葉は長さ5～10 cm。両面に毛があり，裏面主脈は著しく白軟毛におおわれている。花は初夏，初めから濃紅色でがく片5枚，花冠は鐘状ロート形で筒部は大きくなり先が5裂。和名は軟細毛があることから織物のビロードを連想した名。

【新牧2878】

4201. トベラ（トビラギ, トビラノキ） 〔トベラ属〕
Pittosporum tobira (Thunb.) W.T.Aiton
　本州から琉球列島, および台湾, 朝鮮半島南部, 中国に分布。海岸付近の林にはえ, 生垣や庭木として栽植される常緑低木。高さ2〜3 m。葉は互生し厚く革質で光沢があり, 乾けば両縁が裏に巻き, 長さ5〜9 cm。雌雄異株。花は晩春に咲き, 白色から黄色になり, 芳香がある。果実は球形で径1〜1.5 cm。和名はトビラの転訛。節分にこれを扉に挟み鬼を払うことにちなむ。

4202. リュウキュウトベラ 〔トベラ属〕
Pittosporum boninense Koidz. var. *lutchuense* (Koidz.) H.Ohba
　琉球列島に分布する常緑小高木。高さ2〜3 m。樹皮は灰褐色。葉は互生するが, 枝先に集まって輪生状となり, 長さ5〜10 cm, 幅は最大部で2〜3 cm, 倒卵状長だ円形。雌雄異株。花は春。枝端に白花が散房状につき芳香がある。花弁は5枚, 上半部がわずかに開いてロート状となり, 盛時を過ぎると淡黄色を帯びる。トベラに比べ花序の分枝がやや多く, 花筒の広がりが少ない。

4203. シロトベラ 〔トベラ属〕
Pittosporum boninense Koidz. var. *boninense*
　小笠原諸島のほぼ全島に分布する常緑高木。高さ3〜5 m。幹は灰白色。葉は互生し長さ5〜10 cm, 枝先に輪生状に集まり, 濃緑色, 中央の脈1本が明瞭。花は春。枝先に数個の総状花序をつけ多数の白花をつける。花の長さ1 cm, 筒形。花弁は5枚。雌株と両性花をつける株が知られる。両性花には5本の雄しべと1本の雌しべがある。果実は径1 cmの球形, 熟すと淡褐色となり裂開する。

4204. オオミノトベラ 〔トベラ属〕
Pittosporum boninense Koidz.
var. *chichijimense* (Nakai ex Tuyama) H.Ohba
　小笠原諸島父島の中央部の湿性林に分布する固有種。常緑小高木。高さ3 m。枝は灰褐色。葉は互生し長さ6〜15 cm, 倒卵形, 全縁だが縁が波立つ傾向がある。花は春。葉腋から出るごく短い花序枝に長い花柄のある少数の白花を垂下する。花は細長い筒形で先端だけわずかにロート状に開く。秋に径1.5 cmほどの球形の果実をつけ, 裂開して赤色の仮種皮をもった種子が見える。

4205. コバノトベラ 〔トベラ属〕
Pittosporum parvifolium Hayata

小笠原諸島の父島と兄島に稀産する常緑低木。高さ1.5〜2 m。個体数はきわめて少ない。樹皮は灰褐色。葉は互生し長さ1〜3 cm、通常枝先に輪生状に集まり、上半部が幅広の倒卵形。先端が円くややへら形に近い。花は冬から早春。枝先に少数の白花をつけ、長さ1 cm、筒形で上半部はロート状に開き5枚の花弁がある。雌株と両性株がある。果実は径6〜7 mmの球形で熟しても直立。現在絶滅が危惧されている。

4206. ハハジマトベラ 〔トベラ属〕
Pittosporum beecheyi Tuyama

小笠原諸島の母島および姉島、妹島、姪島、向島に特産する常緑低木。高さ1〜3 m。根もとから分枝する。枝は灰褐色。葉は互生し長さ4〜6 cm、広卵形、枝先に輪生状に集まる。花は冬から春先に咲く。雌雄異株とされる。1花序につく花数は1〜3個、花柄は長く下垂する。花の長さ1 cm、白色で細いロート状。雌株では径2 cmの果実を果柄に単生する。シロトベラに比して果実が大きく、熟すと垂れ下がる。

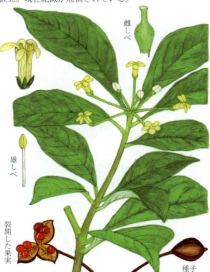

4207. コヤスノキ(ヒメシキミ) 〔トベラ属〕
Pittosporum illicioides Makino

兵庫県、岡山県の杜寺の境内にまれにはえ、台湾、中国に分布する常緑低木。高さ2 m位。全体に無毛。葉は薄い革質、長さ4〜10 cm、先がややとがり、裏面中央脈は隆起し、3年目に落葉する。雌雄異株。花は晩春、新しい枝につく。花弁はへら形で長さ7〜10 mm、直立して筒状となり、上部は開出する。さく果は狭倒卵形で熟すと3裂する。和名子安の木は江戸時代からの名で、安産のおまじないに用いられた。

4208. シマトベラ(トウソヨゴ) 〔トベラ属〕
Pittosporum undulatum Vent.

オーストラリア原産。日本へは明治初期(1870年頃)に小笠原諸島をへて渡来し、植物園などに植えられている常緑低木。葉は互生で、光沢があり、枝端に集まり、ほぼ輪生状、長さ6〜15 cm。雌雄異株。花は晩春に咲き、香りがある白色花。和名は島(小笠原)から来たのでいうが同島原産ではない。

4209. チドメグサ 〔チドメグサ属〕
Hydrocotyle sibthorpioides Lam.
　本州，四国，九州，琉球さらに台湾からアジア，オーストラリア，アフリカに分布し，日かげの庭園や道ばたにはえる多年草．全体無毛．葉は径 5～12 mm の腎円形で光沢がある．花は初夏から秋，葉に対生する花梗の先に数個つく．和名はこの葉を傷口につければ血が止まるといわれることからついた．

4210. ケチドメ 〔チドメグサ属〕
Hydrocotyle dichondrioides Makino
　紀伊半島，九州西・南部，琉球および台湾北部の湿った岩上などにはえる多年草．茎は細く長く地上をはう．葉は互生，柄に白毛を密生，葉身は幅 3～10 mm，浅く 5～7 裂，光沢はない．花期は夏から初秋．葉に対生して 1 本の細い花梗を出し，先に小さい散形花序をつけ，2～8 個の花が集まって開く．花梗は細く，ふつう毛がない．果実は平たい円形で，分果の側面には 1 脈がある．

4211. ノチドメ 〔チドメグサ属〕
Hydrocotyle maritima Honda
　本州，四国，九州，小笠原諸島，および朝鮮半島や中国に分布し，やや湿った芝生などにはえる多年草．茎は細く地をはい，節からひげ根を出す．葉面には光沢があり，裏面にはまばらに長い毛がある．冬に葉は枯れる．花は夏，茎の端が斜めに立ってそのわきにつける．オオチドメに似ているが，花序が葉柄よりも低く，葉の切れ込みが深い．

4212. ミヤマチドメグサ 〔チドメグサ属〕
Hydrocotyle yabei Makino var. *japonica* (Makino) M.Hiroe
　本州，四国，九州および済州島に分布し，山地の木かげにはえる多年草．茎は細長く地をはい，節からひげ根を出す．葉は径約 10～15 mm で，あまり光沢はなくまばらに毛のあることもある．花は夏．秋になると茎の先端部は地中にもぐり，やや肥厚する部分ができ，他の部分は全部枯れて越冬する．和名は山地に多いことを表す．

4213. ヒメチドメ 〔チドメグサ属〕
Hydrocotyle yabei Makino var. *yabei*
　本州, 四国, 九州の山地の木かげにはえる多年草。長くはって地面をおおう。葉はまばらに互生し, 柄の長さ7〜20 mm, 托葉の縁は5〜7中裂する。花期は夏。葉に対生する細い花梗の先に, 1個の小さい散形花序をつけ2〜4個の花が固まって開く。花弁は5個, 白色でだ円形である。果実は扁平な円形, 分果の側面に1脈がある。

4214. オオチドメ（ヤマチドメ）〔チドメグサ属〕
Hydrocotyle ramiflora Maxim.
　日本各地および朝鮮半島, 中国北部の温帯から暖帯に分布。山野の道ばたに多い多年草。茎は細く地面を長くはって節から根を出す。葉は長柄があり, 円形で径約1〜3 cm, 7浅裂し縁は低い平らな鋸歯がある。花は初夏から初秋。小球状の散形花序を葉より上につき出し, 径1.5 mm位の白色の小花を頭状につける。和名はチドメグサより大形であるため。

4215. オオバチドメグサ 〔チドメグサ属〕
Hydrocotyle javanica Thunb.
　関東地方以西から四国, 九州, 琉球列島および台湾, 中国南部, 東南アジア, オーストラリアに分布し, 湿った山の半日かげにはえる多年草。茎は地をはい, 径3〜5 cmの多角形状の円形。葉柄は1〜10 cm。花をつける茎は立ち上がり, 長さ約5〜25 cm。花は夏から秋に緑白色の小花が頭状に集まる。和名は葉が大きいチドメグサの意味。

4216. ヤツデ 〔ヤツデ属〕
Fatsia japonica (Thunb.) Decne. et Planch.
　関東地方南部以南から琉球列島までの海岸付近の暖帯林内にはえ, 庭にもよく植えられる常緑低木。茎は直立し, 単一またはまばらに分枝し高さ2.5 m位, 髄は白い。葉は枝先に集まって互生し, 長柄があり, 厚く, 若葉は茶褐色の毛を密生。花は晩秋に咲き, 雄花と両性花がある。果実は翌年夏に熟する。和名八手（やつで）は掌状葉の裂片が多いことを八で表現したもの。

4217. ムニンヤツデ 〔ヤツデ属〕
Fatsia oligocarpella Koidz.
　小笠原諸島に特産し，父島と母島の湿った林内にはえる常緑低木。高さ2〜5m。葉の裂片は幅が広くくだ円形で，先はふつう鈍形，枝先に集まってつき掌状に5〜7裂する。縁は波状の粗い歯牙がある。秋の終わり頃，茎の先に円錐花序を出し，枝先に散形状に多数の花をつける。がくは鐘形，花弁は白い卵形で5個。果実はほぼ球形で，熟すと黒くなる。

4218. カミヤツデ （ツウダツボク） 〔カミヤツデ属〕
Tetrapanax papyrifer (Hook.) K.Koch
　中国南部と台湾に分布し，関東地方以南の暖地でも栽培される常緑高木。高さ3〜6m，幹は直立して群生し，長柄のある厚く大きな葉を密に互生する。葉には光沢がない。夏に頂の円錐花序を出し，ヤツデに似た汚褐色の花を多数球状に集めてつける。幹の髄を取り出して紙状の薄片にスライスし，紙として使われたこともある。またこの紙状の髄を薬用にすることもある。一名通脱木。

4219. フカノキ 〔フカノキ属〕
Schefflera heptaphylla (L.) Frodin
　東南アジア，台湾に分布し，日本では九州南部から南西諸島の海岸林内にはえる常緑高木。高さ6〜10m。葉は互生，柄は10〜30cm，6〜9個の小葉からなる。頂小葉が最も大きい。花期は晩秋から冬。枝先の散房状の円錐花序に多数の花をつける。がくは鐘形で微小な星状毛があり，先は浅く5裂する。花弁は緑白色で5個ある。果実は球状。

4220. ミヤマウコギ 〔エゾウコギ属〕
Eleutherococcus trichodon (Franch. et Sav.) H.Ohashi
　関東地方西部から紀伊半島，四国の山林にはえる落葉小低木。高さ1m内外。葉は互生し，葉身は5個の小葉に分かれる。頂小葉が最も大きい。花期は初夏。短枝の先から出る花梗に多数の花からなる散形花序をつける。がく筒は狭卵形でがく歯は5個あって広三角形，花弁も卵形で黄緑色である。果実は扁平な球形で，黒色に熟す。

4221. ヒメウコギ 〔エゾウコギ属〕
Eleutherococcus sieboldianus (Makino) Koidz.
中国原産で人家の生け垣に栽植され、また野生化している落葉低木。茎は群生し高さ 2 m 位。葉は長枝に互生し長さ 3〜10 cm。花は初夏、とげのつけ根に短枝が出て、束生する葉の間から長い花梗を出し花序をつける。雌雄異株。柱頭は 5 裂する。若葉は食用、根は薬用。和名の五加（うこ）はこの仲間の漢名の唐音読みによる。古名ムコギ。

4222. オカウコギ 〔エゾウコギ属〕
Eleutherococcus spinosus (L.f.) S.Y.Hu
var. *japonicus* (Franch. et Sav.) H.Ohba
関東地方南部から紀伊半島の丘陵地林内にはえる落葉低木。高さ約 1 m。葉は互生するが、短枝では数個が叢生し長枝では間隔をおいてつく。花期は初夏。多数の花からなる散形花序を短枝の先から出す。花弁は黄緑色で披針形か狭卵形、がく筒は狭い鐘形、花柱の長さは 1.5 mm ほど。果実は扁平な球形、熟すと紫色を帯びた黒色。

4223. エゾウコギ 〔エゾウコギ属〕
Eleutherococcus senticosus (Rupr. et Maxim.) Maxim.
北東アジアに分布し、日本では北海道の林内にはえる落葉低木。高さ 3〜5 m。葉は互生し、5 または 3 個の小葉からなる。葉柄は 5〜12 cm で、長毛が散生。夏に枝先に多数の花からなる散形花序を出す。がく片は狭い鐘形で先が広三角状、5 歯がある。花弁は三角状卵形か広卵形で黄緑色である。果実はだ円形、5 つの稜がある。

4224. ヤマウコギ （オニウコギ） 〔エゾウコギ属〕
Eleutherococcus spinosus (L.f.) S.Y.Hu var. *spinosus*
北海道と本州の山野にふつうにはえる落葉低木。幹は束生して曲がり、高さ 2 m 位になる。葉は互生、とげのつけ根の短枝では束生し、葉柄は長さ 3〜8 cm である。初夏、短枝の葉の間から短い花梗を出し球状の花序をつける。雌雄異株。雌花に 2 個の宿存する花柱がある。和名は山地のウコギの意。

4225. ケヤマウコギ　〔エゾウコギ属〕
Eleutherococcus divaricatus (Siebold et Zucc.) S.Y.Hu
　北海道から九州および朝鮮半島の暖帯から温帯に分布し、湿り気の多い山地にはえる落葉低木。幹は束生し高さ3m位、若い枝は密な腺毛におおわれる。葉は長枝に互生し、短枝に多数集まってつく。葉裏や花序にちぢれ毛を密生。花は初秋に今年の長枝の先につき、通常頂生の散形花序は両性で大きく、他は雄性で小さい。

4226. コシアブラ（ゴンゼツノキ）　〔コシアブラ属〕
Chengiopanax sciadophylloides (Franch. et Sav.) C.B.Shang et J.Y.Huang
　北海道から九州の山地の林内などにはえる落葉高木。高さ16m位。樹皮は灰褐色で枝は灰白色。葉は互生し5枚の小葉のある掌状複葉、小葉の長さ10～20cm。花は晩夏。若芽をタラノキ同様に食用とする。和名は木から樹脂液をとり、漉して塗料に使ったので漉し油（こしあぶら）、別名のゴンゼツ（金漆）はその塗料の名。材は箱、箸、下駄、経木、版木にする。

4227. ハリブキ　〔ハリブキ属〕
Oplopanax japonicus (Nakai) Nakai
　北海道から四国の亜高山帯の樹林下にはえる落葉低木。高さ60～90cm、茎は曲がって斜上する。葉は互生し径20～30cm。葉面脈上にとがったとげがある。とげのないものをメハリブキという。花は夏、茎頂に太く密な円錐花序をつくる。根や茎は薬用。和名は針の多いフキのような葉をつけることによる。

4228. ハリギリ（センノキ）　〔ハリギリ属〕
Kalopanax septemlobus (Thunb.) Koidz.
　九州から北海道および南千島、サハリン、朝鮮半島や中国に分布。山地にはえる落葉高木で高さ25m位になる。枝に幅広いとげがある。葉は互生し枝先に集まる。花は夏に咲く。材は建築、器具およびコクタンやキリの模擬材とする。和名は樹形や葉のつき方がキリに似て、とげがあることによる。別名は語源不明。

4229. タカノツメ　（イモノキ）　〔タカノツメ属〕
Gamblea innovans (Siebold et Zucc.) C.B.Shang, Lowry et Frodin
　北海道南部から九州の日当たりのよい山地にはえる落葉小低木。高さ3〜5m，全体無毛。葉は互生し長柄があり，短枝の先に集まり，3小葉の複葉だが，短枝の基部では単葉となる。小葉は長さ5cm位，晩秋に黄葉する。花は晩春から初夏，短枝の先に分枝する花序を出してつく。和名鷹の爪（たかのつめ）は冬芽の形に基づく。別名は材が芋のように軟らかいため。扇の骨，経木に用いる。

4230. カクレミノ　　　　　　　　　〔カクレミノ属〕
Dendropanax trifidus (Thunb.) Makino ex H.Hara
　関東地方南部以西，四国，九州，琉球および台湾（蘭嶼）の暖帯林内にはえ，しばしば庭木として栽植される常緑小高木。高さ9m位。葉は厚く無毛でつやがあり，長さ6〜10cm。枝先に互生し葉柄は長短があり，若い木の葉は裂けるが，古い木では全縁のものも混じる。花は夏。和名隠蓑（かくれみの）は3裂した葉形を蓑にたとえたもの。『古事記』『日本書紀』のミツナガシワを本種にあてる説もある。

4231. キヅタ　（フユヅタ）　　　　　〔キヅタ属〕
Hedera rhombea (Miq.) Bean
　本州から琉球列島まで，および朝鮮半島など暖帯に分布。山野にはえ，ときに庭に栽植するつる性の常緑低木。茎から付着根を出し，他の植物や岩上に高くはいあがる。葉は互生し厚く，光沢があり長さ3〜6cmで，若い木の葉は浅い掌状に分裂する。花は晩秋で果実は翌年熟す。和名はブドウ科のツタに似て，より木質の意。別名は常緑であるため。

4232. セイヨウキヅタ（イングリッシュアイビー）〔キヅタ属〕
Hedera helix L.
　ヨーロッパ全域およびトルコに分布するつる性の常緑低木。日本に観葉植物として渡来し，多くの園芸品種がある。高さは10〜30m，葉は長さ10cm位，キヅタより深く5裂し，表面は濃緑地に淡色の肋脈が現れ，裏面は淡色。花期は秋，散房花序につき淡緑色，やくは黄色。翌年の夏に黒色の液果が実る。

4233. ウド 〔タラノキ属〕
Aralia cordata Thunb.
　北海道，本州，四国から九州，およびサハリン，朝鮮半島，中国の暖帯から温帯に分布し，山野にはえ，また畑に栽培される多年草。茎は太く径1.5 m位で葉とともに毛がある。花は夏から初秋。雄花と両性花の別がある。春，若芽を食用にし，よい香りがある。畑の場合，地中深く埋めてもやしにし，軟らかい白色の茎を料理に使う。

4234. タラノキ (タラ) 〔タラノキ属〕
Aralia elata (Miq.) Seem.
　北海道から九州，およびサハリン，朝鮮半島，中国東北部，アムール，ウスリーに分布。山野にはえる落葉低木。茎はあまり分枝しない。高さ2〜6 mで茎や葉に鋭いとげがある。葉は互生，枝先に集まって四方に傘のように広がる。全体にとげが少なく，葉裏に毛の多いものをメダラ f. *subinermis* (Ohwi) Jotani という。花は晩夏に複散形花序につく。若芽は食用で美味。樹皮は薬用。

4235. ウラジロタラノキ 〔タラノキ属〕
Aralia bipinnata Blanco
　台湾，フィリピンにはえる落葉低木。高さ3〜5 m。タラノキに似るが，葉は2回羽状複葉で，小葉は卵形，無毛で，裏面は粉白を帯びる。茎にまばらにとげがある。枝先に多数の花が散形についた円錐花序を出す。がくは鐘形で先が5裂し，花弁は5個，白色でだ円形。果実は球形で，5つの稜があり，黒紫色に熟す。九州南部から琉球に分布するリュウキュウタラノキ *A. ryukyuensis* (J.Wen) T.Yamaz. var. *ryukyuensis* はよりとげが少なく短く，小葉の鋸歯が低く，花柄は短い。

4236. ミヤマウド 〔タラノキ属〕
Aralia glabra Matsum.
　本州中部の深山にはえる多年草。ウドに似てやや細く，高さ60〜100 cm。葉は長い柄があり互生し，2〜3回羽状複葉，小葉は長さ6〜9 cm，幅4〜6 cm，硬い細毛を散生する。花は晩春から夏，淡緑色花。まばらに分枝した散形花序をつけ，花茎は無毛。小苞は長さ1〜3 mm。和名は深山にはえるウドの意味。

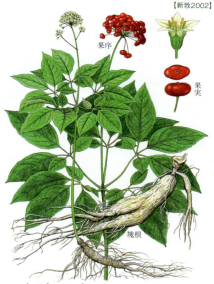

4237. オタネニンジン　〔トチバニンジン属〕
Panax ginseng C.A.Mey.

　朝鮮半島をはじめ中国東北部、ウスリーの原産。日本でも薬用植物として畑に栽培される多年草。高さ60 cm位。花は夏。古くから有名な強壮薬として知られる。ニンジンは漢名人参の音読みで、根がときどき人体に似た形をするところからいう。和名オタネニンジンは享保年間に朝鮮から種子が伝来し、江戸幕府の御薬園に植えられたことによる。別名チョウセンニンジン、コウライニンジン。古くは、単にニンジンと呼んだ。

4238. トチバニンジン（チクセツニンジン）〔トチバニンジン属〕
Panax japonicus (T.Nees) C.A.Mey.

　北海道から九州および東アジアの山地の木かげにはえる多年草。高さ60 cm内外。根茎は地中を長く横にはい節があり、節ごとに地上茎のついていたあとが残る。地上茎は単一。葉は5出掌状複葉。花は晩春から初夏、球状の散形花序に多数の小花を開く。和名は葉の形がトチノキに似ることに基づく。一名チクセツニンジンは根茎が竹の節のように見えるからいう。

4239. ツボクサ（クツクサ）　〔ツボクサ属〕
Centella asiatica (L.) Urb.

　関東地方以西、四国、九州、琉球列島および朝鮮半島、中国、台湾、マレーシア、オーストラリアなどに分布し、道ばたや野原、山地にはえる多年草。茎は地上を長くはい、緑色または紅紫色。葉は径3 cm内外で、やや光沢があり、若いときには毛がある。花は夏。和名のツボは庭の意味で庭にはえる草。別名は履（くつ）の意味で、葉の形が馬のわらぐつに似ているから。

4240. ウマノミツバ（オニミツバ）　〔ウマノミツバ属〕
Sanicula chinensis Bunge

　北海道、本州、四国、九州および朝鮮半島や千島南部、サハリン、中国に分布し、山林の下の日かげにふつうにはえる多年草。高さは約30〜50 cm。茎は直立して、葉は長さ約4〜11 cm。花は夏。両性花と雄花とが混じる。和名は食用となるミツバに似るが食用とならず、粗大で馬に食べさせる程度のミツバという意味。

4241. ヤマナシウマノミツバ 〔ウマノミツバ属〕
Sanicula kaiensis Makino et Hisauti
山梨県と長野県の山地の草原にまれにはえる多年草。根生葉は 10～30 cm の葉柄をもち腎心形, 3～7 全裂し, 縁に鋭い鋸歯と切れ込みがある。茎葉は対生する。花期は晩春から初夏。茎頂に 1～5 個の複散形花序をつけ, 白色か紫色を帯びた花を開く。雄花が 1～数個, 両性花は 1～3 個。果実はだ円形, 刺毛がやや細く, 先はかぎ状に曲がる。

4242. クロバナウマノミツバ 〔ウマノミツバ属〕
Sanicula rubriflora F.Schmidt
北東アジアに広く分布し, 本州中部以北の山地の草地にはえる多年草。高さ 20～50 cm になる。根生葉は長さ 20～40 cm の柄をもち, 葉身は腎心形で, 茎葉は無柄。花は晩春から初夏に咲く。茎頂に 1～5 個の散形花序をつけ, 暗紫色の花を密生する。両性花は 1～3 個, 花弁は 5 個で内側に巻く。果実は広卵形で, 刺毛は硬く, かぎ状に曲がり, 下部の刺毛は短い。

4243. フキヤミツバ 〔ウマノミツバ属〕
Sanicula tuberculata Maxim.
東海地方以西, 四国, 九州および朝鮮半島の山地の木かげにまれにはえる多年草。高さ 8～20 cm。上部にはふつう 2 枚の葉が対生, 根生葉は 5～12 cm の葉柄があり, 葉身は五角形状腎形で 3～7 全裂する。花期は晩春。茎頂に 1～3 個の小散形花序をつけ, 雄花は約 10 個開く。果実はやや平たい球形, 刺毛は太く, 直立し, かぎ状とならず, 下部のものは突起状となる。和名は初め岡山県吹屋で見つかったことによる。

4244. シャク (コシャク) 〔シャク属〕
Anthriscus sylvestris (L.) Hoffm.
日本各地および千島, サハリン, カムチャツカ, シベリアから中国, 西アジア, 東ヨーロッパの温帯から暖帯に分布。山中の草地にはえる多年草。高さ 1 m 位。花は初夏, 花序の外側の花は大きく, 花弁 5 個の外側の 1 個が他より大きい。和名のシャクは意味不明だが, 本来はサクとも呼びシシウドまたはハナウドをさす。根はさらして粉にして食用となる。

4245. ヤブニンジン (ナガジラミ)　〔ヤブニンジン属〕
Osmorhiza aristata (Thunb.) Rydb.
　東アジアからコーカサスの暖帯と温帯に分布し、北海道から九州の山野の木かげや竹林などにはえる多年草。根はやや硬く、茎は直立して高さ約 40～60 cm。茎にも葉にも毛がある。葉はやや軟らかい。花は晩春、両性花と雄花とが混じる。和名はニンジンの葉に似て藪にはえることに基づく。別名はヤブジラミに対し果実が細長いからいう。

4246. オヤブジラミ　〔ヤブジラミ属〕
Torilis scabra (Thunb.) DC.
　本州、四国、九州、琉球列島および朝鮮半島南部から台湾、中国の暖帯に分布。野原に多くはえる越年草。高さ 60 cm 位。分枝し、茎や葉に細毛がある。葉は互生し、表面はしばしば白色を帯び、また茎とともに紫色を帯びる。花は春から初夏。果実は長さ 5 mm 以上でとげが多く、その先が少し曲がるのでよく他物につく。和名雄ヤブジラミは果実がヤブジラミよりも粗大であることによる。

4247. ヤブジラミ　〔ヤブジラミ属〕
Torilis japonica (Houtt.) DC.
　東アジアからヒマラヤ、シベリア、ヨーロッパなどに分布し、日本各地の野原や道ばたにはえる 2 年草。茎は直立し 60 cm 内外。茎は毛でおおわれる。根生葉は長い柄がある。花は夏。果実は長さ約 3 mm。和名は果実の熟す頃に藪に入ると果実が体にくっつくのでシラミにたとえた。オヤブジラミに比べ花期が遅く、果実が小さいので区別できる。

4248. コエンドロ　〔コエンドロ属〕
Coriandrum sativum L.
　東ヨーロッパ原産。果実を香料、薬用にまた若い葉を香味料や野菜にするため世界的に栽培される 1 年草。高さ 30～60 cm。茎は直立してまばらに分枝し、中空。全草に一種独特のにおいがする。花は春から夏で小白花。和名はポルトガル語の coentro から出た。漢名胡荽（こすい）も上半の音を写したもの。英名コリアンダー（coriander）。

4249. カサモチ 〔カサモチ属〕
Nothosmyrnium japonicum Miq.
　近畿地方と関東地方南部に野生化している中国原産の帰化植物。多年草。茎は直立し高さ1m内外。茎，葉ともに細かい毛がある。葉は2回羽状複葉で羽片は長さ約3〜6cm，幅約1〜4cm。根生葉には長い柄がある。花は夏から秋。小白花を複散形花序につける。総苞片と小総苞片は，ともに白色でやや膜質である。

4250. ミシマサイコ 〔ホタルサイコ属〕
Bupleurum stenophyllum (Nakai) Kitag.
　本州，四国，九州および朝鮮半島に分布し，山野の日当たりのよい草地にはえる多年草。根は黄色である。茎は直立し高さ約40〜60cm。茎，葉ともに毛はない。葉は線形で平行の脈が目立ち硬い。花は夏から秋，黄色5弁の小花を複散形花序につける。和名は昔，静岡県三島に多く産し，生薬材料としたことによる。漢方で根を柴胡（さいこ）といい，風邪熱の薬としている。

4251. ホタルサイコ（ホタルソウ，ダイサイコ）〔ホタルサイコ属〕
Bupleurum longiradiatum Turcz.
var. *elatius* (Koso-Pol.) Kitag.
　本州，四国，九州の山地や海岸の日当たりのよい場所にはえ，種としては北海道から北東アジアに広く分布する多年草。茎は直立し高さ約1〜1.5m。葉は裏面白色を帯び，上部の葉はへら形で無柄，基部で茎を抱く。花は夏から初秋。別名ダイサイコは，ミシマサイコよりも大形であることから。

4252. ハクサンサイコ（トウゴクサイコ）〔ホタルサイコ属〕
Bupleurum nipponicum Koso-Pol.
　本州中部以北の高山帯の草地，および亜高山帯の林の縁などにはえる多年草。茎は直立し高さ約30〜50cmで，全体に毛はない。葉は長さ約10cm，幅1〜2cm。花は夏。小総苞片は花序のわりには大形なので花被のように見える。和名は石川県白山に多くはえるためにつけられた。別名は本州の東部に多いサイコの意。

4253. レブンサイコ 〔ホタルサイコ属〕
Bupleurum ajanense (Regel) Krasnob. ex T.Yamaz.

　東シベリアからカムチャッカ，千島，サハリンに分布し，日本では北海道の高山帯岩石地にまれにはえる多年草。高さ5〜15 cm。根生葉は粉白色を帯び，倒披針形かへら形，茎葉は互生し，ほぼ長だ円形である。花期は夏。茎頂や枝先に複散形花序をつけ，径約1.5 mmの黄色の花を密に開く。総苞片は3〜4個，花柱の基部は花後に黒紫色になる。果実は長だ円形。和名礼文サイコ。

4254. エキサイゼリ （オバゼリ） 〔エキサイゼリ属〕
Apodicarpum ikenoi Makino

　関東地方や濃尾平野の低い湿った原野にはえる多年草。全体に無毛。茎は軟らかで弱々しく高さ30 cm内外。花は初夏で，比較的少数の5弁の白花を複散形花序につける。和名は越中富山藩主前田利保の号，益斎（えきさい）をとって名づけた。本草学に熱心で，初めて江戸郊外で家臣に採集させ画家に書かせたことにちなんだという。

4255. ドクゼリ （オオゼリ） 〔ドクゼリ属〕
Cicuta virosa L.

　北海道，本州，九州および千島，サハリン，朝鮮半島，中国，シベリアからヨーロッパなどに分布し，沼や小川の側などの水辺にはえる多年草。地下茎は太くて，短い節があり，各節間は中空でときに水面に浮いている。高さ約90 cm。花は夏。和名はセリに似ていて，きわめて有毒であることからいう。別名はセリより大形の意。

4256. ドクニンジン 〔ドクニンジン属〕
Conium maculatum L.

　ヨーロッパ原産で中国，北アフリカ，北アメリカに帰化。日本でも北海道などでまれに帰化する。草丈80〜180 cm，根は円錐形に肥厚。茎は中空で，分枝し広がる。葉は2〜3回羽状複葉で小葉は長さ1〜3 cmの卵形，さらに羽状に割れる。夏から初秋，大形の複散形花序に白色の小花が多数つく。全草に有毒のコニインを含み，人を死に至らしめる。古来有名な毒薬でソクラテスの死もこれによるという。

4257. イワセントウソウ 〔イワセントウソウ属〕
Pternopetalum tanakae (Franch. et Sav.) Hand.-Mazz.

岩手県以南，四国，九州および朝鮮半島南部と中国に分布し，亜高山帯の日かげにはえる多年草。茎は通常単一で直立し，高さ10〜20 cm。葉は小形で軟らかく，茎葉はふつう1つで1回羽状複葉。根生葉は長い柄がある。花は初夏。和名はセントウソウに比べて岩の割れ目などにはえるところからつけられた。

4258. シムラニンジン 〔シムラニンジン属〕
Pterygopleurum neurophyllum (Maxim.) Kitag.

関東地方南部と九州北部および朝鮮半島の暖帯に分布し，原野の湿地にはえる多年草。根は白色多肉質で，ムカゴニンジンの根に似ている。茎は直立し高さ1 m内外で稜がある。根生葉は長い柄があり，小葉は硬く長さ約4〜15 cm，幅約2〜6 cm。花は夏に咲く。和名は東京北部の志村付近に多くはえていたことによる。

4259. ミツバグサ 〔ミツバグサ属〕
Pimpinella diversifolia DC.

四国，九州の山地にはえ，台湾，中国からアフガニスタンまで分布する多年草。高さ50〜100 cm。茎の下部の葉は長い葉柄があり，単葉ないし3出複葉。葉身は広卵形。縁に鋸歯がある。夏から初秋頃，枝先に白色の小さな花を複散形花序につける。花柄は5〜10個で，細かい毛が密生する。花弁は5枚で内側に曲がる。果実は長さ約1.5 mmで広卵形。

4260. カノツメソウ (ダケゼリ) 〔カノツメソウ属〕
Spuriopimpinella calycina (Maxim.) Kitag.

北海道，本州，四国，九州の温帯から暖温帯の山地の木の下にはえる多年草。茎は直立し高さ30〜60 cmでやや硬い。根生葉や下葉に長柄があり，葉には表裏とも脈上に細毛がある。花は秋。果実は4〜5 mmで平滑。和名はその根の形が鹿の爪に似ることに基づくが，茎葉の形を鷹の爪に見立てタカノツメソウがつまったものとする異説もある。別名嶽芹(だけぜり)は山地のセリの意。

4261. ヒカゲミツバ　〔カノツメソウ属〕
Spuriopimpinella koreana (Y.Yabe) Kitag.

関東地方以西、四国、九州および朝鮮半島に分布し、低山帯上部の林内にはえる多年草。茎は直立し高さ約20～40 cm。毛はなく、わずかにジグザグ状に曲がり滑らかである。根生葉は長い柄があり、表裏には粗い毛がある。花は夏から秋に咲く。和名は葉がミツバに似て、木の下などの日かげにはえるのでこういう。

4262. エゾボウフウ　〔エゾボウフウ属〕
Aegopodium alpestre Ledeb.

東北アジアに広く分布し、日本では北海道と中部地方以北の深山の木かげや草地にはえる多年草。高さ20～70 cm。根生葉や下部の葉は長柄があり、葉身はほぼ三角形の2～3回3出羽状複葉。花期は長く、茎頂や枝先に径4～7 cmの複散形花序をつけ、白い小花を開く。総苞片、小総苞片はない。果実は卵状長だ円形で翼がなく無毛、分果に5稜がある。

4263. ムカゴニンジン　〔ムカゴニンジン属〕
Sium ninsi L.

本州、四国、九州および済州島と朝鮮半島に分布し、池や沼などの岸辺の湿地にはえる多年草。茎は直立し高さ60～90 cm。小葉は長さ1～8 cm、幅2～10 mm。若い葉は単葉のことが多い。花は夏から秋。晩秋頃葉腋にむかごをつけ、それが落ちて新苗となる。ときにこの根を薬用人参といつわることがあるが薬効はない。

4264. ヌマゼリ　（サワゼリ）　〔ムカゴニンジン属〕
Sium suave Walter var. *nipponicum* (Maxim.) H.Hara

北海道、本州、四国、九州および朝鮮半島、中国に分布し、池や沼などの岸辺の湿地にはえる多年草。茎は直立し高さ1 m内外で中空である。根生葉は長い柄がある。茎葉は長さ3～10 cm、幅1～2 cm。花は夏から秋に咲く。和名のヌマゼリは別名のサワゼリとともにその生育地を表している。変種にヒロハヌマゼリ var. *ovatum* (Yatabe) H.Hara がある。

4265. タニミツバ 〔ムカゴニンジン属〕
Sium serra (Franch. et Sav.) Kitag.
北海道と本州中部地方以北の山地木かげの水辺にまれにはえる多年草。高さ60〜90cm。葉は互生し、3〜5個の小葉からなる羽状複葉である。花期は夏。枝先に複散形花序をつけ、まばらに小さな白花を開く。総苞片はないか1〜2個で糸状、花柄は2〜5本。果実は卵形で長さ約2mm、平滑で脈は細くて無毛、ほとんど隆起しない。

4266. セロリ（オランダミツバ） 〔セロリ属〕
Apium graveolens L.
ヨーロッパ原産で食用として世界的に畑で栽培される1年または越年草。茎は直立し高さ60cm位。葉は羽状複葉で根生葉は長い柄がある。花は夏から秋。主に葉柄を軟白して食用にする。代表的な西洋野菜で英名のセロリまたはセルリー（celery）の名で通用している。別名はヨーロッパから輸入された種でミツバのような香りがあるところからついた。

4267. セルリアック（コンヨウセルリー、カブラミツバ）〔セロリ属〕
Apium graveolens L. var. *rapaceum* (Mill.) DC.
南ヨーロッパ原産。セロリの変種で、茎葉草姿ともセロリに近似した2年草または多年草。昭和の初め頃から野菜として栽培されている。セロリと違うのは、肥大根のあるところで、カブ状に大きくなる。葉や葉柄は苦味が強く食用に適さないが、カブ状の根をスープやシチューに用いる。栽培は、春または夏に種をまき、秋または翌春に収穫する。

4268. ミツバ（ミツバゼリ） 〔ミツバ属〕
Cryptotaenia canadensis DC.
subsp. *japonica* (Hassk.) Hand.-Mazz.
日本各地および南千島、朝鮮半島と中国に分布し、山地などにはえ、また野菜として古くから畑で栽培される多年草。茎は直立し高さ約30〜60cmになる。茎の葉の裏面には光沢がある。花は夏に咲き、白色で、ときには薄い紫色を帯びる。葉には香りがあり、新苗を食用とする。和名は葉が3小葉からなるからという。

4269. セントウソウ（オウレンダマシ）〔セントウソウ属〕
Chamaele decumbens (Thunb.) Makino var. *decumbens*

北海道，本州，四国，九州に分布し，山野の林にはえる多年草。無毛で軟らかい。葉は長さ3～7cm，幅2～6cm。早春に葉の間から長さ10cm位の茎を出し，その先に数個の花をつける。果柄はときどき花柄よりも長く成長する。別名オウレンダマシは葉がキンポウゲ科のオウレンの葉に似ているところからついた。

4270. ミヤマセントウソウ　〔セントウソウ属〕
Chamaele decumbens (Thunb.) Makino var. *decumbens*
f. *japonica* (Y.Yabe) Ohwi

本州の愛知県以西と四国，九州の山地にまれにはえる多年草。葉は全部根生して長い柄があり，柄のある小葉に細裂する。終裂片はきわめて細く幅0.3～1mmで無毛。花は春に咲き，高さ8～12cmの花茎を出し，全く葉はなく，総苞もない。花径2～3mmの小白花が複散形花序につく。和名は深山にはえるセントウソウの意味。

4271. イブキボウフウ　〔イブキボウフウ属〕
Libanotis ugoensis (Koidz.) Kitag.
var. *japonica* (H.Boissieu) T.Yamaz.

北海道と本州の近畿地方以東の山地や原野にはえる多年草。高さ90cm位になる。茎は直立して分枝し，縦に稜がある。葉は2回羽状複葉になり，根生葉には長柄があり，茎葉では短くなる。夏から初秋に枝先に小さい複散形花序を出し，白い小花を複散形花序に密につける。和名伊吹防風（いぶきぼうふう）は滋賀県伊吹山にはえることにより名づけられた。

4272. セリ　〔セリ属〕
Oenanthe javanica (Blume) DC.

日本各地および千島南部，サハリン，朝鮮半島，台湾，中国，マレー，インド，オーストラリアの温帯から熱帯に分布し，湿地にはえる多年草。秋に匍匐枝の節から新苗を出して越冬する。高さ20～50cm。花は夏。葉は香りがあり食用として栽培される。和名は新苗がたくさん出る有様が競り合っているようだからという説がある。

4273. パセリー（オランダゼリ）　〔オランダミツバ属〕
Petroselinum crispum (Mill.) Nym. ex A.W.Hill
　ヨーロッパ中南部とアフリカ地中海沿岸の原産。2年草または短命の多年草。高さ30〜60cm，全株無毛。葉は濃緑色で上面に光沢があり，有柄の2〜3回3出複葉で終裂片はくさび状卵形，ちぢれてしわがある。花は小さく径2mm，黄緑色で複散形花序をなし，多数つく。花期は初夏。野菜として広く栽培される。

4274. ウイキョウ　〔ウイキョウ属〕
Foeniculum vulgare Mill.
　ヨーロッパ原産で昔日本に渡来し，人家に栽培される多年草。独特な香りがある。春に根生葉が群生する。花茎は直立し上部で分枝，高さ2m位になる。葉は細かく分かれ，各裂片は糸状で緑色。花は夏，黄色の小花が密に散形花序につく。果実は香りが強く，薬用・香味料用。和名は漢名の茴香から来たもの。

4275. イノンド　〔イノンド属〕
Anethum graveolens L.
　南ヨーロッパから西アジア，イラン地方などの原産。エジプトでは古くから栽培されたが，日本ではまれに栽培される多年草。茎は直立して分枝，高さ60〜90cm。根生葉は長い柄がある。花は夏に黄色花が散形につく。果実はディル（dill）といって香味料や薬用とする。和名は江戸時代に蕃語として呼ばれた名で，おそらく学名のなまりであろう。

4276. マルバトウキ　〔マルバトウキ属〕
Ligusticum scoticum L. subsp. *hultenii* (Fernald) Hultén
　東北アジアからアラスカまで分布し，日本では北海道と茨城県以北の海岸にはえる多年草。高さ30〜100cm。葉は2回3出複葉で，葉柄は3〜25cm，小葉は無毛で光沢がある。花期は夏から初秋。枝先の径3〜8cmの複散形花序に多数の白い小花を密に開く。総苞片，小総苞片ともに線形で数個。花弁は5個で内側に曲がり，花柱は2本。果実は長だ円形で，分果には縦に5稜がある。

4277. センキュウ　〔マルバトウキ属〕
Ligusticum officinale (Makino) Kitag.
中国大陸の原産。古く日本に渡来し薬用植物として広く栽培されている多年草。茎は直立し高さ30〜60cmになる。葉は2回羽状複葉、根生葉は長い柄がある。花は秋に咲く。根には香りがあり、頭痛・強壮・鎮静薬となる。和名川芎（せんきゅう）は、中国四川省に産する本品が優秀なところから、四川芎藭（しせんきゅうきゅう）を略して川芎という。

4278. ハマゼリ（ハマニンジン）　〔ハマゼリ属〕
Cnidium japonicum Miq.
北海道、本州、四国、九州および朝鮮半島と、中国東北部の温帯から暖帯に分布し、海浜にはえる越年草。全体に無毛。地下茎は地中深くもぐる。花茎は斜上し高さ10〜30cm。根生葉は長い柄があり、群生して地面に伏し、茎葉は互生。花は夏、花弁は5個。果実を煎じたものは強壮薬となる。和名は海岸地にはえるところからついた。

4279. イブキゼリモドキ　〔シラネニンジン属〕
Tilingia holopetala (Maxim.) Kitag.
本州中部以北と北海道の亜高山帯の林縁地などにはえる多年草。高さ30〜40cm、全体に無毛、平滑。葉は互生、長柄があり、2回3全裂、小裂片は欠刻状の鋸歯があり、長さ2〜8cm。花は夏から秋、雄しべ5本は花の外に出ない。果実は4mmで5稜があり、縦溝の中に油管が1個ずつある。本種は最初滋賀県伊吹山に産するイブキゼリ（セリモドキ）と混同されたが、後に間違いとわかって改名された。一名ニセイブキゼリ。イブキゼリは誤用。

4280. シラネニンジン　〔シラネニンジン属〕
Tilingia ajanensis Regel
中部地方以北から北海道、および千島、サハリン、カムチャツカ、オホーツク海沿岸、東シベリアの温帯から寒帯に分布。高山帯の日当たりのよい草地にはえる多年草。高さ10〜30cmになる。茎、葉には毛がなく、やや厚く平滑である。花は夏から初秋に咲く。和名白根胡蘿蔔（しらねにんじん）は日光白根山で初めて採集されたことに由来する。

4281. ヤマウイキョウ 〔シラネニンジン属〕
Tilingia tachiroei (Franch. et Sav.) Kitag.
北海道，本州中北部，四国，および朝鮮半島と中国東北部に分布。高山帯の岩場にはえる多年草。高さ 10〜20 cm。根はややふくらみ地中に直下する。花は夏，白色。和名山茴香（やまういきょう），別名イワウイキョウ（岩茴香）は山や岩上にはえて葉が薬用や香辛料に利用され，ウイキョウに似るため。ミヤマウイキョウともいう。一名シラヤマニンジン（白山人参）は石川県白山に多くはえるため。

4282. オオカサモチ 〔オニカサモチ属〕〔オオカサモチ属〕
Pleurospermum uralense Hoffm.
本州中部以北，北海道および千島，サハリン，朝鮮半島，カムチャツカ，シベリアに分布し，山地にはえる。茎は直立し，高さ 1.5〜2 m で，太くて中空である。茎葉は 2〜3 回羽状複葉で，羽片の葉脈上に細かい毛がある。花は夏に咲く。直径 5 mm 位の小白花を集めて巨大な散形花序となる。和名は大形のカサモチの意味。別名は鬼のようにいかついカサモチを表す。

4283. ニホントウキ (トウキ) 〔シシウド属〕
Angelica acutiloba (Siebold et Zucc.) Kitag. subsp. *acutiloba*
本州の山地の谷間などにはえるが，薬用植物として植えられる多年草。高さ 60〜90 cm 位。葉面はつやがある。根生葉には長い柄があり，茎葉は上部ほど短くなる。花は夏から秋。根を薬用にする。茎や葉を切ると強い香りがする。和名は日本産のトウキ（当帰）の意味。単にトウキとも呼ばれるがトウキは中国産の *A. sinensis* (Oliv.) Diels の名である。

4284. イワテトウキ (ナンブトウキ，ミヤマトウキ) 〔シシウド属〕
Angelica acutiloba (Siebold et Zucc.) Kitag. subsp. *iwatensis* (Kitag.) Kitag.
本州中部以北から北海道の山地の岩上にはえる多年草。根はゴボウ状で太く，茎は高さ 20〜50 cm，全草に強い香りがある。葉は 3 出葉でさらに 1〜2 回 3 裂，裂片は長さ 3〜8 cm，幅 1〜5 cm，やや厚く光沢があり無毛である。夏に白色の小花を散形花序につける。和名は産地の岩手県，別名南部当帰は同県南部地方にちなむ。

4285. ホソバトウキ　〔シシウド属〕
Angelica stenoloba Kitag.
　北海道南部の蛇紋岩地帯にはえる多年草。高さ20～50 cm。葉は質が薄く、1～3回3出羽状複葉、先は尾状に鋭くとがる。花期は夏。茎頂や枝先に複散形花序をつけ、多数の白い小花を開く。花序の総梗の上部、総花柄、小花柄には細かい突起がある。花柄は15～20本、長さ2～4 cm、小総苞片は数個。果実はだ円形、分果は扁平で翼をもつ。

4286. イワニンジン　〔シシウド属〕
Angelica hakonensis Maxim.
　関東地方西部と中部地方南部の日の当たる山地の岩場にはえる多年草。茎は直立し分枝する。高さ1 m位で細かい毛がある。葉はやや厚く、根生葉には長い柄があり、茎葉は互生する。花は秋、枝先に球状の複散形花序を出し、花弁は淡黄緑色で縁だけが暗紫色を帯びることもある。和名は岩場に多くはえるからいう。

4287. イシヅチボウフウ　〔シシウド属〕
Angelica saxicola Makino ex Y.Yabe
　四国（石鎚山地）の深山や岩石地などにはえる多年草。葉に長い柄があり、葉身はほぼ三角形、長さ5～25 cm、1～2回3出羽状複葉、小葉に粗く鋭い鋸歯がある。花期は夏。茎頂や枝先に複散形花序をつけ、白い小花を密に開く。花序の梗に細かい突起がある。小総苞片は数個。果実はだ円形で、分果は扁平、狭い翼をもっている。

4288. イヌトウキ　〔シシウド属〕
Angelica shikokiana Makino ex Y.Yabe
　近畿地方南部と四国、九州の山地の川岸の岩上や斜面にはえる多年草。高さ40～90 cm。葉は長い柄をもち、長さ20～30 cm、2～3回3出羽状複葉である。花期は晩夏。茎の頂と枝先に径6～15 cmの複散形花序をつけ、白色の小花を開く。花序の総梗の上部、総花柄、小花柄とともに細かい毛を密生する。果実はだ円形、分果は扁平で、縁に広い翼をもっている。

4289. ヤクシマノダケ　〔シシウド属〕
Angelica yakusimensis H.Hara

　屋久島の山地にはえる多年草。高さ1.5〜2m。葉は長い柄があり、葉身は三角形、長さ25〜40 cm、2〜3回3出羽状複葉、頂羽片はしばしば卵形で3裂する。花期は夏。茎頂と枝先に径7〜12 cmの複散形花序をつけ、白い小花を密につける。花柄は20〜30本、小花柄とともに細かな突起がある。果実は長卵状だ円形、分果は扁平である。

4290. ウバタケニンジン　〔シシウド属〕
Angelica ubatakensis (Makino) Kitag.

　四国と九州の高山にはえる多年草。高さ20〜50 cm。葉は長い柄があり、葉身は三角形で、2〜4回3出羽状複葉、小葉は卵形か披針状。花期は晩夏から初秋。茎の頂と枝先に径4〜8 cmの複散形花序を出し、白い小花をつける。総花柄や小花柄、小総苞片には、まばらに微細な突起がある。花弁はへら形。果実はだ円形、分果は扁平で広い翼がある。和名は初め大分県祖母山（姥岳）で見つけられたことによる。

4291. ツクシゼリ　〔シシウド属〕
Angelica longiradiata (Maxim.) Kitag.

　中国地方と九州の山中の草地にはえる多年草。高さ5〜40 cm。葉は柄があり、葉身はほぼ三角形で長さ5〜25 cm、2〜3回3出羽状複葉である。晩夏から初秋にかけて、茎頂と枝先に径4〜8 cmの複散形花序をつけ、密に白い小花を開く。総花柄、小花柄、小総苞片の縁に細かい突起がある。果実はだ円形、分果は扁平で広い翼をもつ。

4292. シラネセンキュウ（スズカゼリ）　〔シシウド属〕
Angelica polymorpha Maxim.

　本州、四国、九州および朝鮮半島と、中国東北部の温帯から暖帯に分布し、山地の谷川の縁などにはえる多年草。茎は直立し高さ1.5 m位で中空。葉は大きく根生葉には長い柄がある。花は秋。和名白根川芎（しらねせんきゅう）はセンキュウに似て、日光白根山で発見されたことにちなむ。別名は三重県鈴鹿山脈に多くはえていることによる。

4293. ハナビゼリ 〔シシウド属〕
Angelica inaequalis Maxim.
　宮城県以南の本州と四国、九州の山地の木かげにはえる多年草。高さ1～2m。茎葉は互生、長い柄があり、葉身は薄く2～3回3出複葉で、裂片はさらに羽状に深裂。花期は晩夏から初秋。枝先に複散形花序となって白緑色の小花を多数つける。花柄は7～13本で、先端部に細突起がある。果実は長さ6～10mmのだ円形、分果には広い翼がある。

4294. シシウド 〔シシウド属〕
Angelica pubescens Maxim.
　宮城県以南の本州、四国から九州の山地のやや湿った日の当たる草原にはえる大形の多年草。高さ2m位で中空。茎にも葉にも細毛がある。花は夏から秋、直径1m近くの大きな複散形花序を出し、果実の時期には花序はさらに大きくなる。和名猪ウドは、ウドに似て強剛でイノシシが食うのに適したウドと見立てた。

4295. ヨロイグサ（オオシシウド）〔シシウド属〕
Angelica dahurica (Hoffm.) Benth. et Hook.f. ex Franch. et Sav.
　アジア大陸東部に分布し、日本では本州と九州の山地にまれにはえる大形の多年草。高さ1～2m。葉は三角形で大形、長い柄があり、2～4回3出羽状複葉、頂小葉はさらに深く3裂する。花期は夏。茎の頂に大きな複散形花序をつけ、小白花を密に開く。総花柄は20～40本、小総苞片が数個ある。果実はだ円形、分果は縁に広い翼をもち背面に3脈がある。

4296. エゾノヨロイグサ 〔シシウド属〕
Angelica sachalinensis Maxim. var. *sachalinensis*
　山陰地方、中部地方以北と北海道の深山にはえる多年草。高さ1～2m。葉は大形で三角形、長い柄をもち2～3回羽状複葉である。花期は夏。茎の頂や枝先に全体に細かな毛状突起のある大きな複散形花序をつけ、白い小花を開く。総花柄は30～60本、小総苞片はないかまたはごく少数。果実はだ円形、分果は扁平で広い翼がある。

4297. エゾニュウ 〔シシウド属〕
Angelica ursina (Rupr.) Maxim.

東北地方から北海道、サハリン、千島列島などの山中の草地にはえる大形多年草。高さ1～3m。葉は大形で、2～3回3出羽状複葉。裂片は長だ円形で縁には不揃いな鋭鋸歯がある。夏、茎頂と枝先に直径30cmほどの複散形花序をつけ、白色の小さな花を開く。花序のすぐ下に毛状突起があり、総苞片と小総苞片はないか1個。果実はだ円形。和名のニュウはアイヌ語が起源らしい。

4298. ハマウド（オニウド、クジラグサ）〔シシウド属〕
Angelica japonica A.Gray

関東地方以西、四国、九州、琉球列島北部、および朝鮮半島南部の暖帯から亜熱帯に分布し、海岸にはえる多年草。茎は直立し高さ50～100cm位で、中に黄白色の液があるが黄汁を出さない。上部には細毛がある。葉は大きく光沢がある。花は夏。和名は海辺にはえるところからついた。別名鬼ウド、鯨草は強壮で大形なところにちなむ。

4299. ムニンハマウド 〔シシウド属〕
Angelica boninensis Tuyama

小笠原諸島の海岸の木かげにはえる大形の多年草。高さ1～2m。葉は長い柄をもち、やや厚く、表面は暗緑色で光沢があり、長さ30～40cmで2～3回羽状に分裂している。花期は春から初夏。茎頂や枝先に、多数の複散形花序をつけ、小さい白色花を密に開く。総花柄は約30本、花弁や子房に細かい毛がある。果実は長だ円形をしている。

4300. アシタバ（ハチジョウソウ）〔シシウド属〕
Angelica keiskei (Miq.) Koidz.

房総、三浦両半島、伊豆七島、和歌山県の暖地の海岸にはえる強壮な多年草。茎は直立し高さ1m位。葉は厚く軟らかで光沢があり、冬でも緑色をしている。茎や葉を切ると淡黄色の液が出る。花は晩春から秋。若い葉を食用にする。和名明日葉は、強いのでいくら葉をとっても明日にはまた若葉が出てくるところからついた。

4301. オオバセンキュウ 〔シシウド属〕
Angelica genuflexa Nutt.
本州, 北海道および千島, サハリン, カムチャツカ, アリューシャンさらにアラスカ, 北アメリカの周極地方に分布. 山地の谷川の縁などにはえる多年草. 茎は直立し高さ１m位で中空, 無毛で軟らかい. 葉は２回羽状複葉で軟らかい. 花は夏から秋. 和名大葉川芎(おおばせんきゅう)はセンキュウに比べて葉がずっと大形だからいう.

4302. アマニュウ(マルバエゾニュウ) 〔シシウド属〕
Angelica edulis Miyabe ex Y.Yabe
北海道, 本州(中部以北および鳥取県大山), 四国の石鎚山に分布し, 山の林や原野にはえる多年草. 高さ２～３m. 中空で無毛. 葉は光沢があり, １～２回３出複葉で, 小葉は裏面の脈上に毛がある. 花は夏に咲く. 和名甘ニュウはこの茎に甘味があることによる. 別名円葉蝦夷ニュウはエゾニュウに似ていて葉が円いところからいう.

4303. ノダケ 〔シシウド属〕
Angelica decursiva (Miq.) Franch. et Sav.
本州, 四国, 九州および中国, 朝鮮半島, 東シベリアなどの温帯に分布し, 山野の林内にはえる多年草. 根は肥厚し, 茎は高さ1.5 m位. 根生葉と下部の葉は長柄があり, 上部の葉は退化し大きな葉鞘があって茎を抱く. 花は秋から初冬に咲き紫黒色, まれに白花品がありシロバナノダケ f. *albiflorum* (Maxim.) Nakai という. 風邪薬として煎じて飲むが, 香りと苦味がある.

4304. ヒメノダケ 〔シシウド属〕
Angelica cartilaginomarginata (Makino ex Y.Yabe) Nakai
近畿地方以西, 四国, 九州の草原や明るい林内にはえる多年草. 高さ50～150 cm. 茎葉は互生し, 葉身はやや厚く, 長さ５～15 cmの羽状複葉, 縁に細かい鋸歯がある. 夏から秋にかけて, 枝先の複散形花序に多数の白い小花をつける. 総苞片はなく, 総苞柄は８～14本, 分花序は径約１cm, 小総苞片は１～８個ある. 果実はやや扁平, 広いだ円形.

4305. ヤマゼリ　〔ヤマゼリ属〕
Ostericum sieboldii (Miq.) Nakai

　本州，四国，九州，および朝鮮半島，中国北部の暖帯から温帯に分布し，山地の谷川の縁や林下にはえる多年草。茎は直立し高さ 60〜120 cm で中空。花は夏から秋。発芽した年は長い柄のある根生葉だけを出し，花をつけた株は枯れる。和名山芹はセリ（芹）に似て湿った山地にはえるところから。茎や葉に毛があるものをケヤマゼリ f. *hirtulum* (Hiyama) H.Hara という。

4306. ミヤマニンジン　〔ヤマゼリ属〕
Ostericum florentii (Franch. et Sav. ex Maxim.) Kitag.

　箱根山，富士山，那須岳など関東地方周辺の山地に特産する多年草。地下茎は細くてはう。茎は高さ 15〜40 cm で葉とともに毛はない。花は夏から秋に咲く。根生葉は長い柄がある。高山にはえるシラネニンジンに全体が似ているが，横にはう地下茎があり，葉が柔らかく縁に細かな鋸歯があり，果実が扁平で広い翼があることで区別できる。

4307. ミヤマゼンコ　〔エゾノシシウド属〕
Coelopleurum multisectum (Maxim.) Kitag.

　本州中部の高山帯の草地や砂礫地にはえる多年草。茎は高さ 30〜60 cm。葉鞘は大きくふくらみ茎を抱く。葉は 3 出し，さらに 2〜3 回羽状に分裂する。無毛。花は夏から初秋。複散形花序を出し，径 3 mm 位の白色の小花を密集する。総花柄に細毛を密生，小花柄はほとんど無毛。和名深山前胡（みやまぜんこ）で，前胡は主にシシウド属植物をさす中国名。

4308. エゾノシシウド　〔エゾノシシウド属〕
Coelopleurum gmelinii (DC.) Ledeb.

　北海道，東北地方の海岸の草地にはえる多年草。高さ 1〜1.5 m。葉は下部がふくらんで鞘になる柄があり，2〜3 回 3 出羽状複葉である。花期は夏。茎の頂に径約 7 cm の複散形花序をつけ，白い小花が密に開く。総苞片はないか少数。総花柄は 30〜50 本で長さは 1.5〜3 cm。果実は長だ円形，分果には太い 5 脈がある。

4309. ミヤマセンキュウ 〔ミヤマセンキュウ属〕
Conioselinum filicinum (H.Wolff) H.Hara
　本州中部以北から北海道、および南千島の亜高山帯の草地にはえる多年草。高さ50 cm位。茎は直立し、中空、上部でジグザグ状に曲がり分枝する。葉は3回3出羽状全裂、長さ10〜15 cm。花は夏。複散形花序に小花を密生、総苞片はなく、総花柄は20〜25本。小総苞片は10個位。果実は乾いた革質の翼がある。和名深山川芎（みやませんきゅう）。

4310. カラフトニンジン 〔ミヤマセンキュウ属〕
Conioselinum chinense (L.) Britton, Sterns et Poggenb.
　北海道と東北地方の山地や海岸の草地にはえる多年草で、サハリン、千島、カムチャツカ、アリューシャン、北アメリカ西部にも分布する。高さ15〜80 cm。葉は五角形でやや厚く、長さ10〜20 cm、2〜3回羽状複葉でやや鈍い鋸歯をもつ。花期は夏から秋。茎の頂と枝先に複散形花序をつけ、白い小花が密に開く。花序の柄の上部には密に白い短毛がある。総花柄は10〜20本、小総苞片は数個で線形。分果は長だ円形で広い翼をもつ。

4311. セリモドキ 〔セリモドキ属〕
Dystaenia ibukiensis (Y.Yabe) Kitag.
　滋賀県以北の日本海側山地のやや湿った場所にはえる多年草。高さ30〜90 cm。葉は三角形で長さ10〜25 cm、2〜3回羽状に分裂し、小葉は縁に鋸歯があり、先が鋭くとがる。花期は夏から秋。茎の頂や枝先に複散形花序をつけ、白い小花を密に開く。総苞片や小花柄などに微細な突起がある。花弁は5個、内側に巻く。さく果はだ円形。

4312. ハマボウフウ (ヤオヤボウフウ) 〔ハマボウフウ属〕
Glehnia littoralis F.Schmidt ex Miq.
　日本各地および千島、サハリン、オホーツク海沿岸、ウスリー、朝鮮半島、台湾、中国の温帯から亜熱帯に広く分布。海岸にはえる多年草。独特の香りがある。地下茎は上部が砂上に出て、高さ5〜10 cm。葉は砂上に展開し、厚く光沢がある。花は初夏から夏。葉を刺身のつまとして食べる。別名は薬草ではなく野菜とされるのでヤオヤボウフウ。

4313. ボタンボウフウ 〔ハクサンボウフウ属〕
Peucedanum japonicum Thunb.

関東地方以西から九州，琉球列島および朝鮮半島，中国，台湾，フィリピンなどに分布し，海辺の日当たりのよいところにはえる常緑の多年草。茎は直立し高さ90cm位，分枝し上部には毛がある。花は夏から秋。若い葉を食用にするので一名ショクヨウボウフウ。昔は根を薬用人参の代用にした。和名は牡丹の葉に似るため。トカラ列島には高さ3mに達し，全体に大型で小葉も幅広いコダチボタンボウフウ var. *latifolium* M.Hotta et Shiuchi がある。

4314. ハクサンボウフウ 〔ハクサンボウフウ属〕
Peucedanum multivittatum Maxim.

本州中部以北，北海道の高山帯の草地にはえる多年草。高さ20～50cm。根生葉は1～2回3出複葉，小葉は長さ2～5cm，茎葉は1～3個でときに細裂する。花は夏。複散形花序に小花をつけ，総花柄は7～10個で総苞片はなく，小花柄は10個で小総苞片は少ない。和名白山防風（はくさんぼうふう）は石川県白山で発見されたことによる。

4315. カワラボウフウ 〔カワラボウフウ属〕
Kitagawia terebinthacea (Fisch. ex Trevir.) Pimenov

北海道と近畿地方以西の西日本，および朝鮮半島から中国，東シベリアなどの温帯から暖帯に分布。日当たりのよい山地にはえる多年草。茎は直立して分枝し，高さ90cm位になり，しばしば紅紫色を帯びる。夏から秋に白色花を複散形花序につける。別名ヤマニンジン（山人参）は山地生で葉がニンジンに似るため。シラカワボウフウは京都郊外の白川山に多いことによる。

4316. アメリカボウフウ 〔アメリカボウフウ属〕
Pastinaca sativa L.

ヨーロッパおよびシベリア原産。多肉の根茎を食用にするため栽培される1年あるいは越年草。直根があり，茎は直立し，高さ90cm位で香りが強い。根生葉は集まってつき，茎葉は互生する。花は夏で，小花は黄色。西洋では俗にパースニップ（parsnip）という。和名はアメリカから日本に入ったためでアメリカの原産ではない。

4317. ハナウド（ゾウジョウジビャクシ）　　〔ハナウド属〕
Heracleum sphondylium L. var. *nipponicum* (Kitag.) H.Ohba
　宮城県以西，四国，九州に分布し，山野の藪にはえる多年草。茎は太く中空で高さ1.5 m位，粗い毛がある。葉は大きく羽状複葉，根生葉には長い柄がある。花は晩春から初夏。若い葉を食用にする。和名花独活（はなうど）は葉がウドに似ており，花が大きく美しいことによる。別名増上寺白芷。

4318. オオハナウド　　〔ハナウド属〕
Heracleum lanatum Michx. subsp. *lanatum*
　北海道と本州近畿地方以北の山地の草地にはえる多年草。高さ1～2 m。葉は大形で，1回3出複葉，小葉は長さ20～30 cm，先は鋭くとがり，基部は浅い心形，3～5中裂または深裂する。花期は晩春から夏。茎頂の枝先に径10～20 cmの複散形花序をつけ，白い花を密につける。花の径3～8 mm。果実は倒卵形で，分果は扁平，油管の長さは分果の4分の3程度。

4319. ボウフウ　　〔ボウフウ属〕
Saposhnikovia divaricata (Turcz.) Schischk.
　中国大陸の原産。日本には野生せず，昔中国から入ったが今では絶滅して残っていない。多年草で地中の直根は1 m以上にもなる。茎は多く分枝して立ち高さ1 m内外。花は白く夏から秋に咲く。5個の花弁は内側に曲がる。和名は漢名防風の音読み。薬用植物で根を乾かしたものが漢方の風邪薬として有名。

4320. ニンジン（ナニンジン）　　〔ニンジン属〕
Daucus carota L. subsp. *sativus* (Hoffm.) Arcang.
　地中海地方原産。野菜として世界中で広く栽培される越年草。根は品種により長さと色はさまざまで若葉とともに食用。茎は直立し高さ1～1.5 m。葉は3回羽状複葉，根生葉は長い柄がある。花は初夏。和名人参（にんじん）は根を朝鮮人参にたとえたことに由来する。別名薬人参は薬用ではなく野菜用の人参の意。英名キャロット（carrot）。

花の構造

サクラ属の花と花式図

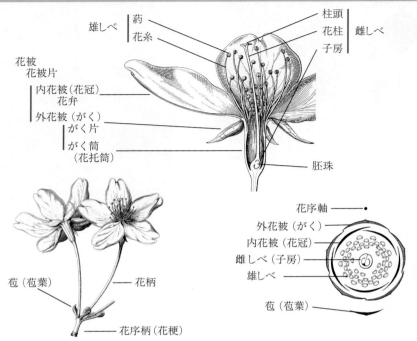

キク属の頭状花序（頭花）

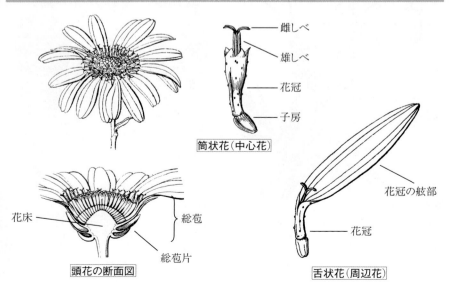

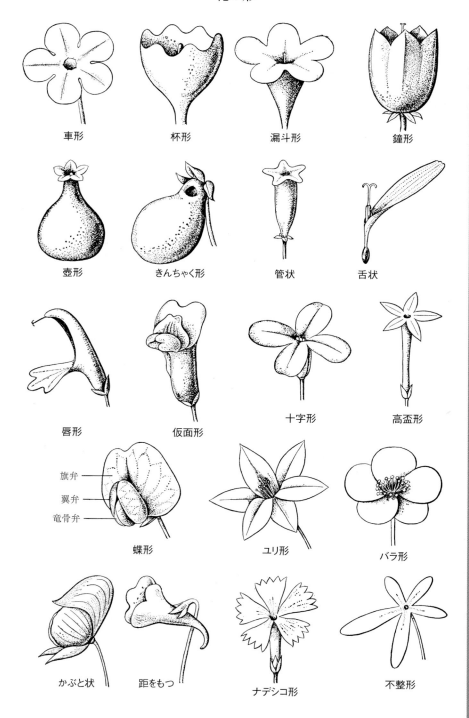

花序の形

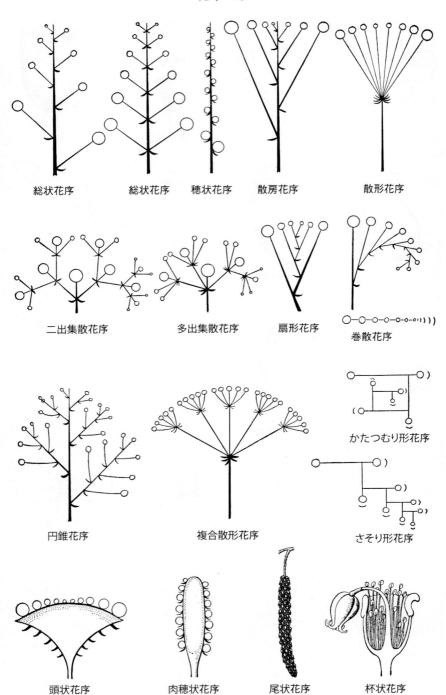

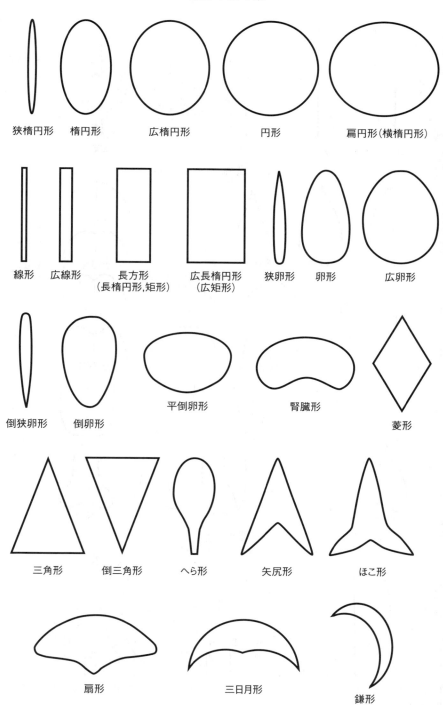

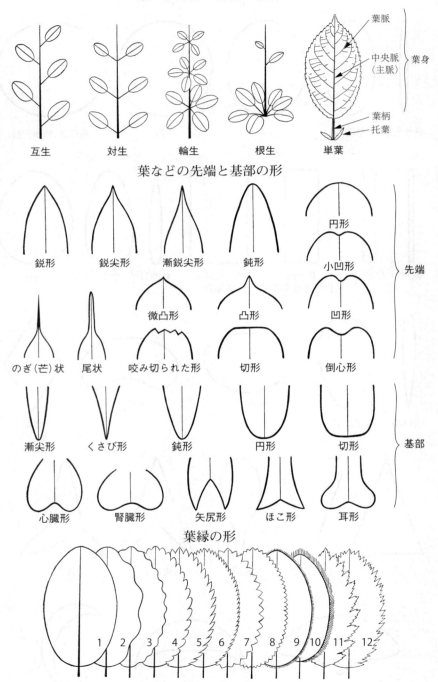

1：全縁，2：波形，3：さざ波形，4：円鋸歯状，5：鋸歯状，6：小鋸歯状，7：歯状，8：小歯状，9：毛縁，10：長毛縁，11：二重鋸歯，12：鋭浅裂

葉の切れ方

単葉

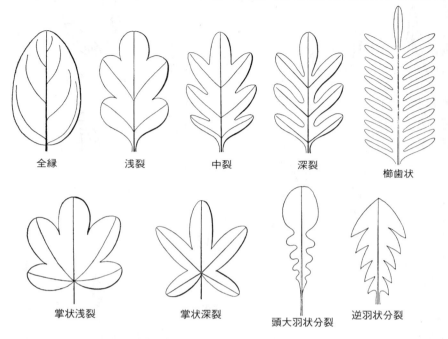

全縁　浅裂　中裂　深裂　櫛歯状

掌状浅裂　掌状深裂　頭大羽状分裂　逆羽状分裂

複葉

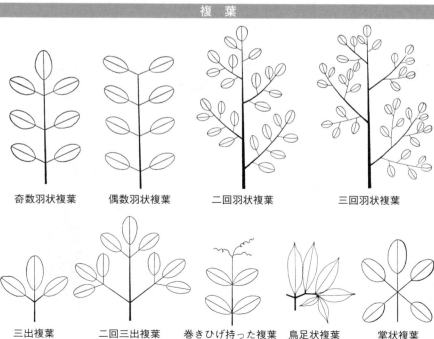

奇数羽状複葉　偶数羽状複葉　二回羽状複葉　三回羽状複葉

三出複葉　二回三出複葉　巻きひげ持った複葉　鳥足状複葉　掌状複葉

果実の形

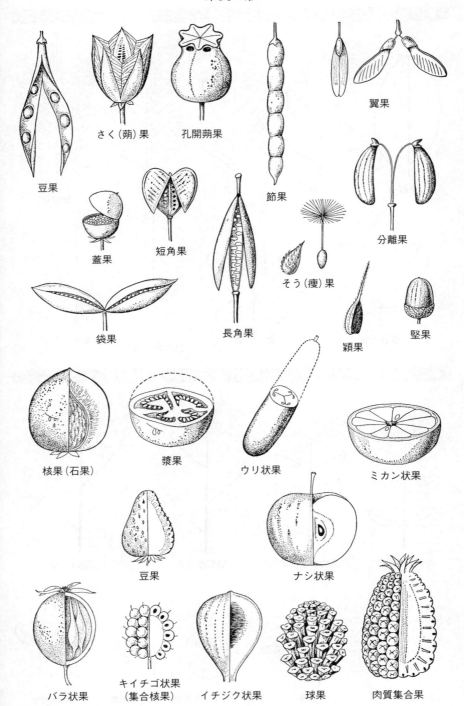

植物観察のポイント
―枝分かれを中心に―

(1) 植物の体の構造の規則性を理解する

地球上にある数十万種といわれる植物は多様な姿かたちをしている。そうした多様性を，丸いとか，細長いとか，切れ込んでいるとかいうような形の違い，毛があるとか無いとかいった外観の違いとして捉えることも重要であるが，それだけではなく，どのように枝分かれし，花はどの部分についているかといった構造的な見方で捉えることも重要である。

維管束植物の地上部は基本的には茎と葉と芽によって構成され，それらが規則的に積み重なってできている。そして，積み重ねの規則性の違いと，茎や葉が様々に変形することにより，外見的な多様性がつくり出されているのである。植物を直接観察する場合，標本を見る場合，写真を確認する場合，いずれの場合でも，植物の構造に見られる規則性を意識することが重要である。

(2) シュートという捉え方

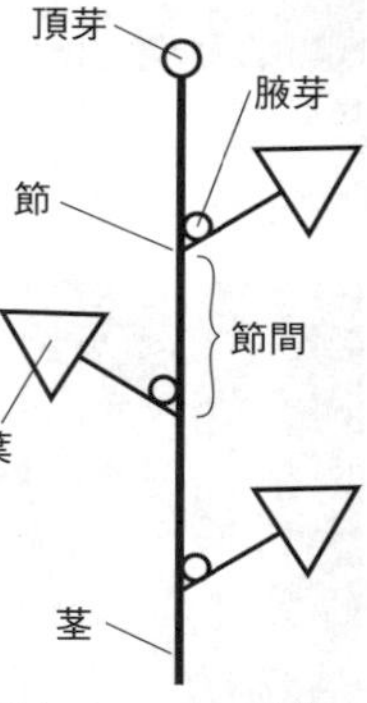

種子が芽生える時，その中に出来上がっていた胚が成長して芽生えとなる。芽生えには子葉があり，子葉より上に成長してできる部分をシュートという（図1）。子葉がついている軸を胚軸といい，胚軸の下に根が伸びていく。

シュートの軸（茎）には解釈上，節（せつ）と節間がある。節とは，茎の葉が付いている部分を指し，節と節の間を節間という。葉の付け根のところには通常1個の芽ができる。この場所を腋といい，ここにできる芽を腋芽と呼ぶ。

実物の植物についてシュートが成長するのを観察すると，茎に次々と葉が作られ，その腋に腋芽が作られているのがわかる。そこで，シュートは茎（節間）と葉および葉腋（節）に形成される腋芽がセットになって積み重なることによって構成されていると捉えられる（図2）。動物では，例えば昆虫に体節という節があるが，これらは無限に繰り返

図1 シュートの模式図

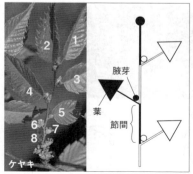

図2 シュートの構成単位：ケヤキの枝の模式図（右）をみるとそれぞれ黒と白に塗り分けられた「葉・節間（茎）・腋芽」のセットを最小単位として，その繰り返し（積み重ね）でシュートが構成されていることがわかる

図3 八百屋で売られているブロッコリー（右）でも精子発見の大イチョウ（左；小石川植物園）でもシュートの構成は違わない

されるわけではなく，成長の早い段階で役割が細分化し，頭部，胸部，腹部にわかれ，一部から全体が再生することはない。一方，植物細胞には全能性があり，たとえば枝の一部を切って挿し木すると「茎・葉・腋芽」のセットが無限に積み重なって再生していく（図3）。

図4 枝分かれは腋芽から起こる（図はアスパラガスの例）。したがって枝分かれは葉の配列に従い葉のついた方向に起こる

図5 樹木では何十年もかけて成長するため枝分かれの部分に本来あった葉が枯れ落ちてしまっているが，枝分かれは必ず葉腋から腋芽が伸びることによって起っている

(3) 芽と枝分かれ（図1）

芽には枝（茎）の先端につく頂芽と茎と葉の腋につく腋芽（側芽）の2種類があり，通常これ以外の場所につくことはない。したがって植物の枝分かれは腋芽でしか起こらず，新しい枝別れは必ず葉腋から出ている（図4, 5）。

芽は未分化のシュートであり，成長すればもとの主軸と同様に，花や葉をつける。芽の中から花（をつける枝）だけが出てくるものを花芽，葉だけをつけた枝（栄養枝）になるものを葉芽といって区別する。花も栄養枝も出てくる場合，混芽と呼ばれる。

(4) 葉の開度を知る

たとえばケヤキの葉は互生しており，それぞれの葉が平面に広がっているように見える（図2左）が，これは「茎・葉・腋芽」のセットの積み重なりの規則性がそのようになっていることを示している。葉が枝（シュートの軸）にどのように配列するか（葉の開度）は植物によってそれぞれ違う。ケヤキの場合には，葉の開度が180度であると見られる。

シャクチリソバでは葉の開度が144度で，茎の周囲に144度ずつずれて付き，5枚で茎を2周する形でらせん状についている（図6左）。同じ互生でもケ

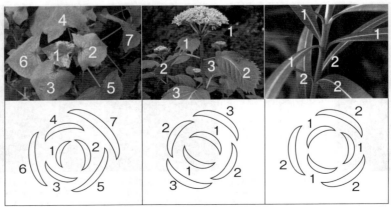

図6 様々な葉の付き方：左はシャクチリソバ（互生：5列のらせん葉序），中央はアジサイの若枝（十字対生），右はキョウチクトウ（3枚輪生）

ヤキとは葉の付き方が違う。

アジサイの若枝は1つの節に2つの葉が付き，90度ずつずれる十字対生となるし（図6中央），キョウチクトウでは3輪生（60度ずれてすぐ下の節の葉と重ならないようにつく）となる（図6右）。

なお，これらの付き方は，葉が重ならないようにして光合成の効率を上げるためと考えられている。ただし，葉が展開した後に光を受けやすいように葉がずれるということも考えられるため，その植物本来の葉の付き方を知るには，芽を解剖して，茎頂で発達途中の若い葉の配列を調べる必要がある。

(5) 特殊な葉の付き方

ツルアダンのように互生する葉が120度ごとに，らせん状に展開し3列に重なる例もある（図7）。このような例はカヤツリグサの仲間にもみられる。ちなみに図7上段の花序は頂生しているのではなく，3列に互生するもっとも上部の葉の腋にそれぞれついている。また，シャガでは葉が平面的に2列に互生する(図8)。図2のケヤキと同じ展開の仕方である。

ブドウの仲間では巻きひげのある葉が2つ続き，次に巻きひげのない葉が現れる（図9）。ヨウシュヤマゴボウでは葉が2枚互生したあと，3枚目の葉に対生するように花序がつく（図10）（このような花序のつき方を腋外生ということがある）。これらはこれまで見てきた葉と芽（枝）の付き方の規則に当てはまらない現象である。いったい何が起こっているのだろうか。

図7 ツルアダン：花（上；図はI巻89頁より）と葉を付け根から切断したところ（下）

図8 シャガ：2列互生

図9 ブドウの仲間の葉と巻きひげの付き方（右はヤブガラシ）

図10 ヨウシュヤマゴボウの葉と花序（果序）の付き方

(6) 枝の先端はどこか？

これまで見てきたケヤキやシャクチリソバなどは見かけ上の枝の先端が，本来の枝の先端なのだが，ブドウの場合，それぞれの巻きひげが枝の先端だと解釈すると，同じ規則性でシュートの構造を説明することができる。前者を単軸成長，後者を仮軸成長（仮軸分枝）と呼ぶ（図11左）。ブドウでは，巻きひげごとに枝が終わり，枝の先端に最も近い葉（見かけ上，巻きひげに対生してつく葉）に次の枝が腋生して成長を続けているということになる。見かけ上は1本の軸（茎）に葉や巻きひげが側生しているように見えるが，実際には巻きひげごとに仮軸分枝していることを理解する必要がある。なお，ブドウが花を咲かせる時は巻きひげの位置に花序をつける。

同様にヨウシュヤマゴボウも仮軸分枝の例で，3枚葉が付いた後，花序（果序）で主軸が終わり，花序より先の茎は，見かけ上，花序に対生するように見える葉の腋芽から伸びた新しい軸（茎）である（図11右）。

このような規則性は植物によって個々に決まっており，各々の植物をよく観察すると最初に述べた「茎・葉・腋芽」のセットがどのような規則性で配列しているかがわかってくる。

なお，ツノナスの花も葉に腋生せずについている（図12）。これはヨウシュヤマゴボウと同じように花で軸が終わっているという考え方と，前の葉腋に咲くべき花が次の節まで癒着して花が咲く位置がずれたとみる二通りの見方がある。なお，ハナイカダでは花をつける枝が葉腋から葉脈に癒着した結果，花が葉についているように見えるようになっている。

図11 仮軸分枝の模式図（左がブドウ，右がヨウシュヤマゴボウ）

図12 ツノナスの花や果実の付き方は仮軸分枝で説明できるが，癒着によるもので仮軸分枝ではないかもしれない

図13 よく見られる葉の変形：芽鱗

図14 よく見られる葉の変形：苞。バナナの仲間では大型の苞の腋に花が横ならびにつく。花序の基のほうの花は結実し，ひとつの苞からできた果実が指のように並ぶ

(7) 葉はさまざまに変形する

芽を包む芽鱗は葉の変形であり、よく観察すると葉と同じように（同じ開度で）ついていることがわかる（図13）。また、葉痕をたどることにより前年の葉の付き方や成長の仕方を知ることができる。

花序の中につく葉を苞という。バナナはそれぞれの苞に花が横並びにつく（図14）。横並びについた花が実になるため、売られているバナナのような房になる。右の地涌金蓮（中国産の上向きに咲くバナナ）の例を見ると、苞がぎっしりとらせん状に配列しているのがわかる（図14右；苞は番号が若いほうが新しい）。

また、パイナップルでは、模式図のように苞にできた腋芽が花になり実になるが、シュートの先はさらに成長を続け、実の上部に再び葉をつけた茎が形成される（図15）。苞は葉の変形したものであり、ここでも節間・葉・腋芽の繰り返しという原則は変わっていない。ちなみに果実上部の葉の束を切り取って植えると発根して活着し、花茎が伸びて再び果実をつけるということを繰り返す。

図15 パイナップルの果実と葉の付き方。集合果（多数の花から実った果実の集まり）で花を腋生する苞は葉と同じ規則性でつく

図16 サボテンの棘は葉の変形したもの

葉が変形したものでもっとも有名なのはサボテンの棘だろう。それぞれ白い点に見える部分が枝の頂部でそこから束になって棘（葉）が出ている（図16）。

(8) 地中に茎を作る植物（野菜を観察してみる）

地下茎も地上茎と同じシュートであり、同じ構造でできていると捉えられる。地下茎につ

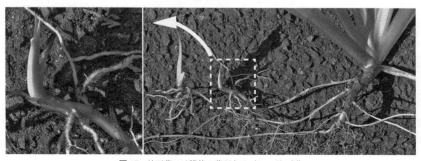

図17 地下茎には膜状の葉がある（シャガの例）

く葉はシュートの先端を保護しているが，シュートが伸長してその役目を終わると分解したり溶けたりしてなくなってしまう（図17）。しかし葉の痕跡とその腋芽は地下茎上に残り，腋芽が伸びて枝分かれする場合も多い。腋芽の配列を観察することにより，地上茎と同様に葉の配列を調べることができる。植物の地下茎をスケッチする場合などは，こうした規則性を理解し表現する必要がある。

たとえばショウガの場合，地下茎の節間が太くなり腋芽が伸びて盛んに枝分かれしている。（図18）。ジャガイモ（地下茎）の芽の配列はらせん状に5列になっている（図19）。また，サトイモでは葉の基部が鞘状に広がって，太った地下茎を取り囲んでいるので，その痕跡はイモ（地下茎）の表面に縞状につき，一つの縞に横並びに複数の腋芽ができているのはバナナの花と同じである（図19右上）。

このように売られている野菜では，地下部が掘り起こされ，観察の邪魔になる根があらかじめ切りとられていたり，食用部分が品種改良で肥大化していたりするため，野生植物では観察しにくい部分がわかりやすく，観察に好都合である。

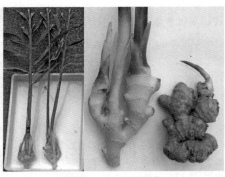

図18 ショウガの地下茎

図19 左はジャガイモで左下は芽の配列をわかりやすくするため皮をむいた状態。右下は比較するため例示したシャクチリソバの葉の配列で，ジャガイモの地下茎上の葉もこのように中心から5方向に配列する。右上はサトイモの地下茎で縞状に見えるのが葉の痕跡，それぞれの葉の付け根中央にあたる部分に大きな腋芽が見られる

(9) 植物を観察する眼を養う

最後に，以下の3つの訓練をすることにより，植物に対する観察眼が身につくと考えられるので下記する。専門家の眼を養うための訓練方法だが，植物観察の参考にしていただきたい。

1. **選り好みなく観察を試みる**：たとえば，特定のエリア内にあるすべての植物をまんべんなく調べるとよい。
2. **文章から植物の姿形を想像する**：図鑑や植物誌から名前を調べるとき，絵合わせだけでなく，文章の記述（記載という）のみで，実物の持つ特徴を頭の中に描いてみる。
3. **たくさん標本を作る**：生植物の時にどのような格好をしていたものが，押し葉にしたときにどのような格好になるかがわかってくるため，慣れてくると，標本を観察するだけで，生きていた時の状態（格好）を想像することができるようになってくる。

植物標本の作り方

　これから植物の形態や分類をより深く知りたいという人，すなわち初心者のために，ここに「植物標本の作り方」の基礎知識を紹介する。

(1) 標本づくりはなぜ必要か

　標本はなぜ必要か。これは初心者の最初の疑問である。趣味の範囲ならば最近は安価で高性能なデジタルカメラが手に入るので，後で詳しく調べる記録としては写真で十分間に合うが，少し本格的に分類を勉強しようとする人には，標本作りが必要になる。なぜなら植物分類の基本は形態の比較研究にあるため，これに標本作りは欠かせない。

　採集してきた植物をおし葉にし，その植物の枝，葉，花などの特徴をよく調べ，その植物の名前と分類上の位置──種名，属名，科名を自分で確認することが，植物研究の第一歩である。これをはじめると標本の蓄積は大きな楽しみとなってくる。また，写真はあくまで生態の情報を知る補助手段となる。この図鑑のオリジナルである「牧野図鑑」の著者・牧野富太郎博士のぼう大な知識は多年蓄積されたおし葉標本によることはよく知られている。

　植物標本でもっとも一般的なおし葉はヨーロッパで発達したものだが，日本では「八犬伝」で有名な曲亭馬琴がおし葉帳を作ったのが最初といわれている。また，学問的には，明治8年（1875）に伊藤圭介（1803～1901）がおし葉の作り方を書いたことが最初の本格的な紹介といわれる。

(2) 標本採集のエチケット

　標本づくりでまず心すべきことは，採集のエチケットを厳重に守ることである。植物採集はしてよい所と，いけない所がある。植物採集が特に禁じられていない国有もしくは公有地を事前に調べて採集を行うのが最も無難で，現地の事情をよく知っている人に案内してもらうことが望ましい。身の回りの里山や丘陵，池沼，海岸などは私有地である可能性もあり，所有者の許可が必要な場合があるので注意が必要である。標本作成のためとはいえ，自然を守る立場から，採集の量は最小限（1種につき2本以内）に止めるべきである。採集の自由な地域でも絶滅危惧種は採集禁止なので一切採集しないよう心がける。

　当然，採集禁止地域，すなわち国立公園の特別保護地区，特別地域などでは，特別な許可がなければ一切採集できない。許可申請をしても一般人は許可されないのが普通で，これらの禁止地域では写真撮影にとどめる。

(3) 採集は庭先から

　初心者の標本採集はまず庭先からはじめよう。毎日見ている草木ばかりだが，標本試料となると新たな興味がわき，新発見もある。また，庭先の植物での標本づくりは，おし葉枝法のABCを会得するのにも役立つ。

　次の段階は，居住地の近くの野原，荒れ地，空地，田畑の路端などで，そこには普通種でもあまり目立たないため，普段は気にとめていない未知の種──とくに帰化植物，カヤツリグサ

科，イネ科，シダ植物などが，意外に多いことに気づく。居住地近くの採集を卒業したら近郊のやぶ地，丘陵，河川など，植物の豊富な場所に出かけ，いよいよ本格的な採集をはじめる。なお，最初から，珍しい植物の採集できそうな高山地帯など，特殊な場所を目ざすのは邪道である。

　なお，現地調査や採集の際には，採集品に関する情報を記録したフィールドノートを必ずつける必要がある。略式に，標本をはさむ新聞紙に採集日や場所，特徴（乾くと分からなくなる花の色や木全体の大きさなど）を記入する場合もあるが，いずれにせよこれらの記録は最終的に標本のラベルをつくる際に大変重要である。

(4) 乾燥標本と液浸標本

　植物標本には大別すると乾燥標本と液浸標本の2種類がある。前者については乾燥させて保存する標本で，おし葉がもっとも一般的なので，本稿ではこの後おし葉標本の作り方を主として解説する。

　一方，液浸標本は，乾燥標本にできないようなもの，例えば，柔らかいキノコ類，水分の多い果実，ツチトリモチ，ランの花や食虫植物の捕虫のうなどのような，つぶれては役にたたなくなる植物やその部位について作製される。通常，おし葉標本とあわせて，液浸標本も作られる。また，海藻も組織を検鏡するために液浸標本とすることが多い。保存液には，70％くらいのアルコール，または5～6％のホルマリンを用いる。ただし，ホルマリンは「毒物及び劇物取締法」の劇物に該当するので取り扱いが難しいため，一般での使用は避けた方がよい。

　容器は市販されている円筒状でふたのついた液浸標本用のガラスびんを使用する。口の広い空びんで代用できるが，必ず液が蒸発しないように密閉できるふたのあるものを使用する。最初に入れた液は時間がたつと，色が染み出て汚くなるので，初めしばらく仮り漬けにした後，新しい液と交換した上で密閉する。びんには植物名，産地，採集年月日，採集者名などを記入したラベルを貼る。なお，びんの外に貼ったラベルは液体で汚れたりはがれたりすることがあるので，別に鉛筆で書いたラベルを外から見えるように保存液の中に漬けて保存するとよい。

(5) 採集用具とその使い方

　植物を採集する場合，採集用具をととのえ，それをうまく使いこなすことが，標本作りの第一歩である。用具は先輩たちが経験にもとづきいろいろ工夫考案した便利なものが市販されている。近年は軽量で丈夫なビニール製品，プラスチック製品が売り出され便利になったが，それらを必ず使わなければならないということはなく，各自が代用品で間に合わせたり，自分で新製品を工夫する心がけも必要であろう。これらの用具は採集にいつも携行し，七つ道具をうまく使いこなすことがよい標本づくりの前提になる。また日常散歩時，通学・通勤などにもいつも小さい根掘り，はさみやビニール袋を持参する心がけも必要である。

① 銅乱（どうらん）　近年はポリ袋が代用され，ほとんど見かけなくなったが，かつては植物採集のシンボル的な用具であった。採集した植物を痛めないよう入れて持ち帰るための容器。トタンまたはブリキ製，高級品はジュラルミン製で肩からかけるようにひもが付いている。大きさは大形，中形，小形があり，一般には中形で長さ40cm，幅20cm，厚さ10cmぐらいのものが手頃である。外面は昔から濃緑色，内面は小さい標本がはっきり見えるよう白色のエナメル塗装がしてある。銅乱の断面は小判形，ふたが側面についたものが一般的である。また内部が1室のものが普通だが，牧野式，小泉式のように，小形植物やコケを入れる小さい別室があ

採集した植物を入れる胴乱。かつては植物採集のシンボル的存在であった。

るものもある。外面塗装については，濃緑色だととくに夏などは熱の吸収が高く，内部の温度を高めるので，むしろ熱吸収の少ない白か明るいグレーがよいという意見もある。夏の採集では，時々日陰で胴乱のふたを開け，霧をかけて放熱することが必要である。

　胴乱に入らない長い植物は，台紙の大きさに合わせ適当な長さに切ったり，二つ折り，三つ折りにして入れる工夫が必要である。また根の土は水で洗って落とし，不要な枯れ葉は捨てて，胴乱の内部をいつもきれいにしておくよう注意する。持ち帰って植える植物は土がこぼれないように，また紛失しやすい小植物はビニール袋に入れて胴乱に収め，内部をよく整理する。胴乱内の採集品は家に帰るまで，または野冊に挟むまではなるべく動かさないようにする。よって胴乱に根掘りや弁当など他のものを入れることは禁物である。

② **採集袋**　ポリエチレンやビニール製の袋で，様々なサイズのものが安価に手に入るため，胴乱に代わって使用されている。市販品で口にチャックやひもが付いた採集袋もあるが，家庭にある使用ずみの米袋などが結構役に立つ。袋は大小用意し，採集した植物を入れ，風船のように中に空気を入れ，輪ゴムで口を閉じて持ち帰る。後で小さな花の観察や撮影をするために，花を切り取って，濡らした紙片とともにピルケースに入れて持ち帰るのもよい。

③ **野冊**（やさつ）　採集した植物を野外で挟む用具である。竹製とベニヤ板製があり，市販品は竹製が多い。ベニヤ板製はベニヤ板と丈夫なひもがあれば，自分で工夫して簡単に作製できる。ベニヤ板2枚を縦43cm，横30cmの寸法に切りそろえ，四隅を丸くする。次に新聞紙を2つに切り，さらにそれを2つ折りにし，必要な枚数だけはさみ，ひもで十字にしっかりしばれば完成である。ベニヤ板の代わりに厚手のボール紙で代用する場合もある。

　野冊を採集に持って行くと，柔らかい採集品などは，葉が縮んだり，花がしぼまないうちに新聞紙の間にはさんで板でプレスして持ち帰ることができる。野冊を使用する時の注意は次の通り。

（ⅰ）野冊を使う時は日光の直射をさけ，日陰で作業する。なお，野冊には雨に弱いという欠点がある。

（ⅱ）1枚のはさみ紙には1個の植物をはさむ。

（ⅲ）葉の先や花が紙の外にはみ出さないように注意する。

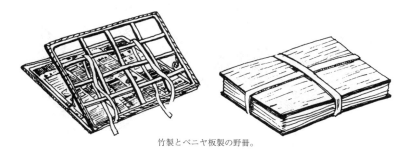

竹製とベニヤ板製の野冊。

革のケースで腰にさげる根掘り。

　(ⅳ) 小形の植物は1枚に2個以上はさんでもよいが，重ならないように注意する。
　(ⅴ) 重ね方は1か所だけ特に高くならないよう，なるべく平均にし，側面が垂直になるように重ねる。
　(ⅵ) ひもはゆるまないように結び目は堅く結んでほどけないようにする。
④ **根掘り**　植物の地下部の観察や採集に使用する。家庭の移植ゴテでも代用できるが，市販されている採集用の根掘りは幅が狭く，丈夫で，持ち歩きに便利である。牧野式が使いよいとされている。また，根掘りやはさみの柄は紛失を避けるために赤く塗られている。これは牧野博士の考案といわれる。
⑤ **はさみ**　生花用のはさみか植木用のせん定ばさみが便利である。皮のケースに入れて腰のベルトに下げると便利である。
⑥ **その他の用具**　ナイフ，小型で折りたたみ式ののこぎり，管びん，記録用の野帖（フィールド・ノート），ルーペ，その他。

(6) おし葉の乾燥用具

　おし葉の乾燥には，おし板，吸取紙，はさみ紙，重しが必要である。
① **おし板**　新聞紙四折りよりひとまわり大きめの板，長さ42cm，幅30cm，厚さ1.5〜2cmぐらいに切ったもの。材質は問わない。ただし使っているうちに植物から出る水分でそり返るから，両端の切り口に4cm幅ぐらいの横木をはめこむ。ただし，8ミリ厚ぐらいのベニヤ板などの合板を切って使うと，反り返りが起こりにくいので縁取りしなくてよい。1枚を下に置き，その上に吸取紙とはさみ紙にはさんだ植物とを積み重ね，最後に，上に1枚の板をのせ重しをする。たくさんの標本を作る時は間にも挟むので，おし板が最低3枚が必要である。間に挟む板はベニヤ板の野冊でも代用できる。おし板の自作は面倒なので一般に市販品を用いる。
② **吸取紙**　生の植物は水分を多く含んでいるので，吸取紙でその水分を取る必要がある。吸取紙としてラシャ紙様の厚手のものが市販されているが，一般には新聞紙を3〜4枚ひろげて重

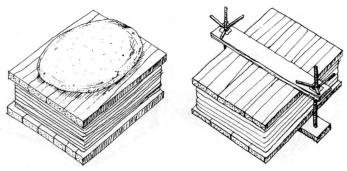

左はおし板と重しでおし葉を乾燥させているところ。右はおし加減がむずかしい圧搾器。

ね，それを四つ折りにしたものを吸取紙として使用する。使用ずみの吸取紙を乾かして何回も使う。

③ **はさみ紙** 新聞紙を二つに切り，さらにこれを二つに折ったもの。吸取紙と同じ大きさで，ひろげると2倍の大きさになる。これに植物を1本ずつはさむため，はさみ紙は標本の数だけ必要となる。

④ **重し** おし葉専用の重しが市販されている。重さは5～10kg，通常軟らかい草には軽く，枝の硬いものには重くするとよい。箱に小石を詰めたものやセメントのブロックでも代用できる。また，水を入れたペットボトルやポリタンクなども利用できる。おし葉専用に作るなら，吸取紙とほぼ同じ大きさの木箱に小石を詰めるか，もしくはコンクリートを流し込み，両側に取っ手をつける。実際には重い重しできれいに作ったおし葉より，軽めの重しで作ったおし葉の方が標本としてよいとされている。ただし適度の圧力をかけるには多少の経験とコツが必要である。

重しを使う代わりにねじで締めつける圧搾器がある。一見，手数が省けて便利なようだが，締め加減がむずかしく，相当熟練が必要で，初心者にはすすめられない。やはり重しは自然の重力の作用で圧力がいつも同じようにかかっているのが理想的である。

(7) おし葉作りの作業　その1　乾燥

以上に述べたおし葉の乾燥用具を使って実際におし葉をつくる作業を説明する。

① **挟んでおす** まず，おし板を1枚正面に置き，その左側に吸取紙（新聞紙）を積み重ねて置く。続いて，おし板の上に吸取紙を1枚置く。次にこの上にはさみ紙を1枚，折り目を左にしてのせ，採集してきた植物をその上にのせ，大体の形を整える。この時，葉の先や花などがはみ出ないよう，台紙の大きさを考え，それにうまく納まるように注意する。長すぎる枝や重なり合った余分の枝葉ははさみで切って整理し，必要なデータ（和名，方言名，採集地，採集年月日など）を記入した紙片を挟み込んで紙を閉じる。この作業を採集した植物すべてにくり返して行う。

この時注意することは，枝や茎の太さにより高さが不均衡になることで，時々太い方を反対側にして高さが均一になるよう調整する必要がある。これは低くなった所に圧力がかからず，葉や花にしわがよるのを防ぐためである。

植物を全部はさみ終ったら上におし板をのせ，さらにその上に重しをのせる。標本が沢山ある時は間にも板をはさむ。重しをのせたら室内のなるべく風通しのよい乾燥した場所に置く。

② **吸取紙の交換** 吸取紙は1日たつと植物からしみ出た水分で湿ってしまうため，乾いたものと交換する必要がある。まず重しをはずし，おし板にはさんだまま自分の前に置き，上の板をはずして左側に並べる。その左側に乾いた吸取紙をたくさん積んでおき，1枚とっておし板の上に置く。次に湿った方の吸取紙を1枚はずし，右側に置く。この時，植物のはいったはさみ

はさみ紙を開いて植物のくせ直しをする。それから吸取紙の交換をする。

紙が見えているので，折り目をつまんで乾いた吸水紙の方へ移す。次にはさみ紙を開いて植物を改める。植物の形を整え，折れた葉やしわのよった葉をのばし，数枚の葉は裏が見えるようにひっくり返し，花や果実が葉の下にかくれているのを見えるように直す。この作業はくせ直しと呼ばれる。

　柔らかい草などはべっとりと張りついて開くとよれよれになってしまう。このようなものは無理に開かずにそのまま重ねる。2～3回交換して乾いてくると自然に開くようになるので，その時まで待つ。

　全部の交換が終わると下のはさみ板が残るので，最後にそれを上にのせ，重しをする。

　吸水紙の交換はおし葉作りの大切な作業工程なので手を抜くことなく，まめに行うことが大切である。交換を怠ると中央部が黒くなり見苦しい標本になってしまう。おし葉はおしてから3日目ぐらいまでが一番水分がしみ出るため，吸水紙の交換は次の目安でするとよい。

　1日目（おし葉が午前中なら交換は午後1回，午後ならそのまま），2日目（2回），3日目（2回），4日目～6日目（各1回），7日目～10日目（1日おき）。

　交換がすべて終了したら，最後にでき上がりを見定める。樹木ならば葉が乾いた感じになり，枝の端をつまんで垂直に立ててみて，葉や枝が曲がらず，平らにピンと立てばできあがりである。草でも硬いものは同じだが，柔らかいものは，乾いても立たないので，指先で軽くこすって手ざわりで見定める。イネ科，カヤツリグサ科，イグサ科，そのほか小さな草は早く乾くので，乾いたものからはさみ紙に入れたまま外していく。植物によっては，葉が乾いても茎はまだ生というものもあるので注意する。

③ 乾き上がった標本の処理　重しをはずしてはさみ紙だけにしておいてもよいが，できれば最後にもう一度よく乾いた吸取紙と交換してひもで十文字にしぼり，しばらく風通しのよい場所に置いて自然乾燥させる。

④ その他　このほか，大量に標本を乾燥処理するプロの研究者などは，植物の乾燥にしばしば市販や手作りの乾燥機を使用する。

(8) 台紙ばりの用具

　乾燥が終わった標本は最後に台紙にはってラベルをはればおし葉は完成する。ただ標本の数が多くなると，個人では保管場所に困り，台紙にはる費用と手数がかさむので，挟み紙にラベルと一緒にはさんだままで保存する場合が多い。また，標本の良否は台紙へのはり方次第で，台紙にはる方法はかなり熟練を要するので，初心者はくり返し練習する必要がある。余談だがかつて「牧野図鑑」の生みの親でもある牧野富太郎博士の標本は絶品とまで言われていた。台紙はりに必要な用具は，標本台紙，のり紙，ラベル，はさみ，ピンセット，スポンジなどである。標本の良否は台紙へのはり方次第である。

① 標本台紙　模造紙か上質紙を用いる。B4判（縦36.4×横25.7cm）が取り扱い上もっとも手頃なサイズとされ，新聞紙を四つ折にした吸取紙とほぼ同じ大きさである。厚さは葉書ぐらいかもう少し厚い程度，すなわち斤量135～160kgのものがよい。なお，台紙の大きさ，厚さは必ず一定する。

② のり紙　標本を台紙に固定するのりのついた紙のこと。アラビアゴム液をひいて乾かしたもので短冊形に切って使う。のり紙の作り方はなかなかむずかしいもので，澱粉のりは虫に食われるので標本固定には適さない。セロテープは仕事が楽ではってすぐはきれいに見えるが，時がたつと剥がれたり，茶色に変色して，同じく標本には向かない。

　のり紙は紙テープのように巻いたものが市販されているので，それを使えば手軽である。自

分で作る場合は，アラビアゴム末を薬局で求め，それを冷水で溶かし，厚さ 55～90kg の模造紙全紙を 16 切りしたものに塗布する。アラビアゴム末 30g を 30cc の水にとかしたもので，16 切の紙 3 枚に塗れる。

塗り方は紙を板にのせ，画びょうで四角を止め，その上にスプーンでのりを紙面上にところどころにこぼし，指で全面に塗り広げる。刷毛は使用しない。乾いてくると紙に凹凸ができるので，10～20 分の間に指で平らにこすって広げるのがコツである。1 日たてば乾くので，それを細長く短冊形に切って使用する。形は長短，広狭数種類作ってシャーレに入れて使う。なお，切断する際は，長辺が紙の縦目になるよう注意する。また太い枝をはる時は幅広く，細い枝は幅せまく切って使用する。

③ **ラベル**　ラベルは標本に必要な事項をすべて記入して台紙にはりつけておく紙片である。横 11cm，高さ 7cm ぐらいが適当で，市販品もあるが自分でデザインする人も多い。

記入事項は和名，学名，産地，採集年月日，採集者名，整理番号など（図参照）。ラベルは原則として台紙の右下の隅に貼る。のりはアラビアゴムの溶液かビニールのりを裏の四方の縁に薄くしく。

④ **その他の用具**　はさみ（台紙からはみ出した枝などを切る），ピンセット（先の曲がったものと真直なものを両方あれば便利），スポンジ（のり紙を湿らせるのに使う）。

ラベルの見本。

(9) おし葉作りの作業　その 2　台紙ばり

台紙ばりはおし葉作りの最後の作業である。位置をきめ，のり紙でおさえ，ラベルをはって完成する。

① **位置をきめる**　乾燥を終えた標本を台紙へはり込む作業は，おし葉のでき，不できを左右する。まず標本の裏表をたしかめ，特徴のよく現われている方を上にして，台紙上に置く。ラベルを貼る右下の隅を開け，なるべく調和のとれたよい位置をきめ，葉や根の先が外へはみ出していないか確かめる。位置が決ったら標本の中心になるような太い枝がずれないようにのり紙で先に数か所とめてしまい，次に小枝や葉をとめる。

② **のり紙のはり方**　のり紙は，あまりべたべたはると見苦しいので，標本が動かない程度にする。また，のり紙は太い枝や大きい葉には幅広く，細い枝や小さな植物には幅をせまく切って使う。太い枝はただ上から押えただけでは両わきにすき間ができ固定しないので，このような時には，先の曲がったピンセットを裏返して背中の方で両側からのり紙を巻くようにして密着させる。ごく太い枝やマツカサのような大きな果実は，木綿糸を針に通して縫いつけてしま

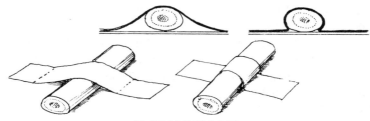

太い枝をのり紙でとめる方法。

こともある。要するに標本のどこをのり紙でうまく止めるかがポイントであり，工夫を要するところである。

③ **1枚の台紙には1個の標本をはる**　これが原則である。種類のちがう植物を1枚の台紙に何個もはると後で整理に困るが，同一種なら何個はってもも差支えない。ただし採集日や産地のちがうものはそれぞれにラベルを付けて区別する必要がある。

④ **シダ植物のはり方**　シダ植物は葉裏の胞子のうが種類を決定する大切な特徴となるので，必ず裏面が見えるように貼る。当然，表面も見える必要があるため，何枚かの羽片をねじって上を向けるようにする。

(10) 標本の整理

標本も数が少ないうちは整理も楽だが，数が多くなると整理が大変になる。そこで，初めから方針を決めて，いつでもさがし出せるように整理する必要がある。一般に標本の整理は産地別か分類別によって行う。

① **産地別**　標本数が少ないうちは産地別による整理法がよい。ただし数が増えてくると不便になるので，本来は分類別に整理したほうがよい。産地別の場合は，採集のたびにその標本を一括して束にし，カバーで包みひもをかけて表に採集地，採集年月日，指導講師の氏名をはっきり書いておく。個々の標本にはラベルをはさみ，番号を打って順に重ねる。さらに別に標本台帳を作って植物名や花，果実など野帳からのメモを書き入れておく。

② **分類別**　分類別整理法では同じ科のものを集めて一括して二つ折りのカバーで包んでおく。カバーは台紙と同じような厚紙を用い，左下方に科名を記入する。大きな科で種が多い時は属のカバーを作る。

科の並べ方は，特定の分類体系によるのがもっとも一般的に行われている。従来わが国ではドイツの植物学者エングラーの分類体系に従っているところが多かった。ただし最近では，この図鑑のようにAPGシステムなどの新しい分類体系による配列を採用する博物館なども出てきている。なお，科の中は属のアルファベット順，属の中は種のアルファベット順に並べるのが普通である。この場合も標本台帳を作るが，ルーズリーフ式ノートか目録カードを用いる。

③ **標本箱**　標本が多くなると，虫や湿気の害を防ぐためにも，標本箱が必要になる。標本箱には木製，スチール製がある。高さ180cm，幅67cm，奥行46cm，片開きの扉がつきロッカー式で，中央に縦に仕切りがあり，両側が30段ずつに仕切られ，棚は標本の多小によって間隔を変えることができる。このような市販品もあるが，家庭でありあわせのものを代用する場合は，ダンボール箱，洋服の空箱，茶箱などを用いてもよい。

(11) 標本の保存

標本は第一に乾燥した場所に保存し，カビや虫の害を防ぐことが大切である。通常，取り出して見る機会の多い標本より，長くしまったきりのものの方が，虫やカビの被害に見舞われる可能性が高い。

標本につく害虫は甲虫類の幼虫，蛾の類の幼虫，半翅類の幼虫など。標本は作ってから1～2年のまだ新しいうちがよく害虫にやられ，5～10年たった古いものにはあまりつかない。バラ科，セリ科，キンポウゲ科，キク科などで被害が多い。防虫剤には従来はナフタリンがよく使われたが，近年は防虫力の強いパラジクロベンゾールがよく使われる。ただし，ナフタリンに比べやや高価で昇華が早いのが欠点である。

和　名　索　引

〔この索引はⅠ巻およびⅡ巻共通の和名索引である．Ⅰ・Ⅱは掲載巻数，斜体数字は頁，立体数字はその植物の種番号を示し，（　）を付してあるものは解説文中に出てくる関連植物などである〕

ア

アークトチス　Ⅱ-*394*　3772
アーティチョーク　Ⅱ-*453*　4007
アーティチョーク属　Ⅱ-*453*
アーモンド　Ⅰ-*421*　1626
アイ　Ⅱ-*117*　2661
アイアシ　Ⅰ-*283*　1074
アイアシ属　Ⅰ-*283*
アイグロマツ　Ⅰ-(*21*)　25)
アイコ　Ⅰ-(*494*　1917)
アイズシモツケ　Ⅰ-*434*　1680
アイズスゲ　Ⅰ-*235*　883
アイナエ　Ⅱ-*255*　3215
アイナエ属　Ⅱ-*255*
アイヌタチツボスミレ　Ⅰ-*559*　2178
アイノコヒルガオ　Ⅱ-(*272*　3283)
アイバソウ　Ⅰ-*200*　741
アウストロバレイヤ目　Ⅰ-*33*
アオイ　Ⅱ-*69*　2471
アオイ科　Ⅱ-*65*
アオイカズラ　Ⅰ-*171*　625
アオイカズラ属　Ⅰ-*171*
アオイゴケ　Ⅱ-*275*　3296
アオイゴケ属　Ⅱ-*275*
アオイスミレ　Ⅰ-*561*　2187
アオイ目　Ⅱ-*65*
アオイモドキ　Ⅱ-*68*　2467
アオウキクサ　Ⅰ-*57*　172
アオウリ　Ⅰ-(*518*　2016)
アオカゴノキ　Ⅰ-*53*　153
アオガシ　Ⅰ-*51*　145，*53*　153
アオカズラ　Ⅰ-*342*　1311
アオカズラ属　Ⅰ-*342*
アオカモジグサ　Ⅰ-*255*　961
アオカモメヅル　Ⅱ-*258*　3227
アオガヤツリ　Ⅰ-*193*　713
アオカラムシ　Ⅰ-*500*　1941
アオガンピ属　Ⅱ-*80*
アオキ　Ⅱ-*230*　3115
アオキ科　Ⅱ-*230*
アオキ属　Ⅱ-*230*
アオギリ　Ⅰ-*65*　2456
アオギリ属　Ⅰ-*65*
アオグモ　Ⅰ-(*127*　449)
アオゲイトウ　Ⅱ-*150*　2796
アオコアカソ　Ⅰ-(*499*　1939)
アオコウガイゼキショウ　Ⅰ-(*185*　683)
アオゴウソ　Ⅰ-*219*　820

アオコヌカグサ属　Ⅰ-*266*
アオサギソウ　Ⅰ-*111*　388
アオジソ　Ⅱ-(*338*　3546)
アオスゲ　Ⅰ-*227*　851
アオスズラン　Ⅰ-*118*　414
アオタゴ　Ⅱ-*288*　3346
アオダモ　Ⅱ-*288*　3346
アオチドリ　Ⅰ-*107*　371
アオチリメンジソ　Ⅱ-*338*　3547
アオツヅラ　Ⅰ-(*305*　1161)
アオツヅラフジ　Ⅰ-*304*　1159
アオツヅラフジ属　Ⅰ-*304*
アオツリバナ　Ⅰ-*524*　2039
アオテンツキ　Ⅰ-*205*　762
アオテンナンショウ　Ⅰ-*65*　201
アオトド　Ⅰ-*18*　16
アオトドマツ　Ⅰ-*18*　16
アオナシ　Ⅰ-*438*　1696
アオナス　Ⅱ-(*283*　3328)
アオノイワレンゲ　Ⅰ-*371*　1428
アオノクジャクヒバ　Ⅰ-*25*　43
アオノクマタケラン　Ⅰ-(*176*　646)，*177*　649
アオノツガザクラ　Ⅱ-*218*　3066，(*218*　3067)
アオハコベ　Ⅱ-*130*　2716
アオバスゲ　Ⅰ-(*232*　870)
アオハダ　Ⅱ-*375*　3693
アオバナ　Ⅰ-*172*　630
アオバナハイノキ　Ⅱ-*197*　2984
アオバナヨウラクラン　Ⅰ-(*128*　454)
アオヒエスゲ　Ⅰ-*232*　870
アオヒメウツギ　Ⅱ-*167*　2862
アオビユ　Ⅱ-*150*　2796
アオフタバラン　Ⅰ-*121*　427
アオベンケイ　Ⅰ-*370*　1424
アオホオズキ　Ⅱ-*279*　3312
アオホソバタデ　Ⅱ-(*114*　2651)
アオミズ　Ⅰ-*495*　1921
アオミヤマウズラ　Ⅰ-(*124*　440)
アオモジ　Ⅰ-*52*　151
アオモリアザミ　Ⅱ-*456*　4019
アオモリトドマツ　Ⅰ-*19*　18
アオモリマンテマ　Ⅱ-*141*　2760
アオヤギソウ　Ⅰ-*90*　302；Ⅱ-*393*　3767
アオヤギバナ　Ⅱ-*393*　3767
アカイシリンドウ　Ⅱ-(*250*　3196)

アカイタヤ　Ⅱ-*49*　2390
アカエゾマツ　Ⅰ-*17*　9
アカエンドウ　Ⅰ-*411*　1585
アカガシ　Ⅰ-*505*　1961
アカギ　Ⅰ-*544*　2119
アカギ属　Ⅰ-*544*
アカギツツジ　Ⅱ-(*213*　3048)
アカキナノキ　Ⅱ-*245*　3176
アカキビ　Ⅰ-(*275*　1041)
アカコミヤマスミレ　Ⅰ-(*566*　2207)
アカザ　Ⅱ-*153*　2807
アカザ属　Ⅱ-*153*
アカシア属　Ⅰ-*379*
アカジソ　Ⅱ-*338*　3546
アカシデ　Ⅰ-*509*　1977
アカショウマ　Ⅰ-*355*　1364
アカスグリ　Ⅰ-*354*　1357
アカソ　Ⅰ-*499*　1937
アカヂシャ　Ⅰ-*55*　161
アカツメクサ　Ⅰ-*388*　1496
アカテツ　Ⅱ-*177*　2902
アカテツ科　Ⅱ-*177*
アカテツ属　Ⅱ-*177*
アカトド　Ⅰ-*19*　17
アカトドマツ　Ⅰ-*19*　17
アカナ　Ⅰ-*87*　2541
アカナス　Ⅱ-*284*　3330
アカヌマゴウソ　Ⅰ-*233*　873
アカヌマソウ　Ⅱ-*302*　3404
アカヌマフウロ　Ⅱ-*17*　2262
アカネ　Ⅱ-*244*　3170
アカネ科　Ⅱ-*230*
アカネカズラ　Ⅰ-*529*　2057
アカネスミレ　Ⅰ-*569*　2218
アカネ属　Ⅱ-*244*
アカネムグラ　Ⅱ-*245*　3173
アカノマンマ　Ⅱ-*113*　2648
アカバナ　Ⅱ-*25*　2295
アカバナオオケタデ　Ⅱ-*113*　2646
アカバナ科　Ⅱ-*25*
アカバナ属　Ⅱ-*25*
アカバナヒメイワカガミ　Ⅱ-(*199*　2991)
アカバナマンサク　Ⅰ-(*349*　1340)
アカバナルリハコベ　Ⅱ-(*189*　2950)
アカビユ　Ⅱ-(*150*　2793)
アカマツ　Ⅰ-*20*　23，(*20*　24)，(*21*　25)；Ⅱ-(*106*　2619)

和名索引
ア

アカミズキ　Ⅱ-235 3133
アカミズキ属　Ⅱ-235
アカミノイヌツゲ　Ⅱ-372 3682
アカミヤシオ　Ⅱ-235 3133
アカムシヨケギク　Ⅱ-432 3921
アカメ　Ⅰ-(552 2152)
アカメガシワ　Ⅰ-536 2086
アカメガシワ属　Ⅰ-536
アカメモチ　Ⅰ-445 1721
アカメヤナギ　Ⅰ-550 2143
アカモジ　Ⅱ-224 3090
アカモノ　Ⅱ-223 3085
アカヤシオ　Ⅱ-(213 3048)
アカヤジオウ　Ⅱ-351 3597
アカラギ　Ⅱ-(194 2972)
アカリファ　Ⅰ-535 2084
アカンサス　Ⅱ-363 3648
アキカサスゲ　Ⅰ-238 896
アキカラマツ　Ⅰ-325 1244
アキギリ　Ⅱ-332 3522
アキギリ属　Ⅱ-330
アキグミ　Ⅰ-478 1853
アキザキナギラン　Ⅰ-(134 478)
アキザキフクジュソウ　Ⅰ-(338 1294)
アキザキヤツシロラン　Ⅰ-119 420
アキザクラ　Ⅱ-415 3856
アキサンゴ　Ⅰ-(164 2852)
アキギスミレ　Ⅰ-558 2173
アキタブキ　Ⅱ-(446 3977)
アキチョウジ　Ⅱ-342 3563
アキギナシ　Ⅰ-69 220
アキニレ　Ⅰ-484 1880
アキノウナギツカミ　Ⅱ-119 2672, (120 2673)
アキノウナギヅル　Ⅱ-119 2672
アキノエノコログサ　Ⅰ-273 1033
アキノキリンソウ　Ⅱ-393 3766
アキノキリンソウ属　Ⅱ-393
アキノギンリョウソウ　Ⅱ-229 3111
アキノタムラソウ　Ⅱ-331 3519
アキノノゲシ　Ⅱ-(473 4087), 473 4088
アキノハハコグサ　Ⅱ-410 3834
アキノミチヤナギ　Ⅱ-112 2642
アキメヒシバ　Ⅰ-274 1040
アクシバ　Ⅱ-226 3100
アケビ　Ⅰ-303 1155, (303 1156)
アケビ科　Ⅰ-303
アケビカズラ　Ⅰ-303 1155
アケビ属　Ⅰ-303
アケボノシュスラン　Ⅰ-124 437
アケボノスミレ　Ⅰ-562 2191
アケボノソウ　Ⅱ-252 3204
アケボノツツジ　Ⅱ-213 3048
アコウ　Ⅰ-491 1906
アコウザンショウ　Ⅱ-53 2406
アコギ　Ⅰ-491 1906
アサ　Ⅰ-485 1882
アサ科　Ⅰ-485
アサガオ　Ⅱ-(72 2482), 273 3286, (383 3726)
アサガラ　Ⅱ-200 2993
アサガラ属　Ⅱ-200
アサギズイセン　Ⅰ-143 516
アサギリソウ　Ⅱ-437 3942
アサザ　Ⅱ-385 3733
アサザ属　Ⅱ-385
アサシラゲ　Ⅱ-129 2709
アサ属　Ⅰ-485
アサダ　Ⅰ-510 1981
アサダ属　Ⅰ-510
アサツキ　Ⅰ-147 531
アソノハカエデ　Ⅱ-45 2375
アサヒカエデ　Ⅱ-48 2387
アサヒシオギク　Ⅱ-429 3911
アサヒラン　Ⅰ-116 408
アザブタデ　Ⅱ-114 2650
アサマツゲ　Ⅰ-346 1326
アサマフウロ　Ⅱ-18 2265
アサマブドウ　Ⅱ-(225 3096)
アサマリンドウ　Ⅱ-247 3184
アザミカンギク　Ⅱ-427 3903
アザミゲシ　Ⅰ-296 1128
アザミゲシ属　Ⅰ-296
アザミコギク　Ⅱ-425 3896
アザミ属　Ⅱ-453
アザミヤグルマ　Ⅱ-468 4065
アザミヤグルマギク属　Ⅱ-468
アシ　Ⅰ-289 1098
アシイ　Ⅰ-279 1060
アシカキ　Ⅰ-242 911
アジサイ　Ⅱ-168 2867
アジサイ科　Ⅱ-166
アジサイ属　Ⅱ-168
アシタカジャコウソウ　Ⅱ-327 3503
アシタバ　Ⅱ-526 4300
アシダンセラ　Ⅰ-144 517
アシダンセラ属　Ⅰ-144
アシブトワダン　Ⅱ-483 4128
アシボソ　Ⅰ-286 1088
アシボソノアカバナ　Ⅰ-27 2303
アシボソ属　Ⅰ-286
アジマサ　Ⅰ-(167 609)
アジマメ　Ⅱ-415 1604
アシミナ　Ⅰ-47 132
アズキ　Ⅰ-414 1597
アズキナ　Ⅰ-(407 1571)
アズキナシ　Ⅰ-442 1709
アズキナシ属　Ⅰ-442
アズサ　Ⅰ-512 1990, 512 1991
アズサミネバリ　Ⅰ-513 1993
アスター　Ⅱ-(395 3774)
アスナロ　Ⅰ-24 39
アスナロ属　Ⅰ-24
アスパラガス　Ⅰ-160 582
アズマイチゲ　Ⅰ-329 1259
アズマイバラ　Ⅰ-(467 1812)
アズマガヤ　Ⅰ-253 955
アズマガヤ属　Ⅰ-253
アズマギク　Ⅱ-(402 3801), 404 3809
アズマザサ　Ⅰ-245 924
アズマザサ属　Ⅰ-245
アズマシャクナゲ　Ⅱ-214 3051
アズマシロカネソウ　Ⅰ-315 1203
アズマシロガネソウ　Ⅰ-(315 1203)
アズマタンポポ　Ⅱ-479 4110
アズマツメクサ　Ⅰ-372 1432
アズマツメクサ属　Ⅰ-372
アズマツリガネツツジ　Ⅱ-216 3059
アズマナルコ　Ⅰ-220 824
アズマネザサ　Ⅰ-244 920
アズマハンショウヅル　Ⅰ-(340 1301)
アズマヒガン　Ⅰ-424 1639
アズマミクリ　Ⅰ-179 660
アズマヤマアザミ　Ⅱ-458 4028
アゼオトギリ　Ⅰ-577 2249
アゼガヤ　Ⅰ-292 1112
アゼガヤ属　Ⅰ-292
アゼガヤツリ　Ⅰ-190 704
アゼスゲ　Ⅰ-217 812
アゼテンツキ　Ⅰ-204 759
アゼトウガラシ　Ⅱ-315 3456
アゼトウガラシ科　Ⅱ-315
アゼトウナ　Ⅱ-482 4123
アゼトウナ属　Ⅱ-481
アゼナ　Ⅱ-316 3457
アゼナ科　Ⅱ-315
アゼナ属　Ⅱ-315
アゼナルコスゲ　Ⅰ-220 821
アセビ　Ⅱ-221 3078
アセビ属　Ⅱ-221
アセボ　Ⅱ-221 3078
アゼムシロ　Ⅱ-383 3727
アダン　Ⅰ-89 299
アッケシソウ　Ⅱ-157 2822
アッケシソウ属　Ⅱ-157
アッサムチャ　Ⅱ-193 2965

555 和名索引 ア

アツシ　Ⅰ-484 1879
アツバキミガヨラン　Ⅰ-156 566
アツバクコ　Ⅱ-278 3305
アツバシマザクラ　Ⅱ-(232 3121)
アツバチトセラン　Ⅰ-161 586
アツバニガナ　Ⅱ-477 4101
アツミカンアオイ　Ⅰ-37 89
アツモリソウ　Ⅰ-106 366
アツモリソウ属　Ⅰ-106
アテ　Ⅰ-24 39
アデク　Ⅱ-33 2327
アナナス　Ⅰ-180 664
アネモネ　Ⅰ-331 1267
アブノメ　Ⅱ-304 3410
アブノメ属　Ⅱ-304
アブラガヤ　Ⅰ-200 742
アブラガヤ属　Ⅰ-199
アブラカンギク　Ⅱ-427 3902
アブラギク　Ⅱ-(426 3899), 426 3900, (427 3901), (427 3903)
アブラギリ　Ⅰ-537 2091
アブラギリ属　Ⅰ-537
アブラシバ　Ⅰ-236 886
アブラスギ属　Ⅰ-19
アブラススキ　Ⅰ-286 1087
アブラチャン　Ⅰ-55 162
アブラツツジ　Ⅱ-220 3074
アブラナ　Ⅱ-86 2537, (87 2542), (89 2549)
アブラナ科　Ⅱ-83
アブラナ属　Ⅱ-86
アブラナ目　Ⅱ-81
アフリカギク　Ⅱ-(394 3772)
アフリカキンセンカ　Ⅱ-388 3748
アフリカキンセンカ属　Ⅱ-388
アフリカスミレ属　Ⅱ-298
アフリカンマリゴールド　Ⅱ-(424 3889)
アベマキ　Ⅰ-503 1953
アボイアズマギク　Ⅱ-(404 3810)
アボカド　Ⅰ-51 147
アボカド属　Ⅰ-51
アマ　Ⅰ-571 2227
アマ科　Ⅰ-571
アマキ　Ⅱ-82 2521
アマギアマチャ　Ⅱ-169 2872
アマギカンアオイ　Ⅰ-39 98
アマギシャクナゲ　Ⅱ-214 3052
アマギツツジ　Ⅱ-211 3040
アマクサギ　Ⅱ-347 3584
アマズラ　Ⅰ-377 1449
アマ属　Ⅰ-571

アマダマシ　Ⅱ-287 3342
アマチャ　Ⅱ-170 2873
アマチャヅル　Ⅰ-522 2030
アマチャヅル属　Ⅰ-522
アマヅル　Ⅰ-376 1446
アマトウガラシ　Ⅱ-(285 3333)
アマドコロ　Ⅰ-164 597
アマドコロ属　Ⅰ-164
アマナ　Ⅰ-102 351
アマナ属　Ⅰ-102
アマニュウ　Ⅱ-527 4302
アマミテンナンショウ　Ⅰ-60 184
アマモ　Ⅰ-77 249
アマモ科　Ⅰ-77
アマモ属　Ⅰ-77
アマモドキ　Ⅱ-287 3342
アマリリス　Ⅰ-153 554
アマリリス属　Ⅰ-153
アミガサギリ属　Ⅰ-536
アミガサソウ　Ⅰ-535 2083
アミガサユリ　Ⅰ-96 326
アミダガサ　Ⅰ-(388 1494)
アミメロン　Ⅰ-518 2015
アメリカアゼナ　Ⅱ-316 3458
アメリカイヌホオズキ　Ⅱ-281 3320
アメリカイモ　Ⅱ-275 3295
アメリカオダマキ　Ⅰ-317 1212
アメリカギク　Ⅱ-403 3808
アメリカギク属　Ⅱ-403
アメリカキササゲ　Ⅱ-366 3657
アメリカシャクナゲ　Ⅱ-204 3009
アメリカスズカケノキ　Ⅰ-(344 1318), (344 1319), 344 1320
アメリカセンダイハギ属　Ⅰ-386
アメリカセンダングサ　Ⅱ-417 3863
アメリカセンノウ　Ⅱ-144 2772
アメリカタカサブロウ　Ⅱ-(418 3867)
アメリカカヅタ　Ⅰ-377 1450
アメリカデイゴ　Ⅱ-418 1616
アメリカナデシコ　Ⅱ-147 2781
アメリカネナシカズラ　Ⅱ-276 3299
アメリカバナ　Ⅱ-(249 3190)
アメリカハマグルマ属　Ⅱ-419
アメリカフウ　Ⅱ-348 1336
アメリカフウロ　Ⅱ-18 2267
アメリカフヨウ　Ⅱ-72 2481
アメリカボウフウ　Ⅱ-530 4316
アメリカボウフウ属　Ⅱ-530
アメリカヤマゴボウ　Ⅱ-159 2830

アメリカヤマボウシ　Ⅱ-164 2851
アメリカロウバイ属　Ⅰ-49
アヤメ　Ⅰ-(56 166), 137 491
アヤメ科　Ⅰ-137
アヤメ属　Ⅰ-137
アラカシ　Ⅰ-504 1958, (504 1959), (504 1960)
アラゲアオダモ　Ⅱ-(288 3346)
アラゲアカサンザシ　Ⅰ-447 1732
アラゲハンゴンソウ　Ⅱ-419 3869
アラゲヒョウタンボク　Ⅱ-495 4174
アラシグサ　Ⅰ-361 1385
アラシグサ属　Ⅰ-361
アラセイトウ　Ⅱ-103 2605, 103 2606
アラセイトウ属　Ⅱ-103
アララギ　Ⅱ-(217 3063)
アリアケカズラ　Ⅱ-263 3247
アリアケカズラ属　Ⅱ-263
アリアケスミレ　Ⅰ-(567 2211), 567 2212
アリサンアイ　Ⅱ-363 3647
アリサンミズ　Ⅰ-495 1924
アリタソウ　Ⅱ-155 2815, 325 3495
アリタソウ属　Ⅱ-155
アリドオシ　Ⅱ-239 3149
アリドオシ属　Ⅱ-239
アリドオシラン　Ⅰ-125 441
アリドオシラン属　Ⅰ-125
アリノトウグサ　Ⅰ-374 1437
アリノトウグサ科　Ⅰ-374
アリノトウグサ属　Ⅰ-374
アリノミ　Ⅰ-439 1698
アリマウマノスズクサ　Ⅰ-43 116
アリマグミ　Ⅰ-477 1850
アリマラン　Ⅰ-(108 373)
アリモリソウ　Ⅱ-365 3653
アリモリソウ属　Ⅱ-365
アリワラススキ　Ⅰ-284 1079
アルセム　Ⅱ-(437 3944)
アルニカ　Ⅱ-440 3955
アルファルファ　Ⅰ-(390 1502)
アルメリア　Ⅱ-107 2624
アレチギシギシ　Ⅱ-110 2633
アレチノギク　Ⅱ-406 3818
アレノノギク　Ⅱ-401 3800
アロエ属　Ⅰ-146
アワ　Ⅰ-(272 1032), 273 1035
アワガエリ　Ⅰ-263 996, (264 997)

ア

アワガエリ属　Ⅰ-263
アワコガネギク　Ⅱ-427 3904
アワゴケ　Ⅱ-311 3440
アワゴケ属　Ⅱ-311
アワスゲ　Ⅰ-221 825
アワ属　Ⅰ-272
アワダチソウ　Ⅱ-(393 3766)
アワダン属　Ⅱ-54
アワブキ　Ⅰ-342 1312
アワブキ科　Ⅰ-342
アワブキ属　Ⅰ-342
アワブキ目　Ⅰ-342
アワボスゲ　Ⅰ-237 890
アワモリショウマ　Ⅰ-356 1367
アワモリソウ　Ⅰ-356 1367
アワユキニシキソウ　Ⅰ-(542 2110)
アンジャベル　Ⅱ-(146 2777)
アンズ　Ⅰ-422 1629, (423 1634)
アンズ属　Ⅰ-422
アンニンゴ　Ⅰ-(430 1661)
アンペラ　Ⅰ-195 724
アンペライ　Ⅰ-207 772
アンペラ属　Ⅰ-195
アンモビウム　Ⅱ-411 3838

イ

イ　Ⅰ-184 678, (184 679)
イイギリ　Ⅰ-549 2138
イイギリ属　Ⅰ-549
イイデリンドウ　Ⅱ-249 3189
イイヌマムカゴ　Ⅰ-114 400
イオウソウ　Ⅱ-188 2945
イオウトウキイチゴ　Ⅰ-454 1758
イガオナモミ　Ⅱ-422 3883
イガガヤツリ　Ⅰ-193 716
イガクサ　Ⅰ-209 779
イガホオズキ　Ⅱ-280 3313
イガホオズキ属　Ⅱ-279
イカリソウ　Ⅰ-308 1175, (310 1182)
イカリソウ属　Ⅰ-308
イキクサ　Ⅰ-369 1420
イグサ　Ⅰ-184 678
イグサ科　Ⅰ-183
イグサ属　Ⅰ-183
イケマ　Ⅱ-256 3218
イケマ属　Ⅱ-256
イザヨイバラ　Ⅰ-465 1801
イシゲヤキ　Ⅰ-484 1880
イシソネ　Ⅰ-509 1978
イシヅチテンナンショウ　Ⅰ-63 194
イシヅチボウフウ　Ⅱ-523 4287

イシミカワ　Ⅱ-121 2678
イシモチソウ　Ⅱ-128 2706
イズカニコウモリ　Ⅱ-447 3981
イズシロカネソウ　Ⅰ-(315 1204)
イズセンリョウ　Ⅱ-190 2954
イズセンリョウ属　Ⅱ-190
イスノキ　Ⅰ-351 1345
イスノキ属　Ⅰ-351
イズハハコ属　Ⅱ-406
イズホオコ　Ⅱ-406 3820
イセイチゴ　Ⅰ-458 1774
イセハナビ　Ⅱ-362 3644
イセハナビ属　Ⅱ-362
イセビ　Ⅱ-488 4147
イソカンギク　Ⅱ-401 3798
イソギク　Ⅱ-429 3909, (429 3910)
イソザンショウ　Ⅰ-446 1727
イソスミレ　Ⅰ-561 2185
イソツツジ　Ⅱ-204 3011
イソノキ　Ⅰ-482 1871
イソノギク　Ⅱ-401 3797
イソノキ属　Ⅰ-482
イソハナビ　Ⅰ-108 2628
イソフサギ　Ⅰ-152 2804
イソフサギ属　Ⅱ-152
イソフジ　Ⅰ-384 1477
イソホウキ　Ⅱ-157 2821
イソホウキギ　Ⅱ-157 2821
イソマツ　Ⅱ-108 2628
イソマツ科　Ⅱ-107
イソマツ属　Ⅱ-108
イソヤマアオキ　Ⅰ-304 1160
イソヤマダケ　Ⅰ-(304 1160)
イソヤマテンツキ　Ⅰ-205 761
イタイタグサ　Ⅰ-492 1911
イタジイ　Ⅰ-506 1967
イタチガヤ　Ⅰ-287 1092
イタチガヤ属　Ⅰ-287
イタチササゲ　Ⅰ-410 1583
イタチジソ　Ⅱ-329 3510
イタドリ　Ⅱ-123 2686
イタビ　Ⅰ-490 1904
イタビカズラ　Ⅰ-490 1901
イタブ　Ⅰ-490 1904
イタヤカエデ　Ⅱ-48 2386, (48 2387), (48 2388)
イタヤメイゲツ　Ⅱ-(44 2372)
イチイ　Ⅰ-30 62, (30 63), 506 1965; Ⅱ-(217 3063)
イチイ科　Ⅰ-29
イチイガシ　Ⅰ-506 1965
イチイ属　Ⅰ-30
イチガシ　Ⅰ-506 1965
イチゲキスミレ　Ⅰ-555 2164

イチゲソウ　Ⅰ-(329 1257)
イチゲフウロ　Ⅱ-15 2256
イチゴツナギ　Ⅰ-265 1004
イチゴツナギ属　Ⅰ-265
イチジク　Ⅰ-489 1900, (490 1904)
イチジク属　Ⅰ-489
イチハツ　Ⅰ-140 503
イチビ　Ⅱ-67 2462, 76 2498
イチビ属　Ⅱ-67
イチヤクソウ　Ⅱ-227 3102
イチヤクソウ属　Ⅱ-227
イチョウ　Ⅰ-15 2
イチョウ科　Ⅰ-15
イチョウ属　Ⅰ-15
イチョウチドリ　Ⅰ-110 381
イチョウ目　Ⅰ-15
イチョウラン　Ⅰ-130 464
イチョウラン属　Ⅰ-130
イチリンソウ　Ⅰ-329 1257
イチリンソウ属　Ⅰ-329
イチロベゴロシ　Ⅰ-515 2004
イッポンスゲ　Ⅰ-217 809
イツモデシャ　Ⅱ-153 2805
イトイ　Ⅰ-187 691
イトイヌノハナヒゲ　Ⅰ-209 777
イトイヌノヒゲ　Ⅰ-181 665
イトカケソウ　Ⅱ-341 3559
イトキンスゲ　Ⅰ-211 788
イトキンポウゲ　Ⅰ-333 1273
イトクズモ　Ⅰ-78 253
イトクズモ属　Ⅰ-78
イトザクラ　Ⅰ-424 1638
イトスイラン　Ⅱ-(472 4084)
イトスゲ　Ⅰ-229 858
イトススキ　Ⅰ-284 1077
イトテンツキ　Ⅰ-207 769
イトトリゲモ　Ⅰ-74 240
イトハコベ　Ⅱ-132 2722
イトハナビテンツキ　Ⅰ-206 768
イトヒバ　Ⅰ-(26 46)
イトヒメハギ　Ⅰ-419 1618
イトモ　Ⅰ-73 234, 79 258, 81 265
イトヤナギ　Ⅰ-553 2153
イトヤナギモ　Ⅰ-81 265
イトラン　Ⅰ-156 568
イトラン属　Ⅰ-156
イナカギク　Ⅱ-399 3790
イナモリソウ　Ⅱ-237 3144
イナモリソウ属　Ⅱ-237
イヌアワ　Ⅰ-273 1036
イヌイ　Ⅰ-184 677
イヌエンジュ　Ⅰ-385 1481, (385 1482)

イヌエンジュ属　Ⅰ-385	イヌマキ属　Ⅰ-22	1917)
イヌカキネガラシ　Ⅱ-102 2603	イヌムギ　Ⅰ-252　950	イラクサ科　Ⅰ-492
イヌガシ　Ⅰ-52　149	イヌムラサキ　Ⅱ-269　3272	イラクサ属　Ⅰ-492
イヌガヤ　Ⅰ-29　60,（30　61)	イヌムラサキシキブ　Ⅱ-345 3573	イリオモテニシキソウ　Ⅰ-543 2116
イヌガヤ属　Ⅰ-29	イヌヤマハッカ　Ⅱ-343　3565	イリオモテハイノキ　Ⅱ-（197 2984)
イヌガラシ　Ⅱ-91　2557	イヌヨモギ　Ⅱ-435　3935	イルカンダ　Ⅰ-418　1613
イヌガラシ属　Ⅱ-90	イヌリンゴ　Ⅰ-441　1707	イロハカエデ　Ⅱ-（43　2366)
イヌカンゾウ　Ⅰ-386　1486	イネ　Ⅰ-241　908,（242　909)	イロハソウ　Ⅱ-125　2696
イヌガンピ　Ⅱ-79　2511	イネ科　Ⅰ-241	イロハモミジ　Ⅱ-（43　2366)
イヌクグ　Ⅰ-195　721	イネ属　Ⅰ-241	イロマツヨイ　Ⅱ-31　2317
イヌグス　Ⅰ-50　144	イネ目　Ⅰ-178	イワアカザ　Ⅱ-154　2811
イヌコウジュ　Ⅱ-339　3552	イネラ　Ⅰ-（100　344)	イワアカバナ　Ⅱ-26　2299
イヌコウジュ属　Ⅱ-339	イノコシバ　Ⅰ-196　2980	イワイチョウ　Ⅰ-385　3735
イヌゴマ　Ⅱ-330　3513	イノコヅチ　Ⅱ-149　2789	イワイチョウ属　Ⅰ-385
イヌゴマ属　Ⅱ-330	イノコヅチ属　Ⅱ-148	イワインチン　Ⅰ-430　3913
イヌコリヤナギ　Ⅰ-551　2148	イノンド　Ⅱ-520　4275	イワウイキョウ　Ⅱ-（522　4281)
イヌザクラ　Ⅰ-429　1660	イノンド属　Ⅱ-520	イワウチワ属　Ⅰ-198
イヌサフラン　Ⅰ-93　314	イハイヅル　Ⅱ-162　2841	イワウメ　Ⅱ-198　2986
イヌサフラン科　Ⅰ-93	イバナシ　Ⅱ-219　3069	イワウメ科　Ⅱ-198
イヌサフラン属　Ⅰ-93	イバラ　Ⅰ-（468　1816)	イワウメ属　Ⅱ-198
イヌザンショウ　Ⅰ-52　2404	イバラモ　Ⅰ-73　236	イワウメヅル　Ⅰ-528　2056
イヌシデ　Ⅰ-508　1976	イバラモ属　Ⅰ-73	イワオウギ　Ⅰ-396　1527
イヌシュロチク　Ⅰ-166　607	イブキ　Ⅰ-28　53	イワオウギ属　Ⅰ-396
イヌショウマ　Ⅰ-324　1238	イブキガラシ　Ⅱ-90　2553	イワカガミ　Ⅱ-199　2989
イヌシロネ　Ⅱ-336　3539	イブキコゴメグサ　Ⅱ-353 3608	イワカガミ属　Ⅱ-199
イヌセンブリ　Ⅱ-254　3209	イブキシモツケ　Ⅰ-435　1682,（435　1683)	イワカガミダマシ属　Ⅱ-190
イヌタデ　Ⅱ-113　2648		イワガサ　Ⅰ-435　1684
イヌタデ属　Ⅱ-113	イブキジャコウソウ　Ⅱ-335 3535	イワガネ　Ⅰ-501　1945
イヌタヌキモ　Ⅱ-（360　3634)	イブキジャコウソウ属　Ⅱ-335	イワガラミ　Ⅱ-172　2882
イヌタムラソウ　Ⅱ-331　3520	イブキスミレ　Ⅰ-561　2186	イワガラミ属　Ⅱ-172
イヌヂシャ　Ⅱ-264　3252	イブキゼリ　Ⅱ-（521　4279)	イワギリヤス　Ⅰ-260　981
イヌツゲ　Ⅱ-（105　2613),　372 3684,（373　3685),（373　3687)	イブキゼリモドキ　Ⅱ-521　4279	イワキアブラガヤ　Ⅰ-200　744
	イブキトラノオ　Ⅱ-125　2693	イワギキョウ　Ⅱ-376　3699,（376　3700)
イヌツヅラ　Ⅰ-（306　1165)	イブキトラノオ属　Ⅱ-125	
イヌトウキ　Ⅰ-523　4288	イブキヌカボ　Ⅰ-264　1000	イワギク　Ⅱ-（428　3907)
イヌドウナ　Ⅱ-（448　3985)	イブキヌカボ属　Ⅰ-264	イワキスゲ　Ⅰ-223　833
イヌトウバナ　Ⅱ-334　3531	イブキノエンドウ　Ⅰ-405　1564	イワギボウシ　Ⅰ-159　577
イヌナズナ　Ⅱ-96　2577	イブキフウロ　Ⅱ-17　2261	イワギリソウ　Ⅱ-296　3379
イヌナズナ属　Ⅱ-95	イブキボウフウ　Ⅱ-519　4271	イワギリソウ属　Ⅱ-296
イヌノシッポバナ　Ⅱ-（185 2936)	イブキボウフウ属　Ⅱ-519	イワキンバイ　Ⅰ-469　1820
	イボクサ　Ⅰ-172　632	イワグスリ　Ⅰ-（131　465)
イヌノハナヒゲ　Ⅰ-208　774,（208　775)	イボクサ属　Ⅰ-172	イワザクラ　Ⅱ-182　2924
	イボタノキ　Ⅱ-290　3355	イワザンショウ　Ⅱ-52　2403
イヌノヒゲ　Ⅰ-（182　672)	イボタノキ属　Ⅱ-（289　3352),　290	イワシデ　Ⅰ-509　1980
イヌノフグリ　Ⅱ-304　3411		イワシモツケ　Ⅰ-433　1675,（433　1676)
イヌハギ　Ⅰ-402　1552	イボタヒョウタンボク　Ⅱ-496 4180	
イヌハッカ　Ⅱ-325　3494		イワシャジン　Ⅰ-378　3705
イヌハッカ属　Ⅱ-325	イボラン　Ⅰ-132　471	イワショウブ　Ⅰ-67　212
イヌビエ　Ⅰ-276　1045	イマメガシ　Ⅰ-503　1956	イワショウブ属　Ⅰ-67
イヌビユ　Ⅱ-151　2797	イモノキ　Ⅰ-509　4229	イワスゲ　Ⅰ-224　838
イヌビワ　Ⅰ-490　1904	イヨカズラ　Ⅱ-256　3220,（257 3223),　259　3231	イワセントウソウ　Ⅱ-516　4257
イヌブシ　Ⅰ-511　1987		イワセントウソウ属　Ⅱ-516
イヌブナ　Ⅰ-501　1948	イヨフウロ　Ⅱ-17　2264	イワタイゲキ　Ⅰ-540　2102
イヌホオズキ　Ⅱ-281　3319	イラクサ　Ⅰ-492　1911,（494	イワタケソウ　Ⅰ-253　956
イヌホタルイ　Ⅰ-（197　731)		イワタデ　Ⅱ-124　2691
イヌマキ　Ⅰ-23　33		

イワタバコ Ⅱ-296 3378
イワタバコ科 Ⅱ-295
イワタバコ属 Ⅱ-296
イワダレソウ Ⅱ-367 3663
イワダレソウ属 Ⅱ-367
イワチドリ Ⅰ-108 376
イワツクバネウツギ Ⅱ-494 4171
イワツクバネウツギ属 Ⅱ-494
イワヅタイ Ⅱ-236 3139
イワツツジ Ⅱ-225 3095
イワツバキ Ⅱ-220 3076
イワツメクサ Ⅰ-132 2723
イワツリガネソウ Ⅱ-378 3705
イワテトウキ Ⅰ-522 4284
イワテヤマナシ Ⅰ-438 1695
イワナシ Ⅱ-219 3069
イワナシ属 Ⅱ-219
イワナンテン Ⅱ-220 3076
イワナンテン属 Ⅱ-220
イワニガナ Ⅱ-478 4105
イワニンジン Ⅱ-523 4286
イワノガリヤス Ⅰ-260 981
イワハギ Ⅰ-237 3143
イワハゼ・ Ⅰ-223 3085
イワハタザオ Ⅱ-98 2585
イワヒゲ Ⅱ-222 3083
イワヒゲ属 Ⅱ-222
イワブキ Ⅰ-359 1377
イワブクロ Ⅱ-302 3401
イワブクロ属 Ⅱ-302
イワフジ Ⅰ-391 1506
イワベンケイ Ⅰ-372 1430
イワベンケイ属 Ⅰ-372
イワボタン Ⅰ-(361 1387)
イワヤツデ Ⅰ-357 1370
イワヤツデ属 Ⅰ-357
イワヤナギ Ⅰ-(436 1687), 552 2149
イワユキノシタ Ⅰ-357 1369
イワユキノシタ属 Ⅰ-357
イワヨモギ Ⅱ-430 3913
イワラン Ⅰ-(108 373)
イワレンゲ Ⅰ-371 1426
イワレンゲ属 Ⅰ-371
イングリッシュアイビー Ⅱ-509 4232
インゲンマメ Ⅰ-(413 1594), 415 1604
インゲンマメ属 Ⅰ-413
インチンナズナ Ⅱ-83 2527
インドゴムノキ Ⅰ-492 1909
インドシクンシ Ⅱ-(19 2272)
インドソケイ Ⅱ-(264 3250)
インドソケイ属 Ⅱ-264
インドハマユウ Ⅰ-(150 542)
インドボダイジュ Ⅰ-491

1908; Ⅱ-(75 2494)

ウ

ウイキョウ Ⅱ-520 4274
ウイキョウ属 Ⅱ-520
ウエマツソウ Ⅰ-88 293
ウオノホネヌキ Ⅱ-38 2346
ウキオモダカ Ⅰ-69 219
ウキクサ Ⅰ-57 171
ウキクサ属 Ⅰ-57
ウキシバ Ⅰ-279 1059
ウキシバ属 Ⅰ-279
ウキツリボク Ⅱ-67 2463
ウキヤガラ Ⅰ-(179 659), 199 737
ウキヤガラ属 Ⅰ-199
ウグイスカグラ Ⅱ-(495 4175), 495 4176
ウグイスナ Ⅱ-87 2542
ウグイスノキ Ⅱ-495 4176
ウケザキオオヤマレンゲ Ⅰ-46 126
ウケラ Ⅱ-(468 4067)
ウゴアザミ Ⅱ-454 4011
ウコギ科 Ⅱ-504
ウゴツクバネウツギ Ⅱ-493 4168
ウコン Ⅰ-178 653
ウコンウツギ Ⅱ-499 4192
ウコンウツギ属 Ⅱ-499
ウコン属 Ⅰ-177
ウコンバナ Ⅰ-54 158
ウサギアオイ Ⅱ-68 2468
ウサギギク Ⅱ-440 3953
ウサギギク属 Ⅱ-440
ウサギソウ Ⅱ-(477 4102)
ウサギノオ Ⅰ-263 993
ウサギノオ属 Ⅰ-263
ウシオツメクサ Ⅱ-139 2749
ウシオツメクサ属 Ⅱ-139
ウシカバ Ⅱ-372 3681
ウシクグ Ⅰ-190 703
ウシクサ Ⅰ-282 1069
ウジクサ Ⅰ-399 1538
ウシクサ属 Ⅰ-282
ウシコロシ Ⅰ-445 1724
ウシタキソウ Ⅱ-30 2313
ウシノケグサ Ⅰ-270 1022
ウシノケグサ属 Ⅰ-269
ウシノシッペイ Ⅰ-283 1073
ウシノシッペイ属 Ⅰ-283
ウシノソウメン Ⅱ-(276 3297)
ウシヒタイ Ⅱ-118 2668
ウシハコベ Ⅱ-129 2710
ウシブドウ Ⅰ-33 74
ウジルカンダ Ⅰ-418 1613
ウスイロスゲ Ⅰ-213 794

ウスガサネオオシマ Ⅰ-426 1646
ウスギナツノタムラソウ Ⅱ-(331 3518)
ウスキムヨウラン Ⅰ-116 407
ウスギモクセイ Ⅱ-(292 3364), 293 3365
ウスギヨウラク Ⅱ-216 3058
ウスゲサンカクヅル Ⅰ-(376 1445)
ウスゲタマブキ Ⅱ-(447 3983), (447 3984)
ウスゲチョウジタデ Ⅱ-28 2308
ウスノキ Ⅱ-224 3090
ウスバサイシン Ⅰ-42 109, (42 111)
ウスバスミレ Ⅰ-563 2195
ウスバトリカブト Ⅰ-(320 1221)
ウスバヒョウタンボク Ⅱ-497 4182
ウスベニカノコソウ Ⅱ-491 4160
ウスベニツメクサ Ⅱ-139 2750
ウスベニニガナ Ⅱ-451 3999
ウスユキクチナシグサ Ⅱ-359 3630
ウスユキソウ Ⅱ-407 3821
ウスユキソウ属 Ⅱ-407
ウスユキムグラ Ⅱ-240 3153
ウズラバハクサンチドリ Ⅰ-(107 370)
ウゼントリカブト Ⅰ-320 1224
ウダイカンバ Ⅰ-(511 1986), 512 1989
ウチコミツルミヤマシキミ Ⅱ-(57 2423)
ウチダシミヤマシキミ Ⅱ-57 2423
ウチムラサキ Ⅱ-(62 2444)
ウチョウラン Ⅰ-108 373
ウチョウラン属 Ⅰ-108
ウチワサボテン Ⅱ-163 2847
ウチワサボテン属 Ⅱ-163
ウチワドコロ Ⅰ-87 289
ウツギ Ⅱ-166 2859
ウツギ属 Ⅱ-166
ウツボカズラ Ⅱ-128 2708
ウツボカズラ科 Ⅱ-128
ウツボカズラ属 Ⅱ-128
ウツボグサ Ⅱ-326 3499
ウツボグサ属 Ⅱ-326
ウツロハギ Ⅱ-(343 3567)
ウド Ⅱ-510 4233
ウドカズラ Ⅰ-378 1454

ウナギツカミ Ⅱ-120 2673
ウナギヅル Ⅱ-120 2673
ウノハナ Ⅱ-166 2859
ウバガネモチ Ⅱ-190 2954
ウバタケニンジン Ⅱ-524 4290
ウバヒガン Ⅰ-(424 1638), 424 1639, (426 1647), (428 1655)
ウバメガシ Ⅰ-503 1956
ウバユリ Ⅰ-97 331
ウバユリ属 Ⅰ-97
ウベ Ⅰ-304 1158
ウマグリ Ⅱ-41 2359
ウマゴヤシ Ⅰ-389 1499
ウマゴヤシ属 Ⅰ-389
ウマザサ Ⅰ-246 927
ウマスゲ Ⅰ-240 902
ウマノアシガタ Ⅰ-335 1282
ウマノスズクサ Ⅰ-43 114
ウマノスズクサ科 Ⅰ-36
ウマノスズクサ属 Ⅰ-43
ウマノミツバ Ⅰ-511 4240
ウマノミツバ属 Ⅱ-511
ウマメガシ Ⅰ-503 1956
ウミジグサ属 Ⅰ-82
ウミショウブ Ⅰ-75 242
ウミショウブ属 Ⅰ-75
ウミヒルモ Ⅰ-(75 244)
ウミヒルモ属 Ⅰ-75
ウメ Ⅰ-422 1630, (422 1631), (422 1632), (423 1633), (423 1634)
ウメウツギ Ⅱ-167 2864
ウメガサソウ Ⅱ-228 3108
ウメガサソウ属 Ⅱ-228
ウメザキイカリソウ Ⅰ-310 1182
ウメザキウツギ Ⅰ-431 1667
ウメザキサバノオ属 Ⅰ-328
ウメハタザオ Ⅱ-(98 2585)
ウメバチソウ Ⅰ-529 2060
ウメバチソウ属 Ⅰ-529
ウメバチモ Ⅰ-337 1291
ウメモドキ Ⅰ-374 3689, (374 3690)
ウヤク Ⅰ-54 160
ウラギク Ⅱ-402 3804
ウラギク属 Ⅱ-402
ウラゲエンコウカエデ Ⅱ-(48 2387)
ウラシマソウ Ⅰ-61 187
ウラシマツツジ Ⅱ-223 3088
ウラシマツツジ属 Ⅱ-223
ウラジロアカザ Ⅱ-154 2810
ウラジロアザミ Ⅱ-461 4038
ウラジロイチゴ Ⅰ-458 1776

ウラジロウツギ Ⅱ-167 2863
ウラジロエノキ Ⅰ-486 1888
ウラジロエノキ属 Ⅰ-486
ウラジロガシ Ⅰ-505 1963
ウラジロカンコノキ Ⅰ-547 2129
ウラジロカンバ Ⅰ-512 1992
ウラジロキンバイ Ⅰ-470 1824
ウラジロコムラサキ Ⅱ-346 3580
ウラジロタデ Ⅱ-(124 2691), 124 2692
ウラジロタラノキ Ⅰ-510 4235
ウラジロナナカマド Ⅰ-443 1714
ウラジロノキ Ⅰ-442 1710
ウラジロフジウツギ Ⅱ-(314 3451)
ウラジロモミ Ⅰ-18 14
ウラジロヨウラク Ⅱ-216 3059
ウラハグサ Ⅰ-289 1097
ウラハグサ属 Ⅰ-289
ウラベニイチゲ Ⅰ-(329 1257)
ウリ科 Ⅰ-516
ウリカエデ Ⅱ-46 2380
ウリカワ Ⅰ-70 221
ウリクサ Ⅱ-315 3453
ウリノキ Ⅰ-165 2855
ウリノキ属 Ⅱ-165
ウリハダカエデ Ⅱ-47 2381
ウリ目 Ⅰ-515
ウルイ Ⅰ-(157 570)
ウルシ Ⅱ-39 2352
ウルシ科 Ⅱ-38
ウルシ属 Ⅱ-39
ウルチキビ Ⅰ-(275 1041)
ウルップソウ Ⅱ-299 3392
ウルップソウ属 Ⅱ-299
ウワバミソウ Ⅰ-496 1926
ウワバミソウ属 Ⅰ-496
ウワミズザクラ Ⅰ-430 1661
ウワミズザクラ属 Ⅰ-429
ウンシュウミカン Ⅱ-60 2434
ウンゼンカンアオイ Ⅱ-40 102
ウンゼンツツジ Ⅱ-209 3032
ウンゼンマンネングサ Ⅰ-365 1404
ウンタイアブラナ Ⅱ-(86 2537)
ウンヌケ Ⅰ-287 1090
ウンヌケ属 Ⅰ-287
ウンヌケモドキ Ⅰ-287 1091
ウンラン Ⅱ-300 3396
ウンラン属 Ⅱ-300

エ

エ Ⅰ-(486 1886)

エイザンカタバミ Ⅰ-531 2067
エイザンスミレ Ⅰ-(570 2221), 570 2222
エイザンユリ Ⅰ-(100 343)
エーデルワイス Ⅰ-(407 3822), 408 3825
エキサイゼリ Ⅱ-515 4254
エキサイゼリ属 Ⅱ-515
エゴノキ Ⅱ-200 2995
エゴノキ科 Ⅱ-200
エゴノキ属 Ⅱ-200
エゴマ Ⅱ-339 3549
エゾアオイスミレ Ⅰ-561 2188
エゾアカバナ Ⅱ-25 2296
エゾアジサイ Ⅱ-(169 2870), 169 2871
エゾアブラガヤ Ⅰ-200 743
エゾアリドオシ Ⅱ-493 4165
エゾイタヤ Ⅱ-49 2389, (49 2391)
エゾイチゲ Ⅰ-330 1262
エゾイチゴ Ⅰ-455 1764
エゾイヌゴマ Ⅱ-(330 3513)
エゾイヌナズナ Ⅱ-96 2580
エゾイラクサ Ⅰ-493 1913
エゾウコギ Ⅱ-507 4223
エゾウコギ属 Ⅱ-506
エゾウサギギク Ⅱ-(440 3953)
エゾエノキ Ⅰ-486 1887
エゾエンゴサク Ⅰ-301 1148
エゾオオサクラソウ Ⅱ-(182 2921)
エゾオオバコ Ⅱ-299 3389
エゾオオヤマハコベ Ⅱ-131 2718
エゾオトギリ Ⅰ-576 2248
エゾオニシバリ Ⅱ-78 2507
エゾカワズスゲ Ⅰ-213 794
エゾキイチゴ Ⅰ-455 1764
エゾギク Ⅱ-395 3774
エゾギク属 Ⅱ-395
エゾキケマン Ⅰ-303 1154
エゾキンポウゲ Ⅰ-334 1280
エゾクガイソウ Ⅰ-310 3435
エゾコウゾリナ Ⅱ-470 4076
エゾコザクラ Ⅱ-180 2913
エゾゴゼンタチバナ Ⅱ-165 2854
エゾシオガマ Ⅱ-355 3615
エゾシモツケ Ⅰ-435 1681
エゾシロネ Ⅱ-337 3541
エゾスカシユリ Ⅰ-(99 337)
エゾスグリ Ⅰ-353 1356
エゾスズシロ Ⅱ-101 2597
エゾスズシロ属 Ⅱ-101
エゾスミレ Ⅰ-570 2222

エゾゼキショウ Ⅰ-76 246
エゾタイセイ Ⅱ-85 2533
エゾタカネツメクサ Ⅱ-135 2735
エゾタカネニガナ Ⅱ-481 4117
エゾタカラコウ Ⅱ-444 3970
エゾタチカタバミ Ⅰ-531 2065
エゾタンポポ Ⅰ-479 4112
エゾツツジ Ⅱ-204 3010
エゾツツジ属 Ⅱ-204
エゾツルキンバイ Ⅰ-471 1826
エゾトリカブト Ⅰ-320 1221
エゾナツボウズ Ⅱ-78 2507
エゾナナカマド Ⅰ-443 1713
エゾナミキ Ⅱ-323 3486
エゾニガクサ Ⅱ-320 3474
エゾニュウ Ⅱ-526 4297
エゾニワトコ Ⅱ-484 4131
エゾヌカボ Ⅰ-261 985
エゾネギ Ⅰ-147 532
エゾノウワミズザクラ Ⅰ-430 1662
エゾノカワヂシャ Ⅱ-307 3424
エゾノギシギシ Ⅱ-110 2634
エゾノキツネアザミ Ⅱ-462 4041
エゾノキヌヤナギ Ⅰ-553 2156
エゾノキリンソウ Ⅰ-368 1414
エゾノクサイチゴ Ⅰ-475 1841
エゾノクロクモソウ Ⅰ-(359 1377)
エゾノコウボウムギ Ⅰ-214 799
エゾノコギリソウ Ⅱ-424 3892
エゾノコリンゴ Ⅰ-441 1705
エゾノシシウド Ⅱ-528 4308
エゾノシシウド属 Ⅱ-528
エゾノシジミバナ Ⅰ-437 1689
エゾノジャニンジン Ⅱ-93 2567
エゾノシロバナシモツケ Ⅰ-436 1685
エゾノタウコギ Ⅱ-417 3862
エゾノタカネヤナギ Ⅰ-554 2160
エゾノタチツボスミレ Ⅰ-559 2177
エゾノチチコグサ Ⅱ-409 3832
エゾノチチコグサ属 Ⅱ-409
エゾノツガザクラ Ⅱ-(218 3067), 218 3068
エゾノヒメクワガタ Ⅱ-306 3417
エゾノヒルムシロ Ⅰ-(79 260)
エゾノホソバトリカブト Ⅰ-319 1217
エゾノマルバシモツケ Ⅰ-434 1679
エゾノミズタデ Ⅱ-118 2665
エゾノミツモトソウ Ⅰ-472 1832
エゾノミヤマハコベ Ⅱ-129 2712
エゾノムカシヨモギ Ⅱ-404 3811
エゾノヨモギギク Ⅱ-(432 3922)
エゾノヨロイグサ Ⅱ-525 4296
エゾノレイジンソウ Ⅰ-318 1214
エゾノレンリソウ Ⅰ-409 1578
エゾハコベ Ⅱ-131 2719
エゾハタザオ Ⅱ-100 2595
エゾハタザオ属 Ⅱ-100
エゾハンショウヅル Ⅰ-(341 1307)
エゾヒナノウスツボ Ⅱ-314 3449
エゾヒョウタンボク Ⅱ-498 4187
エゾフウロ Ⅱ-17 2261
エゾフスマ Ⅱ-131 2720
エゾヘビイチゴ Ⅰ-474 1840
エゾボウフウ Ⅱ-517 4262
エゾボウフウ属 Ⅱ-517
エゾホソイ Ⅰ-183 676
エゾマツ Ⅰ-15 4, (16 5)
エゾマンテマ Ⅱ-140 2754
エゾミズタマソウ Ⅱ-30 2315
エゾミソハギ Ⅱ-22 2282
エゾムギ Ⅰ-254 958
エゾムギ属 Ⅰ-254
エゾムグラ Ⅱ-240 3155
エゾムラサキ Ⅱ-269 3269
エゾムラサキツツジ Ⅱ-205 3014
エゾムラサキニガナ Ⅱ-474 4092
エゾヤマモモ Ⅰ-507 1971
エゾユズリハ Ⅰ-352 1350
エゾリンドウ Ⅱ-247 3182
エゾルリソウ Ⅱ-271 3280
エゾルリムラサキ Ⅱ-(268 3265)
エダウチチヂミザサ Ⅰ-277 1052
エチゴトラノオ Ⅱ-308 3427
エドイチゴ Ⅰ-453 1756
エドギク Ⅱ-(395 3774)
エドタデ Ⅱ-114 2650
エドドコロ Ⅰ-86 285

エドヒガン Ⅰ-424 1639
エナシヒゴクサ Ⅰ-238 895
エニシダ Ⅰ-387 1492
エニシダ属 Ⅰ-387
エニス Ⅰ-(384 1478)
エニスダ Ⅰ-387 1492
エノキ Ⅰ-486 1886; Ⅱ-(105 2614)
エノキアオイ Ⅱ-68 2467
エノキアオイ属 Ⅱ-68
エノキグサ Ⅰ-535 2083
エノキグサ属 Ⅰ-535
エノキ属 Ⅰ-486
エノコログサ Ⅰ-272 1029, (272 1031), (272 1032)
エノコロヤナギ Ⅰ-551 2145
エビアマモ Ⅰ-77 252
エビカズラ Ⅰ-375 1443
エビガライチゴ Ⅰ-458 1776
エビスグサ Ⅰ-381 1465
エビヅル Ⅰ-375 1443
エビネ Ⅰ-128 456, (129 457)
エビネ属 Ⅰ-128
エヒメアヤメ Ⅰ-139 500
エビモ Ⅰ-72 231, 80 263
エビラハギ Ⅰ-388 1493
エビラフジ Ⅰ-408 1573
エボシグサ Ⅰ-390 1503
エンコウカエデ Ⅱ-48 2387
エンコウスギ Ⅰ-29 57, (29 58)
エンコウソウ Ⅰ-312 1192
エンジュ Ⅰ-384 1478
エンシュウシャクナゲ Ⅱ-215 3055
エンシュウハグマ Ⅱ-386 3740
エンジュ属 Ⅰ-384
エンダイブ Ⅱ-(469 4069)
エンドウ Ⅰ-410 1584, 411 1585
エンドウソウ Ⅰ-410 1583
エンドウ属 Ⅰ-410
エンビセン Ⅱ-144 2769
エンビセンノウ Ⅱ-144 2769
エンメイギク Ⅱ-395 3773
エンメイソウ Ⅱ-343 3567
エンレイソウ Ⅰ-92 310
エンレイソウ属 Ⅰ-92

オ

オイランアザミ Ⅱ-455 4013
オイランソウ Ⅱ-(174 2892)
オウギカズラ Ⅱ-318 3468
オウギバショウ Ⅱ-174 637
オウギバショウ属 Ⅰ-174
オウギヤシ Ⅱ-(372 3683)

オウゴンヤグルマ Ⅱ-467 4064	オオカナメモチ Ⅰ-445 1723；Ⅱ-(214 3051)	4052
オウサカソウ Ⅱ-143 2767	オオカニコウモリ Ⅱ-449 3989	オオタカネバラ Ⅰ-(464 1798)
オウシキナ Ⅰ-331 1266	オオカニツリ Ⅰ-258 973	オオタチツボスミレ Ⅰ-560 2182
オウシュウイワカガミ Ⅱ-190 2953	オオカニツリ属 Ⅰ-258	オオタヌキモ Ⅱ-(360 3634)
オウチ Ⅱ-64 2452	オオカメノキ Ⅱ-487 4144	オオタマガヤツリ Ⅰ-193 713
オウトウカ Ⅱ-353 3605	オオカモメヅル Ⅱ-259 3232	オオチゴユリ Ⅰ-(93 315)
オウバイ Ⅱ-294 3372	オオカモメヅル属 Ⅱ-259	オオチドメ Ⅱ-505 4214
オウミカリヤス Ⅰ-284 1080	オオガヤツリ Ⅰ-193 715	オオツクバネウツギ Ⅱ-494 4170
オウレン Ⅰ-312 1189	オオカワズスゲ Ⅰ-215 802	オオツヅラフジ Ⅰ-305 1161
オウレン属 Ⅰ-311	オオカワヂシャ Ⅱ-308 3426	オオツメクサ Ⅱ-138 2748
オウレンダマシ Ⅱ-519 4269	オオガンクビソウ Ⅱ-412 3844	オオツメクサ属 Ⅱ-138
オオアカネ Ⅱ-244 3171	オオキセルソウ Ⅱ-(352 3604)	オオツリバナ Ⅰ-524 2038
オオアゼスゲ Ⅰ-(219 819)	オオキツネヤナギ Ⅰ-552 2150	オオツルイタドリ Ⅱ-122 2683
オオアブノメ Ⅱ-302 3402	オオキヌタソウ Ⅰ-245 3174	オオツルウメモドキ Ⅰ-528 2055
オオアブノメ属 Ⅱ-302	オオキンケイギク Ⅱ-414 3852	オオツルコウジ Ⅱ-191 2957
オオアブラススキ Ⅰ-286 1085	オオキンレイカ Ⅱ-490 4156	オオツルボ属 Ⅰ-154
オオアブラススキ属 Ⅰ-286	オオクサキビ Ⅰ-275 1043	オオツワブキ Ⅱ-(446 3978)
オオアマナ Ⅰ-154 557	オオクマヤナギ Ⅰ-480 1864	オオトウワタ Ⅰ-260 3236
オオアマナ属 Ⅰ-154	オオケタデ Ⅱ-113 2645, (113 2646)	オオトネリコ Ⅰ-287 3343
オオアリドオシ Ⅱ-239 3150		オオトボシガラ Ⅰ-270 1021
オオアレチノギク Ⅱ-406 3817	オオケタネツケバナ Ⅱ-93 2568	オートムギ Ⅰ-257 969
オオアワ Ⅰ-273 1035	オオコマユミ Ⅰ-526 2045	オオトリゲモ Ⅰ-74 238
オオアワガエリ Ⅰ-264 999	オオコメツツジ Ⅱ-206 3020	オオトリトマ Ⅰ-146 525
オオアワダチソウ Ⅱ-394 3769	オオサクラソウ Ⅱ-182 2921	オオナ Ⅱ-87 2544
オオイ Ⅰ-198 735	オオサンショウソウ Ⅰ-497 1930	オオナズナ Ⅱ-95 2574
オオイタドリ Ⅱ-123 2688		オオナナカマド Ⅰ-443 1713
オオイタビ Ⅰ-490 1903	オオシシウド Ⅱ-525 4295	オオナラ Ⅰ-502 1951
オオイタヤメイゲツ Ⅱ-45 2373	オオジシバリ Ⅱ-(477 4104), 478 4106	オオナルコユリ Ⅰ-164 600
オオイチゴツナギ Ⅰ-265 1002	オオシマカンスゲ Ⅰ-231 865	オオナンバンギセル Ⅱ-352 3604
オオイヌタデ Ⅱ-113 2647	オオシマコバンノキ Ⅰ-544 2120	オオニガナ Ⅱ-473 4086
オオイヌノハナヒゲ Ⅰ-208 775		オオニシキソウ Ⅱ-543 2114
	オオシマコバンノキ属 Ⅰ-544	オーニソガラム Ⅰ-154 557
オオイヌノヒゲ Ⅰ-182 672	オオシマザクラ Ⅰ-426 1645, (426 1646), (426 1647), (426 1648)	オオヌマハリイ Ⅰ-202 749
オオイヌノフグリ Ⅱ-304 3412		オオネコヤナギ Ⅰ-552 2150
オオイワカガミ Ⅱ-199 2990		オオネズミガヤ Ⅰ-294 1119
オオイワギリソウ Ⅱ-295 3376	オオシマハイネズ Ⅰ-27 51	オオノアザミ Ⅱ-456 4019
オオイワギリソウ属 Ⅱ-295	オオシュロソウ Ⅰ-(90 301)	オオバ Ⅱ-(338 3546)
オオウサギギク Ⅱ-440 3954	オオシラビソ Ⅰ-19 18	オオバアサガラ Ⅱ-200 2994
オオウシノケグサ Ⅰ-270 1023	オオシロシキブ Ⅱ-(344 3572)	オオバイカイカリソウ Ⅰ-310 1181
オオウバユリ Ⅰ-97 332		
オオウマノアシガタ Ⅰ-335 1281	オオスズメウリ Ⅰ-516 2008	オオバイボタ Ⅱ-290 3356, (291 3357)
	オオスズメウリ属 Ⅰ-516	
オオウミヒルモ Ⅰ-76 245	オオスズメガヤ Ⅰ-292 1109	オオバオオヤマレンゲ Ⅰ-(46 126)
オオウメガサソウ Ⅱ-229 3109	オオスズメノテッポウ Ⅰ-267 1012	
オオウラジロノキ Ⅰ-441 1708		オオバガシ Ⅰ-505 1961
オオエノコロ Ⅰ-272 1032	オオスベリヒユ Ⅰ-162 2842	オオバガラシ Ⅱ-87 2544
オオエンジュ Ⅰ-385 1481	オオズミ Ⅰ-(441 1708)	オオバキスミレ Ⅰ-556 2165
オオオサラン属 Ⅰ-132	オオゼリ Ⅱ-515 4255	オオバキハダ Ⅱ-56 2420
オオカサモチ Ⅱ-522 4282	オオセンナリ Ⅱ-277 3303	オオバギボウシ Ⅰ-157 570, (157 571)
オオカサモチ属 Ⅱ-522	オオセンナリ属 Ⅱ-277	
オオガシ Ⅰ-505 1961	オオソネ Ⅰ-509 1978	オオバクサフジ Ⅰ-406 1566
オオカナダモ Ⅰ-72 232	オオダイコンソウ Ⅱ-461 1785	オオバグミ Ⅰ-479 1858
オオカナダモ属 Ⅰ-72	オオダイトウヒレン Ⅱ-464	オオバクロテツ Ⅱ-177 2903

オオバクロモジ Ⅰ-53 155
オオバコ Ⅱ-298 3386
オオバコ科 Ⅱ-298
オオバコ属 Ⅱ-298
オオバコベ Ⅱ-129 2712
オオバサンザシ Ⅰ-447 1732
オオハシカグサ Ⅱ-231 3118
オオバシマムラサキ Ⅱ-346 3579
オオバジャノヒゲ Ⅰ-163 594
オオバジュズネノキ Ⅱ-(239 3151)
オオバショウマ Ⅰ-324 1239
オオバシロテツ Ⅱ-55 2413
オオバスノキ Ⅱ-(224 3089)
オオバセンキュウ Ⅱ-527 4301
オオバタケシマラン Ⅰ-105 364
オオバタチツボスミレ Ⅰ-558 2176
オオバタネツケバナ Ⅱ-92 2564
オオバタンキリマメ Ⅰ-(416 1606)
オオバヂシャ Ⅱ-200 2996
オオバチドメグサ Ⅱ-505 4215
オオバツツジ Ⅱ-214 3050
オオハナウド Ⅱ-531 4318
オオバナサイカク Ⅱ-261 3240
オオバナノエンレイソウ Ⅰ-92 312
オオバナノミミナグサ Ⅱ-134 2729
オオバナミミナグサ Ⅱ-134 2729
オオバヌスビトハギ Ⅰ-398 1534
オオバノウマノスズクサ Ⅰ-43 115
オオバノトンボソウ Ⅰ-113 395
オオバノヤエムグラ Ⅱ-240 3156
オオバノヨツバムグラ Ⅱ-241 3157
オオバヒメマオ Ⅰ-500 1942
オオバヒョウタンボク Ⅱ-(495 4174)
オオバヒルギ Ⅰ-534 2079
オオバヒルギ属 Ⅰ-534
オオバフウラン Ⅰ-(136 485)
オオバベニガシワ Ⅰ-536 2085
オオバボダイジュ Ⅱ-75 2495

オオバボンテンカ Ⅱ-70 2473
オオハマギキョウ Ⅱ-384 3730
オオハマグルマ Ⅱ-419 3870
オオハマボウ Ⅱ-72 2484,(106 2618)
オオハマボッス Ⅱ-(187 2941)
オオバミゾホオズキ Ⅱ-350 3595
オオバミネカエデ Ⅱ-(46 2379)
オオバメギ Ⅰ-307 1170
オオバヤシャブシ Ⅰ-515 2003
オオバヤドリギ Ⅱ-106 2620
オオバヤドリギ科 Ⅱ-106
オオバヤナギ Ⅰ-550 2142
オオバユキザサ Ⅰ-(163 595)
オオバヨメナ Ⅱ-396 3780
オオバライチゴ Ⅰ-458 1774
オオハリイ Ⅰ-202 750
オオハリソウ Ⅱ-(268 3267), 268 3268
オオハルシャギク Ⅱ-415 3856
オオハルタデ Ⅱ-116 2659
オオハンゲ Ⅰ-67 211
オオハンゴンソウ Ⅱ-418 3868
オオハンゴンソウ属 Ⅱ-418
オオバンマツリ Ⅱ-277 3302
オオヒエンソウ属 Ⅰ-318
オオヒキヨモギ Ⅱ-358 3628
オオヒナノウスツボ Ⅱ-313 3446
オオヒョウタンボク Ⅱ-498 4185
オオヒラウスユキソウ Ⅱ-(407 3824)
オオビランジ Ⅱ-(140 2755)
オオビル Ⅰ-(148 536)
オオフジイバラ Ⅰ-(467 1812)
オオフタバムグラ Ⅱ-422 3881
オオフタバムグラ属 Ⅱ-230
オオフトイ Ⅱ-(198 735)
オオベニウツギ Ⅱ-500 4194
オオベニタデ Ⅱ-113 2646
オオベニミカン Ⅱ-61 2437
オオベンケイソウ Ⅱ-370 1421
オオボウシバナ Ⅰ-172 631
オオボシソウ Ⅰ-70 221
オオマツバシバ Ⅱ-270 1024
オオマツユキソウ Ⅰ-152 549
オオマツヨイグサ Ⅱ-31 2320
オオマムシグサ Ⅰ-65 204
オオマルバノテンニンソウ Ⅱ-(341 3560)

オオマルバノホロシ Ⅱ-283 3325
オオマンテマ Ⅱ-140 2753
オオミクリ Ⅰ-179 660
オオミズタマソウ Ⅱ-182 669
オオミズトンボ Ⅰ-112 389
オオミゾソバ Ⅱ-119 2669
オオミノトベラ Ⅱ-502 4204
オオミヤシ Ⅰ-168 613
オオミヤシ属 Ⅰ-168
オオミヤマガマズミ Ⅱ-(486 4137)
オオムギ Ⅰ-252 951
オオムギ属 Ⅰ-252
オオムラサキ Ⅱ-207 3022
オオムラサキシキブ Ⅱ-344 3572
オオムラサキツユクサ Ⅰ-171 627
オオモミジ Ⅱ-44 2369
オオモミジガサ Ⅱ-450 3995
オオモミジガサ属 Ⅱ-450
オオヤブツルアズキ Ⅰ-414 1600
オオヤマカタバミ Ⅰ-531 2068
オオヤマサギソウ Ⅰ-112 392
オオヤマザクラ Ⅰ-425 1644
オオヤマハコベ Ⅰ-131 2717
オオヤマフスマ Ⅱ-136 2740
オオヤマムグラ Ⅱ-(242 3162)
オオヤマレンゲ Ⅰ-46 125
オオユウガギク Ⅱ-(395 3776), 396 3779
オオヨモギ Ⅱ-434 3929
オオルリソウ Ⅱ-266 3258
オオルリソウ属 Ⅱ-266
オオワタヨモギ Ⅱ-435 3934
オカウコギ Ⅱ-507 4222
オカオグルマ Ⅱ-(441 3959), 441 3960
オカオグルマ属 Ⅱ-441
オガサワラカジイチゴ Ⅰ-(454 1758)
オガサワラコミカンソウ Ⅰ-(545 2123)
オガサワラススキ Ⅱ-(106 2618)
オガサワラビロウ Ⅰ-167 610
オガサワラボチョウジ Ⅱ-236 3138
オガサワラミカンソウ Ⅰ-545 2123
オガサワラモクマオ Ⅰ-(499 1940)
オガサワラモクレイシ Ⅱ-255 3214
オガサワラモクレイシ属 Ⅱ-

255
オカスズメノヒエ Ⅰ-188 696
オカスミレ Ⅰ-569 2219
オカダゲンゲ Ⅰ-395 1522
オカタツナミソウ Ⅱ-322 3484
オガタテンナンショウ Ⅰ-63 196
オガタマノキ Ⅰ-47 130
オカズラ Ⅰ-351 1347
オカトラノオ Ⅱ-185 2936
オカトラノオ属 Ⅱ-185
オカノリ Ⅱ-69 2472
オカヒジキ Ⅰ-158 2826
オカヒジキ属 Ⅱ-158
オカメザサ Ⅰ-244 918
オカメザサ属 Ⅰ-244
オガラバナ Ⅱ-45 2376
オガルカヤ Ⅰ-281 1066
オガルカヤ属 Ⅰ-281
オギ Ⅰ-285 1082
オキザリス・ローザ Ⅰ-(532 2070)
オキナグサ Ⅰ-328 1255
オキナグサ属 Ⅰ-328
オキナダンチク Ⅰ-290 1102
オキナヤシモドキ Ⅰ-167 612
オキナワウラジロガシ Ⅰ-505 1964
オキナワスズメウリ Ⅰ-516 2006
オキナワスズメウリ属 Ⅰ-516
オキナワスミレ Ⅰ-566 2206
オキナワソケイ Ⅱ-295 3373
オキナワツゲ Ⅰ-347 1329
オキナワバライチゴ Ⅰ-458 1773
オキナワマツバボタン Ⅱ-162 2844
オキナワヤブムラサキ Ⅱ-346 3578
オギノツメ Ⅱ-362 3643
オギノツメ属 Ⅱ-362
オギョウ Ⅱ-410 3833
オギヨシ Ⅰ-285 1082
オクエゾガラガラ Ⅱ-354 3611
オクエゾガラガラ属 Ⅱ-354
オクエゾサイシン Ⅰ-42 110
オククルマムグラ Ⅱ-243 3166
オクチョウジザクラ Ⅰ-429 1657
オクツバキ Ⅱ-193 2967
オクトリカブト Ⅰ-321 1226
オクヌギ Ⅰ-503 1953
オクノフウリンウメモドキ Ⅱ-(374 3691)
オクモミジハグマ Ⅱ-(386 3737), 386 3738

オクヤマコウモリ Ⅱ-(448 3986)
オクラ Ⅱ-73 2487
オグラギク Ⅱ-428 3907
オグラコウホネ Ⅰ-31 68
オグラセンノウ Ⅱ-143 2768
オグルマ Ⅱ-411 3840, (412 3841)
オグルマ属 Ⅱ-411
オグルミ Ⅰ-508 1974
オケラ Ⅱ-468 4067
オケラ属 Ⅱ-468
オコリオトシ Ⅱ-(246 3180)
オサバグサ Ⅰ-299 1139
オサバグサ属 Ⅰ-299
オサラン Ⅰ-132 469
オジギソウ Ⅰ-380 1461
オジギソウ属 Ⅰ-380
オシロイバナ Ⅱ-160 2834
オシロイバナ科 Ⅱ-160
オシロイバナ属 Ⅱ-160
オゼコウホネ Ⅰ-32 70
オゼソウ Ⅰ-83 273
オゼソウ属 Ⅰ-83
オゼヌマアザミ Ⅱ-461 4039
オゼミズギク Ⅱ-(412 3842)
オタカラコウ Ⅱ-445 3974
オタネニンジン Ⅱ-511 4237
オダマキ Ⅰ-317 1209, (317 1210)
オダマキ属 Ⅰ-317
オトギリソウ Ⅰ-574 2239
オトギリソウ科 Ⅰ-573
オトギリソウ属 Ⅰ-573
オトコエシ Ⅱ-490 4154
オトコゼリ Ⅱ-337 1290
オトコブドウ Ⅰ-376 1446
オトコヘビイチゴ Ⅰ-472 1830
オトコメシ Ⅱ-490 4154
オトコヨウゾメ Ⅱ-487 4141
オトコヨモギ Ⅱ-434 3930, (434 3931)
オトメアオイ Ⅰ-37 92
オトメザクラ Ⅱ-184 2930
オトメシャジン Ⅱ-379 3710
オドリコソウ Ⅱ-327 3504
オドリコソウ属 Ⅱ-327
オナガカンアオイ Ⅰ-41 107
オナガサイシン Ⅰ-42 112
オナモミ Ⅱ-422 3882
オナモミ属 Ⅱ-422
オニアザミ Ⅱ-456 4020
オニアゼスゲ Ⅰ-219 819
オニイタヤ Ⅱ-(48 2386), (48 2388)
オニウコギ Ⅱ-507 4224
オニウド Ⅱ-526 4298

オニカサモチ Ⅱ-522 4282
オニガシ Ⅰ-506
オニガヤツリ Ⅰ-192 710
オニク Ⅱ-352 3601, (352 3602)
オニク属 Ⅱ-352
オニグルミ Ⅰ-508 1974
オニゲシ Ⅰ-297 1131
オニコナスビ Ⅱ-187 2944
オニシオガマ Ⅱ-354 3612
オニシバ Ⅰ-296 1125
オニシバリ Ⅱ-78 2506, (78 2507)
オニシモツケ Ⅰ-448 1735
オニジュロ Ⅰ-167 612
オニスゲ Ⅰ-240 901
オニタビラコ Ⅱ-481 4119
オニタビラコ属 Ⅱ-481
オニドコロ Ⅰ-85 284
オニナスビ Ⅱ-280 3316
オニナルコスゲ Ⅰ-240 903
オニノアザミ Ⅱ-456 4020
オニノゲシ Ⅱ-471 4079
オニノヤガラ Ⅰ-119 418
オニノヤガラ属 Ⅰ-119
オニバス Ⅰ-32 72
オニバス属 Ⅰ-32
オニヒゲスゲ Ⅰ-231 867
オニビシ Ⅱ-21 2278
オニヒョウタンボク Ⅱ-497 4183
オニミツバ Ⅱ-511 4240
オニモミジ Ⅱ-49 2392
オニヤブマオ Ⅰ-(498 1934)
オニヤブムラサキ Ⅱ-(345 3575)
オニユリ Ⅰ-98 333
オニルリソウ Ⅱ-266 3259
オノエスゲ Ⅰ-235 882
オノエテンツキ Ⅰ-203 754
オノエヤナギ Ⅰ-553 2155
オノエラン Ⅰ-107 372
オノエラン属 Ⅰ-107
オノエリンドウ Ⅱ-251 3198
オノオレ Ⅰ-513 1993
オノオレカンバ Ⅰ-513 1993
オノマンネングサ Ⅰ-364 1398
オバゼリ Ⅱ-515 4254
オハツキギボウシ Ⅰ-157 572
オバナ Ⅰ-(283 1076)
オハラメアザミ Ⅱ-(458 4028)
オヒゲシバ属 Ⅰ-294
オヒシバ Ⅰ-293 1114
オヒシバ属 Ⅰ-293
オヒョウ Ⅰ-484 1879
オヒルギ Ⅰ-534 2077
オヒルギ属 Ⅰ-534

オヒルムシロ Ⅰ-78 254
オヘビイチゴ Ⅰ-472 1830
オマツ Ⅰ-21 25
オミナエシ Ⅱ-490 4153
オミナエシ属 Ⅱ-490
オミナメシ Ⅱ-490 4153
オモイグサ Ⅱ-352 3603
オモゴウテンナンショウ Ⅰ-66 206
オモダカ Ⅰ-69 217
オモダカ科 Ⅰ-69
オモダカ属 Ⅰ-69
オモダカ目 Ⅰ-56
オモト Ⅰ-161 588
オモト属 Ⅰ-161
オモロカンアオイ Ⅰ-41 108
オヤブジラミ Ⅱ-513 4246
オヤマソバ Ⅱ-124 2690
オヤマノエンドウ Ⅰ-395 1521
オヤマノエンドウ属 Ⅰ-395
オヤマボクチ Ⅱ-466 4059
オヤマリンドウ Ⅱ-247 3183
オヤリハグマ Ⅱ-389 3750, (389 3751)
オラン Ⅰ-134 477
オランダアヤメ Ⅰ-141 506, (141 507), (143 515)
オランダイチゴ Ⅰ-475 1844
オランダイチゴ属 Ⅰ-474
オランダカイウ Ⅰ-59 178
オランダカイウ属 Ⅰ-59
オランダガラシ Ⅱ-90 2555
オランダガラシ属 Ⅱ-90
オランダキジカクシ Ⅰ-(160 582)
オランダゲンゲ Ⅰ-(388 1495)
オランダセキチク Ⅱ-146 2777
オランダゼリ Ⅱ-520 4273
オランダセンニチ Ⅱ-421 3879
オランダヂシャ Ⅱ-469 4069
オランダハッカ Ⅱ-(337 3543), 337 3544
オランダフウロ Ⅱ-18 2268
オランダフウロ属 Ⅱ-18
オランダミツバ Ⅱ-518 4266
オランダミツバ属 Ⅱ-520
オランダミミナグサ Ⅱ-133 2726
オリーブ Ⅰ-(532 2072);Ⅱ-(38 2346), 295 3374
オリーブ属 Ⅱ-295
オリヅルラン Ⅰ-155 563
オリヅルラン属 Ⅰ-155
オレンジ Ⅱ-(61 2439)
オロシャギク Ⅱ-433 3925

オンジ Ⅰ-419 1618
オンタデ Ⅱ-124 2691
オンタデ属 Ⅱ-124
オンツツジ Ⅱ-211 3038
オンナダケ Ⅰ-244 919
オンノレ Ⅰ-513 1993

カ

カーネーション Ⅱ-146 2777
ガーベラ Ⅱ-388 3747
ガーベラ属 Ⅱ-388
カイガラサルビア Ⅱ-344 3569
カイガラソウ属 Ⅱ-344
カイコウズ Ⅰ-418 1616
カイコバイモ Ⅰ-97 329
カイザイク Ⅰ-411 3838
カイザイク属 Ⅰ-411
カイジンドウ Ⅱ-319 3470
カイタカラコウ Ⅱ-444 3971
カイドウ Ⅰ-440 1702, 440 1703
カイナ Ⅰ-(279 1060)
カイナグサ Ⅰ-279 1060
カエデ属 Ⅱ-(104 2609), 43
カエデドコロ Ⅰ-87 290
カエデバスズカケノキ Ⅰ-(344 1319)
カエルエンザ Ⅰ-(71 225)
カエンソウ Ⅱ-233 3126
カエンソウ属 Ⅱ-233
ガガイモ Ⅱ-260 3234
ガガイモ属 Ⅱ-260
カカオ Ⅱ-66 2458
カカオノキ属 Ⅱ-66
カガシラ Ⅰ-196 725
カガシラ属 Ⅰ-196
カガチ Ⅱ-(278 3308)
カカツガユ Ⅰ-487 1890
カガノアザミ Ⅱ-458 4025
ガガブタ Ⅱ-385 3734
カガミグサ Ⅰ-(57 171), 378 1453
カカラ Ⅰ-(94 318)
カカリア Ⅱ-(451 3998)
カガリビソウ Ⅱ-359 3629
カガリビバナ Ⅱ-189 2952
カキ Ⅱ-177 2904
カギカズラ Ⅱ-232 3123
カギカズラ属 Ⅱ-232
カギガタアオイ Ⅰ-39 99
カキツバタ Ⅰ-138 496
カキドオシ Ⅱ-326 3497
カキドオシ属 Ⅱ-326
カキネガラシ Ⅱ-102 2602
カキノキ Ⅱ-177 2904
カキノキ科 Ⅱ-177

カキノキ属 Ⅱ-177
カキノキダマシ Ⅱ-265 3253
カキノハグサ Ⅰ-420 1621
カキバカンコノキ Ⅰ-546 2127
カキバチャノキ Ⅱ-264 3252
カキバチャノキ属 Ⅱ-264
カキラン Ⅰ-118 413
カキラン属 Ⅰ-118
ガクアジサイ Ⅱ-168 2866, (168 2867)
ガクウツギ Ⅱ-170 2874
カクトラノオ Ⅱ-(316 3460)
カクミノスノキ Ⅱ-224 3090
カクレミノ Ⅱ-509 4230
カクレミノ属 Ⅱ-509
カゴガシ Ⅰ-52 152
カゴソウ Ⅱ-326 3499
カゴノキ Ⅰ-52 152
カコマハグマ Ⅱ-390 3753
カザグルマ Ⅰ-342 1310;Ⅱ-(334 3532)
カサスゲ Ⅰ-239 897, (239 898)
カサバルピナス Ⅰ-387 1490
カサモチ Ⅱ-514 4249
カサモチ属 Ⅱ-514
カザリカボチャ Ⅰ-(521 2027)
カジイチゴ Ⅰ-453 1756, (456 1766), (456 1767)
カシオシミ Ⅰ-221 3079
カジカエデ Ⅰ-49 2392
カシノキ Ⅰ-(135 481)
カジノキ Ⅰ-488 1896
カシノキラン Ⅰ-135 481
カシノキラン属 Ⅰ-135
カシノハモチ Ⅱ-371 3679
カシマガヤ Ⅰ-248 934
カシュウイモ Ⅰ-86 287, (86 288)
カシューナッツ Ⅱ-(38 2347)
カシューナットノキ Ⅰ-(38 2347)
カシュウナットノキ Ⅱ-38 2347
カシューナットノキ属 Ⅱ-38
ガジュマル Ⅰ-491 1907
ガショウソウ Ⅰ-330 1263
カシワ Ⅰ-503 1954
カシワギ Ⅰ-503 1954
カシワバハグマ Ⅱ-(389 3751), 389 3752, (390 3753)
カズサキヨモギ Ⅱ-433 3928
カステラカボチャ Ⅰ-(521 2028)
カズノコグサ Ⅰ-267 1009
カズノコグサ属 Ⅰ-267

カスマグサ Ⅰ-404 1560
カスミザクラ Ⅰ-425 1643
カスミソウ Ⅱ-147 2783,（328 3506）
カスミソウ属 Ⅱ-147
カズラサボテン Ⅱ-163 2845
カゼクサ Ⅰ-291 1108
カゼクサ属 Ⅰ-291
カゼヒキグサ Ⅰ-(285 1082)
カセンソウ Ⅰ-411 3839
カゾ Ⅰ-488 1894
カタカゴ Ⅰ-(103 353)
カタクリ Ⅰ-103 353
カタクリ属 Ⅰ-103
カタコ Ⅰ-103 353
カタザクラ Ⅰ-430 1664
カタシログサ Ⅰ-35 82
カタバミ Ⅰ-530 2063,（530 2064）
カタバミ科 Ⅰ-530
カタバミ属 Ⅰ-530
カタバミ目 Ⅰ-530
カタモミ Ⅰ-19 19
カタワグルマ Ⅰ-(388 1494)
カチカタ Ⅰ-252 951
カツウダケカンアオイ Ⅰ-42 112
カッコウアザミ Ⅱ-391 3758
カッコウアザミ属 Ⅱ-391
カッコウソウ Ⅱ-182 2922
カツラ Ⅰ-351 1347
カツラ科 Ⅰ-351
カツラ属 Ⅰ-351
カテンソウ Ⅰ-494 1918
カテンソウ属 Ⅰ-494
カトウハコベ Ⅱ-136 2738
カトレア Ⅰ-131 468
カナウツギ Ⅰ-421 1625
カナクギノキ Ⅰ-54 157
カナダノアキノキリンソウ Ⅱ-(394 3769)
カナダモ属 Ⅰ-73
カナビキソウ Ⅱ-106 2617
カナビキソウ属 Ⅱ-105
カナムグラ Ⅰ-485 1883
カナメ Ⅱ-(40 2356)
カナメモチ Ⅰ-445 1721
カナメモチ属 Ⅰ-445
カナリーヤシ Ⅰ-169 620
カニガヤ Ⅰ-200 742
カニコウモリ Ⅰ-446 3980
カニサボテン Ⅱ-163 2846
カニツリグサ Ⅰ-257 971
カニツリグサ属 Ⅰ-257
カニツリノガリヤス Ⅰ-260 983
カニノメ Ⅰ-414 1599

カニハ Ⅰ-(510 1984)
カニバサボテン Ⅱ-163 2846
カニヒ Ⅱ-(79 2510)
カニメ Ⅰ-414 1599
カノコガ Ⅰ-52 152
カノコソウ Ⅱ-492 4162
カノコソウ属 Ⅱ-492
カノコユリ Ⅰ-100 341,（100 342）
カノツメソウ Ⅱ-516 4260
カノツメソウ属 Ⅱ-516
カバ Ⅰ-510 1984
カバノキ Ⅰ-510 1984
カバノキ科 Ⅰ-508
カバノキ属 Ⅰ-510
カブ Ⅱ-86 2539,（86 2540），（87 2541），（87 2542）
カブスゲ Ⅰ-217 811
カブトギク Ⅰ-(321 1228)
カブトバナ Ⅰ-(321 1228)
カブナ Ⅱ-86 2539
カブラ Ⅱ-86 2539
カブラミツバ Ⅱ-518 4267
カホクザンショウ Ⅱ-(52 2401)
カボチャ Ⅰ-(521 2025)
カボチャ属 Ⅰ-520
カポック Ⅱ-66 2460
カポック属 Ⅱ-66
ガマ Ⅰ-178 656
ガマアヤメ Ⅰ-(137 492)
ガマ科 Ⅰ-178
カマクライブキ Ⅰ-28 53
カマクラヒバ Ⅰ-25 41
ガマズミ Ⅱ-485 4134
ガマズミ属 Ⅱ-485
ガマ属 Ⅰ-178
カマツカ Ⅰ-172 630
カマツカ Ⅰ-(445 1724)
カマツカ属 Ⅰ-445
カマノキ Ⅰ-345 1321
カマヤマショウブ Ⅰ-137 492
カマヤリソウ Ⅱ-105 2616
カミエビ Ⅰ-(304 1159)
カミスキスダレグサ Ⅰ-288 1096
カミツレ Ⅱ-(432 3924)
カミナリバナ Ⅱ-(272 3282)
カミノヤガラ Ⅰ-(119 418)
カミヤツデ Ⅱ-506 4218
カミヤツデ属 Ⅱ-506
カミラ Ⅱ-(52 2401)
カミルレ Ⅱ-432 3924
カミレ Ⅱ-(432 3924)
カムシバ Ⅰ-45 123
カメバソウ Ⅱ-343 3566
カメバヒキオコシ Ⅱ-343

3566
カモアオイ Ⅰ-43 113
カモウリ Ⅰ-519 2018
カモガヤ Ⅰ-268 1013
カモガヤ属 Ⅰ-268
カモジグサ Ⅰ-254 960
カモノハシ Ⅰ-282 1071
カモノハシ属 Ⅰ-282
カモメソウ Ⅰ-110 381
カモメヅル Ⅱ-(259 3229)
カモメヅル属 Ⅱ-256
カモメラン Ⅰ-110 381
カモメラン属 Ⅰ-110
カヤ Ⅰ-30 64，283 1076
カヤ属 Ⅰ-30
カヤツリグサ Ⅰ-189 700
カヤツリグサ科 Ⅰ-189
カヤツリグサ属 Ⅰ-189
カヤラン Ⅰ-136 486
カラー Ⅰ-(59 178)
カライトソウ Ⅰ-463 1793
カライモ Ⅱ-275 3294
カラウメ Ⅰ-48 136
カラクサナズナ Ⅱ-83 2527
カラコギカエデ Ⅱ-48 2385
カラコンテリギ Ⅱ-170 2876
カラシナ Ⅱ-87 2543
カラジューム Ⅰ-(60 181)
カラスウリ Ⅰ-520 2022
カラスウリ属 Ⅰ-520
カラスオウギ Ⅰ-141 508
カラスキバサンキライ Ⅰ-96 325
カラスキバサンキライ属 Ⅰ-96
カラスザンショウ Ⅱ-53 2405,（53 2406）
カラスシキミ Ⅱ-78 2508
カラスノエンドウ Ⅰ-405 1561
カラスノカタビラ Ⅰ-(265 1002)
カラスノゴマ Ⅱ-77 2501
カラスノゴマ属 Ⅱ-77
カラスノショウベンタゴ Ⅱ-(246 3180)
カラスビシャク Ⅰ-67 210
カラスムギ Ⅰ-256 968,（257 969）
カラスムギ属 Ⅰ-256
カラダイオウ Ⅱ-111 2640
カラダケ Ⅰ-244 917
カラタチ Ⅰ-58 2427
カラタチバナ Ⅱ-191 2959
カラナデシコ Ⅱ-145 2776
カラハナソウ Ⅰ-485 1884
カラハナソウ属 Ⅰ-485
カラフトイチゴ Ⅰ-(455 1764)
カラフトイバラ Ⅰ-464 1799

カラフトグワイ　I-69 219
カラフトゲンゲ　I-396 1528
カラフトスゲ　I-216 805
カラフトダイコンソウ　I-461 1786
カラフトツツジ　II-204 3010
カラフトニンジン　II-529 4310
カラフトブシ　I-319 1220
カラフトヤナギ　I-553 2155
カラマツ　I-19 20
カラマツソウ　I-326 1247
カラマツソウ属　I-325
カラマツ属　I-19
カラミザクラ　I-429 1658
カラムシ　I-500 1941
カラモモ　I-422 1629
ガリア科　II-230
ガリア目　II-230
カリガネソウ　II-348 3588
カリガネソウ属　II-348
カリフォルニア・ポッピー　I-(299 1137)
カリフラワー　II-88 2547
カリマタガヤ　I-280 1061
カリマタガヤ属　I-280
カリマタスズメノヒエ　I-278 1055
カリヤス　I-279 1060, 284 1080
カリヤスモドキ　I-285 1081
カリン　I-438 1694
カルイザワツリスゲ　I-234 880
カルーナ属　II-227
カルカヤ　I-281 1066, 281 1067
カルセオラリア　II-295 3375
カルドン　II-(453 4007)
カルミア　II-204 3009
カルミア属　II-204
カレーヤシ　I-170 622
カワグルミ　I-508 1973
カワゴケソウ　I-573 2234
カワゴケソウ科　I-573
カワゴケソウ属　I-573
カワシロ　I-(501 1945)
カワズスゲ　I-(215 801)
カワタケ　I-244 919
カワヂシャ　II-308 3425
カワチブシ　I-320 1222
カワツルモ　I-81 267
カワツルモ科　I-81
カワツルモ属　I-81
カワミドリ　I-326 3498
カワミドリ属　II-326
カワヤナギ　I-551 2145, 551 2146

カワラアカザ　II-154 2812
カワライチゴツナギ　I-(265 1004)
カワラケツメイ　I-380 1463
カワラケツメイ属　I-380
カワラケナ　II-(475 4095)
カワラゲヤキ　I-484 1880
カワラサイコ　I-469 1818
カワラスガナ　I-193 714
カワラスゲ　I-218 815
カワラナデシコ　II-145 2774
カワラニガナ　II-477 4103
カワラニンジン　II-438 3947
カワラノギク　II-401 3799
カワラハハコ　II-408 3828
カワラハンノキ　I-514 1998
カワラフジ　I-381 1466
カワラフジノキ　I-382 1470
カワラボウフウ　II-530 4315
カワラボウフウ属　II-530
カワラマツバ　II-243 3168
カワラヨモギ　II-(351 3599), 438 3948
カンアオイ　II-36 88
カンアオイ属　I-36
カンイチゴ　I-451 1746
カンエンガヤツリ　I-192 712
カンガレイ　I-198 733
カンギク　II-427 3901
カンキチク　II-126 2700
カンキチク属　II-126
ガンクイ　I-(411 1587)
ガンクビソウ　II-413 3845, 413 3847
ガンクビヤブタバコ　II-413 3848
ガンコウラン　II-203 3006
ガンコウラン属　II-203
カンコノキ　I-547 2130
カンコノキ属　I-546
カンサイタンポポ　II-480 4114
カンザクラ　II-184 2932
カンザブロウノキ　II-198 2985
カンザンチク　I-245 923
ガンジツソウ　I-338 1293
カンシャ　I-285 1084
カンショ　I-285 1084
カンショウ　I-285 1084
カンスゲ　I-230 864, (231 865)
カンススキ　I-284 1079
カンゾウ　I-(386 1486)
カンゾウ属　I-386
ガンタチイバラ　I-(94 318)
カンチク　I-247 931
カンチク属　I-247

カンツワブキ　II-446 3979
カントウカンアオイ　II-36 88
カントウタンポポ　II-479 4110, (479 4111), (480 4114), (480 4115)
カントウマムシグサ　I-65 202
カントリソウ　II-326 3497
カンナ　I-175 644
カンナ科　I-175
カンナ属　I-175
カンノンチク　I-166 608
カンバ　I-510 1984
ガンピ　II-79 2510, 142 2764
ガンピセンノウ　II-142 2764
ガンピ属　II-79
カンポウラン　I-133 476
カンボク　II-487 4142
カンボクソウ　II-388 3745
カンヨメナ　II-401 3798
カンラン　I-133 475; II-38 2346
カンラン科　II-38
カンラン属　II-38

キ

キ　I-(149 537)
キーウィ　II-202 3003
キイジョウロウホトトギス　I-105 361
キイセンニンソウ　I-338 1296
キイチゴ　I-453 1753
キイチゴ属　I-449
ギーマ　II-225 3094
キイレツチトリモチ　II-104 2611
キエビネ　I-(129 457)
キオン　II-443 3965
キカシグサ　II-22 2284
キカシグサ属　II-22
キカラスウリ　I-520 2023
キカラマツ　I-(325 1243)
キガンピ　II-80 2513
キキョウ　II-383 3726
キキョウ科　II-375
キキョウカタバミ　I-532 2069
キキョウソウ　II-381 3718
キキョウソウ属　II-381
キキョウ属　II-383
キキョウナデシコ　II-175 2893
キキョウラン　I-144 518
キキョウラン属　I-144
キク　II-425 3895, (425 3896), (426 3897), (429 3910), (429 3911)
キクアザミ　II-463 4045
キクイモ　II-421 3878
キク科　II-386

キクガラクサ Ⅱ-300 3395	キタキンバイソウ Ⅰ-(313 1196)	キツネノテブクロ Ⅱ-311 3439
キクガラクサ属 Ⅱ-300	キタコブシ Ⅰ-45 122	キツネノボタン Ⅰ-336 1287
キクゴボウ Ⅰ-470 4074	キタゴヨウ Ⅰ-21 27	キツネノマゴ Ⅱ-364 3651
キクザカボチャ Ⅰ-520 2024	キタゴヨウマツ Ⅰ-21 27	キツネノマゴ科 Ⅱ-362
キクザキイチゲ Ⅰ-329 1258	キタザワブシ Ⅰ-323 1236, (324 1237)	キツネノマゴ属 Ⅱ-364
キクザキイチゲソウ Ⅰ-(329 1258)	キタダケキンポウゲ Ⅰ-333 1274	キツネヤナギ Ⅰ-552 2149
キク属 Ⅱ-425	キタダケソウ Ⅰ-328 1253	キツリフネ Ⅱ-173 2888
キクタニギク Ⅱ-427 3904	キタダケトリカブト Ⅰ-324 1237	キナノキ属 Ⅱ-245
キクヂシャ Ⅱ-469 4069	キタダケナズナ Ⅱ-97 2581	キヌガサギク Ⅱ-(419 3869)
キクニガナ Ⅱ-469 4070	キタダケヨモギ Ⅱ-437 3941	キヌガサソウ Ⅰ-93 313
キクニガナ属 Ⅱ-469	キダチアロエ Ⅰ-146 526	キヌガサソウ属 Ⅰ-93
キクバオウレン Ⅱ-312 1189	キダチイナモリ Ⅱ-232 3122	キヌタソウ Ⅱ-243 3167
キクバクワガタ Ⅱ-310 3433	キダチカミルレ Ⅱ-(431 3917)	キヌヤナギ Ⅰ-553 2156
キクバテンジクアオイ Ⅱ-19 2271	キダチキンバイ Ⅱ-28 2306	キノクニシオギク Ⅰ-(429 3910)
キクバドコロ Ⅰ-87 291	キダチコミカンソウ Ⅰ-545 2124	キノクニスゲ Ⅰ-231 868
キクバヤマボクチ Ⅱ-466 4060	キダチチョウセンアサガオ属 Ⅱ-286	キハギ Ⅰ-402 1549
キクムグラ Ⅱ-243 3165	キダチニンドウ Ⅱ-498 4188	キハダ Ⅱ-56 2419
キクモ Ⅱ-304 3409	キダチノジアオイ Ⅱ-65 2454	キハダ属 Ⅱ-56
キク目 Ⅰ-375	キダチノネズミガヤ Ⅰ-295 1121	キバナアキギリ Ⅱ-332 3521
キケマン Ⅰ-302 1150	キダチハマグルマ Ⅱ-(419 3870)	キバナイカリソウ Ⅰ-308 1176
キケマン属 Ⅰ-300	キダチハマグルマ属 Ⅱ-419	キバナウツギ Ⅱ-500 4193
キコク Ⅱ-58 2427	キダチルリソウ Ⅱ-267 3264	キバナカワラマツバ Ⅱ-(243 3168)
キササゲ Ⅱ-365 3655	キダチルリソウ属 Ⅱ-267	キバナガンクビソウ Ⅱ-413 3847
キササゲ属 Ⅱ-365	キダチロカイ Ⅰ-146 526	キバナキョウチクトウ Ⅱ-264 3249
キサンジコ Ⅰ-(153 554)	キタミソウ Ⅱ-303 3407	キバナキョウチクトウ属 Ⅱ-264
キジカクシ Ⅰ-160 581	キタミソウ属 Ⅱ-303	キバナコウリンカ Ⅱ-442 3961
キジカクシ科 Ⅰ-154	キタミハタザオ Ⅱ-101 2597	キバナコスモス Ⅱ-416 3857
キジカクシ属 Ⅰ-159	キタヨツバシオガマ Ⅱ-(356 3618)	キバナコックバネ Ⅱ-(494 4169)
キジカクシ目 Ⅰ-106	キチガイナスビ Ⅱ-(285 3336)	キバナザキバラモンジン Ⅱ-469 4072
ギシギシ Ⅱ-109 2632	キチジソウ Ⅰ-347 1330	キバナシャクナゲ Ⅱ-216 3057
ギシギシ属 Ⅱ-109	キチジョウソウ Ⅰ-162 589	キバナチゴユリ Ⅰ-93 316
キシツツジ Ⅱ-207 3024, (208 3025)	キチジョウソウ属 Ⅰ-162	キバナノアツモリソウ Ⅰ-106 367
キジムシロ Ⅰ-470 1821	キッコウツゲ Ⅱ-373 3685	キバナノアマナ Ⅰ-101 348
キジムシロ属 Ⅰ-469	キッコウハグマ Ⅱ-386 3739	キバナノアマナ属 Ⅰ-101
キシモツケ Ⅱ-433 1674	キヅタ Ⅱ-509 4231	キバナノクリンザクラ Ⅱ-184 2929
キシュウイチゴ Ⅰ-458 1774	キヅタ属 Ⅱ-509	キバナノコマノツメ Ⅰ-557 2170
キシュウギク Ⅱ-397 3783	キツネアザミ Ⅱ-466 4058	キバナノショウキラン Ⅰ-(121 425)
キシュウスゲ Ⅰ-231 868	キツネアザミ属 Ⅱ-466	キバナノセッコク Ⅰ-131 466
キシュウスズメノヒエ Ⅰ-(278 1055)	キツネガヤ Ⅰ-252 949	キバナノハウチワマメ Ⅰ-387 1489
キシュウミカン Ⅱ-60 2433	キツネササゲ Ⅰ-417 1609	キバナノマツバニンジン Ⅰ-572 2230
キショウブ Ⅰ-138 495	キツネノオ Ⅰ-83 275, 374 1439	
キジョラン Ⅱ-261 3237	キツネノカミソリ Ⅰ-151 546	
キジョラン属 Ⅱ-261	キツネノシャクジョウ Ⅰ-(119 417)	キバナノレンリソウ Ⅰ-409 1579
キズイセン Ⅰ-152 551		
キスゲ Ⅰ-145 524		
キスミレ Ⅰ-555 2164		
キセルアザミ Ⅱ-454 4012		
キセワタ Ⅱ-329 3511		
キソイチゴ Ⅰ-452 1752		
キソキイチゴ Ⅰ-452 1752		
キソケイ Ⅱ-294 3371	キツネノチャブクロ Ⅰ-545 2121	
キソチドリ Ⅰ-113 393		

キバナハウチワカエデ　Ⅱ-(44　2372)
キバナハタザオ　Ⅱ-102　2604
キバナハタザオ属　Ⅱ-102
キバナバラモンジン　Ⅱ-470　4074
キバナホトトギス　Ⅰ-104　358
キバナミソハギ　Ⅱ-24　2290
キバナミソハギ属　Ⅱ-24
キバナムギナデシコ　Ⅱ-(469　4072)
キバナヤグルマギク　Ⅱ-467　4064
キバンザクロ　Ⅱ-34　2332
キバンジロウ　Ⅱ-34　2332
キビ　Ⅰ-275　1041
キヒオウギ　Ⅰ-(141　508)
キビ属　Ⅰ-275
キビナワシロイチゴ　Ⅰ-459　1778
キビノクロウメモドキ　Ⅰ-483　1873
キビノミノボロスゲ　Ⅰ-214　797
キビヒトリシズカ　Ⅰ-34　78
キビフウロ　Ⅱ-17　2263
キヒメユリ　Ⅰ-(99　338)
キヒヨドリジョウゴ　Ⅰ-354　1360
キブシ　Ⅱ-37　2344
キブシ科　Ⅱ-37
キブシ属　Ⅱ-37
キブネギク　Ⅰ-331　1268
キブネダイオウ　Ⅱ-111　2638
ギボウシ　Ⅰ-157　572
ギボウシ属　Ⅰ-157
キホトトギス　Ⅰ-104　358
キミ　Ⅰ-275　1041
キミカゲソウ　Ⅰ-165　603
キミガヨラン　Ⅰ-156　567
キミズ　Ⅰ-497　1929
キミノガマズミ　Ⅱ-(485　4134)
キミノキンギンボク　Ⅱ-(495　4173)
キミノコバノガマズミ　Ⅱ-(485　4135)
キミノニワトコ　Ⅱ-(484　4130)
キミノバンジロウ　Ⅱ-34　2332
キミノヤマホロシ　Ⅱ-(282　3322)
キムラタケ　Ⅱ-352　3601
キャッサバ　Ⅰ-537　2092
キャッサバ属　Ⅰ-537
キャベツ　Ⅱ-88　2545,（88　2546）,（89　2549）
キヤマリンドウ　Ⅱ-(247　3183)
キャラボク　Ⅰ-30　63

キャロット　Ⅱ-(531　4320)
キャンディ・タフト　Ⅱ-(83　2528)
キュウケイカンラン　Ⅱ-89　2549
キュウリ　Ⅰ-518　2014
キュウリグサ　Ⅱ-270　3275
キュウリグサ属　Ⅱ-270
キュウリ属　Ⅰ-518
キョウオウ　Ⅰ-177　652
キョウガノコ　Ⅰ-448　1736
ギョウギシバ　Ⅱ-293　1116
ギョウギシバ属　Ⅱ-293
ギョウジャカズラ　Ⅰ-529　2057
ギョウジャニンニク　Ⅰ-149　539
ギョウジャノミズ　Ⅰ-375　1444
キョウチクトウ　Ⅱ-263　3248
キョウチクトウ科　Ⅱ-256
キョウチクトウ属　Ⅱ-263
ギョクシンカ　Ⅱ-234　3129
ギョクシンカ属　Ⅱ-234
キヨズミイボタ　Ⅱ-291　3359
キヨスミウツボ　Ⅱ-353　3605
キヨスミウツボ属　Ⅱ-353
キヨスミミツバツツジ　Ⅱ-213　3045
ギョボク　Ⅱ-82　2521
ギョボク属　Ⅱ-82
ギョリュウ　Ⅱ-107　2623
ギョリュウ科　Ⅱ-107
ギョリュウ属　Ⅱ-107
ギョリュウモドキ　Ⅱ-227　3101
ギョリュウモドキ属　Ⅱ-227
キランソウ　Ⅱ-317　3463
キランソウ属　Ⅱ-317
キリ　Ⅱ-350　3596,（508　4228）
キリアサ　Ⅱ-67　2462
キリ科　Ⅱ-350
キリガミネアサヒラン　Ⅰ-(116　408)
キリガミネスゲ　Ⅰ-219　819
キリガミネトウヒレン　Ⅱ-466　4057
キリギシソウ　Ⅰ-(328　1254)
キリシマ　Ⅱ-208　3028,（209　3029）
キリシマエビネ　Ⅰ-129　458
キリシマグミ　Ⅰ-478　1855
キリシマテンナンショウ　Ⅰ-64　200
キリシマミズキ　Ⅱ-350　1344
キリ属　Ⅱ-350
キリツボ　Ⅱ-342　3563
キリモドキ　Ⅱ-366　3660
キリモドキ属　Ⅱ-366
キリンギク　Ⅱ-393　3765

キリンケツトウ属　Ⅰ-170
キリンソウ　Ⅰ-368　1415
キリンソウ属　Ⅰ-368
キレニシキ　Ⅱ-43　2367
キレハイヌガラシ　Ⅱ-91　2559
キレンゲショウマ　Ⅱ-173　2885
キレンゲショウマ属　Ⅱ-173
キンエイカ　Ⅰ-299　1137
キンエノコロ　Ⅰ-273　1034
ギンガソウ　Ⅱ-172　2884
キンカン　Ⅱ-63　2447,　63　2448
キンキカサスゲ　Ⅰ-239　898
キンキマメザクラ　Ⅰ-428　1654
キンギョシバ　Ⅱ-(312　3443)
キンギョソウ　Ⅱ-301　3398
キンギョソウ属　Ⅱ-301
キンギョモ　Ⅰ-374　1438
キンギンソウ　Ⅱ-123　434
キンギンナスビ　Ⅱ-281　3318
キンギンボク　Ⅱ-495　4173
キング・プロテア　Ⅰ-(345　1322)
キングルマ　Ⅱ-440　3953
キンケイギク　Ⅱ-414　3851
キンケイギク属　Ⅱ-414
ギンケンソウ　Ⅱ-423　3886
ギンケンソウ属　Ⅱ-423
キンコウカ　Ⅰ-83　274
キンコウカ科　Ⅰ-83
キンコウカ属　Ⅰ-83
ギンゴウカン　Ⅰ-378　1456
ギンゴウカン属　Ⅰ-378
キンゴジカ　Ⅱ-68　2465
キンゴジカ属　Ⅱ-68
キンシバイ　Ⅰ-573　2235
ギンシンソウ　Ⅰ-270　1022
キンスゲ　Ⅰ-211　787
キンセンカ　Ⅱ-452　4003,　452　4004
ギンセンカ　Ⅱ-70　2475
キンセンカ属　Ⅱ-452
キンチャクアオイ　Ⅰ-41　105
キンチャクスゲ　Ⅰ-223　833
キンチャクソウ　Ⅱ-(295　3375)
キンチャクソウ科　Ⅱ-295
キンチャクソウ属　Ⅱ-295
キンツクバネ　Ⅱ-289　3352
キントウガ　Ⅰ-521　2027
キントラノオ目　Ⅰ-534
ギンナン　Ⅰ-(15　2)
ギンネム　Ⅰ-378　1456
キンバイザサ　Ⅰ-137　489
キンバイザサ科　Ⅰ-137
キンバイザサ属　Ⅰ-137
キンバイソウ　Ⅰ-313　1194
ギンバイソウ　Ⅱ-172　2884

キンバイソウ属　Ⅰ-313
ギンバイソウ属　Ⅱ-172
ギンバイソウ属　Ⅰ-287
ギンブロウ　Ⅰ-(413 1594)
キンポウゲ科　Ⅰ-311
キンポウゲ属　Ⅰ-333
キンポウゲ目　Ⅰ-296
ギンマメ　Ⅰ-417 1610
キンミズヒキ　Ⅰ-462 1789
キンミズヒキ属　Ⅰ-462
キンモクセイ　Ⅱ-292 3364
ギンモクセイ　Ⅱ-292 3363, (293 3367)
キンモンソウ　Ⅰ-318 3466
ギンヨウアカシア　Ⅰ-379 1458
キンラン　Ⅰ-117 409
ギンラン　Ⅰ-117 410
キンランジソ　Ⅱ-317 3461
キンラン属　Ⅰ-117
ギンリョウソウ　Ⅱ-229 3112
ギンリョウソウ属　Ⅱ-229
ギンリョウソウモドキ　Ⅱ-(229 3111)
ギンリョウソウモドキ属　Ⅱ-229
キンレイカ　Ⅱ-490 4155
ギンレイカ　Ⅱ-186 2940
キンロバイ　Ⅰ-473 1836
ギンロバイ　Ⅰ-(473 1836)
キンロバイ属　Ⅰ-473

ク

グアバ　Ⅱ-34 2331
グイマツ　Ⅰ-20 21
クカイソウ　Ⅱ-310 3436
クガイソウ　Ⅱ-310 3436
クガイソウ属　Ⅱ-310
クグ　Ⅰ-(190 703)
クグガヤツリ　Ⅰ-191 706
クゲヌマラン　Ⅰ-117 411
クコ　Ⅱ-277 3304
クコ属　Ⅱ-277
クサアジサイ　Ⅱ-172 2883
クサアジサイ属　Ⅱ-172
クサイ　Ⅰ-185 681
クサイチゴ　Ⅰ-(456 1766), (456 1767), 457 1772
クサギ　Ⅱ-347 3583
クサギ属　Ⅱ-347
クサキョウチクトウ　Ⅱ-174 2892
クサキョウチクトウ属　Ⅱ-174
クサコアカソ　Ⅰ-499 1938
クサシモツケ　Ⅰ-448 1734
クサスギカズラ　Ⅰ-159 579
クサスゲ　Ⅰ-228 853
クサセンナ　Ⅰ-380 1464

クサタチバナ　Ⅱ-257 3222
クサドウ　Ⅰ-254 957
クサトベラ　Ⅱ-385 3736
クサトベラ科　Ⅱ-385
クサトベラ属　Ⅱ-385
クサニワトコ　Ⅱ-485 4133
クサネム　Ⅰ-397 1529
クサネム属　Ⅰ-397
クサノオウ　Ⅰ-298 1133
クサノオウ属　Ⅰ-298
クサノオウバノギク　Ⅱ-481 4120
クサノボタン　Ⅱ-36 2340
クサパンヤ　Ⅱ-260 3234
クサフジ　Ⅰ-406 1565
クサボケ　Ⅰ-437 1692
クサボタン　Ⅰ-341 1308
クサホルト　Ⅰ-540 2104
クサマオ　Ⅰ-500 1941
クサミズキ　Ⅱ-230 3114
クサミズキ属　Ⅱ-230
クサヤツデ　Ⅱ-388 3745
クサヤマブキ　Ⅰ-298 1134
クサヨシ　Ⅰ-256 966, (256 967)
クサヨシ属　Ⅰ-256
クサリスギ　Ⅰ-29 58
クサレダマ　Ⅱ-188 2945
クジャクソウ　Ⅱ-(415 3853), (424 3890)
クジャクヒバ　Ⅰ-25 43
クジュウツリスゲ　Ⅰ-(234 880)
クジラグサ　Ⅱ-84 2531, 526 4298
クジラグサ属　Ⅱ-84
クシロチドリ　Ⅰ-110 384
クシロワチガイ　Ⅱ-138 2745
クシロワチガイソウ　Ⅱ-138 2745
クス　Ⅰ-49 140
クズ　Ⅰ-417 1611
クスザサ　Ⅰ-246 927
クズ属　Ⅰ-417
クスタブ　Ⅰ-(50 141)
クスドイゲ　Ⅰ-549 2137
クスドイゲ属　Ⅰ-549
クスノキ　Ⅰ-49 140
クスノキ科　Ⅰ-49
クスノキ属　Ⅰ-49
クスノキ目　Ⅰ-48
クスリクサ　Ⅰ-(253 3207)
クソニンジン　Ⅱ-439 3950
クダモノトケイソウ　Ⅰ-548 2136
クチナシ　Ⅱ-234 3131, (234 3132)

クチナシグサ　Ⅱ-359 3629
クチナシグサ属　Ⅱ-359
クチナシ属　Ⅱ-234
クチナワジョウゴ　Ⅰ-(496 1926)
クツクサ　Ⅱ-511 4239
クヌギ　Ⅰ-502 1952
グネツム目　Ⅰ-15
クネンボ　Ⅱ-62 2441
クマイチゴ　Ⅰ-455 1761
クマガイソウ　Ⅰ-106 365
クマガワブドウ　Ⅰ-376 1448
クマケモモ　Ⅱ-223 3088
クマザサ　Ⅰ-246 925
クマシデ　Ⅰ-509 1978
クマタケラン　Ⅰ-176 646
クマツヅラ　Ⅱ-367 3664
クマツヅラ科　Ⅱ-367
クマツヅラ属　Ⅱ-367
クマノギク　Ⅱ-419 3872
クマノミズキ　Ⅰ-164 2849
クマビエ　Ⅰ-(276 1045), (276 1046)
クマヤナギ　Ⅰ-480 1863
クマヤナギ属　Ⅰ-480
クマヤマグミ　Ⅰ-478 1855
グミ科　Ⅰ-476
グミ属　Ⅰ-476
グミモドキ　Ⅰ-537 2090
クモイコザクラ　Ⅱ-183 2926
クモイナズナ　Ⅱ-98 2588
クモイナデシコ　Ⅱ-(145 2775)
クモキリソウ　Ⅰ-127 449
クモキリソウ属　Ⅰ-126
クモマキンポウゲ　Ⅰ-333 1276
クモマグサ　Ⅱ-359 1378
クモマナズナ　Ⅱ-96 2578
クモマユキノシタ　Ⅰ-359 1379
クモラン　Ⅰ-135 484
クモラン属　Ⅰ-135
クライタボ　Ⅰ-490 1902
グラジオラス　Ⅰ-143 515
グラジオラス属　Ⅰ-143
クララ　Ⅰ-383 1475, (383 1476)
クララ属　Ⅰ-383
クリ　Ⅰ-502 1949; Ⅱ-(105 2614)
グリーンピース　Ⅰ-(411 1585)
クリガシワ　Ⅰ-503 1953
クリカボチャ　Ⅰ-521 2028
クリスマスローズ　Ⅰ-332 1271
クリスマスローズ属　Ⅰ-332
クリ属　Ⅰ-502
クリナム　Ⅰ-150 542
クリヤマハハコ　Ⅱ-409 3830
クリンザクラ　Ⅱ-184 2931

クリンソウ Ⅱ-179 2911	クロタネソウ Ⅰ-314 1200	クワイチゴ Ⅰ-(455 1761)
クリンユキフデ Ⅱ-126 2697	クロタネソウ属 Ⅰ-314	クワ科 Ⅰ-487
クルマアザミ Ⅱ-456 4018	クロタマガヤツリ Ⅰ-195 723	クワガタソウ Ⅱ-306 3418
クルマガンピ Ⅱ-(142 2764)	クロタマガヤツリ属 Ⅰ-195	クワガタソウ属 Ⅱ-304
クルマギク Ⅱ-400 3795	クロッカス Ⅰ-142 511	クワクサ Ⅰ-489 1897
クルマバアカネ Ⅱ-244 3169	クロッソソマ目 Ⅱ-37	クワクサ属 Ⅰ-489
クルマバザクロソウ Ⅱ-161 2837	クロツバラ Ⅰ-483 1874	クワズイモ Ⅰ-59 180
クルマバソウ Ⅱ-239 3152	クロツリバナ Ⅰ-524 2037	クワズイモ属 Ⅰ-59
クルマバツクバネソウ Ⅰ-92 309	クロヅル Ⅰ-529 2057	クワ属 Ⅰ-487
クルマバナ Ⅱ-334 3532	クロヅル属 Ⅰ-529	クワノハイチゴ Ⅰ-450 1744
クルマバナ属 Ⅱ-334	クロテツ Ⅱ-177 2902	クワモドキ Ⅱ-422 3881
クルマバハグマ Ⅱ-389 3749	クロテンツキ Ⅰ-203 756	グンナイキンポウゲ Ⅰ-(335 1281)
クルマミズキ Ⅱ-163 2848	クロトチュウ Ⅰ-527 2051	グンナイフウロ Ⅱ-16 2258
クルマムグラ Ⅱ-(243 3166)	クロヌマハリイ Ⅰ-201 748	グンバイヅル Ⅱ-307 3423
クルマユリ Ⅰ-98 335	クロバイ Ⅱ-196 2978	グンバイナズナ Ⅱ-84 2529
クルミ Ⅰ-508 1974	クロハタガヤ Ⅰ-207 769	グンバイナズナ属 Ⅱ-84
クルミ科 Ⅰ-507	クロバナウマノミツバ Ⅱ-512 4242	グンバイヒルガオ Ⅱ-274 3291
クルミ属 Ⅰ-508	クロバナカモメヅル Ⅱ-(259 3229)	
クルメツツジ Ⅱ-(209 3031)	クロバナハンショウヅル Ⅰ-341 1307	**ケ**
グレープフルーツ Ⅱ-59 2431		ケアクシバ Ⅱ-(226 3100)
グレーンスゲ Ⅰ-234 877	クロバナヒキオコシ Ⅱ-343 3568	ケアサガラ Ⅱ-200 2994
クレオメソウ Ⅰ-(82 2523)		ケアリタソウ Ⅱ-155 2815
クレソン Ⅱ-90 2555	クロバナマツムシソウ Ⅱ-(489 4152)	ケイガイ Ⅱ-325 3495
クレタケ Ⅰ-244 917		ケイジュ Ⅰ-52 150
クレノアイ Ⅱ-468 4066	クロバナロウゲ Ⅰ-474 1839	ケイトウ Ⅱ-148 2786
クロイゲ Ⅰ-482 1870	クロバナロウゲ属 Ⅰ-474	ケイトウ属 Ⅱ-148
クロイゲ属 Ⅰ-482	クロバナロウバイ Ⅰ-49 138	ケイヌビエ Ⅰ-276 1046
クロイチゴ Ⅰ-458 1775	クロハリイ Ⅰ-201 746	ケイノコヅチ Ⅱ-149 2791
クロイヌノヒゲ Ⅰ-183 673	クロビ Ⅰ-24 38	ケイビラン Ⅰ-160 583
クロイヌビエ Ⅰ-276 1046	クロビイタヤ Ⅱ-49 2391	ケイビラン属 Ⅰ-160
クロウグイス Ⅱ-(494 4172)	クロブナ Ⅰ-501 1948	ケウツギ Ⅱ-501 4200
クロウスゴ Ⅱ-224 3092	クロフネサイシン Ⅰ-42 111	ケカモノハシ Ⅰ-282 1072
クロウメモドキ Ⅰ-482 1872	クロベ Ⅰ-24 38	ケキツネノボタン Ⅰ-336 1288
クロウメモドキ科 Ⅰ-479	クロベ属 Ⅰ-24	ケクロモジ Ⅰ-53 156
クロウメモドキ属 Ⅰ-482	クロホシクサ Ⅰ-181 667	ケグワ Ⅰ-488 1893
クロエゾ Ⅰ-15 4	クロボシソウ Ⅰ-189 698	ケコマユミ Ⅰ-(525 2044)
クロオスゲ Ⅰ-217 811	クロマツ Ⅰ-(20 24), 21 25	ケゴンアカバナ Ⅱ-26 2298
クローバー Ⅰ-(388 1495)	クロマメノキ Ⅱ-225 3096	ケサンカクヅル Ⅰ-376 1445
クロカキ Ⅱ-178 2906	クロミサンザシ Ⅰ-447 1731	ケシ Ⅰ-297 1129
クロガシ Ⅰ-504 1957	クロミノウグイス Ⅱ-(494 4172)	ケシ科 Ⅰ-296
クロガネモチ Ⅰ-370 3673		ケシ属 Ⅰ-297
クロカワズスゲ Ⅰ-213 793	クロミノウグイスカグラ Ⅱ-494 4172	ケジャニンジン Ⅱ-(93 2566)
クロカンバ Ⅰ-483 1876		ケショウザクラ Ⅱ-184 2930
クロキ Ⅱ-197 2983	クロミノニシゴリ Ⅱ-195 2976	ケショウヤナギ Ⅱ-555 2163
クロギ Ⅰ-(527 2052)	クロムギ Ⅰ-253 954	ケシライワシャジン Ⅱ-(380 3715)
グロキシニア Ⅱ-(295 3376)	クロムヨウラン Ⅰ-116 406	
クログモ Ⅰ-(127 449)	クロモ Ⅰ-72 231	ケシロネ Ⅱ-(336 3537)
クロクモソウ Ⅰ-359 1377	クロモジ Ⅰ-53 154	ケシロヨメナ Ⅱ-(398 3786)
クログワイ Ⅰ-201 745	クロモジ属 Ⅰ-53	ケシンジュガヤ Ⅰ-210 782, (210 783)
クロスゲ Ⅰ-219 818	クロモ属 Ⅰ-72	
クロソヨゴ Ⅱ-372 3681	クロユリ Ⅰ-97 330	ケスゲ Ⅰ-229 859
クロタキカズラ Ⅰ-230 3113	クロヨナ Ⅰ-392 1509	ケタガネソウ Ⅰ-233 875
クロタキカズラ科 Ⅱ-230	クロヨナ属 Ⅰ-392	ケタチツボスミレ Ⅰ-(559 2179)
クロタキカズラ属 Ⅱ-230	クワ Ⅰ-487 1891	
クロタキカズラ目 Ⅱ-230	クワイ Ⅰ-69 218, 201 745	ケチドメ Ⅱ-504 4210

ゲッキツ Ⅱ-58 2425
ゲッキツ属 Ⅱ-58
ゲッキツモドキ Ⅱ-58 2426
ゲッケイジュ Ⅰ-55 164
ゲッケイジュ属 Ⅰ-55
ゲットウ Ⅰ-(176 646), 176 647
ケナシイヌゴマ Ⅱ-(330 3513)
ケナシウシコロシ Ⅰ-(445 1724)
ケナシニオイタチツボスミレ Ⅰ-(559 2180)
ケナシニシキソウ Ⅰ-(542 2111)
ケナシヤブグルマカエデ Ⅱ-(48 2388)
ケナシヤブデマリ Ⅱ-(486 4140)
ケニシキギ Ⅰ-(525 2044)
ケネザサ Ⅰ-(245 921)
ケネバリタデ Ⅱ-116 2658
ケノボリフジ Ⅱ-387 1490
ケハギ Ⅰ-401 1545
ケヒサカキ Ⅱ-(176 2898)
ケヒメスミレ Ⅰ-(568 2216)
ケフシグロ Ⅱ-(142 2761), 142 2762
ケマルバスミレ Ⅰ-567 2209, (567 2210)
ケマンソウ Ⅰ-300 1141
ケマンソウ属 Ⅰ-300
ケヤキ Ⅰ-485 1881; Ⅱ-(105 2614)
ケヤキ属 Ⅰ-485
ケヤブハギ Ⅰ-398 1533
ケヤマウコギ Ⅱ-508 4225
ケヤマザクラ Ⅰ-425 1643
ケヤマゼリ Ⅱ-(528 4305)
ケラマツツジ Ⅱ-207 3021, (207 3022)
ゲンカ Ⅱ-(79 2509)
ゲンカイツツジ Ⅱ-205 3015
ゲンゲ Ⅰ-394 1520
ゲンゲ属 Ⅰ-393
ゲンゲバナ Ⅰ-394 1520
ゲンジスミレ Ⅰ-564 2198
ケンチャヤシ Ⅰ-170 622
ケンチャヤシ属 Ⅰ-170
ゲンノショウコ Ⅱ-15 2253
ゲンペイクサギ Ⅱ-348 3585
ケンポナシ Ⅰ-484 1877
ケンポナシ属 Ⅰ-484

コ

コアカザ Ⅱ-154 2809
コアカソ Ⅰ-499 1939
コアカバナ Ⅱ-27 2301
コアジサイ Ⅱ-171 2877
コアゼガヤツリ Ⅰ-191 705, (191 708)
コアゼテンツキ Ⅰ-204 760
コアツモリソウ Ⅰ-106 368
コアニチドリ Ⅰ-109 377
コアブラススキ Ⅰ-286 1086
コアブラツツジ Ⅱ-220 3075
コアマモ Ⅰ-77 250
コアラセイトウ Ⅱ-103 2606
コアワガエリ Ⅰ-264 997
コイケマ Ⅱ-256 3219
コイチジク Ⅰ-490 1904
コイチヤクソウ Ⅰ-228 3107
コイチヤクソウ属 Ⅱ-228
コイチョウラン Ⅰ-128 453
コイチョウラン属 Ⅰ-128
ゴイッシングサ Ⅱ-(406 3819)
コイトスゲ Ⅰ-229 857
コイヌガラシ Ⅱ-92 2561
コイヌノハナヒゲ Ⅰ-209 778
コイワウチワ Ⅱ-198 2987
コイワザクラ Ⅰ-183 2925
コウオウカ Ⅱ-367 3661
コウオウソウ Ⅱ-424 3890
コウオウソウ属 Ⅱ-424
コウカ Ⅰ-379 1460
コウガイゼキショウ Ⅰ-186 687
コウガイモ Ⅰ-73 235
コウカギ Ⅰ-379 1460
コウキクサ Ⅰ-58 173
コウキクサ属 Ⅰ-57
コウキセッコク Ⅰ-131 467
コウグイスカグラ Ⅱ-496 4178
コウゲ Ⅰ-202 752
コウジ Ⅱ-191 2959
コウシュウヒゴタイ Ⅱ-465 4054
コウシンソウ Ⅱ-360 3633
コウシンバラ Ⅰ-466 1807
コウシンヤマハッカ Ⅱ-(343 3566)
コウスイボク Ⅱ-367 3662
コウスイボク属 Ⅱ-367
コウゾ Ⅰ-488 1894
ゴウソ Ⅰ-219 817
コウゾ属 Ⅰ-488
コウゾリナ Ⅱ-471 4077
コウゾリナ属 Ⅱ-471
コウチニッケイ Ⅰ-50 143
コウチムラサキ Ⅱ-(345 3575)
コウバイグサ Ⅱ-(143 2765)
コウブシ Ⅰ-194 717
コウベナズナ Ⅱ-(83 2525)
コウボウ Ⅰ-255 962
コウボウシバ Ⅰ-241 905

コウボウビエ Ⅰ-293 1115
コウボウムギ Ⅰ-214 798
コウホネ Ⅰ-31 67
コウホネ属 Ⅰ-31
コウマゴヤシ Ⅰ-389 1500
コウメ Ⅰ-422 1632, 423 1636; Ⅱ-224 3089
コウモリカズラ Ⅰ-305 1164
コウモリカズラ属 Ⅰ-305
コウモリソウ Ⅱ-448 3986
コウモリソウ属 Ⅱ-446
コウモリドコロ Ⅰ-87 289
コウヤグミ Ⅰ-478 1854
コウヤザサ Ⅰ-248 933
コウヤザサ属 Ⅰ-248
コウヤハンショウヅル Ⅰ-340 1303
コウヤボウキ Ⅱ-(390 3753), 390 3754
コウヤボウキ属 Ⅱ-389
コウヤマキ Ⅰ-23 35
コウヤマキ科 Ⅰ-23
コウヤマキ属 Ⅰ-23
コウヤミズキ Ⅰ-350 1343
コウヨウザン Ⅰ-29 59
コウヨウザン属 Ⅰ-29
コウライタチバナ Ⅱ-(60 2435)
コウライニンジン Ⅱ-(511 4237)
コウリンカ Ⅱ-442 3962
コウルメ Ⅱ-488 4146
コエゾツガザクラ Ⅱ-218 3067
コエンドロ Ⅱ-513 4248
コエンドロ属 Ⅱ-513
コオトギリ Ⅰ-575 2241, (575 2242)
コオニタビラコ Ⅱ-(328 3506), 475 4095
コオニユリ Ⅰ-98 334
コオノオレ Ⅰ-511 1988
コーヒーノキ Ⅱ-245 3175
コーヒーノキ属 Ⅱ-245
ゴーヤ Ⅰ-517 2010
ゴールデン・エルダー Ⅱ-(484 4132)
コールラビー Ⅱ-89 2549
コオロギラン Ⅰ-118 416
コオロギラン属 Ⅰ-118
コカ Ⅰ-(534 2080)
コカキツバタ Ⅰ-140 502
コガク Ⅰ-168 2868
コガクウツギ Ⅱ-170 2875
ゴガツイチゴ Ⅰ-454 1759
ゴガツササゲ Ⅰ-413 1594, (413 1595)

コカナダモ Ⅰ-73 233	コカナッツミルク Ⅰ-(167 611)	3860)
コガネイチゴ Ⅰ-450 1741	コゴメウツギ Ⅰ-420 1624	コシンジュガヤ Ⅰ-210 781
コガネエンジュ Ⅰ-307 1171	コゴメガゼクサ Ⅰ-292 1110	コスミレ Ⅰ-569 2220
コガネギシギシ Ⅱ-110 2635	コゴメガヤツリ Ⅰ-190 702	コスモス Ⅱ-415 3856
コガネネコノメソウ Ⅰ-362 1389	コゴメギク Ⅱ-420 3874	コスモス属 Ⅱ-415
コガネバナ Ⅰ-390 1503; Ⅱ-324 3490	コゴメギク属 Ⅱ-420	ゴゼンタチバナ Ⅱ-165 2853
コガネヤナギ Ⅱ-324 3490	コゴメグサ Ⅱ-353 3608	コセンダングサ Ⅱ-416 3860
コカノキ Ⅰ-534 2080	コゴメグサ属 Ⅱ-353	コソネ Ⅰ-509 1977
コガノキ Ⅰ-(50 141), 52 152	コゴメスヒ Ⅰ-263 995	コダカラベンケイ Ⅰ-373 1434
コカノキ科 Ⅰ-534	コゴメナデシコ Ⅰ-147 2782	コダチチョウセンアサガオ Ⅱ-286 3338
コカノキ属 Ⅰ-534	コゴメバナ Ⅰ-436 1688	コタチツボスミレ Ⅰ-(559 2179)
コガノヤドリギ Ⅱ-106 2620	コゴメヒョウタンボク Ⅱ-496 4179	コダチボタンボウフウ Ⅱ-(530 4313)
コガマ Ⅰ-179 657	コゴメマンネングサ Ⅰ-365 1402	コタヌキモ Ⅱ-360 3636
ゴガミ Ⅱ-260 3234	コゴメヤナギ Ⅰ-553 2154	コタヌキラン Ⅰ-223 836, (224 837)
コカモメヅル Ⅱ-259 3231	ココヤシ Ⅰ-167 611	コチヂミザサ Ⅰ-277 1051
ゴカヨウオウレン Ⅰ-311 1188	ココヤシ属 Ⅰ-167	コチャルメルソウ Ⅰ-363 1394
コカラスザンショウ Ⅱ-53 2408	コサ Ⅱ-256 3218	コチョウラン Ⅰ-(108 373), 136 488
コカリヤス Ⅰ-287 1091	ゴサイバ Ⅰ-536 2086; Ⅱ-(67 2462)	コチョウラン属 Ⅰ-136
コカンスゲ Ⅰ-224 839	ゴザンチク Ⅰ-243 915	コツクバネ Ⅱ-493 4166
コガンピ Ⅱ-79 2511	コシアブラ Ⅱ-508 4226	コツクバネウツギ Ⅱ-494 4169
コキツネノボタン Ⅰ-336 1286	コシアブラ属 Ⅱ-508	コットンボール Ⅱ-(74 2490)
ゴキヅル Ⅰ-516 2005	コジイ Ⅰ-506 1966	ゴデチア Ⅱ-(31 2317)
ゴキヅル属 Ⅰ-516	コシオガマ Ⅰ-358 3626	コデマリ Ⅰ-436 1686
コギノコ Ⅱ-105 2615	コシオガマ属 Ⅰ-358	コテングクワガタ Ⅱ-(306 3420)
コキビ Ⅰ-275 1041	ゴジカ Ⅱ-65 2453	ゴトヅル Ⅱ-172 2881
コキンバイ Ⅰ-461 1788	コシカギク Ⅱ-433 3925	コトジソウ Ⅱ-(332 3521)
コキンバイザサ Ⅰ-137 490	コシカギク属 Ⅱ-432	コトリトマラズ Ⅰ-307 1169
コキンバイザサ属 Ⅰ-137	ゴジカ属 Ⅱ-65	コトンボソウ Ⅰ-114 399
コキンポウゲ Ⅰ-334 1278	コジキイチゴ Ⅰ-457 1771	コナウキクサ Ⅰ-(58 175)
コキンレイカ Ⅱ-(490 4155)	ゴシキトウガラシ Ⅱ-285 3334	コナギ Ⅰ-173 635
コクサギ Ⅱ-55 2414	コシキブ Ⅱ-(345 3576)	コナスビ Ⅱ-187 2942
コクサギ属 Ⅱ-55	コシジオウレン Ⅰ-312 1191	コナツミカン Ⅱ-61 2440
コクタン Ⅱ-178 2908, (508 4228)	コシジシモツケソウ Ⅰ-449 1737	コナミキ Ⅱ-324 3489
コクタンノキ Ⅰ-527 2051	コシノカンアオイ Ⅰ-38 93	コナラ Ⅰ-502 1950
コクテンギ Ⅰ-527 2051	コシミノ Ⅱ-(208 3028), (209 3029)	コナラ属 Ⅰ-502
コクマガイソウ Ⅰ-(106 367)	コシャク Ⅱ-512 4244	コニガクサ Ⅱ-(320 3473)
ゴクラクチョウカ Ⅰ-(174 638)	コジュズスゲ Ⅰ-234 878	コニシキソウ Ⅰ-542 2112
ゴクラクチョウカ科 Ⅰ-174	ゴシュユ Ⅱ-54 2410	コニヤク Ⅰ-(60 182)
ゴクラクチョウカ属 Ⅰ-174	ゴシュユ属 Ⅱ-54	コヌカグサ Ⅰ-262 989
コクラン Ⅰ-126 445, (126 446)	ゴショイチゴ Ⅰ-452 1751	コネソ Ⅱ-487 4141
コゲ Ⅰ-202 752	コショウ Ⅰ-36 85	コノテガシワ Ⅰ-23 36, (24 37)
コケイラン Ⅰ-128 455	コショウ科 Ⅰ-35	コノテガシワ属 Ⅰ-23
コケイラン属 Ⅰ-128	コショウソウ Ⅱ-83 2526	コバイケイソウ Ⅰ-91 305
コケオトギリ Ⅰ-577 2251	コショウ属 Ⅰ-35	コバイモ Ⅰ-96 328
コケセンボンギク Ⅱ-394 3771	コショウノキ Ⅱ-78 2505	コハウチワカエデ Ⅱ-44 2372
コケセンボンギク属 Ⅱ-394	コショウボク Ⅱ-(501 1945)	コバギボウシ Ⅰ-158 574
コケミズ Ⅰ-496 1925	コショウ目 Ⅰ-35	コハクウンボク Ⅱ-201 2997
コケモモ Ⅱ-226 3097	コシロギク Ⅱ-(431 3919)	コハコベ Ⅱ-(129 2709)
コケリンドウ Ⅱ-249 3191	コシロネ Ⅱ-336 3539	コハズ Ⅰ-(540 2104)
ココアノキ Ⅱ-66 2458	コシロノセンダングサ Ⅱ-(416	コハナガサノキ Ⅱ-235 3136

コバナガンクビソウ Ⅱ-414 3849	ゴマ Ⅱ-316 3459	コモチマンネングサ Ⅰ-367 1412
コバノイチヤクソウ Ⅱ-227 3103	ゴマイザサ Ⅰ-244 918	コモチミミコウモリ Ⅱ-(447 3982)
	ゴマ科 Ⅱ-316	
コバノイラクサ Ⅰ-493 1915	コマガタケスグリ Ⅰ-354 1358	コモチレンゲ Ⅰ-371 1427
コバノガマズミ Ⅱ-485 4135	ゴマギ Ⅱ-486 4138	コモヅノ Ⅰ-(242 912)
コバノカモメヅル Ⅱ-258 3228	コマクサ Ⅰ-299 1140	コモノギク Ⅱ-397 3781
	ゴマクサ Ⅱ-353 3606	コヤスノキ Ⅱ-503 4207
コバノクロヅル Ⅰ-529 2058	コマクサ属 Ⅰ-299	コヤツブサ Ⅱ-(284 3332)
コバノセンダングサ Ⅱ-416 3859	ゴマクサ属 Ⅱ-353	ゴヤバラ Ⅰ-(467 1809)
	ゴマ属 Ⅱ-316	
コバノタツナミ Ⅱ-(320 3476)	コマツカサススキ Ⅰ-199 740	コヤブタバコ Ⅱ-413 3845
コバノツメクサ Ⅱ-135 2733	コマツナ Ⅰ-87 2542	コヤブラン Ⅰ-162 591
コバノトネリコ Ⅱ-288 3346	コマツナギ Ⅰ-391 1505	ゴヨウアケビ Ⅱ-303 1156
	コマツナギ属 Ⅰ-391	ゴヨウイチゴ Ⅰ-460 1781
コバノトベラ Ⅱ-503 4205	コマツヨイグサ Ⅱ-32 2321	ゴヨウツツジ Ⅱ-210 3036
コバノナナカマド Ⅰ-(443 1716)	ゴマナ Ⅱ-398 3785	ゴヨウマツ Ⅰ-21 28
	コマノアシガタ Ⅰ-(335 1282)	コヨウラクツツジ Ⅱ-217 3062
コバノヒルムシロ Ⅰ-79 257	コマノツメ Ⅰ-(364 1399)	コヨメナ Ⅱ-(395 3776)
コバノフユイチゴ Ⅰ-450 1743	ゴマノハグサ Ⅱ-313 3448	コリアンダー Ⅱ-(513 4248)
コバノボタンヅル Ⅰ-339 1299	ゴマノハグサ科 Ⅱ-312	コリウス Ⅱ-317 3461
コバノミツバツツジ Ⅱ-212 3043	ゴマノハグサ属 Ⅱ-313	コリヤナギ Ⅰ-551 2147
	コマノヒザ Ⅱ-149 2789	コリンゴ Ⅰ-440 1701
コバノヨツバムグラ Ⅱ-241 3159	コマユミ Ⅰ-525 2044	ゴリンバナ Ⅱ-484 4129
	コマンネンソウ Ⅰ-367 1411	コロシントウリ Ⅰ-518 2013
コハマギク Ⅱ-429 3912	コミカン Ⅱ-60 2433	コンギク Ⅱ-398 3788
コハマジンチョウ Ⅱ-312 3444	コミカンソウ Ⅰ-545 2121	ゴンゲンスゲ Ⅰ-229 857
	コミカンソウ属 Ⅰ-545	コンゴウザクラ Ⅰ-430 1661
ゴバマメ Ⅰ-(411 1587)	コミネカエデ Ⅱ-46 2378	ゴンズイ Ⅱ-37 2342
コハリスゲ Ⅰ-212 790	コミヤマカタバミ Ⅰ-531 2066	ゴンズイ属 Ⅱ-37
コバンソウ Ⅰ-258 975	コミヤマスミレ Ⅰ-566 2207	ゴンゼツノキ Ⅰ-508 4226
コバンソウ属 Ⅰ-258	コミヤマミズ Ⅰ-495 1923	コンテリギ Ⅱ-170 2874
ゴバンノアシ Ⅰ-175 2894	コムギ Ⅰ-253 953	コンニャク Ⅰ-60 182
コバンノキ Ⅰ-546 2126	コムギ属 Ⅰ-253	コンニャク属 Ⅰ-60
コバンモチ Ⅰ-533 2075	コムラサキ Ⅱ-(345 3576)	コンニャクダマ Ⅰ-(60 182)
コヒガンザクラ Ⅰ-424 1640, (425 1641)	コムラサキシキブ Ⅱ-345 3576	コンフリー Ⅱ-268 3267
		コンペイトウグサ Ⅰ-182 671
コヒゲ Ⅰ-184 679	コメガヤ Ⅰ-249 938	コンヨウセルリー Ⅱ-518 4267
コヒマワリ Ⅱ-421 3877	コメガヤ属 Ⅰ-249	コンロンカ Ⅱ-233 3127
コヒルガオ Ⅱ-272 3283	ゴメゴメジン Ⅰ-(304 1160)	コンロンカ属 Ⅱ-233
コフウロ Ⅱ-15 2254	コメススキ Ⅰ-263 994	コンロンソウ Ⅱ-94 2570
コブガシ Ⅰ-51 146	コメススキ属 Ⅰ-263	
コブシ Ⅰ-45 121	コメツガ Ⅰ-17 11	**サ**
コフジウツギ Ⅱ-314 3451	コメツツジ Ⅱ-206 3019, (206 3020)	ザードウイッケン Ⅰ-(405 1561)
コブシハジカミ Ⅰ-45 121		
コフタバラン Ⅰ-121 426	コメツブウマゴヤシ Ⅰ-390 1501	サイカイシ Ⅰ-(382 1470)
コブナグサ Ⅰ-279 1060		サイカチ Ⅰ-382 1470
コブナグサ属 Ⅰ-279	コメツブマゴヤシ Ⅰ-(390 1501)	サイカチ属 Ⅰ-382
コプラ Ⅰ-(167 611)		サイキョウカボチャ Ⅰ-521 2025
コヘラナレン Ⅱ-(483 4126), (483 4127)	コメナモミ Ⅱ-418 3866	サイコクイカリソウ Ⅰ-309 1179
	コメバツガザクラ Ⅱ-222 3084	
コヘラナレン Ⅱ-483 4128	コメバツガザクラ属 Ⅱ-222	サイコクイボタ Ⅱ-291 3360
コヘンルウダ Ⅱ-56 2417	コメヒシバ Ⅰ-274 1039	サイコクトキワヤブハギ Ⅰ-(398 1534)
コヘンルーダ Ⅱ-56 2417	コモウセンゴケ Ⅱ-127 2703	
ゴボウ Ⅱ-453 4005	ゴモジュ Ⅱ-488 4146	サイゴクミツバツツジ Ⅱ-(212 3042)
ゴボウアザミ Ⅱ-457 4022	コモチカンラン Ⅱ-88 2548	
ゴボウ属 Ⅱ-453	コモチタマナ Ⅱ-88 2548	サイザルアサ Ⅰ-156 565
コボタンヅル Ⅰ-339 1298		

サイネリア Ⅱ-(444 3969)	サクラ属 Ⅰ-424	サツマギク Ⅱ-(395 3774)
サイハイラン Ⅰ-130 462	サクラタデ Ⅱ-117 2662	サツマコンギク Ⅱ-(395 3774)
サイハイラン属 Ⅰ-130	サクラツツジ Ⅱ-211 3037	サツマジイ Ⅰ-506 1968
サイハダカンバ Ⅰ-512 1989	サクラバハンノキ Ⅰ-513 1995	サツマニンジン Ⅱ-142 2761
ザイフリボク Ⅰ-444 1718	サクラバラ Ⅰ-467 1810	サツマノギク Ⅱ-428 3906
ザイフリボク属 Ⅰ-444	サクラマンテマ Ⅱ-140 2753	サツマルリミノキ Ⅱ-(236 3140)
サイヨウシャジン Ⅱ-378 3707,(378 3708)	サクララン Ⅱ-261 3239	サデクサ Ⅱ-119 2670, 121 2678
サオトメバナ Ⅱ-237 3142	サクララン属 Ⅱ-261	サトイモ Ⅰ-59 179
サオヒメ Ⅱ-351 3597	ザクロ Ⅱ-20 2275	サトイモ科 Ⅰ-56
サカイツツジ Ⅱ-214 3049	ザクロソウ Ⅱ-160 2836	サトイモ属 Ⅰ-59
サカキ Ⅱ-(105 2613), 177 2901	ザクロソウ科 Ⅱ-160	ザトウエビ Ⅰ-377 1452
サカキ科 Ⅱ-176	ザクロソウ属 Ⅱ-160	サトウキビ Ⅰ-285 1084;Ⅱ-(352 3603)
サカキカズラ Ⅱ-263 3245	ザクロ属 Ⅱ-20	サトウキビ属 Ⅰ-285
サカキカズラ属 Ⅱ-263	ササエビネ Ⅰ-128 455	サトウシバ Ⅰ-45 123
サカキ属 Ⅱ-177	ササエビモ Ⅰ-79 260	サトウダイコン Ⅱ-153 2806
サカネラン Ⅰ-122 431	ササガヤ Ⅰ-287 1089	サトウヂシャ Ⅰ-153 2806
サカネラン属 Ⅰ-121	ササガヤ属 Ⅰ-287	サトザクラ Ⅰ-426 1648,(427 1649)
サガリトウガラシ Ⅱ-285 3335	ササキビ Ⅰ-274 1037	サドスゲ Ⅰ-218 814
サガリバナ Ⅱ-175 2895	ササクサ Ⅰ-271 1025	サトトネリコ Ⅱ-287 3344
サガリバナ科 Ⅱ-175	ササクサ属 Ⅰ-271	サナエタデ Ⅱ-116 2660
サガリバナ属 Ⅱ-175	ササゲ Ⅰ-415 1601	サナカズラ Ⅰ-(33 76)
サガリヤブツバサ Ⅱ-(284 3332)	ササゲ属 Ⅰ-414	サナギイチゴ Ⅰ-459 1780
サカワサイシン Ⅰ-41 106	ササスゲ Ⅰ-233 874	サネカズラ Ⅰ-33 76
サギゴケ Ⅱ-349 3590	ササ属 Ⅰ-246	サネカズラ属 Ⅰ-33
サギゴケ科 Ⅱ-349	ササナギ Ⅰ-(173 635)	サネブトナツメ Ⅰ-481 1868
サギゴケ属 Ⅱ-349	ササノハスゲ Ⅰ-233 876	サバノオ Ⅰ-315 1202
サキシマスオウノキ Ⅱ-66 2457	ササバギンラン Ⅰ-117 412	サビバナナカマド Ⅰ-442 1712
サキシマスオウノキ属 Ⅱ-66	ササバノボタン Ⅱ-36 2340	サフラン Ⅰ-142 510
サキシマハマボウ Ⅱ-74 2489	ササバモ Ⅰ-80 261	サフラン属 Ⅰ-142
サキシマハマボウ属 Ⅱ-74	ササモ Ⅰ-80 264	サフランモドキ Ⅰ-153 556
サキシマフヨウ Ⅱ-71 2478	ササユリ Ⅰ-99 340	サフランモドキ属 Ⅰ-153
サキシマボタンヅル Ⅰ-339 1300	サザンカ Ⅱ-(105 2613), 194 2969	サボテン Ⅱ-163 2847
サギスゲ Ⅰ-196 726	サジオモダカ Ⅰ-70 223	サボテン科 Ⅱ-163
サギソウ Ⅰ-111 386	サジオモダカ属 Ⅰ-70	サボテンギク Ⅱ-158 2828
サギソウ属 Ⅰ-111	サジガンクビソウ Ⅱ-413 3846	ザボン Ⅱ-62 2444
サギノシリサシ Ⅰ-198 734	サジギボウシ Ⅰ-(158 574)	サボンソウ Ⅱ-148 2785
サクユリ Ⅰ-100 344	サジバモ Ⅰ-80 261	サボンソウ属 Ⅱ-148
サクライソウ Ⅰ-82 272	サジバモウセンゴケ Ⅱ-127 2704	サマニカラマツ Ⅰ-(327 1249)
サクライソウ科 Ⅰ-82	サシブノキ Ⅱ-225 3093	サマニヨモギ Ⅰ-436 3940
サクライソウ属 Ⅰ-82	ザゼンソウ Ⅰ-56 168	サヤインゲン Ⅰ-(413 1595)
サクライソウ目 Ⅰ-82	ザゼンソウ属 Ⅰ-56	サヤエンドウ Ⅰ-(411 1585)
サクライバラ Ⅰ-467 1810	サダソウ Ⅰ-36 86	サヤヌカグサ Ⅰ-242 910
サクラオグルマ Ⅱ-412 3841	サダソウ属 Ⅰ-36	サヤヌカグサ属 Ⅰ-242
サクラガンピ Ⅱ-79 2512	サツキ Ⅱ-210 3033	サヤバナ属 Ⅱ-317
サクラスミレ Ⅰ-569 2217	サツキイチゴ Ⅰ-459 1777	サユリ Ⅰ-99 340
サクラソウ Ⅱ-179 2910	サツキツツジ Ⅱ-210 3033,(210 3034)	サラサドウダン Ⅱ-219 3071
サクラソウ科 Ⅱ-179	サツクイネラ Ⅰ-(100 344)	サラサボケ Ⅰ-(438 1693)
サクラソウ属 Ⅱ-179	サツマアオイ Ⅰ-40 101	サラシナショウマ Ⅰ-324 1240
サクラソウモドキ Ⅱ-185 2935	サツマイナモリ Ⅱ-232 3122	サラシナショウマ属 Ⅰ-324
	サツマイナモリ属 Ⅱ-232	サラセニア Ⅱ-201 2998
サクラソウモドキ属 Ⅱ-185	サツマイモ Ⅱ-275 3294,(275 3295)	サラセニア科 Ⅱ-201
	サツマイモ属 Ⅱ-273	サラセニア属 Ⅱ-201
		サラソウジュ Ⅱ-(194 2971)

サラダナ Ⅱ-475 4093	サンガイグサ Ⅱ-(328 3506)	シオカゼ Ⅱ-(419 3872)
ザラツキイチゴツナギ Ⅰ-(265 1004)	サンカクイ Ⅱ-198 734	シオカゼギク Ⅱ-(429 3911)
ザリコミ Ⅰ-355 1361	サンカクチュウ Ⅱ-163 2845	シオガマギク Ⅱ-355 3614
サルイワツバキ Ⅱ-193 2967	サンカクヅル Ⅰ-375 1444	シオガマギク属 Ⅱ-354
サルカケミカン Ⅱ-57 2421	サンカクナ Ⅰ-58 174	シオガマモドキ Ⅱ-354 3611
サルカケミカン属 Ⅱ-57	サンカヨウ Ⅰ-306 1166	シオギク Ⅱ-(429 3910),(429 3911)
サルスベリ Ⅱ-24 2291,(194 2972)	サンカヨウ属 Ⅰ-306	シオクグ Ⅰ-240 904
サルスベリ属 Ⅱ-24	サンゴジュ Ⅱ-488 4145	シオジ Ⅰ-288 3347
サルダヒコ Ⅱ-336 3539,(336 3540)	サンゴジュナス Ⅱ-(281 3318)	シオデ Ⅰ-95 323
サルトリイバラ Ⅰ-94 318	サンゴジュマツナ Ⅱ-158 2825	シオニラ Ⅰ-82 271
サルトリイバラ科 Ⅰ-94	サンゴバナ Ⅱ-364 3652	シオニラ科 Ⅰ-81
サルトリイバラ属 Ⅰ-94	サンゴホオズキ Ⅱ-280 3315	シオニラ属 Ⅰ-82
サルナシ Ⅱ-201 2999	サンザシ Ⅰ-447 1730	シオヤキソウ Ⅱ-18 2266
サルビア Ⅱ-332 3524,(333 3526)	サンザシ属 Ⅰ-447	シオリザクラ Ⅰ-(430 1663)
サルビエ Ⅰ-276 1045	サンシキウツギ Ⅱ-501 4198	シオン Ⅱ-399 3792
サルマメ Ⅰ-95 321	サンシキスミレ Ⅰ-(571 2225),571 2226	シオン属 Ⅱ-395
サルメンエビネ Ⅰ-129 460	サンシクヨウソウ Ⅰ-(308 1175)	シカギク Ⅱ-433 3926
ザロンバイ Ⅰ-422 1631	サンジソウ属 Ⅱ-31	シカギク属 Ⅱ-433
サワアザミ Ⅱ-(454 4012)	サンシチ Ⅱ-441 3957	シカクイ Ⅰ-201 747
サワアジサイ Ⅱ-168 2868	サンシチソウ Ⅱ-441 3957	シカクダケ Ⅰ-247 932
サワオグルマ Ⅱ-441 3959	サンシチソウ属 Ⅱ-441	シカナ Ⅱ-445 3976
サワオトギリ Ⅰ-576 2246	サンシュユ Ⅱ-164 2852	ジガバチソウ Ⅰ-127 450
サワギキョウ Ⅱ-249 3192,384 3729	サンシュユ属 Ⅱ-163	シカモアカエデ Ⅱ-51 2399
サワギク Ⅱ-443 3968	サンショウ Ⅱ-52 2401	シキザキベゴニヤ Ⅰ-523 2034
サワギク属 Ⅱ-443	サンショウソウ Ⅰ-497 1931	シキザクラ Ⅰ-425 1641
サワグルミ Ⅱ-508 1973	サンショウソウ属 Ⅰ-497	ジギタリス Ⅱ-311 3439
サワグルミ属 Ⅰ-508	サンショウ属 Ⅱ-52	ジギタリス属 Ⅱ-311
サワシオン Ⅱ-373 1436	サンショウバラ Ⅰ-464 1800	シキミ Ⅰ-33 73
サワシバ Ⅰ-509 1979	サンショウモドキ Ⅱ-41 2357	シキミ属 Ⅰ-33
サワシロギク Ⅱ-397 3782	サンショウモドキ属 Ⅱ-41	シキミ目 Ⅰ-33
サワスゲ Ⅰ-238 895	サンダイガサ Ⅰ-154 559	シキンカラマツ Ⅰ-326 1246,(327 1251)
サワゼリ Ⅱ-517 4264	サンダルシタン Ⅰ-383 1473	シギンカラマツ Ⅰ-327 1251
サワタチ Ⅰ-525 2041	サンプクリンドウ Ⅱ-251 3200	シキンラン Ⅰ-171 628
サワダツ Ⅰ-525 2041	サンプクリンドウ属 Ⅱ-251	シクラメン Ⅱ-189 2952
サワテラシ Ⅱ-205 3016	サンヨウアオイ Ⅰ-40 104	シクラメン属 Ⅱ-189
サワトウガラシ Ⅱ-302 3403,(302 3404)	サンヨウブシ Ⅰ-319 1218	シクンシ Ⅱ-19 2272
サワトウガラシ属 Ⅱ-302	サンリンソウ Ⅰ-330 1264	シクンシ科 Ⅱ-19
サワトラノオ Ⅱ-186 2939	**シ**	シクンシ属 Ⅱ-19
サワトンボ Ⅰ-112 389		シコクスミレ Ⅰ-563 2196
サワハコベ Ⅱ-130 2713,(130 2714)	シ Ⅱ-(109 2632)	シコクチャルメルソウ Ⅰ-363 1393
サワヒヨドリ Ⅱ-392 3764	シイ Ⅱ-(106 2620)	ジゴクノカマノフタ Ⅱ-317 3463
サワフタギ Ⅱ-195 2975	シーカーシャー Ⅱ-59 2432	シコクハタザオ Ⅱ-98 2586
サワホオズキ Ⅱ-350 3595	シイ属 Ⅰ-506	シコクビエ Ⅰ-293 1115
サワラ Ⅰ-26 45,(26 46),(26 47),(26 48)	ジイソブ Ⅱ-(382 3723)	シコクヒロハテンナンショウ Ⅰ-62 192
サワラトガ Ⅱ-17 12	シイノキ Ⅱ-(203 3005)	シコクフウロ Ⅱ-17 2264
サワラン Ⅰ-116 408	シーボルトノキ Ⅰ-483 1875	シコクママコナ Ⅱ-357 3624
サワラン属 Ⅰ-116	シイモチ Ⅱ-370 3674,371 3677	シコクムギ Ⅰ-288 1095
サワルリソウ Ⅱ-270 3274	シウリザクラ Ⅰ-430 1663	シコクメギ Ⅰ-(307 1170)
サワルリソウ属 Ⅱ-270	シウンボク Ⅱ-366 3660	シコタンキンポウゲ Ⅰ-(335 1281)
	ジオウ Ⅱ-351 3597	シコタンスゲ Ⅰ-222 831
	ジオウ科 Ⅱ-351	
	ジオウ属 Ⅱ-351	

シコタンソウ Ⅰ-359 1380	シドケ Ⅱ-(449 3990)	シマウリノキ Ⅱ-166 2857
シコタンハコベ Ⅰ-132 2724	シドミ Ⅰ-437 1692	シマエンジュ Ⅰ-385 1483
シシウド Ⅱ-525 4294	シトロン Ⅰ-63 2445	シマガシ Ⅰ-504 1959
シシウド属 Ⅱ-(528 4307), 522	シナガワハギ Ⅰ-388 1493	シマカナメモチ Ⅰ-445 1722
	シナガワハギ属 Ⅰ-388	シマガマズミ Ⅱ-485 4136
シシウマトウガラシ Ⅱ-285 3333	シナクスモドキ Ⅰ-55 163	シマカンギク Ⅱ-426 3900
	シナクスモドキ属 Ⅰ-55	シマキケマン Ⅰ-302 1151
シシガタニ Ⅰ-(521 2025)	ジナシ Ⅰ-437 1692	シマキツネノボタン Ⅰ-336 1285
シシキリガヤ Ⅰ-207 771	シナノアキギリ Ⅱ-332 3523	
シシズク Ⅰ-44 117	シナノウメ Ⅰ-422 1632	シマギョクシンカ Ⅱ-(234 3129)
シシトウガラシ Ⅱ-285 3333	シナノオトギリ Ⅰ-575 2244	
ジシバリ Ⅰ-274 1038, 289 1099; Ⅱ-(477 4103), 478 4105	シナノガキ Ⅰ-178 2905	シマキンレイカ Ⅱ-(490 4155)
	シナノキ Ⅱ-74 2491	シマゴショウ Ⅰ-36 87
	シナノキ科 Ⅱ-74	シマコバンノキ Ⅰ-546 2125
シジミバナ Ⅰ-436 1688	シナノキンバイ Ⅰ-313 1195	シマザクラ Ⅱ-232 3121
シシンデン Ⅰ-24 37	シナノナデシコ Ⅱ-146 2779	シマサクラガンピ Ⅱ-80 2514
シシンラン Ⅱ-296 3377	シナノヒメクワガタ Ⅱ-(305 3416)	シマサルスベリ Ⅱ-24 2292
シシンラン属 Ⅱ-296		シマサルナシ Ⅰ-201 3000
シズイ Ⅰ-198 736	シナフジ Ⅰ-(392 1510)	シマタヌキラン Ⅰ-224 837
シソ Ⅱ-338 3546, (338 3547)	シナボタンヅル Ⅰ-339 1300	シマツナソ Ⅱ-76 2499
ジゾウカンバ Ⅰ-511 1987	シナマオウ Ⅰ-15 3	シマテンナンショウ Ⅰ-61 185
シソ科 Ⅱ-316	シナミザクラ Ⅰ-429 1658	シマトベラ Ⅰ-503 4208
シソクサ Ⅱ-303 3408	シナワスレナグサ Ⅱ-266 3260	シマニシキソウ Ⅰ-543 2115
シソクサ属 Ⅱ-303		シマバライチゴ Ⅰ-451 1748
シソ属 Ⅱ-338	シネラリア Ⅱ-444 3969	シマホタルブクロ Ⅱ-376 3697
シソバウリクサ Ⅱ-315 3454	ジネンジョウ Ⅰ-85 281	
シソバキスミレ Ⅰ-556 2168	シノグロッサム Ⅱ-266 3260	シマホルトノキ Ⅰ-533 2074
シソバタツナミ Ⅱ-321 3480	シノネ Ⅱ-(109 2632)	シマボロギク Ⅱ-452 4001
シソ目 Ⅱ-287	シノノメソウ Ⅱ-253 3205	シママンネングサ Ⅰ-(366 1406)
シタキソウ Ⅱ-261 3238	シノブヒバ Ⅰ-26 47	
シタキソウ属 Ⅱ-261	シノブモクセイソウ Ⅱ-81 2520	シマミズ Ⅰ-495 1924
シタキツルウメモドキ Ⅰ-(528 2055)		シマムロ Ⅰ-(27 51)
	シノベ Ⅰ-247 929	シマモクセイ Ⅱ-293 3366
シタキリソウ Ⅱ-(261 3238)	シバ Ⅰ-295 1124, (399 1540)	シマモチ Ⅱ-370 3676, (371 3677)
シダレガジュマル Ⅰ-492 1910	シバアジサイ Ⅱ-171 2877	
シダレザクラ Ⅰ-424 1638	シハイスミレ Ⅰ-565 2201, (570 2221)	シマヤマブキショウマ Ⅰ-433 1673
シダレヤナギ Ⅰ-553 2153		
シタン Ⅰ-383 1473, (505 1962)	シバイモ Ⅰ-(187 692)	シマヨシ Ⅰ-256 967
	シバクサネム Ⅰ-386 1487	ジムカデ Ⅱ-222 3082
シタン属 Ⅰ-383	シバスゲ Ⅰ-227 849	ジムカデ属 Ⅱ-222
シチカイソウ Ⅱ-(179 2911)	シバ属 Ⅰ-295	シムラニンジン Ⅱ-516 4258
シチトウ Ⅰ-194 718	シバナ Ⅰ-76 247	シムラニンジン属 Ⅱ-516
シチヘンゲ Ⅱ-367 3661	シバナ科 Ⅰ-76	シモクレン Ⅰ-44 118
シチヘンゲ属 Ⅱ-367	シバナ属 Ⅰ-76	シモツケ Ⅰ-433 1674
シチメンソウ Ⅱ-158 2825	シバネム Ⅰ-386 1487	シモツケソウ Ⅰ-448 1734
シチョウゲ Ⅱ-237 3143	シバネム属 Ⅰ-386	シモツケソウ属 Ⅰ-448
シチョウゲ属 Ⅱ-237	シバハギ Ⅰ-399 1539	シモツケ属 Ⅰ-433
シッポガヤ Ⅰ-(269 1018)	シバハギ属 Ⅰ-399	シモバシラ Ⅱ-340 3556
シデガヤツリ Ⅰ-(193 714)	シバヤナギ Ⅰ-554 2157	シモバシラ属 Ⅱ-340
シデコブシ Ⅰ-45 124	シブレ Ⅱ-(487 4143)	シモフリナデシコ Ⅱ-(145 2775)
シデザクラ Ⅰ-444 1718	シホウチク Ⅰ-247 932	
シデサツキ Ⅰ-210 3034	シマアワイチゴ Ⅰ-453 1754	シモフリヒバ Ⅰ-26 48
シデシャジン Ⅱ-381 3719	シマイスノキ Ⅰ-351 1346; Ⅱ-(106 2618)	ジャーマンアイリス Ⅰ-141 505
シデシャジン属 Ⅱ-381		
シデ属 Ⅰ-508	シマイノコヅチ Ⅱ-149 2791	シャガ Ⅰ-139 497
シデノキ Ⅰ-509 1977	シマウツボ Ⅱ-351 3600	ジャガイモ Ⅱ-284 3329
シトギ Ⅱ-(449 3990)	シマウリカエデ Ⅱ-47 2383	ジャガタライモ Ⅱ-284 3329

ジャガタラズイセン Ⅰ−153 553, (153 554)	ジュウニヒトエ Ⅱ−318 3465	ショカツサイ Ⅱ−101 2598
シャカトウ Ⅰ−48 133	ジュウブンソウ Ⅱ−395 3775	ショカツサイ属 Ⅱ−101
シャク Ⅱ−512 4244	シュウメイギク Ⅰ−331 1268	ショクヨウボウフウ Ⅱ−(530 4313)
シャクシソウ Ⅰ−(67 210)	ジュウヤク Ⅰ−35 83	シライトソウ Ⅰ−91 307
シャクジョウソウ Ⅱ−229 3110	ジュウロクササゲ Ⅰ−(415 1601)	シライトソウ属 Ⅰ−91
シャクジョウソウ属 Ⅱ−229	シュクコンアマ Ⅰ−571 2228	シライヤナギ Ⅰ−554 2158
シャクジョウバナ Ⅱ−(229 3110)	シュクシャ Ⅰ−178 655	シライワシャジン Ⅱ−380 3715
シャク属 Ⅱ−512	ジュズスゲ Ⅰ−237 889	シラオイハコベ Ⅱ−131 2720
シャクチリソバ Ⅱ−126 2699	ジュズダマ Ⅰ−288 1094	シラカシ Ⅰ−504 1957
シャクナゲ Ⅱ−215 3053	ジュズダマ属 Ⅰ−288	シラカバ Ⅰ−510 1984
シャクナンショ Ⅰ−52 150	ジュズネノキ Ⅱ−239 3150	シラガブドウ Ⅰ−376 1447
シャグマユリ Ⅰ−146 525	シュスラン Ⅰ−123 436	シラカワスゲ Ⅰ−221 826
シャグマユリ属 Ⅰ−146	シュスラン属 Ⅰ−123	シラカワボウフウ Ⅱ−(530 4315)
シャクヤク Ⅰ−347 1331	シュッコンアマ Ⅰ−571 2228	シラカンバ Ⅰ−510 1984
ジャケツイバラ Ⅰ−381 1466	シュッコンカスミソウ Ⅱ−147 2782	シラキ Ⅰ−538 2094
ジャケツイバラ属 Ⅰ−381	シュロ Ⅰ−166 605	シラキ属 Ⅰ−538
ジャコウアオイ Ⅱ−69 2470	シュロソウ科 Ⅰ−90	シラクチヅル Ⅱ−201 2999
ジャコウウリ Ⅰ−518 2015	シュロソウ属 Ⅰ−90	シラゲガヤ Ⅰ−268 1015
ジャコウエンドウ Ⅰ−(410 1581)	シュロ属 Ⅰ−166	シラゲガヤ属 Ⅰ−268
ジャコウソウ Ⅱ−327 3501	シュロチク Ⅰ−166 607	シラゲテンノウメ Ⅰ−(446 1728), 447 1729
ジャコウソウ属 Ⅱ−327	シュロチク属 Ⅰ−166	シラコスゲ Ⅰ−212 789
ジャコウソウモドキ Ⅱ−301 3399	シュンギク Ⅱ−431 3918	シラスゲ Ⅰ−238 894
ジャコウソウモドキ属 Ⅱ−301	シュンギク属 Ⅱ−431	シラタマカズラ Ⅱ−236 3139
ジャコウチドリ Ⅰ−112 391	ジュンサイ Ⅰ−31 65	シラタマソウ Ⅱ−141 2757
ジャコウレンリソウ Ⅰ−(410 1581)	ジュンサイ科 Ⅰ−31	シラタマノキ Ⅰ−223 3086
シャコバサボテン Ⅱ−(163 2846)	ジュンサイ属 Ⅰ−31	シラタマノキ属 Ⅱ−223
シャコバサボテン属 Ⅱ−163	シュンジュギク Ⅱ−402 3802	シラタマホシクサ Ⅰ−182 671
シャシ Ⅰ−271 1025	シュンラン Ⅰ−133 474, (133 475)	シラタマユリ Ⅰ−100 342
シャジクソウ Ⅰ−388 1494	シュンラン属 Ⅰ−133	シラネアオイ Ⅰ−311 1186
シャジクソウ属 Ⅰ−388	ショウガ Ⅰ−177 651	シラネアオイ属 Ⅰ−311
シャシャップ Ⅰ−48 135	ショウガ科 Ⅰ−176	シラネアザミ Ⅱ−463 4048
シャシャンボ Ⅱ−225 3093	ショウガ属 Ⅰ−177	シラネコウボウ Ⅰ−256 965
シャスタ・デージー Ⅱ−430 3916	ショウガ目 Ⅰ−174	シラネセンキュウ Ⅱ−524 4292
ジャスミン Ⅱ−(294 3369)	ショウキズイセン Ⅰ−151 545	シラネニンジン Ⅱ−521 4280
ジャックフルーツ Ⅰ−489 1899	ショウキラン Ⅰ−121 425, (150 544), 151 545	シラネニンジン属 Ⅱ−521
ジャニンジン Ⅰ−93 2566	ショウキラン属 Ⅰ−121	シラハギ Ⅰ−400 1542
ジャノヒゲ Ⅰ−163 593	ショウジョウスゲ Ⅰ−224 840	シラヒゲソウ Ⅰ−530 2062
ジャノヒゲ属 Ⅰ−163	ショウジョウソウ Ⅰ−541 2105	シラビソ Ⅰ−18 15, (109 379)
ジャノメソウ Ⅱ−(415 3853)	ショウジョウバカマ Ⅰ−91 306	シラフジ Ⅰ−(392 1511)
シャモヒバ Ⅰ−25 42	ショウジョウバカマ属 Ⅰ−91	シラベ Ⅰ−18 15
シャラノキ Ⅱ−194 2971	ショウジョウボク Ⅰ−541 2106	シラヤマギク Ⅱ−397 3784
シャリンバイ Ⅰ−444 1719, (444 1720); Ⅱ−(104 2611), (106 2618)	ショウズ Ⅰ−414 1597	シラヤマニンジン Ⅱ−(522 4281)
	ショウドシマレンギョウ Ⅱ−(289 3351)	シラン Ⅰ−125 442
シャリンバイ属 Ⅰ−444	ショウブ Ⅰ−56 166, (137 491)	シラン属 Ⅰ−125
ジャワヒギリ Ⅱ−(348 3586)	ショウブ科 Ⅰ−56	シリブカ Ⅰ−507 1969
シュウカイドウ Ⅰ−522 2032	ショウブ属 Ⅰ−56	シリブカガシ Ⅰ−507 1969
シュウカイドウ科 Ⅰ−522	ショウブ目 Ⅰ−56	ジリンゴ Ⅰ−441 1706
シュウカイドウ属 Ⅰ−522	ショウベンノキ Ⅱ−37 2343	シレトコスミレ Ⅰ−557 2169
ジュウガツザクラ Ⅰ−425 1641	ショウベンノキ属 Ⅱ−37	シロイナモリソウ Ⅱ−238 3145
	ジョウロウスゲ Ⅰ−239 900	シロイヌナズナ Ⅱ−100 2594
	ジョウロウホトトギス Ⅰ−(105 361)	シロイヌナズナ属 Ⅱ−99
		シロイヌノヒゲ Ⅰ−182 672

シロウマアカバナ Ⅱ-26 2300
シロウマアザミ Ⅰ-148 533
シロウマオウギ Ⅰ-394 1519
シロウマスゲ Ⅰ-222 832
シロウマチドリ属 Ⅰ-115
シロウマナズナ Ⅱ-96 2579
シロウマリンドウ Ⅱ-250 3196
シロウリ Ⅰ-518 2016,（519 2017）
シロエンドウ Ⅰ-410 1584
シロカネソウ Ⅰ-316 1206
シロカネソウ属 Ⅰ-315
シロガネヨシ属 Ⅰ-290
シロカノコユリ Ⅰ-100 342
シロガヤツリ Ⅰ-(194 719)
シロザ Ⅱ-(153 2807)
シロサワフタギ Ⅱ-195 2976
シロシデ Ⅰ-508 1976
シロシャクジョウ Ⅰ-84 279
シロスミレ Ⅰ-567 2211
シロタブ Ⅰ-51 148
シロダモ Ⅰ-51 148
シロダモ属 Ⅰ-51
シロヂシャ Ⅰ-54 158
シロツブ Ⅰ-381 1467
シロツメクサ Ⅰ-388 1495,（389 1497）
シロテツ Ⅱ-54 2412
シロドウダン Ⅱ-(220 3073)
シロトベラ Ⅱ-502 4203
シロナンテン Ⅰ-(311 1185)
シロネ Ⅱ-336 3537
シロネ属 Ⅱ-336
シロバイ Ⅱ-196 2979
シロバナイナモリソウ Ⅱ-(238 3145)
シロバナイヌナズナ Ⅱ-96 2580
シロバナイリス Ⅰ-140 504
シロバナエンレイソウ Ⅰ-(92 311)
シロバナサギゴケ Ⅱ-(349 3590)
シロバナサクラタデ Ⅱ-117 2663
シロバナタンポポ Ⅱ-480 4113
シロバナトウチソウ Ⅰ-463 1795
シロバナニガナ Ⅱ-(476 4098)
シロバナノダケ Ⅰ-(527 4303)
シロバナノヘビイチゴ Ⅰ-(475 1842)
シロバナハンショウヅル Ⅰ-340 1304
シロバナヒガンバナ Ⅰ-(150 544)
シロバナマンジュシャゲ Ⅰ-150 544
シロバナミミカキグサ Ⅱ-(361 3639)
シロバナヤマジソ Ⅱ-(339 3550)
シロバナヤマブキ Ⅰ-432 1669
シロバナルリソウ Ⅱ-(265 3256)
シロハリスゲ Ⅰ-217 809
シロブナ Ⅰ-501 1947
ジロボウエンゴサク Ⅰ-300 1144
シロミミズ Ⅱ-(235 3133)
シロムショヨギク Ⅱ-431 3920
シロモジ Ⅰ-55 161
シロヤシオ Ⅱ-210 3036
シロヤマブキ Ⅰ-432 1670
シロヤマブキ属 Ⅰ-432
シロヨナ Ⅰ-(392 1509)
シロヨメナ Ⅱ-398 3786
シロヨモギ Ⅱ-434 3932
シロリュウキュウ Ⅱ-208 3025
ジングウスゲ Ⅰ-225 843
ジングウツツジ Ⅱ-211 3039
シンコマツ Ⅰ-17 9
ジンジソウ Ⅰ-358 1374
ジンジャー Ⅰ-178 655
ジンジュ Ⅰ-64 2450
シンジュガヤ Ⅰ-209 780
シンジュガヤ属 Ⅰ-209
シンジュギク Ⅱ-402 3802
ジンチョウゲ Ⅱ-77 2504
ジンチョウゲ科 Ⅱ-77
ジンチョウゲ属 Ⅱ-77
シンノウヤシ Ⅰ-170 621
ジンバイソウ Ⅰ-114 397
ジンボウソウ Ⅰ-189 699
シンミズヒキ Ⅰ-122 2681
ジンヨウイチヤクソウ Ⅱ-228 3106
ジンヨウキスミレ Ⅰ-556 2167
ジンヨウスイバ Ⅱ-112 2641
ジンヨウスイバ属 Ⅱ-112
シンワスレナグサ Ⅱ-(269 3270)

ス

スイートピー Ⅰ-410 1581
スイートポテト Ⅱ-(275 3295)
スイカ Ⅰ-517 2012
スイカズラ Ⅱ-499 4191
スイカズラ科 Ⅱ-488
スイカズラ属 Ⅱ-494
スイカ属 Ⅰ-517
スイスイグサ Ⅱ-(327 3504)
スイセン Ⅰ-152 550
スイセンアヤメ Ⅰ-143 514
スイゼンジナ Ⅱ-441 3958
スイセン属 Ⅰ-152
スイセンノウ Ⅱ-144 2771
スイタグワイ Ⅰ-(69 217)
ズイナ Ⅰ-352 1352
ズイナ科 Ⅰ-352
ズイナ属 Ⅰ-352
スイバ Ⅱ-109 2629
スイフヨウ Ⅱ-71 2477
スイモノグサ Ⅰ-530 2063
スイラン Ⅱ-472 4083
スイラン属 Ⅱ-472
スイリュウヒバ Ⅰ-25 44
スイレン科 Ⅰ-31
スイレン属 Ⅰ-32
スイレン目 Ⅰ-31
スエツムハナ Ⅱ-468 4066
スオウ Ⅰ-(380 1462)；Ⅱ-(217 3063)
スカシタゴボウ Ⅱ-91 2560
スカシユリ Ⅰ-99 337
スカビオサ Ⅱ-(489 4152)
スガモ Ⅰ-77 251
スガモ属 Ⅰ-77
スカンポ Ⅱ-109 2629
スギ Ⅰ-28 56,（29 57）；Ⅱ-(105 2615)
スギ属 Ⅰ-28
スギナモ Ⅱ-312 3442
スギナモ属 Ⅱ-312
スキラ・ヒスパニカ Ⅰ-154 560
スグキナ Ⅱ-86 2540
スクナヒコノクスネ Ⅰ-(131 465)
スグリ Ⅰ-353 1354
スグリウツギ属 Ⅰ-420
スグリ科 Ⅰ-353
スグリ属 Ⅰ-353
スゲ Ⅰ-(239 897)
スゲ属 Ⅰ-211
スゲユリ Ⅰ-98 334
スケロクイチヤク Ⅱ-198 2986
ズサ Ⅰ-55 162
スシ Ⅱ-(109 2629)
スジギボウシ Ⅰ-158 573
スズ Ⅰ-246 928
スズカケ Ⅰ-436 1686
スズカケソウ Ⅱ-311 3437
スズカケノキ Ⅰ-344 1318,（344 1319）
スズカケノキ科 Ⅰ-344
スズカケノキ属 Ⅰ-344

スズカケヤナギ Ⅱ-(283 3326)
スズカゼリ Ⅱ-524 4292
スズガヤ Ⅰ-258 976
ススキ Ⅰ-283 1076, (284 1077);Ⅱ-(352 3603)
ススキ属 Ⅰ-283
ススキノキ科 Ⅰ-144
ズズゴ Ⅰ-288 1094
スズコウジュ Ⅱ-340 3553
スズコウジュ属 Ⅱ-340
スズサイコ Ⅱ-259 3230
スズシロ Ⅱ-(89 2550)
スズシロソウ Ⅱ-99 2589
スズタケ Ⅰ-246 928
スズナ Ⅱ-(86 2539)
スズフリイカリソウ Ⅰ-(310 1181)
スズフリバナ Ⅰ-538 2095
スズムシソウ Ⅰ-126 447;Ⅱ-363 3646
スズムシバナ Ⅰ-363 3646
スズムシラン Ⅰ-126 447
スズメウリ Ⅰ-516 2007
スズメウリ属 Ⅰ-516
スズメガヤ Ⅰ-292 1109
スズメカルカヤ Ⅰ-281 1066
スズメノアワ Ⅰ-278 1056
スズメノエンドウ Ⅰ-404 1559
スズメノオゴケ Ⅱ-256 3220, (257 3223)
スズメノカタビラ Ⅰ-265 1001
スズメノコビエ Ⅰ-278 1054
スズメノコメ Ⅰ-249 938
スズメノチャヒキ Ⅰ-251 948
スズメノチャヒキ属 Ⅰ-251
スズメノテッポウ Ⅰ-267 1010, (267 1011)
スズメノテッポウ属 Ⅰ-267
スズメノトウガラシ Ⅱ-315 3455
スズメノハコベ属 Ⅱ-303
スズメノヒエ Ⅰ-187 692, 278 1053
スズメノヒエ属 Ⅰ-278
スズメノヒシャク Ⅰ-(67 210)
スズメノマクラ Ⅰ-(267 1010)
スズメノヤリ Ⅰ-187 692
スズメノヤリ属 Ⅰ-187
スズメハコベ Ⅱ-303 3406
スズラン Ⅰ-118 413, 165 603
スズラン属 Ⅰ-165
ズソウカンアオイ Ⅰ-(37 92)
スターチス Ⅱ-(108 2626)
スダジイ Ⅰ-506 1967
スダチ Ⅱ-62 2442
スタペリア属 Ⅱ-261

ズダヤクシュ Ⅰ-362 1392
ズダヤクシュ属 Ⅰ-362
スダレイバラ Ⅰ-(465 1803)
スッポンノカガミ Ⅰ-(71 225)
ステゴビル Ⅰ-146 527
ストケシア Ⅱ-390 3756
ストケシア属 Ⅱ-390
ストック Ⅱ-103 2605
ストレリッチア Ⅰ-174 638
スナジタイゲキ Ⅰ-542 2109
スナジマメ Ⅰ-403 1556
スナジマメ属 Ⅰ-403
スナスゲ Ⅰ-227 852
スナップドラゴン Ⅱ-(301 3398)
スナヅル Ⅰ-56 165
スナヅル属 Ⅰ-56
スナビキソウ Ⅱ-267 3261
スノードロップ Ⅰ-151 548
スノーフレーク Ⅰ-(152 549)
スノーフレーク属 Ⅰ-152
スノキ Ⅰ-224 3089
スノキ属 Ⅰ-224
ズバイモモ Ⅰ-(421 1627)
スハマソウ Ⅰ-332 1269
スハマソウ属 Ⅰ-332
スブタ Ⅰ-71 227
スブタ属 Ⅰ-71
スペアミント Ⅱ-(337 3543), (337 3544)
スペインアヤメ Ⅰ-141 507
スベリヒユ Ⅱ-162 2841, (162 2842)
スベリヒユ科 Ⅱ-162
スベリヒユ属 Ⅱ-162
ズミ Ⅰ-440 1701
スミレ Ⅰ-(300 1144), 568 2213
スミレ科 Ⅰ-555
スミレサイシン Ⅰ-562 2192, (563 2193), (563 2194)
スミレ属 Ⅰ-(562 2190), 555
スモモ Ⅰ-423 1635
スモモ属 Ⅰ-423
スルガラン Ⅰ-134 477
スルボ Ⅰ-154 559
スロ Ⅰ-(166 605)
スロノキ Ⅰ-(166 605)

セ

セイコノヨシ Ⅰ-289 1100
セイシカ Ⅰ-206 3017
セイタカアワダチソウ Ⅱ-393 3768, (394 3769)
セイタカスズムシソウ Ⅰ-126 448;Ⅱ-363 3647
セイタカタウコギ Ⅱ-(417 3863)
セイタカトウヒレン Ⅱ-462 4044
セイタカハリイ Ⅰ-202 750
セイタカヨシ Ⅰ-289 1100
セイバンモロコシ Ⅰ-281 1065
セイヨウアカネ Ⅱ-244 3172
セイヨウアンズ Ⅰ-(422 1629)
セイヨウオダマキ Ⅰ-317 1212
セイヨウカジカエデ Ⅱ-51 2399
セイヨウカボチャ Ⅰ-521 2026, (521 2027), 521 2028
セイヨウカラハナソウ Ⅰ-(485 1884)
セイヨウカリン Ⅰ-446 1726
セイヨウカリン属 Ⅰ-446
セイヨウキヅタ Ⅱ-509 4232
セイヨウサンザシ Ⅰ-448 1733
セイヨウスグリ Ⅰ-353 1355
セイヨウタンポポ Ⅱ-(479 4110), 480 4115
セイヨウトチノキ Ⅰ-41 2359
セイヨウナシ Ⅰ-439 1700
セイヨウニワトコ Ⅱ-484 4132
セイヨウネズ Ⅰ-(27 52)
セイヨウノコギリソウ Ⅱ-425 3893
セイヨウバクチノキ Ⅰ-431 1666
セイヨウハコヤナギ Ⅰ-550 2141
セイヨウハッカ Ⅱ-337 3543
セイヨウバラ Ⅰ-466 1806
セイヨウヒイラギ Ⅱ-369 3672
セイヨウヒルガオ Ⅱ-273 3285
セイヨウヒルガオ属 Ⅱ-273
セイヨウフウチョウソウ Ⅱ-82 2523
セイヨウフウチョウソウ属 Ⅱ-82
セイヨウボダイジュ Ⅱ-74 2492
セイヨウマツムシソウ Ⅱ-489 4152
セイヨウミヤコグサ Ⅰ-390 1504
セイヨウヤブイチゴ Ⅰ-460 1782
セイヨウヤマガラシ Ⅱ-90 2554
セイヨウリンゴ Ⅰ-(441 1706)
セイヨウワサビ Ⅱ-103 2607
セイヨウワサビ属 Ⅱ-103
セイロンベンケイ Ⅰ-373 1435

セイロンベンケイ属　Ⅰ-373
セージ　Ⅱ-332 3524
セキショウ　Ⅰ-56 167
セキショウモ　Ⅰ-73 234
セキショウモ属　Ⅰ-73
セキチク　Ⅱ-145 2776
セキモンノキ　Ⅰ-544 2117
セキモンノキ属　Ⅰ-544
セキヤノアキチョウジ　Ⅱ-(342 3563), 342 3564
セッコク　Ⅰ-131 465
セッコク属　Ⅰ-131
セツブンソウ　Ⅰ-314 1199
セツブンソウ属　Ⅰ-314
セトガヤ　Ⅱ-267 1011
セナミスミレ　Ⅰ-561 2185
ゼニアオイ　Ⅱ-69 2469
ゼニアオイ属　Ⅱ-68
セネガ　Ⅰ-419 1619
セボリーヤシ　Ⅰ-168 616
セメンシナ　Ⅱ-(438 3945), 438 3946
ゼラニウム　Ⅱ-(19 2269)
セリ　Ⅱ-519 4272
セリ科　Ⅱ-511
セリ属　Ⅱ-519
セリバオウレン　Ⅰ-312 1190
セリバシオガマ　Ⅱ-356 3617
セリバヤマブキソウ　Ⅰ-298 1136
セリ目　Ⅱ-502
セリモドキ　Ⅱ-(521 4279), 529 4311
セリモドキ属　Ⅱ-529
ゼルマンカミルレ　Ⅱ-(432 3924)
セルリアック　Ⅱ-518 4267
セルリー　Ⅱ-(518 4266)
セロリ　Ⅱ-518 4266, (518 4267)
セロリ属　Ⅱ-518
センウズ　Ⅰ-321 1226
センウズモドキ　Ⅰ-320 1223
センキュウ　Ⅱ-521 4277
センゴクマメ　Ⅰ-415 1604
センジュガンピ　Ⅱ-144 2770
センジュギク　Ⅱ-424 3889
センジョウアザミ　Ⅱ-460 4035
センダイソウ　Ⅰ-(358 1375)
センダイタイゲキ　Ⅰ-539 2098
センダイハギ　Ⅰ-385 1484
センダイハギ属　Ⅰ-385
センダイハグマ　Ⅱ-389 3751
センダン　Ⅱ-64 2452
センダン科　Ⅱ-64
センダングサ　Ⅱ-416 3858

センダングサ属　Ⅱ-416
センダン属　Ⅱ-64
センダンバノボダイジュ　Ⅱ-42 2362
ゼンテイカ　Ⅱ-145 523
セントウソウ　Ⅱ-519 4269
セントウソウ属　Ⅱ-519
セントポーリア　Ⅱ-(298 3385)
セントポーリア・イオナンタ　Ⅱ-298 3385
セントランサス　Ⅱ-491 4160
センナ属　Ⅰ-380
センナリヒョウタン　Ⅰ-(519 2020)
センナリホオズキ　Ⅱ-279 3310
センニチコウ　Ⅱ-152 2803
センニチコウ属　Ⅱ-152
センニチソウ　Ⅱ-152 2803
センニチモドキ属　Ⅱ-421
センニンコク　Ⅱ-150 2794
センニンソウ　Ⅰ-338 1295
センニンソウ属　Ⅰ-338
センニンモ　Ⅰ-80 262
センネンボク　Ⅰ-159 578
センネンボク属　Ⅰ-159
センノウ　Ⅱ-143 2765
センノウゲ　Ⅱ-143 2765
センノキ　Ⅱ-508 4228
センブリ　Ⅱ-253 3207, (254 3211)
センブリ属　Ⅱ-252
センボンタンポポ　Ⅱ-481 4118
センボンヤリ　Ⅱ-388 3746
センボンヤリ属　Ⅱ-388
センリゴマ　Ⅱ-351 3598
センリョウ　Ⅰ-35 81
センリョウ科　Ⅰ-34
センリョウ属　Ⅰ-35
センリョウ目　Ⅰ-34

ソ

ソウシカンバ　Ⅰ-511 1985
ソウシジュ　Ⅰ-379 1459
ゾウジョウジビャクシ　Ⅱ-531 4317
ソウビ　Ⅰ-(466 1807)
ソクシンラン　Ⅰ-84 277
ソクシンラン属　Ⅰ-83
ソクズ　Ⅱ-485 4133
ソケイ　Ⅱ-294 3369
ソケイ属　Ⅱ-294
ソケイノウゼン　Ⅱ-366 3659
ソケイノウゼン属　Ⅱ-366
ソゲキ　Ⅰ-192 2961
ソシンカ属　Ⅰ-382
ソテツ　Ⅰ-15 1
ソテツ科　Ⅰ-15

ソテツ属　Ⅰ-15
ソテツバアゼトウナ　Ⅱ-(482 4123)
ソテツ目　Ⅰ-15
ソナレ　Ⅰ-28 54
ソナレセンブリ　Ⅱ-253 3206
ソナレノギク　Ⅱ-(401 3800)
ソナレマツムシソウ　Ⅱ-(489 4150)
ソナレムグラ　Ⅱ-231 3120
ソナレムグラ属　Ⅱ-231
ソネ　Ⅰ-508 1976
ソノエビネ　Ⅰ-129 457
ソバ　Ⅱ-126 2698
ソバカズラ　Ⅱ-122 2684
ソバカズラ属　Ⅱ-122
ソバグリ　Ⅰ-501 1947
ソバ属　Ⅱ-126
ソバナ　Ⅱ-379 3712
ソバノキ　Ⅰ-445 1721
ソバムギ　Ⅱ-126 2698
ソメイヨシノ　Ⅰ-426 1647
ソメシバ　Ⅱ-(196 2978)
ソヨゴ　Ⅱ-371 3680
ソライロサルビア　Ⅱ-333 3527
ソラマメ　Ⅰ-408 1576
ソラマメ属　Ⅰ-404
ソロノキ　Ⅰ-509 1977
ソンノイゲ　Ⅰ-487 1890

タ

タイアザミ　Ⅱ-459 4032
ダイオウ属　Ⅱ-111
ダイオウマツ　Ⅰ-21 26
タイキンギク　Ⅱ-443 3967
ダイコン　Ⅱ-89 2550, (89 2551)
ダイコンソウ　Ⅰ-461 1787
ダイコンソウ属　Ⅰ-460
ダイコン属　Ⅱ-89
ダイサイコ　Ⅱ-514 4251
ダイサギソウ　Ⅰ-111 387
タイサンボク　Ⅰ-46 128
ダイズ　Ⅰ-(411 1586), 411 1587
ダイズ属　Ⅰ-411
タイセイ　Ⅱ-85 2534
タイセイ属　Ⅱ-85
ダイセットリカブト　Ⅰ-318 1216
ダイセンオトギリ　Ⅰ-576 2247
ダイセンスゲ　Ⅰ-230 861
ダイセンヒョウタンボク　Ⅱ-(495 4174)
ダイソケイ　Ⅱ-(366 3659)
ダイダイ　Ⅱ-58 2428

タイツリオウギ Ⅰ-394 1517	タカネオミナエシ Ⅱ-491 4158	タガラシ Ⅰ-334 1279；Ⅱ-92 2562
タイツリスゲ Ⅰ-219 817	タカネカニツリ Ⅰ-257 972	タキキビ Ⅰ-248 934
タイツリソウ Ⅰ-300 1141	タカネキンポウゲ Ⅰ-334 1277	タキキビ属 Ⅰ-248
ダイトウマイ Ⅰ-(365 1401)	タカネクロスゲ Ⅰ-199 738	タキナ Ⅰ-(158 576)
タイトゴメ Ⅰ-365 1401	タカネグンバイ Ⅱ-84 2530	タキナショウマ Ⅰ-360 1384
タイマツバナ Ⅱ-333 3528	タカネグンバイ属 Ⅱ-84	タキノムラサキ Ⅰ-233 876
タイミンガサ Ⅱ-450 3993	タカネコウボウ Ⅰ-256 965	ダキバヒメアザミ Ⅱ-460 4034
タイミンガサモドキ Ⅱ-450 3994	タカネコウリンカ Ⅱ-442 3963	タキミチャルメルソウ Ⅰ-(363 1393)
タイミンギク Ⅱ-(395 3774)	タカネコウリンギク Ⅱ-(442 3962)	タギョウショウ Ⅰ-20 24
タイミンタチバナ Ⅱ-192 2961	タカネサギソウ Ⅰ-113 396	ダケカンバ Ⅰ-511 1985
タイミンチク Ⅰ-245 922	タカネザクラ Ⅰ-427 1651	タケシマユリ Ⅰ-98 336
タイム Ⅱ-(335 3536)	タカネシオガマ Ⅰ-356 3619	タケシマラン Ⅰ-105 363
タイモ Ⅰ-59 179	タカネシバ Ⅱ-109 2631	タケシマラン属 Ⅰ-105
ダイモンジソウ Ⅰ-358 1373	タカネスズメノヒエ Ⅰ-188 694	ダケスゲ Ⅰ-232 872
タイヨウベゴニヤ Ⅰ-523 2033	タカネスズメノヤリ Ⅰ-(188 694)	ダケゼリ Ⅱ-516 4260
タイリンアオイ Ⅰ-39 100	タカネスミレ Ⅰ-557 2171	タケダカズラ Ⅱ-(362 3641)
タイワンソクズ Ⅱ-(485 4133)	タカネセンブリ Ⅱ-(254 3211)	タケダグサ Ⅱ-452 4001
タイワンタイトゴメ Ⅰ-(365 1402)	タガネソウ Ⅰ-233 874	タケダグサ属 Ⅱ-452
タイワンツナソ Ⅱ-76 2500	タカネツメクサ Ⅱ-(135 2735)	タケトアゼナ Ⅱ-(316 3458)
タイワンツルギキョウ Ⅱ-383 3725	タカネツメクサ属 Ⅱ-135	タケニグサ Ⅰ-299 1138
タイワンハチジョウナ Ⅱ-(471 4080)	タカネツリガネニンジン Ⅱ-(379 3709)	タケニグサ属 Ⅰ-299
タイワンヒメクグ Ⅰ-(194 720)	タカネトウウチソウ Ⅰ-463 1796	ダケブキ Ⅱ-(444 3972)，(445 3973)
タイワンヒヨドリバナ Ⅱ-392 3763	タカネトリカブト Ⅰ-322 1229	ダケモミ Ⅰ-18 14
タイワンフウラン属 Ⅰ-136	タカネトンボ Ⅰ-115 401	タコノアシ Ⅰ-373 1436
タイワンユサン Ⅰ-19 19	タカネナデシコ Ⅱ-145 2775	タコノアシ科 Ⅰ-373
タイワンユリ Ⅰ-101 346	タカネナナカマド Ⅰ-443 1715	タコノアシ属 Ⅰ-373
タウコギ Ⅱ-417 3861	タカネニガナ Ⅰ-476 4099	タコノキ Ⅰ-89 298
タカアザミ Ⅱ-454 4009	タカネバラ Ⅰ-464 1798	タコノキ科 Ⅰ-89
タカオカエデ Ⅱ-43 2366	タカネハリスゲ Ⅰ-212 792	タコノキ属 Ⅰ-89
タカオヒゴタイ Ⅱ-465 4053	タカネハンショウヅル Ⅰ-341 1305	タコノキ目 Ⅰ-87
タカオホロシ Ⅱ-282 3323	タカネヒゴタイ Ⅱ-(464 4051)	タゴボウ Ⅱ-28 2307
タカオモミジ Ⅱ-(43 2366)	タカネビランジ Ⅱ-(140 2755)	タシロスゲ Ⅰ-230 863
タカキビ Ⅰ-280 1063	タカネフタバラン Ⅰ-121 428	タシロマメ Ⅰ-(392 1509)
タカサゴ Ⅰ-427 1650	タカネマスクサ Ⅰ-217 810	タシロラン Ⅰ-120 424
タカサゴコバンノキ Ⅰ-(544 2120)	タカネマツムシソウ Ⅱ-489 4151	タタラビ Ⅰ-334 1279
タカサゴソウ Ⅱ-477 4102	タカネママコナ Ⅱ-358 3625	タチアオイ Ⅰ-92 310；Ⅱ-68 2466
タカサゴマンネングサ Ⅰ-(366 1406)	タカネマンテマ Ⅱ-141 2758	タチアオイ属 Ⅱ-68
タカサゴユリ Ⅰ-(101 346)	タカネマンネングサ Ⅰ-367 1409	タチアザミ Ⅱ-461 4040
タカサブロウ Ⅱ-418 3867	タカネミミナグサ Ⅱ-133 2728	タチイヌノフグリ Ⅱ-305 3414
タカサブロウ属 Ⅱ-418	タカネヤハズハハコ Ⅱ-409 3831	タチオランダゲンゲ Ⅰ-389 1497
タガソデソウ Ⅱ-134 2730	タカネヨモギ Ⅱ-436 3939	タチガシワ Ⅱ-258 3225
タカトウダイ Ⅰ-539 2097	タカネリンドウ Ⅱ-250 3196	タチカタバミ Ⅰ-530 2064
タカナ Ⅱ-87 2544	タカノツメ Ⅰ-(364 1398)；Ⅱ-134 2731，509 4229	タチカメバソウ Ⅱ-271 3277
タカネ Ⅰ-129 457	タカノツメ属 Ⅱ-509	タチカモメヅル Ⅱ-259 3229
タカネアオヤギソウ Ⅰ-90 303	タカラコウ Ⅱ-444 3970，(445 3974)	タチキランソウ Ⅱ-318 3467
タカネイ Ⅰ-187 690		タチクサネム Ⅰ-379 1457
タカネイワヤナギ Ⅰ-555 2161		タチクサネム属 Ⅰ-379
タカネウスユキソウ Ⅱ-409 3831		タチコウガイゼキショウ Ⅰ-185 684
		タチコゴメグサ Ⅱ-353 3607
		タチシオデ Ⅰ-95 324

タチジャコウソウ　Ⅱ-335 3536
タチシャリンバイ　Ⅰ-444 1719,
　(444 1720)
タチスゲ　Ⅰ-235 881
タチスズシロソウ　Ⅱ-100 2593
タチスベリヒユ　Ⅱ-162 2842
タチスミレ　Ⅰ-558 2174
タチツボスミレ　Ⅰ-559 2179,
　(560 2181)
タチテンノウメ　Ⅰ-446 1728
タチテンモンドウ　Ⅰ-159 580
タチドコロ　Ⅰ-86 286
タチナタマメ　Ⅰ-412 1590
タチネズミガヤ　Ⅰ-294 1120
タチハコベ　Ⅱ-136 2739
タチバナ　Ⅱ-60 2435, 191
　2959
タチバナモドキ　Ⅰ-446 1725
タチバナモドキ属　Ⅰ-446
タチビャクブ　Ⅰ-89 297
タチフウロ　Ⅱ-16 2257
タチミゾカクシ　Ⅱ-383 3728
タチモ　Ⅰ-374 1440
タチヤナギ　Ⅰ-550 2144
ダッチアイリス　Ⅰ-141 506
タツナミソウ　Ⅱ-320 3476
タツナミソウ属　Ⅱ-320
タツノツメガヤ　Ⅰ-293 1113
タツノツメガヤ属　Ⅰ-293
タツノヒゲ　Ⅰ-251 946
タツノヒゲ属　Ⅰ-251
タデアイ　Ⅱ-117 2661
タデ科　Ⅱ-(276 3298), 109
タデスミレ　Ⅰ-558 2175
タデノウミコンロンソウ　Ⅱ-
　(94 2571)
タテハキ　Ⅰ-412 1589
タテヤマアザミ　Ⅱ-460 4036
タテヤマウツボグサ　Ⅱ-326
　3500
タテヤマオウギ　Ⅰ-396 1527
タテヤマギク　Ⅱ-400 3794
タテヤマキンバイ　Ⅰ-474 1838
タテヤマキンバイ属　Ⅰ-474
タテヤマリンドウ　Ⅱ-(249
　3192)
タニウツギ　Ⅱ-500 4196
タニウツギ属　Ⅱ-500
タニガワコンギク　Ⅱ-399
　3789
タニギキョウ　Ⅱ-381 3720
タニギキョウ属　Ⅱ-381
タニガワ　Ⅰ-296 1127
タニジャコウソウ　Ⅱ-327
　3502
タニスゲ　Ⅰ-218 815
タニソバ　Ⅱ-118 2666

タニタデ　Ⅱ-30 2314
タニミツバ　Ⅱ-518 4265
タニワタシ　Ⅰ-(407 1571)
タニワタリノキ　Ⅱ-232 3124
タニワタリノキ属　Ⅱ-232
タヌキアヤメ　Ⅰ-173 633
タヌキアヤメ科　Ⅰ-173
タヌキアヤメ属　Ⅰ-173
タヌキマメ　Ⅰ-386 1488
タヌキマメ属　Ⅰ-386
タヌキモ　Ⅱ-360 3634
タヌキモ科　Ⅱ-359
タヌキモ属　Ⅱ-360
タヌキラン　Ⅰ-223 834
タネツケバナ　Ⅱ-92 2562
タネツケバナ属　Ⅱ-92
タネヒリグサ　Ⅱ-(425 3894)
タバコ　Ⅱ-286 3339
タバコ属　Ⅱ-286
タビビトナカセ　Ⅱ-368 3667
タビラコ　Ⅱ-(475 4095)
タブガシ　Ⅰ-(51 146)
タブノキ　Ⅰ-50 144
タブノキ属　Ⅰ-50
タマアジサイ　Ⅱ-171 2878
タマガヤツリ　Ⅰ-191 707
タマガラ　Ⅰ-51 148
タマガワホトトギス　Ⅰ-104
　360
タマギク　Ⅱ-397 3781
タマグス　Ⅰ-(50 144)
タマゴナス　Ⅱ-(283 3328)
タマサンゴ　Ⅱ-283 3327
タマスダレ　Ⅰ-153 555
タマヅシ　Ⅰ-(288 1094)
タマツバキ　Ⅱ-292 3361
タマツリスゲ　Ⅰ-234 879
タマナ　Ⅰ-572 2231; Ⅱ-88
　2545
タマネギ　Ⅰ-149 538
タマノオ　Ⅰ-369 1418
タマノカンアオイ　Ⅰ-39 97
タマノカンザシ　Ⅰ-157 569
タマブキ　Ⅱ-447 3983, (447
　3984)
タマボウキ　Ⅱ-467 4062
タマミクリ　Ⅰ-180 661
タマミズキ　Ⅱ-375 3694
タマリクス　Ⅱ-(107 2623)
タムギ　Ⅰ-250 941
タムシバ　Ⅰ-45 123
タムラソウ　Ⅱ-467 4062
タムラソウ属　Ⅱ-467
タムラミカン　Ⅰ-61 2440
タメトモユリ　Ⅰ-101 345
タラ　Ⅱ-510 4234
タラノキ　Ⅱ-510 4234

タラノキ属　Ⅱ-510
タラヨウ　Ⅱ-372 3683
ダリア　Ⅱ-415 3854, (415
　3855)
ダリア属　Ⅱ-415
タルマイソウ　Ⅱ-302 3401
ダルマギク　Ⅱ-400 3796
ダルマチヤジョチュウギク　Ⅱ-
　(431 3920)
ダルマヒオウギ　Ⅰ-(141 508)
タレユエソウ　Ⅰ-139 500
タロ　Ⅰ-(59 179)
タワラムギ　Ⅰ-258 975
ダンギク　Ⅱ-349 3589
ダンギク属　Ⅱ-349
タンキリマメ　Ⅰ-416 1605
タンキリマメ属　Ⅰ-416
タンゲブ　Ⅱ-383 3725
タンゲブ属　Ⅱ-383
ダンコウバイ　Ⅰ-49 137, 54
　158
ダンゴギク　Ⅱ-423 3887
ダンゴギク属　Ⅱ-423
タンジン　Ⅱ-330 3516
ダンチク　Ⅰ-290 1101
ダンチク属　Ⅰ-290
ダンチョウゲ　Ⅱ-238 3147
タンチョウソウ　Ⅰ-357 1370
ダンチョウボク　Ⅱ-238 3147
ダンドク　Ⅰ-175 643
ダンドボロギク　Ⅱ-452 4002
タンナサワフタギ　Ⅱ-196
　2977
タンナチョウセンヤマツツジ
　Ⅱ-(208 3027)
タンナトリカブト　Ⅰ-321 1227
タンポポ属　Ⅱ-478

チ

チ　Ⅰ-283 1075
チークノキ　Ⅱ-344 3570
チークノキ属　Ⅱ-344
チェリモヤ　Ⅰ-48 134
チガヤ　Ⅰ-283 1075
チガヤ属　Ⅰ-283
チカラグサ　Ⅰ-293 1114
チカラシバ　Ⅰ-23 34, 271
　1027
チカラシバ属　Ⅰ-271
チギ　Ⅰ-533 2073
チグサ　Ⅰ-256 967
チクセツニンジン　Ⅱ-511 4238
チクマハッカ　Ⅱ-325 3494
チクリンカ　Ⅰ-176 648
チゴザサ　Ⅰ-(245 921), 291
　1105
チゴザサ属　Ⅰ-291

チゴユリ　Ⅰ-93 315
チコリ　Ⅱ-469 4069
チサ　Ⅱ-475 4093
チシマアザミ　Ⅱ-454 4010
チシマアマナ　Ⅰ-102 349
チシマアマナ属　Ⅰ-102
チシマイチゴ　Ⅰ-449 1739
チシマオドリコ　Ⅱ-329 3510
チシマオドリコソウ属　Ⅱ-329
チシマギキョウ　Ⅱ-376 3700
チシマキンバイ　Ⅰ-471 1825
チシマキンレイカ　Ⅰ-491 4158
チシマザクラ　Ⅰ-427 1652
チシマゼキショウ　Ⅰ-68 214
チシマゼキショウ科　Ⅰ-67
チシマゼキショウ属　Ⅰ-68
チシマセンブリ　Ⅱ-254 3211
チシマツガザクラ　Ⅱ-217 3064
チシマツガザクラ属　Ⅱ-217
チシマノキンバイソウ　Ⅰ-313 1196
チシマヒメイワタデ　Ⅱ-124 2689
チシマヒョウタンボク　Ⅱ-497 4181
チシマフウロ　Ⅱ-16 2259, (16 2260)
チシマリンドウ　Ⅱ-251 3197
チシマリンドウ属　Ⅱ-251
チシマワレモコウ　Ⅱ-464 1797
チシャ　Ⅱ-475 4093
ヂシャ　Ⅰ-55 162
チシャ属　Ⅱ-473
チシャノキ　Ⅱ-200 2995, 265 3253
チシャノキ属　Ⅱ-265
チダケ　Ⅰ-(355 1363)
チダケサシ　Ⅰ-355 1363
チダケサシ属　Ⅰ-355
チチコグサ　Ⅱ-410 3835
チチコグサ属　Ⅱ-410
チチコグサモドキ　Ⅱ-410 3836
チチコグサモドキ属　Ⅱ-410
チチッパベンケイ　Ⅰ-370 1423
チチブイワザクラ　Ⅱ-183 2927
チチブシロカネソウ　Ⅰ-315 1201
チチブシロカネソウ属　Ⅰ-315
チチブドウダン　Ⅱ-220 3073
チチブヒョウタンボク　Ⅱ-(496 4178)
チチブフジウツギ　Ⅱ-314 3452
チチブリンドウ　Ⅱ-250 3195

チチブリンドウ属　Ⅱ-250
チヂミザサ　Ⅰ-277 1050
チヂミザサ属　Ⅰ-277
チトセラン　Ⅰ-161 585
チトセラン属　Ⅰ-161
チトニア　Ⅱ-420 3873
チドメグサ　Ⅱ-504 4209
チドメグサ属　Ⅱ-504
チドリソウ　Ⅰ-109 380, 318 1213
チドリノキ　Ⅰ-50 2395
チマキザサ　Ⅰ-246 927
チモール　Ⅱ-(335 3536)
チモシー　Ⅰ-(264 999)
チャ　Ⅱ-192 2963, (192 2964)
チャガヤツリ　Ⅰ-190 701
チャシバスゲ　Ⅰ-227 850
チャノキ　Ⅱ-192 2963
チャヒキグサ　Ⅰ-256 968
チャボゲイトウ　Ⅱ-(148 2786)
チャボゼキショウ　Ⅰ-68 215
チャボツメレンゲ　Ⅰ-363 1395
チャボツメレンゲ属　Ⅰ-363
チャボヒバ　Ⅱ-25 41
チャボホトトギス　Ⅰ-104 359
チャヨテ　Ⅰ-(522 2029)
チャラン　Ⅰ-34 80
チャラン属　Ⅰ-34
チャルメルソウ　Ⅰ-(363 1394)
チャルメルソウ属　Ⅰ-363
チャワンザクラ　Ⅰ-427 1650
チャンチン　Ⅱ-64 2451
チャンチン属　Ⅱ-64
チャンチンモドキ　Ⅱ-40 2356
チャンチンモドキ属　Ⅱ-40
チャンパギク　Ⅰ-299 1138
チュウカザクラ　Ⅱ-184 2932
チュウゼンジスゲ　Ⅰ-232 871
チュウゼンジナ　Ⅱ-90 2553
チューリップ　Ⅰ-102 350
チューリップ属　Ⅰ-102
チョウカイアザミ　Ⅱ-457 4021
チョウカイフスマ　Ⅱ-136 2737
チョウジギク　Ⅱ-440 3956
チョウジコメツツジ　Ⅱ-(206 3019)
チョウジザクラ　Ⅰ-428 1656；Ⅱ-(79 2509)
チョウジソウ　Ⅱ-262 3241
チョウジソウ属　Ⅱ-262
チョウジタデ　Ⅱ-28 2307
チョウジタデ属　Ⅱ-28
チョウジノキ　Ⅱ-34 2330
チョウジャノキ　Ⅱ-51 2398
チョウシュン　Ⅰ-466 1807
チョウセンアサガオ　Ⅱ-285

3336
チョウセンアサガオ属　Ⅱ-285
チョウセンアザミ　Ⅱ-(453 4007)
チョウセンガリヤス　Ⅰ-292 1111
チョウセンガリヤス属　Ⅰ-292
チョウセンギク　Ⅱ-(395 3774), (396 3778)
チョウセンキハギ　Ⅰ-(402 1549)
チョウセンキバナアツモリ　Ⅰ-(106 367)
チョウセンゴミシ　Ⅰ-33 75
チョウセンゴヨウ　Ⅰ-22 30
チョウセンイラン　Ⅱ-472 4084
チョウセンニワフジ　Ⅰ-391 1507
チョウセンニンジン　Ⅱ-(511 4237)
チョウセンニンドウ　Ⅱ-(498 4188)
チョウセンノギク　Ⅱ-(428 3907)
チョウセンマキ　Ⅰ-30 61
チョウセンマツ　Ⅰ-(22 29), 22 30
チョウセンミネバリ　Ⅰ-511 1986
チョウセンヤマツツジ　Ⅱ-(208 3027)
チョウノスケソウ　Ⅰ-420 1623
チョウノスケソウ属　Ⅰ-420
チョウリョウソウ　Ⅱ-(444 3972), (445 3973)
チョウロソウ　Ⅱ-70 2475
チョクレイハクサイ　Ⅱ-86 2538
チョコバナ　Ⅱ-(272 3282)
チョロギ　Ⅱ-330 3514
チョロギダマシ　Ⅱ-330 3513
チリメンアオジソ　Ⅱ-338 3547
チリメンカエデ　Ⅱ-43 2367
チリメンカタメジソ　Ⅱ-(338 3547)
チリメンジソ　Ⅱ-(338 3547)
チリメンハクサイ　Ⅱ-(86 2538)
チングルマ　Ⅰ-460 1783
チングルマ属　Ⅰ-460
チンチンカズラ　Ⅰ-(304 1159)

ツ

ツウシチク　Ⅰ-(245 922)
ツウダツボク　Ⅱ-506 4218

ツガ　Ⅰ-17 10,（135 482）；Ⅱ-（106 2619）
ツガザクラ　Ⅱ-218 3065
ツガザクラ属　Ⅱ-218
ツガ属　Ⅰ-17
ツガマツ　Ⅰ-17 10
ツガルフジ　Ⅰ-408 1574
ツキイゲ　Ⅰ-279 1057
ツキイゲ属　Ⅰ-279
ツキクサ　Ⅰ-（172 630）
ツキヌキオトギリ　Ⅰ-574 2238
ツキヌキソウ　Ⅱ-492 4164
ツキヌキソウ属　Ⅱ-492
ツキヌキニンドウ　Ⅱ-499 4190
ツキミグサ　Ⅱ-32 2323
ツキミソウ　Ⅱ-（31 2320），32 2323
ツクシアオイ　Ⅰ-37 90
ツクシアカツツジ　Ⅱ-211 3038
ツクシアザミ　Ⅱ-455 4014
ツクシイバラ　Ⅰ-467 1809
ツクシイワシャジン　Ⅱ-378 3706
ツクシクルマアザミ　Ⅱ-455 4014
ツクシコウモリソウ　Ⅱ-448 3987
ツクシシオガマ　Ⅱ-356 3620
ツクシシャクナゲ　Ⅱ-215 3053
ツクシスミレ　Ⅰ-562 2189
ツクシゼリ　Ⅱ-524 4291
ツクシタツナミソウ　Ⅱ-322 3483
ツクシテンナンショウ　Ⅰ-（63 196）
ツクシハギ　Ⅰ-401 1546
ツクシボダイジュ　Ⅱ-76 2497
ツクシマツモト　Ⅱ-（143 2766）
ツクシマムシグサ　Ⅰ-66 207
ツクシミカエリソウ　Ⅱ-（341 3560）
ツクシムレスズメ　Ⅰ-383 1474
ツクシヤマアザミ　Ⅱ-459 4029
ツクネイモ　Ⅰ-85 283
ツクバキンモンソウ　Ⅱ-（318 3466）
ツクバグミ　Ⅰ-477 1852
ツクバネ　Ⅱ-105 2615
ツクバネアサガオ　Ⅱ-287 3341
ツクバネアサガオ属　Ⅱ-287
ツクバネウツギ　Ⅱ-493 4166,（493 4167）
ツクバネウツギ属　Ⅱ-493
ツクバネガシ　Ⅰ-505 1962
ツクバネソウ　Ⅰ-91 308

ツクバネソウ属　Ⅰ-91
ツクバネ属　Ⅱ-105
ツクモグサ　Ⅰ-328 1256
ツゲ　Ⅰ-346 1326,（346 1327）
ツゲ科　Ⅰ-346
ツゲ属　Ⅰ-346
ツゲ目　Ⅰ-346
ツゲモチ　Ⅱ-371 3678
ツゲモドキ　Ⅰ-548 2134
ツゲモドキ科　Ⅰ-548
ツゲモドキ属　Ⅰ-548
ツシダマ　Ⅰ-（288 1094）
ツシママコナ　Ⅱ-357 3621
ツス　Ⅰ-（288 1094）
ツタ　Ⅰ-377 1449
ツタウルシ　Ⅱ-40 2354
ツタ属　Ⅰ-377
ツタノハカズラ　Ⅰ-305 1161
ツタモミジ　Ⅱ-48 2386
ツチアケビ　Ⅰ-119 417
ツチアケビ属　Ⅰ-119
ツチグリ　Ⅰ-470 1823
ツチトリモチ　Ⅱ-103 2608
ツチトリモチ科　Ⅱ-103
ツチトリモチ属　Ⅱ-103
ツツジ科　Ⅱ-203
ツツジ属　Ⅱ-204
ツツジ目　Ⅱ-173
ツヅラフジ　Ⅰ-305 1161
ツヅラフジ科　Ⅰ-304
ツヅラフジ属　Ⅰ-305
ツナソ　Ⅱ-76 2498
ツナソ属　Ⅱ-76
ツノギリソウ　Ⅱ-297 3382
ツノギリソウ属　Ⅱ-297
ツノゴマ　Ⅱ-368 3667
ツノゴマ科　Ⅱ-368
ツノゴマ属　Ⅱ-368
ツノハシバミ　Ⅰ-510 1983
ツバキ　Ⅱ-（64 2451），（105 2613），（193 2966）
ツバキ科　Ⅱ-192
ツバキ属　Ⅱ-192
ツバナ　Ⅰ-（283 1075）
ツバメオモト　Ⅰ-103 354
ツバメオモト属　Ⅰ-103
ツブラジイ　Ⅰ-506 1966
ツボクサ　Ⅱ-511 4239
ツボクサ属　Ⅱ-511
ツボスミレ　Ⅰ-557 2172
ツマクレナイ　Ⅱ-（174 2889）
ツマトリソウ　Ⅱ-188 2948
ツメクサ　Ⅰ-（388 1495）；Ⅱ-134 2731
ツメクサ属　Ⅰ-134
ツメレンゲ　Ⅱ-372 1429
ツユクサ　Ⅰ-172 630,（172 631）

ツユクサ科　Ⅰ-170
ツユクサシュスラン　Ⅰ-（124 437）
ツユクサ属　Ⅰ-172
ツユクサ目　Ⅰ-170
ツリウキソウ　Ⅱ-29 2311
ツリエノコロ　Ⅰ-271 1028
ツリガネソウ　Ⅱ-378 3708
ツリガネツツジ　Ⅱ-216 3058
ツリガネニンジン　Ⅱ-378 3708
ツリガネニンジン属　Ⅱ-377
ツリガネヤナギ　Ⅱ-301 3400
ツリガネヤナギ属　Ⅱ-301
ツリシュスラン　Ⅰ-124 438
ツリバナ　Ⅰ-523 2035
ツリフネソウ　Ⅱ-173 2886
ツリフネソウ科　Ⅱ-173
ツリフネソウ属　Ⅱ-173
ツリフネラン　Ⅰ-127 452
ツルアジサイ　Ⅱ-172 2881
ツルアズキ　Ⅰ-414 1599
ツルアダン　Ⅰ-89 300
ツルアダン属　Ⅰ-89
ツルアリドオシ　Ⅱ-238 3148
ツルアリドオシ属　Ⅱ-238
ツルイタドリ　Ⅰ-122 2682
ツルウメモドキ　Ⅰ-528 2053
ツルウメモドキ属　Ⅰ-528
ツルカコソウ　Ⅱ-319 3471
ツルガシワ　Ⅱ-258 3226
ツルカノコソウ　Ⅱ-492 4163
ツルカメバソウ　Ⅱ-271 3278
ツルカワラニガナ　Ⅱ-（477 4103）
ツルギキョウ　Ⅱ-382 3724
ツルキケマン　Ⅰ-302 1149
ツルキジムシロ　Ⅰ-470 1822
ツルキンバイ　Ⅰ-471 1828
ツルグミ　Ⅰ-479 1857
ツルケマン　Ⅰ-302 1149
ツルコウジ　Ⅱ-190 2956
ツルコウゾ　Ⅰ-488 1895
ツルコケモモ　Ⅱ-226 3098
ツルシキミ　Ⅱ-57 2424
ツルシャジン　Ⅱ-379 3711
ツルシロカネソウ　Ⅰ-316 1206
ツルセンノウ　Ⅱ-145 2773
ツルソバ　Ⅰ-121 2679
ツルタガラシ　Ⅱ-99 2591,（99 2592）
ツルダコ　Ⅰ-（89 300）
ツルタデ　Ⅱ-122 2682
ツルツゲ　Ⅱ-373 3688
ツルデマリ　Ⅱ-172 2881
ツルドクダミ　Ⅱ-123 2685

ツルナ Ⅱ-159 2829	(387 3742)	デンドロビュウム Ⅰ-(131 467)
ツルナシインゲンマメ Ⅰ-413 1595	ディモルフォセカ Ⅱ-(388 3748)	テンナンショウ属 Ⅰ-60
ツルナシオオイトスゲ Ⅰ-229 860	ディル Ⅱ-(520 4275)	テンニンカ Ⅱ-35 2333
ツルナシカラスノエンドウ Ⅰ-405 1562	デージー Ⅱ-395 3773	テンニンカ属 Ⅱ-35
ツルナシナタマメ Ⅰ-412 1590	テガタチドリ Ⅰ-(444 1719)	テンニンカラクサ Ⅱ-(304 3411)
ツルナシヤハズエンドウ Ⅰ-(405 1562)	テガタチドリ属 Ⅰ-109	テンニンギク Ⅱ-423 3888
ツルナ属 Ⅰ-159	テカチキ Ⅰ-(444 1719)	テンニンギク属 Ⅱ-423
ツルニガクサ Ⅱ-320 3473	テキリスゲ Ⅰ-220 822	テンニンソウ Ⅱ-342 3561
ツルニガナ Ⅱ-478 4106	テシオコザクラ Ⅱ-183 2928	テンニンソウ属 Ⅱ-341
ツルニチニチソウ Ⅱ-262 3244	ツカエデ Ⅰ-47 2384	テンノウメ Ⅰ-355 1362, 446 1727
ツルニチニチソウ属 Ⅱ-262	テッセン Ⅰ-342 1309	テンノウメ属 Ⅰ-446
ツルニンジン Ⅱ-382 3722	テツドウグサ Ⅱ-(406 3819)	テンバイ Ⅰ-355 1362
ツルニンジン属 Ⅱ-382	テツノキ Ⅰ-47 2384	テンモンドウ Ⅰ-159 579
ツルネコノメソウ Ⅰ-362 1391	テッポウウリ Ⅰ-522 2031	
ツルノゲイトウ Ⅱ-152 2801	テッポウウリ属 Ⅰ-522	ト
ツルノゲイトウ属 Ⅱ-152	テッポウユリ Ⅰ-101 345	
ツルハコベ Ⅱ-130 2714	テバコマンテマ Ⅰ-142 2763	ドイツアヤメ Ⅰ-(141 505)
ツルバミ Ⅰ-(502 1952)	テバコモミジガサ Ⅱ-449 3992	ドイツカミルレ Ⅱ-(432 3924)
ツルビャクブ Ⅰ-88 296	テマリツメクサ Ⅰ-389 1498	ドイッスズラン Ⅰ-(165 603)
ツルフジバカマ Ⅰ-407 1570	テマリバナ Ⅱ-486 4140	トウ Ⅰ-170 623
ツルボ Ⅰ-154 559	デリス Ⅰ-391 1508	トウイ Ⅰ-198 735
ツルボ属 Ⅰ-154	テリハタチツボスミレ Ⅰ-560 2184	トウイチゴ Ⅰ-453 1756
ツルマオ Ⅰ-500 1943	テリハツルウメモドキ Ⅰ-528 2054	トウオオバコ Ⅱ-298 3387
ツルマサキ Ⅰ-527 2050	テリハノイバラ Ⅰ-467 1811	トウガ Ⅰ-519 2018
ツルマツリ Ⅱ-294 4369	テリハノハマボウ Ⅱ-72 2483	トウカイスミレ Ⅰ-(565 2204)
ツルマメ Ⅰ-411 1586	テリハブシ Ⅰ-(320 1221)	トウカイタンポポ Ⅱ-479 4111
ツルマンネングサ Ⅰ-363 1396	テリハボク Ⅱ-572 2231	トウカエデ Ⅱ-50 2394
ツルマンリョウ Ⅱ-192 2962	テリハボク科 Ⅰ-572	トウガキ Ⅰ-489 1900
ツルマンリョウ属 Ⅱ-192	テリハボク属 Ⅰ-572	ドウガメバス Ⅱ-(71 225)
ツルミヤマシキミ Ⅰ-57 2424	テリミノイヌホオズキ Ⅱ-(281 3320)	トウガラシ Ⅱ-284 3331, (284 3332), (285 3333), (285 3334), (285 3335)
ツルムラサキ Ⅱ-161 2839	デロ Ⅰ-549 2140	
ツルムラサキ科 Ⅱ-161	デワノタツナミソウ Ⅱ-321 3477	トウガラシ属 Ⅱ-284
ツルムラサキ属 Ⅱ-161	テンガイユリ Ⅰ-98 333	トウガン Ⅰ-519 2018
ツルモウリンカ Ⅱ-260 3233	テンキ Ⅰ-254 957	トウカンスミレ Ⅰ-570 2223
ツルヨシ Ⅰ-289 1099	テンキグサ Ⅰ-254 957	ドウカンソウ Ⅱ-147 2784
ツルラン Ⅰ-130 461	テンキグサ属 Ⅰ-254	ドウカンソウ属 Ⅱ-147
ツルリンドウ Ⅱ-246 3179	テングクワガタ Ⅱ-306 3420	トウガン属 Ⅰ-519
ツルリンドウ属 Ⅱ-246	テングスミレ Ⅰ-560 2183	トウキ Ⅱ-522 4283
ツルレイシ Ⅰ-517 2010	テンサイ Ⅱ-153 2806	トウキササゲ Ⅰ-(512 1991) ; Ⅱ-365 3656
ツレサギソウ Ⅰ-112 390	テンジクアオイ Ⅱ-19 2269	トウキビ Ⅰ-288 1093
ツレサギソウ属 Ⅰ-112	テンジクアオイ属 Ⅱ-19	トウギボウシ Ⅰ-157 570
ツワブキ Ⅱ-446 3978	テンジクボダイジュ Ⅰ-491 1908	トウギリ Ⅱ-348 3586
ツワブキ属 Ⅱ-446	テンジクボタン Ⅱ-415 3854	トウキンセンカ Ⅱ-452 4004
	テンジクマモリ Ⅱ-284 3332	トウグミ Ⅰ-476 1847
テ	テンジョウマモリ Ⅱ-284 3332	トウゲブキ Ⅱ-444 3970
テイカカズラ Ⅱ-263 3246	デンシンラン Ⅰ-(59 177)	トウゴクサイコ Ⅱ-514 4252
テイカカズラ属 Ⅱ-263	テンダイウヤク Ⅱ-54 160	トウゴクサバノオ Ⅰ-316 1205
デイグ Ⅰ-418 1615	テンツキ Ⅰ-203 755	トウゴクシソバタツナミ Ⅱ-322 3482
デイコ Ⅰ-418 1615	テンツキ属 Ⅰ-203	トウゴクミツバツツジ Ⅱ-212 3042
デイゴ Ⅰ-418 1615		トウゴマ Ⅰ-536 2088
デイゴ属 Ⅰ-418		トウゴマ属 Ⅰ-536
テイショウソウ Ⅱ-387 3741,		

トウコマツナギ Ⅰ-(391 1505)	トキソウ Ⅰ-115 403,（115 404）	トコン Ⅱ-246 3177
トウササクサ Ⅰ-271 1026		トコン属 Ⅱ-246
トウササゲ Ⅰ-(413 1594)	トキソウ属 Ⅰ-115	トサシモツケ Ⅰ-434 1677
トウシキミ Ⅰ-(33 73)	トキヒサソウ Ⅰ-88 293	トサノミカエリソウ Ⅱ-341 3560
トウシモツケ Ⅰ-435 1683	トキホコリ Ⅰ-496 1928	
トウシャジン Ⅱ-377 3703	トキリマメ Ⅰ-416 1606	トサノモミジソウ Ⅱ-450 3995
トウジュロ Ⅰ-166 606	トキワアケビ Ⅰ-304 1158	
トウショウブ Ⅰ-(143 515)	トキワイカリソウ Ⅰ-309 1177,（310 1181）	トサミズキ Ⅰ-350 1342
トウシンソウ Ⅰ-(184 679)		トサミズキ属 Ⅰ-350
トウジンマメ Ⅰ-(404 1557)	トキワイヌビワ Ⅰ-491 1905	トサムラサキ Ⅱ-346 3577
トウソヨゴ Ⅱ-503 4208	トキワカエデ Ⅱ-48 2386	ドジョウツナギ Ⅰ-250 942
トウダイグサ Ⅰ-538 2095	トキワガキ Ⅱ-178 2906	ドジョウツナギ属 Ⅰ-250
トウダイグサ科 Ⅰ-535	トキワガマズミ Ⅱ-(488 4147)	トダイハハコ Ⅱ-(409 3830)
トウダイグサ属 Ⅰ-538	トキワギョリュウ Ⅰ-508 1975	トダシバ Ⅰ-279 1058
ドウダンツツジ Ⅱ-219 3070	トキワススキ Ⅰ-284 1079	トダシバ属 Ⅰ-279
ドウダンツツジ属 Ⅱ-219	トキワハゼ Ⅱ-349 3591	トダスゲ Ⅰ-221 825
トウヂシャ Ⅱ-153 2805	トキワマメガキ Ⅱ-178 2906	トチカガミ Ⅰ-71 225
トウチャ Ⅱ-192 2964	トキワマンサク Ⅰ-349 1337	トチカガミ科 Ⅰ-71
トウツバキ Ⅱ-193 2968	トキワマンサク属 Ⅰ-349	トチカガミ属 Ⅰ-71
トウツルモドキ Ⅰ-241 907	トキワヤブハギ Ⅰ-398 1535	トチシバ Ⅱ-196 2978
トウツルモドキ科 Ⅰ-241	トキワラン Ⅰ-107 369	トチナ Ⅱ-(490 4154)
トウツルモドキ属 Ⅰ-241	トキワラン属 Ⅰ-107	トチナイソウ Ⅱ-185 2934
トウテイラン Ⅱ-308 3428	トキワレンゲ Ⅰ-47 129	トチナイソウ属 Ⅱ-185
トウナス Ⅰ-(521 2025)	トキンイバラ Ⅰ-457 1769	トチノキ Ⅱ-41 2358
トウナンテン Ⅰ-308 1173	トキンソウ Ⅱ-425 3894	トチノキ属 Ⅱ-41
トウニンドウ Ⅱ-(498 4188)	トキンソウ属 Ⅱ-425	トチバニンジン Ⅱ-511 4238
トウネズミモチ Ⅱ-(292 3361)	ドクアサガオ Ⅱ-(272 3282)	トチバニンジン属 Ⅱ-511
トウバナ Ⅱ-(179 2911)，334 3529	ドクウツギ Ⅰ-515 2004	ドチモ Ⅰ-(71 225)
	ドクウツギ科 Ⅰ-515	トックリイチゴ Ⅰ-459 1779
トウヒ Ⅰ-16 5	ドクウツギ属 Ⅰ-515	トックリヤシ Ⅰ-169 618
トウヒ属 Ⅰ-15	ドクエ Ⅰ-537 2091	トックリヤシ属 Ⅰ-169
トウヒレン Ⅱ-462 4044	トクサバモクマオウ Ⅰ-508 1975	トトキ Ⅱ-(378 3708)
トウヒレン属 Ⅱ-462		トドマツ Ⅰ-19 17
トウムギ Ⅰ-288 1094	ドクゼリ Ⅱ-515 4255	トネアザミ Ⅱ-459 4032
トウモクレン Ⅰ-44 119	ドクゼリ属 Ⅱ-515	トネリコ Ⅰ-287 3344,（288 3346）
トウモロコシ Ⅰ-288 1093	ドクダマ Ⅰ-157 571	
トウモロコシ属 Ⅰ-288	ドクダミ Ⅰ-35 83	トネリコ属 Ⅱ-287
トウヤク Ⅱ-253 3207	ドクダミ科 Ⅰ-35	トネリコバノカエデ Ⅱ-51 2400
トウヤクリンドウ Ⅱ-248 3186	ドクダミ属 Ⅰ-35	
トウリ Ⅰ-(517 2011)	ドクニンジン Ⅱ-515 4256	トビカズラ Ⅰ-417 1612
トウロウソウ Ⅰ-373 1435	ドクニンジン属 Ⅱ-515	トビカズラ属 Ⅰ-417
トウロウバイ Ⅰ-49 137	ドクムギ Ⅰ-268 1016	トビヅタ Ⅱ-105 2614
トウワタ Ⅱ-260 3235	トクラベ Ⅱ-(197 2981)	トビラギ Ⅰ-502 4201
トウワタ属 Ⅱ-260	トクワカソウ Ⅱ-198 2988	トビラノキ Ⅱ-502 4201
トオノアザミ Ⅱ-457 4024	トケイソウ Ⅰ-548 2135	トベラ Ⅱ-(104 2611)，502 4201
トガ Ⅰ-17 10	トケイソウ科 Ⅰ-548	
トガクシショウマ Ⅰ-306 1167	トケイソウ属 Ⅰ-548	トベラ科 Ⅰ-502
トガクシソウ Ⅰ-306 1167	トゲソバ Ⅰ-121 2677	トベラ属 Ⅰ-502
トガクシソウ属 Ⅰ-306	トゲナシゴヨウイチゴ Ⅰ-(450 1742)	トベラニンギョウ Ⅱ-(104 2611)
トガシナズナ Ⅱ-96 2578		
トガサワラ Ⅰ-17 12	トゲナス Ⅱ-281 3317	トボシガラ Ⅰ-269 1019
トガサワラ属 Ⅰ-17	トゲバンレイシ Ⅰ-48 135	トマト Ⅱ-284 3330
トガスグリ Ⅰ-354 1359	トゲミノキツネノボタン Ⅰ-337 1289	トマリスゲ Ⅰ-219 818
トカチフウロ Ⅱ-16 2260		トモエソウ Ⅰ-574 2237
トカチヤナギ Ⅰ-550 2142	トケンラン Ⅰ-130 463	トモシリソウ Ⅱ-89 2552
トガリバインドソケイ Ⅱ-264 3250	トコナツ Ⅱ-(145 2776)	トモシリソウ属 Ⅱ-89
	トコロ Ⅰ-85 284	ドヨウダケ Ⅰ-243 913

ドヨウフジ Ⅰ-392 1512	ナガハグサ Ⅰ-266 1005	ナキモノグサ Ⅰ-(57 171)
トヨラクサイチゴ Ⅰ-456 1766	ナガバコバンモチ Ⅰ-533 2076	ナギラン Ⅰ-134 478
トラキチラン Ⅰ-120 423	ナガハシスミレ Ⅰ-560 2183	ナキリ Ⅰ-200 742
トラキチラン属 Ⅰ-120	ナガハシバミ Ⅰ-510 1983	ナキリスゲ Ⅰ-225 841
ドラセナ Ⅰ-159 578	ナガバジュズネノキ Ⅱ-239 3151	ナゴラン Ⅰ-136 485
トラノオ Ⅱ-310 3436	ナガバツガザクラ Ⅱ-(218 3065)	ナゴラン属 Ⅰ-136
トラノオジソ Ⅱ-338 3548		ナシ Ⅰ-439 1698
トラノオスズカケ Ⅱ-311 3438		ナシカズラ Ⅱ-201 3000
トラノオモミ Ⅰ-16 5	ナガバノイシモチソウ Ⅱ-128 2707	ナシ属 Ⅰ-438
トラノハナヒゲ Ⅰ-208 776	ナガバノウナギツカミ Ⅱ-120 2676	ナス Ⅱ-283 3328
トリアシショウマ Ⅰ-356 1365		ナス科 Ⅱ-277
ドリアン Ⅱ-67 2461	ナガバノウナギヅル Ⅱ-120 2676	ナス属 Ⅱ-280
ドリアン属 Ⅱ-67		ナスタチュウム Ⅱ-(81 2517)
トリガタハンショウヅル Ⅰ-340 1301	ナガバノコウヤボウキ Ⅱ-390 3755	ナズナ Ⅱ-95 2573, (95 2574)
トリカブト Ⅰ-321 1228	ナガバノスミレサイシン Ⅰ-563 2193	ナズナ属 Ⅱ-95
トリカブト属 Ⅰ-318		ナス目 Ⅱ-272
トリゲモ Ⅰ-74 237	ナガバノタチツボスミレ Ⅰ-560 2181	ナタウリ Ⅰ-521 2026
トリトニア属 Ⅰ-143		ナタオレノキ Ⅱ-293 3366
トリトマラズ Ⅰ-307 1171	ナガバノモウセンゴケ Ⅰ-(127 2704), 128 2705	ナタネナ Ⅱ-86 2537
トリモチノキ Ⅰ-346 1325		ナタマメ Ⅰ-412 1589
トルコギキョウ Ⅱ-252 3201	ナガバノヤノネグサ Ⅱ-120 2675	ナタマメ属 Ⅰ-412
トルコギキョウ属 Ⅱ-252		ナタワリカボチャ Ⅰ-(521 2028)
ドロイ Ⅰ-184 680	ナガバマサキ Ⅰ-(526 2048)	
ドロノキ Ⅰ-549 2140	ナガバミズギボウシ Ⅰ-158 575	ナツアサドリ Ⅰ-477 1849
ドロヤナギ Ⅰ-549 2140		ナツエビネ Ⅰ-129 459
トロロアオイ Ⅱ-73 2488	ナガバモミジイチゴ Ⅰ-(453 1753)	ナツグミ Ⅰ-476 1846
トロロアオイ属 Ⅱ-73		ナツコムギ Ⅰ-253 954
ドンドバナ Ⅰ-(138 494)	ナガバヤブマオ Ⅰ-498 1936	ナツザキフクジュソウ Ⅰ-338 1294
トンボソウ Ⅰ-114 399	ナカハララン Ⅰ-127 451	
	ナガボスゲ Ⅰ-(230 862)	ナツシロギク Ⅱ-431 3919
ナ	ナガボソウ Ⅱ-368 3666	ナツズイセン Ⅰ-151 547
ナエバキスミレ Ⅰ-556 2166	ナガボソウ属 Ⅱ-368	ナツダイダイ Ⅱ-62 2443
ナガイモ Ⅰ-85 282, (85 283)	ナガボテンツキ Ⅰ-206 766	ナツヅタ Ⅰ-377 1449
ナガエアカバナ Ⅱ-27 2303	ナガボノアカワレモコウ Ⅰ-(462 1792)	ナツツバキ Ⅱ-194 2971
ナガエスゲ Ⅰ-218 816		ナツツバキ属 Ⅱ-194
ナガエミクリ Ⅰ-180 662	ナガボノシロワレモコウ Ⅰ-(462 1792)	ナツトウダイ Ⅰ-538 2096
ナカガワノギク Ⅱ-428 3908		ナツノコシロギク Ⅱ-(431 3919)
ナガキンカン Ⅱ-63 2448	ナガボノワレモコウ Ⅰ-462 1792, (464 1797)	
ナガサキマンネングサ Ⅰ-366 1407		ナツノタムラソウ Ⅱ-331 3518
ナガサキリンゴ Ⅰ-440 1703	ナガミカズラ Ⅱ-297 3384	ナツノチャヒキ Ⅰ-254 960
ナガジイ Ⅰ-506 1967	ナガミカズラ属 Ⅱ-297	ナツハギ Ⅰ-(400 1543)
ナガジラミ Ⅱ-513 4245	ナガミキンカン Ⅱ-63 2448	ナツハゼ Ⅱ-224 3091
ナガナス Ⅱ-(283 3328)	ナガミトウガラシ Ⅱ-285 3335	ナツフジ Ⅰ-392 1512, (393 1513)
ナガノギネ Ⅰ-242 909		
ナガバイラクサ Ⅰ-493 1914	ナガヤツブサ Ⅱ-(284 3332)	ナツボウズ Ⅱ-78 2506
ナガバイワシモツケ Ⅰ-(433 1676)	ナガラシ Ⅱ-87 2543	ナツミカン Ⅱ-62 2443
	ナギ Ⅰ-23 34, (173 634)	ナツメ Ⅰ-482 1869
ナガバカラマツ Ⅰ-(327 1249)	ナギイカダ Ⅰ-165 604	ナツメグ Ⅰ-(44 117)
ナガバカワヤナギ Ⅰ-551 2146	ナギイカダ属 Ⅰ-165	ナツメ属 Ⅰ-481
ナガバギシギシ Ⅱ-110 2636	ナギ属 Ⅰ-23	ナツメヤシ Ⅰ-169 619
ナガバキソチドリ Ⅰ-(113 393)	ナギナタガヤ Ⅰ-269 1018	ナツメヤシ属 Ⅰ-169
	ナギナタガヤ属 Ⅰ-269	ナツユキソウ Ⅰ-(448 1736)
ナガバキタアザミ Ⅱ-464 4049	ナギナタコウジュ Ⅱ-340 3554	ナデシコ Ⅱ-145 2774, (145 2775)
ナガバキブシ Ⅱ-38 2345	ナギナタコウジュ属 Ⅱ-340	ナデシコ科 Ⅱ-129
		ナデシコ属 Ⅱ-145
		ナデシコ目 Ⅱ-107

ナデン Ⅰ-427 1650
ナトリグサ Ⅰ-348 1334
ナナカマド Ⅰ-442 1711,(442 1712),(443 1713)
ナナカマド属 Ⅰ-442
ナナミノキ Ⅱ-371 3679
ナナメノキ Ⅱ-371 3679
ナニワイバラ Ⅰ-465 1802
ナニワズ Ⅱ-78 2507
ナニンジン Ⅱ-531 4320
ナハカノコソウ Ⅱ-160 2833
ナハカノコソウ属 Ⅱ-160
ナベイチゴ Ⅰ-457 1772
ナベコウジ Ⅰ-483 1874
ナベナ Ⅱ-488 4148
ナベナ属 Ⅱ-488
ナベワリ Ⅰ-88 294
ナベワリ属 Ⅰ-88
ナミキソウ Ⅱ-323 3485
ナヨタケ Ⅰ-244 919
ナヨテンマ Ⅰ-120 421
ナラ Ⅰ-502 1950
ナラガシワ Ⅰ-503 1955
ナリヒラダケ Ⅰ-247 930
ナリヒラダケ属 Ⅰ-247
ナルコスゲ Ⅰ-221 828
ナルコビエ Ⅰ-278 1056
ナルコビエ属 Ⅰ-278
ナルコユリ Ⅰ-164 599
ナルシス Ⅰ-(143 514)
ナルテングサ Ⅱ-(179 2910)
ナワシロイチゴ Ⅰ-459 1777
ナワシログミ Ⅰ-478 1856
ナンカイギボウシ Ⅰ-158 576
ナンキンアヤメ Ⅰ-(142 509)
ナンキンコザクラ Ⅱ-180 2914
ナンキンナナカマド Ⅰ-443 1716
ナンキンハゼ Ⅰ-538 2093
ナンキンハゼ属 Ⅰ-538
ナンキンマメ Ⅰ-404 1557
ナンキンマメ属 Ⅰ-404
ナンゴクアオキクサ Ⅰ-(57 172)
ナンゴクウラシマソウ Ⅰ-(61 187)
ナンゴクミネカエデ Ⅱ-46 2379
ナンザンスミレ Ⅰ-570 2223
ナンジャモンジャノキ Ⅱ-(290 3354)
ナンタイブシ Ⅰ-322 1231
ナンテン Ⅰ-311 1185
ナンテンカズラ Ⅰ-381 1468
ナンテン属 Ⅰ-311
ナンテンソケイ Ⅱ-(366 3659)

ナンテンハギ Ⅰ-407 1571
ナンバン Ⅰ-288 1093
ナンバンアワブキ Ⅰ-343 1314
ナンバンギセル Ⅱ-352 3603
ナンバンギセル属 Ⅱ-352
ナンバンハコベ Ⅰ-145 2773
ナンバンルリソウ Ⅱ-267 3263
ナンブアザミ Ⅱ-459 4030
ナンブイヌナズナ Ⅱ-95 2576
ナンブソウ Ⅰ-306 1168
ナンブソウ属 Ⅰ-306
ナンプトウウチソウ Ⅰ-463 1794
ナンプトウキ Ⅱ-522 4284
ナンプトラノオ Ⅱ-125 2694
ナンプワチガイ Ⅱ-138 2746
ナンヨウスギ目 Ⅰ-22

二

ニオイアヤメ Ⅰ-140 504
ニオイアラセイトウ Ⅱ-101 2599
ニオイアラセイトウ属 Ⅱ-101
ニオイイバラ Ⅰ-468 1813
ニオイイリス Ⅰ-140 504
ニオイウツギ Ⅱ-(500 4195)
ニオイカラマツ Ⅰ-326 1245
ニオイグラジオラス Ⅰ-144 517
ニオイスミレ Ⅰ-562 2190
ニオイセッコク Ⅰ-(131 467)
ニオイセンジュギク Ⅱ-(424 3890)
ニオイタチツボスミレ Ⅰ-559 2180
ニオイタデ Ⅱ-117 2664
ニオイユリ Ⅰ-(99 340)
ニオイレセダ Ⅱ-81 2519
ニオイロウバイ Ⅰ-(49 138)
ニオウヤブマオ Ⅰ-(498 1934)
ニガイチゴ Ⅰ-(454 1757),454 1759
ニガウリ Ⅰ-517 2010
ニガウリ属 Ⅰ-517
ニガカシュウ Ⅰ-86 288
ニガキ Ⅱ-64 2449
ニガキ科 Ⅱ-64
ニガキ属 Ⅱ-64
ニガクサ Ⅱ-(253 3207),319 3472
ニガクサ属 Ⅱ-319
ニガタケ Ⅰ-243 914,244 919
ニガチャ Ⅱ-192 2964
ニガナ Ⅱ-476 4097,(476 4098),(476 4099),(476 4100)
ニガナ属 Ⅱ-476

ニガヨモギ Ⅱ-437 3944
ニクキビモドキ属 Ⅰ-275
ニクズク Ⅰ-44 117
ニクズク科 Ⅰ-44
ニクズク属 Ⅰ-44
ニゲラ Ⅰ-(314 1200)
ニジガハマギク Ⅱ-426 3899
ニシキイモ Ⅰ-60 181
ニシキイモ属 Ⅰ-60
ニシキウツギ Ⅰ-501 4197,(501 4198)
ニシキギ Ⅰ-525 2043
ニシキギ科 Ⅰ-523
ニシキギ属 Ⅰ-523
ニシキギ目 Ⅰ-523
ニシキゴロモ Ⅱ-318 3466
ニシキジソ Ⅱ-317 3461
ニシキソウ Ⅰ-542 2111
ニシキソウ属 Ⅰ-542
ニシキマンサク Ⅰ-(349 1340)
ニシキラン Ⅱ-263 3245
ニシゴリ Ⅱ-195 2975
ニシノホンモンジスゲ Ⅰ-228 855
ニシムラキイチゴ Ⅰ-456 1767
ニセアカシア Ⅰ-396 1526
ニセイブキゼリ Ⅱ-(521 4279)
ニセゴシュユ Ⅱ-54 2410
ニセジュズネノキ Ⅱ-239 3150
ニチニチカ Ⅱ-262 3243
ニチニチソウ Ⅱ-262 3243
ニチニチソウ属 Ⅱ-262
ニッキ Ⅰ-(50 142)
ニッケイ Ⅰ-50 142
ニッコウオトギリ Ⅰ-575 2242
ニッコウキスゲ Ⅰ-145 523
ニッコウコウモリ Ⅱ-(449 3989)
ニッコウシャクナゲ Ⅱ-222 3081
ニッコウシラハギ Ⅰ-(401 1546)
ニッコウチドリ Ⅰ-113 394
ニッコウトウガラシ Ⅱ-(285 3335)
ニッコウナツグミ Ⅰ-477 1852
ニッコウヒョウタンボク Ⅱ-498 4186
ニッコウマツ Ⅰ-19 20
ニッコウモミ Ⅰ-18 14
ニッパヤシ Ⅰ-168 614
ニッパヤシ属 Ⅰ-168
ニッポンイヌノヒゲ Ⅰ-182 670
ニッポンサイシン Ⅰ-42 109
ニッポンタチバナ Ⅱ-60 2435

ニトベギク属　Ⅱ-420	ヌマクロボスゲ　Ⅰ-221 826	ネナシカズラ　Ⅱ-276 3297
ニホンアブラナ　Ⅱ-(86 2537)	ヌマゼリ　Ⅱ-517 4264	ネナシカズラ属　Ⅱ-276
ニホンカボチャ　Ⅰ-(520 2024)	ヌマダイコン　Ⅱ-391 3757	ネバリジナ　Ⅰ-484 1879
ニホントウキ　Ⅱ-522 4283	ヌマダイコン属　Ⅱ-391	ネバリタデ　Ⅱ-116 2658
ニューサイラン　Ⅰ-144 519	ヌマトラノオ　Ⅱ-186 2937	ネバリノギク　Ⅱ-403 3807
ニュージーランドアサ　Ⅰ-(144 519)	ヌマハコベ　Ⅱ-161 2838	ネバリノギラン　Ⅰ-83 276
ニョイスミレ　Ⅰ-557 2172, (558 2173)	ヌマハコベ科　Ⅱ-161	ネバリハコベ　Ⅰ-137 2741
	ヌマハコベ属　Ⅱ-161	ネビキグサ　Ⅰ-207 772
ニョホウチドリ　Ⅰ-108 375	ヌマハリイ　Ⅰ-202 749	ネビキグサ属　Ⅰ-207
ニラ　Ⅰ-147 530；Ⅱ-(52 2401)	ヌメゴマ　Ⅰ-571 2227	ネブカ　Ⅰ-149 537
	ヌメリグサ　Ⅰ-277 1049	ネブノキ　Ⅰ-379 1460
ニラバラン　Ⅰ-115 402	ヌメリグサ属　Ⅰ-276	ネム　Ⅰ-379 1460
ニラバラン属　Ⅰ-115	ヌリシバ　Ⅱ-(221 3079)	ネムチャ　Ⅰ-(380 1463)
ニリンソウ　Ⅰ-330 1263	ヌルデ　Ⅱ-40 2355	ネムノキ　Ⅰ-379 1460
ニレ科　Ⅰ-484	ヌルデ属　Ⅱ-40	ネムノキ属　Ⅰ-379
ニレ属　Ⅰ-484		ネムリグサ　Ⅰ-380 1461
ニワアジサイ　Ⅱ-169 2870	**ネ**	ネムロコウホネ　Ⅰ-32 69
ニワウメ　Ⅰ-423 1636	ネーブルオレンジ　Ⅱ-61 2439	ネムロチドリ　Ⅰ-107 371
ニワウルシ　Ⅱ-64 2450	ネギ　Ⅰ-149 537	ネモトシャクナゲ　Ⅱ-(215 3056)
ニワウルシ属　Ⅱ-64	ネギ属　Ⅰ-146	
ニワクサ　Ⅱ-156 2820	ネグンドカエデ　Ⅱ-51 2400	ネモフィラ・マクラータ　Ⅱ-(272 3281)
ニワザクラ属　Ⅰ-423	ネコシデ　Ⅰ-512 1992	
ニワゼキショウ　Ⅰ-142 509	ネコジャラシ　Ⅰ-272 1029	ネンドウ　Ⅱ-156 2820
ニワゼキショウ属　Ⅰ-142	ネコノシタ　Ⅱ-419 3871	
ニワトコ　Ⅱ-484 4130	ネコノシッポ　Ⅱ-(185 2936)	**ノ**
ニワトコ属　Ⅱ-484	ネコノチチ　Ⅰ-480 1861	ノアサガオ　Ⅱ-273 3288
ニワナズナ　Ⅰ-101 2600	ネコノチチ属　Ⅰ-480	ノアザミ　Ⅱ-455 4016
ニワナズナ属　Ⅱ-101	ネコノメソウ　Ⅰ-361 1386	ノアズキ　Ⅰ-416 1608
ニワハナビ　Ⅱ-108 2627	ネコノメソウ属　Ⅰ-361	ノアズキ属　Ⅰ-416
ニワフジ　Ⅰ-391 1506	ネコハギ　Ⅰ-402 1551	ノイバラ　Ⅱ-466 1808,（467 1809）,（467 1810）
ニワホコリ　Ⅰ-291 1107	ネコヤナギ　Ⅰ-551 2145,（552 2152）	
ニワヤナギ　Ⅱ-112 2643		ノウゴウイチゴ　Ⅰ-475 1843
ニンジン　Ⅱ-(511 4237), 531 4320	ネコヤマヒゴタイ　Ⅱ-466 4057	ノウゼンカズラ　Ⅱ-366 3658
		ノウゼンカズラ科　Ⅱ-365
ニンジン属　Ⅱ-531	ネザサ　Ⅰ-245 921	ノウゼンカズラ属　Ⅱ-366
ニンジンボク　Ⅱ-347 3582	ネザメグサ　Ⅰ-(285 1082)	ノウゼンハレン　Ⅱ-81 2517
ニンドウ　Ⅱ-499 4191	ネジアヤメ　Ⅰ-140 501	ノウゼンハレン科　Ⅱ-81
ニンニク　Ⅰ-148 536	ネジキ　Ⅱ-221 3079	ノウゼンハレン属　Ⅱ-81
	ネジキ属　Ⅱ-221	ノウルシ　Ⅰ-540 2101
ヌ	ネジバナ　Ⅰ-123 433	ノカイドウ　Ⅰ-440 1704
ヌカキビ　Ⅰ-275 1042	ネジバナ属　Ⅰ-123	ノカラマツ　Ⅰ-325 1243
ヌカスゲ　Ⅰ-226 847	ネジレスギ　Ⅰ-(29 58)	ノガリヤス　Ⅰ-259 979
ヌカススキ　Ⅰ-263 995	ネズ　Ⅰ-(26 48), 27 49	ノカンゾウ　Ⅰ-144 520
ヌカススキ属　Ⅰ-263	ネズコ　Ⅰ-24 38	ノギラン　Ⅰ-83 275
ヌカボ　Ⅰ-261 988	ネズミガヤ　Ⅰ-294 1118	ノグサ　Ⅰ-207 770
ヌカボシソウ　Ⅰ-189 697	ネズミガヤ属　Ⅰ-294	ノグサ属　Ⅰ-207
ヌカボ属　Ⅰ-261	ネズミサシ　Ⅰ-27 49	ノグルミ　Ⅰ-507 1972
ヌカボタデ　Ⅱ-115 2656	ネズミサシ属　Ⅰ-27	ノグルミ属　Ⅰ-507
ヌスビトノアシ　Ⅰ-119 418,（399 1537）	ネズミノオ　Ⅰ-295 1122	ノグワ　Ⅰ-488 1893
	ネズミノオ属　Ⅰ-295	ノゲイトウ　Ⅱ-148 2787
ヌスビトハギ　Ⅰ-397 1531	ネズミノコマクラ　Ⅱ-(292 3361)	ノゲシ　Ⅱ-471 4078
ヌスビトハギ属　Ⅰ-397		ノゲシ属　Ⅱ-471
ヌナワ　Ⅰ-31 65	ネズミノシッポ　Ⅰ-(269 1018)	ノコギリシバ　Ⅱ-372 3683
ヌマガヤ　Ⅰ-288 1096	ネズミノフン　Ⅱ-(292 3361)	ノコギリソウ　Ⅱ-424 3891
ヌマガヤ属　Ⅰ-288	ネズミムギ　Ⅰ-269 1017	ノコギリソウ属　Ⅱ-424
ヌマガヤツリ　Ⅰ-192 711	ネズミムギ属　Ⅰ-268	ノコンギク　Ⅱ-398 3787,（398 3788）
	ネズミモチ　Ⅱ-292 3361	

ノササゲ Ⅰ-417 1609
ノササゲ属 Ⅰ-417
ノジアオイ Ⅱ-65 2455
ノジアオイ属 Ⅱ-65
ノジギク Ⅱ-426 3898, (426 3899)
ノジシバリ Ⅱ-(477 4104)
ノジスミレ Ⅰ-568 2215
ノジトラノオ Ⅱ-186 2938
ノシュンギク Ⅱ-(404 3809)
ノダイオウ Ⅱ-111 2637
ノダケ Ⅱ-527 4303
ノタヌキモ Ⅱ-360 3635
ノダフジ Ⅰ-392 1510
ノヂシャ Ⅱ-492 4161
ノヂシャ属 Ⅱ-492
ノチドメ Ⅱ-504 4211
ノッポロガンクビソウ Ⅱ-(413 3847)
ノテンツキ Ⅰ-204 757
ノニガナ Ⅱ-477 4104
ノニガナ属 Ⅱ-477
ノハギ Ⅰ-(402 1549)
ノハナショウブ Ⅰ-(138 493), 138 494
ノバラ Ⅰ-466 1808
ノハラアザミ Ⅱ-456 4017, (456 4018), (456 4019)
ノハラクサフジ Ⅰ-406 1567
ノハラナスビ Ⅱ-280 3316
ノハラワスレナグサ Ⅱ-269 3270
ノビエ Ⅰ-276 1045
ノビネチドリ Ⅰ-109 379
ノビネチドリ属 Ⅰ-109
ノヒマワリ Ⅱ-(421 3877)
ノビル Ⅰ-147 529
ノブキ Ⅱ-439 3952
ノブキ属 Ⅱ-439
ノフジ Ⅰ-392 1511
ノブドウ Ⅱ-377 1452
ノブドウ属 Ⅰ-377
ノブノキ Ⅰ-507 1972
ノボタン Ⅱ-36 2337
ノボタン科 Ⅱ-35
ノボタン属 Ⅱ-36
ノボリフジ Ⅰ-(387 1489)
ノボロギク Ⅱ-442 3964
ノボロギク属 Ⅱ-442
ノミノツヅリ Ⅱ-135 2736
ノミノツヅリ属 Ⅱ-135
ノミノフスマ Ⅱ-132 2721
ノヤシ Ⅰ-168 616
ノヤマトンボソウ Ⅰ-(113 395)
ノリウツギ Ⅱ-171 2880
ノリクラアザミ Ⅱ-461 4038

ノルゲスゲ Ⅰ-216 805

ハ

ハアザミ Ⅱ-363 3648
ハアザミ属 Ⅱ-363
パースニップ Ⅱ-(530 4316)
バアソブ Ⅱ-382 3723
バーベナ Ⅱ-(368 3665)
ハイアオイ Ⅱ-68 2468
ハイイヌツゲ Ⅱ-373 3686
ハイイバラ Ⅰ-467 1811
ハイオトギリ Ⅰ-575 2243
バイオレット Ⅰ-(562 2190)
バイカアマチャ Ⅱ-168 2865
バイカアマチャ属 Ⅱ-168
バイカイカリソウ Ⅰ-309 1178, (310 1181), (310 1182)
バイカウツギ Ⅱ-166 2858
バイカウツギ属 Ⅱ-166
バイカオウレン Ⅰ-311 1188
バイカシモツケ Ⅰ-(431 1667)
バイカツツジ Ⅰ-206 3018
バイカモ Ⅰ-337 1291
ハイキンポウゲ Ⅰ-335 1284
バイケイソウ Ⅰ-90 304
ハイチゴザサ Ⅰ-291 1106
ハイツバキ Ⅱ-193 2967
ハイトバ属 Ⅰ-391
パイナップル Ⅰ-180 664
パイナップル科 Ⅰ-180
パイナップル属 Ⅰ-180
ハイニシキソウ Ⅰ-543 2113
ハイヌメリ Ⅰ-276 1048, (277 1049)
ハイネズ Ⅰ-27 50
ハイノキ Ⅱ-196 2978, 196 2980
ハイノキ科 Ⅱ-195
ハイノキ属 Ⅱ-(103 2608), 195
ハイハマボッス Ⅱ-189 2949
ハイハマボッス属 Ⅱ-189
ハイビスカス Ⅱ-(71 2479)
ハイビャクシ Ⅰ-28 54
ハイビャクシン Ⅰ-28 54
ハイビュ Ⅱ-151 2800
ハイマツ Ⅰ-(19 18), 22 31, (27 52), (443 1715); Ⅱ-(165 2853), (215 3056), (216 3057), (493 4165)
ハイミズ Ⅰ-497 1931
ハイモ Ⅰ-60 181
バイモ Ⅰ-96 326
バイモ属 Ⅰ-96
ハウ Ⅱ-347 3581
ハウチワカエデ Ⅱ-44 2370, (44 2371)

ハウチワノキ Ⅱ-42 2363
ハウチワノキ属 Ⅱ-42
ハウチワマメ Ⅰ-387
ハエドクソウ Ⅱ-350 3593
ハエドクソウ科 Ⅱ-350
ハエドクソウ属 Ⅱ-350
ハエトリナデシコ Ⅱ-140 2756
ハオリノヒモ Ⅱ-(285 3335)
ハガクレツリフネ Ⅱ-173 2887
ハカマカズラ Ⅰ-382 1471
ハカリノメ Ⅰ-442 1709
ハギ Ⅰ-(401 1547)
ハギカズラ Ⅰ-412 1592
ハギカズラ属 Ⅰ-412
ハギクソウ Ⅰ-540 2103
ハギ属 Ⅰ-400
ハキダメギク Ⅱ-(420 3874)
ハギナ Ⅱ-395 3776
ハクウンボク Ⅱ-200 2996
ハクサイ Ⅱ-(86 2538)
ハクサンアザミ Ⅱ-461 4037
ハクサンイチゲ Ⅱ-331 1265
ハクサンオオバコ Ⅱ-299 3390
ハクサンオミナエシ Ⅱ-(490 4155)
ハクサンコザクラ Ⅱ-180 2914, (180 2915)
ハクサンサイコ Ⅱ-514 4252
ハクサンシャクナゲ Ⅱ-215 3056
ハクサンシャジン Ⅱ-379 3709
ハクサンスゲ Ⅰ-216 807
ハクサンタイゲキ Ⅰ-539 2099
ハクサンタデ Ⅱ-124 2691
ハクサンチドリ Ⅰ-107 370
ハクサンチドリ属 Ⅰ-107
ハクサンハタザオ Ⅱ-99 2592
ハクサンハンノキ Ⅱ-514 1997
ハクサンフウロ Ⅱ-17 2262
ハクサンボウフウ Ⅱ-530 4314
ハクサンボウフウ属 Ⅱ-530
ハクサンボク Ⅱ-488 4147
ハクセン Ⅱ-56 2418
ハクセン属 Ⅱ-56
ハクセンナズナ Ⅱ-100 2596
ハクセンナズナ属 Ⅱ-100
バクチノキ Ⅰ-431 1665
バクチノキ属 Ⅰ-430
ハクチョウゲ Ⅱ-238 3146, (238 3147)
ハクチョウゲ属 Ⅱ-238
ハクチョウソウ Ⅱ-29 2310
ハクバブシ Ⅰ-322 1232
ハクモクレン Ⅰ-44 120
ハクレンボク Ⅰ-(46 128)

ハグロソウ Ⅱ-*364* 3649
ハグロソウ属 Ⅱ-*364*
ハゲイトウ Ⅱ-*149* 2792
ハゲシバリ Ⅰ-*515* 2002
ハコツツジ Ⅱ-*203* 3008
ハコネウツギ Ⅱ-*500* 4195
ハコネギク Ⅱ-*399* 3791
ハコネグミ Ⅱ-*476* 1848
ハコネコメツツジ Ⅱ-*205* 3013
ハコネシロカネソウ Ⅰ-*315* 1204
ハコネラン Ⅰ-(*128* 453)
ハゴノキ Ⅱ-*105* 2615
ハコベ Ⅱ-*129* 2709
ハコベ属 Ⅱ-*129*
ハコベラ Ⅱ-*129* 2709
ハコヤナギ Ⅰ-*549* 2139
ハゴロモギク Ⅱ-(*394* 3772)
ハゴロモギク属 Ⅱ-*394*
ハゴロモグサ Ⅱ-*476* 1845
ハゴロモグサ属 Ⅰ-*476*
ハゴロモソウ Ⅱ-*424* 3891
ハゴロモモ Ⅰ-*31* 66
ハゴロモモ属 Ⅰ-*31*
ハジ Ⅱ-(*39* 2351)
ハシカグサ Ⅱ-*231* 3117, (*231* 3118)
ハシカグサ属 Ⅱ-*231*
ハジカミ Ⅰ-*177* 651; Ⅱ-*52* 2401
ハシカンボク Ⅱ-*35* 2335
ハシカンボク属 Ⅱ-*35*
バシクルモン Ⅱ-*262* 3242
バシクルモン属 Ⅱ-*262*
ハシドイ Ⅱ-*289* 3352
ハシドイ属 Ⅱ-*289*
ハシバミ Ⅰ-*510* 1982
ハシバミ属 Ⅰ-*510*
バショウ Ⅰ-*174* 639
バショウ科 Ⅰ-*174*
バショウ属 Ⅰ-*174*
ハシリドコロ Ⅱ-*278* 3306
ハシリドコロ属 Ⅱ-*278*
ハス Ⅰ-*344* 1317
ハズ Ⅰ-*537* 2089
ハス科 Ⅰ-*344*
ハスカップ Ⅱ-(*494* 4172)
ハス属 Ⅰ-*344*
ハズ属 Ⅰ-*537*
ハスノハイチゴ Ⅰ-*452* 1749
ハスノハカズラ Ⅰ-*306* 1165
ハスノハカズラ属 Ⅰ-*306*
ハスノハギリ Ⅰ-*49* 139
ハスノハギリ科 Ⅰ-*49*
ハスノハギリ属 Ⅰ-*49*
ハスノミカズラ Ⅰ-*382* 1469
ハゼノキ Ⅱ-*39* 2350, (*39* 2351)

ハゼバナ Ⅰ-*436* 1688
ハゼラン Ⅱ-*161* 2840
ハゼラン科 Ⅱ-*161*
ハゼラン属 Ⅱ-*161*
パセリー Ⅱ-*520* 4273
ハダカホオズキ Ⅱ-*280* 3314
ハダカホオズキ属 Ⅱ-*280*
ハタガヤ Ⅰ-*206* 767
ハタガヤ属 Ⅰ-*206*
ハタケニラ Ⅰ-*274* 1038
ハタザオ Ⅱ-*97* 2582
ハタザオ属 Ⅱ-*97*
ハタササゲ Ⅰ-(*415* 1601)
ハタツモリ Ⅱ-(*202* 3004)
ハチク Ⅰ-*244* 917
ハチジョウイタドリ Ⅱ-*123* 2687
ハチジョウイチゴ Ⅰ-*453* 1755
ハチジョウイボタ Ⅱ-*291* 3357
ハチジョウオトギリ Ⅰ-*576* 2245
ハチジョウクサイチゴ Ⅰ-*456* 1767
ハチジョウグワ Ⅰ-*487* 1892
ハチジョウシュスラン Ⅰ-*124* 439
ハチジョウススキ Ⅰ-*284* 1078
ハチジョウソウ Ⅰ-*526* 4300
ハチジョウツゲ Ⅰ-*346* 1327
ハチジョウナ Ⅱ-*471* 4080
ハチス Ⅰ-*344* 1317
ハチノジタデ Ⅱ-*116* 2659
パチパチグサ Ⅱ-*304* 3410
ハッカ Ⅱ-*337* 3542
ハツカグサ Ⅰ-*348* 1334
ハッカ属 Ⅱ-*337*
バッコクラン Ⅰ-*132* 469
バッコヤナギ Ⅰ-*552* 2151
ハッショウマメ Ⅰ-*418* 1614
パッションフラワー Ⅰ-(*548* 2135)
パッションフルーツ Ⅰ-*548* 2136
ハツバキ Ⅰ-*548* 2133
ハツバキ属 Ⅰ-*548*
ハツユキソウ Ⅰ-*541* 2107
ハテルマカズラ Ⅱ-*77* 2503
ハトウガラシ Ⅱ-*421* 3879
ハドノキ Ⅰ-*501* 1946
ハドノキ属 Ⅰ-*501*
ハトムギ Ⅰ-*288* 1095
ハナアオイ Ⅱ-*67* 2464, 68 2466
ハナアオイ属 Ⅱ-*67*
ハナアカシア Ⅰ-*379* 1458

ハナイカダ Ⅱ-*368* 3668
ハナイカダ科 Ⅱ-*368*
ハナイカダ属 Ⅱ-*368*
ハナイカリ Ⅱ-*254* 3212
ハナイカリ属 Ⅱ-*254*
ハナイソギク Ⅱ-(*429* 3909), *429* 3910
ハナイチゲ Ⅰ-(*331* 1267)
ハナイトナデシコ Ⅱ-*147* 2783
ハナイバナ Ⅱ-*268* 3266
ハナイバナ属 Ⅱ-*268*
ハナウド Ⅱ-*531* 4317
ハナウド属 Ⅱ-*531*
ハナカイドウ Ⅰ-*440* 1702
ハナカエデ Ⅱ-*50* 2393
ハナガサ Ⅱ-*368* 3665
ハナガサギク Ⅱ-(*418* 3868)
ハナガサシャクナゲ Ⅱ-*204* 3009
ハナガサソウ Ⅰ-*93* 313
ハナガサノキ Ⅱ-*235* 3135
ハナカズラ Ⅰ-*319* 1219
ハナカタバミ Ⅰ-*532* 2070
ハナガツミ Ⅰ-*242* 912
ハナカンナ Ⅰ-*175* 644
ハナキリン Ⅰ-*541* 2108
ハナグワイ Ⅰ-*69* 217
ハナザクラ Ⅱ-*184* 2932
ハナササゲ Ⅰ-*413* 1596
ハナサフラン Ⅰ-*142* 511
ハナジオウ Ⅰ-*351* 3598
ハナシノブ Ⅱ-*174* 2890
ハナシノブ科 Ⅱ-*174*
ハナシノブ属 Ⅱ-*174*
ハナシュクシャ属 Ⅰ-*178*
ハナショウブ Ⅰ-*138* 493, (*138* 494)
ハナシンボウギ Ⅱ-*58* 2426
ハナシンボウギ属 Ⅱ-*58*
ハナズオウ Ⅰ-*380* 1462
ハナズオウ属 Ⅰ-*380*
ハナスゲ Ⅰ-*155* 562
ハナスゲ属 Ⅰ-*155*
ハナゼキショウ Ⅰ-*68* 216
ハナゾノシュンギク Ⅱ-(*431* 3918)
ハナダイコン Ⅱ-*101* 2598
ハナタツナミソウ Ⅱ-*321* 3479
ハナタデ Ⅱ-*115* 2653
ハナヂサ Ⅱ-*469* 4069
ハナツヅキ Ⅰ-(*364* 1399)
ハナズルソウ Ⅱ-*158* 2827
ハナトラノオ Ⅱ-*316* 3460
ハナトラノオ属 Ⅱ-*316*
ハナトリカブト Ⅰ-(*321* 1228)
ハナナ Ⅱ-*88* 2547
バナナ Ⅰ-*175* 641

ハナナズナ Ⅱ-84 2532	ハマアザミ Ⅱ-455 4015	ハマナツメ属 Ⅰ-479
ハナナズナ属 Ⅱ-84	ハマアズキ Ⅰ-415 1602	ハマナデシコ Ⅱ-146 2780
ハナニガナ Ⅱ-476 4098	ハマイチョウ Ⅱ-478 4107	ハマニガナ Ⅱ-478 4107
ハナニラ Ⅰ-149 540	ハマウツボ Ⅱ-351 3599	ハマニンジン Ⅱ-521 4278
ハナニラ属 Ⅰ-149	ハマウツボ科 Ⅱ-351	ハマニンドウ Ⅱ-499 4189
ハナネコノメ Ⅰ-361 1388	ハマウツボ属 Ⅱ-351	ハマニンニク Ⅰ-254 957
ハナノキ Ⅰ-33 73; Ⅱ-50 2393	ハマウド Ⅱ-526 4298	ハマネナシカズラ Ⅱ-276 3300
ハナハタザオ Ⅱ-102 2601	ハマエノコロ Ⅰ-272 1031	ハマハイ Ⅱ-(347 3581)
ハナハタザオ属 Ⅱ-102	ハマエンドウ Ⅰ-410 1582	ハマハコベ Ⅱ-138 2747
ハナハボタン Ⅱ-88 2547	ハマオトコヨモギ Ⅱ-(434 3931)	ハマハコベ属 Ⅱ-138
ハナハマサジ Ⅱ-108 2626	ハマオモト Ⅰ-150 541	ハマハタザオ Ⅱ-98 2587
ハナビガヤ Ⅰ-249 939	ハマオモト属 Ⅰ-150	ハマヒエガエリ Ⅰ-262 992
ハナビシソウ Ⅰ-299 1137	ハマカキラン Ⅰ-118 415	ハマヒサカキ Ⅱ-176 2899
ハナビシソウ属 Ⅰ-299	ハマカンギク Ⅱ-426 3900	ハマビシ Ⅰ-378 1455
ハナビゼキショウ Ⅰ-186 688	ハマカンザシ Ⅱ-107 2624	ハマビシ科 Ⅰ-378
ハナビゼリ Ⅱ-525 4293	ハマカンザシ属 Ⅱ-107	ハマビシ属 Ⅰ-378
ハナビユ Ⅱ-(150 2793)	ハマカンゾウ Ⅰ-145 522	ハマビシ目 Ⅰ-378
ハナヒョウタンボク Ⅱ-497 4184	ハマギク Ⅱ-430 3914	ハマヒルガオ Ⅱ-272 3284
	ハマギク属 Ⅱ-430	ハマビワ Ⅰ-52 150
ハナヒリグサ Ⅱ-425 3894	ハマグ Ⅰ-240 904	ハマビワ属 Ⅰ-52
ハナヒリノキ Ⅱ-221 3077	ハマクサギ Ⅱ-348 3587	ハマベンケイソウ Ⅱ-271 3279
ハナヒリノキ属 Ⅱ-221	ハマクサギ属 Ⅱ-348	
ハナマキアザミ Ⅱ-460 4033	ハマクサフジ Ⅰ-406 1568	ハマベンケイソウ属 Ⅱ-271
ハナミズキ Ⅱ-164 2851	ハマグルマ Ⅱ-419 3871, (419 3872)	ハマホウ Ⅱ-347 3581
ハナミョウガ Ⅰ-176 645		ハマボウ Ⅱ-73 2485, 347 3581
ハナミョウガ属 Ⅰ-176	ハマクワガタ Ⅱ-305 3415	
ハナムグラ Ⅱ-242 3164	ハマゴウ Ⅱ-(276 3300), 347 3581	ハマボウフウ Ⅱ-529 4312
ハナモモ Ⅰ-421 1628		ハマボウフウ属 Ⅱ-529
ハナヤクシソウ Ⅱ-(482 4121)	ハマゴウ属 Ⅱ-347	ハマボッス Ⅱ-187 2941
ハナヤサイ Ⅱ-88 2547	ハマゴボウ Ⅱ-455 4015	ハママツ Ⅱ-157 2822
ハニシ Ⅱ-(39 2351)	ハマザクラ Ⅰ-222 3084	ハママツナ Ⅱ-157 2824
ハニシキ Ⅰ-60 181	ハマザクロ Ⅰ-20 2276	ハママンネングサ Ⅰ-366 1406
バニラ Ⅰ-120 422	ハマザクロ属 Ⅱ-20	
バニラ属 Ⅰ-120	ハマサジ Ⅱ-108 2625	ハマミズナ科 Ⅱ-158
バニラビーン Ⅰ-(120 422)	ハマシオン Ⅱ-402 3804	ハマムギ Ⅰ-254 959
ハネガヤ Ⅰ-248 935	ハマシキミ Ⅱ-347 3581	ハマムラサキ Ⅱ-267 3261
ハネガヤ属 Ⅰ-248	ハマジサ Ⅱ-108 2625	ハマモッコク Ⅰ-(444 1720)
ハネミイヌエンジュ Ⅰ-385 1482	ハマジンチョウ Ⅱ-312 3443	ハマヤブマオ Ⅱ-498 1934
	ハマジンチョウ属 Ⅱ-312	ハマユウ Ⅰ-150 541
パパイヤ Ⅱ-81 2518	ハマスゲ Ⅰ-194 717	ハマヨモギ Ⅱ-439 3949, 439 3951
パパイヤ科 Ⅱ-81	ハマススキ Ⅰ-285 1083	
パパイヤ属 Ⅱ-81	ハマゼリ Ⅱ-521 4278	ハマレンゲ Ⅱ-299 3392
ハハキギク Ⅱ-403 3806	ハマゼリ属 Ⅱ-521	ハヤチネウスユキソウ Ⅱ-407 3824
ハハクリ Ⅰ-(96 326)	ハマセンダン Ⅱ-54 2409	
ハハコグサ Ⅱ-410 3833	ハマタイゲキ Ⅰ-542 2109	ハヤトウリ Ⅰ-522 2029
ハハコグサ属 Ⅱ-410	ハマダイコン Ⅱ-89 2551	ハヤトウリ属 Ⅰ-522
ハハジマトベラ Ⅱ-503 4206	ハマタイセイ Ⅱ-85 2533	ハヤヒトグサ Ⅱ-(272 3282)
ハハジマノボタン Ⅱ-36 2339	ハマヂシャ Ⅱ-159 2829	バライチゴ Ⅰ-456 1768
ハバヤマボクチ Ⅱ-467 4061	ハマチャ Ⅰ-(380 1463)	バラ科 Ⅰ-420
ハビロ Ⅱ-(200 2996)	ハマツメクサ Ⅱ-134 2732	パラグアイチャ Ⅱ-374 3692
ハブソウ Ⅰ-380 1464	ハマトラノオ Ⅱ-309 3429	バラ属 Ⅰ-464
ハブテコブラ Ⅱ-113 2645	ハマナシ Ⅰ-465 1804; Ⅱ-(226 3097)	パラミツ Ⅱ-489 1899
ハボタン Ⅱ-88 2546		バラ目 Ⅰ-420
ハマアオスゲ Ⅰ-227 852	ハマナス Ⅰ-465 1804	バラモミ Ⅰ-16 6
ハマアザ Ⅱ-155 2816	ハマナタマメ Ⅰ-412 1591	バラモンギク Ⅱ-(469 4072)
ハマアザ属 Ⅱ-155	ハマナツメ Ⅰ-479 1859	バラモンジン Ⅱ-469 4071

バラモンジン属 Ⅱ-469	バンクシア・セラータ Ⅰ-345 1323	ヒカゲツツジ Ⅱ-205 3016
ハラン Ⅰ-161 587	バンクシア属 Ⅰ-345	ヒカゲミツバ Ⅱ-517 4261
ハラン属 Ⅰ-161	ハンゲ Ⅰ-67 210	ヒカノコソウ Ⅰ-491 4159
ハリイ Ⅰ-202 751	ハンゲショウ Ⅰ-35 82	ヒガンザクラ Ⅰ-424 1640
ハリイ属 Ⅰ-201	ハンゲショウ属 Ⅰ-35	ヒガンバナ Ⅰ-150 543,(150 544)
ハリエンジュ Ⅰ-396 1526	ハンゲ属 Ⅰ-67	ヒガンバナ科 Ⅰ-146
ハリエンジュ属 Ⅰ-396	ハンゴンソウ Ⅱ-443 3966	ヒガンバナ属 Ⅰ-150
ハリガネカズラ Ⅱ-223 3087	バンサンジコ Ⅰ-(153 556)	ヒガンマムシグサ Ⅰ-64 197
ハリギリ Ⅱ-508 4228	パンジー Ⅰ-571 2226	ヒキオコシ Ⅱ-343 3567
ハリギリ属 Ⅱ-508	ハンショウヅル Ⅰ-(340 1301), 340 1302	ヒキノカサ Ⅰ-334 1278
ハリグワ Ⅰ-487 1889		ヒキヨモギ Ⅱ-358 3627
ハリグワ属 Ⅰ-487	バンジロウ Ⅱ-34 2331	ヒキヨモギ属 Ⅱ-358
ハリコウガイゼキショウ Ⅰ-186 685	バンジロウ属 Ⅱ-34	ヒギリ Ⅱ-348 3586
ハリセンボン Ⅱ-155 2814	バンジンガンクビソウ Ⅱ-(414 3849)	ヒグルマ Ⅱ-420 3875
ハリソウ Ⅱ-(265 3256)		ヒグルマダリア Ⅱ-415 3855
ハリツルマサキ Ⅰ-529 2059	ハンテンボク Ⅰ-47 131	ヒグルマテンジクボタン Ⅱ-415 3855
ハリツルマサキ属 Ⅰ-529	ハンノキ Ⅰ-513 1994	
ハリナス Ⅱ-(281 3318)	パンノキ Ⅰ-489 1898	ヒゲアブラガヤ Ⅰ-200 743
ハリノキ Ⅰ-513 1994	ハンノキ属 Ⅰ-513	ヒゲオシベ属 Ⅱ-341
バリバリノキ Ⅰ-53 153	パンノキ属 Ⅰ-489	ヒゲクサ Ⅰ-207 770
バリバリノキ属 Ⅰ-53	パンパスグラス Ⅰ-290 1103	ヒゲシバ Ⅰ-295 1123
ハリビユ Ⅱ-151 2798	バンマツリ Ⅱ-277 3301	ヒゲスゲ Ⅰ-231 867
ハリブキ Ⅱ-508 4227	バンマツリ属 Ⅱ-277	ヒゲナガコメススキ Ⅰ-249 937
ハリブキ属 Ⅱ-508	パンヤノキ Ⅰ-66 2460	
ハリモミ Ⅰ-16 6	バンレイシ Ⅰ-48 133	ヒゲナデシコ Ⅰ-147 2781
バリン Ⅰ-140 501, 283 1073	バンレイシ科 Ⅰ-47	ヒゲネワチガイソウ Ⅰ-137 2744
ハルウコン Ⅰ-177 652	バンレイシ属 Ⅰ-48	
ハルオミナエシ Ⅱ-492 4162	**ヒ**	ヒゲノガリヤス Ⅰ-260 984
ハルガヤ Ⅰ-255 964		ヒゲハリスゲ Ⅰ-211 785
ハルガヤ属 Ⅰ-255	ヒアシンス属 Ⅰ-154	ヒゲハリスゲ属 Ⅰ-211
ハルカラマツ Ⅰ-327 1252	ピーマン Ⅱ-(285 3333)	ヒゴウメ Ⅰ-(423 1634)
ハルコガネバナ Ⅱ-(164 2852)	ヒイラギ Ⅱ-(293 3367), 293 3368	ヒゴオミナエシ Ⅱ-443 3965
		ヒゴクサ Ⅰ-238 893
ハルザキヤツシロラン Ⅰ-119 419	ヒイラギガシ Ⅰ-430 1664	ヒコサンヒメシャラ Ⅱ-195 2973
	ヒイラギズイナ Ⅰ-353 1353	
ハルザキヤマガラシ Ⅱ-90 2554	ヒイラギソウ Ⅱ-319 3469	ヒゴシオン Ⅱ-400 3793
	ヒイラギナンテン Ⅰ-308 1173	ヒゴスミレ Ⅰ-(570 2221), 570 2224
ハルジオン Ⅱ-405 3813	ヒイラギモクセイ Ⅱ-293 3367	
ハルシャギク Ⅱ-415 3853		ヒゴタイ Ⅱ-468 4068
ハルジョオン Ⅱ-405 3813	ヒイラギモチ Ⅰ-369 3672	ヒゴタイ属 Ⅱ-468
ハルタデ Ⅱ-116 2659	ヒエ Ⅰ-276 1047	ヒゴビャクゼン Ⅱ-257 3223
ハルタマ Ⅱ-441 3958	ヒエガエリ Ⅰ-262 991	ヒゴロモソウ Ⅱ-333 3526
ハルトラノオ Ⅱ-125 2696	ヒエガエリ属 Ⅰ-262	ヒザオリシバ Ⅰ-282 1072
ハルニレ Ⅰ-484 1878	ヒエ属 Ⅰ-276	ヒサカキ Ⅱ-(105 2613), 176 2898
ハルノタムラソウ Ⅱ-331 3517	ヒエンソウ Ⅰ-318 1213	
ハルフヨウ Ⅰ-(311 1186)	ヒオウギ Ⅰ-141 508	ヒサカキ属 Ⅱ-176
ハルユキノシタ Ⅰ-357 1372	ヒオウギアヤメ Ⅰ-139 499	ヒシ Ⅱ-21 2277
ハルリンドウ Ⅱ-249 3192	ヒオウギズイセン Ⅰ-142 512, (143 513)	ヒシ属 Ⅱ-21
バレンシバ Ⅰ-279 1058		ヒシバカキドオシ Ⅰ-494 1918
バンウコン Ⅰ-178 654	ヒオウギズイセン属 Ⅰ-142	ヒシモドキ Ⅱ-299 3391
バンウコン属 Ⅰ-178	ヒオウギラン Ⅰ-(128 454)	ヒシモドキ属 Ⅱ-299
ハンカイアザミ Ⅱ-355 3613	ビオラ・トリコロル Ⅰ-571 2225, (571 2226)	ビジョザクラ Ⅱ-368 3665
ハンカイウ Ⅰ-59 178		ビジョザクラ属 Ⅱ-368
ハンカイシオガマ Ⅱ-355 3613	ヒカゲスゲ Ⅰ-226 845；Ⅱ-(352 3604)	ビジョヤナギ Ⅰ-(573 2236)
ハンカイソウ Ⅱ-444 3972, (445 3973)		ヒスイラン属 Ⅰ-136
	ヒカゲスミレ Ⅰ-566 2208	ピスターショ Ⅱ-39 2349

ピスタチオ Ⅱ-39 2349
ヒゼンマユミ Ⅰ-526 2046
ヒダカイワザクラ Ⅱ-182 2923
ヒダカキンバイソウ Ⅰ-314 1198
ヒダカゲンゲ Ⅰ-395 1522
ヒダカソウ Ⅰ-328 1254
ヒダカミセバヤ Ⅰ-369 1419
ヒチノキ Ⅱ-192 2961
ビックル Ⅱ-(368 3667)
ヒツジグサ Ⅰ-32 71
ビッチュウアザミ Ⅱ-458 4026
ビッチュウフロ Ⅱ-17 2263
ビッチュウヤマハギ Ⅰ-400 1544
ヒデリコ Ⅰ-205 764
ヒデリソウ Ⅱ-(272 3282)
ヒトエノコクチナシ Ⅱ-234 3132
ヒトツバカエデ Ⅱ-50 2396
ヒトツバショウマ Ⅰ-356 1366
ヒトツバタゴ Ⅱ-290 3354
ヒトツバタゴ属 Ⅱ-290
ヒトツバテンナンショウ Ⅰ-66 205
ヒトツバハギ Ⅰ-547 2131
ヒトツバハギ属 Ⅰ-547
ヒトツバハンゴンソウ Ⅱ-(443 3966)
ヒトツバヨモギ Ⅱ-436 3937
ヒトハラン Ⅰ-130 464
ヒトハリヘビノボラズ Ⅰ-307 1172
ヒトモジ Ⅰ-149 537
ヒトモトススキ Ⅰ-207 771
ヒトモトススキ属 Ⅰ-207
ヒトリシズカ Ⅰ-34 77
ヒナウスユキソウ Ⅱ-(407 3822)
ヒナウチワカエデ Ⅱ-45 2374
ヒナガヤツリ Ⅰ-192 709
ヒナギキョウ Ⅱ-382 3721
ヒナギキョウ属 Ⅱ-382
ヒナギク Ⅱ-395 3773
ヒナギク属 Ⅱ-395
ヒナゲシ Ⅰ-297 1130
ヒナコゴメグサ Ⅱ-354 3610
ヒナザクラ Ⅰ-179 2912
ヒナザサ Ⅰ-290 1104
ヒナザサ属 Ⅰ-290
ヒナシャジン Ⅰ-377 3704
ヒナスゲ Ⅰ-211 786
ヒナスミレ Ⅰ-564 2199, (564 2200)
ヒナタイノコズチ Ⅱ-(149 2789)
ヒナタイノコヅチ Ⅱ-148 2788
ヒナチドリ Ⅰ-108 374
ヒナノウスツボ Ⅱ-313 3447
ヒナノカンザシ Ⅰ-420 1622
ヒナノカンザシ属 Ⅰ-420
ヒナノキンチャク Ⅰ-419 1620
ヒナノシャクジョウ Ⅰ-84 278
ヒナノシャクジョウ科 Ⅰ-84
ヒナノシャクジョウ属 Ⅰ-84
ヒナブキ Ⅱ-561 2187
ヒナユズリハ Ⅰ-352 1350
ヒナラン Ⅰ-109 378
ヒナラン属 Ⅰ-108
ヒナリンドウ Ⅱ-250 3193
ビナンカズラ Ⅰ-33 76
ヒノキ Ⅰ-24 40, (25 41), (25 42), (25 43), (25 44)
ヒノキアスナロ Ⅰ-(24 39)
ヒノキ科 Ⅰ-23
ヒノキ属 Ⅰ-24
ヒノキバヤドリギ Ⅱ-105 2613
ヒノキバヤドリギ属 Ⅱ-105
ヒノキ目 Ⅰ-23
ヒノデラン Ⅰ-131 468
ヒノデラン属 Ⅰ-131
ヒノナ Ⅱ-87 2541
ヒバ Ⅰ-(24 39)
ヒパイロキンバイソウ Ⅰ-(314 1198)
ヒボケ Ⅰ-(438 1693)
ヒマ Ⅰ-536 2088
ヒマラヤスギ Ⅰ-20 22
ヒマラヤスギ属 Ⅰ-20
ヒマラヤユキノシタ Ⅰ-360 1383
ヒマラヤユキノシタ属 Ⅰ-360
ヒマワリ Ⅱ-420 3875, (421 3877)
ヒマワリ属 Ⅱ-420
ヒムロ Ⅰ-26 48
ヒメアオガヤツリ Ⅰ-194 719
ヒメアカバナ Ⅱ-27 2302
ヒメアザミ Ⅱ-459 4030
ヒメアジサイ Ⅱ-169 2870
ヒメアブラススキ Ⅰ-282 1070
ヒメアブラススキ属 Ⅰ-282
ヒメアマダマシ Ⅱ-(287 3342)
ヒメアマナ Ⅰ-101 347
ヒメイカリソウ Ⅰ-309 1180
ヒメイズイ Ⅰ-164 598
ヒメイソツツジ Ⅱ-204 3012
ヒメイタビ Ⅰ-490 1902
ヒメイチゲ Ⅰ-330 1261
ヒメイヌノハナヒゲ Ⅰ-(209 777)
ヒメイワカガミ Ⅱ-199 2991
ヒメイワショウブ Ⅰ-68 213
ヒメイワタデ Ⅱ-124 2689
ヒメイワラン Ⅰ-109 378
ヒメウコギ Ⅱ-507 4221
ヒメウズ Ⅰ-316 1208
ヒメウズ属 Ⅰ-316
ヒメウツギ Ⅱ-167 2861, (167 2862)
ヒメウメバチソウ Ⅰ-530 2061
ヒメウメバチモ Ⅰ-337 1292
ヒメウラシマソウ Ⅰ-61 188
ヒメエンゴサク Ⅰ-301 1147
ヒメオトギリ Ⅰ-577 2250
ヒメオドリコソウ Ⅱ-328 3505
ヒメカイドウ Ⅰ-440 1701
ヒメカカラ Ⅰ-94 320
ヒメカジイチゴ Ⅰ-454 1757
ヒメガマ Ⅰ-179 658
ヒメガヤツリ Ⅰ-191 708
ヒメカラマツ Ⅰ-325 1242
ヒメガリヤス Ⅰ-(292 1111)
ヒメカワズスゲ Ⅰ-216 808
ヒメカンアオイ Ⅰ-37 91
ヒメガンクビソウ Ⅱ-414 3850
ヒメカンスゲ Ⅰ-231 866
ヒメガンピ Ⅱ-79 2512
ヒメキカシグサ Ⅱ-23 2288
ヒメキクバスミレ Ⅰ-570 2221
ヒメキセワタ Ⅱ-328 3507
ヒメキセワタ属 Ⅱ-328
ヒメキランソウ Ⅱ-317 3464
ヒメキリンソウ Ⅰ-369 1417
ヒメキンセンカ Ⅱ-452 4003
ヒメギンネム Ⅰ-379 1457
ヒメキンミズヒキ Ⅰ-462 1790
ヒメクグ Ⅰ-194 720
ヒメクズ Ⅰ-416 1608
ヒメクマヤナギ Ⅰ-481 1867
ヒメクワガタ Ⅱ-305 3416
ヒメコウオウソウ Ⅱ-(424 3890)
ヒメコウガイゼキショウ Ⅰ-185 682
ヒメコウゾ Ⅰ-488 1894
ヒメゴウソ Ⅰ-219 820
ヒメコウモリソウ Ⅱ-448 3988
ヒメコザクラ Ⅰ-181 2920
ヒメコヌガサ Ⅰ-262 990
ヒメコバンソウ Ⅰ-258 976
ヒメコブシ Ⅰ-45 124
ヒメコマツ Ⅰ-21 28
ヒメゴヨウイチゴ Ⅰ-450 1742
ヒメサギゴケ Ⅱ-349 3592
ヒメザクラ Ⅱ-184 2930
ヒメサザンカ Ⅱ-194 2970

ヒメザゼンソウ　Ⅰ-57 169
ヒメサユリ　Ⅰ-99 339
ヒメサルダヒコ　Ⅱ-336 3540
ヒメシオン　Ⅱ-402 3803
ヒメシオン属　Ⅱ-402
ヒメジガバチソウ　Ⅰ-(127 450)
ヒメシキミ　Ⅱ-503 4207
ヒメジソ　Ⅱ-339 3551
ヒメシャガ　Ⅱ-139 498
ヒメシャクナゲ　Ⅱ-222 3081
ヒメシャクナゲ属　Ⅱ-222
ヒメシャジン　Ⅱ-380 3713, (380 3714)
ヒメシャラ　Ⅱ-194 2972
ヒメジョオン　Ⅱ-405 3814
ヒメシラスゲ　Ⅰ-237 892
ヒメシロネ　Ⅱ-336 3538
ヒメスイバ　Ⅱ-109 2630
ヒメスゲ　Ⅰ-225 844
ヒメスミレ　Ⅱ-568 2216
ヒメスミレサイシン　Ⅰ-563 2194
ヒメセンナリホオズキ　Ⅱ-279 3310
ヒメセンブリ　Ⅱ-252 3202
ヒメセンブリ属　Ⅱ-252
ヒメタガソデソウ　Ⅱ-136 2740
ヒメタケシマラン　Ⅰ-105 362
ヒメタデ　Ⅱ-115 2654
ヒメタヌキモ　Ⅱ-361 3637
ヒメチドメ　Ⅱ-505 4213
ヒメツゲ　Ⅰ-346 1328
ヒメツバキ　Ⅱ-195 2974
ヒメツバキ属　Ⅱ-195
ヒメツルアズキ　Ⅰ-415 1603
ヒメツルコケモモ　Ⅱ-226 3099
ヒメテンツキ　Ⅰ-204 758
ヒメテンナンショウ　Ⅰ-(64 200)
ヒメトウショウブ　Ⅰ-(143 513)
ヒメドコロ　Ⅰ-86 285
ヒメトラノオ　Ⅱ-(309 3431)
ヒメナエ　Ⅱ-255 3216
ヒメナキリスゲ　Ⅰ-225 843
ヒメナベワリ　Ⅰ-88 295
ヒメナミキ　Ⅱ-323 3488
ヒメニラ　Ⅰ-146 528
ヒメノアズキ　Ⅰ-416 1607
ヒメノガリヤス　Ⅰ-259 980; Ⅱ-(352 3604)
ヒメノダケ　Ⅱ-527 4304
ヒメノハギ　Ⅰ-399 1540
ヒメノボタン　Ⅱ-36 2340
ヒメノボタン属　Ⅱ-36

ヒメバイカモ　Ⅰ-337 1292
ヒメハギ　Ⅰ-419 1617, (419 1618)
ヒメハギ科　Ⅰ-419
ヒメハギ属　Ⅰ-419
ヒメバショウ　Ⅰ-174 640
ヒメハッカ　Ⅱ-338 3545
ヒメハマナデシコ　Ⅱ-146 2778
ヒメバライチゴ　Ⅰ-457 1770
ヒメバラモミ　Ⅰ-16 8
ヒメハリイ　Ⅰ-201 746
ヒメヒオウギズイセン　Ⅰ-143 513
ヒメヒゴタイ　Ⅱ-462 4042
ヒメヒサカキ　Ⅱ-176 2900
ヒメビシ　Ⅱ-21 2280
ヒメヒマワリ　Ⅱ-420 3876
ヒメヒラテンツキ　Ⅰ-204 758
ヒメフウロ　Ⅱ-18 2266
ヒメフジ　Ⅱ-393 1513
ヒメフタバラン　Ⅰ-122 430
ヒメフトモモ　Ⅱ-33 2328
ヒメヘビイチゴ　Ⅰ-473 1833
ヒメホタルイ　Ⅰ-197 732
ヒメホテイラン　Ⅰ-(127 452)
ヒメマイヅルソウ　Ⅰ-(163 596)
ヒメマサキ　Ⅰ-527 2049
ヒメマンネングサ　Ⅰ-367 1410
ヒメミカンソウ　Ⅰ-545 2122
ヒメミソハギ　Ⅱ-22 2283
ヒメミソハギ属　Ⅱ-22
ヒメミヤマカラマツ　Ⅰ-327 1250
ヒメミヤマスミレ　Ⅰ-565 2204
ヒメムカシヨモギ　Ⅱ-406 3819
ヒメムグラ　Ⅱ-243 3165
ヒメムヨウラン　Ⅰ-122 432
ヒメムラサキ　Ⅱ-(269 3270)
ヒメムロ　Ⅰ-26 48
ヒメモクレン　Ⅰ-44 119
ヒメモチ　Ⅱ-369 3671
ヒメヤシャブシ　Ⅰ-515 2002
ヒメヤブラン　Ⅰ-162 592
ヒメヤマエンゴサク　Ⅰ-301 1145
ヒメヤマハナソウ　Ⅰ-359 1379
ヒメユズリハ　Ⅰ-352 1351
ヒメユリ　Ⅰ-99 338
ヒメヨツバムグラ　Ⅱ-241 3159
ヒメヨモギ　Ⅱ-435 3936
ヒメリンゴ　Ⅰ-441 1707
ヒメレンゲ　Ⅰ-367 1411
ヒメレンリソウ　Ⅰ-(409 1578)
ヒメワタスゲ　Ⅰ-196 728

ヒメワタスゲ属　Ⅰ-196
ヒモゲイトウ　Ⅱ-150 2794
ヒャクジッコウ　Ⅱ-24 2291
ビャクダン科　Ⅱ-105
ビャクダン属　Ⅱ-106
ビャクダン目　Ⅱ-103
ヒャクニチコウ　Ⅱ-24 2291
ヒャクニチソウ　Ⅱ-422 3884
ヒャクニチソウ属　Ⅱ-422
ビャクブ　Ⅰ-88 296
ビャクブ科　Ⅰ-88
ビャクブ属　Ⅰ-88
ビャクレン　Ⅰ-378 1453
ヒヤシンス　Ⅰ-154 558
ビャッコイ　Ⅰ-197 730
ビャッコイ属　Ⅰ-197
ヒユ　Ⅱ-(149 2792), 150 2793
ヒュウガナツミカン　Ⅱ-61 2440
ヒュウガミズキ　Ⅰ-350 1341
ヒユ科　Ⅱ-148
ヒユ属　Ⅱ-149
ヒョウ　Ⅱ-150 2793
ヒョウタン　Ⅰ-519 2020
ヒョウタングサ　Ⅱ-(304 3411)
ヒョウタンソウ　Ⅱ-29 2311
ヒョウタン属　Ⅰ-519
ヒョウタンボク　Ⅱ-495 4173
ヒョウナ　Ⅱ-150 2793
ヒョウモンラン　Ⅰ-136 487
ビョウヤナギ　Ⅱ-573 2236
ヒヨクソウ　Ⅱ-307 3421
ヒヨクヒバ　Ⅰ-26 46
ヒヨス　Ⅱ-278 3307
ヒヨス属　Ⅱ-278
ヒヨドリジョウゴ　Ⅱ-282 3321
ヒヨドリバナ　Ⅱ-391 3760
ヒヨドリバナ属　Ⅱ-391
ヒョンノキ　Ⅰ-351 1345
ヒラギシスゲ　Ⅰ-221 827
ヒラコウガイゼキショウ　Ⅰ-186 687
ヒラスゲ　Ⅰ-207 772
ヒラミカンコノキ　Ⅰ-546 2128
ヒラミレモン　Ⅱ-59 2432
ビラン　Ⅰ-431 1665
ビランジ　Ⅱ-140 2755
ビランジュ　Ⅰ-431 1665
ヒリュウガシ　Ⅰ-504 1960
ヒル　Ⅰ-(147 529)
ヒルガオ　Ⅱ-272 3282
ヒルガオ科　Ⅱ-272
ヒルガオ属　Ⅱ-272
ヒルギ科　Ⅰ-534
ヒルギダマシ　Ⅱ-365 3654
ヒルギダマシ属　Ⅱ-365
ヒルギモドキ　Ⅱ-20 2274

ヒルギモドキ属　Ⅱ-20
ヒルザキツキミソウ　Ⅱ-32　2322
ヒルムシロ　Ⅰ-78　255
ヒルムシロ科　Ⅰ-78
ヒルムシロ属　Ⅰ-78
ヒレアザミ　Ⅱ-453　4006
ヒレアザミ属　Ⅱ-453
ヒレハリソウ　Ⅱ-268　3267
ヒレハリソウ属　Ⅱ-268
ビロウ　Ⅰ-167　609
ビロウ属　Ⅰ-167
ビロードイチゴ　Ⅰ-452　1750
ビロードウツギ　Ⅱ-501　4200
ビロードカジイチゴ　Ⅰ-453　1755
ビロードキビ　Ⅰ-275　1044
ビロードクサフジ　Ⅰ-407　1569
ビロードスゲ　Ⅰ-241　906
ビロードテンツキ　Ⅰ-205　763
ビロードムラサキ　Ⅱ-345　3575
ビロードモウズイカ　Ⅱ-313　3445
ビロードラン　Ⅰ-123　436
ヒロセレウス属　Ⅱ-163
ヒロハアオヤギソウ　Ⅰ-90　302
ヒロハアマナ　Ⅰ-102　352
ヒロハイヌノヒゲ　Ⅰ-182　669
ヒロハウラジロヨモギ　Ⅱ-435　3934
ヒロハオゼヌマスゲ　Ⅰ-216　806
ヒロハカツラ　Ⅰ-351　1348
ヒロハクサフジ　Ⅰ-406　1568
ヒロハコンロンカ　Ⅱ-233　3128
ヒロハコンロンソウ　Ⅱ-94　2571
ヒロバスゲ　Ⅰ-232　869,（232　870）
ヒロハセネガ　Ⅰ-(419　1619)
ヒロハタンポポ　Ⅱ-479　4111
ヒロハツリシュスラン　Ⅰ-(124　438)
ヒロハツリバナ　Ⅰ-523　2036
ヒロハテイショウソウ　Ⅱ-387　3742
ヒロハテンナンショウ　Ⅰ-62　191
ヒロハヌマゼリ　Ⅱ-(517　4264)
ヒロハノエビモ　Ⅰ-79　259
ヒロハノカワラサイコ　Ⅰ-469　1819
ヒロハノキハダ　Ⅱ-56　2419
ヒロハノコウガイゼキショウ　Ⅰ-186　686,　186　688
ヒロハノコヌカグサ　Ⅰ-266　1007

ヒロハノコメススキ　Ⅰ-268　1014
ヒロハノコメススキ属　Ⅰ-268
ヒロハノドジョウツナギ　Ⅰ-250　943
ヒロハノハネガヤ　Ⅰ-248　936
ヒロハノハマサジ　Ⅱ-108　2627
ヒロハノマンテマ　Ⅱ-141　2759
ヒロハノミミズバイ　Ⅱ-197　2982
ヒロハノユキザサ　Ⅰ-(163　595)
ヒロハノレンリソウ　Ⅰ-409　1580
ヒロハヒマワリ　Ⅱ-(420　3873)
ヒロハヒメイチゲ　Ⅰ-330　1262
ヒロハヘビノボラズ　Ⅰ-307　1172
ヒロハムギグワイ　Ⅰ-102　352
ヒロハヤマヨモギ　Ⅱ-435　3933
ビワ　Ⅰ-444　1717
ビワ属　Ⅰ-444
ビンカ　Ⅱ-(262　3244)
ヒンジガヤツリ　Ⅰ-195　722
ヒンジガヤツリ属　Ⅰ-195
ヒンジモ　Ⅰ-58　174
ピンピンカズラ　Ⅰ-(304　1159)
ビンボウカズラ　Ⅰ-377　1451
ビンロウジュ　Ⅰ-169　617
ビンロウジュ属　Ⅰ-169

フ

フイリダンチク　Ⅰ-(290　1102)
フイリノセイヨウダンチク　Ⅰ-(290　1102)
フウ　Ⅰ-348　1335
フウ科　Ⅰ-348
フウキギク　Ⅱ-444　3969
フウキギク属　Ⅱ-444
フウセンアカメガシワ　Ⅱ-66　2459
フウセンアカメガシワ属　Ⅱ-66
フウセンカズラ　Ⅱ-41　2360
フウセンカズラ属　Ⅱ-41
フウ属　Ⅰ-348
フウチソウ　Ⅰ-289　1097
フウチョウソウ　Ⅱ-82　2522
フウチョウソウ科　Ⅱ-82
フウチョウソウ属　Ⅱ-82
フウチョウボク科　Ⅱ-82
フウトウカズラ　Ⅰ-35　84
フウラン　Ⅰ-135　483
フウラン属　Ⅰ-135
フウリンウメモドキ　Ⅱ-374　3691
フウリンソウ　Ⅱ-377　3701
フウリンツツジ　Ⅱ-219　3071
フウリンブッソウゲ　Ⅱ-71　2480
フウロケマン　Ⅰ-303　1153
フウロソウ科　Ⅱ-15
フウロソウ属　Ⅱ-15
フウロソウ目　Ⅱ-15
フォーリーガヤ　Ⅰ-249　940
フォーリーガヤ属　Ⅰ-249
フカノキ　Ⅱ-506　4219
フカノキ属　Ⅱ-506
フカミグサ　Ⅰ-348　1334
フキ　Ⅱ-446　3977
フキザクラ　Ⅱ-444　3969
フキ属　Ⅱ-446
フキヅメソウ　Ⅱ-198　2986
フキノトウ　Ⅱ-(446　3977)
フキヤミツバ　Ⅱ-512　4243
フキユキノシタ　Ⅰ-358　1376
フクオウソウ　Ⅱ-473　4085
フクオウソウ属　Ⅱ-473
フクギ　Ⅰ-572　2232
フクギ科　Ⅰ-572
フクギ属　Ⅰ-572
フクシア　Ⅱ-29　2311
フクシア属　Ⅱ-29
フクシマシャジン　Ⅱ-379　3711
フクジュソウ　Ⅰ-338　1293
フクジュソウ属　Ⅰ-338
フクド　Ⅱ-439　3951
フクベ　Ⅰ-520　2021
フクボク　Ⅰ-(527　2052)
フクラシバ　Ⅱ-371　3680
ブクリュウサイ　Ⅱ-394　3770
ブクリョウサイ　Ⅱ-394　3770
ブクリョウサイ属　Ⅱ-394
フクリンツルニチニチソウ　Ⅱ-(262　3244)
フゲンゾウ　Ⅰ-427　1649
フサガヤ　Ⅰ-266　1008
フサガヤ属　Ⅰ-266
フサザクラ　Ⅰ-296　1127
フサザクラ科　Ⅰ-296
フサザクラ属　Ⅰ-296
フサジュンサイ　Ⅰ-31　66
フサスグリ　Ⅰ-354　1357
フサナキリスゲ　Ⅰ-225　842
フサフジウツギ　Ⅱ-314　3452
フサモ　Ⅰ-374　1439
フサモ属　Ⅰ-374
フシ　Ⅱ-143　2767
フジ　Ⅰ-392　1510
ブシ　Ⅰ-(321　1228)
フジアザミ　Ⅱ-453　4008
フジイバラ　Ⅰ-469　1817

フジイロマンダラゲ　Ⅱ-(286 3337)	ブッソウゲ　Ⅱ-71 2479	ブロッコリー　Ⅱ-(88 2547)
フジウツギ　Ⅱ-314 3450	フデクサ　Ⅰ-214 798	プロテア・キナロイデス　Ⅰ-345 1322
フジウツギ属　Ⅱ-314	フデリンドウ　Ⅱ-249 3190	プロテア属　Ⅰ-345
フジオトギリ　Ⅰ-574 2240	フトイ　Ⅰ-198 735	フロリダロウバイ　Ⅰ-(49 138)
フジカンゾウ　Ⅰ-399 1537	フトイ属　Ⅰ-197	ブンゴウメ　Ⅰ-423 1634
フジキ　Ⅰ-384 1479	ブドウ　Ⅰ-375 1441, (375 1443)	ブンゴザサ　Ⅰ-244 918
フジキ属　Ⅰ-384	ブドウ科　Ⅰ-(535 2081), 375	ブンタン　Ⅱ-(62 2444)
フジグルミ　Ⅰ-(399 1537)	ブドウガキ　Ⅱ-178 2905	
フジクグ　Ⅰ-508 1973	ブドウ属　Ⅰ-375	**ヘ**
フシグロ　Ⅱ-142 2761, (142 2762)	ブドウ目　Ⅰ-375	ヘイシソウ　Ⅱ-201 2998
フシグロセンノウ　Ⅱ-143 2767	フトヒルムシロ　Ⅰ-78 256	ヘクソカズラ　Ⅱ-237 3142
フシゲチガヤ　Ⅰ-283 1075	フトボナガボソウ　Ⅱ-(368 3666)	ヘクソカズラ属　Ⅱ-237
フジザクラ　Ⅰ-428 1653	フトボナギナタコウジュ　Ⅱ-340 3555	ヘスペリソウ　Ⅱ-102 2604
フジサンシキウツギ　Ⅱ-501 4198	フトムギ　Ⅰ-252 951	ヘソクリ　Ⅰ-(67 210)
フジスミレ　Ⅰ-564 2200	フトモモ　Ⅱ-34 2329	ヘチマ　Ⅰ-517 2011
フジ属　Ⅰ-392	フトモモ科　Ⅱ-32	ヘチマ属　Ⅰ-517
フシダカ　Ⅱ-149 2789	フトモモ属　Ⅱ-33	ペチュニア　Ⅱ-(287 3341)
フシダカフウロ　Ⅱ-15 2255	フトモモ目　Ⅱ-19	ヘツカニガキ　Ⅱ-233 3125
フジナデシコ　Ⅱ-146 2780	ブナ　Ⅰ-(109 379), (355 1362), (368 1413), 501 1947, (502 1951)	ヘツカニガキ属　Ⅱ-233
フジナンテン　Ⅰ-(311 1185)		ヘツカラン　Ⅰ-(133 476)
フジノカンアオイ　Ⅰ-38 96		ヘツカリンドウ　Ⅱ-254 3210
フシノキ　Ⅱ-40 2355	ブナ科　Ⅰ-501	ベニアマモ　Ⅰ-81 268
フシノハアワブキ　Ⅰ-343 1316	ブナ属　Ⅰ-501	ベニアマモ属　Ⅰ-81
フジバカマ　Ⅱ-391 3759	ブナノキ　Ⅰ-501 1947	ベニイタヤ　Ⅱ-49 2390
フジハタザオ　Ⅱ-97 2584	フナバラソウ　Ⅱ-257 3224	ベニイチヤクソウ　Ⅱ-(228 3105)
フジマツ　Ⅰ-19 20	ブナ目　Ⅰ-501	
フジマメ　Ⅰ-415 1604	フモトスミレ　Ⅰ-565 2203, (565 2204)	ベニウチワ　Ⅰ-58 176
フジマメ属　Ⅰ-415		ベニウチワ属　Ⅰ-58
フジモドキ　Ⅱ-79 2509	フユアオイ　Ⅱ-69 2471, (69 2472)	ベニガク　Ⅱ-169 2869
ブシュカン　Ⅱ-63 2446		ベニガクヒルギ　Ⅰ-534 2077
フタエオシロイ　Ⅱ-160 2835	フユイチゴ　Ⅰ-451 1746	ベニカノコソウ　Ⅱ-491 4159
フタエオシロイバナ　Ⅱ-160 2835	フユサンゴ　Ⅱ-283 3327	ベニカノコソウ属　Ⅱ-491
	フユザンショウ　Ⅱ-52 2402	ベニカヤラン　Ⅰ-135 482
ブタクサ　Ⅱ-421 3880	フユヅタ　Ⅱ-509 4231	ベニカワ　Ⅰ-(416 1606)
ブタクサ属　Ⅱ-421	フユナ　Ⅱ-87 2542	ベニコウジ　Ⅱ-60 2436
フタゴヤシ　Ⅰ-168 613	フヨウ　Ⅱ-70 2476, (71 2477)	ベニザラサ　Ⅰ-(409 1578)
ブタナ　Ⅱ-470 4075	フヨウ属　Ⅱ-70	ベニサラサドウダン　Ⅱ-219 3072
ブタナ属　Ⅱ-470	フラサバソウ　Ⅱ-305 3413	
フタナミソウ　Ⅱ-470 4073	ブラシノキ属　Ⅱ-33	ベニシュスラン　Ⅰ-123 435
フタナミソウ属　Ⅱ-470	ブラジルナット　Ⅱ-(175 2896)	ベニスジサンジコ　Ⅰ-(153 554)
ブタノマンジュウ　Ⅱ-189 2952	ブラジルナットノキ　Ⅱ-175 2896	
フタバアオイ　Ⅰ-43 113		ベニタイゲキ　Ⅰ-539 2100
フタバハギ　Ⅰ-(407 1571)	ブラジルナットノキ属　Ⅱ-175	ベニドウダン　Ⅱ-220 3073
フタバムグラ　Ⅱ-231 3119	フラネルソウ　Ⅱ-144 2771	ベニニガナ　Ⅱ-451 3998
フタバムグラ属　Ⅱ-231	フランスギク　Ⅱ-430 3915	ベニニガナ属　Ⅱ-451
フタマタイチゲ　Ⅰ-331 1266	フランスギク属　Ⅱ-430	ベニバナ　Ⅱ-468 4066
フタマタタンポポ　Ⅱ-480 4116	フリージア　Ⅰ-143 516	ベニバナイチゴ　Ⅰ-455 1763
フタマタタンポポ属　Ⅱ-480	フリージア属　Ⅰ-143	ベニバナイチヤクソウ　Ⅱ-228 3105
フタリシズカ　Ⅰ-34 79	フリソデヤナギ　Ⅰ-552 2152	
フダンザンショウ　Ⅱ-52 2402	プリムラ・ポリアンサ　Ⅱ-184 2931	ベニバナインゲン　Ⅰ-413 1596
フダンソウ　Ⅱ-153 2805		ベニバナインドソケイ　Ⅱ-(264 3250)
フダンソウ属　Ⅱ-153	ブルブルクサ　Ⅱ-(334 3532)	
フッキソウ　Ⅰ-347 1330	フレンチマリゴールド　Ⅱ-(424 3890)	ベニバナオキナグサ　Ⅰ-(331 1267)
フッキソウ属　Ⅰ-347		ベニバナサルビア　Ⅱ-333 3525

ベニバナ属 Ⅱ-468
ベニバナトキワマンサク Ⅰ-(349) 1337
ベニバナノツクバネウツギ Ⅱ-493 4167
ベニバナボロギク Ⅱ-451 4000
ベニバナボロギク属 Ⅱ-451
ベニバナヤマシャクヤク Ⅰ-348 1333
ベニヒオウギ Ⅰ-(141) 508)
ベニヒモノキ Ⅰ-535 2082
ベニマンサク Ⅰ-349 1338
ベニミカン Ⅱ-60 2436
ベニヤマザクラ Ⅰ-(425 1644)
ペパーミント Ⅱ-(337 3543)
ヘビイチゴ Ⅰ-473 1834
ヘビノボラズ Ⅰ-307 1171
ヘブス Ⅰ-(67 210)
ペポカボチャ Ⅰ-521 2026
ヘボギャ Ⅰ-29 60
ヘラオオバコ Ⅰ-298 3388
ヘラオモダカ Ⅰ-70 222
ヘラナレン Ⅱ-(483 4126), 483 4127
ヘラノキ Ⅱ-75 2493
ヘラバヒメジョオン Ⅱ-405 3816
ヘラモ Ⅰ-73 234
ヘリオトロープ Ⅱ-267 3264
ヘリトリザサ Ⅰ-246 925
ペルシャジョチュウギク Ⅱ-(432 3921)
ベルフラワー Ⅱ-(377 3701)
ベンケイソウ Ⅰ-369 1420
ベンケイソウ科 Ⅰ-363
ヘンゴダマ Ⅰ-(61 185)
ベンジャミンゴム Ⅰ-492 1910
ペンタフィラクス科 Ⅱ-176
ペンテンツゲ Ⅰ-346 1327
ヘントウ Ⅰ-421 1626
ペンペングサ Ⅱ-95 2573
ヘンルウダ Ⅱ-55 2416, (56 2417)
ヘンルーダ Ⅱ-55 2416
ヘンルーダ属 Ⅱ-55

ホ

ポインセチア Ⅰ-541 2106
ボウアモ Ⅰ-82 271
ホウオウスギ Ⅰ-(29 58)
ホウキギ Ⅱ-156 2820, (157 2821)
ホウキギク Ⅱ-403 3806
ホウキギク属 Ⅱ-403
ホウキドウダン Ⅱ-(220 3074)
ホウキモロコシ Ⅰ-280 1064

ボウシバナ Ⅰ-172 630
ボウシュウボク Ⅱ-367 3662
ボウズムギ Ⅰ-(252 951)
ホウセンカ Ⅰ-174 2889
ホウチャクソウ Ⅰ-94 317
ホウチャクソウ属 Ⅰ-93
ボウフウ Ⅱ-531 4319
ボウフウ属 Ⅱ-531
ボウブラ Ⅰ-520 2024
ボウボウ Ⅰ-47 132
ホウライカズラ Ⅱ-256 3217
ホウライカズラ属 Ⅱ-256
ホウライジュリ Ⅰ-(100 343)
ホウライショウ Ⅰ-59 177
ホウライショウ属 Ⅰ-59
ホウライチク Ⅰ-243 913
ホウライチク属 Ⅰ-243
ホウライツヅラフジ Ⅰ-305 1163
ホウライツヅラフジ属 Ⅰ-305
ボウラン Ⅰ-134 479
ボウラン属 Ⅰ-134
ホウレンソウ Ⅱ-156 2819
ホウレンソウ属 Ⅱ-156
ホウロクイチゴ Ⅰ-451 1745
ホオガシワ Ⅰ-(46 127)
ホオガシワノキ Ⅰ-46 127
ホオコグサ Ⅱ-(410 3833)
ホオズキ Ⅱ-278 3308, (279 3309)
ホオズキ属 Ⅱ-278
ホオソ Ⅰ-502 1950
ホオノキ Ⅰ-(46 126), 46 127
ホーリー Ⅱ-(369 3672)
ホガエリガヤ Ⅰ-251 945
ホガエリガヤ属 Ⅰ-251
ホカケソウ Ⅱ-348 3588
ホクシャ Ⅱ-29 2311
ホクチアザミ Ⅱ-465 4056
ホクロ Ⅰ-133 474
ボケ Ⅰ-438 1693
ボケ属 Ⅰ-437
ホコガタアカザ Ⅱ-156 2818
ホザキイカリソウ Ⅰ-310 1183
ホザキイチヨウラン Ⅰ-125 444
ホザキイチヨウラン属 Ⅰ-125
ホザキカエデ Ⅱ-45 2376
ホザキキカシグサ Ⅱ-24 2289
ホザキキケマン Ⅰ-300 1142
ホザキザクラ Ⅰ-189 2951
ホザキザクラ属 Ⅰ-189
ホザキシモツケ Ⅰ-437 1690
ホザキツリガネツツジ Ⅱ-216 3060
ホザキナナカマド Ⅰ-432 1671
ホザキナナカマド属 Ⅰ-432

ホザキノフサモ Ⅰ-374 1438
ホザキノミミカキグサ Ⅱ-361 3640
ホザキヤドリギ Ⅰ-107 2621
ホザキヤドリギ属 Ⅰ-107
ボサツソウ Ⅰ-(388 1494)
ホシアサガオ Ⅱ-275 3293
ホシクサ Ⅰ-181 666
ホシクサ科 Ⅰ-181
ホシクサ属 Ⅰ-181
ホシザキユウガギク Ⅱ-396 3778
ホシノゲイトウ Ⅱ-152 2801
ホソアオゲイトウ Ⅱ-150 2795
ホソイ Ⅰ-183 674
ホソエカエデ Ⅱ-47 2382
ホソエノアザミ Ⅱ-458 4027
ホソテンキ Ⅰ-254 958
ホソバアカザ Ⅱ-153 2808
ホソバアカバナ Ⅱ-26 2297
ホソバイヌタデ Ⅱ-115 2655
ホソバイラクサ Ⅰ-492 1912
ホソバイワベンケイ Ⅰ-372 1431
ホソバウルップソウ Ⅱ-300 3394
ホソバオグルマ Ⅱ-(412 3841)
ホソバカラマツ Ⅰ-327 1249
ホソバコゴメグサ Ⅱ-354 3609
ホソバシャクナゲ Ⅱ-215 3055
ホソバシュロソウ Ⅰ-90 301, (90 302)
ホソバシロスミレ Ⅰ-(567 2211)
ホソバタデ Ⅱ-114 2651
ホソバタブ Ⅰ-51 145
ホソバチャ Ⅰ-193 2965
ホソバツメクサ Ⅱ-135 2733
ホソバツルツゲ Ⅱ-(373 3688)
ホソバツルリンドウ Ⅱ-250 3194
ホソバテッポウユリ Ⅰ-(101 346)
ホソバトウキ Ⅱ-523 4285
ホソバトリカブト Ⅰ-323 1233
ホソバナコバイモ Ⅰ-96 327
ホソバニガナ Ⅱ-476 4100
ホソバアキノノゲシ Ⅱ-473 4087
ホソバノイブキシモツケ Ⅰ-435 1683
ホソバノウナギツカミ Ⅱ-120 2674
ホソバノオトコヨモギ Ⅱ-434

ホソバノカラスノエンドウ Ⅰ-405 1563
ホソバノギク Ⅱ-397 3783
ホソバノキソチドリ Ⅰ-114 398
ホソバノキリンソウ Ⅰ-368 1416
ホソバノコウガイゼキショウ Ⅰ-185 683
ホソバノシバナ Ⅰ-76 248
ホソバノツルリンドウ属 Ⅱ-250
ホソバノトキワサンザシ Ⅰ-(446 1725)
ホソバノハマアカザ Ⅱ-156 2817
ホソバノホロシ Ⅱ-282 3322
ホソバノヤノネグサ Ⅱ-120 2675
ホソバノヤマハハコ Ⅱ-408 3827
ホソバノヨツバムグラ Ⅱ-241 3160
ホソバハグマ Ⅱ-387 3743
ホソバハネスゲ Ⅰ-234 880
ホソバハマアカザ Ⅱ-156 2817
ホソバヒイラギナンテン Ⅰ-308 1174
ホソバヒナウスユキソウ Ⅱ-407 3823
ホソバヒメトラノオ Ⅱ-309 3430
ホソバママコナ Ⅱ-357 3623
ホソバミミナグサ Ⅱ-133 2728
ホソバヤハズエンドウ Ⅰ-(405 1563)
ホソバヤマブキソウ Ⅰ-298 1135
ホソバヤロード Ⅱ-(264 3251)
ホソバリンドウ Ⅱ-247 3181
ホソバルコウソウ Ⅱ-(274 3289)
ホソバワダン Ⅱ-483 4125, (483 4126)
ホソボクサヨシ Ⅰ-256 966
ボダイジュ Ⅱ-75 2494
ホタルイ Ⅰ-197 731
ホタルカズラ Ⅱ-270 3273
ホタルカラクサ Ⅱ-(270 3273)
ホタルサイコ Ⅱ-514 4251
ホタルサイコ属 Ⅱ-514
ホタルソウ Ⅱ-(270 3273), 514 4251
ホタルブクロ Ⅱ-375 3695
ホタルブクロ属 Ⅱ-375

ボタン Ⅰ-348 1334
ボタンイバラ Ⅰ-457 1769
ボタン科 Ⅰ-347
ボタンキンバイ Ⅰ-(314 1197)
ボタンキンバイソウ Ⅰ-314 1197
ボタンザクラ Ⅰ-426 1648
ボタン属 Ⅰ-347
ボタンツツジ Ⅱ-208 3027
ボタンヅル Ⅰ-339 1297
ボタンノキ Ⅰ-344 1320
ボタンバラ Ⅰ-466 1805
ボタンボウフウ Ⅱ-530 4313
ボチョウジ Ⅱ-236 3137
ボチョウジ属 Ⅱ-236
ホッスガヤ Ⅰ-259 978
ホッスモ Ⅰ-75 241
ホツツジ Ⅱ-203 3007
ホツツジ属 Ⅱ-203
ホップ Ⅰ-(485 1884)
ホテイアオイ Ⅰ-173 636
ホテイアオイ属 Ⅰ-173
ホテイチク Ⅰ-243 915
ホテイラン Ⅰ-127 452
ホテイラン属 Ⅰ-127
ホド Ⅰ-411 1588
ホドイモ Ⅰ-411 1588
ホドイモ属 Ⅰ-411
ホトウ Ⅱ-34 2329
ホトケノザ Ⅰ-328 3506, (475 4095)
ホトケノツヅレ Ⅱ-(328 3506)
ホトトギス Ⅰ-104 357
ホトトギス属 Ⅰ-103
ホナガイヌビユ Ⅱ-151 2799
ホナガクマヤナギ Ⅰ-481 1866
ホナガソウ Ⅱ-368 3666
ホナガタツナミソウ Ⅱ-322 3481
ホナガヒメゴウソ Ⅰ-219 820
ポピー Ⅰ-(297 1130)
ポプラ Ⅰ-550 2141
ポポー Ⅰ-47 132
ポポー属 Ⅰ-47
ホミカ Ⅱ-(255 3213)
ホヤ Ⅱ-105 2614
ホリソウ Ⅰ-76 246
ホルトソウ Ⅰ-540 2104
ボルトニア Ⅰ-403 3808
ホルトノキ Ⅰ-532 2072
ホルトノキ科 Ⅰ-532
ホルトノキ属 Ⅰ-532
ホロギク Ⅱ-300 3395
ボロギク Ⅱ-443 3968
ホロテンナンショウ Ⅰ-63 193
ホロビンソウ Ⅱ-162 2843

ボロボロノキ Ⅱ-107 2622
ボロボロノキ科 Ⅱ-107
ボロボロノキ属 Ⅱ-107
ホロムイイチゴ Ⅰ-449 1740
ホロムイスゲ Ⅰ-219 818, (219 819)
ホロムイソウ Ⅰ-76 246
ホロムイソウ科 Ⅰ-76
ホロムイソウ属 Ⅰ-76
ホロムイツツジ Ⅱ-221 3080
ホンオニク Ⅱ-352 3602
ホンオニク属 Ⅱ-352
ホンキンセンカ Ⅰ-452 4003
ホンゴウソウ Ⅰ-87 292
ホンゴウソウ科 Ⅰ-87
ホンゴウソウ属 Ⅰ-87
ホンシュユ Ⅰ-(54 2410)
ホンシャクナゲ Ⅱ-(215 3053)
ホンタデ Ⅱ-114 2649
ホンツゲ Ⅰ-346 1326
ボンテンカ Ⅱ-70 2474
ボンテンカ属 Ⅱ-70
ボントクタデ Ⅱ-114 2652
ホンドホタルブクロ Ⅱ-375 3696
ホンマキ Ⅰ-23 35
ホンミカン Ⅱ-60 2433
ホンモンジスゲ Ⅰ-228 854

マ

マーガレット Ⅱ-(431 3917)
マアザミ Ⅱ-454 4012
マイカイ Ⅰ-466 1805
マイクジャク Ⅱ-44 2371
マイヅルソウ Ⅰ-163 596
マイヅルソウ属 Ⅰ-163
マイヅルテンナンショウ Ⅰ-61 186
マイハギ Ⅰ-400 1541
マイハギ属 Ⅰ-399
マオウ Ⅰ-15 3
マオウ科 Ⅰ-15
マオウ属 Ⅰ-15
マオラン Ⅰ-(144 519)
マオラン属 Ⅰ-144
マガクチヤシ属 Ⅰ-168
マカダミア Ⅰ-345 1324
マカダミア属 Ⅰ-345
マカダミアナッツ Ⅰ-(345 1324)
マカラスムギ Ⅰ-257 969
マガリバナ Ⅱ-83 2528
マガリバナ属 Ⅱ-83
マガリミサヤモ Ⅰ-74 239
マカンバ Ⅰ-511 1986
マキエハギ Ⅰ-402 1550

マキ科　I-22
マキタオシ　II-(276 3297)
マキノスミレ　I-565 2202
マキバブラシノキ　II-33 2325
マグサ　I-(284 1078)
マクロセファラ　II-(467 4064)
マクワウリ　I-(518 2016), 519 2017
マコモ　I-242 912
マコモ属　I-242
マゴヤシ　I-389 1499
マサキ　I-526 2048
マサキノカズラ　II-(263 3246)
マシケゲンゲ　I-396 1525
マスクサ　I-189 700, 215 804
マスクサスゲ　I-215 804, (217 810)
マスクメロン　I-518 2015, (518 2016), (519 2017)
マズマシノ　I-244 920
マダイオウ　II-111 2639
マダケ　I-243 914
マダケ属　I-243
マタジイ　I-506 1968
マタタビ　II-202 3001
マタタビ科　II-201
マタタビ属　II-201
マタデ　II-114 2649
マチン　II-255 3213
マチン科　II-255
マチン属　II-255
マツ　I-(135 482)
マツ科　I-15
マツカサススキ　I-199 739
マツカゼソウ　II-55 2415
マツカゼソウ属　II-55
マツグミ　II-106 2619
マツグミ科　II-106
マツグミ属　II-106
マツ属　I-20
マツナ　I-157 2823
マツナ属　II-157
マツノキハダ　II-203 3007
マツノハマンネングサ　I-368 1413
マツバイ　I-202 752
マツバウド　I-(160 582)
マツバウミジグサ　I-82 270
マツバウンラン　II-301 3397
マツバウンラン属　II-301
マツバカンザシ　II-107 2624
マツバギク　II-158 2828
マツバギク属　II-158
マツバシバ属　I-270
マツバスゲ　I-212 791
マツハダ　II-210 3036
マツバナデシコ　I-572 2229

マツバニンジン　I-572 2229
マツバボタン　II-162 2843
マツブサ　I-33 74
マツブサ科　I-33
マツブサ属　I-33
マツマエスゲ　I-(232 871)
マツムシソウ　II-489 4150
マツムシソウ属　II-489
マツムシソウ目　II-484
マツムラソウ　II-297 3383
マツムラソウ属　II-297
マツモ　I-296 1126
マツモ科　I-296
マツ目　I-15
マツモ属　I-296
マツモト　II-143 2766
マツモトセンノウ　II-143 2766
マツモ目　I-296
マツユキソウ属　I-151
マツヨイグサ　II-31 2318
マツヨイグサ属　II-31
マツヨイセンノウ　II-141 2759
マツラニッケイ　I-50 141
マツラン　I-135 482
マツリカ　II-294 3370
マテチャ　II-374 3692
マテバシイ　I-506 1968
マトリカリア　II-(431 3919)
マニホット　I-537 2092
マニラアサ　I-175 642
マネキグサ　II-329 3509
マネキグサ属　II-329
マネキシンジュガヤ　I-210 783
ママコナ　II-357 3622
ママコナ属　II-357
ママコノシリヌグイ　II-121 2677
ママッコ　II-368 3668
マムシグサ　I-(65 202), 65 203, (65 204)
マメアサガオ　II-274 3292
マメ科　II-(276 3298)；I-378
マメガキ　II-178 2905
マメグミ　I-477 1851
マメグンバイナズナ　II-83 2525
マメグンバイナズナ属　II-83
マメザクラ　I-(424 1640), 428 1653, (428 1655)
マメシオギク　II-(429 3911)
マメスゲ　II-226 846
マメダオシ　II-276 3298
マメチャ　I-(380 1463)
マメヅタラン　I-132 470
マメヅタラン属　I-132
マメナシ　I-439 1699

マメブシ　II-37 2344
マメ目　I-378
マメラン　I-132 470
マヤブシキ　II-20 2276
マヤラン　I-133 473
マユミ　I-525 2042
マラコイデス　II-(184 2930)
マルキンカン　II-63 2447
マルスグリ　I-353 1355
マルスゲ　I-198 735
マルバアオダモ　II-288 3345
マルバアカザ　II-155 2813
マルバアサガオ　II-273 3287
マルバイスノキ　I-351 1346
マルバイワシモツケ　I-433 1676
マルバウツギ　II-166 2860
マルバエゾニュウ　II-527 4302
マルバオモダカ　I-70 224
マルバオモダカ属　I-70
マルバカエデ　II-50 2396
マルバカシグサ　II-24 2289
マルバギシギシ　II-112 2641
マルバキンレイカ　II-491 4157
マルバグミ　I-479 1858
マルバクワガタ　II-307 3423
マルバケスミレ　I-561 2188
マルバゴマギ　II-(486 4138)
マルバコンロンソウ　II-94 2569
マルバサツキ　II-210 3035
マルバサンキライ　I-95 322
マルバシマザクラ　II-(232 3121)
マルバシモツケ　I-434 1678, (434 1679)
マルバシャリンバイ　I-444 1720
マルバスミレ　I-567 2209, 567 2210
マルバダケブキ　II-445 3973
マルバタバコ　II-286 3340
マルバチシャノキ　II-265 3254
マルバツユクサ　I-172 629
マルバテイショウソウ　II-387 3744
マルバトウキ　II-520 4276
マルバトウキ属　II-520
マルバニッケイ　I-50 143
マルバヌスビトハギ　I-397 1530
マルバノイチヤクソウ　II-227 3104
マルバノキ　I-349 1338
マルバノキ属　I-349

マルバノサワトウガラシ　Ⅱ－303　3405
マルバノチョウリョウソウ　Ⅱ－(445　3973)
マルバノニンジン　Ⅱ－377　3703
マルバノホロシ　Ⅱ－282　3324
マルバハギ　Ⅰ－401　1548
マルバハンノキ　Ⅰ－513　1996
マルバフユイチゴ　Ⅰ－450　1743
マルバマンサク　Ⅱ－349　1340
マルバマンネングサ　Ⅰ－366　1405
マルバミヤコアザミ　Ⅱ－(463　4046)
マルバヤナギ　Ⅰ－550　2143, 554　2160
マルバヤナギザクラ　Ⅰ－(431　1667)
マルバヤハズソウ　Ⅰ－403　1555
マルバルコウソウ　Ⅱ－274　3290
マルバルリミノキ　Ⅰ－237　3141
マルブシュカン　Ⅱ－63　2445,　(63　2446)
マルミキンカン　Ⅱ－63　2447
マルミスブタ　Ⅰ－71　228
マルミノウルシ　Ⅰ－539　2100
マルミノギンリョウソウ　Ⅱ－(229　3112)
マルミノヤマゴボウ　Ⅱ－159　2832
マルメロ　Ⅰ－437　1691
マルメロ属　Ⅰ－437
マロニエ　Ⅱ－41　2359
マンゴウ　Ⅱ－38　2348
マンゴー　Ⅱ－38　2348
マンゴー属　Ⅱ－38
マンゴスチン　Ⅰ－573　2233
マンサク　Ⅰ－349　1339
マンサク科　Ⅰ－349
マンサク属　Ⅰ－349
マンサクヒャクニチソウ　Ⅱ－423　3885
マンシュウイラン　Ⅱ－(472　4084)
マンシュウボダイジュ　Ⅱ－75　2496
マンジュギク属　Ⅱ－424
マンジュシャゲ　Ⅰ－150　543
マンダラゲ　Ⅱ－(285　3336)
マンテマ　Ⅱ－139　2752
マンテマ属　Ⅱ－139
マンテマン　Ⅱ－(139　2752)
マンネングサ　Ⅰ－(364　1398)
マンネングサ属　Ⅰ－363

マンネンラン　Ⅰ－155　564
マンネンロウ　Ⅱ－(320　3475)
マンネンロウ属　Ⅱ－320
マンリョウ　Ⅱ－(57　2422), 191　2958
マンルソウ　Ⅱ－320　3475

ミ

ミカイドウ　Ⅰ－440　1703
ミガエリスゲ　Ⅰ－212　792
ミカエリソウ　Ⅱ－341　3559
ミカヅキイトモ　Ⅰ－78　253
ミカヅキグサ　Ⅰ－208　773
ミカヅキグサ属　Ⅰ－208
ミカワシンジュガヤ　Ⅰ－210　784
ミカワスブタ　Ⅰ－72　230
ミカワマツムシソウ　Ⅱ－(489　4151)
ミカン　Ⅱ－(60　2434)
ミカン科　Ⅱ－52
ミカンソウ科　Ⅰ－544
ミカン属　Ⅱ－58
ミギワガラシ　Ⅱ－90　2556
ミクリ　Ⅰ－179　659
ミクリスゲ　Ⅰ－240　901
ミクリゼキショウ　Ⅰ－187　689
ミクリ属　Ⅰ－179
ミコシガヤ　Ⅰ－213　795
ミコシグサ　Ⅱ－15　2253
ミサオノキ　Ⅱ－234　3130
ミサオノキ属　Ⅱ－234
ミサキノハナ　Ⅰ－76　248
ミシマサイコ　Ⅱ－514　4250
ミジンコウキクサ　Ⅰ－58　175
ミジンコウキクサ属　Ⅰ－58
ミズ　Ⅰ－494　1920, 496　1926
ミズアオイ　Ⅰ－173　634
ミズアオイ科　Ⅰ－173
ミズアオイ属　Ⅰ－173
ミズアザミ　Ⅱ－454　4012
ミズイチョウ　Ⅰ－385　3735
ミズイモ　Ⅰ－(59　179)
ミズオオバコ　Ⅰ－71　226
ミズオオバコ属　Ⅰ－71
ミズオトギリ　Ⅰ－577　2252
ミズオトギリ属　Ⅰ－577
ミズガヤツリ　Ⅰ－193　715
ミズガラシ　Ⅱ－90　2555
ミズガンピ　Ⅱ－25　2294
ミズガンピ属　Ⅱ－25
ミズキ　Ⅱ－163　2848
ミズキ科　Ⅱ－163
ミズキカシグサ　Ⅱ－23　2285
ミズギク　Ⅱ－412　3842
ミズキ属　Ⅱ－163
ミズギボウシ　Ⅰ－158　575

ミズキ目　Ⅱ－163
ミズキンバイ　Ⅱ－28　2305
ミスズ　Ⅰ－246　928
ミズスギナ　Ⅰ－23　2286
ミズ属　Ⅰ－494
ミズタガラシ　Ⅱ－92　2563
ミズタビラコ　Ⅱ－270　3276
ミズタマソウ　Ⅰ－181　666；Ⅱ－29　2312
ミズタマソウ属　Ⅱ－29
ミズチドリ　Ⅰ－112　391
ミズトラノオ　Ⅱ－186　2939, 341　3558
ミズトンボ　Ⅰ－111　388
ミズトンボ属　Ⅰ－111
ミズナ　Ⅰ－496　1926
ミズナラ　Ⅰ－(355　1362), 502　1951; Ⅱ－(105　2614), (107　2621)
ミズネコノオ　Ⅱ－341　3557
ミズハコベ　Ⅱ－312　3441
ミズバショウ　Ⅰ－57　170
ミズバショウ属　Ⅰ－57
ミズハナビ　Ⅰ－191　708
ミズヒキ　Ⅱ－121　2680
ミズヒキモ　Ⅰ－79　258
ミズビワソウ　Ⅱ－297　3381
ミズビワソウ属　Ⅱ－297
ミズブキ　Ⅰ－32　72
ミズマツバ　Ⅱ－23　2287
ミスミソウ　Ⅰ－332　1270
ミズメ　Ⅰ－512　1990
ミズモラン　Ⅰ－114　397
ミズユキノシタ　Ⅱ－29　2309
ミセバヤ　Ⅰ－369　1418
ミゾイチゴツナギ　Ⅰ－265　1003
ミゾカクシ　Ⅱ－383　3727
ミゾカクシ属　Ⅱ－383
ミゾガワソウ　Ⅱ－325　3493
ミゾコウジュ　Ⅱ－330　3515
ミゾサデクサ　Ⅰ－119　2670
ミゾソバ　Ⅱ－118　2668, (119　2669)
ミソナオシ　Ⅰ－399　1538
ミソナオシ属　Ⅰ－399
ミソノシオギク　Ⅱ－429　3911
ミソハギ　Ⅱ－22　2281
ミソハギ科　Ⅱ－20
ミソハギ属　Ⅱ－22
ミゾハコベ　Ⅰ－547　2132
ミゾハコベ科　Ⅰ－547
ミゾハコベ属　Ⅰ－547
ミゾホオズキ　Ⅱ－350　3594
ミゾホオズキ属　Ⅱ－350
ミタケスゲ　Ⅰ－239　899
ミチシバ　Ⅰ－249　939, 271　1027, 291　1108

ミチノクエンゴサク Ⅰ-*301* 1145
ミチノクコザクラ Ⅱ-*180* 2915
ミチノクサイシン Ⅰ-*38* 94
ミチノクナシ Ⅰ-*438* 1695
ミチノクヤマタバコ Ⅱ-(*445* 3976)
ミチバタガラシ Ⅱ-*91* 2558
ミチヤナギ Ⅱ-*112* 2643
ミチヤナギ属 Ⅱ-*112*
ミツガシワ Ⅱ-*384* 3732
ミツガシワ科 Ⅱ-*384*
ミツガシワ属 Ⅱ-*384*
ミツデカエデ Ⅰ-*51* 2397
ミツナガシワ Ⅱ-(*509* 4230)
ミツバ Ⅱ-*518* 4268
ミツバアケビ Ⅰ-(*303* 1156), *304* 1157
ミツバウツギ Ⅱ-*37* 2341
ミツバウツギ科 Ⅱ-*37*
ミツバウツギ属 Ⅱ-*37*
ミツバウツギ目 Ⅱ-*37*
ミツバオウレン Ⅰ-*311* 1187
ミツバカイドウ Ⅰ-*440* 1701
ミツバグサ Ⅱ-*516* 4259
ミツバグサ属 Ⅱ-*516*
ミツバコンロンソウ Ⅱ-*94* 2572
ミツバゼリ Ⅰ-*518* 4268
ミツバ属 Ⅱ-*518*
ミツバツチグリ Ⅰ-*472* 1829
ミツバツツジ Ⅱ-*212* 3041
ミツバテンナンショウ Ⅰ-*62* 190
ミツバノバイカオウレン Ⅰ-*312* 1191
ミツバフウチョウソウ Ⅱ-*82* 2524
ミツバフウチョウソウ属 Ⅱ-*82*
ミツバフウロ Ⅱ-*15* 2255
ミツバベンケイソウ Ⅰ-*371* 1425
ミツマタ Ⅱ-*80* 2516
ミツマタ属 Ⅱ-*80*
ミツモトソウ Ⅰ-*472* 1831
ミドリハコベ Ⅰ-*129* 2709
ミナヅキ Ⅱ-(*171* 2880)
ミナトカラスムギ Ⅰ-*257* 970
ミナモトソウ Ⅰ-*472* 1831
ミネカエデ Ⅱ-*46* 2377
ミネガラシ Ⅰ-*93* 2565
ミネザクラ Ⅰ-*427* 1651, (*427* 1652)
ミネズオウ Ⅱ-*217* 3063
ミネズオウ属 Ⅱ-*217*
ミネバリ Ⅰ-*515* 2001
ミネハリイ Ⅰ-*197* 729

ミネヤナギ Ⅰ-*554* 2159
ミノコバイモ Ⅰ-*96* 328
ミノゴメ Ⅰ-*250* 941, *267* 1009
ミノスゲ Ⅰ-*239* 897
ミノボロ Ⅰ-*258* 974
ミノボロスゲ Ⅰ-*213* 796
ミノボロ属 Ⅰ-*258*
ミバショウ Ⅰ-*175* 641
ミハライタドリ Ⅰ-*123* 2687
ミブヨモギ Ⅱ-*438* 3945
ミマワシトウガラシ Ⅱ-(*285* 3335)
ミカキグサ Ⅱ-*361* 3638
ミミガタテンナンショウ Ⅰ-*64* 198
ミミコウモリ Ⅱ-*447* 3982
ミミズノマクラ Ⅱ-*197* 2981
ミミズバイ Ⅱ-*197* 2981
ミミズベリ Ⅱ-(*197* 2981)
ミミズリバ Ⅱ-(*197* 2981)
ミミナグサ Ⅱ-*133* 2725
ミミナグサ属 Ⅱ-*133*
ミムラサキ Ⅱ-*344* 3571
ミヤギノハギ Ⅰ-*400* 1543
ミヤコアオイ Ⅰ-*40* 103
ミヤコアザミ Ⅰ-*463* 4046
ミヤコイバラ Ⅰ-*468* 1814
ミヤコグサ Ⅰ-*390* 1503
ミヤコグサ属 Ⅰ-*390*
ミヤコザサ Ⅰ-*246* 926
ミヤコジマツヅラフジ Ⅰ-*305* 1162
ミヤコジマツヅラフジ属 Ⅰ-*305*
ミヤコジマニシキソウ Ⅰ-*542* 2110
ミヤコワスレ Ⅱ-(*402* 3801)
ミヤベイタヤ Ⅱ-(*49* 2391)
ミヤマアオダモ Ⅱ-*289* 3349
ミヤマアカバナ Ⅱ-*27* 2301
ミヤマアキノノゲシ Ⅱ-*474* 4091
ミヤマアケボノソウ Ⅱ-*252* 3203
ミヤマアシボソスゲ Ⅰ-*222* 830
ミヤマアズマギク Ⅱ-*404* 3810
ミヤマアブラススキ Ⅰ-(*286* 1086)
ミヤマアワガエリ Ⅰ-*264* 998
ミヤマイ Ⅰ-*183* 675
ミヤマイチゴ Ⅰ-*456* 1768
ミヤマイヌザクラ Ⅰ-(*430* 1663)
ミヤマイボタ Ⅱ-*291* 3358, (*291* 3359)
ミヤマイラクサ Ⅰ-*494* 1917

ミヤマイワニガナ Ⅱ-(*478* 4105)
ミヤマウイキョウ Ⅱ-(*522* 4281)
ミヤマウグイスカグラ Ⅱ-*496* 4177
ミヤマウコギ Ⅱ-*506* 4220
ミヤマウスユキソウ Ⅱ-*407* 3822
ミヤマウズラ Ⅰ-*124* 440
ミヤマウド Ⅱ-*510* 4236
ミヤマウメモドキ Ⅱ-*374* 3690
ミヤマウラジロイチゴ Ⅰ-*456* 1765
ミヤマエンレイソウ Ⅰ-*92* 311
ミヤマオダマキ Ⅰ-*317* 1210
ミヤマオトギリ Ⅰ-*575* 2244
ミヤマオトコヨモギ Ⅱ-*436* 3938
ミヤマカタバミ Ⅰ-*531* 2067
ミヤマガマズミ Ⅱ-*486* 4137
ミヤマカラマツ Ⅰ-*326* 1248
ミヤマカワラハンノキ Ⅰ-*514* 1999
ミヤマカンスゲ Ⅰ-*230* 862
ミヤマキケマン Ⅰ-*303* 1153
ミヤマキタアザミ Ⅱ-*463* 4047
ミヤマキランソウ Ⅱ-*328* 3508
ミヤマキリシマ Ⅱ-(*208* 3028), *209* 3031
ミヤマキンバイ Ⅰ-*471* 1827
ミヤマキンポウゲ Ⅰ-*335* 1283
ミヤマクマヤナギ Ⅰ-*481* 1865
ミヤマクルマバナ Ⅱ-*335* 3534
ミヤマクロスゲ Ⅰ-*222* 829
ミヤマクワガタ Ⅱ-*310* 3434
ミヤマコウゾリナ Ⅱ-*472* 4082
ミヤマコウボウ Ⅰ-*255* 963
ミヤマコウモリソウ Ⅱ-*447* 3984
ミヤマコゴメグサ Ⅱ-(*354* 3609), (*354* 3610)
ミヤマコナスビ Ⅱ-*187* 2943
ミヤマコメススキ Ⅰ-(*268* 1014)
ミヤマコンギク Ⅱ-*399* 3791
ミヤマザクラ Ⅰ-*429* 1659
ミヤマシオガマ Ⅱ-*355* 3616
ミヤマシキミ Ⅱ-*57* 2422, (*57* 2423), (*57* 2424)
ミヤマシキミ属 Ⅱ-*57*
ミヤマシグレ Ⅱ-*487* 4143
ミヤマシャジン Ⅱ-*380* 3714

ミヤマジュズスゲ Ⅰ-236 885	ミヤマハハソ Ⅰ-343 1313	ムカゴトンボ属 Ⅰ-111
ミヤマシラスゲ Ⅰ-236 887	ミヤマハンショウヅル Ⅰ-341 1306	ムカゴニンジン Ⅱ-517 4263
ミヤマスズメノヒエ Ⅰ-188 695	ミヤマハンノキ Ⅰ-514 2000; Ⅱ-(352 3601)	ムカゴニンジン属 Ⅱ-517
ミヤマスミレ Ⅰ-564 2197	ミヤマヒゴタイ Ⅱ-464 4051	ムカゴユキノシタ Ⅰ-360 1381
ミヤマセンキュウ Ⅱ-529 4309	ミヤマヒナホシクサ Ⅰ-181 668	ムカシヨモギ Ⅰ-404 3812
ミヤマセンキュウ属 Ⅱ-529	ミヤマビャクシン Ⅰ-28 55	ムカシヨモギ属 Ⅰ-404
ミヤマゼンコ Ⅱ-528 4307	ミヤマフジキ Ⅰ-384 1480	ムカデラン Ⅰ-134 480
ミヤマセントウソウ Ⅱ-519 4270	ミヤマフタバラン Ⅰ-122 429	ムカデラン属 Ⅰ-134
ミヤマダイコンソウ Ⅰ-460 1784	ミヤマフユイチゴ Ⅰ-451 1747	ムギクサ Ⅰ-252 952
ミヤマタゴボウ Ⅱ-186 2940	ミヤマヘビノボラズ Ⅰ-(307 1170)	ムギグワイ Ⅰ-102 351
ミヤマタニソバ Ⅱ-118 2667	ミヤマホオソ Ⅰ-343 1313	ムギスゲ Ⅰ-(234 878)
ミヤマタニタデ Ⅱ-30 2316	ミヤマホツツジ Ⅱ-203 3008	ムギセンノウ Ⅱ-139 2751
ミヤマタニワタシ Ⅰ-407 1572	ミヤマママタタビ Ⅱ-202 3002	ムギセンノウ属 Ⅱ-139
ミヤマタネツケバナ Ⅱ-93 2565	ミヤマママコナ Ⅱ-(357 3624)	ムギナデシコ Ⅱ-139 2751, 469 4071
ミヤマタムラソウ Ⅱ-(331 3518)	ミヤマママンネングサ Ⅰ-364 1400	ムキミカズラ Ⅰ-488 1895
ミヤマタンポポ Ⅱ-479 4109	ミヤマミズ Ⅰ-495 1922	ムギラン Ⅰ-132 471
ミヤマチドメグサ Ⅱ-504 4212	ミヤマミミナグサ Ⅱ-133 2727	ムギワラギク Ⅱ-411 3837
ミヤマチドリ Ⅰ-113 394	ミヤマムギラン Ⅰ-132 472	ムギワラギク属 Ⅱ-411
ミヤマチャヒキ Ⅰ-249 940	ミヤマムグラ Ⅱ-242 3161	ムク Ⅰ-486 1885
ミヤマツチトリモチ Ⅱ-104 2609	ミヤマムラサキ Ⅱ-268 3265	ムクエノキ Ⅰ-486 1885
ミヤマツメクサ Ⅱ-135 2734	ミヤマムラサキ属 Ⅱ-268	ムクゲ Ⅱ-72 2482
ミヤマトウキ Ⅱ-522 4284	ミヤマメギ Ⅰ-(307 1170)	ムクノキ Ⅰ-486 1885
ミヤマトサミズキ Ⅰ-350 1343	ミヤマモジズリ Ⅰ-110 382	ムクノキ属 Ⅰ-486
ミヤマドジョウツナギ Ⅰ-250 944	ミヤマモジズリ属 Ⅰ-110	ムクロジ Ⅱ-42 2361
ミヤマトベラ Ⅰ-404 1558	ミヤマモミジ Ⅱ-45 2375	ムクロジ科 Ⅱ-41
ミヤマトベラ属 Ⅰ-404	ミヤマモミジイチゴ Ⅰ-455 1762	ムクロジ属 Ⅱ-42
ミヤマトリカブト Ⅰ-323 1235	ミヤマヤナギ Ⅰ-554 2159	ムクロジ目 Ⅱ-38
ミヤマナデシコ Ⅱ-146 2779	ミヤマヤブタバコ Ⅱ-413 3848	ムクロモチ Ⅰ-(276 1047)
ミヤマナミキ Ⅱ-323 3487	ミヤマヨメナ Ⅱ-402 3801	ムコギ Ⅱ-(507 4221)
ミヤマナルコスゲ Ⅰ-220 824	ミヤマリンドウ Ⅱ-248 3188, (249 3189)	ムコナ Ⅱ-(397 3784)
ミヤマナルコユリ Ⅰ-165 601	ミヤマレンゲ Ⅰ-46 125	ムサシアブミ Ⅰ-62 189
ミヤマニガイチゴ Ⅰ-454 1760	ミョウガ Ⅰ-177 650; Ⅱ-(352 3603)	ムサシモ Ⅰ-74 239
ミヤマニガウリ Ⅰ-517 2009	ミョウギシャジン Ⅱ-(380 3713)	ムシカリ Ⅱ-487 4144
ミヤマニガウリ属 Ⅰ-517	ミラ Ⅰ-(147 530)	ムシクサ Ⅱ-307 3422
ミヤマニワトコ Ⅰ-(484 4130)	ミルナ Ⅱ-158 2826	ムシヅル Ⅱ-299 3391
ミヤマニンジン Ⅱ-528 4306	ミルマツナ Ⅱ-158 2825	ムシトリグサ Ⅰ-(67 212)
ミヤマヌカボ Ⅰ-261 986	ミント Ⅱ-(337 3542)	ムシトリスミレ Ⅱ-359 3632
ミヤマヌカボシソウ Ⅰ-(189 699)		ムシトリスミレ属 Ⅱ-359
ミヤマネコノメソウ Ⅰ-361 1387	**ム**	ムシトリナデシコ Ⅱ-140 2756
ミヤマネズ Ⅰ-27 52	ムカゴイラクサ Ⅰ-493 1916	ムジナモ Ⅱ-127 2701
ミヤマノガリヤス Ⅰ-260 982	ムカゴイラクサ属 Ⅰ-493	ムジナモ属 Ⅱ-127
ミヤマハコベ Ⅱ-129 2711	ムカゴソウ Ⅰ-110 383	ムシャリンドウ Ⅱ-324 3492
ミヤマハシカンボク Ⅱ-35 2334	ムカゴソウ属 Ⅰ-110	ムシャリンドウ属 Ⅱ-324
ミヤマハシカンボク属 Ⅱ-35	ムカゴツヅリ Ⅰ-266 1006	ムスカリ属 Ⅰ-155
ミヤマハタザオ Ⅱ-99 2590	ムカゴトラノオ Ⅱ-125 2695	ムツオレグサ Ⅰ-250 941
ミヤマハナシノブ Ⅱ-174 2891	ムカゴトンボ Ⅰ-111 385	ムツバアオイ Ⅱ-244 3172
		ムニンアオガンピ Ⅱ-80 2515
		ムニンイヌグス Ⅰ-(51 146)
		ムニンイヌツゲ Ⅱ-373 3687
		ムニンゴシュユ Ⅱ-54 2411
		ムニンタイトゴメ Ⅰ-365 1403
		ムニンノキ Ⅱ-177 2903
		ムニンボタン Ⅱ-36 2338
		ムニンハツバキ Ⅱ-548 2133
		ムニンハナガサノキ Ⅱ-235 3136

ムニンハマウド Ⅱ-526 4299
ムニンヒメツバキ Ⅰ-195 2974
ムニンビャクダン Ⅱ-106 2618
ムニンフトモモ Ⅱ-32 2324
ムニンフトモモ属 Ⅱ-32
ムニンモチ Ⅱ-371 3677
ムニンヤツデ Ⅱ-506 4217
ムヒョウソウ属 Ⅱ-156
ムベ Ⅰ-304 1158
ムベ属 Ⅰ-304
ムヨウラン Ⅰ-116 405
ムヨウラン属 Ⅰ-116
ムラサキ Ⅱ-269 3271
ムラサキイリス Ⅰ-(141 505)
ムラサキウマゴヤシ Ⅰ-390 1502
ムラサキエノコロ Ⅰ-272 1030
ムラサキエンレイソウ Ⅰ-(92 311)
ムラサキオモト Ⅰ-171 628
ムラサキ科 Ⅱ-264
ムラサキカタバミ Ⅰ-532 2069
ムラサキキリシマ Ⅱ-(208 3028)
ムラサキクララ Ⅰ-383 1476
ムラサキケマン Ⅰ-300 1143
ムラサキサギゴケ Ⅱ-349 3590
ムラサキサフラン Ⅰ-142 511
ムラサキシキブ Ⅱ-344 3571, (344 3572), (345 3573), (345 3576)
ムラサキシキブ属 Ⅱ-344
ムラサキシマヒゲシバ Ⅰ-294 1117
ムラサキスズメノオゴケ Ⅱ-257 3221
ムラサキセンダイハギ Ⅰ-386 1485
ムラサキセンブリ Ⅱ-253 3208
ムラサキ属 Ⅱ-269
ムラサキタンポポ Ⅱ-388 3746
ムラサキツメクサ Ⅰ-388 1496
ムラサキツユクサ Ⅰ-171 626
ムラサキツユクサ属 Ⅰ-171
ムラサキツリバナ Ⅰ-524 2037
ムラサキツリフネ Ⅰ-173 2886
ムラサキトウガラシ Ⅱ-(285 3335)
ムラサキニガナ Ⅱ-475 4094
ムラサキニガナ属 Ⅱ-475
ムラサキハシドイ Ⅱ-290 3353
ムラサキビユ Ⅱ-(150 2793)
ムラサキヘイシソウ Ⅱ-201 2998
ムラサキベンケイソウ Ⅰ-370 1422
ムラサキベンケイソウ属 Ⅰ-369
ムラサキマユミ Ⅰ-524 2040
ムラサキミズトラノオ Ⅱ-341 3558
ムラサキミノ Ⅱ-(209 3029)
ムラサキミミカキグサ Ⅱ-361 3639
ムラサキ目 Ⅱ-264
ムラサキモメンヅル Ⅰ-393 1516
ムラサキヤシオツツジ Ⅱ-213 3047
ムラサキリュウキュウツツジ Ⅱ-208 3026
ムラダチ Ⅰ-55 162
ムレスズメ Ⅰ-393 1514
ムレスズメ属 Ⅰ-393
ムレナデシコ Ⅰ-147 2783
ムロウテンナンショウ Ⅰ-66 208
ムロノキ Ⅰ-(26 48)

メ

メアカ Ⅰ-(59 179)
メアカンキンバイ Ⅰ-474 1837
メアカンキンバイ属 Ⅰ-474
メイゲツカエデ Ⅱ-44 2370
メイゲツソウ Ⅱ-(123 2686)
メイジソウ Ⅱ-(406 3819)
メウリノキ Ⅱ-46 2380
メース Ⅰ-(44 117)
メオトバナ Ⅰ-493 4165
メガルカヤ Ⅰ-281 1067
メガルカヤ属 Ⅰ-281
メギ Ⅰ-307 1169
メギ科 Ⅰ-306
メキシコヒマワリ Ⅱ-(420 3873)
メキシコマンネングサ Ⅰ-364 1397
メギ属 Ⅰ-307
メキャベツ Ⅱ-88 2548
メグサ Ⅱ-337 3542
メグスリノキ Ⅱ-51 2398
メクラフジ Ⅰ-393 1513
メゴザサ Ⅰ-244 918
メザマシグサ Ⅰ-(285 1082)
メシバ Ⅰ-274 1038
メジロザクラ Ⅰ-428 1656
メジロホオズキ Ⅱ-280 3315
メジロホオズキ属 Ⅱ-280
メセン属 Ⅱ-158
メタカラコウ Ⅱ-445 3975
メタカラコウ属 Ⅱ-444
メダケ Ⅰ-244 919
メダケ属 Ⅰ-244
メダラ Ⅱ-(510 4234)
メックバネウツギ Ⅱ-(494 4170)
メドチバナ Ⅱ-(179 2910)
メドハギ Ⅰ-403 1553
メドラー Ⅰ-(446 1726)
メナモミ Ⅱ-418 3865
メナモミ属 Ⅱ-418
メノマンネングサ Ⅰ-364 1399, (364 1400)
メハジキ Ⅱ-329 3512
メハジキ属 Ⅱ-329
メハリノキ Ⅰ-514 1998
メハリブキ Ⅱ-(508 4227)
メビシ Ⅱ-21 2279
メヒシバ Ⅰ-274 1038
メヒシバ属 Ⅰ-274
メヒルギ Ⅰ-534 2078
メヒルギ属 Ⅰ-534
メボタンヅル Ⅰ-339 1299
メマツ Ⅰ-20 23
メマツヨイグサ Ⅱ-31 2319
メヤブマオ Ⅰ-498 1933
メリケンカルカヤ Ⅰ-281 1068
メリケンカルカヤ属 Ⅰ-281

モ

モイワシャジン Ⅱ-380 3716
モイワナズナ Ⅱ-95 2575
モウズイカ属 Ⅱ-313
モウセンゴケ Ⅱ-127 2702, (127 2704)
モウセンゴケ科 Ⅱ-127
モウセンゴケ属 Ⅱ-127
モウソウチク Ⅰ-243 916
モエギスゲ Ⅰ-226 848
モガシ Ⅰ-532 2072
モクゲンジ Ⅱ-42 2362
モクゲンジ属 Ⅱ-42
モクシュク Ⅰ-390 1502
モクシュンギク Ⅱ-431 3917
モクシュンギク属 Ⅱ-431
モクセイ科 Ⅱ-287
モクセイソウ Ⅱ-81 2519
モクセイソウ科 Ⅱ-81
モクセイソウ属 Ⅱ-81
モクセイ属 Ⅱ-292
モクタチバナ Ⅱ-191 2960
モクビャッコウ Ⅱ-433 3927
モクベンケイ Ⅱ-(312 3443)
モクマオ Ⅰ-499 1940
モクマオウ科 Ⅰ-508
モクマオウ属 Ⅰ-508
モクレイシ Ⅰ-527 2052

モクレイシ属 Ⅰ-527	モモ Ⅰ-421 1627, (421 1628)	ヤエヤマヤシ Ⅰ-168 615
モクレン Ⅰ-44 118, (44 119)	モモイロタンポポ Ⅱ-(481 4118)	ヤエヤマヤシ属 Ⅰ-168
モクレン科 Ⅰ-44		ヤオヤボウフウ Ⅱ-529 4312
モクレンゲ Ⅰ-44 118	モモ属 Ⅰ-421	ヤガミスゲ Ⅰ-214 800
モクレン属 Ⅰ-44	モモタマナ Ⅱ-20 2273	ヤガラ Ⅰ-199 737
モクレン目 Ⅰ-44	モモタマナ属 Ⅱ-20	ヤキバザサ Ⅰ-246 925
モケ Ⅰ-438 1693	モモノハギキョウ Ⅱ-377 3702	ヤキモチカズラ Ⅰ-(306 1165)
モシオグサ Ⅰ-76 247, 77 249	モヤシ Ⅰ-(390 1502)	ヤクソウ Ⅱ-482 4121, (482 4122)
モジズリ Ⅰ-123 433	モヨウビユ Ⅱ-152 2802	ヤクシマカラスザンショウ Ⅱ-53 2407
モダマ Ⅰ-382 1472	モリアザミ Ⅱ-457 4022	
モダマ属 Ⅰ-382	モリイチゴ Ⅰ-475 1842	ヤクシマコムラサキ Ⅱ-346 3577
モチガシワ Ⅰ-503 1954	モリイバラ Ⅰ-468 1815	
モチキビ Ⅰ-(275 1041)	モリカ Ⅱ-(294 3370)	ヤクシマサルスベリ Ⅱ-25 2293
モチグサ Ⅱ-433 3928	モルセラ Ⅱ-344 3569	
モチツツジ Ⅱ-(207 3022), 207 3023, (208 3025), (208 3026)	モロコシ Ⅰ-280 1063	ヤクシマシャクナゲ Ⅱ-215 3054
	モロコシガヤ Ⅰ-280 1062	ヤクシマツチトリモチ Ⅱ-104 2610
	モロコシキビ Ⅰ-280 1063	
モチノキ Ⅱ-(105 2613), 369 3670	モロコシソウ Ⅱ-188 2946	ヤクシマノダケ Ⅱ-524 4289
	モロコシ属 Ⅰ-280	ヤクシマリンドウ Ⅱ-248 3185
モチノキ科 Ⅱ-369	モンカタバミ Ⅰ-532 2071	ヤクシワダン Ⅱ-482 4122
モチノキ属 Ⅱ-369	モンカラクサ Ⅱ-272 3281	ヤクタネゴヨウ Ⅰ-22 29
モチノキ目 Ⅱ-368	モンステラ Ⅰ-(59 177)	ヤクモソウ Ⅱ-329 3512
モッコウバラ Ⅰ-465 1803	モンチソウ Ⅱ-161 2838	ヤグルマカエデ Ⅱ-48 2388
モッコク Ⅱ-176 2897	モンツキシバ Ⅱ-372 3683	ヤグルマギク Ⅱ-467 4063
モッコク科 Ⅱ-176	モンテンジクアオイ Ⅱ-19 2270	ヤグルマギク属 Ⅱ-467
モッコク属 Ⅱ-176		ヤグルマセンノウ Ⅱ-144 2772
モナルダ Ⅱ-333 3528	モンテンボク Ⅱ-72 2483	
モミ Ⅰ-18 13;Ⅱ-(105 2615), (106 2619)	モントブレチア Ⅰ-(143 513)	ヤグルマソウ Ⅱ-356 1368; Ⅱ-467 4063
	モンパノキ Ⅱ-267 3262	
モミジ Ⅱ-(43 2366)		ヤグルマソウ属 Ⅰ-356
モミジアオイ Ⅱ-73 2486	**ヤ**	ヤグルマハッカ属 Ⅱ-333
モミジイチゴ Ⅰ-453 1753	ヤイトバナ Ⅰ-237 3142	ヤシ Ⅰ-167 611
モミジウリノキ Ⅱ-165 2856	ヤエオグルマ Ⅱ-(411 3840)	ヤシ科 Ⅰ-166
モミジガサ Ⅱ-449 3990	ヤエガワカンバ Ⅰ-511 1988	ヤジナ Ⅰ-484 1879
モミジカラマツ Ⅰ-332 1272	ヤエキバナシャクナゲ Ⅱ-(216 3057)	ヤジノ Ⅰ-247 929
モミジカラマツ属 Ⅰ-332		ヤシ目 Ⅰ-166
モミジコウモリ Ⅱ-(449 3990), 449 3991	ヤエキリシマ Ⅱ-209 3029	ヤシャビシャク Ⅰ-355 1362
	ヤエザキリョクガクバイ Ⅰ-(423 1633)	ヤシャブシ Ⅰ-515 2001
モミジショウマ Ⅰ-(332 1272)		ヤダケ Ⅰ-247 929
モミジソウ Ⅱ-(449 3990)	ヤエムグラ Ⅱ-240 3154	ヤダケ属 Ⅰ-247
モミジタブキ Ⅱ-447 3984	ヤエムグラ属 Ⅱ-239	ヤチイチゴ Ⅰ-449 1740
モミジドコロ Ⅰ-87 291	ヤエヤマアオキ Ⅱ-235 3134	ヤチイヌツゲ Ⅱ-373 3686
モミジハグマ Ⅱ-386 3737	ヤエヤマアオキ属 Ⅱ-235	ヤチカワズスゲ Ⅰ-215 801
モミジハグマ属 Ⅱ-386	ヤエヤマキツネノボタン Ⅰ-(336 1285)	ヤチサンゴ Ⅱ-157 2822
モミジバスズカケノキ Ⅰ-(344 1318), 344 1319		ヤチシャジン Ⅱ-381 3717
	ヤエヤマクロバイ Ⅱ-(197 2984)	ヤチスゲ Ⅰ-233 873
モミジバセンダイソウ Ⅰ-358 1375		ヤチダモ Ⅱ-288 3348
	ヤエヤマスミレ Ⅰ-566 2205	ヤチツツジ Ⅱ-221 3080
モミジバダイモンジソウ Ⅰ-358 1374	ヤエヤマチャノキ Ⅱ-265 3255	ヤチツツジ属 Ⅱ-221
		ヤチトリカブト Ⅰ-323 1234
モミジバタテヤマギク Ⅱ-(400 3794)	ヤエヤマノボタン Ⅱ-35 2336	ヤチヤナギ Ⅰ-507 1971
	ヤエヤマハマナツメ Ⅰ-479 1860	ヤチヤナギ属 Ⅰ-507
モミジバフウ Ⅰ-348 1336		ヤチヨ Ⅰ-108 376
モミジラン Ⅰ-(128 454)	ヤエヤマハマナツメ属 Ⅰ-479	ヤチラン Ⅰ-125 443
モミ属 Ⅰ-18	ヤエヤマヒルギ Ⅰ-534 2079	ヤツガシラ Ⅰ-(59 179)
モムノキ Ⅰ-(18 13)	ヤエヤマブキ Ⅰ-(432 1669)	
モメンヅル Ⅰ-393 1515		

ヤツガタケキンポウゲ Ⅰ-333 1275
ヤツガタケタンポポ Ⅱ-478 4108
ヤツガタケトウヒ Ⅰ-16 7
ヤツガタケナズナ Ⅱ-97 2581
ヤッコササゲ Ⅰ-(415 1601)
ヤッコソウ Ⅱ-203 3005
ヤッコソウ科 Ⅱ-203
ヤッコソウ属 Ⅱ-203
ヤツシロソウ Ⅱ-376 3698
ヤツシロラン Ⅰ-119 420
ヤツデ Ⅱ-505 4216
ヤツデ属 Ⅱ-505
ヤツブサ Ⅱ-284 3332
ヤツブサウメ Ⅰ-422 1631
ヤドリギ Ⅱ-105 2614
ヤドリギ属 Ⅱ-105
ヤナギアカバナ Ⅱ-26 2297
ヤナギアザミ Ⅱ-457 4023
ヤナギイチゴ Ⅰ-500 1944
ヤナギイチゴ属 Ⅰ-500
ヤナギイノコヅチ Ⅱ-149 2790
ヤナギイボタ Ⅱ-292 3362
ヤナギ科 Ⅰ-549
ヤナギザクラ属 Ⅰ-431
ヤナギスブタ Ⅰ-72 229
ヤナギソウ Ⅱ-27 2304
ヤナギ属 Ⅰ-550
ヤナギタウコギ Ⅱ-417 3864
ヤナギタデ Ⅱ-114 2649,(114 2650),(114 2651)
ヤナギタンポポ Ⅱ-472 4081
ヤナギタンポポ属 Ⅱ-472
ヤナギトラノオ Ⅱ-188 2947
ヤナギニガナ Ⅱ-477 4101
ヤナギヌカボ Ⅱ-116 2657
ヤナギバヒメギク Ⅱ-405 3814
ヤナギバヒメジョオン Ⅱ-405 3815
ヤナギバヒルギ Ⅱ-365 3654
ヤナギバモクマオ Ⅱ-499 1940
ヤナギモ Ⅰ-80 264
ヤナギヨモギ Ⅱ-404 3812
ヤナギラン Ⅱ-27 2304
ヤナギラン属 Ⅱ-27
ヤノネグサ Ⅱ-119 2671
ヤハズアザミ Ⅱ-453 4006
ヤハズアジサイ Ⅱ-171 2879
ヤハズエンドウ Ⅰ-405 1561,(405 1562),(405 1563)
ヤハズカズラ Ⅱ-362 3641
ヤハズカズラ属 Ⅱ-362
ヤハズソウ Ⅰ-403 1554
ヤハズソウ属 Ⅰ-403
ヤハズトウヒレン Ⅱ-465 4055
ヤハズニシキギ Ⅰ-525 2043

ヤハズハハコ Ⅱ-409 3829
ヤハズハンノキ Ⅰ-514 1997
ヤハズヒゴタイ Ⅱ-464 4050
ヤハズマンネングサ Ⅰ-366 1408
ヤバネカズラ Ⅱ-362 3641
ヤバネハハコ Ⅱ-409 3829,(409 3830)
ヤブアザミ Ⅱ-457 4022
ヤブイバラ Ⅰ-468 1813
ヤブウツギ Ⅱ-(501 4198),501 4199
ヤブエンゴサク Ⅰ-301 1146
ヤブガラシ Ⅰ-377 1451
ヤブガラシ属 Ⅰ-377
ヤブカンゾウ Ⅰ-145 521
ヤブケマン Ⅰ-300 1143
ヤブコウジ Ⅱ-190 2955
ヤブコウジ属 Ⅱ-190
ヤブザクラ Ⅰ-428 1655
ヤブサンザシ Ⅰ-354 1360
ヤブジラミ Ⅰ-513 4247
ヤブジラミ属 Ⅰ-513
ヤブスゲ Ⅰ-215 803
ヤブタデ Ⅱ-115 2653
ヤブタバコ Ⅱ-412 3843
ヤブタバコ属 Ⅱ-412
ヤブタビラコ Ⅱ-475 4096,(481 4119)
ヤブタビラコ属 Ⅱ-475
ヤブツバキ Ⅱ-193 2966
ヤブツルアズキ Ⅰ-414 1598
ヤブデマリ Ⅰ-486 4139
ヤブニッケイ Ⅰ-50 141;Ⅱ-(106 2620)
ヤブニンジン Ⅱ-513 4245
ヤブニンジン属 Ⅱ-513
ヤブハギ Ⅰ-397 1532
ヤブヒョウタンボク Ⅱ-(496 4179)
ヤブヘビイチゴ Ⅰ-473 1835
ヤブマオ Ⅰ-497 1932
ヤブマオ属 Ⅰ-497
ヤブマメ Ⅰ-417 1610
ヤブマメ属 Ⅰ-417
ヤブミョウガ Ⅰ-170 624
ヤブミョウガ属 Ⅰ-170
ヤブムグラ Ⅱ-242 3163
ヤブムラサキ Ⅱ-(345 3573),345 3574
ヤブラン Ⅰ-162 590
ヤブラン属 Ⅰ-162
ヤブレガサ Ⅱ-451 3997
ヤブレガサ属 Ⅱ-450
ヤブレガサモドキ Ⅱ-450 3996
ヤマアイ Ⅰ-536 2087

ヤマアイ属 Ⅰ-536
ヤマアサ Ⅱ-72 2484
ヤマアザミ Ⅱ-459 4029
ヤマアジサイ Ⅱ-168 2868
ヤマアゼスゲ Ⅰ-218 813
ヤマアララギ Ⅰ-45 121
ヤマアワ Ⅰ-259 977
ヤマアワ属 Ⅰ-259
ヤマイ Ⅰ-206 765
ヤマイバラ Ⅰ-468 1816
ヤマイワカガミ Ⅱ-199 2992
ヤマウイキョウ Ⅱ-522 4281
ヤマウグイスカグラ Ⅱ-495 4175
ヤマウコギ Ⅱ-507 4224
ヤマウツボ Ⅱ-359 3631
ヤマウツボ属 Ⅱ-359
ヤマウルシ Ⅱ-40 2353
ヤマエンゴサク Ⅰ-301 1146
ヤマエンジュ Ⅰ-384 1479
ヤマオオイトスゲ Ⅰ-228 856
ヤマオダマキ Ⅰ-317 1211
ヤマガキ Ⅱ-(177 2904)
ヤマガシュウ Ⅰ-94 319
ヤマカノコソウ Ⅱ-492 4163
ヤマカモジグサ Ⅰ-251 947
ヤマカモジグサ属 Ⅰ-251
ヤマガラシ Ⅱ-90 2553
ヤマガラシ属 Ⅱ-90
ヤマカリヤス Ⅰ-284 1080
ヤマキキョウ Ⅱ-(249 3190)
ヤマキケマン Ⅰ-302 1152
ヤマキセワタ Ⅱ-329 3509
ヤマクネンボ Ⅱ-188 2946
ヤマグルマ Ⅰ-346 1325
ヤマグルマ科 Ⅰ-346
ヤマグルマ属 Ⅰ-346
ヤマクルマバナ Ⅱ-335 3533
ヤマグルマ目 Ⅰ-346
ヤマグワ Ⅰ-(487 1891);Ⅱ-164 2850
ヤマクワガタ Ⅱ-306 3419
ヤマコウバシ Ⅰ-54 159
ヤマコガメ Ⅱ-256 3218
ヤマゴボウ Ⅱ-159 2831,(466 4059)
ヤマゴボウ科 Ⅱ-159
ヤマゴボウ属 Ⅱ-159
ヤマコンニャク Ⅰ-60 183
ヤマザクラ Ⅰ-425 1642,(426 1648)
ヤマジオウ Ⅱ-328 3508
ヤマジオウギク Ⅱ-406 3820
ヤマジオウ属 Ⅱ-328
ヤマシグレ Ⅱ-(487 4143)
ヤマジスゲ Ⅰ-235 884
ヤマジソ Ⅱ-339 3550

ヤマジノギク Ⅱ-401 3800
ヤマジノホトトギス Ⅰ-103 356
ヤマシバカエデ Ⅱ-50 2395
ヤマシャクヤク Ⅰ-347 1332
ヤマシロギク Ⅱ-398 3786, 399 3790
ヤマスズメノヒエ Ⅰ-(188 693)
ヤマスズメノヤリ Ⅰ-188 693
ヤマゼリ Ⅱ-528 4305
ヤマゼリ属 Ⅱ-528
ヤマタイミンガサ Ⅱ-(450 3994)
ヤマタチバナ Ⅱ-190 2955
ヤマタツナミソウ Ⅱ-321 3478
ヤマタヌキラン Ⅰ-223 835
ヤマタバコ Ⅱ-445 3976
ヤマチドメ Ⅱ-505 4214
ヤマツツジ Ⅱ-(208 3028), 209 3030
ヤマツバキ Ⅱ-193 2966
ヤマテキリスゲ Ⅰ-220 823
ヤマテリハノイバラ Ⅰ-467 1812
ヤマトアオダモ Ⅱ-287 3343
ヤマトイモ Ⅰ-(59 179)
ヤマドウシン Ⅰ-(421 1625)
ヤマドウダン Ⅱ-(220 3074)
ヤマトウバナ Ⅱ-334 3530
ヤマトウミヒルモ Ⅰ-75 244
ヤマトキソウ Ⅰ-115 404
ヤマトキホコリ Ⅰ-496 1927
ヤマトグサ Ⅱ-246 3178
ヤマトグサ属 Ⅱ-246
ヤマトナデシコ Ⅱ-145 2774
ヤマトボシガラ Ⅰ-269 1020
ヤマトミクリ Ⅰ-180 663
ヤマトラノオ Ⅱ-309 3431
ヤマトリカブト Ⅰ-321 1225
ヤマトレンギョウ Ⅱ-289 3351
ヤマナシ Ⅰ-439 1697, (439 1698)
ヤマナシウマノミツバ Ⅱ-512 4241
ヤマナラシ Ⅰ-549 2139
ヤマナラシ属 Ⅰ-549
ヤマナンバンギセル Ⅱ-(352 3604)
ヤマニガナ Ⅱ-474 4090
ヤマニシキギ Ⅰ-525 2042
ヤマニンジン Ⅱ-(530 4315)
ヤマヌカボ Ⅰ-261 987
ヤマネコノメソウ Ⅰ-362 1390
ヤマネコヤナギ Ⅰ-552 2151, (552 2152)
ヤマノイモ Ⅰ-85 281

ヤマノイモ科 Ⅰ-85
ヤマノイモ属 Ⅰ-85
ヤマノイモ目 Ⅰ-83
ヤマノカミノシャクジョウ Ⅰ-(119 417)
ヤマハギ Ⅰ-401 1547
ヤマハコベ Ⅱ-130 2715
ヤマハゼ Ⅱ-39 2351
ヤマハタザオ Ⅱ-97 2583
ヤマハタザオ属 Ⅱ-97
ヤマハッカ Ⅱ-342 3562
ヤマハッカ属 Ⅱ-342
ヤマハナソウ Ⅰ-360 1382
ヤマハハコ Ⅱ-408 3826
ヤマハハコ属 Ⅱ-408
ヤマハンノキ Ⅰ-513 1996
ヤマヒナノウスツボ Ⅱ-313 3447
ヤマヒハツ Ⅰ-544 2118
ヤマヒハツ属 Ⅰ-544
ヤマヒョウタンボク Ⅱ-(498 4186)
ヤマヒヨドリ Ⅱ-392 3762
ヤマビワ Ⅰ-343 1315
ヤマビワソウ Ⅱ-296 3380
ヤマビワソウ属 Ⅱ-296
ヤマブキ Ⅰ-431 1668, (432 1669)
ヤマブキショウマ Ⅰ-432 1672
ヤマブキショウマ属 Ⅰ-432
ヤマブキソウ Ⅰ-298 1134, (298 1135), (298 1136)
ヤマブキソウ属 Ⅰ-298
ヤマブキ属 Ⅰ-431
ヤマブキミカン Ⅱ-61 2438
ヤマフジ Ⅰ-392 1511
ヤマブドウ Ⅰ-375 1442
ヤマフヨウ Ⅰ-(311 1186)
ヤマボウキ Ⅱ-203 3007
ヤマホウコ Ⅱ-(408 3826)
ヤマボウシ Ⅱ-164 2850
ヤマホオズキ Ⅱ-279 3311
ヤマボクチ Ⅱ-(466 4060)
ヤマボクチ属 Ⅱ-466
ヤマホタルブクロ Ⅱ-375 3696
ヤマホトトギス Ⅰ-103 355
ヤマホロシ Ⅱ-282 3322
ヤママルバノホロシ Ⅱ-282 3324
ヤマミカン Ⅰ-487 1890
ヤマミズ Ⅰ-494 1919
ヤマムグラ Ⅱ-242 3162
ヤマモガシ Ⅰ-345 1321
ヤマモガシ科 Ⅰ-345
ヤマモガシ属 Ⅰ-345
ヤマモガシ目 Ⅰ-344
ヤマモミジ Ⅱ-(43 2367), 43 2368

ヤマモモ Ⅰ-507 1970
ヤマモモ科 Ⅰ-507
ヤマモモソウ Ⅱ-22 2283, 29 2310
ヤマモモソウ属 Ⅱ-29
ヤマモモ属 Ⅰ-507
ヤマヤナギ Ⅰ-555 2162
ヤマユリ Ⅰ-100 343, (100 344)
ヤマヨモギ Ⅱ-434 3929
ヤマラッキョウ Ⅰ-148 534
ヤマリンゴ Ⅰ-(441 1708)
ヤマルリソウ Ⅱ-266 3257
ヤマワラ Ⅱ-203 3007
ヤリクサ Ⅰ-(267 1010)
ヤリゲイトウ Ⅱ-(148 2786)
ヤリテンツキ Ⅰ-203 753
ヤロード Ⅱ-264 3251
ヤロード属 Ⅱ-264
ヤワタソウ Ⅰ-360 1384
ヤワタソウ属 Ⅰ-360
ヤワラスゲ Ⅰ-237 891
ヤンバルツルハッカ Ⅱ-324 3491
ヤンバルツルハッカ属 Ⅱ-324
ヤンバルツルマオ Ⅰ-500 1942
ヤンバルツルマオ属 Ⅰ-500
ヤンバルハグロソウ Ⅱ-364 3650
ヤンバルハグロソウ属 Ⅱ-364
ヤンバルハコベ Ⅱ-137 2741
ヤンバルハコベ属 Ⅱ-137
ヤンバルミチヤナギ Ⅱ-112 2644

ユ

ユウガオ Ⅰ-519 2019, (519 2020), (520 2021)
ユウガギク Ⅱ-396 3777, (396 3778)
ユーカリ Ⅱ-33 2326
ユウカリジュ Ⅱ-33 2326
ユーカリノキ属 Ⅱ-33
ユウゲショウ Ⅱ-160 2834
ユウコクラン Ⅰ-126 446
ユウスゲ Ⅰ-145 524
ユウゼンギク Ⅱ-403 3805
ユウバリコザクラ Ⅱ-180 2916
ユウバリソウ Ⅱ-300 3393
ユウバリリンドウ Ⅱ-251 3199
ユーホルビア Ⅰ-541 2107
ユウレイタケ Ⅱ-(229 3112)
ユキアザミ Ⅱ-461 4038
ユキグニミツバツツジ Ⅱ-212 3044
ユキザサ Ⅰ-163 595

ユキツバキ Ⅱ-193 2967
ユキノシタ Ⅰ-357 1371
ユキノシタ科 Ⅰ-355
ユキノシタ属 Ⅰ-357
ユキノシタ目 Ⅰ-347
ユキバヒゴタイ Ⅱ-462 4043
ユキミギク Ⅱ-443 3967
ユキミソウ Ⅱ-330 3515
ユキモチソウ Ⅰ-64 199
ユキヤナギ Ⅰ-436 1687
ユキヨセソウ Ⅱ-340 3556
ユキワリイチゲ Ⅰ-329 1260
ユキワリコザクラ Ⅱ-181 2918
ユキワリソウ Ⅰ-332 1269, 332 1270；Ⅱ-181 2917
ユクノキ Ⅰ-384 1480
ユサン属 Ⅰ-19
ユシノキ Ⅰ-351 1345
ユズ Ⅱ-59 2429
ユスチシア Ⅱ-(364 3652)
ユスノキ Ⅰ-351 1345
ユスラウメ Ⅰ-424 1637
ユズリハ Ⅰ-352 1349
ユズリハ科 Ⅰ-352
ユズリハ属 Ⅰ-352
ユズリハワダン Ⅱ-483 4126,（483 4127）
ユノス Ⅱ-59 2429
ユモトマムシグサ Ⅰ-63 195
ユリアザミ Ⅱ-393 3765
ユリアザミ属 Ⅱ-393
ユリ科 Ⅰ-96
ユリ属 Ⅰ-(97 332), 98
ユリノキ Ⅰ-47 131
ユリノキ属 Ⅰ-47
ユリ目 Ⅰ-90
ユリワサビ Ⅱ-85 2536

ヨ

ヨウカクソウ Ⅱ-82 2522
ヨウシュシモツケ Ⅰ-449 1738
ヨウシュチョウセンアサガオ Ⅱ-286 3337
ヨウシュハクセン Ⅱ-56 2418
ヨウシュボダイジュ Ⅱ-74 2492
ヨウシュヤマゴボウ Ⅱ-159 2830
ヨウラクツツジ Ⅱ-217 3061
ヨウラクホオズキ Ⅱ-279 3309
ヨウラクラン Ⅰ-128 454
ヨウラクラン属 Ⅰ-128
ヨウリ Ⅰ-439 1700
ヨーロッパブドウ Ⅰ-375 1441
ヨグソミネバリ Ⅰ-512 1991
ヨコグラノキ Ⅰ-480 1862

ヨコグラノキ属 Ⅰ-480
ヨコメガシ Ⅰ-504 1959
ヨシ Ⅰ-289 1098
ヨシ属 Ⅰ-289
ヨシタケ Ⅰ-290 1101
ヨシノアザミ Ⅱ-459 4031
ヨシノシズカ Ⅰ-34 77
ヨシノソウ Ⅱ-388 3745
ヨシノユリ Ⅰ-(100 343)
ヨツバシオガマ Ⅱ-356 3618
ヨツバハギ Ⅰ-408 1575
ヨツバハコベ Ⅱ-137 2742, 237 3144
ヨツバヒヨドリ Ⅱ-392 3761
ヨツバムグラ Ⅱ-241 3158
ヨツバユキノシタ Ⅰ-(361 1387)
ヨドガワツツジ Ⅱ-208 3027
ヨブスマソウ Ⅱ-448 3985
ヨメナ Ⅱ-395 3776,（396 3779）
ヨメナノキ Ⅰ-352 1352
ヨモギ Ⅱ-433 3928
ヨモギギク Ⅱ-432 3922
ヨモギギク属 Ⅱ-431
ヨモギ属 Ⅱ-433
ヨモギナ Ⅱ-437 3943
ヨレスギ Ⅰ-29 58
ヨロイグサ Ⅱ-525 4295
ヨロイドオシ Ⅰ-307 1169

ラ

ラークスパー Ⅰ-(318 1213)
ライチ Ⅱ-42 2364
ライマビーン Ⅰ-413 1593
ライマメ Ⅰ-413 1593
ライムギ Ⅰ-253 954
ライムギ属 Ⅰ-253
ライラック Ⅱ-290 3353
ラカンマキ Ⅰ-22 32
ラシャカキグサ Ⅱ-489 4149
ラショウモンカズラ Ⅱ-325 3496
ラショウモンカズラ属 Ⅱ-325
ラセイタソウ Ⅰ-498 1935
ラセンソウ Ⅱ-77 2502
ラセンソウ属 Ⅱ-77
ラッカセイ Ⅰ-(404 1557)
ラッキョウ Ⅰ-148 535
ラッパズイセン Ⅰ-152 552
ラフレシア Ⅰ-535 2081
ラフレシア科 Ⅰ-535
ラフレシア属 Ⅰ-535
ラン科 Ⅰ-106
ランコウハグマ Ⅱ-386 3740
ランシンボク属 Ⅱ-39
ランタナ Ⅱ-367 3661

ランヨウアオイ Ⅰ-38 95

リ

リアトリス Ⅱ-393 3765
リオン Ⅱ-301 3399
リキュウバイ Ⅰ-(431 1667)
リシリオウギ Ⅰ-394 1518
リシリカニツリ Ⅰ-257 972
リシリゲンゲ Ⅰ-395 1524
リシリヒナゲシ Ⅰ-297 1132
リシリビャクシン Ⅰ-(27 52)
リシリリンドウ Ⅱ-248 3187
リボングラス Ⅰ-256 967
リヤハム Ⅰ-(352 1350)
リュウガン Ⅱ-43 2365
リュウガン属 Ⅱ-43
リュウキュウアイ Ⅱ-363 3645
リュウキュウアオキ Ⅱ-236 3137
リュウキュウアマモ Ⅰ-82 269
リュウキュウアワブキ Ⅰ-343 1316
リュウキュウイ Ⅰ-194 718
リュウキュウイチゴ Ⅰ-453 1754
リュウキュウカンナデシコ Ⅱ-（146 2778）
リュウキュウコウガイ Ⅰ-534 2078
リュウキュウコクタン Ⅱ-179 2909
リュウキュウコザクラ Ⅰ-185 2933, 189 2951
リュウキュウコスミレ Ⅰ-568 2214
リュウキュウシュロチク Ⅰ-166 608
リュウキュウスガモ Ⅰ-75 243
リュウキュウスガモ属 Ⅰ-75
リュウキュウスゲ Ⅰ-236 888
リュウキュウタラノキ Ⅱ-(510 4235)
リュウキュウチシャノキ Ⅱ-265 3255
リュウキュウツチトリモチ Ⅱ-104 2612
リュウキュウツツジ Ⅱ-208 3025
リュウキュウツバキ Ⅱ-194 2970
リュウキュウトベラ Ⅱ-502 4202
リュウキュウヌスビトハギ Ⅰ-398 1536
リュウキュウハゼ Ⅱ-39 2350
リュウキュウハナイカダ Ⅱ-

369 3669
リュウキュウバライチゴ Ⅰ-458 1773
リュウキュウハンゲ Ⅰ-67 209
リュウキュウハンゲ属 Ⅰ-67
リュウキュウベンケイ Ⅰ-373 1433
リュウキュウベンケイ属 Ⅰ-373
リュウキュウマメガキ Ⅱ-178 2907
リュウキュウマユミ Ⅰ-526 2047
リュウキュウモチノキ Ⅱ-370 3675
リュウキュウヤナギ Ⅱ-283 3326
リュウキュウヤブラン Ⅰ-162 591
リュウキンカ Ⅰ-313 1193
リュウキンカ属 Ⅰ-312
リュウグウノオトヒメノモトユイノキリハズシ Ⅰ-(77 249)
リュウケツジュ Ⅰ-160 584
リュウケツジュ属 Ⅰ-160
リュウゼツサイ Ⅱ-474 4089
リュウゼツラン Ⅰ-155 564
リュウゼツラン属 Ⅰ-155
リュウノウギク Ⅱ-428 3905
リュウノタマ Ⅱ-283 3327
リュウノヒゲ Ⅰ-163 593
リュウノヒゲモ Ⅰ-81 266
リョウハクトリカブト Ⅰ-322 1230
リョウブ Ⅱ-202 3004
リョウブ科 Ⅱ-202
リョウブ属 Ⅱ-202
リョウリギク Ⅱ-426 3897
リョクガクザクラ Ⅰ-(428 1653)
リョクガクバイ Ⅰ-423 1633
リラ Ⅱ-(290 3353)
リンゴ Ⅰ-(441 1706)
リンゴ属 Ⅰ-440
リンドウ Ⅱ-246 3180
リンドウ科 Ⅱ-246
リンドウ属 Ⅱ-(248 3188), 246
リンドウ目 Ⅱ-230
リンネソウ Ⅱ-493 4165
リンネソウ属 Ⅱ-493
リンボク Ⅰ-430 1664

ル

ルイヨウショウマ Ⅰ-325 1241
ルイヨウショウマ属 Ⅰ-325
ルイヨウボタン Ⅰ-310 1184

ルイヨウボタン属 Ⅰ-310
ルコウソウ Ⅱ-274 3289
ルリイチゲ Ⅰ-329 1260
ルリイチゲソウ Ⅰ-(329 1258), 330 1261
ルリカラクサ属 Ⅱ-272
ルリギク Ⅱ-390 3756
ルリシャクジョウ Ⅰ-84 280
ルリソウ Ⅱ-265 3256, (270 3273)
ルリソウ属 Ⅱ-265
ルリダマノキ Ⅱ-236 3140
ルリチョウチョウ Ⅱ-384 3731
ルリトラノオ Ⅱ-309 3432
ルリハコベ Ⅱ-189 2950
ルリハコベ属 Ⅱ-189
ルリハッカ Ⅱ-317 3462
ルリハッカ属 Ⅱ-317
ルリミズカクシ Ⅱ-384 3731
ルリミノキ Ⅱ-236 3140
ルリミノキ属 Ⅱ-236
ルリムスカリ Ⅰ-155 561
ルリヤナギ Ⅱ-(283 3326)

レ

レイシ Ⅱ-42 2364
レイシ属 Ⅱ-42
レイジンソウ Ⅰ-318 1215
レセダ Ⅱ-(81 2520)
レタス Ⅰ-475 4093
レダマ Ⅰ-387 1491
レダマ属 Ⅰ-387
レッド・カーラント Ⅰ-(354 1357)
レブンコザクラ Ⅱ-181 2919
レブンサイコ Ⅱ-515 4253
レブンスゲ Ⅰ-235 882
レブンソウ Ⅰ-395 1523
レモン Ⅱ-59 2430
レンギョウ Ⅱ-289 3350
レンギョウウツギ Ⅱ-289 3350
レンギョウ属 Ⅱ-289
レンゲイワヤナギ Ⅰ-555 2161
レンゲショウマ Ⅰ-316 1207
レンゲショウマ属 Ⅰ-316
レンゲソウ Ⅰ-394 1520
レンゲツツジ Ⅱ-213 3046
レンプクソウ Ⅱ-484 4129
レンプクソウ科 Ⅱ-484
レンプクソウ属 Ⅱ-(484 4129), 484
レンリソウ Ⅰ-409 1577
レンリソウ属 Ⅰ-409

ロ

ロウバイ Ⅰ-48 136

ロウバイ科 Ⅰ-48
ロウバイ属 Ⅰ-48
ローズマリー Ⅱ-320 3475
ロートコン Ⅱ-(278 3306)
ローマカミツレ Ⅱ-432 3923
ローマカミツレ属 Ⅱ-432
ローマカミルレ Ⅱ-432 3923, (432 3924)
ローレル Ⅰ-55 164
ローレルカズラ Ⅱ-362 3642
ロクオンソウ Ⅱ-257 3223, 257 3224
ロクベンシモツケ Ⅰ-449 1738
ロクロギ Ⅱ-200 2995
ロスマリン Ⅱ-(320 3475)
ロッカクソウ Ⅰ-381 1465
ロベリア Ⅱ-384 3731
ロボケ Ⅰ-(438 1693)

ワ

ワイルド・カーラント Ⅰ-(354 1357)
ワクラハ Ⅱ-225 3093
ワサビ Ⅱ-85 2535
ワサビエ Ⅰ-(276 1047)
ワサビ属 Ⅱ-85
ワサビダイコン Ⅱ-103 2607
ワジュロ Ⅰ-166 605
ワシントンヤシ属 Ⅰ-167
ワスルナグサ Ⅱ-(269 3270)
ワスレグサ Ⅰ-(144 520)
ワスレグサ属 Ⅰ-144
ワスレナグサ Ⅱ-269 3270
ワスレナグサ属 Ⅱ-269
ワセイチゴ Ⅰ-457 1772
ワセオバナ Ⅰ-285 1083
ワタ Ⅱ-74 2490
ワタクヌギ Ⅰ-503 1953
ワタゲカマツカ Ⅰ-(445 1724)
ワタスゲ Ⅰ-196 727
ワタスゲ属 Ⅰ-196
ワタソウ Ⅱ-137 2742
ワタ属 Ⅱ-74
ワダツミノキ Ⅱ-(230 3114)
ワタナ Ⅱ-406 3820
ワタマキ Ⅰ-503 1953
ワダン Ⅱ-(482 4122), 482 4124
ワチガイソウ Ⅱ-137 2743
ワチガイソウ属 Ⅱ-137
ワニグチソウ Ⅰ-165 602
ワラベナカセ Ⅱ-(236 3139)
ワリンゴ Ⅰ-441 1706
ワルナスビ Ⅱ-280 3316
ワレモコウ Ⅰ-462 1791
ワレモコウ属 Ⅰ-462

学 名 索 引 INDEX

〔この索引はⅠ巻およびⅡ巻共通の学名索引である．Ⅰ・Ⅱは掲載巻数，斜体数字は頁，立体数字はその植物の種番号を示し，（ ）を付してあるものは解説文中に出てくる関連植物などである〕

A

Abelia serrata　Ⅱ−*494*　4169
　spathulata var. *sanguinea*
　　Ⅱ−*493*　4167
　−var. *spathulata*　Ⅱ−*493*
　　4166
　−var. *stenophylla*　Ⅱ−*493*
　　4168
　tetrasepala　Ⅱ−*494*　4170
Abelmoschus esculentus　Ⅱ−
　73　2487
　manihot　Ⅱ−*73*　2488
Abies firma　Ⅰ−*18*　13
　homolepis　Ⅰ−*18*　14
　mariesii　Ⅰ−*19*　18
　sachalinensis var. *mayriana*
　　Ⅰ−*18*　16
　−var. *sachalinensis*　Ⅰ−*19*　17
　veitchii　Ⅰ−*18*　15
Abutilon megapotamicum　Ⅱ−
　67　2463
　theophrasti　Ⅱ−*67*　2462
Acacia baileyana　Ⅰ−*379*　1458
　confusa　Ⅰ−*379*　1459
Acalypha australis　Ⅰ−*535*
　2083
　hispida　Ⅰ−*535*　2082
　wilkesiana　Ⅰ−*535*　2084
Acanthus mollis　Ⅱ−*363*　3648
　spinosus　Ⅱ−(*363*　3648)
Acer amoenum var. *amoenum*
　Ⅱ−*44*　2369
　−var. *matsumurae*　Ⅱ−*43*
　　2368
　−var. *matsumurae*
　　'Dissectum'　Ⅱ−*43*　2367
　argutum　Ⅱ−*45*　2375
　australe　Ⅱ−*46*　2379
　buergerianum　Ⅱ−*50*　2394
　capillipes　Ⅱ−*47*　2382
　carpinifolium　Ⅱ−*50*　2395
　cissifolium　Ⅱ−*51*　2397
　crataegifolium　Ⅱ−*46*　2380
　diabolicum　Ⅱ−*49*　2392
　distylum　Ⅱ−*50*　2396
　ginnala var. *aidzuense*　Ⅱ−*48*
　　2385
　insulare　Ⅱ−*47*　2383
　japonicum　Ⅱ−*44*　2370
　−'Aconitifolium'　Ⅱ−*44*　2371
　maximowiczianum　Ⅱ−*51*
　　2398
　micranthum　Ⅱ−*46*　2378
　miyabei　Ⅱ−*49*　2391
　negundo　Ⅱ−*51*　2400
　nipponicum　Ⅱ−*47*　2384
　palmatum　Ⅱ−*43*　2366
　pictum　Ⅱ−*48*　2386
　−subsp. *dissectum* f. *connivens*
　　Ⅱ−(*48*　2387)
　−subsp. *dissectum* f. *dissectum*
　　Ⅱ−*48*　2387
　−subsp. *mayrii*　Ⅱ−*49*　2390
　−subsp. *mono*　Ⅱ−*49*　2389
　−subsp. *pictum* subvar.
　　subtrifidum　Ⅱ−*48*　2388
　pseudoplatanus　Ⅱ−*51*　2399
　pycnanthum　Ⅱ−*50*　2393
　rufinerve　Ⅱ−*47*　2381
　shirasawanum　Ⅱ−*45*　2373
　sieboldianum　Ⅱ−*44*　2372
　tenuifolium　Ⅱ−*45*　2374
　tschonoskii　Ⅱ−*46*　2377
　ukurunduense　Ⅱ−*45*　2376
Achillea alpina subsp. *alpina*
　Ⅱ−*424*　3891
　millefolium　Ⅱ−*425*　3893
　ptarmica subsp. *macrocephala*
　　var. *speciosa*　Ⅱ−*424*　3892
Achlys japonica　Ⅰ−*306*　1168
Achyranthes aspera var. *aspera*
　Ⅱ−*149*　2791
　bidentata var. *japonica*　Ⅱ−
　　149　2789
　−var. *tomentosa*　Ⅱ−*148*
　　2788
　longifolia　Ⅱ−*149*　2790
Acidanthera bicolor var.
　mulieliae　Ⅰ−*144*　517
Acmella oleracea　Ⅱ−*421*　3879
Aconitum chinense　Ⅰ−*321*
　1228
　ciliare　Ⅰ−*319*　1219
　gigas　Ⅰ−*318*　1214
　grossedentatum　Ⅰ−*320*
　　1222
　jaluense subsp. *iwatekense*
　　Ⅰ−*320*　1223
　japonicum subsp. *japonicum*
　　Ⅰ−*321*　1225
　−subsp. *napiforme*　Ⅰ−*321*
　　1227
　−subsp. *subcuneatum*　Ⅰ−*321*
　　1226
　kitadakense　Ⅰ−*324*　1237
　loczyanum　Ⅰ−*318*　1215
　nipponicum subsp.
　micranthum　Ⅰ−*323*　1236
　−subsp. *nipponicum*　Ⅰ−*323*
　　1235
　okuyamae　Ⅰ−*320*　1224
　sachalinense subsp.
　　sachalinense　Ⅰ−*319*　1220
　−subsp. *yezoense*　Ⅰ−*320*
　　1221
　sanyoense　Ⅰ−*319*　1218
　senanense subsp. *paludicola*
　　Ⅰ−*323*　1234
　−subsp. *senanense*　Ⅰ−*323*
　　1233
　yamazakii　Ⅰ−*318*　1216
　yuparense　Ⅰ−*319*　1217
　zigzag subsp. *kishidae*　Ⅰ−
　　322　1232
　−subsp. *komatsui*　Ⅰ−*322*
　　1231
　−subsp. *ryohakuense*　Ⅰ−*322*
　　1230
　−subsp. *zigzag*　Ⅰ−*322*　1229
Aconogonon ajanense　Ⅱ−*124*
　2689
　nakaii　Ⅱ−*124*　2690
　weyrichii var. *alpinum*　Ⅱ−
　　124　2691
　−var. *weyrichii*　Ⅱ−*124*　2692
Acorus calamus　Ⅰ−*56*　166
　gramineus　Ⅰ−*56*　167
Actaea asiatica　Ⅰ−*325*　1241
Actinidia arguta　Ⅱ−*201*　2999
　chinensis var. *deliciosa*　Ⅱ−
　　202　3003
　kolomikta　Ⅱ−*202*　3002
　polygama　Ⅱ−*202*　3001
　rufa　Ⅱ−*201*　3000
Actinodaphne acuminata　Ⅰ−
　53　153
Actinostemma tenerum　Ⅰ−
　516　2005
Adenocaulon himalaicum　Ⅱ−
　439　3952
Adenophora divaricata　Ⅱ−*379*
　3711
　hatsushimae　Ⅱ−*378*　3706
　maximowicziana　Ⅱ−*377*
　　3704
　nikoensis var. *nikoensis*　Ⅱ−
　　380　3713
　−var. *nikoensis* f. *nipponica*
　　Ⅱ−*380*　3714
　−var. *petrophila*　Ⅱ−(*380*
　　3713)

−var. teramotoi Ⅱ−380 3715
palustris Ⅱ−381 3717
pereskiifolia Ⅱ−380 3716
remotiflora Ⅱ−379 3712
stricta Ⅱ−377 3703
takedae var. takedae Ⅱ−378 3705
triphylla var. japonica Ⅱ−378 3708
−var. japonica f. violacea Ⅱ−379 3709
−var. puellaris Ⅱ−379 3710
−var. triphylla Ⅱ−378 3707
Adenostemma lavenia Ⅱ−391 3757
Adina pilulifera Ⅱ−232 3124
Adonis aestivalis Ⅱ−338 1294
annua Ⅰ−(338 1294)
ramosa Ⅰ−338 1293
Adoxa moschatellina Ⅱ−484 4129
Aeginetia indica Ⅱ−352 3603
sinensis Ⅱ−352 3604
Aegopodium alpestre Ⅱ−517 4262
Aeschynanthus acuminatus Ⅱ−297 3384
Aeschynomene indica Ⅰ−397 1529
Aesculus hippocastanum Ⅱ−41 2359
turbinata Ⅱ−41 2358
Agastache rugosa Ⅱ−326 3498
Agave americana 'Marginata' Ⅰ−155 564
sisalana Ⅰ−156 565
Ageratum conyzoides Ⅱ−391 3758
Agrimonia nipponica Ⅰ−462 1790
pilosa var. japonica Ⅰ−462 1789
Agrostemma githago Ⅱ−139 2751
Agrostis clavata var. clavata Ⅰ−261 987
−var. nukabo Ⅰ−261 988
flaccida Ⅰ−261 986
gigantea Ⅰ−262 989
scabra Ⅰ−261 985
valvata Ⅰ−262 990
Aidia cochinchinensis Ⅱ−234 3130
Ailanthus altissima Ⅱ−64 2450
Ainsliaea acerifolia var. acerifolia Ⅱ−386 3737
−var. subapoda Ⅱ−386 3738

apiculata Ⅱ−386 3739
cordifolia var. cordifolia Ⅱ−387 3741
−var. maruoi Ⅱ−387 3742
dissecta Ⅱ−386 3740
faurieana Ⅱ−387 3743
fragrans Ⅱ−387 3744
uniflora Ⅱ−388 3745
Aira caryophyllea Ⅰ−263 995
Ajuga ciliata var. villosior Ⅱ−319 3470
decumbens Ⅱ−317 3463
incisa Ⅱ−319 3469
japonica Ⅱ−318 3468
makinoi Ⅱ−318 3467
nipponensis Ⅱ−318 3465
pygmaea Ⅱ−317 3464
shikotanensis Ⅱ−319 3471
yesoensis var. tsukubana Ⅱ−(318 3466)
−var. yesoensis Ⅱ−318 3466
Ajugoides humilis Ⅱ−328 3508
Akebia ×pentaphylla Ⅰ−303 1156
quinata Ⅰ−303 1155
trifoliata Ⅰ−304 1157
Alangium platanifolium var. platanifolium Ⅱ−165 2856
−var. trilobatum Ⅱ−165 2855
premnifolium Ⅱ−166 2857
Albizia julibrissin Ⅰ−379 1460
Alchemilla japonica Ⅰ−476 1845
Alchornea davidii Ⅰ−536 2085
Aldrovanda vesiculosa Ⅱ−127 2701
Aletris foliata Ⅰ−83 276
luteoviridis Ⅰ−83 275
spicata Ⅰ−84 277
Alisma canaliculatum Ⅰ−70 222
plantago-aquatica var. orientale Ⅰ−70 223
Allamanda cathartica Ⅱ−263 3247
Allium cepa Ⅰ−149 538
chinense Ⅰ−148 535
fistulosum Ⅰ−149 537
inutile Ⅰ−146 527
macrostemon Ⅰ−147 529
monanthum Ⅰ−146 528
sativum Ⅰ−148 536
schoenoprasum var. foliosum Ⅰ−147 531
−var. orientale Ⅰ−148 533
−var. schoenoprasum Ⅰ−147 532
thunbergii Ⅰ−148 534
tuberosum Ⅰ−147 530
victorialis subsp. platyphyllum Ⅰ−149 539
Alnus faurieri Ⅰ−514 1999
firma var. firma Ⅰ−515 2001
hirsuta Ⅰ−513 1996
japonica Ⅰ−513 1994
matsumurae Ⅰ−514 1997
pendula Ⅰ−515 2002
serrulatoides Ⅰ−514 1998
sieboldiana Ⅰ−515 2003
trabeculosa Ⅰ−513 1995
viridis subsp. maximowiczii Ⅰ−514 2000
Alocasia odora Ⅰ−59 180
Aloe arborescens Ⅰ−146 526
Alopecurus aequalis var. amurensis Ⅰ−267 1010
japonicus Ⅰ−267 1011
pratensis Ⅰ−267 1012
Aloysia triphylla Ⅱ−367 3662
Alpinia ×formosana Ⅰ−176 646
intermedia Ⅰ−177 649
japonica Ⅰ−176 645
nigra Ⅰ−176 648
zerumbet Ⅰ−176 647
Alternanthera ficoidea var. bettzickiana Ⅱ−152 2802
sessilis Ⅱ−152 2801
Althaea rosea Ⅰ−68 2466
Amana edulis Ⅰ−102 351
erythronioides Ⅰ−102 352
Amaranthus blitum Ⅱ−151 2797
caudatus Ⅱ−150 2794
deflexus Ⅱ−151 2800
hybridus Ⅱ−150 2795
retroflexus Ⅱ−150 2796
spinosus Ⅱ−151 2798
tricolor Ⅱ−149 2792, 150 2793
viridis Ⅱ−151 2799
Amaryllis Ⅰ−(153 554)
Ambrosia artemisiifolia Ⅱ−421 3880
trifida Ⅱ−422 3881
Amelanchier asiatica Ⅰ−444 1718
Amethystea caerulea Ⅱ−317 3462
Amitostigma gracile Ⅰ−109 378
keiskei Ⅰ−108 376
kinoshitae Ⅰ−109 377
Ammannia multiflora Ⅱ−22 2283

Ammobium alatum Ⅱ-*411* 3838
Amorphophallus kiusianus Ⅰ-*60* 183
　konjac Ⅰ-*60* 182
Ampelopsis cantoniensis Ⅰ-*378* 1454
　glandulosa var. *heterophylla* Ⅰ-*377* 1452
　japonica Ⅰ-*378* 1453
Amphicarpaea edgeworthii var. *japonica* Ⅰ-*417* 1610
Amsonia elliptica Ⅱ-*262* 3241
Amygdalus communis Ⅰ-*421* 1626
　persica Ⅰ-*421* 1627, *421* 1628
Anacardium occidentale Ⅱ-*38* 2347
Anagallis arvensis f. *arvensis* Ⅱ-(*189* 2950)
　-f. *coerulea* Ⅱ-*189* 2950
Ananas comosus Ⅰ-*180* 664
Anaphalis alpicola Ⅱ-(*409* 3831)
　lactea Ⅱ-*409* 3831
　margaritacea subsp. *margaritacea* var. *angustifolia* Ⅱ-*408* 3827
　-subsp. *margaritacea* var. *margaritacea* Ⅱ-*408* 3826
　-subsp. *yedoensis* Ⅱ-*408* 3828
　sinica var. *pernivea* Ⅱ-(*409* 3830)
　-var. *sinica* Ⅱ-*409* 3829
　-var. *viscosissima* Ⅱ-*409* 3830
Ancistrocarya japonica Ⅱ-*270* 3274
Andromeda polifolia Ⅱ-*222* 3081
Andropogon virginicus Ⅰ-*281* 1068
Androsace chamaejasme subsp. *capitata* Ⅱ-*185* 2934
　umbellata Ⅱ-*185* 2933
Anemarrhena asphodeloides Ⅰ-*155* 562
Anemone coronaria Ⅰ-*331* 1267
　debilis Ⅰ-*330* 1261
　dichotoma Ⅰ-*331* 1266
　flaccida Ⅰ-*330* 1263
　hupehensis var. *japonica* Ⅰ-*331* 1268
　keiskeana Ⅰ-*329* 1260
　narcissiflora subsp. *nipponica* Ⅰ-*331* 1265

　nikoensis Ⅰ-*329* 1257
　pseudoaltaica Ⅰ-*329* 1258
　raddeana Ⅰ-*329* 1259
　soyensis Ⅰ-*330* 1262
　stolonifera Ⅰ-*330* 1264
Anemonopsis macrophylla Ⅰ-*316* 1207
Anethum graveolens Ⅱ-*520* 4275
Angelica acutiloba subsp. *acutiloba* Ⅱ-*522* 4283
　-subsp. *iwatensis* Ⅰ-*522* 4284
　boninensis Ⅱ-*526* 4299
　cartilaginomarginata Ⅱ-*527* 4304
　dahurica Ⅱ-*525* 4295
　decursiva Ⅱ-*527* 4303
　-f. *albiflorum* Ⅱ-(*527* 4303)
　edulis Ⅱ-*527* 4302
　genuflexa Ⅱ-*527* 4301
　hakonensis Ⅱ-*523* 4286
　inaequalis Ⅱ-*525* 4293
　japonica Ⅱ-*526* 4298
　keiskei Ⅱ-*526* 4300
　longiradiata Ⅱ-*524* 4291
　polymorpha Ⅱ-*524* 4292
　pubescens Ⅱ-*525* 4294
　sachalinensis var. *sachalinensis* Ⅱ-*525* 4296
　saxicola Ⅱ-*523* 4287
　shikokiana Ⅱ-*523* 4288
　sinensis Ⅱ-(*522* 4283)
　stenoloba Ⅱ-*523* 4285
　ubatakensis Ⅱ-*524* 4290
　ursina Ⅱ-*526* 4297
　yakusimensis Ⅱ-*524* 4289
Aniselytron treutleri var. *japonicum* Ⅰ-*266* 1007
Annona cherimola Ⅰ-*48* 134
　muricata Ⅰ-*48* 135
　squamosa Ⅰ-*48* 133
Anodendron affine Ⅱ-*263* 3245
Antennaria dioica Ⅱ-*409* 3832
Anthoxanthum horsfieldii var. *japonicum* Ⅰ-*256* 965
　monticola subsp. *alpinum* Ⅰ-*255* 963
　nitens Ⅰ-*255* 962
　odoratum Ⅰ-*255* 964
Anthriscus sylvestris Ⅱ-*512* 4244
Anthurium scherzerianum Ⅰ-*58* 176
Antidesma japonicum Ⅰ-*544* 2118

Antirrhinum majus Ⅱ-*301* 3398
Aphananthe aspera Ⅰ-*486* 1885
Apios fortunei Ⅰ-*411* 1588
Apium graveolens Ⅱ-*518* 4266
　-var. *rapaceum* Ⅱ-*518* 4267
Apocynum venetum var. *basikurumon* Ⅱ-*262* 3242
Apodicarpum ikenoi Ⅱ-*515* 4254
Aquilegia buergeriana var. *buergeriana* Ⅰ-*317* 1211
　flabellata var. *flabellata* Ⅰ-*317* 1209
　-var. *pumila* Ⅰ-*317* 1210
　vulgaris Ⅰ-*317* 1212
Arabidopsis halleri subsp. *gemmifera* Ⅱ-*99* 2591, *99* 2592
　kamchatica subsp. *kamchatica* Ⅱ-*99* 2590
　-subsp. *kawasakiana* Ⅱ-*100* 2593
　thaliana Ⅱ-*100* 2594
Arabis flagellosa Ⅱ-*99* 2589
　hirsuta Ⅱ-*97* 2583
　serrata var. *japonica* Ⅱ-*98* 2585
　-var. *japonica* f. *grandiflora* Ⅱ-(*98* 2585)
　-var. *serrata* Ⅱ-*97* 2584
　-var. *shikokiana* Ⅱ-*98* 2586
　stelleri var. *japonica* Ⅱ-*98* 2587
　tanakana Ⅱ-*98* 2588
Arachis hypogaea Ⅰ-*404* 1557
Aralia bipinnata Ⅱ-*510* 4235
　cordata Ⅱ-*510* 4233
　elata Ⅱ-*510* 4234
　-f. *subinermis* Ⅱ-(*510* 4234)
　glabra Ⅱ-*510* 4236
　ryukyuensis var. *ryukyuensis* Ⅱ-(*510* 4235)
Arcterica nana Ⅱ-*222* 3084
Arctium lappa Ⅱ-*453* 4005
Arctotis venusta Ⅱ-*394* 3772
Arctous alpina var. *japonica* Ⅱ-*223* 3088
Ardisia crenata Ⅱ-*191* 2958
　crispa Ⅱ-*191* 2959
　japonica Ⅱ-*190* 2955
　pusilla Ⅱ-*190* 2956
　sieboldii Ⅱ-*191* 2960
　walkeri Ⅱ-*191* 2957
Areca catechu Ⅰ-*169* 617

Arenaria katoana Ⅱ−*136* 2738
　lateriflora Ⅱ−*136* 2740
　merckioides var. *chokaiensis* Ⅱ−*136* 2737
　serpyllifolia Ⅱ−*135* 2736
　trinervia Ⅱ−*136* 2739
Argemone mexicana Ⅰ−*296* 1128
Argyranthemum frutescens Ⅱ−*431* 3917
Argyroxiphium sandwicense Ⅱ−*423* 3886
Aria alnifolia Ⅰ−*442* 1709
　japonica Ⅰ−*442* 1710
Arisaema aequinoctiale Ⅰ−*64* 197
　cucullatum Ⅰ−*63* 193
　heterocephalum subsp.
　　heterocephalum Ⅰ−*60* 184
　　heterophyllum Ⅰ−*61* 186
　ishizuchiense Ⅰ−*63* 194
　iyoanum subsp. *iyoanum* Ⅰ−*66* 206
　japonicum Ⅰ−*65* 203
　kiushianum Ⅰ−*61* 188
　limbatum Ⅰ−*64* 198
　longipedunculatum Ⅰ−*62* 192
　maximowiczii Ⅰ−*66* 207
　monophyllum Ⅰ−*66* 205
　negishii Ⅰ−*61* 185
　nikoense subsp. *nikoense* Ⅰ−*63* 195
　ogatae Ⅰ−*63* 196
　ovale Ⅰ−*62* 191
　ringens Ⅰ−*62* 189
　sazensoo Ⅰ−*64* 200
　serratum Ⅰ−*65* 202
　sikokianum Ⅰ−*64* 199
　takedae Ⅰ−*65* 204
　ternatipartitum Ⅰ−*62* 190
　thunbergii subsp. *thunbergii* Ⅰ−(*61* 187)
　−subsp. *urashima* Ⅰ−*61* 187
　tosaense Ⅰ−*65* 201
　yamatense subsp. *yamatense* Ⅰ−*66* 208
Aristida takeoi Ⅰ−*270* 1024
Aristolochia debilis Ⅰ−*43* 114
　kaempferi Ⅰ−*43* 115
　shimadai Ⅰ−*43* 116
Armeniaca × 'Bungo' Ⅰ−*423* 1634
　mume Ⅰ−*422* 1630
　−'Microcarpa' Ⅰ−*422* 1632
　−'Pleiocarpa' Ⅰ−*422* 1631
　−'Viridicalyx' Ⅰ−*423* 1633
　vulgaris var. *ansu* Ⅰ−*422* 1629
Armeria maritima Ⅱ−*107* 2624
Armoracia rusticana Ⅱ−*103* 2607
Arnica mallotopus Ⅱ−*440* 3956
　montana Ⅱ−*440* 3955
　sachalinensis Ⅱ−*440* 3954
　unalaschcensis var. *tschonoskyi* Ⅱ−*440* 3953
　−var. *unalaschcensis* Ⅱ−(*440* 3953)
Arrhenatherum elatius Ⅰ−*258* 973
Artemisia absinthium Ⅱ−*437* 3944
　annua Ⅱ−*439* 3950
　arctica subsp. *sachalinensis* Ⅱ−*436* 3940
　capillaris Ⅱ−*438* 3948
　carvifolia Ⅱ−*438* 3947
　chinensis Ⅱ−*433* 3927
　cina Ⅱ−*438* 3946
　fukudo Ⅱ−*439* 3951
　indica var. *maximowiczii* Ⅱ−*433* 3928
　japonica subsp. *japonica* Ⅱ−*434* 3930
　−subsp. *japonica* f. *resedifolia* Ⅱ−*434* 3931
　−subsp. *littoricola* Ⅱ−(*434* 3931)
　keiskeana Ⅱ−*435* 3935
　kitadakensis Ⅱ−*437* 3941
　koidzumii Ⅱ−*435* 3934
　lactiflora Ⅱ−*437* 3943
　lancea Ⅱ−*435* 3936
　maritima Ⅱ−*438* 3945
　monophylla Ⅱ−*436* 3937
　montana Ⅱ−*434* 3929
　pedunculosa Ⅱ−*436* 3938
　schmidtiana Ⅱ−*437* 3942
　scoparia Ⅱ−*439* 3949
　sinanensis Ⅱ−*436* 3939
　stelleriana Ⅱ−*434* 3932
　stolonifera Ⅱ−*435* 3933
Arthraxon hispidus Ⅰ−*279* 1060
Artocarpus heterophyllus Ⅰ−*489* 1899
　incisus Ⅰ−*489* 1898
Aruncus dioicus var. *insularis* Ⅰ−*433* 1673
　−var. *kamtschaticus* Ⅰ−*432* 1672
Arundinella hirta Ⅰ−*279* 1058
Arundo donax Ⅰ−*290* 1101
　−'Versicolor' Ⅰ−*290* 1102
Asarum asaroides Ⅰ−*39* 100
　asperum Ⅰ−*40* 103
　blumei Ⅰ−*38* 95
　caudigerum Ⅰ−*42* 112
　caulescens Ⅰ−*43* 113
　curvistigma Ⅰ−*39* 99
　dimidiatum Ⅰ−*42* 111
　dissitum Ⅰ−*41* 108
　fauriei var. *fauriei* Ⅰ−*38* 94
　fudsinoi Ⅰ−*38* 96
　heterotropoides Ⅰ−*42* 110
　hexalobum var. *hexalobum* Ⅰ−*40* 104
　−var. *perfectum* Ⅰ−*41* 105
　kiusianum Ⅰ−*37* 90
　megacalyx Ⅰ−*38* 93
　minamitanianum Ⅰ−*41* 107
　muramatsui Ⅰ−*39* 98
　nipponicum var. *nipponicum* Ⅰ−*36* 88
　rigescens var. *rigescens* Ⅰ−*37* 89
　sakawanum Ⅰ−*41* 106
　satsumense Ⅰ−*40* 101
　savatieri subsp.
　　pseudosavatieri Ⅰ−(*37* 92)
　−subsp. *savatieri* Ⅰ−*37* 92
　sieboldii Ⅰ−*42* 109
　takaoi Ⅰ−*37* 91
　tamaense Ⅰ−*39* 97
　unzen Ⅰ−*40* 102
Asclepias curassavica Ⅱ−*260* 3235
　syriaca Ⅱ−*260* 3236
Asimina triloba Ⅰ−*47* 132
Asparagus cochinchinensis var. *cochinchinensis* Ⅰ−*159* 579
　−var. *pygmaeus* Ⅰ−*159* 580
　officinalis Ⅰ−*160* 582
　schoberioides Ⅰ−*160* 581
Aspidistra elatior Ⅰ−*161* 587
Aster ageratoides var. *ageratoides* Ⅱ−*398* 3786
　−var. *intermedius* Ⅱ−(*398* 3786)
　asagrayi Ⅱ−*401* 3797
　dimorphophyllus Ⅱ−*400* 3794
　glehnii Ⅱ−*398* 3785
　hispidus var. *hispidus* Ⅱ−*401* 3800
　−var. *insularis* Ⅱ−(*401* 3800)
　iinumae Ⅱ−*396* 3777
　−f. *discoidea* Ⅱ−*396* 3778
　−f. *hortensis* Ⅱ−(*396* 3778)
　indicus Ⅱ−(*395* 3776)
　kantoensis Ⅱ−*401* 3799
　komonoensis Ⅱ−*397* 3781

maackii Ⅱ-400 3793
microcephalus var. *ovatus* Ⅱ-398 3787
　-var. *ovatus* 'Hortensis' Ⅱ-398 3788
　-var. *ripensis* Ⅱ-399 3789
miquelianus Ⅱ-396 3780
pseudoasagrayi Ⅱ-401 3798
robustus Ⅱ-396 3779
rugulosus Ⅱ-397 3782
savatieri var. *pygmaeus* Ⅱ-402 3802
　-var. *savatieri* Ⅱ-402 3801
scaber Ⅱ-397 3784
semiamplexicaulis Ⅱ-399 3790
sohayakiensis Ⅱ-397 3783
spathulifolius Ⅱ-400 3796
tataricus Ⅱ-399 3792
tenuipes Ⅱ-400 3795
verticillatus Ⅱ-395 3775
viscidulus Ⅱ-399 3791
yomena Ⅱ-395 3776
Astilbe japonica Ⅰ-356 1367
　microphylla Ⅰ-355 1363
　odontophylla Ⅰ-356 1365
　simplicifolia Ⅰ-356 1366
　thunbergii var. *thunbergii* Ⅰ-355 1364
Astragalus frigidus subsp. *parviflorus* Ⅰ-394 1518
　laxmannii var. *adsurgens* Ⅰ-393 1516
　reflexistipulus Ⅰ-393 1515
　shinanensis Ⅰ-394 1517
　shiroumensis Ⅰ-394 1519
　sinicus Ⅰ-394 1520
Asyneuma japonicum Ⅱ-381 3719
Atractylodes ovata Ⅱ-468 4067
Atriplex patens Ⅱ-156 2817
　prostrata Ⅱ-156 2818
　subcordata Ⅱ-155 2816
Aucuba japonica var. *japonica* Ⅱ-230 3115
Avena barbata Ⅰ-257 970
　fatua Ⅰ-256 968
　sativa Ⅰ-257 969
Avenella flexuosa Ⅰ-263 994
Avicennia marina Ⅱ-365 3654

B

Balanophora fungosa subsp. *fungosa* Ⅱ-104 2612
　japonica Ⅱ-103 2608
　nipponica Ⅱ-104 2609
　tobiracola Ⅱ-104 2611
　yakushimensis Ⅱ-104 2610
Bambusa multiplex Ⅰ-243 913
Banksia serrata Ⅰ-345 1323
Baptisia australis Ⅰ-386 1485
Barbarea orthoceras Ⅱ-90 2553
　vulgaris Ⅱ-90 2554
Barnardia japonica var. *japonica* Ⅰ-154 559
Barringtonia asiatica Ⅱ-175 2894
　racemosa Ⅱ-175 2895
Basella alba Ⅱ-161 2839
Bassia scoparia Ⅱ-156 2820, 157 2821
Bauhinia japonica Ⅰ-382 1471
Beckmannia syzigachne Ⅰ-267 1009
Begonia ×*semperflorens* Ⅰ-523 2034
　grandis Ⅰ-522 2032
　rex Ⅰ-523 2033
Bellis perennis Ⅱ-395 3773
Benincasa hispida Ⅰ-519 2018
Berberis amurensis Ⅰ-307 1172
　fortunei Ⅰ-308 1174
　japonica Ⅰ-308 1173
　sieboldii Ⅰ-307 1171
　thunbergii Ⅰ-307 1169
　tschonoskyana Ⅰ-307 1170
Berchemia lineata Ⅰ-481 1867
　longiracemosa Ⅰ-481 1866
　magna Ⅰ-480 1864
　pauciflora Ⅰ-481 1865
　racemosa Ⅰ-480 1863
Berchemiella berchemiifolia Ⅰ-480 1862
Bergenia stracheyi Ⅰ-360 1383
Berteroella maximowiczii Ⅱ-84 2532
Bertholletia excelsa Ⅱ-175 2896
Beta vulgaris var. *altissima* Ⅱ-153 2806
　-var. *cicla* Ⅱ-153 2805
Betula corylifolia Ⅰ-512 1992
　costata Ⅰ-511 1986
　davurica Ⅰ-511 1988
　ermanii var. *ermanii* Ⅰ-511 1985
　globispica Ⅰ-511 1987
　grossa Ⅰ-512 1990, 512 1991
　maximowicziana Ⅰ-512 1989
　platyphylla var. *japonica* Ⅰ-510 1984
　schmidtii Ⅰ-513 1993
Bidens bipinnata Ⅱ-416 3859
　biternata Ⅱ-416 3858
　cernua Ⅱ-417 3864
　frondosa Ⅱ-417 3863
　maximowicziana Ⅱ-417 3862
　pilosa Ⅱ-416 3860
　-var. *minor* Ⅱ-(416 3860)
　tripartita Ⅱ-417 3861
Bischofia javanica Ⅰ-544 2119
Bistorta hayachinensis Ⅱ-125 2694
　officinalis subsp. *japonica* Ⅱ-125 2693
　suffulta Ⅱ-126 2697
　tenuicaulis var. *tenuicaulis* Ⅱ-125 2696
　vivipara Ⅱ-125 2695
Blastus cochinchinensis Ⅱ-35 2334
Bletilla striata Ⅰ-125 442
Blutaparon wrightii Ⅱ-152 2804
Blyxa aubertii Ⅰ-71 228
　echinosperma Ⅰ-71 227
　japonica Ⅰ-72 229
　leiosperma Ⅰ-72 230
Boehmeria arenicola Ⅰ-498 1934
　biloba Ⅰ-498 1935
　boninensis Ⅰ-(499 1940)
　densiflora Ⅰ-499 1940
　gracilis Ⅰ-499 1938
　japonica var. *longispica* Ⅰ-497 1932
　nivea var. *concolor* Ⅰ-500 1941
　platanifolia Ⅰ-498 1933
　sieboldiana Ⅰ-498 1936
　silvestrii Ⅰ-499 1937
　spicata Ⅰ-499 1939
Boenninghausenia albiflora var. *japonica* Ⅱ-55 2415
Boerhavia glabrata Ⅱ-160 2833
Bolboschoenus fluviatilis subsp. *yagara* Ⅰ-199 737
Boltonia asteroides Ⅱ-403 3808
Borassus flabellifer Ⅱ-(372 3683)
Boschniakia rossica Ⅱ-352 3601
Bothriospermum zeylanicum Ⅱ-268 3266

Boykinia lycoctonifolia I−*361* 1385
Brachyelytrum japonicum I−*248* 933
Brachypodium sylvaticum I−*251* 947
Brasenia schreberi I−*31* 65
Brassavola I−(*131* 468)
Brassica juncea var. *integrifolia* II−*87* 2544
−var. *juncea* II−*87* 2543
oleracea var. *acephala* II−*88* 2546
−var. *botrys* II−*88* 2547
−var. *capitata* II−*88* 2545
−var. *caulorapa* II−*89* 2549
−var. *gemmifera* II−*88* 2548
−var. *italica* II−(*88* 2547)
rapa var. *akana* II−*87* 2541
−var. *glabra* II−*86* 2538
−var. *neosuguki* II−*86* 2540
−var. *nippoleifera* II−(*86* 2537)
−var. *oleifera* II−*86* 2537
−var. *perviridis* II−*87* 2542
−var. *rapa* II−*86* 2539
Bredia hirsuta II−*35* 2335
yaeyamensis II−*35* 2336
Breynia vitis-idaea I−*544* 2120
Briza maxima I−*258* 975
minor I−*258* 976
Bromus catharticus I−*252* 950
japonicus I−*251* 948
remotiflorus I−*252* 949
Broussonetia kaempferi I−*488* 1895
kazinoki I−*488* 1894
papyrifera I−*488* 1896
Brugmansia ×*candida* II−*286* 3338
arborea II−(*286* 3338)
Bruguiera gymnorrhiza I−*534* 2077
Brunfelsia calycina II−*277* 3302
uniflora II−*277* 3301
Bryanthus gmelinii II−*217* 3064
Brylkinia caudata I−*251* 945
Bryophyllum daigremontianum I−*373* 1434
pinnatum I−*373* 1435
Buckleya lanceolata II−*105* 2615
Buddleja curviflora f. *curviflora* II−*314* 3451

−f. *venenifera* II−(*314* 3451)
davidii II−*314* 3452
japonica II−*314* 3450
Bulbophyllum drymoglossum I−*132* 470
inconspicuum I−*132* 471
japonicum I−*132* 472
Bulbostylis barbata I−*206* 767
densa var. *capitata* I−*207* 769
−var. *densa* I−*206* 768
Bupleurum ajanense II−*515* 4253
longiradiatum var. *elatius* II−*514* 4251
nipponicum II−*514* 4252
stenophyllum II−*514* 4250
Burmannia championii I−*84* 278
cryptopetala I−*84* 279
itoana I−*84* 280
Buxus liukiuensis I−*347* 1329
microphylla subsp. *microphylla* var. *japonica* I−*346* 1326
−subsp. *microphylla* var. *kitashimae* I−*346* 1327
−subsp. *microphylla* var. *microphylla* I−*346* 1328

C

Cabomba caroliniana I−*31* 66
Caesalpinia bonduc I−*381* 1467
crista I−*381* 1468
decapetala I−*381* 1466
major I−*382* 1469
sappan I−(*380* 1462)
Caladium bicolor I−*60* 181
Calamagrostis brachytricha I−*259* 979
epigeios I−*259* 977
fauriei I−*260* 983
hakonensis I−*259* 980
longiseta I−*260* 984
pseudophragmites I−*259* 978
purpurea subsp. *langsdorfii* I−*260* 981
sesquiflora I−*260* 982
Calanthe aristulifera I−*129* 458
discolor I−*128* 456
−× *C. striata* I−*129* 457
puberula var. *reflexa* I−*129* 459
tricarinata I−*129* 460
triplicata I−*130* 461

Calceolaria corymbosa II−(*295* 3375)
herbeohybrida II−*295* 3375
Caldesia parnassiifolia I−*70* 224
Calendula arvensis II−*452* 4003
officinalis II−*452* 4004
Callianthemum hondoense I−*328* 1253
kirigishiense I−(*328* 1254)
miyabeanum I−*328* 1254
Callicarpa ×*shirasawana* II−*345* 3573
dichotoma II−*345* 3576
japonica var. *japonica* II−*344* 3571
−var. *luxurians* II−*344* 3572
−var. *luxurians* f. *albifructa* II−(*344* 3572)
kochiana II−*345* 3575
mollis II−*345* 3574
oshimensis var. *okinawensis* II−*346* 3578
parvifolia II−*346* 3580
shikokiana II−*346* 3577
subpubescens II−*346* 3579
Callistemon rigidus II−*33* 2325
Callistephus chinensis II−*395* 3774
Callitriche japonica II−*311* 3440
palustris II−*312* 3441
Calluna vulgaris II−*227* 3101
Calophyllum inophyllum I−*572* 2231
Caltha palustris var. *enkoso* I−*312* 1192
−var. *nipponica* I−*313* 1193
Calycanthus floridus I−*49* 138
Calypso bulbosa var. *speciosa* I−*127* 452
Calystegia hederacea II−*272* 3283
pubescens f. *major* II−*272* 3282
soldanella II−*272* 3284
Camellia japonica II−*193* 2966
lutchuensis II−*194* 2970
reticulata II−*193* 2968
rusticana II−*193* 2967
sasanqua II−*194* 2969
sinensis var. *assamica* II−*193* 2965
−var. *sinensis* II−*192* 2963
−var. *sinensis* f. *macrophylla* II−*192* 2964

Campanula chamissonis Ⅱ–376 3700
　glomerata subsp. *cephalotes* Ⅱ–376 3698
　lasiocarpa Ⅱ–376 3699
　medium Ⅱ–377 3701
　microdonta Ⅱ–376 3697
　persicifolia Ⅱ–377 3702
　punctata var. *hondoensis* Ⅱ–375 3696
　–var. *punctata* Ⅱ–375 3695
Campsis grandiflora Ⅱ–366 3658
Canarium album Ⅱ–38 2346
Canavalia ensiformis Ⅰ–412 1590
　gladiata Ⅰ–412 1589
　lineata Ⅰ–412 1591
Canna ×*generalis* Ⅰ–175 644
　indica Ⅰ–175 643
Cannabis sativa Ⅰ–485 1882
Capillipedium parviflorum Ⅰ–282 1070
Capsella bursa-pastoris Ⅱ–95 2573, 95 2574
Capsicum annuum Ⅱ–284 3331
　–'Angulosum' Ⅱ–285 3333
　–'Celasiforme' Ⅱ–285 3334
　–Fasciculatum Group Ⅱ–284 3332
　–Longum Group Ⅱ–285 3335
Caragana sinica Ⅰ–393 1514
Cardamine anemonoides Ⅱ–94 2572
　appendiculata Ⅱ–94 2571
　dentipetala Ⅱ–93 2568
　impatiens Ⅱ–93 2566
　leucantha Ⅱ–94 2570
　lyrata Ⅱ–92 2563
　nipponica Ⅱ–93 2565
　regeliana Ⅱ–92 2564
　schinziana Ⅱ–93 2567
　scutata Ⅱ–92 2562
　tanakae Ⅱ–94 2569
Cardiandra alternifolia Ⅱ–172 2883
Cardiocrinum cordatum var. *cordatum* Ⅰ–97 331
　–var. *glehnii* Ⅰ–97 332
Cardiospermum halicacabum Ⅱ–41 2360
Carduus crispus Ⅱ–453 4006
Carex ×*leiogona* Ⅰ–219 819
　aequialta Ⅰ–221 825
　alliiformis Ⅰ–236 888
　alopecuroides var. *chlorostachya* Ⅰ–238 894

　angustisquama Ⅰ–223 835
　aphanolepis Ⅰ–238 895
　arenicola Ⅰ–213 793
　augustinowiczii Ⅰ–221 827
　biwensis Ⅰ–212 791
　blepharicarpa Ⅰ–224 840
　bostrychostigma Ⅰ–235 884
　brownii Ⅰ–237 890
　brunnescens Ⅰ–216 808
　canescens Ⅰ–216 807
　capricornis Ⅰ–239 900
　caryophyllea var. *microtricha* Ⅰ–227 850
　cespitosa Ⅰ–217 811
　ciliatomarginata Ⅰ–233 875
　clivorum Ⅰ–228 856
　conica Ⅰ–231 866
　curvicollis Ⅰ–221 828
　daisenensis Ⅰ–230 861
　dickinsii Ⅰ–240 901
　dimorpholepis Ⅰ–220 821
　dispalata Ⅰ–239 897
　dissitiflora Ⅰ–236 885
　doenitzii Ⅰ–223 836
　dolichostachya Ⅰ–(230 862)
　duvaliana Ⅰ–229 859
　fernaldiana Ⅰ–229 858
　fibrillosa Ⅰ–227 852
　filipes var. *filipes* Ⅰ–234 879
　flabellata Ⅰ–220 823
　flavocuspis Ⅰ–222 829
　gibba Ⅰ–215 804
　grallatoria var. *grallatoria* Ⅰ–211 786
　hakkodensis Ⅰ–211 788
　hakonensis Ⅰ–212 790
　heterolepis Ⅰ–218 813
　hondoensis Ⅰ–235 883
　idzuroei Ⅰ–240 902
　incisa Ⅰ–218 815
　insaniae var. *insaniae* Ⅰ–232 869
　–var. *papillaticulmis* Ⅰ–(232 870)
　–var. *subdita* Ⅰ–232 870
　ischnostachya Ⅰ–237 889
　japonica Ⅰ–238 893
　kiotensis Ⅰ–220 822
　kobomugi Ⅰ–214 798
　kujuzana var. *dissitispicula* Ⅰ–234 880
　lanceolata Ⅰ–226 845
　lenta var. *lenta* Ⅰ–225 841
　leucochlora Ⅰ–227 851
　limosa Ⅰ–233 873
　longirostrata var. *longirostrata* Ⅰ–(232 871)
　–var. *tenuistachya* Ⅰ–232 871

　maackii Ⅰ–214 800
　mackenziei Ⅰ–216 805
　macrocephala Ⅰ–214 799
　maculata Ⅰ–235 881
　magellanica subsp. *irrigua* Ⅰ–232 872
　matsumurae Ⅰ–231 868
　maximowiczii Ⅰ–219 817
　mertensii var. *urostachys* Ⅰ–223 833
　meyeriana Ⅰ–221 826
　michauxiana subsp. *asiatica* Ⅰ–239 899
　middendorffii Ⅰ–219 818
　mitrata Ⅰ–226 847
　miyabei Ⅰ–241 906
　mollicula Ⅰ–237 892
　morrowii Ⅰ–230 864
　multifolia Ⅰ–230 862
　nemostachys Ⅰ–238 896
　nervata Ⅰ–227 849
　neurocarpa Ⅰ–213 795
　nubigena subsp. *albata* Ⅰ–213 796
　okuboi Ⅰ–224 837
　olivacea subsp. *confertiflora* Ⅰ–236 887
　omiana var. *monticola* Ⅰ–(215 801)
　–var. *omiana* Ⅰ–215 801
　oshimensis Ⅰ–231 865
　otayae Ⅰ–218 816
　oxyandra Ⅰ–225 844
　pachygyna Ⅰ–233 876
　pallida Ⅰ–213 794
　parciflora var. *macroglossa* Ⅰ–234 878
　–var. *parciflora* Ⅰ–234 877
　pauciflora Ⅰ–212 792
　paxii Ⅰ–214 797
　persistens Ⅰ–239 898
　phacota Ⅰ–219 820
　pisiformis Ⅰ–228 854
　planata Ⅰ–217 810
　podogyna Ⅰ–223 834
　pudica Ⅰ–226 846
　pumila Ⅰ–241 905
　pyrenaica var. *altior* Ⅰ–211 787
　reinii Ⅰ–224 839
　rhizopoda Ⅰ–212 789
　rochebrunei Ⅰ–215 803
　rugata Ⅰ–228 853
　sachalinensis var. *iwakiana* Ⅰ–229 857
　sacrosancta Ⅰ–225 843
　sadoensis Ⅰ–218 814
　satzumensis Ⅰ–236 886
　scabrifolia Ⅰ–240 904

scita var. *scabrinervia* Ⅰ−222 831
−var. *scita* Ⅰ−222 830
−var. *tenuiseta* Ⅰ−222 832
shimidzensis Ⅰ−220 824
siderosticta Ⅰ−233 874
sociata Ⅰ−230 863
stenantha var. *stenantha* Ⅰ−224 838
stenostachys var. *stenostachys* Ⅰ−228 855
stipata Ⅰ−215 802
teinogyna Ⅰ−225 842
tenuiflora Ⅰ−217 809
tenuiformis Ⅰ−235 882
tenuinervis Ⅰ−229 860
thunbergii var. *thunbergii* Ⅰ−217 812
traiziscana Ⅰ−216 806
transversa Ⅰ−237 891
tristachya var. *tristachya* Ⅰ−226 848
vesicaria Ⅰ−240 903
wahuensis var. *bongardii* Ⅰ−231 867
Carica papaya Ⅱ−81 2518
Carpesium abrotanoides Ⅱ−412 3843
cernuum Ⅱ−413 3845
divaricatum var. *divaricatum* Ⅱ−413 3847
−var. *matsuei* Ⅱ−(413 3847)
faberi Ⅱ−414 3849
glossophyllum Ⅱ−413 3846
macrocephalum Ⅱ−412 3844
rosulatum Ⅱ−414 3850
triste Ⅱ−413 3848
Carpinus cordata Ⅰ−509 1979
japonica Ⅰ−509 1978
laxiflora Ⅰ−509 1977
tschonoskii Ⅰ−508 1976
turczaninovii Ⅰ−509 1980
Carthamus tinctorius Ⅱ−468 4066
Caryopteris incana Ⅱ−349 3589
Cassiope lycopodioides Ⅱ−222 3083
Cassytha filiformis Ⅰ−56 165
Castanea crenata Ⅰ−502 1949
Castanopsis cuspidata Ⅰ−506 1966
sieboldii Ⅰ−506 1967
Casuarina equisetifolia Ⅰ−508 1975
Catalpa bignonioides Ⅱ−366 3657
bungei Ⅱ−365 3656
ovata Ⅱ−365 3655
Catharanthus roseus Ⅱ−262 3243
Catolobus pendula Ⅱ−100 2595
Cattleya labiata Ⅰ−131 468
Caulophyllum robustum Ⅰ−310 1184
Cayratia japonica Ⅰ−377 1451
Cedrus deodara Ⅰ−20 22
Ceiba pentandra Ⅱ−66 2460
Celastrus flagellaris Ⅰ−528 2056
  orbiculatus var. *orbiculatus* Ⅰ−528 2053
  punctatus Ⅰ−528 2054
  stephanotifolius Ⅰ−528 2055
Celosia argentea Ⅱ−148 2787
  cristata Ⅱ−148 2786
Celtis jessoensis Ⅰ−486 1887
  sinensis Ⅰ−486 1886
Centaurea cyanus Ⅱ−467 4063
  macrocephala Ⅱ−467 4064
Centella asiatica Ⅱ−511 4239
Centipeda minima Ⅱ−425 3894
Centranthera cochinchinensis var. *lutea* Ⅱ−353 3606
Centranthus macrosiphon Ⅱ−491 4160
  ruber Ⅱ−491 4159
Cephaelis ipecacuanha Ⅱ−246 3177
Cephalanthera erecta var. *erecta* Ⅰ−117 410
  falcata Ⅰ−117 409
  longibracteata Ⅰ−117 412
  longifolia Ⅰ−117 411
Cephalotaxus harringtonia var. *harringtonia* Ⅰ−29 60
  −'Fastigiata' Ⅰ−30 61
Cerastium fischerianum var. *fischerianum* Ⅱ−134 2729
  fontanum subsp. *vulgare* var. *angustifolium* Ⅱ−133 2725
  glomeratum Ⅱ−133 2726
  pauciflorum var. *amurense* Ⅱ−134 2730
  rubescens var. *koreanum* f. *takedae* Ⅱ−133 2728
  schizopetalum Ⅱ−133 2727
Cerasus ×*yedoensis* Ⅰ−426 1647
  'Autumnalis' Ⅰ−425 1641
  apetala var. *pilosa* Ⅰ−429 1657
  −var. *tetsuyae* Ⅰ−428 1656
  hisauchiana Ⅰ−428 1655
  incisa var. *incisa* Ⅰ−428 1653
  −var. *kinkiensis* Ⅰ−428 1654
  jamasakura Ⅰ−425 1642
  leveilleana Ⅰ−425 1643
  maximowiczii Ⅰ−429 1659
  nipponica var. *kurilensis* Ⅰ−427 1652
  −var. *nipponica* Ⅰ−427 1651
  pseudocerasus Ⅰ−429 1658
  sargentii Ⅰ−425 1644
  serrulata Ⅰ−426 1648
  −'Alborosea' Ⅰ−427 1649
  sieboldii Ⅰ−427 1650
  spachiana f. *ascendens* Ⅰ−424 1639
  −f. *spachiana* Ⅰ−424 1638
  speciosa Ⅰ−426 1645
  −f. *semiplena* Ⅰ−426 1646
  subhirtella Ⅰ−424 1640
Ceratophyllum demersum Ⅰ−296 1126
Cercidiphyllum japonicum Ⅰ−351 1347
  magnificum Ⅰ−351 1348
Cercis chinensis Ⅰ−380 1462
Chaenomeles japonica Ⅰ−437 1692
  sinensis Ⅰ−438 1694
  speciosa Ⅰ−438 1693
Chamaecrista nomame Ⅰ−380 1463
Chamaecyparis obtusa Ⅰ−24 40
  −'Breviramea' Ⅰ−25 41
  −'Filicoides' Ⅰ−25 43
  −'Filiformis' Ⅰ−25 44
  −'Lycopodioides' Ⅰ−25 42
  pisifera Ⅰ−26 45
  −'Filifera' Ⅰ−26 46
  −'Plumosa' Ⅰ−26 47
  −'Squarrosa' Ⅰ−26 48
Chamaedaphne calyculata Ⅱ−221 3080
Chamaele decumbens var. *decumbens* Ⅱ−519 4269
  −var. *decumbens* f. *japonica* Ⅱ−519 4270
Chamaemelum nobile Ⅱ−432 3923
Chamaesyce atoto Ⅰ−542 2109
  bifida Ⅰ−542 2110
  hirta Ⅰ−543 2115
  humifusa Ⅰ−542 2111
  maculata Ⅰ−542 2112
  nutans Ⅰ−543 2114
  prostrata Ⅰ−543 2113
  thymifolia Ⅰ−543 2116

Chamerion angustifolium　Ⅱ-27　2304
Cheiranthus cheiri　Ⅱ-101　2599
Chelidonium majus subsp. *asiaticum*　Ⅰ-298　1133
Chelone lyoni　Ⅱ-301　3399
Chelonopsis longipes　Ⅱ-327　3502
　moschata　Ⅱ-327　3501
　yagiharana　Ⅱ-327　3503
Chengiopanax sciadophylloides　Ⅱ-508　4226
Chenopodium acuminatum var. *acuminatum*　Ⅱ-155　2813
　-var. *vachelii*　Ⅱ-154　2812
　album var. *album*　Ⅱ-(153　2807)
　-var. *centrorubrum*　Ⅱ-153　2807
　ficifolium　Ⅱ-154　2809
　glaucum　Ⅱ-154　2810
　gracilispicum　Ⅱ-154　2811
　stenophyllum　Ⅱ-153　2808
Chimaphila japonica　Ⅱ-228　3108
　umbellata　Ⅱ-229　3109
Chimonanthus praecox var. *grandiflorus*　Ⅰ-49　137
　-var. *praecox*　Ⅰ-48　136
Chimonobambusa marmorea　Ⅰ-247　931
　quadrangularis　Ⅰ-247　932
Chionanthus retusus　Ⅱ-290　3354
Chionographis japonica　Ⅰ-91　307
Chloranthus fortunei　Ⅰ-34　78
　japonicus　Ⅰ-34　77
　serratus　Ⅰ-34　79
　spicatus　Ⅰ-34　80
Chloris barbata　Ⅰ-294　1117
Chlorophytum comosum　Ⅰ-155　563
Choerospondias axillaris　Ⅱ-40　2356
Chondradenia fauriei　Ⅰ-107　372
Chrysanthemum ×*marginatum*　Ⅱ-429　3910
　×*shimotomaii*　Ⅱ-426　3899
　indicum var. *indicum*　Ⅱ-426　3900, 427 3901, 427 3902, 427 3903
　japonense　Ⅱ-426　3898
　kinokuniense　Ⅱ-(429　3910)
　makinoi　Ⅱ-428　3905
　morifolium　Ⅱ-425　3895, 425 3896, 426 3897

　-× *C. shiwogiku*　Ⅱ-429　3911
　ornatum　Ⅱ-428　3906
　pacificum　Ⅱ-429　3909
　rupestre　Ⅱ-430　3913
　seticuspe f. *boreale*　Ⅱ-427　3904
　yezoense　Ⅱ-429　3912
　yoshinaganthum　Ⅱ-428　3908
　zawadskii var. *latilobum*　Ⅱ-(428　3907)
　-var. *latilobum* f. *campanulatum*　Ⅱ-428　3907
　-var. *zawadskii*　Ⅱ-(428　3907)
Chrysanthemum. shiwogiku　Ⅱ-(429　3911)
Chrysosplenium album var. *stamineum*　Ⅰ-361　1388
　flagelliferum　Ⅰ-362　1391
　grayanum　Ⅰ-361　1386
　japonicum　Ⅰ-362　1390
　macrostemon var. *macrostemon*　Ⅰ-361　1387
　pilosum var. *sphaerospermum*　Ⅰ-362　1389
Cichorium endivia　Ⅱ-469　4069
　intybus　Ⅱ-469　4070
Cicuta virosa　Ⅱ-515　4255
Cimicifuga biternata　Ⅰ-324　1238
　japonica　Ⅰ-324　1239
　simplex　Ⅰ-324　1240
Cinchona calisaya　Ⅱ-245　3176
Cinna latifolia　Ⅰ-266　1008
Cinnamomum camphora　Ⅰ-49　140
　daphnoides　Ⅰ-50　143
　sieboldii　Ⅰ-50　142
　yabunikkei　Ⅰ-50　141
Circaea alpina　Ⅱ-30　2316
　canadensis subsp. *quadrisulcata*　Ⅱ-30　2315
　cordata　Ⅱ-30　2313
　erubescens　Ⅱ-30　2314
　mollis　Ⅱ-29　2312
Cirsium amplexifolium　Ⅱ-460　4034
　aomorense　Ⅱ-456　4019
　bitchuense　Ⅱ-458　4026
　chokaiense　Ⅱ-457　4021
　comosum var. *incomptum*　Ⅱ-459　4032
　dipsacolepis　Ⅱ-457　4022
　hanamakiense　Ⅱ-460　4033

　heianum　Ⅱ-457　4024
　homolepis　Ⅱ-461　4039
　inundatum　Ⅱ-461　4040
　japonicum　Ⅱ-455　4016
　kagamontanum　Ⅱ-458　4025
　kamtschaticum　Ⅱ-454　4010
　lineare　Ⅱ-457　4023
　maritimum　Ⅱ-455　4015
　matsumurae　Ⅱ-461　4037
　microspicatum var. *kiotoense*　Ⅱ-(458　4028)
　-var. *microspicatum*　Ⅱ-458　4028
　nipponense　Ⅱ-456　4020
　nipponicum var. *nipponicum*　Ⅱ-459　4030
　norikurense　Ⅱ-461　4038
　oligophyllum var. *oligophyllum*　Ⅱ-456　4017, 456 4018
　otayae　Ⅱ-460　4036
　pendulum　Ⅱ-454　4009
　purpuratum　Ⅱ-453　4008
　senjoense　Ⅱ-460　4035
　setosum　Ⅱ-462　4041
　sieboldii　Ⅱ-454　4012
　spicatum　Ⅱ-459　4029
　spinosum　Ⅱ-455　4013
　suffultum　Ⅱ-455　4014
　tenuipedunculatum　Ⅱ-458　4027
　ugoense　Ⅱ-454　4011
　yezoense　Ⅱ-(454　4012)
　yoshinoi　Ⅱ-459　4031
Cistanche salsa　Ⅱ-352　3602
Citrullus colocynthis　Ⅰ-518　2013
　lanatus　Ⅰ-517　2012
Citrus 'Benikoji'　Ⅱ-60　2436
　'Kinokuni'　Ⅱ-60　2433
　'Natsudaidai'　Ⅱ-62　2443
　'Paradisi'　Ⅱ-59　2431
　'Sudachi'　Ⅱ-62　2442
　'Tamurana'　Ⅱ-61　2440
　'Tangerina'　Ⅱ-61　2437
　'Unshiu'　Ⅱ-60　2434
　'Yamabuki'　Ⅱ-61　2438
　aurantium　Ⅱ-58　2428
　depressa　Ⅱ-59　2432
　japonica　Ⅱ-63　2447
　junos　Ⅱ-59　2429
　limon　Ⅱ-59　2430
　margarita　Ⅱ-63　2448
　maxima　Ⅱ-62　2444
　medica　Ⅱ-62　2445
　-'Sarcodactylis'　Ⅱ-63　2446
　nippokoreana　Ⅱ-(60　2435)
　nobilis　Ⅱ-62　2441
　sinensis var. *brasiliensis*　Ⅱ-61　2439

tachibana Ⅱ-60 2435
trifoliata Ⅱ-58 2427
Cladium jamaicense subsp.
　chinense Ⅰ-207 771
Cladopus doianus Ⅰ-573 2234
Cladrastis platycarpa Ⅰ-384
　1479
　sikokiana Ⅰ-384 1480
Claoxylon centinarium Ⅰ-544
　2117
Clarkia amoena Ⅱ-31 2317
Cleisostoma scolopendrifolium
　Ⅰ-134 480
Cleistogenes hackelii Ⅰ-292
　1111
Clematis alpina subsp.
　ochotensis Ⅰ-341 1306
　apiifolia var. *apiifolia* Ⅰ-339
　1297
　-var. *biternata* Ⅰ-339 1298
　chinensis Ⅰ-339 1300
　florida Ⅰ-342 1309
　fusca Ⅰ-341 1307
　japonica Ⅰ-340 1302
　lasiandra Ⅰ-341 1305
　obvallata var. *obvallata* Ⅰ-
　340 1303
　patens Ⅰ-342 1310
　pierotii Ⅰ-339 1299
　stans var. *stans* Ⅰ-341 1308
　terniflora Ⅰ-338 1295
　tosaensis Ⅰ-340 1301
　uncinata var. *ovatifolia* Ⅰ-
　338 1296
　williamsii Ⅰ-340 1304
Clerodendrum japonicum Ⅱ-
　348 3586
　kaempferi Ⅱ-(348 3586)
　thomsoniae Ⅱ-348 3585
　trichotomum var. *fargesii*
　Ⅱ-347 3584
　-var. *trichotomum* Ⅱ-347
　3583
Clethra barbinervis Ⅱ-202
　3004
Cleyera japonica Ⅱ-177 2901
Clinopodium chinense subsp.
　glabrescens Ⅱ-335 3533
　-subsp. *grandiflorum* Ⅱ-
　334 3532
　gracile Ⅱ-334 3529
　macranthum Ⅱ-335 3534
　micranthum var. *micranthum*
　Ⅱ-334 3531
　multicaule Ⅱ-334 3530
Clinostigma savoryanum Ⅰ-
　168 616
Clintonia udensis Ⅰ-103 354
Cnidium japonicum Ⅱ-521
　4278
Cocculus laurifolius Ⅰ-304
　1160
　trilobus Ⅰ-304 1159
Cochlearia officinalis subsp.
　oblongifolia Ⅱ-89 2552
Cocos nucifera Ⅰ-167 611
Codariocalyx microphyllus
　Ⅰ-399 1540
　motorius Ⅰ-400 1541
Codonacanthus pauciflorus
　Ⅱ-365 3653
Codonopsis javanica subsp.
　japonica Ⅱ-382 3724
　lanceolata Ⅱ-382 3722
　ussuriensis Ⅱ-382 3723
Coelachne japonica Ⅰ-290
　1104
Coelopleurum gmelinii Ⅱ-528
　4308
　multisectum Ⅱ-528 4307
Coffea arabica Ⅱ-245 3175
Coix lacryma-jobi var. *lacryma-
　jobi* Ⅰ-288 1094
　-var. *ma-yuen* Ⅰ-288 1095
Colchicum autumnale Ⅰ-93
　314
Colocasia esculenta Ⅰ-59 179
Colubrina asiatica Ⅰ-479
　1860
Comanthosphace stellipila var.
　stellipila Ⅱ-341 3559
　-var. *tosaensis* Ⅱ-341 3560
　sublanceolata Ⅱ-342 3561
Comarum palustre Ⅰ-474
　1839
Comastoma pulmonarium subsp.
　sectum Ⅱ-251 3200
Commelina benghalensis Ⅰ-
　172 629
　communis Ⅰ-172 630
　-'Hortensis' Ⅰ-172 631
Comospermum yedoense Ⅰ-
　160 583
Conandron ramondioides Ⅱ-
　296 3378
Conioselinum chinense Ⅱ-529
　4310
　filicinum Ⅱ-529 4309
Conium maculatum Ⅱ-515
　4256
Convallaria majalis var.
　manshurica Ⅰ-165 603
Convolvulus arvensis Ⅱ-273
　3285
Coptis japonica var. *anemonifolia*
　Ⅰ-312 1189
　-var. *major* Ⅰ-312 1190
　quinquefolia Ⅰ-311 1188
　trifolia Ⅰ-311 1187
　trifoliolata Ⅰ-312 1191
Corchoropsis crenata Ⅱ-77
　2501
Corchorus aestuans Ⅱ-76
　2499
　capsularis Ⅱ-76 2498
　olitorius Ⅱ-76 2500
Cordia dichotoma Ⅱ-264
　3252
Cordyline fruticosa Ⅰ-159
　578
Coreopsis basalis Ⅱ-414 3851
　lanceolata Ⅱ-414 3852
　tinctoria Ⅱ-415 3853
Coriandrum sativum Ⅱ-513
　4248
Coriaria japonica Ⅰ-515 2004
Cornus canadensis Ⅱ-165
　2853
　controversa Ⅱ-163 2848
　florida Ⅱ-164 2851
　kousa subsp. *kousa* Ⅱ-164
　2850
　macrophylla Ⅱ-164 2849
　officinalis Ⅱ-164 2852
　suecica Ⅱ-165 2854
Cortaderia selloana Ⅰ-290
　1103
Cortusa matthioli subsp.
　pekinensis var. *sachalinensis*
　Ⅱ-185 2935
Corydalis balansae Ⅰ-302
　1151
　decumbens Ⅰ-300 1144
　fumariifolia subsp. *azurea*
　Ⅰ-301 1148
　heterocarpa var. *japonica*
　Ⅰ-302 1150
　incisa Ⅰ-300 1143
　lineariloba var. *capillaris* Ⅰ-
　301 1147
　-var. *lineariloba* Ⅰ-301
　1146
　ochotensis Ⅰ-302 1149
　ophiocarpa Ⅰ-302 1152
　orthoceras Ⅰ-301 1145
　pallida Ⅰ-303 1153
　racemosa Ⅰ-300 1142
　speciosa Ⅰ-303 1154
Corylopsis glabrescens Ⅰ-350
　1344
　gotoana Ⅰ-350 1343
　pauciflora Ⅰ-350 1341
　spicata Ⅰ-350 1342
Corylus heterophylla var.
　thunbergii Ⅰ-510 1982
　sieboldiana var. *sieboldiana*
　Ⅰ-510 1983

Cosmos bipinnatus Ⅱ-415 3856
　sulphureus Ⅱ-416 3857
Crassocephalum crepidioides Ⅱ-451 4000
Crataegus chlorosarca Ⅰ-447 1731
　cuneata Ⅰ-447 1730
　laevigata Ⅰ-448 1733
　maximowiczii Ⅰ-447 1732
Crateva formosensis Ⅱ-82 2521
Cremastra appendiculata var. *variabilis* Ⅰ-130 462
　unguiculata Ⅰ-130 463
Crepidiastrum ×*nakaii* Ⅱ-482 4122
　ameristophyllum Ⅱ-483 4126
　chelidoniifolium Ⅱ-481 4120
　denticulatum Ⅱ-482 4121
　-f. *pinnatipartitum* Ⅱ-(482 4121)
　grandicollum Ⅱ-483 4128
　keiskeanum Ⅱ-482 4123
　-f. *pinnatilobum* Ⅱ-(482 4123)
　lanceolatum Ⅱ-483 4125
　linguifolium Ⅱ-483 4127
　platyphyllum Ⅱ-482 4124
Crepis gymnopus Ⅱ-481 4117
　hokkaidoensis Ⅱ-480 4116
　rubra Ⅱ-481 4118
Crinum ×*powellii* Ⅰ-150 542
　asiaticum var. *japonicum* Ⅰ-150 541
　bulbispermum Ⅰ-(150 542)
　latifolium Ⅰ-(150 542)
　moorei Ⅰ-(150 542)
Crocosmia ×*crocosmiiflora* Ⅰ-143 513
　aurea Ⅰ-142 512
　pottsii Ⅰ-(143 513)
Crocus sativus Ⅰ-142 510
　vernus Ⅰ-142 511
Croomia heterosepala Ⅰ-88 294
　japonica Ⅰ-88 295
Crotalaria sessiliflora Ⅰ-386 1488
Croton cascarilloides Ⅰ-537 2090
　tiglium Ⅰ-537 2089
Cryptocarya chinensis Ⅰ-55 163
Cryptomeria japonica var. *japonica* Ⅰ-28 56
　-'Araucarioides' Ⅰ-29 57
　-'Spiralis' Ⅰ-29 58

Cryptotaenia canadensis subsp. *japonica* Ⅱ-518 4268
Cucumis melo var. *conomon* Ⅰ-518 2016
　-var. *makuwa* Ⅰ-519 2017
　-var. *reticulatus* Ⅰ-518 2015
　sativus Ⅰ-518 2014
Cucurbita maxima Ⅰ-521 2028
　moschata var. *meloniformis* Ⅰ-520 2024
　-var. *meloniformis* 'Toonas' Ⅰ-521 2025
　pepo Ⅰ-521 2026
　-'Kintogwa' Ⅰ-521 2027
Cunninghamia lanceolata Ⅰ-29 59
Curculigo orchioides Ⅰ-137 489
Curcuma aromatica Ⅰ-177 652
　longa Ⅰ-178 653
Cuscuta australis Ⅱ-276 3298
　campestris Ⅱ-276 3299
　chinensis Ⅱ-276 3300
　japonica Ⅱ-276 3297
Cycas revoluta Ⅰ-15 1
Cyclamen persicum Ⅱ-189 2952
Cyclea insularis Ⅰ-305 1162
Cyclocodon lancifolius Ⅱ-383 3725
Cydonia oblonga Ⅰ-437 1691
Cymbidium dayanum Ⅰ-133 476
　-var. *austrojaponicum* Ⅰ-(133 476)
　ensifolium Ⅰ-134 477
　goeringii Ⅰ-133 474
　kanran Ⅰ-133 475
　lancifolium Ⅰ-(134 478)
　macrorhizon Ⅰ-133 473
　nagifolium Ⅰ-134 478
Cymbopogon tortilis var. *goeringii* Ⅰ-281 1066
Cymodocea rotundata Ⅰ-81 268
　serrulata Ⅰ-82 269
Cynanchum caudatum Ⅱ-256 3218
　wilfordii Ⅱ-256 3219
Cynara cardunculus Ⅱ-(453 4007)
　scolymus Ⅱ-453 4007
Cynodon dactylon Ⅰ-293 1116
Cynoglossum amabile Ⅱ-266 3260
　asperrimum Ⅱ-266 3259

　furcatum var. *villosulum* Ⅱ-266 3258
Cyperus amuricus Ⅰ-190 701
　brevifolius var. *leiolepis* Ⅰ-194 720
　compressus Ⅰ-191 706
　cyperoides Ⅰ-195 721
　difformis Ⅰ-191 707
　exaltatus var. *iwasakii* Ⅰ-192 712
　flaccidus Ⅰ-192 709
　flavidus Ⅰ-190 704
　glomeratus Ⅰ-192 711
　haspan Ⅰ-191 705
　iria Ⅰ-190 702
　malaccensis subsp. *monophyllus* Ⅰ-194 718
　microiria Ⅰ-189 700
　nipponicus Ⅰ-193 713
　orthostachyus Ⅰ-190 703
　pacificus Ⅰ-(194 719)
　pilosus Ⅰ-192 710
　polystachyos Ⅰ-193 716
　pygmaeus Ⅰ-194 719
　rotundus Ⅰ-194 717
　sanguinolentus Ⅰ-193 714
　serotinus Ⅰ-193 715
　tenuispica Ⅰ-191 708
Cypripedium debile Ⅰ-106 368
　elegans Ⅰ-(106 368)
　guttatum Ⅰ-(106 367)
　japonicum Ⅰ-106 365
　macranthos Ⅰ-106 366
　yatabeanum Ⅰ-106 367
Cyrtandra yaeyamae Ⅱ-297 3381
Cyrtosia septentrionalis Ⅰ-119 417
Cytisus scoparius Ⅰ-387 1492

D

Dactylis glomerata Ⅰ-268 1013
Dactyloctenium aegyptium Ⅰ-293 1113
Dactylorhiza aristata Ⅰ-107 370
　viridis Ⅰ-107 371
Dactylostalix ringens Ⅰ-130 464
Daemonorops margaritae Ⅰ-170 623
Dahlia coccinea Ⅱ-415 3855
　pinnata Ⅱ-415 3854
Dalbergia Ⅰ-(383 1473)
Damnacanthus giganteus Ⅱ-239 3151
　indicus var. *indicus* Ⅱ-239

3149
 −var. *major* Ⅱ−*239* 3150
 macrophyllus Ⅱ−(*239* 3151)
Daphne genkwa Ⅱ−*79* 2509
 jezoensis Ⅱ−*78* 2507
 kiusiana Ⅱ−*78* 2505
 miyabeana Ⅱ−*78* 2508
 odora Ⅱ−*77* 2504
 pseudomezereum Ⅱ−*78* 2506
Daphniphyllum macropodum subsp. *humile* Ⅰ−*352* 1350
 −subsp. *macropodum* Ⅰ−*352* 1349
 teijsmannii Ⅰ−*352* 1351
Dasiphora fruticosa Ⅰ−*473* 1836
Datura metel Ⅱ−*285* 3336
 stramonium Ⅱ−*286* 3337
Daucus carota subsp. *sativus* Ⅱ−*531* 4320
Debregeasia orientalis Ⅰ−*500* 1944
Deinanthe bifida Ⅱ−*172* 2884
Deinostema adenocaulium Ⅱ−*303* 3405
 violaceum Ⅱ−*302* 3403, *302* 3404
Delphinium ajacis Ⅰ−*318* 1213
Dendrobium catenatum Ⅰ−*131* 466
 moniliforme Ⅰ−*131* 465
 nobile Ⅰ−*131* 467
Dendropanax trifidus Ⅱ−*509* 4230
Deschampsia cespitosa subsp. *orientalis* var. *festucifolia* Ⅰ−*268* 1014
Descurainia sophia Ⅱ−*84* 2531
Desmanthus virgatus Ⅰ−*379* 1457
Desmodium heterocarpon Ⅰ−*399* 1539
Deutzia crenata Ⅱ−*166* 2859
 gracilis Ⅱ−*167* 2861
 −f. *nagurae* Ⅱ−*167* 2862
 maximowicziana Ⅱ−*167* 2863
 scabra Ⅱ−*166* 2860
 uniflora Ⅱ−*167* 2864
Dianella ensifolia Ⅰ−*144* 518
Dianthus barbatus Ⅱ−*147* 2781
 caryophyllus Ⅱ−*146* 2777
 chinensis Ⅱ−*145* 2776
 −'Semperflorens' Ⅱ−(*145* 2776)
 japonicus Ⅱ−*146* 2780

kiusianus Ⅱ−*146* 2778
 shinanensis Ⅱ−*146* 2779
 superbus var. *amoenus* Ⅱ−(*145* 2775)
 −var. *longicalycinus* Ⅱ−*145* 2774
 −var. *speciosus* Ⅱ−*145* 2775
Diapensia lapponica subsp. *obovata* Ⅱ−*198* 2986
Dicentra peregrina Ⅰ−*299* 1140
Dichocarpum dicarpon var. *dicarpon* Ⅰ−*315* 1202
 hakonense Ⅰ−*315* 1204
 nipponicum Ⅰ−*315* 1203
 stoloniferum Ⅰ−*316* 1206
 trachyspermum Ⅰ−*316* 1205
Dichondra micrantha Ⅱ−*275* 3296
Dichrocephala integrifolia Ⅱ−*394* 3770
Dicliptera chinensis Ⅱ−*364* 3650
Dictamnus albus subsp. *albus* Ⅱ−*56* 2418
Digitalis purpurea Ⅱ−*311* 3439
Digitaria ciliaris Ⅰ−*274* 1038
 radicosa Ⅰ−*274* 1039
 violascens Ⅰ−*274* 1040
Dimeria ornithopoda var. *tenera* Ⅰ−*280* 1061
Dimocarpus longan Ⅱ−*43* 2365
Dimorphotheca sinuata Ⅱ−*388* 3748
Diodia teres Ⅱ−*230* 3116
Dioscorea bulbifera Ⅰ−*86* 288
 −'Domestica' Ⅰ−*86* 287
 gracillima Ⅰ−*86* 286
 japonica Ⅰ−*85* 281
 nipponica Ⅰ−*87* 289
 polystachya Ⅰ−*85* 282
 −'Tsukune' Ⅰ−*85* 283
 quinquelobata Ⅰ−*87* 290
 septemloba Ⅰ−*87* 291
 tenuipes Ⅰ−*86* 285
 tokoro Ⅰ−*85* 284
Diospyros ebenum Ⅱ−*178* 2908
 egbert-walkeri Ⅱ−*179* 2909
 japonica Ⅱ−*178* 2907
 kaki Ⅱ−*177* 2904
 −var. *sylvestris* Ⅱ−(*177* 2904)
 lotus Ⅱ−*178* 2905
 morrisiana Ⅱ−*178* 2906
Diphylleia grayi Ⅰ−*306* 1166

Diplacrum caricum Ⅰ−*196* 725
Diplocyclos palmatus Ⅰ−*516* 2006
Diplomorpha ganpi Ⅱ−*79* 2511
 pauciflora var. *pauciflora* Ⅱ−*79* 2512
 −var. *yakushimensis* Ⅱ−*80* 2514
 sikokiana Ⅱ−*79* 2510
 trichotoma Ⅱ−*80* 2513
Diplospora dubia Ⅱ−(*235* 3133)
Dipsacus japonicus Ⅱ−*488* 4148
 sativus Ⅱ−*489* 4149
Disanthus cercidifolius subsp. *cercidifolius* Ⅰ−*349* 1338
Disporum lutescens Ⅰ−*93* 316
 sessile Ⅰ−*94* 317
 smilacinum Ⅰ−*93* 315
 viridescens Ⅰ−(*93* 315)
Distylium lepidotum Ⅰ−*351* 1346
 racemosum Ⅰ−*351* 1345
Dodonaea viscosa Ⅱ−*42* 2363
Dontostemon dentatus Ⅱ−*102* 2601
Dopatrium junceum Ⅱ−*304* 3410
Draba borealis Ⅱ−*96* 2580
 japonica Ⅱ−*95* 2576
 kitadakensis Ⅱ−*97* 2581
 nemorosa Ⅱ−*96* 2577
 sachalinensis Ⅱ−*95* 2575
 sakuraii Ⅱ−*96* 2578
 shiroumana Ⅱ−*96* 2579
Dracaena draco Ⅰ−*160* 584
Dracocephalum argunense Ⅱ−*324* 3492
Drosera ×*obovata* Ⅱ−*127* 2704
 anglica Ⅱ−*128* 2705
 indica Ⅱ−*128* 2707
 peltata var. *nipponica* Ⅱ−*128* 2706
 rotundifolia Ⅱ−*127* 2702
 spathulata Ⅱ−*127* 2703
Dryas octopetala var. *asiatica* Ⅰ−*420* 1623
Drymaria diandra Ⅱ−*137* 2741
Drypetes integerrima Ⅰ−*548* 2133
Dumasia truncata Ⅰ−*417* 1609
Dunbaria villosa Ⅰ−*416* 1608
Durio zibethinus Ⅱ−*67* 2461

Dysphania ambrosioides Ⅱ-155 2815
　aristata Ⅱ-155 2814
Dystaenia ibukiensis Ⅱ-529 4311

E

Ecballium elaterium Ⅰ-522 2031
Echinochloa crus-galli var. *aristata* Ⅰ-276 1046
　-var. *crus-galli* Ⅰ-276 1045
　esculenta Ⅰ-276 1047
Echinops setifer Ⅱ-468 4068
Eclipta alba Ⅱ-(418 3867)
　thermalis Ⅱ-418 3867
Edgeworthia chrysantha Ⅱ-80 2516
Egeria densa Ⅰ-72 232
Ehretia acuminata var. *obovata* Ⅱ-265 3253
　dicksonii Ⅱ-265 3254
　philippinensis Ⅱ-265 3255
Eichhornia crassipes Ⅰ-173 636
Elaeagnus epitricha Ⅰ-478 1855
　glabra Ⅰ-479 1857
　macrophylla Ⅰ-479 1858
　matsunoana Ⅰ-476 1848
　montana var. *montana* Ⅰ-477 1851
　-var. *ovata* Ⅰ-477 1852
　multiflora var. *hortensis* Ⅰ-476 1847
　-var. *multiflora* Ⅰ-476 1846
　murakamiana Ⅰ-477 1850
　numajiriana Ⅰ-478 1854
　pungens Ⅰ-478 1856
　umbellata var. *umbellata* Ⅰ-478 1853
　yoshinoi Ⅰ-477 1849
Elaeocarpus japonicus Ⅰ-533 2075
　multiflorus Ⅰ-533 2076
　photiniifolius Ⅰ-533 2074
　zollingeri var. *pachycarpus* Ⅰ-533 2073
　-var. *zollingeri* Ⅰ-532 2072
Elatine triandra var. *pedicellata* Ⅰ-547 2132
Elatostema densiflorum Ⅰ-496 1928
　involucratum Ⅰ-496 1926
　laetevirens Ⅰ-496 1927
Eleocharis acicularis var. *longiseta* Ⅰ-202 752
　attenuata Ⅰ-202 750
　kamtschatica Ⅰ-201 746

　kuroguwai Ⅰ-201 745
　mamillata var. *cyclocarpa* Ⅰ-202 749
　palustris Ⅰ-201 748
　pellucida Ⅰ-202 751
　wichurae Ⅰ-201 747
Eleorchis japonica var. *conformis* Ⅰ-(116 408)
　-var. *japonica* Ⅰ-116 408
Eleusine coracana Ⅰ-293 1115
　indica Ⅰ-293 1114
Eleutherococcus divaricatus Ⅱ-508 4225
　senticosus Ⅱ-507 4223
　sieboldianus Ⅱ-507 4221
　spinosus var. *japonicus* Ⅱ-507 4222
　-var. *spinosus* Ⅱ-507 4224
　trichodon Ⅱ-506 4220
Elliottia bracteata Ⅱ-203 3008
　paniculata Ⅱ-203 3007
Ellisiophyllum pinnatum var. *reptans* Ⅱ-300 3395
Elodea nuttallii Ⅰ-73 233
Elsholtzia ciliata Ⅱ-340 3554
　nipponica Ⅱ-340 3555
Elymus dahuricus Ⅰ-254 959
　racemifer Ⅰ-255 961
　sibiricus Ⅰ-254 958
　tsukushiensis var. *transiens* Ⅰ-254 960
Emilia coccinea Ⅱ-451 3998
　sonchifolia var. *javanica* Ⅱ-451 3999
Empetrum nigrum var. *japonicum* Ⅱ-203 3006
Enemion raddeanum Ⅰ-315 1201
Enhalus acoroides Ⅰ-75 242
Enkianthus campanulatus var. *campanulatus* Ⅱ-219 3071
　-var. *palibinii* Ⅱ-219 3072
　cernuus f. *rubens* Ⅱ-220 3073
　nudipes Ⅱ-220 3075
　perulatus Ⅱ-219 3070
　subsessilis Ⅱ-220 3074
Entada phaseoloides Ⅰ-382 1472
Ephedra sinica Ⅰ-15 3
Ephippianthus sawadanus Ⅰ-(128 453)
　schmidtii Ⅰ-128 453
Epigaea asiatica Ⅱ-219 3069
Epilobium amurense subsp. *amurense* Ⅱ-26 2298
　-subsp. *cephalostigma* Ⅱ-26 2299

　anagallidifolium Ⅱ-27 2303
　fauriei Ⅱ-27 2302
　hornemannii Ⅱ-27 2301
　lactiflorum Ⅱ-26 2300
　montanum Ⅱ-25 2296
　palustre Ⅱ-26 2297
　pyrricholophum Ⅱ-25 2295
Epimedium ×*setosum* Ⅰ-310 1181
　×*youngianum* Ⅰ-310 1182
　diphyllum subsp. *diphyllum* Ⅰ-309 1178
　-subsp. *kitamuranum* Ⅰ-309 1179
　grandiflorum var. *thunbergianum* Ⅰ-308 1175
　koreanum Ⅰ-308 1176
　sagittatum Ⅰ-310 1183
　sempervirens Ⅰ-309 1177
　trifoliatobinatum subsp. *trifoliatobinatum* Ⅰ-309 1180
Epipactis papillosa var. *papillosa* Ⅰ-118 414
　-var. *sayekiana* Ⅰ-118 415
　thunbergii Ⅰ-118 413
Epipogium aphyllum Ⅰ-120 423
　roseum Ⅰ-120 424
Eragrostis cilianensis Ⅰ-292 1109
　ferruginea Ⅰ-291 1108
　japonica Ⅰ-292 1110
　multicaulis Ⅰ-291 1107
Eranthis pinnatifida Ⅰ-314 1199
Erechtites hieraciifolius var. *hieraciifolius* Ⅱ-452 4002
　valerianifolius Ⅱ-452 4001
Eria japonica Ⅰ-132 469
Erigeron acer var. *acer* Ⅱ-404 3811
　-var. *kamtschaticus* Ⅱ-404 3812
　annuus Ⅱ-405 3814
　bonariensis Ⅱ-406 3818
　canadensis Ⅱ-406 3819
　philadelphicus Ⅱ-405 3813
　pseudoannuus Ⅱ-405 3815
　strigosus Ⅱ-405 3816
　sumatrensis Ⅱ-406 3817
　thunbergii subsp. *glabratus* Ⅱ-404 3810
　-subsp. *glabratus* var. *angustifolius* Ⅱ-(404 3810)
　-subsp. *thunbergii* Ⅱ-404 3809
Eriobotrya japonica Ⅰ-444

1717
Eriocaulon alpestre var.
　robustius　Ⅰ−*182* 669
　atrum　Ⅰ−*183* 673
　cinereum　Ⅰ−*181* 666
　decemflorum　Ⅰ−*181* 665
　miquelianum　Ⅰ−*182* 672
　nanellum　Ⅰ−*181* 668
　nudicuspe　Ⅰ−*182* 671
　parvum　Ⅰ−*181* 667
　taquetii　Ⅰ−*182* 670
Eriochloa villosa　Ⅰ−*278* 1056
Eriophorum gracile　Ⅰ−*196* 726
　vaginatum subsp. *fauriei*　Ⅰ−*196* 727
Eritrichium nipponicum　Ⅱ−*268* 3265
　−var. *albiflorum*　Ⅱ−(*268* 3265)
Erodium cicutarium　Ⅱ−*18* 2268
Erysimum cheiranthoides　Ⅱ−*101* 2597
Erythrina crista-galli　Ⅰ−*418* 1616
　variegata　Ⅰ−*418* 1615
Erythronium japonicum　Ⅰ−*103* 353
Erythroxylum coca　Ⅰ−*534* 2080
Eschenbachia japonica　Ⅱ−*406* 3820
Eschscholzia californica　Ⅰ−*299* 1137
Eubotryoides grayana　Ⅱ−*221* 3077
Eucalyptus globulus　Ⅱ−*33* 2326
Euchiton japonicus　Ⅱ−*410* 3835
Euchresta japonica　Ⅰ−*404* 1558
Eulalia quadrinervis　Ⅰ−*287* 1091
　speciosa　Ⅰ−*287* 1090
Euonymus alatus var. *alatus* f. *alatus*　Ⅰ−*525* 2043
　−var. *alatus* f. *apterus*　Ⅰ−(*525* 2044)
　−var. *alatus* f. *pilosus*　Ⅰ−(*525* 2044)
　−var. *alatus* f. *striatus*　Ⅰ−*525* 2044
　−var. *rotundatus*　Ⅰ−*526* 2045
　boninensis　Ⅰ−*527* 2049
　chibae　Ⅰ−*526* 2046
　fortunei　Ⅰ−*527* 2050
　japonicus　Ⅰ−*526* 2048
　lanceolatus　Ⅰ−*524* 2040
　lutchuensis　Ⅰ−*526* 2047
　macropterus　Ⅰ−*523* 2036
　melananthus　Ⅰ−*525* 2041
　oxyphyllus　Ⅰ−*523* 2035
　planipes　Ⅰ−*524* 2038
　sieboldianus var. *sieboldianus*　Ⅰ−*525* 2042
　tanakae　Ⅰ−*527* 2051
　tricarpus　Ⅰ−*524* 2037
　yakushimensis　Ⅰ−*524* 2039
Eupatorium formosanum　Ⅱ−*392* 3763
　glehnii　Ⅱ−*392* 3761
　japonicum　Ⅱ−*391* 3759
　lindleyanum　Ⅱ−*392* 3764
　makinoi　Ⅱ−*391* 3760
　variabile　Ⅱ−*392* 3762
Euphorbia adenochlora　Ⅰ−*540* 2101
　cyathophora　Ⅰ−*541* 2105
　ebracteolata　Ⅰ−*539* 2100
　helioscopia　Ⅰ−*538* 2095
　jolkinii　Ⅰ−*540* 2102
　lasiocaula　Ⅰ−*539* 2097
　lathyris　Ⅰ−*540* 2104
　marginata　Ⅰ−*541* 2107
　milii var. *splendens*　Ⅰ−*541* 2108
　octoradiata　Ⅰ−*540* 2103
　pulcherrima　Ⅰ−*541* 2106
　sendaica　Ⅰ−*539* 2098
　sieboldiana　Ⅰ−*538* 2096
　togakusensis　Ⅰ−*539* 2099
Euphrasia insignis subsp. *iinumae*　Ⅱ−*353* 3608
　−subsp. *insignis* var. *insignis*　Ⅱ−(*354* 3609)
　−subsp. *insignis* var. *japonica*　Ⅱ−*354* 3609
　maximowiczii　Ⅱ−*353* 3607
　yabeana　Ⅱ−*354* 3610
Euptelea polyandra　Ⅰ−*296* 1127
Eurya emarginata　Ⅱ−*176* 2899
　japonica　Ⅱ−*176* 2898
　yakushimensis　Ⅱ−*176* 2900
Euryale ferox　Ⅰ−*32* 72
Euscaphis japonica　Ⅱ−*37* 2342
Eustoma grandiflorum　Ⅱ−*252* 3201
Eutrema japonicum　Ⅱ−*85* 2535
　tenue　Ⅱ−*85* 2536
Exochorda racemosa　Ⅰ−*431* 1667

F

Fagopyrum dibotrys　Ⅱ−*126* 2699
　esculentum　Ⅱ−*126* 2698
Fagus crenata　Ⅰ−*501* 1947
　japonica　Ⅰ−*501* 1948
Fallopia convolvulus　Ⅱ−*122* 2684
　dentatoalata　Ⅱ−*122* 2683
　dumetorum　Ⅱ−*122* 2682
　japonica var. *hachidyoensis*　Ⅱ−*123* 2687
　−var. *japonica*　Ⅱ−*123* 2686
　multiflora　Ⅱ−*123* 2685
　sachalinensis　Ⅱ−*123* 2688
Farfugium hernififlorum　Ⅱ−*446* 3979
　japonicum　Ⅱ−*446* 3978
　−var. *giganteum*　Ⅱ−(*446* 3978)
Fatoua villosa　Ⅰ−*489* 1897
Fatsia japonica　Ⅱ−*505* 4216
　oligocarpella　Ⅱ−*506* 4217
Festuca extremiorientalis　Ⅰ−*270* 1021
　japonica　Ⅰ−*269* 1020
　ovina　Ⅰ−*270* 1022
　parvigluma　Ⅰ−*269* 1019
　rubra　Ⅰ−*270* 1023
Ficus benjamina　Ⅰ−*492* 1910
　boninsimae　Ⅰ−*491* 1905
　carica　Ⅰ−*489* 1900
　elastica　Ⅰ−*492* 1909
　erecta var. *erecta*　Ⅰ−*490* 1904
　microcarpa　Ⅰ−*491* 1907
　nipponica　Ⅰ−*490* 1901
　pumila　Ⅰ−*490* 1903
　religiosa　Ⅰ−*491* 1908；Ⅱ−(*75* 2494)
　superba var. *japonica*　Ⅰ−*491* 1906
　thunbergii　Ⅰ−*490* 1902
Filipendula auriculata　Ⅰ−*449* 1737
　camtschatica　Ⅰ−*448* 1735
　multijuga　Ⅰ−*448* 1734
　purpurea　Ⅰ−*448* 1736
　vulgaris　Ⅰ−*449* 1738
Fimbristylis aestivalis　Ⅰ−*204* 760
　autumnalis　Ⅰ−*204* 758
　complanata　Ⅰ−*204* 757
　dichotoma var. *tentsuki*　Ⅰ−*203* 755
　diphylloides　Ⅰ−*203* 756
　dipsacea　Ⅰ−*205* 762
　fusca　Ⅰ−*203* 754

littoralis Ⅰ-*205* 764
longispica var. *longispica* Ⅰ-*206* 766
ovata Ⅰ-*203* 753
sericea Ⅰ-*205* 763
sieboldii Ⅰ-*205* 761
squarrosa Ⅰ-*204* 759
subbispicata Ⅰ-*206* 765
Firmiana simplex Ⅱ-*65* 2456
Flagellaria indica Ⅰ-*241* 907
Flueggea suffruticosa Ⅰ-*547* 2131
Foeniculum vulgare Ⅱ-*520* 4274
Forsythia japonica Ⅱ-*289* 3351
suspensa Ⅱ-*289* 3350
togashii Ⅱ-(*289* 3351)
Fragaria ×*ananassa* Ⅰ-*475* 1844
iinumae Ⅰ-*475* 1843
nipponica Ⅰ-*475* 1842
vesca Ⅰ-*474* 1840
yezoensis Ⅰ-*475* 1841
Frangula crenata Ⅰ-*482* 1871
Fraxinus apertisquamifera Ⅱ-*289* 3349
japonica Ⅱ-*287* 3344
lanuginosa Ⅱ-*288* 3346
-f. *lanuginosa* Ⅱ-(*288* 3346)
-f. *serrata* Ⅱ-(*288* 3346)
longicuspis Ⅱ-*287* 3343
mandshurica Ⅱ-*288* 3348
platypoda Ⅱ-*288* 3347
sieboldiana Ⅱ-*288* 3345
Freesia alba Ⅰ-*143* 516
Freycinetia formosana Ⅰ-*89* 300
Fritillaria amabilis Ⅰ-*96* 327
camschatcensis Ⅰ-*97* 330
japonica Ⅰ-*96* 328
kaiensis Ⅰ-*97* 329
thunbergii Ⅰ-*96* 326
Fuchsia ×*hybrida* Ⅱ-*29* 2311
Fuirena ciliaris Ⅰ-*195* 723

G

Gagea japonica Ⅰ-*101* 347
nakaiana Ⅰ-*101* 348
Gaillardia pulchella Ⅱ-*423* 3888
Galactia tashiroi Ⅰ-*412* 1592
Galanthus elwesii Ⅰ-(*151* 548)
nivalis Ⅰ-*151* 548
Galearis cyclochila Ⅰ-*110* 381
Galeopsis bifida Ⅱ-*329* 3510
Galinsoga parviflora Ⅱ-*420*

3874
quadriradiata Ⅱ-(*420* 3874)
Galium gracilens Ⅱ-*241* 3159
japonicum Ⅱ-(*243* 3166)
kamtschaticum var. *acutifolium* Ⅱ-*241* 3157
kikumugura Ⅱ-*243* 3165
kinuta Ⅱ-*243* 3167
manshuricum Ⅱ-*240* 3155
niewerthii Ⅱ-*242* 3163
odoratum Ⅱ-*239* 3152
paradoxum subsp. *franchetianum* Ⅱ-*242* 3161
pogonanthum var. *pogonanthum* Ⅱ-*242* 3162
-var. *trichopetalum* Ⅱ-(*242* 3162)
pseudoasprellum Ⅱ-*240* 3156
shikokianum Ⅱ-*240* 3153
spurium var. *echinospermon* Ⅱ-*240* 3154
tokyoense Ⅱ-*242* 3164
trachyspermum Ⅱ-*241* 3158
trifidum subsp. *columbianum* Ⅱ-*241* 3160
trifloriforme Ⅱ-*243* 3166
verum subsp. *asiaticum* var. *asiaticum* f. *lacteum* Ⅱ-*243* 3168
-subsp. *asiaticum* var. *asiaticum* f. *luteolum* Ⅱ-(*243* 3168)
Gamblea innovans Ⅱ-*509* 4229
Gamochaeta pensylvanica Ⅱ-*410* 3836
Garcinia mangostana Ⅰ-*573* 2233
subelliptica Ⅰ-*572* 2232
Gardenia jasminoides var. *jasminoides* Ⅱ-*234* 3131
-var. *radicans* f. *simpliciflora* Ⅱ-*234* 3132
Gardneria nutans Ⅱ-*256* 3217
Gastrochilus japonicus Ⅰ-*135* 481
matsuran Ⅰ-*135* 482
Gastrodia elata Ⅰ-*119* 418
gracilis Ⅰ-*120* 421
nipponica Ⅰ-*119* 419
verrucosa Ⅰ-*119* 420
Gaultheria adenothrix Ⅱ-*223* 3085
japonica Ⅱ-*223* 3087
pyroloides Ⅱ-*223* 3086
Gaura lindheimeri Ⅱ-*29* 2310

Geniostoma glabrum Ⅱ-*255* 3214
Genista Ⅰ-(*387* 1492)
Gentiana algida Ⅱ-*248* 3186
aquatica Ⅱ-*250* 3193
jamesii Ⅱ-*248* 3187
makinoi Ⅱ-*247* 3183
nipponica var. *nipponica* Ⅱ-*248* 3188
-var. *robusta* Ⅱ-*249* 3189
scabra var. *buergeri* Ⅱ-*246* 3180
-var. *buergeri* f. *stenophylla* Ⅱ-*247* 3181
sikokiana Ⅱ-*247* 3184
squarrosa Ⅱ-*249* 3191
thunbergii var. *minor* Ⅱ-(*249* 3192)
-var. *thunbergii* Ⅱ-*249* 3192
triflora var. *japonica* Ⅱ-*247* 3182
yakushimensis Ⅱ-*248* 3185
zollingeri Ⅱ-*249* 3190
Gentianella amarella subsp. *takedae* Ⅱ-*251* 3198
-subsp. *yuparensis* Ⅱ-*251* 3199
auriculata Ⅱ-*251* 3197
Gentianopsis contorta Ⅱ-*250* 3195
yabei var. *akaisiensis* Ⅱ-(*250* 3196)
-var. *yabei* Ⅱ-*250* 3196
Geranium carolinianum Ⅱ-*18* 2267
erianthum Ⅱ-*16* 2259
-var. *erianthum* f. *pallescens* Ⅱ-*16* 2260
krameri Ⅱ-*16* 2257
onoei var. *onoei* Ⅱ-*16* 2258
robertianum Ⅱ-*18* 2266
shikokianum var. *shikokianum* Ⅱ-*17* 2264
sibiricum Ⅱ-*15* 2256
soboliferum var. *hakusanense* Ⅱ-*18* 2265
thunbergii Ⅱ-*15* 2253
tripartitum Ⅱ-*15* 2254
wilfordii Ⅱ-*15* 2255
yesoense var. *nipponicum* Ⅱ-*17* 2262
-var. *yesoense* Ⅱ-*17* 2261
yoshinoi Ⅱ-*17* 2263
Gerbera hybrida Ⅱ-*388* 3747
Geum aleppicum Ⅰ-*461* 1785
calthifolium var. *nipponicum* Ⅰ-*460* 1784
japonicum Ⅰ-*461* 1787

macrophyllum var.
　sachalinense　Ⅰ-*461*　1786
　ternatum　Ⅰ-*461*　1788
Ginkgo biloba　Ⅰ-*15*　2
Gladiolus ×*gandavensis*　Ⅰ-*143*　515
　cardinalis　Ⅰ-(*143*　515)
　psittacinus　Ⅰ-(*143*　515)
Glandularia ×*hybrida*　Ⅱ-*368*　3665
Glaucidium palmatum　Ⅰ-*311*　1186
Glechoma hederacea subsp.
　grandis　Ⅱ-*326*　3497
Gleditsia japonica　Ⅰ-*382*　1470
Glehnia littoralis　Ⅱ-*529*　4312
Glochidion acuminatum　Ⅰ-*547*　2129
　obovatum　Ⅰ-*547*　2130
　rubrum　Ⅰ-*546*　2128
　zeylanicum var. *zeylanicum*
　　Ⅰ-*546*　2127
Glyceria acutiflora subsp.
　japonica　Ⅰ-*250*　941
　alnasteretum　Ⅰ-*250*　944
　ischyroneura　Ⅰ-*250*　942
　leptolepis　Ⅰ-*250*　943
Glycine max subsp. *max*　Ⅰ-*411*　1587
　-subsp. *soja*　Ⅰ-*411*　1586
Glycosmis parviflora　Ⅱ-*58*　2426
Glycyrrhiza pallidiflora　Ⅰ-*386*　1486
Gomphrena globosa　Ⅱ-*152*　2803
Gonocarpus micranthus　Ⅰ-*374*　1437
Goodyera biflora　Ⅰ-*123*　435
　foliosa var. *laevis*　Ⅰ-*124*　437
　hachijoensis　Ⅰ-*124*　439
　pendula　Ⅰ-*124*　438
　procera　Ⅰ-*123*　434
　schlechtendaliana　Ⅰ-*124*　440
　velutina　Ⅰ-*123*　436
Gossypium arboreum var.
　obtusifolium　Ⅱ-*74*　2490
Gratiola japonica　Ⅰ-*302*　3402
Gymnadenia conopsea　Ⅰ-*109*　380
Gymnosporia diversifolia　Ⅰ-*529*　2059
Gynandropsis gynandra　Ⅱ-*82*　2522
Gynostemma pentaphyllum　Ⅰ-*522*　2030
Gynura bicolor　Ⅱ-*441*　3958
　japonica　Ⅱ-*441*　3957

Gypsophila elegans　Ⅱ-*147*　2783
　paniculata　Ⅱ-*147*　2782

H

Habenaria dentata　Ⅰ-*111*　387
　linearifolia　Ⅰ-*112*　389
　sagittifera　Ⅰ-*111*　388
Hakonechloa macra　Ⅰ-*289*　1097
Halenia corniculata　Ⅱ-*254*　3212
Halodule pinifolia　Ⅰ-*82*　270
Halophila major　Ⅰ-*76*　245
　nipponica　Ⅰ-*75*　244
　ovalis　Ⅰ-(*75*　244)
Hamamelis japonica var. *discolor*
　f. *obtusata*　Ⅰ-*349*　1340
　-var. *japonica*　Ⅰ-*349*　1339
Harrimanella stelleriana　Ⅱ-*222*　3082
Hedera helix　Ⅱ-*509*　4232
　rhombea　Ⅱ-*509*　4231
Hedychium coronarium var.
　chrysoleucum　Ⅰ-*178*　655
Hedyotis hookeri　Ⅱ-(*232*　3121)
　leptopetala　Ⅱ-*232*　3121
　pachyphylla　Ⅱ-(*232*　3121)
　strigulosa var. *parvifolia*　Ⅱ-*231*　3120
Hedysarum hedysaroides　Ⅰ-*396*　1528
　vicioides subsp. *japonicum*
　　Ⅰ-*396*　1527
Heimia myrtifolia　Ⅱ-*24*　2290
Helenium autumnale　Ⅱ-*423*　3887
Helianthus ×*multiflorus*　Ⅱ-*421*　3877
　annuus　Ⅱ-*420*　3875
　cucumerifolius　Ⅱ-*420*　3876
　decapetalus　Ⅱ-(*421*　3877)
　tuberosus　Ⅱ-*421*　3878
Helicia cochinchinensis　Ⅰ-*345*　1321
Heliotropium arborescens　Ⅱ-*267*　3264
　foertherianum　Ⅱ-*267*　3262
　indicum　Ⅱ-*267*　3263
　japonicum　Ⅱ-*267*　3261
Helleborus niger　Ⅰ-*332*　1271
Helonias orientalis　Ⅰ-*91*　306
Helwingia japonica subsp.
　japonica　Ⅱ-*368*　3668
　-subsp. *liukiuensis*　Ⅱ-*369*　3669
Hemarthria sibirica　Ⅰ-*283*　1073

Hemerocallis citrina var.
　vespertina　Ⅰ-*145*　524
　dumortieri var. *esculenta*
　　Ⅰ-*145*　523
　fulva var. *disticha*　Ⅰ-*144*　520
　-var. *fulva*　Ⅰ-(*144*　520)
　-var. *kwanso*　Ⅰ-*145*　521
　-var. *littorea*　Ⅰ-*145*　522
Hemiboea bicornuta　Ⅱ-*297*　3382
Hemisteptia lyrata　Ⅱ-*466*　4058
Hepatica nobilis var. *japonica* f.
　japonica　Ⅰ-*332*　1270
　-var. *japonica* f. *variegata*
　　Ⅰ-*332*　1269
Heracleum lanatum subsp.
　lanatum　Ⅱ-*531*　4318
　sphondylium var. *nipponicum*
　　Ⅱ-*531*　4317
Heritiera littoralis　Ⅱ-*66*　2457
Herminium lanceum　Ⅰ-*110*　383
　monorchis　Ⅰ-*110*　384
Hernandia nymphaeifolia　Ⅰ-*49*　139
Heterosmilax japonica　Ⅰ-*96*　325
Hibiscus coccineus　Ⅱ-*73*　2486
　glaber　Ⅱ-*72*　2483
　hamabo　Ⅱ-*73*　2485
　makinoi　Ⅱ-*71*　2478
　moscheutos　Ⅱ-*72*　2481
　mutabilis　Ⅱ-*70*　2476
　-'Versicolor'　Ⅱ-*71*　2477
　rosa-sinensis　Ⅱ-*71*　2479
　schizopetalus　Ⅱ-*71*　2480
　syriacus　Ⅱ-*72*　2482
　tiliaceus　Ⅱ-*72*　2484
　trionum　Ⅱ-*70*　2475
Hieracium japonicum　Ⅱ-*472*　4082
　umbellatum　Ⅱ-*472*　4081
Hippeastrum ×*hybridum*　Ⅰ-*153*　554
　reginae　Ⅰ-*153*　553
Hippuris vulgaris　Ⅱ-*312*　3442
Holcus lanatus　Ⅰ-*268*　1015
Hololeion fauriei　Ⅱ-*472*　4084
　krameri　Ⅱ-*472*　4083
Honckenya peploides var. *major*
　　Ⅱ-*138*　2747
Hordeum murinum　Ⅰ-*252*　952
　vulgare　Ⅰ-*252*　951
Hosiea japonica　Ⅱ-*230*　3113

Hosta longipes var. *longipes* Ⅰ-*159* 577
  longissima Ⅰ-*158* 575
  plantaginea var. *japonica* Ⅰ-*157* 569
  sieboldiana var. *sieboldiana* Ⅰ-*157* 570
  -'Tokudama' Ⅰ-*157* 571
  sieboldii var. *sieboldii* f. *spathulata* Ⅰ-*158* 574
  tardiva Ⅰ-*158* 576
  undulata var. *erromena* Ⅰ-*157* 572
  -var. *undulata* Ⅰ-*158* 573
Houttuynia cordata Ⅰ-*35* 83
Hovenia dulcis Ⅰ-*484* 1877
Howeia belmoreana Ⅰ-*170* 622
Hoya carnosa Ⅱ-*261* 3239
Humulus lupulus var. *cordifolius* Ⅰ-*485* 1884
  scandens Ⅰ-*485* 1883
Hyacinthus orientalis Ⅰ-*154* 558
Hydrangea aspera Ⅱ-(*170* 2873)
  chinensis Ⅱ-*170* 2876
  hirta Ⅱ-*171* 2877
  involucrata Ⅱ-*171* 2878
  luteovenosa Ⅱ-*170* 2875
  macrophylla f. *macrophylla* Ⅱ-*168* 2867
  -f. *normalis* Ⅱ-*168* 2866
  paniculata Ⅱ-*171* 2880
  -f. *grandiflora* Ⅱ-(*171* 2880)
  petiolaris Ⅱ-*172* 2881
  scandens Ⅱ-*170* 2874
  serrata var. *angustata* Ⅱ-*169* 2872
  -var. *serrata* f. *rosalba* Ⅱ-*169* 2869
  -var. *serrata* f. *serrata* Ⅱ-*168* 2868
  -var. *thunbergii* Ⅱ-*170* 2873
  -var. *yesoensis* Ⅱ-*169* 2871
  -var. *yesoensis* f. *cuspidata* Ⅱ-*169* 2870
  sikokiana Ⅱ-*171* 2879
Hydrilla verticillata Ⅰ-*72* 231
Hydrocharis dubia Ⅰ-*71* 225
Hydrocotyle dichondrioides Ⅱ-*504* 4210
  javanica Ⅱ-*505* 4215
  maritima Ⅱ-*504* 4211
  ramiflora Ⅱ-*505* 4214
  sibthorpioides Ⅱ-*504* 4209
  yabei var. *japonica* Ⅱ-*504* 4212
  -var. *yabei* Ⅱ-*505* 4213
Hygrophila salicifolia Ⅱ-*362* 3643
Hylocereus undatus Ⅱ-*163* 2845
Hylodesmum laterale Ⅰ-*398* 1536
  laxum Ⅰ-*398* 1534
  leptopus Ⅰ-*398* 1535
  oldhamii Ⅰ-*399* 1537
  podocarpum subsp. *fallax* Ⅰ-*398* 1533
  -subsp. *oxyphyllum* var. *japonicum* Ⅰ-*397* 1531
  -subsp. *oxyphyllum* var. *mandshuricum* Ⅰ-*397* 1532
  -subsp. *podocarpum* Ⅰ-*397* 1530
Hylomecon japonica Ⅰ-*298* 1134
  -f. *dissecta* Ⅰ-*298* 1136
  -f. *lanceolata* Ⅰ-*298* 1135
Hylotelephium cauticola Ⅰ-*369* 1419
  erythrostictum Ⅰ-*369* 1420
  pallescens Ⅰ-*370* 1422
  sieboldii var. *sieboldii* Ⅰ-*369* 1418
  sordidum var. *sordidum* Ⅰ-*370* 1423
  spectabile Ⅰ-*370* 1421
  verticillatum var. *verticillatum* Ⅰ-*371* 1425
  viride Ⅰ-*370* 1424
Hyophorbe lagenicaulis Ⅰ-*169* 618
Hyoscyamus niger Ⅱ-*278* 3307
Hypericum asahinae Ⅰ-*576* 2247
  ascyron subsp. *ascyron* var. *ascyron* Ⅰ-*574* 2237
  erectum var. *caespitosum* Ⅰ-*574* 2240
  -var. *erectum* Ⅰ-*574* 2239
  hachijyoense Ⅰ-*576* 2245
  hakonense Ⅰ-*575* 2241
  japonicum Ⅰ-*577* 2250
  kamtschaticum Ⅰ-*575* 2243
  laxum Ⅰ-*577* 2251
  monogynum Ⅰ-*573* 2236
  nikkoense Ⅰ-*575* 2242
  oliganthum Ⅰ-*577* 2249
  patulum Ⅰ-*573* 2235
  pseudopetiolatum Ⅰ-*576* 2246
  sampsonii Ⅰ-*574* 2238
  senanense subsp. *senanense* Ⅰ-*575* 2244
  yezoense Ⅰ-*576* 2248
Hypochaeris crepidioides Ⅱ-*470* 4076
  radicata Ⅱ-*470* 4075
Hypopitys monotropa Ⅱ-*229* 3110
Hypoxis aurea Ⅰ-*137* 490
Hystrix duthiei subsp. *japonica* Ⅰ-*253* 956
  -subsp. *longearistata* Ⅰ-*253* 955

I

Iberis amara Ⅱ-*83* 2528
Idesia polycarpa Ⅰ-*549* 2138
Ilex aquifolium Ⅱ-*369* 3672
  buergeri Ⅱ-*370* 3674
  chinensis Ⅱ-*371* 3679
  crenata var. *crenata* Ⅱ-*372* 3684
  -var. *radicans* Ⅱ-*373* 3686
  -'Nummularia' Ⅱ-*373* 3685
  geniculata var. *geniculata* Ⅱ-*374* 3691
  -var. *glabra* Ⅱ-(*374* 3691)
  goshiensis Ⅱ-*371* 3678
  integra Ⅱ-*369* 3670
  latifolia Ⅱ-*372* 3683
  leucoclada Ⅱ-*369* 3671
  liukiuensis Ⅱ-*370* 3675
  macropoda Ⅱ-*375* 3693
  matanoana Ⅱ-*373* 3687
  mertensii var. *beecheyi* Ⅱ-*371* 3677
  -var. *mertensii* Ⅱ-*370* 3676
  micrococca Ⅱ-*375* 3694
  nipponica Ⅱ-*374* 3690
  paraguariensis Ⅱ-*374* 3692
  pedunculosa Ⅱ-*371* 3680
  rotunda Ⅱ-*370* 3673
  rugosa var. *rugosa* Ⅱ-*373* 3688
  -var. *stenophylla* Ⅱ-(*373* 3688)
  serrata Ⅱ-*374* 3689
  sugerokii var. *brevipedunculata* Ⅱ-*372* 3682
  -var. *sugerokii* Ⅱ-*372* 3681
Illicium anisatum Ⅰ-*33* 73
Impatiens balsamina Ⅱ-*174* 2889
  hypophylla Ⅱ-*173* 2887
  noli-tangere Ⅱ-*173* 2888
  textorii Ⅱ-*173* 2886
Imperata cylindrica Ⅰ-*283* 1075

Indigofera bungeana I − (*391* 1505)
　decora I − *391* 1506
　kirilowii I − *391* 1507
　pseudotinctoria I − *391* 1505
Inula britannica subsp. *japonica* II − *411* 3840
　−subsp. *japonica* f. *plena* II − (*411* 3840)
　brittanica subsp. *japonica* × *I. linariifolia* II − *412* 3841
　ciliaris var. *ciliaris* II − *412* 3842
　−var. *glandulosa* II − (*412* 3842)
　linariifolia II − (*412* 3841)
　salicina var. *asiatica* II − *411* 3839
　−var. *salicina* II − (*411* 3839)
Ipheion uniflorum I − *149* 540
Ipomoea batatas var. *batatas* II − *275* 3295
　−var. *edulis* II − *275* 3294
　coccinea II − *274* 3290
　indica II − *273* 3288
　lacunosa II − *274* 3292
　nil II − *273* 3286
　pes-caprae II − *274* 3291
　purpurea II − *273* 3287
　quamoclit II − *274* 3289
　triloba II − *275* 3293
Iris domestica I − *141* 508
　ensata var. *ensata* I − *138* 493
　−var. *spontanea* I − *138* 494
　florentina I − *140* 504
　germanica I − *141* 505
　gracilipes I − *139* 498
　hollandica I − *141* 506, (*141* 507)
　japonica I − *139* 497
　lactea I − *140* 501
　laevigata I − *138* 496
　pseudacorus I − *138* 495
　rossii I − *139* 500
　ruthenica I − *140* 502
　sanguinea var. *sanguinea* I − *137* 491
　−var. *violacea* I − *137* 492
　setosa I − *139* 499
　tectorum I − *140* 503
　xiphium I − *141* 507
Isachne globosa I − *291* 1105
　nipponensis I − *291* 1106
Isatis tinctoria var. *indigotica* II − *85* 2534
　−var. *tinctoria* II − *85* 2533
Ischaemum anthephoroides I − *282* 1072

　aristatum var. *crassipes* I − *282* 1071
Isodon effusus II − *342* 3564
　inflexus II − *342* 3562
　japonicus var. *japonicus* II − *343* 3567
　longitubus II − *342* 3563
　trichocarpus II − *343* 3568
　umbrosus var. *latifolius* II − (*343* 3566)
　−var. *leucanthus* f. *kameba* II − *343* 3566
　−var. *umbrosus* II − *343* 3565
Isolepis crassiuscula I − *197* 730
Itea japonica I − *352* 1352
　oldhamii I − *353* 1353
Ixeridium alpicola II − *476* 4099
　beauverdianum II − *476* 4100
　dentatum II − *476* 4097
　−subsp. *nipponicum* var. *albiflorum* f. *amplifolium* II − *476* 4098
　laevigatum II − *477* 4101
Ixeris × *nikoensis* II − (*477* 4103)
　× *sekimotoi* II − (*477* 4104)
　chinensis subsp. *chinensis* II − (*477* 4102)
　−subsp. *strigosa* II − *477* 4102
　japonica II − *478* 4106
　polycephala II − *477* 4104
　repens II − *478* 4107
　stolonifera II − *478* 4105
　−var. *capillaris* II − (*478* 4105)
　tamagawaensis II − *477* 4103

J

Jacaranda mimosifolia II − *366* 3660
Japonolirion osense I − *83* 273
Jasminanthes mucronata II − *261* 3238
Jasminum grandiflorum II − *294* 4369
　humile var. *revolutum* II − *294* 3371
　nudiflorum II − *294* 3372
　sambac II − *294* 3370
　sinense var. *superfluum* II − *295* 3373
Juglans mandshurica var. *sachalinensis* I − *508* 1974
Juncus alatus I − *186* 688
　beringensis I − *183* 675
　bufonius I − *185* 682

　decipiens I − *184* 678
　−'Utilis' I − *184* 679
　diastrophanthus I − *186* 686
　effusus I − (*184* 678)
　ensifolius I − *187* 689
　fauriei I − *184* 677
　filiformis I − *183* 676
　gracillimus I − *184* 680
　krameri I − *185* 684
　maximowiczii I − *187* 691
　papillosus I − *185* 683
　prismatocarpus subsp. *leschenaultii* I − *186* 687
　setchuensis I − *183* 674
　tenuis I − *185* 681
　triglumis I − *187* 690
　wallichianus I − *186* 685
Juniperus chinensis var. *chinensis* I − *28* 53
　−var. *procumbens* I − *28* 54
　−var. *sargentii* I − *28* 55
　communis var. *nipponica* I − *27* 52
　conferta I − *27* 50
　rigida I − *27* 49
　taxifolia var. *lutchuensis* I − *27* 51
Justicia carnea II − *364* 3652
　procumbens II − *364* 3651

K

Kadsura japonica I − *33* 76
Kaempferia galanga I − *178* 654
Kalanchoe spathulata I − *373* 1433
Kalmia latifolia II − *204* 3009
Kalopanax septemlobus II − *508* 4228
Kandelia obovata I − *534* 2078
Keiskea japonica II − *340* 3556
Kerria japonica I − *431* 1668
　−f. *albescens* I − *432* 1669
Keteleeria davidiana I − *19* 19
Kinugasa japonica I − *93* 313
Kirengeshoma palmata II − *173* 2885
Kitagawia terebinthacea II − *530* 4315
Kleinhovia hospita II − *66* 2459
Kniphofia uvaria I − *146* 525
Kobresia myosuroides I − *211* 785
Koeleria macrantha I − *258* 974
Koelreuteria paniculata II − *42* 2362
Korthalsella japonica II − *105* 2613

Kummerowia stipulacea Ⅰ−*403* 1555
　striata Ⅰ−*403* 1554

L

Lablab purpurea Ⅰ−*415* 1604
Lactuca indica var. *dracoglossa* Ⅱ−*474* 4089
　−var. *indica* Ⅱ−*473* 4088
　laciniata f. *indivisa* Ⅱ−*473* 4087
　raddeana var. *elata* Ⅱ−*474* 4090
　sativa Ⅱ−*475* 4093
　sibirica Ⅱ−*474* 4092
　triangulata Ⅱ−*474* 4091
Laelia Ⅰ−(*131* 468)
Lagenaria siceraria var. *depressa* Ⅰ−*520* 2021
　−var. *hispida* Ⅰ−*519* 2019
　−var. *siceraria* 'Gourda' Ⅰ−*519* 2020
　−var. *siceraria* 'Microcarpa' Ⅰ−(*519* 2020)
Lagenophora lanata Ⅱ−*394* 3771
Lagerstroemia indica Ⅱ−*24* 2291
　subcostata var. *fauriei* Ⅱ−*25* 2293
　−var. *subcostata* Ⅱ−*24* 2292
Lagotis glauca Ⅱ−*299* 3392
　takedana Ⅱ−*300* 3393
　yesoensis Ⅱ−*300* 3394
Lagurus ovatus Ⅰ−*263* 993
Lamium album var. *barbatum* Ⅱ−*327* 3504
　amplexicaule Ⅱ−*328* 3506
　purpureum Ⅱ−*328* 3505
Lampranthus spectabilis Ⅱ−*158* 2828
Lamprocapnos spectabilis Ⅰ−*300* 1141
Lantana camara Ⅱ−*367* 3661
Laportea bulbifera Ⅰ−*493* 1916
　cuspidata Ⅰ−*494* 1917
Lapsanastrum apogonoides Ⅱ−*475* 4095
　humile Ⅱ−*475* 4096
Larix gmelinii var. *japonica* Ⅰ−*20* 21
　kaempferi Ⅰ−*19* 20
Lasianthus attenuatus Ⅱ−*237* 3141
　japonicus Ⅱ−*236* 3140
　−f. *satsumensis* Ⅱ−(*236* 3140)
Lathraea japonica Ⅱ−*359* 3631
Lathyrus davidii Ⅰ−*410* 1583
　japonicus subsp. *japonicus* Ⅰ−*410* 1582
　latifolius Ⅰ−*409* 1580
　odoratus Ⅰ−*410* 1581
　palustris var. *pilosus* Ⅰ−*409* 1578
　pratensis Ⅰ−*409* 1579
　quinquenervius Ⅰ−*409* 1577
Laurocerasus officinalis Ⅰ−*431* 1666
　spinulosa Ⅰ−*430* 1664
　zippeliana Ⅰ−*431* 1665
Laurus nobilis Ⅰ−*55* 164
Lavatera trimestris Ⅱ−*67* 2464
Lecanorchis japonica Ⅰ−*116* 405
　kiusiana Ⅰ−*116* 407
　nigricans Ⅰ−*116* 406
Leersia japonica Ⅰ−*242* 911
　sayanuka Ⅰ−*242* 910
Leibnitzia anandria Ⅱ−*388* 3746
Lemna aequinoctialis Ⅰ−(*57* 172)
　aoukikusa subsp. *aoukikusa* Ⅰ−*57* 172
　minor Ⅰ−*58* 173
　trisulca Ⅰ−*58* 174
Leontopodium fauriei var. *angustifolium* Ⅱ−*407* 3823
　−var. *fauriei* Ⅱ−*407* 3822
　hayachinense Ⅱ−*407* 3824
　japonicum Ⅱ−*407* 3821
　miyabeanum Ⅱ−(*407* 3824)
　nivale subsp. *alpinum* Ⅱ−*408* 3825
Leonurus japonicus Ⅱ−*329* 3512
　macranthus Ⅱ−*329* 3511
Lepidium didymum Ⅱ−*83* 2527
　sativum Ⅱ−*83* 2526
　virginicum Ⅱ−*83* 2525
Lepironia articulata Ⅰ−*195* 724
Leptatherum boreale Ⅰ−*287* 1089
Leptochloa chinensis Ⅰ−*292* 1112
Leptodermis pulchella Ⅱ−*237* 3143
Lespedeza bicolor Ⅰ−*401* 1547
　buergeri Ⅰ−*402* 1549
　cuneata Ⅰ−*403* 1553
　cyrtobotrya Ⅰ−*401* 1548
　homoloba Ⅰ−*401* 1546
　pilosa Ⅰ−*402* 1551
　thunbergii subsp. *patens* Ⅰ−*401* 1545
　−subsp. *thunbergii* f. *alba* Ⅰ−*400* 1542
　−subsp. *thunbergii* f. *angustifolia* Ⅰ−*400* 1544
　−subsp. *thunbergii* f. *thunbergii* Ⅰ−*400* 1543
　tomentosa Ⅰ−*402* 1552
　virgata Ⅰ−*402* 1550
Leucaena leucocephala Ⅰ−*378* 1456
Leucanthemum maximum Ⅱ−*430* 3916
　vulgare Ⅱ−*430* 3915
Leucas mollissima subsp. *chinensis* Ⅱ−*324* 3491
Leucojum aestivum Ⅰ−*152* 549
Leucothoe keiskei Ⅱ−*220* 3076
Leymus mollis Ⅰ−*254* 957
Liatris spicata Ⅱ−*393* 3765
Libanotis ugoensis var. *japonica* Ⅱ−*519* 4271
Ligularia ×*yoshizoeana* Ⅱ−(*444* 3972)
　angusta Ⅱ−*445* 3976
　dentata Ⅱ−*445* 3973
　fauriei Ⅱ−(*445* 3976)
　fischeri Ⅱ−*445* 3974
　hodgsonii Ⅱ−*444* 3970
　japonica Ⅱ−*444* 3972
　kaialpina Ⅱ−*444* 3971
　stenocephala Ⅱ−*445* 3975
Ligusticum officinale Ⅱ−*521* 4277
　scoticum subsp. *hultenii* Ⅱ−*520* 4276
Ligustrum ibota Ⅱ−*291* 3360
　japonicum Ⅱ−*292* 3361
　lucidum Ⅱ−(*292* 3361)
　obtusifolium subsp. *obtusifolium* Ⅱ−*290* 3355
　ovalifolium var. *ovalifolium* Ⅱ−*290* 3356
　−var. *pacificum* Ⅱ−*291* 3357
　salicinum Ⅱ−*292* 3362
　tschonoskii var. *kiyozumianum* Ⅱ−*291* 3359
　−var. *tschonoskii* Ⅱ−*291* 3358
Lilium auratum var. *auratum* Ⅰ−*100* 343
　−var. *platyphyllum* Ⅰ−*100* 344
　concolor Ⅰ−*99* 338

formosanum Ⅰ-*101* 346
hansonii Ⅰ-*98* 336
japonicum Ⅰ-*99* 340
lancifolium Ⅰ-*98* 333
leichtlinii f. *pseudotigrinum*
 Ⅰ-*98* 334
longiflorum Ⅰ-*101* 345
maculatum var. *maculatum*
 Ⅰ-*99* 337
medeoloides Ⅰ-*98* 335
rubellum Ⅰ-*99* 339
speciosum f. *kratzeri* Ⅰ-*100* 342
 -f. *speciosum* Ⅰ-*100* 341
Limnophila chinensis subsp.
 aromatica Ⅱ-*303* 3408
 sessiliflora Ⅱ-*304* 3409
Limnorchis chorisiana Ⅰ-*115* 401
Limonium latifolium Ⅱ-*108* 2627
 sinuatum Ⅱ-*108* 2626
 tetragonum Ⅱ-*108* 2625
 wrightii var. *arbusculum* Ⅱ-*108* 2628
Limosella aquatica Ⅱ-*303* 3407
Linaria japonica Ⅱ-*300* 3396
Lindera aggregata Ⅰ-*54* 160
 erythrocarpa Ⅰ-*54* 157
 glauca Ⅰ-*54* 159
 obtusiloba Ⅰ-*54* 158
 praecox Ⅰ-*55* 162
 sericea Ⅰ-*53* 156
 triloba Ⅰ-*55* 161
 umbellata var. *membranacea* Ⅰ-*53* 155
 -var. *umbellata* Ⅰ-*53* 154
Lindernia antipoda Ⅱ-*315* 3455
 crustacea Ⅱ-*315* 3453
 dubia subsp. *dubia* Ⅱ-(*316* 3458)
 -subsp. *major* Ⅱ-*316* 3458
 micrantha Ⅱ-*315* 3456
 procumbens Ⅱ-*316* 3457
 setulosa Ⅱ-*315* 3454
Linnaea borealis Ⅱ-*493* 4165
Linum medium Ⅰ-*572* 2230
 perenne Ⅰ-*571* 2228
 stelleroides Ⅰ-*572* 2229
 usitatissimum Ⅰ-*571* 2227
Liparis formosana Ⅰ-*126* 446
 japonica Ⅰ-*126* 448
 krameri Ⅰ-*127* 450
 kumokiri Ⅰ-*127* 449
 makinoana Ⅰ-*126* 447
 nakaharae Ⅰ-*127* 451
 nervosa Ⅰ-*126* 445

Lipocarpha microcephala Ⅰ-*195* 722
Liquidambar formosana Ⅰ-*348* 1335
 styraciflua Ⅰ-*348* 1336
Liriodendron tulipifera Ⅰ-*47* 131
Liriope minor Ⅰ-*162* 592
 muscari Ⅰ-*162* 590
 spicata Ⅰ-*162* 591
Litchi chinensis Ⅱ-*42* 2364
Lithocarpus edulis Ⅰ-*506* 1968
 glaber Ⅰ-*507* 1969
Lithospermum arvense Ⅱ-*269* 3272
 erythrorhizon Ⅱ-*269* 3271
 zollingeri Ⅱ-*270* 3273
Litsea coreana Ⅰ-*52* 152
 cubeba Ⅰ-*52* 151
 japonica Ⅰ-*52* 150
Livistona boninensis Ⅰ-*167* 610
 chinensis var. *subglobosa* Ⅰ-*167* 609
Lloydia serotina Ⅰ-*102* 349
Lobelia boninensis Ⅱ-*384* 3730
 chinensis Ⅱ-*383* 3727
 dopatrioides var. *cantoniensis* Ⅱ-*383* 3728
 erinus Ⅱ-*384* 3731
 sessilifolia Ⅱ-*384* 3729
Lobularia maritima Ⅱ-*101* 2600
Lodoicea maldivica Ⅰ-*168* 613
Loiseleuria procumbens Ⅱ-*217* 3063
Lolium multiflorum Ⅰ-*269* 1017
 temulentum Ⅰ-*268* 1016
Lomatogonium carinthiacum Ⅱ-*252* 3202
Lonicera affinis Ⅱ-*499* 4189
 alpigena subsp. *glehnii* Ⅱ-*498* 4187
 caerulea subsp. *edulis* var. *emphyllocalyx* Ⅱ-*494* 4172
 cerasina Ⅱ-*497* 4182
 chamissoi Ⅱ-*497* 4181
 demissa var. *demissa* Ⅱ-*496* 4180
 gracilipes var. *glabra* Ⅱ-*495* 4176
 -var. *glandulosa* Ⅱ-*496* 4177
 -var. *gracilipes* Ⅱ-*495* 4175
 hypoglauca Ⅱ-*498* 4188

 japonica Ⅱ-*499* 4191
 linderifolia var. *konoi* Ⅱ-*496* 4179
 -var. *linderifolia* Ⅱ-(*496* 4179)
 maackii Ⅱ-*497* 4184
 mochidzukiana var. *mochidzukiana* Ⅱ-*498* 4186
 -var. *nomurana* Ⅱ-(*498* 4186)
 morrowii Ⅱ-*495* 4173
 -f. *xanthocarpa* Ⅱ-(*495* 4173)
 ramosissima var. *ramosissima* Ⅱ-*496* 4178
 -var. *ramosissima* f. *glabrata* Ⅱ-(*496* 4178)
 sempervirens Ⅱ-*499* 4190
 strophiophora var. *glabra* Ⅱ-(*495* 4174)
 -var. *strophiophora* Ⅱ-*495* 4174
 tschonoskii Ⅱ-*498* 4185
 vidalii Ⅱ-*497* 4183
Lophatherum gracile Ⅰ-*271* 1025
 sinense Ⅰ-*271* 1026
Loranthus tanakae Ⅱ-*107* 2621
Loropetalum chinense Ⅰ-*349* 1337
Lotus corniculatus subsp. *corniculatus* Ⅰ-*390* 1504
 -var. *japonicus* Ⅰ-*390* 1503
Loxocalyx ambiguus Ⅱ-*329* 3509
Ludwigia epilobioides subsp. *epilobioides* Ⅱ-*28* 2307
 -subsp. *greatrexii* Ⅱ-*28* 2308
 octovalvis Ⅱ-*28* 2306
 ovalis Ⅱ-*29* 2309
 peploides subsp. *stipulacea* Ⅱ-*28* 2305
Luffa cylindrica Ⅰ-*517* 2011
Luisia teres Ⅰ-*134* 479
Lumnitzera racemosa Ⅱ-*20* 2274
Lupinus hirsutus Ⅰ-*387* 1490
 luteus Ⅰ-*387* 1489
Luzula capitata Ⅰ-*187* 692
 jimboi subsp. *atrotepala* Ⅰ-(*189* 699)
 -subsp. *jimboi* Ⅰ-*189* 699
 multiflora Ⅰ-*188* 693
 nipponica Ⅰ-*188* 695
 oligantha Ⅰ-*188* 694
 pallescens Ⅰ-*188* 696

plumosa subsp. *dilatata* Ⅰ-189 698
 –subsp. *plumosa* Ⅰ-189 697
Lycianthes biflora Ⅱ-280 3315
Lycium chinense Ⅱ-277 3304
 sandwicense Ⅱ-278 3305
Lycopus cavaleriei Ⅱ-336 3539, 336 3540
 lucidus Ⅱ-336 3537
 –f. *hirtus* Ⅱ-(336 3537)
 maackianus Ⅱ-336 3538
 uniflorus Ⅱ-337 3541
Lycoris × *albiflora* Ⅰ-150 544
 × *squamigera* Ⅰ-151 547
 radiata Ⅰ-150 543
 sanguinea var. *sanguinea* Ⅰ-151 546
 traubii Ⅰ-151 545
Lyonia ovalifolia var. *elliptica* Ⅱ-221 3079
Lysichiton camtschatcense Ⅰ-57 170
Lysimachia acroadenia Ⅱ-186 2940
 barystachys Ⅱ-186 2938
 clethroides Ⅱ-185 2936
 europaea Ⅱ-188 2948
 fortunei Ⅱ-186 2937
 japonica Ⅱ-187 2942
 leucantha Ⅱ-186 2939
 mauritiana Ⅱ-187 2941
 –var. *mauritiana* Ⅱ-(187 2941)
 –var. *rubida* Ⅱ-(187 2941)
 sikokiana Ⅱ-188 2946
 tanakae Ⅱ-187 2943
 tashiroi Ⅱ-187 2944
 thyrsiflora Ⅱ-188 2947
 vulgaris var. *davurica* Ⅱ-188 2945
Lysionotus pauciflorus Ⅱ-296 3377
Lythrum anceps Ⅱ-22 2281
 salicaria Ⅱ-22 2282

M

Maackia amurensis Ⅰ-385 1481, 385 1482
 tashiroi Ⅰ-385 1483
Macadamia integrifolia Ⅰ-345 1324
Machaerina rubiginosa Ⅰ-207 772
Machilus japonica Ⅰ-51 145
 kobu Ⅰ-51 146
 thunbergii Ⅰ-50 144
Macleaya cordata Ⅰ-299 1138
Maclura cochinchinensis var. *gerontogea* Ⅰ-487 1890
 tricuspidata Ⅰ-487 1889
Macrodiervilla middendorffiana Ⅱ-499 4192
Macropodium pterospermum Ⅱ-100 2596
Maesa japonica Ⅱ-190 2954
Magnolia × *wieseneri* Ⅰ-46 126
 coco Ⅰ-47 129
 compressa Ⅰ-47 130
 denudata Ⅰ-44 120
 grandiflora Ⅰ-46 128
 kobus var. *borealis* Ⅰ-45 122
 –var. *kobus* Ⅰ-45 121
 liliiflora Ⅰ-44 118
 –'Gracilis' Ⅰ-44 119
 obovata Ⅰ-46 127
 salicifolia Ⅰ-45 123
 sieboldii subsp. *japonica* Ⅰ-46 125
 stellata Ⅰ-45 124
Maianthemum dilatatum Ⅰ-163 596
 japonicum Ⅰ-163 595
Malaxis monophyllos Ⅰ-125 444
 paludosa Ⅰ-125 443
Mallotus japonicus Ⅰ-536 2086
Malus asiatica Ⅰ-441 1706
 baccata var. *mandshurica* Ⅰ-441 1705
 halliana Ⅰ-440 1702
 micromalus Ⅰ-440 1703
 prunifolia Ⅰ-441 1707
 spontanea Ⅰ-440 1704
 toringo Ⅰ-440 1701
 tschonoskii Ⅰ-441 1708
Malva mauritiana Ⅱ-69 2469
 moschata Ⅱ-69 2470
 parviflora Ⅱ-68 2468
 verticillata var. *crispa* Ⅱ-69 2472
 –var. *verticillata* Ⅱ-69 2471
Malvastrum coromandelianum Ⅱ-68 2467
Manettia cordifolia Ⅱ-233 3126
Mangifera indica Ⅱ-38 2348
Manihot esculenta Ⅰ-537 2092
Marsdenia tomentosa Ⅱ-261 3237
Matricaria chamomilla Ⅱ-432 3924
 matricarioides Ⅱ-433 3925
Matsumurella tuberifera Ⅱ-328 3507
Matthiola incana Ⅱ-103 2605
 –'Annua' Ⅱ-103 2606
Mazus goodeniifolius Ⅱ-349 3592
 miquelii Ⅱ-349 3590
 pumilus Ⅱ-349 3591
Medicago lupulina Ⅰ-390 1501
 minima Ⅰ-389 1500
 polymorpha Ⅰ-389 1499
 sativa Ⅰ-390 1502
Meehania urticifolia Ⅱ-325 3496
Melampyrum laxum var. *arcuatum* Ⅱ-358 3625
 –var. *laxum* Ⅱ-357 3624
 –var. *nikkoense* Ⅱ-(357 3624)
 roseum var. *japonicum* Ⅱ-357 3622
 –var. *roseum* Ⅱ-357 3621
 setaceum Ⅱ-357 3623
Melanthera prostrata Ⅱ-419 3871
 robusta Ⅱ-419 3870
Melastoma candidum Ⅱ-36 2337
 tetramerum var. *pentapetalum* Ⅱ-36 2339
 –var. *tetramerum* Ⅱ-36 2338
Melia azedarach Ⅱ-64 2452
Melica nutans Ⅰ-249 938
 onoei Ⅰ-249 939
Melicope grisea Ⅱ-55 2413
 nishimurae Ⅱ-54 2411
 quadrilocularis Ⅱ-54 2412
Melilotus officinalis subsp. *suaveolens* Ⅰ-388 1493
Meliosma arnottiana subsp. *oldhamii* Ⅰ-343 1316
 myriantha Ⅰ-342 1312
 rigida Ⅰ-343 1315
 squamulata Ⅰ-343 1314
 tenuis Ⅰ-343 1313
Melochia compacta var. *villosissima* Ⅰ-65 2454
 corchorifolia Ⅱ-65 2455
Menispermum dauricum Ⅰ-305 1164
Mentha × *piperita* Ⅱ-337 3543
 canadensis Ⅱ-337 3542
 japonica Ⅱ-338 3545
 spicata Ⅱ-337 3544
Menyanthes trifoliata Ⅱ-384 3732
Mercurialis leiocarpa Ⅰ-536

2087
Mertensia maritima subsp.
　asiatica　Ⅱ－*271* 3279
　pterocarpa var. *yezoensis*
　Ⅱ－*271* 3280
Mesembrianthemum
　cordifolium　Ⅱ－*158* 2827
Mespilus germanica　Ⅰ－*446*
　1726
Metaplexis japonica　Ⅱ－*260*
　3234
Meterostachys sikokianus　Ⅰ－
　363 1395
Metrosideros boninensis　Ⅱ－
　32 2324
Microcarpaea minima　Ⅱ－*303*
　3406
Microcerasus japonica　Ⅰ－*423*
　1636
　tomentosa　Ⅰ－*424* 1637
Microstegium vimineum　Ⅰ－
　286 1088
Microtis unifolia　Ⅰ－*115* 402
Microtropis japonica　Ⅰ－*527*
　2052
Milium effusum　Ⅰ－*264* 1000
Mimosa pudica　Ⅰ－*380* 1461
Mimulus nepalensis　Ⅱ－*350*
　3594
　sessilifolius　Ⅱ－*350* 3595
Minuartia arctica var. *arctica*
　Ⅱ－*135* 2735
　－var. *hondoensis*　Ⅱ－(*135*
　2735)
　macrocarpa var. *jooi*　Ⅱ－*135*
　2734
　verna var. *japonica*　Ⅱ－*135*
　2733
Mirabilis jalapa　Ⅱ－*160* 2834
　－f. *dichlamydomorpha*　Ⅱ－
　160 2835
Miricacalia makinoana　Ⅱ－*450*
　3995
Miscanthus condensatus　Ⅰ－
　284 1078
　floridulus　Ⅰ－*284* 1079
　oligostachyus　Ⅰ－*285* 1081
　sacchariflorus　Ⅰ－*285* 1082
　sinensis　Ⅰ－*283* 1076
　－f. *gracillimus*　Ⅰ－*284* 1077
　tinctorius　Ⅰ－*284* 1080
Mitchella undulata　Ⅱ－*238*
　3148
Mitella furusei var. *subramosa*
　Ⅰ－(*363* 1394)
　pauciflora　Ⅰ－*363* 1394
　stylosa var. *makinoi*　Ⅰ－*363*
　1393
　－var. *stylosa*　Ⅰ－(*363* 1393)

Mitrasacme indica　Ⅱ－*255*
　3216
　pygmaea　Ⅱ－*255* 3215
Mitrastemon yamamotoi　Ⅱ－
　203 3005
Moliniopsis japonica　Ⅰ－*288*
　1096
Mollugo stricta　Ⅱ－*160* 2836
　verticillata　Ⅱ－*161* 2837
Molucella laevis　Ⅱ－*344* 3569
Momordica charantia　Ⅰ－*517*
　2010
Monarda didyma　Ⅱ－*333* 3528
Monochasma savatieri　Ⅱ－*359*
　3630
　sheareri　Ⅱ－*359* 3629
Monochoria korsakowii　Ⅰ－*173*
　634
　vaginalis　Ⅰ－*173* 635
Monotropa uniflora　Ⅱ－*229*
　3111
Monotropastrum humile　Ⅱ－
　229 3112
Monstera deliciosa　Ⅰ－*59* 177
Montia fontana　Ⅱ－*161* 2838
Morella rubra　Ⅰ－*507* 1970
Morinda citrifolia　Ⅱ－*235* 3134
　umbellata subsp. *boninensis*
　Ⅱ－*235* 3136
　－subsp. *obovata*　Ⅱ－*235* 3135
Morus australis　Ⅰ－*487* 1891
　cathayana　Ⅰ－*488* 1893
　kagayamae　Ⅰ－*487* 1892
Mosla dianthera　Ⅱ－*339* 3551
　japonica var. *japonica*　Ⅱ－*339*
　3550
　－var. *thymolifera*　Ⅱ－(*339*
　3550)
　scabra　Ⅱ－*339* 3552
Mucuna macrocarpa　Ⅰ－*418*
　1613
　pruriens var. *utilis*　Ⅰ－*418*
　1614
　sempervirens　Ⅰ－*417* 1612
Muehlenbeckia platyclada　Ⅱ－
　126 2700
Muhlenbergia hakonensis　Ⅰ－
　294 1120
　huegelii　Ⅰ－*294* 1119
　japonica　Ⅰ－*294* 1118
　ramosa　Ⅰ－*295* 1121
Mukdenia rossii　Ⅰ－*357* 1370
Murdannia keisak　Ⅰ－*172* 632
Murraya paniculata var. *exotica*
　Ⅱ－*58* 2425
Musa ×*paradisiaca*　Ⅰ－*175*
　641
　basjoo　Ⅰ－*174* 639
　coccinea　Ⅰ－*174* 640

　textilis　Ⅰ－*175* 642
Muscari botryoides　Ⅰ－*155*
　561
Mussaenda parviflora　Ⅱ－*233*
　3127
　shikokiana　Ⅱ－*233* 3128
Myoporum boninense　Ⅱ－*312*
　3444
　bontioides　Ⅱ－*312* 3443
Myosotis alpestris　Ⅱ－*269*
　3270
　scorpioides　Ⅱ－(*269* 3270)
　sylvatica　Ⅱ－*269* 3269
Myrica gale var. *tomentosa*
　Ⅰ－*507* 1971
Myriophyllum spicatum　Ⅰ－
　374 1438
　ussuriense　Ⅰ－*374* 1440
　verticillatum　Ⅰ－*374* 1439
Myristica fragrans　Ⅰ－*44* 117
Myrmechis japonica　Ⅰ－*125*
　441
Myrsine seguinii　Ⅱ－*192* 2961
　stolonifera　Ⅱ－*192* 2962

N

Nabalus acerifolius　Ⅱ－*473*
　4085
　tanakae　Ⅱ－*473* 4086
Nageia nagi　Ⅰ－*23* 34
Najas ancistrocarpa　Ⅰ－*74*
　239
　gracillima　Ⅰ－*74* 240
　graminea　Ⅰ－*75* 241
　marina　Ⅰ－*73* 236
　minor　Ⅰ－*74* 237
　oguraensis　Ⅰ－*74* 238
Nandina domestica　Ⅰ－*311*
　1185
Nanocnide japonica　Ⅰ－*494*
　1918
Narcissus jonquilla　Ⅰ－*152* 551
　pseudonarcissus　Ⅰ－*152* 552
　tazetta var. *chinensis*　Ⅰ－*152*
　550
Narthecium asiaticum　Ⅰ－*83*
　274
Nasturtium officinale　Ⅱ－*90*
　2555
Neanotis hirsuta var. *glabra*
　Ⅱ－*231* 3118
　－var. *hirsuta*　Ⅱ－*231* 3117
Neillia incisa　Ⅰ－*420* 1624
　tanakae　Ⅰ－*421* 1625
Nelumbo nucifera　Ⅰ－*344* 1317
Nemophila maculata　Ⅱ－*272*
　3281
Nemosenecio nikoensis　Ⅱ－*443*
　3968

Neofinetia falcata I − *135* 483
Neolindleya camtschatica I − *109* 379
Neolitsea aciculata I − *52* 149
　sericea I − *51* 148
Neomolinia japonica I − *251* 946
Neoshirakia japonica I − *538* 2094
Neottia acuminata I − *122* 432
　cordata I − *121* 426
　japonica I − *122* 430
　makinoana I − *121* 427
　nidus-avis var. *mandshurica* I − *122* 431
　nipponica I − *122* 429
　puberula I − *121* 428
Neottianthe cucullata I − *110* 382
Nepenthes mirabilis II − *128* 2708
Nepeta cataria II − *325* 3494
　subsessilis II − *325* 3493
　tenuifolia II − *325* 3495
Nephrophyllidium crista-galli subsp. *japonicum* II − *385* 3735
Nerium oleander var. *indicum* II − *263* 3248
Nicandra physalodes II − *277* 3303
Nicotiana rustica II − *286* 3340
　tabacum II − *286* 3339
Nierembergia frutescens II − *287* 3342
　gracilis II − (*287* 3342)
Nigella damascena I − *314* 1200
Nipponanthemum nipponicum II − *430* 3914
Noccaea cochleariformis II − *84* 2530
Nothapodytes amamianus II − (*230* 3114)
　nimmonianus II − *230* 3114
Nothosmyrnium japonicum II − *514* 4249
Nuphar japonica I − *31* 67
　oguraensis I − *31* 68
　pumila var. *ozeensis* I − *32* 70
　−var. *pumila* I − *32* 69
Nuttallanthus canadensis II − *301* 3397
Nymphaea tetragona I − *32* 71
Nymphoides indica II − *385* 3734
　peltata II − *385* 3733
Nypa fruticans I − *168* 614

O

Oberonia japonica I − *128* 454
Ochrosia hexandra II − (*264* 3251)
　nakaiana II − *264* 3251
Oenanthe javanica II − *519* 4272
Oenothera biennis II − *31* 2319
　glazioviana II − *31* 2320
　laciniata II − *32* 2321
　speciosa II − *32* 2322
　stricta II − *31* 2318
　tetraptera II − *32* 2323
Ohwia caudata I − *399* 1538
Oldenlandia brachypoda II − *231* 3119
Olea europaea II − *295* 3374
Omphalodes japonica II − *266* 3257
　krameri var. *krameri* II − *265* 3256
　−f. *alba* II − (*265* 3256)
Ophiopogon japonicus I − *163* 593
　planiscapus I − *163* 594
Ophiorrhiza japonica II − *232* 3122
Opithandra primuloides II − *296* 3379
Oplismenus compositus I − *277* 1052
　undulatifolius var. *japonicus* I − *277* 1051
　−var. *undulatifolius* I − *277* 1050
Oplopanax japonicus II − *508* 4227
Opuntia ficus-indica II − *163* 2847
Oreocnide frutescens I − *501* 1945
　pedunculata I − *501* 1946
Oreorchis patens I − *128* 455
Orixa japonica II − *55* 2414
Ornithogalum umbellatum I − *154* 557
Orobanche boninsimae II − *351* 3600
　coerulescens II − *351* 3599
Orostachys japonica I − *372* 1429
　malacophylla var. *aggregeata* I − *371* 1428
　−var. *boehmeri* I − *371* 1427
　−var. *iwarenge* I − *371* 1426
Orthilia secunda II − *228* 3107
Orychophragmus violaceus II − *101* 2598

Oryza sativa I − *241* 908, *242* 909
Osbeckia chinensis II − *36* 2340
Osmanthus × *fortunei* II − *293* 3367
　fragrans var. *aurantiacus* f. *aurantiacus* II − *292* 3364
　−var. *aurantiacus* f. *thunbergii* II − *293* 3365
　−var. *fragrans* II − *292* 3363
　heterophyllus II − *293* 3368
　insularis II − *293* 3366
Osmorhiza aristata II − *513* 4245
Osteomeles anthyllidifolia var. *subrotunda* I − *446* 1727
　boninensis I − *446* 1728
　lanata I − *447* 1729
　schwerinae I − (*446* 1728)
Ostericum florentii I − *528* 4306
　sieboldii II − *528* 4305
　−f. *hirtulum* II − (*528* 4305)
Ostrya japonica I − *510* 1981
Ottelia alismoides I − *71* 226
Oxalis acetosella var. *acetosella* I − *531* 2066
　bowieana I − *532* 2070
　corniculata I − *530* 2063, *530* 2064
　debilis subsp. *corymbosa* I − *532* 2069
　griffithii I − *531* 2067
　obtriangulata I − *531* 2068
　stricta I − *531* 2065
　tetraphylla I − *532* 2071
Oxyria digyna II − *112* 2641
Oxytropis campestris subsp. *rishiriensis* I − *395* 1524
　japonica var. *japonica* I − *395* 1521
　megalantha I − *395* 1523
　revoluta I − *395* 1522
　shokanbetsuensis I − *396* 1525

P

Pachysandra terminalis I − *347* 1330
Padus avium I − *430* 1662
　buergeriana I − *429* 1660
　grayana I − *430* 1661
　ssiori I − *430* 1663
Paederia foetida II − *237* 3142
Paeonia japonica I − *347* 1332
　lactiflora var. *trichocarpa* I − *347* 1331
　obovata I − *348* 1333

suffruticosa Ⅰ−*348* 1334
Paliurus ramosissimus Ⅰ−*479* 1859
Panax ginseng Ⅱ−*511* 4237
　japonicus Ⅱ−*511* 4238
Pandanus boninensis Ⅰ−*89* 298
　odoratissimus Ⅰ−*89* 299
Pandorea jasminoides Ⅱ−*366* 3659
Panicum bisulcatum Ⅰ−*275* 1042
　dichotomiflorum Ⅰ−*275* 1043
　miliaceum Ⅰ−*275* 1041
Papaver fauriei Ⅰ−*297* 1132
　orientale Ⅰ−*297* 1131
　rhoeas Ⅰ−*297* 1130
　somniferum Ⅰ−*297* 1129
Paphiopedilum insigne Ⅰ−*107* 369
Paraderris elliptica Ⅰ−*391* 1508
Paraprenanthes sororia Ⅱ−*475* 4094
Parasenecio adenostyloides Ⅱ−*446* 3980
　amagiensis Ⅱ−*447* 3981
　delphiniifolius Ⅱ−*449* 3990
　farfarifolius var. *acerinus* Ⅱ−*447* 3984
　−var. *bulbiferus* Ⅱ−*447* 3983
　−var. *farfarifolius* Ⅱ−(*447* 3983)
　hastatus subsp. *orientalis* Ⅱ−*448* 3985
　kamtschaticus Ⅱ−*447* 3982
　kiusianus Ⅱ−*449* 3991
　maximowiczianus var. *alatus* Ⅱ−(*448* 3986)
　−var. *maximowiczianus* Ⅱ−*448* 3986
　nikomontanus Ⅱ−*449* 3989
　nipponicus Ⅱ−*448* 3987
　peltifolius Ⅱ−*450* 3993
　shikokianus Ⅱ−*448* 3988
　tanakae Ⅱ−(*448* 3985)
　tebakoensis Ⅱ−*449* 3992
　yatabei Ⅱ−*450* 3994
Paris tetraphylla Ⅰ−*91* 308
　verticillata Ⅰ−*92* 309
Parnassia alpicola Ⅰ−*530* 2061
　foliosa var. *foliosa* Ⅰ−*530* 2062
　palustris var. *palustris* Ⅰ−*529* 2060
Parthenocissus inserta Ⅰ−*377*

1450
　tricuspidata Ⅰ−*377* 1449
Paspalum distichum var.
　distichum Ⅰ−*278* 1055
　scrobiculatum var. *orbiculare* Ⅰ−*278* 1054
　thunbergii Ⅰ−*278* 1053
Passiflora caerulea Ⅰ−*548* 2135
　edulis Ⅰ−*548* 2136
Pastinaca sativa Ⅱ−*530* 4316
Patrinia gibbosa Ⅱ−*491* 4157
　scabiosifolia Ⅱ−*490* 4153
　sibirica Ⅱ−*491* 4158
　triloba var. *kozushimensis* Ⅱ−(*490* 4155)
　−var. *palmata* Ⅱ−*490* 4155
　−var. *takeuchiana* Ⅱ−*490* 4156
　−var. *triloba* Ⅱ−(*490* 4155)
　villosa Ⅱ−*490* 4154
Paulownia tomentosa Ⅱ−*350* 3596
Pecteilis radiata Ⅰ−*111* 386
Pedicularis apodochila Ⅱ−*355* 3616
　chamissonis subsp.
　chamissonis var.
　hokkaidoensis Ⅱ−(*356* 3618)
　−subsp. *japonica* var. *japonica* Ⅱ−*356* 3618
　gloriosa Ⅱ−*355* 3613
　keiskei Ⅱ−*356* 3617
　nipponica Ⅱ−*354* 3612
　refracta Ⅱ−*356* 3620
　resupinata subsp. *oppositifolia* var. *oppositifolia* Ⅱ−*355* 3614
　verticillata Ⅱ−*356* 3619
　yezoensis Ⅱ−*355* 3615
Pelargonium inquinans Ⅱ−*19* 2269
　radens Ⅱ−*19* 2271
　zonale Ⅱ−*19* 2270
Pellionia minima Ⅰ−*497* 1931
　radicans Ⅰ−*497* 1930
　scabra Ⅰ−*497* 1929
Peltoboykinia tellimoides Ⅰ−*360* 1384
Pemphis acidula Ⅱ−*25* 2294
Pennellianthus frutescens Ⅱ−*302* 3401
Pennisetum alopecuroides Ⅰ−*271* 1027
　latifolium Ⅰ−*271* 1028
Penstemon campanulatus Ⅱ−*301* 3400
Pentapetes phoenicea Ⅱ−*65*

2453
Penthorum chinense Ⅰ−*373* 1436
Peperomia boninsimensis Ⅰ−*36* 87
　japonica Ⅰ−*36* 86
Peracarpa carnosa Ⅱ−*381* 3720
Pericallis × *hybrida* Ⅱ−*444* 3969
　cruenta Ⅱ−(*444* 3969)
Pericampylus formosanus Ⅰ−*305* 1163
Perilla frutescens var. *crispa* 'Crispa' Ⅱ−(*338* 3547)
　−var. *crispa* 'Crispidiscolor' Ⅱ−(*338* 3547)
　−var. *crispa* 'Viridi-crispa' Ⅱ−*338* 3547
　−var. *crispa* f. *purpurea* Ⅱ−*338* 3546
　−var. *crispa* f. *viridis* Ⅱ−(*338* 3546)
　−var. *frutescens* Ⅱ−*339* 3549
　hirtella Ⅱ−*338* 3548
Perillula reptans Ⅱ−*340* 3553
Peristrophe japonica Ⅱ−*364* 3649
Peristylus flagellifer Ⅰ−*111* 385
Persea americana Ⅰ−*51* 147
Persicaria amphibia Ⅱ−*118* 2665
　breviochreata Ⅱ−*120* 2675
　chinensis Ⅱ−*121* 2679
　debilis Ⅱ−*118* 2667
　erectominor var. *erectominor* Ⅱ−*115* 2654
　−var. *trigonocarpa* Ⅱ−*115* 2655
　filiformis Ⅱ−*121* 2680
　foliosa var. *paludicola* Ⅱ−*116* 2657
　hastatosagittata Ⅱ−*120* 2676
　hydropiper f. *angustissima* Ⅱ−*114* 2650
　−f. *hydropiper* Ⅱ−*114* 2649
　−f. *viridis* Ⅱ−*114* 2651
　japonica Ⅱ−*117* 2663
　lapathifolia var. *incana* Ⅱ−*116* 2660
　−var. *lapathifolia* Ⅱ−*113* 2647
　longiseta Ⅱ−*113* 2648
　maackiana Ⅱ−*119* 2670
　maculosa subsp. *hirticaulis* var. *pubescens* Ⅱ−*116* 2659

muricata II−*119* 2671
neofiliformis II−*122* 2681
nepalensis II−*118* 2666
odorata subsp. *conspicua* II−*117* 2662
orientalis II−*113* 2645, *113* 2646
perfoliata II−*121* 2678
posumbu var. *posumbu* II−*115* 2653
praetermissa II−*120* 2674
pubescens II−*114* 2652
sagittata II−*119* 2672, *120* 2673
senticosa II−*121* 2677
taquetii II−*115* 2656
thunbergii II−*118* 2668, *119* 2669
tinctoria II−*117* 2661
viscofera var. *viscofera* II−*116* 2658
viscosa II−*117* 2664
Pertya × *hybrida* II−*390* 3753
　× *koribana* II−*389* 3751
　glabrescens II−*390* 3755
　rigidula II−*389* 3749
　robusta II−*389* 3752
　scandens II−*390* 3754
　triloba II−*389* 3750
Petasites japonicus subsp.
　giganteus II−(*446* 3977)
　−subsp. *japonicus* II−*446* 3977
Petrosavia sakuraii I−*82* 272
Petroselinum crispum II−*520* 4273
Petunia × *hybrida* II−*287* 3341
　axillaris II−(*287* 3341)
　violacea II−(*287* 3341)
Peucedanum japonicum II−*530* 4313
　−var. *latifolium* II−(*530* 4313)
　multivittatum II−*530* 4314
Phacellanthus tubiflorus II−*353* 3605
Phacelurus latifolius I−*283* 1074
Phaenosperma globosum I−*248* 934
Phalaenopsis aphrodite I−*136* 488
Phalaris arundinacea I−*256* 966
　−'Picta' I−*256* 967
Phaseolus coccineus I−*413* 1596
　lunatus I−*413* 1593

　vulgaris I−*413* 1594
　−Humilis Group I−*413* 1595
Phedimus aizoon var. *aizoon* I−*368* 1416
　−var. *floribundus* I−*368* 1415
　kamtschaticus I−*368* 1414
　sikokianus I−*369* 1417
Phellodendron amurense var. *amurense* II−*56* 2419
　−var. *japonicum* II−*56* 2420
Philadelphus satsumi II−*166* 2858
Philydrum lanuginosum I−*173* 633
Phleum alpinum I−*264* 998
　paniculatum I−*263* 996, *264* 997
　pratense I−*264* 999
Phlox drummondii II−*175* 2893
　paniculata II−*174* 2892
Phoenix canariensis I−*169* 620
　dactylifera I−*169* 619
　roebelenii I−*170* 621
Phormium tenax I−*144* 519
Photinia glabra I−*445* 1721
　serratifolia I−*445* 1723
　wrightiana I−*445* 1722
Phragmites australis I−*289* 1098
　japonicus I−*289* 1099
　karka I−*289* 1100
Phryma leptostachya subsp. *asiatica* II−*350* 3593
Phtheirospermum japonicum II−*358* 3626
Phyla nodiflora II−*367* 3663
Phyllanthus amarus I−*545* 2124
　debilis I−*545* 2123
　flexuosus I−*546* 2126
　lepidocarpus I−*545* 2121
　reticulatus I−*546* 2125
　ussuriensis I−*545* 2122
Phyllodoce aleutica II−*218* 3066
　−× *P. caerulea* II−*218* 3067
　caerulea II−*218* 3068
　nipponica subsp. *nipponica* II−*218* 3065
　−subsp. *tsugifolia* II−(*218* 3065)
Phyllospadix iwatensis I−*77* 251
　japonicus I−*77* 252
Phyllostachys aurea I−*243* 915

　bambusoides I−*243* 914
　edulis I−*243* 916
　nigra var. *henonis* I−*244* 917
Physaliastrum
　chamaesarachoides II−*279* 3311
　echinatum II−*280* 3313
　japonicum II−*279* 3312
Physalis alkekengi var. *franchetii* II−*278* 3308
　−var. *franchetii* 'Monstrosa' II−*279* 3309
　pubescens II−*279* 3310
Physostegia virginiana II−*316* 3460
Phytolacca acinosa II−*159* 2831
　americana II−*159* 2830
　japonica II−*159* 2832
Picea glehnii I−*17* 9
　jezoensis var. *hondoensis* I−*16* 5
　−var. *jezoensis* I−*15* 4
　koyamae I−*16* 7
　maximowiczii I−*16* 8
　torano I−*16* 6
Picrasma quassioides II−*64* 2449
Picris hieracioides subsp. *japonica* II−*471* 4077
Pieris japonica subsp. *japonica* II−*221* 3078
Pilea angulata subsp. *petiolaris* I−*495* 1922
　aquarum subsp. *brevicornuta* I−*495* 1924
　hamaoi I−*494* 1920
　japonica I−*494* 1919
　notata I−*495* 1923
　peploides I−*496* 1925
　pumila I−*495* 1921
Pimpinella diversifolia II−*516* 4259
Pinellia ternata I−*67* 210
　tripartita I−*67* 211
Pinguicula ramosa II−*360* 3633
　vulgars var. *macroceras* II−*359* 3632
Pinus amamiana I−*22* 29
　armendii I−(*22* 29)
　densiflora I−*20* 23
　−f. *umbraculifera* I−*20* 24
　koraiensis I−*22* 30
　palustris I−*21* 26
　parviflora var. *parviflora* I−*21* 28
　−var. *pentaphylla* I−*21* 27

pumila　I −22　31
thunbergii　I −21　25
Piper kadsura　I −35　84
　nigrum　I −36　85
Pistacia vera　II −39　2349
Pisum sativum Arvense Group
　I −411　1585
　−Hortense Group　I −410
　1584
Pittosporum beecheyi　II −503
　4206
　boninense var. boninense
　　II −502　4203
　−var. chichijimense　II −502
　4204
　−var. lutchuense　II −502
　4202
　illicioides　II −503　4207
　parvifolium　II −503　4205
　tobira　II −502　4201
　undulatum　II −503　4208
Planchonella boninensis　II −
　177　2903
　obovata　II −177　2902
Plantago asiatica　II −298　3386
　camtschatica　II −299　3389
　hakusanensis　II −299　3390
　japonica　II −298　3387
　lanceolata　II −298　3388
Platanthera florentii　I −114
　397
　hologlottis　I −112　391
　iinumae　I −114　400
　japonica　I −112　390
　mandarinorum subsp.
　　maximowicziana　I −113
　396
　minor　I −113　395
　ophrydioides　I −113　393
　sachalinensis　I −112　392
　takedae subsp. takedae　I −
　113　394
　tipuloides subsp. tipuloides var.
　　sororia　I −114　398
　ussuriensis　I −114　399
Platanus × acerifolia　I −344
　1319
　occidentalis　I −344　1320
　orientalis　I −344　1318
Platycarya strobilacea　I −507
　1972
Platycladus orientalis　I −23
　36
　−'Ericoides'　I −24　37
Platycodon grandiflorus　II −
　383　3726
Platycrater arguta　II −168
　2865
Plectocephalus americanus

II −468　4065
Plectranthus scutellarioides
　II −317　3461
Pleioblastus argenteostriatus f.
　glaber　I −245　921
　chino var. chino　I −244　920
　gramineus　I −245　922
　hindsii　I −245　923
　simonii　I −244　919
Pleurospermum uralense　II −
　522　4282
Plumeria rubra 'Acutifolia'
　II −264　3250
Poa acroleuca　I −265　1003
　annua　I −265　1001
　nipponica　I −265　1002
　pratensis subsp. pratensis
　　I −266　1005
　sphondylodes　I −265　1004
　tuberifera　I −266　1006
Podocarpus macrophyllus var.
　macrophyllus　I −23　33
　−var. maki　I −22　32
Pogonatherum crinitum　I −
　287　1092
Pogonia japonica　I −115　403
　minor　I −115　404
Pogostemon stellatus　II −341
　3557
　yatabeanus　II −341　3558
Poinsettia　I −(541　2106)
Polanisia trachysperma　II −82
　2524
Polemonium caeruleum subsp.
　kiushianum　II −174　2890
　−subsp. yezoense　II −174
　2891
Pollia japonica　I −170　624
Polygala japonica　I −419　1617
　reinii　I −420　1621
　senega　I −419　1619
　tatarinowii　I −419　1620
　tenuifolia　I −419　1618
Polygonatum falcatum　I −164
　599
　humile　I −164　598
　involucratum　I −165　602
　lasianthum　I −165　601
　macranthum　I −164　600
　odoratum var. pluriflorum
　　I −164　597
Polygonum aviculare subsp.
　aviculare　II −112　2643
　plebeium　II −112　2644
　polyneuron　II −112　2642
Polypogon fugax　I −262　991
　monspeliensis　I −262　992
Ponerorchis chidori var. chidori
　I −108　374

graminifolia　I −108　373
joo-iokiana　I −108　375
Pongamia pinnata　I −392
　1509
Populus nigra var. italica　I −
　550　2141
　suaveolens　I −549　2140
　tremula var. sieboldii　I −549
　2139
Portulaca grandiflora　II −162
　2843
　okinawensis　II −162　2844
　oleracea var. oleracea　II −162
　2841
　−var. sativa　II −162　2842
Potamogeton × nitens　I −79
　260
　berchtoldii　I −81　265
　crispus　I −80　263
　cristatus　I −79　257
　distinctus　I −78　255
　fryeri　I −78　256
　gramineus　I −(79　260)
　maackianus　I −80　262
　natans　I −78　254
　octandrus var. miduhikimo
　　I −79　258
　oxyphyllus　I −80　264
　pectinatus　I −81　266
　perfoliatus　I −79　259
　wrightii　I −80　261
Potentilla ancistrifolia var.
　dickinsii　I −469　1820
　anemonifolia　I −472　1830
　anserina subsp. pacifica　I −
　471　1826
　centigrana　I −473　1833
　chinensis　I −469　1818
　cryptotaeniae　I −472　1831
　discolor　I −470　1823
　fragarioides var. major　I −
　470　1821
　fragiformis subsp. megalantha
　　I −471　1825
　freyniana　I −472　1829
　hebiichigo　I −473　1834
　indica　I −473　1835
　matsumurae　I −471　1827
　niponica　I −469　1819
　nivea　I −470　1824
　norvegica　I −472　1832
　rosulifera　I −471　1828
　stolonifera　I −470　1822
Pourthiaea villosa　I −445
　1724
Pouzolzia hirta　I −500　1943
　zeylanica　I −500　1942
Premna microphylla　II −348
　3587

Primula cuneifolia var. *cuneifolia*
Ⅱ − *180* 2913
−var. *hakusanensis* Ⅱ − *180* 2914
−var. *heterodonta* Ⅱ − *180* 2915
 elatior Ⅱ − (*184* 2931)
 farinosa subsp. *modesta* var. *fauriei* Ⅱ − *181* 2918
 −subsp. *modesta* var. *matsumurae* Ⅱ − *181* 2919
 −subsp. *modesta* var. *modesta* Ⅱ − *181* 2917
 hidakana Ⅱ − *182* 2923
 japonica Ⅱ − *179* 2911
 jesoana var. *jesoana* Ⅱ − *182* 2921
 −var. *pubescens* Ⅱ − (*182* 2921)
 kisoana Ⅱ − *182* 2922
 macrocarpa Ⅱ − *181* 2920
 malacoides Ⅱ − *184* 2930
 nipponica Ⅱ − *179* 2912
 polyantha Ⅱ − *184* 2931
 reinii var. *kitadakensis* Ⅱ − *183* 2926
 −var. *reinii* Ⅱ − *183* 2925
 −var. *rhodotricha* Ⅱ − *183* 2927
 sieboldii Ⅱ − *179* 2910
 sinensis Ⅱ − *184* 2932
 takedana Ⅱ − *183* 2928
 tosaensis Ⅱ − *182* 2924
 veris subsp. *veris* Ⅱ − *184* 2929
 vulgaris Ⅱ − (*184* 2931)
 yuparensis Ⅱ − *180* 2916
Proboscidea louisianica Ⅱ − *368* 3667
Protea cynaroides Ⅰ − *345* 1322
Prunella prunelliformis Ⅱ − *326* 3500
 vulgaris subsp. *asiatica* Ⅱ − *326* 3499
 −subsp. *vulgaris* Ⅱ − (*326* 3499)
Prunus salicina Ⅰ − *423* 1635
Pseudognaphalium affine Ⅱ − *410* 3833
 hypoleucum Ⅱ − *410* 3834
Pseudopyxis depressa Ⅱ − *237* 3144
 heterophylla Ⅱ − *238* 3145
Pseudoraphis sordida Ⅰ − *279* 1059
Pseudosasa japonica Ⅰ − *247* 929
Pseudostellaria heterantha
Ⅱ − *137* 2743
 heterophylla Ⅱ − *137* 2742
 japonica Ⅱ − *138* 2746
 palibiniana Ⅱ − *137* 2744
 sylvatica Ⅱ − *138* 2745
Pseudotsuga japonica Ⅰ − *17* 12
Psidium cattleyanum f. *lucidum*
Ⅱ − *34* 2332
 guajava Ⅱ − *34* 2331
Psychotria homalosperma Ⅱ − *236* 3138
 rubra Ⅱ − *236* 3137
 serpens Ⅱ − *236* 3139
Pteridophyllum racemosum
Ⅰ − *299* 1139
Pternopetalum tanakae Ⅱ − *516* 4257
Pterocarpus santalinus Ⅰ − *383* 1473
Pterocarya rhoifolia Ⅰ − *508* 1973
Pterostyrax corymbosa Ⅱ − *200* 2993
 hispida Ⅱ − *200* 2994
Pterygocalyx volubilis Ⅱ − *250* 3194
Pterygopleurum neurophyllum
Ⅱ − *516* 4258
Pueraria lobata Ⅰ − *417* 1611
Pulsatilla cernua Ⅰ − *328* 1255
 nipponica Ⅰ − *328* 1256
Punica granatum Ⅱ − *20* 2275
Putranjiva matsumurae Ⅰ − *548* 2134
Pyracantha angustifolia Ⅰ − *446* 1725
Pyrola alpina Ⅱ − *227* 3103
 asarifolia subsp. *incarnata*
 Ⅱ − *228* 3105
 japonica Ⅱ − *227* 3102
 nephrophylla Ⅱ − *227* 3104
 renifolia Ⅱ − *228* 3106
Pyrus calleryana Ⅰ − *439* 1699
 communis Ⅰ − *439* 1700
 pyrifolia var. *culta* Ⅰ − *439* 1698
 −var. *pyrifolia* Ⅰ − *439* 1697
 ussuriensis var. *hondoensis*
 Ⅰ − *438* 1696
 −var. *ussuriensis* Ⅰ − *438* 1695

Q

Quercus acuta Ⅰ − *505* 1961
 acutissima Ⅰ − *502* 1952
 aliena Ⅰ − *503* 1955
 crispula Ⅰ − *502* 1951
 dentata Ⅰ − *503* 1954
 gilva Ⅰ − *506* 1965
 glauca Ⅰ − *504* 1958
 −'Fasciata' Ⅰ − *504* 1959
 −'Lacera' Ⅰ − *504* 1960
 miyagii Ⅰ − *505* 1964
 myrsinifolia Ⅰ − *504* 1957
 phillyreoides Ⅰ − *503* 1956
 salicina Ⅰ − *505* 1963
 serrata Ⅰ − *502* 1950
 sessilifolia Ⅰ − *505* 1962
 variabilis Ⅰ − *503* 1953
Quisqualis indica Ⅱ − *19* 2272

R

Rafflesia arnoldii Ⅰ − *535* 2081
Ranunculus acris subsp.
 nipponicus Ⅰ − *335* 1283
 altaicus subsp. *shinanoalpinus*
 Ⅰ − *334* 1277
 cantoniensis Ⅰ − *336* 1288
 chinensis Ⅰ − *336* 1286
 franchetii Ⅰ − *334* 1280
 grandis var. *grandis* Ⅰ − *335* 1281
 japonicus Ⅰ − *335* 1282
 kazusensis Ⅰ − *337* 1292
 kitadakeanus Ⅰ − *333* 1274
 muricatus Ⅰ − *337* 1289
 nipponicus var. *submersus*
 Ⅰ − *337* 1291
 pygmaeus Ⅰ − *333* 1276
 repens Ⅰ − *335* 1284
 reptans Ⅰ − *333* 1273
 sceleratus Ⅰ − *334* 1279
 sieboldii Ⅰ − *336* 1285
 silerifolius Ⅰ − *336* 1287
 tachiroei Ⅰ − *337* 1290
 ternatus Ⅰ − *334* 1278
 yatsugatakensis Ⅰ − *333* 1275
Ranzania japonica Ⅰ − *306* 1167
Raphanus sativus var. *hortensis*
Ⅱ − *89* 2550
 −var. *hortensis* f.
 raphanistroides Ⅱ − *89* 2551
Ravenala madagascariensis
Ⅰ − *174* 637
Rehmannia glutinosa f. *glutinosa*
Ⅱ − *351* 3597
 japonica Ⅱ − *351* 3598
Reineckea carnea Ⅰ − *162* 589
Reseda alba Ⅱ − *81* 2520
 odorata Ⅱ − *81* 2519
Rhamnella franguloides Ⅰ − *480* 1861
Rhamnus costata Ⅰ − *483* 1876
 davurica var. *nipponica* Ⅰ − *483* 1874

japonica Ⅰ−482 1872
utilis Ⅰ−483 1875
yoshinoi Ⅰ−483 1873
Rhaphiolepis indica var.
　umbellata Ⅰ−444 1719, 444 1720
Rhapis excelsa Ⅰ−166 608
　humilis Ⅰ−166 607
Rheum rhabarbarum Ⅱ−111 2640
Rhinanthus angustifolius subsp.
　grandiflorus Ⅱ−354 3611
Rhizophora mucronata Ⅰ−534 2079
Rhodiola ishidae Ⅰ−372 1431
　rosea Ⅰ−372 1430
Rhododendron ×mucronatum
　'Shiroryukyu' Ⅱ−208 3025
　−'Usuyo' Ⅱ−208 3026
　×*obtusum* Ⅱ−208 3028
　−'Yaekirishima' Ⅱ−209 3029
　×*pulchrum* 'Oomurasaki' Ⅱ−207 3022
　albrechtii Ⅱ−213 3047
　amagianum Ⅱ−211 3040
　aureum Ⅱ−216 3057
　−f. *senanense* Ⅱ−(216 3057)
　benhallii Ⅱ−216 3058
　brachycarpum var.
　　brachycarpum Ⅱ−215 3056
　dauricum Ⅱ−205 3014
　degronianum var. *amagianum* Ⅱ−214 3052
　−var. *degronianum* Ⅱ−214 3051
　dilatatum var. *dilatatum* Ⅱ−212 3041
　eriocarpum Ⅱ−210 3035
　groenlandicum subsp.
　　diversipilosum Ⅱ−204 3011
　indicum Ⅱ−210 3033
　−'Laciniatum' Ⅱ−210 3034
　japonoheptamerum var.
　　hondoense Ⅱ−(215 3053)
　−var. *japonoheptamerum* Ⅱ−215 3053
　kaempferi var. *kaempferi* Ⅱ−209 3030
　katsumatae Ⅱ−216 3060
　keiskei Ⅱ−205 3016
　kiusianum Ⅱ−209 3031
　kiyosumense Ⅱ−213 3045
　kroniae Ⅱ−217 3061
　lagopus var. *niphophilum* Ⅱ−212 3044
　lapponicum subsp. *parvifolium* Ⅱ−214 3049
　latoucheae Ⅱ−206 3017
　macrosepalum Ⅱ−207 3023
　makinoi Ⅱ−215 3055
　molle subsp. *japonicum* Ⅱ−213 3046
　mucronulatum var. *ciliatum* Ⅱ−205 3015
　multiflorum var. *multiflorum* Ⅱ−216 3059
　nipponicum Ⅱ−214 3050
　nudipes var. *nudipes* Ⅱ−(212 3042)
　pentandrum Ⅱ−217 3062
　pentaphyllum var. *nikoense* Ⅱ−(213 3048)
　−var. *shikokianum* Ⅱ−213 3048
　quinquefolium Ⅱ−210 3036
　reticulatum Ⅱ−212 3043
　ripense Ⅱ−207 3024
　sanctum var. *sanctum* Ⅱ−211 3039
　scabrum Ⅱ−207 3021
　semibarbatum Ⅱ−206 3018
　serpyllifolium var.
　　serpyllifolium Ⅱ−209 3032
　tashiroi var. *tashiroi* Ⅱ−211 3037
　tomentosum var. *decumbens* Ⅱ−204 3012
　tschonoskii subsp. *trinerve* Ⅱ−206 3020
　−subsp. *tschonoskii* var.
　　tschonoskii Ⅱ−206 3019
　tsusiophyllum Ⅱ−205 3013
　wadanum Ⅱ−212 3042
　weyrichii var. *weyrichii* Ⅱ−211 3038
　yakushimanum var.
　　yakushimanum Ⅱ−215 3054
　yedoense var. *yedoense* 'Yodogawa' Ⅱ−208 3027
　−var. *yedoense* f. *poukhanense* Ⅱ−(208 3027)
Rhodomyrtus tomentosa Ⅱ−35 2333
Rhodotypos scandens Ⅰ−432 1670
Rhus javanica var. *chinensis* Ⅱ−40 2355
Rhynchosia acuminatifolia Ⅰ−416 1606
　minima Ⅰ−416 1607
　volubilis Ⅰ−416 1605
Rhynchospora alba Ⅰ−208 773
　brownii Ⅰ−208 776
　faberi Ⅰ−209 777
　fauriei Ⅰ−208 775
　fujiiana Ⅰ−209 778
　rubra Ⅰ−209 779
　rugosa Ⅰ−208 774
Rhynchotechum discolor Ⅱ−296 3380
Ribes ambiguum Ⅰ−355 1362
　fasciculatum Ⅰ−354 1360
　japonicum Ⅰ−354 1358
　latifolium Ⅰ−353 1356
　maximowiczianum Ⅰ−355 1361
　rubrum Ⅰ−354 1357
　sachalinense Ⅰ−354 1359
　sinanense Ⅰ−353 1354
　uva-crispa Ⅰ−353 1355
Ricinus communis Ⅰ−536 2088
Robinia pseudoacacia Ⅰ−396 1526
Rodgersia podophylla Ⅰ−356 1368
Rohdea japonica Ⅰ−161 588
Rorippa cantoniensis Ⅱ−92 2561
　dubia Ⅱ−91 2558
　globosa Ⅱ−90 2556
　indica Ⅱ−91 2557
　palustris Ⅱ−91 2560
　sylvestris Ⅱ−91 2559
Rosa ×centifolia Ⅰ−466 1806
　amblyotis Ⅰ−464 1799
　banksiae Ⅰ−465 1803
　chinensis Ⅰ−466 1807
　fujisanensis Ⅰ−469 1817
　hirtula Ⅰ−464 1800
　laevigata Ⅰ−465 1802
　luciae Ⅰ−467 1811
　maikwai Ⅰ−466 1805
　multiflora var. *adenochaeta* Ⅰ−467 1809
　−var. *carnea* Ⅰ−467 1810
　−var. *multiflora* Ⅰ−466 1808
　nipponensis Ⅰ−464 1798
　onoei var. *hakonensis* Ⅰ−468 1815
　−var. *oligantha* Ⅰ−467 1812
　−var. *onoei* Ⅰ−468 1813
　paniculigera Ⅰ−468 1814
　roxburghii Ⅰ−465 1801
　rugosa Ⅰ−465 1804
　sambucina Ⅰ−468 1816
Rosmarinus officinalis Ⅱ−320 3475
Rotala elatinomorpha Ⅱ−23 2288
　hippuris Ⅱ−23 2286
　indica Ⅱ−22 2284
　mexicana Ⅱ−23 2287
　rosea Ⅱ−23 2285

rotundifolia Ⅱ−24 2289
Rubia argyi Ⅱ−244 3170
　chinensis Ⅱ−245 3174
　cordifolia var. *lancifolia* Ⅱ−244 3169
　hexaphylla Ⅱ−244 3171
　jesoensis Ⅱ−245 3173
　tinctorum Ⅱ−244 3172
Rubus ×*medius* Ⅰ−454 1757
　×*toyorensis* Ⅰ−456 1766
　arcticus Ⅰ−449 1739
　boninensis Ⅰ−454 1758
　buergeri Ⅰ−451 1746
　chamaemorus Ⅰ−449 1740
　chingii Ⅰ−452 1751
　corchorifolius Ⅰ−452 1750
　coreanus Ⅰ−459 1779
　crataegifolius Ⅰ−455 1761
　croceacanthus Ⅰ−458 1774
　fruticosus Ⅰ−460 1782
　grayanus Ⅰ−453 1754
　hakonensis Ⅰ−451 1747
　hirsutus Ⅰ−457 1772
　idaeus subsp. *melanolasius* Ⅰ−455 1764
　−subsp. *nipponicus* var. *hondoensis* Ⅰ−456 1765
　ikenoensis Ⅰ−460 1781
　illecebrosus Ⅰ−456 1768
　kisoensis Ⅰ−452 1752
　lambertianus Ⅰ−451 1748
　mesogaeus Ⅰ−458 1775
　microphyllus Ⅰ−454 1759
　minusculus Ⅰ−457 1770
　nesiotes Ⅰ−450 1744
　nishimuranus Ⅰ−456 1767
　okinawensis Ⅰ−458 1773
　palmatus var. *coptophyllus* Ⅰ−453 1753
　−var. *palmatus* Ⅰ−(453 1753)
　parvifolius Ⅰ−459 1777
　pectinellus Ⅰ−450 1743
　pedatus Ⅰ−450 1741
　peltatus Ⅰ−452 1749
　phoenicolasius Ⅰ−458 1776
　pseudoacer Ⅰ−455 1762
　pseudojaponicus Ⅰ−450 1742
　pungens var. *oldhamii* Ⅰ−459 1780
　ribisoideus Ⅰ−453 1755
　sieboldii Ⅰ−451 1745
　subcrataegifolius Ⅰ−454 1760
　sumatranus Ⅰ−457 1771
　tokinibara Ⅰ−457 1769
　trifidus Ⅰ−453 1756
　vernus Ⅰ−455 1763
　yoshinoi Ⅰ−459 1778
Rudbeckia hirta var. *pulcherrima* Ⅱ−419 3869
　laciniata Ⅱ−418 3868
Rumex acetosa Ⅱ−109 2629
　acetosella subsp. *pyrenaicus* Ⅱ−109 2630
　alpestris subsp. *lapponicus* Ⅱ−109 2631
　andreaeanum Ⅱ−(111 2638)
　conglomeratus Ⅱ−110 2633
　crispus Ⅱ−110 2636
　japonicus Ⅱ−109 2632
　longifolius Ⅱ−111 2637
　madaio Ⅱ−111 2639
　maritimus var. *ochotskius* Ⅱ−110 2635
　nepalensis subsp. *andreaeanus* Ⅱ−111 2638
　obtusifolius Ⅱ−110 2634
Ruppia maritima Ⅰ−81 267
Ruscus aculeatus Ⅰ−165 604
Ruta chalepensis var. *bracteosa* Ⅱ−56 2417
　graveolens Ⅱ−55 2416

S

Sabia japonica Ⅰ−342 1311
Saccharum officinarum Ⅰ−285 1084
　spontaneum var. *arenicola* Ⅰ−285 1083
Sacciolepis spicata var. *oryzetorum* Ⅰ−277 1049
　−var. *spicata* Ⅰ−276 1048
Sageretia thea Ⅰ−482 1870
Sagina japonica Ⅱ−134 2731
　maxima Ⅱ−134 2732
Sagittaria aginashi Ⅰ−69 220
　natans Ⅰ−69 219
　pygmaea Ⅰ−70 221
　trifolia var. *trifolia* Ⅰ−69 217
　−'Caerulea' Ⅰ−69 218
Saintpaulia ionantha Ⅱ−298 3385
Salicornia europaea Ⅱ−157 2822
Salix ×*leucopithecia* Ⅰ−552 2152
　arbutifolia Ⅰ−555 2163
　babylonica Ⅰ−553 2153
　caprea Ⅰ−552 2151
　cardiophylla var. *urbaniana* Ⅰ−550 2142
　chaenomeloides Ⅰ−550 2143
　dolichostyla subsp. *serissifolia* Ⅰ−553 2154
　futura Ⅰ−552 2150
　gracilistyla Ⅰ−551 2145
　integra Ⅰ−551 2148
　japonica Ⅰ−554 2157
　koriyanagi Ⅰ−551 2147
　miyabeana subsp. *gymnolepis* Ⅰ−551 2146
　nakamurana subsp. *nakamurana* Ⅰ−555 2161
　−subsp. *yezoalpina* Ⅰ−554 2160
　reinii Ⅰ−554 2159
　schwerinii Ⅰ−553 2156
　shiraii var. *shiraii* Ⅰ−554 2158
　sieboldiana var. *sieboldiana* Ⅰ−555 2162
　triandra Ⅰ−550 2144
　udensis Ⅰ−553 2155
　vulpina Ⅰ−552 2149
Salomonia ciliata Ⅰ−420 1622
Salsola komarovii Ⅱ−158 2826
Salvia coccinea Ⅱ−333 3525
　glabrescens Ⅱ−332 3522
　japonica Ⅱ−331 3519
　−f. *polakioides* Ⅱ−331 3520
　koyamae Ⅱ−332 3523
　lutescens var. *crenata* Ⅱ−(331 3518)
　−var. *intermedia* Ⅱ−331 3518
　−var. *lutescens* Ⅱ−(331 3518)
　miltiorrhiza Ⅱ−330 3516
　nipponica Ⅱ−332 3521
　officinalis Ⅱ−332 3524
　patens Ⅱ−333 3527
　plebeia Ⅱ−330 3515
　ranzaniana Ⅱ−331 3517
　splendens Ⅱ−333 3526
Sambucus chinensis var. *chinensis* Ⅱ−485 4133
　−var. *formosana* Ⅱ−(485 4133)
　nigra Ⅱ−484 4132
　racemosa subsp. *kamtschatica* Ⅱ−484 4131
　−subsp. *sieboldiana* var. *major* Ⅱ−(484 4130)
　−subsp. *sieboldiana* var. *sieboldiana* Ⅱ−484 4130
　−subsp. *sieboldiana* var. *sieboldiana* f. *nakaiana* Ⅱ−(484 4130)
Samolus parviflorus Ⅱ−189 2949
Sanguisorba albiflora Ⅰ−463 1795
　canadensis subsp. *latifolia*

Ⅰ-463 1796
hakusanensis var.
　hakusanensis　Ⅰ-463 1793
　obtusa　Ⅰ-463 1794
　officinalis　Ⅰ-462 1791
　tenuifolia var. grandiflora
　　Ⅰ-464 1797
　-var. tenuifolia　Ⅰ-462 1792
Sanicula chinensis　Ⅱ-511
　4240
　kaiensis　Ⅱ-512 4241
　rubriflora　Ⅱ-512 4242
　tuberculata　Ⅱ-512 4243
Sansevieria nilotica　Ⅰ-161
　585
　trifasciata　Ⅰ-161 586
Santalum boninense　Ⅱ-106
　2618
Sapindus mukorossi　Ⅱ-42
　2361
Saponaria officinalis　Ⅱ-148
　2785
Saposhnikovia divaricata　Ⅱ-
　531 4319
Sarcandra glabra　Ⅰ-35 81
Sarracenia purpurea　Ⅱ-201
　2998
Sasa borealis　Ⅰ-246 928
　nipponica　Ⅰ-246 926
　palmata　Ⅰ-246 927
　veitchii　Ⅰ-246 925
Sasaella ramosa　Ⅰ-245 924
Satakentia liukiuensis　Ⅰ-168
　615
Saururus chinensis　Ⅰ-35 82
Saussurea amabilis　Ⅱ-465
　4054
　chionophylla　Ⅱ-462 4043
　franchetii　Ⅱ-463 4047
　gracilis　Ⅱ-465 4056
　maximowiczii　Ⅱ-463 4046
　-f. serrata　Ⅱ-(463 4046)
　modesta　Ⅱ-466 4057
　nikoensis var. nikoensis　Ⅱ-
　　463 4048
　nipponica subsp. nipponica var.
　　nipponica　Ⅱ-464 4052
　pulchella　Ⅱ-462 4042
　riederi subsp. yezoensis　Ⅱ-
　　464 4049
　sagitta　Ⅱ-465 4055
　sinuatoides　Ⅱ-465 4053
　tanakae　Ⅱ-462 4044
　triptera var. major　Ⅱ-464
　　4051
　-var. triptera　Ⅱ-464 4050
　ussuriensis　Ⅱ-463 4045
Saxifraga bronchialis subsp.
　funstonii var. rebunshirensis

Ⅰ-359 1380
　cernua　Ⅰ-360 1381
　cortusifolia　Ⅰ-358 1374
　fortunei　Ⅰ-358 1373
　fusca var. kikubuki　Ⅰ-359
　　1377
　japonica　Ⅰ-358 1376
　laciniata　Ⅰ-359 1379
　merkii var. idsuroei　Ⅰ-359
　　1378
　nipponica　Ⅰ-357 1372
　sachalinensis　Ⅰ-360 1382
　sendaica f. laciniata　Ⅰ-358
　　1375
　stolonifera　Ⅰ-357 1371
Scabiosa atropurpurea　Ⅱ-489
　4152
　japonica var. alpina　Ⅱ-489
　　4151
　-var. breviligula　Ⅱ-(489
　　4151)
　-var. japonica　Ⅱ-489 4150
　-var. lasiophylla　Ⅱ-(489
　　4150)
Scaevola taccada　Ⅱ-385 3736
Schefflera heptaphylla　Ⅱ-506
　4219
Scheuchzeria palustris　Ⅰ-76
　246
Schima wallichii subsp.
　mertensiana　Ⅰ-195 2974
Schinus terebinthifolia　Ⅱ-41
　2357
Schisandra chinensis　Ⅰ-33 75
　repanda　Ⅰ-33 74
Schizachne purpurascens subsp.
　callosa　Ⅰ-249 940
Schizachyrium brevifolium
　Ⅰ-282 1069
Schizocodon ilicifolius　Ⅱ-199
　2991
　-var. australis　Ⅱ-(199
　　2991)
　-var. ilicifolius　Ⅱ-(199
　　2991)
　-var. intercedens　Ⅱ-199
　　2992
　soldanelloides var. magnus
　　Ⅱ-199 2990
　-var. soldanelloides　Ⅱ-199
　　2989
Schizopepon bryoniifolius　Ⅰ-
　517 2009
Schizophragma hydrangeoides
　Ⅱ-172 2882
Schlumbergera russelliana
　Ⅱ-163 2846
Schoenoplectus hotarui　Ⅰ-197
　731

　juncoides　Ⅰ-(197 731)
　lacustris　Ⅰ-(198 735)
　lineolatus　Ⅰ-197 732
　nipponicus　Ⅰ-198 736
　tabernaemontani　Ⅰ-198
　　735
　triangulatus　Ⅰ-198 733
　triqueter　Ⅰ-198 734
Schoenus apogon　Ⅰ-207 770
Schoepfia jasminodora　Ⅱ-107
　2622
Sciadopitys verticillata　Ⅰ-23
　35
Sciaphila nana　Ⅰ-87 292
　secundiflora　Ⅰ-88 293
Scilla hispanica　Ⅰ-154 560
Scirpus asiaticus　Ⅰ-200 743
　fuirenoides　Ⅰ-199 740
　hattorianus　Ⅰ-200 744
　maximowiczii　Ⅰ-199 738
　mitsukurianus　Ⅰ-199 739
　wichurae f. concolor　Ⅰ-200
　　742
　-f. wichurae　Ⅰ-200 741
Scleria levis　Ⅱ-209 780
　mikawana　Ⅱ-210 784
　parvula　Ⅱ-210 781
　rugosa var. onoei　Ⅱ-210 783
　-var. rugosa　Ⅱ-210 782
Scopolia japonica　Ⅱ-278 3306
Scorzonera hispanica　Ⅱ-470
　4074
　rebunensis　Ⅱ-470 4073
Scrophularia alata　Ⅱ-314
　3449
　buergeriana　Ⅱ-313 3448
　duplicatoserrata　Ⅱ-313
　　3447
　kakudensis　Ⅱ-313 3446
Scutellaria baicalensis　Ⅱ-324
　3490
　brachyspica　Ⅱ-322 3484
　dependens　Ⅱ-323 3488
　guilielmii　Ⅱ-324 3489
　indica var. indica　Ⅱ-320
　　3476
　-var. parvifolia　Ⅱ-(320
　　3476)
　iyoensis　Ⅱ-321 3479
　kiusiana　Ⅱ-322 3483
　laeteviolacea var. abbreviata
　　Ⅱ-322 3482
　-var. laeteviolacea　Ⅱ-321
　　3480
　-var. maekawae　Ⅱ-322
　　3481
　muramatsui　Ⅱ-321 3477
　pekinensis var. transita　Ⅱ-
　　321 3478

shikokiana Ⅱ-*323* 3487
strigillosa Ⅱ-*323* 3485
yezoensis Ⅱ-*323* 3486
Secale cereale Ⅰ-*253* 954
Sechium edule Ⅰ-*522* 2029
Sedirea japonica Ⅰ-*136* 485
Sedum bulbiferum Ⅰ-*367* 1412
　formosanum Ⅰ-*366* 1406
　hakonense Ⅰ-*368* 1413
　japonicum subsp. *boninense* Ⅰ-*365* 1403
　-subsp. *japonicum* var. *japonicum* Ⅰ-*364* 1399
　-subsp. *japonicum* var. *senanense* Ⅰ-*364* 1400
　-subsp. *oryzifolium* Ⅰ-*365* 1401
　-subsp. *uniflorum* Ⅰ-*365* 1402
　lineare Ⅰ-*364* 1398
　makinoi Ⅰ-*366* 1405
　mexicanum Ⅰ-*364* 1397
　nagasakianum Ⅰ-*366* 1407
　polytrichoides Ⅰ-*365* 1404
　sarmentosum Ⅰ-*363* 1396
　subtile Ⅰ-*367* 1411
　tosaense Ⅰ-*366* 1408
　tricarpum Ⅰ-*367* 1409
　zentaro-tashiroi Ⅰ-*367* 1410
Semiaquilegia adoxoides Ⅰ-*316* 1208
Semiarundinaria fastuosa Ⅰ-*247* 930
Senecio cannabifolius Ⅱ-*443* 3966
　-f. *integrifolius* Ⅱ-(*443* 3966)
　nemorensis Ⅱ-*443* 3965
　scandens Ⅱ-*443* 3967
　vulgaris Ⅱ-*442* 3964
Senna obtusifolia Ⅰ-*381* 1465
　occidentalis Ⅰ-*380* 1464
Serissa japonica Ⅱ-*238* 3146
　-'Crassiramea' Ⅱ-*238* 3147
Serratula coronata subsp. *insularis* Ⅱ-*467* 4062
Sesamum indicum Ⅱ-*316* 3459
Setaria ×*pycnocoma* Ⅰ-*272* 1032
　chondrachne Ⅰ-*273* 1036
　faberi Ⅰ-*273* 1033
　italica Ⅰ-*273* 1035
　palmifolia Ⅰ-*274* 1037
　pumila Ⅰ-*273* 1034
　viridis var. *minor* Ⅰ-*272* 1029
　-var. *minor* f. *misera* Ⅰ-*272* 1030
　-var. *pachystachys* Ⅰ-*272* 1031
Shibataea kumasaca Ⅰ-*244* 918
Shorea robusta Ⅱ-(*194* 2971)
Shortia uniflora var. *kantoensis* Ⅱ-*198* 2987
　-var. *orbicularis* Ⅱ-*198* 2988
Sibbaldia procumbens Ⅰ-*474* 1838
Sibbaldiopsis miyabei Ⅰ-*474* 1837
Sida rhombifolia Ⅱ-*68* 2465
Sieversia pentapetala Ⅰ-*460* 1783
Sigesbeckia glabrescens Ⅱ-*418* 3866
　pubescens Ⅱ-*418* 3865
Silene akaisialpina Ⅱ-(*140* 2755)
　aomorensis Ⅱ-*141* 2760
　armeria Ⅱ-*140* 2756
　baccifera var. *japonica* Ⅱ-*145* 2773
　banksia Ⅱ-*142* 2764
　-'Verticillata' Ⅱ-(*142* 2764)
　bungeana Ⅱ-*143* 2765
　chalcedonica Ⅱ-*144* 2772
　coronaria Ⅱ-*144* 2771
　firma f. *firma* Ⅱ-*142* 2761
　-f. *pubescens* Ⅱ-*142* 2762
　foliosa Ⅱ-*140* 2754
　gallica var. *quinquevulnera* Ⅱ-*139* 2752
　gracillima Ⅱ-*144* 2770
　keiskei Ⅱ-*140* 2755
　kiusiana Ⅱ-*143* 2768
　latifolia subsp. *alba* Ⅱ-*141* 2759
　miqueliana Ⅱ-*143* 2767
　pendula Ⅱ-*140* 2753
　sieboldii Ⅱ-*143* 2766
　uralensis Ⅱ-*141* 2758
　vulgaris Ⅱ-*141* 2757
　wilfordii Ⅱ-*144* 2769
　yanoei Ⅱ-*142* 2763
Sinningia speciosa Ⅱ-*295* 3376
Sinoadina racemosa Ⅱ-*233* 3125
Sinomenium acutum Ⅰ-*305* 1161
Siphonostegia chinensis Ⅱ-*358* 3627
　laeta Ⅱ-*358* 3628
Sisymbrium luteum Ⅱ-*102* 2604
　officinale Ⅱ-*102* 2602
　orientale Ⅱ-*102* 2603
Sisyrinchium rosulatum Ⅰ-*142* 509
Sium ninsi Ⅱ-*517* 4263
　serra Ⅱ-*518* 4265
　suave var. *nipponicum* Ⅱ-*517* 4264
　-var. *ovatum* Ⅱ-(*517* 4264)
Skimmia japonica var. *intermedia* f. *intermedia* Ⅱ-(*57* 2423)
　-var. *intermedia* f. *repens* Ⅱ-*57* 2424
　-var. *japonica* f. *japonica* Ⅱ-*57* 2422
　-var. *japonica* f. *yatabei* Ⅱ-*57* 2423
Smilax biflora var. *biflora* Ⅰ-*94* 320
　-var. *trinervula* Ⅰ-*95* 321
　china Ⅰ-*94* 318
　nipponica Ⅰ-*95* 324
　riparia Ⅰ-*95* 323
　sieboldii Ⅰ-*94* 319
　stans Ⅰ-*95* 322
Smithia ciliata Ⅰ-*386* 1487
Solanum capsicoides Ⅱ-*281* 3318
　carolinense Ⅱ-*280* 3316
　echinatum Ⅱ-*281* 3317
　glaucophyllum Ⅱ-*283* 3326
　japonense var. *japonense* Ⅱ-*282* 3322
　-var. *japonense* f. *xanthocarpum* Ⅱ-(*282* 3322)
　-var. *takaoyamense* Ⅱ-*282* 3323
　lycopersicum Ⅱ-*284* 3330
　lyratum Ⅱ-*282* 3321
　maximowiczii Ⅱ-*282* 3324
　megacarpum Ⅱ-*283* 3325
　melongena Ⅱ-*283* 3328
　nigrum Ⅱ-*281* 3319
　pseudocapsicum Ⅱ-*283* 3327
　ptycanthum Ⅱ-*281* 3320
　tuberosum Ⅱ-*284* 3329
Soldanella alpina Ⅱ-*190* 2953
Solidago altissima Ⅱ-*393* 3768
　canadensis Ⅱ-(*394* 3769)
　gigantea subsp. *serotina* Ⅱ-*394* 3769
　virgaurea subsp. *asiatica* Ⅱ-*393* 3766
　yokusaiana Ⅱ-*393* 3767

Sonchus asper Ⅱ-*471* 4079
　brachyotus Ⅱ-*471* 4080
　oleraceus Ⅱ-*471* 4078
　wightianus Ⅱ-(*471* 4080)
Sonneratia alba Ⅱ-*20* 2276
Sophora flavescens Ⅰ-*383* 1475
　-f. *purpurascens* Ⅰ-*383* 1476
　franchetiana Ⅰ-*383* 1474
　tomentosa Ⅰ-*384* 1477
Sorbaria sorbifolia var. *stellipila* Ⅰ-*432* 1671
Sorbus commixta var. *commixta* Ⅰ-*442* 1711
　-var. *rufoferruginea* Ⅰ-*442* 1712
　-var. *sachalinensis* Ⅰ-*443* 1713
　gracilis Ⅰ-*443* 1716
　matsumurana Ⅰ-*443* 1714
　sambucifolia Ⅰ-*443* 1715
Sorghum bicolor Ⅰ-*280* 1063
　-'Hoki' Ⅰ-*280* 1064
　halepense Ⅰ-*281* 1065
　nitidum var. *dichroanthum* Ⅰ-*280* 1062
Sparganium erectum var. *coreanum* Ⅰ-*179* 659
　-var. *macrocarpum* Ⅰ-*179* 660
　fallax Ⅰ-*180* 663
　glomeratum Ⅰ-*180* 661
　japonicum Ⅰ-*180* 662
Spartium junceum Ⅰ-*387* 1491
Spergula arvensis Ⅱ-*138* 2748
Spergularia marina Ⅱ-*139* 2749
　rubra Ⅱ-*139* 2750
Sphagneticola calendulacea Ⅱ-*419* 3872
Spinacia oleracea Ⅱ-*156* 2819
Spinifex littoreus Ⅰ-*279* 1057
Spiraea betulifolia var. *aemiliana* Ⅰ-*434* 1679
　-var. *betulifolia* Ⅰ-*434* 1678
　blumei Ⅰ-*435* 1684
　cantoniensis Ⅰ-*436* 1686
　chamaedryfolia var. *pilosa* Ⅰ-*434* 1680
　chinensis Ⅰ-(*435* 1683)
　dasyantha Ⅰ-(*435* 1683)
　faurieana Ⅰ-*437* 1689
　japonica Ⅰ-*433* 1674
　media var. *sericea* Ⅰ-*435* 1681
　miyabei Ⅰ-*436* 1685
　nervosa var. *angustifolia* Ⅰ-*435* 1683
　-var. *nervosa* Ⅰ-*435* 1682
　nipponica var. *nipponica* f. *nipponica* Ⅰ-*433* 1675
　-var. *nipponica* f. *rotundifolia* Ⅰ-*433* 1676
　-var. *tosaensis* Ⅰ-*434* 1677
　prunifolia Ⅰ-*436* 1688
　salicifolia Ⅰ-*437* 1690
　thunbergii Ⅰ-*436* 1687
Spiranthes sinensis var. *amoena* Ⅰ-*123* 433
Spirodela polyrhiza Ⅰ-*57* 171
Spodiopogon cotulifer Ⅰ-*286* 1087
　depauperatus Ⅰ-*286* 1086
　sibiricus Ⅰ-*286* 1085
Sporobolus fertilis Ⅰ-*295* 1122
　japonicus Ⅰ-*295* 1123
Spuriopimpinella calycina Ⅱ-*516* 4260
　koreana Ⅱ-*517* 4261
Stachys aspera var. *baicalensis* Ⅱ-(*330* 3513)
　-var. *hispidula* Ⅱ-*330* 3513
　-var. *japonica* Ⅱ-(*330* 3513)
　sieboldii Ⅱ-*330* 3514
Stachytarpheta jamaicensis Ⅱ-(*368* 3666)
　urticifolia Ⅱ-*368* 3666
Stachyurus praecox Ⅱ-*37* 2344
　-var. *macrocarpus* Ⅱ-*38* 2345
Stapelia grandiflora Ⅱ-*261* 3240
Staphylea bumalda Ⅱ-*37* 2341
Stauntonia hexaphylla Ⅰ-*304* 1158
Stellaria aquatica Ⅱ-*129* 2710
　bungeana Ⅱ-*129* 2712
　diversiflora var. *diversiflora* Ⅱ-*130* 2713, *130* 2714
　fenzlii Ⅱ-*131* 2720
　filicaulis Ⅱ-*132* 2722
　humifusa Ⅱ-*131* 2719
　media Ⅱ-(*129* 2709)
　monosperma var. *japonica* Ⅱ-*131* 2717
　neglecta Ⅱ-*129* 2709
　nipponica var. *nipponica* Ⅱ-*132* 2723
　radians Ⅱ-*131* 2718
　ruscifolia Ⅱ-*132* 2724
　sessiliflora Ⅱ-*129* 2711
　uchiyamana var. *apetala* Ⅱ-*130* 2716
　-var. *uchiyamana* Ⅱ-*130* 2715
　uliginosa var. *undulata* Ⅱ-*132* 2721
Stemona japonica Ⅰ-*88* 296
　sessilifolia Ⅰ-*89* 297
Stephania japonica Ⅰ-*306* 1165
Stewartia monadelpha Ⅱ-*194* 2972
　pseudocamellia Ⅱ-*194* 2971
　serrata Ⅱ-*195* 2973
Stigmatodactylus sikokianus Ⅰ-*118* 416
Stimpsonia chamaedryoides Ⅱ-*189* 2951
Stipa alpina Ⅰ-*249* 937
　coreana var. *japonica* Ⅰ-*248* 936
　pekinensis Ⅰ-*248* 935
Stokesia laevis Ⅱ-*390* 3756
Strelitzia reginae Ⅰ-*174* 638
Streptolirion lineare Ⅰ-*171* 625
Streptopus amplexifolius var. *papillatus* Ⅰ-*105* 364
　streptopoides subsp. *japonicus* Ⅰ-*105* 363
　-subsp. *streptopoides* Ⅰ-*105* 362
Strobilanthes cusia Ⅱ-*363* 3645
　flexicaulis Ⅱ-*363* 3647
　japonica Ⅱ-*362* 3644
　oligantha Ⅱ-*363* 3646
Strychnos nux-vomica Ⅱ-*255* 3213
Styphonolobium japonicum Ⅰ-*384* 1478
Styrax japonica Ⅱ-*200* 2995
　obassia Ⅱ-*200* 2996
　shiraiana Ⅱ-*201* 2997
Suaeda glauca Ⅱ-*157* 2823
　japonica Ⅱ-*158* 2825
　maritima Ⅱ-*157* 2824
Swertia bimaculata Ⅱ-*252* 3204
　japonica Ⅱ-*253* 3207
　noguchiana Ⅱ-*253* 3206
　perennis subsp. *cuspidata* Ⅱ-*252* 3203
　pseudochinensis Ⅱ-*253* 3208
　swertopsis Ⅱ-*253* 3205
　tashiroi Ⅱ-*254* 3210
　tetrapetala subsp. *micrantha* Ⅱ-(*254* 3211)

−subsp. *tetrapetala* Ⅱ−*254* 3211
tosaensis Ⅱ−*254* 3209
Symphyotrichum novae-angliae Ⅱ−*403* 3807
novi-belgii Ⅱ−*403* 3805
subulatum var. *subulatum* Ⅱ−*403* 3806
Symphytum asperum Ⅱ−*268* 3268
officinale Ⅱ−*268* 3267
Symplocarpus nipponicus Ⅰ−*57* 169
renifolius Ⅰ−*56* 168
Symplocos caudata Ⅱ−(*197* 2984)
coreana Ⅱ−*196* 2977
glauca Ⅱ−*197* 2981
kuroki Ⅱ−*197* 2983
lancifolia Ⅱ−*196* 2979
liukiuensis var. *iriomotensis* Ⅱ−(*197* 2984)
−var. *liukiuensis* Ⅱ−*197* 2984
myrtacea Ⅱ−*196* 2980
paniculata Ⅱ−*195* 2976
prunifolia Ⅱ−*196* 2978
sawafutagi Ⅱ−*195* 2975
tanakae Ⅱ−*197* 2982
theophrastifolia Ⅱ−*198* 2985
Syneilesis palmata Ⅱ−*451* 3997
tagawae Ⅱ−*450* 3996
Synurus excelsus Ⅱ−*467* 4061
palmatopinnatifidus var. *indivisus* Ⅱ−(*466* 4060)
−var. *palmatopinnatifidus* Ⅱ−*466* 4060
pungens Ⅱ−*466* 4059
Syringa reticulata Ⅱ−*289* 3352
vulgaris Ⅱ−*290* 3353
Syringodium isoetifolium Ⅰ−*82* 271
Syzygium aromaticum Ⅱ−*34* 2330
buxifolium Ⅱ−*33* 2327
cleyerifolium Ⅱ−*33* 2328
jambos Ⅱ−*34* 2329

T

Taeniophyllum glandulosum Ⅰ−*135* 484
Tagetes erecta Ⅱ−*424* 3889
lucida Ⅱ−(*424* 3890)
patula Ⅱ−*424* 3890
tenuifolia Ⅱ−(*424* 3890)
Talinum paniculatum Ⅰ−*161* 2840

Tamarix chinensis Ⅱ−*107* 2623
Tanacetum cinerariifolium Ⅱ−*431* 3920
coccineum Ⅱ−*432* 3921
parthenium Ⅱ−*431* 3919
vulgare Ⅱ−*432* 3922
−var. *boreale* Ⅱ−(*432* 3922)
Tanakaea radicans Ⅰ−*357* 1369
Taraxacum albidum Ⅱ−*480* 4113
alpicola var. *alpicola* Ⅱ−*479* 4109
japonicum Ⅱ−*480* 4114
officinale Ⅱ−*480* 4115
platycarpum subsp. *platycarpum* Ⅱ−*479* 4110, *479* 4111
venustum Ⅱ−*479* 4112
yatsugatakense Ⅱ−*478* 4108
Tarenaya hassleriana Ⅱ−*82* 2523
Tarenna kotoensis var. *gyokushinkwa* Ⅱ−*234* 3129
subsessilis Ⅱ−(*234* 3129)
Taxillus kaempferi Ⅱ−*106* 2619
yadoriki Ⅱ−*106* 2620
Taxus cuspidata var. *cuspidata* Ⅰ−*30* 62
−var. *nana* Ⅰ−*30* 63
Tectona grandis Ⅱ−*344* 3570
Tephroseris flammea subsp. *flammea* Ⅱ−(*442* 3962)
−subsp. *glabrifolia* Ⅱ−*442* 3962
furusei Ⅱ−*442* 3961
integrifolia subsp. *kirilowii* Ⅱ−*441* 3960
pierotii Ⅱ−*441* 3959
takedana Ⅱ−*442* 3963
Terminalia catappa Ⅱ−*20* 2273
Ternstroemia gymnanthera Ⅱ−*176* 2897
Tetradium glabrifolium var. *glaucum* Ⅱ−*54* 2409
ruticarpum var. *officinale* Ⅱ−(*54* 2410)
−var. *ruticarpum* Ⅱ−*54* 2410
Tetragonia tetragonoides Ⅱ−*159* 2829
Tetrapanax papyrifer Ⅱ−*506* 4218
Teucrium japonicum Ⅱ−*319* 3472
veronicoides Ⅱ−*320* 3474

viscidum var. *miquelianum* Ⅱ−*320* 3473
Thalassia hemprichii Ⅰ−*75* 243
Thalictrum actaeifolium var. *actaeifolium* Ⅰ−*327* 1251
alpinum var. *stipitatum* Ⅰ−*325* 1242
aquilegiifolium Ⅰ−*326* 1247
baicalense Ⅰ−*327* 1252
foetidum Ⅰ−*326* 1245
integrilobum Ⅰ−*327* 1249
minus var. *hypoleucum* Ⅰ−*325* 1244
nakamurae Ⅰ−*327* 1250
rochebruneanum Ⅰ−*326* 1246
simplex var. *brevipes* Ⅰ−*325* 1243
tuberiferum Ⅰ−*326* 1248
Theligonum japonicum Ⅱ−*246* 3178
Themeda triandra var. *japonica* Ⅰ−*281* 1067
Theobroma cacao Ⅱ−*66* 2458
Thermopsis lupinoides Ⅰ−*385* 1484
Therorhodion camtschaticum Ⅱ−*204* 3010
Thesium chinense Ⅱ−*106* 2617
refractum Ⅱ−*105* 2616
Thespesia populnea Ⅱ−*74* 2489
Thevetia peruviana Ⅱ−*264* 3249
Thladiantha dubia Ⅰ−*516* 2008
Thlaspi arvense Ⅱ−*84* 2529
Thrixspermum japonicum Ⅰ−*136* 486
Thuja standishii Ⅰ−*24* 38
Thujopsis dolabrata var. *dolabrata* Ⅰ−*24* 39
−var. *hondae* Ⅰ−(*24* 39)
Thunbergia alata Ⅱ−*362* 3641
laurifolia Ⅱ−*362* 3642
Thymus quinquecostatus var. *ibukiensis* Ⅱ−*335* 3535
vulgaris Ⅱ−*335* 3536
Tiarella polyphylla Ⅰ−*362* 1392
Tilia japonica Ⅱ−*74* 2491
kiusiana Ⅱ−*75* 2493
mandshurica var. *mandshurica* Ⅱ−*75* 2496
−var. *rufovillosa* Ⅱ−*76* 2497
maximowicziana Ⅱ−*75* 2495

miqueliana Ⅱ−*75* 2494
platyphyllos Ⅱ−*74* 2492
Tilingia ajanensis Ⅱ−*521* 4280
　holopetala Ⅱ−*521* 4279
　tachiroei Ⅱ−*522* 4281
Tillaea aquatica Ⅰ−*372* 1432
Titanotrichum oldhamii Ⅱ−*297* 3383
Tithonia rotundifolia Ⅱ−*420* 3873
Toddalia asiatica Ⅱ−*57* 2421
Tofieldia coccinea var. *coccinea* Ⅰ−*68* 214
　−var. *kondoi* Ⅰ−*68* 215
　nuda var. *nuda* Ⅰ−*68* 216
　okuboi Ⅰ−*68* 213
Toona sinensis Ⅱ−*64* 2451
Torilis japonica Ⅱ−*513* 4247
　scabra Ⅱ−*513* 4246
Torreya nucifera Ⅰ−*30* 64
Toxicodendron orientale Ⅱ−*40* 2354
　succedaneum Ⅱ−*39* 2350
　sylvestre Ⅱ−*39* 2351
　trichocarpum Ⅱ−*40* 2353
　vernicifluum Ⅱ−*39* 2352
Trachelospermum asiaticum Ⅱ−*263* 3246
Trachycarpus fortunei Ⅰ−*166* 605
　wagnerianus Ⅰ−*166* 606
Tradescantia ohiensis Ⅰ−*171* 626
　spathacea Ⅰ−*171* 628
　virginiana Ⅰ−*171* 627
Tragopogon porrifolius Ⅱ−*469* 4071
　pratensis Ⅱ−*469* 4072
Trapa incisa Ⅱ−*21* 2280
　japonica Ⅱ−*21* 2277
　natans var. *quadrispinosa* Ⅱ−*21* 2278
　−var. *rubeola* Ⅱ−*21* 2279
Trapella sinensis Ⅱ−*299* 3391
Trautvetteria caroliniensis var. *japonica* Ⅰ−*332* 1272
Trema orientalis Ⅰ−*486* 1888
Triadenum japonicum Ⅰ−*577* 2252
Triadica sebifera Ⅰ−*538* 2093
Triantha japonica Ⅰ−*67* 212
Tribulus terrestris Ⅰ−*378* 1455
Trichophorum alpinum Ⅰ−*196* 728
　cespitosum Ⅰ−*197* 729
Trichosanthes cucumeroides Ⅰ−*520* 2022
　kirilowii var. *japonica* Ⅰ−*520* 2023
Tricyrtis affinis Ⅰ−*103* 356
　flava Ⅰ−*104* 358
　hirta Ⅰ−*104* 357
　latifolia Ⅰ−*104* 360
　macrantha Ⅰ−(*105* 361)
　macranthopsis Ⅰ−*105* 361
　macropoda Ⅰ−*103* 355
　nana Ⅰ−*104* 359
Trifolium aureum Ⅰ−*389* 1498
　hybridum Ⅰ−*389* 1497
　lupinaster Ⅰ−*388* 1494
　pratense Ⅰ−*388* 1496
　repens Ⅰ−*388* 1495
Triglochin asiatica Ⅰ−*76* 247
　palustris Ⅰ−*76* 248
Trigonotis brevipes Ⅱ−*270* 3276
　guilielmii Ⅱ−*271* 3277
　iinumae Ⅱ−*271* 3278
　peduncularis Ⅱ−*270* 3275
Trillium apetalon Ⅰ−*92* 310
　camschatcense Ⅰ−*92* 312
　tschonoskii Ⅰ−*92* 311
Triodanis perfoliata Ⅱ−*381* 3718
Triosteum sinuatum Ⅱ−*492* 4164
Tripleurospermum tetragonospermum Ⅱ−*433* 3926
Tripolium pannonicum Ⅱ−*402* 3804
Tripora divaricata Ⅱ−*348* 3588
Tripterospermum japonicum Ⅱ−*246* 3179
Tripterygium doianum Ⅰ−*529* 2058
　regelii Ⅰ−*529* 2057
Trisetum bifidum Ⅰ−*257* 971
　spicatum subsp. *alaskanum* Ⅰ−*257* 972
Triticum aestivum Ⅰ−*253* 953
Tritonia lineata Ⅰ−*143* 514
Triumfetta japonica Ⅱ−*77* 2502
　procumbens Ⅱ−*77* 2503
Trochodendron aralioides Ⅰ−*346* 1325
Trollius altaicus subsp. *pulcher* Ⅰ−*314* 1197
　citrinus Ⅰ−*314* 1198
　hondoensis Ⅰ−*313* 1194
　japonicus Ⅰ−*313* 1195
　riederianus Ⅰ−*313* 1196
Tropaeolum majus Ⅱ−*81* 2517
Tsuga diversifolia Ⅰ−*17* 11

　sieboldii Ⅰ−*17* 10
Tubocapsicum anomalum Ⅱ−*280* 3314
Tulipa gesneriana Ⅰ−*102* 350
Turczaninovia fastigiata Ⅱ−*402* 3803
Turpinia ternata Ⅱ−*37* 2343
Turritis glabra Ⅱ−*97* 2582
Tylophora aristolochioides Ⅱ−*259* 3232
　floribunda Ⅱ−*259* 3231
　tanakae Ⅱ−*260* 3233
Typha domingensis Ⅰ−*179* 658
　latifolia Ⅰ−*178* 656
　orientalis Ⅰ−*179* 657
Typhonium blumei Ⅰ−*67* 209

U

Ulmus davidiana var. *japonica* Ⅰ−*484* 1878
　laciniata Ⅰ−*484* 1879
　parvifolia Ⅰ−*484* 1880
Uncaria rhynchophylla Ⅱ−*232* 3123
Urena lobata subsp. *lobata* Ⅱ−*70* 2473
　−subsp. *sinuata* Ⅱ−*70* 2474
Urochloa villosa Ⅰ−*275* 1044
Urtica angustifolia var. *angustifolia* Ⅰ−*492* 1912
　−var. *sikokiana* Ⅰ−*493* 1914
　laetevirens Ⅰ−*493* 1915
　platyphylla Ⅰ−*493* 1913
　thunbergiana Ⅰ−*492* 1911
Utricularia ×*japonica* Ⅱ−*360* 3634
　aurea Ⅱ−*360* 3635
　bifida Ⅱ−*361* 3638
　caerulea Ⅱ−*361* 3640
　intermedia Ⅱ−*360* 3636
　minor Ⅱ−*361* 3637
　uliginosa Ⅱ−*361* 3639
　−f. *albida* Ⅱ−(*361* 3639)

V

Vaccaria hispanica Ⅱ−*147* 2784
Vaccinium bracteatum Ⅱ−*225* 3093
　hirtum Ⅱ−*224* 3090
　japonicum var. *ciliare* Ⅱ−(*226* 3100)
　−var. *japonicum* Ⅱ−*226* 3100
　microcarpum Ⅱ−*226* 3099
　oldhamii Ⅱ−*224* 3091
　ovalifolium Ⅱ−*224* 3092
　oxycoccos Ⅱ−*226* 3098

praestans Ⅱ−*225* 3095
smallii var. *glabrum* Ⅱ−*224* 3089
−var. *smallii* Ⅱ−(*224* 3089)
uliginosum var. *japonicum* Ⅱ−*225* 3096
vitis-idaea Ⅱ−*226* 3097
wrightii Ⅱ−*225* 3094
Valeriana fauriei Ⅱ−*492* 4162
flaccidissima Ⅱ−*492* 4163
Valerianella locusta Ⅱ−*492* 4161
Vallisneria denseserrulata Ⅰ−*73* 235
natans Ⅰ−*73* 234
Vanda tricolor Ⅰ−*136* 487
Vanilla mexicana Ⅰ−*120* 422
Veratrum maackii var. *longibracteatum* Ⅰ−*90* 303
−var. *maackioides* Ⅰ−*90* 301
−var. *parviflorum* Ⅰ−*90* 302
oxysepalum Ⅰ−*90* 304
stamineum Ⅰ−*91* 305
Verbascum thapsus Ⅱ−*313* 3445
Verbena officinalis Ⅱ−*367* 3664
Vernicia cordata Ⅰ−*537* 2091
Veronica americana Ⅱ−*307* 3424
anagallis-aquatica Ⅱ−*308* 3426
arvensis Ⅱ−*305* 3414
hederifolia Ⅱ−*305* 3413
japonensis Ⅱ−*306* 3419
javanica Ⅱ−*305* 3415
laxa Ⅱ−*307* 3421
lineariifolia Ⅱ−*309* 3430
miqueliana Ⅱ−*306* 3418
nipponica var. *nipponica* Ⅱ−*305* 3416
−var. *sinanoalpina* Ⅱ−(*305* 3416)
onoei Ⅱ−*307* 3423
ornata Ⅱ−*308* 3428
ovata subsp. *maritima* Ⅱ−*308* 3427
peregrina Ⅱ−*307* 3422
persica Ⅱ−*304* 3412
polita var. *lilacina* Ⅱ−*304* 3411
rotunda var. *petiolata* Ⅱ−(*309* 3431)
−var. *subintegra* Ⅱ−*309* 3431
schmidtiana subsp. *schmidtiana* Ⅱ−*310* 3433
−subsp. *senanensis* var. *bandaiana* Ⅱ−*310* 3434

serpyllifolia subsp. *humifusa* Ⅱ−*306* 3420
−subsp. *serpyllifolia* Ⅱ−(*306* 3420)
sieboldiana Ⅱ−*309* 3429
stelleri var. *longistyla* Ⅱ−*306* 3417
subsessilis Ⅱ−*309* 3432
undulata Ⅱ−*308* 3425
Veronicastrum axillare Ⅱ−*311* 3438
borissovae Ⅱ−*310* 3435
japonicum var. *japonicum* Ⅱ−*310* 3436
villosulum Ⅱ−*311* 3437
Viburnum brachyandrum Ⅱ−*485* 4136
dilatatum Ⅱ−*485* 4134
−f. *xanthocarpum* Ⅱ−(*485* 4134)
erosum Ⅱ−*485* 4135
−f. *xanthocarpum* Ⅱ−(*485* 4135)
furcatum Ⅱ−*487* 4144
japonicum Ⅱ−*488* 4147
−var. *boninsimense* Ⅱ−(*488* 4147)
odoratissimum var. *awabuki* Ⅱ−*488* 4145
opulus var. *sargentii* Ⅱ−*487* 4142
phlebotrichum Ⅱ−*487* 4141
plicatum var. *plicatum* f. *glabrum* Ⅱ−(*486* 4140)
−var. *plicatum* f. *plicatum* Ⅱ−*486* 4140
−var. *tomentosum* Ⅱ−*486* 4139
sieboldii var. *obovatifolium* Ⅱ−(*486* 4138)
−var. *sieboldii* Ⅱ−*486* 4138
suspensum Ⅱ−*488* 4146
urceolatum f. *procumbens* Ⅱ−*487* 4143
−f. *urceolatum* Ⅱ−(*487* 4143)
wrightii Ⅱ−*486* 4137
Vicia amoena Ⅰ−*407* 1570
amurensis Ⅰ−*406* 1567
bifolia Ⅰ−*407* 1572
cracca Ⅰ−*406* 1565
faba Ⅰ−*408* 1576
fauriei Ⅰ−*408* 1574
hirsuta Ⅰ−*404* 1559
japonica Ⅰ−*406* 1568
nipponica Ⅰ−*408* 1575
pseudo-orobus Ⅰ−*406* 1566
sativa subsp. *nigra* var. *minor* Ⅰ−*405* 1563

−subsp. *nigra* var. *segetalis* Ⅰ−*405* 1561
−subsp. *nigra* var. *segetalis* f. *normalis* Ⅰ−*405* 1562
sepium Ⅰ−*405* 1564
tetrasperma Ⅰ−*404* 1560
unijuga Ⅰ−*407* 1571
venosa subsp. *cuspidata* var. *cuspidata* Ⅰ−*408* 1573
villosa subsp. *villosa* Ⅰ−*407* 1569
Vigna angularis var. *angularis* Ⅰ−*414* 1597
−var. *nipponensis* Ⅰ−*414* 1598
marina Ⅰ−*415* 1602
minima var. *minima* Ⅰ−*415* 1603
reflexopilosa Ⅰ−*414* 1600
umbellata Ⅰ−*414* 1599
unguiculata var. *unguiculata* Ⅰ−*415* 1601
Vinca major Ⅱ−*262* 3244
Vincetoxicum ×*purpurascens* Ⅱ−*257* 3221
acuminatum Ⅱ−*257* 3222
ambiguum Ⅱ−*258* 3227
amplexicaule Ⅱ−*257* 3223
atratum Ⅱ−*257* 3224
glabrum Ⅱ−*259* 3229
japonicum Ⅱ−*256* 3220
macrophyllum var. *nikoense* Ⅱ−*258* 3226
magnificum Ⅱ−*258* 3225
pycnostelma Ⅱ−*259* 3230
sublanceolatum var. *sublanceolatum* Ⅱ−*258* 3228
Viola ×*ibukiana* Ⅰ−*570* 2221
×*wittrockiana* Ⅰ−*571* 2226
acuminata Ⅰ−*559* 2177
alliariifolia Ⅰ−*556* 2167
betonicifolia var. *albescens* Ⅰ−*567* 2212
biflora Ⅰ−*557* 2170
bissetii Ⅰ−*563* 2193
blandiformis Ⅰ−*563* 2195
boissieuana Ⅰ−*565* 2204
brevistipulata subsp. *brevistipulata* var. *brevistipulata* Ⅰ−*556* 2165
−subsp. *brevistipulata* var. *kishidae* Ⅰ−*556* 2166
chaerophylloides var. *chaerophylloides* Ⅰ−*570* 2223
−var. *sieboldiana* Ⅰ−*570* 2224
collina Ⅰ−*561* 2188

crassa I −557 2171
diffusa I −562 2189
eizanensis I −570 2222
faurieana I −560 2184
grayi I −561 2185
grypoceras var. *grypoceras*
　I −559 2179
−var. *grypoceras* f. *pubescens*
　I −(559 2179)
hirtipes I −569 2217
hondoensis I −561 2187
inconspicua subsp.
　nagasakiensis I −568 2216
japonica I −569 2220
keiskei I −567 2209
−var. *glabra* I −567 2210
kitamiana I −557 2169
kusanoana I −560 2182
langsdorfii subsp.
　sachalinensis I −558 2176
mandshurica I −568 2213
maximowicziana I −566 2207
−f. *rubescens* I −(566 2207)
mirabilis var. *subglabra* I −561 2186
obtusa I −559 2180
−f. *nuda* I −(559 2180)
odorata I −562 2190
orientalis I −555 2164
ovato-oblonga I −560 2181
patrinii var. *angustifolia* I −(567 2211)
−var. *patrinii* I −567 2211
phalacrocarpa f. *glaberrima*
　I −569 2219
−f. *phalacrocarpa* I −569 2218
raddeana I −558 2174
rossii I −562 2191
rostrata I −560 2183
sacchalinensis I −559 2178
selkirkii I −564 2197
shikokiana I −563 2196
sieboldii I −565 2203
tashiroi I −566 2205
thibaudieri I −558 2175
tokubuchiana var. *takedana*
　I −564 2199
−var. *tokubuchiana* I −564 2200
tricolor I −571 2225
utchinensis I −566 2206
vaginata I −562 2192
variegata I −564 2198
verecunda var. *semilunaris*
　I −558 2173
−var. *verecunda* I −557 2172
violacea var. *makinoi* I −565 2202
−var. *violacea* I −565 2201
yazawana I −563 2194
yedoensis var. *pseudojaponica*
　I −568 2214
−var. *yedoensis* I −568 2215
yezoensis I −566 2208
yubariana I −556 2168
Viscum album subsp. *coloratum*
　II −105 2614
Vitex negundo var. *cannabifolia*
　II −347 3582
　rotundifolia II −347 3581
Vitis amurensis I −376 1447
　coignetiae I −375 1442
　ficifolia I −375 1443
　flexuosa var. *flexuosa* I −375 1444
　−var. *rufotomentosa* I −376 1445
　romanetii I −376 1448
　saccharifera I −376 1446
　vinifera I −375 1441
Vulpia myuros I −269 1018

W

Wahlenbergia marginata II −382 3721
Washingtonia robusta I −167 612
Weigela ×*fujisanensis* II −501 4198
　coraeensis var. *coraeensis*
　II −500 4195
　−var. *fragrans* II −(500 4195)
　decora II −501 4197
　floribunda II −501 4199
　florida II −500 4194
　hortensis II −500 4196
　maximowiczii II −500 4193
　sanguinea II −501 4200
Wendlandia formosana II −235 3133
Wikstroemia pseudoretusa
　II −80 2515
Wisteria brachybotrys I −392 1511
　floribunda I −392 1510
　japonica f. *japonica* I −392 1512
　−f. *microphylla* I −393 1513
　sinensis I −(392 1510)
Wolffia globosa I −58 175

X

Xanthium orientale subsp.
　italicum II −422 3883
　strumarium subsp. *sibiricum*
　II −422 3882
Xanthophthalmum coronarium
　II −431 3918
Xerochrysum bracteatum II −411 3837
Xylosma congesta I −549 2137

Y

Yoania amagiensis I −(121 425)
　japonica I −121 425
Youngia japonica II −481 4119
Yucca flaccida I −156 568
　gloriosa var. *gloriosa* I −156 566
　−var. *recurvifolia* I −156 567

Z

Zabelia integrifolia II −494 4171
Zannichellia palustris I −78 253
Zantedeschia aethiopica I −59 178
Zanthoxylum ailanthoides var.
　ailanthoides II −53 2405
　−var. *inerme* II −53 2406
　armatum var. *subtrifoliatum*
　II −52 2402
　beecheyanum var.
　　beecheyanum II −52 2403
　bungeanum II −(52 2401)
　fauriei II −53 2408
　piperitum II −52 2401
　schinifolium II −52 2404
　yakumontanum II −53 2407
Zea mays I −288 1093
Zehneria japonica I −516 2007
Zelkova serrata I −485 1881
Zephyranthes candida I −153 555
　carinata I −153 556
Zingiber mioga I −177 650
　officinale I −177 651
Zinnia elegans II −422 3884
　peruviana II −423 3885
Zizania latifolia I −242 912
Ziziphus jujuba var. *inermis*
　I −482 1869
　−var. *spinosa* I −481 1868
Zornia cantoniensis I −403 1556
Zostera japonica I −77 250
　marina I −77 249
Zoysia japonica I −295 1124
　macrostachya I −296 1125

APG
Standard
Makino's
Illustrated
Flora II

©2015 HOKURYUKAN

THE HOKURYUKAN CO., LTD.
3-17-8, Kamimeguro, Meguro-ku
Tokyo, 153-0051, Japan

スタンダード版
APG牧野植物図鑑 II®
〔フウロソウ科〜セリ科〕

平成27年1月20日　初版発行
令和5年9月10日　第2版発行

〈図版の転載を禁ず〉

当社は、その理由の如何に係わらず、本書掲載の記事（図版・写真等を含む）について、当社の許諾なしにコピー機による複写、他の印刷物への転載等、複写・転載に係わる一切の行為、並びに翻訳、デジタルデータ化等を行うことを禁じます。無断でこれらの行為を行いますと損害賠償の対象となります。
　また、本書のコピー、スキャン、デジタル化等の無断複製は著作権法上での例外を除き禁じられています。本書を代行業者等の第三者に依頼してスキャンやデジタル化することは、たとえ個人や家庭内での利用であっても一切認められておりません。
連絡先：㈱北隆館　著作・出版権管理室
Tel. 03(5720)1162

JCOPY 〈(一社)出版者著作権管理機構　委託出版物〉
本書の無断複写は著作権法上での例外を除き禁じられています。複写される場合は、そのつど事前に、(一社)出版者著作権管理機構（電話：03-5244-5088, FAX:03-5244-5089, e-mail: info@jcopy.or.jp）の許諾を得てください。

監　修　邑　田　　　仁
発行者　福　田　久　子

発行所　株式会社　北　隆　館
〒153-0051　東京都目黒区上目黒3-17-8
電話03(5720)1161　振替00140-3-750
　　　http://www.hokuryukan-ns.co.jp
e-mail: hk-ns2@hokuryukan-ns.co.jp

印刷所　大盛印刷株式会社

ISBN978-4-8326-0981-5 C0645